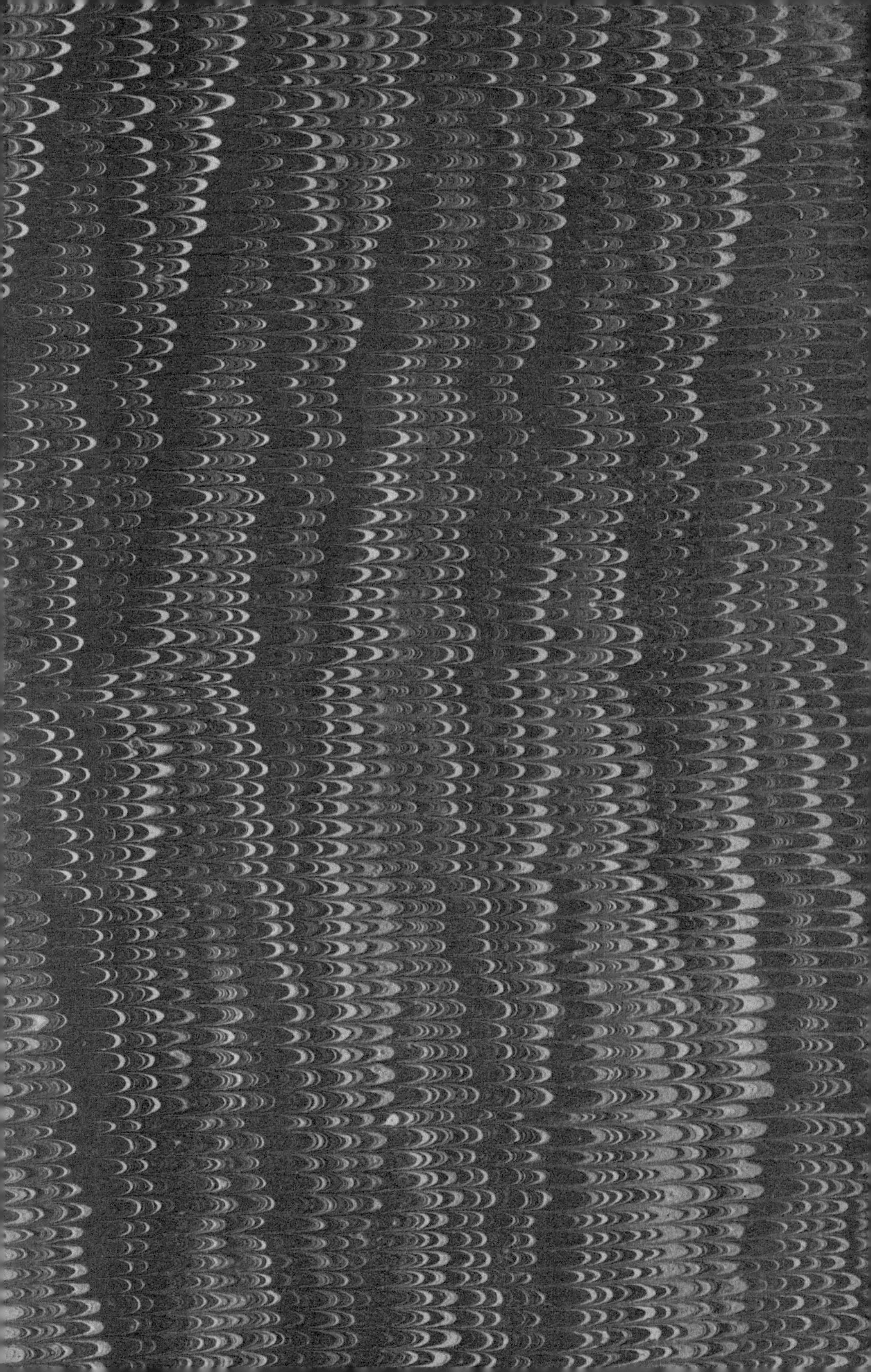

Das

Buch der Erfindungen, Gewerbe

und

Industrien.

II.

Siebente (Pracht-) Auflage.

Das neue

Buch der Erfindungen, Gewerbe

und

Industrien.

Rundschau auf allen Gebieten der gewerblichen Arbeit.

Herausgegeben in Verbindung

mit

Professor Dr. C. Birnbaum, Professor C. Böttger, Professor K. Gayer, Prof. Fr. Kohl,
Fr. Luckenbacher, R. Ludwig, Baurath Dr. Oskar Mothes, K. de Roth,
Prof. Dr. R. Böllner, Julius Böllner u. A.

Zweiter Band.

Die Kräfte der Natur und ihre Benutzung.

Eine physikalische Technologie.

Springer-Verlag Berlin Heidelberg GmbH 1877

Das Buch der Erfindungen. 7. Aufl. II. Bd.   Leipzig: Verlag von Otto Spamer.

Die Kräfte
der Natur und ihre Benutzung.

Eine physikalische Technologie.

Inhalt:
Geschichte der Physik.

Das Metermaßsystem. Windmühle und Schiffsschraube. Hebel und Flaschenzug.
Wagen und Aräometer. Pendel und Centrifugalmaschine.
Barometer und Manometer. Der Luftballon und die Luftschiffahrt
Die Luftpumpe und die atmosphärische Briefpost. Hydraulische Maschinen, Pumpen und Feuerspritzen.
Das Licht. Spiegel und Spiegelapparate. Prisma und Spektralanalyse. Die Camera obscura.
Auge, Panorama, Chromatrop und Stereoskop. Das Teleskop. Das Mikroskop.
Die Elektrisirmaschine. Der Blitzableiter. Galvanismus, elektrisches Licht und Galvanoplastik
Die elektromagnetischen Apparate. Der Telegraph. Der Kompaß.
Die Welt der Töne. Das Sprachrohr. Die musikalischen Instrumente.
Das Thermometer. Der Dampf und die Dampfmaschine. Lokomotive und Lokomobile.

Von

Julius Zöllner.

Siebente vermehrte und verbesserte Auflage.

Springer-Verlag Berlin Heidelberg GmbH 1877

ISBN 978-3-662-24065-6   ISBN 978-3-662-26177-4 (eBook)
DOI 10.1007/978-3-662-26177-4
Softcover reprint of the hardcover 1st edition 1877

Vorrede.

Wie aus dem Plane des ganzen Werkes hervorgeht, beschäftigt sich der vorliegende Band ausschließlich mit denjenigen Erfindungen, welche sich auf die eigenthümlichen Aeußerungen der Naturkräfte beziehen. Die besondere Beschaffenheit des Stoffes, der Materie, kommt dabei zunächst nicht in Betracht. Denn aus welchem Material beispielsweise eine Dampfmaschine gebaut ist, hat auf das ihr zu Grunde liegende Prinzip durchaus keinen Einfluß; jedes genügt, wenn nur das Material entsprechende Festigkeit und Widerstandskraft der Hitze gegenüber besitzt; silberne Blitzableiter würden eben so zweckmäßig unsere Häuser schützen wie eiserne, und wenn der Diamant so bequem zu erlangen wäre wie Glas, so würden die optischen Instrumente sogar eine wesentlich vollkommnere Beschaffenheit haben können, als es jetzt der Fall ist. In den genannten Fällen sind die Wärme, die Elektrizität, das Licht das allein Bedeutende, und die Erkenntniß ihrer gesetzmäßigen Wirkungsweise ist die Wurzel, aus der jene so überaus wichtigen Erfindungen hervorgegangen sind. Jede ernsthafte Betrachtung dieser Art muß daher immer den Blick zurückführen bis zu dem Wesen der Kräfte selbst, und selbst die chemischen Prozesse werden sich schließlich als abhängig von denselben Ursachen, als Ergebniß ähnlicher Zusammenwirkungen ergeben, wie sie in verschiedener Weise in den Licht=, Wärme= und Elektrizitätserscheinungen zu Tage treten. Bisher freilich hat man die Chemie noch nicht auf diese ihre letzte Wurzel, die sie mit der Physik gemein hat, zurückzuführen vermocht, man betrachtet sie kurzweg noch als Lehre von den Veränderungen des Stoffes und scheidet sie von der Physik, welche die Lehre von den Naturkräften umfaßt; — einer späteren Erkenntniß bleibt es vorbehalten, beide Gebiete wieder zu vereinigen, wie sie in der Kindheit der Naturwissenschaften vereinigt waren. Die daraus endlich resultirende Wissenschaft wird aber die Physik bleiben, dieselbe im Grunde, wie sie heute ist, nur eine in ihrer Sprache und in ihren Sätzen noch um Vieles vereinfachte Wissenschaft.

Wenn nun auch die praktische Behandlungsweise das Gesammtgebiet der natürlichen Dinge noch nicht von einem einzigen Gesichtspunkte aus auffaßt, so sollte man doch glauben, daß bei der ungemeinen Mannichfaltigkeit wichtiger Erscheinungen und bei den großartigen Anwendungen, welche davon gemacht worden sind, die physikalischen Grundbegriffe wenigstens zu den verbreitetsten Kenntnissen gehören, und daß ihre Erwerbung mindestens für eben so wichtig gehalten werden müßte, als die Ausbildung in den chemischen Disziplinen. Dem ist indeß nicht so. Denn während der Chemie in allen Kreisen des gebildeten Publikums eine fast zärtliche Aufmerksamkeit geschenkt wird, so daß zum Beispiel nicht nur Seifensieder, Brauer und Färber mit Recht bemüht sind, sich mit der wissenschaftlichen Grundlage ihres Gewerbes bestmöglich vertraut zu machen, sondern wir auch allgemein eine ziemliche Bekanntschaft mit den chemischen Vorgängen der organischen und anorganischen Natur verbreitet finden, so ist die Physik dem größten Theile des Volkes noch eine völlig abstrakte Wissenschaft geblieben. Wie hätte sonst der Fall vorkommen können, daß vor kurzer Zeit ein Fabrikant von Blitzableitern als Prüfungsmittel für die Vortrefflichkeit seiner Erzeugnisse den Versuch vorschlug, bei einem heranziehenden Gewitter die Ableitung des Blitzableiters nach der Erde zu unterbrechen und aus der Länge des herausfahrenden Funkens einen Schluß auf die ausgezeichnete Wirksamkeit seiner Konstruktionsweise zu machen! Hätte der Mann auch nur die oberflächlichsten Begriffe von dem Wesen der Elektrizität und von der Natur des Gewitters gehabt, so würde er nie ein Experiment angerathen haben, das von der größten Gefahr begleitet ist.

Eine solche Unkenntniß der physikalischen Gesetze ist aber fast allgemein. Worin der Grund liegt? Zum Theile in der unfruchtbaren Art, in welcher sehr häufig diese für das praktische Leben allerwichtigste Wissenschaft behandelt worden ist. Allerdings bildet die „Naturlehre" einen Lektionsgegenstand unserer Schulen, und die populäre Literatur zieht auch die physikalischen Disziplinen in den Kreis ihrer Betrachtung, aber wie nun einmal die Sachen stehen, es bleibt im ersten Falle die Physik immer eine Wissenschaft, welche in ihren Hauptsätzen zwar Veranlassung zu einigen merkwürdigen Experimenten giebt, deren fruchtbare Beziehungen zum Leben aber meist gar nicht einmal geahnt werden. Die schematische Darstellung, die blutlose mathematische Gesetzmäßigkeit kann den am Konkreten sich bildenden Geist der Jugend und des Laien nicht begeistern. In dem andern Falle, wo zwar von naheliegenden Erscheinungen ausgegangen wird, macht sich gewöhnlich zu deren vollständigem Verständniß die Entwicklung eines so komplizirten Apparates nothwendig, daß Mühe und Erfolg dem Lernenden gegen einander im Mißverhältniß zu sein scheinen. Denn das einzelne Phänomen so zu verstehen, daß daran keine Frage und kein Zweifel mehr haftet, dazu bedarf es den Besitz aller Begriffe, welche dem ganzen Gebiete zu Grunde liegen.

Es ist natürlich, daß, wenn es zum Beispiel gelänge, alle merkwürdigen, vom Lichte abhängigen Erscheinungen, welche wir in der Natur beobachten können, und eben so alle die Einrichtungen, welche die Menschen auf das Wesen und die Wirkungen des Lichtes gegründet haben — wenn es gelänge, alle diese tausend und abertausend Thatsachen zu einem einzigen übersichtlichen Gemälde zu vereinigen, in welchem das Zusammengehörige neben einander steht, sich gegenseitig ergänzend und alle Zwischenräume zwischen dem Verschiedenen ausfüllend, daß dann jedem Beschauer aus der aufmerksamen Betrachtung die ganze Gesetzmäßigkeit auf das Klarste hervortreten und ein einziger Grundbegriff als Schlüssel zum Verständniß der großen Gruppe sich herausschälen müßte.

In dieser Weise ordnet sich nun zwar dem Forscher die gesammte natürliche Welt zuletzt zu einem Ganzen, dessen innerer Bezug in der einfachsten Weise sich ergiebt. Für den Laien freilich ein derartiges vollständiges Gemälde entwerfen zu wollen, würde vergeblich sein; immerhin aber kann der Versuch gemacht werden, die Hauptzüge an ihren Platz zu setzen, an ihrem Verlaufe die gegenseitige Abhängigkeit zu zeigen und daraus auf die dahinter liegende Grundursache und ihr Gesetz schließen zu lassen. Alles Neue fügt sich bei ernstem Nachdenken dann leichter dem so Gegebenen ein.

Und dies ist der Gesichtspunkt, welcher bei der Darstellung und Anordnung der in dem vorliegenden Bande behandelten Materien maßgebend gewesen ist. Dem Zwecke, die interessantesten Erfindungen physikalischer Natur neben einander zu stellen, gesellte sich der andere hinzu, damit zugleich einen geordneten Ueberblick über das große Reich der Physik und einen Einblick in dessen Gliederung und Gesetze zu geben. Es erschien deshalb bisweilen zweckmäßig, von einer gegebenen Erfindung ausgehend, die Theorie derselben so weit zu entwickeln, daß darin die hauptsächlichsten Sätze dieser Wissenschaft zur Erklärung gelangten, bisweilen aber auch den umgekehrten Weg einzuschlagen und an der Hand der Geschichte die Entwicklung fundamentaler wissenschaftlicher Begriffe zu verfolgen und ihre Bedeutung durch die Uebereinstimmung mit der Wirklichkeit oder durch die davon gemachte Anwendung zu erhärten.

Wenn man daher in einem Buche der Erfindungen zunächst nicht erwartet, zum Beispiel auf einen Abschnitt über das Wesen des Lichtes oder über Akustik zu stoßen, so wird man dies erklärlich finden, sobald man sieht, daß sich auf die klare Erkenntniß dieser Begriffe erst das Verständniß der Einrichtung eines Mikroskops oder der Konstruktion musikalischer Instrumente stützt. Jedenfalls aber wird man es nicht tadeln können, wenn daraus die Absicht spricht, den Blick von der Oberfläche der äußeren Erscheinung in die Tiefe der letzten Gründe und der ursachlichen Zusammenhänge zu führen und die Liebe zu dem bedeutsamsten Zweige der naturwissenschaftlichen Fächer zu erwecken, dadurch, daß direkt an dem grünen Baume des Lebens deren Fruchtbarkeit gezeigt wurde.

Der Verfasser.

Inhaltsverzeichniß

zu dem

Buch der Erfindungen, Gewerbe und Industrien.

Siebente (Pracht-) Ausgabe.

Zweiter Band.

Die Welt der Töne.

Die Wärme.

Tonbilder,

welche an den nachstehend bezeichneten Stellen in den Text einzuheften sind.

Zweiter Band.
Die Kräfte der Natur und ihre
Benutzung.

— — Im stillen Gemach entwirft bedeutende Zirkel
Sinnend der Weise, beschleicht forschend den schaffenden Geist,
Prüft der Stoffe Gewalt, der Magnete Hassen und Lieben,
Folgt durch die Lüfte dem Klang, folgt durch den Aether dem Strahl,
Sucht das vertraute Gesetz in des Zufalls grausenden Wundern,
Sucht den ruhenden Pol in der Erscheinungen Flucht.

Schiller.

Einleitung.

etrachten wir eine Dampfmaschine, wie sie die Schnellpressen der Druckereien oder die Stühle in den mechanischen Webereien oder die Dreh= und Hobel=bänke einer Maschinenbauwerkstätte in Bewegung setzt, oder wie wir sie zu beobachten Gelegenheit haben, wenn uns der blaue Sommerhimmel in die Ferne gelockt hat und das schnelle Dampfschiff mit uns die Fluten eines jener zauberischen Schweizerseen durchschneidet; dann werden wir, wenn uns die innere Einrichtung des scheinbar so komplizirten Mechanismus be=kannt geworden ist, billig erstaunen über die ungemeine Einfachheit der Grundideen, nach denen das bewunderungswürdige Werk entstanden ist.

Wir sehen einen Kessel, in welchem Wasser durch untergelegtes Feuer in fortwährendem Kochen erhalten wird. Die daraus sich entwickelnden Dämpfe treten in einen Cylinder, einmal unterhalb, dann wieder oberhalb eines Kolbens, der dadurch abwechselnd auf= und abwärts getrieben wird. In ähnlicher Weise, wie bei den gewöhnlichen Spinn=rädern, wird die geradlinig vor= und rückwärts gehende Bewegung der Kolbenstange in eine drehende verwandelt und durch Zahnräder und Getriebe in der mannichfachsten Weise für den Gang der anhängenden Maschinen, seien dies Webstühle oder Dampfhämmer, Druck=apparate, das Schaufelrad oder die Schraube eines Schiffes, verwendet. Wir finden an den einzelnen Theilen, an den Gliedern dieses Maschinenorganismus, durchaus nichts Besonderes, — keine neue Kraft, kein räthselhaftes Uhrwerk. Zahnräder, Hebel und Schrauben, in scharfsinniger Zusammenstellung, durch eine Kraft in Bewegung gesetzt, bringen jene wunder=baren Leistungen hervor, die in solcher Genauigkeit und Gleichmäßigkeit die menschliche Hand, welche doch erst die Maschine herstellte, nicht zu erzeugen im Stande ist. Und alle diese Theile arbeiten immer nur in derselben Art und alle nach denselben einfachen Gesetzen, welche uns bei dem gewöhnlichen Nußknacker, bei Messer und Schere schon als Gesetze des Hebels und der schiefen Ebene entgegentreten. Das große Schwungrad, bestimmt, den Gang der Maschine zu regeln, nimmt die einzelnen Kraftüberschüsse auf, wenn der Kolben zu rasch geht, und giebt sie wieder ab, wenn er langsamer werden will. Jeder Anfänger in der Mechanik sieht darin die bei jedem Steinwurfe, bei jedem Hammerschlage zu beobach=tenden Vorgänge der Trägheit und der sogenannten lebendigen Kraft. Und jene beiden Kugeln, eigentlich die geistreichste Idee der ganzen Dampfmaschine, die bald rascher, bald langsamer sich drehen und an ihrer Führung demgemäß sich auf= und abbewegen, sie hängen mit der Kolbenstange zusammen, und die Geschwindigkeit ihrer Drehung ist ab=hängig von der Geschwindigkeit, mit welcher diese ihren Gang im Dampfcylinder macht.

1*

Es ist der Regulator, dessen Spiel die Centrifugalkraft bedingt, und die wir eben sowol im Laufe und in der Umdrehung der Gestirne wiederfinden, als in dem Wurfe, mit welchem der Knabe den Kiesel aus seiner Schleuder sendet.

Nehmen wir eine Sämaschine, oder ein Göpelwerk, oder eine Uhr, oder ein Münzprägewerk vor und zerlegen es, so stoßen wir wieder auf dieselben Gesetze und dieselben Vorgänge, mit dem Unterschiede höchstens, daß bei dem einen die Muskelkraft des Menschen oder eines Zugthieres, bei dem andern die Elastizität einer gespannten Feder anstatt der Elastizität des Dampfes als Kraftquelle in Betracht kommt, und daß, wenn die Uhr eine Pendeluhr ist, uns jene regelmäßigen Schwingungen eines aufgehangenen schweren Körpers entgegentreten, welche Jahrtausende lang fortwährend und überall von den Menschen beobachtet worden waren, deren Gesetzmäßigkeit aber erst Galilei erkannte, als er, mehr Forscher als Gläubiger, in der Kirche die hin und her gehenden Bewegungen der von dem Gewölbe herabhängenden Kronleuchter mit seinen Gedanken verfolgte. —

Das Mikroskop läßt uns eine neue Welt bewundern, die sich plötzlich vor uns entzaubert. Der kleinste Splitter eines Feuersteines, ein Pülverchen abgeriebener Kreide, ein Stückchen Kieselguhr zeigt uns Tausende und aber Tausende der zierlichsten Kalk- und Kieselpanzer und Skelete, welche Millionen Jahre vordem lebenden und lustig sich bewegenden Geschöpfen angehörten, bis der Tod sie erraffte, Fäulniß und Verwesung die organischen Theile zerstörten, die kleinen Knochengerippe sich aber auf einander häuften und zu allmählich erhärtenden Steinmassen verkitteten. Die einfachen Eigenschaften des Lichtstrahles, von seiner Richtung abzuweichen, wenn er seinen Weg durch durchsichtige Körper, wie Glas, Wasser, Bergkrystall oder dergleichen nehmen muß, die sogenannte Brechbarkeit, vertausendfacht in den Gläsern des Mikroskops die Schärfe unseres Gesichtssinnes. Sie malt den leuchtenden Regenbogen auf die dunkle Wolkenwand, sie giebt dem Diamant sein prächtiges Farbenspiel, wie sie uns im Thautropfen, der am feuchten Halme hängt, entzückt. Ohne sie wäre die Photographie in ihrer heutigen Gestalt nicht denkbar, die Astronomie würde sich wenig nur über die Stufe, welche sie bei den alten Aegyptern einnahm, erhoben, oder sich höchstens in Hypothesen und Spekulationen ausgebreitet haben, die ihren Beweis kaum hätten vorbringen können. Denn im Fernrohr wie im Mikroskop ist auch wieder die Brechbarkeit des Lichtes und die auf ihr beruhende Konstruktion linsenförmiger Gläser die Seele, um die sich Alles dreht. Selbst unser Auge enthält jenen einfachen Apparat einer vergrößernden Linse und stellt sich damit in die bedeutende Reihe der optischen Instrumente, deren Grundprinzip in einer so simpeln Eigenschaft des Lichtstrahles besteht.

So könnten wir in ähnlicher Weise uns durch den elektromagnetischen Telegraphen belehren lassen, daß ein einziges Gesetz alle Erscheinungen umfaßt, die wir als elektrische oder als magnetische bezeichnen, den Blitz sowol, der verderbenbringend aus der Wolke zuckt, wie die beständige Richtung der Magnetnadel, welche den Schiffer auf hohem Meere den Kiel lenken läßt; — die den in höheren Breitengraden Reisenden wunderbar ergreifende Pracht des Nordlichtes wie die merkwürdigen Scheidungen in den Werkstätten der Galvanoplastik, welche auf stille rastlose Weise ganze Heere von Bildhauern, Erzgießern, Kupferstechern, Holzschneidern, Vergoldern ersetzen.

Und während du am Klavier ein Lied begleitest — durch das Anschlagen der Hämmer an die Saiten und den Klang deiner Stimme erschöpfest du alle jene Erscheinungen und Gesetze, welche dem unendlich wechselvollen Reiche der Töne zu Grunde liegen.

Die ganze Welt, wie sie unsern Sinnen gegenübertritt, ist nicht anders als wie ein Schachspiel: ein gesetz- und regelmäßig eingetheiltes Feld, auf welchem nur wenige von einander verschiedene Figuren sich bewegen, deren jede in ihrem eigenen, fest bestimmten Laufe eine, was wir so nennen, eigenthümliche Kraft darstellt — und doch giebt es der Möglichkeiten unendlich viele, wie diese Kräfte gegen einander und mit einander in Wirkung treten und die Massen ordnen und stellen, so daß doch jedesmal eine besondere und immerhin dem Verständigen bedeutende Idee dadurch Ausdruck findet. —

Es wird auch dem oberflächlich Blickenden schon einleuchten, und durch die im Vorigen gegebenen Beispiele findet es Bestätigung, daß eine genaue Erforschung dieser Grundzüge der Schöpfung von dem fruchtbarsten Einfluß auf alle menschliche Thätigkeit sein muß, nicht nur insoweit diese die äußere Natur zu den besonderen Zwecken des Nutzens und des Bedarfes heranzieht, sondern auch insofern dieselbe die Vorgänge des inneren Menschen zum Gegenstande ihrer Pflege macht. Dieser offenbare Nutzen ist also eine Frucht der Naturforschung und der Naturwissenschaften, wie wir die Gesammtheit der bereits erlangten Resultate und die Methoden, dieselben zu vermehren, zu läutern und in gegenseitigen organischen Zusammenhang zu bringen, im großen Ganzen nennen.

Wie die Natur ein schöner, untheilbarer Organismus ist, so müßten eigentlich auch die Naturwissenschaften ein ungetrenntes Ganze ausmachen. Bei dem unermeßlichen Reichthum aber und der unfaßbaren Fülle der Natur ergiebt sich, daß selbst der schärfste Verstand und der beharrlichste Fleiß den einzelnen Menschen nicht in den Stand setzen, mit allen diesen Gegenständen genauer bekannt zu werden. Es haben sich demgemäß im Laufe der Zeiten auf dem großen Gebiete einzelne Provinzen gesondert, welche, so viel als möglich begrenzt, eine selbständige Bearbeitung finden.

Namentlich gilt dies von den beiden großen Disziplinen, die man früher mit den Namen der Naturlehre, welche philosophisch auf das Innere, das Gesetzmäßige der Erscheinungen eingeht, und der Naturgeschichte bezeichnete, welche letztere historisch die äußeren Thatsachen sammelt und zur leichteren Uebersicht ordnet. Die neuere Forschung ist im Begriff, diese Trennung mehr und mehr wieder zu verwischen, indem sie von höheren Gesichtspunkten aus auch zugleich die Thatsachen der Naturgeschichte in Bezug auf ihre Entstehung und die Art und Weise ihrer Veränderung mit behandelt. Botanik und Zoologie sind durch die Physiologie in das Reich der Naturlehre mit hinübergezogen worden, die Mineralogie baut auf chemischem und physikalischem Fundament und erfährt in den Lehren der Krystallographie sogar eine durchweg mathematische Behandlung.

Das Gesammte der Erscheinungen, das Weltall, wird immer mehr als Ganzes aufgefaßt, und es bildet sich die Astronomie zu einem Zweige der Physik, ebenso wie die Geographie, welche ihren Schwerpunkt nicht mehr in der willkürlichen politischen Abgrenzung der Reiche, sondern in der geognostischen und klimatischen Theilung erblickt.

Jetzt schon ragen alle Disziplinen der Naturwissenschaften in einander über, fast keine von ihnen kann noch gesondert behandelt werden, und wenn auch von anderen Gesichtspunkten aus als früher, so gehen wir doch wieder dem Ziele einer einheitlichen Naturauffassung näher, wie sich eine solche bereits in den Anschauungen spiegelt, welche die Kulturvölker in ihren ersten Bildungsstadien der Natur unterlegten.

Unterschied man früher diejenigen Theile der Naturlehre, welche sich mit den Kräften der Natur befassen, von denjenigen, welche die Eigenschaften der Stoffe und die Art und Weise ihrer Verbindungen zu ihrem Gegenstande hatten, und nannte man die ersteren zusammen Physik, die letztere Wissenschaft aber die Chemie, so ist jetzt bereits eine solche Trennung ganz illusorisch geworden. Denn Alles, was wir Eigenschaften der Körper nennen, also auch die chemischen Qualitäten, ist nichts Anderes, als die verschiedenartige Aeußerung der Wirkungen von Kräften, mit deren Untersuchung sich die Physik beschäftigt. Ein Stück Gold ist fest, weil sich seine Theilchen unter einander anziehen; es ist schwer, weil zwischen ihm und der Erde anziehende Kräfte thätig sind; es ist sichtbar und hat Farbe, weil das Licht in gewisser Weise davon zurückstrahlt; seine Temperatur empfängt es von außen; kurz, wir können keine seiner Eigenschaften ausfindig machen, die sich nicht als die Folge der Aeußerung irgend einer mit der Materie nicht zu verwechselnden Kraft herausstellte. Und dazu hat die Entdeckung eines der merkwürdigsten Naturgesetze und zugleich eines der großartigsten es zur Gewißheit erhoben, daß der sogenannte chemische Prozeß nichts Anderes ist als eine besondere Erscheinungsweise derselben Urkraft, welche einerseits unsere Muskeln ausüben, die uns andererseits von der Sonne als Licht und Wärme zugestrahlt wird, die je nach Befinden auch als Elektrizität und Magnetismus in

Wirkung tritt. Es ist dies das Gesetz von der Wechselwirkung der Naturkräfte und damit zusammenhängend das Gesetz von der Erhaltung der Kraft, deren Erkennung und klare Darlegung wir zwei deutschen Forschern, dem Arzte J. R. Mayer in Heilbronn und dem berühmten Physiker und Physiologen Helmholtz in Berlin verdanken.

Wechselwirkung der Naturkräfte. Wenn wir mit unseren Händen rasch über eine rauhe Fläche streichen, so haben wir ein Gefühl der Wärme; die Achse eines Wagenrades erhitzt sich bei ihren Umdrehungen in den Naben, und manche Mühle ist dadurch schon ein Raub der Flammen geworden, daß die Zapfen der Mühlsteine nicht genug geschmiert worden waren und ihre Erhitzung sich so weit steigerte, um den hölzernen Mantel entzünden zu können. Woher kommt diese Wärme? Sie entsteht unter unseren Händen, denn sie war vorher nicht da. Aus nichts? — Gewiß nicht, denn dann wäre auf diesem Wege längst die Herstellung eines Perpetuum mobile: eine fortwährende, nie versiegende Kraftquelle gefunden worden.

Der Sachverhalt ist, daß sich in dem einen Falle die mechanische Kraft unserer Armmuskeln, in dem andern die mechanische Kraft, welche das Wagenrad und den Mühlstein umtreibt, verwandelt; sie verschwindet in ihrer ersten Form und erscheint als Wärme wieder. Wir können durch lange fortgesetztes rasches Hämmern einen Eisenkeil glühend machen; durch Schlagen eines Feuersteines gegen Stahl entlocken wir diesem Funken, und doch war die Wärme weder im Stein noch im Stahl, sie ist ebenfalls infolge der raschen Bewegung beider gegen einander aus der mechanischen Kraft entstanden. Für diesen Satz, daß mechanische Kraft sich in Wärme verwandeln läßt, kann man Hunderte von Beispielen am Wege auflesen.

Umgekehrt ist es aber auch möglich, die Wärme wieder in mechanische Kraft umzusetzen, wie es thatsächlich in unseren Dampfmaschinen ja fortwährend geschieht. Die Wärme hat die Eigenschaft, die Körper auszudehnen. Im Conservatoire des arts zu Paris hatte eine Mauer einen bedeutenden Riß erhalten, so daß man den Einsturz derselben fürchtete. Um dem Schaden vorzubeugen, zog man in die von einander weichenden Theile große Schraubenmuttern und verband diese mit langen, dicken Eisenstangen, welche man glühend gemacht hatte. Beim Erkalten verkürzten sich dieselben und übten dabei eine solche Gewalt aus, daß sie die Mauerstücke einander wieder näherten und der Riß verschwand. Die Kraft lag hier in nichts Anderem als in der Wärme, welche man vorher den Eisenstangen beigebracht hatte, und die sich nun in eine mechanische Arbeitsleistung umsetzte.

Die Wärme verdunstet das Wasser von der Oberfläche unserer Flüsse und Meere und hebt es auf die Kämme der Gebirge. Wenn wir daher durch das Gefälle der Bäche unsere Mühlen treiben lassen, so benutzen wir eigentlich nichts Anderes als die Sonnenwärme, welche sich früher dem Wasser mittheilte, und analog ist es mit der Kraft des Windes, der ja lediglich durch ungleiche Erwärmung der Erde und der Luft hervorgerufen wird.

Daß die Wärme Lichterscheinungen bewirken kann, zeigt jeder glühende Eisenstab und demgemäß auch, daß wir die Muskelkraft zur Hervorbringung von Licht benutzen oder sie in Licht verwandeln könnten. Schwieriger ist der entgegengesetzte Fall, daß Licht sich in mechanische Kraft umsetzen könne, durch direkte Versuche zu beweisen, und es ist dieser Beweis auch zur Zeit noch nicht gelungen; wir dürfen ihn aber als ausgemacht ansehen, denn es giebt eine Anzahl chemischer Prozesse, welche mit großer Kraftentwicklung vor sich gehen und die, wenn sie auch nicht blos durch das Licht unterhalten werden, so doch wenigstens durch diese Kraft den ersten Anstoß erlangen. Beruhen sie selbst aber auf Bewegung der kleinsten Theilchen, der Atome, so muß der Anstoß, den das Licht dazu giebt, mit solcher Bewegung oder mit mechanischer Arbeitsleistung identisch sein, es mag sein quantitatives Verhältniß so gering sein wie es wolle. Ebenderselbe Fall tritt bei den Pflanzen ein, welche nur im belebenden Strahl der Sonne wachsen und ihre Organe entwickeln. Ihre Gebilde, mit denen sie Menschen und Thieren zur Nahrung dienen oder welche verbrennbare Produkte darstellen, sind eben so gut ein Erzeugniß des Lichtes als der Wärme, durch welche die chemische Verbindung der Stoffe erfolgte; und wenn wir Brot essen oder Holz verbrennen, so genießen wir das darein verwandelte Sonnenlicht mit, oder wir werfen es mit in unseren Ofen und stärken damit die Kraft unserer Muskeln oder die Spannung des Dampfes.

Die elektrischen Erscheinungen lassen sich wie die Wärmeerscheinungen durch Reiben hervorrufen, aber auch die Wärme erzeugt elektrische Spannungen in den Metallen, im Turmalin u. s. w.; ja, wahrscheinlicherweise sind die gewaltigen Elektrizitätsmassen der Gewitter nichts Anderes als Sonnenwärme, die sich uns unter gewissen Bedingungen in dieser eigenthümlichen Form zeigt. Da es nun ausgemacht ist, daß Elektrizität und Magnetismus auf dieselbe Kraft zurückzuführen sind, und die Praxis davon ja in den Elektromagneten einerseits und in den Rotationsapparaten andererseits wirkliche und nützliche Anwendung findet, so erscheint uns die Reihe der natürlichen Kräfte: mechanische Kraft, Wärme, Licht, Elektrizität und Magnetismus, in sich auf das Engste zusammenhängend. Ihnen allen liegt eine einzige Naturkraft zu Grunde, oder vielmehr sie alle sind nur verschieden sich äußernde Modalitäten derselben Kraft; denn es steht in unserer Macht, sie beliebig in einander überzuführen und, je nachdem wir es wünschen, ihre verschiedenartigen Erscheinungsweisen ins Leben zu rufen. Ja, es wird sich der ganze Reichthum des wechselnden äußeren Lebens mit all seinen Formen und Veränderungen als die Folge einer einzigen Kraft erkennen lassen, wenn die chemischen Prozesse, die sogenannten chemischen Spannungskräfte, sich gesetzmäßig demselben Gesichtspunkte unterordnen lassen. Und daß dies in der That der Fall ist, das beweisen zahllose Vorgänge von der einfachen Vereinigung von Wasserstoff und Chlor zu Salzsäure an, welche plötzlich geschieht, sobald das helle Sonnenlicht auf ein Gemisch der beiden Stoffe fällt, bis zu dem Wachsthum der Pflanze und dem wunderbaren Kreislauf der Stoffe in den belebten Organismen, bei welchem Licht und Wärme und Elektrizität nachweisbar die bedeutendste Rolle spielen. Diese Urform aller Kräfte können wir der Bequemlichkeit halber als Wärme auffassen, ohne damit jedoch dieser eine Vorderstellung vor den andern zuzuerkennen. Eigentlich würden wir, einen Schritt weiter gehend, die Bewegung durch Anziehung oder Abstoßung als das Grundprinzip oder als das Wesen der Kraft ansehen müssen; für unsere nächstliegenden Zwecke jedoch ist es genügend, der verständlicheren Vorstellung sich hinzugeben, daß alle Naturkräfte sich in Wärme umsetzen lassen, und daß diese Kraftform sich ebenso in die verschiedenen Modalitäten, wie Licht, Elektrizität u. s. w., wieder verwandeln kann.

Alle Erscheinungen und Veränderungen in der Natur sind also Kraftäußerungen, sie werden solchergestalt auf Bewegung zurückgeführt, denn alle Naturkräfte bestehen ihrem Wesen nach in gewissen Schwingungen der kleinsten materiellen Theilchen, der Atome. Bevor diese Schwingungen bestanden, gab es im unendlichen Raume keine Form, keine Abgrenzung, keinen Wechsel, keine Veränderung, keine Erscheinung überhaupt; die ungeschaffene Welt war der Gleichgewichtszustand. Dieser mußte erst zerstört werden, ehe etwas Begriffliches entstehen konnte. Den ersten Akt freilich, der die Welt schuf, der den Anstoß zu all diesen Bewegungen gab, indem er das todte Gleichgewicht der Materie störte, ihn kennen wir nicht. —

Mit der bloßen Erkenntniß dieser Verwandtschaft der Kräfte wäre allerdings für die Naturauffassung ein bedeutender Gesichtspunkt gewonnen, viel bedeutender aber und von einer großartigen Erhebung wird derselbe dadurch, daß von ihm der Blick in die Oekonomie des Universums bringt und nicht nur das Vergangene, sondern auch das Kommende zu erkennen versucht, indem er es als Folge derselben Gesetzmäßigkeit erschließt, die sich ihm in der Natur offenbart hat. Stoff und Kraft, die Elemente der sichtbaren Welt, zeigen uns ein gemeinsames Grundgesetz. Die erste Wahrheit, wenn wir eine Schlußfolgerung überhaupt so nennen dürfen, ist diejenige, welche sich aus den quantitativen Verhältnissen ergiebt, in denen alle chemischen Umsetzungen erfolgen. Sie zeigt uns in jedem Falle, daß bei den Veränderungen, welche die Materie erleidet, bei den chemischen Umwandlungen nie und nimmermehr auch nur das kleinste Theilchen der Materie selbst dabei verschwindet noch auch irgendwie neue Materie dabei erzeugt wird. Die Summe des vorhandenen Stoffes ist eine gegebene unveränderliche. Die physikalischen Methoden der letzten Jahrzehnte haben nun auch in Bezug auf die Kraft dasselbe Resultat bestätigt, nachdem es

bereits vorher sich dem Genie des Heilbronner Arztes Mayer als eine logische Nothwendig=
keit ergeben hatte. Wie kein Theilchen des in der Welt vorhandenen Stoffes
verloren und gänzlich zunichte gemacht werden kann, so verschwindet auch
kein Theil jener Kraft, welche die Veränderungen, die Erscheinungen in der Natur
bewirkt, und von der wir in Licht, Wärme, Elektrizität u. s. w. besondere Modalitäten wirk=
sam sehen. Die Natur wird nicht ärmer und nicht reicher, außer an Formen, in deren Her=
vorbringung und Veränderung sie eine unendliche Mannichfaltigkeit an den Tag legt.

Dieselben Stoffe, welche vor Hunderttausenden von Jahren bereits die Welt der Ge=
steine, Gewässer, Pflanzen und Thiere bildeten, setzen sie auch heute noch zusammen, und
dieselbe Kraftmenge, durch welche damals die Erscheinungen ins Leben traten, ist heute
noch in der Welt vorhanden. Es ist natürlich, daß wir, wenn wir von der Natur reden,
nicht blos die irdischen Verhältnisse im Auge haben. Es zählt dazu die ganze bestehende
Welt, der ferne Sirius so gut wie unser eigener Körper, denn wir stehen mit den ent=
legensten Räumen des Weltalls in fortwährendem Kräfteaustausch, sei es auch nur, daß
die Erde einen Theil ihrer Wärme ausstrahlt und dadurch die Temperatur des Weltraumes
mit erhöhen hilft, oder daß uns von einem Nebelfleck schwache Lichtstrahlen zukommen.

Sobald nachgewiesen war, daß sich Wärme in mechanische Arbeit, diese in Elektrizität,
Elektrizität in Magnetismus, Magnetismus wieder in mechanische Arbeit, Licht und Wärme
und alle zusammen auf die verschiedenste Weise in chemische Kräfte verwandeln ließen, tauchte
die Frage auf, ob einer bestimmten Wärmemenge auch eine bestimmte Lichtmenge oder eine
bestimmte Quantität elektrischer Kraft entspräche. Hervorgerufen war diese Frage durch
die längst erkannte Thatsache, daß die Erhöhung der Kraftleistung einer Dampfmaschine
einen Mehraufwand von Brennmaterial erfordert, der zu der Arbeitsleistung in einem
ganz genauen Verhältniß steht. Einer gewissen Menge mechanischer Arbeit entspricht dem=
nach auch eine gewisse Menge Wärme. Dieselbe Wärmemenge giebt immer nur dieselbe
Arbeit, oder kann immer nur dieselbe Arbeit geben, wenn sie ganz und gar dazu verbraucht
wird und nicht auf andere Weise, z. B. durch Ausstrahlung, nutzlos verloren geht. Es war
zu untersuchen, ob ein ebensolches Verhältniß, wie zwischen Wärme und mechanischer Arbeits=
leistung, auch zwischen dieser und der Elektrizität z. B. und dann ebenso unter allen übrigen
Modalitäten der Naturkraft bestehe. Durch die scharfsinnigsten Methoden, deren Aus=
einandersetzung uns leider hier nicht vergönnt sein kann, durch die Einführung absoluter
Maße, mit denen die einzelnen Kräfte in ihren Wirkungen gemessen und ihrer Quantität
nach auf das Genaueste bestimmt wurden, gelang es, diese Frage dahin zu lösen, daß ein
solches Verhältniß, wie es bestehen müßte, wenn die verschiedenen Kraftmodalitäten wirklich
in einander übergeführt werden könnten, auch in der That bestehe, daß sich bei dem Ueber=
gange der einen Modalität in die andere nur die Qualität, nicht aber die Quantität ver=
ändere. Wie eine bestimmte Wärmemenge eine bestimmte mechanische Arbeitsleistung ergiebt,
so entspricht derselben ein gewisses Quantum von Elektrizität, Magnetismus u. s. w., und
diese stehen unter sich genau wieder in demselben Verhältniß.

Nun kann es zwar scheinen, als ob bei den unausgesetzt in der Natur vorgehenden
Umwandlungsprozessen nicht immer ein gleicher Effekt durch die gleichen Mittel erreicht
würde. Das ist aber in der That nur scheinbar, da unsere gewöhnliche Beobachtungsgabe
nicht ausreicht, allen den Wegen nachzuspüren, auf denen Theile der Kraft durch die Um=
stände verleitet werden, sich uns zu entziehen. Für ausschlaggebende Fälle ist durch direkte
Messung nachgewiesen, daß ein Verlust nicht stattfindet — und was für den einzelnen Fall
das Experiment, Maßstab, Wage und Gewicht nachweist, dafür hat auch die Mathematik
den gesetzmäßigen Ausdruck gefunden. — Dieses ist das Gesetz von der Erhaltung der Kraft:
die großartigste Entdeckung neben der Entdeckung des Gesetzes von der Gravitation, und
der Name Mayer verdient mit Recht neben dem Newton's genannt zu werden.

Julius Robert Mayer wurde zu Heilbronn am 25. November 1814 geboren. Auf
dem Gymnasium seiner Vaterstadt und später zu Schönthal vorgebildet, studirte er zunächst
in Tübingen, später in München und Paris Medizin, und machte 1840 als Schiffsarzt eine

Reise nach den holländischen Besitzungen in Asien. Der mehrmonatliche Aufenthalt in Batavia, der ihm die Beobachtung eintrug, daß in dem heißen Klima das Blut der Arterien in seiner Farbe wenig von dem Venenblute verschieden sei, wurde dadurch die Veranlassung zur Entdeckung des Gesetzes, das wir in dem Vorhergehenden besprochen haben. Die in ihrer Klarheit bewundernswürdige Schlußfolgerung ließ den jungen Arzt in der geringeren Desorganisation des Blutes ein durch die äußere Wärme reduzirtes Wärmebedürfniß des Körpers erkennen, zu dessen Befriedigung die Verbrennung einer geringeren Menge Kohlenstoff aus dem Blute hinreiche, als in kälteren Gegenden konsumirt wird. Arbeitsleistung und Kohlenstoffverbrauch erschienen in einer bestimmten Relation, deren Aufklärung sich Mayer zur Aufgabe machte, als er 1841 nach Württemberg zurückgekehrt war und sich in Heilbronn niederließ. Die ersten Veröffentlichungen Mayer's gingen fast spurlos vorüber — erst das zusammenfassende Werk „Bemerkungen über das mechanische Aequivalent der Wärme", welches 1851 erschien, öffnete den Physikern die Augen. Namentlich war es

Helmholtz, der die darin ausgesprochenen Gesetze von der
Wechselwirkung der Naturkräfte
und von der Erhaltung der Kraft
durch mathematische Behandlung und glänzende Darstellung
nun sofort zu Fundamental-
sätzen der Physik machte.

Die Gerechtigkeit verlangt
übrigens, zu erwähnen, daß
dieses große Gesetz schon vor
seiner bestimmten Aussprache
von einer Anzahl von Forschern
und Philosophen geahnt worden
ist. Wie könnte es auch anders
sein — die Annahme seines
Nichtbestehens war wenigstens
in unserer Zeit für den Denken-
den unhaltbar. Allein diese Ahnung, welche man aus schriftlichen Aeußerungen nicht nur
von Newton, Descartes, Huyghens, Bernoulli und anderen
mathematischen Genies, sondern
sogar aus einem Passus aus den

Fig. 3. Julius Robert Mayer.

Schriften Cicero's herauslesen will, bleibt bei Allen vag und unbestimmt, nicht mehr und nicht weniger als ein sehr richtiges Gefühl für die ökonomische Harmonie der Natur. Und selbst, wo, wie bei Friedrich Mohr, sich dieses Gefühl in bestimmtere Ausdrücke kleidet, ist es nie begleitet gewesen von der eminenten Tragweite des Satzes von der Erkenntniß, daß in ihm ein Axiom der Natur enthalten ist. Dies hat erst Mayer mit Bewußtsein ausgesprochen, und er war dadurch der Erste in der Lage, die Folgerungen daraus zu ziehen, welche die ganze Welt der natürlichen Erscheinungen und ihren Verlauf in der Zukunft einschließen.

Denn die Frage liegt nahe: Wenn nichts von Stoff und Kraft verloren geht, nichts aus der Welt verschwindet, welche Aussicht ist dann vorhanden, daß sie auch immer in der gegenseitigen Wechselwirkung verbleiben, die die jetzige Welt im Bestehen erhält, und kann die Naturwissenschaft unternehmen, darauf zu antworten? Mit anderen Worten: haben wir Gründe, an einen Untergang der Welt zu glauben, und welcher Art wird derselbe sein?

Nach den vorausgegangenen Betrachtungen ist die Antwort darauf eine wesentlich erleichterte. Denn da wir gesehen haben, daß weder von Stoff noch von Kraft irgend ein

Theil verschwinden kann, so wird schon Niemand mehr dem Gedanken Raum geben, daß, wenn von einem Untergange der Welt die Rede ist, damit eine völlige Vernichtung, das Entstehen einer großen Leere, eines Nichts gemeint sein kann. Es wird vielmehr eben nur an einen Untergang der Formen, an ein Aufhören der verändernden Kräfte gedacht werden können. Und da auch die Kräfte nicht verschwinden können, so bleibt nur noch der Fall eines Weltunterganges übrig, daß ihnen die Gelegenheit sich zu äußern durch die Umstände genommen wird.

Dieser Fall aber muß, wenn wir den erkannten Gesetzen eine Dauer zugestehen dürfen, nothwendig einst eintreten, und jeder Tag, der an uns vorübergeht, verringert die Zeit, die zwischen heute und dem großen Tode liegt.

Alle Kräfte nämlich wirken, indem sie sich ausgleichen. Nur wenn ein Körper in seiner Temperatur eine Veränderung erleidet, so daß er entweder Wärme empfängt oder Wärme an einen andern abgiebt, verändert er sein Volumen und kann mechanische oder elektrische oder Lichterscheinungen hervorrufen. Er mag noch so heiß sein, noch so viel Wärme in sich aufgenommen haben, wenn Alles um ihn herum eben so warm ist, so daß kein Ausgleich, keine Aenderung der Temperaturverhältnisse stattfinden kann, wird alle diese Wärme keine Kraftäußerung bewirken können. Sie wirkt nur durch den Gegensatz zu weniger warmen Körpern, auf die sie übergehen kann. Ein Gleiches ist es mit dem Licht, das nur Veränderungen und Erscheinungen hervorrufen kann, so lange es noch Dunkelheit giebt. Die Elektrizität bringt ihre eigenthümlichen Effekte hervor, wenn sich positive und negative Elektrizität vereinigen, und im Magnetismus tritt uns derselbe Fall im Gegensatz der Pole unter die Augen.

Wollen wir also einmal alle diese Kräfte der Welt zusammengenommen in Wärme verwandelt denken, so wird alle Bewegung und alle Veränderung, alles Leben aufhören, wenn durch den ganzen Weltraum eine gleiche Temperatur herrscht, wenn es keinen wärmeren und keinen kälteren Raum mehr giebt. Die gegenseitige Anziehung der Himmelskörper ist geschwunden — denn sie ist zu Wärme geworden — die Bewegung der Gestirne hat längst aufgehört, ebenso die Anziehung der kleinsten Theilchen, durch welche die Körper Festigkeit haben. Der Stoff hat seine Form aufgegeben — er ist ein atomistischer Staub geworden. Kein Lichtstrahl zittert durch die dunkle Nacht — alles Licht ist Wärme, und selbst diese ist unwirksam geworden. Ihr letzter Effekt ist der gewesen, im ganzen Raume die letzte Spur der Gegensätze auszugleichen; es herrscht ein vollständiger Friede, eine ewige Ruhe in der Welt.

Diesen endlichen Ausgang alles körperlichen Lebens können wir allerdings vorhersagen, denn wie die Erde bisher immer mehr und mehr von ihrer eigenthümlichen Wärme verloren und in den Weltraum ausgestrahlt hat, wie sie jetzt sich in ihrem Zustande nur durch die Zustrahlung von der Sonne erhält, so wird auch diese ihre Lebensquelle nach und nach versiegen, denn die fortdauernde Ausgabe muß auch den Wärmevorrath der Sonne endlich erschöpfen. Und wie die in der Sonne aufgespeicherte Wärmemenge sich vertheilen wird, so wird dasselbe schließlich der Fall sein mit der Wärme aller anderen Gestirne, sowie mit derjenigen, welche in der lebendigen Kraft, in der Bewegung dieser schweren Massen, in der Anziehung ihrer Theile u. s. w. liegt. Die elektrischen, magnetischen, die Lichterscheinungen, die chemischen Prozesse, Leben und Wachsthum der organischen Welt — Alles verschiedene Erscheinungsweisen derselben Kraft, die wir jetzt als Wärme angenommen haben, werden mit dieser schwächer werden und endlich ganz und gar sich zu äußern aufhören, sobald eine gleichmäßige Temperatur den ganzen Weltraum erfüllt. Wir können aber nicht, auch nur entfernt, den Zeitraum bestimmen, der uns von diesem endlichen Tode noch trennt. Ist es durch Thatsachen erwiesen, daß sich seit mehr als 2000 Jahren die Wärmeverhältnisse der Erde nicht um $1/_{100}$ Grad geändert haben, so muß die wahrscheinliche Dauer der Welt für uns eine ganz unbegreifliche bleiben; und der Blick in die ferne Zukunft, welche doch dem Forscher den sichern Tod zeigt, kehrt nicht niedergeschlagen, vielmehr erhoben zurück, denn das große Gesetz, das er erkannt hat, zeigt für menschliche

Begriffe eine Unendlichkeit von Phasen, die alle das Leben noch zu durchlaufen hat, ehe es zur ewigen Ruhe einkehrt. Und so schnellfüßig der Tod sein mag, er gleicht hier dem Achill, der die Schildkröte nicht zu ereilen vermag. —

Wir haben unsere Leser diesen Gedankengang deshalb unternehmen lassen, um ihnen die Fruchtbarkeit und hohe Bedeutung der Wissenschaft zu zeigen, deren Anwendungen auf das Leben uns in diesem Bande beschäftigen werden.

Die Physik ist die Grundwissenschaft der ganzen sichtbaren Welt; sie führt unsern Geist in ungeahnte Fernen des Raumes und der Zeit und giebt doch mit derselben Gewissenhaftigkeit dem Handwerker das Gesetz der Schraube oder des Hebels in die Hand. Die größten Fortschritte der letzten 100 Jahre verdanken wir ihr.

Geschichte der Physik. Ist die Veranlassung zur Beobachtung von Naturerscheinungen auch eine fortwährende, so daß diese schon die frühesten Geschlechter beschäftigt haben muß, so gehört doch ein ziemlicher Grad von Ausbildung des Geistes dazu, um das Beobachtete nach Regeln zu ordnen, und noch mehr, um aus den Erscheinungen auf ihre Ursachen zu schließen. Bereits die ältesten Menschen haben von physikalischen Gesetzen bei der Konstruktion ihrer einfachen Maschinen unbewußt Gebrauch gemacht, Spätere haben einen großen Reichthum von Thatsachen gesammelt, aber die ersten Anfänge einer wissenschaftlichen Verwerthung dieses Materials reichen nicht so sehr weit in die Vergangenheit zurück.

Erst bei den Aegyptern treffen wir auf Anzeichen, die uns dieses Land, wie es die Wiege der Kultur für Griechenland überhaupt war, auch namentlich als die Heimat der ersten wissenschaftlichen Bildung in Bezug auf Mathematik, Physik, Astronomie und Chemie ansehen lassen. Indessen scheinen diese Keime der Naturwissenschaften bei den meisten mit den Aegyptern hauptsächlich in Berührung gekommenen Nationen keinen oder nur wenig günstigen Boden gefunden zu haben. Die handeltreibenden asiatischen Völker hatten zunächst andere Zwecke. Als indessen die Schiffahrt der Phönizier sich vervollkommnete und ihre Kolonien und Handelsexpeditionen die genauere Kenntniß entlegener Länder, namentlich der Nordküste Afrika's, vermittelten (Karthago), mögen auch hier Fortschritte in der Naturkunde nicht ausgeblieben sein. Mancherlei Kenntnisse und Erfindungen, die man diesem betriebsamen Volke zuschreibt (Salpeter, Glas, Bernstein u. s. w.), dürfen wir indessen nicht als auf wissenschaftlichem Wege erlangte betrachten — sie waren Ergebnisse des Zufalls und geben als solche gar keinen Maßstab für die Beurtheilung der Stufe, auf welcher die Naturwissenschaften gestanden haben könnten. — Daß die Hebräer aus Aegypten eine große Menge von Kenntnissen mitbrachten, lehrt uns die Geschichte von Moses; allein die politisch unruhigen Verhältnisse dieses Völkerstammes ließen der Naturkunde keine fruchtbare Pflege angedeihen. Mehr scheint der ernste Sinn der Etrusker der Erforschung des geheimnißvollen Wesens der Welt sich zugewandt zu haben.

Die eigentlichen Erben der Aegypter waren aber erst das geistreiche Volk der Griechen. Die bedeutendsten Männer derselben vervollständigten ihre Erziehung in Aegypten; weitere Reisen brachten ihnen eine Fülle direkter Beobachtungen zu, und die Regsamkeit des griechischen Geistes drang auf selbständige Beantwortung der auftauchenden Fragen. Und wenn daher auch Aegypten mächtige Impulse der ersten Entwicklung gab, so muß man nichtsdestoweniger eine originelle und ursprüngliche Ausbildung, wie aller Wissenschaften so namentlich auch der Naturkunde, den Griechen zugestehen.

Zuerst übte sich der philosophische Sinn in der Erklärung der Weltentstehung (Kosmogonien); dies führte zu der Annahme von Urbestandtheilen (Elementen). Empedokles (460 v. Chr.) beseitigte mit seiner Lehre von den vier Grundelementen: Feuer, Wasser, Luft und Erde, alle früher aufgetauchten Theorien, und merkwürdiger Weise hat sich dieses Dogma lange zu erhalten gewußt. Leider aber hatte man in der an tiefen Köpfen so reichen Zeit um 500 v. Chr. noch nicht den Werth der Beobachtung erkannt; eine geistreiche Idee und einige zufällige Uebereinstimmungen genügten, Fleiß und Genie in Bewegung zu setzen, um ein System der Welt zu schaffen. Bedeutende und kenntnißreiche Männer haben deshalb auch nicht jenen Nutzen gestiftet, den sie ihren Fähigkeiten nach hätten erreichen können.

Erst mit Demokrit von Abdera (starb 404 v. Chr.), Sokrates und Aristoteles begann eine neue Periode. Wenn durch die Erstern auch direkt keine Bereicherungen des naturwissenschaftlichen Materials gemacht wurden, so war doch die richtigere Methode, welche sie der Sophistik gegenüber aufstellten, von der größten Fruchtbarkeit; der Philosoph aus Stagira dagegen, durch seinen großen Schüler Alexander mit unermeßlichen Hülfsmitteln versehen, erweiterte die Kenntniß von Thatsachen auf das Großartigste und machte dadurch die Naturkunde eigentlich erst zu einer selbständigen Wissenschaft, welche sie vorher nicht gewesen war.

Was speziell die Physik anbelangt, so waren es zunächst die Bewegungserscheinungen der Gestirne, welche zur Erforschung aufforderten; mit der sich entwickelnden Astronomie ging die physische Geographie Hand in Hand, Eratosthenes aus Kyrene (228 v. Chr.) versuchte die erste Messung des Erdumfanges. Bei den Erscheinungen des Lichtes, der Elektrizität, welche die Griechen am Bernstein (elektron) beobachteten, bei der anziehenden und abstoßenden Kraft des Magnetes, die ihnen ebenfalls bekannt war, begnügten sie sich noch mit symbolisirenden Deutungen; und wenn der Versuch, den Schweigger gemacht hat, die ganze Götterlehre als eine symbolisirte Naturauffassung anzusehen, in dieser Weise nicht zu gewagt wäre, so würden wir allerdings den in jene Lehren Eingeweihten eine große Kenntniß naturwissenschaftlicher Thatsachen zugestehen müssen.

Die Römer entnahmen, wie überhaupt ihre geistige Bildung, so auch ihre Naturerkenntniß dem von den Göttern geliebten Griechenland. Es ist aber bereits an anderer Stelle*) hervorgehoben worden, daß und warum unter diesem Volke eine eigenthümliche Ausbildung der Naturwissenschaften überhaupt nicht statthaben konnte. Nur etwa die Mathematik und einzelne verwandte Zweige der Kriegswissenschaften (Befestigungswesen, Baukunst) erhielten Förderung, im Uebrigen wurden einzelne Fragen der Naturkunde zwar Gegenstand merkwürdiger poetischer Darstellung, — ein eigentlicher Forschungstrieb aber fehlte. Selbst die beiden Plinius und der verdienstvolle Strabo hatten mehr Sammlereifer als Bedürfniß nach Erkenntniß der Gesetzmäßigkeit der Erscheinungen.

Dagegen treten die Araber als wirkliche Beförderer der Naturwissenschaften auf, durch ihre Lebensweise im Freien bereits mit einigen Zweigen derselben, Astronomie und Meteorologie, ziemlich vertraut. Die mathematischen Disziplinen waren es daher auch zuerst, denen man eine aufmerksame Pflege angedeihen ließ; sodann aber treffen wir hier auf die Anfänge der Chemie, welche nach Spanien und durch die Kreuzfahrer dem westlichen Europa zugeführt wurden. Es lag in den Verhältnissen, daß hier diese Wissenschaften eine eigenthümliche Behandlung erfuhren. Jahrhunderte lang hatten fast alle Gebiete geistiger Forschung öde gelegen, und die Folgen einer dadurch entarteten Denkweise verkümmerten noch die Anfänge der eintretenden Läuterung. Die Astronomie wurde als Astrologie gemißbraucht, und erst Keppler vermochte sie aus diesen unwürdigen Fesseln ganz zu befreien; die Chemie wurde zur Alchemie. Aber trotz Alledem zeigte sich die ewig frische Kraft jener Wissenschaften darin wirksam, daß sie den befangenen Sinn wieder auf die Natur hinlenkten; das Vertrautwerden mit ihren Erscheinungen und Gesetzen machte endlich auch die Gedanken frei, die durch Galilei und Kopernikus den ersten Riß in jene furchtbare Decke der Dummheit und Lüge rissen, welche die Hierarchie über die Völker gebreitet hatte.

Albertus Magnus (starb 1280), Roger Baco (1294), der Optiker Vitellion (1280), Konrad von Meyenberg (1349), Raymundus Lullus (starb 1315), Thomas von Aquino (1274), Johann von Gmünden (1442), Georg von Peurbach (1461) und Johannes Müller Regiomontanus (geboren 1436, gestorben 1476) sind Namen, welche alle Zeiten mit hoher Verehrung nennen. Bereits um das Jahr 1300 gab Theodoricus von Apolda eine Erklärung des Regenbogens; die Brillen sind um dieselbe Zeit etwa erfunden worden, und es scheint, daß wir diese Erfindung Alexander von Spina zu verdanken haben; einige Jahre früher vielleicht hatte Flavio Gioja aus Amalfi die Magnetnadel erfunden.

---

*) Einleitung zu Bd. I des „Buch der Erfindungen".

Die Schiffahrt, welche durch die Anwendung des Kompasses ihre Grenzen erweiterte, ließ die Linie ohne Abweichung von Columbus entdecken. Derselbe erkannte auch die Abnahme der Temperatur nach den höheren Luftschichten hin. Eines bedeutenden Physikers des 15. Jahrhunderts haben wir in Leonardo da Vinci zu erwähnen, der nicht nur die ihm durch seine Kunst nahe gelegten Gebiete der Optik und die Lehre vom Sehen, sondern auch die Hydraulik bearbeitete, vielerlei sinnreiche Maschinen konstruirte und in die damals ohne jede wissenschaftliche Grundlage traktirte Meteorologie einfache Begriffe einführte. Seine rationelle Auffassung der natürlichen Dinge und ihre systematische Behandlung lassen ihn schon von demselben Geiste erfüllt erscheinen, der später durch Bacon von Verulam Eingang in die Forschung fand.

Regiomontanus hatte zu Anfang der zweiten Hälfte des 15. Jahrhunderts parabolische Brennspiegel hergestellt und die Dezimalrechnung erfunden, Erd- und Himmelsgloben verfertigt, die Libration des Mondes und die Schiefe der Ekliptik beobachtet, vor allen Dingen aber auch auf Kopernikus einen so direkten Einfluß durch seine Forschungen ausgeübt, daß sein Name sich in ruhmvoller Weise mit der Ausbildung desjenigen Weltsystems verknüpft, welches die Grundlage der rationellen Naturwissenschaften geworden ist.

Die erste große That, nachdem Kopernikus (starb 1543) bereits sein System aufgerichtet hatte, geschah durch Keppler, dessen Bewegungsgesetze der Gestirne, sowie die von seinem nicht minder hervorragenden Zeitgenossen Galilei entdeckten Pendelgesetze eine völlig neue Epoche einleiteten, seit welcher die Naturforschung genaue Beobachtung und unmittelbar daraus abzuleitende, klar aufzufassende Schlüsse allein als einzige untrügliche Autoritäten betrachtet. Keppler ist auch der Erfinder des nach ihm benannten astronomischen Fernrohrs, dessen Konstruktion eine Frucht seiner optischen Untersuchungen war. Die richtige Theorie der Funktionen des Auges wurde von ihm entwickelt auf Grund der erkannten Gesetze der Lichtbrechung, und der Name Dioptrik, den dieser Zweig der Optik führt, rührt von Keppler her. Und wie Regiomontanus dem Kopernikus, so wurde Keppler dem das Gravitationsgesetz auffindenden Newton ein Vorläufer; seine Ansichten über die Anziehung der Körper hätten die Erkenntniß des Gesetzes der Schwere eher zur Reife bringen können, als es so der Lauf der Dinge war. Elektrizität und Magnetismus wurden von Gilbert untersucht, welcher der Erste war, der den auf diesem Gebiete beobachteten Erscheinungen einen geordneten Zusammenhang gab. Das Barometer wurde erfunden, nachdem Torricelli die Ursache des atmosphärischen Druckes erkannt und den «horror vacui» aus den Köpfen getrieben hatte. Die Erfindung des Mikroskops und des Fernrohres war gemacht, und wenn wir das Thermometer, von Drebkel 1638 erfunden, hinzunehmen, so sehen wir die exakte Forschung im Verlaufe von wenig mehr als einem Vierteljahrhundert mit ihren Fundamentalinstrumenten ausgerüstet.

Hatte der geniale Bacon von Verulam (geboren 1561, gestorben 1626) den durch Keppler und Galilei begründeten Umschwung der Physik bereits durch das Ueberzeugende seines Stiles vorbereitet, so war andererseits durch Cartesius die mathematische Methode für die Behandlung physikalischer Probleme in den Vordergrund geschoben worden, und es geschah durch Huyghens, den Erfinder des Sekundenpendels und dessen Anwendung zur Zeitmessung, ganz besonders aber durch Isaak Newton aus Woolstrope (geboren 1642, gestorben 1727), eine so entschiedene Feststellung der neuen Methode, daß dieselbe für lange Zeiten Richtschnur bleiben zu wollen scheint. Die früher für unglaublich kompliziert gehaltenen Erscheinungen ließen sich durch sie in einfache Ausdrücke bringen, und die erkannte Gesetzmäßigkeit wurde nun auch in ergiebigster Weise verwendbar. Obwol Newton nicht mit der Ausschließlichkeit wie Cartesius die mathematische Behandlung pflegte, vielmehr die Lösung von Fragen, wie der nach der Natur des Lichtes u. s. w., gerade durch die genauesten und mühsamsten Experimente, die heute noch unübertroffen dastehen, zu erreichen suchte, so blieb ihm doch auch hier, wie bei seinen mechanischen, rein auf Bewegung zurückkommenden Problemen, die Mathematik der letzte Prüfstein, und gerade durch das stete Zurückbeziehen auf die durch das Experiment gewonnenen Erfahrungen hielt er die Forschung von dem sich Verlieren in grundlosen Spekulationen fern, denen die alten Philosophen oft von rein mathematischem Standpunkte aus verfallen waren, und denen selbst Keppler und Cartesius zuneigten. Welchen Antheil Newton an der Ausbildung der Physik, der er das Gesetz der Schwere entdeckte, auch noch durch seine optischen Untersuchungen erwarb, werden wir bei dem Kapitel vom Licht zu betrachten Gelegenheit haben.

Noch vor ihm und gleichzeitig mit ihm arbeiteten Otto von Guericke (geboren 1602, gestorben 1686); die Franzosen Paul de Fermat (gestorben 1665) und Blaise Pascal (geboren 1623, gestorben 1662); Mariotte (gestorben 1686), der das berühmte Gesetz von der Verminderung des Luftdruckes auffand, die Bernoulli's und vor Allen hervorzuheben Christian Huyghens (starb 1695). Huyghens entdeckte die Polarisation, welche ein Lichtstrahl erleidet, wenn er durch einen Krystall von isländischem Doppelspath geht, diese Fundamentalbeobachtung, welche der Undulationstheorie zu Grunde liegt, und hat diese Theorie selbst aufgestellt. (Die Polarisation durch Spiegelung fand Malus im Jahre 1808 und drei Jahre später Arago die farbige Polarisation.) — Hooke und Grimaldi hatten schon 1665, vor Huyghens, Interferenzerscheinungen beobachtet, welche ebenfalls nur durch die Annahme von Lichtwellen erklärt werden konnten; allein sie haben ihre Beobachtungen nicht in dieser Weise verwerthet, und Huyghens muß daher der Ruhm bleiben, eins der sublimsten physikalischen Gesetze begründet zu haben. Unter den frühesten Vertheidigern dieses anfänglich arg befeindeten Satzes, nach welchem alle Lichterscheinungen auf Wellenbewegungen eines eigenthümlichen Fluidum, des Lichtäthers, zurückzuführen sind, treffen wir Euler, während Newton, obgleich er alle in Frage kommenden Erscheinungen auf bewundernswürdige Weise untersucht und diskutirt und damit die neue Theorie mit neuen Stützen versieht, sich doch einer direkten Beantwortung der Frage nach der Natur des Lichtes enthält.

Aus dieser Zeit stammt (außer den schon erwähnten großen Gesetzen der Schwere, des Luftdruckes und des Lichtes) die Erfindung der Luftpumpe, des Sperrhahns, der Magdeburger Halbkugeln, der Elektrisirmaschine, der Laterna magica und des Kaleidoskops, von denen letzteren der gelehrte Pater Kircher zuerst Nachricht giebt; der Pendeluhren und der Ankerhemmung in denselben (Huyghens), der Spiegelteleskope, des Manometers, des Nonius, des Hygrometers. Ja, auch die ersten Ideen der Dampfmaschine treten schon zu Tage, deren weitere Ausbildung wir aber erst im folgenden Jahrhundert erblicken.

Im 18. Jahrhundert und bis heute dürften wir eine lange Reihe von Namen und Erfindungen verzeichnen, ohne damit auch nur einen halbwegs vollständigen Ueberblick über den Stand unserer Wissenschaft geben zu können. Rüstig ging es auf dem eingeschlagenen Wege weiter, und namentlich waren es die Elektrizität und der Magnetismus, deren Erforschung jetzt eifrig betrieben wurde. Die Akustik, die Lehre vom Schall, fand zwar Bearbeitung durch Euler, allein gegenüber den anderen blieb dieser Zweig der Physik zurück, wogegen die Lehre von den Gasarten und Dämpfen durch Priestley eine lichtvolle Darstellung erfuhr. Watt, Gray, Nollet, Franklin, Picard, Muschenbrock, Galvani, Volta, Young, Malus, Oerstedt, Faraday, Fresnel, Arago, Brewster, Biot, Melloni, Daniell, gehören schon dem vorigen Jahrhundert an. Ampère, Seebeck, de la Rive, Regnault, Gay-Lussac, Fechner, Pfaff, Wilhelm Weber, Gauß, Mayer, Poggendorf, Tyndall, Rieß, Pouilet, Jolly, Clausius, Magnus, Dove, Kirchhoff, Helmholtz, Foucauld, Lissajous und zahlreiche Andere theilen sich in den Ruhm, den die Physik des 19. Jahrhunderts sich erworben hat.

Wenn wir aber aus dem 18. Jahrhundert das folgenwichtigste Moment aus dem Gebiete der physikalischen Entdeckungen oder Erfindungen herausgreifen sollen, so ist dies unbedingt die Erfindung der Dampfmaschine, jenes Apparates, mittels dessen nach Belieben mechanische Kraft lediglich durch Wärme erzeugt werden kann. Die Dampfmaschine, welche mehr als alle vorhergegangenen Errungenschaften, mehr als der Zug Alexander's des Großen nach Indien, mehr als die Entdeckung Amerika's, die Verhältnisse der Menschheit umgestaltet hat, welche die Entfernungen zwischen den Völkern verwischt, die Grenzen der Politik und

Nationalitäten aufgehoben, die Kräfte für unsere Bauten oder für die Verarbeitung der Rohstoffe zu Gegenständen des Nutzens und des Vergnügens tausendfach vermehrt und wohlfeiler gemacht, welche die Armuth vertrieben hat, denn sie wirkt nivellirend, indem sie jeden Ueberfluß nach den Orten des Mangels wendet, welche das kostbarste Gut unseres kurzen Lebens, die Zeit, vermehrt und den Menschen auf höhere Stufen hebt, indem sie ihm die niedrigen mechanischen Kraftleistungen abnimmt, zu denen er mit dem Thiere verdammt war, — die Dampfmaschine ist nicht viel über hundert Jahre alt. Im Jahre 1769 wurde sie von James Watt erfunden — nicht durch Zufall, wie der stumpfe Neger in den Diamantdistrikten Brasiliens den edlen Stein im Sande glänzen sieht — sondern durch scharfes, emsiges Nachdenken über die Natur des Dampfes. Fast 2000 Jahre früher schon hatte **Hero** von Alexandrien eigenthümliche Wirkungen des Wasserdampfes beobachtet und darauf einen merkwürdigen Apparat gegründet. Schon damals lag Alles so nahe, aber weder der Dampfcylinder mit seinem beweglichen Kolben, noch auch andererseits die Turbine, deren Prinzip sich ebenfalls in jenem alten Apparate zuerst aussprach, gingen damals daraus hervor. — Wenig älter nur als die Dampfmaschine ist der Blitzableiter (1752). Obwol Manche den alten Griechen gern eine genaue Kenntniß der Elektrizität zuschreiben möchten und behaupten, daß diese, um die verderblichen Blitze von den Tempeln ihrer Götter abzulenken, hohe Bäume um dieselben gepflanzt hätten, so gebührt doch das unbestreitbare Verdienst dieser Erfindung dem großen amerikanischen Bürger Benjamin Franklin. Zu Anfang des 18. Jahrhunderts wurde der innere ursächliche Zusammenhang der elektrischen Erscheinungen aufgedeckt, und erst auf Grund dieser Wissenschaft wurde es möglich, die Natur des Gewitters zu erkennen und Mittel zur Abwendung seiner schädlichen Wirkungen

Fig. 4. Bacon von Verulam nach der Statue in der Westminster-Abtei.

zu erfinden. Alle anderen Erfindungen auf dem Gebiete der Elektrizität und des Magnetismus fallen in eine spätere Zeit, denn es ist nothwendig, daß die fundamentalen Wahrheiten vorher ausgesprochen sein müssen, ehe die darauf sich stützenden Anwendungen und Schlüsse gemacht werden können. —

Man hat seit dem grauen Alterthum schon die verschiedenartigsten Versuche gemacht, zu telegraphiren. Der Fall Troja's wurde von Agamemnon an seine Gemahlin Klytämnestra noch in derselben Nacht auf eine Entfernung über siebzig Meilen durch verabredete Feuerzeichen gemeldet. Aber trotzdem, daß das Bedürfniß nach raschester Mittheilung in die Ferne zu allen Zeiten ein höchst dringliches geblieben ist, konnte die Telegraphie ihre heutige wunderbare Ausbildung erst dann erlangen, nachdem der Elektromagnetismus entdeckt (Anfang dieses Jahrhunderts), nachdem Ampère, Gauß und Weber ihre bewundernswürdigen Untersuchungen über diesen Gegenstand gemacht, und Männer wie Steinheil,

Morse u. A. durch zahlreiche neue Beobachtungen oder sinnreiche Anwendungen die praktische Verwendung erleichtert hatten.

Fast alle die Instrumente und Apparate, welche bestimmt sind, gewisse Erscheinungen oder Kräfte zu messen, um die Wirkungen dieser mit einander vergleichen zu können, sind erst seit dem 17. Jahrhundert erfunden worden: Thermometer, um die Wärme, Barometer, um den Luftdruck, Manometer, um die Dampfspannung, Elektrometer, um die Elektrizitäts= mengen zu messen u. s. w. Nur die Wagen sind eine alte Erfindung, sie haben aber dafür eine solche Vervollkommnung und Erweiterung der Anwendung erfahren, daß wir ihre zweite Erfindung als physikalisches Instrument in die Zeit der Französischen Revolution setzen können. In der Methode, alle Erscheinungen auf ihr Maß zu untersuchen, liegt aber der Kern der neueren Physik. Alle ihre Erfahrungen erhalten dadurch eine, von unseren unsichern Sinneswahrnehmungen unabhängige, absolute Bedeutung, die einzig und allein der mathematischen Behandlung zugänglich ist. Und nur auf diesem Wege können wir die Erscheinung, welche uns zu beobachten von Werth ist, genau in derselben Weise wieder hervorrufen (Experiment). Oder wäre es möglich, auch nur die Behauptung aufzustellen, daß das Wasser stets bei derselben Temperatur gefriert oder aufthaut, wenn wir keinen anderen Maßstab für die Wärme hätten, als das Gefühl unserer Nerven?

Die Meßinstrumente und die Meßmethoden allein vermögen die Antwort auf die an die Natur gestellten Fragen uns verständlich zu machen, sie in eine allgemeine Sprache zu übersetzen. Ein Gleiches vermag keine Naturphilosophie mit all ihren Definitionen und Erklärungen, welche das kräftige materielle Leben durch leere Redensarten ausdrücken wollen. Mit all dem Bombast ganzer Herden solcher sogenannter Philosophen ist kein ein= ziges Gesetz entdeckt, keine einzige Erscheinung erklärt, keine dem Leben nutzbringende Anwendung gemacht worden. Der wahre Naturforscher ist ein Feind der Worte — oft um= fassen wenige Zeilen die Resultate Jahre langen, mühseligen Arbeitens, aber diese wenigen Zeilen schreiben sich unauslöschlich in das Buch der Menschheit.

———

Die allgemeinen Eigenschaften der Körper.

Wenn ein Bildhauer einen Marmorblock bearbeitet und dem umgestalteten Steine Form und Seele giebt, so hilft ihm zur Erreichung seines Zweckes ein physikalischer Vorgang. Wir nennen nämlich im engeren Sinne alle diejenigen Veränderungen und Erscheinungen, bei denen die innere Zusammensetzung der Körper keine Aenderung erleidet, physikalische im Gegensatz zu den chemischen, bei denen eine solche Umwandlung des Stoffes, eine Veränderung der inneren Zusammensetzung, gerade das Wesentlichste ist. Die abgeschlage= nen Marmorstückchen sind aber ihrer inneren Natur nach genau dasselbe, was der Marmor= block ist; anders wäre es freilich, wenn wir uns anstatt des Meißels und des Schlägels einer ätzenden Säure bedienen wollten, um Ueberflüssiges zu entfernen. Denn diese löst den Marmor auf, und indem sie die darin enthaltene Kohlensäure austreibt, verändert sie die innere Zusammensetzung und wirkt also auf chemische Weise. Obwol wir oben schon erörtert haben, daß eigentlich die Chemie nichts Anderes als ein Zweig der Physik sei, so wollen wir doch von nun an, der leichteren Uebersichtlichkeit wegen, welche eine derartige Eintheilung gewährt, uns derselben Unterscheidung anbequemen, welche das gewöhnliche Leben zwischen chemischen und physikalischen Vorgängen macht. — Die Einwirkung der mechanischen Kraft, welche den Marmorblock nach dem Sinne des Künstlers ummodelte, zeigt sich zunächst in nichts Anderem, als in der Lostrennung einzelner Theile von der großen Hauptmasse. Wäre der Marmor nicht „theilbar", so würde seine Verwendung zu Werken der Bildnerei nicht möglich sein.

Die Theilbarkeit, welche allen in der Natur vorhandenen Körpern eigen ist und die wir deshalb eine allgemeine Eigenschaft derselben nennen, hat für unsere Sinne eigentlich keine Grenzen. Wir vermögen einen kleinen Marmorsplitter mit dem Hammer in noch kleinere zu zerschlagen, diese in einem Mörser zu einem ganz feinen Pulver zu zerstoßen, und trotzdem, wenn wir ein Stäubchen dieses Pulvers unter ein stark vergrößerndes Mikroskop bringen, werden wir es von Dimensionen erblicken, welche sich noch weiter verringern lassen. Mit der Verfeinerung der Instrumente können wir die Verkleinerung immer weiter treiben, allein die Körper auf diese Weise in ihre kleinsten Bestandtheile aufzulösen, wird uns nie gelingen.

Es müßte für die Theilbarkeit da eine Grenze geben, wo ein zusammengesetzter Körper nicht anders mehr zu verkleinern wäre, als daß seine Urbestandtheile aus einander fielen, daß sich also aus dem Marmor das Calciummetall, der Kohlenstoff und der Sauerstoff endlich sonderten, denn aus diesen Urbestandtheilen, Elementen, besteht seine Masse. Auf dem eingeschlagenen mechanischen Wege ist dies aber nicht erreichbar, wir können die kleinsten Theile, aus denen jeder Körper bestehen muß, und die in der Sprache der Wissenschaft Atome, Molecule genannt werden, nicht gesondert darstellen. In dem Marmor ist ein Atom Calciummetall mit einem Atome Sauerstoff zu Calciumoxyd oder Kalkerde verbunden, diese aber wieder an Kohlensäure, welche aus einem Atome Kohlenstoff und zwei Atomen Sauerstoff besteht, gekettet. Diese Verbindung heißt kohlensaure Kalkerde und der Marmor besteht aus derselben. Das kleinste Theilchen kohlensaure Kalkerde, welches demnach eine Gruppe von 5 Atomen repräsentirt, nennt man ein Molecul; im Gegensatz zu Atom, dem kleinsten Theilchen der einfachen, nicht weiter zerlegbaren Stoffe. Wir werden im 4. Bande bei Betrachtung der chemischen Vorgänge Gelegenheit finden, darauf näher einzugehen.

Wie die Atome mit einander verbunden sind, können wir, da uns unsere Sinne hierbei im Stich lassen, uns nicht vorstellen. Jedenfalls müssen aber besondere Kräfte thätig sein, welche zwischen den Atomen wirken und diese entweder anziehungsweise mehr oder weniger stark an einander halten, wie bei den festen und flüssigen Körpern, oder abstoßend die einzelnen Atome von einander zu entfernen streben, wie es bei den gasartigen Körpern der Fall ist. Diese Kräfte, in ihrer Gesammtheit Molecularkräfte genannt, äußern sich wie gesagt nach der Natur der Körper verschieden. Zeigen sie bei einigen eine solche Energie, daß sich der Trennung der einzelnen Theile ein bedeutender Widerstand entgegensetzt (Diamant, Stahl, Granit, Elfenbein u. s. w.), so sind sie bei anderen dagegen sehr schwach (Wasser, Quecksilber), ja in manchen Stoffen haben die kleinsten Theilchen sogar das fort=während Bestreben, sich von einander zu entfernen, sich ins Unendliche auszudehnen, und werden daran nur durch die Einwirkung anderer Kräfte gehindert. Die Luft würde in den unendlichen Raum verstieben und nicht als ein 10 Meilen dicker Mantel sich um die Erde lagern, wenn sie nicht von derselben durch die Alles verbindende Schwerkraft festgehalten würde. Hieraus ergiebt sich die Eintheilung der Körper in feste, flüssige und luft=förmige. Wir vermögen in vielen Fällen diese Zustände, die Aggregatzustände, in einander überzuführen und machen davon Anwendung beim Schmelzen der Metalle und beim Guß geformter Gegenstände, beim Destilliren, in den Trockenstuben der Färbereien und Druckereien, wo wir das dem Zeuge anhaftende Wasser als Dampf verjagen. Auf dem flüssigen Wasser schwimmen unsere Schiffe, und die Bewegung der Luft treibt die Flügel der Windmühlen. Den anziehenden Molecularkräften wirkt die Wärme entgegen, sie sucht die Theilchen von einander zu entfernen, sie vermag daher feste Körper flüssig zu machen, flüssige in den gasförmigen Zustand überzuführen.

Die luftförmigen Körper sind gestaltlos. Die flüssigen ändern ihre Form mit den Gefäßen, in denen sie sich befinden, und haben nur eine einzige, durch die Wirkung der Schwere bestimmte Fläche, das ist ihr Spiegel. Derselbe breitet sich stets in einer horizon=talen Ebene aus, oder vielmehr in einer Fläche, welche dieselbe Krümmung hat wie die Erdoberfläche. Auf dem weiten Meeresspiegel bemerken wir an dem allmählichen Auftauchen der von fern herankommenden Schiffe diese Rundung, welche an den kleinen Wassermassen auf dem Lande uns nicht auffällt. Die festen Körper besitzen Gestalt und Form, welche ihnen dauernd anhaftet. Erfolgt ihre Bildung in eigenthümlicher Weise, wie das Wachsen eines Thieres, das Hervorschießen einer Pflanze aus dem Keime, oder wie die Ausscheidung von Stoffen mit bestimmter chemischer Zusammensetzung aus flüssigen Lösungen, so ist die Form

eine gesetzmäßige, die in derselben Art immer wieder aus denselben Bedingungen hervor=
geht. Bei der Bildung von Pflanzen und Thieren sind die in Wechselwirkung tretenden
Kräfte zu mannichfacher Art, als daß wir aus ihnen das Geheimniß der Gestaltung ohne
Weiteres herauslesen könnten. Einfacher sind die Verhältnisse bei den unorganischen
Individuen, die wir Kryſtalle nennen. Sie haben einen rein geometriſchen Grund=
charakter, und ihre allmähliche Ausbildung vermag dem Beobachter ein hohes geiſtiges
Vergnügen zu gewähren.

  Wer hat sich nicht an den zierlichen Sternen und Eisnadeln schon erfreut, welche ein
Schneefall zu Millionen herunterwirft? wer hat nicht die regelmäßigen Bildungen
bewundert, die aus den verschiedenartigen Löſungen der chemiſchen Fabriken anſchießen?
Den kleinſten Stofftheilchen ſcheint faſt eine Seele innezuwohnen, welche sie zwingt, in
mathematiſcher Gesetzmäßigkeit sich zu gruppiren und zur Ausbildung eines ringsum von
ebenen, glatten Flächen eingeschloſſenen Körpers sich an einander zu legen. Man hat es
ganz in seiner Gewalt, die Vorgänge dabei verfolgen zu können, wenn man sich eine
konzentrirte Löſung irgend eines leicht kryſtalliſirenden Salzes (Alaun, Kupfervitriol oder
dergleichen) bereitet, und in diese einen an ein Haar oder einen Kokonfaden gebundenen
kleinen Kryſtall deſſelben Salzes hineinhängt, wie ſolche sich auf dem Boden des Gefäßes
zuerſt ausſcheiden (ſ. Fig. 5).

  Die feſten Körper zeigen unter sich aber wieder, was die innere Anordnung ihrer
Theile anbelangt, eine große Verſchiedenheit. Keiner von ihnen bildet nämlich eine voll=

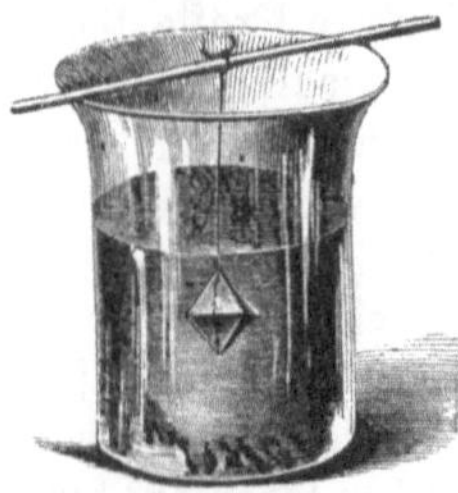

ſtändig in sich zuſammenhängende Maſſe, ſondern es finden sich
Zwiſchenräume, die wir mit dem Namen **Poren** bezeichnen. Alle
Körper sind **porös**. Ein Häutchen fein geſchlagenes Gold, gegen
das Licht gehalten, iſt nicht undurchſichtig. Infolge ſeiner Poro=
ſität läßt es einzelne Lichtſtrahlen durchdringen und erſcheint von
einer grünlich violetten Farbe. Elfenbein und Marmor laſſen sich
färben, das heißt: ihre Poren laſſen den aufgelöſten Farbſtoff ein=
bringen und halten ihn zurück, wenn das Auflöſungsmittel daraus
verdunſtet iſt. Augenſcheinlicher wird dieſe allgemeine Eigenſchaft
der Körper, und häufig angewendet, bei dem Filtriren (Fig. 6).

Zeugſtoffe, Kieſel, Kohle, ungeleimtes Papier dienen dazu, um
Flüſſigkeiten von darin ſchwimmenden Unreinigkeiten zu trennen, indem sie die erſteren
durchſickern laſſen, während die feſten Körperchen von ihnen zurückgehalten werden. Die
Poroſität iſt eine Eigenſchaft der Körper, die aber von ihrem eigentlichen Weſen nicht un=
bedingt abhängt — denn der Grad der Poroſität kann bei demſelben Körper ein ſehr ver=
ſchiedener ſein, ohne daß dadurch eine weſentliche Verſchiedenheit bedingt würde. Anders
iſt es mit den Zwiſchenräumen, die man zwiſchen den einzelnen Atomen und Moleculen
annehmen muß; dieſe müſſen wir in derſelben Gesetzmäßigkeit bei demſelben Körper immer
wieder auftretend vorausſetzen, ebenſowol bei den gasförmigen als bei den flüſſigen und
feſten, und von ihrer Art hängen die Einflüſſe ab, welche Licht, Wärme u. ſ. w. beim Durch=
gange durch die Körper erleiden. Die Poroſität im gewöhnlichen Sinne des Wortes, jenes
erſt angeführte mehr oder weniger Zerlöchertſein hat für die wiſſenſchaftliche Phyſik kein
Intereſſe — obwol man immer noch ein Verbrechen zu begehen glaubt, wenn man es unter
den allgemeinen Eigenſchaften der Körper aufzuführen unterläßt.

  Die **Elaſtizität** oder **Federkraft** iſt ebenfalls eine allen Körpern gemeinſame
Eigenſchaft. Sie hängt mit der Feſtigkeit nur in geringem Grade zuſammen, denn gerade
die luftförmigen Körper gehören zu den am vollkommenſten elaſtiſchen, während viele feſte
Körper, wie Blei, nur in unvollkommenem Grade elaſtiſch sind. Bekanntlich äußert sich
dieſe Eigenſchaft in dem Beſtreben, die einmal innehabende Form beizubehalten und sie
wieder einzunehmen, ſobald der Zug oder Druck aufhört, welcher eine Aenderung bewirkte.
Ein ausgedehntes Stück Gummi zieht sich wieder zuſammen, ſobald ſeine Spannung auf=
hört. Ein Gummiball ſpringt in die Höhe, wenn er fallen gelaſſen wird; die Theilchen,

welche zuerst auf den Boden auftreffen, werden gewissermaßen in das Innere hineingetrieben, und die Kugelgestalt erhielt an der Berührungsstelle eine Abplattung. Es läßt sich dies beobachten, wenn man, wie es Fig. 7 zeigt, eine Elfenbeinkugel auf eine etwas angeölte Platte fallen läßt und sie, wenn sie wieder in die Höhe springt, auffängt. Die Berührungs= stelle nämlich, wo die Kugel aufgefallen ist, erscheint als eine kleine kreisförmige Fläche; eine solche momentane Abplattung muß die Kugel erfahren haben. Das Bestreben, ihre erste abgerundete Form wieder einzunehmen, schnellte aber die Theilchen sogleich wieder in ihre frühere Lage zurück, und die Kugel flog infolge dessen von der Fläche wieder ab.

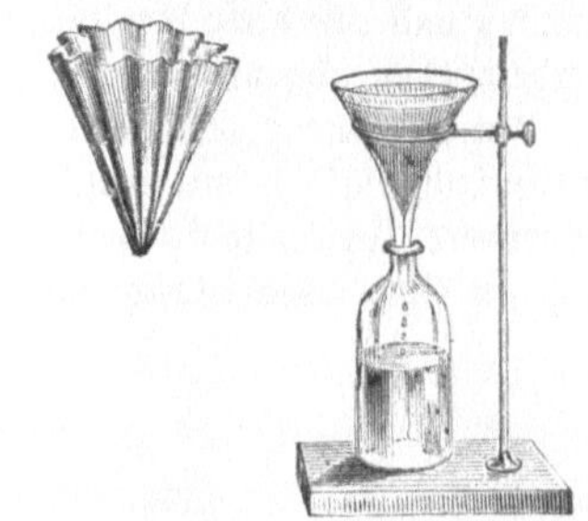

Fig. 6. Filter und seine Anwendung zum Filtriren.

Wie es keinen vollkommen unelastischen Körper giebt, so giebt es auch keinen vollkommen elastischen. Material und Form, sowie die Einwirkung äußerer Kräfte (Zug, Druck, Erwärmung), sind auf die Elasti= zitätsverhältnisse eines Körpers von Einfluß. Man nimmt daher überall, wo man Anwendung von der Elastizität machen will, auf diese Umstände Rücksicht.

Mit der Elastizität und Porosität hängt die Zu= sammendrückbarkeit, die Kompressibilität, eng zusammen: es ist dies diejenige Eigenschaft, infolge deren die Körper unter gewissen Verhältnissen des Druckes ein geringeres Volumen als gewöhn= lich einzunehmen vermögen. Am ausgezeichnetsten in dieser Hinsicht sind die Gase und Dämpfe. Bei ihnen hat die Zusammendrückbarkeit eigentlich keine Grenze, nur gehen einige, wie die Kohlensäure, die schweflige Säure u. s. w., bei einem gewissen Grade des Druckes in den flüssigen Zustand über, den sie wieder aufgeben, wenn der Druck nachläßt.

Kraftwirkung. In den kurzen Betrachtungen, welche wir angestellt haben, wurden die Körper von uns in ruhendem Zustande angenommen. Ganz besondere Erscheinungen aber treten ein, wenn wir dieselben einem äußeren An= stoße folgen und in Bewegung treten sehen.

Wenn ein schwerbeladener Wagen angezogen wer= den soll, so erfordert dies bekanntlich viel größere An= strengung von Seiten der Pferde, als ihn weiter zu ziehen, wenn er einmal im Gange ist. Wer jemals in einem Kahn gefahren ist, weiß, daß, wenn derselbe plötzlich an das Land stößt, alle darin Sitzenden nach vorwärts schieben; ein Sprung von einem sich rasch be= wegenden Wagen muß ganz besonders geschickt aus= geführt werden, wenn er nicht schlecht ablaufen soll. Ein Stein, aus der Hand geschleudert, eine Flintenkugel, aus dem Rohre geschossen, am Himmelsgewölbe die leuchten= den Gestirne — sie alle bewegen sich dauernd während kürzerer oder längerer Zeit, jedenfalls aber länger, als der Kraftanstoß währte, durch welchen sie in Bewegung gesetzt wurden. Es müßte auch in der That ein beson=

Fig. 7. Wirkung der Elastizität.

derer Grund vorhanden sein, welcher einen einmal frei sich bewegenden Körper zwingen soll, diese Bewegung aufzugeben. Dies Bestreben der Körper, in demselben Zustande — sei es Ruhe, wie beim Lastwagen, sei es Bewegung, wie bei den Gestirnen — zu beharren, nennen wir die Trägheit oder das Beharrungsvermögen.

Die Kraft, welche einem Körper mitgetheilt wird und durch die derselbe in Bewegung gesetzt wird, geht nicht verloren, sondern wird wieder abgegeben, wenn der Körper in Ruhe geräth. Daher die Wirkung des Stoßes, welche durch rollende oder fliegende Körper aus= geübt wird; die mörderische Kanonenkugel vollbringt ihr blutiges Werk nur durch die Abgabe der ihr innewohnenden Kraft, die man deswegen, weil sie, so lange der Körper in

Bewegung ist, gewissermaßen disponibel, frei darin liegt und jeden Augenblick einem Widerstande gegenüber in Wirkung treten kann, lebendige Kraft nennt. Man hat in Amerika von dieser lebendigen Kraft eine recht belehrende Anwendung gemacht. Um nämlich den Pferden das Anziehen der Wagen zu erleichtern, was vorzüglich bei schwerbeladenen Fuhrwerken, welche häufig halten müssen, von Wichtigkeit ist, hat man Konstruktionen von elastischen Stahlfedern angebracht, so daß dieselben, wenn der Wagen angehalten wird, durch die lebendige Kraft sich spannen, beim Anziehen desselben aber sich auslösen und auf diese Art ihre beim Hemmen aufgenommene Kraft zur Unterstützung der Pferde wieder abgeben.

Bei der lebendigen Kraft kommt Zweierlei in Betracht: das Gewicht des Körpers und die Geschwindigkeit, mit welcher er sich bewegt. Ich vermag eine Flintenkugel weiter und mit größerer Geschwindigkeit zu werfen als eine Kanonenkugel, und doch giebt letztere, wenn sie gegen einen Widerstand trifft, eine größere Kraftleistung zu erkennen als die erstere.

Fig. 8.   Wirkungsweise zweier Kräfte auf die Richtung der Bewegung.

Der eigentliche Krafteffekt ergiebt sich nämlich aus dem Produkte der Masse (Gewicht) und der Geschwindigkeit. Man mißt mechanische Kräfte auf die Weise, daß man untersucht, welches Gewicht (Pfund, Kilogramm) sie in einer bestimmten Geschwindigkeit (1 Fuß oder Meter in der Sekunde) in vertikaler Richtung bewegen können (Fußpfunde, Meterkilogramm, siehe Abschnitt über Maße und Maßmethoden). Die Schwungräder der Dampfmaschinen, welche bestimmt sind, die Kraftüberschüsse des Kolbens, wenn derselbe zu rasch geht, in sich aufzunehmen als lebendige Kraft, und sie wieder abzugeben, wenn er zu langsam geht, welche also auf einen gleichmäßigen Gang hinwirken, sind deshalb auch sehr schwere Eisenmassen. Sie sind gewissermaßen Sparbüchsen der Kraft.

Parallelogramm der Kräfte. Wir haben unter Kraft bisher immer nur die mechanische Kraft verstanden. Sie, deren Wirkung sich in der Bewegung materieller Massen zeigt, ist durch diese am deutlichsten für uns wahrnehmbar, und wir werden auch in Zukunft deshalb bei diesem Begriffe stehen bleiben. Jede Bewegung schließt eine Richtung in sich, und es wird jede Kraft durch die Richtung, in welcher sie wirkt, ferner durch den Sinn der Richtung, ob hin zu oder her zu, und endlich durch ihre Stärke bestimmt. — Wenn auf einen festen Körper eine einzige Kraft wirkt, so bewegt sich derselbe, falls er durch nichts daran gehindert wird, genau in der Richtung dieser Kraft.

Wie aber, wenn mehrere Kräfte gleichzeitig auf ihn einwirken? Es ist nicht schwer einzusehen, daß, wenn die beiden oder mehreren einwirkenden Kräfte alle in derselben Richtung und in demselben Sinne wirken, sie sich gegenseitig verstärken müssen, und zwar so, daß der Körper einem Antriebe folgt, welcher der Summe aller einzelnen Kräfte zusammengenommen gleich ist; dagegen daß, wenn die Kräfte zwar in derselben Richtung, aber

einander gerade entgegengesetzt wirken, der Effekt von der Differenz der verschieden wir=
kenden Kräfte hervorgebracht wird. Anders aber ist es, wenn die Richtungen der gleich=
zeitig einwirkenden Kräfte unter sich einen Winkel machen, wie z. B. in Fig. 8, wo zwei
Männer von den beiden Ufern aus einen in der Mitte des Flusses schwimmenden Kahn
weiterziehen. Der Kahn schwimmt weder in der einen Direktion, noch in der andern, son=
dern er nimmt seinen Lauf zwischen beiden, gerade als ob er von einer einzigen, in der
Richtung AD wirkenden Kraft bewegt würde. Denselben Fall, welcher als Repräsentant
aller anderen angesehen werden kann, drückt die folgende Fig. 9 aus. A bedeutet darin
wieder den Kahn, AB und AC sollen die Zugkräfte der beiden Männer, nach ihrer Richtung
sowol als auch nach dem Verhältniß der gegenseitigen Stärke, bedeuten. Die Linie AD ist
dann die Richtung des wirklichen Effektes, das heißt: der Punkt A bewegt sich unter dem
Einfluß der ebengenannten beiden Kräfte AB und AC genau so, als ob auf ihn nur eine
einzige, von der Stärke und in der Richtung AD, einwirkte. Der Flug eines Vogels, der in
einer einzigen Richtung hin erfolgt, wird doch von zwei Antrieben, den Schlägen der beiden
Flügel, bewirkt, deren jeder den Körper nach einer
andern Richtung zu bewegen sucht. Der linke
Flügel allein würde eine Bewegung nach rechts,
der rechte Flügel eine solche nach links bewirken;
beide Kräfte vereinigen sich zu einer Gesammt=
wirkung, deren Richtung in der Mitte liegt.

    Die Kraft, welche gewissermaßen als die
Ursache einer solchen vereinigten Wirkung an=
gesehen werden kann, nennt man, weil man sie
sich als das Resultat jener vorstellt, die Resul=
tirende oder deren Resultante.

    Man findet ihre Richtung und Größe sehr
leicht; sie wird ausgedrückt durch die Diagonale
eines Parallelogramms, dessen Seiten die beiden
Kräfte bilden (Fig. 9). Von dieser Konstruktion
hat das Gesetz den Namen Parallelogramm
der Kräfte erhalten. Es umfaßt dasselbe auch
alle Fälle, wo drei oder mehr Kräfte gleichzeitig

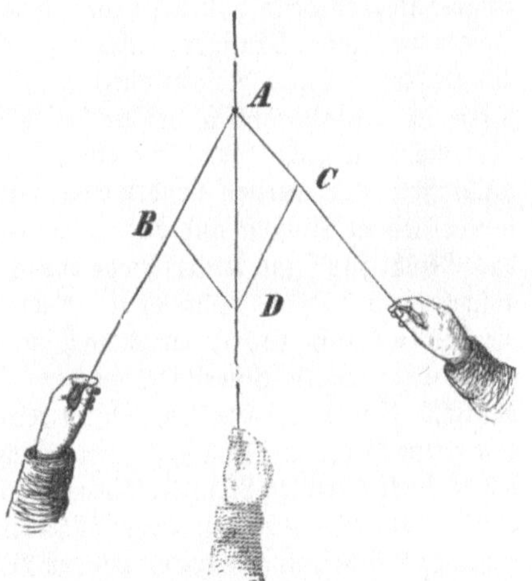

Fig. 9. Parallelogramm der Kräfte.

wirken, und man findet hier die Resultirende, indem man sie zunächst für zwei dieser Kräfte
sucht, dann die so gefundenen Mittelkräfte selbst miteinander in gleicher Weise kombinirt,
bis endlich nur eine einzige Kraft noch übrig bleibt; diese drückt dann die Gesammtstärke
und Richtung aller aus. Umgekehrt kann man jede einzeln wirkende Kraft als Resultante
zweier andern betrachten; es kommt diese Zerlegung in der wissenschaftlichen Mechanik sehr
häufig vor, und wir werden selbst Gelegenheit haben, davon Gebrauch zu machen. Wer
hat nicht schon sich die Frage vorgelegt, wenn er an einer durch den Wind bewegten Wind=
mühle vorbeiging, wie es komme, daß die Flügel sich in einem Kreise um die Achse der
Welle drehten, als ob sie von seitwärts wirkenden Kräften getrieben würden, während doch
der Wind, die einzige Quelle der Kraft, in der Richtung der Wellenachse auf die Flügel
aufstieß. Die Antwort ist nur dadurch zu geben, daß man die Kraft des Windes als eine
Resultirende betrachtet, die sich, da sie in ihrer eigenen Richtung nicht zur Geltung kommen
kann, weil die Flügel in dieser Richtung nicht nachgeben, von selbst in zwei Seitenkräfte
zerlegt, von denen die eine senkrecht gegen die Achse der Welle gerichtet ist und auf Um=
drehung hinwirkt, während die andere in der Richtung der Achse einen bloßen Druck ausübt.
Wir werden diesen Fall späterhin noch besonders betrachten.

    Eins der interessantesten Beispiele von Kräftezusammensetzung hat die Neuzeit in der
lange für wunderbar ausgeschrieenen Erscheinung des Tischrückens geliefert. Niemand
kann leugnen, daß der Tisch sich wirklich zu bewegen anfängt, wenn eine Anzahl von
Menschen ihre Hände in der bekannten Weise eine Zeit lang auf die obere Platte gelegt

haben; und die Thatsache, die unter gewöhnlichen Verhältnissen mit derselben Sicherheit beobachtet werden kann, hat zu Anfang der funfziger Jahre die ganze gebildete und ungebildete Welt in Erstaunen und Aufregung versetzt. Man glaubte einer neuen Kraft auf die Spur gekommen zu sein, einem räthselhaften Movens, welches in den Nerven oder sonst wo sich erzeugen sollte, ähnlich wie Elektrizität erregt wird durch Berührung zweier verschiedenartiger Körper, Kupfer und Zink, Kohle und Zink oder dergleichen. Daß man die Kraft nicht auch in anderen natürlichen Erscheinungen beobachten konnte, galt für keinen Grund gegen ihr Vorhandensein — hatte man doch auch von dem Galvanismus vor hundert Jahren noch keine Idee gehabt. Unglücklicherweise wurde von Vielen die Thatsache der drehenden Tische von vornherein geleugnet, die sich späterhin, selbst mit an dem Tische sitzend, davon überzeugen mußten, und jede natürliche Erklärung, die von ihnen vorgebracht, jeder Zweifel, der von ihnen gegen das Wunderbare erhoben wurde, wurde verlacht — hatten die Zweifler die geheimnißvolle Erscheinung zugeben müssen, so würden sie sich auch noch von der neuen Kraft überzeugen müssen. Man wollte durchaus etwas Neues, bisher Ungeahntes entdeckt haben — und doch war die Sache so einfach, nichts weiter als das Zusammenwirken häufiger, rasch auf einander folgender, an sich geringer Aeußerungen der Muskelkraft. Durch die auf einen Punkt gerichtete Aufmerksamkeit der Betheiligten nämlich verlieren diese allmählich, bei der steifen Haltung ihrer Arme und Hände, die sichere Kontrole über die Thätigkeit ihrer Muskeln und über die Empfindungen ihrer Nerven. Die ersteren erschlaffen und werden wieder angespannt, dadurch entsteht ein Zittern, welches sich in lauter kleinen Stößen auf das Tischblatt äußert; die letzteren stumpfen ab und verlieren das Gefühl für seine Unterschiede des Druckes. Der Tischrücker meint die Hand ganz leise aufgelegt zu haben, während sie in der That mit großer Wucht auf dem Tische lastet und die kleinen Stöße des Zitterns noch durch einen Druck, der vom Körper abwärts gerichtet ist, in ihrer Wirkung verstärkt werden. Es addirt sich hieraus für jeden der Betheiligten ein ähnlicher Effekt wie bei dem kleinen Kinde, welches durch fortgesetztes Anstoßen allmählich eine große Glocke in Schwingungen zu setzen vermag, und alle jene geringen Kräfte vereinigen sich zu einer einzigen Resultirenden, welche, da sie in fast allen Fällen außerhalb des Schwer= punktes des Tisches zum Angriff gelangen wird, eine drehende Bewegung hervorbringt. Analoge Erscheinungen treten bei der Wünschelruthe auf, deren Spiel schon häufig selbst Vorurtheilsfreie getäuscht hat.

Die eigenthümliche Ursache derartiger Kraftäußerung liegt nicht so offen am Tage, und da nun derartige seltsame Phänomene besonders in den Händen Solcher glücken, welche, leicht erregbaren Temperaments, die ruhige Beherrschung ihrer Sinne unter den Eindrücken der Phantasie und Erwartung bald, wenigstens in gewissem Grade verlieren, während der kalte, nüchterne Mensch, der jeden Augenblick Herr seines Willens und seiner Organe bleibt, vergeblich an ihre Pforte klopft; so hat sich unter jenen eine ganz besondere Lehre von der Sensibilität gebildet, welche nichts Anderes ist als das Evangelium der Hysterie, Dummheit und Schwächlichkeit; Od und Psychographie, Geisterklopfen und Tischrücken und was noch dazu gehört, sind die ergötzlichen Ueberschriften seiner einzelnen Kapitel.

Mit welchem Maß Du missest,
muß Du geben.
Willst Du ein ganzes Herz —
so gieb ein ganzes Leben.
Rückert.

Geschichte des Metermaßsystems. Die Gradmessungen. Benutzung der daraus gewonnenen Resultate zur Wahl der Einheit. Eintheilung und Bezeichnung. Einwände gegen das Metermaßsystem als Weltmaß. Widerlegung derselben. Vergleichung mit anderen Maßen. Maß der Kraft.

Das Metermaßsystem.

Alles in der Natur beruht auf Maß und Zahl. Die Maße der Alten. Aegyptische, jüdische, griechische, römische Maße. Werth genauer Maßmethoden. Erweiterter Verkehr verlangt ein internationales Maß. Maßeinheit und Maßsystem. Willkürliche und natürliche Maßsysteme.

In dem Haushalt der Natur besteht eine Ordnung, die eigentlich schon nicht mehr bloße Ordnung genannt werden kann; denn es ist keine Wahl und Absichtlichkeit in ihr, welche man bewundernd anerkennt, weil sie der Möglichkeit des Falschen ausgesetzt war, sondern eine eherne Gesetzmäßigkeit regelt das Ganze und nichts fällt aus diesem Gesetze heraus.

Das geringste Stäubchen empfängt und giebt aus an Kraft und Stoff in ununterbrochenem Wechsel; von allen Seiten wirken Kräfte auf dasselbe, von allen Seiten hat es solchergestalt fortwährende Zuflüsse, aber ebenso äußert es auch nach allen Richtungen hin fortwährend, sei es daß es Wärme abgiebt, Licht oder Elektrizität, oder daß es durch seine eigene Bewegung die Bewegung anderer Stofftheilchen beeinflußt, oder durch chemische Zersetzung Verluste an der eigenen Masse erleidet. — So winzig auch das Stäubchen sein mag, es unterhält einen Umsatz, gegen den das Wechselgeschäft der größten Bank ein Kinderspiel ist.

Und die Bilanz stimmt — auf Heller und Pfennig können wir nicht sagen, aber sie stimmt auf Welle und Atom, das wissen wir aus dem Gesetz von der Erhaltung der Kraft. —

Ehe man den vollen Einblick in diese Oekonomie der Natur gewonnen hatte, wußte man zwar, daß alle natürlichen Vorgänge nach Zahl, Maß und Gewicht geordnet seien — aber diese Erkenntniß ist doch nicht so alt, wie es scheinen möchte, wenn man an den Spruch Mosis denkt. Denn sie reicht in ihrer Begründung nicht viel weiter zurück als unser Jahrhundert. Wie fruchtbar jedoch sie in der kurzen Zeit schon gewesen ist, das beweist der Aufschwung, den alle Wissenschaften, die sich mit der Erforschung der Natur beschäftigen, und alle Künste der Technik und Industrie, welche von jenen abhängen, gewonnen haben: — „Zahlen beweisen".

Seit wir alle unsere Untersuchungen auf Maße zurückführen, dürfen wir ihnen erst Giltigkeit zugestehen. Mit der Anwendung des Maßes hört das Schätzen, Meinen und Deuten auf. Das Maß ist ein unerbittlich strenger, aber ein treuer Freund. Denn er allein führt, richtig gehandhabt, zur rechten Würdigung, auf der doch Alles beruht.

Wir messen die Quantitäten der verschiedenen Stoffe, welche wir zu chemischen Verbindungen mit einander zusammenbringen wollen, und daß wir genau wissen, in welchen Maßverhältnissen sie stets mit einander zusammentreten, ist unser großer Vortheil, denn wir ersparen dadurch auch den geringsten Materialverlust. Wir messen die Geschwindigkeit des Lichtes, die Schnelligkeit, mit der sich die Elektrizität fortpflanzt, ja sogar die Größe der Aetherwellen, deren Schwingungen die Lichterscheinungen hervorbringen und deren größte noch nicht den tausendsten Theil eines Millimeters beträgt. Wir messen die Anzahl der Schwingungen, welche den verschiedenen Tönen zukommen; die Stärke des Erdmagnetismus messen wir, der wie eine ununterbrochene Nervenerregung hin und her schwankt, in ungemein schwachen Fluktuationen freilich, welche nicht im Stande sind, die Nadel des Kompasses zu beeinflussen; aber die Wissenschaft hat Maßmethoden gefunden, selbst diese unendlich feinen Aenderungen nachzuweisen und ihrer Größe nach zu bestimmen.

Und wo sich in der Natur eine Kraftäußerung zeigt, die Physik ruht nicht, so lange als jener nicht eine Seite abgewonnen worden ist, an welche sich der Maßstab legen läßt.

„Das mag für die Wissenschaft selbst sehr interessant sein" — höre ich sagen — „für das praktische Leben aber haben dergleichen subtile Unternehmungen wol nur einen geringen Nutzen." — Mit nichten. Und um den Einwand gar nicht aufkommen zu lassen, habe ich an die Spitze die Verfahren der Chemie als Beispiel gestellt, die doch wol direkt genug in das praktische Leben eingreifen.

Aber auch die feinsten physikalischen Unternehmungen, die nur auf Aufdeckung der quantitativen Verhältnisse gerichtet sind, erweisen sich oft ganz unmittelbar von den segensreichsten materiellen Folgen. Es kommt sehr viel darauf an, zu wissen, wie groß die Brechbarkeit eines Lichtstrahles, das heißt wie groß seine Wellenlänge ist, denn es ist dieselbe das einzige untrügliche Mittel, um die Eigenschaften der Gläser genau kennen zu lernen, auf deren richtiger Verwendung die ganze Herstellung optischer Instrumente beruht. Jedes Stück Glas, aus welchem eine Linse für ein Fernrohr, ein Prisma für ein Spektroskop oder sonst ein Theil eines guten optischen Apparates hergestellt werden soll, wird durch jenes Mittel vorerst auf seine Leistungsfähigkeit geprüft und danach die geeignete Form ihm gegeben.

Ob Zucker oder gewisse andere Substanzen in einer Lösung enthalten sind und wie viel, zeigt ein Blick auf die Winkelablenkung, die ein Lichtstrahl von gewisser Brechbarkeit erfährt, wenn er durch eine Schicht jener Flüssigkeit gegangen ist. Auf andere Weise würde man stundenlang zu arbeiten haben, um die Frage zu erledigen, die sich jetzt fast augenblicklich beantwortet. In der Raschheit des Aufschlusses hat aber die Rübenzuckerfabrikation eine ganz wesentliche Unterstützung. Wir brauchen gar nicht an die Spektralanalyse zu erinnern, welche nicht nur sofort eine ganz große Zahl von Stoffen in einer Verbindung nachzuweisen vermag, sondern auch die Entdeckung vorher unbekannter Stoffe unserer Erde herbeigeführt hat, durch nichts weiter als durch genaueste Prüfung der bei der Verbrennung von den Körpern ausgehenden Lichtstrahlen auf ihre Brechbarkeit oder auf ihre Wellenlänge; und können uns ersparen, nach weiteren Beispielen aus dem Gebiete der Physik oder Chemie zu suchen. Die folgenden Kapitel dieses Bandes werden dieselben in überreicher Zahl liefern.

Bei nur einiger Kenntniß wird Jedem einleuchten, daß Maß und Messen die fundamentale Grundlage der Naturforschung ist, und daß die Maßmethoden derselben von Tag zu Tag Verfeinerungen und Vervollkommnungen erfahren, welche, nachdem die Wellen des Aethers gemessen worden sind, auch noch dahin führen werden, die Dimensionen der Atome zu messen.

Die Frage nach Maß und Maßmethoden ist aber nicht blos für die exakten Wissenschaften von höchstem Werth — genau ebenso für das bürgerliche Leben. Und diese Wahrheit, welche aus den einfachsten Beziehungen der Völker zu einander sich schon ergiebt, beim ersten Tauschversuche sich bemerklich macht, hat frühzeitig auf die Ausbildung von Zahl= und Maßsystemen hingearbeitet. Selbstverständlich genügten in den ersten Zeiten Grade der Genauigkeit, mit denen wir uns jetzt auch im gewöhnlichsten Verkehr nicht mehr begnügen. Alle Güter und ganz besonders die Zeit haben einen höheren Werth erhalten, der auch das geringste Theilchen nicht mehr vernachlässigen läßt.

Maße der Alten. Wenn wir die Maße geschichtlich betrachten, so fallen alle diejenigen bewundernswürdigen Meßmethoden, die wir zur Lösung physikalischer Fragen jetzt in Gebrauch sehen, in früheren Zeiten hinweg oder sind vielmehr noch nicht vorhanden. Ihre Erfindung ist ziemlich neuen Datums.

Die Alten kannten zwar Linien=, Flächen= und Körpermaße, sie kannten das absolute und spezifische Gewicht der Körper und benutzten die Bestimmung desselben; sie hatten Methoden, die Zeit zu bestimmen und Winkel zu messen, im Grunde also alle diejenigen Gebiete, auf denen Maße überhaupt zur Anwendung kommen; allein die Anwendung selbst ermangelte der Genauigkeit, die uns heute zu Gebote steht. Der Umstand, der beim Lesen alter Schriftsteller auffällig ist, daß alle Maßangaben fast nur in runden Zahlen gemacht werden, läßt vermuthen, daß auch in der Festsetzung der Maße selbst keine große Gewissenhaftigkeit geherrscht haben mag. Und wenn es jetzt mit großen Schwierigkeiten verbunden ist, aus den sich oft widersprechenden Angaben genauere Vorstellungen von der Größe der alten Maße sich zu machen, so liegt das eben daran, daß mit demselben Namen mehr oder weniger verschiedene Maßgrößen bezeichnet worden sind.

Es ist ganz natürlich, daß wir Maße und Meßmethoden bei dem alten Kulturvolk her Aegypter zuerst in ausgedehntem Gebrauche sehen, um so mehr als die reichen Kenntnisse, über welche die Bildung der Aegypter verfügte, ganz besonders der Naturkunde und den verwandten Wissenschaften angehörten und die Herstellung großartiger Werke der Baukunst eine sorgfältigere Anwendung der Maße zur Vorbedingung machte. Indeß ist es wol zu viel behauptet, wenn man den Aegyptern zuschreibt, daß sie ihre Maße von den natürlichen Dimensionen der Erde abgeleitet, mithin dasselbe schon vor vierthalbtausend Jahren gefühlt hätten, was in unserer Zeit auf die Umgestaltung der Maße einen so großen Einfluß ausgeübt hat: die Absicht nämlich, ein sogenanntes natürliches Maßsystem zu begründen.

Man stützt die Ansicht, daß das Normalmaß der Aegypter von dem Umfange der Erde abgeleitet worden sei, darauf, daß angeblich die Seite der Basis der großen Pyramide von Memphis 500 Mal genommen; die Elle des Nilometers (des Nilmessers), auch heilige Elle genannt, 200,000 Mal genommen, die Elle des Stadiums zu Laodicea 500 Mal genommen genau die Länge eines Grades der Erde haben soll. Dies und eine Menge anderer Belegstellen aus den alten Schriftstellern führt man an, um nachzuweisen, daß die Aegypter schon eine Gradmessung ausgeführt hätten, durch dieselbe sehr genau mit den Dimensionen unserer Erde vertraut worden seien und daraus ihr Maßsystem abgeleitet hätten. Die Annahme einer solchen Gradmessung, welche von Eratosthenes zwischen Syene und Alexandrien ausgeführt worden sein soll, ist aber sehr unsicher. Ueberhaupt dürfen wir uns, wenn wir den heutigen Stand der Wissenschaften im Auge haben, von den mathematischen Kenntnissen der alten Aegypter keine zu großen Vorstellungen machen. Wir trauen in dieser Beziehung allen alten Kulturvölkern wahrscheinlich zu viel zu, und diese übertriebene Werthschätzung wird leicht genährt durch die Begierde der Alterthumsforscher nach überraschenden Entdeckungen, welche gern tiefe Beziehnngen da findet, wo oft nur der Zufall sein Spiel getrieben haben mag.

Die ägyptischen Längenmaße waren von den Dimensionen der menschlichen Gestalt abgeleitet. Die mittlere Länge des Menschen (die Orgyie = 1,85 Meter) wurde in vier Theile getheilt, deren einer Elle genannt wurde. Der sechste Theil der Orgyie war der Fuß. Kleinere Maße waren von der Spannweite (Spithame), der Breite der Hand (Palme) und der Breite des Fingers (Daktylos) abgeleitet. Die Länge des Schilfrohrs (Kalamos) gab die Ruthe = 10 ägyptische Fuß; 60 Ruthen waren ein Stadium u. s. w. u. s. w.

Zur Festsetzung der Flächengrößen, was in einem Lande, in welchem durch die jährlichen Ueberschwemmungen alle Grenzmarken verwischt und dadurch häufig wiederkehrende Regulirungen nothwendig wurden, eine sehr wichtige Aufgabe des öffentlichen Lebens werden mußte, nahm man ganz natürlich die Quadratur der Längenmaße. Das gebräuchlichste Flächenmaß war die Arura, ein Quadrat von 100 Ellen Seitenlänge. Die Eintheilung des Kreises in 360 Grade war den alten Aegyptern schon bekannt.

Genauer als mit den Maßen dieses Volkes sind wir mit den Maßen der Hebräer vertraut, ein Umstand, der in den biblischen Ueberlieferungen, welche in der Tempelbeschreibung namentlich sehr genaue Maßangaben enthalten, seine Erklärung findet. Die jüdischen Maße scheinen sämmtlich ägyptischen Ursprungs zu sein, wiewol auch angenommen werden kann, daß dieselben natürlichen Größen, welche den Aegyptern die Maßeinheiten geliefert hatten, als sehr nahe liegend ebenfalls von den Juden als Ausgangspunkte angenommen worden seien. Die Tagereise hatte 200 ägyptische Stadien, circa 37,000 Meter; die Meile hatte 1000 Schritt. Es gab zweierlei Fußmaße, den großen legalen Fuß, Seraim, = 0,3674 Meter, und den kleinen, Sereth, = 0,2771 Meter u. s. w.

Sehr ausgebildet war das Maßsystem bei den Arabern, jener Nation, welche nicht nur mit Aegypten, sondern weithin an den Gestaden des Mittelmeeres und nach Asien hin einen ausgebreiteten Handelsverkehr unterhielt. Von der Breite eines Kamelhaares war das kleinste Maß abgenommen worden, dasselbe war nach unserem Maß bei weitem weniger als ein Millimeter, wahrscheinlich sogar weniger als ein halbes Millimeter, und dieser Umstand läßt schon ersehen, daß die Größenbestimmungen der Araber einen hohen Grad der Genauigkeit erreicht haben müssen. Die Dicke von sechs neben einander gelegten Gerstenkörnern war ein anderes Maß. Sie hatten den Daktylos, die Palme, den Fuß, mehrere Ellen, unter denen namentlich die sogenannte schwarze Elle des Al-Mamum bemerkenswerth ist, weil nach ihr die Gradmessung unter diesem Khalifen ausgeführt wurde. Die schwarze Elle hatte 27 Mal das Maß von 6 Gerstenkörnern = 0,5196 Meter. Außerdem hatten die Araber eine ägyptische oder Handelselle, die persische königliche sogenannte große Elle des Heron, Schritt, Ruthe, Orgyie, und als größeres Maß die Parasange, deren 20 einen ägyptischen Grad ausmachten.

Wie alle Fundamentalbegriffe in den mathematischen und naturalistischen Wissenschaften und den damit zusammenhängenden technischen Branchen, haben die Griechen auch ihre Maße von den Aegyptern erhalten und ihrerseits sie wieder den Römern übergeben. Allerdings sind dieselben während dieser Uebertragung und in den darauf folgenden Zeiten eines Gebrauches, der eine mathematische Uebereinstimmung mit den Urmaßen nicht erforderte, nicht ohne Aenderung geblieben, allein es ist diese mehr eine zufällige, infolge von nachlässiger Handhabung entstandene. Von spezifisch griechischen Maßen ist der Dolichos anzuführen — die Länge des Weges, welchen die wettfahrenden Wagen bei den öffentlichen Spielen zurückzulegen hatten. Nach einigen Schriftstellern hatte derselbe 12, nach anderen 20, ja sogar bis 24 Stadien. Der halbe Dolichos, die Entfernung von einem Ende der Rennbahn zum andern, war der Diaulos. Dromos war der Weg, den ein Schiff mit Segeln oder Rudern in 24 Stunden zurücklegt — Alles Maße, denen ein gewisses ästhetisches Interesse anhaftet, die aber in ihrer Unsicherheit wenig für genaue Bestimmungen geeignet erscheinen. Es gab auch eine ganze Menge Stadien, deren Größe, wenn sie überhaupt eine solche fest bestimmt gehabt haben sollten, jetzt ebenfalls nicht mehr festzusetzen ist, da die verschiedenen Nachrichten darüber einander sehr widersprechen. Die kleineren Maße waren die von den Aegyptern überkommenen.

Gewichtsangaben machten die Griechen nach Talenten, deren kleinstes, das syrische. oder ptolemäische, einem Gewicht von ungefähr 7 Kilogramm entsprach, das äginetische aber das größte war, denn es scheint ungefähr 45 Kilogramm gewogen zu haben. Zwischen beiden inne liegend sind viele andere bekannt. Das Talent wurde eingetheilt in 60 Minen, die Mine in 100 Drachmen. Den sechsten Theil einer Drachme sollte der Obolos wiegen, die kleine Münze, welche dem Charon als Fährgeld über die schwarzen Fluten des Styx gewährt werden mußte. —

Die griechischen Maße sind, wie schon erwähnt, später bei den Römern vielfach in Gebrauch gekommen. Vorher jedoch hatten diese auch eigene Maße, deren Bewahrung mit größerer Sorgfalt gehütet worden zu sein scheint, als bei dem leichtlebigen Volke der Hellenen.

Es wurden die Grundmaße aufbewahrt und genaue Kopien davon in Bauwerken eingehauen. Auf dem Kapitol gab es vier solcher Marken des Fußmaßes, aus denen sich durchschnittlich eine Länge von 0,2959 Metern für den römischen Fuß ergiebt. Und damit differiren andere Etalons, die man hier und da gefunden hat, selten um 1 Millimeter, in gut erhaltenem Zustande aber zeigen sie bisweilen Uebereinstimmungen bis auf $\frac{1}{10}$ Millimeter.

Das kleinste römische Längenmaß war der Digitus (0,0185 Meter); dann folgte die Unica (0,0246 Meter); die Palma (0,0739 Meter); der Pes (0,2959 Meter); der Palmipes (zu 0,3659 Meter); der Cubitus (0,4434 Meter); der Passus (1,478 Meter); die Pertica (2,9562 Meter). Die römische Meile hatte 500 Ruthen (Pertica) und die Tagreise, Iter pedestre, 18¾ Meilen. Feldmaß war der Raum, den ein Joch Ochsen in einem Tage umpflügen konnte, Jugerum. Fruchtmaße und Flüssigkeitsmaße waren genau bestimmt, zu den ersteren war der Scheffel (modius) die Grundlage, zu den letzteren die Amphora, deren Inhalt genau einen römischen Kubikfuß betrug.

Das römische Gewichtssystem hat sich in den Apothekergewichten bis auf unsere Tage erhalten. Das Pfund (libra) wurde in 12 Unzen, diese in Skrupel und weiterhin in Gramme ($\frac{1}{24}$ Unze) eingetheilt.

Wenn uns die Maße der alten Kulturvölker, der Aegypter, Juden, Griechen und Römer ganz besonders interessiren, so ist dies natürlich, denn unsere moderne Bildung hat sich aus der Erbschaft, die uns von jenen überkommen ist, entwickelt, und die im Alterthum gebräuchlichen Anschauungen haben ihre Wirkung auf uns auch heute noch nicht verloren. Ein bei weitem geringeres Interesse würde es haben, in gleicher Weise die Maße der Chinesen, Azteken oder die Methoden ganz unentwickelter Völkerschaften zu betrachten, die ohne innere Beziehung zu unserer Kultur stehen, und bei denen wir nur Dasjenige aufs Neue konstatiren könnten, was aus den bisher aufgeführten Thatsachen auch schon hervorgeht, daß nämlich das Bedürfniß nach gewissen Maßeinheiten zuerst und naturgemäß nach solchen Größen greift, welche die Natur immer in denselben Dimensionen hervorbringt und welche dem Menschen jederzeit zur Hand sind, so daß er sie zur Vergleichung leicht heranziehen kann. Derartige Größen sind vor allen die menschliche Hand, der Fuß, die Länge des Armes, die Weite eines Schrittes, und wir finden sie deshalb überall als erste Maßeinheiten für Längenbestimmungen in Gebrauch.

Die Völker brauchen den Fuß als Maß nicht von einander zu entlehnen; es ist natürlich, daß sie von selbst darauf verfallen, nach ihm zu messen. Die alten Deutschen werden das ebenso gemacht haben, wie es die Aegypter gemacht und die Stämme im Innern Afrika's heute noch thun, und nach der Natur der zu messenden Gegenstände werden sich überall auch die verschiedenen Formen der Maße als Linien-, Flächen-, Körpermaße, Maße für feste und flüssige Körper, sowie die Gewichte, selbständig herausgebildet haben.

Eine besondere für die Wissenschaft sehr wichtige Meßmethode, die Winkelmessung, von deren Resultaten die Astronomie bis in die neueste Zeit einzig und allein gelebt hat, können wir außer Berücksichtigung lassen, weil ihr einfaches System, das schon den alten Aegyptern bekannt war, im Laufe der Zeiten keine Aenderung erfahren hat; ebenso übergehen wir hier die Messung der Zeitgrößen, da dieselbe bei der Geschichte der Uhren zweckmäßiger behandelt wird.

Maßsystem. Weil sich das Maßwesen nur mit der Quantität der Dinge beschäftigt, welche über die ganze Erde keine verschiedene Auffassung erfahren kann, denn 5 ist bei den Polarbewohnern eben so viel — nicht mehr und nicht weniger — als es bei den Bewohnern der Tropen ist; so sollte auch über die ganze Erde ein einziges Maß herrschen, Allen sofort und ohne Uebersetzung verständlich.

Daß dies nicht der Fall ist, ist ein großer wirthschaftlicher Nachtheil, denn abgesehen von den Betrügereien, zu denen verschiedene Maße Veranlassung geben, ist damit eine Erschwerung des Verkehrs, eine Vergeudung der Zeit verbunden, welche keinen Sinn hat und den Wohlstand der Welt um ungeheure Ziffern vermindert. Aber es ist einmal so und wir begreifen sehr leicht, wie es gekommen ist. Es handelt sich jetzt nur darum, den traurigen Zustand nach Möglichkeit zu beseitigen, wozu Jeder beitragen kann und Jeder beitragen wird, der sich über die hier in Betracht kommenden Grundbegriffe klar geworden ist.

Bei jedem Maße haben wir es mit Zweierlei zu thun — das eine und erste Mal mit der Wahl der Einheit, die dem Ganzen zu Grunde liegt, und das andere Mal mit der Eintheilung dieser Einheit behufs ihrer Brauchbarmachung zur Bestimmung der vorkommenden Größen, also mit dem eigentlichen Maßsystem.

Man hat früher, wie wir gesehen haben, selbst in den civilisirten Staaten die Wahl der Einheit für etwas ganz Unwesentliches und willkürlich zu Bestimmendes gehalten und bald dem Fuße des gerade regierenden Landesherrn, bald irgend einer andern traditionellen oder neugeschaffenen Größe die Ehre angethan, nach ihr und durch sie die Maßbegriffe auszudrücken. Bei allen solchen willkürlichen Annahmen war aber eine allmähliche Korruption des Maßes ganz unausbleiblich; denn da als Einheit immer eine materielle Größe aufgestellt werden mußte, entweder eine Stange von gewisser Länge oder ein Stück Metall von gewisser Schwere, auf welche alle danach zu messenden Größen zurückbezogen werden mußten, so konnte, wenn einmal jene ursprüngliche Maßgröße verloren gegangen war, auf keine Weise der wahre Werth derselben mit voller Sicherheit wieder bestimmt werden.

Alle durch mechanische Vergleichung von ihr abgeleiteten Maße waren ja nur so weit richtig, als die menschliche Geschicklichkeit, Genauigkeit und Sicherheit der bei der Justirung angewandten Instrumente und Methoden reichten. Eine richtige Vorstellung von der absoluten Bedeutung jenes Maßes war aber aus den sekundären Maßen gar nicht zu erlangen, denn selbst bei der gewissenhaftesten Vergleichung wird man in kleine Beobachtungsfehler verfallen und verfallen müssen. So lange die Einheit vorhanden, hat dies nicht viel zu sagen; denn man kann bei der fortschreitenden Verbesserung der Instrumente die begangenen Fehler immer genauer korrigiren; ist sie aber verloren, so kann man nie mehr darüber Kenntniß erlangen, wie groß die begangenen Irrthümer gewesen sind.

Zum Beispiel: Das ursprüngliche Gewicht, das schwere Stück Metall, welches die Kölnische Mark vorstellte, ist verloren gegangen. Auf dem Rathhause zu Köln giebt es zwar noch mehrere, kunstvoll ausgeführte, kostbar vergoldete sogenannte „heilige Gewichte", die als Grundgewichte der deutschen Silberwährung galten. Indessen, welches von ihnen das richtige ist, vermag Niemand zu entscheiden; ob überhaupt eines mit der wahren Mark übereinstimmt, oder ob, wie sie alle unter einander verschieden sind, so auch alle in ihrer Schwere von ihrem Normalgewichte abweichen — diese Fragen zu beantworten und uns damit Auskunft über die wirkliche Größe jenes für den gesammten deutschen Verkehr so höchst wichtigen Maßes zu geben, vermag kein Mensch. Ist das in Deutschland in der alten Reichsstadt geschehen, wer wird verlangen, daß man jetzt noch genau sagen soll, wie groß der spartanische Fuß oder die arabische Meile gewesen ist!

Alle alten Maßangaben haben daher für uns auch nur einen geringen, und zwar ganz relativen Werth, insofern sie Vergleichungen unter sich zulassen; in ihre wahren Verhältnisse ist uns der Einblick versagt.

Man hat ferner die verschiedenen Maßgebiete: Längenmaße, Flächen= und Körpermaße, Gewichte u. s. w., von einander ganz unabhängig gehalten, für jedes eine besondere Einheit gewählt, die in keiner ersichtlichen Beziehung zu den übrigen stand. Wie viel ein

Scheffel irgend eines Körpers Gewicht repräsentirte, war ganz gleichgiltig; weder waren die Verhältnisse einfache noch überhaupt bestimmte. Der Nachtheil liegt auf der Hand. Die Zahl der Einheiten und Systeme wurde dadurch unnöthig vermehrt.

Müssen wir aus diesen Gründen die willkürliche Wahl der Maßeinheit verdammen, so ist ebenso eine Verurtheilung der alten Maßsysteme auszusprechen. Ja, was man Maßsysteme nennen könnte, verdient kaum diesen Namen. Die Benennungen der einzelnen Maßgrößen standen weder in Beziehung unter sich, noch auch bestand irgend ein sicherer Zusammenhang zwischen je einer von ihnen und dem dadurch bezeichneten Werthe. Manche Maße dienten nur ganz speziellen Zwecken. Die Gewichtsmaße waren andere, wenn sie zur Verwiegung von Medikamenten und Droguen gebraucht wurden, andere im Fleischhandel, andere im Großhandel, andere für Gold und Juwelen — ihre Gruppirung in Ober= und Unterabtheilungen zwecklos und ohne alles Prinzip.

Es ist beschämend, einzugestehen, daß die Chinesen und Japanesen, über deren Zöpfe wir uns genugsam lustig gemacht haben, unseren Altvordern in Beziehung auf die Maß= frage ganz entschieden voranstanden. Nicht nur daß ihr Maßsystem eine strenge Dezimal= eintheilung befolgt, während bei uns die alberne Viertel=, Achtel= und Zwölfteltheilung nach unten, nach oben hin aber ganz willkürlich angenommene Gruppen beliebt wurden, so bemerkt man auch, daß nicht nur zwischen den verschiedenen Maßarten, Längen=, Flächen= und Hohlmaßen, den Gewichten u. s. w., sondern auch zwischen Gewichts= und Münzgrößen bei den Chinesen ein inniger Zusammenhang besteht.

Indeß wollen wir wegen dieser Unterlassungssünden mit unseren Vorfahren nicht noch im Grabe rechten. Der innige Zusammenhang der physikalischen Kräfte, welchen uns die Forschungen der letzten Zeit klargelegt haben, war ihnen noch verschleiert, die Thätigkeit des Einzelnen sowol wie staatliche Unternehmungen bezogen sich auf enge, nächstliegende Kreise ohne alle Projektion auf das Allgemeine — unsere deutschen Vaterländer waren ja nicht so groß wie China. Der Verkehr hatte eine beschränkte Ausdehnung, die durch fehler= hafte Einrichtung bedingte Unbequemlichkeit fiel also nicht so schwer ins Gewicht.

Sobald der Handel aber anfing ein internationaler zu werden, der sich nicht mehr auf Grenzverkehr und einzelne Meßplätze beschränkte, mußten sich auch Wünsche laut machen, welche auf eine Reform und Einigung der Maß=, Gewichts= und Geldverhältnisse hinaus= liefen, und es sind zu wiederholten Malen langdauernde Berathungen gepflogen worden, die freilich immer daran scheiterten, daß jeder der betheiligten Staaten sein Maß für das vortrefflichste hielt, und zwar im Prinzip für eine allgemeine Einigung war, in der Praxis aber nur dann, wenn dieselbe ihm seine gewöhnten Maße möglichst unverkümmert ließ. Daher jene endlosen Konferenzen, jene immer wiederholten Vorschläge, Feilschungen und Verschleppungen, die, wenn sie endlich einmal eine Aenderung erzielten, genau darauf hinausliefen, wohin die bekannte Prozedur des Mitleidigen führt, der seinem Hunde — damit es nicht so weh auf einmal thut — den Schwanz stückchenweise abschneidet: auf end= lose Unbequemlichkeiten, Irrthümer, Aergernisse u. s. w.

Während der Ausstellung in Paris 1867 wurde innerhalb einer besonders dazu nieder= gesetzten Kommission aus Vertretern aller Nationen die Frage einer allgemeinen Maß= und Münzeinigung ganz ausführlich wieder erörtert. Im Mittelpunkte des Ausstellungsgebäudes, da wo sämmtliche Straßen aus den Ausstellungsgebieten aller Länder der Erde zusammen= liefen, erhob sich ein Pavillon, in welchem die verschiedenen Maße und Münzen der be= treffenden Länder, erstere in genauen Etalons vereinigt waren. Hier hätte sich sichtlich aus= sprechen müssen, wie die Welt in dem einen Punkte, der doch keine verschiedene Deutung zuläßt, auch eines Herzens und eines Sinnes sei, in den Maß= und Münzbegriffen, den Grundlagen des ganzen Verkehres. Ein einziges Maß — eine einzige Münze hätte hier die vernünftigste Uebereinstimmung ausdrücken müssen. Leider war die Ausstellung in dem runden tempelartigen Bau eine nicht so einfache und doch auch bei all ihrer Mannichfaltig= keit noch lange keine erschöpfende. Deutschland allein hätte den Pavillon auszufüllen ver= mocht, wenn es die vielen Hunderte verschiedener Ellen und Fuße in Maßstäben ausgestellt hätte, die in den einzelnen Landschaften damals noch in Gebrauch oder wenigstens noch nicht abgeschafft und durch ein einheitliches Maß ersetzt waren.

Unter sich gleiches Maß zeigten Frankreich, Italien, Spanien, Portugal, Belgien, Holland, Mexico, Chili, Peru, Neugranada, Bolivia, Venezuela, sowie Französisch= und Holländisch=Guinea, in denen das französische Metermaßsystem eingeführt ist, wenn sich auch daneben noch die alten Maße zeitweilig erhalten haben mögen.

Die übrigen Staaten, darunter England, Deutschland, Rußland, hatten noch jedes sein eigenthümliches Maß. Doch wurde in den Berathungen der Kommission das Bedürfniß einer allseitigen Einigung erkannt, das Metermaßsystem als das geeignetste für die all= gemeine Annahme erklärt und seine Einführung empfohlen.

Deutschland hat bekanntlich neuerdings das Metermaß mit seinen Dependenzen acceptirt.

So lange sich freilich England der allgemeinen Forderung verschließt, steht ihrer Be= friedigung ein sehr wesentliches Hinderniß noch im Wege; indessen dürften andere Länder sich nicht abhalten lassen, Dasjenige schon jetzt zu ergreifen, was doch allein nur Aussicht auf allgemeine Annahme hat.

Um dies zu begründen, sehen wir zu, welche Gesichtspunkte im vollen Sinne des Wortes hier „maßgebend“ sind. Es lassen sich dann für ein internationales Maßsystem folgende Bedingungen feststellen:

Vor allen Dingen muß erstens die Einheit eine unveränderliche sein; sie möchte sein eine solche, welche sich durch bekannte, möglichst einfache Manipulationen zu jeder Zeit aus gewissen, in der Natur vorkommenden unveränderlichen Dimensionen ableiten läßt, und in diesem Falle endlich eine solche, an welcher womöglich alle Bewohner der Erde ein gleiches Interesse haben. Selbstverständlich ist, daß sie möglichst bequem in der Handhabung sein muß, ebenso wie die von ihr abgeleiteten Maße.

Das auf die Einheit sich stützende System muß in seinen Ober= und Unterabtheilungen ausschließlich der Dezimaltheilung folgen, auf den verschiedenen Maßgebieten: Längen=, Flächen=, Körpermaße u. s. w., einen natürlichen, einfachen und leicht übersichtlichen Zu= sammenhang zeigen, und die Bezeichnung muß eine systematisch korrelate sein, so daß durch den Namen der einzelnen Maßgrößen das Verhältniß zwischen ihnen ausgedrückt wird, und endlich, es müssen an ihr ebenfalls alle Länder ein möglichst gleiches Interesse haben.

Darauf, daß die Maßeinheit eine sogenannte natürliche, das heißt eine solche sei, welche zu jeder Zeit aus gewissen in der Natur vorhandenen und unveränderlichen Dimen= sionen leicht abgeleitet werden kann, ist aber nicht das große Gewicht zu legen, welches von vielen Seiten darauf gelegt wird. Denn da es nicht den Sinn haben kann, daß eine solche natürliche Dimension selbst als Maßeinheit genommen werden soll, sondern nur eine davon abgeleitete Größe, welche in ihrer Handlichkeit den praktischen Anforderungen ent= spricht, so daß also nur das Verhältniß zwischen der Größe der Maßeinheit und einer natürlichen unveränderlichen Dimension genau bekannt sein soll, so kann man jede willkürlich gewählte Einheit zu einer natürlichen dadurch machen, daß man eben jenes Verhältniß ganz genau bestimmt. In dieser Weise ist z. B. die englische Yard normirt, und das darauf bezügliche System kann als ein natürliches gelten; denn man hat die Länge des Sekunden= pendels zu London genau gemessen, und eine Parlamentsordre vom 17. Juni 1824 setzt fest, daß die Länge der Yard zur Länge des Sekundenpendels sich verhalte wie $36 : 39{,}13929$ in der Breite von London, auf den Meeresspiegel und den luftleeren Raum reduzirt und bei $62°$ Fahrenheit gemessen. Ein englischer Kubikzoll destillirtes Wasser von $62°$ F. (30 engl. Zoll Barometerhöhe) soll nach derselben Akte $252{,}458$ Grains eines Pfundes wiegen, welches 5760 solcher Grains enthält.

Es hat aber die Wahl einer natürlichen und so zu sagen neutralen Einheit deswegen sehr viel für sich, weil das Maß, als etwas Internationales, nicht einen lokalen Ausgangs= punkt haben soll, an dessen Wahl eine Gegend mehr Interesse als eine andere hat, und der bei der nicht zu ändernden Eitelkeit der Menschen Grund zu Eifersüchtelei werden könnte, die seiner allgemeinen Annahme hindernd im Wege stehen würde.

Es mag also die Einheit wol eine natürliche, sie muß aber dann unter allen Umständen eine solche sein, an welcher alle Bewohner der Erde ein gleiches Interesse haben.

Dazu eignen sich nur die Dimensionen der Erde selbst, und wenn es nicht angenommen werden darf, daß die alten Aegypter schon ihr Maßsystem auf dieselben gründeten, so werden wir den Ruhm, die großartige Idee zuerst ausgesprochen zu haben, dem Lyoner Astronom Gabriel Mouton nicht vorenthalten dürfen. In seinem 1670 in Lyon erschienenen Werke «Observationes Diametrorum» schlägt er vor, die Länge des Meridianbogens von einer Minute unter dem Namen Milliare oder Meile zur Normaleinheit zu machen, welche dann weiter nach dem Dezimalsystem in Centuria, Decuria, Virga, Virgula, Decima, Centesima, Millesima getheilt werden sollte.

Fig. 11. Maß= und Münzpavillon im Innern des Pariser Ausstellungspalastes (1867).

Etwas Entsprechendes sehen wir in England ausgeführt: die Meile — Seemeile — wurde hier als der sechzigste Theil eines Aequatorialgrades festgesetzt und nach der Norwood'schen Messung zu 1760 Yard bestimmt, aber das übrige Maßsystem basirt nicht darauf, und es hätte deswegen keinen Anspruch erheben können, als ein internationales angenommen zu werden, wenn man auch den Einwurf nicht gelten lassen will, den Kant gegen die Annahme einer Einheit, die sich auf Winkelgrößen stützt, erhob, daß man dann eben so gut, wie der Erde, jeder Erbse einen Umfang von 21,600 Seemeilen respektive von 5400 geographischen Meilen zuschreiben könnte.

Die andererseits von den Engländern immer gehegte und von Zeit zu Zeit wieder in den Vordergrund gedrängte Idee, eine besonders merkwürdige Pendellänge zur Grunddimension zu nehmen, ist ebenfalls nicht zu acceptiren. Schon Huyghens schlug das Sekundenpendel vor; da dasselbe aber, wie Richer zuerst erfuhr, nicht nur unter verschiedenen Breitengraden eine verschiedene Länge hat, sondern sogar unter gleichen Breiten, je nach der Höhe des Aufhängungspunktes über dem Meere, in seiner Länge variirt, ja selbst die Nähe bedeutender Gebirgsmassen einen, wenn auch nicht bedeutenden, Einfluß auf die Schwingungsdauer ausübt, so ist dasselbe für unsere Zwecke nicht zu gebrauchen; abgesehen davon, daß immer ein einziger Punkt der Erde gewählt werden müßte, an welchem nur ein geringer Theil der ganzen Bevölkerung näheres Interesse hätte, und dann die einmal gewählte Länge eben nur an diesem einen Orte verifizirt werden könnte. Aus denselben Gründen kann die Fallhöhe während einer gewissen Zeit oder die Barometerhöhe eines bestimmten Ortes (welche Größen beide in Vorschlag gekommen sind) eben so wenig zur Grundlage eines Maßsystems als geeignet angesehen werden.

Das Verdienst, aus den Dimensionen der Erde ein rationelles Maßsystem, das sich zu einem internationalen vollständig eignet, abgeleitet zu haben, gebührt immer den Franzosen, und namentlich hat Laplace bedeutenden Antheil an der Ausführung dieser Idee.

Im Jahre 1789 trugen die Städte Paris, Lyon, Rheims, Dünkirchen, Rouen, Rennes, Orleans, St. Quentin, Metz, Chalons u. s. w. auf die Abschaffung der verschiedenen Maße an, die nur zu Mißbrauch und Betrügereien Anlaß gaben. Infolge hiervon brachte Talleyrand die Angelegenheit vor die Konstituirende Versammlung; am 6. Mai legte de Bonnai seinen Bericht darüber vor, und zwei Tage darauf wurde der Beschluß gefaßt, den König zu bitten, daß er den König von England auffordern möge, dieses Geschäft einer internationalen, wohl zu merken, einer internationalen Maßeinigung durch Kommissarien aus der Französischen Akademie und der Königlichen Sozietät in London gemeinschaftlich besorgen zu lassen. Man hatte anfänglich die Idee, die Länge des Sekundenpendels unter dem 45. Breitengrade als Ausgangspunkt zu nehmen und zu ihrer Bestimmung eine wissenschaftlich strenge Untersuchung gemeinschaftlich ausführen zu lassen.

Die Franzosen wollten also nicht ein spezifisch französisches Nationalmaß, sondern — das müssen wir jetzt ganz besonders betonen — sie gingen gleich von Anfang an darauf aus, ein Maß für alle Völker aufzustellen, und in Berücksichtigung der menschlichen Schwäche wollten sie sich des Vorschlagsrechtes so weit begeben, daß sie mit England gemeinschaftlich das Unternehmen auszuführen gedachten.

Die hereinbrechende Revolution änderte nun im ursprünglichen Entwurfe, der am 22. August sanktionirt wurde, Manches. Die Akademie ernannte zu Kommissarien Laplace, de Borda, Lagrange, Monge und Condorcet. Diese verwarfen in ihrem am 19. März 1791 eingereichten Gutachten das auch wieder in Vorschlag gebrachte Sekundenpendel, weil es eine von einer zweiten nothwendigen Größe: der Zeit, und einer willkürlichen: der Eintheilung in Sekunden, bedingte Größe sei, und sprachen sich für die Annahme des Meridians aus.

Man solle einen hinlänglich großen Bogen (von Dünkirchen bis Barcelona) messen, hieraus die Länge des Quadranten bestimmen und den zehnmillionsten Theil derselben als Einheit nehmen. Es müsse dann aber sowol beim Kreise als auch bei dem Normalmaß und den davon abgeleiteten die arithmetische (Dezimal-)Abtheilung eingeführt, jede willkürliche dagegen verworfen werden. Auf die so erhaltene Normallänge lasse sich dann leicht eine Basis der Kapazitäten und Gewichte gründen, wenn man dazu ein gewisses Volumen destillirtes Wasser bei einer bestimmten Temperatur, entweder des Aufthaupunktes oder der größten Dichtigkeit, im luftleeren Raume gewogen, nehmen wolle. Durch die angegebene Gradmessung habe man den Vortheil, daß beide Endpunkte unveränderlich und im Spiegel des Meeres gelegen wären. Man solle dann zugleich unter 45 Grad nördlicher Breite die Schwingungen zählen, welche ein Pendel von der Länge des zehnmillionsten Theiles der Länge des Quadranten am Spiegel des Meeres bei 0° Celsius und im luftleeren Raume mache, um diese Länge durch minder zeitraubende Beobachtungen sofort wiederfinden zu können. Uebrigens wurde der 45. Grad nicht in Bezug auf Frankreich gewählt, sondern blos deswegen, weil in diesem die mittlere Länge des Pendels mit der mittleren des Gradbogens zusammenfällt, ein Umstand, der völlig internationaler Natur ist.

Dies Gutachten wurde am 26. März 1791 der Nationalversammlung vorgelegt, vier Tage nachher der Vorschlag sanktionirt und der König ersucht, die schon vorher von der Akademie ernannten Kommissionen zu autorisiren, die zur Ausführung erforderlichen Operationen sogleich anzufangen.

Infolge der Auflösung der Akademie wurden die Arbeiten unterbrochen, indessen durch zwei Gesetze vom 18. Brumaire und 28. Germinal wurden Berthollet, Borda, Brisson, Coulomb, Delambre, Hauy, Lagrange, Laplace, Méchain, Monge, Prony und Vandermonde ernannt, die angefangenen Arbeiten zu beendigen.

Gradmessungen. An dieser Stelle haben wir einen kurzen Blick auf die Geschichte der Gradmessungen zu werfen, deren eine durch die Bestimmung der Toise von Peru schon vordem für das Maßwesen der wissenschaftlichen Welt von Wichtigkeit geworden war.

Die ersten Versuche einer Bestimmung der Größenverhältnisse der Erde finden wir von den alten Aegyptern schon ausgeführt. Durch Pythagoras und Aristoteles war die Kugelgestalt der Erde bewiesen, Eratosthenes von Kyrene versuchte sich in ihrer Größenbestimmung, und wenn diesem Weisen auch nicht das Verdienst zugesprochen werden kann, eine wirkliche Gradmessung, d. h. die Längenbestimmung eines astronomisch genau bestimmten Theiles des Meridians, ausgeführt zu haben, so bleibt ihm doch der Ruhm, zur Ausmessung der Erde die richtige Methode gefunden und zuerst angewandt zu haben.

Die erste eigentliche Messung der Erde geschah im 9. Jahrhundert am Arabischen Meerbusen auf Befehl des Khalifen Al-Mamum. Die dieselbe ausführenden Geometer wurden in zwei Abtheilungen getheilt, damit durch die Arbeit der einen die der andern kontrolirt werden könne. Die Werthe für die Größe eines Grades — des 360. Theiles eines Kreises — die so erhalten wurden, wichen von einander ab. Es fand nämlich die eine Expedition die Größe von 46 arabischen Meilen, die andere von 56½. Leider sind wir nicht im Stande zu entscheiden, wie nahe oder wie entfernt dem wahren Werthe diese Angaben waren, da uns die Kenntniß der Länge der arabischen Meile mangelt. Von dieser Zeit an, durch das ganze Mittelalter, hören wir von dergleichen Unternehmungen gar nichts mehr. Das Interesse an den geographischen Wissenschaften war ein sehr geringes, und die allgemeine Wichtigkeit der Lösung solcher Fragen hatte man noch nicht erkannt. Erst 1525, nach der großen Erdumsegelung, gewann dieser Gegenstand wieder allgemeines Interesse.

Die nächste Gradmessung nach der arabischen in der Wüste Singar unternahm der auch als Mathematiker bekannte Fernel, Leibarzt des Königs Heinrich II. Als Resultat ergab sich für die Länge eines Meridiangrades der Werth von 57,070 Toisen, ein Ergebniß, welches fast genau mit den Messungen der neueren Zeit übereinstimmt, bei denen die Benutzung der vollkommensten Instrumente, die gewissenhafteste und scharfsinnigste Berücksichtigung der das Unternehmen influirenden Verhältnisse einander hülfreich die Hand boten. Diese Uebereinstimmung aber ist nichts weiter als ein Spiel des Zufalls. Denn Fernel hatte, um die Länge des Bogens zwischen Paris und Amiens, dessen Winkelgröße genau bekannt war, zu bestimmen, kein anderes Mittel angewandt, als einfach einen Wagen, in welchem er die zu messende Strecke durchfuhr; aus der Anzahl der Umdrehungen, die während dieser Zeit die Räder gemacht hatten, berechnete er die Länge des zurückgelegten Weges.

Bei einem solchen Verfahren kann von Genauigkeit nicht die Rede sein, und wenn das Resultat trotzdem ein der Wahrheit nahekommendes ist, so kommt dies eben nur daher, daß ein Fehler den andern in seiner Wirkung aufhob.

Im Jahre 1615 führte der Geometer Snellius zwischen Alkmar und Bergen op Zoom in Holland eine Gradmessung aus. Der von ihm gemessene Bogen umfaßt 1° 11′ 30″ und der Werth für einen Grad wurde daraus zu 55,021 Toisen berechnet. Interessant ist diese Messung dadurch, daß bei ihr zuerst die Methode der Triangulation angewendet wurde, die eigentlich von Snellius erfunden worden ist.

Auf die andere, sehr mühsame Art, die Länge eines Bogenstückes durch Anwendung der Meßkette, also durch direkte Ausmessung zu finden, führte Norwood die schon erwähnte Messung 1635 zwischen London und York aus, bei der sich die Gradlänge zu 57,424 Toisen herausstellte. Einen davon sehr abweichenden Werth (62,650 Toisen) fand Riccioli, und die Französische Akademie, die hohe Wichtigkeit der Sache ins Auge fassend, beschloß nun, da bei den enormen Differenzen, welche alle bisher auf diesem Gebiete ausgeführten Arbeiten noch unter sich zeigten, auf die wahrscheinlich richtige Größe nicht geschlossen werden konnte, eine neue Messung vornehmen zu lassen, für deren Ausführung alle der Wissenschaft zu Gebote stehende Mittel verwandt werden sollten.

Der damals berühmte Geometer Picard wurde mit der Lösung dieser Aufgabe betraut. Er führte seine Arbeit im Jahre 1670 mit der größten Gewissenhaftigkeit durch, und es verdient diese seine Messung vor allen das größte Zutrauen. Er maß zwischen Amiens und Malvoisine einen Bogen von 1° 28′ 28″ und berechnete daraus die Länge eines Meridiangrades zu 57,060 Toisen.

Nach dieser Angabe berechneten Huyghens und Newton die Größe der Erde, die man immer noch als vollkommene Kugel betrachtete. Als aber Richer die Beobachtung gemacht hatte, daß er, um in Cayenne ein richtiges Sekundenpendel zu haben, das von Paris mit= gebrachte um ⁵⁄₄ Linien verkürzen müsse, und gefunden hatte, daß diese Korrektion nicht allein auf Rechnung der Wärme und der dadurch erfolgten Ausdehnung zu setzen sei, stellte Newton die Behauptung auf, jene Veränderung sei eine Folge der durch die Rotation der Erde er= zeugten Centrifugalkraft. Er folgerte ferner hieraus, daß sich demgemäß um den Aequator, wo jene Kraft am größten sei, mehr Erdmasse angehäuft habe als an den Polen, daß also die Erde nicht eine Kugel sei, sondern eine abgeplattete, orangenähnliche Gestalt haben müsse.

Um die Frage zu entscheiden, wurde eine neue Gradmessung auf Anregung Picard's durch die beiden Cassini: Dominique und Jakob, ausgeführt und der durch Paris gehende Meridian in seiner ganzen Länge in Frankreich gemessen. Dabei kam man aber auf das merkwürdige Resultat, daß die Grade nach den Polen zu abnehmen sollten. Man fand nämlich aus der von Paris bis an die südliche Grenze des Reiches ausgedehnten Messung (6° 18′ 57″) die Größe eines Grades zu 57,097 Toisen, dagegen aus der von Paris bis Dünkirchen 56,960 Toisen, woraus also gegen Newton's auf theoretische Gründe gestützte Behauptung hervorzugehen schien, daß die Länge der Erdachse — des Durchmessers durch die Pole — größer sei als die des Aequatorialdurchmessers, der Erde also nicht, um den grobsinnlichen Vergleich weiterzuführen, eine orangenähnliche, sondern eine citronen= ähnliche Form zukäme.

Die Gelehrten aller Länder erhoben ihre Stimme, theils für die Newton'sche, theils für die Cassini'sche Erde. Um diesem mit vieler Heftigkeit unter den Mathematikern geführten Kriege ein Ende zu machen, wurden von der französischen Regierung zwei Gradmessungen in hinlänglicher Entfernung von einander angeordnet. Die eine sollte unmittelbar unter dem Aequator, die andere unter dem Polarkreise vorgenommen werden.

Zuerst wurde (1735 den 16. Mai bis 1746) die als „Peruanische Messung" berühmte Unternehmung ausgeführt, und das ihr zu Grunde gelegte Maß — die Toise von Peru — wurde von da an das wissenschaftliche Grundmaß in allen kultivirten Ländern. Namen wie die der Geometer Bouguer und Condamine, des Botanikers Jussieu, des Ingenieur Verguin, denen sich noch Andere anschlossen, wie z. B. der berühmte spanische Gelehrte de Ulloa, bürgen dafür, daß die erzielten Resultate gewiß allen Anforderungen ent= sprachen, die man an eine solche Expedition stellen konnte.

Im Juni 1756 kam die zweite Expedition, bestehend aus den Akademikern Mau= pertuis, Clairaut, Camus und Lemonnier und dem Abbé Authier, im Bottnischen Meerbusen an und bestimmte noch in demselben Jahre die Größe eines Grades zu 57,434 Toisen. Aus einer Vergleichung dieses Werthes mit dem zwischen Paris und Amiens = 57,600 und noch mehr bei dem bei der peruanischen Messung gefundenen Werthe = 56,753 Toisen ergab sich ganz evident, daß die Erde ein an den Polen ab= geplattetes Sphäroid sein muß, und daß der Cassini'schen Messung kein Glauben geschenkt werden kann. Spätere Untersuchungen auf diesem Gebiete haben dies auch außer allen Zweifel gesetzt. Es sind noch viele Gradmessungen ausgeführt worden; indessen wollen wir nur die wichtigsten hier kurz erwähnen.

Es sind dies: die von Lacaille 1750 an der Südspitze von Afrika ausgeführte, weil sie die Zunahme der Breitengrade nach den Polen hin auch für die südliche Hemisphäre beweist; die große von Delambre, Biot und Arago 1792 vollzogene, weil sie die Grundlage für das französische Metermaßsystem geworden ist; die von Gauß in Hannover, die russische von Struve über 25 Breitengrade von Ismail an der Donau bis zum Nordkap; die große ostindische, Ende der fünfziger Jahre, und die mitteleuropäische Gradmessung, welche 1861 nach einem Entwurf des Generallieutenant Dr. Baeyer in Vorschlag gebracht wurde und an deren Ausführung sich die Staaten Baden, Bayern, Belgien, Dänemark, Frankreich, Hannover, Hessen-Kassel, Hessen-Darmstadt, Holland, Italien, Mecklenburg, Oesterreich, Preußen, Rußland, Sachsen, Sachsen-Koburg-Gotha, Schweden und Norwegen, die Schweiz und Württemberg betheiligten. Diese Gradmessung, welche noch nicht beendet ist, umfaßt einen Flächenraum von mehr als 53,000 Quadratmeilen, also etwa den dritten Theil des Flächeninhalts von Europa oder den 175. Theil der ganzen Erdoberfläche, und unterscheidet sich von den früheren Unternehmungen dieser Art dadurch, daß sie nicht sowol blos eine Messung in einem Meridian (Breitengradmessung) oder in einem Parallel (Längengradmessung) sein soll, sondern eine Verbindung beider, welche die vollständige Bestimmung der Krümmungsverhältnisse von einem beträchtlichen Theile Europa's mit allen besonderen lokalen Abweichungen von der regelmäßigen Figur und die Ermittelung der Ursachen dieser Abweichungen erstrebt.

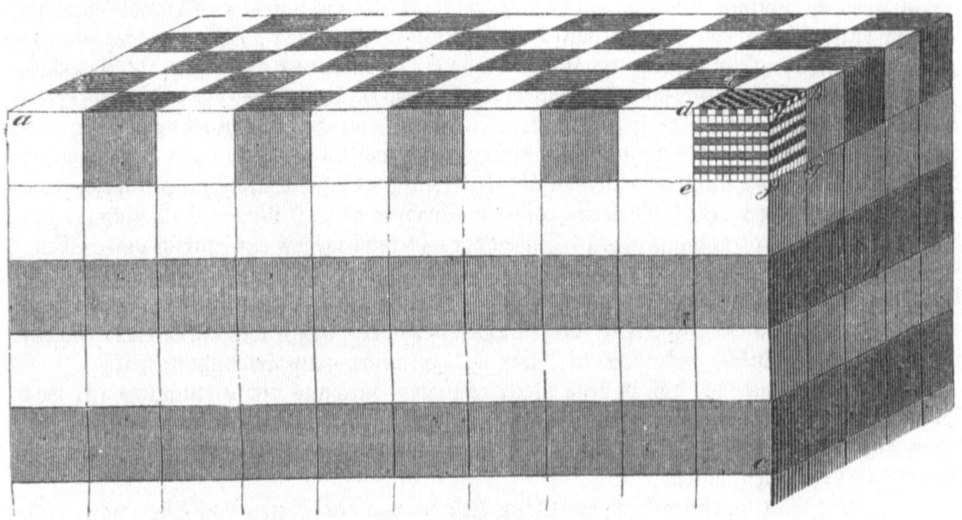

Fig. 12. Metermaßgrößen.

Metermaßsystem. Bei der Gradmessung vom Jahre 1792 wurde ein Bogen von 12° 22′ 13″ untersucht, von Dünkirchen bis zur Insel Formentera, der Werth eines Grades aus dieser ganzen Länge von 705,189 Toisen berechnet und daraus die Länge des Meridianbogens vom Pol bis zum Aequator abgeleitet. Der zehnmillionste Theil dieses Quadranten sollte als Maßeinheit angenommen werden. Da aber aus den durch die Gradmessung erhaltenen Resultaten die Länge des Meters — eben jenes zehnmillionsten Theiles des Quadranten — eine verschiedene wurde, je nach der Annahme von der Größe der Erdabplattung an den Polen, über welche man nicht so rasch einig werden konnte, so bestimmte ein Dekret vom 19. Frimaire des Jahres 8, daß das legale Meter einer Metallstange gleichzusetzen sei, welche selbst bei 0° Celsius auf der bei 16,25° normal bestimmten Toise von Peru 443,296 Linien der letzteren mißt. Diese Länge sollte, da die verschiedenen Ansichten über die wahre Größe des gesuchten Werthes voraussichtlich noch nicht so bald zu einer entschiedenen Einigung zu gelangen schienen und man die wichtige Frage der Maßeinigung nicht in das Ungewisse hinaus vertagen wollte, als mit dem zehnmillionsten Theil der wahrscheinlichen Länge des Erdquadranten übereinstimmend angenommen und zum Meter gemacht werden.

Die Eintheilung geschah nach dem Dezimalsystem. Die Bezeichnungen wurden zwei todten Sprachen, der griechischen und der lateinischen, entnommen, indem man von dem Gesichtspunkte ausging, daß alle Völker der modernen Kultur eine gleiche Pietät für die Sprachen jener Völker hegen, welche unsere Bildung begründet haben. Man befolgte dabei das Prinzip, die Bezeichnungen der Oberabtheilungen der Maßeinheit der griechischen, die der Unterabtheilungen der lateinischen Sprache zu entlehnen.

Die Längeneinheit selbst nannte man, wie schon erwähnt, kurzweg Meter (von dem griechischen Worte μετρόν, der Messer); die Unterabtheilungen Dezimeter = 0,1 Meter; Centimeter = 0,01 Meter; Millimeter = 0,001 Meter; die Oberabtheilungen dagegen Dekameter = 10 Meter; Hektometer = 100 Meter; Kilometer = 1000 Meter; Myriameter = 10,000 Meter. Die ersteren wurden durch Zusammensetzung mit den lateinischen Wörtern decem, zehn; centum, hundert; mille, tausend; die letzteren mit den gleichbedeutenden griechischen Wörtern gebildet: δέκα, zehn; ἑκατόν, hundert; χίλιος oder χίλιοι, tausend, und μύριος, richtiger μύριοι, zehntausend.

Als Gewichtseinheit wurde das Gewicht eines Würfels reinen Wassers von 4° Celsius erhoben, dessen Seitenlänge den hundertsten Theil jener Längeneinheit, des Meters, betragen sollte. Man nannte sie Gramm, nach dem griechischen γράμμα, von dem man annimmt, daß es ungefähr eben so viel gewogen habe als ein Kubikcentimeter reinen Wassers bei 4° Celsius. Das Kilogramm = 1000 Gramm wurde das Handelsgewicht; dasselbe entspricht einem Gewicht von 2 Zollpfund; im Uebrigen folgte die Bezeichnung ganz dem bei der Eintheilung der Längenmaße angenommenen Schema; die Gewichtsgrößen, kleiner als das Gramm, heißen: Dezi=, Centi=, Milligramme, die größeren Deka=, Hekto=, Kilogramm, nach derselben Bezeichnungsweise, welche bei den Längenmaßen angewendet worden war. Flächen= und Körpermaße wurden direkt von den Längenmaßen durch Quadriren und Kubiren derselben abgeleitet, und es erhielt als Einheit der ersteren die Flächengröße von 100 □Metern, also ein Quadrat von 10 Meter Seitenlänge, den Namen Are (von arare, pflügen); als Einheit der letzteren dagegen ein Würfel von 1 Meter Seitenlänge den Namen Stere (von στερεός = fest, solid). Ein Würfel von einem Kubikdezimeter Inhalt wurde das Liter (von λίτρα, so viel als das lateinische libra, ein Pfund oder was ein Pfund wiegt); Aren, Steren und Liter aber, ebenso wie die Meter, wurden in Dezi=, Centi=, Deka=, Hekto=Steren, Aren u. s. w. weiter gruppirt und getheilt.

Man ersieht daraus, daß in dem Metermaßsystem durchaus nichts enthalten ist, was spezifisch französisch wäre und seiner Einführung als ein internationales Maß widerspräche. Trotz Alledem wurden bisweilen gegen dasselbe Einwendungen gemacht, die man als sehr wesentliche bezeichnen hörte.

Das eine Mal wurde gesagt: es sei zur Bestimmung des Meters der Meridian, welcher durch Paris gehe, gemessen und seine Länge zur Grundlage genommen worden, das Meter demnach doch eine spezifisch französische Größe; das andere Mal ward darauf Bezug genommen, daß das Meter nach den neueren und immer vervollkommneteren Messungen der Erde jetzt nicht mehr der zehnmillionste Theil der Länge des Erdquadranten sei, wie es anfänglich sein sollte, sondern daß in Wahrheit das Viertel eines Meridiankreises 10000857,5 Meter betrage, das Meter demnach falsch sei.

Der eine Einwand ist so haltlos wie der andere. Welchen größten Kreis ich auf einer Kugel messe, bleibt sich für die Bestimmung ihrer Dimensionen ganz gleich, wenn nur überhaupt ein solcher oder das Stück eines solchen gemessen wird, der durch die beiden Endpunkte eines Durchmessers, aber gleichviel welchen Durchmessers, gelegt ist. Für ein Rotationssphäroid, wie unsere Erde ist, gilt nun zwar diese Allgemeinheit nicht, da wir hier unendlich viele verschieden lange Durchmesser haben, einen längsten, der je zwei Punkte des Aequators, und einen kürzesten, der die beiden Pole mit einander verbindet. Zwischen beiden liegen Durchmesser von allen innerhalb dieser Grenzen nur möglichen Werthen. Ein Meridian aber repräsentirt in seinen verschiedenen Punkten alle Größenverhältnisse unserer Erde, und deshalb ist er an sich die universellste Erddimension. Da nun unter sich alle Meridiane gleich sind — und es hat jedes Haus seinen eigenen — und der Pariser Meridian genau eben so lang ist wie der von Pontoise oder von Potsdam, so ist es komisch, den einen als besonders bevorzugt anzusehen. Zudem ist zu bedenken, daß zur Bestimmung des Quadranten, dessen zehnmillionsten Theil man als Meter annahm, alle früheren Gradmessungen mit berücksichtigt wurden und alle diejenigen Länder, welche für die wissenschaftliche Erforschung der Erde in dieser Richtung etwas gethan hatten, auch die Ehre in

Anspruch nehmen dürfen, für die Bestimmung der Einheit des Metermaßsystemes das Material geliefert zu haben.

Was aber den zweiten, oft als ganz besonders wichtig hingestellten Einwand betrifft, daß das Meter falsch sei, weil es nicht mehr den zehnmillionsten Theil des Erdquadranten betrage, so ist das die Sache auf den Kopf gestellt. Denn durch die immer schärfer werdende Untersuchung hat sich zwar ergeben, daß die früheren Bestimmungen der Größe der Erde an Ungenauigkeiten litten, und so lange man in der Vervollkommnung der Instrumente und der Maßmethoden fortschreitet, so lange wird man die zuletzt für richtig gehaltenen Maßangaben noch mit Fehlern behaftet finden, die aber in immer enger werdenden Grenzen sich bewegen. Der Umfang der Erde ist nach unserer jetzigen Kenntniß größer, als man 1792 dachte; hätte man sich darauf kaprizirt, das Meter unter allen Verhältnissen den zehnmillionsten Theil des Erdquadranten sein zu lassen, also den Erdquadranten als Einheit anzunehmen, so würde dasselbe allerdings jetzt nicht mehr richtig sein, sondern verlängert werden müssen. Eine solche Bedingung liegt aber dem Metermaß durchaus nicht zu Grunde. Es kommt bei ihm, wie bei jedem natürlichen Maße nicht darauf an, daß das Verhältniß seiner Einheit zu einer unveränderlichen Dimension der Natur gerade durch eine runde Zahl, wie 1 : 10,000,000, ausgedrückt wird, sondern nur darauf, daß dieses Verhältniß möglichst richtig erkannt und die richtige Verhältnißzahl behalten werde. Endlich hat man auch noch den Einwurf erhoben, daß eine krumme Linie (der Umfang der Erde) nicht das Mittel abgeben könne, Längen, d. h. gerade Linien, damit zu messen. Dem ist aber ent=gegenzuhalten, daß jede krumme Linie, sobald sie in ihrer Länge bestimmt und ausgedrückt wird, schon in eine gerade Linie verwandelt ist, ja daß man nicht anders zur Kenntniß der hier in Frage stehenden, der Ausdehnung eines Meridians, kommen kann, als daß man die krumme Linie selbst durch Aneinanderlegen lauter gerader Maßgrößen ausmißt.

Da nun von wissenschaftlichem Standpunkte gegen das Metersystem nichts einzuwenden ist, die Praxis aber längst entschieden hat, daß es allen Ansprüchen an Bequemlichkeit genügt, so dürfen wir hoffen, daß darin ein Weltmaß geschaffen worden sei, welches auch die übrigen Staaten noch anzunehmen für gut finden werden.

Wie bequem für die Praxis übrigens die gebräuchlichsten der im Metersystem enthal=tenen Maßgrößen sind, das mag der Vergleich mit andern Maßen zeigen. Es ist

1 Meter = 3,078 Pariser Fuß = 3,281 englische = 3,186 rheinische = 3,531 säch=sische Fuß.

1 Quadratmeter = 9,477 Pariser Quadratfuß = 10,764 englische = 10,152 rheinische = 12,469 sächsische Quadratfuß.

1 Kubikmeter = 29,174 Pariser Kubikfuß = 35,317 englische = 32,346 rheinische = 44,032 sächsische Kubikfuß.

1 Kilogramm = 2,043 Pariser Pfund = 2,205 englische = 2 preußische, sächsische ꝛc. (Zollpfund).

1 Liter = 0,873 preußische Quart = 0,220 Gallone = 1,068 Dresdener Kanne.

1 Hektoliter = 1,819 preußische Scheffel = 0,963 Dresdener Scheffel.

1 Hektare = 2,471 englische Acre = 3,917 preußische Äcker (à 180 ☐Ruthen) = 1,807 sächsische Äcker (à 300 ☐Ruthen) u. s. w. u. s. w.

Bei uns ist nun auch das Münzsystem durch eine durchgeführte Dezimalabtheilung wenigstens in äußerliche Verwandtschaft mit dem Maßsystem gesetzt, und es lassen sich alle Rechnungsoperationen, die mit diesen Größen zu thun haben, auf die einfachste Weise ausführen. Weitergehend muß man auch dem Wunsche nach einem Universal=Münzsysteme Raum geben. Indessen ist hier nicht der Ort, dafür zu plaidiren; eins aber würde sich mit Leichtigkeit ausführen lassen: die Maße, Dimensionen und das Gewicht der Münzen in ein einfaches Verhältniß zu dem Maßsystem zu setzen, so daß man die neugeprägten Münzen ohne Weiteres auch zu Maßzwecken benutzen könnte, und ebenso auf den Münzen das Ver=hältniß der Maßeinheit zu der Größe des Erdquadranten, wie man es eben kennt, durch zwei Zahlen auszudrücken. Das würden für alle Zeit fast unverlierbare Dokumente sein.

In Fig. 12 haben wir ein Schema abgedruckt, welches die wahren Verhältnisse der einfachsten Metermaßgrößen zur Anschauung bringt. Die Seite a b des parallelepipedischen Körpers ist = 1 Dezimeter, seine Höhe b c = 5 Centimeter, so daß jede Seite der damenbret=artigen Felder = 1 Centimeter ist. Jedes solche Feld ist ein Quadratcentimeter, und der entsprechende Würfel, wie b d e f g h i einen darstellt, 1 Kubikcentimeter. Wie der Dezimeter in Centimeter eingetheilt ist, so zeigt beispielsweise der Centimeter b d 10 Millimeter in ihrer wahren Größe, der Quadratcentimeter 100 Quadratmillimeter und der Kubik=centimeter 1000 Kubikmillimeter.

Maß der Kraft. Für die Arbeit aber, deren Kauf und Verkauf das gesammte Leben in den gewöhnlichen Fugen erhält, und für welche es nöthig ist, weil ihre Leistungen einen gegenseitigen Austausch erfahren, daß man sie selbst auch einer Tarirung unterwerfen könne — für die Arbeit genügen die in dem Vorhergehenden entwickelten Maße und die damit arbeitenden Methoden noch nicht. Es kommen bei ihr Faktoren in Rechnung, die einen besonderen Maßstab verlangen. So weit dieselben geistiger Natur sind, lassen sie sich selbstverständlich auch nur mit geistigem Auge betrachten und schätzen; so weit sie aber auf rein mechanische Kraftleistung zurückzuführen sind, wie vielerlei Maschinenleistungen, welche in der Hauptsache nur die Kraftquelle einer Dampfmaschine verlangen, müssen wir auch im Stande sein, sie einem Kalkül zu unterwerfen, welcher sich auf natürliche und un=veränderliche Werthe stützt. Wie dies geschehen kann, vermögen wir leicht zu erkennen, wenn wir die Begriffe zu Hülfe nehmen, welche uns das physikalische Gesetz von der Er=haltung und Wechselwirkung der Naturkräfte an die Hand gab.

Als allgemeines Beispiel dafür denken wir uns eine Dampfmaschine. Die Kraft der=selben wird erzeugt durch Expansion von Wasserdampf, in welchen wir das Wasser durch Verbrennen von Kohle überführen. Eine bestimmte Menge Kohlenstoff giebt uns durch ihre Verbrennungswärme immer dieselbe Menge Dampf von einer gewissen Spannung, also auch dieselbe Kraft, welche ihren Preis in dem Kohlenpreise — und theoretisch allein in demselben — ausdrücken kann; in praxi kommen aber dazu noch die Zinsen für Anschaffung und Aufstellung, die Kosten für die Bedienung der Maschine nebst einer gewissen Amorti=sationsquote und einem Verluste an Effekt durch Wärmeverlust, Reibung u. s. w.

Man könnte nun die mechanische Kunstleistung theoretisch sehr richtig durch eine Ein=heit messen, welche uns in dem Effekte gegeben ist, den eine gewisse Menge Kohlenstoff bei seiner Verbrennung erzeugt, und diese Maßmethode würde in dem Kohlenstoffe ein weit be=deutungsvolleres Währungsmaterial erkennen lassen, als es Gold oder Silber je sein können. Indessen verlöre dieses Maß für die Praxis den Vortheil sinnlicher Anschauung; deshalb hat man sehr richtig diejenige Kraftmenge als Einheit angenommen, welche in einer Sekunde im Stande ist, eine Gewichtseinheit um eine Längeneinheit in die Höhe zu heben.

Da die Zeiteinheit (Sekunde) unter allen Umstände dieselbe bleibt, so drückt man sie bei der Maßangabe von Kraftgrößen nicht erst besonders aus; Gewicht und Hubhöhe dagegen muß man erwähnen, da es von Wesenheit ist, welches Maßsystem zu Grunde gelegt wurde. Um also die Einheit für mechanische Kraftmessung zu bezeichnen, verbindet man die Benennung der Gewichtseinheit mit der der Maßeinheit, z. B. Fußpfund, Meterkilogramme, und will damit sagen, daß im ersteren Falle sie eine Kraft repräsentirt, welche im Stande ist, in einer Sekunde ein Gewicht von 1 Pfund um 1 Fuß zu heben; im zweiten dagegen eine Kraft, welche in derselben Zeit 1 Kilogramm um 1 Meter in die Höhe hebt; 16 Meterkilogramm können durch den Hub von 8 Kilogrammen auf 2 Meter oder von 4 Kilogrammen auf 4 Meter oder von 2 Kilogrammen auf 8 Meter in einer Sekunde geleistet werden. Für die bedeutende Leistung der Dampfmaschinen nimmt man oft die Leistung einer sogenannten Pferdekraft als Einheit an. Dieselbe beträgt 510 Fußpfund oder 75 Meterkilogramme.

Vergebens, daß ihr ringsum wissenschaftlich schweift,
Ein Jeder lernt nur, was er lernen kann;
Doch der den Augenblick ergreift,
Das ist der rechte Mann.

Goethe.

Windmühle und Schraubenschiff.

Bewegungsapparat der Dampfschiffe. Die schiefe Ebene.
Kraftwirkung an derselben. Anwendungen. Der Keil.
Die Schraube. Ihr Gesetz und ihre Verwendung. Der Flieger. Die Schiffsschraube und ihre Geschichte.
Du Quet. Bernoulli. Paucton. Delisle. Sauvage. Josef Ressel. Ausführung der Schiffsschraube. Der
Windmühlenflügel. Wirkung des Windes auf denselben. Geschichte der Windmühlen.

Im Jahre 1803 entwarf Robert Fulton in New-York das erste Dampfschiff. Dieses
Jahr wird in der Geschichte der Menschheit ein ewig denkwürdiges bleiben dadurch,
daß aus der hemmenden Fessel, welche die Entfernung der Völker für deren gegenseitige
Entwicklung ist, das spannendste Glied herausfiel. Die Ueberschreitung des vermittelnden
Ozeans wurde eine freie, willkürliche, von Wind und Meeresströmungen unabhängige.
Fulton aber mit seinem genialen Gedanken wurde verlacht von der Menge, die ihn heute —
wenn sie geneigt wäre, sich seine Verdienste zu vergegenwärtigen — unter ihre höchsten
Wohlthäter zählen müßte. Denn nicht dem Auswanderer allein, oder dem Schiffsrheder,
oder dem Kaufmann, oder dem Reisenden kommen die Vortheile der neuen Schiffahrt zugute, dem Geringsten aus dem Volke, dem armen Heidebewohner, der scheinbar völlig un-
berührt von der Außenwelt sein eng umgrenztes Leben durchlebt, wurde sie ebenso nützend
wie dem Reichen, der sich mit den Erzeugnissen aller Erdtheile zu umgeben vermag.

Die erste Idee zu dem Bewegungsapparat der Dampfschiffe war dem alten Ruderboote
entnommen. Es sollte eine Anzahl nach einander regelmäßig eintauchender Schaufeln durch
den Widerstand, den ihnen das Wasser entgegensetzt, den Schiffskörper weiterschieben.
Diese Idee erwies sich, indem man die Schaufeln radförmig an einer leicht durch das Spiel
der Dampfmaschine zu bewegenden Welle anbrachte, als durchaus zweckentsprechend, und
so kam es, daß sie, mit geringen Abänderungen in der Form der Schaufeln, bis auf den

heutigen Tag sich in Ausführung erhielt. Mancherlei Uebelstände, die sich wol heraus=
stellten, schienen entweder nicht so wesentlich oder nicht zu umgehen, so daß man sie ruhig
mit in den Kauf nahm. Die Erschütterung z. B., welche das schlagartige Eintauchen der
Radschaufeln in das Wasser verursachte, war weder für die Dauerhaftigkeit und den sichern
Gang der Maschine von Nutzen, noch auch für die Bemannung des Schiffes besonders an=
genehm; bei bewegter See konnten die auf beiden Seiten des Schiffes angebrachten Schaufel=
räder nicht gleichmäßig arbeiten, indem bald das eine, bald das andere ungleich hoch aus
dem Wasser herausgehoben oder tief hinein begraben wurde; endlich war durch Sturm und
andere äußere Zufälle das Rad selbst der Beschädigung sehr leicht ausgesetzt, ein Umstand,
der besonders für Kriegsschiffe von allergrößter Bedeutung sein mußte.

Aber wenn auch die in Bezug auf den Bewegungsapparat hieran sich knüpfenden
Wünsche, welche auf einen ganz gleichmäßigen, ruhigen Gang und auf eine Lage, die ihn
den Einwirkungen der Wellen und feindlichen Geschütze entrückte, hinausliefen, wenn auch
diese das Gros der Schiffahrer und Schiffsbauer weniger berührten, weil der Gedanke an
eine glückliche Lösung nur wenig Aussicht auf Erfüllung hatte, so gab es doch einzelne
Köpfe, die ihn sehr zeitig ergriffen und unausgesetzt verfolgten. Und im Jahre 1837, an
einem trüben, stürmischen Septembertage, durchschnitt ein Dampfschiff zum ersten Male die
aufgeregten Wellen der See und wagte die Fahrt von Blackwell über Dover und Falkstone
nach Hyte, welches an den Seiten keine Radkästen trug, welches nicht die Schaufelschläge
der Räder hören, nicht den aufspritzenden Schaum bemerken ließ, sondern in ruhigem Gange
dahinschoß und statt der gewöhnlichen, weithin sich ausdehnenden Wasserfurche, die den bis=
herigen Dampfschiffen zu folgen pflegte, nur einen langen, kreiselnden Wasserstrang nach
sich zog, der seinen Ursprung offenbar dem verborgenen Bewegungsapparate verdankte.

Dieses neue Dampfschiff, „Infant Royal", war von dem Engländer Smith erbaut
worden, der sich die Idee, anstatt der hebelartig wirkenden Schaufelräder die Schraube
zur Fortbewegung anzuwenden, das Jahr vorher hatte patentiren lassen. Wir sehen also
in dem „Infant Royal" das erste Schraubenboot vor uns.

Wie an sich alles Neue mit Vorurtheil betrachtet wird von der leicht bestimmbaren,
aber schwer zu überzeugenden Menge — und zu dieser großen Menge gehören auch jene
sogenannten Fachleute und Sachverständigen, welche aus Faulheit, Unkenntniß, Mißgunst
und anderen verächtlichen Gründen der Voreingenommenheit Alles von sich weisen, was
ihnen oft blos seines Urhebers wegen nicht bequem erscheint — so erging es auch dem
„neuen Propeller", der Schraube, und so war es ihm ergangen, denn er hatte bereits
eine Geschichte hinter sich, wie deren in den Annalen des Fortschrittes leider viele auf=
gezeichnet sind.

Indessen wird es an dieser Stelle nothwendig, um das Folgende leicht verständlich zu
machen, auf das Wesen und die Einrichtung des Haupttheiles der neuen Erfindung, auf
die Schraube selbst, etwas näher einzugehen, und wir bitten den Leser deshalb, uns auf
einem kurzen Gange durch ein physikalisches Gebiet zu begleiten. Wenn wir über die
Wirkungsweise der gewöhnlichen Schraube, die wir in unzählig verschiedener Anwendung
an vielen unserer Geräthe und Maschinen zu beobachten Gelegenheit haben, im Klaren
sind, so sind wir es auch über das Prinzip der Schiffsschraube, denn diese ist nur in der
Art und Weise der Anwendung etwas Neues. Aber wiederum ist auch die gewöhnliche
Schraube nicht das letzte Fundament der in Frage kommenden Erscheinungen, vielmehr
liegt allen diesen eine noch einfachere Maschine zu Grunde:

Die schiefe Ebene. Eine Ebene, welche gegen die Horizontalebene in einem Winkel
geneigt ist, heißt eine schiefe Ebene. Während sich durch einen Punkt nur eine einzige
Horizontalebene legen läßt, kann es für denselben Punkt unendlich viel verschiedene schiefe
Ebenen geben, je nachdem die Neigung derselben zum Horizont eine größere oder geringere
ist, von der eigenthümlichen Richtung des Streichens ganz abgesehen.

Jedermann weiß, daß auf der Straße ein Wagen um so schwieriger zu ziehen ist, je
steiler der Weg geht; um so leichter aber, je weniger derselbe geneigt ist, oder je größer die

Länge ist, auf die sich die zu überwindende Steigung vertheilt. Man kann deshalb, weil die Leistungsfähigkeit der Thiere sowol wie die der Lokomotiven eine Grenze hat, nur bis zu einem gewissen Winkelgrade Straßen und Eisenbahnen ansteigen lassen und wird, wenn die Erhebung eine steilere ist, gezwungen, entweder durch Führung in Schlangenlinien (Serpenten, Fig. 14) die Neigung auf eine größere Länge zu vertheilen oder zu andern

Hülfsmitteln zu greifen, wie zum Auf=
ziehen der Wagenzüge mittels starker
Seile, welche durch eine auf der Höhe
stehende Dampfmaschine auf große
Trommeln gewickelt werden, oder Trieb=
stangen, Zahnräder u. dgl. anzuwenden,
wie es auf der Rigibahn u. s. w. geschieht.

Wird die Steigung immer größer,
so geht die Fläche endlich in eine senk=
rechte über, und in diesem Falle erfor=
dert die Aufgabe, eine Last emporzu=
heben, die größte Kraftanstrengung,
was schon durch das verzweiflungsvolle
Wort des Dichters ausgedrückt wird:

„Es ist um das Haar sich auszuraufen,
Und an den Wänden hinaufzulaufen.“

Fig. 14. Kunststraßenanlage zur Ueberwindung zu großer Steigung

Man kann die Größe des Widerstandes, welchen die verschiedene Neigung schiefer Ebenen der Fortbewegung einer Last entgegensetzt, sehr leicht bestimmen. Bedeutet nämlich das Dreieck ABC in Fig. 15 eine schiefe Ebene im Durchschnitt, deren Basis die Linie BC, deren Höhe AC, deren Länge AB ist, und deren Steigung durch das Verhältniß ihrer Höhe zu ihrer Länge AC : AB ausgedrückt wird, so können wir

uns die zu bewegende Last in G und die Größe ihres
Gewichtes durch die Länge der Linie GD ausgedrückt
denken. Die Schwere strebt die Last in der Lothlinie GD
nach der Erde zu ziehen; die schiefe Ebene AB aber ge=
stattet ein direktes Herabfallen nicht, die Last ruht auf
ihr. Dadurch wird ein Theil der Schwere für die Be=
wegung wirkungslos und äußert sich als Druck senkrecht
auf die Unterlage AB; das Herabgleiten kann nur mit
dem noch übrig bleibenden Reste der Kraft geschehen.

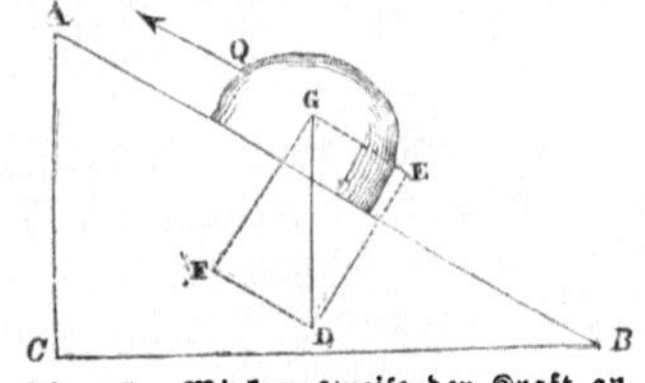

Fig. 15. Wirkungsweise der Kraft an der schiefen Ebene.

Dieser Rest muß von der Zugkraft der Pferde oder der Lokomotive oder sonst einer be= wegenden Kraft, die wir uns in der Richtung der Linie Q wirkend zu denken haben, überwunden werden.

Es fragt sich, wie groß dieser Theil ist. Erinnern wir uns aus dem Gesetz vom Parallelogramm der Kräfte des Satzes, daß jede Kraft als das Produkt, die Resultirende,

zweier anderer im gleichen Punkte angreifender Kräfte
gedacht werden kann, so brauchen wir die Linie GD nur
als die Diagonale eines Parallelogramms DFGE anzu=
sehen, um in den beiden Seitenlinien GE und GF die
gesuchten Werthe zu finden. Es zerlegt sich nämlich die
Kraft GD in einen senkrechten Druck GF auf die schiefe
Ebene und in die Zugkraft GE, mit welcher die Last auf
der schiefen Ebene herabgleiten möchte. Will man also

Fig. 16. Wirkungsweise der Kraft an der schiefen Ebene.

das Letztere verhindern, so muß man eine GE gleich große Kraft in der entgegengesetzten Richtung wirken lassen. Ist die Kraft größer, so folgt ihr die Last und bewegt sich nach der Höhe A hin. Schon ein Blick auf unsere Figur zeigt, daß die Zugkraft nicht so groß zu sein braucht, als das ursprüngliche Gewicht der Last, und wenn wir in gleichem Sinne Fig. 15

betrachten, so sehen wir, daß mit der Steigung sich das Bestreben der Last, herabzurollen, vermindert, dagegen umgekehrt der Druck auf die schiefe Ebene sich vermehrt.

Ruht eine Last auf einer horizontalen Fläche, so wirkt ihr ganzes Gewicht als Druck auf die Unterlage, und es bleibt nichts für eine Bewegung nach der Seite übrig. Wir können das Gesetz in die Worte zusammenfassen: es verhält sich die Kraft, mit welcher ein Körper auf einer schiefen Ebene herabzugleiten bestrebt ist, zu seinem Gewichte wie die Höhe der schiefen Ebene zu ihrer Länge.

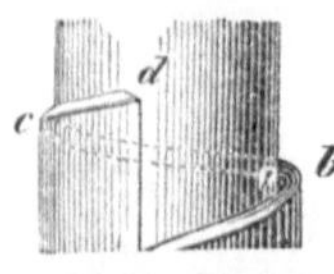

Fig. 17. Theorie der Schraube.

Ist also in Fig. 15 dieses Verhältniß doppelt so groß wie in Fig. 16, so wird auch die Zugkraft das erste Mal das Doppelte von derjenigen betragen müssen, welche in Fig. 16 die Last von B nach A zu schaffen vermöchte.

Wir dürfen nur unsere Augen um uns gehen lassen, um fortwährend neue Bestätigungen dieser Regel und die mannichfachsten Erscheinungsweisen dieser Wahrheiten zu erblicken. Jedes Flußbett ist eine schiefe Ebene, auf der das Wasser je nach der Neigung (Gefälle) mit größerer oder geringerer Geschwindigkeit von höheren zu tieferen Punkten hinabfällt; nichts Anderes sind die Gleitbahnen, Holzriesen, die Schrotleitern, welche die Fuhrleute anwenden u. s. w., und zwar sind dies Alles unbewegliche schiefe Ebenen.

Im Gegensatz zu ihnen kennt die Praxis auch eine Menge Anwendungen, bei denen e schiefe Ebene beweglich ist. Ob ich nämlich eine Last eine schiefe Ebene hinaufziehe, oder ob ich die schiefe Ebene, wie es beim Keil, bei der Keilpresse u. s. w. geschieht, unter die Last treibe und diese dadurch hebe, das muß sich gleich bleiben; und ferner ändert es auch nicht das Prinzip, ob ich mit Hülfe des Keiles eine widerstehende Last hebe, oder sie, wie es wol am häufigsten geschieht, dadurch in dem Zusammenhange ihrer Masse zu trennen suche. Keil und Hacke, Messer, Meißel, Spaten, Pflugschar, Schere, ja die Nadel, der Pfriemen, der Grabstichel, kurz Alles, was schneidet oder sticht, sind Anwendungen

Fig. 18. Schraubenspindel mit dreiseitigem Querschnitt des Ganges.

Fig. 19. Schraubenspindel mit vierseitigem Querschnitt des Ganges.

des Keiles, und ihre Wirkung gründet sich mit diesem auf das Gesetz der schiefen Ebene. Je allmählicher die Neigung, d. h. je dünner die Schneide ausläuft, je schärfer das Instrument ist, um so leichter wirkt es.

Die Schraube. Die beweglichen schiefen Ebenen führen uns nun unserm eigentlichen Gegenstande näher. Denken wir uns einen langen, schmalen Keil aus einem biegsamen Material, etwa aus Horn dargestellt, den man um einen Cylinder wickeln kann, so haben wir in dieser durch die Fig. 17 dargestellten Form Dasjenige, was wir eine Schraube nennen. Die durch die Oberfläche der schiefen Ebene auf dem Mantel des Cylinders sich abzeichnende Linie a b c d heißt eine Schraubenlinie, der einmalige Umgang von a bis d ein Schraubengang; a d ist die Höhe desselben, und die Steigung drückt man ebenso wie bei der schiefen Ebene durch das Verhältniß der Höhe zur Länge oder durch den Winkel an der Basis aus.

Die praktische Ausführung der Schraube ist eine sehr verschiedene. Zunächst wollen wir nur erwähnen, daß man die Gänge sowol von dreiseitigem als auch von vierseitigem Querschnitt macht (s. Fig. 18 und 19), und daß man

Fig. 20. Viergängige Schraube.

da, wo es die größere Steigung erlaubt, bisweilen zwei und mehrere derselben parallel neben einander laufend anbringt, wie es Fig. 20, in welcher vier Schraubengänge für sich dargestellt sind, zeigt. Die Trillbohrer zeigen solche Schrauben in praktischer Verwendung. Die mannichfachen Anwendungen der Schraube, obwol sie ihrem ersten Anschein nach von den gewöhnlichen Verwendungsarten der schiefen Ebene abweichen, lassen den verwandtschaftlichen Zusammenhang beider leicht erkennen. Die Richtung, in welcher die Kraft bei der Schraube wirkt, liegt stets in der Achse des Cylinders

Man kann die Schraube wie einen Keil in die Masse fester Körper allmählich einschieben (Bohrer, Korkzieher), sie rückt dann in der Richtung ihrer Achse darin weiter, und zwar genau bei jeder ganzen Umdrehung um die Höhe eines Schraubenganges.

Um diese Fortbewegung möglichst gleichmäßig und sicher zu machen, stellt man aus einem festen Material eine Führung dar, eine sogenannte Schraubenmutter, welche die erhabenen Schraubengänge der Spindel vertieft zeigt (Fig. 21). Je nachdem man nun Spindel oder Mutter fest, d. h. unverrückbar macht, oder dem einen dieser Theile die drehende, dem andern die in der Richtung der Achse fortschreitende Bewegung zutheilt, erhält man

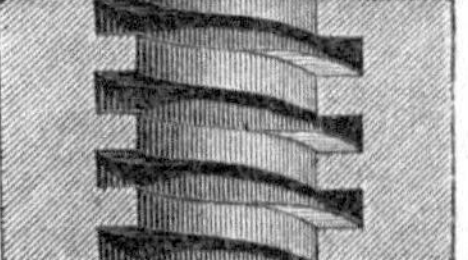

Fig. 21.   Schraubenmutter.

Gelegenheit zu den mannichfachsten Vorrichtungen, welche einen Zug oder einen Druck oder eine Umsetzung der Bewegung auszuüben bestimmt sind (Buchdruckerpressen, Weinpressen, Münzapparate u. s. w.). Bei ihnen ist bald die Spindel beweglich (Fig. 22), bald feststehend, wie in den Buchbinderpressen, Kartenpressen u. s. w.; bald, wie bei den Trillbohrern, bewegt sich der eine Theil in der Längsrichtung und zwingt den andern, sich zu drehen, oder umgekehrt.

Es geht aus dem Erwähnten hervor, daß die Kraft, um einen Effekt auszuüben, abgesehen von der Reibung, sich auch bei der Schraube zu der Last oder dem Widerstande verhalten muß, wie die Höhe der Windung zu der Länge (dem Umgange) derselben. Eine Schraubenspindel, deren Gänge auf zehn Centimeter Umgang um

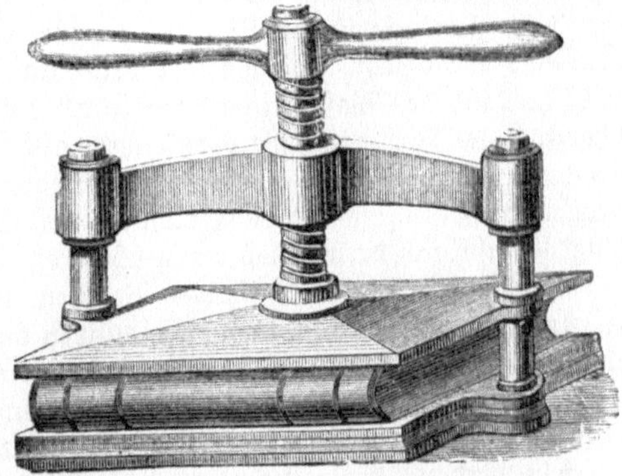

Fig. 22.   Schraubenpresse mit unbeweglicher Mutter.

einen Centimeter ansteigen, gestattet mit 1 Kilogramm Kraft einer Last von 10 Kilogramm das Gleichgewicht zu halten oder damit einen Druck von 10 Kilogramm auszuüben. Je geringer die Steigung ist, um so größer kann der Widerstand sein, den eine gegebene Kraft überwindet. Freilich wird, was man auf der einen Seite an Kraft gewinnt, auf der andern an Zeit verloren, und der endliche Effekt bleibt immer ein bestimmter, nicht zu überschreitender.

Die Schraube ist auch durch ihre langsame, gleichmäßige Vorwärtsbewegung ein geeignetes Mittel, um außerordentlich kleine Stellungsänderungen, z. B. bei astronomischen und physikalischen Instrumenten, Wasserwagen, Mikroskopen u. s. w., hervorzubringen, da sich Bewegungen der Umdrehung, die man beliebig groß machen kann, leichter taxiren lassen. Markirt man die Umdrehung in einem getheilten Kreise, so lassen sich, wie es in der That bei dem Support der Drehbänke und den Theilmaschinen geschieht, die allergenauesten Theilungen ausführen, die bei exakter Herstellung der Apparate eine Grenze für unser Auge fast nicht mehr haben und denen die Messung von Schmetterlingsstaub und Blutkügelchen eine leichte Aufgabe ist Mikrometerschraube).   Wir übergehen hier eine

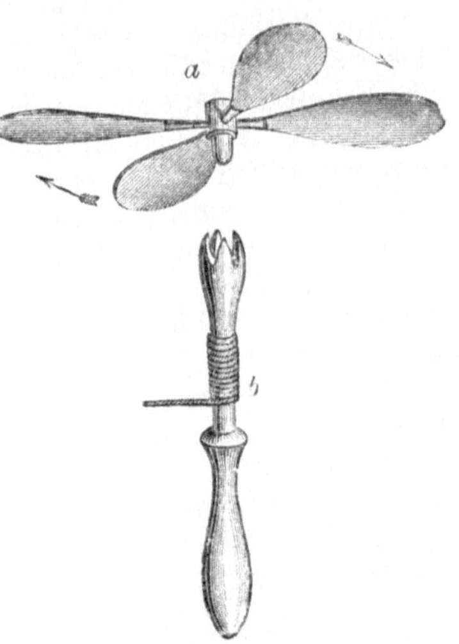

Fig. 23.   Der Flieger.

weitere interessante Anwendung der Schraube zu Zwecken der Maschinentechnik, der sogenannten Schraube ohne Ende, auf welche wir bei den Zahnrädern zurückkommen, und wenden uns wieder unserm Gegenstande, der Schiffsschraube und den Windmühlenflügeln zu.

Die Schiffsschraube. Untersuchen wir das Prinzip der Schiffsschraube, so finden wir dasselbe lediglich darauf beruhend, daß das Wasser genug Widerstand leistet, um einer sehr rasch um ihre Achse sich drehenden Schraube gegenüber sich wie eine feststehende Schraubenmutter zu verhalten. Die Schraubenspindel schraubt sich in dasselbe hinein, wie ein Korkzieher in den Kork, und bewegt sich darin somit sammt dem mit ihr verbundenen Schiffe in der Richtung ihrer Achse weiter.

Wer kennt nicht das Kinderspielzeug, den sogenannten Flieger, der durch seine schnellen Umdrehungen sich hoch in die Luft hinaufwirbelt? Wie es Fig. 23 veranschaulicht, besteht derselbe aus vier Flügeln, welche in etwas schiefer Lage um einen Dorn a angebracht sind. Jeder derselben stellt vermöge seiner Neigung ein Stück einer Schraubenfläche dar. Diese Vorrichtung wird mit dem Dorn in die gabelförmige Oeffnung des Rotationsapparats b gelegt, und der letztere durch Abziehen einer umgewickelten Schnur, wie der bekannte Mönch, in sehr rasche Umdrehung versetzt, welche sich natürlich auch dem Flieger mittheilt und infolge deren sich dieser in der Luft in die Höhe schraubt, bis er matter wird und sein Gewicht ihn wieder herabzieht. Wie hier der Widerstand der Luft, so wirkt bei der Schiffsschraube der Widerstand des Wassers; da derselbe aber viel größer, die Fortbewegung eines Körpers in horizontaler Richtung außerdem leichter als die in vertikaler Richtung ist, so wird es nicht unwahrscheinlich sein, daß ein ähnlicher Apparat, wie der Flieger, der natürlicherweise entsprechend groß und in der Längsrichtung des Schiffes angebracht sein muß, wenn er nur genügend rasch sich dreht, auch einen schweren Schiffskörper in Bewegung setzen kann.

Nach vielen Versuchen ist das Problem in zweckmäßiger Weise gelöst worden. Die dazu unternommenen Anstrengungen datiren aus sehr alter Zeit. Bereits im Jahre 1731 schlug ein Franzose, Du Quet, einen Apparat zur Schiffsbewegung gegen den Strom vor, der sich auf die Wirkung der Schraube gründete. Nur ging Du Quet von demselben Prinzip aus, nach welchem die Flügel der Windmühle konstruirt sind und das wir später entwickeln werden. Er wollte nämlich die Strömung des Wassers, wie bei den Mühlen die Kraft des Windes benutzt wird, zur Umdrehung einer an einer Welle angebrachten Flügelvorrichtung angewandt wissen. Die Welle sollte eine Trommel tragen, auf die sich ein von einem stromaufwärts gelegenen Punkte des Ufers ausgehendes Seil aufwickeln und dadurch das Schiff heraufziehen sollte.

Dieser Vorschlag, der wol nie in Ausführung gekommen ist, hat nur ein wissenschaftlich historisches Interesse; für die Praxis der Schiffsmaschinen ist er von keinem fördernden Einfluß gewesen. Hätte auch der berühmte Physiker Daniel Bernoulli davon Kenntniß gehabt, so beweist doch die Denkschrift desselben, 1752 bei der Französischen Akademie eingereicht, daß er von der Du Quet'schen Idee nichts benutzt hat.

Bernoulli stellte die Sache vielmehr auf den Kopf und ging von dem völlig originellen Gedanken aus, die windmühlflügelartige Vorrichtung, welche er unterhalb des Schiffes angebracht wissen wollte, nicht durch die Strömung des Wassers bewegen zu lassen, sondern sie durch eine im Schiffe befindliche Kraft in Umdrehung zu versetzen und dadurch eine Bewegung des Schiffes, gewissermaßen eine entgegengesetzte Strömung, hervorzurufen. Mit diesem Gedanken hatte er die Schiffsschraube, wie wir sie heute noch anwenden, erfunden, und es gebührt dem genialen Schweizer die Ehre der Priorität. Der Preis, welchen Bernoulli für seine Denkschrift von der Akademie erhielt, war ein wohlverdienter; trotzdem blieb die Sache selbst außer dem Kreise der Gelehrten ziemlich unbeachtet, und Paucton, der Nächste, der darauf zurückkam, that in seinem Werke „Theorie der Archimedes'schen Schraube" (Paris 1768) nichts Anderes, als den bereits gemachten Vorschlag zu wiederholen. In Bezug auf die praktische Ausführung gab er aber einige Winke, von denen es nur merkwürdig ist, daß sie fast hundert Jahre unbeachtet und vergessen blieben, so daß die Neuzeit sie als neu erfunden hinstellen konnte. Um nämlich den Uebelstand des großen Tiefganges eines Schraubenschiffes zu vermeiden, schlug Paucton vor, statt einer Schraube unterhalb des Schiffes deren zwei, eine an jeder Seite angebracht, oder eine einzige am Vordertheile wirken zu lassen. Die damals noch bestehende große Unvollkommenheit der

Maschineneinrichtungen ist jedenfalls der Grund, daß der erste Gedanke so spurlos vorüber=
ging. Er erklärte ferner, die Schraube könne theilweise aus dem Wasser emporragen; die
Dimensionen der Flügel, die Geschwindigkeit der Umdrehungen hätten sich nach der Größe
des Kahnes zu richten u. s. w.

Die Kraft, welche die Bewegung der Schraube hervorbringen sollte, konnte damals
noch keine andere als die mechanische Kraft von Thieren oder Menschen sein. Wenige
Jahre vorher erst hatte Watt seine Umgestaltung der Dampfmaschine begonnen, und es
war an eine Einführung derselben unter die Schiffsmotoren noch nicht zu denken. Als aber
zu Anfang dieses Jahrhunderts Fulton seine ersten Dampfschiffe gebaut, deren Erfolge
auch die ärgsten Zweifler verstummen gemacht hatten, wäre es an der Zeit gewesen, die
Bernoulli'schen und Paucton'schen Vorschläge hervorzusuchen. Merkwürdiger Weise geschah
sobald nichts Derartiges.

Der Erste, welcher seine Augen wieder auf die Schraube warf und die praktische Be=
deutung derselben erkannte, war der französische Geniekapitän Delisle, der 1823 der
Regierung eine bezügliche Vorlage machte. Indessen auch seine Bemühungen blieben ohne
Erfolg, die große Menge hatte keine Sympathien für eine weitere Vervollkommnung der
Dampfschiffahrt, deren Leistungen für Manche noch den Schein des Wunderbaren hatten.

Erst als der Verkehr Dimensionen annahm, welche den Werth der Zeit ganz anders
beurtheilen ließen, als die Triumphe der Eisenbahnen und Telegraphen mahnend an die
Ohren der Seefahrer schlugen, da war der Boden vorbereitet für eine günstige Entwicklung
der Schraubenidee. Es ist eigenthümlich, daß das Urtheil des Publikums auch heute noch
in jene Zeit erst die Anfänge der ganzen Erfindung verlegt und die bei weitem früher er=
worbenen Verdienste Bernoulli's und Paucton's gänzlich übergeht. Die englische Regierung
setzte 1825 einen Preis auf die Verbesserungen der Schiffstriebmaschinen, weil sich für die
Schaufelräder große Nachtheile vorzüglich durch den starken Wellenschlag im Kanal
La Manche herausstellten. Obwol Samuel Brown diesen Preis gewann, so ist doch seine
Erfindung zu keiner praktischen Bedeutung gelangt. Aber das Bedürfniß war erkannt und
ausgesprochen, und in dieser Erkenntniß, in der Fragstellung lagen die günstigen Be=
dingungen der Reife für die bereits lange vorher gemachte Erfindung.

Vorzüglich sind es drei Persönlichkeiten, denen der Patriotismus ihrer Mitbürger
gern die Ehre der ersten Idee vindiziren möchte: der Engländer Smith, der Franzose
Sauvage und der Deutsche Ressel. Nehmen wir die Sache streng, so hat eben Keiner
von ihnen, am allerwenigsten aber Smith, ein Recht, den ersten Anspruch zu erheben. Es
ist möglich, daß Ressel und Sauvage die Arbeiten ihrer Vorgänger unbekannt geblieben
sind, und daß sich ihre Ideen auch in derselben Weise entwickelt haben würden, wenn
Bernoulli und Paucton gar nicht gelebt hätten; allein da das Frühere einmal bestand, so
ist seinen Urhebern auch der Ruhm nicht zu schmälern. Es konnte sich nach Bernoulli nur
um den durch ein großartiges Experiment zu bestätigenden Beweis der praktischen Ver=
wendbarkeit der Schiffsschraube, um ihre thatsächliche Einführung in die Schiffsbaukunst
handeln. Dies darzuthun war mehr Sache der Energie und reicher Mittel als einer be=
sondern Erfindermission.

Das Wesen einer Erfindung liegt streng genommen entweder in einer gänzlich neuen
Erfahrung, auf dem Gebiete der natürlichen Gesetze gemacht, oder, wie es meistens der
Fall ist, in dem Nachweis einer neuen Verwendbarkeit bekannter Thatsachen. Die Schraube
an sich war längst bekannt, ihre Fortbewegung im Wasser oder die Wirkung des Wassers
als Schraubenmutter war von Bernoulli entdeckt; alle späteren Namen, die uns in dieser
Angelegenheit auftauchen, sind daher mehr durch ihren kraftvollen Kampf gegen die Theil=
nahmlosigkeit des Publikums und das ablehnende Verhalten der Marinebehörden zu ihrem
Ruhme gekommen, als durch wirklich neue Gedanken, durch welche Wissenschaft und Technik
eine bedeutsame Förderung erfahren hätten.

Es heißt einer Nation einen übeln Dienst erweisen, wenn man, wie es von vielen
Seiten auch in Deutschland gern geschieht, womöglich Alles, was die Menschheit besitzt, als

von der eigenen Nation erfunden, von ihr ausgegangen, von ihr erdacht hinzustellen sich
Mühe giebt. Früher oder später erweist sich die der großen Menge abgeschwindelte Anerken=
nung als grundlos, und leicht verfällt dann auch das wirkliche Verdienst einer verdächtigenden
Beurtheilung. Das Unglaubliche in solchen selbsttäuschenden Bestrebungen leisten die Fran=
zosen, die nicht zuzugeben im Stande sind, daß etwas Nützliches oder sonst wie Bedeutendes
von einem andern Volke hervorgebracht worden sei, als von dem ihrigen, und deswegen
Dasjenige einfach verschweigen, was sich durchaus nicht einem französischen Namen zu=
schreiben läßt. Sie werden darin nur erreicht von den Tschechen, die auch gern jedes Mittel
in Anwendung bringen, um ihrer Nationalgröße eine möglichst brillirende Folie zu geben.
Sie können es freilich nicht machen wie die Franzosen — sie müßten denn nahezu Alles

Fig. 24. Daniel Bernoulli.

todtschweigen — und sind daher auf
ein anderes Auskunftsmittel verfal=
len, was ihnen unter sich den gleichen
Effekt macht. Sie machen jeden be=
deutenden Mann zu einem Tschechen.
Bei Mozart z. B. — er existirt doch
nun einmal und kann von Zeit zu Zeit
nicht unerwähnt bleiben — weist man
nach, daß er kein Deutscher, sondern
ein Tscheche ist. Die Buchdruckerkunst
ist von Tschechen erfunden; wenn
Galilei für einen Italiener gehalten
wird, so ist dies ein Irrthum,
Newton stammt wahrscheinlich von
tschechischen Eltern, und Humboldt
hat seine Bedeutung wenigstens einer
tschechischen Amme zu verdanken.
Dergleichen Selbstbenebelungen täu=
schen Alberne und Kinder. Jedem das
Seine, das ist das große Billigkeits=
gebot, welches die Natur lehrt; denn
sie besteht allein durch dies Gesetz,
und vorurtheilsfrei an seiner Hand
die Geschichte zu erforschen muß
unser Ziel sein.

Frédéric Sauvage, zu Boulogne am 19. September 1785 geboren, wurde früh=
zeitig schon dem Ingenieurcorps seiner Vaterstadt eingereiht; indessen gab er 1811 diese
Laufbahn auf und wurde Schiffsbauer. Er mochte aber auch auf diesem Wege nicht die ge=
träumten Erfolge so rasch, wie er bei seinem hastigen Temperament gedacht hatte, realisirt
sehen, denn wir finden ihn in nicht zu langer Zeit mit ganz anderen Unternehmungen
beschäftigt. In den Brüchen von Ellinger bei Marquise begründete er 1821 eine Anstalt
zum Zersägen und Poliren des Marmors, in welcher er eine Windmühle mit horizontalen
Flügeln als Motor anwandte. Diese von ihm gemachte Neuerung trug ihm die goldene
Denkmünze als Anerkennung ein. Er erfand ferner für plastische Zwecke einige zweckmäßige
Instrumente, von denen namentlich der Reduktor, eine Anwendung des Pantographen auf
Werke der Bildhauerkunst, um dieselben in verjüngtem Maßstabe darzustellen, eine rühmende
Erwähnung verdient; denn ihm verdanken wir zumeist die zahllosen guten Kopien antiker
Kunstwerke, welche wir um so geringen Preis bei den Gipsfigurenhändlern kaufen. Außer=
dem rührt von Sauvage ein hydraulischer Blasebalg her. Aber keine dieser verschieden=
artigen Erfindungen war im Stande, seinen immer tiefer verfallenden Vermögensverhält=
nissen abzuhelfen, und auch seine bedeutendste Unternehmung, die praktische Verwendung
der Schiffsschraube, vermochte nicht den Mangel von seiner Schwelle zu scheuchen.

Im Jahre 1832 hatte Friedrich Sauvage darauf ein Patent genommen, allein seine Mittel=
losigkeit erlaubte ihm nicht, seine Idee überzeugend ins Werk zu setzen. Hatte er doch
schließlich nicht so viel, um eine geringfügige Schuld zu bezahlen, die ihn ins Gefängniß
warf, wo er in dem Augenblicke sogar noch gesessen haben soll, als (1843) in Havre ein
Schiff vom Stapel lief, welches nach einem Modell seines schon erwähnten englischen
Nebenbuhlers Smith auf Rechnung der französischen Regierung gebaut worden war. Jetzt
erst, zwölf Jahre nach seinen ersten Versuchen, wurde die Bedeutung des nun von England
herübergebrachten Motors eingesehen. Schon bei den ersten Probefahrten des „Napoleon",
welchen eine dazu beorderte und aus den Notabilitäten des Marineministeriums bestehende
Kommission beiwohnte, blieb kein Zweifel an dem Erfolge mehr übrig. Die Journale er=
griffen lebhaft die Angelegenheit; man gedachte des unglücklichen Sauvage und brachte
vorwurfsvoll sein Schicksal in Erinnerung, so daß selbst in England eine schöne Theil=
nahme für den bedauernswerthen Mann sich regte. Seine Schuld wurde bezahlt, er erhielt
Unterstützung und eine kleine Pension, aber zu spät — denn seine letzte Aufgabe war ohne

ihn von einem Fremden erfüllt
worden. Nach einem erbärmlichen
Lebensabende starb er in gänzlicher
Hoffnungslosigkeit, da keine seiner
zahlreichen Erfindungen den er=
sehnten Nutzen für seine Familie
bringen wollte, am 17. Juli 1857
in dem Krankenhause zu Picpus.

    Josef Ressel wurde 1793
zu Chrudim in Böhmen geboren.
Er verlebte hier seine erste Jugend,
bis er aus dem elterlichen Hause
ach Linz gebracht wurde. Auf dem
dortigen Gymnasium vorgebildet,
bezog er, nachdem er in Budweis
noch Artilleriewissenschaften studirt
hatte, 1812 die Universität Wien,
um sich der Medizin zu widmen.
Namentlich waren es aber die Na=
turwissenschaften im Allgemeinen,
welche ihn fesselten und ihn zu einer
Aenderung seines Lebensplanes
veranlaßten. Im Jahre 1814 ging

Fig. 25. Frédéric Sauvage.

er an das k. k. Forstinstitut zu Mariabrunn; 1816 wurde er zum Forstagenten in Unter=
krain ernannt. In die Zeit seines akademischen Studiums fällt Ressel's erster Versuch,
die Schraube als Schiffsmotor anzuwenden; er soll bereits 1812 die Zeichnung einer
Dampfschraube angefertigt und von glücklichem Erfolge begleitete Versuche angestellt haben.
Das wäre denn in der That die erste Verwirklichung jener bedeutsamen Erfindung.
Aber erst 1826 brachte er seine Ideen so weit zur Reife, daß Ausführbarkeit und Nachweis
der Zweckmäßigkeit für entschieden gelten konnten. Ressel selbst, davon auf das Vollste über=
zeugt, nahm 1827 ein Patent, fünf Jahre früher als Sauvage und zehn Jahre früher
als der Engländer Smith, der schließlich allen Beiden den Erfolg vorwegnehmen sollte.
Schon 1829 fanden, unter Ressel's Leitung und unter enthusiastischer Theilnahme der
Bevölkerung, im Triester Hafen Prüfungsversuche mit einem nach seiner Angabe gebauten
Schraubendampfer statt. Trotzdem der Erfolg ein eklatanter gewesen war, wurde die Sache
doch wieder vergessen, bis sie das Ausland endlich in energische Anregung brachte. Den
Namen Ressel übersahen und verleugneten die Schiffstechniker, und erst die Ueberlebenden
gaben ihm den wohlverdienten Ruhm, indem sie dem am 9. Oktober 1857 zu Laibach als

k. k. Marine-Forst-Intendant Verstorbenen in Wien, nicht in Triest, wo sich schließlich kein Platz dafür fand, ein enkmal setzten.

Später als Ressel und Sauvage trat Smith auf und baute, geschützt durch ein Patent vom Jahre 1835, nach denselben Prinzipien im Jahre 1837 seinen schon erwähnten „Infant Royal". Es war dies ein Schiff von 10 Meter Länge, 6 Tonnen Tragfähigkeit, und hatte nur eine 6-Pferdekraftmaschine. Die Probefahrt gelang, aber das Mißtrauen und Phlegma der konservativen Marinebehörden trat der Neuerung als zähes Hemmniß entgegen. Erst im Mai 1838 ließ die Admiralität die Erfindung prüfen. Darauf hin bildete sich eine Gesellschaft „für die Fortbewegung mittels Dampfes", welche die Smith'schen Projekte in möglichster Ausdehnung ausführen wollte. Das erstere größere Schiff, der

Fig. 26. Josef Ressel's Denkmal in Wien.

„Archimedes" (1838), hatte 240 Tonnen Tragfähigkeit. Die Probefahrten fielen auch hierbei wieder auf das Günstigste aus, und der Marinekapitän Chapell, welcher zur Begutachtung beordert war, mußte die Bedingungen der Admiralität (4—5 Knoten, englische Meilen, oder 1 geographische Meile in der Stunde) als übertroffen anerkennen, denn der „Archimedes" legte 10 Knoten zurück und stellte sich mit dieser Leistung bereits den besten Dampfschiffen an die Seite. Er machte späterhin sogar viele Fahrten in noch kürzerer Zeit als diese. Im Juni 1840 ging er von Dover nach Calais, von Portsmouth nach Oporto, 800 englische Meilen; zu diesem Wege brauchte er kaum 70 Stunden. Er umschiffte ganz England, und diese Fahrt war für Smith ein Triumphzug, denn in allen bedeutenderen Häfen legte er an, und eine große Anzahl der hervorragendsten Ingenieure und Gelehrten erhielt so Gelegenheit, sich von der Vortrefflichkeit des Schraubenpropellers durch den Augenschein zu überzeugen.

In demselben Jahre lief das erste englische Schraubenschiff in den Triester Hafen ein und bereitete Ressel die Genugthuung, alle seine Voraussagungen bestätigt zu sehen. Wie schon erwähnt, wurde darauf im Jahre 1843 das erste französische Schraubenboot, der „Napoleon", gebaut, und nun ging es rasch vorwärts. Bereits 1845 wagte man, eins der größten Dampfschiffe, den „Great Britain", mit einer Maschine von 1200 Pferdekraft, durch eine Schraube in Bewegung setzen zu lassen. Nachdem die Schraube sich unzweifelhaft als gutes Triebmittel für Schiffe bewährt hatte, kam sie endlich auch bei Kriegsschiffen, für welche die gesicherte Lage dieses wesentlichsten Maschinentheiles von ganz besonderer Wichtigkeit ist, in Aufnahme. Sie gewährt aber hier auch noch den besonderen Vortheil, daß an den besten Plätzen, welche sonst von den Räderkästen weggenommen wurden, jetzt Kanonen stehen können. —

Nach dieser geschichtlichen Betrachtung der Erfindung im großen Ganzen scheint es nicht überflüssig, in einigen Worten au die Entwicklung der Konstruktion des eigentlichen

Propellers, der Schraube, einzugehen. Aus dem früher Gesagten ergeben sich als haupt=
sächliche Bedingungen einer möglichst großen Wirksamkeit: 1) eine breite Fläche, oder ein
großer Durchmesser, welche den Widerstand einer großen Wassermasse zu überwinden hat
und deswegen eher sich in derselben vorwärts bewegen soll, als daß sie dieselbe verdrängt;
2) eine angemessene Höhe der Schraubengänge, damit jede Drehung eine zur aufgewandten
Kraft verhältnißmäßig möglichst große Vorwärtsbewegung bewirke; und 3) eine ent=
sprechende Zahl von Umdrehungen in der Minute. Alle diese Verhältnisse sind jedoch,
weil sie in sich durch einander bedingt werden, zumeist und am sichersten durch Versuche
zu bestimmen.

Man gab dem Propeller beim „Archimedes" die Form eines breitflächigen Schrauben=
ganges, wie Fig. 27 zeigt. Seine Höhe a b betrug 2½ Meter, der Durchmesser c d der
Schraube 2⅙ Meter, so daß die Fläche selbst bis an die Achse über 1 Meter breit war.

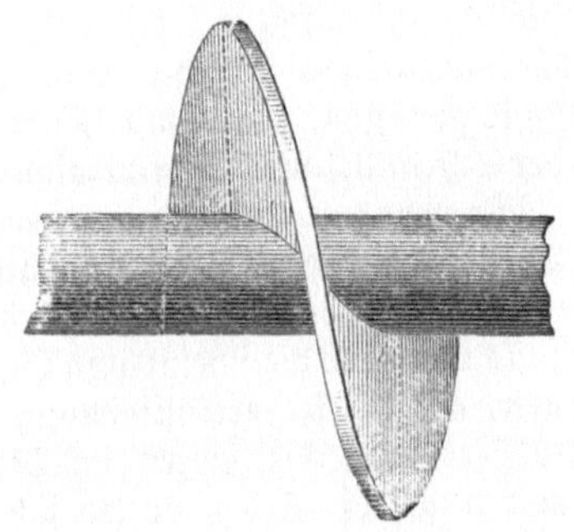

Fig. 27. Erste Form der Schiffsschraube.

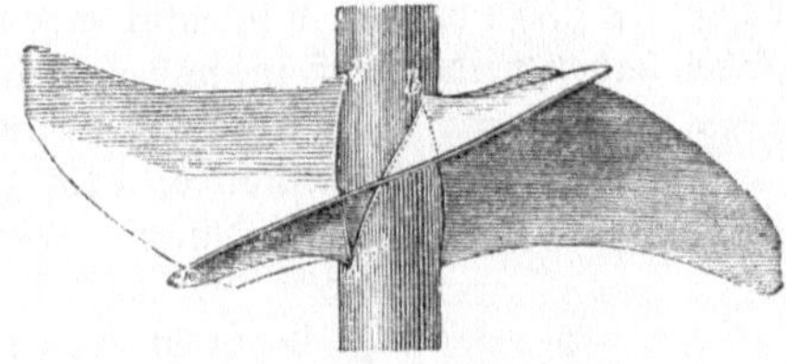

F g. 29. Viergängige Schiffsschraube.

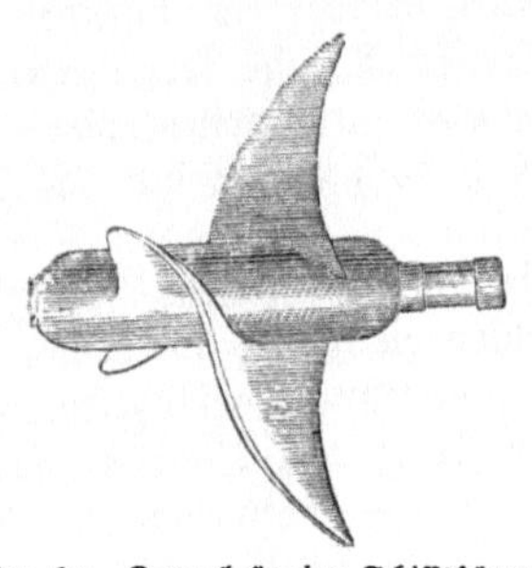

Fig. 28. Doppelgängige Schiffsschraube.
Rennie's Fischschwanzform.

Fig. 30. Viergängige Schraube des „Great Britain".

Durch einen Zufall verkürzte sich aber die Schraube. Das Schiff fuhr nämlich an einer
seichten Stelle auf den Grund und es büßte die Hälfte des Schraubenganges ein, so daß es
nur noch ein Stück wie c d e f behielt. Siehe da — es ging jetzt rascher als vorher.

Auf diese Erfahrung gestützt, gab man auch von nun an der Schraube nicht mehr
einen vollen Umlauf, dafür aber zwei Gänge (Fig. 28 und 31). Sie lag am Hintertheil des
Schiffes, vor dem Steuerruder, im sogenannten todten Holze, welches stets, wenn das Schiff
schwimmt, unter Wasser ist. Die Welle wird durch die Dampfmaschine in rasche Umdrehung
gesetzt. Beträgt das Vorwärtsgehen im Wasser auch nicht bei jeder Umdrehung so viel, als
die Höhe eines Schraubenganges ausmacht, denn das Wasser ist nachgiebig und weicht dem
Drucke der Schraubenflächen sowol nach hinten als nach den Seiten aus, so wird doch
immer etwas Fortrückung erreicht, und wenn man die Welle recht rasch gehen läßt, so sum=
mirt sich aus den vielen kleinen Wirkungen eine ansehnliche Gesammtwirkung. Die Schiffs=
schraube macht daher auch 100, 150 und selbst noch mehr Umgänge in der Minute.

Weitere Versuche und Betrachtungen ließen es wahrscheinlich finden, daß auch nicht einmal ein halber Schraubengang nothwendig sei. Man brachte daher neben einander vier Viertelumgänge an (s. Fig. 30 und 31), und bei der Schraube am „Great Britain" erschienen dieselben nicht anders als vier in derselben Richtung gebogene Flügel, die auf einer gemeinschaftlichen Welle befestigt sind. Vergleicht man sie mit der Form des Fliegers (s. a in Fig. 23), so wird man eine vollständige Uebereinstimmung finden. Mannichfache Vorschläge und Verbesserungen sind noch gemacht worden, auf die ausführlich hier einzugehen uns zu weit führen würde; sie beziehen sich sämmtlich auf nichts weiter, als auf verschiedene Neigung oder Größenverhältnisse der Flügel und geben in ihrem Prinzip durchaus nichts Neues. Nur des Napier'schen Transversalpropellers sei vorübergehend gedacht, weil derselbe von den übrigen Konstruktionen insofern abweicht, als er in zwei großen räderförmigen Schrauben besteht, die neben einander oder hinter einander liegen und das Eigenthümliche haben, daß sie zum Theil aus dem Wasser herausragen. Wir können eben so wenig auf die Details der praktischen Ausführung eingehen, bevor wir nicht die Dampfmaschine betrachtet haben. Zunächst ist unsere Aufgabe gewesen, das Geschichtliche darzulegen und die Theorie der Erfindung deutlich zu machen, und dafür möge das Gesagte genügen, zumal wir später noch Gelegenheit haben werden, auf eine nähere Betrachtung der Schraubenschiffe zurückzukommen.

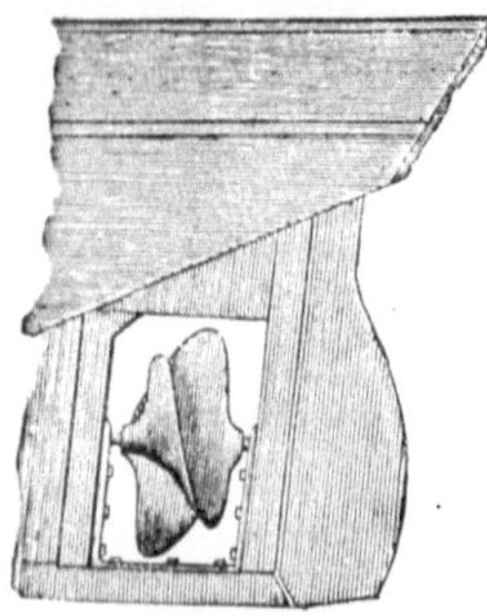
Fig. 31. Doppelgängige
Schiffsschraube.

Der Windmühlflügel. Wir wenden uns zu dem zweiten Gegenstande, dem nächsten Verwandten des Schraubenschiffes: der Windmühle. Wer die beiden Apparate nur oberflächlich betrachtet, dem werden sich jedenfalls viel eher die scheinbaren Gegensätze in ihrem Wesen aufdrängen, als die Uebereinstimmung, die in der That in ihrem Prinzip herrscht. Tief unten im Wasser verborgen, und andererseits hoch und frei in den Lüften sich bewegend — rasch von Küste zu Küste durch alle Räume der Meere fliegend das Eine, und festgebannt dagegen an einen Ort, unverrückbar das Andere; von innen bewegt im ruhenden Elemente und dann wieder von dem strömenden Winde herumgetrieben, hier Bewegung empfangend und dort Bewegung ertheilend — das Alles scheint sich zu widersprechen, und doch einigt sich das Entgegengesetzte unter demselben Gesetz.

Wer hat eine Schiffsmühle gesehen? Man kann sie ungefähr einem Dampfschiff mit Schaufelrädern vergleichen, welches in einem heftig strömenden Flusse vor Anker liegt und dessen Räder durch den Anprall der Wassermassen in Umdrehung versetzt werden. Auf dem festen Lande würden wir statt der Wasserkraft die Kraft des Windes in ähnlicher Weise wirken lassen können, vorausgesetzt, daß man die eine — entweder die obere oder die untere Hälfte — der Schaufeln in einem Gehäuse vor dem Winde schützte, weil sonst die auf entgegengesetzte Drehung hinarbeitende Bewegung der Schaufeln sich aufheben und keinen Effekt weiter hervorbringen würde.

Eine solche Windmühle, die wol auch hier und da ausgeführt worden ist, würde sich nun zu den gebräuchlichen Windmühlen genau so verhalten, wie ein Raddampfer zu einem Schraubendampfer. Der Bewegungsapparat der letzteren liegt nicht mehr blos bis zur Hälfte im Elemente (bei dem einen Wasser, bei dem andern Luft), sondern ganz, dafür aber wirkt die Kraft nicht senkrecht auf die Fläche der Flügel, sondern in geneigter Richtung, schief, nach dem Gesetze der schiefen Ebene.

Legt man ein Schraubenschiff in einer starken Strömung vor Anker, so will der Stoß des Wassers die Schraube drehen, und so dreht auch der Wind die Flügel unserer Windmühlen, denn diese sind nichts Anderes als Theile von Schraubengängen, um die Welle gelegt, welch letztere die empfangene Bewegung den Mühlsteinen übermittelt.

Wenn ein Windstoß senkrecht auf eine ihm gegenüberstehende Fläche trifft, wie das Wasser auf die Radschaufeln der Schiffsmühlen, so wird seine ganze Kraft eine Fortbewegung in seiner Richtung, in dem gewählten Falle eine Umdrehung des Rades um die Achse zu bewirken streben. Trifft er aber schief auf eine Fläche, so wird zum Theil seine Kraft abgleiten und nur ein je nach der Neigung mehr oder weniger großer Antheil davon einen senkrechten Druck auf die Fläche ausüben und, wenn dieselbe an einer Welle angebracht ist, auf Drehung hinwirken. Es läßt sich dies leicht durch eine Zeichnung, wie Fig. 32, welcher das Gesetz vom Parallelogramm der Kräfte zu Grunde liegt, nachweisen. A B soll, von oben gesehen, einen der Windmühlflügel bedeuten, welche an der Welle D E befestigt sind. Die letztere — nehmen wir an — sei in der Richtung des Windes, wie es ja gewöhn= lich der Fall ist, gestellt, und es bezeichne c a also die Kraft des Windes, mit welcher dieser auf den Flügel drückt. Diese Kraft können wir uns aus zwei anderen zusammengesetzt denken, von denen die eine senkrecht auf den Flügel, die andere aber in der Richtung seiner Fläche wirkt. Beziehentlich werden diese beiden Kräfte in Richtung und Größe durch die Seitenlinien des Parallelogramms, durch d a und c d, dargestellt. Die letztere ist für die Windmühle ganz wirkungslos, denn sie gleitet an der Fläche der Flügel ab. Die erstere aber, welche senkrecht auf den Flügel drückt, sucht denselben zu drehen; zwar auch nicht mit der vollen Kraft, sondern wieder nur mit einem Theile, den wir auf dieselbe Weise der Zerlegung seiner Größe nach bestimmen können, wenn wir das Parallelogramm a e f g konstruiren, worin a e = a c ist. Es drückt in demselben die Linie a f denjenigen Theil der Kraft des Windes a c aus, welcher in der Richtung der Tangente senkrecht auf die Achse der Welle wirkt und infolge dessen eine Drehung des Flügels um die Welle hervor= zubringen strebt, während die andere recht= winklig darauf stehende Linie den in der Richtung der Welle wirkenden Theil a g, den Druck, die Stauchung bedeutet, welche die Welle der Mühle durch die vom Winde zurück= gedrückten Flügel erleidet.

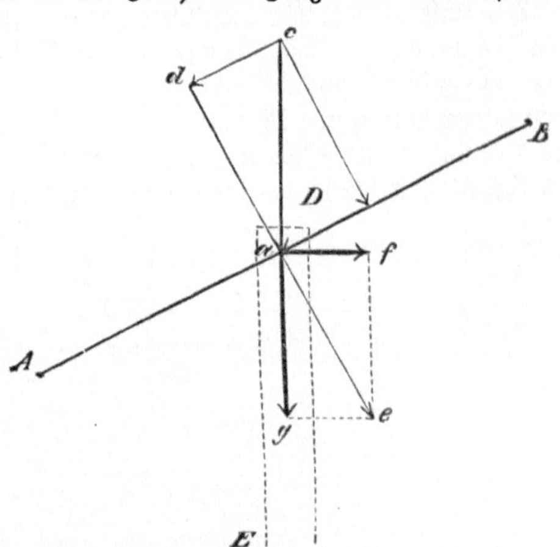

Fig. 32. Wirkung des Windes auf den Flügel der Windmühle.

Es leuchtet ein, daß man einen um so größern nutzbaren Effekt erreichen wird, je größer die Masse des Windes ist, den man zu arbeiten zwingt. Man hat daher frühzeitig schon die Einrichtung getroffen, die Fläche der Flügel aus mehreren Theilen zusammen= zusetzen, welche sich herausnehmen und nach Belieben wieder einsetzen lassen. Häufig sind diese Fächer, Verkleidungen, aus Segeltuch hergestellt, öfter aber auch nur aus leichtem Spanwerk oder dichtem Ruthengeflecht. Die Windmühlen, um auch schwache Luftströmungen möglichst ausnutzen zu können, sind derart gebaut, daß sie sich mit der Stirnseite dem Winde — er mag herkommen, woher er will — entgegenstellen lassen. Bei den älteren Konstruktionen wußte man dies nur dadurch zu erreichen, daß man das ganze Gebäude um einen Zapfen in der Mitte drehbar einrichtete. Es wurde dabei natürlich eine möglichst leichte Herstellung Bedingung, daher auch die früheren Windmühlen meist aus Holz gebaut sind. Erst bei den sogenannten holländischen Windmühlen, welche seit etwa 1650 gebaut werden, ist man von dem Prinzip ausgegangen, nur den obern Theil, welcher die Welle trägt, beweglich zu machen. Dadurch hat man den Vortheil erlangt, einen bei weitem dauer= hafteren und zweckmäßigeren Mantel aus Mauerwerk um den inneren Apparat führen zu können. Die Zahl der Flügel beträgt gewöhnlich vier, bisweilen fünf, auch sechs oder sogar acht, indessen soll die größere Flügelzahl keine besonderen Vortheile gewähren.

Die Geschichte der Windmühlen ist, als die einer sehr alten Erfindung, die wol in verschiedenen Gegenden auf ursprüngliche Weise gemacht worden sein kann, nicht sehr durch= sichtig. Die Meisten glauben, daß sie aus dem Morgenlande zu uns gekommen sind, wo der Mangel nutzbarer Wasserkräfte die Augen der Menschen auf den Wind als Kraftquelle

hinlenken mußte. Hier waren sie schon im 9. Jahrhundert bekannt, und ein arabischer
Reisender, Ibn Hankal, erwähnt ihrer, als in Sedschestan, am Ostrande des iranischen
Hochlandes, in häufigem Gebrauch. So viel scheint gewiß, daß die alten Römer, troß ihrer
Beziehungen zu Kleinasien, noch keine Windmühlen gekannt haben, und daß daher auch in
dem Mutterlande diese Erfindung erst in eine spätere Zeit fallen muß.

Daß die Windmühlen durch die Kreuzfahrer nach Europa, 1040 nach Frankreich, ge=
kommen seien, ist eine bloße Vermuthung, die zwar manches Wahrscheinliche, aber nichts
Erwiesenes hat. Erwähnt wird zum ersten Male eine Windmühle in einem Diplom vom
Jahre 1105; vor dieser Zeit müssen sie demnach also doch schon in Frankreich bekannt ge=
wesen sein. Von Frankreich kamen sie nach England, und es lassen sich hier die ältesten
Spuren bis zum Jahre 1143 verfolgen. Im Jahre 1332 schlug Bartolomeo Verde den
Venetianern die Errichtung einer Windmühle vor; 1393 soll in Spanien die erste gebaut
worden sein. Die holländischen Windmühlen mit beweglichen Achsen und festem Gebäude
wurden, wie gesagt, um die Mitte des 17. Jahrhunderts erfunden. Vor und nach dieser
Zeit sind mancherlei Aenderungen in der Anlage dieser Apparate gemacht worden, die uns
hier, wo wir es zunächst nur mit der Theorie der Windmühlflügel zu thun haben,
nicht weiter berühren. Mit der inneren Einrichtung der Mühlen beschäftigt sich ein Kapitel
des V. Bandes dieses Werkes; auf dasselbe verweisen wir diejenigen unserer Leser, welche
den eigentlichen Mahlapparat genauer kennen lernen wollen.

Die historische Tabaksmühle (Schlacht bei Leipzig).

Im Hafen von Breſt.
(Hebelwirkungen.)

Leipzig: Verlag von Otto Spamer.

Hebel und Flaschenzug.

Kraftwirkungen bei Errichtung alter Bauwerke. Der Hebel. Einarmiger, zweiarmiger Hebel. Anwendung und Wirkungsweise. Geschichte. Hebelade. Haspel. Rad an der Welle. Zahnräder und Getriebe. Schraube ohne Ende. Die Reibung. Rolle und Flaschenzug. Feste Rolle. Bewegliche Rolle. Flasche. Das Perpetuum mobile.

„Von diesem Steine kostet jedes Pfund vier Franken", pflegten die Pariser zu Ende der dreißiger Jahre zu sagen, wenn sie einem Fremden den in der Mitte des Konkordienplatzes aufgestellten Obelisken von Luxor zeigten. Und diese 4 Franken waren lediglich Transportkosten, denn der Obelisk selbst war ein Geschenk, das der Pascha Mehemed Ali dem König Louis Philipp gemacht hatte.

Jener Obelisk ist ein Monolith von mehr als 20 Meter Höhe, dessen viereckige Basis eine Breite von ungefähr 2 Meter hat. Nach oben hin verjüngt sich das Ganze, so daß die Grundfläche der kleinen Endpyramide nur noch $1\frac{1}{2}$ Meter breit ist. Das Gewicht beträgt gegen 250,000 Kg. und die Uebersiedelung von Aegypten bis in den Hafen von Cherbourg (1831—1833), und von hier bis Paris und dann die Aufstellung, welche der mühsamen Vorarbeiten wegen erst 1836 erfolgen konnte, kosteten nicht weniger als 2 Millionen Franken. Solche Mühe machte der Transport eines einzigen Steines im 19. Jahrhunderte, wo man bereits die Ausnutzung der mechanischen Künste auf die höchste Stufe der Vollkommenheit gebracht hatte; in dem alten Aegypten aber sind von den Ptolemäern deren Hunderte errichtet worden. Der Obelisk von Luxor ist auch lange nicht der höchste, denn vor der Kirche des heiligen Johannes vom Lateran in Rom steht einer, der unter dem Kaiser Constantius II. aus Aegypten geholt worden ist, dessen Höhe 60 Meter und dessen Gewicht 650,000 Kg. beträgt.

Die meisten Obelisken schwanken in ihrer Höhe von 15—30 Meter. Jeder ist aus einem einzigen Stück hergestellt, das seine Bearbeitung in dem Steinbruche erhielt und von da oft viele Meilen weit bis zu dem Aufstellungsorte transportirt wurde. Und wenn wir die Pyramiden betrachten, deren eine, die des Königs Chufu, einen Inhalt von fast 3 Mill. Kubikmeter und danach ein Gesammtgewicht von ungefähr 12,000 Mill. Kg. hat, und bedenken, daß sie aus Werkstücken aufgebaut worden sind, deren viele bis an hunderttausend Kilogramm wiegen, und daß diese Kolossalblöcke bis auf eine Höhe von gegen 150 Meter gehoben werden mußten, um die Spitze herzurichten — und uns fragen: auf

Fig. 35. Zweiarmiger Hebel.

welche Weise ist es möglich gewesen, vor nunmehr 5000 Jahren derartige Bauwerke zu errichten? so scheint uns auch die größte Zahl der Arbeiter und die längste Zeitdauer keine befriedigende Antwort darauf zu geben.

Die Kräfte von Menschen und Thieren vermögen vereinigt viel zu leisten, zu solchen Arbeiten aber war nicht nur eine große Kraftmasse nöthig, sondern auch eine zweckmäßige Verwendung derselben.

Es haben daher Viele geglaubt und es ist oft behauptet worden, daß der merkwürdige Bildungsstand des alten Aegyptens auch im Besitze ganz besonderer und seitdem verloren gegangener mechanischer Kenntnisse gewesen sei. Das ist sicher nicht der Fall, und die mechanischen Apparate und Vorrichtungen, welche von den Erbauern der Pyramiden benutzt wurden, sind keine anderen, als die auch uns bekannten, und merkwürdiger Weise gerade die allereinfachsten, welche es überhaupt giebt.

Wir finden bei den Pyramiden von Gizeh noch Andeutungen des schiefen Dammes, auf welchem die in den östlichen Bergen gebrochenen Steine auf die 40 Meter hohe Felsterrasse geschafft wurden. Die ägyptischen Techniker benutzten die Gesetze der schiefen Ebene in ihrem

Fig. 36. Einarmiger Hebel.

Interesse. Weiterhin hatten sie Seile, Hebebäume, Rollen, weiter nichts, wenn wir nicht die absichtliche Benutzung der Reibung als etwas Besonderes ansehen wollen.

Alle die Maschinen, durch welche so wunderbare Werke hervorgebracht worden sind, vereinigen sich aber schließlich in einem einzigen Grundgesetze, in dem des Hebels, wie die zahlreichen Anwendungen der Schrauben u. s. w., die wir im vorigen Kapitel betrachtet haben, auf dem Gesetz der schiefen Ebene beruhen.

Der Hebel. Ein Hebel ist nichts Anderes, als ein um einen festen Punkt beweglicher Stab, welchen zwei Kräfte nach verschiedenen Richtungen um jenen Punkt zu drehen streben. Die eine (die bewegende) wollen wir kurzweg Kraft, die andere (die bewegte) Last nennen; dann stellt sich die Frage: unter welchen Verhältnissen sind Kraft und Last im Gleichgewicht? Die scheinbar nahe liegende Antwort: wenn beide gleich groß sind, würde in hundert Fällen kaum einmal richtig sein; denn es kommt nicht nur auf die Größe, sondern auch auf den Angriffspunkt, das heißt darauf an, wie weit dieser von dem Drehpunkte (oder dem festen Punkte) entfernt ist. Die Längen des Hebels, welche zwischen dem Drehpunkte und den Angriffspunkten der Kräfte liegen, heißen Hebelarme.

Ein Arbeiter will einen Stein um ein Stück vom Boden emporheben. Er schiebt eine eiserne Stange unter, welcher er durch den Klotz a (s. Fig. 35) eine Auflagerung giebt. Je näher er den Klotz an den Stein bringt, je näher also der Drehpunkt des Hebels an der Last liegt, um so leichter wird die Bewältigung der letzteren werden. Ueber einen gefällten Baumstamm liegt ein Balken mit seinen beiden Enden gleich weit herüber: eine herrliche

Schaukel, die denn auch ohne Weiteres von zwei ziemlich gleich großen Knaben bestiegen und herzhaft getummelt wird. Es bedarf für jeden nur eines geringen Stoßes, um hoch in die Luft empor zu fliegen, denn das niedergehende Gewicht des andern hebt ihn. Da setzt sich aber auf das eine Ende noch ein Genosse und — Beide bleiben am Boden, der Dritte schwebt hoch in der Luft, wenn sie nicht gescheidt genug sind, den Balken über den Stamm hinaus dem Einzelnen zuzuschieben, so daß dieser nun mit seinem Gewichte viel weiter vom Drehpunkt entfernt wirken kann. Er wird dann allerdings jene Beiden auch noch in die Höhe schnellen, aber was sie so scheinbar gewonnen haben, das setzen sie an Vergnügen wieder zu, denn indem sie ihrer Zwei sich von einem Einzigen schaukeln lassen, müssen sie dafür diesen bei jedem Hube doppelt so hoch emporschleudern.

Fig. 37. Anwendung des zweiarmigen Hebels.

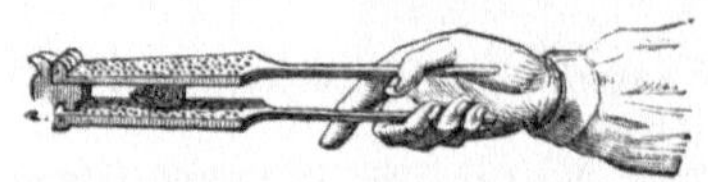

Fig. 38. Anwendung des einarmigen Hebels der ersten Art.

Diese Schaukel ist ein Hebel, und zwar liegen hier, wie bei der Brechstange, die Angriffspunkte von Kraft und Last auf entgegengesetzten Seiten vom Drehpunkte. Derartige Hebel nennt man zweiarmige, zum Unterschied von denen, wo (s. Fig. 36) Kraft und Last (a) auf derselben Seite vom Drehpunkte (b) aus liegen, und welche deshalb einarmige Hebel heißen. Die letzteren sind unter sich wieder verschieden, je nachdem die zu überwindende Last oder die bewegende Kraft zunächst am Drehpunkte ihren Angriff hat. Die Abbildungen Fig. 37, 38 und 39 geben zu dem Gesagten erläuternde Beispiele. Schubkarren, Ruder, Siedeschneiden, Korkpressen und ähnliche Vorrichtungen erweisen sich sämmtlich bei genauerer Betrachtung als einarmige Hebel, bei denen die Last zwischen dem Drehpunkte und der Kraft liegt, während der Trittschemel des Spinnrades oder der Drehbank den Fall veraugenscheinlicht, wo die Kraft näher am Drehpunkte wirkt als die Last. Der Drehpunkt des Hebels, welchen das Trittbret vorstellt, wird nämlich hier zur Drehachse hinter der Ferse, um welche jenes sich auf und nieder bewegt. Wir könnten Hunderte von Beispielen aus dem täglichen Leben nennen, begnügen uns aber, die

Fig. 39. Einarmiger Hebel der zweiten Art.

Augen der Leser auf das Bild Fig. 34 zu lenken, wo das scheinbar Verschiedenartigste als Ausdruck desselben Gesetzes sich zeigt.

Im Grunde basiren sämmtliche Hebel auf einem ungemein einfachen Gesetze, das sich folgendermaßen aussprechen läßt: Die an einem Hebel wirkenden Kräfte sind im Gleichgewicht, wenn die Produkte aus der Größe der Kraft und der Länge des Hebelarmes (d. h. der Länge der Senkrechten, welche man vom Drehpunkte aus auf die Richtung der Kraft ziehen kann) gleich sind. Wenn also an dem Hebel A B (s. Fig. 40) eine Last von 6 Kg. wirkt in der Entfernung von 3 (Meter, Fuß, Zoll u. dergl.) vom Drehpunkte, und es soll ihr auf der andern Seite durch eine Kraft von 3 Kg. das Gleichgewicht gehalten werden, so muß diese in einer Entfernung von 6 (Meter, Fuß, Zoll u. dergl.) angreifen.

Es ist dabei ganz gleichgiltig, ob wir einen zweiarmigen oder einen einarmigen Hebel annehmen, denn die Kraft von 3 Kg. könnte der in a wirkenden Last von 6 Kg. auch auf derselben Seite (nach B hin) das Gleichgewicht halten, und sie würde ebenfalls in der Entfernung von 6 (Meter, Fuß, Zoll oder dergl.) in b' einzugreifen haben, nur müßte sie dann im entgegengesetzten Sinne wirken.

Soll nun der Hebel nicht nur im Gleichgewicht gehalten, sondern soll noch dazu eine Bewegung veranlaßt werden, so muß auf der Seite der Kraft ein Ueberschuß stattfinden.

Fig. 40. Gesetz des Hebels.

Es kann dann der ganz analoge Fall wie bei Anwendung der schiefen Ebene, des Keils, der Schraube u. s. w. eintreten, daß eine kleinere Kraft eine größere Last zwar bewegt; es wird aber der Weg, welchen die letztere zurücklegt, um so kleiner, je größer die Last selbst und je kürzer der Hebelarm ist, an welchem sie wirkt.

Diese Wirkungsweise des Hebels wurde schon von Archimedes erkannt; derselbe versuchte auch, sie auf mathematische Art zu beweisen. Indessen ist dies in voller Strenge weder ihm noch Denjenigen, welche sich nachher mit dem Problem beschäftigt haben, gelungen. Erst der Mathematiker de la Hire und unabhängig von ihm Kästner haben den Beweis mit der nöthigen Schärfe geführt. Die Zeit, zu welcher die Gesetzmäßigkeit der Wirkung und deren mathematische Begründung erkannt worden ist, das ist fast das Einzige,

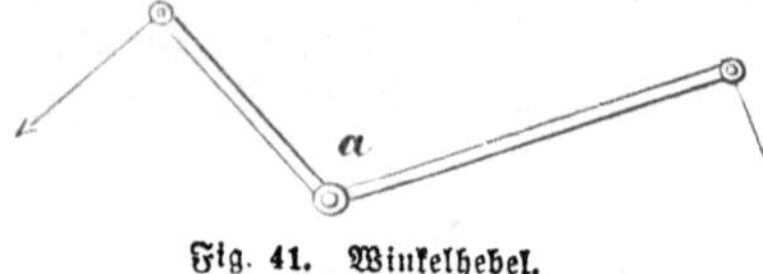

Fig. 41. Winkelhebel.

wonach die Geschichte bei einer Maschine fragen kann, welche, wie den Hebel, jedes Kind bereits unbewußt in Gebrauch nimmt. Erst die komplizirteren Einrichtungen verlangten ein gewisses Nachdenken, und wenn sie uns auch jetzt noch so nahe liegend scheinen, so gewähren doch in der Kindheit der Völker Sage und Mythe ihren Urhebern eine dankbare Erinnerung.

Die Griechen hielten dafür, daß Kinyras, ein König auf der Insel Cypern zur Zeit des Trojanischen Krieges, den Hebebaum erfunden habe. Zur Zeit des Thukydides also hätten sie nur den einfachen Hebel gekannt. Indessen ist dies cum grano salis zu verstehen. Man wird im Alterthum unbewußt, so gut wie jetzt, eine Menge der verschiedensten Anwendungen gemacht haben. — Von Archimedes wird erzählt, daß er dem König Hieron eine Vorrichtung gezeigt habe, mittels deren ein großes Schiff durch einen einzigen Druck der Hand von der Stelle bewegt werden konnte. Als der König über diese wunderbare Wirkung

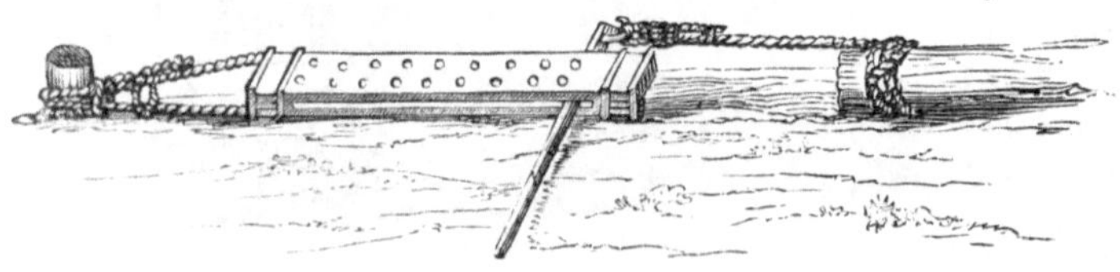

Fig. 42. Hebelade.

sein Erstaunen äußerte, vermaß sich Archimedes sogar zu der viel citirten Aeußerung: „Gieb mir einen Standpunkt, und ich will die Erde aus ihren Angeln heben." Ob er dies mittels Hebelvorrichtungen zu bewirken gedachte, wie sie jedenfalls, wenn die ganze Geschichte wahr ist, seiner Maschine zu Grunde lagen, das wollen wir dahingestellt sein lassen.

So viel ist gewiß, daß fast keine Kraftäußerung hervorgebracht werden kann, ohne daß damit das Gesetz vom Hebel auf irgend eine Weise illustrirt würde. Was wir auch immer thun wollen, wir gebrauchen dazu unsere Muskeln, und diese wirken an den Fingern, Zehen, Händen, Füßen, Armen, Beinen und allen anderen Organen wie Kräfte, die bald an einem einarmigen, bald an einem zweiarmigen Hebel angreifen. Selbst im Innern unseres Ohres vermittelt eine wunderbar feine und — wenn das Wort erlaubt ist — über Alles geistreiche Hebelvorrichtung die Bewegungen, welche das Trommelfell durch die Schallschwingungen erleidet, die Gehörflüssigkeit, in welcher die Gehörnerven endigen.

Der Hebel ist die Elementarmaschine, alle anderen gründen sich fast ausschließlich auf ihn, und das Gesetz vom Hebel ist das Grundgesetz der ganzen Mechanik.

Wir haben bisher stillschweigend angenommen, die Richtungen der an einem Hebel wirkenden Kräfte seien senkrecht auf die Richtung der Hebelarme, und in diesem Falle wirkte die ganze Kraft auf Drehung des Hebels. Ist jedoch die Kraft schief gegen den Hebel= arm gerichtet, so wirkt sie nur zum Theil auf Drehung, zum andern Theil auf Zug oder Druck; sie zerlegt sich gewissermaßen in zwei Kräfte, von denen die eine senkrecht gegen den Hebelarm gerichtet ist, die andere dagegen, welche auf Zug oder Druck ar= beitet, in ihrer Richtung mit der Richtung des Hebelarmes zusammenfällt. Die letztere kommt zu keinem sichtbaren Effekt. Die Größe der auf Drehung wirkenden Kraft findet man nach dem Parallelogramm der

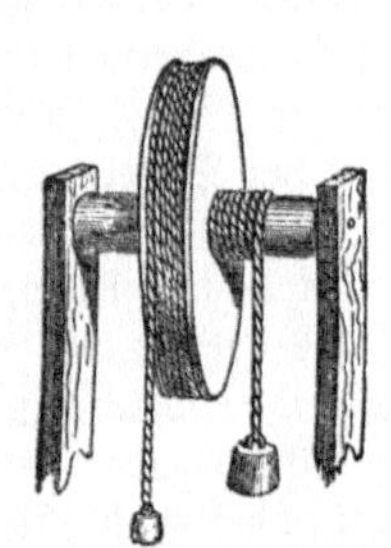

Fig. 43. Rad an der Welle.

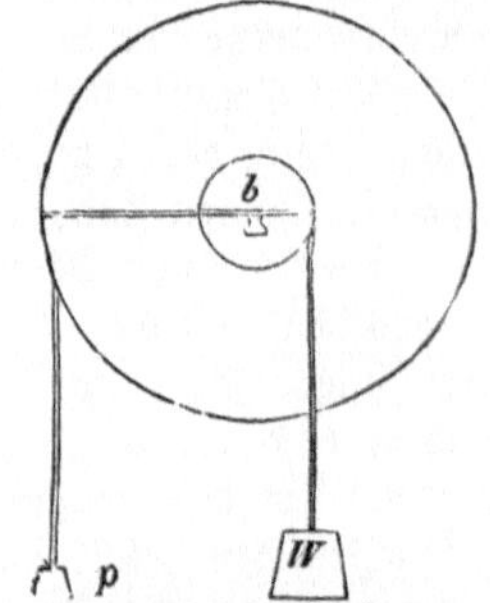

Fig. 44. Zur Theorie des Rades an der Welle.

Kräfte, wenn man die schief angreifende Kraft als Diagonale ansieht und dazu die beiden Seiten konstruirt, von denen die eine in der Richtung des Hebelarmes liegt, die andere darauf senkrecht steht. Die Größe des Effektes dieser letzteren Kraft, das Produkt aus ihr

und der Länge des Hebel= armes, findet man auch, wenn man für die gegebene schief angreifende Kraft als Hebelarm die Länge der Senk= rechten nimmt, die sich aus dem Drehpunkt auf die Kraft= richtung fällen läßt.

Es kommt auch nicht darauf an, daß die Hebelarme eine gerade Linie bilden, sie können wie in Fig. 41 ge= brochen oder gebogen sein; ein solcher Hebel heißt dann ein Winkelhebel, für ihn gelten dieselben Gesetze. Die Kraft wirkt, als ob sie an einem Hebelarm angriffe, dessen Länge durch die Senk= rechte auf die Kraftrichtung bestimmt wird.

In der Praxis kann man große Lasten mit dem Hebel bewegen, aber immer nur auf geringe Entfernun= gen, und muß dann entweder dem Drehpunkte eine andere Lage geben oder für den

Fig. 45. Tretrad.

Hebel selbst einen neuen Angriffspunkt suchen. In den sogenannten Hebeladen geschieht dies auf mannichfach verschiedene Weise.

Wie alt diese Vorrichtungen sind, von denen uns Fig. 42 eine vor Augen führt, läßt sich eben so schwierig bestimmen, wie die Erfindungszeit anderer so einfacher Maschinen.

Sie werden zuerst von französischen Schriftstellern um das Jahr 1634 unter dem Namen Levier sans fin erwähnt, dürften aber zu derselben Zeit wol auch schon in Deutschland bekannt gewesen sein, wenigstens ist in einem Buche von 1651 („Mathematische Erquick= stunden") bereits eine Abbildung davon enthalten.

Eine kontinuirliche Wirkung des Hebels kann man erreichen, wenn man denselben an einer drehbaren Welle anbringt; Göpel, Haspel u. s. w. zeigen eine solche Anordnung. Jede Kaffeemühle hat in ihrer Kurbel einen kontinuirlich wirkenden Hebel. Legt man statt eines Armes deren mehrere an die Welle, so entstehen Vorrichtungen, wie die Hornhaspel und die Winden sind, welche in der Praxis eine ausgedehnte Verwendung finden.

Rad an der Welle. Das ausgezeichnetste Beispiel eines kontinuirlichen Hebels aber ist das Rad an der Welle oder das Wellrad, welches uns die Figuren 43 und 44 in seiner einfachsten Form darstellen. Es besteht aus weiter nichts als aus einer drehbaren Welle und einer daran befestigten Scheibe, welche zusammen sich um ihre Achse in Zapfenlagern drehen. Um den Umfang der Scheibe oder des Rades ist ein mit seinem einen Ende fest= gemachtes Seil geschlungen, ein anderes ist ebenso an der Welle befestigt. Das erstere dient der bewegenden Kraft zum Angriff und wickelt sich von dem Rade ab, während das letztere die Last trägt, und indem es sich auf die Welle aufwickelt, dieselbe in die Höhe hebt. Eine andere Angriffsweise der Kraft zeigt uns Fig. 45; hier ist es nicht ein Zug mittels eines Seiles ausgeübt, der die an der Welle angehängte Last bewegen soll, vielmehr wirkt hier die Schwere des Menschen, welcher durch unausgesetztes Auf= wärtssteigen an dem Umfange des Rades dasselbe unter seinen Füßen wegschiebt. Je näher der das Rad in Um= drehung setzende Mensch der Horizontale durch die Mittel= achse der Welle kommt, um so mehr wirkt sein Gewicht, weil der Hebelarm, an welchem seine Schwere angreift, am größten ist, wenn deren Richtung auf dem Halbmesser des Rades selbst senkrecht steht. Solche Treträder lassen sich in verschiedener Art, auch zum Betriebe durch thierische Kraft, ausführen. In diesem Falle erhält die Trittbahn bis= weilen die Form einer schief um die Welle gelegten Scheibe,

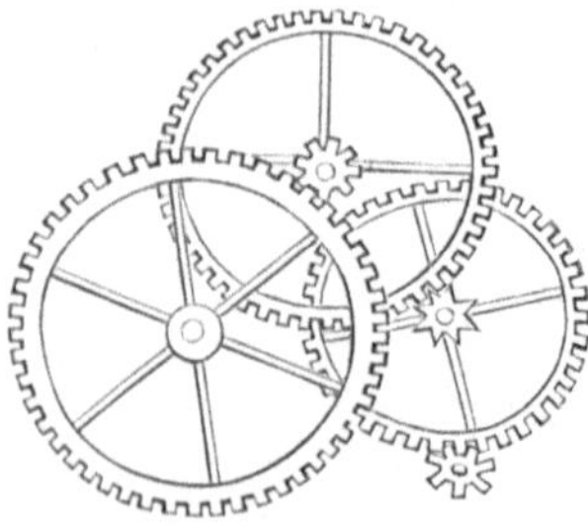
Fig. 46. Umsetzung der Zahnräder.

auf deren ebener Fläche, nahe dem Umfange, das Thier schreitet — freilich ohne vom Flecke zu kommen. In Bezug auf die Leistung tritt nun bei dem Rade an der Welle genau der= selbe Fall ein, als ob Kraft und Last an einem zweiarmigen Hebel wirkten, dessen beide Arme beziehentlich die Länge der Halbmesser b a und b c hätten (Fig. 44). Soll das Ge= wicht W an der Welle durch die Kraft p am Rade im Gleichgewicht gehalten werden, so kann die letztere um so viel kleiner sein, als der Halbmesser der Welle kleiner ist gegen den Halbmesser des Rades. Gesetzt, a b wäre viermal so groß wie b c, so würde p nur $\frac{1}{4}$ von W sein dürfen, um Gleichgewicht hervorzurufen. Wird p größer als $\frac{1}{4}$ W, so hält es nicht nur der Last das Gleichgewicht, sondern es bewegt dann dieselbe, hebt sie empor.

Wenn wir die Seillängen vergleichen, von denen die eine sich bei dieser Arbeit vom Rade ab=, die andere auf die Welle aufwickelt, so finden wir einen großen Unterschied, und zwar hat die Last einen kleineren Weg zurückgelegt als die Kraft. Die Wege, oder die Seil= längen, verhalten sich genau umgekehrt wie Kraft und Widerstand. Das Gesetz von dem umgekehrten Verhältniß der Kräfte zu ihren Hebelarmen läßt sich daher auch so aussprechen: bei den einfachen Maschinen sind die Produkte aus den wirkenden Kräften und den von ihnen zurückgelegten Wegen gleich den Produkten aus Last und Weg. Ein Gewicht von 10 Kilogramm wird mittels des Wellrades durch ein Gewicht von 1 Kilogramm gehoben; es muß dann das kleinere also 10 Meter fallen oder 10 Meter Seil abwickeln, wenn das größere um einen Meter steigen soll. Diese gesetzmäßige Abhängig= keit begründet uns die Wirkungsweise aller mechanischen Vorrichtungen. Nicht nur aber in den einfachen Maschinen des Hebels, der schiefen Ebene — denn auch auf diese läßt sich das Gesetz erläuternd zurückbeziehen — des Rades an der Welle und, wie wir gleich sehen werden, der Rolle und des Flaschenzuges u. s. w. treffen wir dasselbe in erster Reihe geltend; es wird uns eben so wol ein Schlüssel sein, der uns das Gebiet der Hydraulik eröffnet; ja in weitester Anwendung vermag er uns überall einzuführen, wo Bewegung herrscht, und die reizvollen Wirkungen anmuthiger Musik wie der Lauf der Gestirne spiegeln dieselbe Regel.

Deswegen schien es uns geboten, das Gesetz mit einer gewissen Ausführlichkeit zu besprechen. Der Nutzen wird leicht klar werden. Man sehe eine der komplizirten Maschinen an, ein Uhrwerk, einen Automaten oder dergl.: die Kraft — mag sie durch Wärme in einem Dampfcylinder entwickelt werden, oder mag sie von einer gespannten elastischen Feder ausgehen, muß durch zahlreiche in einander greifende Maschinentheile übertragen werden, damit ihre ursprüngliche und sich immer wiederholende geradlinige oder kreisförmige Bewegungsweise den planmäßigen Gang der Maschine hervorrufe. Der Kolben einer Schiffsmaschine geht auf und nieder, aber das durch ihn bewegte Boot geht wie ein vernünftiges Wesen zwischen Klippen und Sandbänken seinen sichern Lauf — das Steuerruder ist nichts Anderes als ein großer einarmiger Hebel. Auf der Londoner Ausstellung von 1862 war eine Maschine ausgestellt, mit der man den millionsten Theil eines Zolles messen konnte. Ein Herr Peters hatte sie konstruirt, um mikroskopische Schrift auszuführen, welche vorzüglich bei der Herstellung von Werthpapieren Anwendung finden sollte. Das Prinzip des Storchschnabels oder Pantographen, welches sich lediglich auf die Hebelwirkung gründet, war hier in einer Art ausgebeutet, daß, wie der Erfinder berechnet hatte, mittels eines von dieser Maschine regierten Stiftes die ganze Bibel 22mal auf den Raum eines Quadratzolles geschrieben werden konnte. In einer Maschinenwerkstätte werden Bohrmaschinen, Hobelbänke, Nuthmaschinen, Blechscheren, gewichtige Hämmer, Pumpen, Aufzüge, kurz alle Vorrichtungen, welche Bewegung verlangen, durch ein einziges Wasserrad oder eine einzige Dampfmaschine in Betrieb gesetzt und alle die unzähligen verschiedenen Effekte hervorgerufen durch scharfsinnige Anwendungen und Kombinationen von Hebeln, die in der verschiedensten Form bald in ihrer einfachsten Gestalt als Gestänge, bald als Zahnräder oder Excentriken auftreten. Zwei in einander greifende Zahnräder oder Getriebe sind wie ein Rad

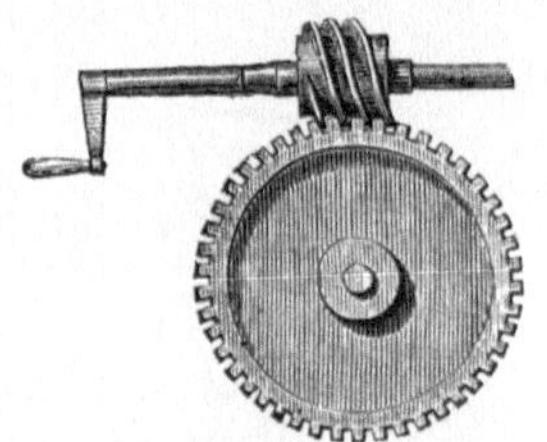

Fig. 47.   Schraube ohne Ende.

an der Welle, und die Umsetzung der Kraft und Geschwindigkeit folgt bei beiden demselben Gesetz. In Fig. 46 sei das linke Rad direkt durch eine Kraft bewegt, welche durch die eingreifenden Getriebe die andern beiden Räder in Umdrehung versetzen soll. Da die kleinen Getriebe nur acht Zähne haben, während der größere Radumfang deren immer 48 hat, so wird das mittlere Rad 6 Umdrehungen, das rechte 36 und das letzte kleine Getriebe gar 216 Umdrehungen machen, wenn das linke einmal umläuft. Allein abgesehen von dem Verlust, den die Reibung bereitet, würde bei dieser gesteigerten Geschwindigkeit die Kraft von dem Getriebe aus nur mit dem 216. Theile derjenigen Kraft wirken, welche an dem gleichen Umfange des Hauptrades wirkt.

Die schon erwähnte Verbindung der Schraube mit dem Zahnrade, die sogenannte Schraube ohne Ende, zeigt uns Fig. 47. Wird nämlich die Schraube gedreht, wie es die Kurbel andeutet, so greifen die einzelnen Gänge, welche genau den Abstand zweier Zähne zu ihrer Höhe haben, zwischen diese Zähne ein und es erfolgt dadurch ein allmähliches Fortschieben derselben und ein langsamer, sehr regelmäßiger und ruhiger Gang des Rades. Bei jeder Umdrehung faßt die Schraube einen neuen Zahn. Aus dieser langsamen und stetigen Uebertragung würde man schließen dürfen, daß sich mittels dieser Vorrichtung mit einer sehr geringen Kraft ein sehr bedeutender Effekt erzielen lasse. Indessen ist die Reibung zwischen den einzelnen Theilen so groß, daß man, wo es sich um bedeutende Kraftleistungen handelt, lieber zu anderen Einrichtungen greift und die Schraube ohne Ende nur da anwendet, wo eine Geschwindigkeit in eine bedeutend langsamere, dafür aber sehr regelmäßige umgesetzt werden soll, wie es beispielsweise bei optischen Instrumenten, Fernröhren, Mikroskopen u. s. w. vorkommt.

Die **Reibung** spielt in allen diesen Maschinen und überall da, wo in der Natur Bewegung herrscht, eine so große Rolle, daß es wol hier am Platze sein dürfte, ihrer Betrachtung einige Aufmerksamkeit zu schenken. Sie ist ein Widerstand, den jeder bewegte Körper zu überwinden hat, so lange man nicht in der Natur einen vollständig leeren Raum annehmen kann. Aber obwol ein Widerstand, ist sie doch nothwendig zum Bestehen der irdischen Verhältnisse. Man denke sich die Reibung hinweg, und kein Knoten würde mehr halten, denn daß die beiden Theile des Bandes sich mit einander verknüpfen lassen, beruht auf der Reibung, die zwischen ihnen besteht. Und was ist ein Netz, das der Fischer strickt, oder ein Strumpf, den unsere kunstvollen Maschinenstühle wirken, Anderes als ein einziges, wenn auch komplizirtes System von lauter Knoten! Alexander der Große kann der Reibung dankbar sein, denn sie hat zur Nennung seines Namens vielleicht mehr beigetragen als der Zug nach Indien. — Ohne Reibung würde die Kunst der Strickerei nur sehr mangelhafte Erzeugnisse liefern — filzartige Stoffe wären gar nicht möglich, sie müßten denn wie das Papier geleimt werden, und selbst die Gewebe würden ihre Dichte verlieren.

Fig. 48.   Feste Rolle.

Fig. 49.   Lose Rolle.

Kein Nagel, keine Schraube würde Halt geben, die Stecknadeln wären noch gar nicht erfunden, denn ihre Nutzbarkeit gründet sich lediglich auf die Reibung. Durch die Reibung haften unsere Füße beim Gehen an dem Boden; wäre sie nicht vorhanden, so würden wir uns mit unserer Fortbewegung in noch viel schlimmerer Lage befinden, als auf einer eingeölten Spiegelscheibe. Auf jeder geneigten Fläche müßten wir hinabgleiten und auf der horizontalen würden wir uns nur an festen Wänden fortziehen können. Daß ein Eisenbahnzug die geringste Steigung nur überwinden könnte, wäre für sich schon unmöglich — der Fortbewegung von Lasten gar nicht zu gedenken. Kommt es doch so schon vor, daß sich die Räder der Lokomotive in der Luft drehen, ohne von der Stelle zu kommen, wenn die Schienen mit Glatteis bedeckt sind, oder sonst eine Zufälligkeit die gewöhnliche Reibung vermindert hat, und es ist ein wesentlicher Grund, warum man die Dampfwagen von so großem Gewichte macht, weil man die zur Fortbewegung der Räder unumgängliche Reibung nicht unter einen gewissen Grad hinabgehen lassen darf.

Die Reibung macht es, daß unsere Erde uns das Bild eines von fruchtbarem Grün überkleideten Geländes gewährt. Denn in ihrer Folge bleibt Schutt, Gerölle, bleiben die Ueberreste der verwitterten Gesteine auch an den geneigten Flächen liegen, es kann sich eine fruchtbare Erde bilden, auf der sich das organische Leben entwickelt. Wenn die Reibung nicht existirte, würde die geringste Abweichung von der Horizontalebene Alles, auch das geringste Stäubchen hinabschießen machen, bis ein wallartiges Hinderniß ein Aufstauen der gleitenden Massen bewirkte. Alles Lose würde die Beweglichkeit strömender Wassermassen erlangen, die immer nach der Tiefe zu streben. Solchergestalt würde die Oberfläche der Erde lauter glatte, geneigte Flächen mit treppenartig sich über einander aufbauenden horizontalen Absätzen zeigen, auf denen allein sich pflanzliches und thierisches Leben entwickeln könnte, so weit es nicht den fortwährenden Ueberschüttungen unterläge und so weit die Vertheilung des Wassers, welche natürlich eine ganz andere sein würde als jetzt, die nöthigen Vorbedingungen gewährte. Flüsse und Bäche, wie sie jetzt unsere Fluren durchziehen, gäbe es

nicht, in wenig Minuten würde der Regentropfen, der auf dem Gipfel des höchsten Berges niederfällt, das Ufer des im Thalgrunde sich sammelnden Sees erreicht haben. Die Folgen sich alle auszudenken, welche sich ergeben würden, wenn die Reibung aufhörte, heißt eben so viel, als das Buch unserer Natur Blatt um Blatt zerreißen.

In den am häufigsten vorkommenden Fällen kann man sich von der Reibung die Vorstellung machen, daß die kleinen Unebenheiten, Erhöhungen und Vertiefungen zweier durch die Schwere oder sonst durch einen Druck an einander gepreßten Körper häkchenartig in einander greifen und das Gleiten der Oberflächen auf einander hindern. Entweder müssen nämlich die Häkchen dabei abgebrochen oder verbogen werden, oder aber der gleitende Körper muß gewissermaßen über jene Unebenheiten hinweggehoben werden. Je größer daher der Druck, das Gewicht ist, um so bemerklicher wird dieser Widerstand. Durch die Schmiermittel werden die Furchen, welche auch der sonst bestgeglättete Körper immer noch besitzt, ausgefüllt

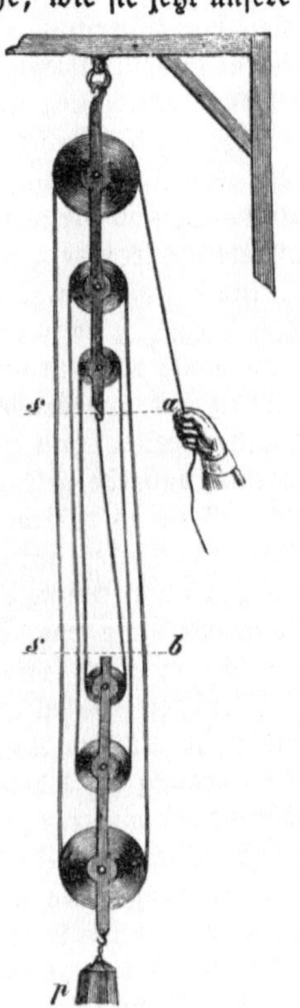

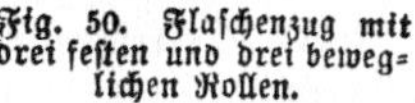

Fig. 50. Flaschenzug mit drei festen und drei beweglichen Rollen.

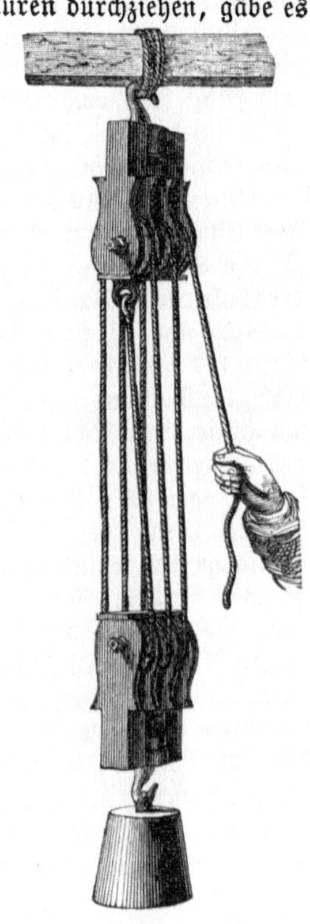

Fig. 51. Flaschenzug mit neben einander stehenden Flaschen.

und die Oberflächen nähern sich vollkommen ebenen Flächen, deren Gleitung auf einander natürlich den geringsten Widerstand findet. Nur kommt hier wieder der Umstand in Betracht, daß je glatter die Oberflächen sind, an je mehr Punkten also gegenseitige Berührung stattfindet, um so größer auch die Adhäsion wird, und wenn die Größe der gleitenden Fläche auch keinen Einfluß auf den Kraftverlust durch die Reibung hat, so gilt dies betreffs des Widerstandes, den die Adhäsion verursache, nicht. Indessen ist der letztere sehr gering und nur mehr von theoretischem Interesse. Die Reibung ist zwischen verschiedenen Materialien verschieden. Holz, Metall, Glas u. s. w. geben verschiedene Widerstände. Es besteht aber für je zwei von ihnen immer ein festes Verhältniß derart, daß, wenn auf einer horizontalen Unterlage, welche aus dem einen der beiden Stoffe bestehen soll, eine Last, deren untere gleitende Fläche aus dem andern Stoffe gebildet ist, um einen gewissen Weg fortgeschoben werden soll, dazu ein Kraftaufwand nöthig wird, der immer einem bestimmten Theile der Kraft entspricht, welche nöthig wäre, um die Last denselben

Weg in die Höhe zu heben. Dieses gleichbleibende Verhältniß heißt der Reibungs=
koeffizient. Für Eisen auf Eisen ist derselbe z. B. 0,277, d. h. um auf einer völlig hori=
zontalen Unterlage von Eisen eine Last fortzuschieben, deren reibende Fläche ebenfalls aus
Eisen besteht, ist so viel Kraft nöthig, als erforderlich wäre, um 0,277 der Last denselben
Weg in die Höhe zu heben. Eichenholz auf Kiefernholz hat einen Reibungskoeffizienten
von 0,667. Die sogenannte rollende Reibung, der eben betrachteten gleitenden
gegenübergestellt, wie sie ein über eine Fläche laufendes Rad erfährt, ist bei weitem geringer,
weil hier die kleinen, feilenartigen Unebenheiten nicht abgeschliffen zu werden brauchen, der
Körper sich ihretwegen auch nicht höher hebt, denn sie greifen nur wie die Zähne zweier
Räder in einander und verlassen einander wieder durch die eigene Rotirung der Körper.

Luft und Wasser leisten Reibungswiderstand und verursachen den darin sich bewegenden
Körpern Verzögerung, weil sie in ihrem Zusammenhange gestört und verdrängt werden,
und selbst der durch den Weltraum vertheilte, überaus feine Aether macht sich in dieser
Weise durch die Einflüsse, welche er auf die Bahn und Geschwindigkeiten der wenig dichten,
aber großen Raum ausfüllenden Kometen ausübt, geltend.

Die **Rolle und der Flaschenzug** sind die nächsten Beispiele, an denen uns die frucht=
bare Anwendung der oben entwickelten Gesetze gegenüber tritt. Die Rolle ist eine kreis=
förmige Scheibe, durch deren Mitte ein Zapfen geht. Dieser Zapfen kann entweder fest mit
der Rolle verbunden sein, und er dreht sich dann zugleich mit ihr in einem Lager, oder aber
die Rolle sitzt locker auf ihm. Die Rolle dient in ihrer einfachsten Gestalt, wo sie mit ihrem
Lager fest an einem unbeweglichen Ort angebracht ist, dazu, um einer Kraft eine zweck=
mäßigere Richtung zu geben. Ein Arbeiter kann eine Last, wenn sie an ein Seil befestigt,
mit Hülfe einer Rolle, über welche dasselbe gelegt wird und erstere in die Höhe windet,
viel bequemer auf die Höhe eines Gerüstes befördern, als wenn er die Baustücke die Leiter
hinauftragen soll. Zur Aufnahme des Seiles hat die Rolle an ihrem Umfange eine Aus=
kehlung. Wenn die Last W in Fig. 48 von d nach c gehoben werden soll, so muß die ganze
Seillänge dc, welche genau so groß ist wie jener Weg, durch die an a wirkende Kraft ab=
gewickelt werden. Die Kraft, welche an einer festen Rolle wirkt, muß also eben so groß
sein, wie die Last, der sie das Gleichgewicht halten soll. Anders ist es mit den beweg=
lichen Rollen. Dieselben sind nicht mit dem Aufhängepunkte, sondern mit der Last fest
verbunden und nehmen an der Bewegung der letztern Theil (s. Fig. 49). Die Schnur hängt
mit ihrem Ende fest bei c, während ihr anderes (a) von dem Arbeiter heraufgezogen und
dabei die Last W mit bewegt wird. Wenn dieselbe bis zur Höhe a gehoben werden soll, so
hat der Arbeiter bei a die ganze Seillänge abc heraufzuziehen, die Kraft hat also einen
doppelt so langen Weg zurückzulegen wie die Last. Daraus folgt, daß eine gewisse Kraft
mittels einer losen Rolle zwar eine doppelt so große Last bewegen kann, daß sie dafür aber
auch doppelt so viel Zeit braucht, als wenn sie mit derselben Geschwindigkeit an einer
festen Rolle wirkte. Wenn die beiden Seilrichtungen nicht eine parallele, sondern gegen
einander geneigte Lage haben, so ändert sich dies Verhältniß, wie leicht einzusehen ist,
dahin, daß die aufzuwendende Kraft um so größer werden muß, je flacher der Winkel wird,
in welchem die beiden Richtungen auf einander stoßen.

Durch zweckmäßige Kombination beweglicher und fester Rollen kann die mechanische
Wirksamkeit sehr bedeutend gesteigert werden; derartige Vorrichtungen sind die sogenannten
Flaschenzüge. Man nennt nämlich „Flasche" eine Vereinigung zweier oder mehrerer
Rollen in einem Gehäuse. Eine der einfachsten Formen des Flaschenzuges ist in Fig. 50
dargestellt. Bei demselben sind zweimal je drei Rollen mit einander fest verbunden, allein
nur das eine System ist unbeweglich an dem Aufhängungspunkte befestigt, während das
andere als unter einander zusammenhängende, lose Rollen sich mit der Last bewegt, die an
der untersten der Rollen hängt. Wenn die Last von b nach a gehoben werden soll, so muß,
wie aus der Betrachtung der Zeichnung leicht hervorgeht, eine Seillänge abgewickelt werden,
welche genau so lang ist, wie die sechs zwischen den punktirten Linien sa und sb liegenden
Seilstücke; es stößt s an s, b an a u. s. w. Durch diese ganze Länge wirkt also die Kraft;

sie hat einen sechsmal größeren Weg zurückzulegen, als der ist, um welchen die Last gehoben wird, und nach dem am Hebel erlernten Gesetz der Abhängigkeit von Kraft und Weg muß man demnach mit dem sechsten Theile der Kraft auskommen, welche an einer einzigen festen Rolle nöthig wäre, um die Last zu heben. Ein anderes Arrangement eines zweiten, genau in derselben Weise wirkenden Flaschenzuges zeigt Fig. 51.

Damit haben wir die Grundprinzipien der Mechanik in einfachem Zusammenhange betrachtet. Andere Vorrichtungen zur Umsetzung mechanischer Kräfte als die genannten oder solche, die mit den entwickelten Gesetzen in dem genauesten Zusammenhange stehen, kannten die Alten nicht; ja viele ihrer großartigsten Bauwerke sind sogar ohne die An= wendung der wirkungsvollen Flaschenzüge ausgeführt worden, deren Erfindung Einige dem Archimedes zuschreiben wollen. Auch die neuere Mechanik hat den einfachen Maschinen nichts hinzufügen können, aber in der klaren Erkenntniß der Gesetze, welche den mecha= nischen Kraftleistungen zu Grunde liegen, hat sie weiter zu gehen vermocht. Beschäftigte noch im vorigen Jahrhundert der Gedanke des Perpetuum mobile die Mechaniker, sah man in der Herstellung mechanischer Kunstwerke, welche die Bewegungen belebter Wesen aus= zuführen vermöchten, eine nützliche Aufgabe, weil man hoffte, auf demselben Wege auch dahin zu gelangen, nicht nur die Kraft ohne Verlust zu fortdauernder Wirkung zu bringen, sondern sie aus sich selbst erzeugen zu lassen, so hat gerade die Untersuchung der Hebel= gesetze darauf geführt, das Verhältniß der zurückgelegten Wege bei der Beurtheilung einer Kraftwirkung an erster Stelle mit in Rechnung zu ziehen. Damit zeigten sich alle mecha= nischen Vorrichtungen, welcher Art sie auch sein mögen, lediglich als Umsetzungsapparate, die zwar andere Bewegungsarten oder andere Richtungen der Kraftwirkung gestatten, nie und nirgends aber durch die Art der Umsetzung eine wirkliche Vermehrung der Kraft, un= beschadet der Geschwindigkeit, hervorrufen können.

Wie man nun durch mechanische Umsetzungen, welche immer auf die Gesetze des Hebels zurückgeführt werden müssen, eine Kraftwirkung nicht vergrößern kann, da man das, was man an Kraft gewinnt, an Zeit verliert, so gewinnt man auch nichts, wenn eine Kraft= modalität in eine andere, Wärme z. B. in mechanische Kraft oder in Elektrizität u. s. w. übergeführt wird. Wir wissen, daß ein Pfund Kohle ein= für allemal dieselbe Wärmemenge entwickelt, welche ihrerseits wieder unter allen Umständen quantitativ denselben mechanischen Effekt leistet, wenn sie vollständig zu einem solchen verbraucht wird, und ebenso, wenn wir eine bestimmte Kraftmenge durch den ganzen Zirkel der physikalischen Kräfte hindurch ver= wandeln könnten, ohne durch Leitung und Strahlung während dieses Prozesses unwieder= bringliche Verluste zu erleiden, daß wir schließlich immer nur dasselbe Quantum, von dem wir ausgegangen, wieder erhalten würden. Nun hält es freilich der Laie mitunter noch für möglich, gänzlich neue Naturkräfte zu entdecken, — eine eitle Hoffnung, die aber selbst, wenn sie sich realisiren könnte, das Perpetuum mobile deswegen doch noch nicht möglich machen würde. Denn die neuen Kräfte müßten demselben Gesetz unterliegen, welches eine gegebene Menge Wärme in eine gewisse, aber immer gleichbleibende Menge Elektrizität oder in eine ebenso unveränderlich bleibende Menge Licht u. s. w. verwandeln läßt, die alle ein und dem= selben mechanischen Arbeitseffekt entsprechen. Diese mechanische Aequivalenz ist, wie schon gesagt, für jede Kraft ein unumstößliches Gesetz, welches auch gelten würde, wenn, was nicht denkbar ist, eine neue Modalität der Kraft oder, wie der Laie meint, „eine neue Naturkraft, von der wir noch keine Ahnung haben", plötzlich aufträte.

Was für eine Kraft wir nun also auch immer annehmen wollen — mit einem gewissen Quantum davon können wir einen gewissen Widerstand besiegen, aber auch nicht mehr. Wir können damit eine Bewegung unterhalten, die um so länger andauern wird, je geringer der Widerstand ist, dessen Ueberwindung fortwährend an der Kraft zehrt und diese endlich ganz aufzehren muß, wenn er fortbesteht. Für alle irdischen Fälle und wahrscheinlich auch für alle kosmischen ist ein solcher immerfort bestehender Widerstand schon die Reibung. Infolge derselben wird die mechanische Kraft zwar nicht vernichtet, aber doch in Wärme um= gewandelt, welche für die Arbeitszwecke des Perpetuum mobile niemals in vollem Umfange wieder gewonnen werden kann. Und diese Reibung fehlt nie, weil nie der Druck fehlt, den alle der Schwere unterworfenen Körper auf ihre Unterlage ausüben. Könnte man daher auch gröbere Hindernisse, wie z. B. den Luftwiderstand, beseitigen, so würde in der Anziehung der Erde doch eine Ursache der Reibung herrschend bleiben, welche man zwar bis auf ein Minimum verringern, aber doch nie völlig unschädlich zu machen vermag.

Diese Reibung ist es, welche jedes sogenannte Perpetuum mobile schließlich zum Stillstande bringt und zum Stillstande bringen muß, gerade wie die kosmischen Bewegungen, welche die sinnlich wahrnehmbare Welt ausmachen, auch dereinst zur Ruhe kommen müssen durch den endlichen Ausgleich der Temperaturdifferenzen im Weltall.

Nun giebt es noch eine andere Klasse von Apparaten, welche eine unausgesetzte Bewegung zeigen, aber nur infolge kleiner Impulse, die der Mechanismus unausgesetzt durch eine von außen wirkende Kraft erhält. In dem nie rastenden Temperaturwechsel, in dem Wechsel des Luftdrucks, in dem Fallen der Regentropfen, in dem Fließen der Bäche, dem Wehen des Windes sind natürliche Kraftäußerungen genug gegeben, um einem Mechanismus von Zeit zu Zeit so viel lebendige Kraft mitzutheilen, daß er so lange in Bewegung bleiben könnte, bis ihm ein neuer Impuls auf dieselbe Weise wieder zu Theil wurde. Mit diesen Hülfsmitteln aber eine Einrichtung zu Stande zu bringen, welche in fortgesetzter Bewegung bleibt, ist kein Kunststück. Wir werden später bei der Betrachtung der Zambonischen Säule einen solchen Apparat kennen lernen. Jede Barometersäule, jedes Thermometer würde in diesem Sinne ein Perpetuum mobile sein, und die älteren Physiker gebrauchten in der That den Ausdruck Perpetuum mobile physicum für die Bezeichnung eines solchen Apparates, indem sie ihn damit von dem Perpetuum mobile mechanicum unterscheiden wollten, dessen Wesen darin bestehen sollte, durch sich selbst, also ohne äußern Kraftzufluß, nicht nur seine Bewegung zu erhalten, sondern daraus auch noch womöglich einen Kraftüberschuß zu beliebiger Verwendung hergeben zu können.

Die Geschichte dieser mechanischen Thorheit weist eine große Anzahl von Fällen auf, in denen die Erfindung vermeintlich geglückt sein sollte und deren jeder die Gemüther aufs Neue erregte, bis er sich entweder als ein Betrug oder als eine Selbsttäuschung des Erfinders herausstellte. Wie unklar die Ansichten betreffs der hier in Frage kommenden physikalischen Verhältnisse waren, beweist das Gutachten einer Gelehrtenkommission (Acta eruditorum, Leipzig 1715), welches sich über ein von Orfeyreh (Beßler) erfundenes Perpetuum mobile ausspricht und den Apparat wirklich als ein solches erkannte. Jetzt wissen wir, daß es weder ein mechanisches noch ein physikalisches Perpetuum mobile geben kann, daß keine Bewegung ewig dauern kann, und daß noch weniger durch bloße Umsetzung Kraft gewonnen werden kann.

Fig. 52.　Haspel mit aufrechtstehender Welle.

— Allherrschend waltet Schwere,
Nicht verdammt zu Tod und Ruh',
Vom lebend'gen Gott lebendig,
Durch den Geist, der Alles regt,
Wechselt sie nicht unbeständig
Immer in sich selbst bewegt.

Goethe.

Wagen und Aräometer.

Bedeutung der Maßbestimmungen. Anziehung der Körper. Die Schwere und ihr Gesetz. Isaak Newton. Abweichung des Bleiloths. Wirkung der Schwere auf andere Weltkörper. Gewicht. Schwerpunkt. Unterstützung desselben. Wagen und ihre Geschichte. Ausführung der Wagen. Schnellwage. Briefwage. Brückenwage und ihre Einrichtung. Die chemische Wage. — Das spezifische Gewicht und seine Bestimmung bei festen und flüssigen Körpern. Vom Schwimmen. Aräometer, verschiedene Arten und verschiedene Systeme der Eintheilung.

D ie Naturwissenschaften, die förderndsten Mächte für die Entwicklung der Menschheit in den letzten zwei Jahrhunderten, haben ihre großartigen Erfolge fast lediglich der Anwendung richtiger Meßmethoden zu verdanken. Nicht Begeisterung, nicht berauschende Bilder der Phantasie, nicht die Gewährung überreicher Mittel, die überraschende Anschauung fremder, üppiger Landschaften, haben einen gleichen Theil an den Triumphen der exakten Forschung, wie ihn der verständige Gebrauch von Maßstab und Zirkel, Wage und Gewicht sich zuschreiben darf. Die genauesten Winkelmessungen erst geben dem Astronomen das Fundament für seine wunderbaren Berechnungen; der Physiker mißt, daß der Lichtstrahl in der Sekunde einen Raum von gegen 41,000 Meilen durchläuft, und doch sind auch seine Apparate und Methoden genau genug, um die kleinsten Entfernungen sicher bestimmen zu lassen; er mißt noch die Länge der Lichtwellen und bestimmt ihre Unterschiede, welche kaum den hunderttausendsten Theil eines Zolles betragen.

Die Luft, die du athmest, wiegt der Chemiker; er wiegt sie wieder, wenn du sie ausathmest, und sagt dir, um wie viel du während dieser Zeit Stoff zum Leben verbraucht hast.

Wie viel Sauerstoff im Rosthauch des Stahles enthalten ist, zeigt seine Wage. Sie ist das Instrument, dessen Ausbildung und zweckmäßige Anwendung den alten verkehrten Theorien den Todesstoß versetzt hat.

Schwere. Die Wage dient bekanntlich, das Gewicht der Körper zu bestimmen. Es ist eine allgemeine Eigenschaft der Körper, nicht nur der irdischen, sondern, wie wir aus unzähligen und unwiderleglichen Beobachtungen schließen können, aller körperlichen Bestandtheile der Welt überhaupt, daß sich die kleinsten Theilchen ihrer Materie, die Atome, gegenseitig anziehen. Dies Bestreben nähert die Atome einander, es erhält die festen Körper in ihrer Form und ist die Ursache der kugelförmigen Gestalt, welche wir an jedem Tropfen beobachten, in welchem sich die Theilchen ungehindert gruppiren können. Denn da die Anziehung nach allen Seiten hin eine gleich große ist, so ist es natürlich, daß die Anordnung in völlig gleicher Weise um denjenigen Punkt stattfinden muß, von welchem aus wir die aus den einzelnen Kräften zusammengesetzte Resultirende wirkend denken können. Dieser Punkt wird stets zum Mittelpunkt der sich bildenden Kugel werden.

Unsere Erde hat, wie wahrscheinlich alle Weltkörper, im Laufe ihrer Bildung eine Periode durchzumachen gehabt, wo sie ebenfalls in flüssigem Zustande, als eine feurig geschmolzene Masse, durch den ewigen Raum sich bewegte. Aus dieser Zeit ist ihr die Kugelgestalt geblieben.

Die Anziehung, die von den kleinsten Theilchen ihrer Materie ausgeht, wirkt daher auch als eine gewaltige resultirende Kraft vom Mittelpunkte aus. Wir nennen sie die Schwerkraft oder die Schwere. Alles, was im Weltall Körperliches existirt, ist dieser Kraft unterworfen, übt sie aber auch eben so selbständig aus. Die Schwere ist der untrennbare Geist der Materie. Wie sie den ersten Keim des Lebens beeinflußt, so hält sie die letzte Wache am Bette des Todes. Ueber alle Grenzen irdischen Seins hinaus schuf sie den harmonischen Gang der Welten; sie ist es, die ihn erhält. Wenn die Schwere aufhört, wenn die Materie ihre anziehende Kraft verloren hat, ist der große Tod, die allgemeine Gleichheit in der Welt, nichts außer Raum und Zeit, Grenzenloses und Ewiges.

Wie das Kind nicht darüber nachdenkt, daß es Tag und Nacht wird, und der rohe Mensch die Sonne als ein selbstverständlich Ding betrachtet, so hatte bis in das 17. Jahrhundert die Menschheit in dem unerschöpflichen Reichthum von Erscheinungen, welche die Schwerkraft hervorruft, noch keine Veranlassung gefunden, über die allgemeine Ursache nachzudenken. Zwar hatte schon im 15. Jahrhundert Vincenz von Beauvais behauptet, daß, wenn ein senkrechter Schacht durch den Mittelpunkt der Erde bis zur Oberfläche der andern Hemisphäre reichen würde, jeder hineingeworfene Stein im Centrum zur Ruhe kommen müsse und nicht seinen Fall zu den Antipoden fortsetzen könne; aber erst Newton brachte in diese Vorstellungen vollkommene Klarheit. Sein großartiges Genie knüpfte die Gedanken an den fallenden Apfel, der neben ihm auf den Boden aufschlug, und ging mit seinen Schlüssen zurück, weiter und weiter, bis er, der Erste der Sterblichen, endlich der letzten Ursache, der Schwere, gegenüberstand. Hatte Galilei bereits den sinn- und verstandeslosen Nachbetern der aristotelischen Naturlehre durch die unbezweifelbaren Ergebnisse seiner Experimente mit frei fallenden Körpern einen töblichen Stoß versetzt, so warf Newton das alte morsche Gebäude vollends über den Haufen. Mit seinem großen Vorgänger theilt er den Ruhm, die neuere mathematische Physik begründet zu haben.

Isaak Newton ist zu Woolstorp in der Grafschaft Lincoln (England) am Weihnachtstage 1642 geboren. Seine mathematische Bildung erhielt er auf der Universität Cambridge, welche er 18 Jahre alt bezog und wo sich der gründliche Barrow seiner annahm. Hier schon soll er die Erfindung der Differential- und Integralrechnung gemacht haben, und kurze Zeit darauf, als ihn die Pest vertrieben und er zu einem ländlichen Aufenthalte nach Woolstorp zurückgegangen war, fand er 1665 das Gesetz der allgemeinen Anziehung der Körper, welches auf der Erde uns am augenscheinlichsten in der Schwere entgegentritt. Die Zerlegung des weißen Sonnenlichtes in die prismatischen Farben folgte und als er 1669 den Lehrstuhl seines Lehrers Barrow bestieg, hatte er der Welt drei der eminentesten

Gedanken, die je gedacht worden sind, bereits geschenkt. Wir können von dem großen Manne, dessen Leben übrigens weniger reich an hervortretenden Ereignissen als an bedeutenden Thaten war, an dieser Stelle keine ausführliche Biographie geben; es muß uns genügen, die Blicke der dankverpflichteten Nachwelt auf einen ihrer edelsten Vorläufer zurückzulenken. Hochbetagt starb Newton am 20. März 1727, nachdem er die letzte Zeit seines Lebens sich von jeder wissenschaftlichen Arbeit fern gehalten. Er hatte aber Leistungen hinter sich, zu denen sich ganze Generationen von Mittelmäßigkeiten nicht aufzuschwingen vermögen.

Newton fand aus der Anwendung seiner Schlußfolgerungen auf die Keppler'schen Gesetze, daß die Bewegungsart der Planeten der Einwirkung der Sonne, ihrer Anziehung, zuzuschreiben sei. Er fand ferner, daß die Schwerkraft mit der Entfernung abnimmt; je näher dem Centrum, um so stärker wird ihr Einfluß; je weiter davon entfernt, um so mehr schwächt sich derselbe. Für unsere gewöhnlichen Beobachtungen freilich ist der Unterschied, den die Entfernung hervorbringt, so gut wie nicht vorhanden, er zeigt sich aber dem Astronomen in den Störungen, welche die

Annäherung der Gestirne an einander, und so auch die Annäherung der Erde an Planeten und Kometen, hervorruft.

Derartige Störungen durch die Massenanziehung, welche in einer wenn auch noch so geringen Hinneigung der Bahnen zu einander, in einer Verzögerung oder Beschleunigung ihrer Geschwindigkeiten erkannt werden, haben ja einen vorher noch gar nicht bekannten Planeten, den Neptun, durch Rechnung am Himmel finden, ja seinen Ort und seine Größe bestimmen lassen, ehe ihn ein menschliches Auge gesehen hatte.

Die Intensität der Anziehung und somit auch die Intensität der Schwere nimmt umgekehrt mit dem Quadrate der Entfernung ab, so daß sie bei Vergrößerung der Entfernung zweier anziehender Massen um das Doppelte nur noch den vierten Theil der früheren Anziehung beträgt.

Fig. 54. Isaak Newton.

Die Richtung der Schwerkraft nach dem Mittelpunkt der Erde deutet das herabhängende Bleiloth, jeder fallende Körper an. Auch sie ist für uns so gut wie unveränderlich, so daß bei der großen Oberfläche und der geringen Krümmung der Erde die Pendelrichtungen unter einander als parallele Linien angesehen werden, wenn sie nicht zu weit von einander abstehen. Feineren Beobachtungsmethoden entgeht jedoch der Einfluß nicht, den die Unregelmäßigkeit der Erdoberfläche auf die Richtung der Schwere ausübt. Da die Körper unter einander dieselbe Anziehung gegenseitig ausüben, so haben sie auch das Bestreben gegenseitiger Annäherung. Der fallende Regentropfen zieht die Erde mit derselben Kraft an, wie die Erde ihn. Allein mit dieser Kraft vermag wol die ungeheure Masse unseres Planeten die kleine flüssige Kugel in Bewegung zu setzen, nicht aber umgekehrt, und daher kommt es, daß alle zur nahen Erde in ungleichem Größenverhältniß stehenden Körper dieser zufallen, während sie selbst den von allen Seiten einwirkenden minutiösen Schwerkräften eine unerschütterliche Ruhe entgegensetzt. Nur große, isolirt stehende Berge, welche mit ihrer Masse allein und von einer einzigen Seite auf das Loth einwirken können, vermögen eine merkbare Abweichung in der Richtung desselben herbeizuführen. In solchen Fällen zeigt dann der Faden nicht genau die Senkrechte; allein es bedarf immerhin der genauesten Meßmethoden, um die Größe des Abweichungswinkels zu bestimmen.

In der physischen Geographie hat der Berg Shehalien in Schottland eine Berühmtheit dadurch erlangt, daß seine Einwirkung auf die Abweichung des Bleiloths genau gemessen und danach das Gewicht der Erde bestimmt werden konnte. Denn dadurch, daß man die Masse jenes regelmäßigen Berges sehr genau zu schätzen im Stande war, daß man seine Dichtheit aus der gleichmäßigen Beschaffenheit seines Gesteines zu berechnen vermochte, konnte man zunächst sein ungefähres Gewicht in Kilogrammen angeben, und da der sicht= bare Einfluß auf die Richtung der Schwerkraft das Verhältniß der beiden anziehenden Massen, Berg und Erde, zu berechnen erlaubte, so mußte sich zuletzt das Gewicht der Erde durch ein einfaches Regeldetri=Exempel ergeben.

Die Sonne mit einem Volumen, welches anderthalbmillionenmal größer ist als das der Erde, wirkt auf alle Körper auch mit entsprechend größerer Anziehung. Ein silberner Thaler würde dort, um in die Höhe gehoben zu werden, eine Kraft verlangen, mit welcher wir auf der Erde ein Pfund heben, denn die Schwere zieht auf der Sonne über 28mal stärker als bei uns. Falls daher auf einem so großen Weltkörper organisirte Wesen leben sollten, müßten dieselben ganz anders eingerichtet sein als die irdischen Kreaturen. Eine Last von 2000 Kilogramm würde hier den stärksten Mann zerquetschen, auf der Sonne

Fig. 55. Unterstützung des Schwerpunktes einer regel= mäßigen viereckigen Tafel.

dagegen trüge jeder einigermaßen ausgewachsene Mensch in seinem eigenen Körper ein so großes Gewicht mit herum. Wer nicht im Stande wäre, mit jedem Fußaufheben mehr als 250 Kilogramm in die Höhe zu ziehen, der könnte dort keinen Schritt gehen. Da= gegen würde auf dem Monde auch dem allerschwächsten der Men= schen das Gehen ein leichtes Tänzeln sein, weil die viel geringere Masse dieses Trabanten nur eine Anziehung ausübt, welche kaum den sechsten Theil von der Schwerkraft der Erde beträgt.

Der Schwerpunkt. Wie bei der großen Erde sich die kleinen anziehenden Kräfte der Atome zu einer mächtigen Gesammtkraft addirten, und diese Resultirende von einem einzigen Punkte ihre Wirkung ausübte, so auch bei jedem andern Körper, mag derselbe dem Zuge folgen können oder nicht. Wir nennen diesen Punkt der vereinigten Anziehungskräfte den Schwerpunkt. Er liegt bei allen regelmäßig geformten Körpern, wenn sie eine gleichmäßige Beschaffenheit ihrer Substanz besitzen, in dem eigentlichen Mittelpunkte, zu dessen Auffindung einfache geometrische Konstruktionen führen (Fig. 55). Bei komplizirten, unregelmäßigen Körpern oder solchen, welche im Innern Partien von verschiedener Dichtigkeit haben, läßt er sich durch Probiren herausfinden; ein an einem Faden aufgehangener Körper richtet sich so, daß sein Schwerpunkt genau unter den Aufhängungspunkt zu liegen kommt. Durch eine einmalige Aufhängung erfährt man daher die Richtung, in welcher der Schwerpunkt in dem betreffenden Körper zu suchen ist; wiederholt man die Aufhängung, so daß man einen andern Punkt zum Aufhängungspunkte macht, so wird man eine zweite Richtungslinie bestimmen können, und der Punkt, wo diese beiden Linien sich schneiden, muß der Schwerpunkt selbst sein.

Soll ein Körper dem Zuge der Schwere nicht folgen, so muß er entweder durch Auf= hängung oder durch Unterstützung seines Schwerpunktes daran gehindert werden. Der Knabe, welcher einen Stab auf seiner Fingerspitze balancirt, unterstützt den Schwerpunkt in einem einzigen Punkte. Das fortwährende Schwanken beweist aber, daß diese Unterstützung eine ziemlich unzureichende ist, weil der geringste Stoß, ein Luftzug u. dergl. ein Fallen bewirken kann. Mehr Sicherheit hat schon der Mensch, der auf seinen zwei Füßen die schwere Last des Körpers trägt; aber daß auch eine Unterstützung von zwei Punkten nicht immer genügend ist, fühlen wir, wenn wir Stelzen unter unsere Füße schnallen; dadurch verlegen wir den Schwerpunkt des Ganzen weiter in die Höhe, und zugleich nimmt uns die geringere Grundfläche der Stelzenstangen die Standfestigkeit; das Stehen ist erschwert und nur durch fortwährendes Balanciren im Gehen erhalten wir uns oben. Um einen Körper ganz fest zu stellen, müssen wir denselben mindestens an drei nicht in einer geraden Linie liegenden Punkten, innerhalb deren die Schwerlinie herabgeht, unterstützen. Der Schuhmacher sitzt auf seinem dreibeinigen Schemel ganz sicher.

Drei Unterstützungspunkte geben einem Körper einen eben so festen Halt, wie ihn eine Dreiecksfläche gewähren würde, welche durch jene drei Punkte bestimmt wird.

Ein Wagen (Fig. 57) kann sehr schief stehen, ohne daß er umwirft; dies geschieht erst, wenn die Schwerlinie nicht mehr die durch die Räder bezeichnete Unterstützungsfläche trifft. Wer hat nicht von den schiefen Thürmen zu Pisa und Bologna reden hören, jenen merkwürdigen Gebäuden, welche man zu kuriosen steinernen Einfällen mittelalterlicher Baukünstler hat machen wollen, die mit der Schwerkraft spielten, ehe die Welt einen Einblick in das volle Wesen derselben hatte? Unsere Abbildung Fig. 56 giebt uns eine Ansicht der beiden Bologneser Thürme, von denen der kleinere, nach seinem Erbauer Garisenda (1112) genannt, eine Höhe von etwa 40 Meter und eine Abweichung von der Senkrechten um mehr als 2 Meter zeigt; der größere, Asinelli, 85 Meter hoch, hängt um 1 Meter über. Wahrscheinlich ist aber, wie wir nach der Art ihrer Konstruktion annehmen dürfen, die schiefe Stellung dieser, sowie die ihres aus sieben Stockwerken bestehenden und 48 Meter hohen Nebenbuhlers zu Pisa, nicht eine ursprüngliche Absicht jener Architekten, sondern vielmehr nur die Folge lokaler Bodensenkungen, denen die ausgezeichnete Festigkeit des Baues Widerstand zu leisten vermochte. Wenn die Thürme nicht mitten auseinander brechen, so können sie sich noch bei weitem mehr neigen, ehe sie in die Gefahr kommen zu fallen.

Fig. 56. Die schiefen Thürme Bologna's.

Gewicht und Wage. Wenn die Schwerkraft freibewegliche Körper nach dem Mittelpunkt der Erde zu bewegt, dieselben zum Fallen bringt, so wirkt sie nicht minder auch auf alle andern, welche diesem Zuge nicht Folge leisten können. Ein Stein, der vorher von einem Thurme herabfiel, ist dadurch, daß er nun ruhig auf dem Boden liegt, nicht der Anziehung entrückt. Er wird vielmehr noch genau mit derselben Stärke von ihr erfaßt, und die Unterlage, welche seine Weiterbewegung hindert, empfindet dies als einen Druck, den der Stein auf sie ausübt. Wir nennen die Größe dieses Druckes der Körper auf ihre Unterlagen oder, was gleichbedeutend ist, die Größe des Zuges an ihren Aufhängungen, das Gewicht der Körper. Dasselbe ist bei den verschiedenen Körpern ganz verschieden, denn da dasselbe aus der Zusammensetzung der anziehenden kleinen Kräfte der Atome hervorgeht, so muß es um so größer sein, je größer die Anzahl der letzteren ist.

Diese Beziehungen haben in den frühesten Zeiten bereits dahin geführt, das Gewicht der Körper als einen Maßstab zur Beurtheilung der Menge ihrer Substanz anzusehen und Instrumente und Methoden zu erfinden, um dieses Gewicht bestimmen zu können. Die darauf bezüglichen Apparate sind eben die Wagen. Wer ihr erster Erfinder gewesen — diese Frage aufzuwerfen wäre thöricht. Sie bieten sich in ihrer ursprünglichen Einfachheit so von selbst und ohne Weiteres dem Bedürfniß dar, daß die Anwendung ihres Prinzipes mehr als das Ergebniß eines allgemeinen Bildungs= zustandes anzusehen ist, denn als die glückliche, vorausgreifende Idee eines Einzelnen. Bei den Griechen wurde zwar der Achiver Phidon für den Erfinder der Gewichte gehalten, während Gellius den Palamedes nennt und die Chinesen als solchen Hiene=Juene verehren; allein wenn dies auch wörtlich verstanden werden könnte, so wäre die Erfindung selbst doch davon zu trennen.

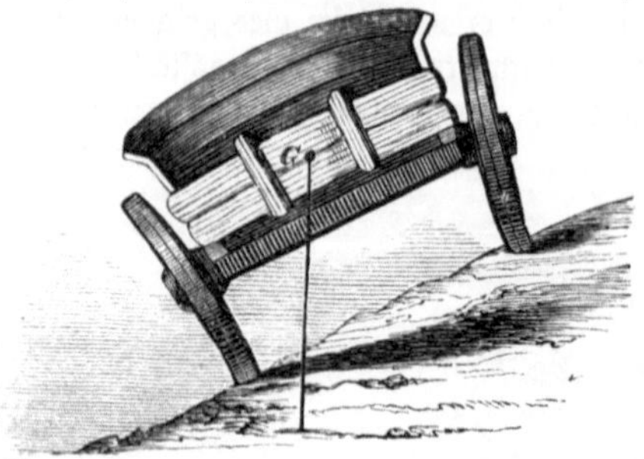

Fig. 57. Genügende Unterstützung des Schwerpunktes.

Da jede Art von Handel nothwendiger Weise Messen und Wägen voraussetzt, so hat man von manchen Seiten auch dem ältesten Handels= volke, den Phöniziern, die Erfindung der Wage und der Gewichte vindiziren wollen, indessen ohne alle anderen als jene äußerlichen Gründe, welche in dem ausgebreiteten Verkehre der ersten Kauffahrer liegen. Aus der Bibel ist bekannt, daß Abraham (1. Mos. 23, 16) bereits das Silber abwog und Moses mehrerer Gattungen der Maße und Gewichte gedenkt. Im Buche Hiob ist von Wagschalen die Rede und in der Iliade finden sich mehrere Stellen, welche beweisen, daß zu Zeiten des räthselhaften Homer die Wage ein allbekanntes Instrument war.

Fig. 58. Krämerwage.

Ausführung der Wagen. Die Wagen wurden von Anfang her nach denselben Grundprinzipien ausgeführt, die auch heute noch den feinsten Instrumenten in den Laboratorien der Chemiker unterliegen. Es sind dies die uns bereits bekannten Gesetze des Hebels. Indem man an den beiden Enden eines oberhalb seines in der Mitte liegenden Schwerpunktes um eine Achse drehbaren Stabes Schalen anbrachte, zur Aufnahme der zu wägen= den Körper bestimmt, hatte man die einfachste Wage hergerichtet, der wir in wenig veränderter Gestalt noch häufig begegnen, die sogenannte Krämer= wage (Fig. 58). Die Zunge macht durch ihre Ausweichungen selbst geringere Ausschläge bemerklich und zeigt durch ihr Einspielen auf einen gewissen Punkt die Gleichgewichts= lage genau an. In Fig. 59 geben wir noch die Ansicht einer andern Wage, bei welcher die Schalen nach oben auf den Hebelarmen liegen.

Schnellwage. Erst später, aber immerhin schon sehr frühzeitig, mag man auf die Konstruktion der ungleich= armigen Hebelwagen, der sogenannten Schnellwagen, ge= kommen sein. Die raschere Art und Weise der Wägung hat ihnen bei uns den Namen gegeben. Sie unterscheiden sich nämlich in ihrem Prinzip von den vorgenannten Krämerwagen und deren Verwandten dadurch, daß bei ihnen die beiden Hebelarme nicht gleich, sondern ihrer Länge nach verschieden sind. Den zu wägenden Körper hängt man in einer bestimmten Entfernung vom Drehpunkte an; das Gegengewicht Q (Fig. 60) ist von bekannter Schwere und wird an dem andern Hebelarme so weit hingeschoben, bis Gleichgewicht hervorgebracht ist. Aus der Entfernung A vom Drehpunkte C läßt sich nun das gesuchte Gewicht finden, und es sind diese Wagen derart eingerichtet, daß der längere Wagebalken gleich mit einer auf das Laufgewicht bezüglichen Eintheilung versehen ist, welche ein direktes Ablesen des betreffenden Gewichtes gestattet. Die Schnellwage heißt auch römische Wage, Statera romana, jedenfalls mit Unrecht, denn obwol sie bei den alten Römern in häufigem Gebrauche war, so ist sie doch weder von denselben erfunden, noch von ihnen uns zugebracht worden. Wahrscheinlich klingt es, wenn erzählt wird, daß das Laufgewicht die Form eines Granatapfels hatte, welcher bei den Hebräern Rimmon, bei den Arabern Romman heißt; die Araber nannten dann die ganze Wage Romman, und dieser Name hat sich bei ihnen bis jetzt erhalten. Bei den Franzosen finden wir noch den Namen la romaine zur Bezeichnung des Gewichtes, und es kann sehr wohl sein, daß uns diese Art Wagen von den Arabern überkommen sind und der Name „römische Wagen" nur von der ursprünglichen Benennung eines ihrer Theile herrührt.

Eine sehr große Genauigkeit kann man natürlich bei Apparaten so einfacher Konstruktion nicht voraussetzen, indessen bieten sie für viele Fälle ihrer leichten Handhabung wegen ein bequemes Mittel. Schon die Römer kannten — wie antike Wagen, aus den Ruinen von Pompeji hervorgegraben, zeigen — den Vortheil, zwei verschiedene Aufhängungspunkte, wie auch deren an der in Fig. 60 dargestellten Wage zwei zu beobachten sind, je nach Bedürfniß zu gebrauchen. Gewöhnlich lag der eine dann der Last um die Hälfte, um ein Viertel oder dergleichen näher als der andere. Dadurch wurde erreicht, daß mit demselben Laufgewicht und derselben Länge des Hebelarmes ganz verschiedene, sowol kleinere als größere Lasten gewogen werden konnten. Liegt zum Beispiel der eine Drehpunkt um 1 Dezimeter, der andere nur um 2 Centimeter von dem Aufhängungspunkte der Last entfernt, und ist der längere Arm 1 Meter lang, so können mit einem Laufgewicht von ½ Kg. bei der größern Entfernung nur Gegenstände bis zu 5 Kg., bei der kleinern dagegen bis zu 25 Kg. gewogen werden.

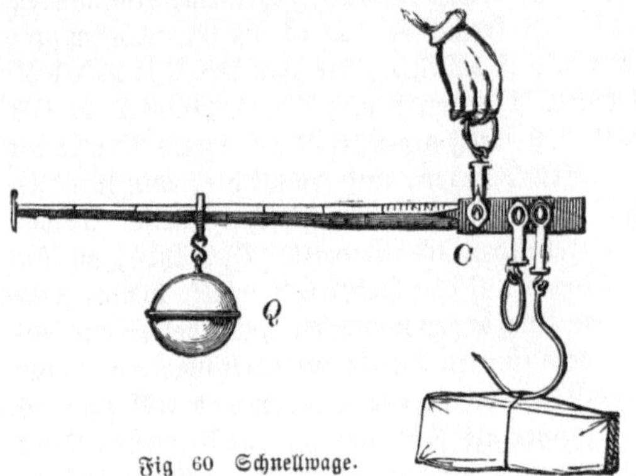

Fig 60 Schnellwage.

Fig. 61. Briefwage.

In den Briefwagen und ähnlichen Einrichtungen finden wir die Wage mit ungleichen Hebelarmen in einer andern Gestalt. Es ist nämlich das Laufgewicht hier durch einen schweren Zeiger vertreten, der bei dem Niedergange der belasteten Schale aufwärts gehoben wird und dadurch mit seinem Schwerpunkte einen um den Drehpunkt liegenden Kreisbogen beschreibt. Je weiter er ausschlägt, um so größer wird der Hebelarm, an welchem sein Gewicht wirkt, während der Hebelarm der Last sich gleichzeitig verkleinert. Eine durch Probiren gefundene und auf einen Kreisbogen verzeichnete Skala zeigt das Gewicht an.

Die **Brückenwage** oder Dezimalwage ist in ihrer Einrichtung die komplizirteste aller Wagen, wenigstens dem äußeren Anscheine nach; indessen läßt sich aus der Betrachtung der beiden Abbildungen Fig. 62 und 63 die Zusammensetzung und Wirkungsweise des nützlichen Apparates leicht deutlich machen. In beiden Zeichnungen sind dieselben Theile mit denselben Buchstaben bezeichnet, und wir können daher die Beschreibung zugleich auf beide beziehen. Die wesentlichsten Bestandtheile jeder Wage erblicken wir auch hier: die beiden Wagschalen: für die Gewichte die Schale P, und für die Last Q die Brücke A B; ferner den mehrfach gekrümmten Wagbalken L N, welcher bei M seine Auflagerung oder seinen Drehpunkt hat.

Aber schon ein flüchtiger Ueberblick zeigt uns eine große Verschiedenheit von den bisherigen Wagen; wir finden nämlich, daß die Last Q nicht an einem einzigen Punkte des Hebel= armes L M hängt, sondern daß die Platte A B nur zum Theil auf der Schneide E ruht, welche ihrerseits auf den einarmigen Hebel F G drückt und durch diesen bei L am Wagebalken hängt; zum andern Theile aber drückt die Platte A B das Gestänge C D nieder und hängt mittels dessen bei K an dem Hebelarme. A B C D bilden ein festverbundenes Ganze.

Diese beiden Angriffspunkte der Last bei K und L machen uns die Sache nur scheinbar komplizirt, in der That ist die Wirkung ganz dieselbe, als ob die Last direkt und allein bei K angehängt wäre; alles über K hinaus Liegende ist nur dazu da, um ein bequemes In=

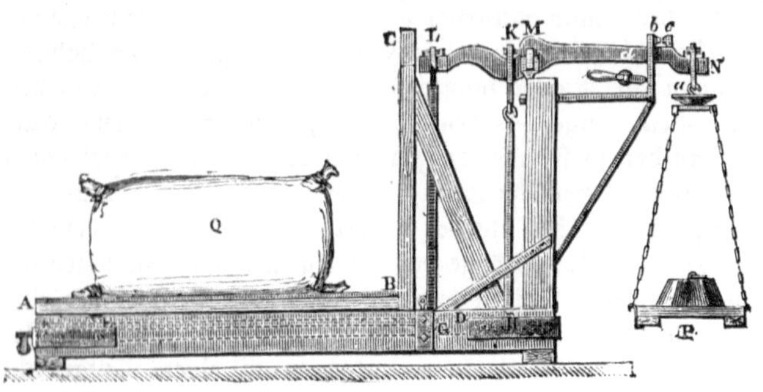

Fig. 62. Brückenwage.

strument, ein gleichmäßiges Auf= und Niedergehen der Wagschale und die ebene Form der letztern zu er= langen, welche beim Wägen großer Lasten Erleichterun= gen gewährt. Es ist bei der angegebenen Einrichtung völlig gleichgiltig, wo die Lasten aufgelegt werden, denn da die ganze Auflage= rung lose ist, so kann kein Theil des Druckes, mag

derselbe nun bei E oder vorn bei B lasten, anders als an dem Hebelarme L M wirken. Zwischen den Hebellängen E F und G F muß aber freilich — das ist die Grundbedingung der ganzen Einrichtung — genau dasselbe Verhältniß bestehen, wie zwischen K M und L M. Ist also K M der fünfte Theil zum Beispiel von L M, so muß auch E F ein Fünftel von G F sein. Durch dieses Arrangement wird erreicht, daß, mag der Körper auf einem Punkte der

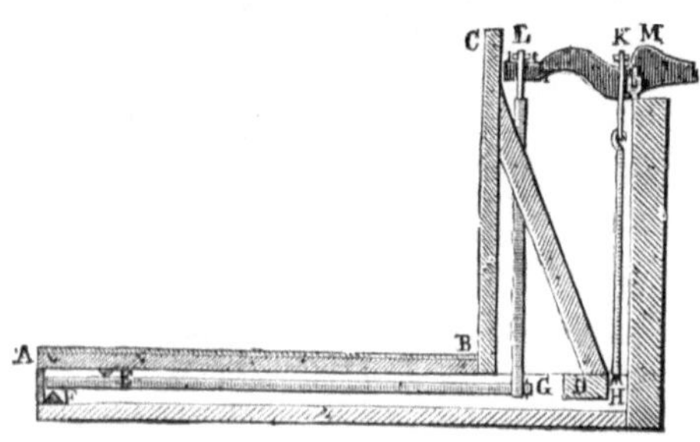

Fig. 63. Innere Einrichtung der Brückenwage.

Brücke liegen, auf welchem er immer wolle, der Druck in ganz gleicher Weise auf den Hebelarm sich vertheilt. Der Theil, welcher bei E auf den Hebel G F wirkt, kommt zwar in dem angenommenen Falle bei G nur mit dem fünften Theile zur Geltung, dafür aber ist die Länge des Hebelarmes L M fünfmal größer als K M, wo der auf B lastende Theil einen Niedergang bewirkt, und im schließ= lichen Effekt wird also der Hebelarm L M so affizirt, als ob die ganze Last an K angehängt wäre. Die Verhältnisse der Hebellängen K M

und L M und entsprechend E F und F G können beliebig groß, nur müssen sie unter einander gleich sein. Der Name Dezimalwage schreibt sich nicht davon her, daß bei Wagen dieser Art etwa jenes Verhältniß gerade 1:10 wäre, vielmehr kommt er davon, daß der andere Hebelarm M N, welcher die Gewichte trägt, gewöhnlich um zehnmal länger gemacht wird als die Entfernung M K, und daß daher ein Gewicht P einer zehnfach so schweren Last Q das Gleichgewicht hält. 5 Kg., auf die Wagschale P gelegt, bewirken dann, daß die beiden Schneiden b und c einspielen, wenn die Last Q 1 Centner schwer ist. Auf ähnlichem Prinzipe beruhen die großen Lastwagen, auf denen man Ladungen von Hunderten von Centnern auf einmal zur Wägung bringt.

Die chemische Wage. Es ist leicht einzusehen, daß die gewöhnlichen Konstruktionen der Wagen, wie wir sie bisher betrachtet haben, keinen Anspruch auf große Genauigkeit machen konnten. Mögen auch die kleinen Wagen der Apotheker und Goldarbeiter, welche von der in Fig. 58 dargestellten Krämerwage nur in der Feinheit der Ausführung abweichen, für die von ihnen verlangten Zwecke genügen, so kommen doch schon in der gewöhnlichen Praxis andere Fälle vor, wo dieselben durch feinere Apparate ersetzt werden müssen.

In Städten z. B., wo große Seidenindustrie herrscht, Krefeld, Lyon zc., giebt es besondere Anstalten, in denen die Seide, wie sie roh aus Italien und den übrigen Produktionsländern ankommt, auf ihren Wassergehalt, der sehr bedeutend sein kann, geprüft wird, weil der Käufer denselben natürlich nicht als theuere Seide mit bezahlen will. Nun ist es aber nicht möglich, große Quantitäten, ganze Ballen, vollständig zu entwässern und den Verlust dabei genau zu bestimmen. Man begnügt sich daher mit der Untersuchung kleiner Proben, die auf das Genaueste wiederholt gewogen werden, bis sie durch Trocknen keinen Verlust mehr zeigen, und berechnet daraus für den ganzen Ballen den Werth. Bei einem so kostbaren Materiale können kleine Irrthümer sehr empfindlich für den einen oder den andern Theil werden, darum wird von den Beamten der Untersuchung die größte Sorgfalt gewidmet, und nur die ausgezeichnetsten Wagen, wie sie für wissenschaftliche Zwecke gebaut werden, kommen in Anwendung.

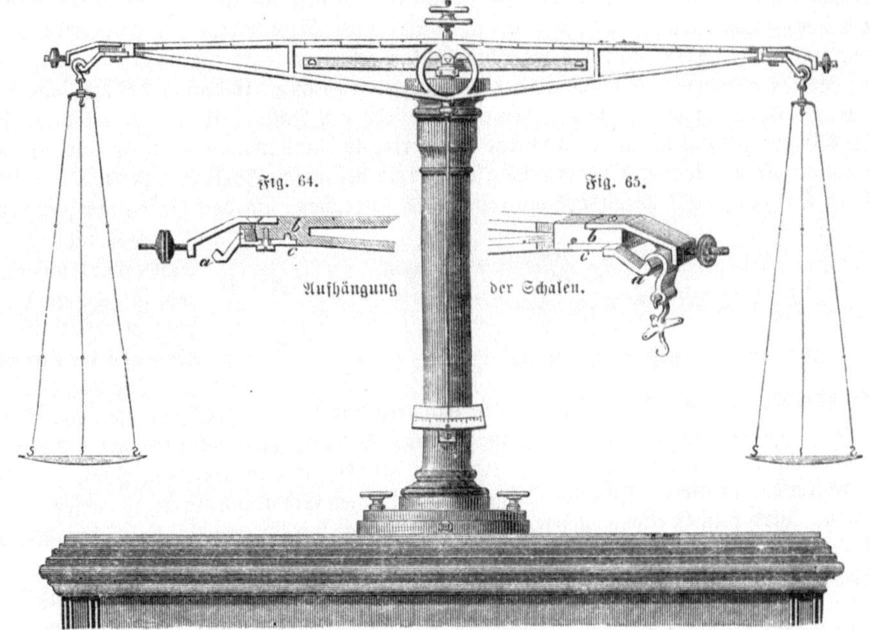

Fig. 66. Chemische Wage.

Es braucht nicht besonders hervorgehoben zu werden, daß für physikalische und noch mehr für chemische Zwecke die subtilste und genaueste Ausführung der Wagen eine unerläßliche Bedingung ist; denn die chemische Theorie in ihrem ganzen Umfange kann sich nur auf Das stützen, was ihr die Wage über die Zusammensetzung der Körper aussagt, und je genauer diese Mittheilungen ausfallen, um so weiter werden auch die Schlüsse gehen, welche die Wissenschaft zieht.

Eine gute chemische Wage besteht im Wesentlichen aus drei Theilen, aus einer festen Unterlage für die Drehachse des Wagebalkens, aus diesem selbst und aus den Wagschalen. Der hauptsächlichste dieser Bestandtheile ist der Wagebalken, der zwar im Prinzip durchaus nicht anders eingerichtet ist, als der Balken der Krämerwage, auf dessen Ausführung aber doch sehr viel ankommt, so daß wir uns mit der Theorie, welche seiner Konstruktion zu Grunde liegt, etwas näher vertraut machen müssen.

Der Wagebalken ist, wie schon bemerkt, ein doppelarmiger, und zwar ein gleicharmiger Hebel. Die Wagschalen sind gleichweit vom Drehpunkt angehängt. Der Drehpunkt liegt etwas oberhalb des Schwerpunktes, und infolge dessen stellt sich der Wagebalken immer in derselben horizontalen Richtung ein, so daß der Schwerpunkt genau unter den Aufhängungspunkt zu liegen kommt, wenn er entweder gar nicht oder auf beiden Seiten gleichviel belastet ist. Daß Drehpunkt und Schwerpunkt nicht zusammenfallen dürfen, noch auch der letztere höher liegen darf als der erstere, wird bei Betrachtung der Fig. 67 sich erklären lassen. Dieselbe stellt den Wagebalken vor, von dessen beiden Hälften die eine genau so lang und schwer wie die andere ausgeführt sein soll, so daß der Schwerpunkt des ganzen Systems in die Mitte fällt. In der Mitte liegt auch der Drehpunkt, oder vielmehr die Drehachse, denn die feineren Wagen sind an dieser Stelle mit einem quer durch den Balken gelegten stählernen Prisma versehen, das mit seiner sorgfältig zugerichteten Kante auf einer glatten horizontalen Platte von Glas oder Achat ruht.

Nehmen wir an, der Schwerpunkt des Wagebalkens läge in dieser Achse, fiele also mit dem Drehpunkt zusammen, so würde der Wagebalken in jeder Lage im Gleichgewicht sein, eben so gut in der Lage N M als in der N′ M′; die Physiker nennen dies indifferentes Gleichgewicht. Eine gleichmäßige Belastung auf beiden Seiten würde diesen Zustand nicht ändern; das geringste Uebergewicht aber auf einer Seite würde ein Herabgehen dieser so weit zur Folge haben, daß sich der Wagebalken geradezu senkrecht zu stellen suchte.

Läge der Schwerpunkt oberhalb der Drehachse, etwa in g′, so daß er bei der Lage N′ M′ des Wagebalkens nach g zu liegen käme, so würde der Fall eintreten, den die Physiker labiles Gleichgewicht nennen: es würde die geringste Ungleichmäßigkeit, ja nur eine Erschütterung, die die Lage des wenn auch gleichmäßig belasteten Balkens aus der Senkrechten über der Drehungsachse herausbrächte, ebenfalls hinreichen, um den Balken umzukippen.

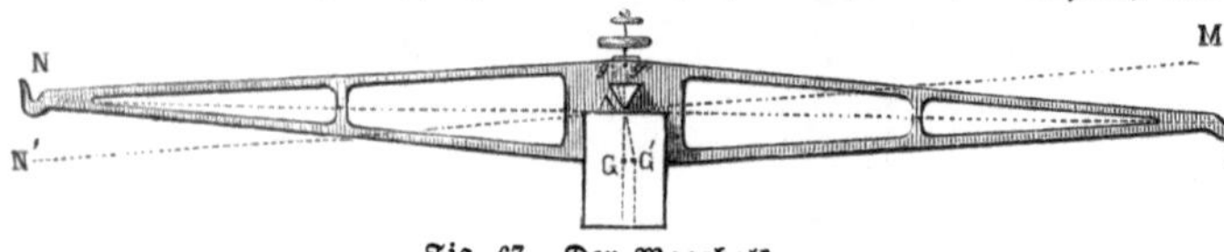

Fig. 67.   Der Wagebalken.

Es muß also der Schwerpunkt unterhalb des Drehpunktes liegen; in welcher Weise, lehrt uns die Betrachtung von Fig. 68: a ist der Aufhängungs- oder Drehpunkt, b der Schwerpunkt des unbelasteten Balkens. Wenn an diesen die Gewichte Q und Q′ angehängt sind, so bleibt der Schwerpunkt des ganzen Systems nicht mehr b, sondern derselbe rückt, da die Gewichte in derselben Horizontallinie mit a angreifen, in dieser also auch ihr gemeinschaftlicher Schwerpunkt liegt, weiter hinauf nach a zu. Wird nun Q′ etwas schwerer als Q, so verlegt sich ihr gemeinschaftlicher Schwerpunkt nach Q′ hin, etwa nach d, und der des ganzen Systems, den Wagebalken mit eingeschlossen, zwischen d und b, nehmen wir an in den Punkt c. Dieser Punkt c muß aber senkrecht unter dem Unterstützungspunkte liegen, wenn der Wagebalken in Ruhe sein soll, es wird also der letztere sich um den Winkel b a c drehen. Auf der Größe dieses Winkels b a c beruht die Empfindlichkeit der Wage. Es liegt nun in der Hand des geschickten Mechanikers, diesen Zweck auf verschiedenartige Weise zu erreichen. Richtet er es nämlich so ein, daß der Schwerpunkt des Wagebalkens b recht nahe unter dem Aufhängungspunkt zu liegen kommt, so vergrößert sich das Verhältniß der Linien a b zu a d und der Winkel b a c muß ein stumpfer werden. Der gleiche Fall tritt aber auch ein, wenn die Arme des Wagebalkens möglichst lang und leicht gemacht werden.

Anstatt daher den Wagebalken aus dem Ganzen zu machen, giebt man ihm eine durchbrochene Form, wie es Fig. 66 zeigt. Er verliert dadurch nichts an Festigkeit; ja, man hat sogar die Theile des Wagebalkens ausgehöhlt und sie in Form zweier spitz zulaufender, der Länge nach mitten aus einander geschnittener Kegelhüllen dargestellt, wodurch allerdings ein sehr hoher Grad von Leichtigkeit erreicht wird. Indessen darf man die Empfindlichkeit nicht zu weit treiben wollen. Eine starke Belastung des Wagebalkens kann dann dahin führen, daß der allgemeine Schwerpunkt mit dem Aufhängungspunkte fast zusammenfällt und die Wage, anstatt blos einen Ausschlag zu geben, gleich ganz umschlägt. Selbst wenn dies nicht eintritt, so werden doch die Schwingungen so langsam, die Wage wird so unruhig, daß es vieler Zeit und Geduld bedarf, um eine gute Wägung zu Stande zu bringen.

Um die Ausschläge beurtheilen und danach die Größe des Uebergewichtes auf der einen oder der andern Seite genau bestimmen zu können, befindet sich am Wagebalken eine lange, senkrechte Zunge angebracht, welche sich mit ihrer feinen Spitze über einen getheilten Kreis= bogen hinbewegt, der in der Anordnung, wie sie Fig. 66 zeigt, an dem untern Theile der Säule befestigt ist. Im Zustande der Ruhe und bei unbelasteten Wagschalen muß sie genau die Mitte der Theilung, den Nullpunkt, zeigen; man erreicht dies durch Stellung der am Fuße befindlichen zwei oder drei Schrauben, und durch ein hinter der Säule hängendes Bleiloth, welches bei senkrechter Stellung an einer bestimmten Marke einspielt. Da bei starker Belastung des Wagebalkens dieser sich immerhin etwas biegt, wodurch der Schwer= punkt dann zu tief herabgezogen und die Empfindlichkeit beeinträchtigt werden würde, und weil ferner diese Biegung auch eine ungleichmäßige sein kann, infolge derer dann der Schwerpunkt nicht mehr senkrecht unter dem Aufhängungspunkt zu liegen kommt, so hat man an den Enden des Wagebalkens sowol als in der Mitte desselben Regulirungs= schrauben angebracht. An denselben befinden sich metallene Scheiben oder Kugeln, durch deren Näherung oder Entfernung vom Mittelpunkte des Wagebalkens sich die Lage seines Schwerpunktes leicht korrigiren läßt (s. Fig. 64, 65).

Im Nothfalle kann man sogar mit Wagen, deren Balken ungleich lang sind, noch genaue Resultate erlangen, man braucht nämlich nur zwei Wägungen nach einander aus= zuführen, so daß man einmal die Last auf die eine, dann auf die andere Schale legt; aus dem Produkt beider Gewichtsangaben zieht man die Quadratwurzel. Wiegt z. B. der Körper einmal 5 und das andere Mal 7 Gramm, so ist sein wahres Gewicht $\sqrt{35} = 5{,}91$ Gramm, annähernd $6 = \dfrac{5+7}{2}$.

Schließlich bemerkt man noch an der obern Stange des Wagebalkens eine Eintheilung, ge= wöhnlich bis 10, weil alle feineren Wägungen schon seit langer Zeit mit dem nach dem Dezimal=

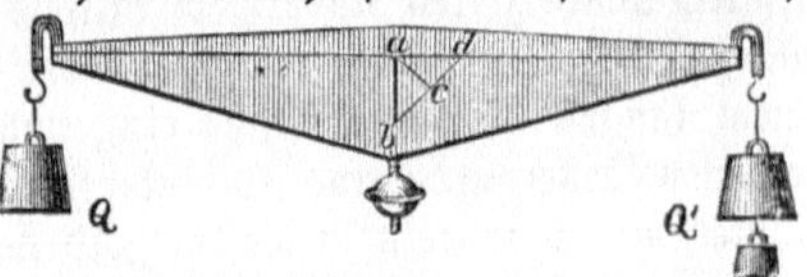

Fig. 68. Zur Theorie des Wagebalkens.

system gegliederten französischen Gewicht ausgeführt werden. Dieselbe dient zur Aus= gleichung der kleinsten Gewichtsdifferenzen, welche mit Auflegen von Gewichten auf die Wagschalen nicht allemal zu erreichen sind. Man wendet daher statt des gewöhnlichen Gewichts sogenannte Reiter an, das sind aus feinstem Golddraht gebogene ⌂förmige Häkchen, welche auf den Wagebalken aufgesetzt werden. Diese Häkchen haben die Schwere des kleinsten Gewichtes. Der Ort am Wagebalken, wo das Reiterchen sitzen muß, wenn Gleichgewicht herrschen soll, giebt dann den Zuwachs, welchen die Gewichte erfahren, beziehentlich den Abzug, wenn das Reiterchen auf Seiten der Last aufgesetzt war. In Bezug auf dies Reiterchen wirkt also die Wage als ein ungleicharmiger Hebel. Gesetzt, die Wage wäre im Gleichgewicht, wenn die Schale 3,246 Gramm trüge, und der Reiter auf derselben Seite genau zwischen dem vierten und fünften Theilstriche, von der Mitte aus gerechnet, aufgesetzt wäre, so würde das Gesammtgewicht 3,24645 Gramm betragen. Denn da der Reiter selbst 1 Milligramm schwer ist, so wirkt er am fünften Theilstriche nur so viel, wie 0,0005, und in der Mitte zwischen dem vierten und fünften Theilstrich wie 0,00045 Gramm.

Wie der Drehachse, hat man auch, um die Reibung so viel wie möglich zu vermeiden, den Aufhängungspunkten der beiden Schalen die Form scharfer stählerner Schneiden gegeben, welche sich auf glatt polirten Achatplatten oder Glas, oder auch auf feinem Stahl bewegen. Für den Drehpunkt ist die Form einer kantigen Schneide um deswillen erforderlich, weil bei einem runden Stifte, einer Walze, jede Aenderung der Balkenlage auch allemal den Drehpunkt verlegen würde und von einer Genauigkeit gar keine Rede sein könnte. Die Figuren 64 und 65 zeigen uns eine Aufhängungsart der Schalen im Detail. Um die Schneiden genau einstellen zu können, so daß sie unter sich parallel, rechtwinklig gegen die Richtung des Wagebalkens und alle drei in derselben Horizontalebene liegen, sind an den beiden Aufhängungen verschiedene Schrauben angebracht, mittels deren die die Schneide a tragende Platte c verschiedentlich gerichtet werden kann. Man läßt, um die Abnutzung der mittelsten Schneide möglichst zu verhindern, den Wagebalken nicht fortwährend auf derselben ruhen und hin und her schwingen, sondern man hebt ihn, wenn die Wage außer Gebrauch gesetzt wird, von seiner Unterlage ab und hängt ihn durch Eingreifen zweier Arme gewissermaßen auf, man arretirt ihn. In unserer Zeichnung ist diese Arretirung einmal durch den kurzen horizontalen Stab, welcher durch den Wagebalken hindurch sichtbar wird, das andere Mal durch den kleinen viereckigen Zapfen im Fuße des Gestelles angedeutet. Der kleine Zapfen wird mit Hülfe eines Schlüssels gedreht und bewirkt durch ein Excentricum ein Auf= oder Heruntergehen jenes Armes, wodurch der Wagebalken abgehoben oder wieder aufgesetzt wird. Bei genauen Wägungen arretirt man nicht nur, wenn man überhaupt die Wage außer Gebrauch setzt, sondern auch jedesmal, wenn man Gewichte hinzufügt oder von den Schalen wegnimmt.

Eine der interessantesten Wagen, welche durch ihre merkwürdigen Leistungen der ganzen gebildeten Welt bekannt geworden, ist die sogenannte Cottonwage in der königlichen Münze zu London. Wir stehen in einem langen Gemache — sagt Schlesinger in seinen „Wanderungen durch London" — mit mehreren Fenstern in der Fronte; in der Mitte der vordern Wand, beinahe in der Vertiefung des Mittelfensters steht eine kleine niedliche Dampfmaschine, die im Boudoir einer Dame Platz hätte, etwa um einen kleinen Springbrunnen in einem Goldfischbassin in die Höhe zu treiben; vor den Fenstern, der Länge nach, mehrere zierlich gearbeitete Maschinen aus Mahagoniholz, deren messingenes, ziemlich komplizirtes Räderwerk mittels der tapfer darauf losarbeitenden kleinen Dampfmaschine in Bewegung gesetzt ist; der Mittelraum des Saales aber wird zumeist von einem langen massiven Tische eingenommen, auf dem in einander laufende Berge von goldenen Sovereigns eine sehr interessante kalifornische Landschaft bilden. Mehrere Beamte wühlen mit Schaufeln in diesem goldenen Hügelterrain.

„Hier werden die Sovereigns gewogen", lispelt unser Führer, und wir sehen dem sinnreichen Prozeß eine Weile zu. Je weniger man die Maschinerie versteht — und dies ist bei allen Besuchern der Fall — desto märchenhafter erscheint ihre Thätigkeit.

Außer dem eigentlichen Räderwerk zeigt uns jedes dieser Wunderwerke einen nach oben offenen Kasten; gegen diesen, unter einem Winkel von 30 Graden, neigen sich zwei Halbröhren oder Rinnen, deren Konkavität ebenfalls nach oben steht. Legt man eine Rolle in eine dieser geneigten Röhren, deren Durchmesser dem eines englischen Sovereign entspricht, so gleitet die Rolle vermöge der Neigung der Röhre nach abwärts, wo dann ein Goldstück nach dem andern in den offenen Kasten fällt. Die Beamten haben nur die langen Halbröhren zu füllen; am untern Ende der Röhre geschieht das blaue Wunder. Wenn nämlich ein Sovereign angerückt kommt, der nur um einen halben Gran leichter ist, als er sein soll, flugs kommt ein naseweises Messingplättchen aus einer versteckten Spalte herausgesprungen und schnellt den leichten Patron in ein links liegendes Fach des Kastens, während alle vollwichtigen nach rechts abfallen. Dieses Messingplättchen, wie es in seinem Verstecke lauert und nur herausspringt, um einen mangelhaften Sovereign mit einem Ruck bei Seite zu schnellen, hat etwas Schnippisches, Jronisches, Malitiöses, ich möchte sagen Republikanisches in seiner Physiognomie. Was aber die Genauigkeit der Kritik über regierende Häupter anbetrifft, so wird es kaum ein Republikaner mit diesem Messingplättchen aufnehmen können. Welcher Mensch wollte die Tugend seines Neben= menschen nach Granen messen!

Wir können uns an den rührigen Maschinen gar nicht satt sehen. Die Messingplättchen lassen sich oft sehen, wenn stark abgenutzte Sovereigns in der Röhre liegen; sie übersehen nicht einen und dabei handeln sie so sicher, so ruhig, so ganz ohne Lärm und Prätention. Einer der Beamten ist so freundlich, uns den Zweck dieses Scheidungsprozesses zu erklären. „Die Bank sondert die vollwichtigen von den unvollwichtigen blos deshalb ab, weil sie nur vollwichtige Goldstücke ausgiebt." „Und was geschieht mit den andern?" „Die kommen in die Münze, um umgeprägt zu werden; vorher aber nehmen wir uns die Freiheit, sie in der Bank zu zeichnen. Wollen Sie sehen, wie?" Und er nimmt mehrere Handvoll von den Verurtheilten und wirft sie in ein Kästchen, das unserer Beachtung bisher entgangen war und etwa wie eine kleine Drehorgel aussieht. Er setzt eine Kurbel in Bewegung oder drückt an einer Feder — wer kann auch auf jede Handbewegung so genau Acht geben! — und aus dem Innern des Kästchens hört man ein Klingen und Rauschen und unten aus einer Spalte fallen die Sovereigns wieder heraus. Aber, du lieber Himmel, wie verstümmelt! Jeder ist zur Hälfte mitten durchschnitten wie ein Kartenblatt. Die Viktoria und der Wilhelm und der Georg liegen da, hundertmal durch den Hals geschnitten, förmlich geköpft. Es wird uns ganz unheimlich. Wir empfehlen uns eilig: «Good morning, Sir!» «Good bye, gentlemen!»

Den Namen Cottonwage hat das wundervolle Instrument nach seinem Erfinder William Cotton, einem der Direktoren der Bank. Eben solche Wagen sind in der Münze in Thätigkeit, um die Metallscheiben zu wägen, ehe sie den Stempel aufgedrückt erhalten. In einer Minute werden 20 Stück gewogen oder 1200 in der Stunde, indessen können bis 30 die Wage passiren, ohne daß der Genauigkeit Eintrag geschieht. Die Gewichte sind aus Bergkrystall und können weder durch Temperaturwechsel noch durch Rosten sich verändern. Derartige Wagen, in Einzelheiten wol von einander abweichend, sind übrigens in allen Münzstätten jetzt zu finden.

Das spezifische Gewicht. Es wird erzählt, daß man dem Archimedes eine kostbare Arbeit aus Gold übergeben habe, damit er untersuche, ob der Künstler, von welchem sie verfertigt worden war, redlich zu Werke gegangen sei und reines Gold, wie ihm aufgetragen, dazu verwendet oder ob er das Innere aus einer minder edeln Mischung als die Oberfläche hergestellt habe. Bei dieser Untersuchung aber sollte selbstverständlich die schöne Form nicht zerstört werden.

Archimedes fand beim Baden den Schlüssel zu dem Räthsel. Er sah, daß manche Körper von dem Wasser getragen wurden, wie das Holz; andere aber, wie Metalle und Steine, darin untersanken bis auf den Boden. Sein eigener Körper wurde in dem flüssigen Elemente viel leichter, er bedurfte nur geringer Anstrengung, um sich vom Boden in die Höhe zu heben, während in der Luft jeder derartige Versuch einen bedeutenden Kraftaufwand nöthig macht. Archimedes entdeckte das Gesetz, nach welchem alle Körper im Wasser leichter werden, indem ihre Gewichtsverminderung gerade so viel beträgt, wie die Wassermasse wiegt, welche sie durch ihr Eintauchen verdrängen. Ein Stein, ein gleich großes Stück Eisen, ein eben so großes Stück Holz werden, unter das Wasser gebracht, alle um dasselbe Gewicht leichter, so daß vielleicht der Stein, wenn er vorher 2 Kg. wog, jetzt nur noch 1 Kg. wiegt, das Stück Eisen nur noch $6\frac{1}{2}$ Kg., während sein Gewicht vorher $7\frac{1}{2}$ Kg. war. Das Holz aber, das doch in der Luft $\frac{3}{4}$ Kg. gewogen hatte, zeigt jetzt gar keine Schwere mehr, es hat im Gegentheil das Bestreben, in die Höhe zu steigen, und wird damit selbst noch eine Last von $\frac{1}{4}$ Kg. heben können. Kann es sich frei bewegen, so steigt es bis an die Oberfläche und ragt über diese mit dem vierten Theile seines Volumens hinaus. Denn erst in dieser Lage ist der von unten wirkende Druck des verdrängten Wassers gleich dem Gewicht des eintauchenden Körpers.

Ein Körper, der, wenn er sich völlig frei bewegen kann, nicht ganz in das Wasser eintaucht, sondern von demselben getragen wird und zum Theil über die Oberfläche hinausragt, schwimmt. Es schwimmen alle Körper, deren Gewicht geringer ist als dasjenige einer dem Volumen nach eben so großen Wassermasse; fette Personen leichter als magere, bei denen die ungleich schwereren Knochen das Gewicht im Verhältniß zum Volumen wesentlich erhöhen. Im Ganzen ist der menschliche Körper leichter als das Wasser und der Grund des Ertrinkens daher nicht das Untergehen, sondern die Angst und Unruhe, welche die richtige Lage, in der das Athmen möglich bleibt, nicht finden und innehalten läßt. Ist der eintauchende Körper genau so schwer wie das ihn umgebende Wasser, so wird er in demselben nicht über die Oberfläche hinausragen, er wird von selbst weder in die Höhe steigen noch hinabsinken; er übt keinen andern Druck nach unten aus, als eine gleich große Wassermasse auch ausüben würde, und wird in Folge dessen in jeder Wasserschicht in Ruhe sein.

Bekanntlich nennt man das Verhältniß des Gewichtes zum Volumen Dichtigkeit, und die Zahl, welche das Verhältniß der Dichtigkeit zu der des Wassers (diese gleich 1 angenommen) ausdrückt, das spezifische Gewicht. Man darf auch sagen: das spezifische Gewicht ist das Verhältniß der Gewichte zweier Körper von gleichem Volumen; für die festen und flüssigen Körper ist man übereingekommen, die Dichtigkeitsverhältnisse des Wassers zum Ausgangspunkte zu nehmen, und indem man sich auf diese als Einheit bezieht, giebt man das spezifische Gewicht eines Körpers einfach durch die Zahl an, welche das Verhältniß seiner Dichtigkeit zu der = 1 gesetzten Dichtigkeit des Wassers ausdrückt. Wenn es also heißt, Eisen hat ein spezifisches Gewicht von 7,5, so bedeutet dies: ein Kubikmeter Eisen wiegt genau sieben- und ein halbmal so viel wie ein Kubikmeter Wasser.

Zurückbeziehend können wir demnach sagen: alle Körper, deren spezifisches Gewicht größer ist als das des Wassers, gehen in demselben zu Boden; alle anderen dagegen, deren spezifisches Gewicht kleiner ist, schwimmen und tauchen gerade um so viel ihres Volumens ein, als ihr spezifisches Gewicht beträgt.

Man findet das spezifische Gewicht eines festen Körpers sehr leicht, wenn man ihn das eine Mal auf gewöhnliche Art wägt, das andere Mal aber im Wasser (Fig. 70), und die sich dabei herausstellende Gewichtsdifferenz, das Gewicht der verdrängten Wassermasse, in Ver-

Fig. 69.   Frei schwimmender Körper.

hältniß setzt zu der erst gefundenen Zahl, zu dem absoluten Gewicht. Gesetzt, ein in der Luft 25 Gramm schweres Goldstück wiege im Wasser nur 23,5 Gramm, so wäre das Gewicht des verdrängten Wassers also gleich 1,5 Gramm und das spezifische Gewicht des Goldstückes demnach $= \dfrac{25}{1,5}$ oder $= 16{,}_{666}$. Nun hat aber reines Gold ein spezifisches Gewicht von 19,3; unser Goldstück muß also Zusätze von leichteren Körpern erhalten

haben, durch die es zugleich in seinem Werthe verringert worden ist. Sobald diese Zusätze ihrer Natur nach bekannt sind, kann man aus dem spezifischen Gewicht derselben auch mit Sicherheit ihre Menge bestimmen, und dies ist das Prinzip, für dessen Entdeckung Archimedes den Göttern eine Hekatombe opferte — Hundert Ochsen! „Deswegen", sagt Lessing, „zittern jetzt noch so Viele, wenn eine neue Wahrheit gefunden wird."

Jeder, der sich auf ein schwimmendes Bret setzt, oder mit einem Korkgürtel um den Leib ins Wasser springt, wendet das Archimedes'sche Prinzip an, ja die ganze Schifffahrt beruht auf denselben Grundsätzen. Der hohle Schiffskörper repräsentirt, indem er beim Schwimmen eine beträchtliche Wassermasse verdrängt, einen spezifisch sehr leichten Körper, der ohne unterzusinken so viel Gewicht noch aufzunehmen vermag, bis jene Differenz mit dem spezifischen Gewicht des Wassers nahezu ausgeglichen ist.

Das Wägen im Wasser hat keine großen Schwierigkeiten; man kann jede Wage dazu benutzen, an der man die eine Wagschale abgehängt und den Balken auf andere Art ausgeglichen hat (Fig. 70). Der zu wägende Körper wird mittels eines feinen Metalldrahtes an einem Häkchen befestigt, so daß er gerade in die Mitte des mit Wasser gefüllten Gefäßes zu hängen kommt.

Eine andere Methode, das spezifische Gewicht fester Körper zu bestimmen, ist die, daß man sie in ein Gläschen mit Wasser bringt, das bis an den obersten Rand gefüllt und gewogen worden ist. Durch das Hinzuthun eines neuen Körpers wird dem Volumen nach eine genau gleich große Wassermenge verdrängt, welche man wägen und dadurch die Gewichtsdifferenz bestimmen kann. Eine dritte Methode ermöglichen die

Aräometer. Diesen kleinen Apparaten liegt dasselbe Prinzip zu Grunde wie der hydrostatischen Wage, nämlich daß der fragliche Körper das eine Mal in der Luft, das andere Mal im Wasser gewogen wird; indessen sind sie in anderer Art eingerichtet. Das bekannteste dieser Instrumente ist das sogenannte Nicholson'sche Aräometer, nach seinem Erfinder, einem englischen Physiker, der in der zweiten Hälfte des vorigen Jahrhunderts lebte, so genannt. Es besteht aus einem hohlen Cylinder von Messingblech, der nach beiden Seiten konisch verläuft, an seiner unteren Spitze eine schwere Schale a trägt, welche den Zweck hat, den zu wägenden Körper aufzunehmen, sodann aber auch den Schwerpunkt möglichst tief nach unten zu verlegen. Obenhin geht der Messingkörper in einen schwachen Draht aus, der ebenfalls eine Schale b oder eine Platte trägt und an einer gewissen Stelle mit einer Marke c versehen ist. Bis an diese Marke muß der Apparat allemal zum Eintauchen gebracht werden. Da der Körper des Aräometers im Innern hohl ist, so taucht derselbe in unbelastetem Zustande nur theilweise ein (Fig. 71); um das Niedergehen bis zur Marke c zu bewirken, muß daher auf die obere Schale eine gewisse Anzahl Gewichte gelegt werden. Bringt man einen Körper, z. B. einen

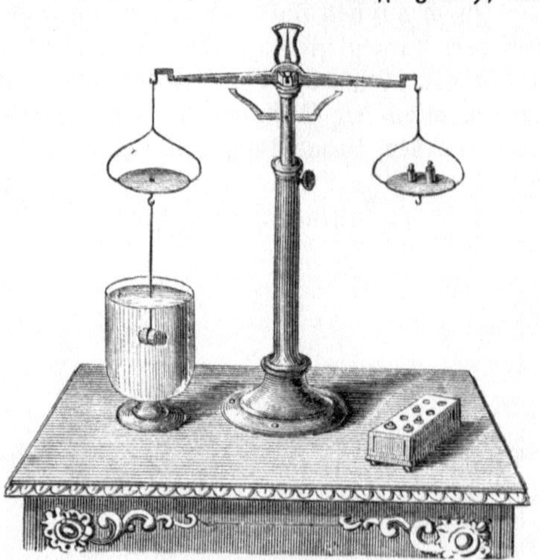

Fig. 70. Hydrostatische Wage zur Bestimmung des spezifischen Gewichtes.

Edelstein, auf die obere Schale, so werden natürlich, um ein Eintauchen bis zur Marke zu bewirken, weniger Gewichte auf b aufzulegen sein, und dieses Mindergewicht giebt das absolute Gewicht des Körpers an (Fig. 72). Eine dritte Wägung ist noch nöthig, um den Gewichtsverlust des zu untersuchenden Körpers im Wasser zu bestimmen. Sie erfolgt indem man den Stein in die untere Schale a legt und durch Gewichte wieder ein Einspielen der Marke hervorruft (Fig. 73).

Hat man z. B., um das Aräometer bis zur Marke in das Wasser zu versenken, das erste Mal 20 Gramm nöthig gehabt, das zweite Mal, mit dem Steine, aber blos 14,8 Gramm, so muß der letztere 5,2 Gramm wiegen. Das dritte Mal, wo derselbe im

Fig. 71. Fig. 72. Fig. 73.
Nicholson's Aräometer und seine Anwendung zur Bestimmung des spezifischen Gewichtes.

Wasser gewogen wurde, wären auf die Schale b 16,8 Gramm zu legen gewesen. Es hat dann also der Edelstein nur noch mit einem Gewicht von 20 weniger 16,8 oder von 3,2 Gramm gewirkt, und er hat im Ganzen 5,2—3,2 oder 2 Gramm an Gewicht verloren: so viel beträgt die von ihm verdrängte Wassermasse; sein spezifisches Gewicht ergiebt sich aus dem Verhältniß von 5,2 : 2 und ist durch die Zahl 2,6 ausgedrückt.

Bei ganz genauen Bestimmungen hat man zu berücksichtigen, daß in der Luft alle Körper durch die verdrängte Luftmenge ebenfalls einen entsprechenden Gewichtsverlust erleiden.

Alkoholometer, Saccharometer, Bierwage u. f. w. Eine ganz besondere Wichtig=
keit hat das Aräometer in seiner Anwendung zur Bestimmung des spezifischen Gewichtes
von Flüssigkeiten erlangt. Wo es sich um Auflösungen fester Körper in flüssigen oder um
Gemenge verschiedener Flüssigkeiten handelt, ist die Ermittelung des spezifischen Gewichtes
nicht nur das bequemste, sondern oft auch das sicherste Mittel zur Erkenntniß ihres Ge=
haltes und Werthes.

In chemischen Fabriken richtet sich das Gelingen der Darstellung vieler Präparate
nach dem Konzentrationsgrade der Lösungen. Der Gehalt an krystallisirbaren Salzen in
den Laugen muß immer auf eine bequeme Weise ermittelt werden können, weil von der
Konzentration der Auflösungen, die sich während der Abdampfung fortwährend ändert,
der Gang der Behandlung abhängt. Dies geschieht durch Ausmittelung des spezifischen
Gewichtes. Alle Salzlösungen, Säuren, Ammoniakflüssigkeit, Chlorkalklösung, Wasser=
glas u. dergl. lassen sich nach ihrem spezifischen Gewichte auf ihren Gehalt an wirklich
werthvollen Stoffen und auf den Wasser=
zusatz prüfen; viele flüssige Produkte des
Handels werden daher unter Angabe des
spezifischen Gewichtes gekauft und ver=
wendet. Die ausgebreitetste Anwendung
findet das Aräometer oder die Senk=
wage in der Brennerei und für die
Werthbestimmung alkoholhaltiger Prä=
parate, Branntwein und Spiritus.

Um das spezifische Gewicht von
Flüssigkeiten zu bestimmen, kann man
ohne Weiteres das Nicholson'sche Aräo=
meter anwenden. Wenn zum Eintauchen
bis an die Marke im Wasser z. B.
20 Gramm aufgelegt werden mußten,
in verdünnter Schwefelsäure jedoch
25 Gramm, so wird von dieser letztern
also ein gleich großes Volumen $1\frac{1}{4}$mal
so viel wiegen oder, wenn wir das spe=
zifische Gewicht des Wassers auch für
Flüssigkeiten als Einheit annehmen, so
wird die Schwefelsäure ein spezifisches
Gewicht = 1,25 haben. Ganz reine eng=

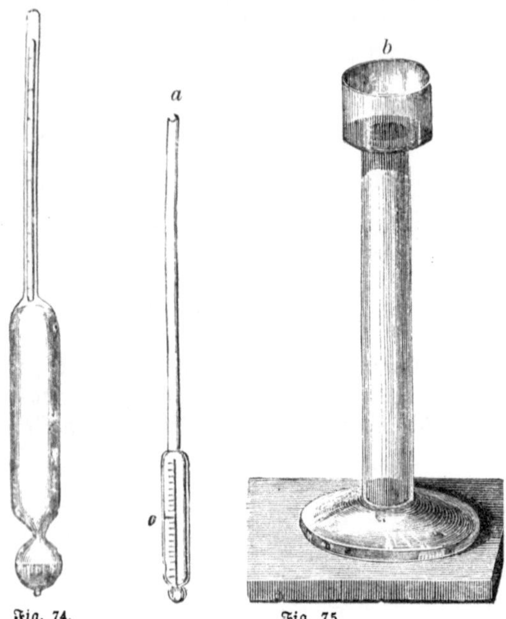

Fig. 74.
Senkwage.   Fig. 75.

a Senkwage mit Thermometer. *b* Standglas.

lische Schwefelsäure wiegt 1,84; durch Versuche für jede Zwischenstufe zwischen 1 und 1,84
ist der Prozentgehalt an Wasser und Schwefelsäure festgestellt worden, so daß man später
nur in einer danach angefertigten Tabelle nachzusehen braucht, um den Gehalt jeder ver=
dünnten Säure zu erfahren. Für den praktischen Bedarf aber hat das Nicholson'sche Aräo=
meter sich einige Abänderungen gefallen lassen müssen, die es den jedesmaligen Zwecken
bequemer gestaltet haben. Das Instrument, die Senkwage (Fig. 74), besteht noch aus einem
langen hohlen Cylinder, derselbe ist aber ohne Wagschalen, gewöhnlich von Glas, damit
man die innen angebrachte Skala durchlesen kann, oben und unten zugeschmolzen und im
untern Theile mit einigen Tropfen Quecksilber oder einer Anzahl Schrotkörner versehen,
welche das aufrechte Schwimmen bewirken sollen.

Je leichter eine Flüssigkeit ist, um so tiefer wird ein derartiges Instrument, dessen
Gewicht immer gleich bleibt, in dieselbe eintauchen. Eine Skala giebt die bezüglichen spe=
zifischen Gewichte an und Tabellen helfen dann weiter. Der Bequemlichkeit wegen hat
man für die verschiedenen Arten der Flüssigkeiten besondere Instrumente hergerichtet, deren
Skalen dann sich nur innerhalb gewisser Grenzen zu bewegen brauchen und welche den
Vortheil bieten, daß man auf denselben anstatt des spezifischen Gewichtes gleich den

Prozentgehalt verzeichnet findet (Prozent=Aräometer). In dieser Weise hat man demnach Alkoholometer, Saccharometer zur Ausmittelung des Zuckergehaltes, Milchmesser (Laktometer), Bierwagen u. dergl. hergestellt. Leider hat sich in der Einrichtung der Tabellen die liebe Eitelkeit der „Erfinder" und „Verbesserer" wieder einmal zum Unsegen des ganzen Publikums recht breit gemacht. Es giebt z. B. eine ganze Anzahl von Senkwagen, die sich durch nichts weiter von einander unterscheiden als durch die Albernheit, daß meinetwegen die eine (für Flüssigkeiten leichter als Wasser) des spezifische Gewicht des Wassers einmal mit 10, das andere Mal (für schwere Flüssigkeiten) mit 1 bezeichnet, oder daß die einzelnen Angaben, wie bei den Spirituswagen, unter sich ohne Sinn und Verstand um halbe und ganze Prozente abweichen, je nachdem sie mit Stoppani=, Richter=, Cartier=, Beck= oder Baumé=Instrumenten gemacht worden sind.

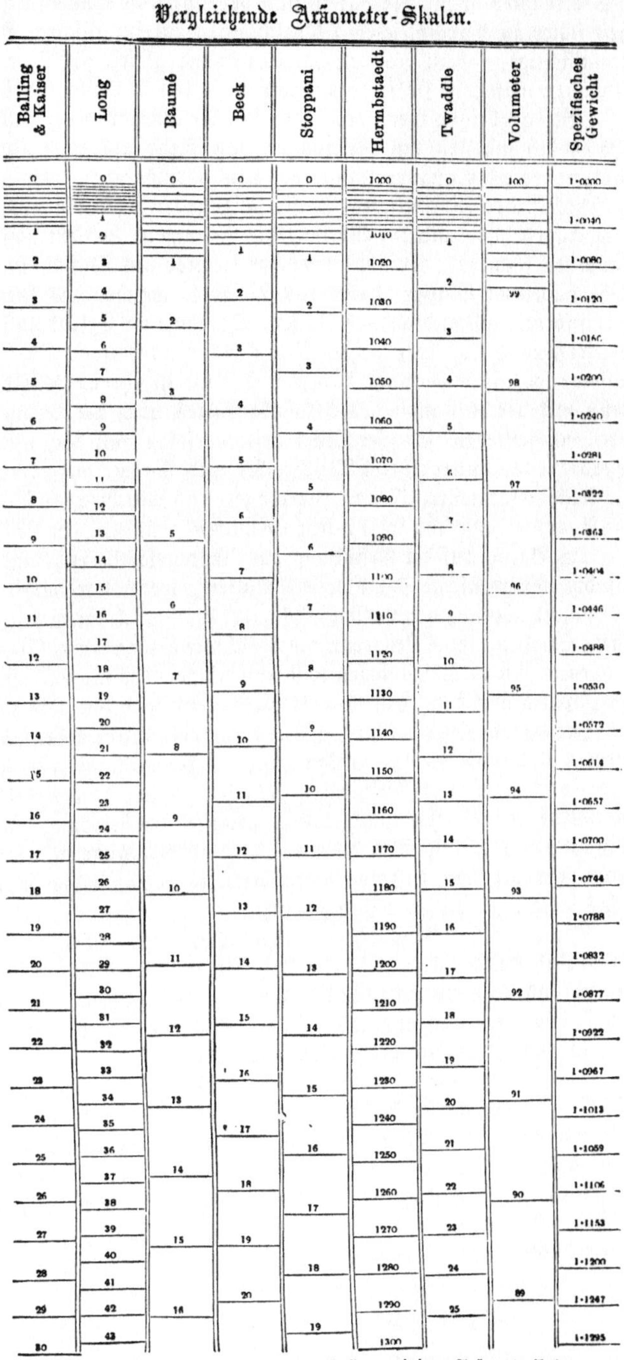

Das Gay=Lussac'sche Volumeter ist derart eingerichtet, daß seine Skala direkt angiebt, um wie viele Volumentheile es in die Flüssigkeit eintaucht. Da sich die spezifischen Gewichte umgekehrt verhalten wie die verdrängten Flüssigkeitsmassen, so sind sie leicht zu berechnen, und es verdient dies Instrument daher das rationellste genannt zu werden.

Die äußere Ausstattung der Alkoholometer wird gewöhnlich durch ein hohes Standglas vervollständigt, in welches der zu prüfende Spiritus gethan wird. Dasselbe darf nicht zu eng sein, damit nicht das Aräometer durch das Hinaufziehen der Flüssigkeit an den Wandungen in seinen Angaben beeinflußt wird. Außerdem auch kommt bei derartigen Messungen viel

Vergleichende Aräometer-Skalen.

Balling & Kaiser	Long	Baumé	Beck	Stoppani	Hermbstaedt	Twaddle	Volumeter	Spezifisches Gewicht

Balling & Kaiser: 0, 1, 2, 3, 4, 5, 6, 7, 8, 9, 10, 11, 12, 13, 14, 15, 16, 17, 18, 19, 20, 21, 22, 23, 24, 25, 26, 27, 28, 29, 30

Long: 0, 1, 2, 3, 4, 5, 6, 7, 8, 9, 10, 11, 12, 13, 14, 15, 16, 17, 18, 19, 20, 21, 22, 23, 24, 25, 26, 27, 28, 29, 30, 31, 32, 33, 34, 35, 36, 37, 38, 39, 40, 41, 42, 43

Baumé: 0, 1, 2, 3, 5, 6, 7, 8, 9, 10, 11, 12, 13, 14, 15, 16

Beck: 0, 1, 2, 3, 4, 5, 6, 7, 8, 9, 10, 11, 12, 13, 14, 15, 16, 17, 18, 19, 20

Stoppani: 0, 1, 2, 3, 4, 5, 6, 7, 8, 9, 10, 11, 12, 13, 14, 15, 16, 17, 18, 19

Hermbstaedt: 1000, 1010, 1020, 1030, 1040, 1050, 1060, 1070, 1080, 1090, 1100, 1110, 1120, 1130, 1140, 1150, 1160, 1170, 1180, 1190, 1200, 1210, 1220, 1230, 1240, 1250, 1260, 1270, 1280, 1290, 1300

Twaddle: 0, 1, 2, 3, 4, 5, 6, 7, 8, 9, 10, 11, 12, 13, 14, 15, 16, 17, 18, 19, 20, 21, 22, 23, 24, 25

Volumeter: 100, 99, 98, 97, 96, 95, 94, 93, 92, 91, 90, 89

Spezifisches Gewicht: 1·0000, 1·0040, 1·0080, 1·0120, 1·0160, 1·0200, 1·0240, 1·0281, 1·0322, 1·0363, 1·0404, 1·0446, 1·0488, 1·0530, 1·0572, 1·0614, 1·0657, 1·0700, 1·0744, 1·0788, 1·0832, 1·0877, 1·0922, 1·0967, 1·1013, 1·1059, 1·1106, 1·1153, 1·1200, 1·1247, 1·1295

Fig. 76. Vergleichende Zusammenstellung einiger Aräometerskalen.

auf die Temperatur an, und damit diese sich nicht während der Untersuchung zu rasch ändere, sind Gefäße von etwas größerem Inhalt immer vorzuziehen. Je wärmer nämlich, um so leichter ist die Flüssigkeit, und bei Spiritus kann eine geringe Temperaturverschieden= heit schon zu beträchtlichen Abweichungen im spezifischen Gewicht führen. Es wird dies berücksichtigt, indem man an der Senkwage gleich ein Thermometer mit anbringt, dessen Angaben man mit Hülfe bezüglicher Tabellen in Rechnung bringt.

Bei gehöriger Benutzung sind die Aräometer ganz ausgezeichnet nützliche Apparate. Wo es sich indessen um Mischungen von mehr als zwei Stoffen handelt, werden sie als Gütemesser ganz unzuverlässig, denn sie vermögen ja eben nichts als die durchschnittliche Dichtigkeit der sämmtlichen Stoffe anzugeben, nicht aber, wie viel jeder einzelne dazu beigetragen hat, und die Werthe, die sie zeigen, werden ganz unbrauchbar, wenn ein Be= standtheil schwerer, der andere wieder leichter als Wasser ist. Bier z. B. besteht der Haupt= sache nach aus Wasser, dann aus Alkohol, welcher das spezifische Gewicht der Mischung vermindert, und endlich aus Zucker, Salzen und Extraktstoffen, welche sämmtlich auf eine Vergrößerung des spezifischen Gewichtes hinarbeiten. Es können also zwei Biere genau dasselbe spezifische Gewicht haben und doch in ihrem Gehalt himmelweit verschieden sein, wenn mit der Zunahme des Alkoholgehaltes auch die Menge der festen Bestandtheile ent= sprechend gestiegen ist. Bei Milch tritt derselbe Fall ein, hier sind es einestheils die Fett= bestandtheile, anderntheils Milchzucker und Salze, welche einander in ihrer Wirkung auf das Aräometer neutralisiren. Bierwagen und Milchwagen sind daher, wenn sie sich lediglich auf Ausmittelung des spezifischen Gewichts gründen, ein Unsinn.

In Bezug auf die Erfindung der Aräometer herrscht unter den Historikern eine Sage, auf die wir wenigstens hinweisen müssen, wenn wir damit auch keineswegs irgend eine Bürgschaft übernehmen wollen. Es gedenkt nämlich der Bischof Synesius von Kyrene in einem Briefe an seine Lehrerin, die berühmte Hypatia in Alexandrien, eines Instrumentes, welches er sich in Alexandrien will anfertigen oder kaufen lassen. Die Beschreibung, die er der Hypatia von dem Instrumente giebt, damit sie ihm kein falsches besorge, wie ebensowol der Zweck (Synesius will es wie ein Hydroskopium gebrauchen, weil er krank ist), lassen allerdings den Gedanken aufkommen, es könne damit ein Aräometer gemeint sein. Die Hypatia kann aber die Erfinderin nicht sein, wie einzelne Erklärer geschlossen haben, denn ihr würde der Bischof nicht eine so genaue Beschreibung zu geben nöthig gehabt haben. Daß auch vor 400 n. Chr. die Senkwage in Alexandrien noch wenig bekannt war, würde daraus hervorgehen, daß eine so unterrichtete Frau wie die Hypatia (sie wurde 415 ermordet) nichts davon gewußt zu haben scheint.

Die wirkliche Beschreibung einer Senkwage findet sich in einem lateinischen Gedicht des 6. Jahrhunderts, als dessen Urheber man den Grammatiker Priscianus ansieht. In Deutschland bediente man sich schon in sehr frühen Zeiten solcher Instrumente zur Prüfung von Salzsoolen, und in einem 1603 erschienenen Buche „Halographia" von Joh. Thölden steht ihre Beschreibung ausführlich angegeben.

Ihre jetzige Form, aus Glas und mit Skala, dürften die Senkwagen aber erst ungefähr seit 1675 haben, wo sie der bekannte Physiker Robert Boyle als Goldwage vorschlug. In derselben Zeit wol auch wurden sie von Boyle und Cornelius Mayer zuerst zur Bestim= mung des spezifischen Gewichtes angewandt. Nicholson beschrieb sein Aräometer mit Ge= wichten 1787. Das Jahr darauf konstruirte ein gewisser Richardson eine Bierwage. Ballet, ein Franzose, erfand eine Likör= und Branntweinwage, und von dieser Zeit an häuften sich die Veränderungen, über deren Werth wir uns schon ausgesprochen haben.

Pendel und Centrifugalmaschine.

Galileo Galilei. Entdeckungen der Pendelgesetze, Fallgesetze. Gleichmäßig verzögerte und beschleunigte Bewegung. Anwendung des Pendels. Pendeluhr. Sekundenpendel. Das zusammengesetzte Pendel. Mälzel's Metronom. Reversionspendel. Foucault's Versuch. Verschiedenheit des Sekundenpendels auf der Erde. Abplattung. Die Centrifugalkraft. Plateau's Versuch über die Saturnbildung Der Centrifugalregulator. Die Centrifugal-Trockenmaschine.

Am 18. Februar 1864 wurde eins der bedeutsamsten Jubiläen gefeiert, welche zu begehen die Menschheit überhaupt Veranlassung haben kann. An diesem Tage waren es dreihundert Jahre, daß Galileo Galilei geboren wurde.

Nicht die einzelnen Entdeckungen allein, welche sich diesem Genie aufthaten, mögen sie noch so groß, so weitleuchtend und bahneröffnend gewesen sein, nicht diese sind es, welche auf seinen Geburtstag als auf einen heiligen Tag der Welt zurückblicken lassen — es ist das Zerreißen des Nebelvorhanges überhaupt, der um Geister und Köpfe lag, und der selbst die Begabtesten an alten Anschauungen festhalten ließ, blos weil ihr Ursprung einige Jahrtausende zurücklag und vielleicht an den unantastbaren Namen eines Aristoteles anknüpfte. Galilei stürzte das alte Gebäude aber nicht, ohne den Baugrund zu ebnen und zu festigen und Wage und Richtscheit den neuen Arbeitern in die Hand zu geben.

In der That ist er der Erste — seine Zeit ein Wendepunkt. Wenn wir aber eine einzelne und die schönste Blüte Galilei'schen Geistes aufbrechen sehen wollen, so versetzen wir uns in das Halbdunkel des Domes zu Pisa.

Es ist ein hohes Kirchenfest. Von dem Chore erklingen melodische Wogen durch den kühlen Raum; Hunderte von Kerzen flimmern durch die Weihrauchwolken, welche stummbewegte Ministranten um den Hauptaltar verbreiten; eine Menschenmasse füllt das Schiff, kommend und gehend und kniebeugend in altgewohnter, unverstandener Weise. Durch hohe Fenster sucht das klare Himmelslicht hineinzudringen, doch kann kein Strahl sich frei auch

11*

nur auf einer Stirne niedersenken; in diesen Raum darf die Sonne nur scheinen, um reizend bunt zusammengesetzte Glasscherben zu erhellen. In einem Geiste aber geht eine andere Helle auf. Ein junger Student, der neunzehnjährige Galilei, lehnt an einer Säule.

Sein Vater, einem edlen Geschlechte zu Pisa entsprossen, hatte den Sohn für den Kaufmannsstand bestimmt und, selbst den Wissenschaften geneigt, ihm eine ausgezeichnete Erziehung geben lassen. Allein der früh erwachte Geist des Knaben erkannte bald, daß seine Aufgabe eine andere sei, als um Seide oder Gewürze zu handeln. Er bezog die Universität seines Geburtsortes und widmete sich hier der Medizin und der Philosophie des Aristoteles. Aber wo die Anderen gläubig nachbeteten, trat ihm die Versuchung entgegen, zu prüfen. Ueberall ist für ihn Ordnung und Gesetzmäßigkeit; kein anderes Gesetz, sagt er sich, als das, was die Natur selbst offenbart, kann das Wesen der Dinge zusammenhalten. Den Deutungen der Menschen giebt er keinen Werth, wo sie nicht der klare Ausdruck der Natur geblieben sind. Und das sind sie selten. Galilei hat sich bald gewöhnen müssen und leicht gewöhnt, die Bahn der Anderen zu verlassen. Er hat seine eigenen Gedanken, und mit solchen steht er auch im Dome, mitten im strudelnden Menschengewühl allein.

An ihm zieht das sinnberauschende Geflute wirkungslos vorüber; seine Augen immer nach derselben Richtung, verfolgt er die langsamen Bewegungen eines von dem hohen Gewölbe niederhängenden Kronleuchters, in dessen Schwingungen er eine gesetzmäßige Regel ahnt. Immer in gleichen Zeitabständen macht der Leuchter seinen Bogen gleich weit nach beiden Seiten; wenn der Schwung seine Kraft verloren hat, kehrt er um, erst langsam, dann mit steigender Geschwindigkeit bis zur Mitte, dann wieder mehr und mehr sich verzögernd, bis er endlich auch auf der andern Seite wieder umkehrt und die gleiche Bahn in gleicher Weise zurückgeht. Und hinter ihm

Fig. 78. Galileo Galilei.

schwingt ein anderer Leuchter, für sich eben so regelmäßig, aber rascher, und doch haben beide gleiche Form und gleiche Größe und befinden sich sonst unter gleichen Verhältnissen, nur ist der erstere an einem höheren Punkte des Gewölbes befestigt, als die rascher schwingende Ampel.

Sollte auf die sonst mathematisch strengen Bewegungen die Länge des Seiles Einfluß haben? An diese Beobachtungen und das Auftauchen dieser Fragen knüpft sich, wie die Sage will, die erste Galilei'sche Entdeckung, die der Pendelgesetze, welche in ihrer lediglich auf direkte Beobachtung gestützten Entstehung und in ihrem durchsichtig geometrischen Charakter die epochemachende Richtung der Galilei'schen Forschungen überhaupt begründete.

Das Pendel. Ein Pendel ist jede schwere Masse, die an einem Punkte derart leichtbeweglich aufgehangen ist, daß sie unter dem Einfluß einer anziehenden oder auch einer abstoßenden Kraft um denselben schwingen kann. Bei den gewöhnlichen Pendeln ist diese Kraft die Schwerkraft; sie zieht die Masse des Pendels an und veranlaßt dieses zu Schwingungen, wenn der Schwerpunkt aus der senkrechten Lage unter dem Aufhängungspunkte herausgebracht worden ist.

Denken wir uns die schwere Masse nur als einen schweren Punkt und die Aufhängung als eine gewichtlose Linie, so haben wir ein **mathematisches Pendel** vor uns. In der Natur kommt ein solches nicht vor, indessen erleichtert die Vorstellung davon die Entwicklung der Gesetze. Selbst das einfachste Pendel, welches wir uns konstruiren können, indem wir eine kleine metallene Kugel an einem Kokonfaden aufhängen, ist Einflüssen der Reibung, des Luftwiderstandes u. s. w. unterworfen, welche, wenn auch noch so gering, doch in einem merklichen Grade auf die Bewegung Einfluß haben.

Ist in Fig. 79 a der Aufhängungspunkt, e der schwere Punkt, so ist ae die Ruhelage. Bewegt man die Kugel nach c und läßt sie dann los, so wird sie infolge ihrer Schwere sich dem Mittelpunkte der Erde zu nähern, zu fallen suchen. Für ihre Bewegung gelten dieselben Gesetze, die wir beim Fall freier Körper beobachten können, und wir wollen uns in Kürze mit dem Nothwendigsten aus denselben bekannt zu machen suchen.

Fallbewegung. Während im freien Weltraume, wenn wir denselben als völlig leer annehmen, ein Körper, der sich einmal mit einer gewissen Geschwindigkeit bewegt, in Ewigkeit sich in derselben geradlinigen Richtung und mit immer gleichbleibender Geschwindigkeit fortbewegen würde — denn es ist kein Widerstand da, der seine Kraft aufzehrt, und keine andere Kraft, deren Einwirkung die einmal eingeschlagene Richtung verändern sollte — so sind alle Bewegungen in der Nähe anderer Körper durch die von diesen ausgehende Anziehung beeinflußt. Ein in die Höhe geworfener Stein vermag nicht in seiner ursprünglichen geradlinigen Richtung fortzufliegen, die Schwere zieht ihn zur Erde herab, und da diese ununterbrochen wirkt, so setzt sich aus den beiden Antrieben, der Wurfkraft und der Schwerkraft, eine Bewegung zusammen, welche eine ganz besondere Flugbahn zur Folge hat. Die Geschwindigkeit ändert sich, denn die Kraft, welche den Stein von der Erde entfernen will, wird durch die unausgesetzt wirkende Schwere stetig verringert und endlich ganz vernichtet, die Bewegung nach oben verlangsamt allmählich, bis sie gleich Null wird (gleichmäßig verzögerte Bewegung); von diesem Augenblicke an wirkt die Schwerkraft allein noch fort und es tritt das Herabfallen ein. War die Wurfbewegung eine senkrecht nach oben zu gerichtete, so wird die Flugbahn in derselben geraden Linie

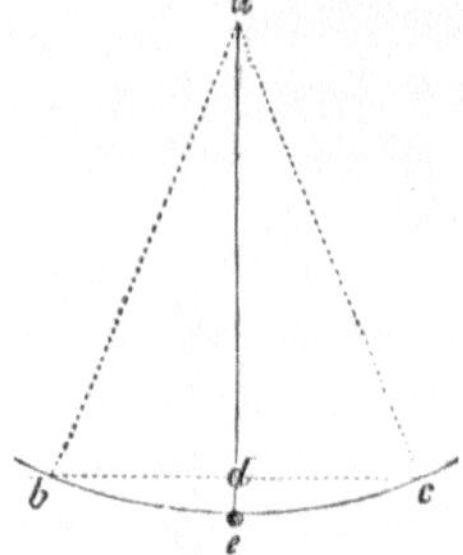

Fig. 79. Einfaches Pendel.

verharren, denn die Schwerkraft wirkt in derselben Richtung nur in entgegengesetztem Sinne. Wenn aber der Wurf in einer gegen den Horizont geneigten Richtung geschah, so nimmt die Flugbahn jene parabolische Gestalt an, die wir Alle durch direkte Beobachtung schon kennen gelernt haben und deren theoretische Form man sehr leicht auf dem Papiere konstruiren und berechnen kann.

Läßt man den Stein frei von einem erhöhten Punkte herunterfallen, so daß er nur der Anziehung der Erde folgt, so ist seine Bewegung auch keine gleichbleibende. Er durchfällt, wie die Erfahrung lehrt, in der ersten Sekunde einen Raum von 4,9 Meter, in der zweiten $3 \times 4{,}9 = 14{,}7$ Meter, in der dritten $5 \times 4{,}9$ Meter $= 24{,}5$ Meter, in der vierten $7 \times 4{,}9 = 34{,}3$ Meter u. s. f., so daß er nach Ablauf von 4 Sekunden eine Höhe von $34{,}3 + 24{,}5 + 14{,}7 + 4{,}9$ Meter $= 78{,}4$ Meter durchfallen hat und zu Ende der vierten Sekunde mit einer Geschwindigkeit von 39,2 Meter unten ankommt, während er zu Ende der dritten Sekunde eine Geschwindigkeit von 29,4 Meter, zu Ende der zweiten von 19,6 Meter, zu Ende der ersten Sekunde von 9,8 Meter erlangt hatte (gleichmäßig beschleunigte Bewegung). Diese Zahlen, welche in ihrer angeführten Größe natürlich nur für die Erde gelten — auf der Sonne würden sie, da dort die Schwere eine bedeutend größere ist, auch viel größer, auf dem Mond dagegen viel kleiner sein — lassen sich durch folgende Gesetze, die für alle Welträume Giltigkeit haben, allgemein ausdrücken:

Fallgesetze: 1) Die erlangten Geschwindigkeiten verhalten sich wie die während des Falles verflossenen Zeiten; also: wenn die Geschwindigkeit eines frei fallenden Körpers zu Ende der ersten Sekunde $= 9{,}8$ Meter ist, so ist die zu Ende der zweiten, dritten, vierten

Sekunde beziehentlich $= 2 \times 9{,}8 = 19{,}6$ Meter; $3 \times 9{,}8 = 29{,}4$ Meter; $4 \times 9{,}8 = 39{,}2$ Meter u. s. f.

2) Die zurückgelegten Fallräume jeder folgenden Sekunde wachsen wie die ungeraden Zahlen ($1 \times 4{,}9$; — $3 \times 4{,}9$; — $5 \times 4{,}9$; — $7 \times 4{,}9$ Meter u. s. w.).

3) Die im Ganzen durchfallenen Räume verhalten sich wie die Quadrate der Fall=zeiten ($1 \times 1 \times 4{,}9$ Meter; — $2 \times 2 \times 4{,}9$ Meter; — $3 \times 3 \times 4{,}9$ Meter u. s. w.).

Galilei entdeckte diese Gesetze gleichmäßig beschleunigter Bewegung bei den Versuchen, die er auf dem Glockenthurme zu Pisa mit frei fallenden Körpern anstellte, und er erläuterte sie zuerst 1638 in seinem Traktat über Mechanik. Er gab damals zugleich auch die schiefe

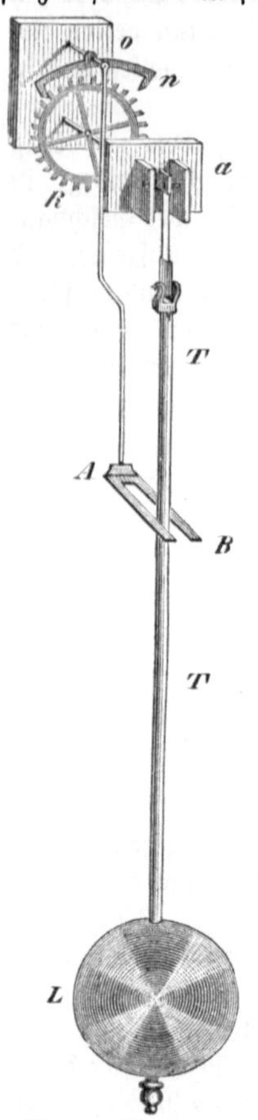

Fig. 80. Uhrpendel.

Ebene als ein bequemes Mittel an, um sie durch den Versuch nachzu=weisen, denn es zeigt eine auf einer geneigten Fläche herabrollende Kugel zwar nicht die Geschwindigkeit einer frei fallenden, das Ver=hältniß aber der Endgeschwindigkeit, der Zeiten und der durchlaufe=nen Wege bleibt doch immer dasselbe. Die viel später von dem Eng=länder Atwood erfundene Fallmaschine läßt freilich auf noch bequemere Weise die Beobachtung dieser Gesetze zu.

Die Fallgesetze treten nun, wie gesagt, auch in den Bewegungs=erscheinungen des Pendels zu Tage, und die Pendelgesetze sind nur die auf den einen speziellen Fall angewandten Gesetze des freien Falles. Es ist nämlich die Bewegung desselben nichts Anderes, als das Herabfallen von einem höhern Punkte nach einem niedriger gelegenen einerseits, und andererseits ein Wiederaufsteigen infolge der Trägheit oder der lebendigen Kraft, welche die schwere Masse des Pendels während des Fallens aufgenommen hat, das Ganze also gewissermaßen ein Fallen und Wiederaufsteigen auf einer schiefen Ebene oder vielmehr in einer gekrümmten Rinne, welche in derselben Weise anzusehen ist, wie eine schiefe Ebene. Der Aus=druck lebendige Kraft für den Zustand der in Bewegung befind=lichen Materie ist zuerst von Leibnitz angewendet, wahrscheinlich von Galilei angeregt worden, der sich in seinen Gesprächen über Mechanik öfters des Ausdrucks Peso morte bedient, um eine in Ruhe gesetzte Kraft zu bezeichnen.

Wird in der ersten Hälfte der Bewegung während des Fallens die Geschwindigkeit stetig beschleunigt, so verzögert sie sich eben so gleichmäßig in der zweiten. In der Mitte, da wo der schwere Punkt seinen tiefsten Stand hat, hat er auch die größte Geschwindigkeit, und zwar ist dieselbe nach einem leicht nachweisbaren Gesetz genau so groß, als sie auch sein würde, wenn er nicht von c nach e (Fig. 79) im Bogen, sondern von der Höhe d nach e frei gefallen wäre.

Auf die Schwingungszeit, d. h. die Dauer, welche zwischen dem Hin= und Hergange vergeht, hat die Substanz und das Gewicht, aus welcher das Pendel besteht, keinen Einfluß; eben so ist es — für nicht zu große Aus=weichungen — gleichgiltig, wie groß der Ausschlag ist. Es kommt lediglich die Entfernung des Schwerpunktes e vom Schwingungspunkte, die Pendellänge, in Betracht. Je kürzer diese Pendellänge ist, um so rascher schwingt das Pendel, und zwar verhalten sich die Schwingungsdauern zweier verschieden langer Pendel wie die Quadratwurzeln aus ihren Längen. Ein Pendel von 1 Meter Länge macht zwei Schwingungen, während ein anderes von 4 Meter Länge nur eine einzige ausführt.

Anwendung des Pendels. Diese Gleichmäßigkeit der Schwingungsdauer mußte sehr bald als ein geeignetes Mittel zu genauen Zeitmessungen erscheinen, und es ist in der That bereits von Galilei das Pendel zu diesem Zwecke vorgeschlagen worden. In einem Briefe vom 5. Juli 1639 an Lorenzo Realis, den damaligen Admiral und Gouverneur der

Holländisch-ostindischen Compagnie, mit dem Galilei in Unterhandlung wegen Uebersiedelung nach Holland stand, schreibt er unter Anderm:

„Zur Zeitmessung bediene ich mich eines Pendels von Messing oder Kupfer, welchem
ich die Form eines Sektors von 12—15 Graden gebe, dessen Radius 4 Spannen lang ist.
Den Sektor verdicke ich im mittlern Radius und verdünne ihn sehr scharf auf beiden Seiten,
damit ihm, so weit möglich, die Luft nicht widerstehe. An seinem Mittelpunkte hat er eine
Oeffnung, durch welche ein Eisen geht, wie jenes, um welches sich eine Wage bewegt.
Dieses Eisen endigt sich unten in eine scharfe Ecke und ruht auf zwei erzenen Stützen."

„Wenn nun", sagt er weiter, „der Sektor weit vom bleirechten Stande entfernt und
seinem eigenen Falle überlassen wird, so legt er eine Menge Schwingungen zurück, ehe er
still steht. Damit er aber diese Schwingungen fortsetze und immer weit aushole, so muß
Derjenige, der ihm beisteht, ihm von Zeit zu Zeit einen starken Stoß geben."

Die Schwingungen zu zählen, dazu schlug Galilei ein kleines Stirnrad vor, welches
beizufügen wäre, und das sich bei jeder Schwingung um einen Zahn fortbewegt. Ob der
frühere Zeitmesser des Galilei, dessen er in
einem Briefe an seinen Freund Micanzio
Erwähnung thut (5. November 1637), auch
in dieser Weise eingerichtet war, wissen wir
nicht. Es soll aber derselbe, wie Galilei
schreibt, nicht nur Stunden, sondern auch
Minuten und Sekunden angezeigt haben.
Trotzdem aber kann man nach der spätern
Beschreibung nicht anders, als das Instrument doch noch für ein sehr mangelhaftes
und unvollkommenes halten. Man würde
aber sehr unrecht thun, wenn man die Erinnerung daran ohne Weiteres in die Rumpel-
kammer werfen wollte, wie es von Denen
geschieht, welche die Erfindung der Pendeluhr einzig und allein dem Mathematiker
Huyghens zuschreiben möchten. Die wesentlichste Vervollkommnung, hauptsächlich die
Ankerhemmung und die Zufügung schwerer
Gewichte, durch welche der Gang erhalten
wird, stammt allerdings von diesem (1657),
die erste Idee aber ausgesprochen zu haben,

Fig. 81. Christian Huyghens.

dieser Ruhm dürfte Galilei doch wol nicht vorzuenthalten sein.

In welcher Art Huyghens das Pendel anwandte, um das Werk der Uhren in Gang
zu setzen, zeigt die Abbildung Fig. 80. Das Pendel L schwingt in seiner Aufhängung a
hin und her, bei jeder Schwingung die Klammer AB mitnehmend, welche sich an ihrem
obersten Ende um die horizontale Achse O dreht. An derselben Achse befindet sich eine nach
zwei Seiten mit den Haken m und n in die Zähne des Rades R eingreifende Sperrklinke
(ihrer Form wegen Anker genannt). Das Rad selbst wird durch ein daran hängendes
Gewicht in Umdrehung versetzt; es kann aber nicht ohne Unterbrechung umlaufen, weil
stets der Anker mit einem der Haken als Hemmung vorliegt. Durch die Schwingungen des
Pendels erst erfolgt jedesmal eine Auslösung, das Rad rückt um einen Zahn, und durch
den kleinen Stoß, welchen dabei der Ankerhaken von dem verlassenen Zahne erleidet und
welcher durch die Gabel auf die Pendelstange T übertragen wird, behält das Pendel immer
die gleiche Weite seiner Ausschläge. Die Eintheilung der Zahnräder, welche schließlich die
Minuten- und Stundenzeiger in Umdrehung setzen, ist von der Dauer der einzelnen Ausschläge bedingt. Feinere Korrekturen des Ganges werden durch Verrückung des Schwerpunktes, durch Verschiebung der Linse L an der Pendelstange bewirkt.

Verkürzt oder verlängert man das Pendel einer Uhr, so wird dieselbe von dem Augen=
blicke an anders gehen; im erstern Falle rascher, im zweiten langsamer. Solche Veränderung
der Länge bewirken aber schon die Temperaturunterschiede, welchen die Uhren immer aus=
gesetzt sein werden, und da man schon frühzeitig diesen für die Genauigkeit der Uhren nach=
theiligen Einfluß erkannte, so hat man auch gleich nach Mitteln gesucht, um ihn, wenn nicht
zu beseitigen, so doch zu paralysiren. Merkwürdiger, aber ganz rationeller Weise verfiel
schon Graham 1715 auf das Auskunftsmittel, das auch heute noch in Anwendung ist,
nämlich die schädliche Einwirkung durch dieselbe Kraft, die sie hervorgerufen, auch korri=
giren zu lassen, indem er die Entfernung des Schwingungspunktes vom Drehpunkte da=
durch immerwährend gleich erhielt, daß er anstatt des schweren, linsenförmigen Körpers
ein längliches Gefäß mit Quecksilber an die Pendelstange befestigte. Wird durch die Wärme
die Pendelstange verlängert und damit der Schwingungspunkt abwärts gerückt, so wird
andererseits das Quecksilber im Gefäß ausgedehnt und etwas in die Höhe steigen, wodurch
sein Schwerpunkt sich etwas nach oben verlegt. Durch genaue Beobachtung wird sich leicht die=
jenige Menge des Quecksilbers ergeben, welche den Unterschied ausgleicht.

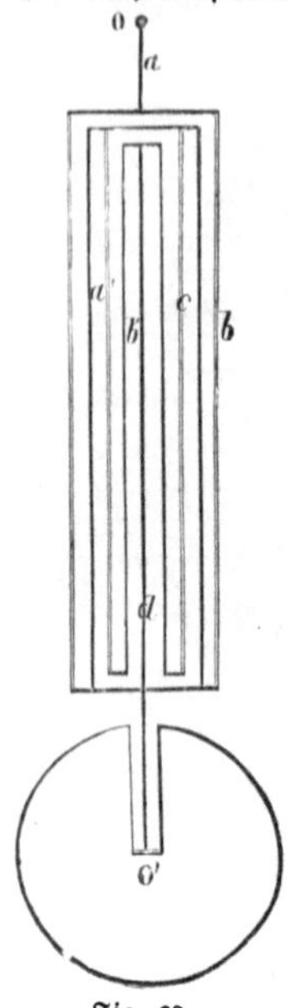

Fig. 82.
Kompensationspendel.

Derartige Kompensationspendel sind noch hier und da in
Gebrauch, jedoch hat eine andere Anwendung desselben Prinzipes noch
allgemeinere Einführung gefunden, das ist diejenige auch von Graham
herrührende Einrichtung, bei welcher die Pendelstange nicht aus einem
einzigen Stabe, sondern aus einem System von Stäben aus verschie=
denen Metallen besteht, deren Ausdehnung durch die Wärme sich gegen=
seitig aufhebt. Die Abbildung Fig. 82 giebt eine Erläuterung dazu.
Die Stange dieses Pendels, welches seiner Gestalt nach auch Rost=
pendel genannt wird, besteht aus einem System von neun Stäben,
von denen die einen nach oben hin, die andern nach unten hin bei ihrer
Ausdehnung sich strecken. Ist also die mittlere Stange d eine Eisen=
stange, so kehrt das Eisen wieder als Material für die Stangen c und
b und ihre entsprechenden symmetrischen Gegenstücke. Dagegen sind dann
die in unserer Zeichnung schwarz angedeuteten Stangen a' und b' sowie
die symmetrischen Gegenstücke aus einem andern Metall, etwa aus Mes=
sing, zu bilden, welches sich bei gleicher Erwärmung mehr ausdehnt als
das Eisen. Sind nun die gegenseitigen Längen so bemessen, daß die
Gesammtlängenzunahme der Eisenstangen der Zunahme der Messing=
stangen gleich ist, so wird der Punkt b' immer genau denselben Abstand
vom Schwingungspunkte behalten müssen.

Sekundenpendel. Zu physikalischen Zwecken benutzt man als
Zeitmaß sehr häufig das einfache Sekundenpendel, das ist ein solches
Pendel, dessen Schwingungsdauer genau eine Sekunde beträgt. Die wahre Länge eines
solchen Pendels zu bestimmen und damit zu jeder Zeit dasselbe wieder herstellen zu können,
ist nicht so leicht. Denn da es zunächst nur durch Versuche gefunden werden kann, so müssen
die Einrichtungen mit ganz besonderer Sorgfalt getroffen werden, damit die Schwingungen
auch genügend lange Zeit sich fortsetzen. Dazu ist die möglichste Verminderung aller Rei=
bung erste Bedingung. Hat man aber auch eine große Anzahl von Schwingungen be=
obachtet, und ist man im Stande gewesen, daraus die Zeitdauer einer einzelnen zu berech=
nen, so bedarf es doch noch der Bestimmung der Entfernung des Schwerpunktes vom
Schwingungspunkte, und diese Arbeit stößt auf nicht minder große Schwierigkeiten.

Es ist nämlich ein großer Unterschied, ob der schwingende schwere Körper an einem
gewichtslosen oder doch so gut wie gewichtslosen Faden aufgehängt ist, oder ob die Stange
selbst eine verhältnißmäßige Schwere besitzt. Und die an sich so einfachen Pendelgesetze
erleiden eine noch weiter gehende Komplizirung, wenn der Aufhängungspunkt des Pendels
sich gar innerhalb der schweren Stange befindet, so daß schwere Massen oberhalb und unter=
halb des Aufhängungspunktes in Bewegung gesetzt werden müssen.

Einem solchen Falle begegnen wir in dem durch Abbildung Fig. 83 dargestellten Metronom, welches nach seinem Erfinder den Namen des Mälzel'schen Metronoms erhalten hat. Es ist dies bekanntlich jener kleine Apparat, dessen man sich in der Musik bedient, um das Tempo der Musikstücke, die richtige Taktdauer, danach zu bestimmen. Die Hauptbestandtheile des Metronoms sind: eine schwere Bleikugel, an einem Stabe angebracht, welcher um eine horizontale Achse schwingt. Dieser Stab verlängert sich über den Auf= hängungspunkt nach oben und trägt an dieser, übrigens mit einer Skala versehenen Verlängerung ein verschiebbares Gegen= gewicht. Alles Andere ist Nebenwerk; das Uhrwerk dient dazu, den Apparat im Gange zu erhalten. Die untere schwere Kugel wirkt immer an demselben Abstande, und sie würde, wenn sie allein schwingen könnte, auch ihre Oscillationen immer mit derselben Geschwindigkeit vollbringen. So aber muß sie das Gegengewicht, welches immer das Bestreben hat, eine Bewegung im entgegen= gesetzten Sinne zu vollbringen, mitbewegen, und dadurch verlangsamen sich ihre Schwin= gungen, je nachdem das Gegengewicht mehr oder weniger nahe gerückt ist. Sie können endlich ganz aufhören, wenn es so weit an dem Stabe in die Höhe geschoben würde, daß die Entfernung des Schwerpunktes vom Drehungspunkte sich zu der Entfernung des

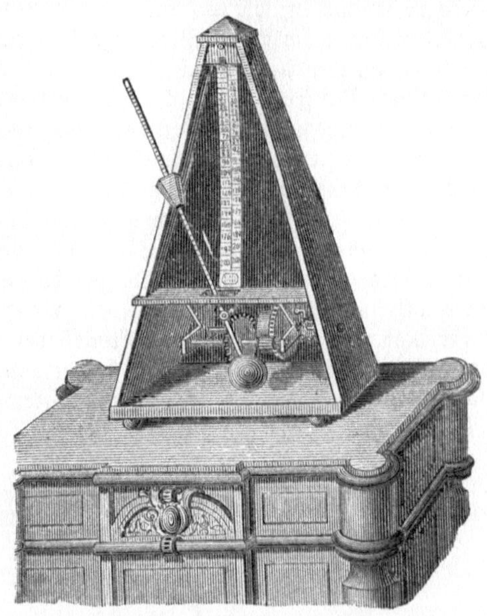

Fig. 83. Metronom von Mälzel.

Schwerpunktes der untern Masse umgekehrt verhielte wie die Größen der beiden Gewichte. Wir hätten dann einen zweiarmigen, im Gleichgewicht befindlichen Hebel vor uns, der in jeder Stellung in Ruhe sein würde. Je näher man daher das obere Gegengewicht dem Drehungspunkte schiebt, um so geringer wird sein verzögernder Einfluß, und die Schwin= gungsdauer nähert sich um so mehr derjenigen, welche der untern Kugel allein zukommt.

Das Mälzel'sche Metronom ist ein sogenanntes zusammengesetztes Pendel, d. h. ein solches, dessen Masse nicht als ein einziger materieller Punkt betrachtet werden kann. Wenn man von der Länge eines solchen Pendels spricht — und streng genommen sind alle schwingenden Körper der Natur zusammengesetzte Pendel — so versteht man darunter diejenige Länge, welche ein einfaches Pendel haben müßte, wenn dasselbe gleich schnell schwingen sollte. Der Punkt, der die Länge des dem zusammengesetzten Pendel entsprechenden einfachen Pendels von gleicher Schwingungsdauer von der Drehachse angiebt, heißt der Schwingungspunkt; er braucht gar nicht in der Masse selbst zu liegen, sondern kann, wie manchmal beim Metronom, weit darüber hinausfallen.

Die Entfernung des Schwingungspunktes vom Drehpunkte genau zu finden, ist man nun durch das sogenannte Reversionspendel im Stande. Wenn man nämlich in dem Schwingungspunkte eines zusammengesetzten Pendels, etwa einer gleichmäßig gearbeiteten vierseitigen Eisenstange, eine Messerschneide anbringt und das Pendel um diese schwingen läßt, so wird der frühere Drehpunkt jetzt zum Schwin= gungspunkte; man probirt so lange, bis das Pendel auf beiden Seiten genau dieselb. Schwingungsdauer zeigt; die Entfernung der beiden Schneiden giebt dann die Länge Beträgt also die Schwingungsdauer auf beiden Schneiden genau eine Sekunde, so ist dann die Länge des Sekundenpendels leicht abzunehmen. Von der Verwechselung, Um= kehrung der beiden Punkte, hat diese Vorrichtung den Namen Reversionspendel erhalten

Seine Erfindung stammt von dem deutschen Physiker Bohnenberger, indessen hat es erst der Engländer Kater, der von Bohnenberger's Vorschlag nichts wußte, zu dem für die physische Geographie so folgenreichen Zwecke angewandt.

Der Foucault'sche Versuch. Wie das Pendel bereits durch seine Abweichung in der Nähe großer Bergmassen ein Mittel geworden ist, die Dichtigkeit und das Gewicht der Erde zu bestimmen, wie es ferner — davon werden wir uns sehr bald überzeugen — deren äußere Gestalt förmlich im Bilde zeigt, so vermag es auch die Rotation, die tägliche Drehung der Erde um ihre Achse, nachzuweisen, und es ist in dieser Beziehung zuerst von Foucault im Jahre 1850 jener augenscheinliche Beweis angestellt worden, welcher lauter als alle scheinbare Bewegung der Gestirne und überzeugender zu dem Beobachter spricht, weil man hier an einem nächstliegenden Gegenstande gleichsam ein sich Fortstehlen des Bodens unter dem Fuße bemerken kann.

Der Foucault'sche Versuch geht von dem allgemeinen Gesetz aus, daß schwingende, drehende, überhaupt in einer Ebene sich bewegende Körper unter allen Umständen sich immer in derselben Ebene zu bewegen das Bestreben haben; sie behalten, wie man dies ausdrückt, ihre Schwingungsebene bei. Beispiele für dies Gesetz liefert die Natur in reich= licher Menge von dem drehenden Kreisel, der sich dadurch auf der Spitze balancirend erhält, bis zu der Kanonenkugel, die durch die gewundenen Züge des Laufes zu einer Drehung um sich selbst gezwungen wird, deren Beständigkeit die sichere Innehaltung der Flugbahn bedingt.

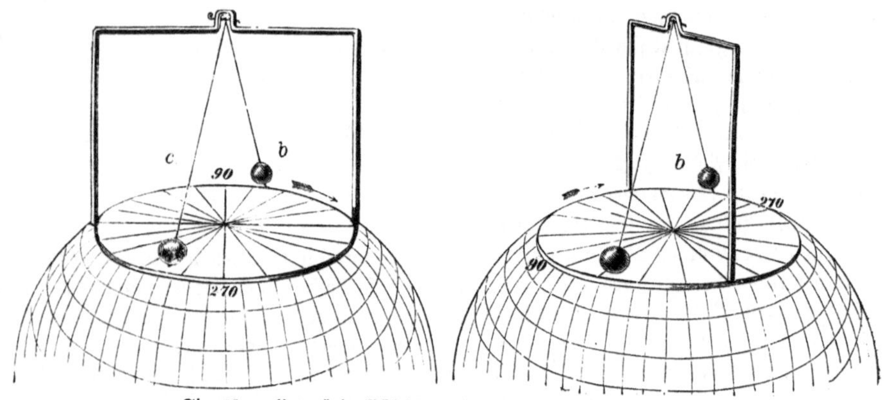

Fig. 85.   Unveränderlichkeit der Schwingungsebene.   Fig. 86.

Nach demselben Gesetz sucht auch das schwingende Pendel seine Bahn, die Schwingungs= ebene, unter allen Umständen beizubehalten. Wird z. B. in Fig. 86 an dem Haken a der Faden eines schweren Bleiloths befestigt und dasselbe in Schwingungen versetzt, so daß es meinetwegen seine Ausschläge in der Richtung a b c macht, so wird es diese Richtung immer beibehalten, wenn auch das Gestell, der untenliegende Kreis mit dem Stativ, welches die Aufhängung trägt, um seine Achse gedreht wird, so daß es aus der Lage 1 (Fig. 85) durch die Lage 2 (Fig. 86) hindurch den ganzen Kreis durchläuft.

Könnte man also genau über dem Nordpol in der Erdachse ein Pendel aufhängen, so würde dasselbe, wenn sich die Erde wirklich, wie hier das Gestell, um ihre Achse dreht, scheinbar nicht in seiner Schwingungsebene verharren, sondern bei jedem Hin= und Her= gange eine kleine Abweichung zeigen und endlich wie der Zeiger einer Uhr in 24 Stunden einmal den Kreis durchschwungen haben. Es wäre dies aber nur scheinbar, denn in der That würde es nach dieser Zeit noch genau dieselbe Schwingungsebene — in der Rich= tung gegen die Sterne haben; was sich gedreht hat, ist der Horizont selbst gewesen und mit ihm die Erdkugel.

Man kann nun zwar das Experiment nicht über dem Pole selbst vornehmen, indessen ist dies auch durchaus nicht nothwendig. Die Erscheinung, daß der Horizont unter einem schwingenden Pendel förmlich im Kreise sich verschiebt, tritt auch unter allen Längengraden, bis hinab an den Aequator, ein; wir haben den Fall mit dem Nordpol, als den einfachsten, nur der Erklärung wegen herausgegriffen. Ueberall zeigt das Pendel jene Abweichung nach Osten, nur genau unter dem Aequator erleidet es keine solche scheinbare Aenderung der Schwingungsebene. Bis an diese Grenze aber durchläuft das schwingende Pendel nach und nach den ganzen Kreis des Horizonts. Freilich braucht es dazu um so mehr Zeit, je näher der Ort dem Aequator liegt, und um so weniger, je näher an einem der Pole das Pendel schwingt, und während es über dem Pole selbst genau in 24 Stunden einmal den Umkreis durchschwingt, kommt es damit z. B. in Königsberg (54° 42′ nördl. Br.) erst in 28 Stunden 3 Minuten, in München (48° 8′) in 31 Stunden 45 Minuten, in Rom (41° 54′) in 35 Stunden 33 Minuten, in Mexiko (19° 25′) erst in 71 Stunden 26 Minuten, in Cayenne (4° 56′) gar erst in 11 Tagen 11 Stunden 35 Minuten und bei Quito am Aequator nie oder erst in unendlich langer Zeit zu Stande.

Fig. 87. Der Foucault'sche Pendelversuch zum Beweis für die Achsendrehung der Erde.

Bedingung, um mit voller Sicherheit die Beobachtung machen zu können, ist, daß man ein sehr schweres Pendel von sehr großer Schwingungsdauer anwendet, dasselbe also an einem möglichst hohen Punkte aufhängen läßt. Je schwerer die schwingende Kugel nämlich ist und je langsamer die Bewegung, um so geringer können die zufälligen störenden Einflüsse einwirken, welche den regelmäßigen Gang verändern könnten. Man hat daher 1850, wo man den kurz vorher bekannt gewordenen Versuch Foucault's an vielen Orten wiederholte, gewöhnlich die hohen Gewölbe der Kirchen und Dome zu diesem Experiment benutzt, und namentlich sind im Kölner und im Speyerer Dome durch Genauigkeit der erlangten Resultate ausgezeichnete Wiederholungen gemacht worden.

Abplattung der Erde. Man wußte schon seit Aristoteles, daß die Form unserer Erde in der That nicht im Geringsten den phantastischen Vorstellungen entspreche, welche die ältesten Kosmologen von ihr hatten. Pythagoras sprach es zuerst aus, aber der große

Philosoph aus Stagira brachte die ersten Beweise dafür, daß der Weltkörper, welchen wir bewohnen, die Gestalt einer Kugel habe.

Nach dieser Ansicht müßte die Anziehung vom Mittelpunkte auf allen Theilen der Oberfläche eine gleich große, ebenso die beschleunigende Kraft der Schwere überall dieselbe sein und demzufolge auch das Sekundenpendel, gleichviel ob es unter dem Aequator oder unter dem Pole schwinge, immer genau dieselbe Länge haben. Man nahm dies auch bis zum Jahre 1672 als ausgemacht an, obgleich Newton schon früher die regelmäßige Kugel= form der Erde bezweifelt und ihr aus Gründen, auf die wir bald zu sprechen kommen, eine Ausbauchung um den Aequator oder eine Abplattung an den Polen zugeschrieben hatte, wie sich eine solche aus den späteren Erdmessungen auch mit Evidenz erwiesen hat.

In dem genannten Jahre aber unternahm der Astronom Richer eine wissenschaftliche Reise nach Cayenne. Als er hier seine Penduluhr aufstellte, fand er, daß dieselbe, obgleich sie vor seiner Abreise genau regulirt worden war, täglich um $2\frac{1}{2}$ Minute nachging. Wenn auch alle die Einflüsse, welche die verschiedene Temperatur und andere klimatische Verhält= nisse ausüben konnten, auf das Gewissenhafteste in Berücksichtigung gezogen wurden, so blieben doch die Schwingungen des Pendels zu langsam, und die Uhr ging erst wieder richtig, nachdem man das Sekundenpendel um $\frac{5}{4}$ Linie verkürzt hatte. Es stellte sich durch die genauesten Untersuchungen heraus, daß das Sekundenpendel in Paris $\frac{5}{4}$ Linie länger war als in Cayenne, und daraus folgte, daß die beschleunigende Kraft der Schwere nach dem Aequator hin an Stärke abnahm, nach den Polen hin aber an Stärke zunahm. Die Ursache davon konnte nur die schon von Newton behauptete Unregelmäßigkeit in der Gestaltung der Erde sein, welcher zufolge der Aequator einen größern Durchmesser haben sollte als die Pole.

Uns ist jetzt durch die seit jener Zeit häufig wiederholten und mit dem größten Auf= wande von Scharfsinn und Gewissenhaftigkeit ausgeführten Gradmessungen bekannt, daß jener längste (Aequatorial=)Durchmesser der Erde ungefähr um sechs Meilen den kürzesten (Polardurchmesser) übertrifft, indem der eine ungefähr 1719, der andere nur 1713 Meilen zählt. Die Zwischenwerthe innerhalb dieser beiden Grenzen kommen denjenigen Punkten zu, welche vom Aequator nach den Polen hin auf demselben Meridian liegen; und es variirt mit ihnen gleichmäßig die Länge des Sekundenpendels an den verschiedenen Orten der Erde. Es beträgt z. B. diese Länge nach Sabine für

St. Thomas unter   0° 24′ 41″ :   39,012 Pariser Zoll,
Jamaika   »   17° 56′ 7″ N : 39,035   »   »
London   »   51° 31′ 8″ N : 39,139   »   »
Spitzbergen   »   79° 49′ 58″ N : 39,215   »   »

Die Erde hat, um einen grobsinnlichen Vergleich zu gebrauchen, die Form einer Orange, sie ist ein Sphäroid, ein Rotationssphäroid. Dasselbe Pendel, dessen Abweichung am schot= tischen Berge Shehalien uns früher die Erde zu wägen lehrte, dasselbe Pendel könnte es sein, welches uns Form und Gestalt der Erde beschrieben hat: einer der allereinfachsten Apparate, die wir zu denken im Stande sind, — und doch hat seine geistreiche Anwendung und die verständige Lesung seiner scheinbar armen Sprache uns mit den wunderbarsten Kenntnissen bereichert. Und nicht nur das Bestehende und Tausende von Meilen Entfernte stellt es zum Vergleiche neben einander, Pol und Aequator, wie er uns heute erscheint; es führt wie ein fabelhaftes Fernrohr unsern Blick zurück in ungemessene Zeiten und läßt uns Zuschauer werden an dem Entstehungsakt unserer Erde und der mit ihr kreisenden Gestirne. Denn gehen wir von der gewonnenen Kenntniß der Erdgestalt weiter und fragen wir nach den Umständen, unter welchen sich die Masse unsers Planeten in so merkwürdiger Weise rundete, so bestätigt sich auch hierin wieder die Annahme eines feurig=flüssigen Zustandes der Erdmasse als eines früheren Bildungsstadiums. Die wirkende Kraft, welche die Ab= weichung von der vollkommen kugeligen Gestalt des geschmolzenen Welttropfens hervor= brachte, war keine andere als die sogenannte Centrifugalkraft.

Centrifugalkraft. Bekanntlich bezeichnet man mit diesem Namen diejenige Kraft, welche einen Körper, der sich in stetiger Weise um einen Punkt bewegt, von diesem Punkte zu entfernen strebt. Man vermag ein offenes Gefäß mit Wasser derart herumzuschleudern, daß die Flüssigkeit, selbst wenn die Oeffnung nach unten gekehrt ist, doch nicht herausfällt; sie wird im Gegentheil auf den Boden des Gefäßes einen um so größeren Druck ausüben, je rascher die Bewegung ist. Legt man einen Ball lose auf eine Scheibe, wie es Fig. 88 zeigt, und schwingt diese im Kreise herum, so wird der Ball nicht herunterfallen, sondern im Gegentheil fest an die Scheibe angepreßt werden. Ein Stein, an eine Schnur gebunden und um den Kopf geschwungen, kann den Faden zerreißen; durch ihre schnelle Umdrehung sind gewaltige Mühlsteine und Schwungräder der Dampfmaschinen mitten aus einander geschleudert worden; David sowol als die alten Römer, welche, mit der Wirkung explodi= render Körper noch unbekannt, aus großartigen Wurfmaschinen viele centnerschwere Steine oder Zündstoffe in die belagerten Orte schleuderten, sie benutzten beide dieselbe Kraftwirkung.

Die Centrifugalkraft ist aber durchaus nicht, wie man aus dem Bisherigen schließen möchte, eine besondere, eigenthümliche Kraft, die in einer bestimmten Kraftquelle einen direkten Ursprung hätte. Sie ist vielmehr nur eine Erscheinungsweise der Trägheit, der Beharrung, eine Folge der lebendigen Kraft, welche durch irgend einen Impuls oder durch die stetige Wirkung einer Kraft dem sich bewegenden Körper mitgetheilt worden ist. Eben so ist der Name Centripetalkraft, welcher die Kraft bedeuten soll, die von dem Be= wegungsmittelpunkte auf den Körper ausgeübt wird und das Fortfliegen nach der Seite hindert, im Grunde nichtsbedeutend: bei der Schleuder die Festigkeit des Fadens, bei dem Ball auf der Scheibe der Widerstand, welchen die Scheibe der Fortbewegung des Balles entgegensetzt u. s. w. Wir haben es nur mit der= jenigen Kraft zu thun, welche die kreisende oder schleudernde Bewegung hervorruft, sei diese die Kraft unserer Arme, welche die Schleuder schwingt, sei es die Elastizität der ge= spannten Seile bei der Wurfmaschine, Wind= oder Wasser= kraft beim Mühlsteine, die Expansion des Dampfes beim Schwungrade oder — wie in der Bewegung der Gestirne — ein noch unerforschter Impuls.

Fig. 88. Wirkung der Centrifugalkraft.

Wenn ein Körper nur einer einzigen Kraft ausgesetzt wäre, so würde ihm diese eine geradlinige Bahn vorschreiben. In der ganzen Natur kommt aber dieser Fall nie vor. Immer treten mehrere Kräfte mit einander in Wechselwirkung, und wenn von diesen die eine stetig aus einem Punkte wirkt, so kann sie, wenn sie stark genug ist, die Bewegung zu gekrümmten Bahnen zwingen, zu deren Mittelpunkt sie wird.

Allgemein wird diese Kraft die Centripetalkraft genannt; sie ist in der bei weitem größten Zahl von natürlichen Erscheinungen die Schwere. Der Mond dreht sich um die Erde, er folgt dem ihm gewordenen Impulse eigener Bewegung, aber jene allherrschende Kraft hält ihn an einem unsichtbaren Faden und zwingt ihn jeden Augenblick zum Mutter= körper zurück. Um die Sonne wandelt in gleicher Weise die Erde und mit ihr ein zahl= reiches Heer großer Planeten und ein zahlloses kleiner Planetoiden. Auch die Sonne selbst steht nicht im ruhenden Pol der Welt, sie rückt im All, und endlich folgt das ganze Gestirn des Himmels einem Triebe, der die ewige Bewegung vielleicht an einen einzigen nichtigen Punkt des Raumes knüpft.

Sobald die Anziehung aufhört und der bewegte Körper seiner ihm innewohnenden Geschwindigkeit folgen kann, schlägt er einen geraden Weg ein, welcher stets in der Richtung der letzten Tangente (Fig. 89) liegen muß. Er strebt aus dem Kreise hinaus. Daß er natür= lich unter Umständen auch in radialer Richtung nach außen drängt, erfolgt aus der Be= trachtung der nächsten Figur (Fig. 90). Eine mit Wasser gefüllte Röhre b werde im Kreise von rechts nach links um den Punkt a herum geschleudert, so daß sie mit der durch die punktirten Linien c c′ und d d′, c′ c″ und d′ d″ angedeuteten Geschwindigkeit nach b′ b″ ꝛc. gelangt. In b haben nun die Theilchen c und d der Oberfläche Richtung und Geschwindigkeit der punktirten Linien, sie wollen in diesem Sinne weiter fliegen und es muß daher in der Lage b' das Theilchen c nach c' und das Theilchen d nach d' gelangt sein. Was für zwei Theilchen gilt, das gilt für die ganze in der Röhre befindliche Wassermasse. Dieselbe steigt darum nach außen, sie flieht vom Mittelpunkte, und aus dieser Erscheinung hat man den Namen Centrifugalkraft gebildet; sie ist nichts Anderes als die Tangentialkraft, welche sich hier nur scheinbar in radialer Richtung äußert. Je größer die Geschwindigkeit ist, um so größer wird auch das Bestreben, in der Tangentialrichtung vorwärts zu fliegen. Es muß daher ein um sich selbst rotirender weicher Körper da seine größte Ausdehnung zeigen, wo seine Rotationsgeschwindigkeit am bedeutendsten ist, weil dort die Masse mit der größten Energie sich vom Mittelpunkte zu entfernen strebte.

An der Ausbauchung am Aequator sehen wir diese Kräftewirkung erhärtet, im wahren Sinne des Wortes. Frappanter aber noch ist die äußere Form des Saturn, bei welchem Planeten infolge der viel rascheren Drehung die Zone des Aequators so weit nach außen hin getrieben wurde, daß sie endlich von der Mutterkugel sich lostrennte und jetzt als ein in der Aequatorialebene freischwebendes Ringsystem, mit dem Kerne nur durch das Band der Schwere eng verbunden, ihre Bahn durchläuft. Plateau hat die Bildung des Saturn auf künstliche Weise nachgeahmt, indem er große flüssige Tropfen aus einem Gemisch von Terpentin, Wachs u. dergl., welche genau das spezifische Gewicht des Wassers haben, in ein Gefäß mit Wasser brachte und dieses dann um seine Achse in rasche Rotation versetzte.

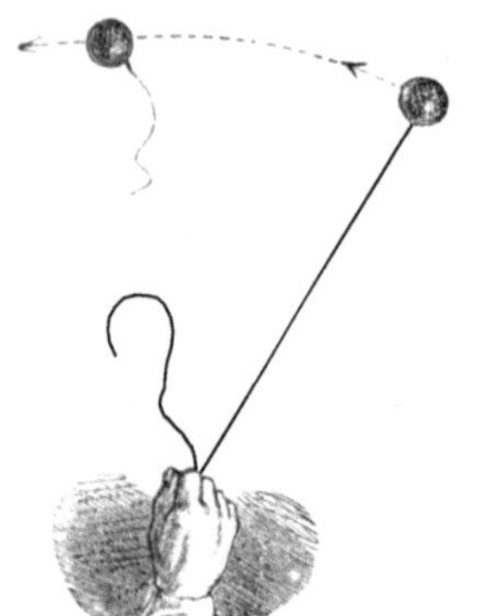

Fig. 89. Bewegung in tangentialer Richtung.

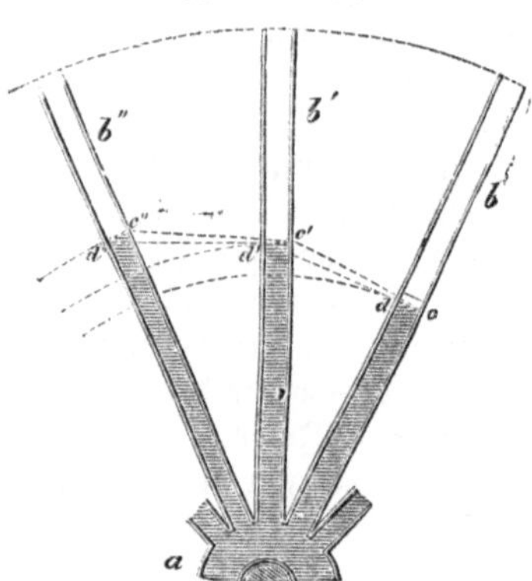

Fig. 90. Bewegung in radialer Richtung.

Gelingt es, einen solchen Tropfen genau in die Mitte zu dirigiren, so daß er bei der Drehung mit seiner Mittelachse unverrückt fest bleibt, so plattet er sich erst an den Polen ab, der Aequator schwillt an, bei weitergehender Beschleunigung löst sich die Aequatorialzone ab und umgiebt wie der Saturnring den Kern; ist die Bewegung aber nicht ganz regelmäßig oder verrückt sich die Achse nur in Etwas, so verliert der Ring seine regelmäßige Form, er verdickt sich an derjenigen Stelle, die am weitesten schwingt, mehr und mehr, und alle Masse zieht sich schließlich dahin; infolge dessen zerreißt er an dem gegenüberliegenden Punkte und es bildet sich aus dem Ringe ein kugelförmiger Mond. Wahrscheinlich sind die Trabanten der Planeten alle auf ähnliche Weise entstanden, und die Meteorsteine vielleicht Rudera jener Zerreißung, also kleine Planetenmonde.

Die **Anwendungen der Centrifugalkraft**, die man in der Technik gemacht hat, sind nicht minder interessant als die natürlichen Erscheinungen; sie liegen auf den verschiedenartigsten Gebieten. Mit Hülfe rasch rotirender Räder schleudert man das Wasser bis zu den bedeutendsten Höhen empor oder über weite Flächen hinweg. Centrifugalpumpen und Centrifugalspritzen sind in mannichfacher Einrichtung konstruirt worden. Denn sogar die Luft folgt, wie jeder andere schwere Körper, der Tangentialkraft und drängt nach außen, wenn sie zwischen zwei hohlen Scheiben, die in rasche Umdrehung versetzt werden, mit im Kreise herumbewegt wird. Dadurch ist es möglich geworden, jene großartigen Luftpumpen herzustellen, wie sie zum Betriebe der pneumatischen Packetbeförderung in London jetzt in Gebrauch sind und auf die wir in einem der nächsten Kapitel zu sprechen kommen.

Die Wirkung der Centrifugalkraft ist in der Maschinenbaukunst ein ausgezeichnetes Mittel geworden, um die Geschwindigkeit des Ganges der Maschinen zu reguliren. Die sogenannten Centrifugalregulatoren bestehen aus zwei schweren Kugeln B B (Fig. 91), welche mittels zweier Schenkel an einer Welle A befestigt sind. Diese Welle wird durch die Maschinenkraft, Dampf= oder Wasserkraft, in Umdrehung versetzt, und zwar in um so raschere, je rascher die Maschine arbeitet. In der Abbildung vermitteln die gezahnten Räder G und C diese Bewegung. An der Umdrehung nehmen natürlich die Kugeln Theil und schleudern infolge der Centri= fugalkraft sie nun bald mehr bald weniger nach außen; dadurch aber ziehen sie den Schieber S an der Welle A auf oder nieder, je nachdem der Gang der Maschine sich beschleunigt oder verlangsamt.

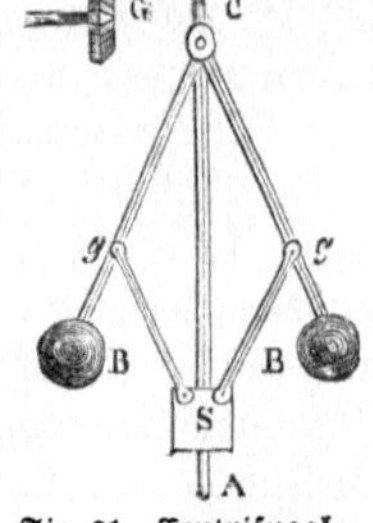

Fig. 91. Centrifugal=
regulator.

Denkt man sich nun, daß mit dem Schieberkasten S direkt ein Hebel in Verbindung steht, durch dessen Auf= und Niedergang ein Hahn gedreht wird, welcher den Dampfstrahl aus dem Dampfkessel treten läßt, so sieht man leicht ein, daß jede Aenderung in der Schnelligkeit des Ganges der Maschine sich augenblicklich selbst korrigiren muß. Denn wenn die Kraft zu langsam wirkt, so fallen die Kugeln, der Schieber geht herab und öffnet das Dampfrohr weiter; fängt die Maschine an, zu rasch zu gehen, so wird der Hahn durch den mit den Kugeln aufwärts gezogenen Schieber zum Theil zugedreht und der Dampfzufluß dadurch beschränkt. Ebenso kann bei hydraulischen Motoren der Zufluß der auf die Schaufeln des Wasserrades oder der Turbine fallenden Wassermenge geregelt werden.

Die Centrifugaltrockenmaschine benutzt die Centrifugalkraft in noch direkterer Weise. Man denke sich einen nassen Lappen, den man trocknen will. Wird derselbe nicht einen großen Theil seiner Feuch= tigkeit schon dadurch verlieren, daß man ihn heftig im Kreise herumschleudert, ihn schüttelt, wie man von dem beregneten Hute das Wasser durch Ab= schleudern entfernt? Nun, die Centrifugalmaschine, welche in der bei weitem größten Zahl von Fällen als Trockenmaschine ge= braucht wird, wirkt in ganz derselben Weise, wie dort das Schleudern mit dem Arme, nur etwas regelmäßiger und mit größerer Kraft und Geschwin= digkeit, wodurch selbstverständ= lich auch ein viel vollständigerer Effekt erreicht wird. Sie besteht

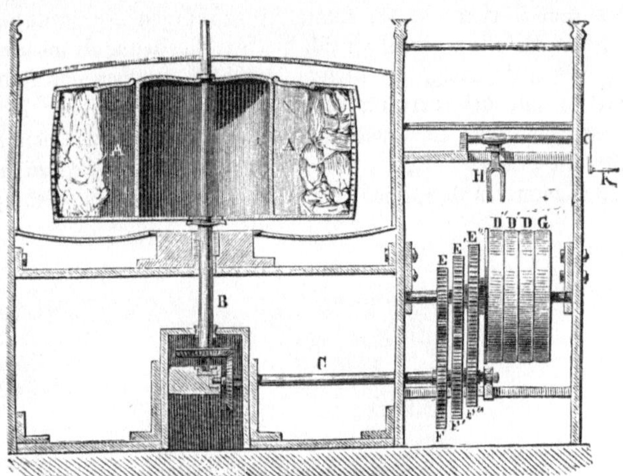

Fig. 92. Centrifugaltrockenmaschine.

im Wesentlichen aus nichts weiter als aus einer hohlen Trommel A A (Fig. 92), welche mittels Zahnrädern und Getriebe um ihre Achse B in ungemein rasch rotirende Bewegung versetzt werden kann. In unserer Zeichnung sind die übertragenden Maschinentheile durch die Riemenscheibe D D'D", welche je eine mit einem der Zahnräder E E'E" in Verbindung steht, angedeutet. Die Umsetzung kann in der mannichfachsten Art geschehen, da die ein= greifenden Räder F F'F" ebenso in ihrer Zähnezahl verschieden sind wie E E'E". G ist eine lose gehende Rolle, auf welcher der Riemen läuft, wenn die Trommel stehen soll; H die Führung des Treibriemens. Die Wände der Trommel sind, je nachdem gewebte Stoffe, Wolle, gefärbte Garne, Leder oder dergleichen darin getrocknet werden sollen, entweder aus durchlöchertem Kupferblech oder, wie in der Zuckerfabrikation, wo es sich um die Reinigung des körnigen Rohzuckers von der beigemengten Melasse handelt, aus einem feinen sieb= artigen Gewebe hergestellt.

Man hat nun nichts weiter zu thun, als die nassen Stoffe möglichst gleichmäßig an den Wänden der Trommel zu vertheilen und diese hierauf in schnelle Umdrehung zu ver= setzen. Die Feuchtigkeit drängt nach außen und wird durch die Oeffnungen in der Trommel= wand fortgeschleudert, während sich der zurückbleibende Inhalt zu einer derben Masse zu= sammenpreßt. Die Arbeit dieser Maschinen ist so vollständig, daß man mit ihnen denselben Effekt, wozu man auf dem gewöhnlichen Wege des Trocknens viele Stunden gebraucht haben würde, in eben so viel Minuten erreicht.

Ist die Centrifugalmaschine auch an sich kein so wichtiger Apparat, daß ihre Erfindung einen Abschnitt in der wissenschaftlichen oder technischen Entwicklung überhaupt bezeichnet hätte, so ist sie uns an dieser Stelle doch um deswillen von ganz besonderer Bedeutung gewesen, weil sie uns Veranlassung geboten hat, ein weites Gebiet natürlicher Erscheinungen und merkwürdiger Kraftäußerungen zu überschauen und uns aufs Neue des wunderbaren Zusammenhanges bewußt zu werden, welcher alles Natürliche in ein einziges Ganzes har= monisch verknüpft. Die Anziehung der kleinsten Atome addirt sich in der großen Erdmasse zur gewaltigen Schwerkraft, deren Einwirkung auf die verschiedenen Stoffe messen zu können das wesentlichste Förderungsmittel der chemischen Wissenschaften geworden ist. Wie die Schwere den Fall der Körper in regelmäßiger Weise beschleunigt, so schreibt sie dem Pendel seine Bewegung vor, und die Erde verräth die Unregelmäßigkeit ihrer Gestalt dem Forscher durch die Anzahl von Schwingungen, welche dasselbe Pendel an den verschiedenen Punkten der Erdoberfläche macht. In dieser Abweichung von der Kugelform aber zeigt sich die eigenthümliche Wirkung der Trägheit, denn die fälschlich als besondere Kraft betrachtete Centrifugalkraft ist nichts Anderes als die Tangentialkraft, welche selbst auf dem Bestreben bewegter Körper, in der einmal eingeschlagenen Richtung zu verharren, beruht. Mit der eigenen Rotation verknüpft sich die fortschreitende Bewegung der Weltkörper.

Der einmalige excentrische Impuls, welcher vor Aeonen den Flug der Gestirne be= wirkte, und die fortwährend waltende Anziehung der kleinsten Theilchen — sie sind es, welche die Erde zur ausgebauchten Kugel formten, welche Wärme und Licht verschieden über die Länder der Erde vertheilten und mit dem beglückenden Spiele von Tag und Nacht, von Sommer und Winter dem fröhlichen Leben seine Bedingungen gaben.

Der Saturn mit seinem Ringsystem.

Anwendung des Barometers zu Höhenberechnungen.

Barometer und Manometer.

Beobachtung der Florentiner Brunnenmacher. Horror vacui. Torricelli's Versuch. Der Luftdruck und seine Gesetze. Die Atmosphäre. Höhenmessungen am Puy de Dôme. Barometer. Gefäß- und Heberbarometer. Aneroïdbarometer. Manometer. Mariotte'sches Gesetz. Barometrische Beobachtungen.

Es geht die Erzählung: die Brunnenmacher in Florenz hätten einst eine Pumpe zu bauen gehabt, mittels welcher durch ein Saugrohr das Wasser auf eine sehr bedeutende Höhe gehoben werden sollte. Die Apparate wurden auf die gewöhnliche und sorg= fältige Weise hergestellt, aber als sie aufgestellt waren und ihren Dienst verrichten sollten, zeigte es sich, daß das Wasser in dem Rohre noch nicht einmal bis auf 10 Meter Höhe stieg. Höher hinauf war es nicht zu bewegen, und diese Eigenthümlichkeit wiederholte sich in allen ähnlichen Fällen, so daß man zu der Annahme gezwungen wurde, man habe es hier nicht mit einer durch mangelhafte Einrichtung bewirkten Erscheinung, sondern mit einer gesetz= mäßigen Thatsache zu thun.

Galilei, welchen der Ruhm damals schon als den größten Naturkundigen anerkannte, wurde um die Aufklärung des merkwürdigen Phänomens ersucht, und Manche sagen, er habe die richtige Ursache erkannt; Andere dagegen lassen ihn die Brunnenmacher mit der seinem logischen Geiste durchaus nicht entsprechenden Antwort abfertigen: „Der Horror vacui habe auch seine Grenzen." — Horror vacui? — Es war den alten Physikern eine große Anzahl ähnlicher Erscheinungen bekannt, wie das Aufsaugen von Flüssigkeiten mittels eines Strohhalmes, das Verhalten des Weines im Stechheber, wenn die obere Oeffnung mit dem Finger geschlossen wird, und andere, zu deren Erklärung man kurzweg ein allgemeines

Bestreben, einen förmlichen Willen der ganzen Natur annahm. Die Natur habe einen
Abscheu vor jedem leeren Raume, auf Lateinisch einen Horror vacui, infolge dessen sie fort=
während und überall darauf hinarbeite, jede Leere auszufüllen mit irgend einem Stoffe,
der gerade zur Hand sei; Luft und Flüssigkeit dienten ihr am häufigsten dazu.

Dieser Popanz, der sich ganz im Sinne der alten Naturphilosophie auf nichts als auf
einen menschlichen Einfall gründete, hatte zu lange geherrscht, als daß es Jemand ein=
gefallen wäre, an der Berechtigung seiner unumschränkten Gewalt zu zweifeln. Man darf,
wenn man sich jetzt darüber wundert, jedoch nicht außer Acht lassen, daß er nicht allein
stand, sondern eingeflochten war in einen Kranz gleichwerthiger Strohblumen, von denen
eine die andere hielt. Man kannte kaum eine richtig angestellte Beobachtung.

Mögen nun die Brunnenmacher belehrt oder nur getröstet von Galilei weggegangen
sein, das ist gewiß und das würde selbst aus jener Aeußerung herauszulesen sein, für den

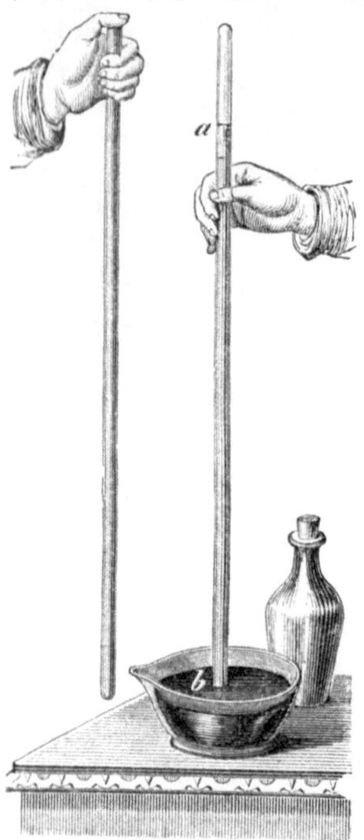

Fig. 95. Der Torricelli'sche Versuch.

großen Pisaner bestand jener Glaube an den Horror vacui
nicht; ungewiß aber ist, ob er selbst bereits dafür die richtige
Erkenntniß der Ursachen gewonnen hatte. Man sagt und
namentlich bemühen sich die Franzosen, die ihren Ruhm nur
um so heller durch Worte zu vergolden suchen, je dürftiger
die Unterlage ist, es zur Ueberzeugung zu machen, daß der
Philosoph Descartes zuerst den wahren Grund jener Er=
scheinung bei den Pumpen nicht in einem Horror vacui,
sondern im Druck der Luft gesehen habe, daß er somit
Derjenige gewesen sei, welchem die Physik eine ihrer werth=
vollsten Entdeckungen verdanke.

Das steht aber fest, daß Torricelli, der bedeutendste
Schüler des Galilei, zuerst und mit unumstößlicher Gewißheit
durch das Experiment den Beweis für die Wirkung des Luft=
drucks lieferte, und daß ihn die dankbare Wissenschaft daher
mit Recht — mögen auch Galilei oder Descartes den Ge=
danken schon früher gehabt haben — als den Entdecker eines
neuen Gesetzes feiert.

Im Jahre 1643 oder 1644 machte Torricelli in Florenz
den Versuch, welcher jetzt noch von den Physikern in derselben
Weise angestellt wird. Er nahm eine starke Glasröhre von
etwa einem Meter Länge, die an einem Ende zugeschmolzen
und so weit war, daß die untere Oeffnung mit dem Daumen
verschlossen werden konnte. Diese Röhre füllte er bis obenhin
mit Quecksilber, drückte den Daumen auf die Oeffnung, sodaß

beim Umkehren kein Quecksilber herauslaufen konnte, und brachte so das untere Ende in
ein mit Quecksilber angefülltes Gefäß, unter den Spiegel der Flüssigkeit. Jetzt zog er den
Finger von der Oeffnung weg. Der Zutritt der Luft zu dem Innern war durch das Queck=
silber in dem größeren Gefäße vollständig abgeschlossen. Stellte er nun die Röhre senk=
recht (s. Fig. 95), so sah er das flüssige Metall im Innern sich senken, aber nicht bis völlig
hinab, sondern nur bis zu einem gewissen Punkte, auf dem es stehen blieb, so oft er auch
das Experiment wiederholte; dieser Punkt lag über dem Spiegel b immer gleich hoch bei a.
Die Röhre mochte ein oder zwei Meter lang sein, die Quecksilbersäule hatte immer eine
vertikale Höhe von ungefähr 28 Zoll oder 76 Centimeter. Der obere Raum der Röhre war
vollständig leer, Quecksilber war nicht darin und die Luft hatte keinen Zutritt gehabt. Noch
jetzt heißt dieser leere Raum nach seinem Entdecker die Torricelli'sche Leere. Es war ein
Vacuum, wo war der Horror der Natur davor? Er hatte seine Grenze gefunden.

Torricelli schloß, da das Wasser in den Pumpenröhren bis zu höchstens 10 Meter,
das Quecksilber in seiner Glasröhre aber nur bis zu 76 Centimeter oder 28 Zoll durch
Aussaugen der Luft gestiegen war, das spezifische Gewicht des Wassers sich aber zu dem

des Quecksilbers gerade umgekehrt verhielt, wie jene Höhen $1:13{,}7 = 2{,}33:32$, daß in beiden Fällen äußerer Druck die Ursache der Erscheinung wäre, und ferner, daß dieser Druck ganz genau gemessen werde durch den Druck einer Wassersäule von 10 Metern oder einer Quecksilbersäule von 76 Centimetern Höhe. „Die Atmosphäre ist es, welche den Druck hervorbringt", sagte Torricelli; „die Luft ist ein schwerer Körper, sie hat Gewicht und lastet mit diesem Gewicht auf der Erde, wie das Wasser des Meeres schwer auf dem Grunde seines Beckens ruht."

Diese Versuche machten ungeheures Aufsehen in der Welt, und vorzüglich nahm der berühmte französische Mathematiker Pascal ein großes Interesse daran. Er ließ 1648 zu Rouen im großen Maßstabe eine lange Reihe von Experimenten mit Flüssigkeiten von ganz verschiedenem spezifischen Gewichte, wie Wein, Oel u. s. w., ausführen, und alle bestätigten die Torricelli'schen Folgerungen auf das Glänzendste. Seine Erfahrungen erschienen 1667 im Druck, und in den beiden Abhandlungen „Ueber das Gleichgewicht von Flüssigkeiten" und „Vom Drucke der Luft" sind bereits alle Grundwahrheiten dieses Gegenstandes mit der unwiderstehlichen Beweiskraft des großen Mathematikers aus einander gelegt. Die Be-merkung, daß die Luft ein schwerer Körper sei, war übrigens nicht ganz neu, denn schon Aristoteles hatte erwähnt, daß Lederschläuche ein größeres Ge-wicht zeigten, wenn sie mit Luft aufgeblasen wären, als wenn sie leer gewogen würden. Indessen für die Physiker war in der ausgesprochenen Form jene übrigens nicht ganz richtige Behauptung gänzlich fruchtlos geblieben.

Wollen wir die Gesammterfahrungen aus der Wiederholung und Erläuterung des Torricelli'schen Versuches der Hauptsache nach an uns vorübergehen lassen, so treten die folgenden Punkte als die bedeu-tendsten Wahrheiten heraus: Jedes Lufttheilchen hat Gewicht, daher muß die ganze Atmosphäre schwer sein, und weil ihre Ausdehnung eine bestimmt begrenzte ist, so ist auch ihr Gewicht ein fest bestimmtes. Sie drückt mit diesem Gewicht auf alle Punkte der Oberfläche der festen Erde. Die Atmosphäre ist ein Luftmeer,

Fig. 96. Evangelista Torricelli.

dessen Oberfläche hoch über uns liegt und wie des Ozeans Spiegel über den Erdmittel-punkt gekrümmt ist; wir leben auf seinem Grunde und sind in dieser Beziehung dem Krebse zu vergleichen, der auf dem Boden eines Sees umherkriecht; — nur ist der Spiegel dieses Luftmeeres ein ununterbrochener, die höchsten Berge des Himalaja ragen nicht darüber hinaus, sie sind immer nur tief gelegene Riffe, an denen sich die Strömung der Winde bricht. Der Druck des Wassers wirkt von allen Seiten auf die darin schwimmenden Körper, gerade so der Druck der Luft; aber wie die Fische, welche im Wasser schwimmen, von diesem Druck nichts merken, so merken auch wir nichts von der großen Last, welche von allen Seiten auf uns drückt.

Wie der Boden eines mit Wasser gefüllten Gefäßes einen größeren Druck auszuhalten hat, als ein Punkt in der Mitte, über welchem nur die Hälfte der Wassermasse lastet, eben so drückt die Atmosphäre mit minder großer Last auf den Spitzen der Berge als in den tief gelegenen Thälern. Wenn wir eine große Masse Wolle über einander häufen könnten, thurmhoch, einen ganzen Berg, so würden wir bemerken, daß die unteren Schichten durch das eigene Gewicht der darüber liegenden Massen derb zusammengedrückt werden; je höher hinauf, um so loser wird der Zusammenhang; nur ganz oben liegt die loseste Wolle, welche durch gar keinen Druck in der Elastizität ihrer Fasern beschränkt wird. Genau so verhält sich die Luft. Sie ist elastisch und sehr zusammendrückbar, an der Oberfläche der Erde hat sie daher unter dem Drucke der darüber lastenden Massen die größte Dichtigkeit; dieselbe nimmt aber ab, je höher wir uns erheben, die Luft wird immer dünner. Wollten wir aus den niedrigsten Schichten der zusammengepreßten Wolle einen Theil herausnehmen und zu oberst legen, so würde die natürliche Elastizität ein Aufschwellen bewirken, bis der gewöhnliche Zustand wieder erreicht wäre. So verhält sich die Luft auch; sie dehnt sich, wenn sie in höhere Regionen kommt, aus, aber ihr Ausdehnen scheint keine Grenzen zu haben; selbst auf das Aeußerste verdünnte Luft wird immer noch, wenn man ihr einen größeren Raum darbietet, diesen vollständig ausfüllen können, weil bei ihr, wie bei allen Gasarten, die kleinsten Theilchen, die Molecule, infolge zwischen ihnen herrschender abstoßender Kräfte, fortwährend ein Bestreben haben, sich von einander zu entfernen. Die Schwerkraft wirkt diesem Bestreben entgegen, indem sie die Molecule alle nach einem Punkte, dem Mittelpunkte der Erde, hinzuziehen sucht, und während jedes Theilchen mit einer, wenn auch für sich geringen Kraft, diesem Zuge nachgiebt, addirt sich die Wirkung aller über einander liegenden Schichten zu einem bedeutenden Drucke.

Die überaus große Elastizität der Luft und aller anderen Gasarten ist aber mit dem Zustande, in welchem sie sich an der Oberfläche unserer Erde befinden, nicht erschöpft. Lastet hier die Höhe der ganzen Atmosphäre auf den untersten Schichten der Luft und sind diese dadurch bis zu einer gewissen Dichtigkeit zusammengepreßt, so kann man diese Dichtigkeit durch geeignete Vorkehrungen noch vermehren, indem man Luft, welche man in ein auf allen Seiten dichtes Gefäß eingeschlossen hat, durch Hineinpressen eines Kolbens in den hohlen Raum zwingt, ein kleineres Volumen einzunehmen. Es wird dazu eine um so größere Kraft nothwendig sein, je mehr die Verdichtung vorschreitet, und zwar stehen die Druckkräfte, die man anwenden muß, um ein gewisses Luftquantum auf kleinere Volumina zusammen zu pressen, im umgekehrten Verhältniß zu einander, wie diese Volumina selbst. Ist beispielsweise, um ein gewisses Luftquantum auf die Hälfte seines ursprünglichen Volumens zusammen zu pressen, ein Gewicht von 50 Kg. nöthig, so bedarf es, um die Verdichtung bis auf $\frac{1}{4}$ des ursprünglichen Volumens zu führen, einer Belastung des Kolbens mit 100 Kg., und eine weitere Zusammenpressung auf die Hälfte wieder, also eine Verdichtung auf den achten Theil des ursprünglichen Volumens, erfordert das Doppelte des zuletzt angewendeten Gewichtes, mithin 200 Kg. Es verhalten sich aber $\frac{1}{8} : \frac{1}{4} : \frac{1}{2} = 50 : 100 : 200$, und gilt das Gesetz selbstverständlich auch für alle möglichen zwischen inne liegenden Verhältnisse.

Die Versuche, welche zur Entdeckung dieses wichtigen Gesetzes geführt haben, sind schon 1660 von Robert Boyle angestellt worden, und die Engländer nennen daher dieses Gesetz selbst auch mit Recht das Boyle'sche Gesetz, obschon die eigentliche Entdeckung einem seiner Schüler, Richard Townley, zuzuschreiben sein dürfte. Mariotte, nach welchem das Gesetz bei uns gewöhnlich das Mariotte'sche Gesetz genannt wird, stellte später als Boyle, und wahrscheinlich nicht ohne Kenntniß der Erfolge seines Vorgängers, ähnliche Reihen von Versuchen an, die natürlich zu denselben Ergebnissen führten. Dies Verhalten der Gase besteht nicht nur äußeren Druckkräften gegenüber, welche größer als der atmosphärische Druck sind; auch für geringere Drucke — wenn auch nicht über alle Grenzen hinaus — bleibt das Gesetz in Giltigkeit.

Die Atmosphäre. Kehren wir dahin zurück, die um die Erde gelagerte Luftmasse als ein Ganzes aufzufassen, so fällt uns zuerst die Frage nach der Höhe, bis zu welcher die Atmosphäre sich über unsern Häuptern aufbaut, in den Sinn. Hätte die Luft durchgängig eine gleiche Dichtigkeit, wie das nicht oder doch nur sehr wenig zusammendrückbare Wasser, so würde aus dem leicht zu ermittelnden Gewichte der Luft die Entfernung des obersten Luftspiegels rasch zu berechnen sein. Indessen da dies nicht der Fall ist, vielmehr die atmosphärische Luft eine Ausdehnbarkeit über alle Grenzen hinaus zu haben scheint, und da das Mariotte'sche Gesetz (die Volumina der Gase verhalten sich umgekehrt wie die Drucke, denen sie ausgesetzt sind) eine unbeschränkte Anwendung wol nicht gestattet, so kann man über die äußersten Grenzen der Atmosphäre auch nur ungefähre Vermuthungen aufstellen, welche je nach der Zulässigkeit ihrer Voraussetzungen Anspruch auf größere oder geringere Näherung an die Wahrheit haben. Eine scharfe Begrenzung erleidet der Luftkreis übrigens infolge der großen Expansibilität wahrscheinlich gar nicht, sondern es erfolgt da, wo sich dies elastische Bestreben mit der anziehenden Wirkung der Schwere das Gleichgewicht hält, ein allmählicher Uebergang in die allgemeine Leere. Auf Grund sorgfältiger Berechnung glaubt man der Atmosphäre eine Höhe von ungefähr 10—12 Meilen geben zu dürfen, das ist ungefähr so viel, als wenn man sich um eine große Kegelkugel eine Schicht von der Dicke eines schwachen Federmesserrückens gelegt denkt.

Eine Quecksilbersäule von 28 Zoll (76 Centimeter) Höhe und mit einem Querschnitt von 1 Quadratzoll hat ein Gewicht von nahezu 7,5 Kg. (15 Pfund); genau eben so viel wiegt eine 32 Fuß (10 Meter) hohe Wassersäule von gleichem Querschnitt, und da die Luft, welche auf diesen Querschnitt drückt, einem solchen Gewichte das Gleichgewicht hält, so muß demnach eine Luftsäule, welche von der Erdoberfläche bis an die äußerste Grenze der Atmo= sphäre reicht und die ebenfalls einen Quadratzoll Querschnitt hat, auch 7,5 Kg. (15 Pfund) wiegen. Der Druck der Luft auf den Quadratcentimeter beträgt 1033 Gramm (1,033 Kg.), auf den Quadratdezimeter also 103,300 Gramm oder 103,3 Kg., auf den Quadratmeter 10,330 Kg. Auf dem Raume einer Quadratmeile lasten solcher Art 13,500 Millionen Centner, und das Gewicht des ganzen Luftozeans beträgt zusammengenommen die Kleinig= keit von 124,741"755,000,000,000 Centnern. Da, wie wir gesehen haben, es von wesent= lichem Einfluß ist, in welcher Höhe der Druck der Atmosphäre gemessen wird, so hat man als Ausgangspunkt für Vergleichungen denjenigen Druck angenommen, welchen die Atmo= sphäre am Spiegel des Meeres oder an den Küsten ausübt. Auf diesen Stand reduzirt man denn auch gewöhnlich die Beobachtungen.

Höhenmessungen. Bereits im Jahre 1643 soll, wie ein gleichzeitiger Schriftsteller erzählt, die eben erfundene Torricelli'sche Röhre in Toscana zum Messen der Berghöhen angewandt worden sein. Indessen datirt für uns die rationelle Behandlung dieser Aufgabe erst einige Jahre später. Gegen Ende des Jahres 1647 veranlaßte Pascal, um seine eigenen Untersuchungen zu prüfen und zu erweitern, einen Verwandten von sich, Périer, Beobachtungen des Luftdrucks mittels der Torricelli'schen Röhre auf dem nahe der Stadt Clermont in der Auvergne gelegenen Puy de Dôme, einem über 1400 Meter hohen Berge, anzustellen. Die Umständlichkeit, mit welcher damals noch dergleichen Experimente behaftet waren, ließ diesen ziemlich hohen Berg, welcher in der Nähe einer belebten Stadt lag, ganz besonders dazu geeignet erscheinen. Allein die Versuche konnten erst im September des Jahres 1648 unternommen werden. An einem schönen Tage wurde im Garten des Franzis= kanerklosters auf die Torricelli'sche Weise der Luftdruck durch die Höhe der Quecksilber= säule gemessen. Périer fand sie zu 26 Zoll 3½ Linien (Pariser Maß), und zwar, wie natür= lich, in zwei verschiedenen Röhren genau gleich hoch. Eine von diesen Röhren blieb nun in dem Garten zurück und wurde fortwährend beobachtet, um jedes etwa eintretende Sinken oder Steigen der Quecksilbersäule der Zeit nach bestimmen zu können. Die andere wurde von Périer mit auf den Gipfel des Puy de Dôme genommen. Hier wurde das Experiment wiederholt, und siehe da, der obere Spiegel des Quecksilbers lag nicht mehr 26 Zoll 3½ Li= nien, sondern nur 23 Zoll 2 Linien über dem unteren Spiegel. „Dieses Experiment", sagt Périer darüber, „setzte uns Alle in Verwunderung und Erstaunen; wir wurden förmlich verblüfft von einem solchen Ausgang, den sofort zu wiederholen wir unserer eigenen Genugthuung wegen unternahmen; noch fünfmal repetirten wir das Experiment unter den abweichendsten Verhältnissen auf dem Gipfel des Berges, bald den Apparat bedeckt, bald frei, bei verschiedenem Wetter, frei vor dem Wind und dann wieder geschützt — immer mit demselben Resultat." Beim Herabsteigen vom Berge wurde zwischen dem Gipfel und dem Klostergarten noch eine Station gemacht; hier fand sich die Höhe der Quecksilbersäule in der Röhre zu 25 Zoll. Als die Expedition wieder an den Ausgangspunkt zurückkam und man das dort zurückgelassene Instrument beobachtete, fand man, daß es genau den alten Stand von 26 Zoll 3½ Linien Quecksilberhöhe behalten hatte, und daß ebenso die zweite, vom Puy de Dôme wieder mit herabgebrachte Röhre ihren früheren Stand zeigte. Die veränderte Höhe der Säule mußte also eine Folge der Erhebung über den früheren Stand und, wie es die Physiker bereits richtig erkannt hatten, eine Folge des verminderten Luftdrucks in jenen größeren Höhen sein. Indessen war der eine Versuch nicht beweiskräftig genug.

Am folgenden Tage machte Périer neue Experimente; zuerst in einem im höchsten Stadttheil gelegenen Privathause, nahe der Notre=Dame=Kirche, der zweite Versuch wurde auf dem Thurme jener Kirche angestellt. Selbst bei diesen verhältnißmäßig geringen Erhebungen war die Verminderung des Luftdrucks an der geringeren Höhe der Quecksilbersäule merkbar, und alle die Beobachtungen in Clermont bestätigten die von Torricelli und Pascal gemachten Schlüsse auf das Vollständigste. Man hatte gefunden, daß bei einer Erhebung von 7 Toisen die Quecksilbersäule um circa ½ Linie, bei 27 Toisen Höhe um 2½ Linie, bei 150 Toisen um 15½ Linie und bei 500 Toisen um 37½ Linie gefallen war (1 Meter = 0,513 Toisen oder = 443,3 Pariser Linien).

Wir haben mit einiger Ausführlichkeit diese Versuche behandelt, weil sie ein schönes Beispiel geben von dem klaren Blick ihrer Urheber, welcher Resultate herbeiführte, die einer neuentdeckten Wahrheit sogleich den Triumph vollendeten Sieges verschafften.

Die Schlüsse, welche Périer an seine wohlgeglückte Unternehmung knüpfte, sind nicht minder interessant als diese selbst. Er bemerkte gleich, daß die Abnahme der Quecksilberhöhe mit einer Regelmäßigkeit erfolge, die sie der mathematischen Berechnung zugänglich machte. „Ich zweifle nicht", schreibt er in seinem Berichte an Pascal, „daß ich so glücklich sein werde, Ihnen eines Tages eine Tabelle überreichen zu können, welche mit Genauigkeit die Höhendifferenzen der Quecksilbersäule für je 100 Toisen Erhebung angiebt." — So richtig nun aber auch die Voraussetzung war, so blieb doch die Torricelli'sche Röhre für den angeführten Zweck noch lange ein unvollkommenes Instrument, und als Bouguer 1743 aus Peru zurückkehrte und aus den in den Anden gemachten Barometerbeobachtungen die Höhenpunkte berechnete, kam er zu der Ueberzeugung, daß seine Formel eben nur für die sehr bedeutenden Höhen jener Gebirge anwendbar sei. Man hatte nämlich bisher die Wirkung der Wärme auf die Ausdehnung der Luftschichten nicht gehörig in Berechnung zu ziehen vermocht, eben so auch den Einfluß, den die Centrifugalkraft unter verschiedenen Breiten auf die Schwere der Luftsäule ausübt, und konnte deshalb namentlich wegen des ersten Umstandes genaue Resultate für niedrigere Erhebungen, wo die Temperatur bedeutenden Schwankungen ausgesetzt ist, nicht erlangen. Bouguer lehrte die Wärmewirkungen berechnen. Später stellte Ramond in den Pyrenäen ausführliche Beobachtungen zur Verschärfung der Barometerformeln an, auf welche Untersuchungen Laplace seine Berechnung gründete, infolge deren die Formel für Höhenberechnung aus barometrischen Messungen diejenige Gestalt erhielt, in der sie heute noch in Anwendung ist. Damit war der physischen Geographie ein neues und wichtiges Werkzeug in die Hand gegeben. Hatte man früher die Erhebung der Erdoberfläche über den Meeresspiegel oder ihren gegenseitigen Höhenabstand nicht anders zu bestimmen vermocht als durch sehr komplizirte und deswegen nur schwierig, ja häufig gar nicht ausführbare trigonometrische Aufnahmen, abgesehen von einigen anderen, ganz unvollkommenen Methoden, so vermochte jetzt jeder Reisende, jeder Bergbesteiger mit ziemlicher Leichtigkeit durch Anstellung weniger und verhältnißmäßig rasch auszuführender Versuche die erreichte Höhe zu messen. Der Nutzen lag auf der Hand und mußte ganz besonders für die Entwicklung der physischen Geographie, der Geologie, der Pflanzengeographie, kurz für alle Disziplinen der Erdkunde von dem wichtigsten Einflusse werden. Wenn man die Arbeiten Humboldt's in dieser Beziehung überblickt, so wird man erstaunen über die enorme Bereicherung, welche die Erdkunde durch diese Methode der Messung erfuhr. Man durchschaue jetzt die hypsometrischen Tafeln der Erde, welche die Höhe der einzelnen Punkte über dem Meeresspiegel angeben, und man wird eine Vollständigkeit der Angaben finden, infolge deren es dem Mechaniker möglich ist, von Gebirgszügen auf der andern Halbkugel, die er nie mit eigenen Augen gesehen hat, die genauesten plastischen Darstellungen anzufertigen. Die Chartographie hat ganz neue Bahnen eingeschlagen, welche es erlauben bis auf geringe Fehler die Höhe jedes Punktes sofort zu erkennen. Und die bei weitem größte Zahl dieser Höhenangaben ist mit Hülfe des Barometers gemacht worden.

Wir sagten, jeder Tourist könnte von nun an mit Leichtigkeit dergleichen Beobachtungen machen — dies ist nur bedingungsweise zu verstehen. Leicht und leicht ist in der Welt sehr Zweierlei, und die Schwierigkeiten genauer naturwissenschaftlicher Beobachtungen liegen in einer Sphäre, die mit netten, glänzenden, allerliebsten Apparaten oft so umstellt ist, daß der Laie eine angenehme Unterhaltung da zu ersehen meint, wo dem Geist und dem Scharfsinn die mühsamsten Aufgaben gestellt sind.

Es ist auch mit dem eben beschriebenen Torricelli'schen Verfahren nicht anders. Will man sichere Beobachtungen damit machen — und solche können der Wissenschaft nur von Nutzen sein — so sind eine Menge von Vorsichtsmaßregeln nothwendig, eine Menge von Rücksichten zu nehmen und Faktoren in Rechnung zu bringen, an deren Vorhandensein nur der mit allen Verhältnissen Vertraute denkt, deren Vernachlässigung aber den Werth des endlichen Resultates sehr beeinträchtigen würde.

Um nur Einiges zu erwähnen. Die Luft ist auf dem Wege, welchen wir der kürzeren Darstellung wegen angenommen haben, nämlich daß man einfach die Glasröhre mit Quecksilber füllt und dann umkehrt, nicht vollständig aus dem Innern zu entfernen. Sie hat die Eigenthümlichkeit, an der Oberfläche der Körper und also auch an der Oberfläche der innern Glaswand mit großer Entschiedenheit zu haften. Wenn also Quecksilber in die Röhre gegossen wird, so bleibt zwischen dem Glase und dem Metall immer noch eine dünne Schicht Luft, die sich, wenn das Quecksilber sinkt, im Torricelli'schen leeren Raume ausbreitet und dadurch einen geringen Druck auf das Quecksilber ausübt; der Stand der Quecksilbersäule wird dadurch beeinflußt, herabgedrückt. Man muß daher, um von diesem schädlichen Einfluß befreit zu werden, die Glasröhre vor dem Versuch gut ausglühen; dadurch erst wird die Luft entfernt, und die Röhre dann gleich mit der untern Oeffnung in das Quecksilber tauchen, so daß keine neuen Lufttheilchen anhaften können.

Ferner müssen, wenn nun solchergestalt auch der Apparat auf das Beste hergestellt ist, seine Angaben doch noch korrigirt werden, denn die verschiedene Temperatur der Luft wirkt auf das Quecksilbervolumen verändernd, und es ist einleuchtend, daß Quecksilber von 20 Grad Wärme leichter sein und höher in der Torricelli'schen Röhre stehen wird, als Quecksilber von 0 Grad, bei übrigens ganz gleichem Drucke. Außerdem aber wirkt die Feuchtigkeit der Luft, die Dampfspannung, auf den Druck ein, und man muß auch ihren Einfluß abzüglich in Rechnung bringen. Alle die Einflüsse hat man, um sie gehörig berücksichtigen zu können, zu messen, und zwar genau zu messen; dazu sind allerdings von der Wissenschaft die zweckentsprechenden Methoden vorgezeichnet, und unter ihrer Anweisung hat die Mechanik die erforderlichen Apparate ausgeführt und immer mehr der Vollkommenheit genähert. Aber, wie gesagt, sie wollen gelernt, geübt sein, und sie zu handhaben ist nicht blos Sache der Liebhaberei.

Barometer. Man hat sehr zeitig begonnen, der Anstellung des Torricelli'schen Versuches diejenige Bequemlichkeit zu verschaffen, welche ihn auch in der Hand von Laien gelingen läßt, und zu diesem Behufe ist der Apparat in zusammenhängender Form hergestellt worden, die er ein= für allemal behält. Ein solcher Apparat heißt ein Barometer (Schweremesser der Luft). Seine Bekanntschaft hat gewiß jeder unserer Leser bereits gemacht, da das Barometer unter dem populären Namen Wetterglas fast zu einem Bestandtheile häuslicher Einrichtungen geworden ist.

Eines der ersten Barometer dürfte dasjenige gewesen sein, welches der berühmte Bürgermeister von Magdeburg, Otto von Guericke, dessen physikalische Entdeckungen ihn seinem Zeitgenossen Torricelli würdig an die Seite stellen, ausgeführt haben soll. Dieses Instrument bestand aus einem langen, oben geschlossenen Glasrohr, in welchem Wasser die Stelle von Quecksilber vertrat. Auf dem obern Spiegel schwamm eine menschliche Figur, die mit der Hand auf einer Skala den jedesmaligen Stand angab.

Im Ganzen ist das Barometer ein so einfaches Instrument, daß seine Einrichtung in allen den verschiedenen Arten nur geringe Abweichungen zeigt. Die bei weitem größte Zahl gründet sich, wie gesagt, auf die Torricelli'sche Röhre, und erst in der letzten Zeit ist man in den sogenannten Aneroïdbarometern einem andern Grundgedanken gefolgt. Am nächsten dem Torricelli'schen Apparat verwandt und jedenfalls auch in seiner Form sehr alt ist das sogenannte Gefäßbarometer. Dasselbe ist im Grunde nichts weiter als die Vereinigung der Torricelli'schen Röhre ab aus Fig. 95 und des Quecksilbergefäßes auf einem Stativ, entweder in einer metallenen Kapsel oder auf einem Bret, welchem man durch Aufhängen eine genau vertikale Lage geben kann. Das untere Quecksilbergefäß hat gewöhnlich die Form einer weiten Flasche, in deren Hals die Röhre fest eingefügt ist. Eine kleine Oeffnung an der Oberfläche gestattet ein Hinzugießen von Quecksilber. Das Stativ trägt eine Skala, an welcher man die Entfernung des oberen Quecksilberspiegels von dem unteren ablesen kann. Bei genaueren Instrumenten ist an dem Stativ gewöhnlich auch noch ein Thermometer sowie ein Feuchtigkeitsmesser angebracht, um die Unterlagen für die Korrekturen der Beobachtung sich verschaffen zu können.

So zweckmäßig diese Einrichtung auch für solche Instrumente sich erweist, welche einen festen Stand innebehalten, so hat sie doch für andere, die man transportiren will, um auf Reisen Beobachtungen damit anzustellen, in dem unteren Gefäße einen großen Uebelstand. Bei jeder Beobachtung kommt es auf die Entfernung des oberen Quecksilberspiegels über dem unteren Spiegel an, auf die Differenz der beiden Niveaus in und außer der Röhre. Da nun aber, wenn sich die Höhe der Säule in der Röhre verringert, durch das Austreten von Quecksilber in das Gefäß der untere Spiegel in die Höhe gehoben wird, so kann man eine Skala ein= für allemal nicht anbringen, es sei denn, daß der Durchmesser des unteren Gefäßes so groß gemacht würde, daß durch das Sinken oder Steigen des Quecksilbers in der Röhre sein Quecksilberniveau nur in so geringem Grade beeinflußt wird, daß man die Aenderung ganz vernachlässigen könnte. So große Gefäße, wie man dazu nöthig hätte, sind aber für Instrumente, welche transportirt werden sollen, nicht anwendbar.

Nun hat zwar Fortin durch eine interessante Einrichtung, die er dem untern Gefäße gegeben hat, dem Uebelstande einigermaßen abgeholfen. Er stellt nämlich, wie es Fig. 97 zeigt, den Boden b aus dickem Hirschleder beweglich her. Durch die Drehung einer von unten dagegen treffenden Schraube kann er dann das Quecksilber in dem

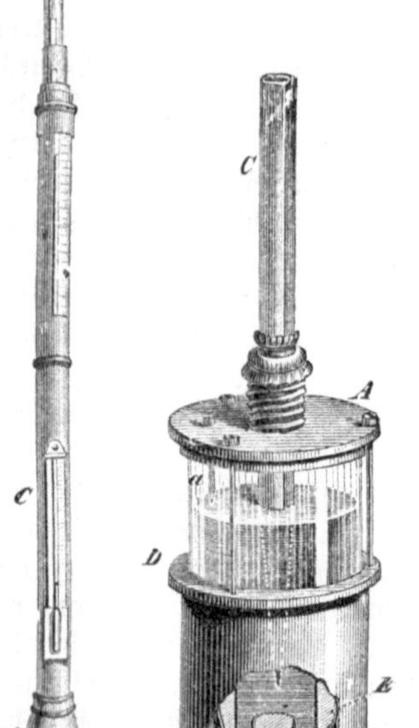

Fig. 97. Fortin's Gefäßbarometer.

gläsernen Gefäße DD entweder in die Höhe pressen oder herabziehen, so daß er jedenfalls das untere Niveau immer auf dieselbe Höhe a wieder bringen kann. Die Röhre ragt so tief in das Gefäß, daß sie immer mit ihrer feinen Oeffnung sich unter dem Spiegel des Quecksilbers befindet. Wenn das Barometer transportirt werden soll, wird die Schraube so weit angezogen, daß das Quecksilber die Röhre C sowol als das Gefäß bis an die obere Wandung A erfüllt.

Allein je komplizirter eine Einrichtung ist, um so mißlicher ist ihr Gebrauch. Man hat daher sehr bald für besser gefunden, von einem konstanten untern Niveau abzusehen und lieber die Differenz der Quecksilberhöhen zu messen. Die Barometer dieser Art führen den Namen Heberbarometer wegen des heberförmig gekrümmten untern Theils; sie sind mit zwei Skalen versehen, mit einer an dem obern und einer an dem untern Spiegel.

Die gewöhnlichen Heberbarometer sind an ihrem untern Ende umgebogene Glasröhren von durchgängig gleicher Weite. Dadurch steigt der Spiegel des Quecksilbers in dem offenen Schenkel genau so viel, als er in dem geschlossenen fällt, und umgekehrt.

Instrumente jedoch, welche zu feineren Messungen gebraucht werden sollen, werden mit gewissen Einrichtungen versehen, die je nach ihrem besondern Zwecke mannichfach von einander abweichen. Ein Heberbarometer, wie es für Beobachtungen auf Reisen aus=geführt wird, zeigt Fig. 98; es ist in einer starken Kapsel eingeschlossen, welche die Röhre während des Transports vor dem Zerbrechen schützt. Das untere heberförmige Stück ist in Fig. 99 gesondert und in etwas vergrößertem Maßstabe abgebildet. Man bemerkt dabei, daß die Röhre an denjenigen Theilen, wohin die Schwankungen der Quecksilbersäule nicht mehr reichen, einen viel geringeren Durchmesser hat; diese Einrichtung ist von Gay=Lussac getroffen worden, um zu verhindern, daß beim Transport des Instrumentes Luft in den obern Raum der langen Röhre eintrete. Die Menge des Quecksilbers im Instrument ist nämlich so bemessen, daß auch dann, wenn die Röhre auf den Kopf gestellt ist, der enge Theil davon erfüllt wird. Um indessen auch den ungünstigen Zufall, daß durch einen Stoß der feine Quecksilberfaden darin zerreißen und Luftbläschen aufnehmen könnte, unschädlich zu machen, hat Bunten an dem Gay=Lussac'schen Baro=meter noch die Abänderung angebracht, daß er die enge Röhre in eine ganz feine Spitze ausgezogen hat und diese, wie Fortin beim Gefäßbarometer, in das Queck=silber im Uförmigen Theile eintauchen läßt. Sollte sich nun noch eine Luftblase fangen, so muß dieselbe in dem untern Theile bleiben, woraus sie leichter entfernt werden und wo sie übrigens auch keinen wesentlich nachtheiligen Einfluß ausüben kann. Die Verengerung der Röhre ist auf den Gang des Instruments von keinem Einfluß.

Der kürzere Schenkel ist nach oben gleichfalls ge=schlossen, jedoch befindet sich an der Seite bei a eine feine Oeffnung, ein Luftweg, so fein, daß er zwar den Zutritt der Luft in das Innere und damit die Einwirkungen des wechselnden Druckes auf das Quecksilber nicht hindert, daß er jedoch das konsistentere Quecksilber nicht hindurch=läßt. Das Instrument läßt sich deshalb leicht umdrehen, so daß der ganze lange Schenkel vom Quecksilber erfüllt und in die für den Transport viel zweckmäßigere Lage (s. Fig. 100) gebracht werden kann.

Bei der Herstellung der Barometer sowol als bei der Anwendung derselben zur Beobachtung des Luft=druckes sind indessen einige wichtige Rücksichten zu nehmen,

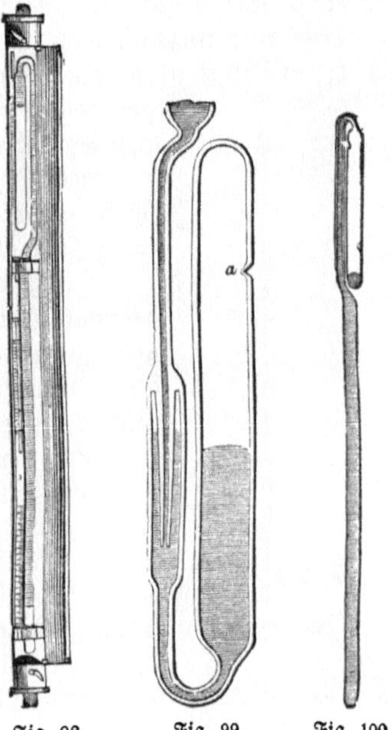

Fig. 98.　　Fig. 99.　　Fig. 100.
Gay=Lussac'sches Heberbarometer.

auf welche wir in der Kürze hier eingehen wollen. Zuerst darf nur das reinste Quecksilber zur Füllung angewendet werden. Unreines, Blei oder andere Metalle enthaltendes, ist einerseits nicht beweglich genug, um den geringsten Schwankungen nachzugeben — es haftet träge an den Wandungen der Röhre; anderntheils verunreinigt es dieselbe, indem sich im Laufe der Zeit Absätze bilden, welche die Beobachtung erschweren. Da selbst bei dem besten Quecksilber aber sich die Stelle des Glases, welche dem gewöhnlichen durchschnittlichen Stande der Säule entspricht, schließlich doch trübt und hier endlich das Metall eine gewisse Adhäsion an das Glas zeigt, die nicht wünschenswerth ist, so befolgt man bei guten Instrumenten die Vorsicht, sie wie feine Wagen für die Zeit, wo keine Beobachtungen vorgenommen werden sollen, zu arretiren. Das heißt man bringt sie aus ihrer vertikalen Lage und läßt, indem man sie geneigt hängt, das Quecksilber bis ins obere Ende der Röhre treten.

Je weiter die Barometerröhre im Innern ist, um so genauere Beobachtungen lassen die Instrumente zu. Enge Röhren, sogenannte Haarröhrchen, üben auf darin stehende Flüssigkeiten, je nach der Substanz der Röhren und der Flüssigkeiten, eine verschiedene Ein=wirkung, die Kapillarität, Haarröhrchenwirkung. Dieselbe zeigt sich bei Stoffen, die sich gegenseitig benetzen, als eine Aufsaugung (Wasser in reinen Glas=, Metallröhrchen, Pflanzenzellen u. s. w.); bei solchen, die sich nicht benetzen, als eine Herabdrückung, Depression (Wasser in fettigen, Oel in mit Wasser benetzten Röhren u. s. w.), und die Niveauveränderung durch diese Haarröhrchenwirkung ist um so größer, je enger die Röhren sind.

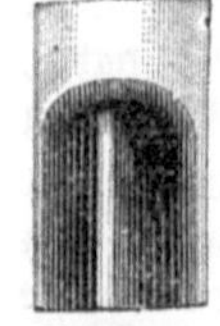

Fig. 101.
Meniskus.

Das Quecksilber haftet am Glase nicht; es erleidet daher in engen Röhren eine Depression, die seine Oberfläche als eine gekrümmte Kuppe (Meniskus) erscheinen läßt (s. Fig. 101). Wächst der Luftdruck, so wird dieselbe steiler, und sie flacht sich ab, wenn er fällt; es ist daher, wenn man die wirkliche Barometerhöhe beobachten will, nothwendig, daß man die höchsten Spitzen dieser Wölbung an der Skala mißt und den Einfluß der engen Röhre in Rechnung bringt, wozu für bekannte Durchmesser mathematische, aus zahl= reichen Beobachtungen geschöpfte Formeln das Mittel an die Hand geben. Zu den sogenannten Normalbarometern werden sehr weite Röhren genommen, bei denen die Kapillarität so gut wie ganz verschwindet.

Man darf nicht glauben, daß bei den Heberbarometern der Einfluß der Kapillarität nicht berücksichtigt zu werden brauchte, weil die Schenkel der Röhre gleich weit sind; es geht gerade aus dem oben angegebenen Verhalten des Quecksilbers hervor, daß die Schwankungen auf die Steilheit der beiden Kuppen eine ganz entgegengesetzte Wirkung ausüben müssen, so daß die eine praller wird, während die andere zusammenfällt, und diese Unterschiede sind für genaue Messungen wohl zu beachten.

Im gewöhnlichen Gebrauch der Barometer, wie sie ihn als so= genannte Wettergläser erleiden, hat man indeß so ängstliche Rücksichten nicht zu nehmen. Es genügen hierbei ungefähre Beobachtungen, und diese Bequemlichkeit hat zu einigen eigenthümlichen Konstruktionen geführt, denen man bisweilen begegnet.

Eine der bekanntesten davon ist das Radbarometer (s. Fig. 102). Es ist dies ein Heberbarometer, dessen Stand durch die Quecksilberhöhe im kürzern offenen Schenkel gemessen und mittels eines Zeigers auf einer in ziemlich großen Maßstabe ausgeführten kreisförmigen und in Grade eingetheilten Scheibe angegeben wird. Die Drehung auf der Skala wird in folgender Weise vermittelt. Auf der Welle des Zeigers sitzt eine leichte Schnurrolle, um welche ein Faden sich schlingt, der an jedem seiner beiden Enden ein Gewichtchen trägt. Das eine davon, das schwerere, hängt in den kurzen Barometerschenkel hinein und steht schwimmend auf dem Quecksilber. Wächst nun der Luftdruck, so wird diese kürzere Quecksilbersäule herabgedrückt, das Gewichtchen sinkt mit und das kleinere auf der andern Seite wird gehoben; das Röllchen und der Zeiger erhalten dadurch eine Drehung in der einen Richtung; tritt der umgekehrte Fall ein, so wird das größere Gewicht vom Queck= silber wieder emporgeschoben und das kleinere dadurch in den Stand gesetzt, die Drehung nach der andern Seite zu bewirken.

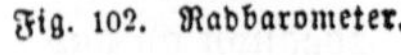

Fig. 102. Radbarometer.

Andere, sogenannte Doppelbarometer messen den Druck der Luft durch den Stand der kürzern Säule auf eine andere Weise, welche schon von Huyghens angegeben worden ist. Der kürzere Theil des Schenkels läuft nämlich nach oben hin in eine feine, gleichmäßige Röhre aus, und der Raum über dem Quecksilber wird mit einer gefärbten Flüssigkeit ausgefüllt, die bis zu einer gewissen Höhe in dieser engern Röhre hinaufreicht. Vermehrt sich nun der Druck der Luft, steigt das Quecksilber in der längeren Röhre in die Höhe, so sinkt es in der kürzeren, und die gefärbte Flüssigkeit geht wegen des geringeren Durchmessers um ein beträchtliches Stück herab. Umgekehrt steigt sie aber auch viel bemerklicher, wenn mehr Quecksilber aus dem langen Schenkel in den kürzeren tritt. Barometer dieser Art müssen daher eine Skala mit entgegengesetzter Bezeichnung haben.

Die am häufigsten angewandte Eintheilung der Skalen ist die nach Pariser Zollen und Linien, wogegen Barometer, die zu wissenschaftlichen Zwecken dienen sollen, jetzt gewöhnlich in Centimeter und Millimeter getheilt sind; 76 Centimeter werden als mittlerer Stand in der Höhe der Meeresfläche angenommen, das entspricht etwa 28 Zoll.

Aneroïdbarometer. Nach einer andern Methode, die Wirkungen und Veränderungen des Luftdruckes sichtbar zu machen, sind Barometer konstruirt worden, welche gar kein Quecksilber enthalten. Die Erfindung derselben, in ihrer ersten Form, rührt von einem Franzosen Bidi her (1844). Derselbe ging von der Idee aus, daß der elastische Deckel einer hohlen Dose oder die elastischen Wände eines allseitig geschlossenen Gefäßes, welches luftleer gemacht werden konnte, durch den größeren äußeren Luftdruck mehr oder weniger nach innen gepreßt werden, je nachdem die Differenz des äußeren Druckes gegen den innern mehr oder weniger bedeutend ist. Indem er die luftleer oder wenigstens sehr luftverdünnt gemachte Dose allseitig hermetisch verschloß, konnte er durch ein feines Hebelwerk, dessen einer Arm auf dem elastischen Deckel auflag, die durch die Aenderungen des Luftdruckes bewirkten Bewegungen auf einer Skala sichtbar machen, und wenn diese durch Vergleichung mit einem Normalquecksilberbarometer angefertigt worden war, so ließ sich die Größe des Luftdruckes direkt aus der Stellung des Zeigers in Zoll und Linien ablesen. Derartige Instrumente, welche in allen ihren Theilen aus Metall hergestellt sind, nehmen einen viel geringern Raum ein, haben eine bequemere Form, sind nicht so leicht zerbrechlich und also viel leichter transportabel als die Quecksilberbarometer; sie haben sich dieser großen Vortheile wegen rasch in Beliebtheit zu bringen gewußt, zumal da die physikalische Technik bald auch auf diesem Gebiete sich so weit vervollkommnete, daß die neuen Instrumente, welche zum Unterschied von dem alten Quecksilberbarometer Aneroïdbarometer genannt wurden, es jenen in Bezug auf Genauigkeit mindestens gleich thaten.

Im Jahre 1845 machte ein vor einigen Jahren verstorbener deutscher Ingenieur Schinz eine Erfindung, welche er von dem Mechaniker Roßkopf in Koblenz ausführen ließ, die aber, wie so vieles andere Deutsche, übersehen wurde,

Fig. 103. Aneroïdbarometer.

bis sich ihrer der Pariser Mechaniker Bourdon liebevoll annahm, der sich dieselbe im Jahre 1850 patentiren ließ. Seit dieser Zeit gelten die nach dem Schinz'schen Prinzip ausgeführten Apparate als Bourdon'sche Aneroïdbarometer, obwol der Pariser Mechaniker auf die Priorität dieser Erfindung keinen Anspruch machen kann. Ja, es ist Bourdon sogar im Jahre 1859 von dem französischen Handelsgericht zu einer Entschädigung an Bidi verurtheilt worden, weil sich dessen Patent allgemein auf ein Gefäß mit elastischen Wänden bezieht und das gleich zu beschreibende Instrument, dessen Erfindung sich Bourdon hatte patentiren lassen, jener Kategorie unbedingt zugezählt werden müsse.

Die Idee, welche dem Schinz'schen Apparate zu Grunde liegt, ist ungemein geistreich, und sie wird am besten aus der Beschreibung des in Fig. 103 abgebildeten Instruments hervortreten. Der Hauptbestandtheil dieses Metallbarometers ist eine hohle metallene Röhre von elliptischem Querschnitt oder ein hohler Messingring A, der nicht ganz einen vollen Kreis ausfüllt und mit seiner Mitte in einer Dose einen festen Stützpunkt hat. Er ist aus dünnem, elastischem Messingblech hergestellt, seine Endflächen bei a und b sind luftdicht verlöthet und der innere Raum ist so viel wie möglich luftleer gemacht. Wirkt nun auf diesen Ring ein vergrößerter Luftdruck, so muß seine äußere Oberfläche stärker davon ergriffen werden als seine innere, weil jene offenbar größer ist als diese; die Folge davon wird sein, daß der elastische Ring sich etwas verengt. Bei verringertem Luftdruck wird er sich infolge seiner Elastizität wieder um einen entsprechenden Theil erweitern. Das Verengern und Erweitern aber überträgt sich bei a und b mit Hülfe einer Hebelvorrichtung

und einer elastischen Feder c auf einen Zeiger, welcher die zu Grunde liegenden Druck=
änderungen auf einen eingetheilten und nach einem Normalbarometer angefertigten Kreis=
bogen anzeigt. Die Aneroïdbarometer sind in den letzten Jahren immer mehr in Gebrauch
gekommen, wozu vorzüglich ihre mehr und mehr sich vervollkommnende Herstellung beitrug.
Auf der Pariser Ausstellung von 1867 waren zum ersten Male dergleichen Instrumente
von Beck in London zu sehen, die in Form und Größe nicht wesentlich von einer unserer
gewöhnlichen Taschenuhren unterschieden waren. In diesem kleinen Raume war der ganze
Apparat, der die Aenderungen des Luftdruckes empfinden, messen und durch Räder und
Hebelarm auf einem Zifferblatte anzeigen sollte, zusammengedrängt. Und doch war, trotz
dieser minutiösen Ausführung der einzelnen Theile, die Genauigkeit so groß, daß schon die
geringe Erhebung des Aneroïds von der Bodenfläche des Ausstellungsgebäudes bis auf die

Fig. 104. Metallmanometer (System Bourdon).

obersten Stufen einer Bock=
leiter, also ein Abstand
von doppelter Mannshöhe
etwa, sich durch eine wahr=
nehmbare Veränderung
des Zeigers zu erkennen
gab. Die überaus geringe
Verschiedenheit, welche der
Luftdruck in den beiden
Höhen zeigt, machte sich
noch durch den Apparat
meßbar bemerklich.

Manometer. Wenn
wir einen geringelten
Darm aufblasen, so streckt
sich derselbe gerade. Dabei
ist dieselbe Wirkung im
Spiele, auf welche sich das
Aneroïdbarometer stützt,
nur in entgegengesetztem
Sinne. Der größere Druck
wirkt hier von innen, und
er verursacht daher anstatt
einer Krümmung eine
Streckung. Bourdon hat
die Schinz'sche Erfindung
auch auf Messung solcher Drucke angewandt, welche größer sind als der Druck der Atmo=
sphäre, und da auf derartigen, oft sehr bedeutenden Spannungen ja die ganze Wirkung der
Dampfmaschinen beruht, so hat ihre genaue Messung eine um so größere Wichtigkeit, als
von ihrer Kenntniß nicht nur der regelmäßige Gang der Maschine, also Geld und Gut,
sondern selbst das Leben der Arbeiter mit abhängt.

Die Instrumente, welche zur Messung größerer Dampfspannungen angewandt werden,
heißen Manometer, und es ist dasjenige, welches jetzt gewöhnlich das Bourdon'sche ge=
nannt wird, nach dem Gesagten fast ohne jede weitere Erläuterung der Fig. 104 verständlich.
Eine eben so gekrümmte Röhre, wie sie das Aneroïdbarometer zeigte, ist in einer Kapsel an=
gebracht. Dieselbe ist ebenfalls völlig luftdicht, aber nicht luftleer, sondern steht mit dem
Innern des Dampfkessels durch eine Röhre in Verbindung, welche wir durch das am untern
Rande befindliche Schraubengewinde hindurchgehen sehen, so daß durch die Stellung eines
Hahnes der Dampf in die dünne Röhre Zutritt erlangt oder abgeschlossen wird. Da nun
hier die Spannungsveränderungen von innen heraus auf die Röhre wirken, so muß sich die=
selbe auch umgekehrt bewegen, d. h. sie streckt sich, wenn die Dampfspannung größer wird,

in eine weniger gekrümmte Form, und ringelt sich mehr, wenn der innere Druck abnimmt. Diesem Spiele folgt der Zeiger, welcher an einem kleinen Getriebe sitzt, das in ein gezähntes Bogenstück eingreift. Das letztere steht aber in Verbindung mit einer Zugstange, die ihrerseits direkt an dem beweglichen Ende der gekrümmten Röhre sitzt, so daß bei einer Streckung oder Krümmung der letzteren die Bewegung derselben sich durch die Hebelwirkung entsprechend vergrößert auf den Zeiger überträgt und diesen auf höhere Zahlen gehen läßt, wenn der Druck sich vermehrt, auf kleinere, wenn er sich vermindert.

Einige Jahre später als Schinz, aber noch früher, als Bourdon das Patent auf die neuerfundenen Barometer nahm, im Jahre 1849 nämlich, ließ sich der Ingenieur Schäffer ein Manometer patentiren, welches zu dem Vidi'schen Aneroïdbarometer ungefähr in demselben Verhältniß steht, wie das sogenannte Bourdon'sche Manometer zu dem Schinz'schen Apparate. Schäffer ließ den veränderlichen Druck, den er messen wollte, die Dampfspannung, nicht auf die Innenwände einer hohlen Röhre wirken, sondern, wie Vidi, auf eine elastische Platte, mit welcher er die Dampfröhre absperrte, gewissermaßen auf die Innenseite des Deckels einer Dose. Das Arrangement, welches er dabei einschlug, wird bei der Betrachtung der Fig. 105 deutlich werden. In derselben ist H der Innenraum der Dose, welche durch die gewellte Stahlplatte A nach oben hin luftdicht abgeschlossen wird. Nach unten hin mündet sie in die Röhre G, die mit dem Dampfkessel in Verbindung steht, so daß das Blech A von unten immer die Spannung des Dampfes im Kessel, von oben dagegen blos die atmosphärische Spannung der Luft auszuhalten hat, da der Raum über A in das Innere des Kastens führt, in welchem sich

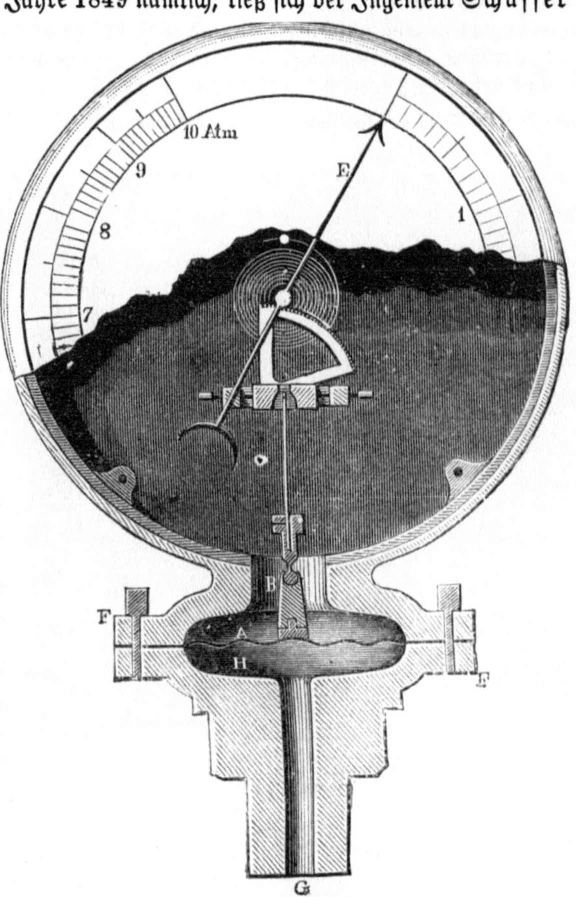

Fig. 105. Schäffer's Metallmanometer.

das den Zeiger E in Bewegung setzende Hebelwerk befindet und welcher selbst keinen luftdichten Abschluß hat. Die elastische Stahlplatte ist, um dem Rosten widerstehen zu können, oberflächlich mit einem dünnen Silberplättchen belegt; sie ist mittels Schrauben zwischen die Flanschen F eingeklemmt und hier auf das Vollständigste gedichtet. Die Köpfe der Schrauben, welche bei F die Dichtung der Dampfkammer H bewirken, sind durchbohrt, und es schlingt sich durch diese Durchbohrung ein Draht, dessen Enden plombirt sind. Dadurch wird ein muthwilliges Aufschrauben verhindert. Auf der federnden Platte A ruht ein Kniestück B; dasselbe macht alle Bewegungen der Platte A mit und überträgt sie mittels einer Treibstange auf den gezähnten Sektor, welcher in ein kleines Getriebe greift, mittels dessen er jede Aenderung in den Spannungsverhältnissen durch den Zeiger E auf der äußeren Skala angiebt. Eine feine Spiralfeder, welche an der Achse der Zeigernabel befestigt ist, hält die letztere immer in Fühlung mit den Zähnen des Sektors, damit auch die geringste Aenderung nicht spurlos vorübergehe. Diese Manometer sind sämmtlich auf das Genaueste mit Quecksilbermanometern verglichen und nach denselben justirt. Ihre Skalen sind in der Regel bis zu zehn Atmosphären Dampfspannung eingerichtet, jedoch sind die federnden Platten bis auf den doppelten Druck geprüft, so daß die Elastizitätsverhältnisse für die vorkommenden Fälle immer ganz normale bleiben.

Das Schäffer'sche Patent wird von der Manometerfabrik Schäffer und Budenberg in Buckau=Magdeburg ausgeführt, welche mit ihren Erzeugnissen die ganze Welt versieht. Die genannte Fabrik hat außer in verschiedenen Städten Deutschlands und Oesterreichs ihre Depots in England und Rußland, und in den beinahe dreißig Jahren, seit denen sie die Schäffer'schen Metallmanometer fabrizirt, haben dieselben immer ausschließlichere Aufnahme gefunden, so daß die Zahl der bisher aus den Werkstätten der Firma hervorgegangenen Apparate dieser Art bereits über eine Viertelmillion beträgt.

Fig. 106. Quecksilber=Manometer.

Wir wissen, daß man Dampfspannungen mißt, indem man den Druck der Atmosphäre (d. h. 1033 Gramm auf den Quadratcentimeter oder circa 15 Pfund auf einen Quadratzoll) als Einheit unterlegt, und spricht daher von 2, 3, 6, 8 Atmosphären Druck, je nachdem der Dampf auf jeden Quadratzoll der Kesselwand einen Druck von 30, 45, 90 oder 120 Pfund ausübt; nach diesem Gesichtspunkte ist die Skala eingetheilt worden. Es ist leicht zu sehen, welche enorme Spannung selbst ein mittelmäßiger Dampfkessel bei einem Druck von 5 oder 6 Atmosphären auszuhalten hat. —

Nach dem Boyle'schen oder Mariotte'schen Gesetze muß man daher außer dem gewöhnlichen atmosphärischen Druck noch einen Druck von 15 Pfund auf den Quadratzoll der Stempelfläche wirken lassen, wenn man gewöhnliche Luft auf die Hälfte ihres Volumens zusammenpressen will, zusammen also zwei Atmosphären; will man die Verdichtung noch einmal so weit treiben (bis auf ein Viertel), so hat man die doppelte Kraft von der vorigen, also vier Atmosphären nöthig u. s. w.

Innerhalb dieser Grenzen gilt dies Gesetz mit großer Genauigkeit und es erlaubt eine praktische Anwendung einer andern Art von Manometern. Wenn nämlich das Innere eines Dampfkessels mit dem kürzern Schenkel einer gebogenen, oben offenen Glasröhre in Verbindung gesetzt wird und der Dampf bei offenem Hahne auf das in derselben befindliche Quecksilber drückt, so muß bei einer Atmosphäre Spannung der Spiegel des Metalles in beiden Schenkeln gleich hoch stehen; denn eben so viel Druck, wie der Dampf auf der einen Seite ausübt, übt auf der andern die atmosphärische Luft aus. Steigt aber die Spannung im Kessel, so treibt sie das Quecksilber in der langen Röhre in die Höhe und zwar so, daß die Höhendifferenz für jede Atmosphäre um 76 Centimeter oder 28 Zoll wächst; bei zwei Atmosphären Dampfspannung steht also der obere Spiegel der Quecksilbersäule um 76 Centimeter, bei drei um 152, bei vier um 228 Centimeter u. s. w. höher als der untere. Nun sei aber die Röhre überhaupt nur 76 Centimeter lang, dagegen oben

geschlossen und mit Luft gefüllt, so bleiben die beiden Quecksilberspiegel bei einer Atmo=
sphäre Druck in gleicher Höhe, bei zwei Atmosphären aber drückt das Quecksilber die Luft
dann nur auf die Hälfte zusammen, es steht also in einer Höhe von 38 Centimeter, bei vier
Atmosphären 57 Centimeter, bei acht Atmosphären 66,5 Centimeter hoch u. s. w. Die
Zwischenräume sind durch Rechnung leicht zu theilen. Weil man nun sehr lange, oben
offene Röhren der ersten Art zu Manometern nicht gut anwenden kann, so hat man der
kompendiösern Form wegen kürzere, geschlossene und mit Luft gefüllte der letztern Sorte zu
gleichem Zwecke benutzt, und die vorstehende Abbildung (Fig. 106) stellt ein solches Mano=
meter in Verbindung mit dem Dampfkessel dar. Indessen sind dieselben des großen Druckes
wegen, welchen hier das Glas auszuhalten hat, ziemlich gefährlich.

Barometrische Beobachtungen. Wenden wir uns jetzt nochmals zurück zu dem Baro=
meter im Allgemeinen, so haben wir zunächst in Bezug auf die Höhenmessungen noch
einige Erläuterungen zu geben.

Wenn an der Meeresoberfläche nämlich der Barometerstand zu 76 Centimeter oder
760 Millimeter gefunden worden ist, so ist derselbe in einer Höhe von fast genau
10,5 Meter nur noch 759 Millimeter oder entsprechend in einer Höhe von 70 Fuß um eine
Linie gefallen. Nach dem Mariotte'schen Gesetz sind nun die unteren Luftschichten dichter
als die oberen, daher wird man, um ein zweites Fallen von einem Millimeter zu bemerken,
in der schon etwas dünnern Luft auch eine etwas größere Höhe als wieder 10,5 Meter ein=
nehmen müssen, u. s. w. Auf mathematischem Wege hat man die Formel entwickelt, welche
diese Korrektionen berücksichtigt, und nach derselben ist der mittlere Barometerstand in
einer Höhe von

1500	Pariser Fuß	über	dem	Meere	715	Millimeter	oder	26″ 5‴	Pariser	Maß,
3000	»	»	»	»	673	»	»	24″ 10‴	»	»
6000	»	»	»	»	595	»	»	22″ 0‴	»	»
9000	»	»	»	»	527	»	»	19″ 6‴	»	»
18000	»	»	»	»	365	»	»	13″ 6‴	»	»
27000	»	»	»	»	252	»	»	8″ 5‴	»	»

Der mittlere Barometerstand, d. h. derjenige, welcher von dem durch nichts
weiter als durch die Schwere beeinflußten Druck der Atmosphäre hervorgerufen wird, ist,
wie weiter oben schon beiläufig bemerkt wurde, selten oder nie in der Natur direkt zu be=
obachten, sondern wir haben es hier mit sehr verschiedenen Einwirkungen zu thun, welche
in mannichfacher Art die Quecksilberhöhe alteriren. Temperatur, Feuchtigkeitsgehalt der
Luft, Windrichtung und Windstärke, Anziehung der Sonne und des Mondes sind alles
Faktoren, welche sich bei einem so empfindlichen Instrument, wie das Barometer ist, in sehr
sichtbarer Weise zur Geltung bringen. Sie ruhen nie, und wenn der eine in den Zustand
einer gewissen Beständigkeit gekommen zu sein scheint, so sind gewiß die andern um so
mehr erregt und treiben entweder die Quecksilbersäule in die Höhe oder drücken sie unter
das mittlere Niveau hinab. Das Barometer zeigt Schwankungen, und darauf beruht
seine populäre Anwendung als Wetterglas. Aus zahlreichen, lange Zeit hindurch an=
gestellten Beobachtungen hat man eine freilich sehr vage und wenig zuverlässige Skala her=
ausgebildet, welche an den käuflichen Instrumenten anstatt der Angabe in Zollen und
Linien oder in Millimetern folgende Hauptmarken trägt: „Veränderlich“, dann nach auf=
wärts „Schön“, „Beständig“, „Sehr trocken“, nach abwärts aber „Regen oder Wind“,
„Viel Regen“, „Sturm“ und wol gar noch die Möglichkeit gräßlicher „Erdbeben“ in
Aussicht stellt. Der Punkt des mittlern Barometerstandes eines Ortes ist mit der dehn=
baren Bezeichnung „Veränderlich“ versehen.

Hinge die Witterung allein vom Luftdruck ab, so würde das Barometer ein untrüg=
licher Wetterprophet sein; so aber sind Wärme und Feuchtigkeit zwei Hauptfaktoren der
Witterungsveränderung, und ihren Antheil kann das Instrument nicht unfehlbar deuten.
Wir werden später sehen, auf welche Weise die Winde entstehen, wie aufsteigende und
von oben herunterkommende Luftströmungen durch ihre Vermischung die atmosphärischen

Niederschläge und durch ihren Kampf Winde und Stürme hervorrufen. Nun muß zwar ein von oben nach unten sich bewegender Luftstrom den Druck der Atmosphäre auf die unter ihm liegenden Punkte vergrößern, und umgekehrt eine aufsteigende Luftmasse eine Erleichterung gewähren und die Quecksilbersäule sinken lassen; aber bald ist der obere Wind der wärmere, feuchtere, bald ist er der kältere, bald herrscht der eine allein, bald der andere, bald befinden wir uns in der Region ihrer wirbelnden Vermischung, und die verschiedensten Ursachen können somit auf gleiche Barometerangaben hinwirken.

In dieser Unregelmäßigkeit haben fleißige Forschungen aber doch eine große, merkwürdige Regel erkennen lassen. Tägliche, ja stündliche Aufzeichnungen der Schwankungen sind gemacht worden, und sie zeigen in ihrer Zusammenstellung ein regelmäßiges Wiederkehren eines höchsten und eines tiefsten Standes, eines Maximums und eines Minimums des Luftdrucks. Wenn man die Höhen der Barometersäule graphisch stündlich neben einander stellt oder, wie es in der That geschieht, das Auf- und Niedergehen des Meniskus auf einem sich hinter dem Quecksilber fortbewegenden, photographisch präparirten Papiere durch das Licht verzeichnen läßt, so bekommt man die Bilder von Wellen, deren Verlauf die großen Bewegungen des Luftozeans verräth. Freilich genügen zu dieser Erkenntniß nicht die Beobachtungen einiger Tage oder einiger Wochen; erst aus großen Reihen läßt sich die Existenz solcher Perioden erweisen. Es werden daher jetzt an allen Knotenpunkten des Netzes von meteorologischen Stationen, welches auf Humboldt's Anregung über die ganze Erde verbreitet worden ist, täglich die Barometerstände zu verschiedenen Zeiten, früh, gegen Mittag und Abends, beobachtet und notirt und die Zusammenstellung dieser Angaben von Zeit zu Zeit veröffentlicht.

Daraus haben sich denn nun einmal eine tägliche Welle und dann jährliche Maxima und Minima ergeben. Dieselben sind nicht für alle Punkte der Erde genau dieselben, aber aus allen geht übereinstimmend hervor, daß das Barometer seinen höchsten Stand ungefähr Abends gegen 10 Uhr, seinen tiefsten früh gegen 4 Uhr einnimmt. Von diesem tiefsten Stande erhebt es sich bis in die elfte Stunde, geht dann wieder herab bis Nachmittag 4 Uhr, wo es ein zweites Minimum erreicht, und steigt dann ziemlich rasch bis gegen Abend. Die tägliche Welle zeigt also zwei Berge und zwei Thäler. In den Tropen ist diese Regelmäßigkeit so groß, daß man, wie Humboldt sagt, die Zeit nach der Höhe der Quecksilbersäule bestimmen kann, ohne sich im Durchschnitt mehr als um ungefähr 15— 17 Minuten zu irren. Bei uns verrücken sich die Wendepunkte jedoch mit dem Wechsel der Jahreszeiten etwas.

Die jährliche Welle hat ihren höchsten Punkt im Winter, ihren tiefsten im Sommer. Als die Ursachen beider läßt sich ohne Schwierigkeit die ungleiche Erwärmung der Luft durch die Sonne und die infolge davon bewirkte auf- und absteigende Luftströmung erkennen, und so reflektirt der einfache Torricelli'sche Versuch uns nicht nur die Wirkung der Erdanziehung, er ist nicht blos ein Maßstab, um unsere Entfernung vom Mittelpunkte unseres heimatlichen Gestirns zu zeigen, er macht uns auch das Ebben und Fluten des Luftmeeres sichtbar und wird unsern Gedanken eine Brücke, die Erde und Sonne verbindet.

Luftſchiffahrt zu Dijon am 25. April 1784.

Der Luftballon und die Luftschiffahrt.

Fliegversuche. Der Luftballon. Brüder Montgolfier. 1783 steigt ihr erster Ballon. Charles' Ballon auf dem Marsfelde. Konkurrenz der Montgolfièren und der Charlièren. Die erste Luftreise von Pilâtre de Rozier und Marquis d'Arlande, Charles und Robert. Blanchard's Reise über den Kanal. Der Fallschirm. Green's Reise von England bis ins Nassauische. Die interessantesten Unternehmungen späterer Luftschiffer. Arban. Coxwell. Gypson. Nadar und der Géant. Nutzen und Aussichten der Luftschiffahrt. Gay-Lussac und Biot's Expedition. Steuerungsversuche.

„Wenn ich ein Vöglein wär'" — in unzähligen Variationen klingt dieser Wunsch durch die sentimentale Dichtung aller modernen Völker. Die Völker des Alterthums, welche in ihrer Naivetät überhaupt seltener in Konflikt geriethen mit Wünschen und Erreichen, haben auch der bestimmten und unbestimmten Sehnsucht, welche die Brust unserer Amanten schwellt, weniger Quartier gegeben. Wie sie sich nicht das höchste Glück darin denken konnten, als maßlos schmachtendes Gänseblümchen von den Füßen der Geliebten zertreten zu werden, so fanden sie es auch überflüssig, mit Sperling und Sperber in Konkurrenz treten zu wollen. Das Beispiel des Ikaros, der sich Flügel mit Wachs an die Schultern geheftet hatte, um der Sonne zuzufliegen, indessen, als er derselben schon ziemlich

nahe gekommen war, von seinem unzweckmäßigen Mechanismus schmählich im Stiche ge=
lassen wurde — hielt sie von ähnlichen Versuchen ab. Ihre Geschäfte waren ja auch nicht
derart, daß die Schnelligkeit der landesüblichen Beförderungsmittel nicht mehr zugereicht
hätte. Die eigentlichen Versuche der Luftschiffahrt gehören daher der Neuzeit an, und vor=
züglich haben sich die Franzosen mit aller Gewalt darauf geworfen, diese großartige Spie=
lerei, welche es von Anfang war, zu treiben und zu vervollkommnen.

Die Flugmaschine. Die ersten Anstrengungen, welche gemacht wurden, den Flug der
Vögel nachzuahmen, suchten auch die Mittel derselben anzuwenden und Vorrichtungen zu
erfinden, die ihrem Flugapparate voll=
kommen entsprechen sollte. Man baute,
wie die Schiffsbauer zu Zeiten wieder den
Fischkörper als das beste Schiffsmodell sich
gedacht haben, nach der Einrichtung des
Vogelkörpers Maschinen, die man —
wol um die Aehnlichkeit möglichst voll=
ständig zu machen — mit Flügeln aus
wirklichen Federn versah. Das in den
ersten Jahren des 18. Jahrhunderts von
Laurent vorgeschlagene Luftschiff (Fig.108)
zeigt dies recht augenscheinlich. Andere,
von dem Gedanken ausgehend, daß der
Mensch mehr der Fledermaus als dem

Fig. 108. Laurent's Luftschiff nach einer Zeichnung vom
Jahre 1709.

Adler seiner Organisation nach verwandt sei, setzten an Stelle der Flugfedern Häute von
dünnen, festen Substanzen. Aber alle zusammen scheiterten an der betrübenden Wahr=
nehmung, daß die menschliche Muskelkraft nicht ausreiche, den eigenen Körper in die Höhe
zu heben und dauernd in derselben zu halten, zumal da die Luft ein so dünnes Element ist,
daß sie den Bewegungen des Apparates nur einen geringen Widerstand entgegensetzt. Es
würde eine ungeheuere Geschwindigkeit der Bewegungen erforderlich sein, wenn der Körper
nicht zwischen den (möglicher Weise durch
die einzelnen Schläge erreichten) Auf=
schwüngen wieder zurückfallen sollte. Und
welche Kraft in den Armen oder Beinen
müßte aufgewandt werden für die jedes=
malige Hebung der sehr weiten, als lange
Heberarme wirkenden Flügel! Wäre das
Problem lösbar, so dürfte der Weg, wel=
chen der früher betrachtete Flieger (s. S. 43,
Fig. 23) andeutet, der einzige sein, dessen
Betreten die meiste Aussicht zur Erreichung
des Zieles böte.

Fig. 109. Der fliegende Besnier.

Es ist hier nicht der Ort, die zahl=
reichen und verschiedenen Ausführungen
und die noch zahlreicheren und verschiedeneren Prospekte und Entwürfe, die aus Mangel
an Geld nicht zur Ausführung gelangt sind, zu betrachten. Wie das Perpetuum mobile,
taucht auch die Fliegmaschine immer und immer wieder auf. Die Zahl der Menschen, denen
Kenntniß und Urtheil mangelt, rekrutirt sich ja mit jedem neugeborenen Kinde immer aufs
Neue, und es bedarf immer wiederholter Anstrengung, um das Niveau klarer Ansichten in
der Welt nur auf gleicher Höhe zu halten.

Es ist merkwürdig, aber es ist eine Thatsache, die sich aus zahlreichen Beobachtungen
ergeben hat: während auf das Perpetuum mobile hauptsächlich Schuster, bankerotte Kaufleute,
vorzüglich wenn sie ihr Geld „unterirdisch" angelegt haben, und pensionirte Hauptleute
gerathen, entspringen die Erfinder der Fliegmaschine zum bei weitem größten Theile dem

Schneiderstande, oder es sind Advokatenschreiber, die in der selbständigen Führung von Bagatell=
klagen sich über ihren Beruf zu etwas „Höherem" klar geworden sind, oder Mechaniker, denen
nichts unmöglich ist. Ein solcher Flieger (s. Fig. 109) war nun auch, um aus vielen Bei=
spielen nur eines zu geben, der junge Besnier, ein Schlosser aus Sablé in Frankreich. Dieser
junge Mann erregte im Jahre 1786 die allgemeine Aufmerksamkeit. Seine Maschine
bestand aus einer Vorrichtung, welche er gleich einer Trage auf den Schultern befestigt
hatte. Zwei Stangen bildeten die Haupttheile derselben. Sie bewegten sich in der Mitte
auf den Achseln in Gelenken; die Hälfte jedes Stangenarmes diente einem Flügel von Taffet
als Grundlage. Die vorderen Flügel wurden von den Händen, die hinteren von den Füßen
bewegt, und zwar so, daß sich gleichzeitig der rechte Vorder= und der linke Hinterflügel hob
oder senkte. Doch soll sich der Erfinder nur von Höhen in schräger Richtung herabzulassen
vermocht haben, nicht aber sich zu erheben. Nachdem er dies bei kleinen Höhen mehrere
Male mit glücklichem Erfolg versucht hatte, wagte er sich auch an etwas größere; ja man
sagt, er habe auf diese Weise sogar Flüsse überschritten. Wenigstens verlautet nicht, daß er
den Hals gebrochen, und sohin war er glücklicher als der Dädalos des Alterthums und
verschiedene seiner Nachfolger.

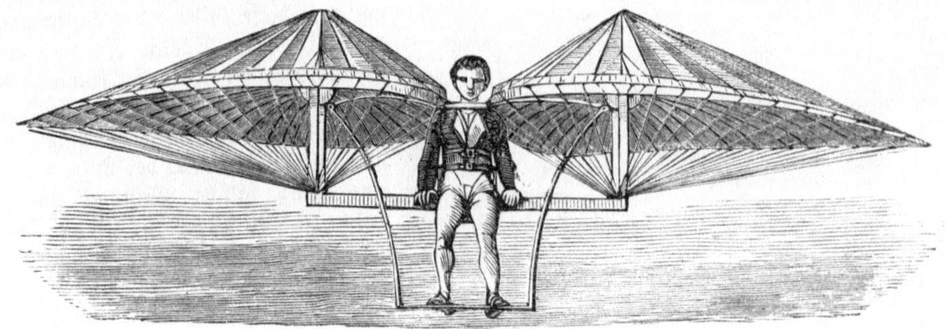

Fig. 110. Flugmaschine nach Blanchard.

Zu derselben Zeit ungefähr konstruirte Blanchard in Paris eine Fliegmaschine, welche
er in den Jahren 1780 bis 1783 im Hôtel de la rue Turenne ausstellte: das fliegende
Boot. Er versuchte, das Problem auf mehrfache Art zu lösen, immer aber mußte er, um
das Gewicht der Flieger und der Maschine zu überwinden, ein Gegengewicht anwenden,
welches den ganzen Apparat verhinderte, sich jemals von selbst und frei in der Luft zu
bewegen. Das äußere Ansehen seiner Maschine wird ungefähr wiedergegeben durch die
Abbildung Fig. 110.

Noch in verhältnißmäßig neuer Zeit, um 1808 bis 1809, machte ein Fliegkünstler mit
einer wie es scheint ganz ähnlich konstruirten Maschine viel Redens von sich, der Uhrmacher
Degen in Wien, also ein Mann, dem man doch mechanische Kenntnisse zutrauen muß.
So viel man weiß, flog Degen mit seiner Maschine nur in einer Reitbahn in Wien herum,
doch nicht ganz frei, sondern im Zusammenhange mit einer Leitung von Stangen, die im
Raume hin= und hergeführt war. Als er seine Kunst in Paris auf öffentlichem Platze
zeigen wollte, mißglückte es ihm gänzlich und der Arme mußte hohnbeladen abziehen.
Uebrigens wollte Degen in Paris nicht wie ein Vogel, sondern mit einem lenkbaren Ballon
fliegen. Seine Maschine war gleichsam die Verbindung eines Ballons und eines Luftdrachen.

Bei weitem schlimmer als Degen ging es einem niederländischen Mechaniker de Groof,
der 1874 in London einen Apparat produzirte, mit welchem er die Möglichkeit eines frei=
willigen Fluges darthun wollte. Er soll auch bei einem Versuche den Beweis geliefert haben,
daß seine Flugmaschine wirklich funktionire, und es scheint an maßgebender Stelle die An=
sicht geherrscht zu haben, daß sie wenigstens eine Wirkung, wie sie der Fallschirm ausübt,
zeigen würde. Sonst wäre es nicht zu begreifen, wie man sich dem Versuche des Erfinders,

mit einem Luftballon aufzusteigen und in beträchtlicher Höhe von diesem aus seinen selbst=
ständigen Flug zu unternehmen, nicht energisch widersetzt hätte. De Groof unternahm das
Wagniß wirklich; am 9. Juli 1874 stieg er mit dem Ballon „Czaar" auf; er hatte sich aber
kaum von demselben losgemacht, als er mit seinem Apparate aus einer Höhe von 400 Metern
herabstürzte und auf dem Boden zerschmettert wurde.

Daß die Muskelkraft des Menschen bei weitem nicht ausreicht, auch nur für ganz kurze
Zeit seine Schwere zu überwinden, ist jetzt freilich nicht mehr schwer zu beweisen. Da man
aber zu derselben Ueberzeugung auch durch alle wirklich ausgeführten Maschinen kam, so
griff man sehr zeitig zu ganz absonderlichen Hülfsmitteln und suchte Kräfte zu Hülfe zu
nehmen, über deren Wesen und Wirkungsweise man nur die allerungenügendsten Vor=
stellungen hatte. Elektrizität und Magnetismus sollten helfen, und je zusammengesetzter
und unverständlicher die Vorrichtungen waren, desto mehr Hoffnung setzte man auf sie.

Fig. 111. Die Brüder Montgolfier.

Die fliegende Barke, welche der Jesuit
Lana um 1680 vorschlug, sollte von
vier großen Ballons aus höchst dün=
nem Kupferblech getragen werden,
nachdem diese mittels der Luftpumpe
entleert worden wären. Ist auch die
Grundidee, einen Körper leichter als
Luft herzustellen, nicht ganz sinnlos,
so verräth sie doch, daß der gute Je=
suit von der Wirkung des Luftdruckes
eine ganz falsche Meinung hatte,
welche natürlich der erste Versuch be=
strafen mußte. Es ist aber dieser
Apparat um deswillen interessant,
weil er zuerst den Gedanken illustrirt,
welcher dem Luftballon zu Grunde
liegt, dessen Betrachtung uns hier be=
sonders beschäftigt.

Geschichte des Luftballons. Im
Jahre 1736 — erzählt die Chronik —
stieg ein portugiesischer Physiker, Don
Guzman, in Gegenwart des Königs
Johann V. mittels eines mit Papier
überzogenen Holzgeflechtes empor,
unter welchem Feuer brannte. Die Maschine stieß aber an das Gesims des königlichen Pa=
lastes, nahm Schaden und fiel herab, glücklicherweise langsam genug, daß der Luftschiffer
mit heiler Haut davon kam. Einem zweiten Versuche kam jedoch die Inquisition zuvor;
sie steckte den „Zauberer" ein und nur das Machtwort des Königs konnte ihn vom Scheiter=
haufen retten. Dies wäre denn der erste Luftballon, eine Montgolfière vor Montgolfier;
damit uns aber auch bei dieser Erfindungsgeschichte die Chinesen nicht fehlen, so liegt ein
Bericht des französischen Missionars Vassou vor, der 1694, also hundert Jahre früher ge=
schrieben ist, als man in Europa von Luftballons Etwas wußte; derselbe erzählt auf Grund
offizieller Aktenstücke, daß schon 1306, bei der Thronbesteigung des Kaisers Fo=Kien, das
Aufsteigen eines Ballons zu Peking einen Theil der Festlichkeiten gebildet habe.

Dem sei nun wie ihm wolle; die wirkliche Ausführung der Luftballons gehört ganz
unbestritten Frankreich an und knüpft sich an das Brüderpaar Josef und Etienne Mont=
golfier, Söhne eines Papierfabrikanten in dem Städtchen Annonay. Ihre Familie stammt
aus der Stadt Ambert in der Auvergne. Die Voreltern waren eifrige Anhänger der Re=
formation und als solche erlagen sie den grausamen Verfolgungen, welche in der Bartholo=
mäusnacht sich gipfelten. Ihre Güter wurden konfiszirt, ihre Papiermühle, ein Familienerbe,

zerstört und sie selbst mußten flüchten. Die neuen Etablissements aber, welche sie später zu Annonay gründeten, blühten bald empor, und zu Anfang des 18. Jahrhunderts hatten die Montgolfier'schen Fabrikate einen bedeutenden Ruf. In der Familie war ein lebhaftes Streben heimisch und die Wissenschaften wurden mit Liebe gepflegt.

Etienne Montgolfier ging denn auch seiner Ausbildung wegen nach Paris, wo er sich der Baukunst widmete und eine große mathematische Befähigung an den Tag legte. Zurückgerufen von seinem Vater, um an dem Betriebe der Fabrik Theil zu nehmen, erwarb er sich in dieser Thätigkeit bald durch ausgezeichnete Erfindungen und Verbesserungen einen bedeutenden Namen. Sein Bruder Josef, nicht minder begabt als er, war aber weniger dem strengen systematischen Gange zugeneigt, welcher Etienne bei seinen Arbeiten charakterisirte. Mit einem feinen Instinkt fühlte er das Richtige und war nie um rasche Auskunftsmittel da verlegen, wo dem Gelehrten die einzig benutzbare Zeit oft während seiner strengen Untersuchungen verstreicht. Was er that, that er auf eigene Weise, rasch, mit Enthusiasmus. Was ihn nicht anmuthete, das lernte er nie. Er war eine ursprüngliche, feurige Natur, eine jener Erfinderseelen, für welche damals noch Zeit und Boden war. Die physikalischen und chemischen Wissenschaften, noch in der Kindheit ihrer neuen Entwicklung, fingen ja eben erst an, sich im grünen Leben zu verzweigen, und deshalb darf man mancherlei Versuche und Unternehmungen, die uns jetzt thöricht erscheinen, nicht so obenhin belächeln. Vieles Verkehrte entsprach vollkommen dem höchsten Stande der damaligen Gelehrtenweisheit, von Vielem hatte man gar keine oder höchst mangelhafte Kenntniß, und wie jede Zeit nur in sich ihren eigenen Maßstab hat, so muß man deswegen auch die ersten Versuche der Gebrüder Montgolfier nicht mit unsern Anschauungen und

Fig. 112. Professor Charles, Erfinder der Charlière.

Kenntnissen in Vergleich setzen wollen. Die übrigen Erfindungen, welche sich an den Namen Montgolfier knüpfen und unter denen wir nur des hydraulischen Widders als einer der geistreichsten Erwähnung thun wollen, zeigen uns zur Genüge, daß die beiden Brüder am allerwenigsten unter die Klasse halbgebildeter Phantasten zu zählen sind.

Die Idee, sich in die Luft zu erheben, mag wol zuerst den lebhaften Geist Josef's zur Ausführung angeregt haben, so sehr entspricht sie seinem Naturell. Die täglich an den Gebirgen ihrer Heimat aufsteigenden Wolken — erzählt ein französischer Autor — brachten die Brüder zuerst auf die Idee, künstliche Wolken zu machen. Sie sperrten daher Wasserdampf in leichte Umhüllungen ein: der Apparat hob sich, um alsbald wieder zu fallen. Sie nahmen nun Rauch und die Sache ging nicht viel besser. Da lernten sie das damals neue Werk Priestley's über die verschiedenen Luftarten kennen, das eine Menge wichtiger Entdeckungen über bis dahin noch unbekannte Gase enthielt. Die Idee lag nahe, daß besonders mit dem so leichten Wasserstoffgas Erfolge zu erzielen sein müßten; doch ihre papiernen Ballons ließen es zu schnell entschlüpfen, zudem war seine Bereitung damals kostspielig und seine Eigenschaften waren noch zu wenig bekannt, weshalb sie die Versuche damit wieder fallen ließen. Sie kehrten zur Dampferzeugung zurück, diesmal aber von der sonderbaren

Idee ausgehend, daß, wenn sie feuchtes Stroh und gehackte Wolle mit einander verbrennten, sich ein „elektrischer" Dampf bilden werde, der vielleicht eine größere Triebkraft besitze. Sie fingen denselben in hohlen Taffetballons, die sie mit der unteren Oeffnung über das angezündete Feuer hielten, und jetzt stiegen ihre Apparate wirklich, jedenfalls aber nur deshalb, weil sie Hüllen von größerer Dichtigkeit genommen hatten.

Das Prinzip des Luftballons ist dasselbe, welches die Luftblase im Wasser emporsteigen läßt: die Verschiedenheit des spezifischen Gewichts. Wenn man aus Wasserstoffgas, welches 14mal leichter als die atmosphärische Luft ist, eine Blase bildet, indem man es in einen hohlen, nach oben geschlossenen Ballon füllt, so wird dieselbe von der Erde ganz natürlich aufsteigen. Denselben Effekt aber erreicht man auch, wenn man die Luft im Ballon selbst leichter macht, was durch Erhitzen derselben ausführbar ist. Wärme dehnt die Körper aus, und diese Thatsache, wenn auch nicht ihre genaue Erkenntniß, ermöglichte den Montgolfiers das Gelingen ihrer Versuche. Durch Gelehrte wurden sie darauf aufmerksam gemacht, daß ihre Ansicht vom elektrischen Rauch ein Irrthum sei und daß die Triebkraft lediglich in der durch Wärme verdünnten Luft liege. Saussure bewies ihnen dies, indem er in das Innere des Ballons vorsichtig einen rothglühenden Eisenstab brachte; der Ballon stieg dadurch auch, obgleich von einem ähnlichen „elektrischen" Rauch keine Rede sein konnte trotzdem behielten sie eine Anhänglichkeit an ihr erstes, gelungenes Experiment, und verbrannten auch bei späteren Versuchen immer noch Etwas von jenem Gemisch, was natürlich ohne Qualm nicht abging.

Ihr erster öffentlicher Versuch fand in dem Wohnorte der Montgolfiers am 4. Juni 1783 statt. Der Ballon bestand aus Leinwand, mit Papier gefüttert, hatte 12 Meter Durchmesser, wog 219 Kilogramm, und konnte eine Last von 200 Kilogramm tragen. Er erhob sich in 10 Minuten bis zu einer beträchtlichen Höhe, neigte sich aber bald wieder der Erde zu und fiel eine Drittelmeile vom Orte des Aufsteigens nieder.

Tausende von Zuschauern waren zu diesem noch nie gesehenen Schauspiele zusammengeströmt und mit unermeßlichem Jubel wurde die neue Erfindung begrüßt. Ein Bericht wurde der Pariser Akademie überschickt, von welcher eine Kommission, bestehend aus Larochier, Cadet, Condorcet, Desmarets, Bossut, Brisson, Leroy und Villet, zur Prüfung niedergesetzt wurde. Die Wundermähr verbreitete sich rasch über Frankreich und weiter und natürlich wollten nun auch die Pariser das neue Schauspiel genießen. Ohne auf die Schritte der Akademie der Wissenschaften zu warten, brachte man auf Privatwegen über 10,000 Franken zusammen, ein Vorstand wurde gewählt, der zwei geschickten Mechanikern, den Gebrüder Robert, die Ausführung des Ballons und dem berühmten Professor der Physik Charles die Leitung des Unternehmens übertrug.

Nun hatte man zwar von Annonay ein Protokoll mit allen Einzelheiten des Hergangs, aber keine Kenntniß über das von den Montgolfiers angewandte Gas, weil diese hieraus ein Geheimniß machten. Da entschloß sich denn Charles kurz und gut, das Wasserstoffgas anzuwenden. Ein Stoff, der 14mal leichter ist als die athmosphärische Luft, mußte ja bedeutend mehr wirken als jenes unbekannte Gas, das angeblich halb so schwer gewesen als diese. Aber die Bereitung des Wasserstoffgases hatte damals noch ihre großen Schwierigkeiten. Man kannte es kaum. Bisher hatte man es nur im Kleinen dargestellt, und jetzt sollte eine Masse von mehr als 40 Kubikmeter in einen Ballon gefaßt werden. Selbst die Gelehrten fürchteten seine große Entzündlichkeit. Indeß Charles drang durch. Es mußte erst ein Erzeugungsapparat ersonnen werden, und man blieb nach vielem Deliberiren endlich bei folgender Einrichtung stehen. In ein Faß wurden Eisenfeilspäne und Wasser gethan; der obere Boden desselben hatte zwei Löcher; im ersten stak ein lederner Schlauch, der in den Ballon ging, im andern ein Kork. Durch letzteres Loch ließ man nach und nach Schwefelsäure in das Faß laufen. Aber bald zeigten sich die Mängel; die Erhitzung wurde so groß, daß eine Menge mit Säure geschwängerte Wasserdämpfe mit übergerissen wurden, welche den aus Taffet gefertigten Ballon zu zerfressen drohten. Die Dämpfe verdichteten sich zu Wasser, das fortwährend abgelassen werden mußte, und außerdem mußte die äußere

Oberfläche der Hitze halber unausgesetzt mit ein paar Spritzen bearbeitet werden. So ging eine große Menge Gas verloren und man brauchte zu der ganzen Arbeit vier volle Tage sowie 500 Kilogramm Eisen und 250 Kilogramm Schwefelsäure zur Füllung eines Ballons, der kaum 9 Kilogramm wog. Man lernte aber die Uebelstände bald dadurch beseitigen, daß man das erzeugte Gas vorher durch ein Gefäß mit Wasser leitete, welches die sauren Dämpfe zurückhielt und das Gas förmlich wusch.

Zur Bereitung der enormen Mengen Wasserstoffgases, welche für die Füllung von einem Luftballon erforderlich sind und die natürlich nicht in Apparaten dargestellt werden können, wie sie in den Laboratorien gebräuchlich sind, muß man ganz besondere Arrangements treffen. Die Abbildung (Fig. 113) mag davon eine Vorstellung geben. Die Herstellung des Wasserstoffgases erfolgt also, wie schon erwähnt, durch Zersetzung des Wassers, welches aus Wasser- und Sauerstoff besteht, und zwar wird diese Zersetzung dadurch herbeigeführt, daß man in das mit Schwefelsäure versetzte Wasser metallisches Eisen hineinbringt.

Fig. 113. Bereitung des Wasserstoffgases zur Füllung des Luftballons.

In Gegenwart der Säure äußert das Eisen ein sehr lebhaftes Bestreben, den Sauerstoff des Wassers an sich zu ziehen, damit Oxydul zu bilden, welches mit der Schwefelsäure zu schwefelsaurem Eisenoxydul zusammentritt. Der Wasserstoff des Wassers wird frei und entweicht als Gas, welches für sich aufgefangen werden kann. Unsere Abbildung zeigt nun in den Tonnen A A solche Entwicklungsgefäße, in denen Eisen und Wasser zusammengebracht sind, und in welche, nachdem Alles so weit vorbereitet ist, daß die Entwicklung beginnen soll, durch die fast bis auf den Boden in die saure Flüssigkeit hineinreichenden Trichterröhren die Schwefelsäure zugegossen wird. Es ist Bedingung, daß die Fässer ganz luftdicht geschlossen sein müssen. Das Gas hat dann nur den einen Ausweg durch die aus dem Deckel in ein größeres Sammelrohr BB führende gebogene Röhre, und es gelangt aus dieser letzteren mittels eines dichten Schlauches C in den Waschapparat D, wo es eine

Wasserschicht durchstreicht und außerdem noch in innige Berührung mit einem Regen von feinen Wassertropfen gebracht wird, so daß die mit fortgerissenen Säuretheilchen vollständig von dem Wasser aufgenommen werden. Den Stand des Wassers im Innern dieses Wasch=apparates erkennt man an der Glasröhre b, welche mit dem Innern kommunizirt und in welcher das Wasser eben so hoch steht wie dort; a ist ein Abzugsheber, durch den das saure Wasser von selbst abfließt, e ein kleines Manometer, welches den Druck des Wassers im Innern angiebt. Aus dem Waschapparat geht das Gas durch den Schlauch E in den Cy=linder F, wo es mit auf Hürden ausgebreitetem Kalkhydrat in Berührung tritt und seinen Gehalt an Kohlensäure und Wasser abgiebt, den es etwa noch mitgebracht hat. Hierauf passirt es noch einen Apparat, welcher ein Hygrometer H und ein Thermometer d enthält, um die Temperatur zu prüfen und die völlige Trockenheit zu konstatiren, und kann nun in

den Ballon eingelassen werden, wie es Fig. 114 zeigt. Aber zurück zu unserer Geschichte!

Am vierten Tage schwebte der zu zwei Dritteln gefüllte Ballon, an Seilen gehalten, frei in Robert's Werkstätte, und es galt nun, die ganze Maschine auf das Marsfeld zu bringen, wo die Aufsteigung stattfinden sollte. Der Transport erfolgte in der Stille der Nacht vom 27. auf den 28. August 1783; auf eine Tragbahre gebunden, von Fackelträgern und einer Abtheilung Scharwache begleitet, bewegte sich die Maschine langsam durch die Straßen dahin. Das nächtliche Schau=spiel hatte etwas so Absonderliches und Geheimnißvolles, daß man Leute aus dem Volke, die auf Arbeit gingen, vor dem Zuge auf die Kniee fallen sah, weil sie irgend eine geheimnißvolle Prozession vermutheten.

Auf dem Platze angekommen, ver=brachte man den größten Theil des Tages mit der vollständigen Füllung des Bal=lons; endlich gegen 5 Uhr gab ein Ka=nonenschuß das Zeichen zur Abfahrt. Der Ballon schoß so rasch empor, daß er in

Fig. 114. Das Füllen des ersten Luftballons mit Wasserstoffgas.

wenigen Minuten mehrere Wolkenschichten durchdrang. Der Jubel von mehr als 200,000 Menschen begleitete ihn, bis er sich den bewundernden Blicken gänzlich entzog. Drei Viertel=stunden später kam er fünf Stunden von Paris zur Erde nieder, ohne seine ganze Bahn zurückgelegt zu haben, die er hätte durchlaufen können. Die Robert's hatten ihm nämlich, gegen den Rath Charles', so viel Gas gegeben, als er nur fassen konnte, um ihn recht rund erscheinen zu lassen. Diese Gasmasse dehnte sich nun in den dünneren Luftschichten so aus, daß der Ballon am oberen Theile einen langen Riß bekam; das Gas erhielt dadurch einen weiten Ausgang und ein rasches Fallen erfolgte. Er fiel unter einen Haufen Bauern aus dem Dorfe Gonesse, die natürlich von dem Wesen einer solchen Erscheinung nicht die geringste Idee hatten und in nicht geringe Angst geriethen. Gonesse liegt ganz in der Nähe des durch die Kämpfe am 29. und 30. Oktober 1870 berühmt gewordenen Städtchens Le Bourget. Die Meisten waren der Meinung, der Mond falle vom Himmel herab. Als aber das runde Ding sich machtlos vor ihnen herumwälzte, kamen sie von ihrem Schreck bald zurück und beeilten sich, dem Unhold mit Mistgabeln, Dreschflegeln und anderen ländlichen Waffen vollends den Garaus zu machen. Der schöne Ballon, welcher so viel Kopfzerbrechen, Mühe und Geld gekostet, ward jämmerlich zerstochen und zerrissen, zuletzt noch an den Schweif eines Pferdes gebunden und über eine Stunde Weges querfeldein über Aecker, Wege und Gräben geschleift. Als Charles von Paris eintraf, fand er von dem kostbaren Geräth nur noch einige Lumpen. Die Regierung erließ infolge dieses Streiches, der ungeheueres Aufsehen erregte, eine belehrende und beruhigende Bekanntmachung. Dies war die Lebens= und Sterbensgeschichte des ersten mit Wasserstoffgas gefüllten Luftballons. Man hat diese Art Ballons Charlièren genannt, zum Unterschied von den mit erhitzter Luft gefüllten, denen der Name Montgolfière verblieben ist, und damit den beiden in der Geschichte des Luftballons hervorragendsten Namen ein bleibendes Denkmal gesetzt.

Fig. 115. Die am 11. Sept. zerstörte Montgolfière.

Etienne Montgolfier war Augenzeuge des gelungenen Charles'schen Versuchs gewesen. Er fand sich dadurch noch mehr angefeuert, nun auch seinerseits eine neue Probe abzulegen, während Charles und seine Genossen sich an die Ausführung eines größeren und vollkommneren Ballons machten. Montgolfier's Probe fand am 19. September zu Versailles vor dem Könige und einer zahllosen Zuschauermenge statt, nachdem erst wenige Tage vorher ein seltsam geformter länglicher Ballon (Fig. 115) durch Sturm und Regen zerstört worden war. Der Ballon wurde diesmal in fünf Tagen gefertigt. Er war aus festem Stoff, ganz rund, auswendig mit Malerei bedeckt, blau mit Gold, und trug in einem Weidenkäfig die ersten lebendigen Luftreisenden: ein Schaf, einen Hahn und eine Ente. Majestätisch hob er sich in die Höhe, sehr hoch, sank aber, da er durch einen Windstoß einen Riß bekommen, schon nach 10 Minuten eine Stunde abwärts in einem Gehölz nieder, und zwar so sanft, daß die Thiere unbeschädigt blieben. Der erste Mensch, welcher herbeikam und den Ballon aus den Zweigen löste, war Pilâtre de Rozier. Er folgte von dieser Stunde an allen solchen Versuchen mit der glühenden Leidenschaft eines Enthusiasten, ohne eine Ahnung davon zu haben, welches Schicksal seinen Namen an die Geschichte dieser neuen Erfindung knüpfen werde. Nach dem gelungenen Versuche, lebende Thiere mit dem Luftballon aufsteigen zu lassen, machte sich Etienne Montgolfier mit erneutem Eifer an den Bau eines Ballons, welcher einige Menschen würde tragen können; Pilâtre de Rozier brannte so zu sagen vor Begierde, denselben zu besteigen.

Fig. 116. Pilâtre de Rozier's und Marquis d'Arlande's erste Luftreise.

Das langersehnte erste Aufsteigen von Menschen fand endlich am 21. Oktober 1783 vom Schlosse La Muette in der Nähe von Paris aus statt; der prachtvoll ausgestattete Ballon (Fig. 116) hatte eine Eiform und maß mehr als 20 Meter in der Höhe und 14 Meter im Durchmesser. Unter dem Ballon befand sich eine Galerie, in welcher die beiden Luftschiffer (nämlich Pilâtre de Rozier und Marquis d'Arlande) sich aufhielten; neben ihnen stand die Glutpfanne zu beständiger Unterhaltung des Feuers.

Merkwürdig sind die Unterhandlungen, welche man viele Tage vorher über die Erlaubniß zum Aufsteigen pflog. Man war schon viele Mal höchstens bis zu 100 Meter über dem Boden aufgestiegen, ließ aber jedesmal den Ballon an Seilen halten und sodann herniederziehen; da beschloß Pilâtre de Rozier sich nun höher, und ohne daß der Ballon gehalten würde, in die Lüfte zu erheben. Selbst Montgolfier zögerte; er wollte erst neue Untersuchungen anstellen, und eine von der Akademie der Wissenschaften zur Prüfung der

Möglichkeit ernannte Kommission sprach sich gar nicht aus. Dem Herzhaftesten bangte vor einer solchen Reise, und König Ludwig XVI., an welchen man sich wegen Erlaubniß dazu wandte, verweigerte dieselbe, versprach aber zwei zum Tode verurtheilte Verbrecher zu begnadigen, wenn sie die Reise machen wollten. Dieser letzte Vorschlag erregte den lauten Unwillen des kühnen Luftschiffers. „Warum", sprach er, „sollen gemeine, aus der menschlichen Gesellschaft gestoßene Verbrecher den Ruhm haben, die Ersten gewesen zu sein, welche sich in die Lüfte erhoben?" Er wandte sich an die einflußreichsten Personen am Hofe, der Marquis d'Arlande unterstützte sein Gesuch und erbot sich vor dem Könige, um diesen von der Ungefährlichkeit des Unternehmens zu überzeugen, selbst die Luftfahrt mitzumachen. Von allen Seiten bestürmt, gab Ludwig XVI. endlich die Erlaubniß dazu, und am 21. Oktober 1783 stiegen denn die Beiden, Pilâtre de Rozier und der Marquis d'Arlande, auf.

Der Ballon hob sich, trotz eines heftigen Windes, mit großer Schnelligkeit. Als die kühnen Reisenden eine ziemliche Höhe erreicht hatten und über den Köpfen von mehreren Hunderttausenden dahinschwebten, schwenkten sie die Hüte und nahmen von der staunenden und für sie fürchtenden Menge Abschied. Immer höher und höher stieg der Ballon, bald konnte man die beiden Figuren nicht mehr erkennen, und das Fahrzeug selbst wurde den Beobachtern kleiner und immer kleiner. Es folgte dem Laufe der Seine bis zur Schwaneninsel, dann überschritt es den Fluß und zog sich über Paris hin, und zwar in solcher Höhe, daß man es selbst in den engsten Gäßchen noch zu sehen vermochte. Die Thürme der Kirche von Notre-Dame waren mit Schaulustigen ganz bedeckt. Als der Ballon in gerader Linie zwischen ihnen und der Sonne stand, bedeckte er dieselbe und hüllte die Zuschauer auf kurze Zeit in seinen Schatten, — eine neue, eigenthümliche Art Sonnenfinsterniß. Der Ballon hatte jetzt eine sehr beträchtliche Höhe erreicht, die sich vermehrte oder verminderte, je nachdem die Reisenden das Feuer anschürten oder nicht. Schon hatte man das Invalidenhotel und die Militärschule passirt, da rief d'Arlande: „Es ist genug, nun zur Erde!" Das Feuer ward nicht weiter angefacht, der Ballon senkte sich langsam und ließ sich nach 25 Minuten etwa 1½ Meile von La Muette nieder. D'Arlande bestieg sofort ein Pferd und eilte zu der noch immer am Abfahrtsorte stehenden staunenden Menge zurück. In zehn Minuten hatte man den Ballon eingepackt, auf einen Wagen geladen und nach der Stadt gefahren, wohin ihn der kühne Pilâtre de Rozier begleitete. Unter den Zuschauern bemerkte man auch den berühmten Benjamin Franklin, welcher Zeuge einer neuen Eroberung des menschlichen Geistes über die Elemente sein wollte. Man frug ihn, von welcher Tragweite er die neue Erfindung halte, aber vorsichtig vermied er eine bestimmte Erklärung. „Es ist ein neugeborenes Kind!" sagte er. Die Folgezeit wird zeigen, daß die Erziehung des scheinbar vielversprechenden Kindes sehr wenig glückliche Resultate gebracht hat.

Kurze Zeit auf die erste sollte Paris das Schauspiel einer zweiten Luftreise haben, welche Charles und Robert in einem mit Wasserstoffgas gefüllten und auf allgemeine Subskription hergestellten Ballon zum Zwecke physikalischer Untersuchungen, wie sie ankündigten, ausführten. Dies war kein so waghalsiges Unternehmen mehr als das erste; der geistreiche Charles hatte für Alles gesorgt, mit einem Mal Alles erfunden, was wir noch heute als nothwendige Stücke am Luftballon sehen: die Klappe, die Gondel mit dem Netz, den Ballast, den mit Gummi elasticum überzogenen Stoff, den Anker, Anwendung barometrischer Höhenmessungen, das Waschen des Gases u. s. w. Ein Monat hatte genügt, alle diese Vorrichtungen zu erdenken und auszuführen; am 1. Dezember 1783 sollten sie ihre Probe bestehen. Die Hälfte von Paris drängte sich um die Tuilerien, von wo die Auffahrt stattfinden sollte und wo der gefüllte, aber noch an langen Seilen gehaltene Ballon sich schon weich in den Lüften schwenkte; da erhielt Charles plötzlich Ordre vom König, die Luftfahrt zu unterlassen; es sei zu gefährlich. Dieselbe Bestürzung wie bei Pilâtre de Rozier; dieselbe Aufregung im Publikum, welches von der Partei der Montgolfiers eifrig gehetzt und gestachelt wurde, Audienzen, Beschwörungen; da ertönt endlich auch hier der Signalschuß: die Luftschiffer nehmen in ihrer Gondel Platz, ein zweiter: die Seile werden gelöst und der Ballon schwingt sich mit majestätischer Ruhe empor.

Die Reiſenden erhoben ſich 5—600 Meter und ließen ſich neun Stunden von Paris in der Ebene bei Nesle nieder. Robert ſtieg zuerſt aus, aber der dadurch um 70 Kg. erleichterte Ballon erhob ſich mit größter Schnelligkeit mit dem zurückgebliebenen Charles bis zu einer Höhe von wol 3000 Meter. Die beim Herabſteigen der beiden Reiſenden geſehene und eben untergehende Sonne ward von dieſer Höhe von Charles noch einmal erblickt, bis ſie ihm an dieſem Tage zum zweiten Male unterging; er ſelbſt aber gelangte nach 15 Minuten wieder glücklich zur Erde.

Am 5. Januar 1784 ſtiegen Pilâtre de Rozier und der ältere Montgolfier in einem Rieſenballon von 40 Meter Höhe und 32 Meter Durchmeſſer zu Lyon mit noch ſechs Perſonen auf. Der Ballon erhob ſich gegen 1600 Meter, ſank aber nach 15 Minuten infolge eines durch die zu große Belaſtung verurſachten Riſſes zu Boden. Urſprünglich waren nur ſechs Theilnehmer zu der Fahrt beſtimmt; außer den ſchon Genannten noch der Prinz Ligne, die Grafen Laurencin, Dampierre und Laport d'Anglefort: in dem Augenblicke aber, als ſich der Ballon erhob, ſchwang ſich ein junger Mann aus Lyon, welcher bei den Vorbereitungen einige Hülfe geleiſtet hatte, hinein und ſtand plötzlich mitten in der Gondel.

Pilâtre de Rozier hatte ſchon vorher gegen die große Zahl der Mitreiſenden proteſtirt, ſeine Vorausſetzungen beſtätigten ſich jetzt um ſo mehr, denn bei dem ſehr bald darauf eintretenden Heruntergehen ſchlug die Gondel ſehr unſanft auf die Erde, und Montgolfier gerade, der ihnen am wenigſten geglaubt, hatte die Gewalt des Aufprallens auf die Erde am unangenehmſten zu empfinden. Trotz dieſes halben Mißlingens ſchwamm Lyon in einem Taumel von Enthuſiasmus, und die Luftfahrer berauſchten ſich förmlich in den Huldigungen, welche ihnen von allen Seiten gebracht wurden.

Auch in anderen Ländern machte man die Luftfahrten nach, zuerſt in Italien, wo der Chevalier Andréani aufſtieg.

Im März deſſelben Jahres (1784) unternahm Blanchard, der ſich ſchon lange vor den Montgolfiers mit der Konſtruktion von Luftſchiffen und Fliegmaſchien beſchäftigt hatte, ſeine erſte Luftreiſe. Sein Ballon war mit Rudern und Steuerungen (ſ. Fig. 117) verſehen, von deren nützlichem Einfluß Blanchard nach ſeinem Herabkommen — er behauptete, 600 Meter höher als alle Luftfahrer vor ihm geſtiegen zu ſein — feſt überzeugt ſchien. Auch eine Frau Thible, die erſte Frau, welche das gefahrvolle Unternehmen wagte, ſtieg zu Ehren des Königs von Schweden am 4. Juni 1784 in Lyon auf u. ſ. w.

Die meiſten dieſer Fahrten gewähren kein beſonderes Intereſſe. Dagegen iſt zu verzeichnen die erſte wirkliche Luftreiſe, d. h. eine Reiſe in beſtimmter, beabſichtigter Richtung und über eine beträchtliche Entfernung.

Das Meer trennt England von Frankreich bekanntlich in einer Breite von ſechs Meilen. Calais in Frankreich und Dover in England ſind die beiden nächſten Punkte. Von letztgenanntem Orte aus verſuchte Blanchard in Begleitung des Amerikaners Jefferys den 7. Januar 1785 nach Frankreich zu reiſen, und ſein Unternehmen gelang ihm vollkommen. Nach einer Zeit von 2 Stunden 32 Minuten kamen die Reiſenden glücklich in der Nähe von Calais, am Walde von Guines, auf dem Feſtlande an. So glücklich die Reiſe auch abgelaufen war, ſo war ſie doch nicht ohne Gefahren, indem der Ballon gegen das Ende derſelben ziemlich tief ging. Die Luftſchiffer waren genöthigt, zu ſeiner Erleichterung den letzten Ballaſt, ihre Bücher, Lebensmittel, die Kleider, ſelbſt den Anker ins Meer zu werfen; ja ſie waren bereits entſchloſſen, ſich im Strickwerke anzuklammern und auch die Gondel noch abzuſchneiden, wenn die Steigkraft des Ballons nicht hinreichen ſollte, ſie vollends hinüber zu tragen. Doch dieſe Nothwendigkeit trat nicht ein; ſie langten wohlbehalten auf franzöſiſchem Boden an, nachdem die Bewohner von Calais ſie bereits, nicht ohne große Beſorgniß, ſeit langer Zeit, erſt mit Ferngläſern, ſpäter mit bloßen Augen, über dem Kanal ſchwebend geſehen hatten. Man empfing ſie mit der größten Theilnahme; reiche Geſchenke an Geld belohnten den muthigen, in Frankreich bisher noch nicht gehörig beachteten Blanchard, und eine Ehrenſäule in der Nähe von Calais, da, wo er wieder den feſten Boden betreten hatte, bewahrt das Gedächtniß an die kühne That.

Leider wurde der günstige Erfolg dieser gewagten Unternehmungen die Ursache zu einem der traurigsten Ereignisse, welches die Geschichte der Luftschiffahrt kennt. Als Pilâtre de Rozier die Kunde von Blanchard's Reise erhielt, beschloß er, angestachelt vom Ehrgeiz, von Frankreich nach England zu fahren. Der nach seinen eigenen Ideen gebaute Ballon bestand aus einer höchst gefährlichen Verbindung der Montgolfière und Charlière, indem unter einem mit Wasserstoff gefüllten großen Ballon ein cylinderförmiger Theil sich befand, in welchem Luft durch Feuer verdünnt werden sollte. Vergebens warnte man ihn von allen Seiten; auch Charles sagte ihm: „Freund, Sie hängen ein Pulverfaß über Feuer"; aber sein Verhängniß riß ihn hin. Bei sehr ungünstigen Witterungsverhältnissen stieg die Doppelmaschine am 13. Juni 1785 in Calais auf. Bald schwebte sie über dem Meere, aber ein Windstoß warf sie nach der Küste zurück, und der Luftschiffer, der bei so stürmischem Wetter die Reise nicht fortsetzen zu wollen schien, bereitete sich schon zum Herabgehen, indem er die unvollkommen eingerichtete Klappe zog.

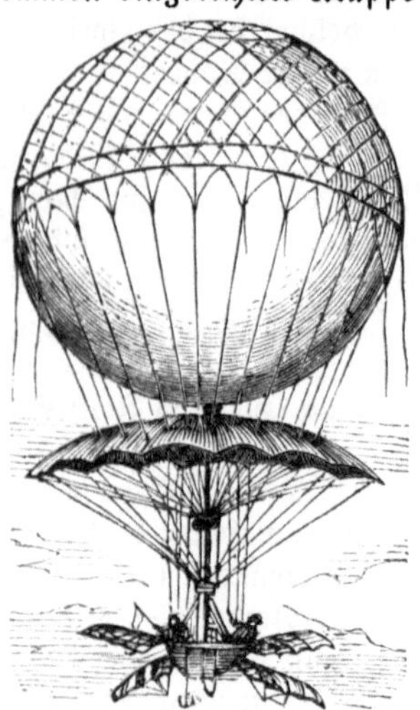

Fig. 117. Blanchard's Luftballon mit Fallvorrichtung.

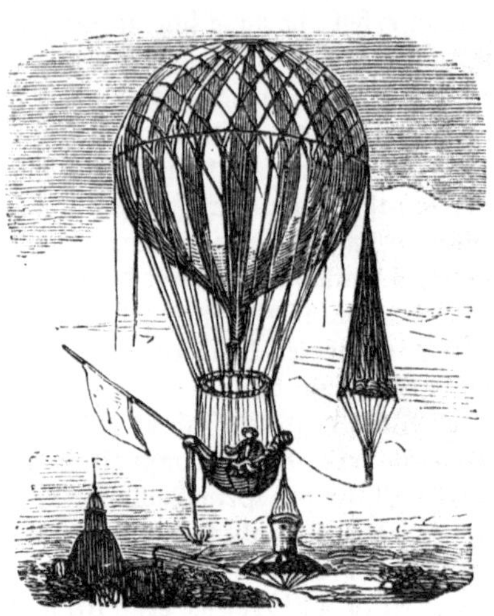

Fig. 118. Robertson's Fallschirm.

Die Luft strömte aus, die Klappe schloß sich nicht wieder und mit furchtbarer Schnelligkeit stürzte der Ballon zur Erde nieder. Eine gräßliche Ironie des Zufalls ließ den Sturz wenige Schritte von der Stelle geschehen, wo die dem glücklichern Blanchard vor kurzer Zeit erst errichtete Triumphsäule stand. Pilâtre de Rozier ward im Auffallen getödtet, sein unglücklicher Begleiter, ein junger Physiker von Boulogne, Namens Romain, lebte noch, endete aber zehn Minuten später gleichfalls. Dies waren die ersten Opfer der Luftschiffahrt.

Der Fallschirm. Die ungünstigen Ausgänge anderer Luftfahrten führten zu mancherlei Vorschlägen, durch deren Ausführung man im schlimmsten Falle eines unvorhergesehenen Niedergehens die Gewalt des Sturzes unschädlich zu machen hoffte. Sehr bald nach der Erfindung des Luftballons kam man daher auf die Anwendung einer Vorrichtung, welche den letztern Zweck erreicht scheinen ließ. Dies war der Fallschirm, ein Apparat, der in seiner Form mit einem riesigen Regenschirm die größte Aehnlichkeit hat. Es ist nämlich ein solcher Fallschirm weiter nichts, als ein zusammengefalteter, aus starkem Taffet hergestellter Schirm, dessen oberer Theil beim Herabgehen sich ausbreitet und die Luft fängt. Er hat einen ziemlich bedeutenden Durchmesser, 6—10 Meter, und trägt eine herabhängende Gondel, welche den gefährdeten Luftschiffer aufnimmt und, indem sie den Schwerpunkt tief nach unten hält, einem Umschlagen vorbeugt.

Die Idee des Fallschirms ist übrigens eine sehr alte. Ausgeführt wurde sie wol zuerst von dem Professor Lenormand, der sich am 26. November 1783 aus der ersten Etage seines Hauses in Montpellier herabließ, in den Händen zwei große Regenschirme haltend

Der Stoß war sehr gering, er wiederholte die Versuche und kam zu dem Resultate, daß ein Schirm von 4—5 Meter Durchmesser einen Menschen ganz sanft herabtragen müsse.

Der Luftschiffer Blanchard fing damit an, lebende Thiere aus der Höhe im Fallschirme herabzulassen; mit seiner eigenen Person mochte er das Experiment nicht wagen. Dies that später sein Rival Garnerin, der, in den Revolutionskriegen von den Oesterreichern gefangen und in Ofen festgehalten, schon hier einen Schirm heimlich anfertigte, um damit aus der Festung zu flüchten, aber abgefaßt wurde. Ganz dasselbe unternahm auf der Festung Spielberg ein anderer Gefangener, Drouet, der sich wirklich herabließ, aber dabei doch ein Bein brach und liegen bleiben mußte. Gleich nach seiner Freilassung ging Garnerin daran, sein Fallschirmexperiment von einem Ballon herunter auszuführen (Paris, den 22. Oktober 1797). Er kam ziemlich unsanft herab, denn sein Schirm machte sehr bedenkliche und heftige Schwankungen. Man erkannte nun, daß ein Fallschirm, um stetig zu sinken, oben ein kleines Loch oder Abzugrohr haben muß, was nun von da ab nie mehr fehlte.

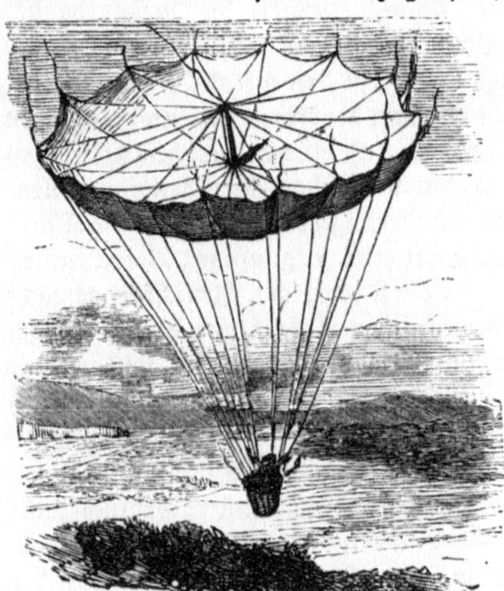

Fig. 119. Cocking's Sturz.

Fig. 120. Testu-Brissy's Luftritt.

Das Beispiel Garnerin's wurde später oft genug nachgeahmt, so daß man sagen kann, es sei bei gehöriger Einrichtung des Fallschirms keine besondere Gefahr damit verbunden; aber gerettet hat sich merkwürdiger Weise noch nie ein in Bedrängniß gerathener Luftschiffer damit. Die waghalsige Frau Garnerin schloß oft ihre Luftfahrten damit, daß sie den Ballon verließ und mit dem Fallschirme herabkam. Augenzeugen versichern, es habe sie wie ein Blitz durchzuckt, wenn die Frau mit dem noch zugeklappten Schirm einem Pfeile gleich aus den Lüften herabschoß; aber immer öffnete sich der Schirm noch zeitig genug, um sie sanft auf die Erde abzusetzen.

Robertson suchte den Fallschirm zu verbessern, indem er ihm die Gestalt eines doppelten Regenschirmes gab, von denen der eine sich auf-, der andere sich abwärts entfaltete (s. Fig. 117). Allein dies war ein Irrthum, welcher mit einem Menschenleben bezahlt ward. Noch naturwidriger war der Fallschirm des Engländers Cocking eingerichtet. Cocking war mit Green mehrmals aufgestiegen und hatte sich eingebildet, die Welt mit einem vorzüglichen Fallschirm beglücken zu können, indem er demselben die Form eines umgekehrten Regenschirmes gab, da er bemerkt hatte, daß jeder Regenschirm beim Herabfallen von einer angemessenen Höhe sich sogleich umdreht. Der Mann hatte nicht überlegt, daß dies nur infolge des Widerstandes der Luft geschieht, und daß die dann abwärts gekehrte Wölbung das Abgleiten der Luft begünstigt, wodurch der Schirm schneller der Richtung der Schwere folgen kann. Für alle Warnungen taub, bestand Cocking darauf, seinen verkehrten Fallschirm zu probiren, und Green war leichtsinnig genug, dieser Thorheit nachzugeben:

Am 27. September 1836 stiegen beide zu Vauxhall in London auf, wobei der unglückliche Fallschirm unter der Gondel befestigt war, Cocking aber sich in einem darunter befindlichen Korbe befand. Nachdem man eine Höhe von ungefähr 1000 Meter erreicht hatte, warnte ihn Green noch einmal, allein Cocking durchschnitt das Seil, welches ihn bis jetzt mit dem Ballon verbunden hatte, und ehe es Green an dem außerordentlich schnellen Aufsteigen seines Ballons bemerken konnte, erblickte er ihn nur noch schwach, wie er die Lüfte in großer Schnelligkeit durchschnitt, so daß er in der letzten Sekunde beinahe 20 Meter Raum durch= fallen, jene 1000 Meter aber in 1½ Minute zurückgelegt hat. Man eilte nach der Stelle, wo der Schirm gefallen war, und fand den verwegenen Mann gänzlich zerschmettert. —

Die Zahl der Luftfahrer mehrte sich von Tage zu Tage, und man zählte bereits im März 1785 an 35 ausgeführte Unternehmungen dieser Art. So häuften sie sich noch in der Folge durch den aufregenden Reiz, den ein Aufsteigen in die Wolken darbieten mußte, auf ganz merkwürdige Weise. Es entstanden Luftschiffer von Fach, welche einen Gelderwerb aus dem Aufsteigen machten und immer durch neue Abwechselungen die Neugierde des Publikums rege zu halten sich bemühten. Testu=Brissy nahm gar ein Pferd mit in die Gondel, auf welchem reitend er emporschwebte (Fig. 120). In den öffentlichen Gärten zu Paris ließ man als Surrogat Luftballons steigen, denen man die Form von mythologischen Persönlichkeiten gab, oder die als Pegasus gestaltet waren, und eine dergleichen Albernheit wurde immer wieder durch eine andere verdrängt. Einen wirklichen Fortschritt, eine neue Erfindung bemerken wir nirgends, und was unsere Bewunderung erregt, ist mehr die Kühn= heit, mit welcher viele Luftschiffer ihre Fahrten unter oft sehr ungünstigen Verhältnissen ausführten, als die Eroberungen, welche sie dadurch für die Kultur der Menschheit gemacht hätten. Wir wollen deshalb auch nicht mit einer chronistischen Aufzählung der verschiede= nen Luftfahrten, die in aller Herren Ländern unternommen wurden, ermüden, sondern nur einige wenige herausgreifen, die durch den besondern Verlauf, den sie nahmen, oder durch einige Resultate, die sie gebracht, bemerkenswerth sind.

Nach dem Tode des berühmten Blanchard setzte seine Frau die Luftschiffahrten fort, erwarb sich ein beträchtliches Vermögen, bewies aber auch bei ihren außerordentlich zahl= reichen Auffahrten nicht selten die größte Verwegenheit. Es ist manchmal vorgekommen, daß sie, gegen Abend aufgefahren, die ganze Nacht in ihrem Ballon zubrachte und in der Gondel ruhig schlief, um erst am andern Morgen wieder auf die Erde herabzusteigen. Schon 1817 wäre sie bei einer zu Nantes veranstalteten Luftreise beinahe verunglückt; sie stürzte in einen Morast, der Ballon blieb jedoch noch in den Aesten eines Baumes hängen, so daß sie sich so lange in der Höhe erhalten konnte, bis man ihr zu Hülfe kam. Ihr Un= glück ereilte sie aber kaum zwei Jahre darauf. Den 6. Juli 1819 stieg sie im Tivoligarten zu Paris auf und gedachte den Zuschauern das prachtvolle Schauspiel eines Luftfeuerwerks zu geben. Als sie eine beträchtliche Höhe erreicht hatte, versuchte sie eine am Fallschirm be= festigte Flammenkrone von bengalischem Feuer anzuzünden, wobei sie sich einer Lunte be= diente. Allein durch eine unglückliche Wendung des Ballons gerieth sie damit in die Nähe der untern Ballonöffnung, und das im Ballon befindliche Wasserstoffgas entzündete sich. Man bemerkte deutlich, wie die muthige Luftschifferin bemüht war, durch Zusammendrücken des Ballonschlauchs das Feuer zu ersticken, dann aber, als sie die Vergeblichkeit ihrer Be= mühungen erkannte, sich in die Gondel setzte und den Ausgang erwartete. Gleich einem Meteor leuchtete das verbrennende Gas, der Ballon sank ziemlich langsam, und wäre die Luft ruhig geblieben, so wäre Madame Blanchard vielleicht noch glücklich auf dem Erdboden angelangt; allein plötzlich erhob sich ein etwas stärkerer Luftzug und trieb den Ballon nach Paris zu. Er stürzte auf ein Dach, die Gondel glitt am Abhange desselben hinunter, Ma= dame Blanchard stürzte heraus und der Ruf um Hülfe war das Letzte, was man von ihr vernahm. Man hob sie mit zerschmettertem Schädel von dem Straßenpflaster zu Paris auf. Der Ballon war leer und beinahe unbeschädigt, das darin gewesene Gas gänzlich verzehrt.

Neben dem Namen Blanchard steht eine große Anzahl Anderer, welche sich durch zahl= reiche Luftfahrten bekannt gemacht haben, die Garnerin's, Jakob und Elise, seine

Nichte, Robertson, Margat Coxwell, vor Allen aber die beiden Green, Charles Green, Vater, und George Green, Sohn; in neuerer Zeit Coxwell, die Gebrüder Godard, Nadar, die Tissandiers, die unglücklichen Crocé=Spinelli und Sivel, welche ihren Tod durch Erstickung in einer Höhe fanden, die wahrscheinlich vor ihnen noch niemals erreicht worden war und in die sie auch wider Willen hinauf gerissen worden waren. Ihre Erlebnisse dürften für Romanschriftsteller manche spannende Episode darbieten, uns können sie nur ein geringes Interesse einflößen. Wissenschaftlicher Zwecke wegen sind Luft= fahrten außer von Gay=Lussac und Biot in der Neuzeit namentlich von Glaisher und Welsh in England und von Flammarion in Frankreich ausgeführt worden. Zwar schmeichelt sich Jeder, der das merkwürdige

Fig. 121. Green's Luftballon.

Fahrzeug, den Luftballon, zum ersten Male bestiegt, zur Lösung meteorologischer Fragen durch seine Beobachtungen mit beizutragen, und Viele rüsten sich daher auch mit Appa= raten und Instrumenten aus, als gälte es, den Venusdurchgang zu beobachten. Es ist das aber für die Wissenschaft überflüssig und für den Genuß, den die Luftfahrt sonst zu gewähren vermag, nur störend. Freilich denken die Franzosen über diesen Punkt an= ders, und die Herren Tissandier haben ihre angeblich wissenschaftlicher Untersuchungen wegen unternommenen Luftfahrten mit großer Emphase beschrieben und die Schilderung mit gelehrt klingenden Phrasen reich durchspickt. Mag man aber auch der Sache einen An= strich geben, welchen man will, der Kern ist dilettantische Selbsttäuschung. Beobachtun= gen, die nicht kontrolirt, d. h. nicht unter genau denselben Verhältnissen wieder an= gestellt werden können, haben für die Wissen= schaft nicht den geringsten Werth, wenn der Beobachter nicht auf andere Weise bereits sich den Kredit eines streng wissenschaftlichen Forschers erworben hat. Der Dilettant weiß nicht einmal die Frage zu stellen, die er zu beantworten sich unterfängt. Und wie Der= jenige, der auf einen Viehmarkt geht, sich lächerlich macht, wenn er die Absicht mit= nimmt, durch seine Beobachtungen die Zoologie zu fördern, so soll Derjenige, der einmal mit dem Ballon aufsteigt, auch nicht sich

einbilden, der Meteorologie großen Nutzen zu bringen. Dem Eindrucke, den die Erhebung in die Lüfte auf seinen innern Menschen machen wird, möge er sich allein hingeben; Ungeahntes zu schauen, ist wohl werth, daß man sich's nicht selbst verkümmert.

Trotzdem man bei der Luftschiffahrt von Vervollkommnung nicht wohl reden kann — die Erfindungen, welche das merkwürdige Fahrzeug so sicher wie möglich gemacht haben, sind alle bereits in den ersten Jahren gemacht worden, das Leitseil etwa ausgenommen, welches Green dem Ballon beigab — trotzdem also die Luftschiffahrt heute noch keine andere ist als im Jahre 1784, ist die Zahl der Luftreisen in der letzten Zeit eine sehr große ge= worden. Die Erfahrung hat ergeben, daß die Gefahren, welchen sich Derjenige aussetzt, der die rohrgeflochtene Gondel besteigt, um sich von der taffetnen Gasblase über den Erdboden emporheben zu lassen, nicht größere sind, als denen der Reisende im Wagen ausgesetzt ist. Wenn man auf die 20,000 Luftfahrten, welche nach annähernder Schätzung ausgeführt worden sind, diejenigen mit unglücklichem Ausgange vertheilt, so erweist sich ein Verhältniß, das die Befürchtungen für diese merkwürdige Art des Fortkommens durchaus nicht berechtigt erscheinen läßt. Den angsterregenden Anschein paralysirt die Statistik.

Durch die verhältnißmäßig große Sicherheit ist das Zutrauen zu dem Luftballon gewachsen, und es ist in den letzten Jahren fast zur Modesache geworden, an einer Auffahrt Theil genommen zu haben, eben so wie es Modesache geworden ist, die höchsten Spitzen der Alpen zu erklimmen. Und wenn man eine Parallele zieht zwischen Beiden, so befindet sich der Luftschiffer dem Bergsteiger gegenüber in dem großen Vortheil, den wundervollen Wechsel der Erscheinungen, welche die Erhebung über den Meeresspiegel begleiten, in raschester Aufeinanderfolge auf seine durch keinerlei Anstrengungen ermatteten Sinne wirken zu lassen, während der Fußwanderer oft nur in der Ueberwindung der Schwierigkeit seinen Lohn finden muß, da die Strapazen und Entbehrungen häufig für andere Eindrücke jede Empfänglichkeit vernichten. Indessen möchten wir überhaupt nicht in allen Fällen die beiden Arten, in die Höhen des Luftmeeres zu dringen, mit einander vergleichen. Außer etwa darin, daß Ausgang, Erreichung der größten Höhe und Rückkunft durch Maxima und Minima des Barometerstandes bezeichnet werden, haben sie eigentlich nichts Uebereinstimmendes, man müßte denn die Einförmigkeit der Schilderung, welche die Beschreibungen der Luftfahrer in derselben Weise charakterisirt wie die Berichte der Alpenklubs, als etwas Gemeinsames ansehen. So viel des Großartigen auch für den Reisenden selbst die Fahrt bietet, so wenig läßt sich dasselbe in Worte fassen, welche dem Unbetheiligten ein Bild davon geben könnten; und da die allgemeinen Erscheinungen, auf deren Erwähnung die Schilderung schließlich sich beschränken muß, bei jeder Fahrt wiederkehren, so ähnelt ein solcher Bericht dem andern wie ein Ei dem andern. Wir begnügen uns daher, aus der großen Zahl der Schilderungen von Luftfahrten nur einige wenige heraus zu greifen, welche durch die dabei betheiligten Persönlichkeiten, durch besondere Zufälle oder auch durch ihre Darstellung ein erhöhtes Interesse für uns haben.

Green's Luftfahrt über den Kanal. Der Name Green ist mit der Geschichte der Luftschiffahrt auf das Engste verflochten; man wird bei Napoleon immer an Kriege, bei Paganini immer an die Geige, bei dem Namen Green wird man immer an den Luftballon denken. Der alte Green, der vor wenig Jahren noch als vierundachtzigjähriger Greis in einer der Vorstädte Londons lebte, hat über 1600 Luftfahrten ausgeführt, ist dreimal über den Kanal geflogen und hat in seiner Gondel unter den mehr als 700 Passagieren, die mit ihm Reisen gemacht haben, auch 120 Frauen zu Begleiterinnen gehabt. Vor allen interessant ist die Reise, welche Charles Green im November 1836 von London aus unternahm.

Die Reise über den Kanal war seit Pilâtre de Rozier zu wiederholten Malen, theils von England, theils von Frankreich aus, gemacht worden, als am 7. November 1836 Green mit noch zwei Gefährten in London aufstieg. Sein großer Ballon war statt des theuren Wasserstoffgases mit dem viel wohlfeileren, aber nicht so leichten Kohlenwasserstoffgas (Leuchtgas) gefüllt. Die Reisenden hatten noch englischen Boden unter sich, als schon der Abend anbrach, doch bewegte sich der Ballon unzweifelhaft nach der französischen Küste zu. Es ward Nacht. Die Schiffer schwebten über der stürmischen Nordsee, sie erkannten dieselbe am Gebrause der Wellen, während der Ballon sich rastlos in den oberen Regionen fortbewegte. Von Weitem erblicken sie ein Lichtmeer; es ist die Hafenstadt Calais; der Ballon fliegt bald darauf fast über sie hoch in den Lüften weiter. Mitternacht ist gekommen, da gewahrt man in der Ferne, außer vielen anderen bisher ununterbrochen auf einander folgenden Orten, einen neuen von ganz besonderm Umfange. Man geht fast über das von Gasflammen erleuchtete Lüttich hinweg, aber auch diese Lichter erlöschen, und die Luftschiffer sind die einzigen Wesen, die, in die Dunkelheit der Nacht gehüllt, den etwas leuchtenden Ballon über sich, den Luftraum durchsegeln. Die Reise geht über Belgien und die preußischen Rheinlande; schon sehen sie in den Morgenstunden wieder überall aufflammende Lichter, bis der

Tag sie endlich begrüßt und die Sonne sich über die Erde erhebt. Ein schönes Hügelland liegt unter ihnen, die Morgennebel weichen und nunmehr gedenken sie sich niederzulassen. Der Anker fällt, bereits sind Landleute auf dem Felde, man hat sie bemerkt, und so befremdlich auch immer ihr Erscheinen ist, so leistet man doch gern thätige Hülfe. Die Ankömmlinge erfahren zu ihrem Erstaunen, daß sie in der Gegend des Mittelrheins, bei Weilburg im Nassauischen, sich befinden und beinahe 90 deutsche Meilen in 19 Stunden zurückgelegt haben. Der Ballon, mit welchem diese Reise ausgeführt wurde, erhielt in Zukunft den Namen Nassau; Green hat allein in ihm 130 Luftfahrten gemacht.

Guérin's unfreiwillige Erhebung. Daß es auch unfreiwillige Luftfahrer geben könne, ersehen wir aus einem Falle, der sich 1843 zu Nantes ereignete. Dort hatte der Luftschiffer Kirsch eine große Aufsteigung angekündigt. Eine ungeheuere Zuschauermenge drängte sich in und um die Promenade von La Fosse. Schon war der Ballon gefüllt und Alles zur Abfahrt bereit, als plötzlich eines der Seile, womit er an zwei Masten befestigt war, zerriß. Das andere war nun nicht mehr ausreichend, um ihn zurückzuhalten, und der Ballon hob sich, das Schiffchen, welches nur erst an einer Seite festgeknüpft war, sowie das Rettungsseil, woran der Anker hing, mit sich fortreißend. Eine ziemliche Strecke schleift der Anker auf dem Pflaster hin und erfaßt einen zwölfjährigen Knaben, Namens Guérin, einen Stellmacherlehrling, hakt sich an dessen Beinkleidern fest, reißt sie vom linken Knie bis zur Hüfte auf und bleibt dort in schräger Richtung an dem Unterleibe hängen, so daß die eine Ankerspitze über der linken Hüfte aus den Beinkleidern hervordringt. So festgehakt wird der Knabe, der noch keine Ahnung hat, welch eine gefährliche Luftfahrt ihm bevorsteht, ein Stück mit fortgeschleift, ehe seine Füße den Boden verlassen. Von einem unbewußten Instinkt geleitet, klammert er sich mit beiden Händen an das Ankerseil an, als wolle er sich mit klarem Bewußtsein zur Fahrt vorbereiten und durch diese Stellung sichern, und wird nun, zum großen Entsetzen der versammelten Menschenmenge, mehr als 100 Meter hoch in die Lüfte emporgetragen. Eine furchtbare Katastrophe schien Allen unvermeidlich; allein wie durch ein Wunder senkt sich der Ballon in kurzer Entfernung von der Stadt, fällt langsam auf einer Wiese nieder und der Knabe geht gesund und unversehrt aus dieser gräßlichen Prüfung seines jugendlichen Muthes hervor.

Arban's Auffahrt in Triest. Der Franzose Arban hatte 1846 den Triestinern mehrmals eine Luftfahrt angekündigt, mußte aber solche wegen eingetretenen schlechten Wetters zweimal aufschieben. Am 8. September hatte man endlich im Hofe der großen Kaserne den Ballon mit Gas zu füllen angefangen und einen kleinen Ballon steigen lassen, um die Richtung des Windes zu erkennen; damals ging der Wind von Südwest gegen Nordost. Durch ein Versehen bei Bereitung des Gases wurde davon nicht die nöthige Menge erzeugt, um den Ballon damit so zu füllen, daß er geeignet gewesen wäre, den Luftfahrer und die mit verschiedenen Geräthen angefüllte Gondel zu tragen. Es schlug bereits 6 Uhr, ohne daß die versprochene Fahrt, welche auf 4 Uhr angesagt worden war, stattfinden konnte, und die Menge fing an, unruhig zu werden. Nun faßte Arban, in der Voraussetzung, daß man glauben werde, er wolle das Publikum hintergehen, den tollkühnen Entschluß, ohne die Gondel, sich nur an dem dünnen Seile festhaltend, in die Luft zu fahren. Er entfernte unter schicklichem Vorwande sowol den Polizeikommissar als seine eigene Frau, die mit ihm die Luftfahrt unternehmen sollte, wie sie es bereits früher in Mailand und Vicenza gethan hatte, löste die Gondel ab, schürzte die Seile, an die sie befestigt war, in einen Knoten, setzte sich darauf, ließ den Luftballon los, und indem er sich mit der linken Hand an die Seile hielt und mit der rechten das Volk grüßte, erhob er sich zum Erstaunen aller Anwesenden in die Lüfte. Mit Bewunderung sah man dem verwegenen Luftfahrer nach, welcher lieber sterben als sich eines Wortbruches schuldig machen wollte. Der Ballon stieg majestätisch gerade aufwärts, bis er die Höhe von etwa 400 Meter erreichte, und schien sodann die Richtung gegen die Berge von Carso zu nehmen; plötzlich aber änderte er seinen Weg und wurde mit außerordentlicher Schnelligkeit in der entgegengesetzten Richtung und zwar gegen den Golf von Triest dahingetragen. Eine Stunde lang sah man ihn immer in der nämlichen Richtung, bis er in den Wolken verschwand. Man gab Arban verloren, bedauerte ihn aber aufrichtig, um so mehr, da die Verzweiflung seiner Gemahlin, welche die ganze Nacht am äußersten Ende des Molo San Carlo zubrachte, jeden fühlenden Menschen tief rühren mußte. Eine große Anzahl Barken wurden sogleich ausgeschickt, um dem ungefähren Laufe des Luftballons zu folgen, allein die ganze Nacht verstrich, und immer noch blieb Arban's Schicksal unbekannt.

Am folgenden Morgen endlich erschien bei Sanitàd marittima ein Fischerkahn, worauf sich der Luftschiffer befand. Der Kahnführer und sein Sohn gaben an, sie seien am vorigen Montag von Chioggia abgefahren, um in den Gewässern von Grao auf den Fischfang auszugehen. Als sie sich eben zur Arbeit anschickten, sahen sie den kaum noch zur Hälfte gefüllten Luftballon mit Arban auf den Wellen schwimmen, der, bis an die Schultern im Wasser, sich nur mühsam über demselben erhalten konnte; sie steuerten auf ihn los, erreichten ihn etwa zwei italienische Meilen entfernt von dem Felsen von Grao und retteten ihn vom sichern Tode. Dies geschah gegen 11 Uhr Abends. Nach Aussage Arban's war er schon vor 8 Uhr herabgekommen; er hatte demnach drei volle Stunden im Meere zugebracht und, da er das Spiel der Wellen wurde, eine Menge Meerwasser schlucken müssen. Indessen kam er doch noch wohlfeilen Kaufs davon und es hatte, mit Ausnahme eines Fiebers, dieser halsbrecherische Versuch keine weitern Folgen für ihn.

Coxwell's und Gypson's mißglückte Luftfahrt bei Nacht. Der unglückliche Ausgang vieler Luftfahrten ist nicht immer einer und derselben Ursache zuzuschreiben. Es können eine Menge Umstände eintreten, und zwar so plötzlich, daß die Umsicht des Erfahrendsten nicht hinreicht, im rechten Augenblicke allemal das entscheidende Gegenmittel anzuwenden, denn infolge der bedeutenden Größe der Maschine sind die einzelnen Theile nicht anders zugänglich als durch Schnurwerk, das sich leicht verfitzt, und, was noch schlimmer ist, sie sind für die Luftschiffer selbst zum größten Theil unsichtbar und die Diagnose ist oft nicht so rasch zu machen, als das Unglück schon geschehen ist. Das Schicksal selbst geübter Physiker und erfahrener Luftschiffer beweist dies zur Genüge. Der Ballon, in welchem Carlo Brioschi, königlicher Astronom zu Neapel, und Signor Andreani aufstiegen, zerplatzte in den höheren dünnen Luftschichten; das Versagen des Ventiles kostete Coxwell und seiner Gesellschaft beinahe das Leben.

Am 9. Juli 1847 wollten Coxwell und Gypson in Begleitung mehrerer Anderer Abends in den Gärten des Vauxhall aufsteigen und vom Ballon aus ein Feuerwerk abbrennen. Es war ungewöhnlich dunkel und nebelig, kaum wehte ein Lüftchen, aber ein Gewitter war im Anzuge. „Endlich", erzählt der Berichterstatter, „waren alle Vorbereitungen getroffen. Wir nahmen einige Vorräthe mit, da Herr Gypson beabsichtigte, die ganze Nacht oben zu bleiben, und nachdem noch sechs oder acht Säcke Sand als Ballast eingeladen waren, gab er den Befehl, den Ballon loszulassen. Die Musik spielte, das Volk jubelte und der Ballon stieg mit außerordentlicher Schnelligkeit auf, drehte sich aber im Aufsteigen herum. Der erste Versuch, das Feuerwerk mittels eines Schusses in Brand zu bringen, schlug fehl, der zweite gelang besser, und Kaskaden von farbigem Feuer schossen durch die Lüfte, was eine herrliche Wirkung gemacht und von Vauxhall aus vortrefflich ausgesehen haben muß. Inzwischen begann auch das Feuerwerk in Vauxhall, und wir sahen sowol den Lichtglanz um den Garten herum, als auch das Steigen der Raketen; dann und wann erhellte ein Blitz das ganze Panorama, doch in zu flüchtiger Weise, um die Einzelheiten desselben unterscheiden zu können. Ueber uns war der Himmel sichtbar und mit unzähligen Sternen besäet.

„Wir stiegen immer höher und höher, bis uns Herr Gypson sagte, wir hätten die Höhe von 7000 Fuß erreicht; in diesem Augenblick benachrichtigte Herr Coxwell, welcher die Ventilleine zu halten hatte und auf dem Ringe des Netzwerkes über uns saß, Herrn Gypson, daß der Ballon infolge der außerordentlichen Verdünnung der Luft sehr straff werde. Es wurde sofort Befehl gegeben, den Ballon zu sichern, indem durch das obere Ventil etwas Gas herausgelassen werden sollte. Herr Coxwell zog an der Leine, und gleich darauf hörten wir ein Geräusch, ähnlich, aber nicht so laut wie das, wenn man den überflüssigen Dampf einer Lokomotive ausströmen läßt; der untere Theil des Ballons sank rasch zusammen und zog sich gegen den obern Theil ein. Herr Glypson rief sogleich: «Guter Himmel, was ist los?» — worauf Herr Coxwell erwiederte: «Das Ventil! Wir sind Alle des Todes!» und in demselben Augenblicke fing der Ballon an mit erschrecklicher Schnelligkeit zu fallen. Zwei von unserer Gesellschaft brachen sofort in Ausrufe der Furcht und des Schreckens aus; inmittels wurde Alles über Bord geworfen, um den Ballon zu erleichtern, doch es half nichts.

Fig. 122. Coxwell's Ballon in Leipzig.

Der Wind raste noch immer furchtbar über unsere Köpfe hin, und um das Maß des Schreckens dieser wenigen Augenblicke voll zu machen, kamen wir mitten in das Feuerwerk hinein, welches durch die Lüfte zischte, so daß sich einige ausgebrannte Raketen und noch glimmende Pappe an das Seilwerk des Ballons anhängten und dort in Funken zerstoben. Die Blitze zuckten ohne Unterbrechung um uns herum, und die ganze Maschine fing bald an zu zittern und zu beben.

„Wie lange Zeit wir zum Fallen brauchten, kann ich mir gar nicht denken, doch müssen es wenigstens zwei Minuten gewesen sein. Unsere Rettung schreibe ich allein dem Umstande zu, daß das obere Netzwerk des Ballons nicht zerriß und die luftleere Seide in Form eines Sonnenschirms festhielt, der uns als Fallschirm diente. Wir sahen nun die Häuser von London, deren Dächer auf uns zuzukommen schienen, und in dem nächsten Augenblicke, als wir an einem Dachfirst vorübersausten, riefen wir Alle zugleich: «Festgehalten!» Der Anprall, als wir in der Quere zur Erde niederkamen, war furchtbar heftig, wir wurden sammt und sonders aus unserer Gondel herausgeschleudert und fielen in das Netzwerk und die Seide des Ballons, welches erstere uns so umgarnte, daß wir uns Anfangs gar nicht regen konnten, und wären wir in die Themse gefallen, so würde das unser Tod gewesen sein. Es hatte sich sogleich eine große Menschenmasse um uns versammelt, die uns aus unserer Haft befreite und uns herzlich Glück zu unserer Rettung wünschte! So unbegreiflich es scheinen mag, so war doch Niemand ernstlich verletzt: zerrissene Kleider, zerknitterte Hüte und einige Schmarren und Quetschungen, das waren die schlimmen Folgen unseres Falles durch die Strecke einer englischen Meile.''

Coxwell's Aufsteigen von Leipzig aus. Es ist bezeichnend für die ganze Luftschiffahrt, daß sich unser Interesse an ihrer Geschichte von dem Augenblicke an, wo das Aufsteigen von Menschen überhaupt gezeigt, und dann, als zum ersten Male eine bedeutendere Entfernung im Ballon zurückgelegt worden war, lediglich durch die Unglücksfälle nährt, welche den Aëronauten hier und da zugestoßen sind. Alle glücklich zurückgelegten Luftreisen außer der ersten und außer der längsten haben für die Nichtbetheiligten wenig Anziehendes. Das Schauspiel des Aufsteigens selbst ist höchst einfach und vermag dem Verständigen keinen Genuß zu gewähren; die Menge fühlt sich durch den Gedanken an die Möglichkeit eines Unfalles, von dem sie Zeuge sein könnte, gekitzelt — und betrachtet die Luftschiffer nicht anders als die Seiltänzer — Beide könnten doch einmal den Hals brechen.

Anders muß der Eindruck freilich auf Diejenigen sein, welche sich der seidenen Blase anvertrauen und mit der Gondel in dem Luftozeane emporsteigen. Wir wollen die charakteristische Schilderung einer Fahrt folgen lassen, welche unter Coxwell's Leitung 1851 von Leipzig aus unternommen wurde, um zu zeigen, in welcher Weise das Ungewohnte der Eindrücke die Phantasie zu erregen vermag. Die Schilderung ist von unserm Mitarbeiter Herrn Dr. W. Hamm in Wien, der die Fahrt mitmachte.

„Der Ballon (s. Fig. 122) hatte 65 Fuß Höhe, 125 Fuß Umfang, 35,000 Kubikfuß Raumgehalt, mit einer für vier Personen Sitz gewährenden Gondel, und ward im Hofe der Gasbereitungsanstalt mit ungefähr 25,000 Kubikfuß Leuchtgas gefüllt. Nach sorgfältiger Abwägung des Verhältnisses des Ballastes zur Tragkraft des Ballons öffnete Herr Coxwell kurz nach 5 Uhr die Halteklammer, und der Ballon stieg schnell und sicher in der Richtung von Nordost gegen Südwest über den westlichen Theil der Stadt empor, wo er nach wenigen Minuten in der dichten Regenwolkenmasse verschwand, die den Himmel überall gleichmäßig bedeckte. Mit Eintritt in die Wolkengrenze, gegen 4000 Fuß über der Stadt, überflorte zuerst leichtes Nebelgewebe das interessante Bild des bewegten Meßplatzes und entzog es, dichter und dichter werdend, sehr schnell dem Auge vollständig.

„In demselben Momente bildete das Nebelgrau der Wolken mit der ihm als Folie dienenden Farbe der Erde ein nächtliches Dunkel unterhalb der Gondel, während neben und über ihr sich ein überall gleich trübes Hellgrau zeigte. Schnell jedoch verschwand dieses Nachtdunkel wieder und mit ihm das letzte sichtbare Zeichen der Erdnähe. Die Geräusche drangen nur verworren und dumpf zum Ohr; das Auge vermochte seine Kraft an keinem Gegenstande zu messen; schweres Athmen und leichte Kopfbeklemmung erinnerten lebhaft an die dicksten, aber geruchlosen Herbstnebel, deren Dichtigkeit hier übertroffen ward. Die Temperatur war merklich gesunken und feuchtkalt. Tropfbar flüssiger Niederschlag war nicht bemerkbar. Dieses für das Auge unergiebige Terrain ward benutzt, den Anker ans Tau zu knüpfen und herabzulassen. Neue Ballastverminderung beschleunigte den Flug des Ballons, und mit freierer Kraft schwang er sich, ohne merkliche Bewegungen wahrnehmen zu lassen, zur obern Grenze der wol 3000 Fuß im Durchmesser haltenden Wolkenschicht.

„Ueberrascht durch die Schnelligkeit der Scenenveränderung und bewundernd streifte hier das Auge über ein ungeahntes Panorama. Unter riesigem Nebelgewölke breitete sich ein unabsehbares Wolkenmeer wunderschön von Horizont zu Horizont. Die reinste Atmosphäre gestattete zwischen den beiden Wolkenlagen den fernsten Blick innerhalb der scheinbaren

Wolkenbegrenzung. Die bald malerisch zarten, bald seltsamen Gebilde schienen die Formen der Erdoberfläche in allen Farbenverbindungen von Weiß und Blau zu Grau und in magisch matter Beleuchtung nachbilden zu wollen. Die sich anscheinend neigenden Grenzen und die Wölbung des wol über 2000 Fuß entfernten Nebelhimmels gaben dem Ganzen die Gestalt einer riesigen Zauberhöhle und verriethen die gleichmäßige Ausbreitung der gewaltigen Wolkenlagen über der Erde. Von letzterer herauf drang in die lautlose Ruhe dieser abgeschlossenen Luftwelt, in deren Mitte der Ballon geräuschlos schwebte, nur noch leise der Ton des rollenden Dampfwagens. Wie für das Auge, so hatten sich die Wahrnehmungen auch für das Gefühl und die Athmung geändert: die Luft war trocken und deshalb angenehmer kühl, die Respiration leicht und frei, die Benommenheit des Kopfes verschwand. Das unbeschreibliche Wohlbehagen glich dem, welches die Fahrt in ungetrübtem Sonnenlichte selbst dem Körper unvergeßlich macht. Aber der Genuß trieb aufwärts zu neuen Genüssen: etwas Ballast weniger und das Logg des Luftschiffes, der leichte Papierstreifen, sank pfeilschnell neben der Gondel hinab. Der Ballon, bereits an der Grenze der zweiten Wolkenschicht schwebend, mußte wiederum gegen 2000 Fuß höher, ehe er dieselbe völlig durchmessen. Ein unbemerkt gebliebener Mitreisender, eine große Mücke, verließ den Ballon. Sie schwirrte kurze Zeit nebenher und war plötzlich — wahrscheinlich bald erstarrt — nicht mehr zu sehen. Die Hoffnung, jetzt schon zu dunstfreiem Aether zu gelangen, bestätigte sich nicht; aber der Ersatz für diese Täuschung war überreich. Mit dem Austritt des Ballons aus der zweiten Wolkenlage zeigte sich dasselbe Gebäude in einer abgeschlossenen Luftwelt wie zwischen den untersten Schichten: das Bild einer riesigen Wolkenhöhle, erfüllt mit Aetherreinheit, umgrenzt von oben herab durch ein silbergrau strahlendes Dunstfirmament und von unten herauf von tropfsteinähnlicher Wolkenschöpfung, mit derselben Wölbung der Horizonte, denselben idealen Gebilden, aber überall erhabeneren Formen, krystallähnlich leuchtend, starr und dennoch weich in einander gewoben, von zauberischem Zwielicht, voll reizender Reflexe und mit einer geisterhaften Ruhe übergossen, zu der kein Erdengetöse auch nur den leisesten Boten zu senden vermochte. Nirgends Leben und dennoch kein Grabgefühl! Ueber die fernen Silberströme vor tiefblauen Buchtungen, über die strahlende Trümmerwüste, begrenzt von erstarrten Meereswogen, über die Hünengräber am Strande, die malerische Hügelwelt des unabsehbaren Nebellandes führte die entfesselte Phantasie unwillkürlich die Geister Ossian's.

„«Ist das nicht wundervoll?» rief Coxwell tiefbewegt; aber der Ton seiner Stimme war metalllos, sein Hauch streifte winterlich weiß vorüber. Ein Zug am Ventil: der sonst so laute Schall war matt. Das Glutlicht des Gases im Ballon war dunkler, und dieser, vorher nur unvollständig gefüllt, völlig gespannt. Er stand dicht an der Grenze der dritten Wolkenzone, ungefähr 11,000 Fuß hoch. Es war 18 Minuten nach 5 Uhr.

„Der Zweck der Reise war erfüllt: der Blick in die Wolkenschleier des Himmels gethan. Die Zahl der Nebelgewölbe, welche noch höher schwebend jeglichen Sonnenstrahl aufhielten, blieb unbekannt; das Herz sehnte sich nach so hoher Dämmerungspracht nicht nach der Tageshelle; darum grüßte scheidend der Blick noch einmal die Wunderwelt; die sichere Hand zog das Ventil und — urplötzlich zeigte der Druck aufs Gehirn die Schnelle der Rückfahrt. Bald war die zweite Wolkenschicht wieder durchschnitten; langsam glitt der Ballon durch die Schönheit des untern Zwischengewölbes herab; die feste Hand an der Schnur des Ventils, das sichere Auge voll Befriedigung bald auf die flatternden Papierstreifen, bald auf die Spannung der Seide gerichtet, Ballast und Gas gemessen verwendend, führte Coxwell sein Schiff gefahrlos heimwärts. Schon nahm es derselbe Nebel wieder auf, der es aufwärts zuerst empfangen. Die Nebelmassen wurden dunkler in der Mitte der Schicht; selbst der nur 130 Fuß unter der Gondel schwebende Anker war kaum erkennbar. Auf den Ballon schlug der Regen, den Coxwell schon oben in den reinen Zonen vorherverkündet. Wieder tönte das Rollen des Dampfwagens, drang Hundegebell herauf. Das Grau unter der Gondel ward wiederum nachtdunkel wie nach dem Verschwinden des Anblicks der Erde; mitunter schienen hellere Stellen bemerkbar, und plötzlich entschleierte sich das frische Bild von Wäldern und Auen mit einzelnen Dörfern, zwischen welchen das Silberband eines Flusses (der Saale) sich hinzog. Der Ballon ging über denselben hinweg, einer in der Ferne liegenden Stadt (Lützen) zu. Aber der Wind trieb linkwärts von ihr ab, und so galt es, in der Nähe eines der größeren Dörfer zu ankern.

„Ueber zwei Dörfer strich das Schiff hinweg, ohne daß die Frage nach dem Namen der Gegend unten gehört ward; aus dem dritten Dorfe drang der Freudenruf «Ein Ballon! Ein Ballon!» herauf. Das bewog, hinabzugehen. Coxwell bestimmte ein hochliegendes Stoppelfeld, ungefähr eine Viertelstunde entfernt, zwischen den Salinen Dürrenberg und Kötschau, zum Landungsplatz und ließ sich 6¼ Uhr — mittels Gas und Ballast (der herabfallende und sich senkrecht unter dem Fahrzeuge ausbreitende Sand konnte schwebend 34 Sekunden lang wahrgenommen werden) die Visirlinie sicher innehaltend — so ruhig und sanft am Rande des bezeichneten Feldes nieder, daß selbst der leiseste Rückprall der Gondel vermieden ward.“ —

Fig. 123. Die Gondel des Nadar'schen Ballons nach der Zerstörung.

Lamountain's Luftfahrten. Amerika hat ebenfalls sehr zahlreiche Luftfahrten gesehen. Am 1. Juli 1859 unternahmen vier Amerikaner, der Aëronaut Lamountain, Wise, Gayer und Hyde, von St. Louis aus eine Fahrt zu dem Zwecke, den Weg bis New=York, ungefähr 600 Stunden, in der Luft zurückzulegen. Ihr Ballon war 50 Meter hoch und hatte 20 Meter im Durchmesser; sie erhoben sich wechselnd zu ziemlich bedeutenden Höhen und schilderten den Eindruck, den die tiefliegenden Landschaften mit ihren Strömen, Wäldern und Prärien in der nächtlichen Beleuchtung machten, als ganz zauberisch. Eigentlich finster wurde es während der ganzen Nacht nicht. Selbst in einer Höhe von 3000 Meter waren die Reisenden immer im Stande, die Prärien von den Wäldern zu unterscheiden. „Wir schwammen“, erzählt einer der Mitreisenden, „in einer Art von durchsichtigem Duft, welcher, ohne einen wahrnehmbaren Körper zu besitzen, dennoch aus Lichttheilchen zusammengesetzt schien. Die Wirkung dieses Lichtes war sehr eigenthümlich. Es gab dem

Ballon einen phosphorescirenden Schein, als wenn er mit Feuer geladen wäre. Derselbe war so stark, daß jede Linie des Netzes, jede Falte der Seide, jede Schnur und jeder Knoten deutlich sichtbar wurden."

Die Schilderung der Erlebnisse, welche ihnen während der Fahrt zugestoßen sein sollen, ist so abenteuerlich, daß wir uns ersparen wollen, sie hier abzudrucken, indem wir es getrost der Phantasie der Leser überlassen können, sich einen Apparat von kohlschwarzen Wolken, Sturz in den Ontariosee, Wegwerfen alles Ballastes, sogar der Gondel, rasendes Wiederaufsteigen mit den im Strickwerk festgeklammerten Reisenden, Flug über den Niagara, Canada, Urwald u. s. w. zusammenzusetzen und damit ein Schauspiel sich vorzuführen.

Fig. 124. Der Ballon captif, konstruirt von Giffard im Jahre 1867 in Paris.

Seit jener Reise ist viel die Rede gewesen von einer noch weit größern, von einer Fahrt von Amerika über das Weltmeer nach Europa. Man hat sogar den hierzu bestimmten Ballon mit seinem vielerlei Zubehör in New-York für Geld gezeigt, und vielleicht war dies gerade das Geschäft, das beabsichtigt worden ist, denn von der Luftreise selbst ist es wieder ganz still geworden. Daß eine nahe Verwandtschaft besteht zwischen Luftballon und Windbeutel, hat sich schon bei vielen Gelegenheiten gezeigt.

Der genannte Luftschiffer Lamountain hat mittlerweile bei einer Fahrt sein Leben eingebüßt. Zu Jona in Michigan stieg er am 4. Juli 1873 in einer Montgolfière empor. Unglücklicher Weise hatte er die Gondel nicht auf die gewöhnliche Art an dem Ballon befestigt, sondern mit Hülfe eines Systems von Stricken, die von einem Ringe zusammengehalten waren, der über den obern Theil des Ballons gelegt war, im Uebrigen aber von demselben unabhängig war. Wie es nun gekommen, daß der Ballon sich von dem Netzwerk trennte, weiß man nicht. Genug, kurze Zeit nachdem der Luftschiffer in der ersten Wolkendecke verschwunden war, erschien er plötzlich wieder, aber ohne Ballon, allein in seiner

Gondel, mit rasender, immer wachsender Geschwindigkeit stürzte er zur Erde herab, die er Angesichts Tausender von Zuschauern erreichte. Mitten in einem Felde schlug er zu Boden — von der Gewalt des Stoßes zusammengedrückt zu einer leblosen, fast unkenntlichen Masse. Das schauerliche Ereigniß war aber höchst wahrscheinlich die Folge von der Unvorsichtigkeit, mit welcher Lamountain die Ausrüstung seines Ballons bewirkt hatte.

Nadar's Luftreise von Paris aus. Anfang der sechziger Jahre hatte ein Dr. Roth, der auch eine Rechenmaschine erfunden hatte, den Plan zu einem neuen Luftschiff entworfen. Der Kostspieligkeit wegen fand derselbe aber keine Verwirklichung, bis sich endlich Nadar, der bekannte Journalist, Mediziner, Freiheitskämpfer, früher auch Führer einer polnischen Legion, Photograph und was sonst noch, der Sache annahm. Mit Hülfe der Presse und jeglicher Art von Reklame wußte er die Pariser zu einer Aktiengesellschaft zu begeistern, welche die Mittel der Veranstaltung zu beschaffen übernahm.

Es wurde zunächst ein riesenmäßiger Luftballon gebaut, «Le Géant», mit welchem Reisen gemacht und Ausstellungen veranstaltet werden sollten, um auf diese Weise das nöthige Geld für die große Maschine zu beschaffen. Der „Géant" bedurfte über 6000 Kubikmeter Gas zu seiner Füllung. Die Gondel (s. Fig. 123) war das Interessanteste an der ganzen Maschine. Aus spanischem Rohr hergestellt, dessen Festigkeit sich ausgezeichnet bewährt hat, bestand sie aus zwei Stockwerken und hatte das äußere Ansehen eines Eisenbahnwaggons. Sie enthielt alle Bequemlichkeiten, die man bei einer Reise von mehreren Tagen etwa brauchen kann, als Betten, Toilettentische, photographische Apparate, eine Presse, physikalische Instrumente, Nahrungsmittel ꝛc. In jeder Art hatte man sich vorgesehen mit dem, was einen Erfolg in Aussicht stellte. Diese erste Luftfahrt aber, bei welcher sich wie zu Zeiten der Montgolfiers halb Paris als Zuschauer eingefunden hatte, war von kurzer Ausdehnung. Der Ballon stieg ungefähr 2000 Meter hoch, kam aber schon bald wieder zurück. In Meaux, wenige Stunden vor den Thoren von Paris, fiel Nadar mit seiner Gesellschaft ziemlich unsanft nieder, was nach dem pomphaften Programm den spottlustigen Parisern überreichen Stoff zu Witz und Stachelreden gab.

Die Journale übernahmen seine Rechtfertigung, und als die zweite Abfahrt stattfinden sollte, hatte das Publikum wieder eine mildere Gesinnung gewonnen.

Wo möglich noch mehr Zuschauer als das erste Mal hatten sich auf dem Marsfelde eingefunden und geriethen in neues Entzücken, als kurz vor dem Einbruch der Dunkelheit der „Géant" mit seinen Insassen sich in die Lüfte erhob. Wie früher, so war auch diesmal der bekannte Godard als Kondukteur mit im Waggon, im Ganzen eine Gesellschaft von neun Personen. Das Ereigniß war Tagesgespräch, Nadar in Aller Munde und die Montags Zeitungen wurden mit der größten Hast nach Berichten über die Aëronauten durchflogen. Sie ließen aber lange warten. Am dritten Tage kam die Nachricht, der „Géant" sei in Deutschland an der Weser zur Erde gelangt, Nadar und dessen muthige junge Frau schwer verwundet, die meisten Theilnehmer verletzt.

Dem war in der That so. Nach einer ziemlich unerquicklichen Fahrt die Nacht hindurch, wo man den Ballon sich niedrig halten ließ, fand man sich am nächsten Morgen über einer weiten, mit Nebel bedeckten Fläche, welche man für holländischen Boden hielt, und da Nadar hier die Nähe des Meeres fürchtete, gab er das Signal zum Niederlassen. Durch den Thau und Nebel der Nacht waren aber die Stricke, welche das Ventil öffnen sollten, so zähe und schlüpfrig geworden, daß sie beinahe den Dienst versagten. Das Gas entströmte nicht in hinreichender Menge, um ein vollständiges Hinabgehen zu erreichen. Dazu gesellte sich ein heftiger Wind, welcher den voluminösen „Géant" mit aller Macht vor sich hinjagte.

Man hatte in nordöstlicher Richtung einen Weg von über 360 Lieues in 14 Stunden zurückgelegt und in der Nacht eine Route verfolgt, welche auf der Karte ungefähr durch die Punkte Compiègne, St. Quentin, Brüssel, Mecheln, den Bosch, Arnheim, Nienburg, Rethem u. s. w. bezeichnet wird. Schon bei Nienburg beschlossen die Reisenden niederzugehen, allein der Ausfluß des Gases war so unvollständig, daß die Gondel nur den Boden berührte. Sobald aber der Ballon dadurch sich erleichtert fühlte, hob er sich und zog den

Waggon wieder mit in die Höhe. Auf diese Weise war die weitere Reise ein fortwährendes Springen in weiten Bogen über Felder und Hecken, Felsen und Bäume. Die Anker hatte man in Nienburg schon eingebüßt.

Als man hier auf dem Bahnhofe die Erscheinung des Ballons bemerkt hatte, war eine disponible Lokomotive mit einem Wagen herausgefahren, um das Wunder näher in Augenschein zu nehmen. Die Maschine war zur rechten Zeit da, aber Hülfe konnte nicht geleistet werden. Das Ungethüm passirte die Bahn, riß mit der Gondel ein Stück Damm ein und war, nachdem es die starken Telegraphendrähte zerrissen, wozu beiläufig ein Druck von hundert Centnern gehört, mit einem Ruck wieder darüber hinweggesetzt. Immer weiter ging die gefährliche Reise. Im Innern der Gondel herrschte die größte Verwirrung. Die Insassen wurden nach allen Richtungen umhergeschleudert. Endlich gelingt es, durch Ballastauswerfen den Ballon wieder zum Steigen zu bringen. Der muthige Jules Godard steigt an den Stricken in die Höhe und öffnet die Luftklappe. Es ist gelungen, der Ballon fällt gänzlich. Leider aber treibt ihn der heftig wehende Wind noch in das etwa eine Stunde von Rethem entfernte Frankenfelder Holz, wo er endlich in den Bäumen hängen bleibt.

Sobald die Gondel sich der Erde nähert, springen die halbwegs noch Gesunden heraus. Die Frau Nadar's verwickelt sich dabei und wird von dem gegen 25 Centner schweren Waggon bedeckt. Mehr als eine halbe Stunde verging, bis es gelang, die unglückliche Frau unter der entsetzlichen Last hervorzuholen. Ungeschädigt hatte Keiner der Gesellschaft die Fahrt mitgemacht, Einige waren ganz bedenklich verwundet, Frau Nadar hatte außer den schlimmsten Quetschungen auch noch den Bruch des Schlüsselbeins zu beklagen, Einer hatte den Arm gebrochen, Nadar selbst war auf die verschiedenartigste Weise blessirt.

Duruof's Schiffbruch. Viele der Unglücksfälle wären sicher zu vermeiden gewesen, wenn die Luftschiffer alle Vorsichtsmaßregeln befolgt hätten. Allein die Gewohnheit stumpft ab gegen den Gedanken einer Gefahr, und bei denjenigen Aëronauten, welche ihre Aufsteigungen zu Schaustellungen machen, bewirkt leicht ein falscher Ehrgeiz, unter gefahrdrohenden Umständen die Fahrt zu unternehmen — nur, damit das versammelte Publikum nicht an dem Muthe des Schauspielers zweifle. Diesem eiteln Gefühle wären zwei kühne Luftschiffer beinahe zum Opfer gefallen, die nur durch ein glückliches Ungefähr noch gerettet wurden.

Duruof, der sich in Frankreich durch mehrere Ascensionen bereits einen Namen gemacht hatte, wollte zu Calais aufsteigen, als unglückliche Umstände das Unternehmen wiederholt vereitelten. Das bei einer solchen Schaustellung versammelte Publikum fing an, sich in beleidigenden Ausdrücken zu ergehen, als verlautete, daß die Füllung des Ballons auch heute wahrscheinlich die Fahrt nicht gestatten würde. Duruof, der seine Ehre engagirt sah, beschloß trotz der mangelhaften Füllung, der Versammlung zu zeigen, daß Mangel an Muth ihm nicht zum Vorwurf gemacht werden könne, und seine junge Frau bestand darauf, ihn zu begleiten. Es war am 31. August 1873 Abends gegen 7 Uhr, als der Ballon sich erhob und von der Luftströmung sofort nach der Nordsee zu getrieben wurde, aber die gekränkten Luftschiffer verschmähten herabzusteigen. „Tricolore" hieß das Fahrzeug, mit welchem sie unter so Unglück verheißenden Umständen die Nacht durch in der Luft bleiben wollten. Es faßte nicht mehr als 800 Kubikmeter. Sie führten ihre Vornahme auch aus — mit was für Empfindungen, mögen sich die Leser selbst sagen. Als der Morgen graute, sahen sie sich in mäßiger Höhe über dem endlosen Wasserspiegel schweben. Wo sie sich befanden, wohin die Lüfte sie trügen, davon wußten sie nichts; die Kraft des ohnehin schwachen Ballons hatte während der langen Zeit nachgelassen, und es war zu berechnen, wie lange es noch dauern könne, bis sie auf den Wasserspiegel allmählich herabgesunken sein würden. Wenn bis dahin nicht ein Schiff sie bemerkte und sie aufnahm, waren sie rettungslos verloren. Endlich bemerkte man einige Fahrzeuge, man giebt Zeichen, aber es währte lange, ehe die Luftreisenden erkennen konnten, daß sie beobachtet würden. Angstvolle Spannung, ob man ihre Nothsignale verstanden. — Duruof entschließt sich, ganz auf den Wasserspiegel hinunter zu gehen, ein freiwilliger Schiffbruch, dessen Schrecken sofort beginnen. Die Gondel schöpft Wasser — Frau Duruof, von Kälte und Angst halbtodt, vermag sich nicht mehr zu halten.

Ihr Gatte umfaßt sie mit dem einen Arme, mit dem andern greift er in die Seile des Ballons, der von dem Winde über die Oberfläche der See gejagt wird. Zwar ist von den Schiffen ein Boot herabgelassen worden, um ihnen zu Hülfe zu kommen, allein die Entfernung ist groß und dem Winde ist kein Widerstand entgegenzusetzen. Ob die Hülfe sie erreichen wird? Die Wellen schlagen gegen den mattgewordenen Ballon und drohen ihn in Stücke zu reißen — auf seiner Widerstandskraft beruht aber für die Unglücklichen die einzige Möglichkeit, sich über Wasser zu halten. Da nähert sich endlich das Boot, aber die Gefahr wendet sich jetzt auch gegen die Retter. Der noch nicht völlig entleerte Ballon droht das Boot umzureißen; endlich gelingt es, die leblose Frau zu bergen und auch Duruof kann eingeholt werden; die «Grand-Charge», ein englisches Fahrzeug, nimmt bald darauf Diejenigen auf, welche lange qualvolle Stunden hindurch den Tod immer näher an sich herankommen gesehen hatten. — So viel Theilnahme wir aber in diesem Falle auch den Betroffenen zuwenden, wir werden nicht ganz den Vorwurf ihnen ersparen können, daß sie selbst sich leichtsinnig in die Gefahr begaben, und wir werden nicht der Aëronautik einen Unfall aufbürden, der von ruhigen Menschen vermieden werden mußte. Anders ist es mit der

Katastrophe von Crocé-Spinelli und Sivel, zwei Luftschiffer, von denen der Letztgenannte als Führer zahlreicher Luftfahrten auch in Deutschland sich den Ruf eines kenntnißreichen und umsichtigen Aëronauten erworben hat, dem vielleicht auch manche unserer Leser den unvergleichlichen Genuß einer Luftschiffahrt verdanken.

Der Krieg von 1870/71 hatte in Paris die Aufmerksamkeit wieder in erhöhtem Maße der Luftschiffahrt zugewandt. Unter Denjenigen, welche systematische Aufsteigungen unternahmen, um die höheren Luftschichten und die zweckmäßigste Art ihrer Befahrung zu untersuchen, hatten namentlich die Gebrüder Tissandier und der Ingenieur Crocé-Spinelli sich einen Namen gemacht. Mit ihnen im Verein waren bereits mehrere Aufsteigungen von Paris aus unternommen worden, welche des wissenschaftlichen Interesses wegen, dem sie dienten, von dem Unterrichtsministerium und mehreren gelehrten Gesellschaften unterstützt worden waren. Bei einer derselben am 22. März 1874 war die bedeutende Höhe von 7400 Meter erreicht worden. Die Resultate, welche man zurückbrachte und die sich namentlich erstreckten auf die spektroskopischen Linien, den Kohlensäuregehalt der höheren Luftschichten, sowie auf das Vorhandensein eines warmen Luftstromes aus Südwest, der in einer Höhe von 6000 Meter und in einer senkrechten Mächtigkeit von 600 Meter fließen sollte; diese und andere Beobachtungen sollten verifizirt werden.

Zu diesem Behufe hatte man eine vollständige Ausrüstung mit allen möglichen Beobachtungsapparaten für den Sivel gehörigen Ballon «Zénith» zusammengebracht und ganz besonders sein Augenmerk auch auf die Mitnahme von reinem Sauerstoffgas gerichtet, um durch seine Einathmung der Gefahr, die aus der verminderten Sauerstoffzufuhr in der höheren dünnen Luft entstehen könnte, entgegenzuarbeiten.

Die Auffahrt geschah am 15. April 1875 Mittags 12 Uhr 25 Minuten von der Pariser Gasanstalt La Villette aus. Gegen 1 Uhr hatte der «Zénith» bereits die Höhe von 5000 Meter erreicht und die Luftschiffer begannen ihre physikalischen Arbeiten. Die Temperatur im Innern des Ballons betrug 20°, die äußere Luft hatte dagegen nur —5°. Crocé-Spinelli war mit spektroskopischen Untersuchungen beschäftigt — Sivel dirigirte die Fahrt — Alle waren heiter. Es wurde Ballast ausgeworfen und der Ballon stieg immer höher; hier schon konnte man den günstigen Einfluß bemerken, welchen das Einathmen des mitgenommenen Sauerstoffgases hervorbrachte. Um 1 Uhr 25 Minuten befand man sich in einer Höhe von 7000 Meter, die äußere Temperatur betrug —10°. Von hier ab folgen wir der Schilderung, wie sie der überlebende Gaston Tissandier in einem Briefe an den Präsidenten der französischen Gesellschaft für Luftschiffahrt giebt.

„Sivel und Crocé sehen sehr blaß aus", schreibt er, seine Aufzeichnungen während der Fahrt anführend, „und ich fühle mich schwach. Ich athme Sauerstoff ein, welches mich etwas belebt. Wir steigen immer höher. Sivel wendet sich zu mir und sagt mir: «Wir haben noch viel Ballast — soll ich auswerfen?» Ich antworte ihm: «Wie Sie wollen.»

Er macht dieselbe Frage an Crocé, der durch Nicken mit dem Kopfe seine Zustimmung giebt. In der Gondel hatten wir wenigstens noch fünf Säcke mit Ballast und außen waren vier mit Stricken befestigt. Sivel zieht sein Messer und durchschneidet die Befestigung dreier Säcke — ihr Inhalt fließt aus und wir steigen plötzlich mit rapider Schnelligkeit in die Höhe. Ich fühle mich sofort so schwach, daß ich nicht den Kopf wenden konnte, um nach meinen Gefährten zu sehen. Ich will die Röhre nehmen, um Sauerstoff einzuathmen, allein es ist mir unmöglich, den Arm zu erheben. Mein Kopf war noch klar, ich hatte die Augen auf das Barometer gerichtet und sehe die Nadel weichen von der Ziffer 290 auf 280, welche sie auch passirt. Ich will schreien: «Wir sind achttausend Meter», aber meine Zunge ist wie gelähmt, gleichzeitig fallen mir die Augen zu, ich falle in Ohnmacht und verliere vollständig das Bewußtsein...

„Es war ungefähr 1 Uhr 38 Minuten. 2 Uhr 8 Minuten erwache ich für einen Moment. Der Ballon fällt mit großer Geschwindigkeit; ich hatte vermocht einen Sack Ballast zu öffnen, um die Geschwindigkeit zu mäßigen, und schrieb in mein Register folgende Zeilen: «Wir gehen hinab; Temperatur —8°; ich werfe Ballast; H 315; Sivel und Crocé noch bewußtlos auf dem Boden der Gondel. Wir fallen sehr rasch.»

„Kaum hatte ich dies niedergeschrieben, als ein eigenthümliches Zittern mich überkam und ich wieder in Ohnmacht sank. Ich fühlte einen starken Luftzug, der das schnelle Fallen anzeigte. Einige Augenblicke darauf wurde ich am Arme geschüttelt, und ich erkannte Crocé, welcher wieder zu sich gekommen war. «Werfen Sie Ballast aus!» rief er mir zu, «wir fallen.» Aber kaum vermochte ich die Augen zu öffnen, und ich habe nicht gesehen, ob Sivel erwacht war. Ich erinnere mich, daß Crocé den Athmungsapparat, Ballast, Decken u. dergl. über Bord warf. — Alles dieses ist in meiner Erinnerung sehr dunkel, der Eindruck vollzog sich zu rasch, denn ich fiel zurück in Ohnmacht, mehr noch als das erste Mal, und es schien mir, als ob ich in den ewigen Schlaf einginge.

„Was ist während dieser Zeit geschehen? Ich vermuthe, daß der entlastete Ballon, luftdicht wie er war und sehr warm, noch einmal in die hohen Regionen emporstieg. Um 3 Uhr 15 Minuten schlug ich die Augen wieder auf, ich fühlte mich erschöpft, wie zerschlagen, aber mein Geist erholte sich wieder. Der Ballon ging mit einer schreckenerregenden Schnelligkeit hinab, die Gondel schwankt gewaltig und beschreibt große Schwingungen. Ich werfe mich auf die Knie und rüttle Sivel und Crocé an den Armen. «Sivel, Crocé» — rufe ich — «wachen Sie auf.»

Aber meine beiden Gefährten lagen zusammengekauert in der Gondel, die Köpfe in die Mäntel verborgen. Ich nehme meine Kräfte zusammen und versuche sie zu erheben. Sivel war schwarz im Gesicht, die Augen erloschen, der Mund offen und voller Blut; Crocé-Spinelli hatte die Augen geschlossen und ebenfalls Blut im Munde. — Zu schildern, was sich hierauf begab, ist unmöglich. Ich fühlte wieder den fürchterlichen Luftstrom von unten nach oben, wir waren noch in einer Höhe von 6000 Meter; zwei Säcke Ballast, die sich noch in der Gondel befanden, warf ich aus — die Erde kommt uns sichtlich entgegen; ich will mein Messer ziehen, um den Anker loszumachen — ich kann es nicht finden, wie wahnsinnig werdend, rufe ich fortwährend: «Sivel, Sivel», da finde ich zum Glück ein Messer und kann im letzten Augenblick den Anker lösen. Der Anprall auf die Erde war fürchterlich, der Ballon schien sich förmlich breit zu drücken, und ich glaubte, er würde auf dem Platze bleiben. Aber der Wind ist heftig und führt ihn mit fort. Der Anker faßt nicht und die Gondel wird über die Felder geschleift, und ich fürchte schon, die Leichen meiner unglücklichen Freunde herausfallen zu sehen. Indessen gelingt es mir, das Ventil zu öffnen. Der Ballon entleert sich, als er von einem Baume zerrissen wird. Es war 4 Uhr.“

Soweit die unmittelbare Schilderung Tissandiers.

Die beiden Verunglückten wurden am 20. April unter allseitiger Theilnahme mit großen Ehren auf der protestantischen Abtheilung des Père la Chaise beerdigt. —

Gefesselte Ballons. Um die Erhebung in einem Luftballon zu ermöglichen, ohne denselben dem Spiel der Winde preiszugeben, hat man die Ballons gefesselt, d. h. sie an

Seile gebunden, so daß sie, gewissermaßen vor Anker liegend, nur so viel Spielraum haben, als die Länge und das Gewicht des Seiles hergiebt. Mit solchen an Seilen gehaltenen Ballons waren während der Pariser Ausstellung 1867 Sonntags große Schaustellungen veranstaltet. In der Nähe des Marsfeldes hatte ein spekulativer Unternehmer einen großen Platz gemiethet, auf welchem Tribünen aufgeschlagen waren, um die Vorbereitungen für das Aufsteigen eines sogenannten Ballon captif beobachten zu können. Gegen Entrichtung von 50 Francs oder so Etwas war die Mitfahrt gestattet. Der Ballon erhob sich, an einem Seile gehalten, so weit das Gewicht des letzteren das Aufsteigen gestattete, und der Hauptreiz für die Passagiere war der Genuß der Aussicht über die Stadt von ihrem grundlosen Standpunkte. Fig. 124 zeigt die Art der Befestigung eines solchen Ballons, wie deren späterhin viele konstruirt und dem Publikum zur Befriedigung ihrer Neugierde nach dem Leben in den höheren Schichten zur Verfügung gestellt worden sind.

In London ließ man 1869 einen gefesselten Ballon aufsteigen. Er bildete eine Kugel von 37 Meter Höhe und 12,000 Kubikmeter Rauminhalt. Das Kabel, an welchem er befestigt war, war 650 Meter lang und wurde auf einer eisernen Spindel mittels einer Dampfmaschine aufgewickelt, wenn der Ballon „zu Hause" war. Der Stoff des Ballons bestand aus zwei Lagen Leinwand, welche durch Kautschukkitt mit einander verbunden und mit einem Mousselingewebe überzogen waren, das ebenfalls noch besonders mit Kautschukauflösung getränkt war; man hatte solche Sorgfalt auf die Dichtung verwendet, weil der Ballon mit reinem Wasserstoffgase gefüllt werden sollte. Die Stoffhülle des Ballons wog circa 2800 Kg. und bedeckte, aus einander gelegt, 2500 Quadratmeter. Der Fall, daß das Kabel zerriß, kam bei diesem Ballon übrigens infolge einer Unvorsichtigkeit der Maschinisten auch einmal vor; glücklicherweise befand sich Niemand in der Gondel, dem die pfeilschnelle Auffahrt hätte gefährlich werden können; der Ballon ging infolge des Gasverlustes in einer Entfernung von wenig Meilen wieder nieder und wurde glücklich wieder eingefangen. Der für die Wiener Weltausstellung 1873 angefertigte Ballon captif hatte ein unglücklicheres Schicksal — ein Sturm entführte ihn vor seiner Einweihung und die ungarischen Bauern, welche den niedergegangenen Flüchtling auffanden, richteten ihn völlig zu Grunde.

Das bisher Mitgetheilte wird genügt haben, um die übertriebenen Meinungen von dem wissenschaftlichen Nutzen und der Bedeutung der Aëronautik überhaupt auf ihr gehöriges Maß einzuschränken.

Wissenschaftliche Luftfahrten. Wenn nun aber auch die Vortheile, welche die Luftschiffahrt gebracht hat, nicht so groß sind, als man in der Kindheit derselben erwartete, so ist doch namentlich die physische Geographie der hauptsächlich unter den Franzosen mächtigen Neigung, sich in die Lüfte zu erheben, einigen Dank schuldig für die Beantwortung von Fragen, welche nicht wohl anders Erledigung finden konnten, als durch Anstellung von geregelten Versuchen in verschiedenen Höhen des Luftkreises. Wir kehren daher mit einigen Worten zurück zu den wichtigsten der zu Zwecken der Wissenschaft veranstalteten Unternehmung dieser Art, von denen diejenige, welche Biot und Gay-Lussac unternommen haben, die bedeutendste ist.

Luftreise von Gay-Lussac und Biot. Robertson und sein Landsmann L'Holst hatten 1803, als sie am 18. Juli in Hamburg aufgestiegen waren, die größte Höhe erreicht, bis zu welcher damals Luftschiffer gedrungen waren. Nach ihrer Berechnung hatten sie sich 7400 Meter oder mehr als 24,000 Fuß über den Erdboden erhoben, und sie glaubten aus ihren Beobachtungen unter Anderem schließen zu können, daß entsprechend mit der größern Höhe die Intensität der Wirkungen des Erdmagnetismus sich abschwäche, eben so daß die elektrischen Erscheinungen merkwürdigen Abweichungen unterlägen. Als nun auch von Petersburg, wohin Robertson gegangen war und wo er in Gemeinschaft mit einem russischen Gelehrten Saccharoff eine Wiederholung seiner Versuche vornahm, über das früher von ihm Behauptete bestätigende Berichte nach Paris kamen, beantragte Laplace bei der Französischen Akademie eine strenge Untersuchung der betreffenden Fragen durch eine auszurüstende naturwissenschaftliche Expedition in das Reich der Lüfte.

Die Physiker Biot und Gay=Lussac, zwei der jüngsten und bedeutendsten Mitglieder, wurden gewählt und mit Instruktionen und den ausgezeichnetsten Instrumenten reichlich versehen. Am 20. August 1804 erhoben sie sich in dem Garten des Conservatoire des arts et métiers. Der Zweck ihres Aufsteigens erfüllte sich in schönster Weise, denn die mit größter Gewissenhaftigkeit und Genauigkeit vorgenommenen Beobachtungen gaben auf die gestellten Fragen vollständige Antwort. Es bestätigte sich durchaus nicht, daß die Intensität der erdmagnetischen Kraft mit der steigenden Höhe schwächer werde. Bei 4000 Meter

Fig. 125. Gay=Lussac und Biot in der Gondel des Luftballons.

(13,000 Fuß) Höhe stimmten die Schwingungen der Magnetnadel in Geschwindigkeit und Ausschlag genau mit den Schwingungen an der Oberfläche der Erde überein, und die Robertson'sche Behauptung erwies sich als ein Irrthum, zu welchem allerdings die großen Beobachtungsschwierigkeiten leicht Veranlassung werden konnten. Denn der Ballon bietet keinen ruhigen Stand. Nicht nur, daß er fortwährend entweder steigt oder fällt, daß er durch den leisesten Luftstrom weiter getragen wird, geräth derselbe auch noch in eine sehr merkwürdige Rotation um sich selbst, die er bald nach der einen, bald nach der andern Richtung ausführt. Ist diese auch nicht so rasch, so werden dadurch doch die Schwingungen der Magnetnadel beeinflußt. und um eine genaue Beobachtung zu machen, muß allemal der Zeitpunkt abgepaßt werden, wo die eine Drehung des Ballons in die andere übergeht und wo ein Moment des Stillstands eintritt. Bei Barometerbeobachtungen ist zu berücksichtigen, daß, wenn der Ballon hinabgeht, die Quecksilbersäule etwas zu hoch in der Röhre stehen bleibt; wenn er rasch steigt, bleibt sie dagegen etwas zurück. Die Luftschiffer können aber ihre eigene Bewegung nicht an benachbarten Gegenständen erkennen; sie werfen daher, um sich darüber zu unterrichten, kleine Papierschnitzel aus. Verschwinden dieselben rasch in die Tiefe, so steigt der Ballon; ziehen sie aber neben demselben in die Höhe, so fällt er selbst, und nach der Geschwindigkeit der kleinen Merkzeichen läßt sich die Schnelligkeit der eigenen Bewegung bemessen. Gay=Lussac und Biot bestätigten ferner, gleichfalls den Robertson'schen Wahrnehmungen entgegen, daß die Wirkungen der Volta'schen Säule und der Elektrisirmaschine durch die größere Höhe keine Veränderung erlitten, und brachten außerdem werthvolle Aufschlüsse über die hygrometrischen (Feuchtigkeits=) und thermometrischen Verhältnisse der höheren Luftschichten mit zurück.

Um eine noch bedeutendere Höhe als diesmal, überhaupt die größtmögliche Höhe zu erreichen, wurde gleich nach dem ersten Aufsteigen ein zweites unternommen, welches der geringern Belastung des Ballons wegen Gay=Lussac allein ausführte. Er stieg bei dieser Gelegenheit gegen 9000 Meter und erlangte damit den Ruhm, bis dahin sich unter Allen am weitesten vom Erdmittelpunkte entfernt zu haben. Die Resultate dieser neuen Ascension stimmten in Allem mit den früher gemeinschaftlich mit Biot gemachten Beobachtungen überein. Luft, welche in den entferntesten Regionen gesammelt und in wohlverschlossenen Flaschen mit herabgebracht worden war, erwies sich bei der Analyse vollkommen übereinstimmend in ihrer chemischen Zusammensetzung mit der Luft, welche wir auf der Erdoberfläche einathmen.

Außer dieser Biot=Gay=Lussac'schen Luftfahrt haben nur wenige einen nennenswerthen wissenschaftlichen Erfolg gehabt. In England fanden seit den fünfziger Jahren von Zeit zu Zeit wissenschaftliche Aufsteigungen statt, und namentlich sind die Unternehmungen von J. Welsh (1852 mit Green) und von Glaisher (1862 und 1863 in Coxwell's Ballon) zu nennen. Der Letztere erreichte dabei am 5. September 1862 eine Höhe von ungefähr 11,000 Meter, freilich verlor er wie Coxwell dabei das Bewußtsein, so daß sich die Ermittelung dieses Resultats nur auf Berechnungen stützen konnte, die aber eine große Wahrscheinlichkeit für sich haben, und durch seine Beobachtungen wurde die alte Annahme, daß man bei je 90 Meter Erhebung eine Temperaturerniedrigung um 1 Grad mehr finde, ganz erschüttert. Denn es ergab sich, daß bei heiterem Wetter eine solche Abnahme schon bei 30 Meter Erhebung (nahe dem Erdboden) eintritt; während dagegen fast 600 Meter weitere Steigung nöthig sind, um in einer Höhe von 9150 Meter und mehr das Thermometer um 1 Grad herabzustimmen. Zwischen den Grenzen aber von 30 und 600 Meter oder von dem Erdboden bis zu 9150 Meter Erhebung scheint die Verschiedenheit der Abnahme in einem ganz stetigen, mathematischen Verhältniß stattzufinden.

Das Vorhandensein eines warmen Luftstromes, der sich in einer Mächtigkeit von gegen 600 Meter aus Südwesten bewegte und daher wol in Uebereinstimmung mit dem Golfstrom des Meeres gebracht werden darf, bestätigte Glaisher ebenfalls. Der Feuchtigkeitszustand der verschiedenen Luftschichten wechselt sehr häufig. „Ich bin über 7000 Meter hinaus gelangt, ohne die Sonne erblickt zu haben, und selbst bei meinen höchsten Aufsteigungen habe ich noch allezeit Wolken weit, weit über meinem Haupte dahinziehen sehen" — mit diesen seinen eigenen Worten sagt uns Glaisher, daß die Wasserdämpfe wahrscheinlich sich eben so hoch erstrecken als die Atmosphäre reicht.

Aus seinen Beobachtungen scheint ferner hervorzugehen, daß die Winde der oberen Regionen in beständigerer und zugleich rascherer Strömung begriffen sind, als diejenigen Winde, welche auf der Fläche herrschen, wo Luft und Wasser sich scheiden.

Von ganz besonderem Interesse sind die physiologischen Beobachtungen, welche der englische Forscher auf seinen Luftfahrten gemacht hat. Die Zahl der Pulsschläge nimmt eben so wie die der Athemzüge in größeren Höhen zu. Zeigte sein Puls auf der Erdoberfläche bei der Abfahrt 76 Schläge in der Minute, so stieg die Anzahl derselben auf 90 in Höhen von 3000 Meter, auf 100 bei 6000 Meter und endlich darüber hinaus bis auf 110; doch sind diese Zahlen selbstverständlich individueller Natur wie auch die anderen Veränderungen, die sich in dem körperlichen Befinden beim Verweilen in höheren Regionen einstellen, und unter denen das allmähliche Verschwinden der Gesichtsfarbe am meisten geeignet ist, Demjenigen, der dies Phänomen zuerst beobachtet, Besorgnisse einzuflößen. „Bei 17,000 Fuß (5000 Meter)", schreibt Glaisher, „wurden meine Lippen blau, bei 19,000 Fuß vertiefte sich dieses Blau ins Schwärzliche und breitete sich auch über die Hände aus. In einer Höhe von 4 englischen Meilen klopfte mein Herz hörbar, der Athem war flach und matt, bis mich bei 29,000 Fuß das Bewußtsein verließ." —

Dies sind die hauptsächlichsten Ergebnisse, zu denen die Luftschiffahrt in wissenschaftlicher Beziehung geführt hat. Sie sind seitdem im Wesentlichen durch Neues nicht vermehrt worden, obwol von französischer Seite mit großem Aplomb zahlreiche Auffahrten veranstaltet worden sind, denen man einen wissenschaftlichen Charakter zu geben sich befleißigte und an denen sich auch Gelehrte, wie Flammarion u. A. betheiligten. —

Nächst dem nicht hoch genug anzuschlagenden landschaftlichen Interesse, wenn das Wort hier anzuwenden erlaubt ist, wird also der Luftballon seine Bedeutung vorzugsweise als Vehikel für den Transport von Menschen und Depeschen für solche Fälle zu erhöhen suchen müssen, wo andere Hülfsmittel der Fortbewegung nicht angewandt werden können. Immerhin wird er nur ein Nothbehelf bleiben, aber da die Fälle, in denen man zu ihm seine Zuflucht nehmen muß, sehr ernster Natur sein können, so ist es erklärlich, daß man neuerdings sich mit seiner Technik eingehender beschäftigt hat und vor Allem die Gefahren zu erkennen und zu vermindern sucht, denen die darin Befindlichen ausgesetzt sind.

Diese Gefahren für den Luftschiffer bestehen hauptsächlich, wenigstens der Zahl nach, in den Zufällen, die ihn bei der Abreise oder bei der Landung betreffen können. — Wir meinen nicht die Unglücksfälle einer unfreiwilligen Landung, eines Sturzes, sondern diejenigen, welche dadurch herbeigeführt werden können, daß der Luftschiffer, vom Winde getrieben, nicht mit Sicherheit den Ort der Herabkunft bestimmen kann und Gefahr läuft, mit seinem Fahrzeug an gegenstehende Häuser, Bäume u. dergl. geschleudert zu werden, daß bei starken Luftströmungen der Anker in dem Boden nicht genügenden Widerstand findet und der halbentleerte Ballon von der Gewalt des Sturmes über den Boden getrieben wird. Bei jedem Auftreffen der schweren Gondel erhält der dadurch erleichterte Ballon einen neuen Auftrieb, und die Folge davon ist, daß das ganze Fahrzeug in rasenden Sätzen über die Oberfläche gejagt wird und erst zur Ruhe kommt, wenn die Steigkraft des Ballons geschwunden und der Wind allein das beträchtliche Gewicht nicht mehr bewältigen kann. Dieses „Springen" des Ballons gehört zu den bedenklichsten Erscheinungen, denn man kann sich gegen dasselbe kaum schützen, obwol ein erfahrener Luftschiffer auch schon den Ankerplatz mit ziemlicher Sicherheit auswählen kann und hierdurch ein Mittel in der Hand hat, die Landung auch bei ungünstigem Wetter ohne jede wirkliche Gefahr zu bewerkstelligen.

In der Höhe sind die Verhältnisse dem Luftschiffer viel günstiger als sie es auf der Erde oder auf dem Wasser dem Reisenden sind. Als ein Theil der umgebenden Luftmasse bewegt sich der Ballon weiter, keinerlei gewaltsamen Angriffen ausgesetzt, und die Reisenden merken selbst von dem heftigsten Sturme nichts, denn sie sind eben selbst der Sturm mit, und obwol sie vielleicht mit rasender Geschwindigkeit sich vorwärts bewegen, so spüren sie doch kein Lüftchen. Das Auf- und Hinabsteigen erfolgt durch Auswerfen von Ballast, beziehentlich durch Entweichenlassen von Gas, und da eine Hand voll Sand schon ihre Wirkung äußert, so läßt sich jeder Uebergang ganz allmählich bewirken. Freilich muß der Apparat des Ventils gut funktioniren, der Ballon immer hinreichende Steigkraft haben und genügender Ballast an Bord sein. In der Erhaltung dieser Vorbedingungen besteht daher auch die Hauptsorge des Luftschiffers. Daneben muß derselbe sein Augenmerk auf die Richtung der Fahrt lenken, damit er nicht in Gegenden verschlagen wird, in die zu gelangen nicht in seiner Absicht liegt. Deswegen sind nächtliche Fahrten, besonders in der Nähe des Meeres, nicht immer ganz unbedenklich, wenn die Luft nicht eine solche ist, daß sie trotz der Dunkelheit noch ein Orientiren auf der Erde gestattet. Allerdings liegt das Innehalten einer bestimmten Richtung überhaupt nur in beschränkter Weise in der Hand des Luftschiffers, soweit sich nämlich Luftströmungen auffinden lassen, die nach der betreffenden Stelle der Windrose zufließen. Giebt es solche nicht, so ist der vorher entworfene Reiseplan auch ohne allen Einfluß auf die Ausführung, und von vornherein kann niemals ein Aëronaut den Punkt bestimmen, an welchem er mit seinem Ballon wieder zur Erde kommen will.

Wir haben gesagt, daß in der Höhe für das Luftschiff die Gefahren sehr unbedeutende sind. Das ist richtig, immerhin aber giebt es Möglichkeiten, welche die Lage des Fahrzeuges und seiner Insassen kritisch machen können, und denen zu begegnen es der ganzen Umsicht bedarf, welche nur das Resultat reicher Erfahrung zu sein pflegt. So kann durch plötzliche Bestrahlung des Ballons von der Sonne und durch die damit verbundene Temperaturerhöhung eine so rasche Ausdehnung des Gases im Innern stattfinden, daß die Hülle in Gefahr kommt, gesprengt zu werden. Derselbe Fall kann schon durch sehr plötzliches Aufsteigen in dünnere Luftschichten eintreten, weil dadurch der Druck auf den Ballon, der der Expansion des eingeschlossenen Gases entgegenwirkt, verringert wird, dieses sich infolge dessen plötzlich erheblich ausdehnt, wodurch, wenn dem Gase nicht durch den untern Schlauch oder durch das Ventil ein bequemer Ausweg geboten wird, die Hülle des Ballons gesprengt werden kann. Welche Gefahren aber das plötzliche Entweichen des Gases durch einen Riß mit sich führt, das braucht wol nicht erst geschildert zu werden. Am 9. Dezember 1875 erst ereignete sich der Unfall, daß der Ballon «L'univers», in welchem sich außer den Luftschiffern Godard und Alb. Tissandier noch sechs Passagiere befanden, welche von der Gasanstalt La Villette in Paris aufgestiegen waren, aus einer Höhe von 260 Meter, wahrscheinlich infolge einer Zerreißung der Hülle, herabstürzte und die in der Gondel Sitzenden alle mehr oder weniger beschädigt wurden.

Umgekehrt, wie durch plötzliche Erwärmung eine zu rasche Ausdehnung des Gasvolumens verursacht wird, kann eine rasche Abkühlung durch das Eintreten in eine kühle Luftschicht oder in den Wolkenschatten eine plötzliche Zusammenziehung bewirken, der Ballon wird spezifisch schwerer und, wenn nicht mehr hinreichender Ballast vorhanden ist, durch dessen Auswerfen man das auszugleichen vermag, so kann sich die Fallgeschwindigkeit auf höchst gefahrbringende Weise vergrößern. Aehnlich wie die Erniedrigung der Temperatur wirken oft die damit verbundenen atmosphärischen Niederschläge, welche auf der großen Oberfläche des Ballons sehr bald ein beträchtliches Gewicht repräsentiren können, und wenn dergleichen Zufälle zu einer Zeit eintreten, wo die Steigkraft des Ballons schon geschwächt ist, so können sie ebenfalls Veranlassung zu traurigen Katastrophen werden.

Trotz Alledem aber — sobald man die unglücklichen Zufälle im Voraus kennt, von denen man betroffen werden kann, ist ihre Gefährlichkeit schon fast beseitigt. Wie man sich in keinen Eisenbahnzug setzt, den nicht ein erfahrener Lokomotivführer leitet, so wird man sich auch keinem Luftballon anvertrauen, dessen Lenker nicht von seiner Tüchtigkeit bereits Proben abgelegt hat.

Lenkung des Luftballons. Man ging in frühern Zeiten von der Hoffnung aus, den Luftballon wie ein Schiff auf den Gewässern mit Hülfe von Rudern und Flügeln nach Willkür bewegen und dadurch lenken zu können. Alle Versuche und Vorrichtungen aber, die hierzu ausgeführt worden sind, haben keine anderen als negative Resultate ergeben. Das beigegebene Tonbild zeigt einen solchen vergeblichen Versuch, welcher am 25. April 1784 zu Dijon unternommen wurde.

Manche Beobachtungen schienen darauf hinzudeuten, daß es in der Luft allerhand verschieden gerichtete Strömungen über einander gäbe, und man hoffte, daß es nur nöthig sein würde, so weit aufzusteigen, bis man die passende Strömung erreicht habe, um dann mit Sicherheit einem bestimmten Ziele zueilen zu können. Ein vorausfteigender Probeballon

sollte die Richtung der höhern Winde anzeigen und Segel und Ruder die Wirkung vervoll=
ständigen (s. Fig. 126). Nun kann zwar nicht geläugnet werden, daß verschieden gerichtete
Strömungen der Luft sehr häufig über einander auftreten; der bekannte Luftschiffer Reichardt
erzählte, daß er einstmals in Warschau aufgestiegen und von entgegengesetzten Strömungen
in niederen und höheren Luftregionen dreimal um die Stadt herumgetrieben worden sei.
Allein dieselben sind nur ausnahmsweise in so großer Anzahl vorhanden; in der Regel giebt
es nur zwei herrschende stetige Strömungen über einander, die in ihrer Richtung einander
nahezu entgegengesetzt sind und also nur eine sehr beschränkte Benutzung gestatten. Die Praxis
führte auch die Luftschiffer allmählich zur Erkenntniß, daß es mit einem Projekt der natür=
lichen Windrichtung nichts sei, und sie verfielen wieder auf Anwendung künstlicher Motoren.

Petin in Paris schlug ein Luftschiff vor, welches einer größern Anzahl von Personen
das Vergnügen einer gleichzeitigen Luftreise gewähren sollte. Vier große Ballons, jeder
von 27 Meter Durchmesser, trugen ein Gerüst von 140 Meter Länge und 60 Meter Breite
(siehe Fig. 127). Ein großer Theil dieses Raumes war durch stellbare schiefe Flächen ein=
genommen, von welchen der Erbauer eine lenkende Wirkung erwartete, die sich aber nur
beim Auf= und Absteigen hätte äußern können. Petin wirkte so eifrig für sein Projekt, daß
er wirklich die Mittel zusammenbrachte, sein Werk in ziemlich großem Maßstabe auszuführen.

Die Behörden untersagten aber im Sinne aller
Einsichtigen das Aufsteigen, und dieses Ver=
kanntwerden trieb den Erfinder nach Amerika,
wo indessen sein abenteuerlicher Plan ebenfalls
keinen guten Boden gefunden zu haben scheint,
denn man hat nichts wieder davon gehört.

Es würde sehr schwierig sein, alle die ver=
schiedenen Erfindungen, welche in dieser Rich=
tung gemacht worden sind und die alle ihrem
Zwecke nicht entsprachen, aufzuführen. Der
Todeskeim der meisten lag darin, daß sie an
der Gondel angebracht waren und, da diese
mit dem viel voluminösern Ballon nur durch
dünne Seile zusammenhing, die Kraft sich
auf den Ballon gar nicht oder nur zum ge=
ringsten Theile übertragen ließ. Eine Steuer=

Fig. 126. Anwendung von Segel und Ruder bei der
Luftschiffahrt.

vorrichtung, wenn sie je von Wirkung werden könnte, muß an dem Hauptkörper des Ballons
angebracht sein. Der Natur der Sache nach aber wird jeder derartige Versuch eher dahin
ausschlagen, den Ballon blos um seine Achse zu drehen, als ihm dauernd eine bestimmte
Richtung zu geben. Die Maschine des französischen Ingenieurs Giffard bestätigte dies.
Es bestand diese in einem walzenförmigen Ballon mit Steuer und archimedischer Schraube,
die von einer dreipferdigen Dampfmaschine getrieben wurde. Das erste und letzte Auf=
steigen erfolgte am 24. September 1852, und Giffard fand sich sehr befriedigt. Gegen den
Wind zu fahren, sagte er, habe gar nicht in seinem Plane gelegen, aber er konnte mit
Leichtigkeit seitwärts wenden und Kreise beschreiben.

Seiner Originalität halber erwähnen wir eines andern Vorschlags, dessen vor einigen
Jahren selbst in wissenschaftlichen Zeitschriften Erwähnung gethan wurde. Bekanntlich läßt
sich das Kohlensäuregas, welches man aus der Kreide durch Uebergießen mit Salzsäure
entwickeln kann, unter Umständen in feste Form bringen. Diese feste Kohlensäure hat aber
dann ein ungemein großes Bestreben, sich in Dampf zu verwandeln. Sie verflüchtigt sich
rascher als jeder andere Körper, und der Dampf zeigt eine sehr große Spannung. Diese
Eigenthümlichkeit sollte nun in der Weise zur Lenkung der Aërostaten benutzt werden, daß
eine hohle Metallkugel mit fester Kohlensäure an den Ballon befestigt wird. Wird dieselbe
an einer Seite mit einer kleinen Durchbohrung versehen und letztere geöffnet, so strömt die
gasförmige Kohlensäure mit großer Gewalt heraus und das Gefäß wird dadurch, wie eine

Rakete durch das entströmende Pulvergas, nach der entgegengesetzten Seite getrieben. Zur Ausführung ist der Vorschlag wol nicht gekommen, und er würde auch wahrscheinlich keinen besseren Erfolg gehabt haben als seine unzählbaren Vorläufer. Man kann behaupten, daß sich die Luftschiffahrt heute fast noch ganz in demselben Stadium befindet, in das sie durch die Einrichtungen, welche Charles schon an dem Ballon anbrachte, übergeführt wurde, heute, nach dem fast beinahe ein Jahrhundert der Erfahrung seit dem ersten jubelbegrüßten Auf= treten an der Erfindung vorübergegangen ist. Einen wirklichen Nutzen hat die Luftschiffahrt einmal, in den Händen der Naturforscher Gay=Lussac und Biot, gehabt; — für den fried= lichen Verkehr ermangelt sie jener Sicherheit, welche allein die Grundlage allgemeiner Ein= richtungen sein kann. Nur da, wo kein anderes Hülfsmittel der Beförderung mehr zu Ge= bote steht, wird mit dem Luftballon noch ein Versuch gemacht werden können, aber eben so wenig, wie man sich in der Regel der Brieftauben als Transportmittel für Beförderung von Depeschen bedienen wird, eben so wenig wird man auch heute noch an einen geregelten aëronautischen Verkehr mittels der Luftballons denken.

Fig. 127. Petin's projektirtes Luftschiff.

Die Fälle, in denen man dazu gezwungen ist, bietet nur der Krieg. Man hat sich des Luftballons als strategischen Hülfsmittels für Erforschung feindlicher Positionen bedient und im vorletzten Italienischen Kriege begleitete Godard die französische Armee, um mittels eines an langen Seilen gehaltenen Ballons Rekognoszirungen anzustellen. Ganz in der= selben Weise diente der Ballon schon den Franzosen in den Revolutionskriegen in Belgien und am Rhein (s. Fig. 128), wo ihnen von den Belgiern einmal ein Ballon zerschossen wurde. Allein der erste Napoleon schon schlug den Vortheil nicht sehr hoch an, denn er ließ die Sache bald wieder einschlafen.

Luftfahrten aus dem belagerten Paris. Während der letzten Belagerung von Paris hat die Luftschiffahrt eine bedeutende Rolle gespielt; bedeutender als je vorher. Täglich stiegen Ballons auf, in der ersten Zeit, nachdem unsere Heere die Riesenstadt von allen Seiten umschlossen hatten, an langen Seilen gehalten, vielleicht oft nur, um den leicht erregbaren Parisern ein Schauspiel zu geben, das ihre Phantasie beschäftigen konnte. Endlich aber, als alle, auch die unterirdischen Telegraphenverbindungen mit auswärts unterbrochen waren und kein anderes Mittel übrig blieb, um Nachrichten aus der Stadt heraus zu befördern, trat der Luftballon als wirkliches Verkehrsmittel in Scene. Personen verließen mit ihm das Innere der Stadt, Briefschaften, Depeschen und vor Allem Brieftauben mit sich nehmend, mittels derer man dann von außen den Belagerten konnte wieder Nachrichten zukommen lassen. Es war nach und nach eine ganz regelmäßige Ballonbeförderung eingerichtet

worden; regelmäßig, d. h. was den Ort und die Zeit des Aufsteigens anbelangt, denn eine bestimmte Richtung einzuschlagen hatte man trotz aller Anstrengungen nicht gelernt. Der schon öfters genannte Luftschiffer Godard war die Seele aller dieser Unternehmungen.

Es hatte sich eine „Gesellschaft für Lufttransporte in Paris" gebildet, welche in regelmäßigen Zwischenräumen von drei zu drei Tagen je einen Ballon abgehen ließ. «La défense nationale», «Latakie», «L'Éclaireur», letzterer als Schraubenballon angekündigt (was das heißen sollte, wissen wir nicht), sind ihrerseits durch Berichte bekannt geworden.

Außer diesen großen Ballons, deren jeder von einem Luftschiffer begleitet wurde — ballons montés — ließ man aber sehr häufig kleine Ballons steigen, ballons libres, denen man nur die Brieffracht mitgab, in der Hoffnung, daß sie nach ihrem Niedergange

Fig. 128. Festgehaltener Luftballon zu Auskundschaftung benutzt.

von irgend Jemand aufgefunden werden möchte, der die Weiterbesorgung der Briefschaften unternähme. Ein jedem solchen Luftboten beigegebenes Regierungsdekret wies den Finder an, sich von dem nächsten Maire für die Ablieferung von Ballon und Inhalt eine Belohnung von 100 Franken auszahlen zu lassen. Eine große Zahl solcher Ballons ist in die Hände unserer Soldaten gefallen, manchmal erst nachdem diese eine langwierige und abenteuerliche Verfolgung unternommen hatten. Auch ist die Abfangung montirter Ballons mehrfach gelungen — und Krupp hatte sogar eine eigenthümliche Kanone konstruirt, welche leicht genug zu dirigiren sein sollte, um dem mit dem Winde fortziehenden Zielpunkte zu folgen.

Das Hauptobjekt der Beförderung waren — außer Gambetta, der Paris ebenfalls in einem Ballon verlassen hat und darauf seinen unheilvollen Zug von einer Armee zur andern begann — wie schon vorhin erwähnt, die Brieftauben. Denn eine Rückkehr der Personen mittels Ballons erschien nicht ausführbar, und die Wenigsten von Denen, welche einmal aus der eingeschlossenen Stadt entronnen waren, dürften wol auch die Lust verspürt haben, freiwillig sich wieder in dieselbe zu begeben. Nach und nach aber würde die Zahl Derjenigen, welche Erfahrung und Geschicklichkeit genug besitzen, um bei einer Reise im Luft=ballon jene Maßregeln nicht zu versäumen, von denen möglicher Weise ihr Leben abhängt, immer geringer geworden sein, wenn nicht eine besondere Schule für Luftschiffer gegründet worden wäre. Eine Kommission berühmter Gelehrten und Techniker hatte das Protektorat, wie überhaupt für die Vervollkommnung der Luftschiffahrt alle Kräfte der Wissenschaft und Industrie angestrengt wurden. Wenn man nun zwar auch nicht sagen kann, daß durch die=selben wirklich ein Fortschritt gemacht worden wäre, so kann man doch nicht leugnen, daß für die belagerten Pariser selbst die mangelhafte Erfindung einen unendlichen Werth erlangt hatte. Sie war eben das einzige Aushülfsmittel, und wie schon früher in den Kriegen, so hat man auch diesmal in Paris den Ballon captif zu Beobachtungszwecken ausgenutzt, und es war z. B., als Trochu von der Loire=Armee her Entsatz erwartete, eine förmliche aëronautische Beobachtungslinie weit außerhalb des Bereiches unserer Feuerwaffen eingerichtet worden, deren einzelne Stationen mittels elektrischen Lichtes einander ihre Signale gaben. —

Nach einem Verzeichniß, das uns vorliegt, haben vom 23. September 1870 bis zum 22. Januar 1871 nicht weniger als 65 Ballons die eingeschlossene Stadt verlassen. Sie waren fast alle von gleicher Größe (70,000—72,000 Kubikfuß), und mancher von ihnen trug außer den Personen bis 450 Kg. Briefe und Depeschen; der „Godefroy Cavaignac“, mit welchem der General Kératry aus Paris ging, hatte sogar über 700 Kg. Depeschen an Bord.

Bei zwei von diesen Ballons steht in diesem Verzeichniß keine Landungsstelle angegeben — sie sind mit ihren Leitern spurlos verschwunden; es war dies der „Jacquard“, der am 28. November Nachts 11 Uhr vom Orleansbahnhof aufstieg, und der „Richard Wallace“, welcher am 28. Januar früh 3½ Uhr vom Nordbahnhofe aus seine Reise antrat. Den „Jacquard“ führte ein junger Seemann Prince. „Ich werde eine weite Reise machen, ihr werdet davon erzählen“, rief derselbe bei der Abfahrt den Zurückbleibenden zu. — Man hat nie wieder Etwas von ihm gesehen, nur ein Packet seiner Depeschen wurde im Kanale aufgefischt, und höchst wahrscheinlich hat er auf dem Meere seinen Untergang gefunden, ein Schicksal, welchem der wenige Minuten später abgegangene Ballon „Jules Favre“ auch nur mit genauer Noth entging. Den andern Ballon, „Richard Wallace“, hat man in den Morgenstunden des anbrechenden Tages zuletzt von Rochette aus gesehen; er trieb west=wärts und verschwand am Horizont — es befand sich in ihm ein Soldat, Emil Lacaze, der wol nicht genügend mit der Luftschiffahrt vertraut war.

Unfreiwillige Luftfahrt von Paris nach Norwegen. Das merkwürdigste Schicksal aber widerfuhr den Passagieren, welche am 24. November kurz vor Mitternacht mit dem Ballon „Stadt Orleans“ vom Nordbahnhofe auffuhren. Es waren dies der Aëronaut Rolier und der Franctireuroffizier Deschamps. Der Ballon trieb zuerst der Somme zu in nordwestlicher Richtung über die Departements Seine und Oise, um 2½ Uhr früh, in der Gegend von Valery=sur=Somme, entzog ein dichter Nebel jede Aussicht, und ein eintöniges, bald schwächer werdendes, bald anschwellendes Dröhnen hielten die Reisenden für das Rollen nächtlicher Eisenbahnzüge. Allein das Geräusch dauerte fort und der Eindruck, den es hervorbrachte, wurde immer beängstigender. Als das Morgengrauen schwand und der Horizont sich aufhellte, sahen sie denn auch mit Schrecken, daß die nebelgraue Fläche, die sich endlos unter ihnen ausbreitete, das Meer war. Die endlose Wasserfläche hatte das Geräusch bewirkt, das sie gehört hatten. Ihre Lage war entsetzlich, ohne Lebensmittel, mit Kleidung und Instrumenten zur Bestimmung ihres Weges höchst mangelhaft ausgerüstet, bestürzt und entmuthigt sahen sie nicht die geringste Möglichkeit, Etwas zu ihrer Rettung zu thun. Sie hielten sich für verloren. Gegen 11 Uhr war der Himmel klarer geworden, der Ballon hatte sich bis auf 1000 Meter gesenkt, man sah 17 Schiffe nach einander vor=überfahren, aber keines bemerkte ihre Signale, oder war die Schnelligkeit ihres Fluges so groß, daß jeder Versuch, ihnen beizukommen, vergeblich war? Ja von einem der Schiffe, wie es in den Berichten heißt jedenfalls von einem deutschen, wurde sogar auf sie geschossen. Endlich gegen 11¾ Uhr zeigt sich eine französische Korvette, sie giebt Signale, daß man den Ballon bemerkt hat, und Rolier öffnet das Ventil und läßt den Ballon sinken. Allein ehe derselbe bis zum Spiegel des Meeres hinabgelangt, hat ihn die Strömung der Luft so weit von dem Schiffe weggetrieben, daß dasselbe ihn nicht mehr erreichen kann. Jetzt wird die Lage der Luftschiffer verzweiflungsvoll — sie haben nur noch zwei Sack Ballast und müssen einen Sack Depeschen opfern, um wieder in die Höhe gelangen zu können. Sie steigen infolge dessen bis auf 3700 Meter — dichter, ruhigkalter Nebel um sie herum, der Tod scheint unvermeidlich, und sie beschließen, um ihre Angst abzukürzen, den Ballon zu sprengen. Glücklicherweise gelingt es nicht, Feuer anzuzünden, unterdessen fällt der Ballon mit großer Schnelligkeit. Da, eben noch über dem Wasser schwebend, bemerken sie plötzlich den Wipfel einer Tanne durch den Nebel aus einer dichten Schneehülle herausragen, in welche die Gondel unmittelbar darauf einstößt. Sie sind am Lande, Rolier springt heraus, der dadurch erleichterte Ballon erhebt sich aber wieder und Deschamps kann nur durch einen hohen Sprung den Boden gewinnen. Sie sind gerettet, wenigstens vor dem Tode des Ertrinkens; aber was steht ihnen sonst bevor? Alles, was sie an Kleidungsstücken, Decken ꝛc. mit sich hatten, hat der fortgeflogene Ballon ihnen entführt. Auf schnee= und eisbedeckten Bergen wissen sie nicht einmal, wo sie sind. Kein Leben ringsum, keine Spuren menschlicher Thätigkeit — ihr Rufen bleibt ohne Antwort und ihre spähenden Blicke kehren ohne Trost wieder zu einander zurück. Da findet Rolier endlich Spuren, die er für die Gleise eines Schlittens hält, sie folgen ihnen und erreichen nach mehrstündiger Wanderung eine halb verfallene Hütte, in der sie die Nacht zubringen. Hungernd und frierend wandern sie des andern Morgens weiter — gegen Mittag finden sie eine Hütte, deren Bewohner zwar ausgegangen sind, die aber doch so viel Heizmaterial und Nahrungsmittel zurückgelassen haben, daß die unglücklichen Verirrten sich einigermaßen wieder erholen können.

Der Rauch des angezündeten Feuers lockt die Eigenthümer herbei, welche über die unerwartete Einquartirung starr vor Erstaunen sind. Aber man kann sich nicht verständigen, und erst als Rolier das Bild eines Luftballons auf ein Blatt Papier zeichnet und den Namen Paris, auf sich und seinen Gefährten deutend, wiederholt ausspricht, verstehen die Bauern, was damit gesagt sein soll. „Ballone, Paris!" rufen sie erstaunt aus und sind von jetzt ab sorglich bemüht, ihren unglücklichen Gästen zu helfen. Durch alle Versuche der Verständigung gelingt es endlich, zu erfahren, daß die „Stadt Orleans" in Norwegen unter dem 62. Grade nördlicher Breite im Kirchspiele Silgfjord, Ort Liffield, niedergegangen ist, sechzig geographische Meilen von Christiania, wohin sich die Verschlagenen begeben, unterwegs überall mit Jubel von der Bevölkerung aufgenommen; denn die Geschichte ihrer Rettung hatte sich wie der Blitz verbreitet. Auch der Ballon nebst fünf Depeschensäcken, sechs Brieftauben und sämmtlichem sonstigen Inhalte war aufgefunden und geborgen worden. Dies dürfte seit Green's Fahrt von London nach Nassau wol die weiteste Luftreise gewesen sein, welche ausgeführt worden ist.

In dem Vorhergegangenen haben wir unseren Lesern ein Bild davon gegeben, was die Erfindung des Luftballons bisher geleistet hat.

Betrachten wir neben der Erfindung des Luftballons die gleichzeitig gemachte Erfindung der Dampfmaschine, oder die der wenig ältern Spinnmaschine, von den neuern der Schnellpresse, des elektrischen Telegraphen und der Photographie gar nicht zu reden; vergleichen wir den Antheil und die Pflege, welche die civilisirte Welt dem jungen Pflänzchen zu Theil werden ließ, und die Früchte, welche sie später davon gelesen hat — so entspringt daraus ein fast beschämendes Gefühl, daß immer und immer noch die Welt das Ueberraschende, das Ungeheuerliche jubelnd auf den Händen trägt, während der wahre Fortschritt, still und von den Wenigsten erkannt, seinen Weg sich mühsam selber bahnen muß.

Die Luftpumpe und die atmosphärische Briefpost.

Otto von Guericke. Die Luftpumpe und ihre Einrichtung. Die Magdeburger Halbkugeln auf dem Reichstage zu Regensburg. Der Sperrhahn. Zweistieselige Luftpumpe. Der schädliche Raum. Unter dem Rezipienten. Die Kompressionspumpe und die Windbüchse. — Die atmosphärische Eisenbahn. Geschichte und Einrichtung. Pneumatische Brief- und Packetbeförderung in Paris und London.

Nachdem durch Evangelista Torricelli der Glaube an den «Horror vacui» der Natur beseitigt und man durch mancherlei Erscheinungen überzeugt worden war, daß auf allen Körpern ohne Ausnahme der sehr bedeutende atmosphärische Druck laste, erwuchs natürlich der Wunsch, das Verhalten der Körper zu untersuchen, wenn jener Druck vermindert oder gar aufgehoben wäre.

Die Mitglieder der Florentiner Akademie waren die Ersten, welche in dieser Richtung experimentirten. Damals hatte man noch kein anderes Mittel, um sich einen luftleeren Raum zu verschaffen, als die Torricelli'sche Röhre. Dem oberen verschlossenen Ende derselben gab man die Form eines hohlkugeligen Raumes, indem man denselben aus zwei Hälften darstellte, welche genau auf einander paßten und zusammengefügt wurden, wenn die zu untersuchenden Körper hineingelegt worden waren. Alles zusammen wurde darauf mit Quecksilber gefüllt und, wie in Fig. 92, umgekehrt mit dem offenen Ende in ein Gefäß mit dem gleichen Metall gestellt.

Otto von Guericke, kurbrandenburgischer Rath und Bürgermeister von Magdeburg, suchte diesen Uebelständen abzuhelfen. Genau mit dem damaligen Stande der Wissenschaft bekannt, da er in Leiden eifrig Mathematik und Philosophie studirt hatte, richtete er sein Hauptaugenmerk den meteorologischen und astronomischen Erscheinungen zu. Er war der Erste, welcher die Meinung von einer regelmäßigen Wiederkehr der Kometen aufstellte; er erfand die nach ihm sogenannten Guericke'schen Wettermännchen, wir kennen ihn als Erfinder der Elektrisirmaschine und anderer wichtiger Apparate und Methoden, und wie er ein reges Interesse an allen neuen Entdeckungen nahm, so wiederholte er auch in Deutschland zuerst die Torricelli'schen Versuche. Geboren 1602 zu Magdeburg, starb er in Hamburg 1686, wohin er sich nach einem thätigen Leben zu seinem Sohne begeben hatte.

Die zahlreichen Versuche, welche Guericke anstellte und welche sich besonders auch auf das Studium des luftleeren Raumes bezogen, hat er selbst in einem besondern Werke beschrieben. Zuerst nahm er eine Saugpumpe von sehr großem Inhalt und ließ dieselbe unten an einem, im Uebrigen allseitig geschlossenen Wasserfasse anbringen, so daß der Inhalt dieses letztern bei dem Herabgehen des Kolbens in die Pumpe trat und in dem Fasse ein leerer Raum entstehen mußte. Aber kaum hatte er mit dem Apparate zu arbeiten begonnen, als auch schon die Luft von allen Seiten durch hundert Spalten und Poren in das Innere des Fasses drang mit einem Geräusch, als ob das Wasser ins heftigste Kochen gerathen sei.

Nachdem also sich das Holz als zu porös erwiesen hatte, nahm Guericke zu seinen Versuchen metallene Gefäße, denen er kleinere Dimensionen und die Form von Hohlkugeln gab. Die Saugpumpe behielt er bei, aber von der Mitwirkung des Wassers ging er ab. Er benutzte nur die Expansibilität der Luft, und das Prinzip nun, welches dieser Vorrichtung und allen spätern Luftpumpen zu Grunde liegt, läßt sich an Fig. 131 erläutern. Wenn B C ein vollkommen cylindrischer Stiefel von Metall ist, in welchem sich der Kolben D luftdicht bewegen kann, so müßte der Raum über diesem luftleer werden, wenn der Kolben herabgeht, vorausgesetzt nämlich, daß durch den Hals a keine Luft aus dem Gefäße A über den Kolben treten könnte. Besteht aber zwischen dem Kolben und dem luftdichten Gefäße A durch jenen Hals eine

Fig. 130. Otto von Guericke.

offene Verbindung, so tritt die in A befindliche Luft infolge ihrer Expansibilität in den Stiefel über; der letztere kann daher nicht luftleer werden, sondern über dem Kolben kann nur ein luftverdünnter Raum sich bilden. Und zwar wird, je weiter der Kolben herabgeht, um so weiter auch die Verdünnung gehen, denn dieselbe Menge, welche vorher blos das Gefäß A erfüllte, muß nachher auch noch den Innenraum des Stiefels mit ausfüllen. Falls sich nun das aus A in den Stiefel eingetretene Luftquantum wegschaffen ließe, ohne daß dasselbe in die Kugel zurückträte, und man das Spiel des Kolbens dann wieder in derselben Weise erneuern könnte, so würde die Luft aus A immer mehr und mehr herausgezogen werden. Ganz luftleer aber würde das Gefäß doch nicht zu machen sein, denn da — wenn beispielsweise Stiefel und Kugel gleich groß sind — die Verdünnung von $\frac{1}{2}$ auf $\frac{1}{4}$, $\frac{1}{8}$, $\frac{1}{16}$, $\frac{1}{32}$ u. s. w. fortschreitet und hier immer ein Rest bleiben muß, so wird auch bei andern Verhältnissen die Entleerung keine vollständige werden können.

Um den Kolben D an seinen Platz nach B bringen zu können, ohne zugleich die Luft in die Kugel zurückzupressen, erfand Guericke den nach ihm benannten durchbohrten Hahn, welcher geradezu in unzähligen Fällen heute noch in seiner ursprünglichen Gestalt Anwendung findet. Derselbe besteht, wie Jeder weiß, aus einem cylindrischen oder kegelförmigen

Metall= oder Holzstück, welches in eine gleich große Oeffnung der Röhre genau eingepaßt und so der Quere nach durchbohrt ist, daß es bei entsprechender Stellung die Flüssigkeit aus der Röhre treten läßt, bei einer Drehung aber um einen Viertelkreis die Röhre ganz dicht verschließt. Diesen vielbenutzten Apparat wandte also Guericke zuerst bei der Luftpumpe an, indem er denselben an dem Halse a anbrachte und den letztern dadurch allemal verschloß, wenn der Kolben zurück nach B gebracht werden sollte.

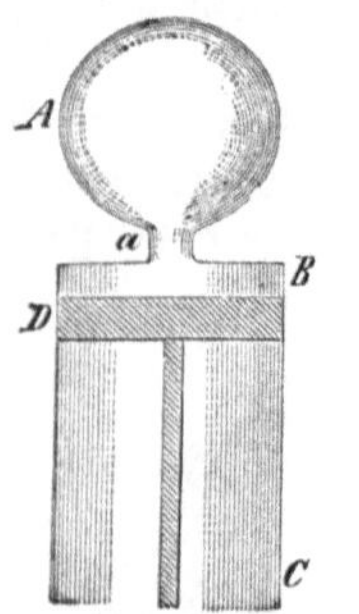

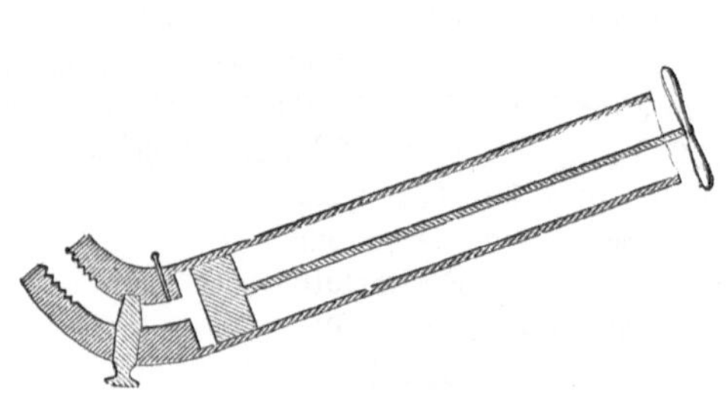

<table>
<tr><td>Fig. 131. Prinzip der Luftpumpe.</td><td>Fig. 132. Otto von Guericke's erste Luftpumpe.</td></tr>
</table>

Die gleichzeitige Entfernung der Luft aus dem Stiefel bewerkstelligte er dadurch, daß er am Halse selbst neben dem Hahne oder in dem Deckel B eine kleine Oeffnung anbrachte, die mit einem Stift dicht verschlossen werden konnte, wenn der Kolben die Kugel A aussaugte und der Hahn bei a geöffnet war, die dagegen, wenn a geschlossen war und der Kolben wieder zurückgeschoben werden sollte, geöffnet wurde, um der in dem Stiefel erhaltenen Luft zum Ausgange zu dienen.

Fig. 133. Verbesserte Form der ersten Luftpumpe.

In dieser Weise also war die älteste Luftpumpe, womit Guericke 1654 seine berühmten Versuche auf dem Reichstage zu Regensburg anstellte, beschaffen. Sie ist noch auf der Berliner Bibliothek vorhanden und besteht aus einem messingenen Stiefel (Fig. 132), der unten in eine Schraube ausgeht, mit welcher er an das auszupumpende Gefäß angeschraubt wird. In demselben wird ein eingesmirgelter Kolben mittels einer eisernen Stange und eines hölzernen Handgriffes auf= und abbewegt. Die ganze Maschine war ziemlich mangelhaft und roh gearbeitet, und es ist zu verwundern, wie Guericke damit so überraschende Experimente ausführen konnte.

Da bei der ersten Anordnung der Widerstand, den der äußere Luftdruck auf den Kolben ausübt, so groß war, daß kaum zwei Männer zu seiner Ueberwindung hinreichten, so gab Guericke selbst seiner Maschine bald die Form, welche in Fig. 133 dargestellt ist. Der auf drei Füßen ruhende und am Boden festgeschraubte Apparat zeigt einen Schwengel, welcher seine Drehung um einen Bolzen an einem der Füße hat. An diesem Schwengel hängt eine Zugstange, welche ihrerseits wieder am untern Ende durch ein Gelenk mit der Kolbenstange zusammenhängt. Der untere Ansatz der aufgesetzten Hohlkugel paßt in die obere Oeffnung des Stiefels; um den Verschluß aber besser zu dichten, wird das umgebende Gefäß mit Wasser gefüllt. Eine ähnliche Wasserabsperrung befindet sich unten zur Dichtung zwischen Stempel und Stiefel. Die Hohlkugel, der sogenannte Rezipient, ließ sich abschrauben, so daß damit abgesondert Versuche ausgeführt werden konnten.

Guericke's Experimente erregten bei seinen Zeitgenossen ungemeines Aufsehen, besonders nachdem er dieselben auf dem Reichstage zu Regensburg öffentlich dem Kaiser und den versammelten Reichsfürsten vorgeführt hatte. Namentlich erschien das Aufsteigen eines Kolbens in einem weiten Cylinder, aus welchem die Luft ausgepumpt wurde, merkwürdig. Die Kraft vieler Männer war nicht hinreichend, um den Kolben aufzuhalten.

Vor Allem aber interessirten die sogenannten Magdeburger Halbkugeln die Welt. Ein kugelförmiges Hohlgefäß, wie der Rezipient in Fig. 133, war in zwei Hälften zerschnitten, die ganz genau auf einander paßten. Im gewöhnlichen Zustande halten zwei solcher Halbkugeln gar nicht zusammen; wenn sie aber gut auf einander gesetzt sind und die Luft aus dem Innern herausgepumpt wird, dann wirkt von allen Seiten der Druck der äußeren Luft und preßt sie mit um so größerer Gewalt gegen einander, je größer ihre Oberfläche und je weiter die Verdünnung der Luft im Innern getrieben worden ist.

Fig. 134. Versuche mit den Magdeburger Halbkugeln in Regensburg. Nach dem Kupferstich eines gleichzeitigen Künstlers.

Guericke's Halbkugeln, mit denen er in Regensburg experimentirte, hatten etwa 60 Centimeter im Durchmesser und waren mit starken eisernen Ringen versehen. Man kann sich das Erstaunen der Zuschauer denken, als sie sahen, daß 8, 10, 12, ja 20 Pferde, gegen einander gespannt, nicht im Stande waren, die wie durch einen Zauber zusammengehaltenen Halbkugeln aus einander zu reißen, daß vielmehr 24 — 30 Pferde benöthigt waren, den Widerstand zu überwinden. Das Zerreißen geschah dann allemal mit einem Knall, als ob ein Geschütz abgefeuert würde.

Der Mathematiker Kaspar Schott beschrieb die Guericke'sche Luftpumpe und die damit angestellten Versuche; dadurch wurden sie auch dem englischen Physiker Robert Boyle bekannt, der sich so eifrig mit der Wiederholung der Experimente beschäftigte und für die weitere Ausbreitung so viel gethan hat, daß ihm die Engländer die ganze Ehre der

Erfindung zugeschrieben haben; sie nannten den luftleeren Raum die Boyle'sche Leere (Vacuum Boylianum). Andere Physiker ergriffen die Sache gleichfalls mit Lebhaftigkeit, und wenn man die Berichte aus der damaligen Zeit liest, so scheint es fast, als ob auch das große Publikum wissenschaftlichen Entdeckungen eine lebhaftere Theilnahme geschenkt hätte, als es heutzutage der Fall ist. Dadurch nun, daß die Luftpumpe in die Hände vieler Experimentatoren kam, erlitt sie mancherlei Umgestaltungen, wodurch sie den einzelnen Anforderungen entsprechender gemacht wurde.

Fig. 135. Senguerd's doppelt durchbohrter Hahn.

Diese Veränderungen bezogen sich theils auf die Bewegungsvorrichtung des Kolbens, für welche man Fußtritte, Steigbügel, Zugstangen, Zahnräder, Kurbeln und alles Mögliche der Reihe nach angewandt hat, und sind daher als solche ziemlich uninteressant; theils aber griffen sie in die innere Einrichtung ein, und wenn sie auch an dem ursprünglichen Guericke'schen Prinzipe nichts änderten, so erhielt doch die Ausführung dadurch mancherlei Neues und sehr Zweckmäßiges. Besonders ist der doppelt durchbohrte Hahn von Senguerd namhaft zu machen, weil durch denselben der Stift überflüssig wird, der die Oeffnung, durch welche die Luft herausgepreßt wird, verschließt. Ein solcher Senguerd'scher Hahn ist in Fig. 135 dargestellt. Außer der Durchbohrung, welche schon der Guericke'sche Hahn zeigt, hat er noch eine zweite, rechtwinklig gegen die vorige stehend und die Verbindung der innern Röhre mit der äußern Luft vermittelnd. Durch diesen Kanal wird die Luft herausgepreßt, nachdem die Verbindung mit dem Rezipienten unterbrochen ist. — Ferner suchte man die Wirkung der Luftpumpe zu beschleunigen und das Spiel der Kolben zugleich leichter zu machen. Hawksbee und Leupold verbanden zu diesem Zwecke zwei Kolben so mit einander, daß, während der eine sinkt, der andere steigt. Da nun aus beiden Stiefeln Luftkanäle in den Rezipienten einmünden, so wird diesem sowol beim Hin= als beim Hergange der Kurbel Luft entzogen. Der bedeutende Druck der äußern Luft wird dabei gezwungen, mit zu arbeiten, indem dieselbe Kraft, welche die Bewegung des einen Kolbens hindert, die des andern beschleunigen möchte. Die Ueberwindung

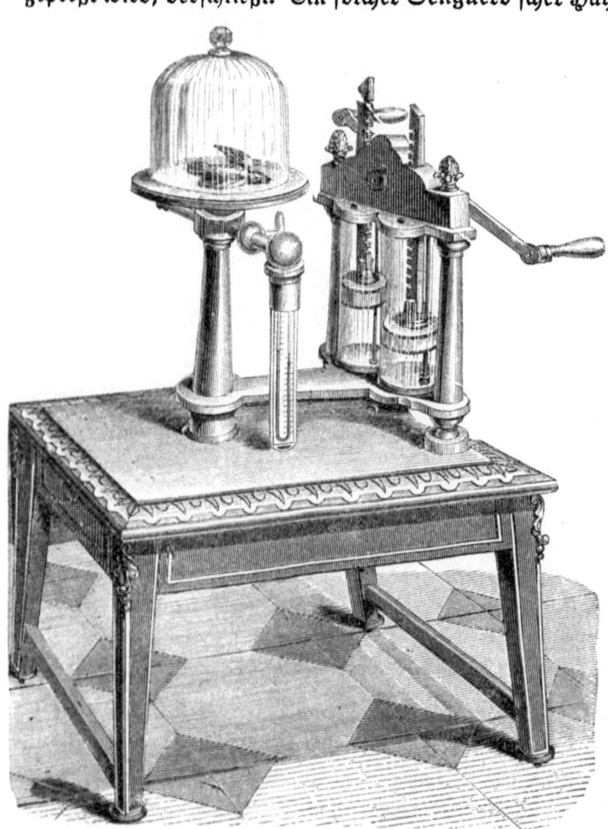

Fig. 136. Zweistiefelige Luftpumpe.

des Widerstandes wird somit wesentlich erleichtert. Man kann den Vorgang mit einer Wage vergleichen, welche sich unter der stärksten Belastung leicht auf= und abbewegen läßt, sobald nur beide Schalen gleiche Lasten zu tragen haben.

Die Abbildung Fig. 136 giebt uns eine Ansicht von einer solchen doppelt wirkenden Luftpumpe. Wir bemerken die zwei neben einander stehenden Pumpenstiefel, welche aus starkem Glas ausgeführt und inwendig vollständig ausgesmirgelt sind; häufig werden sie auch aus Messing gegossen und durch Vorsprünge noch dauerhafter gemacht; die beiden Kolbenstangen sind gezahnt und greifen in ein auf der zwischen ihnen durchgehenden Welle sitzendes Zahnrad, welches durch den Schwengel in Bewegung gesetzt wird. Vom Boden jedes Stiefels geht ein Luft= kanal nach dem Rezipienten; beide Luftwege vereinigen sich hinter den Stiefeln zu einem einzigen, der nach der Säule hinübergeführt ist, auf wel= cher die Glasglocke steht. Er steigt in der Säule in die Höhe und mündet in einem kleinen Loche der Platte oder des Tellers aus. Der Stand= ort des Rezipienten ist eine gut geschliffene Messingplatte. Der Rand der Glocke ist eben= falls ganz eben abgeschliffen, und indem man ihn vor dem Aufsetzen mit Fett bestreicht, kann man der äußern Luft jeden Zutritt versperren.

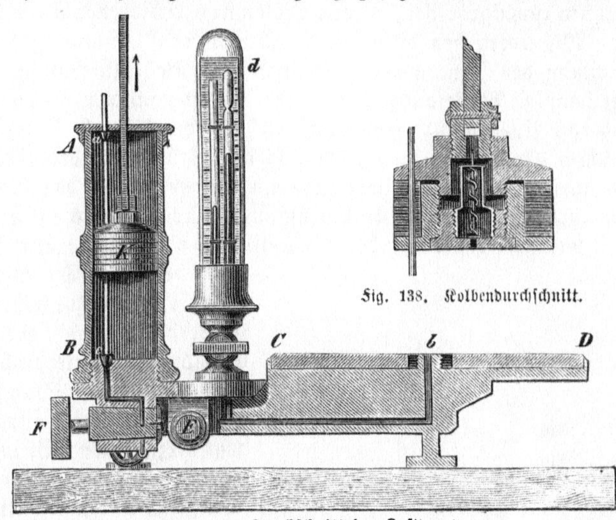

Fig. 138. Kolbendurchschnitt.

Fig. 137. Durchschnitt der Luftpumpe.

Die Einführung dieser Standplatte, des Tellers, verdanken wir Dionysius Pa= pinus (1674). Dieser berühmte Physiker brachte auch zuerst anstatt der Hähne Ventile, und zwar Klappenventile, im Kolben an; das sind dünne Platten, die sich nur nach einer Seite hin bewegen können und nach dieser der zusammengepreßten Luft den Ausgang ge= statten, die dagegen sich wieder luftdicht vor die Oeffnung legen, wenn von der andern Seite, beim Rückgange des Kolbens, der Druck größer wird. Außerdem machten sich Sweaton und Cuthbertson, zwei englische Künstler, um die Vervollkommnung der Luftpumpe verdient, und namentlich hat der Letztere durch eigenthümliche Einrichtung des Kolbens ausgezeichnete Werke hergestellt. Um den Grad der erreichten Verdünnung zu prüfen, erfand Sweaton die sogenannte Birnprobe. Cuthbertson wandte die bei wei= tem vorzuziehende Barometerprobe an, ein kleines Baro= meter, dessen geschlossener Schenkel aber nur wenige Zoll hoch ist, und in welchem das Quecksilber daher erst sinkt, wenn die Verdünnung der Luft schon einen sehr hohen Grad erreicht hat.

Abgesehen von dem früher schon erwähnten Umstande, daß durch die fortgesetzte Theilung der Luftmasse eine voll= ständige Entleerung des Rezipienten nicht zu erreichen ist, trat aber den Bestrebungen der Physiker noch der sogenannte schädliche Raum hindernd entgegen. Wenn nämlich der Kolben auch noch so weit heruntergeführt wird, so bleibt

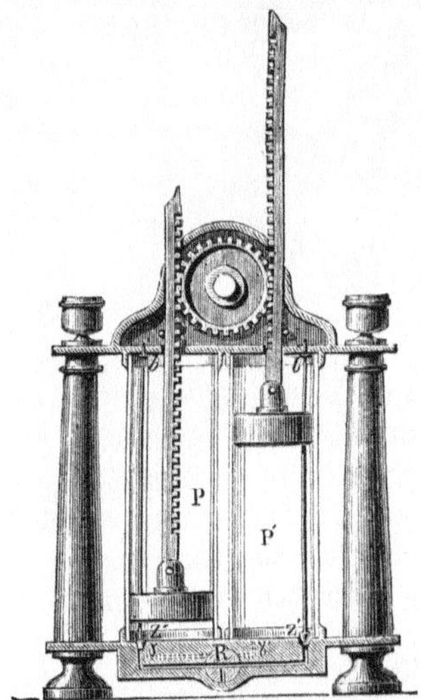

Fig. 139. Vorderansicht der zweistie= ligen Luftpumpe.

zwischen seinen Ventilen und der Absperrung des Rezipienten doch immer noch ein Zwischen= raum, in welchem sich beim Herausziehen der Luft ein Rest erhält, welcher die Spannung der äußern Atmosphäre besitzen muß und der, wenn die Verbindung des Rezipienten und des Stiefels durch den Hahn behufs der weitern Verdünnung wieder geöffnet ist, in den Rezipienten wieder einströmt. Seiner Wirkung wegen erhielt dieser Zwischenraum den

Namen schädlicher Raum. Seine Größe bestimmt den äußersten Grad der Verdünnung, welcher überhaupt zu erreichen ist. Da er nun bei Klappenventilen ziemlich bedeutend bleibt, so hat man auch bald von einer durchgängigen Anwendung dieser Verschlußvorrichtung abgesehen und zum Theil andere Ventile angebracht, zum Theil auch wieder zu den alten Hähnen zurückgegriffen, die von Vielen in verschiedener Weise wieder verändert worden sind.

Wir übergehen diese allmählichen Vervollkommnungen und wenden uns zu der Betrachtung des Innern einer zweistiefeligen Ventilluftpumpe, wie sie gegenwärtig auf eine zweckmäßige Weise ausgeführt wird. Es ist nach dem bisher Gesagten in den Figuren 137 und 138 Alles leicht verständlich: A B ist der Stiefel, K der Kolben, C D der Teller, aus welchem der Luftgang, der bei c in den Stiefel mündet, bei b austritt. Unter c befindet sich an einer dünnen Eisenstange ein kleiner Kegel, das Bodenventil. Diese Eisenstange geht luftdicht durch den Kolben hindurch und hat bei a einen festen Ansatz, der ihr nur eine sehr geringe Erhebung über die Oeffnung c gestattet. Der Hahn E setzt, mittels der uns

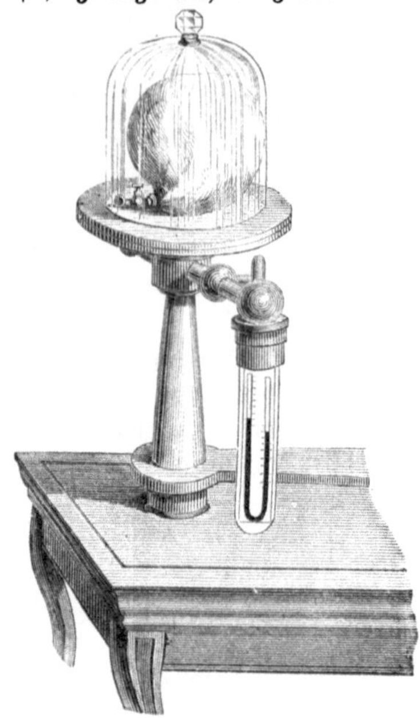

schon bekannten Durchbohrung, je nach Bedürfniß den Rezipienten mit dem Stiefel oder mit der äußern Luft in Verbindung, schließt ihn aber auch von beiden ab; d ist die Barometerprobe. Wenn der Kolben gehoben wird, so geht die Stange etwas mit in die Höhe, der abgestumpfte Kegel öffnet die Röhre, und die Luft aus dem Rezipienten tritt in den Stiefel; geht der Kolben zurück, so setzt sich der Kegel in die Oeffnung und verschließt sie luftdicht. Mit seiner obern Fläche liegt er genau in der Bodenfläche des Stiefels, so daß beim tiefsten Stande des Kolbens kein Zwischenraum bleibt und alle Luft durch das im Innern des Kolbens befindliche Ventil in den obern Theil des Stiefels gepreßt wird. Wie dies Ventil eingerichtet ist, wird aus Fig. 138 klar, woraus auch hervorgeht, daß der schädliche Raum sich auf die kleine unter dem Ventil befindliche Röhre reduzirt, welche selbst beim tiefsten Stande des Kolbens mit Luft gefüllt bleibt. Stöhrer in Leipzig und Staudinger in Gießen haben aber den Einfluß desselben noch dadurch verringert, daß sie den obern Theil des Stiefels beim Heruntergehen des Kolbens von der äußern Luft abgesperrt haben. Dadurch erhielten sie einen luftverdünnten Raum, welcher die Oeffnung des Ventils im Kolben wesentlich erleichtert und fernerhin den schädlichen Raum auch nicht mit Luft von atmosphärischer Spannung, sondern nur mit verdünnter Luft sich füllen läßt. Man hat auch Luftpumpen ohne Ventile erfunden, und eine vorzüglich scharfsinnige Einrichtung hat Buchanan angegeben. In der Fig. 139 ist eine Vorderansicht der beiden Stiefel und des Zahnmechanismus gegeben, durch welchen die Kolben in denselben bewegt werden. Es sind P und P' die Stiefel, γ und γ' die von dem Rezipienten her führenden Luftkanäle, welche durch die an den Stangen b und b' sitzenden Bodenventile z' z' geöffnet und geschlossen werden, R aber ist der doppelt durchbohrte Zahn, mittels dessen man die Absperrung des Rezipienten sowol als die Zulassung der atmosphärischen Luft bewerkstelligen kann.

Hydraulische Luftpumpen sind die alten Vorrichtungen, welche eine Torricelli'sche Leere erzeugen; bei ihnen steht der Rezipient entweder über einer Quecksilberröhre von mindestens 76 Centimeter (28 Zoll) Länge, oder er ist mit einem mehr als 10 Meter langen Wasserrohre in Verbindung gesetzt. In der neueren Zeit hat man die Quecksilberluftpumpen sehr vervollkommnet, so daß sie sogar den Hahnluftpumpen gegenüber manche Vorzüge haben. Infolge dessen werden die Konstruktionen, welche Sprengel, Geißler u. A.

angegeben haben, für physikalische und chemische Zwecke vielfach ausgeführt. — Man kann den einfachen Bretersatz, wie er seit alten Zeiten in den Harzer Bergwerken zum Wetterwechsel in Gebrauch ist, als eine der ältesten Luftpumpen ansehen. Derselbe besteht aus einem feststehenden Fasse, durch dessen Boden eine weite Röhre bis in denjenigen Theil des Grubenbaues geht, welcher von schlechten Wettern befreit werden soll. Die Röhre geht in dem Innern des Fasses in die Höhe, so daß sie über den Spiegel des Wassers, mit dem jenes angefüllt ist, herausragt, und hat an ihrer obern Oeffnung eine oder zwei Klappen, welche nach außen schlagen. In diesem feststehenden Fasse steckt ein zweites bewegliches, umgekehrtes, also unten offenes Faß, dessen oberer Boden ein Klappenventil trägt, das ebenfalls nach außen schlägt. Durch irgend einen Mechanismus, ähnlich einem Pumpenschwengel, wird das bewegliche Faß auf und ab bewegt und dadurch über dem Wasser einmal ein luftverdünnter Raum hergestellt, in welchen die Luft aus dem Innern der Grube eindringt, dann aber beim Herabgehen des zweiten Fasses, infolge dessen sich die Klappe der Röhre schließt, die Luft verdichtet, sie hebt das Ventil am Boden des Fasses und entweicht durch dasselbe.

Versuche mit der Luftpumpe. Wir haben schon bei der Besprechung des Luftballons der Erscheinung gedacht, daß der mit Gas gefüllte Ballon, wenn er in die höheren luftverdünnten Regionen gelangt, aufschwillt, ja daß er sogar zerplatzen kann, wenn dem Gase nicht ein Ausweg geöffnet wird. Dasselbe können wir unter dem Rezipienten der Luftpumpe beobachten. Bringen wir nämlich eine halb mit Luft gefüllte, aber fest zugebundene Blase darunter, so regt sich diese, wenn die Luft unter dem Rezipienten ausgezogen wird. auf eine merkwürdige Weise. Sobald durch die Verdünnung der Druck der äußern Luft abnimmt, folgt die Luft in der Blase ihrem Bestreben, sich auszudehnen, die Blase wird straffer (Fig. 140) und zerplatzt endlich, wenn die Haut die innere Spannung nicht mehr auszuhalten vermag. Eine Traube mit getrockneten Rosinen bekommt aus demselben Grunde unter dem Rezipienten das Aussehen, als trüge sie lauter saftige, runde Beeren; läßt man aber die Luft wieder zuströmen, so schrumpfen sie augenblicklich wieder zusammen. Eine mit Wasser halbgefüllte und fest verkorkte Flasche, durch deren Kork ein dünnes Röhrchen bis unter den Wasserspiegel hinabgeht, verwandelt sich unter der Glocke in einen Springbrunnen, da die Luft in der Flasche sich ausdehnt, dadurch auf den Wasserspiegel drückt und die Flüssigkeit zu dem Röhrchen hinauspreßt.

Das Bestreben, sich auszudehnen und in Dämpfe zu verwandeln, haben sehr viele Flüssigkeiten, wenn auch in viel geringerem Grade als die Gase. An einer raschen Verflüchtigung hindert sie für gewöhnlich aber der Druck der atmosphärischen Luft. Sie kochen erst, wenn durch Erhitzen ihr ursprüngliches Ausdehnungsbestreben verstärkt wird. Auf hohen Bergen, wo der Luftdruck geringer ist, kocht daher das Wasser bei viel niedrigeren Wärmegraden und man kann die Temperatur des Siedepunktes benutzen, um den Luftdruck und damit die Erhebung über den Meeresspiegel zu messen. In Quito vermag man auf gewöhnliche Weise keine Kartoffeln gar zu machen; das Wasser kocht, ehe es dazu heiß genug wird. Unter der Glocke der Luftpumpe fangen demgemäß auch manche Flüssigkeiten, wenn sie nur ganz wenig erwärmt werden, an zu sieden; ja, besonders flüchtige, wie Alkohol, Schwefeläther, bedürfen, um in das heftigste Aufwallen zu gerathen, gar keiner vorhergehenden Erwärmung; natürlich muß man die sich entwickelnden Dämpfe durch fortwährendes Pumpen immer wieder entfernen. In der Praxis macht man von dieser Erscheinung eine höchst wichtige Anwendung. Die aus dem Rübensafte dargestellte Zuckerlösung zersetzt sich sehr leicht. Sie muß also sehr rasch abgedampft werden, um den festen Zucker auszuscheiden. Da aber eine Erhitzung bis über 100 Grad, wo jene Lösung erst zum Sieden kommt, der Zuckergewinnung insofern wieder nachtheilig wird, als sich bei einer solchen Temperatur sehr viel krystallisirbarer Zucker in minder werthvollen Sirup verwandelt, so erniedrigt man durch Anwendung großer Luftpumpen den Siedepunkt, indem man aus den verschlossenen Gefäßen, in welchen der Zuckersaft abdampfen soll, die sich entwickelnden Dämpfe ohne Unterbrechung rasch entfernt.

Der Mangel an Luft unter dem Rezipienten tödtet darunter gebrachte Thiere bald. Fische sterben selbst, wenn sie im Wasser sich befinden, weil diesem der darin aufgelöste und zum Leben seiner Bewohner nothwendige Sauerstoff entzogen wird. Alle Gasarten, die in Flüssigkeiten aufgelöst oder durch Druck hineingepreßt sind, entweichen als Blasen; Bier und kohlensäurehaltige Getränke schäumen heftig. Die Lichtflamme schrumpft ein und verlöscht, denn sie kann der verdünnten Luft nicht mehr so viel Sauerstoff entnehmen, wie der atmosphärischen.

„Die Luft", sagt Humboldt, „ist die Trägerin des Schalles, also auch die Trägerin der Sprache, der Mittheilung der Ideen, der Geselligkeit unter den Völkern. Wäre der Erdball der Atmosphäre beraubt, wie unser Mond, so stellte er sich uns in der Phantasie als eine klanglose Einöde dar." Das Schlagwerk einer Uhr wird unter der Glocke einer Luftpumpe leiser und leiser, je mehr man die Luft auszieht. Der Ton verstummt endlich ganz und lebt erst wieder auf, wenn neue Luft zugelassen wird.

Ein Stück Papier fällt in der Luft langsamer zur Erde als ein Stein; im luftleeren Raume aber kommen beide Körper gleich rasch herunter, denn der Widerstand, welcher die geringe lebendige Kraft des leichten Papieres rascher aufzehrt als die viel bedeutendere des Steines, ist hier nicht mehr vorhanden, und es wirkt ungehindert die Schwere, welche allen Körpern auf der Erde dieselbe Fallgeschwindigkeit ertheilt.

Setzt man über die Oeffnung der Röhre, auf den Teller, anstatt der Glocke einen offenen Cylinder, den man oben mit Blase verbindet, so wird diese, wenn man auspumpt, nach innen getrieben und endlich, wenn sie den Druck der äußern Luft nicht mehr aushalten kann, mit einem Knall zersprengt. Ein Holzteller, auf den Cylinder gesetzt, läßt sich zwar nicht zersprengen, aber die Luft dringt durch die feinen Poren des Holzes hindurch und reißt auch Flüssigkeiten, die man auf den Teller gebracht hat, mit hinein. Quecksilber bildet auf diese Weise einen feinen Regen aus lauter zarten Tröpfchen. Wenn man für den Teller ein siebartiges Gefäß in den Cylinder hängt und dasselbe mit Stoffen, welche lösliche Bestandtheile enthalten, vollstampft, so kann man durch den Luftdruck dieselben vollständig ausziehen, man braucht nur Wasser oder Spiritus darüber zu gießen und die Luftpumpe arbeiten zu lassen. In mannichfacher Weise wird dies in Apotheken und Fabriken angewandt und selbst manche Kaffeemaschinen beruhen auf demselben Prinzipe, wenn auch hier der luftverdünnte Raum auf eine andere Art, nämlich wie bei den Schröpfköpfen, durch Erhitzen erzeugt wird.

Schließlich sei noch erwähnt, daß man unter dem Rezipienten der Luftpumpe die Luft direkt wägen, das heißt, ihr Gewicht mit Hülfe einer gewöhnlichen Wage und gewöhnlicher Gewichte bestimmen kann. Nimmt man nämlich eine hohle, mit Luft gefüllte und gut verschlossene Glaskugel, hängt diese an dem einen Ende eines sehr empfindlichen Wagebalkens auf, dessen am andern Ende befindliche Schale so viel Gewicht trägt, daß der Balken genau horizontal steht, und bringt sie damit unter die Luftpumpe, so wird, wenn die Luft ausgepumpt worden ist, so daß die Kugel nicht mehr in dem Luftmeere schwimmt, sich der Arm, woran sie hängt, neigen. Umgekehrt, wenn man dieselbe hohle Kugel luftleer pumpt und wiegt, beträgt ihr Gewicht weniger, als wenn man den Hahn öffnet und die hineingeströmte Luft das zweite Mal mit wiegt. Ein Liter Luft wiegt etwas mehr als ein Gramm; eine Kugel also, die einen Centner Luft in sich fassen sollte, brauchte nur wenig mehr als 5 Meter Durchmesser zu haben.

Kompressionspumpe. Um Luftverdichtungen herzustellen, die zu manchen wissenschaftlichen wie technischen Zwecken erwünscht sind, kann man fast alle Hahnluftpumpen verwenden. Es ist nichts erforderlich, als eine entgegengesetzte Drehung der Abschlußvorrichtung bei jedem Kolbenzuge. Ventilluftpumpen sind dagegen nicht ohne Weiteres brauchbar, sie müssen eine Abänderung erleiden, damit die Ventile im entgegengesetzten Sinne sich bewegen. In welcher Art dieselben dann eingerichtet sind, kann man aus Fig. 141 und 142 ersehen. In einem Pumpenkörper A von kleinem Durchmesser läßt sich ein Kolben c (Fig. 142) luftdicht auf und ab bewegen. B und C sind Hähne zum Absperren der

äußern Luft, sie sind beim Gange der Kompression geöffnet (s. Fig. 141). Bei a und b liegen zwei
Ventile, von denen das bei a sich schließt, das bei b aber sich öffnet, wenn der Kolben in die
Höhe geht. Während dieser Zeit tritt also die Luft durch die Röhre D von außen in das
Innere des Stiefels. Geht der Kolben herab, so preßt er das Ventil b in die Oeffnung
und schließt die nach außen führende Röhre ab, durch das Ventil a aber drückt er die vor=
her eingesaugte Luft in den Raum K, in welchem sie zu der schon vorhandenen gepreßt
wird und von wo sie mittels Röhren bei E weitergeleitet werden kann. Ein etwas anderes
Arrangement der Ventile zeigt Fig. 144. Beim Aufgange des Kolbens öffnet sich das
Ventil Z und läßt der äußern Luft durch T Eintritt in den Stiefel, beim Herabgehen schließt
sich Z, dagegen öffnet sich Z' und die Luft wird durch T' in den Verdichtungsraum gepreßt

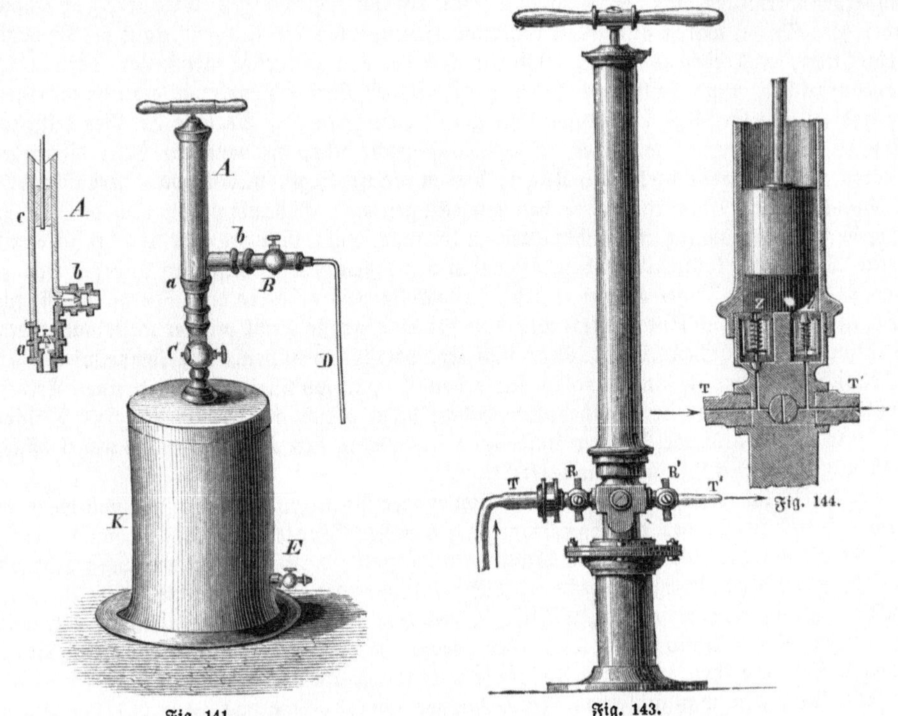

Fig. 141—144. Kompressionspumpen; äußere Ansicht und Durchschnitt des Stiefels

Eine sehr wichtige Anwendung macht man in der Praxis von den Kompressions=
pumpen bei der Fabrikation der künstlichen kohlensauren Wässer; eine ungleich großartigere
haben sie gefunden bei der nunmehr glücklich vollendeten Durchbohrung des Mont=Cenis,
wo die verdichtete Luft in ganz ähnlicher Weise, wie es in den Dampfmaschinen mit den
hochgespannten Wasserdämpfen geschieht, als Kraftquelle zum Betriebe der Bohrmaschine
angewendet wurde. Die großen Kompressionspumpen standen außerhalb des Tunnels und
wurden hier in Bewegung gesetzt, die verdichtete Luft aber führte eine Leitung von starken
eisernen Röhren bis vor den Ort, wo die Bohrmaschine stand. Dadurch wurde der große
Vortheil erreicht, daß man mit Bequemlichkeit hinreichende Kraft erzeugen konnte, um die
Spренglöcher auszubohren, was im Innern mit Hülfe von Dampfmaschinen oder andern
Motoren nicht der Fall gewesen sein würde; dann aber auch wurde durch die im Innern
des Tunnels aus der Maschine tretende komprimirte Luft den Arbeitern neues Athmungs=
material geliefert und die schlechte Luft durch frische ersetzt, in welcher Lungen und Lampen
ihre Thätigkeit unterhalten konnten. Die komprimirte Luft diente somit in zweierlei Weise,
einmal als Transmission für die Uebertragung der Kraft und dann als Ventilation, und

es kann nicht bezweifelt werden, daß ohne diese ihre geistreiche Verwendung das Riesen=werk nicht nur nicht in der überaus kurzen Zeit, sondern wahrscheinlich gar nicht hätte zu Stande gebracht werden können.

Auf ganz ähnliche Weise wie die Kompressionspumpen sind die Windbüchsen ein=gerichtet, nur haben die einzelnen Theile eine etwas andere Form, die ein dem Zwecke entsprechendes Hantieren gestattet. Sie sollen von einem Nürnberger, Namens Gester, um 1430 erfunden worden sein, allein es herrscht über Zeit und Erfinder keine vollständige Gewißheit. Die genannte Jahrzahl dürfte wahrscheinlich zu weit zurückliegen. Zwar soll, nach Muschenbroek, in der Gewehrkammer eines Herrn von Schmettau eine unvollkommene Windbüchse mit der Jahrzahl 1474 vorhanden gewesen sein, allein dagegen behaupten Nürnberger Chroniken, daß der Apparat erst um 1560 von einem Hans Lobsinger erdacht worden sei. Damit wären nun allen späteren Prätendenten die Ansprüche auf die Priorität abgeschnitten, und eben so wenig dürfte auch Otto von Guericke mit seiner sogenannten Magdeburgischen Windbüchse, „aus der man mit der Luft schießt, wie man sie an einem Orte findet‟, als Erfinder der Windbüchse gelten. Denn in dem Berichte darüber heißt es: „Es wird die ausgepumpte Kugel an den Lauf geschraubt, da denn die Luft, die in den luftleeren Raum hineinfährt, die Kugel, die im Laufe liegt, mit Gewalt heraustreibt‟, und danach scheint Guericke gerade den entgegengesetzten Gedanken von dem verfolgt zu haben, der den gewöhnlichen Windbüchsen zu Grunde liegt. Ein gewisser Mathei zu Turin soll eine Windbüchse konstruirt haben, die dadurch geladen wurde, daß man 2 Unzen Schieß=pulver in der hohlen Kugel abbrannte; die entwickelten Gase hatten eine Spannung, die für 18 Schuß auf je 60 Schritt Entfernung und für eine große Zahl minder weite ausreichte.

Unsere gewöhnlichen Windbüchsen sind Kompressionspumpen. Die komprimirte Luft befindet sich entweder in einer hohlen kupfernen Kugel, wohinein sie durch einen Kolben gepreßt wird, oder aber der ausgehöhlte Schaft dient gleich als Rezipient. Der Drücker öffnet dann ein Ventil, welches der Luft einen Ausweg in den Lauf hinter die Kugel öffnet und diese dadurch mit Gewalt hinaustreibt.

Der Luftdruck treibt den Saft in den Zellen der Pflanzen in die Höhe, und wenn er es auch nicht allein ist, der die Säftebewegung von den Wurzeln aus bis in die äußersten Gipfel der bis hundert Meter hohen Stämme vermittelt, so ist seine Mitwirkung jedenfalls von hoher Bedeutung; durch ihn haften die Extremitäten der Menschen und Thiere in ihren Gelenkhöhlen, so daß diese langen Glieder mit dem geringsten Kraftaufwande getragen werden. Ja, alle Funktionen des belebten Organismus sind so durch seine Mitwirkung bedingt, daß unsere Welt eine ganz andere sein würde, wenn dieser wichtige Faktor plötzlich wegfiele. Unter den mannichfachen Anwendungen aber, welche das gewerbliche Leben von seiner Wirkung gemacht hat, wollen wir hauptsächlich zweier Erwähnung thun: der atmosphärischen Eisenbahn und der pneumatischen Packetbeförderung.

Die atmosphärische Eisenbahn. Der Gedanke, Frachten und selbst Passagiere durch den Luftdruck zu befördern, ist nicht neu. Bereits vor zwei Jahrhunderten machte Papin auf ihn aufmerksam, indem er vorschlug, auf die zu bewegenden Wagen von hinten kom=primirte Luft wirken zu lassen, dieselben also wie die Kugel aus einem Blasrohre durch eine geeignete Tunnelröhre zu blasen. Von einigen Späteren wurde diese Idee zeitweilig wieder aufgegriffen, aber es ist nicht bekannt, daß irgendwo Anstalten getroffen worden wären, sie in Ausführung zu bringen. Die Verkehrsverhältnisse hatten noch nicht jene Ausdehnung gewonnen, welcher keine Opfer, selbst für die Prüfung der abenteuerlichsten Pläne, zu hoch sind; in damaliger Zeit hielt man es für närrisch, wenn nicht gar für vermessen, eine größere Geschwindigkeit für Beförderung beanspruchen zu wollen, als der Lauf der Zugthiere erreicht.

Erst vor funfzig und einigen Jahren wieder nahm sich ein gewisser Medhurst der Sache mit Ernst an. Er gab eine Darstellung des Planes unter dem Titel: „Eine neue Methode, Briefe und Güter durch die Luft zu befördern.‟ Der Plan einer atmosphärischen Eisenbahn selbst zur Beförderung von Reisenden war von ihm bis in die Details ausgearbeitet worden.

aber es fehlte noch der Boden für solche Ideen. Als aber die Eisenbahnangst vergangen
war und sich jene Befürchtungen — daß alles darauf verwandte Geld zum Fenster hinaus=
geworfen sei, daß es nur noch Menschen auf der Erde geben werde, die durch die Lokomo=
tive in irgend einer Weise unglücklich gemacht worden wären, sei es, daß durch den Luft=
druck einer ihrer lieben Anverwandten getödtet und sehr Viele in Krankheit gestürzt
würden, oder daß die Fuhrleute ihre Pferde verhungern lassen müßten und daß alle Gast=
wirthe an der Heerstraße den gewissen Hungertod vor Augen sähen — als diese und nicht
nur Hunderte, nein Tausende von ähnlichen Albernheiten durch den wirklichen Erfolg, durch
die rasche, segensreiche Umgestaltung infolge der neuen Verkehrsmittel glücklich beseitigt
waren — da erhob sich an Stelle der früheren philisterhaften Kleinmüthigkeit ein eben so
grenzenloser Eisenbahnenthusiasmus. Derselbe grassirte in den Dreißiger und Vierziger
Jahren. Jetzt erschien nun nichts mehr unausführbar. Wenn Jemand eine Eisenbahn
auf den Montblanc hinauf hätte bauen wollen, er hätte Aktionäre gefunden.

Fig. 145. Personenwagen auf der atmosphärischen Eisenbahn zu St. Germain.

Das war nun auch die richtige Zeit, um das atmosphärische Eisenbahnprojekt zu
realisiren. Medhurst hatte im großen Ganzen die nächstliegenden Möglichkeiten einer
zweckmäßigen Ausführung erschöpft. Ein Wagen sollte an einem vertikalen Stabe be=
festigt werden, an dessen anderem Ende ein Kolben angebracht war, welcher sich in einer
horizontal liegenden Röhre luftdicht bewegte. Die Längsspalte der Röhre, wo der Stab
durch die Wandung derselben hindurchging, war mit einer Verschlußvorrichtung versehen,
deren Herstellung den Technikern viel Kopfzerbrechen verursachte, weil sie dem Fortrücken
des Stabes keine großen Schwierigkeiten entgegensetzen und doch auch von dem Innern
der Röhre die äußere Luft vollständig abhalten sollte. Alle in der atmosphärischen
Eisenbahnfrage gemachten Fortschritte beziehen sich auch fast lediglich auf diesen Ver=
schluß; Prinzip und Ausführung der übrigen Bestandtheile waren einfach und blieben
ziemlich ungeändert.

War man in den ersten Projekten noch von der Anwendung komprimirter Luft aus=
gegangen und hatte man deswegen sehr große Röhren für nöthig gehalten, in deren Innern
allenfalls Güterwagen auf einer Eisenbahn durch den Kolben befördert werden könnten,

während die Reisenden des Luftdruckes wegen die Wagen in freier Luft benutzen sollten, so drehte Vallance die Sache um. Dieser wollte zur Bewegung des Kolbens und der daran hängenden Lasten lediglich den Druck der atmosphärischen Luft benutzen und vor dem Kolben deswegen durch Auspumpen einen luftverdünnten Raum erzeugen. Der

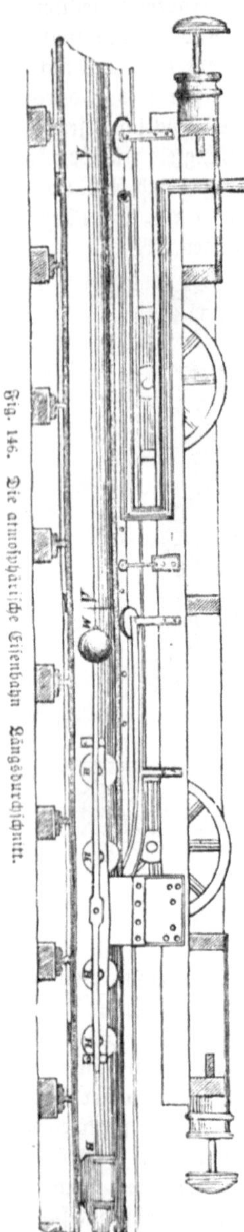

Kolben sollte herangesaugt werden, wie das Wasser in einem Strohhalme. Zu Brighton wurden Versuche angestellt. Es war die Rede davon, eine Eisenbahn herzustellen. Die Wagen sollten sich in einem Tunnel von Gußstein oder gebranntem Thon bewegen; — aber die Leute lachten, wie es in dem Berichte heißt, über die Unwahrscheinlichkeit, daß sich echte Briten durch eine Röhre wie Kugeln durch eine Schlüsselbüchse würden schießen lassen.

Nach Vallance kam noch ein Amerikaner Pinkus mit einem Pneumatic Railway-Patent. Die vorgeschlagene Röhre hatte 1 Meter im Durchmesser und war oben mit einem 3—4 Centimeter breiten Schlitz versehen, durch welchen die Einführungsstange ging, ganz wie bei Medhurst. Die Abdichtung der durch die Röhrenwand gehenden Stange gegen das Eindringen der äußern Luft wurde durch ein Klappentau oder eine schwammige und mit einem eisernen Beschlag niedergehaltene Substanz, welche über dem Schlitz zwischen zwei erhabenen Rändern lag, bewirkt. Aber diese Erfindung, welche wirklich in einem Stück Eisenbahn zur Ausführung kam, erwies sich auch als unpraktisch. Trotzdem gab man die Versuche nicht auf, und 1840 waren die Herren Clegg und Samuda so glücklich, auf der West-London-Eisenbahn ein Stück von $\frac{1}{2}$ Meile nach ihrem System einrichten zu können. Ihr System unterschied sich von den früheren in nichts als darin, daß es am allermeisten die Leute um ihr Geld brachte. Denn nachdem die Versuche auf der West-London-Eisenbahn gemacht worden waren und man eine Geschwindigkeit bis zu 60 englischen Meilen in der Stunde erreicht zu haben glaubte, wurden geschwind „atmosphärische Eisenbahnen‟ auf der Croydon-, der Dublin- und Kingstown-, wie der Süd-Devonshire-Route eingerichtet — um nach kurzer Zeit wieder aufgegeben zu werden. Inzwischen hatte man in Frankreich von dem neuen Transportmittel Akt genommen und in der ersten Begeisterung, welche die Clegg-Samuda'schen Erfolge hervorriefen, die Anlage einer atmosphärischen Versuchseisenbahn von Nanterre nach St. Germain beschlossen. Anstatt der projektirten Strecke von 8 Kilometer wurden aber schließlich nur $2\frac{1}{2}$ Kilometer ausgeführt, von der Brücke von Montesson bis nach dem Plateau von St. Germain. Die atmosphärische Eisenbahn bildete die Fortsetzung der gewöhnlichen Eisenbahn, welche von Paris bis an die Brücke von Montesson mit Lokomotiven befahren wurde. Der Wechsel des Systems erfolgte so rasch, daß die Reisenden, wenn sie nicht besonders darauf aufmerksam gemacht wurden, gar nichts davon bemerkten. Der atmosphärische Druck hatte das Gewicht der Wagen auf eine ziemliche Höhe empor zu heben, denn der Niveauunterschied zwischen Anfangs- und Endpunkt betrug gegen 50 Meter, so daß der Rückweg von St. Germain ohne jede Zugkraft lediglich durch das Gewicht der Wagen zurückgelegt wurde. Die Abbildung Fig. 145 zeigt uns einen Personenwagen, wie sie auf dieser atmosphärischen Eisenbahn in Gebrauch waren — kurze Zeit nur, denn im Jahre 1859 wurde der

Betrieb derselben wieder eingestellt, die Maschinen demontirt — die Röhren unter das alte Eisen geworfen; die Sache hatte sich als viel zu kostspielig herausgestellt.

Trotzdem nun diese atmosphärischen Eisenbahnen wol zu den überwundenen Gegen= ständen gehören, erfordert es doch das Interesse für geschichtliche Entwicklung, daß wir auf einige Spezialitäten der Einrichtung unsere Aufmerksamkeit lenken. Wir legen die Abbil= dung Fig. 146 zu Grunde. Die Röhre A, in welcher sich der Kolben B bewegt, ist ungefähr $\frac{1}{2}$ Meter dick, dies ist die als günstigst angenommene Weite. Unsere Abbildung zeigt sie zum Theil durchschnitten, um die innere Einrichtung sehen zu lassen, die hauptsächlich in

den Rollen HH, dem Gegen= gewicht M und dem zwischen den Rollen hinaufgehenden Eisenstück besteht, an wel= chem die Wagen befestigt sind. Das Gegengewicht M sorgt dafür, daß der Kolben B immer eine horizontale Lage behält; die Rollen HH haben verschiedenen Durch= messer und heben vor dem Durchpassiren der Eisen= platte die Klappenventile des Spaltes gerade so hoch, daß der Weg frei wird; da=

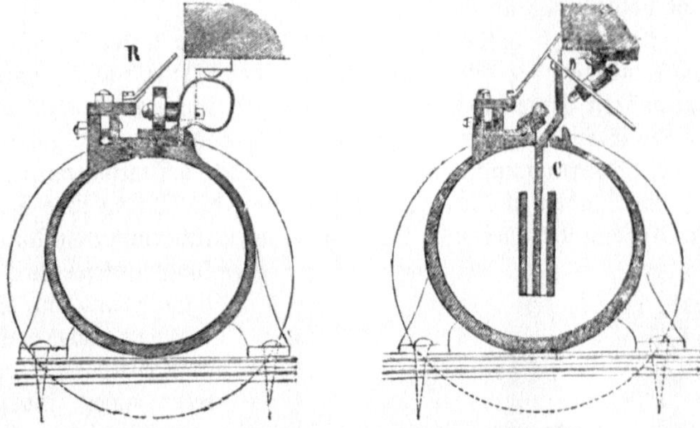

Fig. 147.   Querdurchschnitt der Röhre.   Fig. 148.

hinter schließen sich die Ventile wieder. Um die Dichtung vollständig zu machen, wurde durch eine besondere Vorrichtung eine Fettschicht über die Ventile geschmiert, die ein er= wärmtes Bügeleisen von oben zusammenschmolz. Zugleich wurden die Klappen von außen wieder zusammengedrückt. In Fig. 147 wird eben durch ein besonderes Eisen dieser Ver= schluß hergestellt; die Eisenplatten R, welche während des Durchganges der Eisenplatte C (Fig. 148) offen gehalten werden, fallen dann darauf und schützen diesen wichtigen Theil des Apparates. Fig. 149 stellt die Röhre mit den Rädern der Wagen in dem Maßstabe von Fig. 146, aber im Querdurchschnitt dar.

Die pneumatische Brief- und Packetbeförderung schien von vornherein eine bei weitem bessere Zukunft zu haben. Dicht an der Euston=Ankunftsstation in London steht ein einstöckiges Gebäude mit einem schlanken Schorn= stein. So unansehnlich das Aeußere dieses Hauses ist, so merkwürdig und interessant ist sein Inneres. Treten wir ein; wir steigen einige Stufen hinab und stehen vor einer großen gußeisernen Röhre mit gewölbter Decke und flachem Boden. „Das ist das Ende der Luftpost", sagt

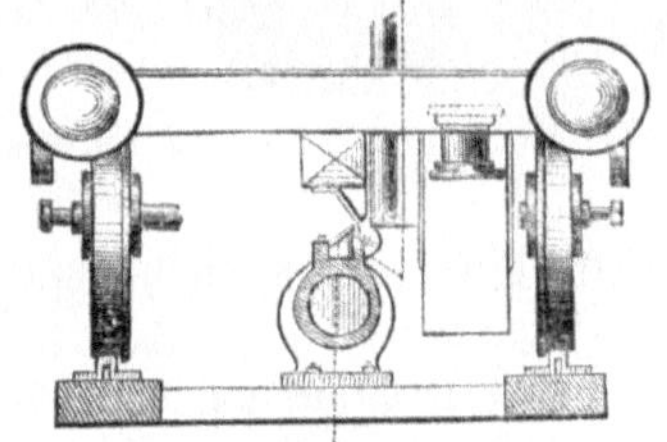

Fig. 149. Vorderansicht der Eisenbahn.

unser Führer. In demselben Augenblick giebt ein elektrischer Telegraph ein Signal, an der Wand hängende Manometer spielen und deuten an, daß in dem Innern des Röhrentunnels, mit welchem sie in Verbindung stehen, der Luftdruck in gewaltsamer Weise sich ändert. Gleich darauf noch ein Signal. Eine Klappe springt auf und aus der Röhre schießt ein kleiner, wiegenartig gebauter Wagen, der auf einem Schienstrange auf dem Fußboden weiter fort= rollt, bis er an der entgegengesetzten Wand in einer der Hauptröhre korrespondirenden Mauervertiefung seine Geschwindigkeit verliert. Rasch wird er seines Inhalts entledigt und mit schon bereit liegenden Packeten und Beuteln wieder beladen; ein Signal geht ab; der Wagen wird wieder in die Röhre geschoben, die Klappe zugemacht, wir hören noch ein kurzes Rollen und im nächsten Augenblick sagt uns der Beamte mit einem Blick auf das Manometer: „Jetzt sind die Briefe in Eversholt=Street." In Eversholt=Street befindet sich das Postamt und dasselbe ist circa 600 Meter von dem Punkte entfernt, wo wir jetzt stehen.

Zu dieser kleinen Reise, welche einen Fußgänger 10 Minuten beschäftigen würde, braucht der Wagen wenige Sekunden. Nach Bedarf werden an den einen Wagen zwei, drei andere gehängt, ohne daß dadurch die Geschwindigkeit beeinträchtigt würde.

Wir finden nun Zeit, uns den Raum und seine Einrichtung genauer anzusehen. Die Tunnelröhre (s. Fig. 147) mißt etwas über 1 Meter in der Höhe; sie ist etwas schmäler als hoch und hat ungefähr den Querschnitt eines Bienenkorbes. Auf ihrem Boden laufen die Schienen für die Wagen. Die Wagen entsprechen in ihrem Querschnitt genau dem Querschnitt der Röhre, nur daß sie noch um einige Linien kleiner sind und demnach den Raum nicht vollständig abschließen.

Außerhalb des Gebäudes geht die Röhre unter Straßen und Häusern fort, unbeirrt von Senkung oder Steigung, die an einer Stelle das Verhältniß von 1 : 80 erreicht. An dem andern Ende im Postamte ist die Einrichtung der Station eine ganz entsprechende wie auf der Euston-Station. Nur den Besitz des einen und zwar gerade des Haupttheils, das ist die Bewegungsmaschinerie, hat die Euston-Station voraus.

Wir haben uns erzählen lassen, daß die Wagen ihre Geschwindigkeit theils durch den Druck der atmosphärischen Luft auf einen luftverdünnten Raum, theils durch die Wirkung

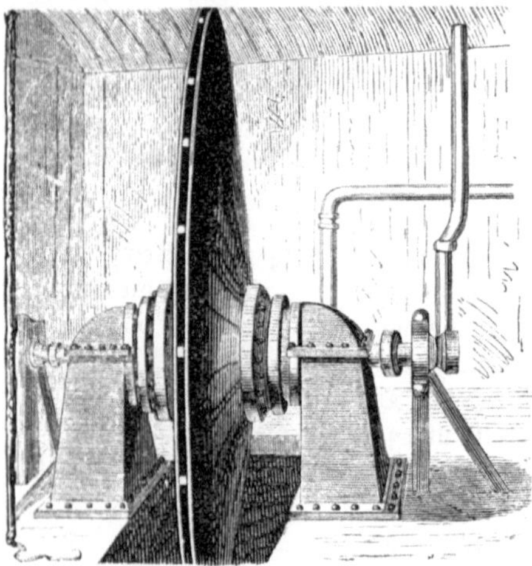
Fig. 150. Luftpumpe der pneumatischen Packet-
beförderung in London.

komprimirter Luft erhalten, und suchen die Luftpumpe und die Kompressionspumpe, die wir uns von enormen Dimensionen vorstellen. Allein eine Luftpumpe, wie wir sie bisher kennen gelernt haben, finden wir nicht.

Wir sehen eine große Scheibe von mehr als 6 Meter im Durchmesser; sie ist aus Kesselblech gefertigt und besteht eigentlich aus zwei dünnen, konkaven Scheiben, die einander ihre hohlen Seiten zukehren (s. Fig. 150). An ihrem Rande stehen sie etwa 3 Centimeter aus einander. „Das ist die Luftpumpe", der «Pneumatic Ejector». Da englische Beamte nie einen Witz machen, so glauben wir ihm aufs Wort, nur bitten wir ihn um nähere Aufklärung. Diese wird uns und wir erfahren, daß die Welle dieses Ejektors hohl ist und mit dem Innern der Tunnelröhre sowie durch einen andern Hahn mit der äußern Luft in Verbindung steht. Wird dieselbe in sehr rasche Umdrehung versetzt, so schleudert das scheibenförmige Rad durch die Centrifugalkraft die zwischen den Blechen befindliche Luft wie einen festen Körper nach außen und verdünnt auf diese Weise die Luft im Innern der Tunnelröhre. Am Umfange der Scheiben ist nun ein Gehäuse, welches die fortgeschleuderte Luft aufnimmt; in demselben muß also eine entsprechende Verdichtung entstehen, die ihrerseits eben so zur Beförderung der Wagen benutzt werden kann, wenn man die benöthigte Luft nicht dem Innern der Röhre, sondern dem äußern Luftkreise entzieht. Eine einfache Stellung des Hahnes läßt die Bewegung der Wagen nach herzu oder hinzu beliebig abändern. Diese eigenthümliche Centrifugalluftpumpe wird durch eine kleine Hochdruckmaschine — mit einem Cylinder von 4 Dezimeter im Durchmesser — in Bewegung gesetzt, dessen Kolben direkt an die Welle des Luftrades angreift. Neben der Maschine liegt ein cylindrischer Kessel mit innerer Feuerung, welcher Dampf von 2 Kg. pro Quadratcentimeter liefert.

Trotzdem, daß der Dampfkonsum noch ein viel zu großer ist, weil die Maschine für eine weiter fortgeführte Röhrenleitung berechnet ist, stellt sich der tägliche Verbrauch an Brennmaterial nur auf 6 Schillinge, so daß die Heizungskosten für eine Doppelfahrt (bei täglich 15 Wagenzügen hin und zurück) auf ungefähr 40 Pfennige zu stehen kommen. Diese Unternehmung war die erste ihrer Art und von einer Gesellschaft, der Pneumatic

Despatch Company, ausgegangen. Mittlerweile sind die dabei gemachten günstigen Resul=
tate die Veranlassung geworden, auch anderwärts ähnliche Beförderungen einzurichten.

In Deutschland ist zur Stunde erst auf einigen Post= und Telegraphenämtern eine
ähnliche Einrichtung im Kleinen getroffen worden. Es werden Depeschen, Bestellungen ꝛc.
in kleinen hohlen Stempeln verborgen und durch das Gebäude nach entfernten Zimmern
oder in andere Etagen geblasen. In Paris dagegen hat man dasselbe Beförderungsmittel
für Depeschen im Innern der Stadt in Ausführung gebracht. Das unterirdische Röhren=
netz, welches an den belebtesten Punkten Stationen hat, bestand im Jahre 1873 aus sechzehn
Röhren, deren jede eine Länge von 1200 Metern hatte; die Gesammtlänge betrug also
gegen 19 Kilometer. Anfang und Ende je zweier Röhren stoßen in einer Station zusammen,
deren es ebenfalls sechzehn giebt. Die Depeschen sind in kleine Büchsen verschlossen, welche
mittels einer ledernen Liderung den Innenraum der Röhre ausfüllen und durch den Druck
der Luft in derselben fortgestoßen werden. Die Reibung ist so unbedeutend, daß es nur ge=
ringer Kraft bedarf, den Transport der Depeschen mit ziemlicher Geschwindigkeit zu besorgen.

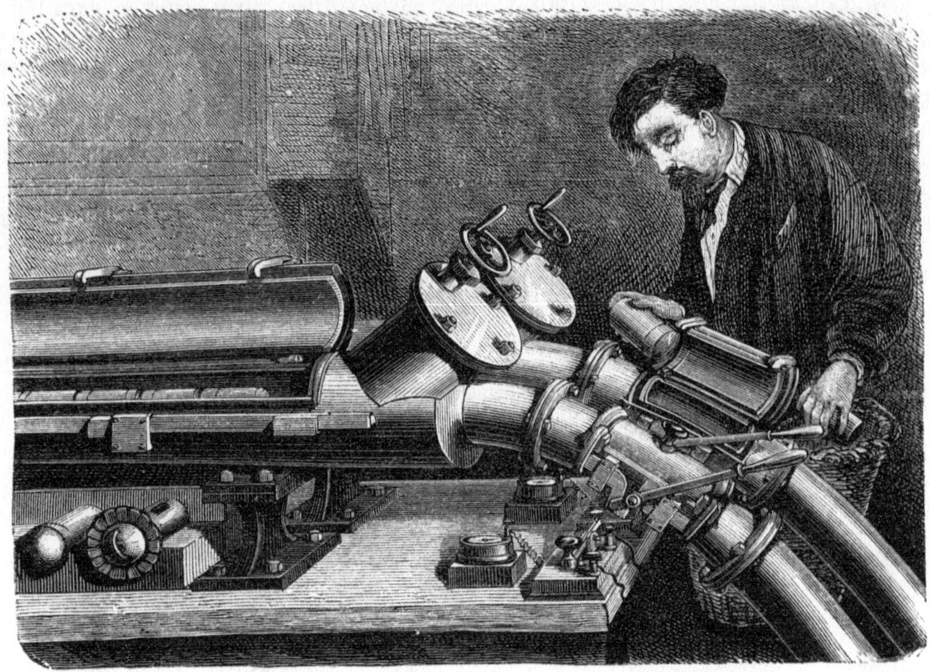

Fig. 151. Station der pneumatischen Depeschenbeförderung in Paris.

Von der Ankunft eines Zuges — denn es wird nicht eine einzelne Depesche nur auf ein=
mal besorgt, sondern es erfolgt eine periodische Expedition, welche dann immer einen ganzen
Train beansprucht — benachrichtigt ein elektrisches Signal den Beamten, der nur die
Thür der Röhre zu öffnen hat, um gleich darauf die Depeschenbüchsen darin erscheinen zu
sehen; sie werden herausgenommen, durch solche ersetzt, welche der Absendung nach der be=
treffenden Station harren — das Zeichen wird gegeben, ein Hahn gedreht, der die Ver=
bindung mit der Luftpumpe herstellt, und fort fliegt die Masse der Nachrichten nach der
nächsten Station, von wo sie entweder ausgetragen oder durch einen andern Röhrenstrang
nach einer andern Richtung befördert wird. Selbstredend hat diese Art der Depeschen=
beförderung mit dem elektrischen Telegraphen gar nichts weiter zu thun, als daß etwa
behufs der Signalgebung der elektrische Draht zur Mitarbeit herangezogen wird. Die
Depeschen werden geschrieben und versiegelt aufgegeben und in natura in die Hände des
Adressaten abgeliefert. — **Die Röhrenleitung vermittelt bis jetzt den Stadtpostbetrieb.**

Ob es gelingen wird, das für geringe Entfernungen glänzend bewährte Prinzip auch auf große Distanzen auszudehnen, das muß die Zukunft zeigen. Die Unmöglichkeit liegt nicht vor, und wenn das Projekt einer untermeerischen Eisenbahn zwischen England und Frank= reich in der That zur Ausführung kommen sollte, so würde der Tunnel, welcher das bri= tische Inselreich mit dem Festlande verbinden soll, zweckmäßiger Weise auch dazu dienen können, durch Aufnahme von Röhrenleitungen eine fast unausgesetzte Briefbeförderung zu unterhalten.

In England hat übrigens W. Rammel dieses Prinzip auf die Beförderung nicht nur größerer Gewichte, sondern auch auf den Personentransport bereits angewandt und damit die Geschichte der atmosphärischen Eisenbahnen, welche mit der Eisenbahn nach St. Germain schon abgeschlossen schien, in ein neues Stadium übergeführt. Indem er die bei der pneu= matischen Briefbeförderung dienenden Röhren entsprechend vergrößerte, konnte er an Stelle der kleinen Gepäckwagen vollständige Personenwagen setzen. Zur Erklärung ist dem Ge= sagten nichts weiter hinzuzufügen, als etwa, daß die große Oberfläche, welche der Stempel dem Druck der atmosphärischen Luft darbietet, mit einer verhältnißmäßig geringen Luft= verdünnung auskommen läßt. Ist bei der pneumatischen Depeschenbeförderung in engen Röhren der Druck nahe an $\frac{1}{2}$ Atmosphäre, so braucht er hier nur etwa den hundertsten Theil einer Atmosphäre zu betragen oder mit 100 Kg. auf den Quadratmeter Oberfläche zu drücken, um die Wagen fort zu bewegen. Die Röhre ist als ein Tunnel in Ziegelbau aus= geführt. Die Wagen, welche zwischen London und Sydenham die Tour seit 1865 machen, gleichen langen Omnibuswagen und sind elegant ausgestattet. Die Fahrt darin wird als sehr bequem geschildert, und es ist möglich, daß das Prinzip eine erweiterte Anwendung gestattet, welche das Projekt, England und den Kontinent mit einer derartigen Röhren= eisenbahn untermeerisch zu verbinden, noch einmal zur Ausführung bringen läßt.

Fig. 152. Eingang in den Tunnel der pneumatischen Eisenbahn zwischen London und Sydenham.

Hydraulische Maschinen, Pumpen und Feuerspritzen.

Hydrostatischer Druck. Horizont. Die Wasserwage und das Nivelliren. Gesetz der kommunizirenden Röhren. Springbrunnen. Wassersäulmaschine. Heber. Stech- und Sangheber. Wasserräder. Segner'sches Wasserrad. Turbinen. Wasserhebungsmaschinen. Schöpfräder. Paternosterwerke. Wasserschnecke. Die Pumpe. Ventile. Saug-, Druck- und gemischte Pumpe. Der hydraulische Widder. Berliner Wasserwerke. Die Austrocknung des Haarlemer Meeres und die dabei angewandten Maschinen. Projektirte Austrocknung des Zuidersees. Feuerspritzen. Der Windkessel. Spritzflasche und Heronsbrunnen. Innere Einrichtung der Spritze. Repsold'sche Spritze. Dampfspritze. Die hydraulische Presse.

Wenn bei den festen Körpern die kleinsten Theilchen der Materie mit einer gewissen Beständigkeit in ihrer gegenseitigen Lage verbleiben, so daß es einer oft bedeutenden Kraft bedarf, um sie zu trennen, bei den gasförmigen aber, wie uns das Verhalten im luftleeren Raume belehrt, dieselben förmlich von einander abgestoßen werden und immer das Bestreben haben, sich von einander zu entfernen, woran sie nur durch eine von außen auf sie einwirkende Kraft gehindert werden, so stehen bei den Flüssigkeiten die anziehenden und abstoßenden Kräfte der Atome zu einander in ganz anderm Verhältniß. Sie stoßen einander nicht gerade ab, aber ihr Zusammenhang ist ein so loser, daß durch den geringsten äußern Anstoß eine Verschiebung bewirkt wird.

Eine eigenthümliche Gestalt kommt daher auch den flüssigen Körpern nicht zu. Sie richten sich darin ganz nach der Form ihrer Unterlage, der Gefäße, in denen sie sich befinden. Ihre Oberfläche wird durch die Schwerkraft der Erde geformt. Die Oberfläche der großen Meeresbecken nähert sich daher auch auf das Nächste der idealen Form des Erdsphäroids, wie ein solches als Ergebniß gleichzeitiger Wirkung der Schwerkraft und der Centrifugalkraft entstehen würde.

Wer einen großen See gesehen hat, wird die Krümmung der Wasseroberfläche an dem allmählichen Auftauchen und Verschwinden der Schiffe am Horizont beobachtet haben. Bei Oberflächen von geringerer Ausdehnung macht sich die Krümmung nicht bemerklich, und dieselben sind deshalb als gerade Flächen zu betrachten, welche in einer auf das Bleiloth senkrechten Ebene, der Horizontalebene, liegen. Eine Flüssigkeit ist nur dann im Gleichgewicht, wenn sie mit ihrem Spiegel eine horizontale Ebene bildet.

Bei der Errichtung jeder Art von Bauwerken ist die Ermittelung der horizontalen Fläche von der größten Wichtigkeit. Man bedient sich dazu mit dem besten Erfolge des Wasserspiegels als eines Richtmaßes, und es muß die Wasserwage schon den alten Aegyptern bekannt gewesen sein, wie die Anlagen ihrer künstlichen Bewässerungsanstalten zeigen. Der mythische Menes, wahrscheinlich eine und dieselbe Person mit Osiris, leitete den Nil in einen andern Weg; Schleußen und Dämme wurden angelegt und der See Möris als ein großes Wasserreservoir ausgegraben; weitere Verzweigungen der Nilkanäle nahm Sesostris vor, und der Suezkanal existirte schon im grauen Alterthum — solche Arbeiten konnten nur vermittels genauer Nivellirinstrumente ausgeführt werden.

Jetzt wird die Wasserwage in verschiedener Weise hergestellt, z. B. als eine gerade, an beiden Enden verschlossene gläserne Röhre, welche bis auf eine kleine Luftblase mit Wasser gefüllt ist (Fig. 154). Liegt die Röhre horizontal, so steht die Blase genau in der Mitte an einer Marke. Die geringste Neigung hat ein Verschieben der leicht beweglichen Blase nach der Höhe zu zur Folge. Um mit ihrer Hülfe aber eine Fläche in die Horizontale einzustellen, muß man die Wage nach zwei auf einander rechtwinkligen Richtungen auflegen. Das ist unbequem. Es sind daher dosenförmige Instrumente konstruirt worden (zuerst von Mayer 1777), bei denen die Blase

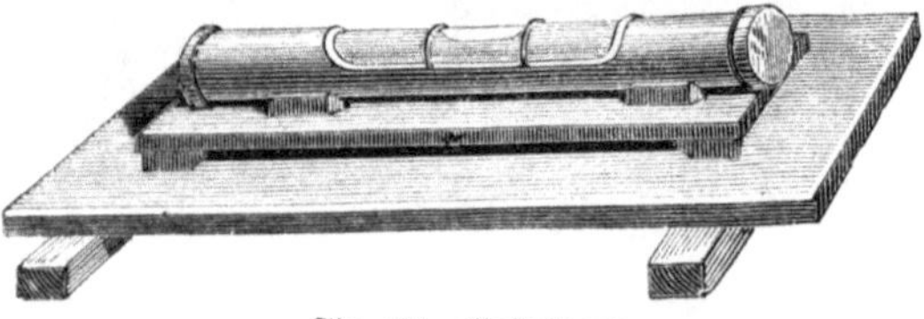

Fig. 154. Wasserwage.

sich unter einer Glasdecke nach allen Richtungen bewegen kann; befindet sie sich gerade in der Mitte, so steht die Unterlage horizontal. Wasserwagen mit beweglicher Blase heißen auch Libellen (von libra, die Wage), ein Name, welcher aber auch nach anderer Richtung ihre empfindliche Unruhe sehr entsprechend bezeichnet.

Thevenot hat eine andere Art angegeben. Dieselben bestehen aus einer gebogenen und auf einem horizontalen Fuße aufrecht befestigten Röhre. An beiden Schenkeln befindet sich eine Marke, bis zu welcher der Wasserspiegel reicht, wenn der Apparat mit seinem Fuße horizontal steht. Da aber die beiden Spiegel etwas von einander entfernt sind, so kann man, wenn man genau darüber hinweg visirt, einen entlegenen Punkt leicht in ihre Ebene einstellen oder das Höher= und Tieferliegen eines solchen dann mit einem senkrechten Maßstabe bemessen. Picard fügte dieser Einrichtung noch Fernröhre bei, wodurch derartige Wasserwagen besonders für den Gebrauch beim Feldmessen und Nivelliren geschickt gemacht worden sind. Sie beruhen wie die Libellen auf demselben Gesetz.

Es bedarf wol keiner besondern Begründung der Erscheinung, daß in einer Uförmig gebogenen Röhre das Wasser in beiden Schenkeln gleich hoch stehen muß. Der Druck muß stets dem Gegendruck gleich sein, und das Barometer hat uns schon einen ganz speziellen Fall hiervon erläutert. Die Form der Schenkel, der kommunizirenden Röhren, wie man sie nennt, ist durchaus gleichgiltig; seien sie gebogen oder schiefwinklig geneigt, immer liegen, wenn die Luft von oben Zutritt hat, die beiden Spiegel in derselben horizontalen Ebene. In dem Strahl eines Springbrunnens sucht das Wasser auf dieselbe Höhe wieder zu steigen, von welcher es die Röhrenleitung herabgeführt hat (Fig. 156), und die artesischen Brunnen sind nichts Anderes als kommunizirende Röhren, deren einer Schenkel durch das Bohrloch, deren anderer durch die Zwischenräume in der wasserführenden Schicht gebildet wird. Bei allen gilt das gemeinsame Gesetz: In einer zusammenhängenden Wassermasse streben alle Theile der Oberfläche danach, eine und dieselbe Horizontalebene zu erreichen.

Hydraulische Maschinen. Die leichte Beweglichkeit der kleinsten Theilchen der Flüssig=
keiten ist Ursache einer Anzahl von Erscheinungen, deren Betrachtung wichtig ist. So pflanzt
sich z. B. in einer Flüssigkeit ein Druck, welcher in irgend einem Punkte auf dieselbe aus=
geübt wird, nach allen Seiten hin gleichmäßig fort. Aus diesem Verhalten erwachsen die
merkwürdigsten Folgen, und wir können alle Erscheinungen und Anwendungen der Hydraulik
schließlich auf dies Grundprinzip zurückführen. Ist die Flüssigkeitsmasse — solche wollen

wir in Zukunft immer
als aus Wasser bestehend
annehmen — einge=
schlossen, so können wir
leicht durch den Augen=
schein uns überzeugen,
daß der Druck, welcher
auf irgend eine Seite
ausgeübt wird, sich durch
die ganze Masse der
Flüssigkeit fortsetzt und
gegen alle Punkte der
Wandung mit gleicher
Stärke wirkt.

Ein interessantes
Beispiel dafür liefert

Fig. 155. Das Nivelliren.

der hydrostatische Heber. Man denke sich eine Blase oder einen ledernen Schlauch,
zum Theil mit Wasser gefüllt und mit einer nach oben zu offenen, langen Röhre in Ver=
bindung. Für gewöhnlich steht in dieser Röhre das Wasser nicht viel höher, als der höchste
Punkt der Blase angiebt. Gießt man nun durch das offene Ende Wasser zu, so daß die

Druckhöhe in der Röhre
größer wird, dann schwillt
die Blase an. Das Wasser
will in ihr eben so hoch
stehen wie in der Röhre,
und es drückt, wenn es dies
nicht erreicht, auf alle
Punkte der Innenfläche
mit einer Kraft, welche der
Druckhöhe des Wassers in
der Röhre entspricht; diese
selbst mag dabei so eng sein,
wie sie will. Eine geringe
Wassermasse kann sonach
einen ungeheueren Druck
hervorbringen, große La=
sten heben, freilich aber nur
um entsprechend geringe
Höhen, denn je kleiner der

Fig. 156. Der Springbrunnen.

Durchmesser der Röhre ist, um so rascher senkt sich darin die Wassersäule, wenn durch den
Hub der Oberfläche das andere Gefäß aus der Röhre Wasser aufnimmt.

Die Wassersäulmaschinen, welche am häufigsten in Bergwerken, wo sehr hohe
Gefälle zur Verfügung stehen, angewandt werden, beruhen auf diesem Prinzip. Es wird
bei ihnen durch den Druck einer hohen Wassersäule der Kolben eines Cylinders in Bewegung
gesetzt, der, nachdem das treibende Wasser zuerst von dem Fallrohr abgesperrt und nachher
aus dem Cylinder abgelassen worden ist, durch seine Schwere wieder zurückgeht und das

Spiel von Neuem aufnimmt, wenn die Absperrung der Wassersäule aufgehoben wird. Das Wesen dieser Maschine kehrt in der Dampfmaschine wieder, nur daß dort statt Wasserdruck die Dampfspannung die bewegende Kraft ist. Man kann, wie leicht einzusehen, die Wassersäulmaschine auch so einrichten, daß man den Rückgang des Kolbens nicht blos durch die eigene Schwere bewirken, sondern außerdem durch den Druck des Wassers verstärken läßt, das man in diesem Falle einmal unterhalb, das andere Mal oberhalb des Kolbens in den Cylinder treten lassen muß. Die erste Wassersäulmaschine soll von Denizard und de la Duaille 1731 erbaut worden sein. Ganz besonders großartige Werke dieser Art bestehen bei Illsang in Bayern, durch v. Reichenbach angelegt, welche die Soole, die in Berchtesgaden nicht versotten werden kann, über die Berge heben und bis Reichenhall und Rosenheim leiten.

Das Gesetz vom Luftdruck, sowie dasjenige von der Fortpflanzung des Druckes in Flüssigkeiten — weiter brauchen wir eigentlich für das Verständniß des Folgenden nichts zu kennen.

Die Heber sind unbedingt die einfachsten Apparate, welche uns die hydraulischen Gesetze vor Augen führen können. In dem bekannten Stechheber (Fig. 157) ist es blos der Druck der äußern Luft, der die Flüssigkeit im Innern erhält. Steckt man das längliche Gefäß mit seiner untern Oeffnung in eine Flüssigkeit, während die obere Oeffnung frei ist, so füllt es sich bis zur Höhe des äußern Spiegels, und es läuft nichts heraus, wenn man die obere Oeffnung mit dem Daumen verschließt, auch wenn man den Heber aus dem Fasse herauszieht; erst wenn der Daumen gelockert wird und die Luft von oben auf den Spiegel drückt, entleert sich der Stechheber.

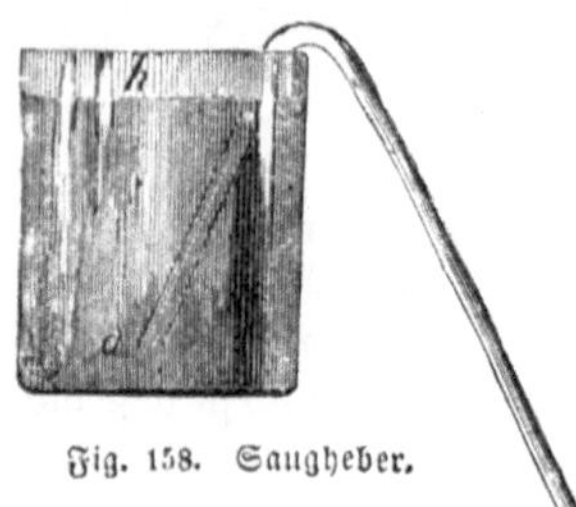
Fig. 158. Saugheber.

Der zweischenklige Heber (Fig. 158) muß angesaugt werden, wenn er sich mit Flüssigkeit füllen soll. Er besteht aus zwei ungleich langen Schenkeln, von denen der längere außerhalb der Flüssigkeit liegt. Wenn man blos so lange saugt, als in demselben die Flüssigkeit genau bis in das Niveau von h herabsteigt, so sind alle Druckverhältnisse innen und außen im Gleichgewicht, und es wird aus dem offenen Rohre weder Etwas ausfließen, noch auch die Flüssigkeit in das Gefäß zurücktreten. Sobald aber auf der einen oder andern Seite der Druck sich ändert, ändert sich auch das Verhalten der Flüssigkeit. Sie tritt ganz in das Gefäß zurück, wenn sie im äußern Schenkel nicht ganz das Niveau der innern Oberfläche h erreicht, sie fließt aber aus, wenn sie weiter herabreicht. Gesetzt, der Heber wäre bis b gefüllt, so würde alle Flüssigkeit unterhalb des Spiegels h im langen Schenkel frei ihrer Schwere folgen und herabfallen. In den dadurch entstehenden luftleeren Raum aber drückt die auf h lastende Atmosphäre sogleich das Wasser aus dem Gefäße, und es erfolgt ein unausgesetztes Ausströmen, welches so lange dauert, als das untere Ende a noch in der Flüssigkeit steht. Um das Ansaugen zu erleichtern und sich sicher zu stellen, daß man nicht von den oft schädlichen Flüssigkeiten, die mittels des Hebers abzuziehen sind, Partien in den Mund bekommt, hat man durch Anbringung besonderer Saugröhren diesem Instrument mancherlei Abänderungen gegeben, von denen wir die einfachste in Fig. 159 vorführen. Soll Flüssigkeit aus

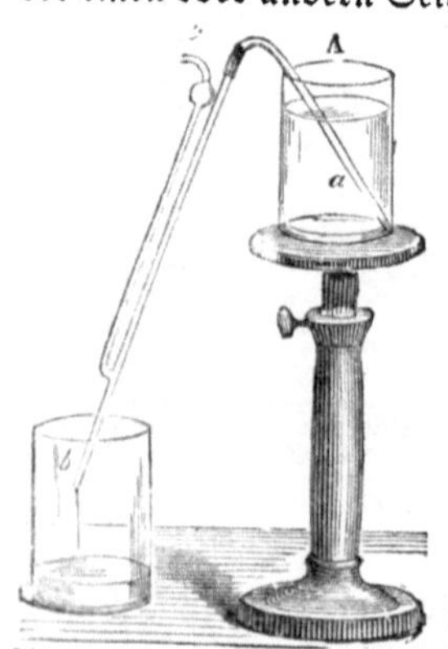
Fig. 159. Saugheber mit besonderer Saugröhre.

dem Gefäße A mittels des Hebers zum Ausfließen gebracht werden, so saugt man, indem die Oeffnung b verschlossen wird, so lange bei c, bis die Flüssigkeit aus a in dem zweiten Schenkel unter dem Spiegel im Gefäß A steht. Von diesem Augenblicke an kann man die Oeffnung c frei geben und mit Saugen aufhören.

Das Waffer fließt von felbft, gerade wie aus einem gewöhnlichen, zweischenkligen Heber, deffen längerer Schenkel bis an die Ansatzstelle der Saugröhre reicht.

Mit dem Heber kann man beträchtliche Waffermengen gewiffermaßen über den Berg fließen machen. Es kommt nur darauf an, einen geschloffenen Kanal herzustellen, den das Waffer wie eine Röhre ausfüllt, in welchen alfo die Luft nicht eindringen kann, und das Ende deffelben tiefer zu führen als den auf der andern Seite des Berges liegenden Wafferspiegel; freilich darf nach den früher schon erkannten Gefetzen über den atmo=sphärischen Druck die zu überfteigende Höhe nicht mehr als höchftens etwa neun Meter betragen. —

Gehen wir dem natürlichen Wege nach, den das Waffer unaufhörlich durch=läuft, so sehen wir es von der Oberfläche des Meeres und der Flüffe, von den Blättern der Pflanzen, aus den Lungen der athmen=den Thierwelt als flüchtigen Dampf sich der Atmosphäre beimischen; in den oberen kalten Regionen verdichtet sich derselbe und schlägt sich an den hohen Kämmen der Ge=birge in flüssiger Form nieder. Die Tröpf=

Fig. 160. Oberschlächtiges Wafferrad.

chen rinnen zusammen und fließen abwärts, bis sie das Meer wieder erreichen, wenn sie nicht vorher von den Wurzeln aufgefaugt oder auf sonft eine Weise in die Atmosphäre zurück gehaucht werden. Auf dem langen Wege zum Meere folgt das Waffer lediglich der Schwere und, je nach der Neigung der schiefen Ebene, auf welcher es in dem Bett der Flüffe hinabgleitet, mit größerer oder geringerer Geschwindigkeit. Die Kraft, die es hierbei auf=nimmt und die es, wenn seine Geschwindig=keit plötzlich aufgehoben wird, wieder her=geben muß, benutzen wir in den verschieden=artig eingerichteten Wafferrädern. Je nachdem das Waffer von oben oder in der Mitte in die Schaufeln fällt und dieselben durch sein Gewicht mit hinabzieht, oder je nachdem es blos unten durch die Geschwin=digkeit seiner Strömung gegen dieselben stößt, spricht man von ober=, mittel= und unterschlächtigen Wafferrädern. Die Ein=richtung dieser Maschinen ift so bekannt, daß wir uns unter Hinweis auf die beiden Figuren 160 und 161 jede weitere Er=läuterung ersparen können.

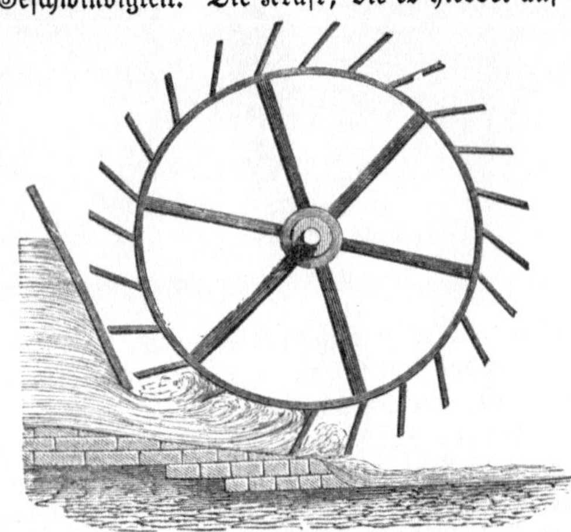
Fig. 161. Unterschlächtiges Wafferrad.

Turbinen. Während bei den ober=schlächtigen Wafferrädern das Waffer ledig=lich durch sein Gewicht wirkt, übt es bei den mittelschlächtigen schon ganz besonders — aus=schließlich aber bei den unterschlächtigen — durch seine Stoßgeschwindigkeit, durch seine lebendige Kraft die Wirkung aus. Mit Vortheil läßt sich nun dieser Effekt des Waffers in horizontal liegenden Rädern ausnutzen. Die sogenannten Spritzräder sind alte Vorrich=tungen dieser Art. Eine stehende, in Zapfen drehbare Welle hat an ihrem Umfange löffel=ähnliche Schaufeln, in welche der Wafferftrahl horizontal einftrömt. Die Kufenräder entsprechen in ihrer Form ungefähr den Windrädchen, die man zuweilen des Luftwechsels halber in Fenftern anbringt, nur daß bei diesen der Wind von vorn, bei den Kufenrädern

dagegen das Wasser von der Seite, und zwar in tangentialer Richtung, in das Rad ein=
strömt und die Umdrehung bewirkt, indem es mit der ihm innewohnenden Kraft auf die
schief gestellten Flügel drückt. Beide Motoren geben aber sehr geringe Nutzeffekte und sind
den Turbinen darin nicht zu vergleichen.

Die erste Idee der Turbinen ist in dem Segner'schen Wasserrade ausgesprochen.
Dasselbe gründet sich auf die sogenannte rückwirkende Kraft, das ist eine eigenthümliche
einseitige Druckwirkung, deren wir schon gedacht haben, als von dem Projekt die Rede war,
den Luftballon durch Ausströmenlassen von stark gespannter Kohlensäure raketenartig fort=
zutreiben. Ein Geschoß, wenn es abgefeuert wird, übt nach hinten einen Stoß aus; Ka=
nonen prallen weit zurück, wenn sie nicht fest gebunden sind. Die Ursache davon liegt darin,
daß, wenn ein nach allen Seiten wirkender Druck Gelegenheit findet, nach der einen Rich=
tung sich auszugleichen, nach der entgegengesetzten ein entsprechender Ueberschuß bleiben
muß. Derselbe sucht natürlich seinerseits auch einen Effekt auszuüben, welcher der Be=

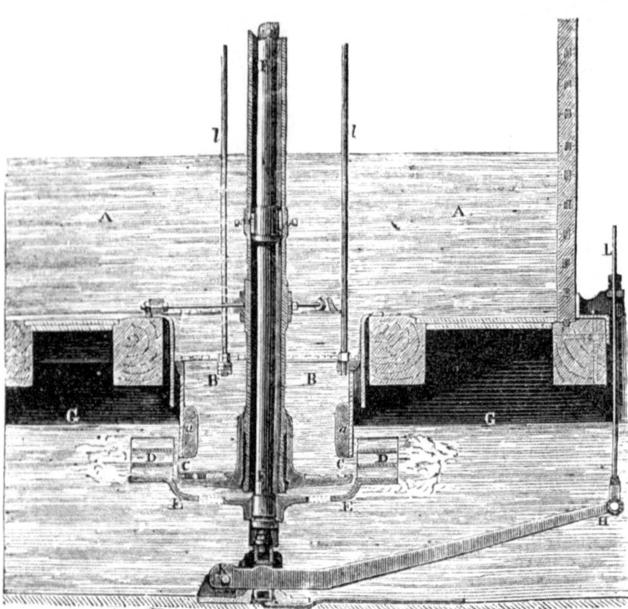

Fig. 162. Vertikaldurchschnitt einer Turbine.

wegungsrichtung des Ge=
schosses, der Pulvergase 2c.
entgegengesetzt gerichtet sein
wird. Bei dem Segner'schen
Wasserrade tritt Wasser in
eine hohle Achse, aus dieser
in die innere Höhlung eines
dicht anschließenden Rad=
mantels. An dem hohlen
Rade befinden sich hörner=
artige Vorsprünge, die alle
in demselben Sinne hori=
zontal gebogen sind und
am äußersten Ende eine
Oeffnung senkrecht auf den
Durchmesser haben. Aus
diesen Oeffnungen fließt in
tangentialer Richtung das
Wasser aus, welches durch
die hohle Achse in den Rad=
körper und von da in die
Hörner eintritt, und der
durch den Austritt des

Wassers einseitig aufgehobene Druck, den es durch sein Gefälle erreicht hat, bewirkt eine
Drehung des Rades, die, entgegengesetzt der Richtung des ausfließenden Wassers, um so
rascher ist, je rascher dasselbe strömt.

Manche Spielereien auf Springbrunnen, die durch das ausfließende Wasser in Um=
drehung versetzt werden, ebenso Illuminationsvorrichtungen, an denen das ausströmende
und in zahlreichen kleinen Flämmchen brennende Gas die Drehung bewirkt, sind Beispiele,
die dasselbe Prinzip illustriren. Das Segner'sche Wasserrad ist genau mit ihnen zu vergleichen.

In den schottischen Turbinen, welche seit den Dreißiger Jahren in Aufnahme gekommen
sind, hat man das Segner'sche Wasserrad, welches sein Erfinder zum Betriebe einer Papier=
maschine aufgestellt hatte, mit wenigen Abänderungen beibehalten.

In späterer Zeit erlitt zuerst die Ausflußöffnung mancherlei Modifikationen. Man
ließ die herabfallende Wassermasse auf schraubengangförmig gestaltete Flügel drücken, oder
man brachte eigenthümliche Radkränze an und wies dem Wasser durch besondere Füh=
rungen erst einen Weg, der es in der geeignetsten Weise in die Schaufeln einführt und
möglichst die ganze Kraft von dem Rade aufnehmen läßt (Fourneyron). Fig. 162 wird das
Nähere deutlich machen. AA ist das Betriebswasser, welches nur ein Gefälle bis G besitzt.

Es fällt zunächst in den hohlen Cylinder BB und aus diesem erst durch die Oeffnungen CC in den Abflußraum G. Durch den — mittels Hebelstangen a a stellbaren — Schutz kann der Abfluß regulirt werden. Vor der Oeffnung CC liegt der Radkranz DD, dessen gekrümmte Schaufeln den Stoß des Wassers aufnehmen. Er ist mittels des gebogenen Theiles EE mit der Achse F verbunden; die Drehung derselben setzt die anhängenden Maschinen in Bewegung. LH ist ein Hebel, um die Lagerpfanne der Achse einigermaßen heben oder senken zu können. Da man die Beobachtung gemacht hat, daß die Kraft der radial herausschießenden Wasserstrahlen nicht so leicht auszunutzen ist, so zwingt man, wie gesagt, dieselben, in einer mehr tangentialen Richtung aus dem Cylinder gegen die Schaufeln des Laufrades zu stoßen. Wir geben, um auch dies durch eine Abbildung zu erläutern, in Fig. 163 einen Horizontaldurchschnitt des untern Cylindertheiles B mit dem Laufrade, welches letztere durch den äußern Schaufelkranz D dargestellt ist.

Der Vortheil der Turbinen liegt darin, daß man durch sie die Kraft einer großen Wassermasse von wenig Gefälle, umgekehrt aber auch bei entsprechend veränderter Einrichtung, das hohe Gefälle einer geringen Wassermenge am besten ausnutzen kann. Es bleibt sich ziemlich gleich, ob das Laufrad sich in Wasser oder Luft dreht; dieser Umstand erlaubt, das ganze Gefälle zu verbrauchen, außerdem aber auch das Rad tief ins Wasser zu legen und dadurch vor dem Einfrieren zu schützen. Die horizontalen Wasserräder sind da besonders anwendbar, wo es sich um die Erreichung sehr großer Geschwindigkeit handelt, also vorzüglich in Spinnereien, Webereien, Sägemühlen u. dergl. Die zuletzt betrachteten verdanken ihre Vervollkommnung, infolge deren sie die schottischen in ihrer Wirksamkeit bedeutend übertreffen, dem Ingenieur Jonval und führen auch seinen Namen.

Wasserhebungsmaschinen. Betrachten wir nun diejenigen Apparate, welche, entgegengesetzt den Wasserrädern, nicht durch fallendes Wasser bewegt werden sollen, sondern die mit Hülfe einer angreifenden Kraft Wasser auf einen höher gelegenen Punkt emporheben sollen. Solche Wasserhebemaschinen stammen aus den ältesten Zeiten. Wir sehen den urgeschichtlichen Ziehbrunnen mit Schwengel oder Haspel noch in Anwendung, eigentlich weiter nichts als eine Vorrichtung, welche dem Schöpfenden

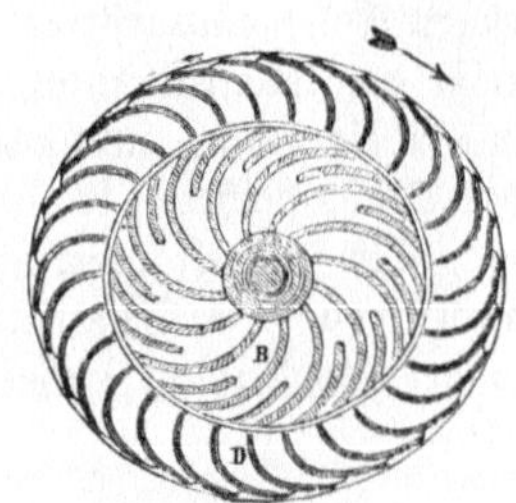

Fig. 163. Horizontaldurchschnitt des Laufrades.

einen längern Arm leiht; dann ein Sortiment einfacher Maschinen, welche sich als Zusammenstellungen einer größern Zahl von Schöpfgefäßen kennzeichnen und nur auf gewisse beschränkte Höhen brauchbar sind; so die Schöpfräder, die sich vor Jahrtausenden, wie noch heute am Nil, in indischen und anderen Flüssen drehten, um die benachbarten Felder zu tränken. Schöpfräder werden häufig auch zum Entwässern benutzt, besonders in den holländischen und deutschen Niederungen, wo sie meistens durch Windmühlen getrieben werden. Die gebräuchlichste Form ist hier nicht eine solche, wo der Radumfang mit schöpfenden Kästen oder Zellen besetzt ist, sondern das Rad hat Schaufeln wie ein unterschlächtiges Wasserrad, hängt auch wol wie dieses vor einem Gerinne, das ein Stück seines Umfanges umgiebt. Aber die Arbeit ist gerade die umgekehrte wie beim eigentlichen Wasserrad; das Wasser ist hier das passive Element; eine fremde Kraft, die des Windes, dreht das Rad, und zwar in der umgekehrten Richtung, so daß das Wasser von den Schaufeln erfaßt und in dem Gerinne emporgeschoben, gefegt oder geschleudert wird, je nach der Schnelligkeit der Umdrehung. Von der höchsten Höhe, die hiermit erreicht werden kann, und die immer etwas unter dem Mittelpunkte des Radkreises bleibt, fließt das Wasser dann in seinem angewiesenen Wege fort. Aber auch diese kunstlosen Apparate erhielten schon im Alterthum eine verfeinerte Ausbildung, das Tympanum, eine Trommel, welche mit dem Umfange Wasser schöpft, das dann in gekrümmten Kanälen rückwärts bis in die hohle Achse und aus dieser endlich hinausfließt.

Den Schöpfrädern nahe stehen die eben so alten sogenannten Paternosterwerke mit einer endlosen umlaufenden Kette verschiedener Schöpfgeräthe. Um Wasser mittels solcher eine schiefe Ebene hinaufzuziehen, bedarf es, wie Fig. 164 zeigt, nur einer Rinne von drei Bretern und einer beweglichen Kette gut hineinpassender Bretchen. Man sieht solche Vorrichtungen bei uns nicht selten an Wasserbauten, wo sie durch eine Kurbel gedreht werden. Die Chinesen setzen sie lieber mit den Füßen in Bewegung, indem sie an Stelle der Kurbel eine Welle legen, die mit Trittspeichen versehen ist. Damit ein solcher Apparat in senkrechter Stellung arbeiten könne, muß er natürlich einen geschlossenen Schlot aus vier Bretern oder eine runde Röhre haben; im letztern Falle wendet man statt der Bretchen des bessern Schlusses und sanftern Ganges halber lieber kugelförmige, ausgestopfte Leder=

Fig. 164. Paternosterwerk.

kissen an. Diese Einrich= tung hat dem Paternoster= werk seinen Namen gegeben. Dem senkrecht stehenden Paternosterwerk einiger= maßen ähnlich ist auch die sogenannte Seilpumpe, bei welcher ein bloßes Seil ohne Ende einen eben sol= chen Weg macht, wie hier die Kette, und in einem

engen Rohr emporsteigt. Wird das Seil in einem bedeutend schnellen Laufe erhalten, so reißt es, lediglich infolge der Adhäsion des Wassers an das Seil, eine Quantität Wasser mit in die Höhe, und zwar mehr als man glauben sollte. Besetzt man die endlose Kette mit Schöpfbechern, so kommt eine Steigröhre natürlich gar nicht in Anwendung.

Ein interessanter, hierher gehöriger Apparat ist die sogenannte Wasserschnecke oder archimedische Schraube, die aber ungeachtet ihres Namens kaum von Archimedes, sondern wol schon früher in Aegypten erfunden wurde. Das schon genannte Thympanum

Fig. 165. Wasserschnecke.

der Alten ist weiter nichts als eine archimedische Schraube. Diese schiebt das Wasser ebenfalls, wie das schräge Paternoster= werk, eine nicht zu steile schiefe Ebene hinauf und besteht in der einfachsten Form aus einer Schraube, die in einem festliegenden halbcylindrischen Troge ge= dreht wird. Hierbei ent= schlüpft aber immer mehr oder weniger Wasser wieder nach unten, deswegen giebt man statt des Troges der

Schraube eine volle Ummantelung, die überall auf den Kanten des Schraubengewindes fest ansitzt und folglich an der Drehung Theil nimmt. Eine solche Einrichtung ist im Durch= schnitt in Fig. 165 dargestellt. Die Drehung der Wasserschnecke muß immer in der entgegen= gesetzten Richtung von der erfolgen, in welcher das Gewinde läuft. Hat das untere im Wasser liegende Ende eine Quantität Wasser geschöpft, so wird dasselbe, wenn das Ge= winde unter ihm weggedreht wird, beim ersten Umgange von der übrigen Wassermasse abgeschnitten und bei jedem spätern rückt es infolge seiner Schwere, die es immer auf dem tiefsten Punkte hält, um einen Gang dem höher gelegenen Ausflusse zu, welchen es denn auch nach so viel Drehungen, als die Schnecke Windungen hat, erreicht. Die Win= dungen der Schraube bilden einen einzigen Kanal, den das Wasser von unten nach oben zu durchwandern hat; in dem abgebildeten Beispiel ist die Schraube eine doppelgängige. Nun lassen sich aber solche gewundene Kanäle auch so herstellen, daß man eine oder zwei Blechröhren korkzieherartig um eine drehbare Achse windet, und dies giebt denn die dritte, ebenfalls gebräuchliche Form der Wasserschnecke.

Pumpen. Während die eben gemusterten Hebewerke mehr oder weniger die Hand=arbeit des Schöpfens nachahmen, beruhen die Pumpen zunächst auf einem andern, aber eben so naheliegenden Prinzip, auf dem des Saugens, und nehmen solchergestalt den Luftdruck mit zu Hülfe. Wir sagen: sie beruhen zunächst darauf, denn es scheint, daß die ältesten Pumpen bloße Saugpumpen gewesen sind; wir kennen aber auch andere Pumpeneinrichtungen, die von der Wirkung des atmosphärischen Druckes unabhängig sind.

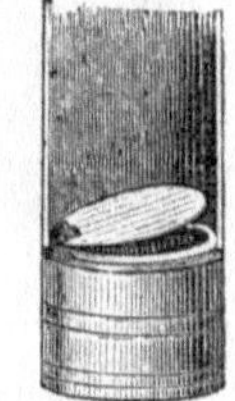

Die ganze Einrichtung der Wasserpumpen ist, nachdem wir das Wesen der Luftpumpe und der Kompressionspumpe kennen gelernt haben, uns von selbst verständlich. Wir wissen, daß, wenn wir die Torricelli'sche Röhre (s. Fig. 95) nicht durch ein zugeschmolzenes Ende, sondern durch einen luftdichten Kolben abschließen wollten, beim Aufzuge desselben darunter ein luftleerer oder, wenn der Kolben nicht auf dem Spiegel des Quecksilbers aufsaß, ein luftverdünnter Raum entstehen müßte. In diesen preßt der äußere Luftdruck das Quecksilber oder Wasser — ersteres aber eben höchstens 76 Centi=meter (28 Zoll), letzteres nicht höher als 10,5 Meter — in die Höhe.

Die Saugpumpen sind nun diejenigen Vorrichtungen, in welchen auf diese Weise die Arbeit des Hebens von Flüssigkeiten bewirkt wird, und zwar, weil dies praktisch nicht anders thunlich ist, in wieder=holten kurzen Absätzen. Giebt man dem Wasser, bevor es die Höhe von 10,5 Meter erreicht hat, einen Abfluß, so kann man durch fortgesetztes Arbeiten das Wasser so lange zum Aufsteigen im Rohre bewegen, als das untere Ende desselben noch von der äußern Luft abgeschlossen ist.

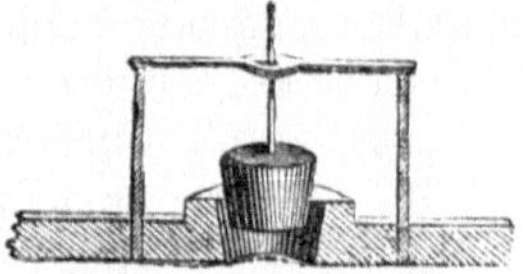

Ventile machen es möglich, daß der Kolben wieder umkehren kann, ohne daß das bereits Gehobene wieder zurücksinkt. Bei der Luftpumpe haben wir diesen Vorrichtungen weiter keine Aufmerksamkeit geschenkt; wir wollen dies hier nachholen und geben deswegen in Fig. 166—168 die Abbildungen einiger der hauptsächlichsten Formen. Die erste Form (s. Fig. 166) ist die älteste und bei gewöhnlichen Pumpen meist gebräuch=lich. Solche Ventile, Klappenventile, bewegen sich ganz wie eine Fall=thür an einem Charnier, das oft nur aus einem aufgenagelten Lederstreifen besteht. Am häufigsten werden sie aus Metallscheiben gemacht und mit Leder oder Filz gedichtet. Bei weiten Rohren mit hohem Kolbenhub schlagen diese Art Klappen unangenehm auf ihren Sitz auf. Vollkommener wirkt statt dessen eine Doppelklappe, d. h. zwei Klappen, welche mit ihren Charnieren an einander liegen. Bei den besseren Pumpwerken erscheinen die Ventile und ihre Lager in Metall ausgedreht, sie haben einen solidern Körper als die Klappen und sind dadurch zu einem sicherern Verschlusse geeignet.

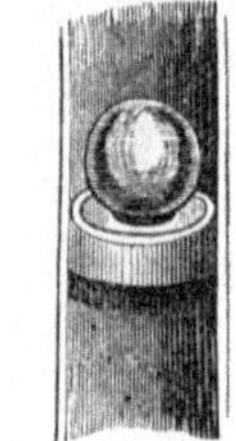

Man unterscheidet dann noch Kegel= und Kugelventile, welche uns in Fig. 167 und 168 dargestellt sind. Das erstere (s. Fig. 167) erinnert an einen Stopfen, der sich in den Hals der Flasche einsenkt und wieder hebt. Damit dieser Körper seinen richtigen Platz nicht ver=liert, ist ein Bügel vorhanden, der ihm das zu hohe Steigen verwehrt, und ein Führungs=stäbchen, das in einer Durchbohrung des Bügels gleitet, sichert vor seitlichen Ausweichungen. Der Bügel und das Stäbchen können auch nach unterwärts gerichtet sein; in diesem Falle ist das Ende des letztern mit einem Knopf versehen, welcher als Aufhalter gegen zu hohes Steigen dient. Dem Kegelventil ganz analog ist das Muschelventil gebaut, nur daß der bewegliche Körper statt der Kegelform einen Kugelabschnitt bildet, nach welcher Form denn auch die der Pfanne sich richtet.

Einen Schritt weiter gelangt man zu der besten Ventilform, dem Kugelventil (s. Fig. 168). Hier liegt eine gut gedrehte Metallkugel frei in ihrem Lager, hebt sich mit dem steigenden Wasser und sinkt dann wieder in ihr Lager zurück. Welche Drehungen sie unterdeß gemacht hat, ist gleichgiltig, da sie vermöge ihrer Form in allen Lagen gut schließen muß. Sie bedarf aus diesem Grunde auch keiner besondern Führung, sondern es genügt eine Vor=richtung, die sie an zu hohem Steigen hindert, und in der Regel werden ein paar kreuzweis gestellte Bügel angewandt, welche reifenförmig sich über die massive Kugel spannen.

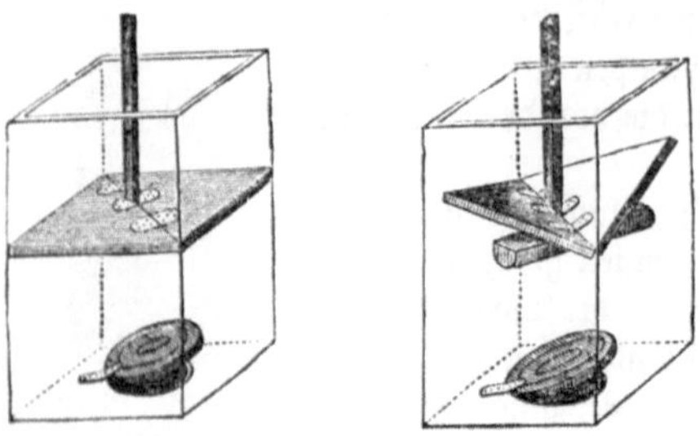

Klappenkolben.
Fig. 169. Aufgang.   Fig. 170. Niedergang.

Je feiner die Ventilapparate gearbeitet sind, um so leichter werden sie durch Sand und andere Unreinigkeiten Störungen erleiden. Das Kugelventil hat, da die Kugel sich in der Regel nach dem Heben in veränderter Lage wieder aufsetzen wird, die gute Meinung für sich, daß es sich von etwa dazwischen kommenden fremden Körpern leichter von selbst wieder reinigt. Um den Lauf sehr unreiner Flüssigkeiten (z. B. an Bauten, Miststätten) zu fördern, hat man ver=schiedene andere, weniger empfindliche Kolben=vorrichtungen. Die Rohre für solche Zwecke werden meistens nicht rund gemacht, sondern aus vier Bohlen zusammengesetzt. Dann ist auch der Kolben eine quadratische Scheibe, der man zuweilen eine größere Anzahl kleiner Durchbohrungen giebt, welche durch größere Lederklappen gedeckt werden. Oder man setzt den Kolben aus vier dreieckig geschnittenen und durchlöcherten Stücken so zusammen, daß er das Ende der Stange in der Gestalt eines Rumpfes umgiebt, auf dessen Innenseite die Lederklappen zu liegen kommen. Kolben dieser Art heißen Trichter=kolben. Sehr entsprechend für alltägliche Zwecke ist auch eine in Fig. 169 und 170 in zwei Stellungen abgebildete Einrichtung, die den Vortheil bietet, daß sie ohne alle Kunstfertigkeit sich herstellen läßt. Der Kolben thut hier selbst den Dienst einer Doppelklappe, und es bedarf nur eines Querstückes an dem Ende der Stange, gegen welches die beiden Flügel beim Emporsteigen sich anlegen können.

Fig. 171. Saugpumpe.

Ein guter Schluß der Ventile sowol als des Kolbens ist die erste Bedingung einer guten Pumpe. Man dichtet daher den Kolben, wie es Fig. 138 für die Luftpumpe zeigt, durch Umwicklung mit Leder, Hanf= oder Wergzöpfen u. s. w., so daß derselbe mit einiger Elastizität sich an den Rohrwänden auf= und abschiebt. Je ebener und glatter die Wandungen sind, zwischen denen der Kolben spielt, um so besser hält sich seine Liederung. Metallliederung, wie sie bei Dampfmaschinen vorkommt, würde natürlich auch für Pumpen das Beste sein.

An der gewöhnlichen Saugpumpe, der am häufigsten vor=kommenden Pumpenart, unterscheiden wir das Saugrohr, das ins Wasser hinabgeht und unten in eine Art Sieb endigt, welches Unreinig=keiten abhält, und den Stiefel, in welchem der Kolben mittels des Schwengels auf und ab getrieben wird. Bei geringen Pumpen macht man wenigstens dieses Stück gern aus starkem Blech, und es erscheint dann gegen das übrige Geröhr als der dünnste Theil.

Um das Spiel der Pumpe zu veranschaulichen, geben wir in den Figuren 171—173 drei Ansichten davon, welche drei verschiedene Momente darstellen. Bei gut gedichtetem Kolben muß die Pumpe ebensowol Luft als Wasser pumpen können, und es hat in diesem Falle nichts auf sich, wenn das Rohr theilweise oder auch ganz wasserleer ist; man pumpt dann zwar Anfangs eine Zeit lang leer, aber darum nicht vergebens. Bei jedem Hube wird etwas Luft heraus geschafft und dadurch die Luftmasse im Rohr verdünnt; bei jedem Hube bringt dann so viel Wasser von unten herauf, daß die Differenz zwischen der äußern und innern Luftdichte ausgeglichen wird, und endlich tritt (s. Fig. 171) bei einem neuen Kolben= aufgange das Wasser durch das untere oder Saugventil; bei dem nächsten Kolbennieder= gange strömt es (s. Fig. 172) durch das Kolbenventil und gelangt, wenn der Kolben wieder gehoben wird und sein Ventil sich schließt, zum Auslaufen aus der Röhre (s. Fig. 173). Befindet sich dieselbe sehr hoch über dem Saugventil, so werden freilich mehr Kolbenzüge erforderlich sein, um so viel Wasser über demselben anzusammeln, daß dasselbe die Ausfluß= öffnung erreicht. Das Spiel der Ventile ist bei Wasser und Luft ganz das nämliche: hebt sich der Kolben, so schließt sich sein Ventil, weil die Luft oder das über ihm stehende Wasser darauf drückt; gleichzeitig öffnet sich das Saugventil durch den Druck der Luft, bez. des Wassers, von unten. In dem Moment, wo der Kolben seinen Nie= dergang antritt, wird das Saugventil zugedrückt und das Kolbenventil öffnet sich. Die Ventile der Pumpe sind beide also nur beim Stillstand geschlossen; sonst öffnet sich immer das eine, während das andere sich schließt.

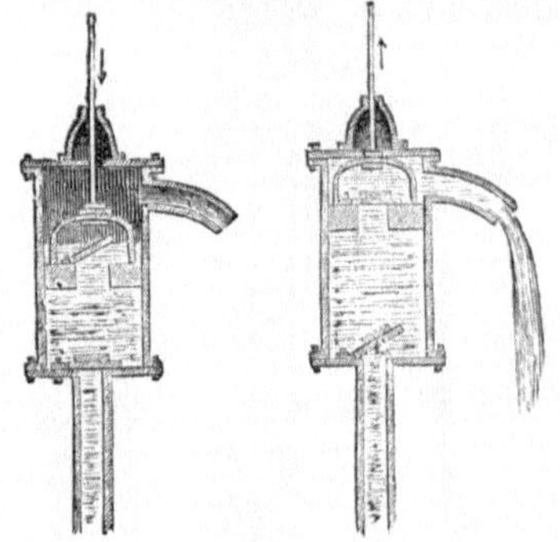

Saugpumpe in den verschiedenen Stadien
ihrer Wirksamkeit.

Steht die Pumpe einmal voll Wasser, so kann sie auch bei schlecht schließendem Kolben gebraucht werden, wie das der gewöhnliche Fall bei ordinären Pumpen ist; sie ist dann nur weniger ausgiebig. Das Saugventil muß immer in gutem Stande sein, denn wenn dieses leck wird, so verzieht sich das Wasser bald und die Pumpe steht trocken. Durch Eingießen von einigen Kannen Wasser oben in die Pumpenöffnung kann man jedoch diesem Uebel= stande abhelfen. Das Wasser quellt die eingetrockneten Liederungen auf und stopft, so weit es sich oberhalb des Kolbens erhalten läßt, die Zwischen= räume; es wird dadurch, wenn auch nur momentan, ein besserer Verschluß hergestellt.

Steht die Saugpumpe in völliger Uebereinstimmung mit der früher besprochenen Luftpumpe, so ist die Druck= pumpe, zu deren Betrachtung wir nun kommen, der Kom= pressionspumpe an die Seite zu stellen.

Die Druckpumpe charakterisirt sich zunächst dadurch, daß ihr Kolben ein solides Stück ohne Klappen bildet. Sie steht in dem Wasser selbst, aus dem sie schöpfen soll, und treibt dasselbe in einem Steigrohr nach oben. Da sie im Wesentlichen vom Luftdruck unabhängig ist, so kann dieses Rohr beliebig hoch sein, sofern nur die Wandungen hinläng= lich stark für den Druck der Wassersäule sind und die Maschine Kraft genug hat. Es kommen bei der Druck= pumpe, deren einfachste Form Fig. 174 versinnlicht, eben= falls zwei abwechselnd wirkende Klappen ins Spiel: die Bodenklappe B und die Seitenklappe C. Steigt der Kolben A, so bringt durch B Wasser herein, während die Last der Wassersäule in D die Klappe C zudrückt und sich damit selbst

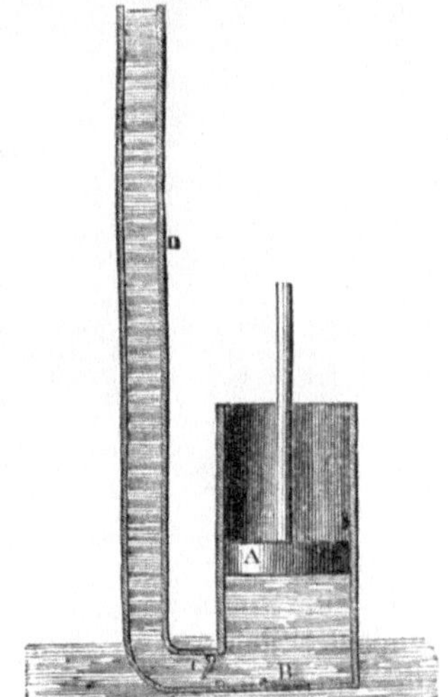

Fig. 174. Druckpumpe.

den Rückfluß abschneidet; beim Niedergang des Kolbens wird B zugedrückt und C muß sich öffnen, um den neuen Schub Wasser ins Rohr treten zu lassen. Wie man sieht, geht es auch bei dieser Druckpumpe nicht ganz ohne Saugen ab; aber bei der geringen Hubhöhe erfordert dies nicht viel Kraft, sondern die Kraftwirkung erfolgt, im Gegensatz zu den Saugpumpen, hauptsächlich beim Niedergange.

Endlich läßt sich auch der vorliegende Apparat leicht in eine vereinigte Druck= und Saugpumpe verwandeln. Angenommen, das Speisewasser der Pumpe liege noch ein gut

Stück weiter unten, so braucht nur aus der Mitte des Cylinderbodens ein Rohr hinab-
geführt zu werden, welches dann mittels der Klappe B geöffnet und geschlossen würde. Diese
untere Partie wirkt dann wie eine gewöhnliche Saugpumpe, und es gilt für die Länge des
untern Rohres die bekannte Rücksicht, daß der volle Atmosphärendruck nicht über 10 Meter
Steighöhe gehen kann. Die pumpende Kraft wird bei einem solchen System natürlich
in beiden Richtungen angestrengt: der Hub des Kolbens muß Wasser aus der Tiefe in den
Cylinder heraufziehen, und der Niedergang drückt es im Steigrohr D zu noch größerer
Höhe hinauf. Bei Handpumpen kommt nicht selten ein auf diese Art vereinigtes Saug- und

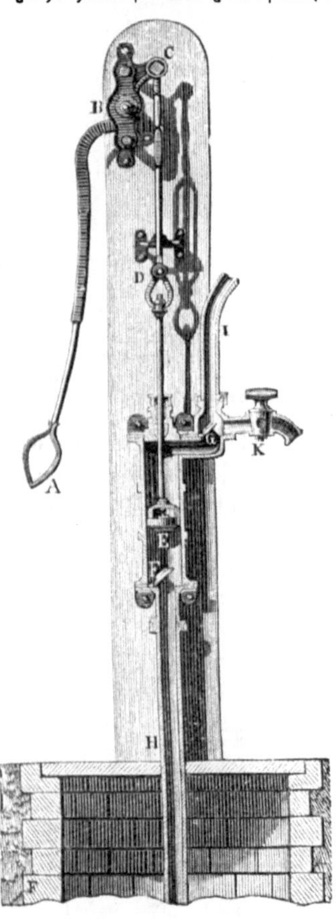

Fig. 175. Hauspumpe.

Druckwerk, namentlich wenn der Brunnen für ein gewöhnliches Saugwerk zu tief ist, oder auch wenn das bis zum
Brunnenrande gehobene Wasser noch weiter emporgeschafft
werden soll, zur Anwendung. Im erstern Falle wird der
Cylinder oder Stiefel so tief als nöthig in den Brunnen-
schacht gelegt, die Pumpenstange geht frei bis zu demselben
hinab und wird dann gewöhnlich mittels einer Kurbelwelle mit Schwungrad, die quer über der Brunnenmün-
dung liegt, in Bewegung gesetzt.

In welcher Weise in der Praxis eine gute Pumpe
ausgeführt wird, zeigt die beigegebene Abbildung einer
aus Metall konstruirten Haus- oder Straßenpumpe,
die sowol als bloße Saugpumpe, wie auch als Saug- und
Druckpumpe zu benutzen ist (s. Fig. 175). Der Schwengel
ABC dreht sich um den Zapfen B; an dem kurzen Hebelarm CB hängt mittels eines Gelenkes eine Zugstange
CD, welche unten bei D mit der Kolbenstange, ebenfalls
mittels Gelenkes, verbunden ist. Wird durch Niederdrücken des Schwengels AB der Kolben E gehoben, so
öffnen sich die zwei Klappen F und G und eine Quantität
Wasser steigt durch das Rohr H in den Pumpenstiefel,
während gleichzeitig das Wasser, welches sich bereits
über dem Kolben befand, noch höher gehoben und durch
die Klappe G in das Steigrohr hinaufgetrieben wird.
Geht der Kolben nieder, so schließen sich die Klappen F
und G, die des Kolbens öffnen sich und eine neue
Quantität Wasser tritt über denselben. Der Kolben hat
somit beim Aufgange nächst der Reibung das Gewicht der
ganzen Wassersäule zu überwinden, welche vom Brunnen-
spiegel bis zur Mündung des Steigrohres reicht, beim
Niedergange dagegen nur die Reibung, die theils zwischen
den festen Theilen, theils zwischen dem Kolben und dem

durch seine Klappe strömenden Wasser stattfindet. Mündete das Steigrohr mit seiner Klappe
zwischen E und F in den Stiefel, wie wir weiter oben annahmen, so dürfte der Kolben E
keine Klappe haben und er würde dann beim Aufgange saugen, beim Niedergange drücken;
so aber ist die ganze Arbeit in den Aufgang des Kolbens, folglich in den Niederdruck des
Schwengels gelegt, und zwar mit Recht, da nur in dieser Richtung, nicht von unten nach
oben, die Muskelkraft bequem und vortheilhaft zu verwenden ist. Oeffnet man den Hahn K,
so fließt das gehobene Wasser hier ab und die Pumpe ist nun eine gewöhnliche Saugpumpe,
die mit viel geringerer Kraft in Gang gesetzt werden kann.

Braucht man den Ausguß des Steigrohrs nur in mäßiger Höhe, vielleicht nur wenige
Ellen über dem untern, so kann der Zweck mit einer bloßen Saugpumpe erreicht werden,
indem man nun das Pumpenrohr entsprechend hoch macht. Die Pumpe geht dann bei Benutzung des obern Ausgusses schwerer, weil eine höhere Wassersäule bewegt werden muß.

Ueberhaupt ist leicht zu ersehen, daß das Wasser, welches einmal über den Kolben getreten ist, in keiner andern Weise gehoben wird, als würde es in einem Zieheimer heraufgezogen. Daher läßt sich auch dieser obere Theil des Rohres beliebig verlängern, sofern man an Stelle des Handbetriebs eine tüchtige Maschinenkraft setzt. Die praktische Grenze für solche Werke ist in der That nur da, wo das Rohr infolge des großen Seitendruckes des Wassers platzen oder die Pumpenstange wegen seiner Schwere reißen müßte. So modifizirte Pumpen mit ungeheuer langen Stangen und Oberröhren, bei geringer Höhe des Saugrohrs, sind namentlich im Bergbau in Gebrauch, und sie heißen vorzugsweise Hebepumpen. Sie sind am Platze, wenn die Triebmaschine oberhalb steht, z. B. an der Mündung eines Schachtes; bei der Druck=pumpe muß der Angriff der Kraft in der Tiefe angebracht sein. Höhen von mehreren hundert Fuß können aber, eben wegen der dann nicht mehr zureichenden Festigkeit des Materials, von keiner Art Pumpen in einem Zuge bestritten werden, und man bringt in diesem Falle mehrere Pumpen=sätze über einander an, von denen jeder höhere das aufnimmt und weiter schafft, was der unter ihm heraufgebracht und in einen Kasten entleert hat.

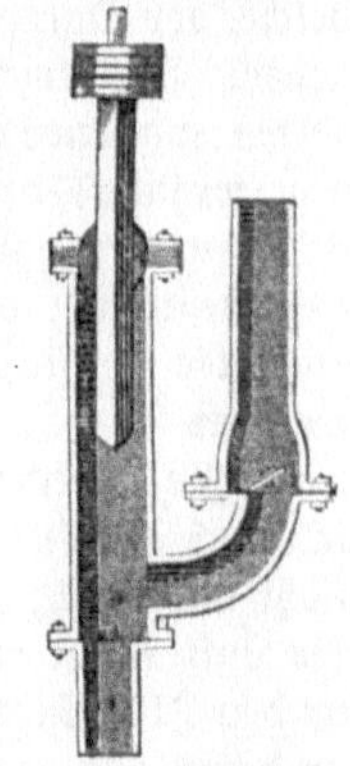

Fig. 176. Druck=pumpe mit Mönchs=kolben.

Bei der Druckpumpe kommt es augenscheinlich auf nichts weiter an, als daß durch die Druckkraft ein mit Wasser angefüllter Raum verengert und dadurch eine der Raumverkleinerung entsprechende Menge Flüssigkeit gezwungen wird, durch einen dargebotenen Ausweg zu entweichen. Die Form des die Wassermasse verdrängenden festen Körpers ist dabei ganz gleichgiltig. Man wendet daher auch nicht immer einen Kolben von der gewöhnlichen Form, sondern statt dessen häufig einen langen glatten, massiven oder auch hohlen Metallcylinder an, der den Pumpenstiefel ziemlich ausfüllt, ohne jedoch seine Wände zu berühren. Die Dichtung zwischen Kolben und Stiefel ist hier nicht an dem erstern, sondern im Deckel des letztern angebracht und besteht aus einer Leder= und Hanfpackung, wie sie an dem Cylinder einer Dampfmaschine für die Kolbenstange gewöhnlich ist. Die Vortheile dieser sogenannten Mönchskolben (s. Fig. 176, englisch Plunger, Taucher) sind verminderte Reibung, also leichter Gang, und eine voll=kommnere Dichtung, die selbst bedeutend hohe Druckgrade aushalten kann.

Eine interessante Modifikation der Saug=pumpen sind die sogenannten Sackpumpen, bei denen in der That eine Art Sack ohne Boden von gutem geschmeidigem Leder ins Spiel kommt. Man hat sich vorzustellen, daß die obere Mündung dieses Lederschaftes am Umfange des Kolbens, die andere am Um=fange des Saugrohres wasserdicht befestigt ist, so daß die Saugklappe im Innern des solchergestalt gebildeten Hohlraumes arbeitet. Die Höhe des Sackes richtet sich nach der Hub=

Fig. 177. Rotirende Pumpe.

höhe des Kolbens; beim höchsten Stande des letztern ist der erstere gestreckt und setzt sich beim Niedergange wie ein Blasebalg faltig zusammen; dadurch verringert sich das innere Volumen. Der Inhalt, zuerst Luft, dann Wasser, wird herausgepreßt und von unten wieder aufgesaugt, wenn der Aufgang des Kolbens den Ledersack wieder auszieht. Die Ventile und die Förderungsweise des Wassers sind ganz dieselben wie bei der gewöhnlichen Pumpe, die Sackpumpen bieten aber den Vortheil, daß die Kolbenreibung wegfällt.

Die abwechselnde Volumenänderung des Ledersackes, welche die Luftverdünnung hier bewirkt, erzielt man auch bei den sogenannten rotirenden Pumpen dadurch, daß man über einen biegsamen Schlauch, der mit dem einen Ende im Wasser hängt, hinstreicht und dadurch die darin befindliche Flüssigkeit oder Luft nach dem andern Ende zu treibt. Behufs der Anwendung zu Pumpwerken bringt man den Schlauch in der Innenwand einer halb=kreisförmigen Trommel an und läßt ihn von den in Zwischenräumen am Umfange einer Walze angebrachten Vorsprüngen bearbeiten. Die Abbildung Fig. 177 verdeutlicht den Vorgang.

Außer den Pumpen mit hin= und hergehenden Kolben giebt es auch verschiedene Arten von Centrifugalpumpen. Darunter gehören die sehr wirksamen Kreiselmaschinen, welche, von Dampf getrieben, in norddeutschen Niederungen und anderswo zur Entwässerung dienen. Sie gleichen durchaus den mächtigen Luftsaugemaschinen zur Lüftung von Berg=werken und jener Luftpumpe, welche die «Pneumatic Despatch Company» aufgestellt hat. Bei dem Bergwerksventilator und der ihm gleichenden Kreiselpumpe befindet sich das hohle Scheibenpaar (vgl. Abbildung Fig. 151) in liegender Stellung. Die obere Scheibe ist natürlich ohne Oeffnung; die untere, welche, wenn es sich um Lüftung handelt, die Mündung des Schachtes vollständig verschließen muß, hat in der Mitte ein Saugloch. In diesem tritt, wenn die Drehung stattfindet, beständig die Luft von unten nach oben, um diejenige Luft zu ersetzen, welche von den Scheiben seitlich fortgetrieben wird. Denken wir uns nun vom Saugloch ab ein Rohr niedergeführt, das in das Wasser eines Kanals und dergl. unter=taucht und 3, 4, ja 8 Meter lang sein kann, so wird beim Beginn der Arbeit allerdings blos Luft ausgetrieben; da dieselbe von unten aber keinen Nachschub erhält, so setzt sich die von den Flügeln erzeugte Luftverdünnung auch in das Rohr fort und das Wasser beginnt nun darin aus dem nämlichen Grunde zu steigen, als wenn ein luftdichter Kolben in dem=selben in die Höhe gezogen würde. Schließlich gelangt es über die Rohrmündung und zwischen die beiden Scheiben, welche bisweilen mit radialen Schaufeln versehen sind, und von denen es nun hinausgeschleudert wird. Ist solchergestalt die Maschine erst einmal in Gang gekommen, so kann von einer weitern Luftverdünnung nicht mehr die Rede sein; immer aber ist der einseitige Luftdruck auf den untern Wasserspiegel das wirkende Prinzip.

Andere Arten von Kreiselpumpen geben ansehnliche Wirkungen durch ein viel kleineres Rädchen mit schraubenartigen Flügeln von etwa 30 Centimeter Durchmesser, das am untern Ende eines Steigrohrs in dem zu hebenden Wasser selbst arbeitet. Durch einen Treib=riemen oder ein Zahngetriebe in sehr raschen Umlauf gesetzt (7—800 Umgänge in jeder Minute), nimmt es wie die Wasserschnecke Wasser ein und drückt dasselbe in das Rohr hinein. Während die vorerwähnte Maschine also unter die Saugpumpen zu rangiren ist, stellen diese Kreiselpumpen eine Art Druckpumpe vor.

Der **hydraulische Widder** oder Stoßheber, so genannt, weil der Stoß, den eine in ihrer Bewegung plötzlich aufgehaltene Wassermasse ausübt, bei diesem Apparate das Wirkende ist, stellt eine der interessantesten Wasserhebemaschinen dar. Montgolfier be=merkte an dem Zuleitungsrohr einer Badeanstalt die heftige Reaktion des in seinem Laufe plötzlich gehemmten Wassers. Wenn er den Hahn des rasch fließenden Rohres schloß, so erzitterte und erdröhnte die ganze Röhrenleitung, und eines Tages wurde sogar der Ver=schluß gänzlich herausgetrieben. Montgolfier ließ nun hinter dem Hahn ein senkrechtes, oben offenes Rohr einsetzen, um zu sehen, wie hoch wol der Stoß das Wasser in demselben emportreiben würde. Es erreichte eine ansehnliche Höhe, und diese Erfahrung benutzte er zur Konstruktion seiner interessanten Maschine, die für mancherlei Einrichtungen große Vortheile bieten kann, wo die Umstände ihre Anlage gestatten, d. h. wo eine große fließende Wassermasse, etwa ein lebendiger Bach oder der Abfluß aus einem Teiche, zu Gebote steht.

In seiner einfachsten Gestalt besteht der Stoßheber nur aus zwei Rohren und zwei Klappen. Durch ein liegendes Rohr AB (s. Fig. 178) wird der Wasserstrom aus dem höher gelegenen Reservoir geleitet. Aus einer im obern Theile des Rohres angebrachten Oeff=nung a fließt das Wasser aus; hier ist eine Klappe aufgehangen, welche von innen an ihren Sitz anschlagen und so den Kanal absperren kann. Diese Klappe ist schwer, so daß sie herabfällt, wenn das Wasser ruhig steht; durch die Oeffnung der Klappe aber bekommt das Wasser den Weg frei und strömt mit mehr und mehr wachsender Geschwindigkeit aus. Hat das ausfließende Wasser eine gewisse Geschwindigkeit erlangt, so wird der Druck, den es auf die Unterseite der Klappe ausübt, überwiegend; die Klappe schlägt zu und das gesammte bewegte Wasser stockt plötzlich in seiner Bewegung. Der Druck, der sich hierbei auf die ganze Gewandung des liegenden Rohres äußert, ist je nach der Fallhöhe und der Masse des ausströmenden Wassers ein verschiedener, aber immer ein bedeutender, da alle lebendige Kraft, welche das Wasser aufgenommen hatte, jetzt auf einmal abgegeben wird. Dieser Druck treibt daher auch eine andere, nach außen schlagende Klappe b im Rohre auf und jagt das Wasser, wenn dieselbe direkt in ein Steigrohr mündet, in diesem in die Höhe. Das so gehobene Wasser wird von der durch die Last dieser Wassersäule sich sogleich wieder schließenden Klappe am Zurückfließen gehindert. Sowie der Stoß ausgewirkt hat, öffnet sich die Klappe a wieder, durch ihre Schwere oder durch ein Gegengewicht. Das Wasser fängt also wieder zu fließen an, fließt immer rascher und erlangt in einer gewissen Zeit wieder diejenige Geschwindigkeit, bei welcher es die Klappe mitnehmen und sich so den Weg selbst wieder abschneiden muß. Das Steigrohr nimmt eine neue Quantität Wasser auf, und so arbeitet der Apparat unter abwechselndem Oeffnen und Schließen ganz selbständig fort. Bei übermäßiger Höhe des Steigrohres würde natürlich seine Wassersäule endlich so schwer auf dem Sperrventil lasten, daß dieses sich weitern Stößen nicht mehr öffnen könnte; man hat also den Abfluß etwas unter der äußersten Hubhöhe zu halten.

Fig. 178. Anwendung des hydraulischen Widders.

Diese Hubhöhe aber kann eine viel bedeutendere sein als das ursprüngliche Gefälle des Wassers, nur ist auch die Menge des gehobenen Wassers eine geringe im Verhältniß zur Menge des überhaupt verbrauchten Quantums.

In unserer Abbildung (s. Fig. 178) führt die zweite Klappe nicht direkt in ein Steigrohr, sondern erst in einen Windkessel, wo durch das einströmende Wasser die Luft komprimirt wird. Auf diese Weise wird der Druck ein gleichmäßigerer und die Fontaine springt, trotzdem der Zufluß in gewaltsamen Absätzen erfolgt, in gleichmäßiger Weise. Montgolfier selbst hat den Windkessel seiner Erfindung beigefügt und derselben zunächst die in Fig. 179 dargestellte Einrichtung gegeben. Das Wasser fließt hier von rechts her aus einem höher gelegenen Reservoir im Rohre A zu, steigt in einem cylinderförmigen Aufsatz in die Höhe und fließt über dessen Ränder ab. Es umspielt dabei die Scheibe oder das Ventil B, das von einem Bügel gehalten wird und dessen Stiel in einer Hülse verschiebbar ist. Diese Tieflage des Ventils findet statt, wenn das Wasser noch nicht, oder erst mit sehr geringer Geschwindigkeit, fließt. Ist die Strömung in vollen Gang gekommen, so nimmt dieselbe das Ventil mit in die Höhe, und dieses versperrt, indem es sich an den einspringenden Kranz anlegt, dem Wasser den Ausweg völlig. Der Stoß öffnet die Klappen EE; eine Portion

Wasser bringt durch dieselben in das umgebende Reservoir F ein und wird von hier in der Steigröhre G in die Höhe gepreßt. Ohne den Windkessel würde der zum Oeffnen der Klappen nöthige Druck von unten viel größer sein müssen, da der Stoß dann direkt und ohne elastisches Zwischenmittel auf die Wassersäule des Steigrohres übertragen werden würde. Indem aber die Kraft zum Theil an die Luft abgegeben wird, wirkt diese auch in den Pausen zwischen den Stößen pressend auf die Wasserfläche, und die Folge davon ist, daß der Ausfluß ein kontinuirlicher wird, während er sonst stoßweise erfolgen würde. Eine ähnliche Einrichtung bringt man auch bei den Pumpen- an, und wir werden ihr auch bei der Feuerspritze wieder begegnen; sie dient dort wie hier als Regulator der Bewegung.

Das Wasser verschluckt aber immer eine gewisse Menge der Luft, mit welcher es in Berührung steht, und zwar wird um so mehr Luft aufgenommen, je größer der Druck ist. Es würde sich demnach im vorliegenden Falle die Luft im Windkessel allmählich erschöpfen, wenn nicht für ihren Wiederersatz gesorgt wäre. Derselbe wird bewirkt durch eine horizon= tale Oeffnung bei H, die mit einer nach innen sich öffnenden Klappe versehen ist. In dem Moment nun, wo durch das Zurücktreten des Wassers nach A eine Luftverdünnung im Innern entsteht, drückt die äußere Luft die Klappe auf, ein wenig Luft dringt ein und mischt sich mit der schon im Kessel C befindlichen. Beim nächstfolgenden Stoße tritt sodann eine entsprechende kleine Luftmenge mit durch die Klappen E und steigt als Ersatz in den Raum F hinauf. Die Anwendung des hydraulichen Widders erweist sich als ganz besonders prak= tisch in Fällen, wo man über sehr große Wassermassen, aber nur über geringes Gefälle zu verfügen hat, während es Einem erwünscht wäre, lieber wenig Wasser auf beträchtliche Höhen zu heben. Von einer zu Senlis in Frankreich bestehenden derartigen Anlage lesen wir, daß sie in der Minute 280 Kg. Wasser auf die Höhe von 20 Meter treibt. Die Anlage= kosten einer solchen Maschine sind in gar keinen Betracht zu ziehen, und die trotzdem geringe Verbreitung solcher Vorrichtungen kann darin gewiß kein Hinderniß gefunden haben. Eher möchte der Grund ihrer seltenern Verwendung in der leichten Zerstörbarkeit der Haupttheile, vorzüglich der beiden Ventile liegen, welche selbst bei der sorfältigsten Herstellung den Stößen, die mit einer solchen Geschwindigkeit sich folgen, daß täglich bis zu 80,000= und mehrmal die Klappen sich öffnen und schließen, auf die Länge nicht widerstehen können.

Am meisten leidet das Kopfventil B, welches bisher gegen eine unnachgiebige Metall= platte schlug. Um diesem Uebelstande abzuhelfen, hat der Ingenieur Foex in Marseille demselben die Einrichtung gegeben, daß es nicht gegen ein Metalllager, sondern gegen ein Wasserkissen gepreßt wird und so in demselben Augenblicke, wo der Stoß von unten erfolgt, einen eben so starken Druck von oben empfängt. Infolge dieser Einrichtung können die Ventile bei weitem schwächer sein, als sie sonst sein müßten, ohne der Gefahr, leicht zu brechen, ausgesetzt zu sein; immerhin aber werden sie diejenigen Theile bleiben, für welche man bei dergleichen Apparaten Doubletten zum eventuellen Ersatz vorräthig haben muß.

Wasserwerke, um das Pumpen im Großen zu treiben, hat es in Bergwerken, auf Salinen u. s. w. immer gegeben; aber eigentlich großartige Werke wurden doch erst möglich durch Anwendung der Dampfkraft, durch Anstellung mehrhundertpferdiger Dampfmaschinen. Erst mit solchem Rüstzeug wurde es thunlich, große Städte mit Wasserwerken zu versehen, welche das wohlthätige Element nicht in hergebrachter spärlicher Weise an ein paar Lauf= brunnen u. dgl. vertheilen, sondern reichlich, massenhaft in jedes Haus, jede Küche, ja bis auf den Oberboden liefern; welche Bäder, Waschanstalten u. dgl. versorgen, bei Feuers= gefahr Spritzwasser nach Bedarf an allen Ecken abgeben können, außerdem das Abschwemmen der Straßen, das Ausfegen der Rinnen und Schleußen in prompter Weise besorgen. Die wasserreichsten Städte dürften Rom und New-York sein; beide aber beziehen ihren Bedarf mittels sehr großer Kanäle weit aus dem Gebirge. Bei vielen Städten dagegen erlaubt das Terrain eine solche Versorgungsart gar nicht, oder aber es soll nicht blos das Wasser in die Stadt, sondern in dieser bis in die höchsten Etagen der bewohnten Häuser hinaufgeleitet werden, und dies ist nur mit Hülfe großer Pumpwerke zu ermöglichen. Die fruchtbarsten Wasserwerke — wenn man so sagen darf — besitzt Glasgow, denn hier sind auf jeden

Einwohner täglich durchschnittlich 21 engl. Kubikfuß reines Wasser gerechnet. In Manchester sind auf den Kopf nur 12½ Kubikfuß gerechnet; immer noch mehr als nothwendig, denn der wirkliche Verbrauch, welcher bei der Einrichtung der Wasserwerke in kontinentalen Städten angenommen wird, beträgt selten mehr als täglich fünf Kubikfuß für die Person. Die Wasser= versorgungsanstalten haben erst in den letzten Jahrzehnten ihre humane Thätigkeit in aus= gedehnter Weise entfaltet. Seit Kurzem aber sind in Lyon, Bordeaux, Braunschweig, Berlin, Magdeburg, Frankfurt, Leipzig, Stuttgart, Karlsruhe, Hamburg, Altona, Wien u. s. w. die großartigsten Institute errichtet worden; in einer großen Zahl von Städten sind der= gleichen im Entstehen, und selbst kleinere Orte sehen in der Beschaffung reichlichen und guten Wassers eine Pflicht der Humanität.

Der Ort, wo das Wasser für eine Stadt aus einem Flusse gefaßt wird, liegt gewöhn= lich außerhalb, denn wenn auch der Fluß selbst durch die Stadt geht, so will man doch eben reineres Wasser haben, als er dort bieten kann. Die neuern Anlagen sind in der Regel Druckwerke; das Wasser wird entweder in einem Thurme oder blos in einem gerüstartigen Bau durch Röhren emporgetrie= ben und fällt von da in die Röhren, die es nach der Stadt führen; oder man benutzt eine benachbarte Anhöhe zur An= legung von Bassins, in die es emporgedrückt wird und wo es sich klärt, um dann seiner Be= stimmung zugeführt zu werden; oder die Pumpen drücken das Wasser, wie in Berlin, unmittel= bar in horizontaler Richtung fort. Die dortigen Wasserwerke liegen vor dem Stralauer Thor hart an der Spree und könnten ihrem Aeußern nach eher für einen herrschaftlichen Sitz gehal= ten werden, wenn nicht die mehr als 70 Meter hohe Dampfesse eine andere Bestimmung an= deutete. Wir treten ein und ein

Fig. 179. Der hydraulische Widder von Montgolfier.

höflicher Führer geleitet uns zunächst ins Kesselhaus, das einem großen Saale gleicht. Zwölf riesige Dampfkessel liegen hier in fortwährender Glut und entwickeln die Dämpfe zum Betriebe des ganzen Werkes. Eine Etage höher stehen acht Dampfmaschinen, vier zu 200, vier zu 100 Pferdekraft, und rühren ihre mächtigen eisernen Arme geräuschlos, emsig, unermüdlich und mit einer anscheinenden Leichtigkeit, als sei das Ganze nur ein Spiel. Und doch ist es die vereinigte Kraft von 1200 Pferden, die hier ihr Wesen treibt. Dieser Kraft gehorchen 16 Pumpen, sie nehmen das Wasser größtentheils aus Bassins, wo es sich auf Kieslagern reinigt; einige schöpfen direkt aus dem Flusse. Die ganze großartige Maschinerie, ein Werk aus Borsig's Anstalt, braucht nur sechs Mann zur Bedienung.

Das Hauptrohr der Wasserleitung hat den stattlichen Umfang von 2 Metern; die Neben= rohre, die das Wasser in alle Theile der großen Stadt verbreiten und in gerader Linie eine Länge von 25 Meilen einnehmen würden, variiren von 75 Centimeter bis 5 Centimeter Umfang. Alle Theile der Leitung bestehen aus Gußeisen.

Trotz der großen, gewissenhaft geprüften Festigkeit des Materials findet sich doch hier und da eine dicke Wasserröhre, die allmählich durch den ungeheuern, von innen nach außen wirkenden Wasserdruck brüchig wird und einmal plötzlich in Scherben geht. Wo dies vor= kommt, wird es ungemüthlich: das Pflaster berstet, die Erde öffnet sich, und aus dem

Krater brausen Wassermassen, mit Erde und Pflastersteinen gemischt, wie rasend empor. Der Berliner versammelt sich bei solchem Schauspiel zahlreich; nur ein Mann geht nach einem kurzen Hinblick still wieder weg nach irgend einer Stelle, wo er den betreffenden Haupthahn weiß: eine kurze Drehung und der Krater hört augenblicklich zu speien auf.

Die Trockenlegung des Haarlemer Meeres. Eines der großartigsten Pumpwerke ist in der jüngsten Zeit thätig gewesen, um das sogenannte Haarlemer Meer auszuschöpfen und die Ländereien, welche dieses nach und nach verschlungen hatte, wieder für Wohnung und landwirthschaftlichen Betrieb zu gewinnen. Es ist bekannt, daß in jenen Gegenden, welche durch Anschwemmungen des Rheinstromes entstanden sind, im Rheindelta, das feste Land sich nur sehr wenig über die mittlere Wasserhöhe des Meeres erhebt, und daß ein großer Theil der holländischen Landstriche unter dem Niveau der Fluthöhe liegt. Ein theils vom Meere in den Dünen selbst aufgebauter Wall, theils eine mühsam hergestellte und mit aller Sorgfalt unterhaltene Abdämmung durch Deiche hält den fürchterlichen Gegner ab, solange nicht außergewöhnliche Elementargewalten in das Spiel treten oder die Dämme zufällig oder absichtlich durchbrochen werden. Die Geschichte Hollands ist reich an dergleichen Ereignissen, welche, bisweilen vom Patriotismus gegen eindringende Feinde freiwillig hervorgerufen, unsere Bewunderung erregen, noch öfter aber unser Mitleid, wenn sie infolge gewaltsamer Stürme über das unvorbereitete Land hereinbrachen und Eigenthum und Leben begruben. Auf der andern Seite aber ist sie eine Folge ungebrochener Ausdauer und Thatkraft, durch welche die Bevölkerung ein fruchtbares Land der Kultur unter Umständen erhält, welche den zähesten Widerstand zu erlahmen geeignet scheinen können.

Es würde uns zu weit führen, wollten wir unseren Lesern an dieser Stelle eine Schilderung der physischen Beschaffenheit jener Länder geben, wie sie vorausgehen müßte, wenn wir das ununterbrochene Riesenringen, in welchem die Holländer mit dem Wasser sich befinden, darzustellen im Sinne hätten. Wir würden jedoch dabei mit Bewunderung jene weise angelegten Kanalisirungen, jene Dämmungen, Deiche, Schleußenanlagen u. s. w. bemerken, welche dem Lande allein die Möglichkeit seiner Existenz erhalten.

Wie schon erwähnt, liegen in Holland die einzelnen Landstriche nicht gleich hoch, und namentlich sind diejenigen, in denen man früher Torf gewonnen hat, die sogenannten Polder, dadurch unter das Niveau des Wassers herabgedrängt worden und bei Ueberschwemmungen den größten Gefahren ausgesetzt. Ein weitverzweigtes Kanalsystem, das der Schiffahrt vortrefflich zu statten kommt, ist angelegt worden, um das Wasser, welches hier durch den Boden empordringt oder als Regenwasser oder infolge von Ueberflutungen übermäßig sich ansammelt, aufzunehmen, und es sind in diesen Landstrichen längs der Kanäle kleine Windmühlen aufgestellt, welche die Wiederentwässerung durch Pumpwerke oder archimedische Wasserschnecken besorgen. Das System der Kanäle ist durch Schleußen in seinen einzelnen Abzweigungen mit einander verbunden, und eben so befindet sich an der Mündung in die See eine Schleuße, welche zur Zeit der Ebbe geöffnet wird, wenn der Wasserstand innerhalb der Kanäle ein zu hoher zu werden droht. Zur Flutzeit bleibt sie geschlossen. Aber trotz all der vorsorglichen Einrichtungen, die seit Jahrhunderten datiren, bekam das Meer in einzelnen Gegenden die Oberhand, und da seine Angriffe in früheren Zeiten auch wol von der kleinlichen Partikulargesinnung unterstützt wurden, die einen allgemeinen Feind nicht bekämpft, weil er zugleich der Feind des mißtrauisch betrachteten Nachbars ist, so geschah es, daß allmählich weite Ländereien wieder von den Fluten in Besitz genommen wurden, auf denen vordem sich ein gedeihliches Leben geregt hatte. So ist der Zuidersee in historischen Zeiten zu seiner jetzigen Größe herangewachsen durch Eindringen des Meeres seit dem 13. und 14. Jahrhundert, und die beistehenden Karten Fig. 180 und 181 lassen erkennen, wie der Theil Hollands, der das Haarlemer Meer genannt wird, im Verlauf eines einzigen Jahrhunderts seine Oberflächenbeschaffenheit verändern konnte. Früher bei weitem eingeschränkter, umfaßte das Haarlemer Meer im Jahre 1530 einen Flächeninhalt von noch nicht ganz 5600 Hektaren, im Jahre 1591 schon fast das Doppelte und im Jahre 1648 war es auf 14,194 Hektaren angewachsen.

Damals schon wurden von dem Mühlenbauer Jan Adrianß Leeghwater Vorschläge gemacht, mittels einer Anzahl von 160 Windmühlen das vorher eingedeichte Wasser in das Y zu schaffen. Allein trotz der immer mehr drängenden Noth war der Plan für damalige Verhältnisse zu allgemein und zu riesenhaft. Man unterließ seine Ausführung und 1740 bedeckte das Meer fast 16,575 Hektaren. Cruquius damals, und später, in den zwanziger Jahren dieses Jahrhunderts, Baron Lynden van Hemmen machten erneute Entwässerungsvorschläge, die Jener mit Hülfe von 112 Windmühlen, dieser durch 18 große Dampfmaschinen ausführen wollte.

Die an anderen Stellen nördlich vom Y vorgenommenen Entwässerungen, an denen freilich Jahrhunderte unter unsäglichen Anstrengungen gearbeitet worden war, ehe sie diejenige Ländermasse trocken legten, welche eine Vergleichung der Karte von 1852 mit der von 1530 gewonnen zeigt — diese gelungenen Unternehmungen hätten eben so ermunternd, wie die immer wachsende Noth fordernd sprechen sollen. Doch geschah bezüglich des Haarlemer Meeres so gut wie nichts, und dasselbe hatte in den dreißiger Jahren dieses Jahrhunderts eine Oberfläche von 17,980 Hektaren.

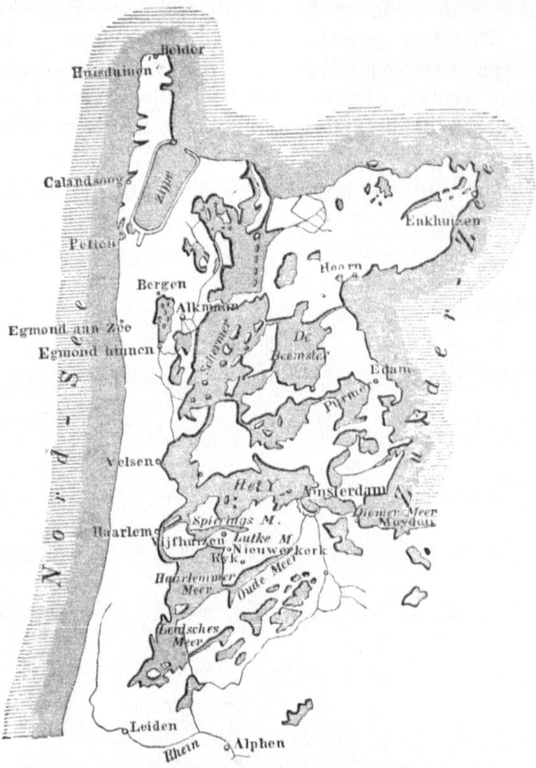

Fig. 180. Ausdehnung des Haarlemer Meeres im Jahre 1530.

Da kamen im November und Dezember 1836 zwei entsetzliche Stürme. Der eine, von Westen, trieb am 29. November das Meer über seine Küsten, daß es bis unter die Mauern von Amsterdam trat und nicht weniger als 3982 Hektaren Landes überflutete; der andere, am Weihnachtstage von Osten kommend, jagte es nach Leyden zu über einen Flächenraum von zusammen über 7400 Hektaren. Eintretende Kälte ließ das Wasser gefrieren und der Schaden war unermeßlich.

Da endlich wurde im Jahre 1837 eine Kommission zur Prüfung der schon vorliegenden Entwässerungsentwürfe und zur Ausarbeitung eines endgiltigen neuen niedergesetzt. Im Jahre 1840 begannen die Arbeiten mit Errichtung eines Ringdeiches und Herstellung eines Kanales. Dieselben waren nach acht Jahren beendet und nun konnten die mittlerweile beschafften drei Riesendampfmaschinen, welche zu Ehren der drei großen Trocknungs-

Fig. 181. Ausdehnung des Haarlemer Meeres im Jahre 1648.

apostel Leeghwater, Cruquius und Lynden getauft worden waren, ihre Arbeit beginnen. Sie wurden der Reihe nach, im Juni 1848 (Leeghwater) und im April 1849 (Cruquius und Lynden), eingestellt und arbeiteten so tüchtig und unausgesetzt, daß nach 39 Monaten über 830 Millionen Kubikmeter, mehr als 17 Milliarden Centner, Wasser fortgeschafft waren und der frühere Meeresboden, trocken gelegt, nun wieder von Neuem mit Hacke und Spaten bearbeitet werden konnte.

Es wird hier am Platze sein, den maschinistischen Vorrichtungen uns zuzuwenden, durch welche dieser große und für das ganze Land heilsame Erfolg erreicht wurde.

Die schon genannten drei Dampfmaschinen sind sogenannte Cornwallismaschinen (das Prinzip derselben werden wir späterhin bei Besprechung der Dampfmaschinen genauer kennen lernen), von den englischen Ingenieuren Deam und Gibbs entworfen und in Cornwallis gebaut, da die niederländischen Maschinenfabriken so enorme Preise verlangten, daß man davon absehen mußte, die heimische Industrie mit diesem Auftrage zu betrauen. Nur die Kessel und Balanciers sind in Amsterdam ausgeführt worden. Jede Maschine ist auf 500 Pferdekraft eingerichtet, arbeitet aber gewöhnlich nur mit 350. Von der innern Einrichtung giebt die Abbildung Fig. 183 eine Ansicht.

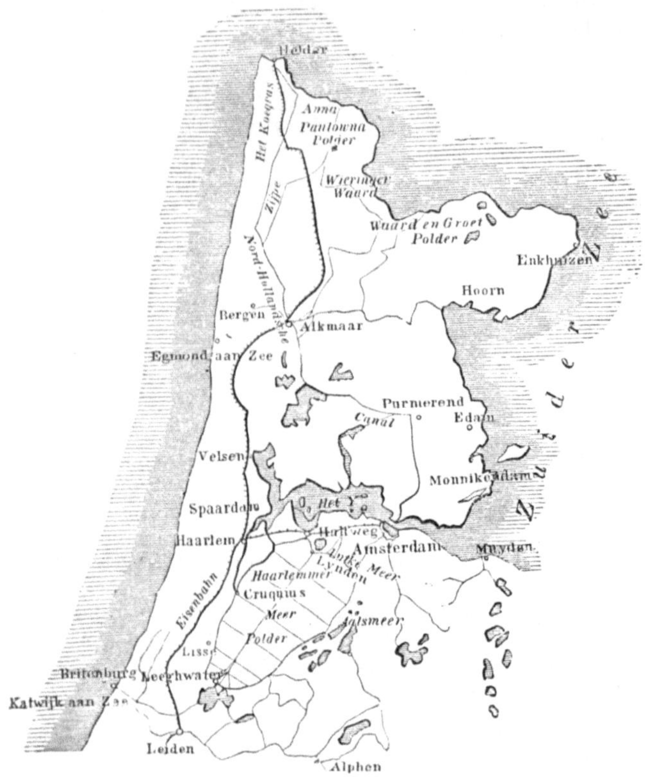

Dampfcylinder und Kolben sind in eigenthümlicher Weise konstruirt. Es besteht nämlich der erstere aus einem cylindrischen Innenraume A und einem darum sich schließenden ringförmigen Mantel, welcher nach außen hin von der Cylinderwand C eingeschlossen wird. Beide Räume stehen unterhalb der Decke mit einander in Verbindung. Nach der einen Seite, links oben, ist der Cylinder durch seinen äußeren Ring mit dem Dampfrohr F in Verbindung, aus welchem je nach der Stellung der Klappe N Dampf zuströmt oder nicht. Auf der andern Seite besteht Kommunikation zwischen dem obern Theile des Cylinders und dem Kondensatorraume M durch ein Ventil bei d, welches mittels des Hebels b von der Zugstange UV regiert wird. Der untere Theil des ringförmigen Cylindermantels ist fortwährend mit dem Kondensator in offener Verbindung.

Der Kolben aber hat, der Form des Cylinders entsprechend, ebenfalls eine zweitheilige Zusammensetzung aus einem inneren kreisrunden Stücke B und dem ringförmigen Stücke DD. Von beiden aus führen Kolbenstangen durch die Cylinderdecke, und zwar von dem Ringe deren vier, von dem Hauptkolben aber nur eine. Sie vereinigen sich in dem großen gußeisernen Gewichtsstück EE, welches ohne die Bleigewichte, mit denen es gefüllt ist, allein schon eine Last von 18,000 Kilogramm hat. Um diese schwere Masse vor seitlichen Schwankungen zu schützen, gehen mehrere Führungsstangen ff daneben, die wir oben bei H durch die starken Deckenbalken austreten sehen. An dem Gewichtsstück E sind mittels eiserner Stangen d Balanciers GG drehbar befestigt, an deren vorderen, aus dem Mauerwerk des Gebäudes heraus ragenden Enden F das Pumpgestänge FK hängt.

Fig. 182. Karte von Nordholland vom Jahre 1852.

In unserer Zeichnung ist die Anfangsstellung des Kolbens angenommen, wo sich derselbe auf seinem tiefsten Stande befindet. Das Spiel der Maschine ist darauf folgendes. Durch ein Zuführungsrohr, welches in unserer Zeichnung nicht sichtbar ist, das wir uns aber hinter N liegend zu denken haben, strömt der Dampf, nachdem mittels des Hebels a ein Ventil in dem Rohre geöffnet worden ist, aus dem Kessel unterhalb des Kolbens B in den Cylinder, dessen obere Räume jetzt mit dem Kondensator M in Verbindung stehen, wo also der Expansion des unter den Kolben tretenden Dampfes kein Widerstand entgegenstehen kann.

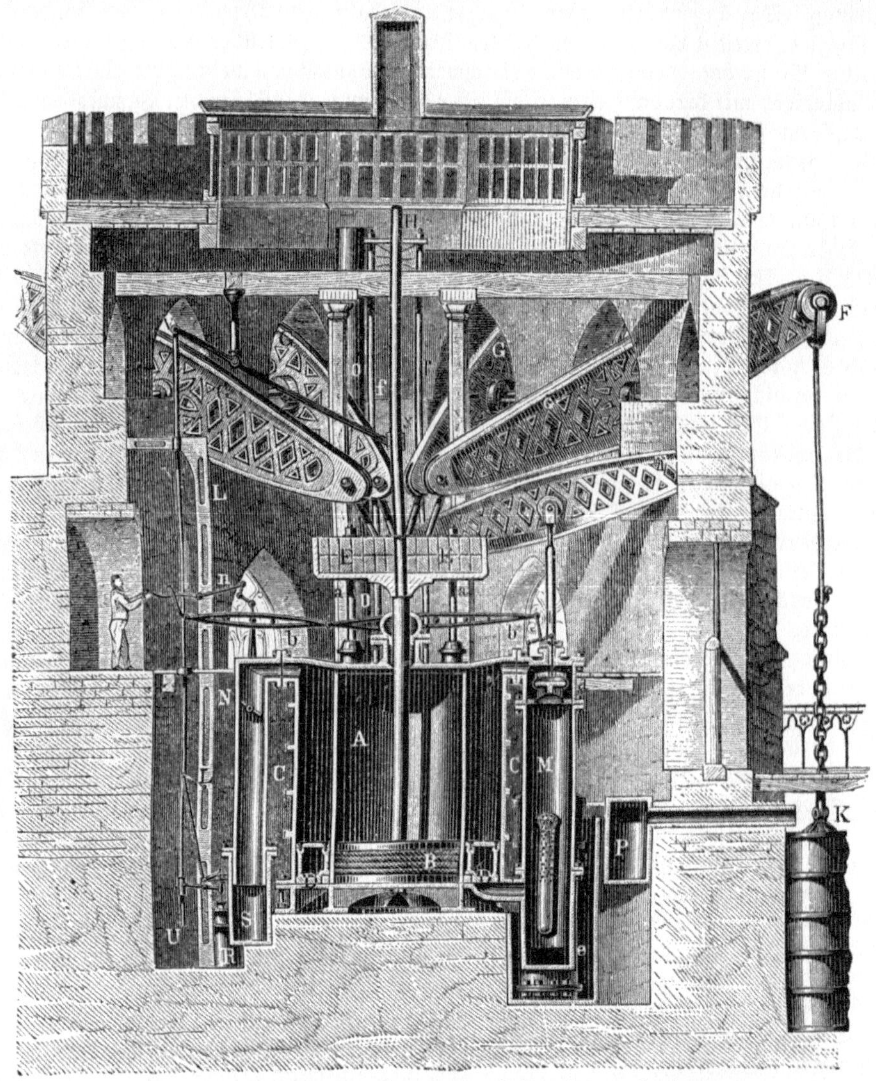

Fig. 183. Durchschnitt der Dampfpumpwerke Cruquius und Leeghwater.

Der Kolben wird infolge dessen mit dem Gewichtsstück E in die Höhe getrieben, die Balanciers gehen mit ihrem vordern Ende F herunter und drücken das Pumpgestänge und die Pumpenkolben in die Cylinder K. Die Pumpenkolben bestehen aus weiter nichts als aus zwei um eine horizontale Achse drehbaren Holzklappen nach Analogie der Fig. 169 und 170, welche sich nach oben öffnen und in der Ruhelage mit der Horizontalen einen Winkel von etwa 45° einschließen. Beim Heraufgehen des Gestänges wird das über sie während des Herabgehens getretene Wasser gehoben und in den Abführungskanal entleert, dessen Spiegel um die Hubhöhe höher liegen kann, als der Spiegel des auszupumpenden Meeres.

Ist während eines solchen Vorganges der Kolben B zu seinem höchsten Stande gelangt, so wird das Ventil d, welches die obern Räume des Cylinders mit dem Kondensator in Verbindung setzt, geschlossen, dagegen auf der andern Seite das Ventil N geöffnet, so daß oberhalb der Kolben Dampf eintritt. Durch S besteht mit dem untern Theile des innern Cylinders unter B Verbindung; für den Kolben B existirt also auf beiden Seiten gleiche Spannung. Der äußere Ring aber, welcher unterhalb fortwährend mit dem Kondensator kommunizirt, erleidet von oben den höhern Druck des zuströmenden Dampfes und wirkt in demselben Sinne herabdrückend wie das schwere Gewichtsstück, welches die hinteren Enden der Balanciers mit herabnimmt und die über die Klappenventile in den Pumpkolben getretene Wassermasse hebt. Die Luftpumpe, durch welche der Innenraum des Kondensators luft= verdünnt gemacht wird, befindet sich hinter M in unserer Abbildung. Mittels der Klappe e steht sie mit dem Kondensator in Verbindung. Sie wird bewegt durch den besondern kleinen Balancier F, dessen rechtes Ende um einen festen Punkt im Mauerwerk drehbar ist.

Jeder Hub dieser Pumpwerke fördert 66 Kubikmeter Wasser in einem Gewichte von 66,000 Kg. Um sicher zu sein, daß diese Wassermasse auch in die Pumpen eingetreten ist, ist noch ein besonderer Apparat, die sogenannte Hydraulik, angebracht, von dem wir in unserer Figur freilich nur wenig sehen und dessen Wirksamkeit wir durch Beschreibung deutlich zu machen suchen müssen. Er bezweckt weiter nichts, als daß der Kolben mit seinem schweren Gewichtsstück eine kurze Zeit in seinem höchsten Stande verweile, damit das Wasser Zeit findet, vollständig in die Pumpenkolben einzutreten. Diese Arretirung besorgt eben die Hydraulik. Mit dem Gewichtsstück E sind nämlich zwei Kolben verbunden, vor und hinter demselben, so daß in der Zeichnung der eine auf den Beschauer zusteht, der andere von ihm abliegt. In unsrer Durchschnittszeichnung haben sie nicht zur Darstellung kommen können. Genug, diese Kolben oder vielmehr die Cylinder, in denen sie sich völlig abgedichtet bewegen, stehen mit dem Wasserreservoir G in Kommunikation durch ein in R befindliches Ventil. Durch dasselbe tritt in jene Cylinder während des Aufganges von B so viel Wasser, daß sie unter den beiden Kolben immer gefüllt sind. In dem Moment, wo B seinen höchsten Standpunkt erreicht hat, schließt sich das Ventil in R, und da sich das Wasser fast gar nicht zusammenpressen läßt, so lastet auf demselben mittels der beiden Kolben das ganze durch den Dampf gehobene Gewicht, bis dem eingesperrten Wasser wieder ein Ausweg durch R geöffnet wird. Den ganzen Mechanismus besorgt die Zugstange UV, welche durch Ver= schiebung ihres Angriffspunktes p an der Kolbenstange H die Höhe des Hubes reguliren läßt.

Mit wenig Abänderung ist die Maschine „Leeghwater" genau so eingerichtet, wie die beiden eben beschriebenen: Die Abbildung Fig. 184 giebt eine äußere Ansicht ihres Gebäu= des, welche in den Hauptsachen auch der Ansicht der andern entspricht. Leeghwater förderte mit elf Pumpencylindern eben so viel als Cruquius oder Lynden mit acht — und den ver= einten Anstrengungen aller drei gelang es endlich, den alten Boden wieder zu gewinnen, den Jahrhunderte lang das Meer bedeckt hatte: Straßen und Wege, Fundamente von Häu= sern und Brücken wurden wieder sichtbar, aber merkwürdigerweise fand man sonst keine oder höchst unbedeutende menschliche Ueberreste.

Die Kosten der Trockenlegung bezifferten sich im Ganzen auf eine Summe von nahezu 14 Millionen holländischer Gulden, die zu zwei Dritteln durch den Verkauf der Ländereien wieder eingebracht wurden, sodaß die verbleibende, verhältnißmäßig geringe Summe durch die großen wirthschaftlichen und politischen Vortheile mehr als aufgewogen wird, welche das Land aus der Zuführung einer so bedeutenden und fruchtbaren Bodenfläche für seinen Wohlstand ziehen muß. Nachdem der Erfolg die gehegten Erwartungen bei weitem über= troffen hat, ist man in Holland noch kühner geworden. Hat man doch bereits den Plan gefaßt, den bei weitem größern Zuidersee auf dieselbe Weise wie das Haarlemer Meer trocken zu legen.

Dieses Projekt tauchte zuerst 1866 auf, und der Minister Hemskerk, dessen eminente That= kraft das Werk vielleicht noch ausführt, schenkte ihm schon damals seine lebhafte Theilnahme.

Die Kosten werden freilich so enorme sein — man schätzt sie auf 180 Millionen holländische Gulden — daß nur der Staat die Unternehmung machen kann.

Der gesammte trocken zu legende Flächenraum beträgt 195,000 Hektaren, von denen nicht weniger als 176,000 dem Ackerbau überwiesen werden können, welcher sich des durch Sondirungen als ausgezeichnet erkannten Bodens mit großem Vortheil bemächtigen würde. Der Boden Hollands würde um den achtzehnten Theil seiner gegenwärtigen Ausdehnung vermehrt werden und die neu entstehende Provinz Zuidersee an Größe unter den dann auf die Zahl 12 gestiegenen Provinzen den zehnten Rang einnehmen.

Fig. 184. Das Dampfpumpwerk Leeghwater.

Man hält dafür, daß zuerst ein Abschließungsdamm quer durch das Meer von Kampen nach Enkhuizen in einer Länge von 4,0 Kilometer gezogen werden muß, der eine Höhe von 7 Meter über den mittleren Wasserspiegel und eine Breite von 5 Meter am Scheitel erhalten soll und allein 25 Millionen holländischer Gulden kosten wird. Die auszuschöpfende Wassermenge schätzt man auf 5850 Millionen Kubikmeter, und bei einer Kraft von 9440 Pferden, welche die zur Anwendung kommenden Dampfmaschinen erhalten sollen, können letztere 4500 Kubikmeter Wasser in der Minute, also beiläufig 6½ Millionen innerhalb 24 Stunden auspumpen. Nach diesem Maßstabe würde das eigentliche Ausschöpfungswerk nicht mehr als zwei Jahre acht Monate in Anspruch nehmen; indessen rechnet man bis zur Vollendung doch mindestens einen Zeitraum von zwölf bis sechzehn Jahren.

Die Feuerspritzen. Die Feuerspritzen sind auf einen speziellen Zweck eingerichtete kombinirte Saug- und Druckpumpen, welche, gleich dem Mechanismus der Springbrunnen, einen Wasserstrahl selbst in freier Luft auf eine möglichst große Höhe oder Weite zu treiben bestimmt sind. Das Wasser läßt sich so gut wie gar nicht zusammendrücken. Wirkt daher ein einseitiger Druck auf dasselbe, so kann es demselben nur nachgeben, indem es ihm entgeht.

In den gewöhnlichen Handspritzen haben wir dafür das einfachste Beispiel. Wenn der Druck aufhört, hört natürlich auch der Strahl auf; wie in der Druckpumpe erfolgt der Auftrieb stoßweise.

Wenn man aber (s. Fig. 185) in das Innere einer gut verschlossenen und halb mit Wasser gefüllten Flasche eine Glasröhre mit feiner Oeffnung bringt, so daß das untere

Fig. 185. Spritz=
flasche.

Ende in die Flüssigkeit hineinragt und, durch ein zweites Glasrohr blasend, die Luft über dem Wasser komprimirt, so tritt aus dem obern Ende der ersten Röhre ein kontinuirlicher Strahl, der allmählich seine größte Geschwindigkeit erreicht und erst nach und nach wieder abnimmt, wenn man mit Blasen aufhört. In den chemischen Laboratorien bedient man sich solcher Flaschen (Spritzflaschen), um mit ihrem feinen Strahle Niederschläge u. dergl. auszuwaschen.

In dem Heronsbrunnen (s. Fig. 186) benutzt man dieses Vermögen zur Erzeugung eines konstanten Springbrunnens. Eine gebogene Röhre b geht luftdicht durch die Stopfen zweier Flaschen, von denen die obere Wasser enthält, in welches eine zweite, zu einer feinen Spitze ausgezogene Röhre hineinragt. Wird nun durch die Trichterröhre a Wasser gegossen, so preßt dasselbe mit seinem Gefälle die ganze, in den beiden Flaschen und der Röhre b enthaltene Luft zusammen und treibt das Wasser aus der Röhre c in einem Strahle, der um so höher steigt, je höher die Wassersäule in der Röhre a steht. Wie bei dem hydraulischen Widder sehen wir auch hier wieder ein elastisches Zwischenmittel, dem wir bei der Konstruktion der Feuerspritzen noch öfters begegnen werden.

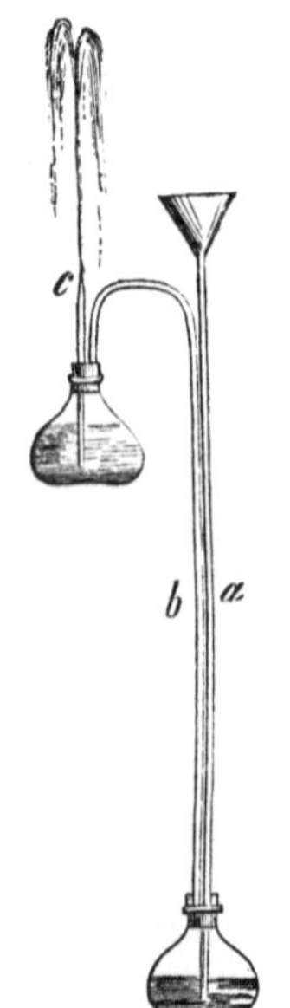
Fig. 186. Herons=
brunnen.

Wenn sich auch über die Geschichte der Feuerspritzen wenig Genaues nachweisen läßt, so scheint doch gewiß zu sein, daß schon vor Christi Geburt Maschinen in Gebrauch waren, welche bei Feuersbrünsten Wasser in die brennenden Gebäude schleuderten. Ktesibios soll schon eine mit Luftgefäß versehene Wasserpumpe gebaut haben, und die von Hero von Alexandrien — wie Einige vermuthen, ein Sohn des Ktesibios — erfundene Maschine mit doppeltem Metallkolben und einer Entladungsröhre scheint wesentlich dieselbe Einrichtung gehabt zu haben wie unsere jetzigen Feuerspritzen, nur daß im Laufe der Zeit Manches verloren gegangen und vergessen worden ist, was Spätere wieder neu erfinden mußten.

Die ersten Wagenspritzen sollen 1518 zu Augsburg gebaut worden sein, bis dahin waren nur Handspritzen in Gebrauch; erst in der zweiten Hälfte des 17. Jahrhunderts erhielt der Apparat durch einen Holländer den Schlauch und durch einen Franzosen den Windkessel. Die neuere Zeit hat keine wesentlichen Aenderungen mehr vorgenommen.

Die meisten Spritzen haben zwei Pumpen, welche durch einen Doppelschwengel dergestalt bewegt werden, daß immer der eine Kolben niederdrückt, während der andere aufsteigt. Die Pumpenstiefel sind bei den fahrbaren Feuerspritzen entweder so placirt, daß sie auf der Längsmittellinie des Wagens hinter einander, oder auf einer Querlinie nahe der Hinterachse neben einander stehen. Hiernach modifizirt sich auch das äußere Ansehen der Spritze, denn im ersten Falle liegt der Balancier über die Länge des Wagens hin, im andern querüber. Die erste Form, welche das Passiren enger Gäßchen mehr begünstigt, ist in Deutschland beliebter; die andere, bei welcher mehr Leute neben einander arbeiten können, in England. Unsere Durchschnittzeichnung des Spritzenmechanismus (s. Fig. 187) bezieht sich auf eine Konstruktion der letztern Art, welche ein nahes Zusammenstehen der beiden Stiefel und des Windkessels bedingt.

Nach dem Vorhergegangenen wird nun das Spiel der Spritze kaum noch der Erklärung bedürfen. Wir sehen im Bilde die beiden abwechselnd steigenden und sinkenden Kolben in ihren metallenen, gewöhnlich messingenen, innen sehr fein gebohrten und polirten

Cylindern P und P′. Sie sind mit Filz oder Leder gut gedichtet. Da die Kolbenstangen in ihrem Zuge und Schube die gerade Linie nicht genau einhalten können, so hängen sie des Nachgebens wegen auch mit dem Kolben nicht starr, sondern charnierartig zusammen, und man hat zu dieser Geradführung eine große Zahl von Vorrichtungen erdacht; in unserer Abbildung besorgt eine besondere vertikale Stange die Geradführung. Die Ventile und ihr Spiel sind uns bekannt. Die Saugventile schöpfen das Wasser aus dem Wasserkasten, in welchem das Pumpwerk selbst steht und dessen beständiges Gefülltsein natürlich eine der Hauptaufgaben der Spritzenbedienung bildet. Die Pumpen treiben das Wasser in den mittelständigen gemeinschaftlichen Behälter, den kupfernen Windkessel, der also fortwährend von beiden Seiten frischen Zufluß erhält. Dadurch wird die darin befindliche Luft auf einen immer kleinern Raum zusammengepreßt und drückt ihrerseits auf die Oberfläche des Wassers zurück. Die in der gespannten Luft aufgesammelte Kraft wirkt nun wie ein Regulator und hilft vermöge ihrer Elastizität über die todten Punkte, d. h. über die Momente hinweg, wo

keine Triebkraft entwickelt wird, was bei jeder Um= setzung der Kolbenbewegung der Fall ist. Aus dem Wind= kessel führt das Steigrohr R, das mit seinem unten offenen Ende in den Wasserraum des Kessels herabgeht, ins Freie. Es ist oberhalb umgebogen und mit einem Knopfe zum Anschrauben eines Schlau= ches versehen. Auch kann das Steigrohr ganz wegfallen und ein kurzer Kanal mit Hahn gleich unten über dem Boden der Wasserkammer ins Freie geführt werden, in welchem Falle der Schlauch dann an dieser Stelle an=

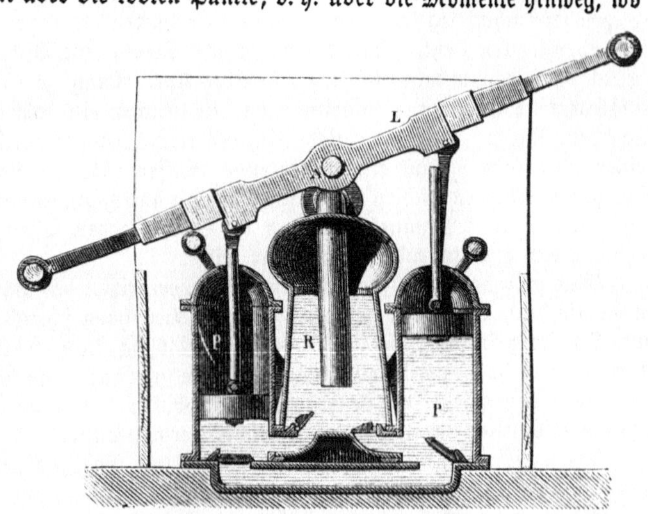

Fig. 187. Feuerspritze im Durchschnitt.

zuschrauben ist. Bisweilen wird auch ein drehbares Knierohr ohne Schlauch gebraucht, wenn man nahe genug kommen kann, um den Wasserstrahl direkt ins Feuer zu treiben.

Das Spritzrohr, durch welches das Wasser in die Luft austritt, verengert sich von hinten nach vorn, so daß die Mündung bedeutend enger ist als der Schlauch oder das Steig= rohr. Indem das Wasser sich durch diesen engen Ausgang drängen muß, erlangt es erst den Grad von Geschwindigkeit, den es außerhalb zeigt, während es im Schlauche viel lang= samer vorrückt. Ist die Schlauchweite das Zwanzigfache der Rohrmündungsweite, so bewegt sich der Strahl auch zwanzigmal geschwinder als das Schlauchwasser; der geschwindeste Strahl aber kommt am weitesten. Wenn eine bestimmte Kraft auf eine geringe Masse be= wegend wirkt, so ertheilt sie derselben eine um so größere Geschwindigkeit, je kleiner die Masse ist, welche die Kraft aufnimmt; der dünnste Strahl bei gleichen Druckkräften muß der geschwindeste sein. Indessen wirkt er durch seinen geringeren Wassergehalt auch nur wenig, weswegen man sich der engsten Mundstücke nur ausnahmsweise bedient.

Man kann die saugende Wirkung der Spritzenkolben auch mehr in Anspruch nehmen und die Spritze ihr Speisewasser durch einen Schlauch selbst herbeiziehen lassen. Ferner kann eine Spritze der andern als Zubringer dienen, indem sie ihr Wasser mittels eines langen Schlauches in den Kasten der andern abgiebt. Es sind auch Spritzen mit einer einzigen doppelt wirkenden Pumpe mit liegendem Cylinder gebaut worden, die recht kom= pendiös sind und den Vortheil gewähren, daß der frei liegende Cylinder bei starkem Froste durch Kohlenfeuer erwärmt werden kann zur Verhütung des Einfrierens.

Vor mehreren Jahren machte eine Drehspritze von Repsold einiges Aufsehen, in=
dessen auch ohne sich in der Gunst des Publikums halten zu können. Sie zeigt einen rund=
lichen, auf einem Bocke liegenden, faßartigen Körper, an dessen beiden Enden Kurbeln stehen.
Im Innern drehen sich zwei sogenannte rotirende Kolben gegen einander, zwei Körper
nämlich, die so ausgeschnitten sind und so in einander greifen, wie zwei Zahnräder mit
sehr tief ausgeschnittener grober Verzahnung, ein Prinzip, das in derselben Form auch zu
Gebläsen und Pumpen Anwendung gefunden hat. Indem diese Ausschnitte beständig Wasser
zwischen sich nehmen und in den Schlauch hinausdrücken, entsteht dadurch auf der andern
Seite beständig Ansaugung, welche mittels eines Schlauches neues Wasser herbeizieht. Die
schwache Seite dieser Maschinerie liegt in der Schwierigkeit, zwischen Kolben und Wan=
dungen eine genügende Dichtung herzustellen, ohne die Beweglichkeit sehr zu beeinträchtigen;
außerdem aber verzehrte die große Reibung sehr viel Kraft.

Die Kolbendichtung, das wichtigste Moment, ist bei den gewöhnlichen Pumpen=
spritzen sehr schwierig in gutem Stande zu erhalten, weil der ganze Apparat ja die längste
Zeit über trocken steht. Man hat daher mit Erfolg eine Dichtungsmethode angewandt, die
zunächst bei den hydraulischen Pressen in Anwendung gebracht wurde. Der Kolben hat
ringsum eine Vertiefung eingeschnitten, in welcher ein lederner Ringkragen eingesetzt ist.
Von dem Raume hinter dem Leder führen kleine Kanäle durch den Kolben und münden an
seiner Unterseite. Das hierein tretende Wasser hält den Lederwulst gespannt. Manche
Spritzenfabrikanten dichten aber auch ganz ohne Zwischenmittel, indem sie den massiven
Metallkolben aufs Genaueste passend im Stiefel gehen lassen; freilich ist hierbei die Ver=
letzung durch eindringenden Sand sehr leicht.

Eine sehr bequeme Form haben die Feuerspritzen des Pariser Pompiercorps, die auch
in Deutschland Aufnahme gefunden haben. Bei ihnen scheint die leichte Manövrirfähigkeit
aufs Höchste gesteigert; sie sind von kompendiösem Bau, werden auf einem zweirädrigen
Karren durch drei oder vier Mann zur Stelle geschafft, zum Gebrauch aber abgehoben und
auf den Boden gesetzt, wo sie auf ein Paar Kufen, die sie unten an sich haben, noch weiter
aus einer Position in die andere geschleift werden können.

Dampfspritzen sind zuerst in Amerika und England gebaut worden, sie haben aber
hier wie dort im Ganzen kein Glück gemacht. Obgleich sie bedeutende Mengen Wasser
werfen können, so daß sie eigentlich nur an fließendem Wasser brauchbar sind, so ist ihr
Nutzen doch durch ihre große Schwerfälligkeit und den Zeitverlust, der durch das Anheizen
entsteht, sehr beschränkt. Zudem ist die Anschaffung eines solchen Werks sehr kostspielig,
und an seinem komplizirten Mechanismus kann beim Gebrauche leicht ein Bruch vor=
kommen, der die Maschine außer Dienst setzt. Man kann sich die Dampfspritze als eine
Vereinigung von Lokomobile und Spritze denken; der Pumpenmechanismus ist nicht wesent=
lich anders beschaffen als bei der gewöhnlichen Spritze, nur daß die Dampfkraft an Stelle
der Handarbeit getreten ist.

Die hydraulische Presse. Im Anschluß an das Vorhergegangene wollen wir noch
ein interessantes Pumpwerk betrachten, das zwar seinem Zwecke nach mit den gewöhnlichen
Pumpen und Spritzen nichts gemein hat, aber doch theoretische Vergleichungspunkte zuläßt.
Die hydraulische Presse pumpt nichts herbei und nichts fort, das Wasser in ihr bildet viel=
mehr einen Theil der Maschinerie selbst, gleichsam den Körper eines Hebels. Genau be=
trachtet stellt die Maschine eine umgekehrt zu handhabende Spritze dar. Während der
Kolben der Spritze langsam und kräftig vordringt, ertheilt er dem herausfahrenden dünnen
Strahle eine verhältnißmäßig viel größere Geschwindigkeit. Die hydraulische Presse dagegen
wirkt vom dünnen Ende her, indem sie einen schwachen Strahl auf einem engen Wege in
einen weiten Raum eintreibt und hier einen Kolben von größerem Querschnitt zwar lang=
samer, aber mit um so mehr verstärkter Gewalt aus seiner Stelle verdrängt.

Das Prinzip der hydraulischen oder — nach ihrem Erfinder — Bramah=Presse liegt
in der hydrostatischen Presse, wovon Fig. 188 eine Idee geben kann. Der Kolben hat einen
viel geringeren Querschnitt als das Steigrohr. Nehmen wir an, er sei blos $\frac{1}{4}$ so groß,

so wird, wenn er um einen Meter in den Stiefel niedergeht, so viel Wasser aus diesem her=
aus und in das Steigrohr gepreßt werden, daß es hier um ¹/₄ Meter steigt. Hindert aber
ein Stempel das Aufsteigen, so erfährt dieser einen entsprechenden Druck, und zwar auf
jeden Quadratdezimeter des Querschnitts genau so viel, wie der Druckkolben mit je einem
Quadratdezimeter Querschnitt ausübt. Wenn der letztere demnach einen Quadratdezimeter
Fläche hat, mit einem Gewicht von 5 Kilogramm belastet wird und der Stempel im Kolben,
wie angenommen, 4 Quadratdezimeter Fläche besitzt, so ist der Auftrieb des letzteren gleich

einem Druck von 20
Kilogramm, sein Weg
aber nur ein Viertel
des Kolbenweges, und
die beim Hebel ent=
wickelten Verhältnisse
von Weg und Kraft
zeigen sich auch hier,
wie bei allen hydrau=
lischen Maschinen, als
fundamentale Gesetze.
Durch entsprechende
Aenderungen der Kol=
bendurchmesser kann
man daher Leistungen
ausführen, die dem
Laien geradezu un=
begreiflich mächtig er=

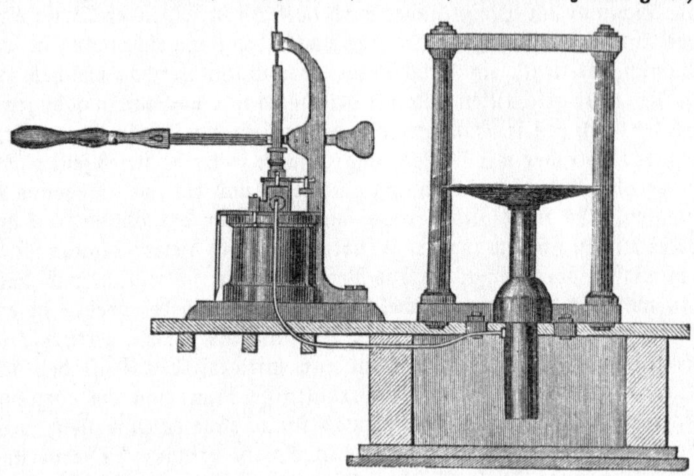

Fig. 188. Vorderansicht der hydraulischen Presse.

scheinen. Die vorhandene Kraft wird ohne Kraftgewinn nur anders vertheilt oder, wie beim
mechanischen Hebel, auf einen kürzern Weg konzentrirt.

Bei den Wassersäulmaschinen wirkt der Druck einer hohen Wassersäule auf einen
Kolben durch eine schieberähnliche Vorrichtung, bald von oben, bald von unten zugeleitet,
und dies wechselnde Spiel läßt sich vortheilhaft zur Regierung großer Pumpwerke benutzen.
Die hydraulischen Pressen wirken auch durch die gleichmäßige Fortpflanzung des Druckes,
aber stetig nach einer Richtung.

Die beiden Abbildungen Fig.
188 und 189 geben uns, die eine
die Vorderansicht, die andere den
erläuternden Durchschnitt einer
hydraulischen Presse. Die einfache
Arbeit besteht bei derselben darin,
daß mittels des kleinen Mönchs=
kolbens I Wasser oder Oel in einen
starken metallenen Cylinder A ge=
pumpt und dadurch der darin
stehende große Kolben B langsam
emporgetrieben wird. Das Innere

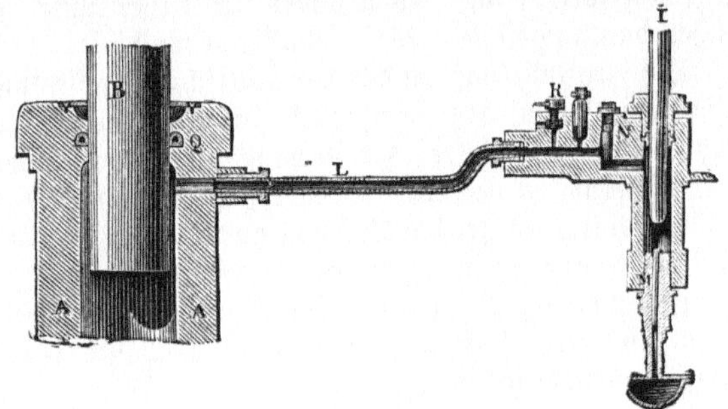

Fig. 189. Durchschnitt der hydraulischen Presse.

des Pumpenstiefels, in welchem sich der Kolben I bewegt, wird durch zwei Ventile wie
jede kombinirte Saug= und Druckpumpe abgeschlossen. Das eine über dem Saugrohre M
öffnet sich nach innen, wenn der Kolben in die Höhe geht; das andere, N, nach dem Zuführ=
rohr L öffnet sich nach außen, wenn der Kolben hinabgeht und das aufgesaugte Wasser
durchpreßt. Der große Druck im Innern des Cylinders A schließt es, sobald durch den Auf=
gang des Kolbens die Saugarbeit wieder beginnt. Auf dem Kopfe des Stempels B liegt
die eine Preßplatte, die andere ist oben zwischen starken Säulen befestigt. Die Durchschnitt=
zeichnung belehrt uns, daß beide Kolben die Plungerform haben. Ihre unteren Theile stehen

also frei in der Flüssigkeit, und somit ist es gleichgiltig, daß der Wasserstrahl nicht unter dem großen Kolben, sondern seitlich weiter oben einmündet.

Der Druckpumpenstempel I hat nur einen geringen Durchmesser (3—6 Centimeter) und das Zuführrohr L ist nicht weiter als etwa 1 Centimeter. Hieraus geht hervor, daß mit jedem Drucke nur eine unbedeutende Menge Wasser in den großen Cylinder herüber= geschafft wird. Wäre also zwischen diesem und seinem Kolben kein vollkommen dichter Ver= schluß, so könnte hier leicht so viel Wasser oben wieder herausspritzen, als zugepumpt wird; die Dichtung am Preßcylinder wird deshalb in folgender Weise eingerichtet. In den Hals des Cylinders ist ringsherum eine Auskehlung eingeschnitten, in welcher eine Liderung (die Manschette) liegt, ein Stück Leder oder Gutta=Percha, welches zu einem flachen Ring Q (s. Fig. 189) geschnitten und mit beiden Kanten nach unten gebogen ist. Der Kolben A reibt sich demnach auf seinem ganzen Umfange an der innern Seite dieses Lederkragens. Wird nun der Cylinder mit Wasser vollgepumpt, so treibt dieses jenen hohlen Ring aus einander, so weit die Wände der Hohlung einerseits und der vorbeigehende Kolben andererseits dies zulassen. Es folgt also daraus, daß, je mehr der Wasserdruck wächst, um so stärker das Leder an den Kolben angepreßt wird, und durch dieses einfache Mittel ist jedem Entweichen von Wasser vorgebeugt. — Die Pressung kann schließlich noch dadurch gesteigert werden, daß man die Bolzen, um welche sich der Druckhebel dreht, in ein zweites Loch versetzt. Hierdurch wird der Hebelarm der Last um die Hälfte verkürzt, während der Krafthebel gleich lang bleibt, und man kann nun mit derselben Kraft den doppelten Druck ausüben. Durch passende Aenderung der Verhältnisse kann man die einzelnen Druckkräfte zu unge= heuern Wirkungen summiren, ja man kann, ohne es zu wollen, wenn man nicht die nöthige Vorsicht walten läßt, die Maschine in Gefahr bringen, zu zerbersten. Um dies zu vermei= ben, ist an einer Stelle zwischen Pumpe und Cylinder (in Fig. 189 zwischen N und R) ein Sicherheitsventil angebracht. Geht der Druck über die höchste zulässige Höhe, so öffnet sich das Ventil und das Wasser spritzt aus. Außerdem ist gewöhnlich noch ein Ventil R vorhanden, um das Wasser aus dem Kolben zurücktreten zu lassen, wenn der Druck auf= hören soll. Oeffnet man diesen Ausgang, so sinkt der Kolben A mit seiner Last nieder und das Wasser fließt in den Behälter unter der Pumpe zurück.

Da die inneren Theile der Maschine sehr fein gearbeitet sein müssen und schon ein Sandkorn eine Störung verursachen könnte, so muß auch für Reinhaltung des benutzten Wassers gesorgt sein. Es befindet sich daher unter der Pumpe ein feiner Durchschlag, welchen das aufgesaugte Wasser passiren muß.

Die Kraftwirkung an der hydraulischen Presse läßt sich leicht durch Rechnung finden. Es wirke z. B. auf den Druckhebel eine Kraft von 50 Kilogramm, die Hebellänge bis zum Stützpunkte sei 1 Meter, der Anhängepunkt der Kolbenstange vom Stützpunkte 10 Centi= meter entfernt, so beträgt die auf letztere wirkende Kraft 500 Kilogramm. Beträgt nun der Querschnitt des großen Kolbens das 400fache des kleinen, so übt die Presse einen Druck von 20,000 Kilogramm aus. Für manche Zwecke, z. B. zum Auspressen des Rübensaftes in Zuckerfabriken, ist noch ein bedeutend höherer Druck erforderlich, daher denn hier die kleinen Pumpen nicht mehr von Menschenhand, sondern durch Dampfmaschinenkraft in Bewegung gesetzt werden.

Es lehrt ein großer Physikus
Mit seinen Schulverwandten:
„Nil luce obscurius!“
Ja wohl! für Obskuranten.

Goethe.

Das Licht.

Ansichten der Alten über dasselbe. Kepler. Cartesius. Huygghens. Newton. Die Andulations- und die Emanationstheorie. Das Licht besteht aus Schwingungen. Fortpflanzung. Messung der Geschwindigkeit durch die Verfinsterung der Jupitersmonde von Cassini und Römer. Aberration. Bradley. Fizeau's Methode. Abnahme der Intensität mit der Entfernung. Rumford'sches Photometer. Polarisirtes und gemeines Licht. Praktische Anwendung der Polarisation in der Technik. Mikrogeologie.

Licht und Wärme — die Geschenke, durch welche die Sonne Leben giebt, fördert und bildet — sie sind die Grundbedingungen alles organischen Seins, und wenn die Wärme die Kraft bedeutet, so bedeutet das Licht die Herrlichkeit, Geist und Verstand. Die Nahrung giebt unserm Körper Wärme, unsern Muskeln Spannung, aber wir blieben hülflose Geschöpfe, wenn wir kein Organ für das Licht besäßen, keine Fähigkeit, Bilder von der Außenwelt in uns aufzunehmen. Das Auge bereichert uns mit Erfahrungen, die wir mit keinem unserer übrigen Sinne machen könnten. Darum setzt jede Sprache Licht und Klarheit, Weisheit und Erleuchtung als engverwandte Begriffe neben einander.

25*

Wenn wir die durch das Licht bedingten natürlichen Erscheinungen einerseits und die davon gemachten Anwendungen, die optischen Instrumente und Methoden zu wissen=schaftlichen und praktischen Zwecken andererseits betrachten, und dieselben dann mit den Phänomenen der Wärme und den darauf sich gründenden Apparaten und Maschinen ver=gleichen, so bemerken wir leicht den Unterschied, welcher uns die sublimere Natur des Lichtes bezeichnet. Es darf uns daher auch nicht Wunder nehmen, wenn die Vorstellungen über die wahre Natur des Lichtes Jahrtausende Zeit brauchten, um sich zu klären und der Wahrheit zu nähern.

Schon das frühe Alterthum hat vom Wesen des Lichtes sich seine eigenen Begriffe zu machen gesucht. Allein die Philosophen gingen auf falschen Pfaden. Analog den übrigen körperlichen Empfindungen dachte man sich das Sehen als eine Art Tastempfindung. Feine Fühler möchten gewissermaßen vom Auge ausgehen und dort, wo sie auf entgegenstehende Körper träfen, Eindrücke empfangen. Die Lichtbewegung sollte also, wie noch in der dem Euklid zugeschriebenen Optik ausgesprochen wird, nicht von dem gesehenen Körper, sondern vom Auge aus stattfinden. „Die Gestalt unserer Augen", heißt es in einem Werke des Heliodor von Larissa, „welche nicht hohl, noch so wie die anderen Sinne eingerichtet sind, beweist, daß das Licht aus ihnen ausströmt." Wie eine empfangende Hand, meinte man, müßten die Augen geformt sein, wenn sie etwas von außen Kommendes aufnehmen sollten; und da dies nicht der Fall wäre, da ferner die Augen sehr glänzend seien und manche Menschen und Thiere selbst bei Nacht sollten sehen können, so gab man bereitwillig einer Ansicht Raum, die erst einer strengeren Untersuchung erlegen ist.

Platon fühlte das Ungenügende dieser Theorie, er vermochte aber doch nicht sich ihrer ganz zu entschlagen. Nur glaubte er, daß das Licht (die Ursache des Sehens) nicht blos von den Augen, sondern ebenso auch von den gesehenen Körpern ausginge, und daß durch das Zusammenstoßen der beiden Strahlen die Empfindung des Sehens hervorgerufen werde. Erst Aristoteles verwarf die langgehegte Anschauung, welche das Auge gewisser=maßen mit einer Laterne verglich. Das Auge könne nicht so feuriger Natur sein, vielmehr müsse es im Innern wässerig und durchsichtig sein, weil der Sehnerv an der hintern Wand liege; das Sehen werde durch Bewegungen eines durchsichtigen Mittels zwischen dem gesehenen Gegenstande und dem Auge bewirkt.

Diese Ansicht, welche wir als den Embryo der späteren Theorien über das Licht be=trachten können, erhält durch Lucrez in anderer, bestimmter Weise Ausdruck:

> Also sag' ich, es senden die Oberflächen der Körper
> Dünne Figuren von sich, die Ebenbilder der Dinge;
> Häutchen möcht' ich sie nennen und gleichsam die Hüllen von diesen;
> Denen entflossen umher sie die freien Lüfte durchströmen —

heißt es in dem Gedicht «de rerum natura», und wenn wir bei Aristoteles gewisse Keime der erst neuerdings zu vollständigem Siege gelangten Wellentheorie erkennen könnten, so möchten uns diese Lucrezischen Verse einige Aehnlichkeit mit den Sätzen der bis dahin an=genommenen Emanationstheorie auszudrücken scheinen.

Daß das Licht von den sichtbaren Körpern ausgehe, hatte sich im Mittelalter zur positiven Wahrheit unter den Philosophen erhoben (Optik des Alhazen, eines gelehrten Arabers). Keiner aber von allen Denen, die sich mit der Erörterung der auf das Licht und die optischen Phänomene bezüglichen Fragen beschäftigten, hat übrigens eine mathematische Behandlung des Gegenstandes versucht.

Der Erste, welcher auf exaktem, strengem Wege sich an die Erklärung der optischen Phänomene wagte, war Kepler. Das Licht selbst hält er für nichts Körperliches. Er spricht sich zwar nicht mit Bestimmtheit über die Natur desselben aus, allein es hindert ihn dies nicht, die physikalischen Erscheinungen der Intensitätsabnahme, Brechung, Spiegelung ꝛc., ihrer Quantität nach zu bestimmen. Da er diese Erscheinungen zunächst mechanischen Ge=setzen unterworfen zeigte und auch auf ganz selbständige Weise ihre Berechnung vornehmen lehrte, so hat man die ersten wirklich nutzbaren Begriffe und Erfahrungen ihm zu danken.

Das Wesen des Lichtes blieb dabei ganz aus dem Spiele; wären aber die mechanischen Wissenschaften damals schon so ausgebildet gewesen, wie sie es heute sind, so würde Kepler und ebenso der nach ihm zunächst in der Geschichte der Optik folgende Cartesius mit Leichtigkeit diesem Theile der Physik einen Weg haben vorzeichnen können, auf welchem ein langer und bis in die Gegenwart hereinreichender ununterbrochener Streit unter den Anhängern zweier Hypothesen umgangen worden wäre.

Zunächst waren es die merkwürdigen Erscheinungen der Lichtbrechung, welche die Frage nach der innern Natur des Lichtes wieder in den Vordergrund stellten. Wir können hier auf eine detaillirte Untersuchung nicht eingehen und müssen uns begnügen zu erwähnen, daß Cartesius durch die Phänomene der Spiegelung darauf geführt wurde, die Lichtstrahlen als materielle Körperchen anzusehen und sie mit einem geworfenen Balle zu vergleichen, der, auf einen widerstehenden Körper aufschlagend, von demselben unter gleichem Winkel wieder abspringt. Dieser Vergleich würde, um auch für die Erklärung der Brechungserscheinungen zugelassen zu werden, voraussetzen, daß sich das Licht in einem dichteren Körper (Glas, Wasser) rascher bewegt als in einem dünneren (Luft). Fermat bestritt dies mit der Behauptung, daß dichtere Mittel der Lichtbewegung einen größern Widerstand entgegensetzen müßten als dünnere, und nahm zu einem besonderen Naturprinzip für die Erklärung der Brechung seine Zuflucht. Dieser Zeitpunkt ist deshalb von ganz besonderer Wichtigkeit, weil jetzt zum ersten Male die Kardinalfrage nach der Geschwindigkeit des Lichtes eine bestimmte Fassung erhielt. War die Geschwindigkeit in dichteren Mitteln wirklich eine größere als in dünneren, so ließen sich die Phänomene der Brechung mit der Annahme kleiner, von dem leuchtenden Körper ausgestoßener Lichtkügelchen erklären (Emanations- oder Emissionstheorie). Verlangsamte dagegen das Licht in seiner Geschwindigkeit, wenn es in dichteren Körpern sich weiter bewegen sollte, so war diese Hypothese unzulässig und es mußte nach einer andern Erklärung gesucht werden.

Sehr bald nach Cartesius trat Hooke auf (1665) und lehrte, das Licht bestehe in Schwingungsbewegungen; aber erst Huyghens schuf aus demselben Gedanken eine vollständige Theorie.

Ich fürchte nicht, daß es unter den Lesern Einen giebt, welcher die Aufwendung großer Mühe und die Anstrengungen der bedeutendsten Geister zur Lösung so sublimer Fragen, wie die eben ausgesprochenen, als überflüssig und spitzfindig ansehen möchte. Aber selbst Derjenige, der den hohen Stand unserer heutigen Kultur in seinem Umfange begreift und mit beglückendem Stolze sich als den Sohn einer Zeit fühlt, die in jeglicher Art des Reichthums weit über allen Zeiten der Vergangenheit steht, richtet den Blick der Dankbarkeit gewöhnlich nicht weit genug zurück und fängt gern da an zu vergessen, wo ihm der Nutzen für das praktische Leben nicht mehr so ohne Weiteres in die Augen springt. Die große Menge feiert die Fruchthändler, sie vergißt aber Derer, welche die Bäume pflanzten.

Huyghens' Wellentheorie, Undulations- oder Vibrationstheorie. Wenn wir einen Stein in den ruhigen Spiegel eines Teiches werfen, so sehen wir von dem Punkte des Einfallens aus gleichmäßige Wellenringe nach allen Seiten hin fortschreiten, bis sie, mit der größeren Entfernung immer schwächer werdend, endlich verschwinden. Wie der eine Ring nach außen hin sich fortbewegt hat, folgt ihm ein zweiter, und in regelmäßiger Abwechselung sehen wir dieselben Punkte des Wasserspiegels sich zu kleinen Bergen erheben oder als kleine Thäler hinabsenken. Das Wasser selbst geht dabei nicht wesentlich vorwärts, seine Theilchen kehren — das können wir beobachten, wenn wir ein kleines Stückchen Holz darauf werfen — immer wieder zurück; sie machen blos auf- und niedergehende, oder allenfalls elliptisch in sich zurückgehende Bewegungen, die ganz den Schwingungen eines Pendels zu vergleichen sind. Alle diese Schwingungen und Ausweichungen ergeben als Summe die Welle. Dieselbe verschwindet, wenn die kleinen Wassertheilchen durch die Reibung ihre Kraft verloren haben.

Die Welle selbst ist sonach nichts Körperliches, sie ist nur ein Bewegungszustand. Sie pflanzt sich in gerader Richtung fort, wenngleich ihre Form die eines Kreises oder strenger genommen einer Kugeloberfläche ist, denn eben so unsichtbar geht die Bewegung auch auf die über dem Wasser liegende Luft über und in die Wassermasse nach unten. In der letztern freilich muß sie des großen Widerstandes wegen bald ersterben, in der erstern wird sie für unsere Sinne unmerkbar. Die Wasserwelle vermögen wir mit dem Tastsinn zu fühlen. Wer jemals am Strande gelegen und sich von der salzigen Flut bespülen ließ, weiß dies am besten. Luftwellen, die, weil sie nicht wie das Wasser in ein minder dichtes Mittel ausweichen können, in abwechselnden Verdichtungen und Verdünnungen der Luft bestehen müssen, werden uns erst merkbar, wenn sie einander mit großer und regelmäßiger Geschwindigkeit folgen; sie erregen das Trommelfell unserer Ohren und wir nennen sie Schall oder Ton.

Wie die Ursache des Schalles nun nichts als eine Erregung unserer Nerven durch Bewegung ist, so, sagt Huyghens, ist auch die Ursache der Lichtempfindung, schlechtweg das Licht selbst, nichts Anderes als die Wellenbewegung einer besonderen, überaus feinen, durch das ganze Weltall verbreiteten Substanz (Lichtäther), für uns nicht fühlbar, weil sie so dünn sein muß, daß ihre Theilchen noch zwischen den Atomen der durchsichtigen Körper wie Glas und Diamant sich bewegen und die Lichtwellen hindurchtragen können Gelangen diese in unser Auge, so bewirken sie die Empfindung, die wir „Sehen" nennen, wie die Luftwellen die Empfindung des „Hörens" hervorrufen.

Durch welche Kraft ein leuchtender Körper die Schwingungen des Aethers hervorbringt, dies zu untersuchen würde uns zu weit führen; es genügt anzunehmen, daß seine kleinsten Theilchen in einem Zustande höchster Erregung sich befinden und diese oscillirende Bewegung den benachbarten Aethertheilchen mittheilen, welche sie dann ihrerseits weiterpflanzen, gerade wie eine gespannte Saite, wenn sie sich vom Bogen losreißt, anfängt hin und her zu schwingen, dadurch abwechselnd Verdichtungen und beim Zurückgehen Verdünnungen der vor ihr befindlichen Luft hervorzurufen, die sich fortpflanzend in unser Ohr gelangen und dort den Gehörnerv erregen.

Wenn die Elastizität des Lichtäthers nach keiner Seite hin gehemmt ist, so werden die Lichtwellen vom leuchtenden Punkte aus, den wir uns in vibrirender Bewegung vorstellen müssen, nach allen Seiten hin gleichmäßig fortschreiten, und die Hauptwelle wird die Oberfläche einer um den leuchtenden Punkt gelegten Kugel darstellen. Sind aber nach gewissen Richtungen hin die Elastizitätsverhältnisse ungleich, so wird die Wellenoberfläche ihre Kugelform verlieren und dafür eine andere, je nach den Umständen veränderte Gestalt annehmen.

Dies geschieht in Kryftallen, die nicht zum regulären Systeme gehören, und die daran beobachteten sehr mannichfachen Erscheinungen sind für die Huyghens'sche Theorie eine wesentliche Stütze geworden.

Newton und die Emanationstheorie. Es ist wunderbar, daß sich Newton dieser Theorie, welche nach unsern heutigen Betrachtungen so einfach ist und, wie wir im Verlaufe späterer Betrachtungen noch sehen werden, die Erscheinungen sämmtlich auf die ungezwungenste Weise erklären läßt, nicht ohne Weiteres vollständig anschloß. Zwar geht aus seinen Werken nicht, wie Viele behaupten wollen, mit Bestimmtheit hervor, daß er geradezu sich gegen die Undulationstheorie ausgesprochen habe, vielmehr lassen einzelne Bemerkungen eher einen beistimmenden Sinn zu. Indessen zu einer entschiedenen Annahme ist er nicht gekommen. Eben so wenig können aber auch die Anhänger der Emanationstheorie, welche sich von den fernsten sichtbaren Weltkörpern leuchtende Punkte zuschießen lassen wollte, Newton zu den Ihrigen zählen. Er ließ — wie Kepler — die Frage, was das Licht sei, in der Schwebe und beschäftigte sich ausschließlich mit der Untersuchung seiner Erscheinungen und mit deren mathematischer Behandlung.

Die Emanationstheorie ist nicht von Newton erfunden, nicht einmal von ihm in ihrem vollen Umfange ausdrücklich adoptirt worden. Wie wir gezeigt haben, liegen ihre Wurzeln weiter zurück. Daß aber ihre Anhänger sich auf den großen Mathematiker beriefen und auf seine Autorität hin bis in unsere Zeit, wo Biot und Brewster ihr noch anhingen, diese Theorie sich erhalten konnte, hatte seinen Grund in der falschen Auffassung einiger Sätze der Newton'schen Schriften, deren weitere Auseinandersetzung hier nicht Zweck sein kann.

Für die heutige Physik gilt es als ausgemacht, daß das Licht aus Schwingungen besteht, wie es Huyghens gelehrt hat. Durch Fresnel, Young, Cauchy, Malus, Arago und Andere ist dies durch mathematische Entwicklung sowol als auf experimentale Weise überzeugend dargethan und damit die Möglichkeit eines Zusammenhanges und einer Umwandelbarkeit der physikalischen Kräfte, wie sie die Neuzeit in dem Gesetz von der Wechselwirkung der Naturkräfte bewiesen hat, erst an den Tag gelegt worden. Die physiologischen Erscheinungen des Lichtes, deren Gesetze durch Helmholtz in neuerer Zeit eine erschöpfende Untersuchung erfahren haben, bestätigen auf das Vollständigste die Ergebnisse der Schwesterwissenschaften, und der Satz von der Wellennatur des Lichtes darf jetzt als ein unumstößlicher angesehen werden.

Fortpflanzung des Lichtes. Es läßt sich leicht beobachten, daß sich das Licht in gerader Richtung und nach allen Seiten hin fortpflanzt, man darf nur in die Linie zwischen das Auge und den leuchtenden Punkt einen undurchsichtigen Körper bringen, augenblicklich wird der Lichteindruck verschwinden (Schatten). Wenn ein solcher Körper von einem leuchtenden Punkte bestrahlt wird, so wird der Schatten, den er wirft, einen Kegel bilden, dessen Seiten von den Strahlen gebildet werden, welche von dem lichtgebenden Punkte als Tangenten die äußerste Umgrenzung des undurchsichtigen Körpers streifen. Der ganze Schatten ist völlig finster und lichtlos. Ist dagegen die Lichtquelle nicht ein Punkt, sondern ein leuchtender Körper, so gehen von jedem Punkte desselben Lichtstrahlen aus, welche, von dem beleuchteten Körper aufgehalten, zu Schatten werden. Da aber, wie Fig. 192 zeigt, manche dieser Schattenkegel theilweise von andern Lichtkegeln erhellt werden, so grenzen sich von dem ganz lichtlosen, dem Kernschatten, gewisse Partien ab, welche mehr oder weniger beleuchtet sind und Halbschatten genannt werden.

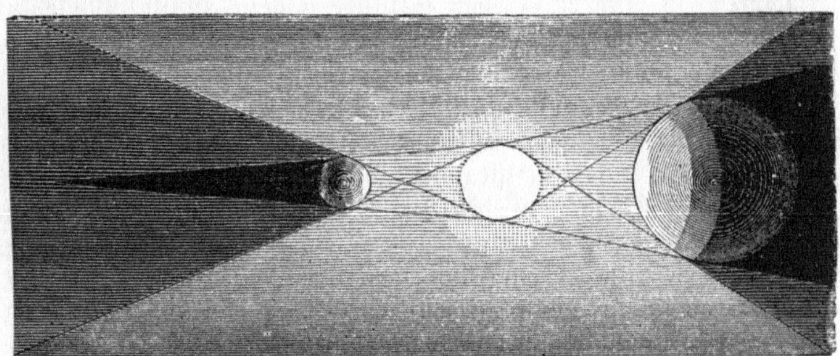

Fig. 191. Kern- und Halbschatten.

Daß das Licht zur Durchlaufung seines Weges Zeit braucht, ist eine Nothwendigkeit, die aus der Undulationstheorie eben so wie aus der Emissionstheorie hervorgehen würde. Wir haben aber schon erwähnt, daß es nicht blos darauf ankommt, diese Frage überhaupt zu bejahen oder zu verneinen, sondern daß es vielmehr wichtig ist, Mittel und Wege anzugeben, die Geschwindigkeit des Lichtes genau zu messen und ihre Verschiedenheit in verschieden dichten Körpern zu bestimmen. Von allen irdischen Bewegungen ist keine im Stande, uns eine Idee von der Größe dieser Geschwindigkeit zu geben. Zu diesem außerordentlichen Zwecke werden daher auch ganz außerordentliche Maßmethoden angewandt werden müssen, von denen wir die wichtigsten unseren Lesern zum Verständniß zu bringen suchen wollen.

Messung der Geschwindigkeit des Lichtes. Es wird gewöhnlich angenommen, daß Olaf Römer, ein dänischer Astronom, zuerst (1675) aus den Beobachtungen der Verfinsterung der Jupitersmonde diese Aufgabe im Allgemeinen gelöst habe.

Der Jupiter ist von vier Monden umgeben. Der erste derselben hat eine Umlaufszeit von 42 Stunden 28 Minuten 42 Sekunden und seine Bahn liegt mit der seines Planeten in einer Ebene, so daß er bei jedem Umlaufe einmal in den Schatten desselben eintreten und eine Verfinsterung erleiden muß. Nun bleibt aber die Zeit zwischen dem Eintritt zweier solcher Verfinsterungen nicht dieselbe. Wenn die Erde sich auf den Jupiter zu bewegt, erfolgt sie 14 Sekunden früher; wenn sie dagegen sich von ihm entfernt, verzögern sich die Verfinsterungen um dieselbe Zeitdauer von 14 Sekunden.

Ueber dies Phänomen theilte, wie Montucla nachgewiesen hat, Dominic Cassini zuerst am 12. August 1675 den Astronomen eine neue Ansicht mit, nach welcher die Veränderung der Verfinsterung daher rühren sollte, daß das Licht einige Zeit nöthig habe, um von den Trabanten des Jupiter bis zu uns zu gelangen; da die Erde bei der Hinbewegung sich dem Jupiter in $42\tfrac{1}{2}$ Stunden um 590,000 Meilen genähert habe, so hätten die Lichtstrahlen auch diesen Weg weniger zurückzulegen. Bei der Entfernung der Erde müßten sie 590,000 Meilen weiter laufen, um die Erde zu treffen, und könnten diese also auch entsprechend später erst einholen. Damit hatte Cassini das Richtige getroffen. Die damaligen Messungen waren jedoch noch zu ungenau, und die daraus hervorgehende mangelhafte Uebereinstimmung der Resultate ließ Cassini seine Idee später selbst wieder aufgeben. Römer jedoch, der von Picard nach Paris berufen worden war, fand an dem Cassini'schen Schlusse vielen Reiz, und es gelang ihm durch eine große Zahl von Beobachtungen, diese Theorie selbst gegen die späteren Einwendungen Cassini's und seiner Anhänger mit der überzeugendsten Klarheit zu beleuchten. Wenn ihm demzufolge zwar nicht die Ehre der Priorität zuerkannt werden kann, so darf doch die Wissenschaft seine durchgreifende Beweisführung mit nicht minderem Ruhme ehren, als die erste von ihrem eigenen Urheber wieder verlassene Idee.

Wenn das Licht, wie Römer fand, 14 Sekunden braucht, um 590,000 Meilen zu durchlaufen, so muß es in einer Sekunde nahezu 42,000 Meilen zurücklegen. Eine Bestätigung der Römer'schen Messung gab 50 Jahre später (1729) der englische Astronom Bradley durch die Entdeckung der kleinen, scheinbaren jährlichen Bewegungen, welche die Fixsterne zeigen (Aberration des Lichtes). Am genauesten aber und durch ein auf das Scharfsinnigste ausgedachtes Maßverfahren hat (1849) der französische Physiker Fizeau die Geschwindigkeit des Lichtstrahles direkt bestimmt.

Fizeau's Methode. Denken wir uns die vier Flügel 1, 2, 3, 4 einer Windmühle genau so breit wie die dazwischen liegenden leeren Räume, und nehmen wir an, daß die Welle, an welcher die Flügel befestigt sind, zu einem vollen Umgange gerade 8 Sekunden braucht, so wird eine gewisse Richtung zwischen den Flügeln hindurch alle Sekunden viermal abwechselnd frei und viermal wieder geschlossen sein. In dieser Richtung nun soll ein Gummiball zwischen den Flügeln 1 und 2 hindurch gegen eine dahinter stehende Wand geworfen werden. Steht die Mühle still, so kommt der Ball zwischen denselben Flügeln 1 und 2 wieder zurück; bewegt sie sich aber, so wird während seines Hin- und Herganges die Stellung der Flügel sich geändert haben und der Ball nicht mehr an derselben Stelle zwischen ihnen zurückkommen. Wenn er bis an die Wand gerade $\tfrac{1}{2}$ Sekunde Zeit braucht, und eben so viel wieder zurück, so hat die Welle während der Zeit, wo er hin- und herflog, genau $\tfrac{1}{8}$ Umdrehung durchlaufen und der Ball trifft auf seinem Rückwege anstatt des offenen Zwischenraumes den festen Flügel 2, der ihn aufhält. Ist dagegen die Geschwindigkeit des Balles blos halb so groß, daß er also zur Durchlaufung seines ganzen Weges 2 Sekunden braucht, so ist ihm zwar der Durchgang wieder frei geworden, allein er liegt diesmal nicht zwischen den Flügeln 1 und 2, sondern zwischen 2 und 3. Und so wird man, wenn man dann die Umdrehungsgeschwindigkeit der Flügel und die Entfernung der Mauer von denselben ganz genau kennt, die Geschwindigkeit des Balles zu berechnen vermögen je nach dem Theile des Kreisumfanges, um welchen während des Hin- und Herganges die Welle sich gedreht hat.

Auf ganz dem nämlichen Prinzipe beruht der Fizeau'sche Apparat; nur ist derselbe, der Natur der Sache gemäß, mit außerordentlicher Feinheit konstruirt. Die Abbildung Fig. 193 wird ihn in seinen Grundzügen veranschaulichen. Die ganze Vorrichtung besteht aus zwei Hälften I und II, welche beide nicht zu nahe, in etwa 1 Meile Entfernung von einander, aufgestellt sind. Die röhrenförmigen Hälften werden durch astronomische Fernröhre O und O' genau einander zugerichtet. Die Beobachtungsstation befindet sich bei I. A ist die Lichtquelle, die eine große Leuchtkraft besitzen muß, B eine unter 45° geneigte, fein polirte, ebene Glasplatte, C ein Rad, das an seinem Umfange eine große Zahl gleich weit von einander abstehender Einschnitte besitzt, die gerade in der Mittellinie des Apparates liegen. Diese Einschnitte sind genau so breit wie die dazwischen stehen gebliebenen Zähne. Das Rad läßt sich sehr rasch um seine Achse drehen; die Zahl der Umdrehungen und die Geschwindigkeit wird durch ein Uhrwerk fortwährend gezählt und kontrolirt. Auf der andern Station ist ein Spiegel D so aufgestellt, daß er die von der Glasplatte B ihm reflektirten Lichtstrahlen in derselben Richtung nach I wieder zurückwirft.

Die Strahlen nun, welche von der Lichtquelle ausgehen, werden zum Theil von der Glasplatte B in der Richtung nach II gespiegelt, zum Theil werden sie von der durchsichtigen Glasplatte durchgelassen. Diejenigen Strahlen aber, welche nach II zu reflektirt worden sind, werden hier von dem Spiegel D wieder zurückgeworfen und gehen theilweise durch die Platte B, so daß unter Umständen der Beschauer in O' die Lichtquelle A im Spiegelbilde bei D sehen kann. Wenn das Rad C ruhig steht und die Strahlen gerade zwischen zwei Zähnen hindurchgehen, so erscheint dieses Bild als ein kontinuirlich leuchtender Punkt; wird aber das Rad gedreht, so wird das Licht in lauter einzelne Partien zerschnitten, die sich um so rascher folgen, je rascher die Drehung des Rades ist.

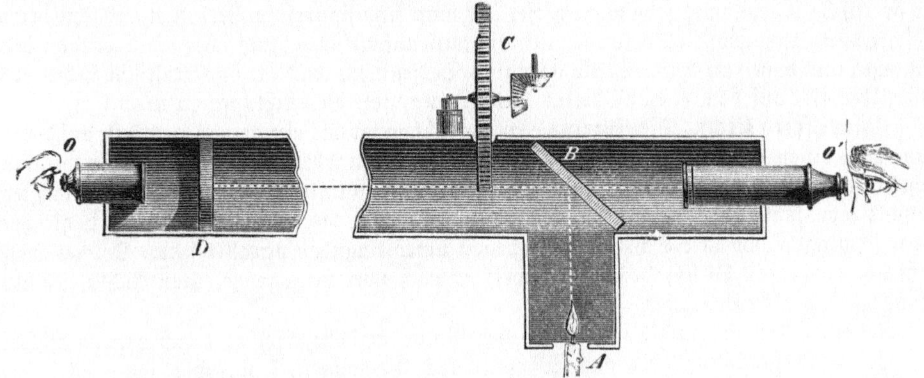

Fig. 192. Fizeau's Methode, die Fortpflanzungsgeschwindigkeit des Lichtes zu messen.

Jeder dieser Lichtbüschel durchläuft seinen Weg zum Spiegel hin und zurück zum Beschauer, wie jener Gummiball, den wir durch die Windmühlenflügel warfen. Er wird auch ebenso aufgehalten, wenn sich während seines Weges ein Zahn des Rades in seine Richtung geschoben hat. Kommt der Zahn blos zum Theil dazwischen, so wird von jedem Lichtbüschel auch nur ein Theil vernichtet, das Spiegelbild in D erscheint dem Beschauer schwächer leuchtend. Wenn aber die Geschwindigkeit des Rades so groß ist, daß gerade in derselben Zeit, wo der Strahl hin= und zurückläuft, ein ganzer Zahn an die Stelle kommt, wo vorher ein Einschnitt war, so wird alles Licht aus D auf die Rückseite der Zähne fallen und durch die Einschnitte empfängt der Beobachter immer nur die Schatten, welche die Zähne bei ihrem Durchpassiren durch den Lichtstrahl nach D werfen. Das Bild in D verschwindet dann vollständig, es wird dunkel. Die Geschwindigkeit des Rades in diesem Falle werde 1 genannt. Dreht man das Rad noch rascher, so gelangt ein Theil des zurückkommenden Lichtes durch den nächsten Einschnitt; wenn die Umdrehung mit der Geschwindigkeit = 2 stattfindet, entsteht wieder ein Maximum der Helligkeit, denn alle Lichtpartien, die durch den einen Zwischenraum hindurch zum Spiegel laufen, gelangen von da durch den nächsten Zwischenraum zurück ins Auge des Beobachters. Bei der Geschwindigkeit 3 ist es wieder ganz dunkel, bei 4 wieder am hellsten u. s. w.

Das Zahnrad, welches Fizeau anwandte, hatte 720 Zähne, jeder Zahn und jeder Einschnitt betrug also $\frac{1}{1440}$ eines Kreisumfanges; die Entfernung des Spiegels war 1,2 Meilen. Bei 12,6 Umdrehungen in der Sekunde erfolgte die erste Verfinsterung, bei 25,2 Umdrehungen war wieder vollständige Helle u. s. w. Daraus ergiebt sich, daß das Licht nahezu $\frac{1}{18000}$ Sekunde braucht, um 2,4 Meilen Weg zurückzulegen, und daß es also

sich in der Luft mit einer Geschwindigkeit von gegen 42,000 Meilen in der Sekunde fort=
pflanzt. In Wasser, Glas und anderen dichteren Mitteln zeigte sich die Geschwindigkeit
geringer, und mit dieser neuen Bestätigung entzog die Huyghens'sche Wellentheorie der
Emanationshypothese die hauptsächlichste Stütze.

Um von der Sonne bis zur Erde zu gelangen, braucht das Licht gegen acht Minuten,
von einzelnen Fixsternen mehrere Jahre, und wenn wir den gestirnten Himmel betrachten,
so zeigt uns derselbe nicht ein Bild, wie er in diesem Augenblicke wirklich ist, sondern wie
er war, vor kürzerer oder längerer Zeit, je nachdem die betrachteten Welten uns näher oder
entfernter sind. Ein Stern könnte plötzlich verschwinden und noch Jahre lang würden wir
seine Strahlen bemerken; sein Licht durchzittert noch den unendlichen Raum und erhält sein
Bild am Firmament, bis die letztausgesandte Welle ihre Schwingungen vollbracht hat.

Intensität. Da sich das Licht nach allen Seiten fortpflanzt, so muß nach einem ein=
fachen mechanischen Gesetz sich seine Intensität mit dem Quadrate der Entfernung ver=
mindern. Eine Kerze leuchtet bei 2 Meter Entfernung nur ein Viertel so stark, wie bei einem
Abstande von 1 Meter. Um die Lichtstärke zu messen, eine Aufgabe (Photometrie), die für
die praktische Astronomie sehr wichtig ist, hat man sehr sinnreiche Verfahren erdacht, deren
Beschreibung zum großen Theil aber nur ein wissenschaftliches Interesse haben würde. Wir
begnügen uns daher an dieser Stelle bezüglich Desjenigen, was für das praktische Leben von
Wichtigkeit ist, auf den V. Band dieses Werkes (Kapitel: Beleuchtung) zu verweisen.

Polarisirtes Licht. Die einzelne Lichtwelle schwingt wie ein gespanntes Seil, auf dessen
Ende man einen Schlag geführt hat, immer in derselben Ebene, indem die Aethertheilchen
rechtwinklig zur Richtung des Strahles bald rechts, bald links ausweichen. Den einfachsten
Zustand repräsentirt das Licht demnach auch in dem Falle, wo alle seine Strahlen in gleicher
Weise schwingen, wo ihre Schwingungsebenen unter einander parallel sind. Solches Licht
heißt polarisirtes Licht, deswegen, weil es nach zwei entgegengesetzten Richtungen hin
besondere Eigenschaften zeigt.

Indessen hat das Licht, wie es in der Natur entsteht, sei es durch den chemischen
Prozeß der Verbrennung oder aus Wärme durch Reibung u. s. w. oder aus Elektrizität,
ebenso dasjenige, welches uns von der Sonne und den Fixsternen zugestrahlt wird, nicht
diese einfache Eigenschaft. Solch gemeines Licht besteht vielmehr aus Strahlen, von denen
der eine nach dieser, der andere nach jener Richtung schwingt. Man kann aber aus diesen:
Lichtgewirr das gleichförmig schwingende ausscheiden oder die Schwingungsebenen parallel
machen; dies Verfahren nennt man die Polarisation des Lichtes und die dazu dienen=
den Apparate Polarisationsapparate. Schon Bartholin hatte gesehen, daß das Licht,
wenn es durch gewisse Kalkspathkrystalle (isländischen Doppelspath) geht, in zwei Strahlen=
bündel getheilt wird, welche von dem gewöhnlichen Lichte verschiedene Eigenschaften zeigen.
Er hatte auch beobachtet, daß bisweilen diese Zerlegung nicht stattfindet, und Huyghens
hatte die Verhältnisse festgestellt, unter welchen dies geschieht. Aber erst als Malus
1809 in Paris zufällig bemerkte, daß Sonnenstrahlen, die von gegenüberliegenden Fenster=
scheiben zurückgeworfen waren, ganz ebenso sich verhielten, wie jenes durch Kalkspath ge=
gangene Licht, wurde die Erscheinung genauer untersucht und von Malus das Gesetz dieser
Erscheinung, der Polarisation, entdeckt. Nörenberg hat, um dieselbe auf einfache Weise nach=
zuweisen, einen Apparat konstruirt, der sich auf das in Fig. 193 versinnlichte Prinzip stützt.

Das Licht nämlich wird polarisirt, wenn es unter gewissen Winkeln auf die Oberfläche
durchsichtiger Körper fällt; für verschiedene Körper ist der Winkel — der Polarisations=
winkel — verschieden. Ist ABCD z. B. eine durchsichtige Glasplatte, auf welche das
Lichtstrahlenbündel SO unter $35\frac{1}{2}$ Grad auffällt, so geht ein Theil des Lichtes durch
das Glas hindurch, der andere wird unter demselben Winkel gespiegelt und geht in der
Richtung OO' weiter. Diese reflektirten Strahlen zeigen jenen Parallelismus der Schwin=
gungsebenen, welchen wir als die charakteristische Eigenschaft polarisirten Lichtes ansehen
müssen. Die Schwingungsebene und die Art der Bewegung in ihr ist in der Figur
durch die punktirte Wellenlinie und die zwischengezeichneten kleinen Pfeile angedeutet.

Die Ebene S·O·O′ heißt die Polarisationsebene, sie steht auf der Schwingungsebene senkrecht. Wenn wir nun das polarisirte Licht auf einen zweiten Spiegel EFGH, der gegen den Strahl um denselben Winkel von 35½ Grad geneigt ist, auffallen lassen, so können wir seine besondere Beschaffenheit beobachten. Wenn dieser zweite Spiegel beweglich ist, so daß er, während seine Neigung gegen den Strahl immer gleich bleibt, sich um denselben im Kreise drehen und in die vier Hauptstellungen EFGH — E′F′G′H′ — E″F″G″H″ — und E‴F‴G‴H‴ bringen läßt, so würde, wäre der von O nach O′ kommende Strahl gewöhnliches Licht, bei dieser Drehung keinerlei Veränderung des Spiegelbildes zu bemerken sein. Das durch den untern Spiegel polarisirte Licht dagegen verhält sich anders, denn es wird nur in den beiden zur Schwingungsebene parallelen Lagen EFGH und E″F″G″H″ vollständig zurückgeworfen, in allen dazwischenliegenden Stellungen aber mehr oder weniger und in den beiden rechtwinklig gegen die Schwingungsebene stehenden Ebenen E′F′G′H′ und E‴F‴G‴H‴ ganz und gar verschluckt. Dreht man also den obern Spiegel wie den Zeiger einer Uhr aus seiner Stellung EFGH um den ganzen Kreis, so nimmt darin das Spiegelbild an Helligkeit immer mehr ab, bis es nach einer Viertelumdrehung ganz dunkel ist; von da ab wird es wieder heller und erreicht ein Maximum der Beleuchtung bei einer Drehung um den halben Kreis; demnach giebt es zwei Punkte größter Helligkeit und zwei Punkte größter Dunkelheit. Arago, der sich mit Fresnel am eifrigsten mit der Untersuchung der Polarisation beschäftigt hat, entdeckte (1811) zu der Polarisation durch Brechung und durch Spiegelung noch, daß die polarisirten Lichtstrahlen beim Durchgange durch gewisse Körper unter Umständen andere Eigenschaften annehmen. So läßt z. B. das großentheils polarisirte Licht, welches der blaue Himmel zurückstrahlt, ein dagegen gehaltenes Glimmerblättchen für gewöhnlich ganz farblos erscheinen, während es prachtvoll gefärbt sich zeigt, wenn man zwischen dasselbe und das Auge noch ein doppeltbrechendes Prisma von Kalkspath oder dergl. bringt. Wie das Kalkspath-Prisma, so bringen alle andern doppeltbrechenden Körper die Erscheinungen der sog. farbigen oder chromatischen Polarisation hervor.

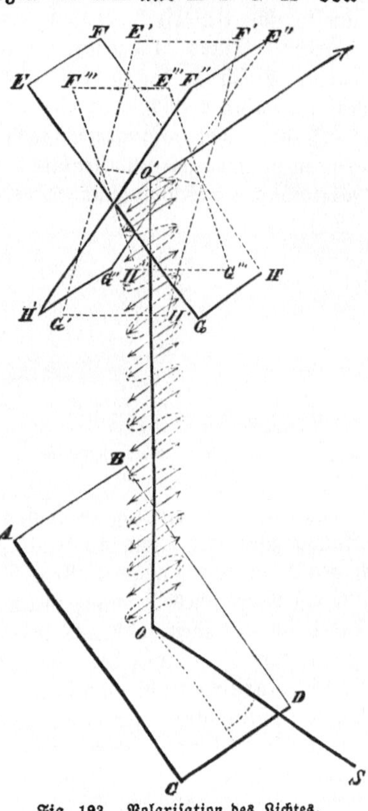

Fig. 193. Polarisation des Lichtes.

Die Wirkung der Spiegelebene bei der Polarisation des Lichtes ist nach dem Gesetz vom Parallelogramm der Kräfte zu beurtheilen; jede der verschiedenen Schwingungen wird in zwei rechtwinklig auf einander stehende zerlegt; die eine davon, welche rechtwinklig auf die Spiegelebene gerichtet ist, wird verschluckt; die andere, der Spiegelebene parallel, reflektirt. Das innere Gefüge gewisser Krystalle — wir haben schon des Kalkspathes in dieser Beziehung Erwähnung gethan — zwingt auch die Lichtstrahlen, in zwei rechtwinklig auf einander stehenden Ebenen zu schwingen; das einfallende Licht wird in zwei Strahlenbündel gespalten, welche beide beim Heraustreten polarisirt sind. Nicol hat den Kalkspathkrystall in eigenthümlicher Weise zerschnitten und ein Prisma daraus geschliffen, welches nur den einen der beiden Strahlen gesondert durchgehen läßt. Ein solches Nicol'sches Prisma ist, wenn es sich darum handelt, polarisirtes Licht zu haben, ein sehr bequemer Apparat. Die durchsichtigen Körper verhalten sich nämlich, wie wir schon gesehen haben, gegen das durch sie hindurchgehende Licht sehr verschieden, und dieses Verhalten kann zur Unterscheidung einander sonst sehr ähnlicher Körper dienen.

Bergkryſtall und weißes Glas z. B. können in der Maſſe zum Verwechſeln ähnlich ausſehen, wenn man ſie aber in dem Polariſationsapparate betrachtet, ſo daß das hindurchgehende Licht nicht gemeines iſt, ſo treten bei dem Bergkryſtall, wenn derſelbe ſenkrecht auf ſeine Achſe geſchliffen iſt, prachtvolle Farbenerſcheinungen auf, während das Glas immer nur weißes Licht hindurch läßt. Nur wenn das Glas raſch abgekühlt oder durch ſtarken Druck in ſeinen Elaſtizitätsverhältniſſen gewaltſam alterirt iſt, zeigt es analoge Erſcheinungen, und die Polariſationsapparate können alſo nicht blos dazu dienen, die Art der zu unterſuchenden durchſichtigen Körper, ihr Kryſtallſyſtem u. ſ. w. zu beſtimmen, ſondern bis zu gewiſſem Grade auch die Umſtände, unter denen ſich ihre Bildung vollzog. Und da die Erſcheinungen auch bei dem winzigſten Partikelchen dieſelben bleiben, ſo vermag namentlich die mikroſkopiſche Unterſuchung von dem Verhalten der Objekte im polariſirten Lichte Vortheile zu ziehen. Einen glänzenden Beweis dafür liefert die mikroſkopiſche Unterſuchung der Geſteine, welche in der kurzen Zeit ihrer Ausübung die wunderbarſten, auf keinem andern Wege bis dahin erreichbaren Reſultate ergeben hat (Mikrogeologie).

Ferner üben Löſungen mancher Stoffe auf die Schwingungen des durch ſie hindurchgehenden polariſirten Lichtſtrahles einen merkwürdigen Einfluß aus. So verlegt z. B. eine Zuckerlöſung die Schwingungsebene, ſo daß dieſe, je nachdem die Löſung mehr oder weniger

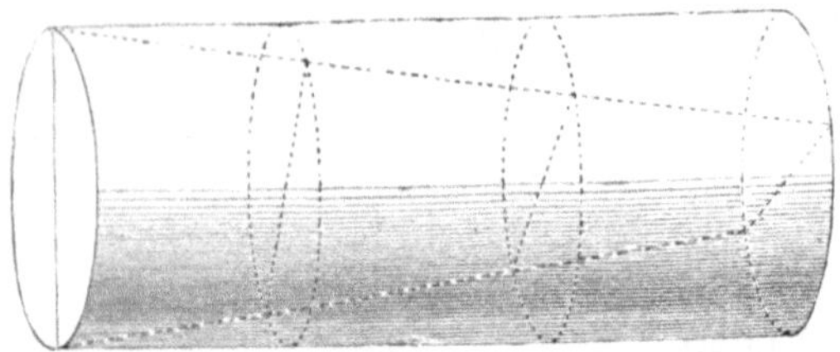

Fig. 194. Drehung der Schwingungsebene im Saccharometer.

konzentrirt oder die durchlaufene Schicht mehr oder weniger dick iſt, auch entſprechend nach rechts, wie der Zeiger der Uhr läuft, gedreht wird. Bei einer Röhre von beſtimmter Länge, vorn und hinten mit durchſichtigen Glasplatten abgeſchloſſen, richtet ſich die Größe des Ablenkungswinkels nach dem ⁕Zuckergehalte der Löſung. Die Apparate, deren man ſich in den Zuckerfabriken bedient, um damit die Zuckerlöſung zu prüfen, beſtehen aus einer metallenen Röhre, oben mit einer Oeffnung zum Einfüllen der Flüſſigkeit verſehen und an ihren beiden Enden mit durchſichtigen Glasplatten abgeſchloſſen. An dem hintern Ende liegt nach außen zu vor der Glasplatte ein Nicol'ſches Prisma, welches das eintretende Licht polariſirt. Am vordern Ende befindet ſich ein eben ſolches Prisma, das aber in einer drehbaren Metallhülſe ſitzt, die ringsum dem Zeigerlauf der Uhr entgegen eingetheilt iſt. Geht nun das durch das eine Prisma polariſirte Licht auch durch das zweite, ſo können durch Drehung des letzteren die bekannten Lichtabſtufungen hervorgebracht werden. Bei Zuckerlöſung erſcheinen ſie aber im Kreiſe um ſo viel weiter nach rechts verdreht, als die Schwingungsebene abgelenkt worden iſt, und die Größe der Drehung, welche ausgeführt werden muß, bis eine beſtimmte Abſtufung erſcheint, läßt den Prozentgehalt erkennen. Man iſt übereingekommen, als Nullpunkt der Theilung nicht die Helligkeits= oder Dunkelheitsmaxima anzunehmen. Wie wir ſpäter ſehen werden, iſt das weiße Licht aus vielen verſchiedenfarbigen Strahlen zuſammengeſetzt. Bei dem Durchgange durch Zuckerlöſung verlegen ſich aber die Schwingungsebenen der verſchiedenen Farben auch in verſchiedener Weiſe in der Ordnung des Regenbogens, ſo daß Roth am wenigſten, dann Gelb, Grün, Blau und endlich Violet am meiſten abgelenkt wird. Wenn man alſo das vordere Prisma dreht, ſo wird das Geſichtsfeld nicht einfach dunkler, ſondern es durchläuft zugleich den eben angegebenen Farbenkreis. In dieſen gemiſchten Farbentönen zeigt ſich nun vorwiegend ein tiefes Purpurviolet ſo leicht erkennbar, daß, wer einmal darauf aufmerkſam gemacht worden iſt, den Punkt mit größter Genauigkeit wieder findet. Auf dieſen Punkt iſt daher die Theilung der Saccharometer bezogen worden, und auf ihn ſtellt man bei Prüfungen das Inſtrument ein.

Geistererscheinung auf der Bühne.

Zwei Spiegel sind, worin sich selber schaut mit Wonne
Die hohe Himmels- und die höchste Geistessonne.
Ein Spiegel ist das Meer, von keinem Sturm empört.
Ein andrer das Gemüth, von keinem Drang verstört.

Rückert.

Spiegel und Spiegelapparate.

Alles spiegelt sich. Der Spiegel ein Kulturmittel. Antike Spiegel. Gesetze der Reflexion. Das Spiegelbild. Es ist symmetrisch. Gespenstererscheinung auf der Bühne. Winkelspiegel. Das patentirte Debuskop. Kaleidoskop. Der Spiegelsextant. Reflexionsgoniometer. Heliostat und Heliotrop. Spiegelung gekrümmter Flächen. Konkav- und Konvexspiegel. Brennpunkt und Brennweite. Reelle und virtuelle Bilder.

Kein Dichter hat die Reize des wiederkehrenden Lichtes je ausgesungen, kein Auge sie alle gekostet. Alles Sichtbare ist in vollem Sinne des Wortes ein Spiegel, aus welchem die Urquelle des Lichtes uns widerstrahlt. Die rothe Apfelblüte im Frühling, der in der Abendsonne erglühende Gipfel des Eisberges, der sanfte Strahl aus dem Auge der Geliebten — wie sie alle durch ihre eigene Gewalt fesseln, haben sie doch nur ihr Licht geborgt; sie wären für deine Augen unsichtbar, wenn ihnen nicht die Fähigkeit, die auf sie fallenden Strahlen zurückzuwerfen, innewohnte. Wenn die Lichtwellen von jedem Körper, auf den sie auftreffen, verschluckt würden und nicht wiederkämen, wie traurig, wie öde wäre die Welt! Ueberall die tiefste Finsterniß für unser Auge — und nur wenn wir es direkt der Sonne oder den Firsternen zurichteten, oder wenn wir zufällig damit einem Blitz, dem Scheine des Nordlichts oder der brennenden Flamme begegneten, würden wir einen um so stärker kontrastirenden Lichteindruck empfangen.

Ein faulendes Stück Holz, weil es vermag mit eigenem Lichte zu leuchten, wäre für uns mehr als das schönste Menschenantlitz, denn jenes könnten wir sehen, dieses nicht.

Je weniger Unebenheiten eine Fläche zeigt, um so vollkommener wird auch von ihr das Licht zurückgeworfen. Die „von keinem Sturm empörte" Oberfläche des Wassers heißt deshalb auch bezeichnend sein Spiegel. Aus ihm strahlte dem Menschen zuerst sein eigenes Bild entgegen, und mit dem Menschen freut sich die vom Dichter belebte Natur ihres Wiederscheines.

> In dem glatten See
> Weiden ihr Antlitz
> Tausend Gestirne —

singen rühmend die Geister über dem Wasser, und von unten herauf „das feuchte Weib":

> Labt sich die liebe Sonne nicht,
> Der Mond sich nicht im Meer?
> Kehrt wellenathmend ihr Gesicht
> Nicht doppelt schöner her?
> Lockt dich der tiefe Himmel nicht,
> Das feuchtverklärte Blau?
> Lockt dich dein eigen Angesicht
> Nicht her in ew'gen Thau?

Und wenn mit diesem Gesange ein Mensch sich berücken ließ, dürfen wir es jungen Mädchen verdenken, daß sie bei keinem Spiegel vorbeigehen können, ohne mit einem rasch hineingeworfenen Blick sich ihrer anmuthigen Erscheinung zu freuen?

Der Spiegel ist ein universelles Geräth. Obwol zu seiner Erfindung ein ziemlicher Grad von Naturbeobachtung, Nachdenken und mancherlei Kunstfertigkeit gehört, so finden wir ihn in verschiedenen Gestalten doch über die ganze Erde und selbst unter den am wenigsten kultivirten Völkern verbreitet. Bunte Glasperlen und kleine Handspiegel sind zwei der wirksamsten Kulturmittel rohen Naturvölkern gegenüber. Was Gold und alle Kunst nicht vermag, das vermögen diese der Eitelkeit angehängten Stachel — Annäherung, Zutrauen, Tausch, schließlich Gewöhnung an Arbeit, um sich die Mittel zur Befriedigung der wachsenden Bedürfnisse zu verschaffen.

Und anderwärts finden wir in den Gräbern der alten Griechen Spiegel, welche dies höchst gebildete Kulturvolk den gestorbenen Frauen als ein Symbol der Schönheit mitgab.

Die Spiegel der Alten waren meist aus Metall, doch gab es auch schon frühzeitig solche aus Glas, die aus dem durch seine Glashütten berühmten Sidon bezogen wurden, während die Metallspiegel aus Brindisi kamen. Gewöhnlich bestanden diese letzteren aus einer Mischung von Kupfer und Zinn; Plinius erwähnt auch silberner Spiegel, und es wird bemerkt, daß Praxiteles dergleichen unter der Regierung des Pomponius verfertigt habe. Waren die Platten von großen Dimensionen, so konnte mit diesem Geräth ein beträchtlicher Luxus getrieben werden, und in der üppigsten Zeit des Römerthums hatten Einzelne wol Spiegel von Gold. Nero soll einen Spiegel von Smaragd besessen haben, es ist aber zu vermuthen, daß der Edelstein kein Spiegel, sondern vielmehr ein durchsichtiges Glas und vielleicht auf ähnliche Weise wie unsere Brillengläser geschliffen war, denn Nero bediente sich desselben, um in der Arena den Gladiatorenkämpfen zuzusehen. Bergkrystall und andere durchsichtige Steine, auch Obsidian wurden zu Spiegeln verwendet.

Die antiken Spiegel sind meist klein, rund und oval, mit einer Handhabe, wie man deren heute noch hat; indessen besaßen nach Quintilius die Frauen auch große Specula totis paria corporibus, in denen sie ihre ganze Figur beschauen konnten, und Reiche hielten sich besondere Sklaven, die den Spiegel während des Gebrauchs halten mußten. Man kannte in sehr früher Zeit auch bereits die gekrümmten Spiegel, sowol die erhabenen als die Hohlspiegel, und machte Anwendung davon.

Indessen erscheint es zweckmäßig, zunächst die Gesetze der Lichtbewegung, welche bei den Spiegelungserscheinungen eintreten, in der Kürze zu betrachten.

Reflexion des Lichtes. Jeder Körper reflektirt Licht, der eine mehr, der andere weniger; am wenigsten die Gasarten, die uns deshalb auch unter gewöhnlichen Umständen häufig unsichtbar bleiben. Nehmen wir eine glatt polirte ebene Fläche von Metall (Fig. 196), einen Planspiegel, und lassen wir auf diese einen Lichtstrahl v auffallen, so wird derselbe zurückgeworfen, und zwar so, daß der Winkel, unter welchem er von dem Spiegel fortgeht, genau so groß ist wie derjenige, unter welchem er auftraf (der Einfallswinkel vcb ist dem Ausgangswinkel bcv' gleich), ferner so, daß die einfallenden Strahlen vc mit den reflektirten v'c in einer Ebene liegen, welche auf der spiegelnden Ebene senkrecht steht. Wenn man die Fenster eines Zimmers verschließt und nur eine kleine Oeffnung läßt, durch welche die Sonne hereinscheint, so kann man dadurch, daß man die Sonnenstrahlen mit einer Spiegelscheibe auffängt, sich von der Richtigkeit der aus= gesprochenen Gesetze augenscheinlich überzeugen.

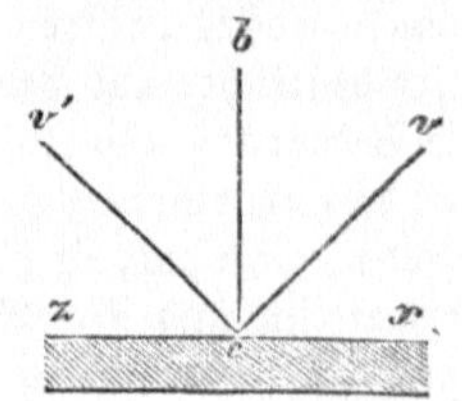

Fig. 196. Reflexion des Lichtes.

Bringen wir unser Auge in die Richtung des reflektirten Strahles, so empfangen wir den Lichteindruck und wir sehen in der Richtung der in unser Auge fallenden Strahlen das Bild des lichtstrahlenden Körpers. Der Ort, an welchem das Spiegelbild auftritt, wechselt nicht, wenn wir auch mit den Augen hin= und hergehen. Er ist ein ganz bestimmter und leicht durch den Ver= such zu finden. Man suche nur die Richtungen der reflektirten Strahlen für verschiedene Stellungen des Auges; alle werden von einem Punkte herzu= kommen scheinen, der hinter der Spiegelfläche in der Verlängerung der Senkrechten liegt, die man von dem leuchtenden Körper darauf ziehen kann; und zwar befindet sich jener Punkt genau so weit hinter der spiegelnden Fläche, als der leuchtende Körper davor steht. Die Betrachtung der Fig. 197, welche dies Verhältniß der Entfernungen des wirklichen Körpers und seines Spiegelbildes von der spiegelnden Fläche wiedergiebt, wird zugleich über den Umstand belehren, daß die Planspiegel das Bild verkehrt zeigen müssen, ein Umstand, von welchem Holzschneider, Kupferstecher, Litho= graphen u. s. w. fortwährend bei ihren Arbeiten Gebrauch machen.

Unsere Spiegel werden gewöhnlich aus Glas hergestellt und auf der Rückseite mit einer glatten Metallschicht, Amalgam, versehen, um sie undurchsichtig zu machen. Die Kunst, das Glas zu größeren Tafeln zu gießen, erfand Abraham Thevart im Jahre 1688 in Frank= reich; Raimundus Lullus aber hat schon zu Ende des 14. Jahrhunderts das Verfahren, wie man das Glas durch hintergelegtes Blei zum Spiegel machte, beschrieben.

Fig. 197. Spiegelbild bei Planspiegeln.

Geistererscheinung auf der Bühne. Ob= wol undurchsichtige Körper am besten das Licht reflektiren, so giebt es doch Zwecke, für welche die Durchsichtigkeit der spiegelnden Flächen er= wünscht ist. Ein solcher Fall trat uns schon bei dem Spiegel im Fizeau'schen Apparat zur Bestimmung der Geschwindigkeit des Lichtes entgegen, ein anderer ist neuerdings auf vielen Bühnen mit in den Bereich schauspielerischer Thätigkeit gezogen worden. Die Methoden, Geister erscheinen zu lassen, sind durch Anwendung dieser ziemlich einfachen Spiegelvorrichtung um die frappanteste vermehrt worden.

Es ist nicht unwahrscheinlich, daß schon die alten Zauberer ähnliche Spiegelvorrich= tungen bei ihren Geisterbeschwörungen mitspielen ließen, wie sie bei dem in Rede stehenden Apparate in Anwendung kommen. In größerem Maßstabe und vor der Oeffentlichkeit wurde die Idee aber erst vor wenig Jahren durch den englischen Physiker Pepper in Aus= führung gebracht, welcher lange Zeit allabendlich durch den sogenannten Pepper Ghost

in dem Londoner Polytechnikum eine sehr große Zuschauermenge zum Schauern brachte,
und seiner patentirten Erfindung auch Eingang auf dem Theater verschaffte.

Versetzen wir uns in den Zuschauerraum eines großen Theaters. Es wird ein
Stück gegeben, dessen Kern besonders auf der Erscheinung eines Geistes beruht. Die Katastrophe ist nahe. Die Lichter brennen matter und matter, das Haus ist ziemlich dunkel,
die Bühne selbst sehr wenig beleuchtet; wir ahnen, daß der Zeitpunkt gekommen ist, wo
etwas Großes passiren soll. Da erhebt sich an einer Stelle der Bühne ein heller Schein, er
wird deutlicher und deutlicher und es entwickeln sich allmählich in ihm sichtbare Contouren,
die Bedeutung und Zusammenhang gewinnen — eine unbeschreibliche Gestalt steht plötzlich
vor dem ergriffenen Helden der Tragödie. Er erkennt in ihr das Wesen eines längst schon
Todten, und doch ist sie kein Körper, sie ist Luft; sie spricht, ihre Stimme klingt hohl, sie
bewegt sich und ihre Bewegungen werden durch keinerlei Gegenstände gehindert; sie geht
durch Büsche und Bäume hindurch, ohne daß ein Blatt sich rührt; den umschlingenden Arm
läßt sie ins Leere greifen, dem durchbohrenden Degen setzt sie keinen Widerstand entgegen.

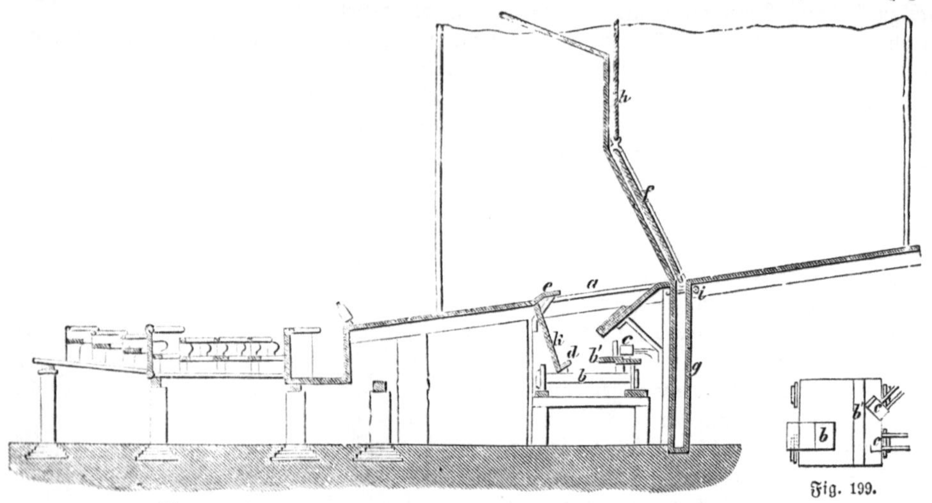

Fig. 198. Apparat zur Erzeugung von Geistererscheinungen auf der Bühne.

Endlich verschwindet sie eben so plötzlich und geheimnißvoll vor unsern Augen, wie sie kam,
und wir bedenken uns keinen Augenblick, dem Unglücklichen, welchem ihr Besuch gegolten,
unser tiefstes Mitgefühl zu schenken; denn fröstelnd fühlen wir, wie schrecklich es sein muß,
in solcher Weise und durch solche Boten vielleicht an gewisse bis jetzt außer Acht gelassene
Verbindlichkeiten erinnert zu werden.

Wüßten wir während der Vorstellung schon, daß, sobald der Vorhang gefallen ist, der
von uns Bemitleidete Arm in Arm mit dem Geiste seines Vaters oder eines erstochenen
Nebenbuhlers in ein Weinhaus geht — wir würden uns einen großen Theil Rührung ersparen. Schließlich erzählt er uns, daß er von der ganzen Erscheinung selbst gar nichts
gesehen habe. Das kommt uns nun freilich am allermerkwürdigsten vor. Wir forschen
und fragen und richtig, wir allein sind die getäuschten. Aber wie?

Das Theater hat außer der gewöhnlichen Bühne noch eine zweite, verborgene, die
etwas tiefer liegt. Auf ihr spielt der Schauspieler, welcher dem auf der gewöhnlichen
Bühne befindlichen Acteur als Geist erscheinen soll, und sie ist deshalb dem Zuschauer durch
Arrangements der Versatzstücke, Gebüsch oder eine Bodenerhöhung verdeckt. Das Wesentliche der ganzen Einrichtung besteht aber in einer großen, gut polirten Glaswand, welche
gegen den Zuschauerraum etwas geneigt und so aufgestellt ist, daß die verborgene Bühne
zwischen ihr und den Zuschauern liegt. Um ein genaueres Verständniß des ganzen Apparates zu geben, verweisen wir auf die Abbildung Fig. 198, welche die Einrichtung, wie sie

von Dirks und Pepper an vielen Bühnen ausgeführt worden ist, im Durchschnitt giebt. Die
Oeffnung a, welche zu der verborgenen Bühne b führt, kann durch Fallthüren geschlossen
werden, damit sich die Schauspieler, wenn der Geist nicht mitzuwirken hat, ungehindert
auf der obern Bühne bewegen können; f ist die Glaswand, deren Ränder oder Zusammen-
fügungsstellen auf irgend eine Weise durch Rahmen, Guirlanden oder dergleichen maskirt
sind. Sie wirkt wie ein Spiegel, zwar nicht mit der ganzen Schärfe und Deutlichkeit, welche
eine hinten mit Zinnfolie belegte Spiegelplatte ihren Bildern geben würde, allein dies ist
bei einer Geistererscheinung auch gar nicht Zweck. Dadurch, daß sie vollständig durchsichtig
ist und die hinter ihr befindlichen Schauspieler und Gegenstände scharf und bestimmt erkennen läßt, wird sie dem Zuschauer nicht bemerklich und derselbe vermuthet sie nicht als
Ursache des Bildes. Wir können uns in einer hellen Fensterscheibe ja auch spiegeln und doch
Alles, was dahinter vorgeht, erkennen, wenn nur das Glas einen dunkeln Hintergrund hat.

Um den gewünschten Zweck nun zu erreichen, muß die obere Bühne während der Katastrophe verfinstert werden. Der Geist selbst wird von der untern Bühne b aus dargestellt.
Hier befindet sich eine Wand k, an welche der entsprechend gekleidete Schauspieler sich anlehnen
kann. Das Bild desselben wird, da der ganze untere Raum mit schwarzem Sammet aus-
geschlagen ist, bei der hellen Beleuchtung sehr deutlich hervortretend, den Zuschauern durch die
Glaswand wiedergespiegelt, und dies Spiegelbild ist eben der Geist. Er scheint, aus dem
Zuschauerraume gesehen, hinter der unsichtbaren Glasscheibe sich zu befinden; der mit ihm
verkehrende Schauspieler, der ebenfalls hinter f sich bewegt, muß genau den Punkt des
Spiegelbildes kennen, weil er natürlich von der Erscheinung nichts sehen kann, aber sein
Spiel doch nach den Bewegungen derselben einzurichten hat. Die Wand k ist der Spiegelscheibe genau parallel gerichtet, damit die Figur im Bilde aufrecht erscheint. Die Glasplatte
f selbst befindet sich in einem beweglichen Rahmen, den man durch Schrauben oder Seile h
und i unter dem richtigen Winkel einstellen kann. Die Einstellung geschieht entweder während
des Zwischenaktes oder bei offener Scene zu einer Zeit, wo die Aufmerksamkeit des Publikums
anderweit gefesselt ist. Selbstverständlich muß man in diesem Falle den richtigen Neigungs-
winkel vorher bestens ermittelt haben. Da nun der Geistspieler wegen der Neigung der Spiegelplatte auch in seinem Versteck eine schiefe Lage einnehmen muß, welche jede Bewegung erschweren würde, so ist die Wand k wie ein Wagen auf Rollen und Schienen verschiebbar
gemacht. Die Lichtquelle c (s. Fig. 199) bewegt sich zugleich mit dem Wagen, wenn sie nicht
so eingerichtet ist, daß sie den ganzen unteren Raum, innerhalb dessen die Gestalt gestikulirt,
erleuchtet. Hat man eine konstante Lichtquelle, wie elektrisches Licht, so kann man die Beleuchtung durch einen Schirm unterbrechen, welcher in gewisser Stellung die Bestrahlung
von der verborgenen Bühne abschneidet. Bei Hydro-Oxygengaslicht ist die Abschwächung
und Verstärkung der Helligkeit am bequemsten durch Stellung der Gashähne zu bewirken.

Das Kaleidoskop. Die von einem Spiegel zurückgeworfenen Lichtstrahlen können
von einem zweiten Spiegel wieder reflektirt werden und sie folgen dann demselben Gesetz
der gleichen Winkel wie das erste Mal. Wir wissen, daß, wenn wir in der Mitte zwischen
zwei Spiegeln stehen, jeder derselben Vorder- und Rückseite unserer Person neben einander
zeigt, und zwar nicht nur einmal, sondern, je nach der Stellung der beiden Spiegelflächen
zu einander, mehr oder weniger oft wiederholt. Solche gegen einander geneigte Spiegel
heißen Winkelspiegel. Sie sind Veranlassung zu einigen hübschen und nützlichen Apparaten geworden, weil die Wiederholung der Bilder unter gewissen Verhältnissen sehr regelmäßige symmetrische Figuren erzeugt, die in ihrer Unerschöpflichkeit dem Musterzeichner
manchen nützlichen Anhalt geben können.

Schon mit einer Vorrichtung, die man auf die allereinfachste Weise dadurch herstellen
kann, daß man zwei kleine viereckige Spiegel unter einem gewissen Winkel zusammenstoßen
läßt, kann man schöne Effekte erlangen, wenn man den Winkel genau so groß macht, daß
er in dem Umfang des Kreises ohne Rest aufgeht. Je nachdem er $\frac{1}{4}$, $\frac{1}{5}$, $\frac{1}{6}$ u. s. w. des
Kreises ausmacht, ordnen sich die Bilder der zwischen den Spiegeln befindlichen Gegen-
stände, Zeichnungen oder dergleichen zu vier-, fünf-, sechs- und mehrstrahligen Sternen.

Das regellofeste Gewirr bunter Fäden, Perlen, Tintenkleye, Blumenblätter, Glasstücke, kurz was es auch immer sei, erhält dadurch eine schöne Regelmäßigkeit, welche die bewundernswürdigsten Figuren hervorbringt. Vor einigen Jahren wurde ein Apparat unter dem vielklingenden, aber nichtsfagenden Namen Debuskop in den Zeitungen ausposaunt und er wird jetzt noch zu ziemlichem Preise verkauft. Derselbe ist gar nichts weiter als ein ganz einfacher Winkelspiegel, den sich Jeder, der einen solchen zu seinem Nutzen oder Vergnügen haben möchte, selbst aus zwei kleinen Spiegelscheiben, oder noch besser aus zwei blank polirten, versilberten Kupferplatten anfertigen kann. Und zwar bietet diese eigene Anfertigung noch den Vortheil, daß man dann die Spiegelplatten verstellbar einrichten und so nach Belieben fünf-, sechs- oder mehreckige Bilder erzeugen kann, während bei dem „patentirten" Debuskop die Spiegel sich gegen einander in fester, unverrückbarer Stellung befinden.

Das **Kaleidoskop** (deutsch: das, was schöne Bilder zeigt) ist eine 1817 von Brewster in den Handel gebrachte Erfindung, bei welcher bald zwei, bald drei Spiegel unter Winkeln

von 60 Grad zusammenstoßen. In dem dadurch gebildeten Dreieck liegen ebenfalls lauter kleine farbige Gegenstände, deren Spiegelbilder sich zu regelmäßigen sechseckigen Figuren zusammensetzen und die man durch Schütteln fortwährend sich verändern lassen kann.

Aehnliche Vorrichtungen wie das Kaleidoskop waren schon vor mehreren Jahrhunderten bekannt. Porta und der Pater Kircher (um 1646) erwähnen ihrer, ohne daß sie jedoch so großes Aufsehen gemacht hätten wie die Brewster'sche Erfindung, welche von Paris aus, wo sie ein Modespielzeug wurde, sich rasch über die ganze Welt verbreitete und ihrem Erfinder großen Gewinn brachte. Eine Zeit lang wurden in Paris täglich gegen 60,000 Stück von verschiedenen Größen gefertigt.

Fig. 200.   Das Kaleidoskop.

Die wichtigste Anwendung aber von der Spiegelung ebener Flächen ist zur Herstellung einiger Instrumente gemacht worden, unter denen namentlich der Sextant, das Reflexionsgoniometer, der Heliostat und der Heliotrop zu nennen sind.

Der **Sextant** dient, um den Winkel zu bestimmen, den zwei entfernt sichtbare Punkte mit dem Punkte machen, worauf sich der Beobachter befindet. Er verdankt seinen Namen einer sehr gebräuchlichen Einrichtung, nach welcher bei diesem Instrument ein Sechstelkreis zur Messung dieser Winkelgrößen angewandt wurde. Die erste Idee dazu stammt von dem bekannten englischen Physiker Hooke; Newton hat dieselbe vervollkommnet und Hadley 1731 danach das erste Instrument der Art ausgeführt. In der That war dasselbe aber ein Oktant, denn es betrug sein Bogen nur den achten Theil eines Kreisumfanges.

In Fig. 201 soll AB einen eingetheilten Kreisbogen bezeichnen, um dessen Mittelpunkt C sich der Arm CD drehen läßt. Derselbe trägt an seinem obern Ende einen auf der Ebene des Kreisbogens senkrechten Planspiegel C, welcher mittels kleiner Schrauben befestigt ist. An dem andern Ende des Armes befindet sich ein sogenannter Nonius, das ist eine besonders eingerichtete und später zu beschreibende Marke, deren Theilstriche eine genaue Ablesung der ausgeführten Drehung des Armes gestatten. G ist eine kleine Lupe, die, an einem um H drehbaren Stäbchen befestigt, die feine Theilung besser erkennen läßt; J ein Fernrohr mit fester, unveränderlicher Richtung, deshalb auch in eine feste Fassung K eingeschlossen. Es ist genau der obersten Kante eines zweiten schrägen Planspiegels L

zugerichtet, so daß man durch dasselbe nicht nur das Bild aus dem Spiegel empfängt, son=
dern auch noch ferne Gegenstände sehen kann, welche in der Richtung des kleinen Spiegels
über diesen hinweg liegen. Wenn der feststehende Spiegel L mit dem drehbaren bei C
genau parallel gestellt ist, so
steht die Marke des Nonius
auf dem Nullpunkt. Außer=
dem sehen wir nun in der Ab=
bildung bei M und N noch
zwei Partien Blendgläser, um,
wenn Sonnenbeobachtungen
gemacht werden sollen, den zu
grellen Schein des Lichtes ab=
zudämpfen, und bei O den
Handgriff, an welchem das
Instrument beim Gebrauche
gehalten wird. In der Zeich=
nung Fig. 203 begegnen wir
aber allen diesen Theilen in
einfacher, schematischer Dar=
stellung, welche gewählt wor=
den ist, um die Wirkungsweise
besser zu versinnlichen.

Sind die beiden Spiegel
C und L parallel gerichtet, so
werden die Strahlen, welche

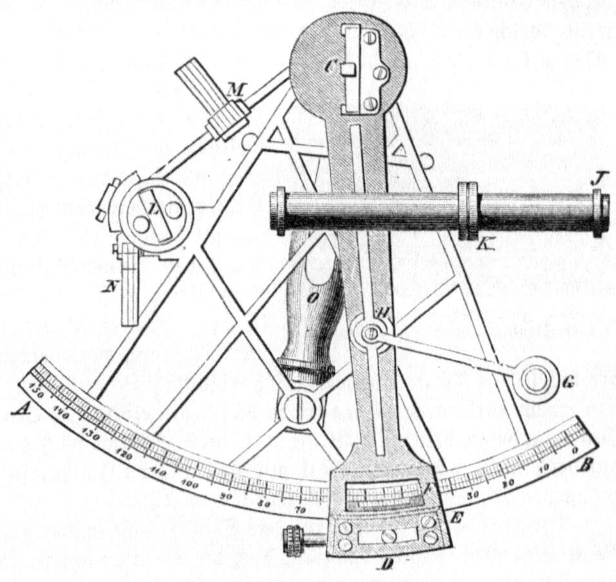

Fig. 201. Der Spiegelsextant.

von C reflektirt nach L und von diesem wieder zurückgeworfen in das Fernrohr gelangen,
aus L in derselben Richtung austreten, in welcher sie auf den Spiegel C auftrafen. Man
sieht also mit Hülfe des Fernrohres J denselben Gegenstand, das eine Mal über die obere
Kante des Spiegels L hinweg direkt, das andere Mal in
dem Spiegel selbst im Bilde. Und man hat demnach in der
Uebereinstimmung, in der Deckung der beiden Bilder ein
sicheres Mittel, den Parallelismus der Spiegel auf das
Genaueste herzustellen. An dieser Stelle spielt dann, wie
gesagt, die Marke des Armes CD auf dem Nullpunkte der
Theilung ein. Ist der Winkel zu bestimmen, welchen zwei
Punkte mit dem Standpunkte des Beschauers machen, so
hat man sich so aufzustellen, daß man den einen dieser
Punkte zur Rechten, den andern zur Linken sieht. Mit dem
Fernrohr sucht man nun den letztern, der in der Richtung
der Linie CK (Fig. 203) liegt, über den Spiegel L hinweg,
und bringt gleichzeitig das Bild des andern, in der Rich=
tung CS liegenden Punktes in das Fernrohr, indem man
den Spiegel C so weit dreht, bis er den gesuchten Gegen=
stand nach L reflektirt und dieser Spiegel das Bild in das

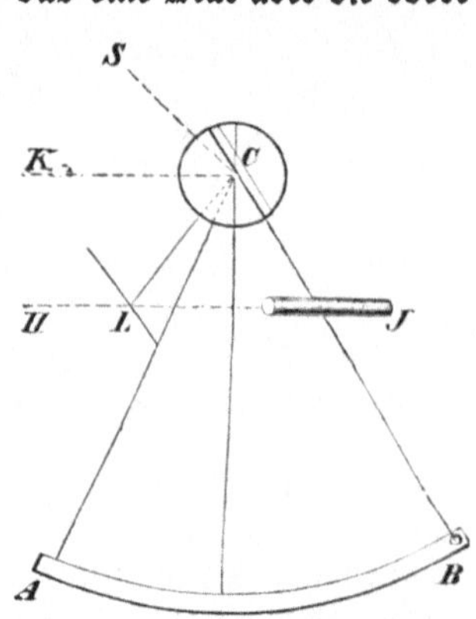

Fig. 202. Prinzip des Sextanten.

Fernrohr J weiter sendet. Der Winkel, um welchen man hierbei den Arm CB hat drehen
müssen, ist genau die Hälfte desjenigen, den die Richtungslinien nach den beiden Punkten
bilden, und um ihn gleich zu finden, ist die Theilung so ausgeführt, daß ein Grad der=
selben einem halben Grade der gewöhnlichen Kreistheilung entspricht.

Der Sextant ist für die Seefahrer ein unentbehrliches Instrument, dessen Brauch=
barkeit besonders darin beruht, daß es in der Hand gehalten ohne festen Standpunkt die
Winkelgröße mit hinlänglicher Genauigkeit abzunehmen gestattet. Für die astronomische
Ortsbestimmung, namentlich für die Breitenbestimmung, ist es nothwendig, die Sonnenhöhe

zu nehmen, d. h. den Winkel, den die Sonne beim Durchgang durch den Meridian mit dem Horizont macht, genau zu messen. Jede Methode, welche einen feststehenden Apparat zu dieser Messung, die an sich nicht besonders schwierig ist, verlangt, würde von vornherein bei dem häufigen Schwanken des Schiffes unstatthaft sein. Der Sextant ist dasjenige Instrument, welches an dieser Bewegung, unbeschadet der Genauigkeit seiner Angaben, mit Theil nehmen kann und das deshalb auf keinem Schiffe fehlt, welches das offene Wasser befährt.

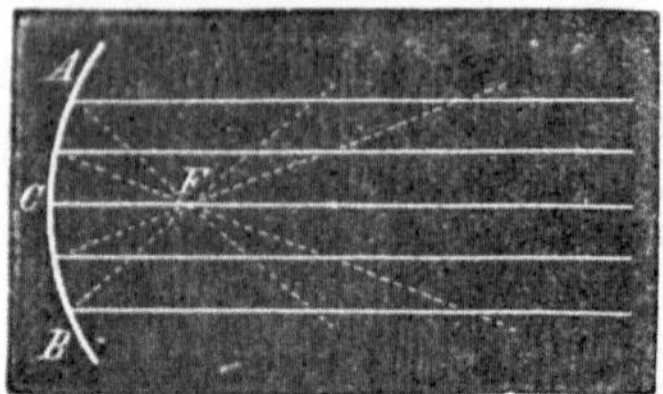

Fig. 203. Zurückwerfung parallel auffallender Strahlen durch den Hohlspiegel.

Das Reflexions-Goniometer ist ein von Wollaston erfundenes Instrument, um die Winkel, in welchen die Flächen der Krystalle zusammenstoßen, zu messen. Es wird zu diesem Zwecke die Spiegelung der Krystallflächen benutzt, welche dieselben entweder von Natur besitzen oder die man ihnen durch Benetzen oder Aufkleben dünner Plättchen von Spiegelglas geben kann. Das Prinzip ist sehr einfach. Man bringt den Krystall in der Achse eines vertikalen und auf seinem Umfange mit Theilung versehenen Kreises an, so daß die Kante der fraglichen Krystallflächen eine horizontale Linie bildet. An dieser Kante sucht man nun von einem entfernten Gegenstande das Spiegelbild zur Deckung mit einem näher liegenden Gegenstande zu bringen. Wenn man dies zweimal nach einander ausführt, das erste Mal mit der einen, das zweite Mal mit der andern Fläche, so wird die Drehung des Kreises genau den Kantenwinkel des Krystalles anzeigen.

Der Heliostat dient dazu, das Sonnenlicht immer nach derselben Richtung zu werfen. Seine Einrichtung wird dadurch, daß die Sonne nicht stillsteht und der Spiegel also fortwährend ihrer Bewegung folgen muß, eine komplizirte. Indessen besteht das Wesentliche nicht in dem Spiegel, sondern vielmehr in dem Uhrwerke, womit die Drehung desselben ausgeführt wird, und deswegen dürfen wir uns einer Besprechung an dieser Stelle enthalten.

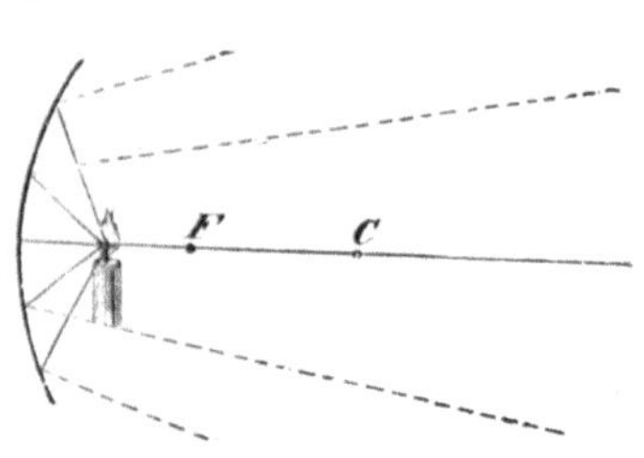

Fig. 204. Reflexion in divergirender Richtung.

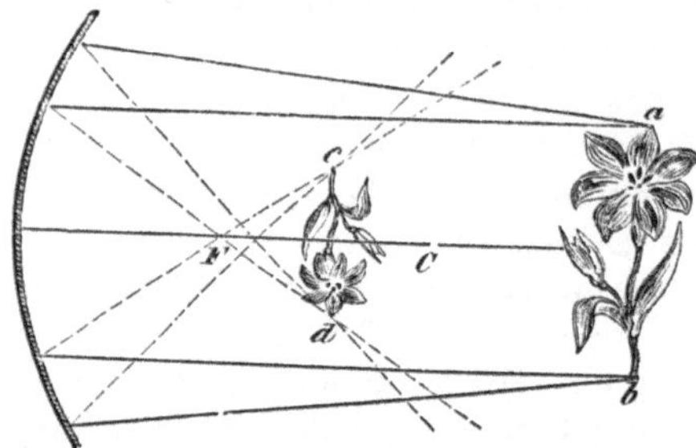

Fig. 205. Reelles Spiegelbild beim Hohlspiegel.

Der Heliotrop ist eine Spiegelvorrichtung, um das Sonnenlicht bis auf entfernte Punkte zu reflektiren. Da nämlich eine quadratzollgroße Spiegelfläche, wenn sie hell von der Sonne beschienen wird, bis auf mehr als sieben Meilen Entfernung noch sichtbar ist, so können dergleichen Lichtsignale mit großem Nutzen bei Ländervermessungen angewendet werden. Es ist nur nothwendig, daß Derjenige, welcher das Licht der andern Station zuwerfen will, auch sicher ist, daß es dort ankommt und nicht neben einem aufgestellten Beobachtungsfernrohr vorbeigeht. Der von Gauß erfundene Heliotrop läßt diesen Zweck auf höchst scharfsinnig erdachte Weise erreichen. Steinheil in München hat ein anderes Instrument angegeben, das sich durch größere Einfachheit auszeichnet.

Wenn wir hier noch der verschiedenen Spiegelvorrichtungen erwähnen, welche in neuerer Zeit benutzt werden, um innere Körpertheile zu beleuchten und zu beobachten, so geschieht es nur beiläufig; die mannichfachen Augenspiegel, Ohren-, Kehlkopfspiegel u. s. w. sind meist Hohlspiegel, welche Licht auf die betreffenden Theile werfen und die eine kleine Oeffnung zum gleichzeitigen Hindurchsehen haben.

Spiegelung gekrümmter Flächen. Wenn ein Lichtstrahl auf eine gekrümmte Fläche auffällt, so folgt er demselben Gesetz der Zurückwerfung wie bei Ebenen. Der Einfallswinkel ist dem Ausfallswinkel gleich und wir dürfen uns nur den Punkt, wo der Strahl auftrifft, als eine kleine tangentiale Ebene denken, um die Wahrheit dieses Satzes bestätigt zu sehen. Die gekrümmten Flächen sind zweierlei Art, erhabene oder hohle oder, wie sie in der Sprache der alten Physiker genannt werden, konvexe und konkave. Ein Uhrglas zeigt uns auf seiner äußern Oberfläche ein Beispiel der ersten, auf seiner innern ein Beispiel der zweiten Art. Da nun aber die Natur der Krümmung eine sehr verschiedene sein kann, indem es cylindrische, kegelförmige, kugelförmige, ellipsoidische, parabolische u. s. w. Oberflächen giebt, so werden die betreffenden Spiegelbilder trotz ihres einfachen Grundgesetzes eine eben so große Mannichfaltigkeit zeigen.

Bei Hohlspiegeln vereinigen sich unter gewissen Verhältnissen alle Strahlen in einem einzigen Punkte F, dem Brenn

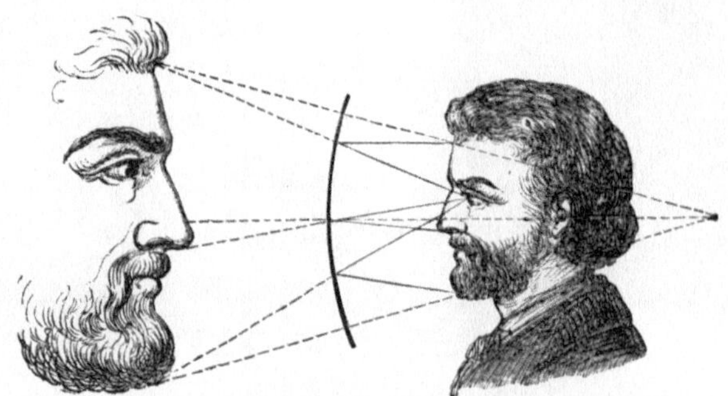

Fig. 206. Virtuelles Bild beim Konkavspiegel.

punkte, Focus. Ist die spiegelnde Fläche wie AB in Fig. 203 ein Theil einer innern Kugelfläche und die Lichtquelle so weit entfernt, daß die Strahlen unter sich als parallel gelten können, so liegt dieser Brennpunkt in der Mitte zwischen dem Mittelpunkt und der Spiegelfläche, in der Achse des Spiegels, das ist in der Richtung desjenigen Strahles, der in derselben Richtung, wie er ankommt, auch wieder zurückgeworfen wird (Hauptstrahl). Die Entfernung des Brennpunktes von der Spiegelfläche in dieser Richtung heißt die Brennweite des Spiegels. Rückt aber die Lichtquelle näher, so daß ihre Strahlen unter einander nicht mehr parallel sind, so rückt der Brennpunkt weiter vom Spiegel ab, dem Mittelpunkte zu, und fällt endlich mit diesem zusammen, wenn die Lichtquelle in dem Mittelpunkte der Krümmung sich befindet. Kommt sie noch näher, so rückt der Brennpunkt immer mehr nach außen, und zwar un

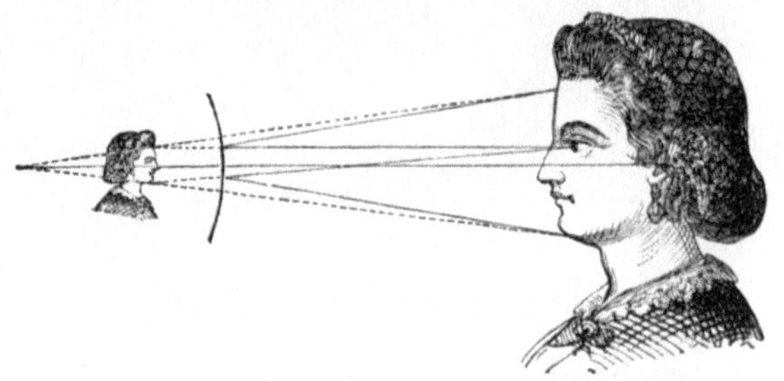

Fig. 207. Virtuelles Bild beim Konvexspiegel.

endlich weit, wenn die Lichtquelle im Brennpunkte F steht; die reflektirten Strahlen gehen dann parallel fort; sie divergiren endlich sogar, wenn der leuchtende Punkt zwischen Brennpunkt und Spiegelfläche liegt (Fig. 204).

Die Spiegelbilder sind von zweierlei Art und entstehen auf folgende Weise. Liegt der Gegenstand über den Mittelpunkt hinaus, wie ab in Fig. 205, so gehen z. B. von der Spitze nach allen Punkten der Spiegelfläche Strahlen, die, nachdem sie reflektirt worden sind, sich alle in einem Punkte d der durch den Mittelpunkt C gezogenen Nebenachse acd treffen. Das Nämliche geschieht mit den vom andern Ende sowie mit allen übrigen von der Oberfläche des Körpers ausgehenden Strahlen. An den Vereinigungspunkten, von denen wir nur zwei dargestellt haben, liegt das Spiegelbild, welches verkehrt und verkleinert erscheinen muß. Man kann es auf einer mattgeschliffenen Glasscheibe auffangen und es heißt deswegen das reelle Bild, im Gegensatz zu dem virtuellen Bilde, welches nicht in Wirklichkeit existirt, sondern nur in unserm Auge erzeugt wird, wenn der Gegenstand zwischen dem

Brennpunkte und der Spiegelfläche liegt. Der Gang der Lichtstrahlen für den letzteren Fall ist in Fig. 206 angegeben, und wir haben in unserm vergrößernden Rasirspiegel einen Apparat, der uns diese Art Bilder auf das Deutlichste vor Augen führt. Das virtuelle Bild erscheint hinter dem Spiegel und vergrößert.

Die konvexen Spiegel können gar keine reellen Bilder geben, denn die von ihnen reflektirten Strahlen divergiren nach allen Seiten. Die virtuellen Bilder aber erscheinen

aufrecht und je nach der Krümmung und der Nähe des gespiegelten Gegenstandes mehr oder weniger verkleinert. Die großen, inwendig entweder geschwärzten oder versilberten Kugeln, welche man zum Zierrath in den Gärten aufstellt, lassen angenehme Beobachtungen darüber anstellen, und die beigegebene Abbildung Fig. 207 wird, wenn man das in Bezug auf Hohlspiegel Gesagte hier in entsprechender Weise zur Anwendung bringen will, den Erscheinungen eine genügende Erklärung geben.

Dies sind die einfachsten Fälle gekrümmter Spiegel. Die komplizirteren Erscheinungen, welche in unzählig verschiedener Weise uns in der Natur gegenübertreten, lassen sich alle nach den hier entwickelten Gesetzen betrachten und zerlegen. Eine irgendwie wichtige Anwendung wird aber, ausgenommen etwa

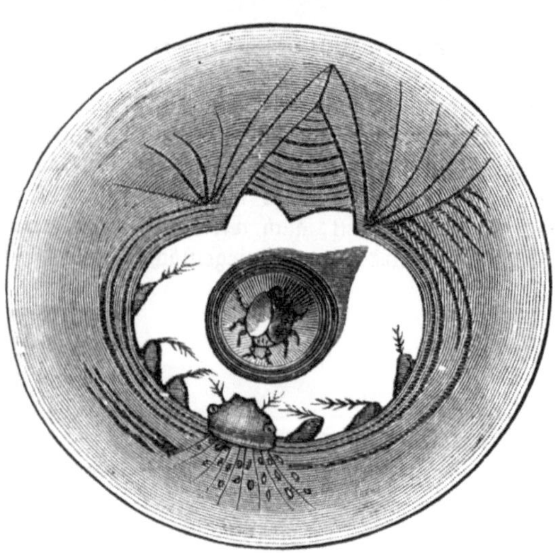

Fig. 208 und 209. Verzerrte Bilder im konischen Spiegel.

in den elliptischen und parabolischen Spiegeln, welche zu Beleuchtungszwecken benutzt werden, von ihnen nicht gemacht. Weder die verzerrten Bilder, welche in polirten Kegeln oder Cylindern regelmäßige Figuren erkennen lassen und als Kuriositäten vielfach in alten Sammlungen vorkommen (s. Fig. 208 und 209), noch die frei schwebenden Bilder der Hohlspiegel, die, auf Rauchwolken oder Vorhängen aufgefangen, bei den Geistercitationen in früherer Zeit eine große Rolle gespielt haben mögen, können unser Interesse besonders mehr in Anspruch nehmen. Bei dem Spiegelteleskop und einigen anderen Apparaten, in denen sphärische Spiegel eine Rolle spielen, werden wir aber Gelegenheit finden, uns der behandelten Sätze wieder zu erinnern.

Das Prisma
und die Spektralanalyse.

Mythisches. Brechung des Lichtes. Im Wasser und in der Luft. Fata morgana. Das Prisma. Totale Reflexion. Die Camera lucida. Das Sonnenspektrum. Zerlegung des weißen Lichtes in farbige Strahlen. Ton und Farbe. Newton's Farbenlehre und Goethe. Fluorescenz. Fraunhofer'sche Linien. Verschiedenheit der Spektra von verschiedenen Lichtquellen. Kontinuirliche Spektra und Spektra der Gase und Dämpfe. Geschichte der Spektralanalyse. Kirchhoff und Bunsen. Spektralapparate. Neuentdeckte Metalle. Anwendung der Spektralanalyse auf die Natur der Himmelskörper. Aus was besteht die Sonne? Protuberanzen.

Sieben Jungfrauen vereinigten sich — so lautet eine indische Fabel — um die Ankunft des Krischna (Gott des Lichtes) zu feiern. Als derselbe ihnen aber erschien und sie aufforderte, vor ihm zu tanzen, mußten sie trauernd gestehen, daß ihnen die Tänzer fehlten. Darauf theilte sich der Gott in sieben Theile und jede Tänzerin erhielt ihren Krischna.

Diese Mythe hat eine überraschende Sinnverwandtschaft mit einer Erzählung, die uns Pindar überliefert hat: Als die Götter die Erde unter sich getheilt hatten, war der Sonnengott vergessen worden, und es blieb, ihn zu entschädigen, nur eine Insel übrig, welche eben aus dem Meere aufstieg; diese erhielt er denn auch; — es war die Insel Rhodos, nach der Geliebten des Sonnengottes, von welcher dieser sieben wunderbar begabte Söhne erhielt, genannt, — und sie blieb dem Kultus des göttlichen Feuers heilig. — Auf den antiken Abbildungen ist Apoll mit einem aus sieben Lichtpunkten bestehenden Diadem geschmückt, und bei Julian heißt die Gottheit der Sonne „der siebenstrahlige Gott", welche sinnvolle Bezeichnung chaldäischen Ursprunges sein soll.

Diese poetischen Anschauungen längst vergangener Zeiten spiegeln aber auf merkwürdige Weise sich in gewissen streng mathematischen Theorien der neuern Naturforschung wieder. Mag es auch sein, daß die sieben durch Krischna beglückten Jungfrauen und die sieben Söhne der rhodischen Nymphe, wie so vieles Andere, der heiligen Zahl zu Gefallen gedichtet worden sind und erst nach ihnen aus dem wunderbaren Bilde des Regenbogens sieben Farben herausgesucht wurden, — gleichviel, in jenen Mythen liegt für uns die älteste Wurzel einer Farbenlehre, welche, durch die Newton'schen Entdeckungen wissenschaftlich begründet, einem weiten Gebiete von Erscheinungen als ein jetzt klar erkanntes sicheres Fundament unterbreitet ist.

Brechung des Lichtes. Das entzückende Farbenspiel des Diamants, die sinnetäuschende Fata morgana, die das Kleinste und das Fernste auflösende Kraft linsenförmig geschliffener Gläser, die „aus Perlen gebaute Brücke" des Regenbogens — sie beruhen alle auf einer einzigen Eigenthümlichkeit des Lichtstrahls, eine andere Richtung einzuschlagen, wenn er

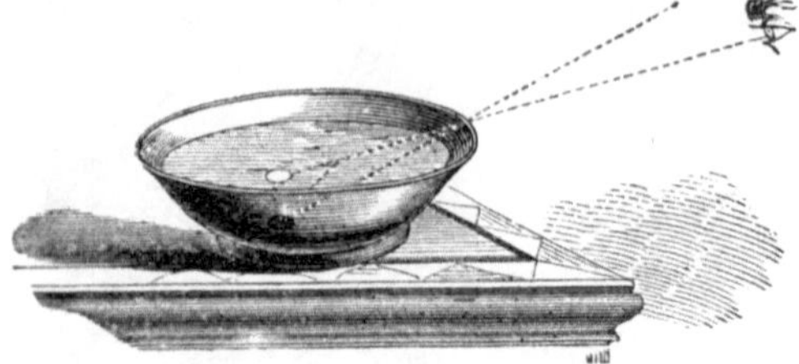

Fig. 211. Lichtbrechung durch Wasser.

aus gewissen durchsichtigen Körpern in andere übergeht, oder wenn die Dichtigkeit des Körpers, in welchem er sich fortbewegt, innerhalb der verschiedenen durchlaufenen Schichten verschieden groß ist. Dies Vermögen heißt die Brechbarkeit des Lichtes. Augenscheinlich wird es z. B., wenn wir in ein Becken, von welchem wir so weit entfernt stehen, daß sein Boden uns durch den Rand gerade verdeckt ist, ein Geldstück legen.

Obwol uns dasselbe bei unserer angenommenen Stellung nicht sichtbar ist, so erscheint sein Bild doch augenblicklich, wenn das Becken mit Wasser gefüllt wird. Die von dem Geldstück reflektirten Lichtstrahlen werden, wenn sie aus dem Wasser in die Luft übergehen, von ihrem Wege abgelenkt, und es können somit jetzt deren in unser Auge gelangen, welche früher vorbeigehen mußten (Fig. 211). Das Bild liegt für uns daher in einer andern Richtung als sein körperlicher Gegenstand, und das ist auch die Ursache, warum man Fische im Wasser nicht treffen kann, wenn man nicht mit dem Gewehr etwas unterhalb der Stelle zielt, wo

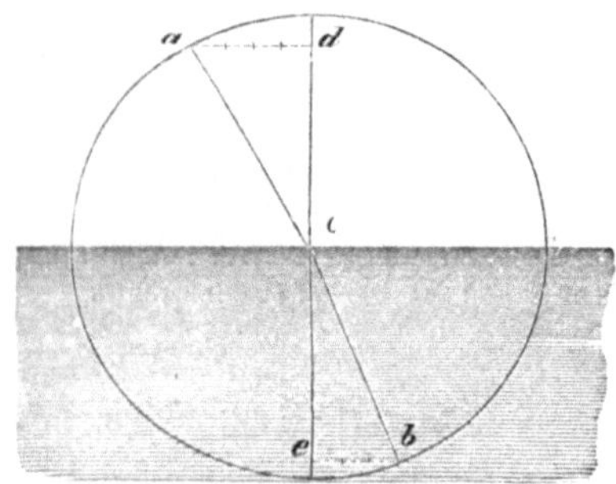

Fig. 212. Bestimmung des Brechungsverhältnisses.

sie zu stehen scheinen. Die Ursache dieser Erscheinungen ist, daß der Lichtstrahl bei seinem Austritt aus Wasser in Luft, überhaupt bei dem Austritt aus einem dichteren in ein anderes, optisch minder dichtes Mittel von der Senkrechten (dem Einfallsloth) abgelenkt wird; umgekehrt wird Licht, das aus Luft in Wasser übergeht (Fig. 212), dem Einfallsloth zu gebrochen. Der Winkel a c d, den der einfallende Lichtstrahl a c mit dem Einfallsloth d c macht, heißt der Einfallswinkel; Brechungswinkel ist derjenige, welchen der abgelenkte Lichtstrahl b c mit der Verlängerung des Einfallslothes c e macht, also der Winkel b c e.

Mit der Größe des Einfallswinkels ändert sich auch der Brechungswinkel, aber in einer ganz bestimmten Weise. Das Verhältniß der beiden Winkel zu einander oder vielmehr das Verhältniß ihrer Sinus zu einander, a d : b e, ist konstant und heißt der Brechungsexponent. Dieses Gesetz ist im Jahre 1620 von Snellius entdeckt, aber erst im Jahre 1637 von Descartes veröffentlicht worden. Für die beiden Mittel, in denen sich der Lichtstrahl in Fig. 212 bewegt, würde der Brechungsexponent durch die Zahlen 4 und 3, und zwar für das obere Mittel, das weniger dichte, durch ³/₄, für das untere, das dichtere, durch ⁴/₃ ausgedrückt werden, wenn man das andere allemal als Einheit annimmt. Bei den Angaben ohne nähere Bezeichnung setzt man die Luft als Einheit. Je größer der Brechungsexponent für zwei Körper ist, um so größer ist der Unterschied ihrer lichtbrechenden Kraft. Wenn das Licht innerhalb der verschieden dichten Schichten eines Körpers gebrochen wird, so steht deren lichtbrechende Kraft in engem Zusammenhange mit der spezifischen Dichtigkeit selbst. Bei Körpern von verschiedener Substanz darf man aber nicht, wie es häufig geschieht, Dichtigkeit und lichtbrechende Kraft so weit verwechseln, daß man allgemein sagt, der Lichtstrahl wird dem Einfallslothe zugebrochen, wenn er aus einem dünnern in ein dichteres Mittel übergeht. Benzol z. B. bricht das Licht viel stärker als manche Glassorten, obwol es viel weniger dicht ist. Wenn wir daher im Verlaufe des Folgenden die Begriffe dichter und dünner manchmal als Gegensatz der lichtbrechenden Kraft gebrauchen, so geschieht dies der Kürze des Ausdrucks wegen, und immer in dem Sinne, daß wir nur die optischen Eigenthümlichkeiten, die optische Dichtigkeit dabei im Auge haben.

Die Fata morgana zeigt uns einen solchen Fall, wo das Licht innerhalb eines einzigen Körpers gebrochen wird. Die ungleichmäßige Erwärmung durch die Sonne und namentlich die Ausstrahlung des Erdbodens dehnt die Luft in den über einander liegenden Schichten verschieden aus, so daß die einzelnen Regionen eine verschiedene lichtbrechende Kraft erhalten. Es kann dann, wie das durch den Rand der Schüssel verdeckte Geldstück, auch eine jenseit des Horizonts liegende Landschaft sichtbar werden. Wechseln gar dünnere und dichtere Schichten regelmäßig mit einander ab, so werden die Zusammenstoßungs-Flächen noch Veranlassung zu Spiegelungen bieten, in deren Folge das Bild wiederholt — aufrecht und verkehrt — erscheint. Es hat keineswegs etwas Unerklärliches, wenn die Luft der verdurstenden Karawane lachende Oasen vorgaukelt; glaubten doch (nach Zeitungsberichten) auf dem Pik

Fig. 213. Fata morgana.

von Teneriffa die verwunderten Besteiger desselben die tausend Meilen entfernte Kette des Alleghany-Gebirges in Amerika zu erblicken.

Alle Lichtstrahlen, die, aus dem mit zartem Lichtäther erfüllten Weltraume kommend, in unsere dichtere Atmosphäre eintreten, werden eben so abgelenkt, und wir sehen infolge dessen nur die Sterne, welche gerade über uns, im Zenith, stehen, an ihrem wirklichen Orte, alle andern aber etwas zu hoch, und zwar um so mehr, je näher sie dem Horizont stehen, eine je dichtere Luftschicht also ihre Strahlen zu durchlaufen haben, ehe sie zu uns kommen. Dies Phänomen heißt in der Astronomie atmosphärische Refraktion.

Das Prisma, „jenes Instrument", sagt Goethe, „welches in den Morgenländern so hoch geachtet wird, daß sich der chinesische Kaiser den ausschließlichen Besitz desselben gleichsam als ein Majestätsrecht vorbehält, dessen wunderbare Eigenschaften uns in der ersten Jugend auffallen und in jedem Alter Verwunderung erregen, ein Instrument, auf dem beinahe allein die bisher angenommene Farbentheorie beruht, ist der Gegenstand, mit dem wir uns zuerst beschäftigen werden."

Wir wollen das hier auch so thun. Was ein Prisma ist, das bedarf wol keiner besondern Auseinandersetzung. Glücklicherweise haben für uns die eifersüchtigen Ansprüche des „Sohnes der Sonne" keine bindende Kraft. Das einfache Instrument, ein dreiseitig geschliffener, mit glatten, in den Kanten parellelen, ebenen Flächen versehener, durchsichtiger Glaskörper, ist so verbreitet, daß sich jedes Kind an seinem bunten Farbenspiele erfreuen kann. Für den Physiker bedarf es zum Studium der prismatischen Erscheinungen sogar nur zweier, unter einem spitzen Winkel scharf zusammenstoßender ebener Flächen. Zu bequemerer Handhabung bei physikalischen Versuchen giebt man dem Prisma, welches dann aus durchgängig gleichem Glase auf das Feinste geschliffen wird, eine Fassung von Messing, um es in jeder wünschenswerthen Lage einstellen und befestigen zu können. Wie aus Glas, so stellt man Prismen auch aus andern durchsichtigen Körpern, sogar aus Flüssigkeiten und Gasarten dar, die man durch dünne Glasplatten einschließt.

Wie verhält sich nun ein Lichtstrahl bei seinem Durchgange durch ein Prisma? Dies soll uns Fig. 215, welche in dem Dreieck ABC den Durchschnitt eines gleichseitigen Prisma zeigt, deutlich machen. Es ist darin R o der einfallende Lichtstrahl; AC und AB heißen die brechenden Flächen, die Kante A die brechende Kante, der von CA und BA bei A eingeschlossene Winkel der brechende Winkel, und die Fläche BC die Basis des Prisma. Bei seinem Eintritt in das dichtere Mittel wird der Strahl R o dem Einfallslothe zu gebrochen, bei seinem Austritt aus der Fläche AB aber dadurch, daß er nun wieder in die minder dichte Luft gelangt, von der Senkrechten abgelenkt. Anstatt seiner ursprünglichen Richtung zu folgen, geht er daher schließlich nach R' weiter. Halten wir also in der angegebenen Weise ein Prisma vor unser Auge, so werden wir die dahinter befindlichen Gegenstände nicht in ihrer wirklichen Lage in der Richtung M R erblicken, sondern dieselben erscheinen uns von ihrem Platze verrückt, und zwar in dem in Fig. 215 und 216 angenommenen Falle nach der Höhe zu versetzt, denn was für einen Strahl gilt, das gilt auch für alle andern von einem Gegenstande ausgehenden Strahlen.

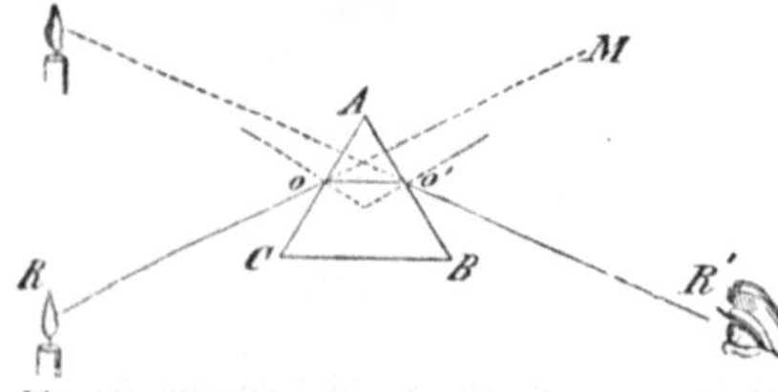

Die Größe der Ablenkung richtet sich nach der Größe des Winkels an A, nach der brechenden Kraft der Substanz des Prisma und nach der Größe des Einfallwinkels.

Die Camera lucida. Unter gewissen Verhältnissen kann der Strahl aus einem stärker brechenden Mittel in ein solches von geringerer Brechbarkeit gar nicht heraustreten. An dem Punkte nämlich, wo die Strahlen auf die trennende Fläche (b a in Fig. 217) so schief auftreffen, daß sie bei der Ablenkung an der Fläche selbst hingleiten würden, gehen die Brechungserscheinungen in Spiegelungserscheinungen über. Alle Strahlen, die noch schiefer gegen die Fläche treffen, werden von dieser reflektirt, und zwar vollständiger als von einem gewöhnlichen Metallspiegel, der immer einen großen Theil des Lichtes verschluckt. In unserer Figur werden also die Strahlen, welche von dem innerhalb des dichteren Mittels gelegenen Ausstrahlungspunkte C ausgehen, eine verschiedene Behandlung erfahren, je nachdem ihre Richtung inner- oder außerhalb des durch voll ausgezogene Linien b angedeuteten Strahlenkegels, in Fig. 217 ober- oder unterhalb der Linien b liegen.

Und zwar werden alle diejenigen Strahlen, welche innerhalb jener Kegelfläche liegen, durch die trennende Fläche der beiden Mittel hindurch aus dem dichteren in das weniger dichte Mittel hinaustreten, die Strahlen b dagegen in der Richtung der Oberfläche weitergeleitet werden, weil sie gerade um den Winkel, unter dem sie auftreffen, von dem Einfallslothe eine Ablenkung erfahren; endlich alle diejenigen Strahlen, welche unter noch kleinerem Winkel die Oberfläche treffen, müssen demzufolge ganz und gar reflektirt werden, sie können aus dem dichteren Mittel an dieser brechenden Fläche keinen Austritt finden. Da der Strahl in einem dichteren Mittel dem Einfallslothe zu gebrochen wird, so kann sein Eintritt in ein solches immer eintreten, die totale Reflexion findet nur bei dem Austritt aus einem dichteren in ein weniger dichtes Medium statt, und sie hat bei verschiedenen Körpern verschiedene Grenzen; bei Wasser und Luft ist der Grenzwinkel 48½ Grad, beim Diamant gegen Luft noch nicht ganz 24 Grad.

Eine interessante Anwendung von dieser totalen Reflexion, die wir übrigens an jedem gefüllten Wasserglase beobachten können, hat man in der Konstruktion der Camera lucida gemacht. Der Apparat besteht wesentlich aus nichts weiter als aus einem sehr kleinen drei- oder auch vierseitigen Prisma, a b c d (Fig. 218). Die Lichtstrahlen, welche senkrecht auf die Fläche a b in dasselbe eintreten, wollen durch die Fläche b c wieder hinaus. Der Winkel, den dieselbe macht, ist aber so gewählt, daß jene Strahlen total reflektirt und auf die Fläche c d geworfen werden, welche sie ganz in derselben Weise von sich abspiegelt. Erst die Fläche a d treffen sie steil genug, um aus ihr austreten zu können. Wenn der Beobachter sein Auge in die Richtung der austretenden Strahlen bringt, so wird er in derselben das Bild der gespiegelten Gegenstände sehen. Und wenn das Prisma so kleine Dimensionen hat, daß man neben demselben, wenn man es sehr nahe vor das Auge hält, noch vorbei sehen kann, so lassen sich auf einer in deutlicher Sehweite angebrachten weißen Papierfläche mittels eines Bleistiftes die Umrisse des gespiegelten Bildes deutlich umreißen. In dieser Form und Anwendung heißt der Apparat Camera lucida.

Fig. 216. Ablenkung des Bildes durch das Prisma.

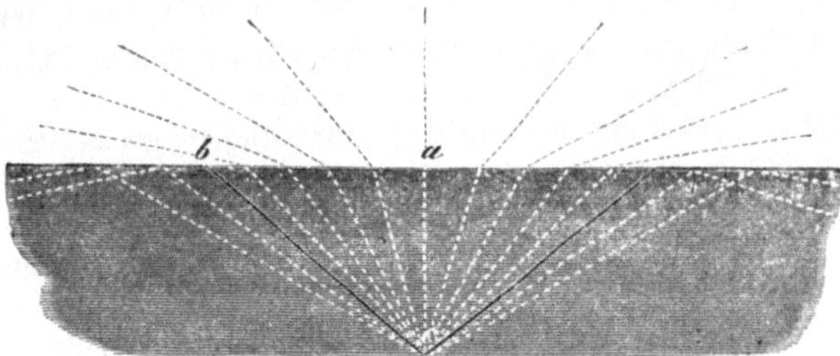

Fig. 217. Totale Reflexion.

Spektrum. Wenden wir uns aber zum Prisma zurück. Man sollte erwarten, daß, wenn man anstatt eines einzigen Lichtstrahles, den wir in praxi ja doch nicht isoliren können, ein Strahlenbündel, etwa wie es durch eine kleine kreisförmige Oeffnung in ein sonst verdunkeltes Zimmer fällt, durch ein solches Instrument gehen läßt, daß dann dieses ganze Strahlenbündel infolge der Brechung gerade so von seinem Wege abgelenkt werde wie der einzelne Strahl, und daß auf der entgegengesetzten Wand ein weißes, kreisförmiges Lichtbild, wenn auch an einer andern Stelle als in der ursprünglichen Richtung des Strahles, sich abzeichnen müßte. Dem ist aber nicht so. Vielmehr machen wir, wenn wir den Versuch in der durch Fig. 219 angedeuteten Weise anstellen, die merkwürdige Beobachtung, daß das Bild der Oeffnung durch das Prisma in die Länge verzogen und in regelmäßiger Art gefärbt worden ist. Dieses Bild nennen die Physiker das Spektrum, und wenn es durch Sonnenlicht hervorgerufen worden ist, Sonnenspektrum. Es gleicht einem Stück Regenbogen; wir finden dieselben Farben hier wie dort, und in derselben Aufeinanderfolge von Roth zu Orange, Gelb, Grün, Blau, Indig und Violett. Am schönsten ist die Erscheinung zu beobachten, wenn man das Licht durch einen schmalen, vertikalen Spalt einbringen und durch ein Flintglasprisma gehen läßt, dessen brechende Kante den Rändern der Spalte parallel gestellt ist, die gebrochenen Strahlen aber durch ein Fernrohr betrachtet. Fig. 219 zeigt eine derartige Anordnung, und die über den einzelnen Partien des Spektrums stehenden Buchstaben deuten die Farbe der betreffenden Strahlen in der vorhin bezeichneten Reihenfolge von rechts nach links an.

Wollaston hat 1802 die Beobachtung in der angegebenen Weise zuerst gelehrt; der Erste aber, welcher überhaupt das Spektrum im dunkeln Zimmer durch eine kreisförmige Oeffnung darstellte, war Newton. Ihm verdanken wir auch die richtige Deutung der merkwürdigen Erscheinung.

Es unterliegt gar keinem Zweifel, daß die rothen Strahlen des Spektrums durch das Prisma um eine geringere Größe von ihrer direkten Richtung abgelenkt worden sind als die violetten, und daß die dazwischen liegenden verschiedenfarbigen Strahlen eine verschiedene und um so größere Brechbarkeit besitzen, je weiter sie eben von der rothen Grenze des Spektrums entfernt und je näher sie der violetten Grenze zu liegen. Und da nun nirgends etwas Neues zu dem Licht der Sonne hinzugekommen, so können wir nicht anders als annehmen, daß das uns weiß erscheinende gewöhnliche Licht nicht einfach ist, d. h. nicht aus Wellen besteht, die unter sich in jeder Beziehung vollkom-

Fig. 218. Die Camera lucida.

men gleich sind, sondern daß in ihm Wellen von verschiedener Brechbarkeit enthalten sind, die eben durch das Prisma aus einander gestreut und nachdem sie nach ihrer Brechbarkeit förmlich sortirt worden sind, auf unser Auge einen verschiedenen, farbigen Eindruck machen. Hier haben wir den siebenmal getheilten Krischna, die sieben Söhne der gottgeliebten Nymphe, die sieben Lichtpunkte um das Haupt des Sonnengottes.

Licht von gleicher Brechbarkeit, welches durch das Prisma nicht weiter zerlegt werden kann und das kein verzogenes oder verschieden gefärbtes Spektrum giebt, heißt homologes Licht. Die einzelnen kleinsten vertikalen Partien des Spektrums bestehen aus solchem homologen Licht.

Es wäre aber ein mangelhaft gerechnetes Exempel, welches keine Probe zuließe. Können wir das weiße Licht in seine verschiedenen Bestandtheile zerlegen, so muß sich nothwendig auch aus der Wiedervermischung dieser Bestandtheile vollkommenes Weiß erzeugen lassen. Und so ist es in der That. Das Mittel dazu hat ebenfalls Newton angegeben. Wenn man nämlich bei richtiger Stellung mittels eines entgegengesetzt gehaltenen Prisma von derselben brechenden Kraft wie das erste das Spektrum betrachtet, so werden die verschiedenen Partien desselben wieder zusammengeworfen, und man erblickt ein vollkommen weißes Bild der Oeffnung. Fängt man nicht das ganze Spektrum, sondern nur einzelne Strahlenpartien desselben auf, so kann man die Bestandtheile derselben auch durch ein zweites Prisma mit einander vermischen; nur entsteht dann nicht mehr Weiß, sondern es bildet sich eine Farbe, die ihrerseits mit den ausgeschiedenen Strahlen erst Weiß geben würde. Nehmen wir Roth weg, so geben die noch übrig bleibenden Strahlen Grün; fehlt Blau, so erhalten wir Orange. Roth und Grün ergänzen sich zu Weiß, wie sich Blau und Orange und in derselben Art Violett und Gelb ergänzen. Jede Farbe hat also eine Ergänzungsfarbe, mit welcher sie Weiß giebt. Zwei solcherart zusammengehörige Farben heißen Komplementärfarben, und eine davon wenigstens ist allemal eine Mischfarbe. Ursprung und innerer Zusammenhang dieser Erscheinungen, welcher sich auf exakte Weise aus dem Spektrum ableitet, macht das Wesentliche der Newton'schen Farbenlehre aus.

Die Farben, das heißt selbstverständlich nicht die Farbematerialien, Pigmente, sind danach nichts Anderes als verschiedene Eindrücke auf unsere Sehnerven, durch Lichtstrahlen von verschiedener Brechbarkeit hervorgerufen, eben so wie die Töne nichts außerhalb unsers Ohres Liegendes sind, sondern nur in unserer Gehörempfindung bestehen, welche durch regelmäßige Aufeinanderfolge von Luftschwingungen in gewissen Geschwindigkeiten erregt werden. Wir werden späterhin Gelegenheit finden, über die Tonempfindung ausführlicher zu sprechen; hier sei es aber schon erlaubt, auf den analogen Zusammenhang zwischen Ton und Farbe aufmerksam zu machen.

Die verschiedene Brechbarkeit der Lichtstrahlen ist eine Folge der verschiedenen Geschwindigkeit, in welcher die Aetherschwingungen einander folgen, und die Farben stehen unter einander in einem ähnlichen Verhältniß der Höhe und Tiefe, wie die Töne der Musik, nur daß es sich bei ihnen, welche durch ein ungleich feineres Medium,

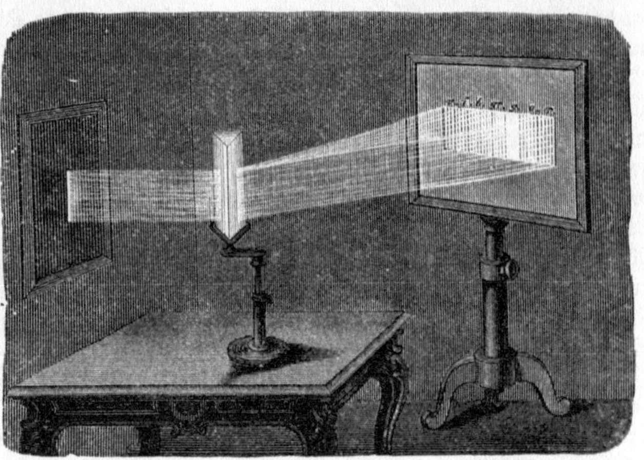

Fig. 219. Zerlegung des Sonnenlichtes durch das Prisma.

den Aether, übertragen werden, auch um viel feinere Zeitunterschiede, um viel größere Geschwindigkeiten handelt. Wenn unser Ohr schon eine Wellenfolge von ungefähr 41 Erschütterungen in der Sekunde noch als Ton zusammenzufassen vermag, wird das Auge erst von Schwingungen erregt, die mit der Geschwindigkeit von 450 Billionen in der Sekunde in dasselbe eindringen. Jener tiefste Ton für das Ohr ist das Contra-E, für das Auge ist der tiefste Farbenton das dunkelste Roth des Spektrums. Der höchste musikalische Ton, den wir noch zu hören vermögen, hat eine Schwingungszahl von circa 24,000, und wir sind im Stande, mehr als 9 Oktaven mit dem Ohr zu unterscheiden. Dem Auge ist eine entsprechende Fähigkeit nicht gegeben, denn schon mit 800 Billionen Schwingungen in der Sekunde hört für dasselbe in dem äußersten tiefsten Violett die Farbenempfindung auf. Es vermag nicht einmal eine einzige ganze Oktave (welche ungefähr bis 900 Billionen Schwingungen gehen würde) zu umspannen. Es ist aber im höchsten Grade interessant zu sehen, daß sich im Violett die Farbentöne, je mehr sie sich der Oktave nähern, auch um so mehr wieder dem rothen Tone zuneigen, und wenn es uns Vergnügen macht, so dürfen wir uns vorstellen, daß ein entsprechend subtiles Auge die Schwingungen von 900 Billionen in der Sekunde wieder als reines, aber erhöhtes Roth, als eine Potenz von dem tiefsten Tone des Spektrums empfinden würde. Herrscht vielleicht für unsere Sinnesempfindungen eine Gruppirung der Erscheinungen nach Oktaven im ganzen Reich der Schwingungen, und liegt es vielleicht nur an der Mangelhaftigkeit unserer Sinne, daß wir diese Periodizität blos in beschränktem Maße uns zum Bewußtsein bringen können? Die Schwingungen existiren über

diese unseren Sinnen gezogene Grenze der Empfänglichkeit hinaus, wie die chemischen Wir=
kungen des Spektrums zeigen; es käme, um jene Frage zu lösen, für uns eben darauf an,
uns ein Organ zu schaffen, welches in gleicher Weise die tiefsten Lichtschwingungen, die wir
jetzt als solche empfinden, und dazu noch solche, denen eine Schwingungszahl von 900 Bil=
lionen zukommt, als Licht zu empfinden vermöchte. Ob manche Thiere eine solche erhöhte
Empfindung besitzen, ist schwer zu entscheiden, unmöglich ist es nicht.

Ich kann mir nicht versagen, an dieser Stelle die geistreiche Schilderung Dove's, die
uns die Schwingungen zeigt, wie sie nach einander Töne=, Wärme= und Lichtempfindungen
bewirken, einzuschalten. Hören wir seine anschauliche Vorstellung:

„In der Mitte eines großen finstern Zimmers mag sich ein Stab befinden, der in
Schwingungen versetzt ist, und es soll zugleich eine Vorrichtung vorhanden sein, die Ge=
schwindigkeit dieser Schwingungen fortwährend zu vermehren. Ich trete in dieses Zimmer
in dem Augenblicke, wo der Stab viermal schwingt; weder Auge noch Ohr sagt mir etwas
von dem Vorhandensein dieses Stabes, nur die Hand, welche seine Schläge fühlt, indem sie
ihn berührt. Aber die Schwingungen werden schneller, sie erreichen die Zahl zweiunddreißig
in der Sekunde*) und ein tiefer Baßton schlägt an mein Ohr. Der Ton erhöht sich fort=
während; er durchläuft alle Mittelstufen bis zum höchsten schrillenden Ton; aber nun sinkt
Alles in die vorige Grabesstille zurück. Noch voll Erstaunen über das, was ich hörte, fühle
ich (bei zunehmender Geschwindigkeit des schwingenden Stabes) plötzlich von der Stelle her,
an welcher der Ton verhallte, eine angenehme Wärme sich strahlend verbreiten, so behaglich,
wie es ein Kaminfeuer aussendet. Aber noch bleibt Alles dunkel. Doch die Schwingungen
werden noch schneller; ein schwaches rothes Licht dämmert auf, es wird immer lebhafter,
der Stab glüht roth, dann wird er gelb und durchläuft alle Farben, bis nach dem Violett
Alles wieder in Nacht versinkt. So spricht die Natur nach einander zu verschiedenen Sinnen,
zuerst ein leises, nur aus unmittelbarer Nähe vernehmliches Wort, dann ruft sie mir lauter
aus immer weiterer Ferne zu, endlich erreicht mich auf den Schwingen des Lichtes ihre
Stimme aus unmeßbaren Weiten." — —

Bekanntlich hat Goethe gegen die einfachen Newton'schen Sätze eine eigene „Farben=
lehre" geltend zu machen gesucht. Es widerstrebte dem großen Dichter, das Licht und die
davon bedingten Erscheinungen einer mathematischen Behandlung unterworfen und den all=
belebenden Strahl der Sonne gemessen und berechnet zu sehen. Deswegen verschloß er sich
auch gegenüber der Beweiskraft experimentaler Untersuchungen und belächelte den Schluß
der Anhänger des großen Briten, welche durch das Prisma die einzelnen Bestandtheile des
Sonnenstrahles zu sondern sich unterfingen.

> Aufgebröselt, bei meiner Ehr'!
> Siehst ihn, als ob's ein Stricklein wär',
> Siebenfarbig statt weiß, oval statt rund; —
> Glaube hiebei des Lehrers Mund:
> Was sich hier aus einander reckt,
> Das hat Alles in Einem gesteckt.

Dieser Goethe'sche Hohn hat ein ganzes Heer von Nachbetern gefunden. Indessen, so
leidenschaftlich auch das Gebaren dieser Adepten sich zeigt, — sie behandeln, ohne jedes
Verständniß einer strengen, exakten Methode der Forschung, kritiklos allgemeine Phrasen
als Begriffe, Deutungen und Vergleiche als fundamentale Wahrheiten. Wie natürlich,
haben all ihre hitzigen Bestrebungen weder die Wissenschaft noch die Interessen des prakti=
schen Lebens auch nur um eines Haares Breite gefördert — und es ereilt sie mit vollem
Rechte das unabweisbare Los der Vergessenheit. —

Außer den farbigen Strahlen des Spektrums giebt es, wie wir schon angedeutet haben,
im Sonnenlichte auch noch Strahlen, welche auf unser Auge so ohne Weiteres keinen Ein=
druck hervorbringen. Sie werden vom Prisma ganz in derselben Art wie die andern ge=
brochen; wie wir aber zu hohe Töne nicht mehr zu hören vermögen, so wirken auf unsere

---

*) Helmholtz nimmt den tiefsten hörbaren Ton zu 40 Schwingungen an.

Sehnerven auch die Aetherwellen, deren Brechbarkeit über das Violett des Spektrums hinaus liegt, nicht mehr. Dagegen giebt es gewisse chemische Verbindungen, welche durch sie umgewandelt werden, und dieser Umstand hat darum auch die sogenannten chemischen Strahlen — als Becquerel 1842 das farbige Sonnenspektrum auf einer Daguerreotyp= platte abbildete — entdecken lassen. Jetzt wissen wir, daß dieses chemische Licht, welches in der Photographie eine Hauptrolle spielt, durch mancherlei Substanzen, wie Chininlösung, Abkochung von Kastanienrinde, Uranglas u. dgl., sichtbar gemacht werden kann. Diese Er= scheinung ist als Fluorescenz bekannt, und die Wirkung jener Substanzen besteht darin, daß sie die Schwingung der chemischen Strahlen verlangsamen, wodurch sie auch unserm Auge wieder als Licht bemerkbar werden.

Fig. 220. Dr. Josef Fraunhofer.

Die Fraunhofer'schen Linien. Wollaston schon hatte bei seinen Untersuchungen des Sonnenspektrums gefunden, daß dasselbe nicht, wie es auf den ersten Anblick den Anschein hat, aus kontinuirlich in einander übergehenden Partien besteht, sondern daß es in dem hellen Farbenstreifen einzelne rechtwinklig gegen seine Länge gerichtete dunkle Striche zeigt (1802). Allein erst Fraunhofer, der berühmte Münchener Optiker, beobachtete (1814) diese Erscheinung genauer und fand dabei, daß die dunkeln Streifen immer genau an der= selben Stelle des Spektrums erscheinen, und ferner, daß ihre Zahl eine ungemein große sei; wie die Milchstraße in einzelne Sterne, so lösten sich vor seinen schärferen Instrumenten die vorher dunkeln Bänder in immer neue gesonderte Linien. Er selbst bestimmte 576 solche Linien, welche nach ihm die Fraunhofer'schen Linien genannt worden sind.

Die am deutlichsten hervortretenden bezeichnete Fraunhofer mit Buchstaben, und es sind dieselben besonders dadurch wichtig, daß sie sich mit voller Bestimmtheit immer wieder

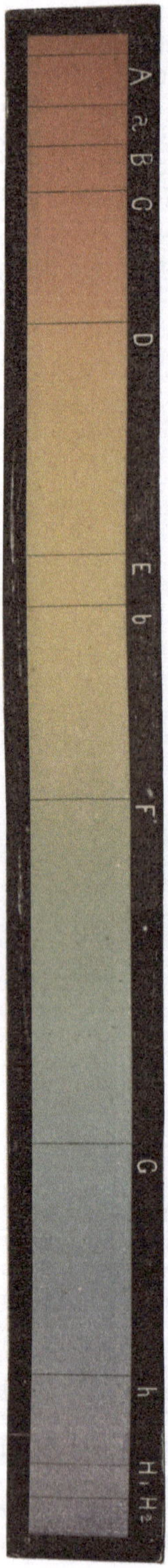

Fig. 221. Sonnenspektrum mit den Fraunhofer'schen Linien.

auffinden laſſen, wodurch ſie das ſicherſte Mittel abgeben, die Brechungs=
verhältniſſe der verſchiedenen Körper auf das Allergenaueſte zu be=
ſtimmen. Der Herſtellung optiſcher Inſtrumente und den davon ab=
hängigen Diſziplinen, Aſtronomie, Mikroſkopie, Photographie u. ſ. w.,
hat dieſe Methode unberechenbare Dienſte geleiſtet. Und ſo wirken
wiſſenſchaftliche Erfolge Ungeahntes, wenn ſie auch dem Auge der Menge
oft als fruchtlos und als ſpitzfindige theoretiſche Tifteleien erſcheinen.
Denn nichts iſt in der Natur klein oder groß — Alles gleichbedeutend
im großen Ganzen.

Die Lage der Fraunhofer'ſchen Linien im Sonnenſpektrum zu ver=
anſchaulichen dürfte Fig. 221 geeignet ſein. A, B und C liegen im Roth,
D in Orange, E auf der Grenze zwiſchen Gelb und Grün, F zwiſchen
Grün und Blau, G im Indigblau und H im Violett. Dazwiſchen ver=
theilen ſich die zahlreichen feineren Linien, welche wir unterlaſſen haben
mit einzuzeichnen. Der Augenſchein lehrt uns alſo, daß die Eigen=
ſchaften der verſchiedenen Lichtwellen, welche das weiße Sonnenlicht
zuſammen bilden, nicht ganz allmählich in einander übergehen, daß viel=
mehr dem Sonnenlichte, wenn es aus dem Prisma tritt, Strahlen von
gewiſſer Brechbarkeit fehlen, oder daß dieſe wenigſtens in viel gerin=
gerer Menge darin enthalten ſind als die übrigen. Denn allerdings
ſind die Linien nicht allemal gänzlich lichtlos, ſondern ſie können unter
Umſtänden ſogar noch eine Verdunkelung erleiden.

Kontinuirliche Spektra und Spektra der Gaſe und Dämpfe.
Anſtatt des Sonnenlichtes kann man auch jedes andere Licht, wenn es nur
intenſiv genug iſt, zur Erzeugung von Spektren benutzen. Das Drum=
mond'ſche Kalklicht z. B., das elektriſche Licht, geben ſehr glänzende
Spektra, die ſich vor dem Sonnenſpektrum dadurch auszeichnen, daß
ſie kontinuirliche ſind, d. h. durch keinerlei Lücken oder ſchroffe Ueber=
gänge in den Farben unterbrochen, noch von hellen oder dunkeln Streifen
durchzogen ſind. Bei dem Drummond'ſchen Licht iſt der leuchtende Kör=
per glühender Kalk, bei dem elektriſchen Licht ſind es glühende Kohle=
theilchen — beides feſte Körper. So wie die genannten beiden Körper
verhalten ſich alle feſten Körper, und wir ſtoßen immer auf kontinuirliche
Spektra, mögen wir das Licht eines glühenden Platindrahtes, eines
glühenden Kohleſtiftes, oder eines andern zwiſchen den Polenden einer
galvaniſchen Batterie eingeſchalteten Körpers unterſuchen. Ganz andere
Spektra dagegen erhalten wir, wenn wir das Licht von gasförmigen
glühenden Körpern in geeigneter Weiſe durch ein Prisma gehen laſſen.
Die Spektra der Dämpfe und Gaſe ſind nicht kontinuirlich, ſondern ſie
beſtehen im Gegentheil aus einer oder mehreren glänzenden farbigen
Linien, welche durch dunkle Zwiſchenräume von einander getrennt ſind.

Das Licht gasförmiger Körper unterſucht man mit Hülfe der von
dem berühmten Phyſiker Plücker angegebenen und von dem Mechaniker
Geißler in Bonn angefertigten Glasröhren, welche allgemein als
Geißler'ſche Röhren bekannt ſind. Dieſelben haben für ſpektroſkopiſche
Unterſuchungen gewöhnlich die Form, wie ſie uns Fig. 222 zeigt. Sie
ſind an beiden Enden zugeſchmolzen, nachdem ſie vorher luftleer ge=
macht und mit dem betreffenden Gaſe gefüllt worden waren. Zugleich
ſind an den beiden Enden a und b Platindrähte eingeſchmolzen, welche,
mit den Polen eines Induktionsapparates in Verbindung geſetzt, den
Uebergang des elektriſchen Funkens durch das Gas im Innern ver=
mitteln. Das Gas wird dabei glühend und ſtrahlt in eigenthümlichem

Lichte, welches an der dünnen Stelle der Röhre, wo der elektrische Flammenbogen zu=
sammengedrängt ist, am intensivsten ist. Diese Stelle dient nun vorzugsweise für die Unter=
suchung des Spektrums, welches je nach den Umständen sehr merkwürdige Verschiedenheiten
zeigt. Ist z. B. eine solche Geißler'sche Röhre mit Wasserstoffgas von einer Atmosphäre
Spannung gefüllt, so leuchtet der enge Theil, sobald die elektrischen Funken hindurch ge=
leitet werden, mit einem intensiven karminrothen Lichte. Dicht vor den Spalt des Spek=
troskops gebracht, erzeugt dieses Licht ein Spektrum von drei besonders markanten Linien,
deren erste im Roth, die zweite im Grünblau, die dritte im Blau gelegen ist; die Zwischen=
räume zwischen diesen Linien sind aber nicht ganz lichtleer, vielmehr zeigen sich Spuren eines
kontinuirlichen Spektrums, welche bei Gas von größerer Dichtigkeit noch deutlicher auf=
treten, so daß das Spektrum in der That zu einem kontinuirlichen wird, wenn sich das
Gas im Zustande der größten Dichtigkeit befindet.

Dagegen zeigt eine Röhre mit möglichst verdünntem Wasserstoffgas
ein ganz abweichendes Spektrum. Dasselbe ist nicht roth, sondern grün,
es besteht nicht aus drei, sondern nur aus einer einzigen Linie, welche an
derselben Stelle liegt, wie die mittlere der vorhin betrachteten, und endlich
ist von einem kontinuirlichen Spektrum nicht das Geringste zu bemerken, die
einzige Linie ist vielmehr ganz scharf begrenzt.

Aus diesen Verschiedenheiten der Spektra, die sich bei allen Gasen in
gleicher Weise wiederholen, kann der Beobachter also direkt einen Schluß
machen auf die Dichtigkeit der lichtausstrahlenden Materie, nicht nur ob
dieselbe fester oder gasförmiger Natur ist, sondern auch auf die Druckver=
hältnisse, in denen sich, wenn es sich um eine Gasart handelt, diese befindet.

Da nun die hellen, charakteristischen Linien sich nur in den Spektren
der gasförmigen Körper zeigen, so wird es bei der Untersuchung eines
Stoffes auf sein eigenthümliches Spektrum immer zuerst darauf ankom=
men, ihn in eine Verbindung zu bringen, die durch die Flammenhitze in
gas= oder dampfförmigen Zustand übergeführt wird. Die Erhitzung durch die
Flamme genügt in vielen Fällen schon, wie man an der Veränderung be=
merken kann, welche eine Spiritusflamme zeigt, in die man mittels eines
schlingenförmig gebogenen Platindrahtes ein Körnchen Kochsalz hält; in
andern Fällen bringt man die betreffenden Körper zwischen die Pole einer
galvanischen Batterie, oder setzt sie der Hitze eines Gebläsefeuers aus, oder
führt sie in Verbindungen über, in denen sie leichter verdampfen u. s. w.
Läßt das Spektrum eigenthümliche helle Linien erkennen, so rühren diese
immer von einem Körper im gasartigen Zustande her.

Das einfachste Spektrum zeigt das Natrium, dasjenige Metall, welches
im Kochsalz enthalten ist und sowol für sich als in dieser Verbindung in
Dampf verwandelt werden kann. Es besteht das Spektrum des Natrium=

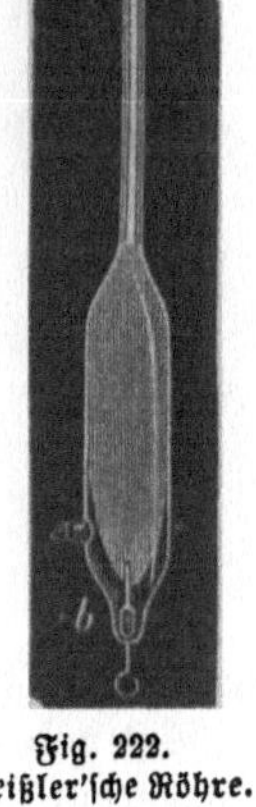

Fig. 222.
Geißler'sche Röhre.

dampfes aus einer einzigen hellen, gelben Linie, deren Lage, das Sonnen=
spektrum als Maßstab angenommen, durch die Fraunhofer'sche Linie D ganz genau
bestimmt wird. Lithion zeigt zwei mehr nach dem Orange und Roth hin gelegene Linien,
Cäsium eine Liniengruppe im Gelb, Orange und Gelbgrün, außerdem aber zwei sehr cha=
rakteristische indigblaue Linien. Das Rubidium zeigt fünf Linienpaare im Roth, Orange,
Gelb, Grün und Violett; Thallium eine Linie im Grün, Indium eine im Blau und eine
schwächere im Violett. Glühendes Sauerstoffgas hat zwei Linien im Roth, eine im Gelb,
eine Liniengruppe im Grün und drei zahlreiche Gruppen im Blau und Violett, wogegen
Wasserstoff nur drei Linien hat: im Orange, Blau und Indig u. s. w.

Diese und zahlreiche analoge Erfahrungen haben nun in den letzten Jahren jene neue
Methode der Untersuchung in die physikalischen und chemischen Wissenschaften geführt, die
so wunderbar in ihrer Einfachheit als überraschend in ihren Resultaten ist, die Spektral=
analyse, und deren Wesen und Geschichte wir etwas näher betrachten müssen.

Die Spektralanalyse. Schon Fraunhofer machte die Bemerkung, daß in Bezug auf die fehlenden Strahlen sich das Licht der Sonne, des Mondes und der Venus übereinstimmend verhält, daß dagegen in den Spektren mancher Fixsterne, wie des Prokyon, der Capella und der Beteigeuze, nur einige Linien, namentlich die Linie D, mit den Linien des Sonnenspektrums identisch sind. Brewster untersuchte 1822 die Fraunhofer'schen Linien verschiedener gefärbter Flammen und beobachtete dabei neue und charakteristische Linien.

Fig. 223.   Gustav Robert Kirchhoff.

Fünf Jahre später erklärte J. Herschel, der sich viel mit ähnlichen Untersuchungen beschäftigt und besonders die eigenthümlichen Spektra von Flammen analysirt hatte, in denen Chlorstrontium, Chlornatrium und andere Salze verdampften, daß jene Substanzen ganz bestimmte Linien durch ihre Gegenwart in der Flamme hervorrufen und „daß man in der Verschiedenheit der Spektra ein ungemein scharfes Mittel habe, um äußerst geringe Spuren von gewissen Körpern zu entdecken." Eben so bestimmt sprach sich Talbot aus, welcher gefunden hatte, daß im Spektrum der Alkoholflamme Kaliverbindungen einen ganz entschiedenen rothen Streifen hervorbringen; „wenn seine Beobachtungen richtig seien, so werde ein Blick ins Spektrum genügen, um Substanzen zu entdecken, die anders nur durch mühsame chemische Analysen ermittelt werden könnten."

Aber trotz der so klar erkannten großen Bedeutung dieses Gegenstandes blieb die Beschäftigung mit ihm noch lange Zeit eine sehr vereinzelte. Es war auch über die Natur der Fraunhofer'schen Linien noch zu viel zu erforschen, als daß eine derartige Bepflanzung des so wenig erkannten Gebietes, wie sie Herschel und Talbot ahnten, der Schritt für Schritt vorwärtsgehenden Gelehrtenwelt schon an der Zeit geschienen hätte.

Woher entstanden die Fraunhofer'schen Linien? An den Stellen, wo sie auftraten, fehlten offenbar die Lichtstrahlen. Aber waren dieselben schon von der Lichtquelle nicht mit ausgestrahlt worden, oder erst bei der Fortpflanzung durch den Aether, in der Atmosphäre 2c. verloren gegangen? Fast schien das Letztere der Fall zu sein, denn Brewster bemerkte 1832 gewisse Linien erst oder wenigstens mit viel größerer Schärfe hervortreten, wenn die Sonne tief am Horizont steht und ihre Strahlen einen längern Weg durch die Luftschichten durchlaufen müssen. Allein die ab= weichenden Spektra verschiedener Flammen, die Entdeckung Wolla= ston's (1835), daß der elektrische Funke andere Linien zeige, wenn er von Quecksilber, andere, wenn er von Zink, Zinn, Kadmium und andern Metallen abspringt,

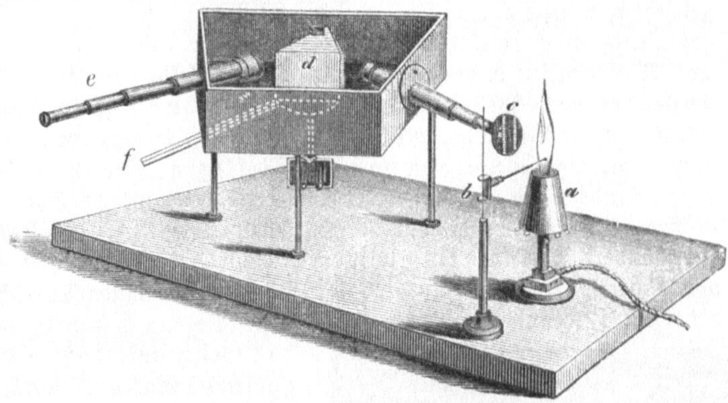

Fig. 224. Das Kirchhoff' und Bunsen'sche Spektroskop.

welche Linien demnach in der Art der Lichtquelle ihre Ursache haben mußten; ferner der Umstand, daß nur einzelne Linien durch die Atmosphäre sich beeinflußt zeigten: Alles zu= sammen zwang, wenn man auch gewisse Absorptionslinien annehmen wollte, neben diesen Linien noch ursprüngliche, den Lichtquellen eigenthümliche zu erkennen. Diese ursprüng= lichen Linien und besonders die bereits betrachteten hellen Streifen homologen Lichtes, welche gewisse Flammen zeigen, in denen Metallsalze verbrennen, sind nun die Grundlage der Spektralanalyse geworden, deren Ausbildung die Namen der beiden Heidelberger Natur= forscher Kirchhoff und Bunsen so berühmt gemacht hat.

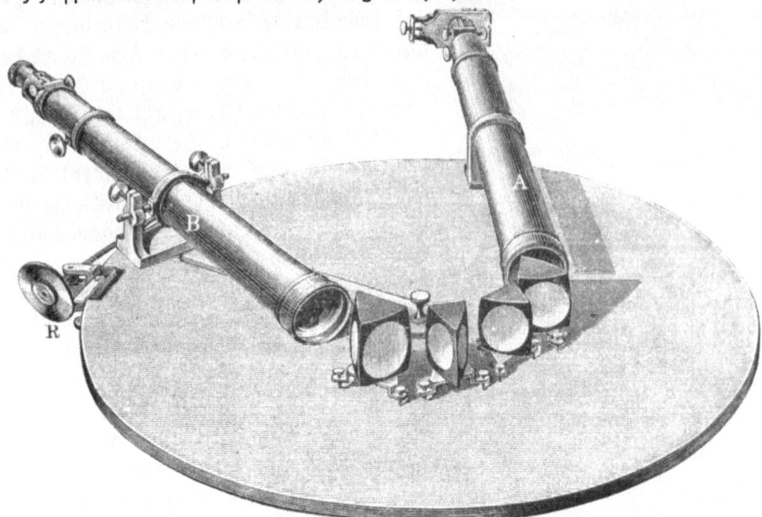

Fig. 225. Kirchhoff's Spektroskop von Steinheil.

Wir dürfen bei der geschichtlichen Betrachtung des Verlaufes dieser genialen Entdeckung nicht die Wollaston'sche Beobachtung vergessen, daß, wenn der elektrische Funke zwischen zwei verschiedenen Metallen überspringt, das Spektrum die Linien beider Metalle zugleich zeigt, und eben so wenig, daß Foucault, nachdem Fraunhofer die Uebereinstimmung zweier heller Linien in den gewöhnlichen Flammenspektren dem Orte nach mit der Linie D des Sonnenspektrums dargethan, die Entdeckung gemacht hatte (1849), daß bei elektrischem Licht, welches wegen Verunreinigung der Kohlenspitzen die beiden gelben Natriumlinien zeigte, als man Sonnenlicht hindurchgehen ließ, im Spektrum an Stelle dieser hellen Linien eine intensiv schwarze Linie auftrat. Licht wurde hier also durch Licht zerstört; daß dies geschehen, deutete darauf hin, daß die Wellen gleicher Länge und gleicher Brechbarkeit sich gegenseitig in ihrer Wirkung aufheben, — ein Fall, den wir in entsprechender Weise an zwei Wasserwellen bemerken können, wenn dieselben so mit einander verlaufen, daß die Thäler der einen Welle mit den Bergen der andern zusammenfallen, sich also ausgleichen. Es ist dies der Vorgang, welchen die Physiker „Interferenz" nennen. Außerdem aber müssen wir die Arbeiten von van der Willigen, Swan, Stockes, Zantedeschi und ganz besonders die klassischen Versuche erwähnen, welche Plücker in Bonn über die ab= sorbirende Kraft verschiedener Gasarten veröffentlichte. Euler hatte schon vor einem Jahrhundert in seiner «Theoria lucis et caloris» ausgesprochen, daß ein jeder Körper Licht von solcher Wellenlänge absorbirt, in welcher seine kleinsten Theilchen selbst osciliren. Durch die neuen Entdeckungen schien dieser Satz Bestätigung zu finden, und Angström stellte 1853

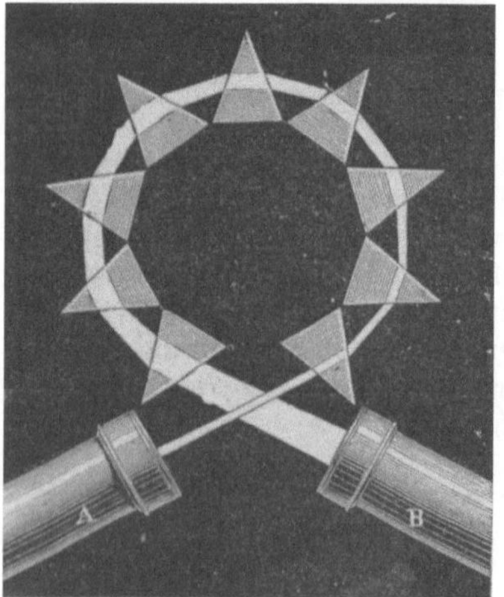

das Gesetz auf, daß die Lichtstrahlen, welche ein glühendes Gas aussendet, dieselbe Brechbarkeit ha= ben, wie diejenigen, welche von ihm absorbirt wer= den können.

Kirchhoff und Bunsen, der Erstere Profes= sor der Physik, der Andere Professor der Chemie in Heidelberg, brachten endlich die Untersuchungen zu einem glänzenden Abschluß, indem sie die Beobach= tungen sammelten und auf einen wol angedeuteten, aber früher nicht streng innegehaltenen Zweck be= zogen. G. Kirchhoff konnte 1860 das fruchtbare Gesetz aufstellen und auf mathematische sowol als auf experimentelle Weise bestätigen: „Das Ver= hältniß zwischen dem Emissionsvermögen und dem Absorptionsvermögen einer und derselben Strahlengattung ist für alle Kör= per bei derselben Temperatur dasselbe."

Fig. 226. Gang der Lichtstrahlen durch neun Prismen.

Es ist dies das Fundamentalgesetz für die Spektralanalyse, denn es ergiebt sich daraus, daß jedes Gas oder jeder Dampf dieselben Lichtstrahlen bei ihrem Durchgange absorbirt oder schwächt, welche von ihm selbst im glühenden Zustande ausgesendet werden. In Gemein= schaft mit Bunsen hat Kirchhoff auch den Einfluß untersucht, welchen verschiedene Verhält= nisse, niedrige oder höchste Temperaturen der Flamme u. s. w., auf das Spektrum ausüben und auch auf diesem Gebiete überraschende Ergebnisse erhalten.

Spektralapparate. Wir wollen zunächst den Apparat, dessen man sich zu bequemer Beobachtung und Untersuchung der Flammenspektra bedienen kann, beschreiben, und beziehen uns dabei auf Fig. 224, die uns denselben in seiner ursprünglichen einfachsten Form darstellt. Vorn bei a sehen wir die Lichtquelle, einen sogenannten Bunsen'schen Brenner a, in dem untern Theile mischt sich das zugeleitete Leuchtgas mit atmosphärischer Luft. Dieses Gemisch leuchtet wenig, entwickelt aber sehr viel Hitze und läßt die mittels des Platindrahts b in die Flamme gebrachten Bestandtheile sich verflüchtigen und in der Flamme mit verbrennen. Die Strahlen der Flamme dringen durch den engen Spalt des Deckels c, welcher ein inwendig geschwärztes und dem Prisma d zu gerichtetes Rohr ver= schließt. Das Spektrum selbst beobachtet man durch das Fernrohr e in dem Prisma d. Das letztere läßt sich mittels eines Hebels f um seine Achse drehen; eine daran angebrachte Vorrichtung erlaubt die Größe dieser Drehung genau zu messen. Ein senkrecht gespannter

Faden im Innern des Fernrohres bildet eine Marke, auf welche die Linien allemal ein=
spielen müssen, und man kann, wenn man für die hauptsächlichsten dunkeln Linien des
Sonnenspektrums die Drehungswinkel gemessen hat, die Lage aller Linien eines andern
Spektrums in Bezug auf jenes sicher erkennen.

Dieser Apparat hat für viele Zwecke in seiner wenig kompendiösen Form mancherlei
Unbequemes, es sind daher von den Physikern und Mechanikern sehr bald Vervollkomm=
nungen angegeben und auch eine Anzahl Hülfsapparate konstruirt worden, welche theils
der Messung, theils der Vergleichung der Spektra dienen. Immer aber ist das Wesent=
liche: der Spalt, durch welchen das von dem leuchtenden Körper ausgehende Licht einfällt;
das Prisma, welches denselben in das Spektrum zerlegt, und das Fernrohr, durch welches
man das letztere beobachtet. Dieser Theil des Apparates kann, wenn es sich darum handelt,
das Spektrum einer Anzahl von Personen zugleich sichtbar zu machen, auch wegbleiben und
an seine Stelle ein weißer Schirm gebracht werden, auf welchem man die gebrochenen
Strahlen auffängt. Es sind indessen dann ganz besonders wirksame Lichtquellen anzu=
wenden, weil bei der Ausbreitung über den größeren Raum entsprechend viel an Helligkeit
verloren geht. Damit die Strahlen parallel auf das Prisma fallen, bringt man zwischen
demselben und dem Spalt eine Sammellinse, die sogenannte Kollimatorlinse, an, und um
die zerstreuende Wirkung zu verstärken, läßt man die Lichtstrahlen durch zwei und mehrere
Prismen gehen. Ein solches Arrangement zeigt das nach Kirchhoff's Angaben von Stein=

heil in München aus=
geführte Instrument
(Fig. 225); dasselbe be=
sitzt vier Prismen, von
denen drei einen bre=
chenden Winkel von 45
Grad haben, das vierte
einen von 60 Grad be=

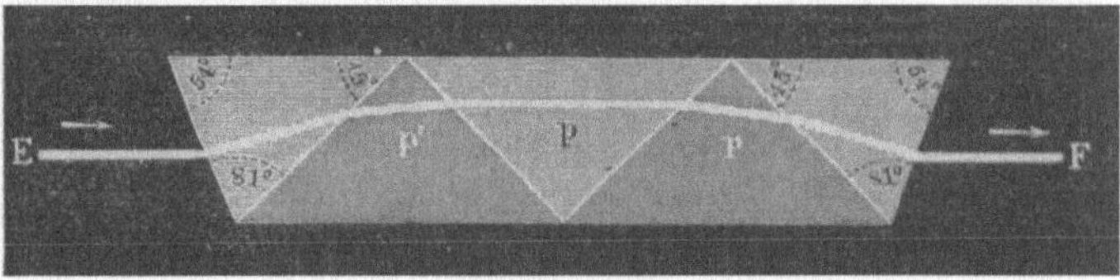

Fig. 227. Janssen's geradsichtiges Prismensystem.

sitzt. Das Rohr A trägt an seinem vorderen Ende die Spaltvorrichtung, B ist das Fern=
rohr, durch welches das Spektrum beobachtet wird. Es ist auf seiner Unterlage mittels
der Mikrometerschraube R drehbar und können dadurch die feinsten Winkelgrößen gemessen
werden. Browning in London, der sich durch die Herstellung ausgezeichneter spektro=
skopischer Apparate einen berühmten Namen gemacht hat, hat sogar bei einem Spektroskop,
das er für die Sternwarte in Kiew baute, ein Arrangement von neun Prismen angewandt.
Fig. 226 zeigt den Gang, den die Lichtstrahlen durch deren Zwischenschaltung zu nehmen
gezwungen werden. Derartige Instrumente sind für die feinsten wissenschaftlichen Unter=
suchungen nothwendig; für viele Fälle aber genügt schon ein Apparat, der nicht die höchst=
mögliche Genauigkeit erreichen zu lassen braucht, wenn dafür seine Handhabung eine leichte
und bequeme ist. Namentlich ist für die Untersuchung solcher Spektra, welche nicht von
einem konstanten, festen, leuchtenden Punkte ausgehen, der Umstand, daß die Einfalls=
richtung des Strahles und die Sehrichtung des Fernrohres einen Winkel machen, insofern
störend, als dadurch die rasche Einstellung des Apparates sehr gehindert wird und manche
nur kurze Zeit aufleuchtende Phänomene, wie Sternschnuppen, gar nicht damit zu unter=
suchen sein würden. Man hat sich daher sehr bald Mühe gegeben, Apparate zu konstruiren,
welche gestatten, den Lichtstrahl in derselben Richtung, wie er einfällt, zu untersuchen, so=
genannte geradsichtige Spektroskope (à vision directe). Amici war der Erste, welcher
im Jahre 1860 das Problem löste. Es ist bekannt und wir werden Gelegenheit haben, bei
der Besprechung der achromatischen Linsen genauer auf diesen Gegenstand einzugehen, daß
die Ablenkung der Lichtstrahlen und die Zerstreuung (Dispersion) des Spektrums für Prismen
von verschiedenen Glassorten nicht unter allen Umständen gleich sind. Ein Flintglasprisma
giebt bei gleich großer Ablenkung der mittleren Strahlen ein Spektrum, welches viel mehr
in die Länge gezogen ist als das Spektrum, das von einem Crownglas=Prisma hervor=
gerufen wird. Wenn man also ein Flintglasprisma mit einem entsprechend geschliffenen

Crownglas-Prisma in umgekehrter Lage so kombinirt, daß das eine die Ablenkung des andern wieder aufhebt, so werden die Strahlen zwar in der Einfallsrichtung weiter gehen; sie werden aber, da die Dispersion nicht eben so vollständig aufgehoben worden ist, immer noch zerstreut bleiben und bei ihrem Austritt ein Spektrum, wenn auch von geringerer Breite als das ursprüngliche, bilden. Durch Aneinanderfügung mehrerer solcher Prismenpaare kann man nun die zerstreuende Kraft vermehren, und die Instrumente, welche Amici, Janssen in Paris und Browning in London konstruirt haben, sind nach dem Prinzip eingerichtet, welches durch Fig. 227 versinnlicht wird. Browning hat Taschenspektroskope in den Handel gebracht, deren Länge nicht mehr als 8 Centimeter beträgt und die man wie ein kleines Fernrohr direkt auf den leuchtenden Punkt zu richten und sehr bequem zur spektroskopischen Untersuchung der Sternschnuppen benutzen kann. Dieselben enthalten ein System von sieben Prismen, Kollimatorlinse und Beobachtungsfernrohr, wie die größeren Apparate. An diesen letzteren sind bisweilen noch Hülfsapparate angebracht, Maßstäbe, Theilungen oder Vorrichtungen, welche die gleichzeitige Betrachtung zweier von verschiedenen Lichtquellen ausgehender Spektren zur Vergleichung gestatten; davon kann natürlich bei den Miniaturspektroskopen nicht die Rede sein.

Seit dem Bekanntwerden der Kirchhoff-Bunsen'schen Entdeckungen sind die spektroskopischen Untersuchungen nun zu einer Aufgabe geworden, welcher sich Physiker, Astronomen und Chemiker mit großem Eifer hingegeben haben; sie haben um so mehr Theilnahme gefunden, als sie, durch hinreichend weit vorgeschrittene Leistungen der optischen Mechanik unterstützt, die Apparate, deren sie bedurften, in vollkommenster Ausführung sich zu Gebote gestellt sahen und dadurch sehr bald ein Reichthum der überraschendsten Resultate zu Tage gefördert wurde, der die Fruchtbarkeit aller früheren Methoden der Forschung in den Schatten stellte. Von den Liniensystemen, welche die verschiedenen irdischen Stoffe in den Spektren zeigen, sind genaue Abbildungen, auf die sorgfältigsten Messungen gestützt, entworfen worden, so daß man dieselben mit Genauigkeit zur Vergleichung heranziehen kann, und namentlich haben sich Angström und Thalén durch ihre Arbeiten hervorgethan. Beispielsweise sind im Spektrum des Titan 170, im Eisenspektrum gegen 500 Linien bestimmt worden.

Resultate der Spektralanalyse. Dasjenige, was die Spektralanalyse auszeichnet vor allen anderen Methoden der exakten Forschung, ist die an das Wunderbare grenzende Empfindlichkeit, welche gleichwol, da sie auf einfache Maßunterscheidung basirt, jede Täuschung ausschließen läßt. Die Reaktionen sind so fein, daß z. B. von Natron der fünfmalhunderttausendste Theil eines Pfundes, in weitere Dreimillionentheile getheilt, noch deutlich die charakteristische Linie erkennen ließ. Wir finden durch das Spektroskop, daß bei Westwind sich mehr Natron in der Luft befindet als bei Nordost, weil dort der Wind über das kochsalzhaltige Meerwasser, hier aus den weiten Länderstrecken und Steppen des ungeheuern Russischen Reiches zu uns kommt.

Im Verlauf der Untersuchungen, die Kirchhoff und Bunsen anstellten, mußte es nun ganz besonders überraschen, nicht nur daß manche Körper, die man früher für sehr selten in der Natur vorkommend angesehen hatte, sich jetzt plötzlich weitverbreitet und fast in allen Gesteinen und Wässern, wenn auch in ungemein geringer Menge, verriethen, sondern noch mehr, daß manchmal helle Linien im Spektrum erschienen, welche mit den Linien aller übrigen bekannten Stoffe durchaus nicht übereinstimmend waren. So fiel den beiden Forschern zuerst mitunter eine prachtvolle rothe, noch vor der Kaliumlinie auftretende helle Linie auf, und zugleich mit ihr erschienen allemal im Verlaufe des Spektrums einige andere Linien von konstanter Lage; sodann ließ sich bisweilen eine ganz besonders helle und schön gefärbte blaue Linie bemerken, die ebenfalls von bestimmten anderen Linien begleitet wurde und mit der blauen Strontiumlinie gar nicht verwechselt werden konnte. Bisweilen kamen die beiden neuen Linien zusammen vor, bisweilen beobachtete man die rothe allein mit ihrem Hofstaate, andere Male sah man wieder das System der blauen Linie gesondert, und vorzugsweise waren es gewisse Mineralien, Lepidolith z. B. und die Dürkheimer Soole, welche die Erscheinung in ganz besonderer Schönheit bemerken ließen.

So überraschend diese Entdeckung den Forschern war, so überraschend mußte der ganzen gebildeten Welt das Ergebniß sein, welches sich daran knüpfte. „Die Linien müssen eine Ursache haben; nach allen Erfahrungen muß dieselbe eine den Ursachen anderer heller Linien ähnliche sein; die übrigen hellen Linien werden durch Stoffe hervorgebracht, deren Dampf in der Flamme glüht; in unserer Flamme muß also ein oder müssen mehrere Körper glühen, welche mit den uns bis jetzt bekannten eben so wenig übereinstimmen, wie die beiden von ihnen hervorgerufenen hellen Linien mit den bisher bekannten; in dem Lepidolith und in der Dürkheimer Soole müssen ein paar neue Elemente stecken, von denen die Chemiker noch keine Ahnung haben.

So urtheilten Kirchhoff und Bunsen. So urtheilte einst Leverrier in Paris, als er die Beobachtungen gewisser Störungen im Laufe der Planeten seiner Rechnung unterwarf und den Neptun herausrechnete. Der Neptun wurde gefunden und die beiden neuen Elemente wurden auch dargestellt, und zwar von ihren Entdeckern selbst, welche sie nach der Farbe ihrer charakteristischen Linien mit den Namen Rubidium und Cäsium belegten. Beides sind Metalle von größerer Verwandtschaft zum Sauerstoff als das Kalium, mit dessen Verbindungen ihre Salze einige Uebereinstimmung erkennen lassen, so daß sie sich in reinem gediegenem Zustande in der Natur gar nicht erhalten können. Ihre Reindarstellung gelang mit Hülfe der galvanischen Batterie. Später als die beiden genannten Metalle wurde auf dieselbe Weise das Indium von Reich in Freiberg, und das Thallium, welches letztere sich durch eine sehr deutlich hervortretende lauchgrüne Linie bemerklich macht, entdeckt.

Aber diese Auffindung neuer chemischer Elemente allein war es nicht, was der Spektralanalyse plötzlich eine so große Bedeutung unter den physikalischen Methoden gab; vielmehr erschien dies geringfügig gegen die Entdeckungen, welche die Lichtanalyse in denjenigen Räumen des Weltalls darbot, aus denen eben nichts zu uns herüber reicht, als die Wellenerschütterung des Aethers,

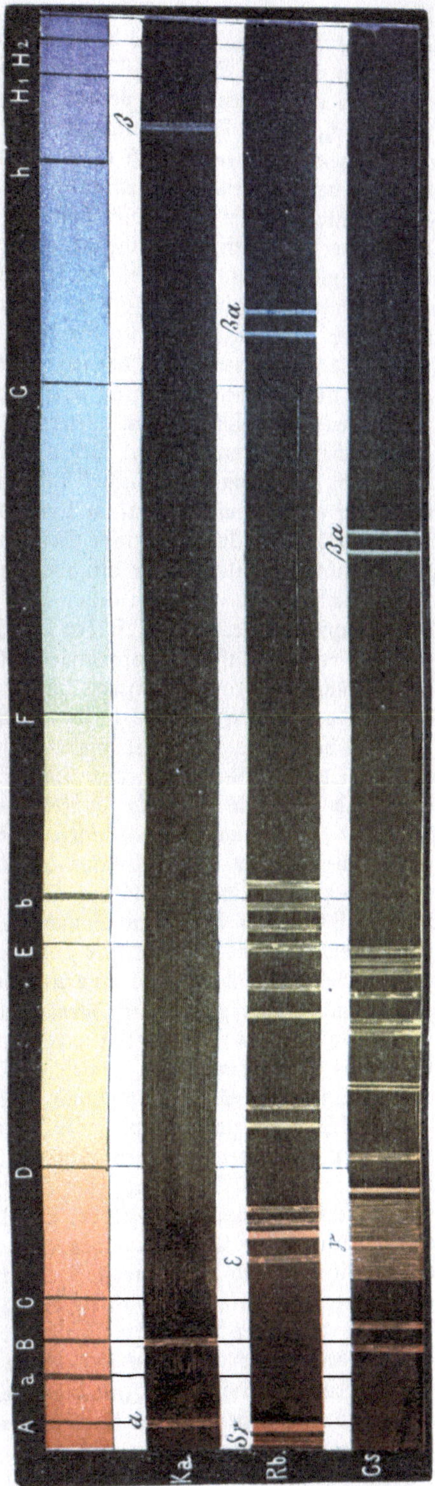

Fig. 228. Zusammenstellung des Sonnenspektrums mit den Spektren der Kalium-, Rubidium- und Cäsiumflammen.

und die uns so lange dunkel bleiben mußten, als wir jene Lichtschwingungen nicht verstanden. Das Verständniß wurde durch die Spektralanalyse gegeben.

Nachdem man die Spektra aller möglichen irdischen Stoffe untersucht und die Gesetze erkannt hatte, nach denen sie sich verändern, je nachdem in der Flamme ein Körper allein oder in einer chemischen Verbindung glüht, je nachdem der Körper fest, flüssig oder gasförmig ist; nachdem man den Einfluß erkannt hatte, welchen erhöhter oder verminderter Druck ausübt, dem der leuchtende Körper ausgesetzt ist, oder die Temperatur, in welcher er ins Glühen kommt; nachdem alle diese Umstände in der erschöpfendsten Weise untersucht und zu diesen Untersuchungen entsprechende Apparate und Methoden erfunden worden waren, ergaben sich aus der Zusammenstellung der erlangten Resultate und aus der Diskussion der gemachten Beobachtungen Schlüsse von vordem ganz ungeahnter Tragweite. Man erhielt Aufschluß über die chemische Natur der Körper unsers Sonnensystems nicht nur, sondern ebenso über die Zusammensetzung der Fixsterne, von denen der nächste doch gegen 4 Billionen Meilen von uns entfernt ist; ja man durfte sogar die Lösung der Fragen erwarten: ob sich diese entfernten Himmelskörper im Weltraum bewegen oder nicht und in welcher Richtung und mit welcher Geschwindigkeit. Der ausgezeichnete englische Astronom Huggins hat z. B. das Licht des Sirius untersucht, und aus der nach einer bestimmten Seite gehenden Verbreiterung einer gewissen dunkeln Linie durfte er schließen, daß sich der Sirius von dem Punkte des Weltalls, den unser Sonnensystem einnimmt, mit einer Geschwindigkeit von 29,4 englischen Meilen in der Stunde hinwegbewegte.

Als Kirchhoff sein spektralanalytisches Grundgesetz erwiesen hatte, daß das Gas oder der Dampf eines Körpers dieselben Lichtstrahlen absorbirt, welche jener Körper aussendet, wenn er in ebenfalls gasförmigem Zustande ins Glühen kommt, lag zuerst eine richtige Deutung der Fraunhofer'schen Linien des Sonnenspektrums nahe. Verglichen mit den Spektren der irdischen Stoffe zeigte es sich, daß eine sehr große Anzahl dieser dunkeln Linien genau der Lage nach mit vielen der hellen Linien zusammenfielen, welche die Spektra der irdischen Stoffe zeigten. Das Eisen z. B. zeigt 460 helle Linien, genau zusammenfallend mit eben so vielen dunkeln des Sonnenspektrums; Kirchhoff, Hoffmann, Angström und Thalén haben dies nachgewiesen; das Titanspektrum hat über hundert mit Fraunhofer'schen Linien übereinstimmende helle Linien; die hellen Linien des Natrium, Kalium, Mangan, Chrom, Nickel, des Calcium, des Baryt, des Magnesium, des Goldes, des Wasserstoffs u. s. w. kehren im Sonnenspektrum als dunkle wieder. Das Kirchhoff'sche Gesetz war bewiesen und es war nur eine ganz logische Anwendung, wenn man schloß, daß um die hellleuchtende Sonne eine Atmosphäre schwebe, welche alle die vorbenannten Stoffe in dampf- oder gasartiger Form enthalte und die Kraft ihrer Zusammensetzung das von dem glühenden Sonnenkern ausgehende kontinuirliche Licht zum Theil absorbire. Wenn man die große Anzahl von Linien in Erwägung zieht, welche manche Spektra mit den dunkeln Linien des Sonnenspektrums übereinstimmend zeigen, so wird man an eine Zufälligkeit nicht mehr glauben und jener Theorie, wenn sie auch in manchen Einzelheiten noch eine oder die andere Modifikation erfahren kann, doch darin, daß die durch das Spektrum angedeuteten Stoffe auf der Sonne vorkommen, den höchsten Anspruch auf Richtigkeit zuerkennen müssen. Silber, Quecksilber, Antimon, Arsen, Zinn, Blei, Kadmium, Strontium und Lithium zeigen eine solche Uebereinstimmung der Spektra nicht, ebenso das Silicium und der Sauerstoff; daraus aber schließen zu wollen, daß diese Stoffe auf der Sonne nicht vorkommen, dürfte dennoch gewagt sein, da eben so gut noch nicht erforschte Umstände gerade die Spektra dieser Körper beeinflußt haben können.

Aber neben Diesem hat man auch Blicke in die Lebensthätigkeit der Sonne gethan. Man hat in dem Spektroskop ein Instrument entdeckt, welches die räthselhaften Protuberanzen*), die man bisher nur bei totalen Sonnenfinsternissen beobachten konnte, jeder Zeit

*) Eigenthümliche leuchtende Hervorragungen über den Sonnenrand von bedeutender Höhe (bis 40,000 Meilen) und wechselnder Form.

bei hellem Sonnenschein nachweisen und in ihrer Lage, Form und Größe bestimmen läßt. Ein Phänomen, das zu beobachten man vordem und noch in den Jahren 1868 und 1869, welche durch totale Sonnenfinsternisse ausgezeichnet waren, ganz besonders großartige und kostspielige Expeditionen ausrüstete, ist jetzt der tagtäglichen Beobachtung und Untersuchung zugänglich geworden. Alles deutet darauf hin, daß die Protuberanzen gewaltige Wasserstoff= ausströmungen sind, welche aus dem Sonnenkern an einzelnen Stellen plötzlich und unter sehr großem Druck hervorbrechen, denn ihr Spektrum besteht aus mehreren hellen Linien, die mit den Linien des Wasserstoffs übereinstimmen. Indem man den feinen Spalt des Spektroskops, durch welchen man das Licht für das Spektrum einfallen läßt, radial so gegen die Sonnenseite richtet, daß er diese nur zum geringen Theile mit deckt, erhält man außer dem Sonnenspek= trum auch das Spektrum der Protuberanz, wenn sich eine solche gerade an der Stelle des Sonnenrandes befindet, und man kann beide, auch wenn sie sich decken, sehr gut von einander unterscheiden, da das Sonnenspektrum von dunkeln Linien durchzogen ist, das der Protuberanz aber nur aus hellen Linien besteht, die sich selbst auf dem Sonnenspektrum noch bemerklich machen, wenn man das Sonnenlicht durch sehr weit getriebene Zerstreuung mittels einer großen Anzahl von Prismen beträchtlich schwächt. Die hellen Linien der Protuberanzen werden dadurch nicht mit zerstreut, sie behalten vielmehr ihre Intensität bis auf die Vermin= derung, die sie an ihrer Helligkeit durch die Absorption, welche das Glas bewirkt, erfahren.

Man hat die Nebelflecke durch das Spektroskop als dunstförmige Wolken kennen gelernt, die Sternschnuppen und Feuerkugeln untersucht und ihre Kerne als glühende, feste Körper gefunden, denn die Spektra derselben sind kontinuirlich. Das Spektrum der Nebelflecke ist kein kontinuirliches. Es besteht vielmehr aus einzelnen Linien, und daraus muß geschlossen werden, daß jene kosmischen Gebilde, über deren materielle Natur man sich vordem durch= aus keine begründete Vorstellung machen konnte, Gasmassen im Zustande sehr großer Ver= dünnung sind. Und zwar läßt die Uebereinstimmung, welche die Spektren einiger Nebelflecke, so z. B. der Ringnebel in der Leyer, der Nebelfleck im Wassermann, mit den Spektren des Stickstoffgases zeigen, den weitern Schluß zu, daß die genannten beiden Gase einen wesent= lichen Antheil an der stofflichen Zusammensetzung jener lichtstrahlenden Massen haben. Leider war zur Zeit, als der große Donati'sche Komet am Himmel stand (im Jahre 1858), die Spektralanalyse noch nicht so weit ausgebildet, um zur Untersuchung dieser merkwür= digen Erscheinung herangezogen werden zu können; in den wenigen Jahren, in denen das Spektroskop erst der physischen Astronomie seine Dienste hat leisten können, sind es nur ganz kleine Kometen gewesen, die sich der Analyse ihres Lichtes dargeboten haben. Aus den daran angestellten Beobachtungen kann man deshalb zwar keine endgiltigen Schlüsse ziehen, es ist aber doch zu konstatiren, daß das Spektrum der bisher untersuchten Kometen eine merkwürdige Aehnlichkeit mit dem Spektrum eines glühenden Kohlenwasserstoffes zeigt. —

Das Nordlicht, die Lichterscheinungen um die Sonne, die Corona, das Licht der Fix= sterne, das Zodiakallicht, kurz alle Phänomene, welche leuchtend am Himmel auftreten, sind mit Hülfe der Spektralapparate geprüft worden, und so jung diese Forschungsmethode noch ist, so zahlreich sind schon die Aufschlüsse, die uns durch sie über das Wesen der Himmelskörper geworden sind.

Das Spektroskop hat aber die Fähigkeit, in gleicher Weise Vorgänge, die sich in ungeheueren Weiten abspielen, in ihren Ursachen uns aufzuklären, und ebenso uns die Antwort nicht schuldig zu bleiben, wenn wir es auf das Nächstliegende richten, ja geradezu uns in uns selbst auch sehen zu lassen. Es vereinigt die Eigenschaften des Mikroskops mit denen des Teleskops. Lockyer theilt in seinen Vorlesungen einen Fall mit, der dies recht augenscheinlich macht. Ein englischer Arzt spritzte die Lösung eines Lithiumsalzes, welche davon nicht mehr als $1/5$ Gramm enthielt, einem Meerschweinchen unter die Haut, um die Geschwindigkeit nachzuweisen, mit welcher der thierische Körper im Stande ist, gewisse Stoffe aufzunehmen und in seinem Organismus zu verbreiten. Diese Frage ist für die praktische Heilkunde gewiß von großer Bedeutung. Bei jenem Versuch nun ließ die eigen= thümliche Linie des Lithiums im Spektrum erkennen, daß der eingespritzte Stoff schon nach

4 Minuten bis in die Galle gedrungen war; nach 10 Minuten war der ganze Körper davon infizirt, selbst die Krystalllinse des Auges zeigte Spuren. Ebenso hat man im menschlichen Körper nachgewiesen, indem man Staarblinden vor der Operation geringe Mengen kohlensaures Lithion eingab, daß dieses Salz nach einigen Stunden in allen Organen des Körpers und ebenfalls in der Krystalllinse des Auges anzutreffen war. Um schließlich noch zu zeigen, wie auch die Technik bereits von der Spektralanalyse profitirt, sei nur kurz der Anwendung des Spektroskops bei der Bessemerstahl-Bereitung erwähnt. Bekanntlich gründet sich dieselbe darauf, daß das kohlenstoffüberreiche Gußeisen durch Einblasen von atmosphärischer Luft in die schmelzende Masse von einem Theile seines Kohlenstoffgehaltes befreit wird, indem derselbe durch den zutretenden Sauerstoff verbrennt. Der Gußstahl, welchen man herstellen will, hat einen geringeren Kohlenstoffgehalt, der aber ebenfalls einen ganz bestimmten Prozentsatz ausmacht, und es ist von ausschlaggebender Wichtigkeit, genau in dem Moment den Prozeß zu unterbrechen, wo jener Gehalt erreicht ist. Ein Versehen von wenig Sekunden reicht hin, um den ganzen Inhalt der Retorte, welche gewöhnlich hundert und mehr Centner enthält, zu verderben. Das Spektroskop läßt jenen Moment erkennen, denn die bei der großen Hitze glühend aus der Retorte tretenden Dämpfe zeigen im Verlaufe der Operation ein sich veränderndes Spektrum, welches anfänglich die hellen Linien des Kohlenstoffs aufweist, die aber immer schwächer werden, je weiter die Entkohlung des Eisens fortschreitet, und in dem Moment, wo der Gußstahl gar ist, gerade verschwinden. In diesem Augenblick muß das Einströmenlassen der Luft unterbrochen werden. Hier ist das Spektroskop also ein Wegweiser für das Gelingen eines Prozesses, bei dem es sich immer um beträchtliche Summen handelt, und zwar der sicherste, denn es giebt kein Hülfsmittel der Technik, welches nur annähernd gleich zuverlässig wäre.

Janssen, der die Wasserstoffnatur der Protuberanzen entdeckte, Huggins, Miller, Secchi, Herschel, Lockyer und Thalén sind Namen, welche ruhmvoll mit der Ausbildung und den Erfolgen der Kirchhoff-Bunsen'schen Spektralanalyse verknüpft sind, und wenn wir Jene erwähnen, so dürfen wir Derer nicht vergessen, welche durch die Vervollkommnungen der mechanisch-optischen Hülfsmittel und Instrumente den Beobachtungen eine immer wachsende Schärfe und Genauigkeit gegeben, neue Apparate erdacht und dadurch neue Versuchsweisen ermöglicht haben: Steinheil, Merz und Browning.

Die Spektralanalyse legt in allen Punkten glänzendes Zeugniß ab für das menschliche Genie in glücklicher Erfassung des überaus einfachen Grundgedankens, in scharfsinniger Erfindung der elegantesten Methoden und deren Anwendung auf das unermeßliche Gebiet der Erscheinungen, in Stellung der Fragen und in Mitteln zu ihrer Beantwortung sowie endlich in dem Reichthum der erlangten Resultate.

Ob nun die durch die neue Untersuchungsmethode hervorgerufenen Theorien die einschlagenden natürlichen Erscheinungen endgiltig erklärt haben oder nicht, das ist allerdings bis zu völliger Sicherheit noch nicht erwiesen und auch nicht erweisbar. Denn, wie alles außer uns Liegende nur auf dem Wege der Schlußfolgerung unser Eigenthum werden kann, so werden alle gewonnenen Anschauungen immer noch hypothetische bleiben. Aber die Hypothese nähert sich um so mehr der Gewißheit, je mehr sie Thatsachen umfassen kann und je weniger unter allen ihr widersprechen. Die durch die Spektralanalyse gewonnenen Anschauungen gehören aber gerade zu denjenigen, welche durch ihren mathematischen Charakter eine große Befriedigung gewähren.

Die Camera obscura.

Die Welt im dunkeln Zimmer. Von den Linsen. Ihre Arten und ihr Prinzip. Die Linsen- und Prismenapparate der Leuchtthürme. Sphärische Abweichung. Sammellinsen. Brennpunkt. Brennweite. Linsenbilder, reelle und virtuelle. Achromatische Linsen und ihre Erfindung. Schleifen der Linsen. Das Münchener optische Institut. Die Camera obscura. Sonnenbildchen bei der Sonnenfinsterniß. Laterna magica und Nebelbilder.

Kaum irgend ein anderer physikalischer Apparat dürfte eine ähnliche überraschende Wirkung auf jeden Beschauer ausüben, als es die Camera obscura thut.

Auf einer ebenen Fläche weißen Papieres sehen wir die uns umgebende Landschaft mit allem natürlichen Zauber der Perspektive, Färbung und Beleuchtung. Zwischen grünen Auen schlängelt sich ein Fluß hin. Auf seiner klaren Oberfläche spiegelt sich die Sonne; überhängendes Gebüsch oder steilere Ufer werfen dunkle Schatten und die hell beleuchteten Gebäude an dem Gestade, die darüber gespannten Bogen der Brücke zeigen ihr wiederkehrendes Bild in dem flüssigen Elemente. Darüber hinaus erheben sich waldbewachsene Hügelketten, die sich in duftiger Ferne verlieren. Im Vordergrunde aber blicken wir in die Straßen und Plätze einer großen Stadt und über dem Ganzen schwebt der luftdurchflossene Himmel mit seinem körperlosen Blau, das den Blick in unendliche Tiefen zieht. Wenn der Zeichenstift des Malers auch die Umrisse des Bildes wiederzugeben vermag, so muß der größte Künstler daran verzweifeln, den Reiz der Farbe und des Lichtes, welcher das wunderbare Gemälde erfüllt, erreichen zu wollen. Vor Allem aber überraschend ist die in dem Bilde herrschende Bewegung, durch welche wir in ein ganz neues Gebiet von Erfindungen versetzt werden. Wir sehen nicht die Natur in einem einzelnen Momente fixirt. Die weißen Wolken bleiben nicht stehen, wie sie selbst auf dem vollendetsten Kunstwerke des Malers fest stehen bleiben.

Wir verfolgen sie mit unseren Augen, wenn sie an dem blauen Himmelsgewölbe vorüber=
ziehen und mit ihrem Schatten die darunter liegende Gegend strichweise verdunkeln. Das
Glitzern der Wellen zeigt uns die Bewegung des Wassers; die Wipfel der Bäume schwanken;
in matt erkennbaren Wellen wogt das Aehrenfeld, und wir glauben den Wind zu fühlen,
der die Blätter zittern macht und das Wasser kräuselt.

Da kommt ein Boot um die Biegung des Flusses, vorn sitzen die Ruderer und führen
mit regelmäßigem Taktschlage das leichte Fahrzeug uns näher. Sie legen an. Einige von
der Gesellschaft steigen ans Ufer und wandeln zwischen Hecken jenem Gartenhause zu, dessen

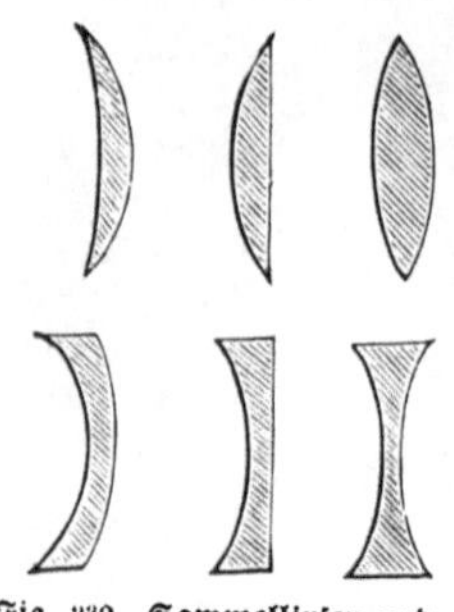

Fig. 230. Sammellinsen und
Zerstreuungslinsen.

Thür sich öffnet und wieder schließt. Und näher im Mittelpunkt
der zauberischen Tischplatte entwickelt sich jetzt ein wechselreiches,
buntes Leben. Die kühler werdenden Stunden des Nachmittags
locken eine festlich geschmückte Menge hinaus ins Freie. Bunt ge=
kleidete Frauen, schwarzwandelnde Männer, springende Kinder,
Hunde, Wagen, Pferde — Alles, was Beine hat, kribbelt mit
seinem Schatten über den Plan und verschwindet um Straßen=
ecken, taucht wieder auf, begegnet sich und grüßt sich. Man sieht
mit einander sprechen — du hältst den Athem an, weil du glaubst,
jeden Augenblick müsse der Schall an dein Ohr schlagen. So
kann man stundenlang diesen immer wechselnden und unerschöpf=
lichen Reizen der Betrachtung sich hingeben; und der Apparat,
durch den sie hervorgebracht werden, ist so einfach, ein Zauber=
stab könnte nicht einfacher sein. Eine ebene Tischplatte, ein Spiegel, ein paar Linsen. —
Was sind Linsen?

Richtig, wenn du erfahren sollst, auf welche Weise das reizende Bild in der Camera
obscura erzeugt wird, muß ich dich zuvor mit den hauptsächlichsten Bestandtheilen derselben
und ihrer Wirkungsweise bekannt machen.

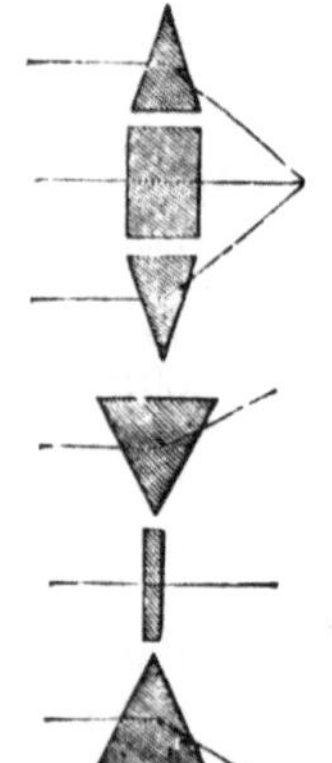

Fig. 231. Prinzip der
Linsen.

Die Linsen, d. h. die optischen Linsen, mit denen wir es
hier allein zu thun haben, sind regelmäßig geschliffene Glaskörper von
meist runder Gestalt, deren Oberfläche mindestens auf der einen Seite
gekrümmt ist. Die verschiedenen Arten derselben sind in Fig. 230 so
dargestellt worden, wie sie im Durchschnitt aussehen würden. Je
nachdem die Krümmung nach außen oder nach innen zu geht, unter=
scheidet man zunächst konvexe und konkave Linsen; diese zerfallen, je
nachdem beide Oberflächen oder nur die eine gekrümmt ist, in bi=
konvexe, plankonvexe, bikonkave und plankonkave Linsen.
Die bikonvexen Linsen aber sind wieder unter sich verschieden. Die
Krümmung kann nach beiden Seiten oder nur nach einer Seite ge=
richtet sein; im letztern Falle heißen die Gläser konvex=konkave oder
auch Menisken. Die bikonvexen (oder konvergirenden) Linsen sind
in der Mitte dicker als am Rande, die bikonkaven (divergirenden)
Linsen dagegen in der Mitte dünner.

Die optische Wirkung der Linsen können wir uns am besten ver=
augenscheinlichen, wenn wir von dem Prisma ausgehen und zu diesem Behufe die Zeichnung
Fig. 231 zu Grunde legen. Denken wir uns zwei Prismen und eine kleine ebene Glasplatte
so gegen einander gestellt, wie es der obere Theil der Figur zeigt, so werden diejenigen
parallel ankommenden Sonnenstrahlen, welche durch die mittelste Glasplatte hindurchgehen,
ungebrochen ihren Weg fortsetzen; diejenigen aber, welche die Prismen treffen, eine Ab=
lenkung nach der Mitte hin erfahren. Sind die Prismen in Bezug auf ihre Brechbarkeit
ganz gleich, so werden die Strahlen auch durch sie eine gleiche Ablenkung erfahren und
sich in denselben Punkten der Achse, welche durch den Mittelpunkt des Systemes geht und
rechtwinklig auf der Mittelpunktsebene steht, treffen. An dieser Stelle der Achse wird ein
Spektrum entstehen, welches seine Strahlen von beiden Seiten erhält und welches eine

gewisse Länge haben wird, selbst wenn wir uns durch jedes der Prismen nur je ein schmales Strahlenbündel gehend denken. In diesem gemeinsamen Spektrum wird sich also die Lichtintensität aller drei Strahlenbündel vereinigen.

Denken wir uns nun aber nicht nur drei Strahlen, sondern nehmen wir an, daß neben diesen noch eine Lichtmasse von derselben Richtung her auf das System von Glaskörpern fällt, so wird jeder Strahl derselben zwar auch in gleicher Weise wie vorher gebrochen, aber wir werden ein Spektrum von ziemlich großer Länge erhalten, das nur an den Rändern gefärbt ist, in der Mitte aber, wo die verschiedenen farbigen Strahlen der einzelnen kleinsten Strahlenspektra sich über einander legen und vermischen, werden wir gewöhnliches weißes Licht erblicken.

Es leuchtet ein, daß die Strahlen, welche nahe der Achse einfallen, diese auch am ehesten schneiden werden, und daß diejenigen, welche erst an der Spitze in das Prisma eintreten, da sie jenen ganz parallel gebrochen werden, auch die Achse um so weiter hinter dem Prisma erst schneiden werden, je höher das Prisma ist. Die Länge des Spektrums wird hierdurch bedingt. Wollte man der oberen Hälfte des Prisma einen stumpferen

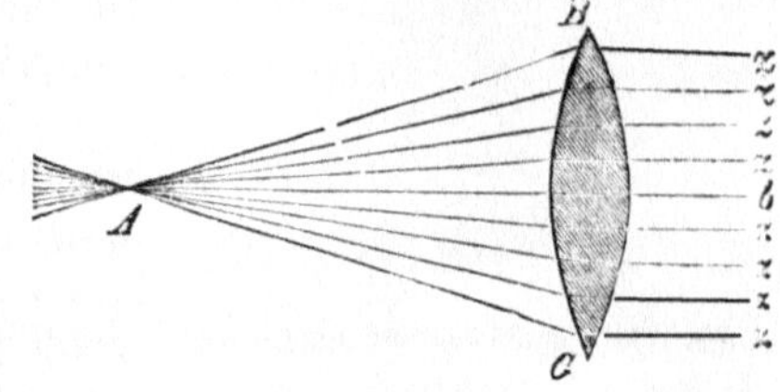

Fig. 232. Wirkung der bikonvexen Linse auf gerade auffallende Strahlen.

Winkel geben, so könnte man das Spektrum auf die Hälfte verkürzen und um das Doppelte intensiver machen, wenn man es so einrichtete, daß die äußersten Strahlen der Spitze auf denselben Punkt mit den äußersten Strahlen der unteren Prismenhälfte gebrochen würden. Und so könnte man, wenn jede Hälfte für sich immer wieder in deren zwei abstumpfte, deren Spektra sich gegenseitig nähern, die ganze durch die Prismen gebrochene Lichtmasse endlich in einem einzigen Punkte der Achse vereinigen. Freilich müßte dann streng genommen jeder Strahl für seinen besondern Abstand von der Achse auch sein besonderes Prisma haben, und die verschiedenen Abstumpfungen derselben würden nur durch unmerkliche Winkel in einander übergehen. Im Durchschnitt erschiene das ganze Prismensystem nicht mehr wie in Fig. 231 von geraden Linien begrenzt, es würde vielmehr eine ganz stetig verlaufende Krümmung zeigen. Dieser Fall ist in Fig. 232 dargestellt, und er versinlicht vollständig das Prinzip der bikonvexen Linse. Denn bei derselben zeigt jede durch den Mittelpunkt gelegte senkrechte Ebene denselben Querschnitt, und die Wirkung, welche die Brechung in dem einen Durchmesser hervorbringt, wiederholt sich in allen übrigen, so daß alle Strahlen, welche wie die Strahlen z parallel auf die Linse auffallen, hinter derselben in einem Punkte A vereinigt werden müssen. Eine solche Linse,

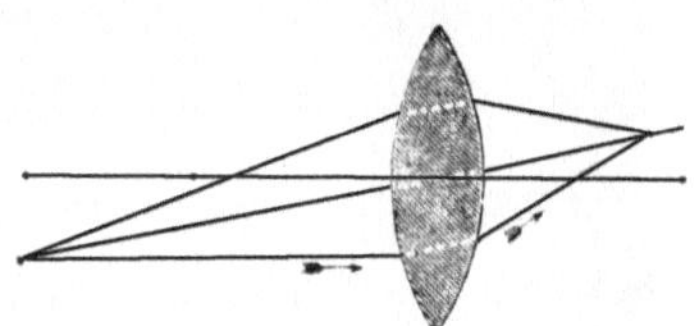

Fig. 233. Wirkung der Linse auf seitwärts auffallende Strahlen.

in welcher die Prismen mit ihrer Basis einander zugekehrt sind, heißt auch eine Sammellinse. Eine andere, aber auf ganz analoge Art zu erklärende Wirkung üben diejenigen Linsen aus, bei welchen die Prismen einander ihre Spitzen zukehren: der Fall, welchen das untere System in Fig. 230 darstellt. Hier werden die Strahlen von der Achse abgelenkt, sie zerstreuen sich hinter der Achse, und Linsen dieser Art (konkave) heißen deshalb auch Zerstreuungslinsen. In Fig. 230 sind die drei obersten Linsen Sammellinsen, die drei untersten Zerstreuungslinsen.

Es ist leicht einzusehen, daß die Wirkung einer Linse außer von der brechenden Kraft ihres Materiales auch von ihrem Durchmesser und ihrer Krümmung abhängt. Für die Art der letzteren genügt vor der Hand zu wissen, daß sie in der Praxis immer nach Kreisbogen oder vielmehr nach Kugelabschnitten ausgeführt wird. —

Um uns nun mit der Theorie der Linsen im Allgemeinen bekannt zu machen, genügt es einmal, die bikonvexen und dann die bikonkaven Linsen herauszugreifen und sie auf ihr Verhalten zu untersuchen. Sie können als Vertreter der übrigen Arten dienen.

Die senkrecht auf die Linse durch den Mittelpunkt gehende Achse (b in Fig. 232) heißt die Hauptachse. Der Punkt, wo bei Sammellinsen die Strahlen vereinigt werden, heißt der Brennpunkt. Der Vereinigungspunkt A, wenn die Strahlen parallel und in der Richtung der Achse b ankommen (s. Fig. 232), wird der Hauptbrennpunkt genannt, seine Entfernung von der äußern Oberfläche der Linse heißt die Brennweite. Die Lage des Brennpunkts ändert sich nicht nur mit der brechenden Kraft der Substanz der Linsen, sondern auch mit der Konvergenz oder Divergenz der einfallenden Strahlen. Jener Punkt fällt immer weiter hinaus, je mehr die Lichtquelle sich der Linse nähert, je mehr also die Strahlen divergirend auf die Linse fallen. Wenn der leuchtende Punkt in den Hauptbrennpunkt gelangt ist, so gehen die gebrochenen Strahlen dann sämmtlich in paralleler Richtung von der Linse aus weiter. Fig. 232 kann zugleich zur Erläuterung dieses Falles dienen: eben so gut, wie sich in dem Brennpunkt A die parallel ankommenden Strahlen vereinigen, können wir uns vorstellen, gehen sie von A aus und, nachdem sie durch die Linse gebrochen worden sind, in den parallelen Richtungen b und z weiter. Und so kann man jeden Punkt als Brennpunkt und als Ausstrahlungspunkt ansehen; die Bahn der Lichtstrahlen auf der andern Seite der Linse bleibt dieselbe. Rückt die Lichtquelle der Linse noch näher als bis in den Hauptbrennpunkt, so divergiren hinter derselben ihre Strahlen.

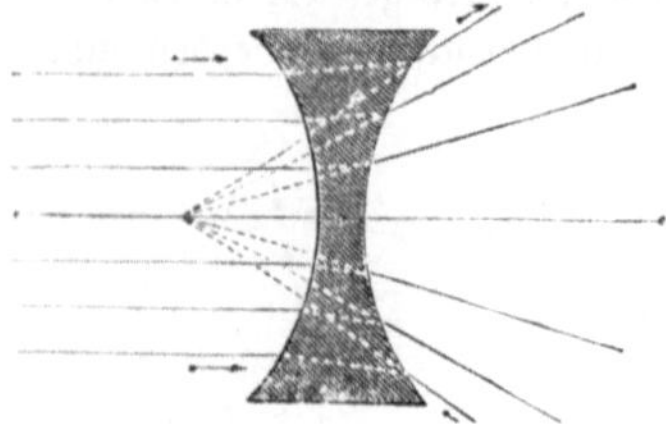

Fig. 234. Die bikonkave Linse.

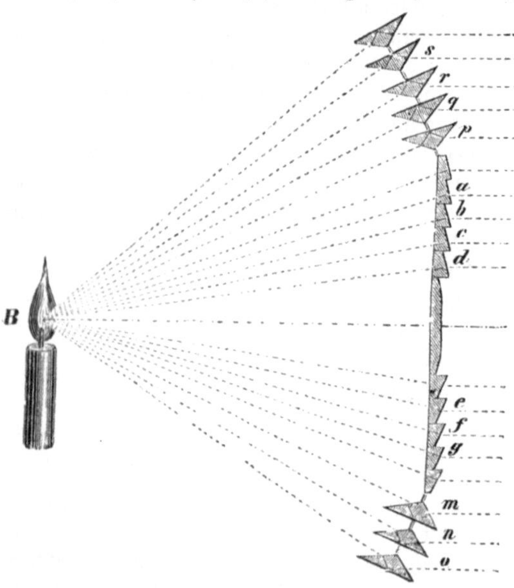

Fig. 235. Gang der Lichtstrahlen durch den Linsenapparat gebrochen.

Uebrigens werden auch Strahlen, welche von einem Punkte ausgehen, der nicht auf der Hauptachse liegt, durch Sammellinsen einander zugebrochen, wie es Fig. 233 darstellt. Die durchgehenden Mittellinien heißen dann Nebenachsen und der Winkel, den diese Nebenachsen, unbeschadet der Deutlichkeit des von der Linse erzeugten Bildes, noch mit einander machen können, das Feld der Linse. Bei bikonvexen Linsen aus gewöhnlichem Glase vom Brechungsexponenten 1,5 liegen die Brennpunkte in den Mittelpunkten der Kreisabschnitte, welche die Oberfläche der Linse begrenzen. Für stärker brechende Substanzen liegen sie näher, für schwächer brechende entfernter.

Hohllinsen oder Zerstreuungslinsen können nun solche Punkte, in denen sich die einfallenden Lichtstrahlen vereinigen, nicht haben. Wenn man aber die divergirenden Strahlen rückwärts über die Linse hinaus verlängert, so treffen sie auch sämmtlich in einem Punkte zusammen, den man der Sache gemäß den Zerstreuungspunkt nennt (s. Fig. 234). Er liegt stets mit dem leuchtenden Punkte auf derselben Seite der Linse.

Eine praktisch sehr wichtige Anwendung von der lichtzerstreuenden Kraft der Linsen hat man in den Laternen der Leuchtthürme gemacht, und es giebt uns Fig. 236 die äußere Ansicht eines solchen Apparates, während Fig. 235 uns schematisch den Weg zeigt, welchen die Lichtstrahlen durch die Linsen einzuschlagen gezwungen werden.

Bekanntlich kommt es bei den Leuchtthürmen in erster Reihe darauf an, nicht nur ein möglichst intensives Licht hervorzubringen, sondern ein Licht, das sich sofort als das Licht

eines Leuchtthurmes zu erkennen giebt, und das man nicht mit irgend einem andern ver=
wechseln kann. Dieser Anforderung zu entsprechen, hat man verschiedene Methoden und
Apparate in Anwendung gebracht, man ist aber allgemein der Ansicht zugewandt, daß eine
periodisch sich wiederholende Unterbrechung des Lichtes in regelmäßigen Zwischenräumen,
deren Folge und Dauer in ihrer Bedeutung den Seefahrern bekannt sind, das zweckmäßigste
Mittel dazu ist, das kaum mißverstanden werden kann. Diese Unterbrechung ruft man da=

durch hervor, daß man die ganze Licht=
menge, welche die Lampe liefert, in ein=
zelne Partien absondert, jede derselben
für sich zu einem Lichtbündel paralleler
Strahlen vereinigt und dieses den zu be=
leuchtenden Rayon in fast horizontaler
Richtung bestreichen läßt, indem man den
ganzen Apparat sich mit einer gewissen Ge=
schwindigkeit um seine Achse drehen läßt.

Die Einrichtung wird aus Fig. 236
ersichtlich. Der große, auf acht Armen
ruhende Glaskörper ist die Laterne, in
deren Mittelpunkt die Lichtquelle sich be=
findet. Diese Laterne fußt mit einem
Zapfen in einem Cylinder, in welchem sie
durch ein daneben befindliches Uhrwerk
in Umdrehung gesetzt wird, so daß die
acht einzelnen Systeme von Linsenstücken,
aus denen sie besteht und von denen wir
in der Abbildung drei vor uns sehen, nach
einander ihre Lichtmengen im Kreise
herumführen und in einer gewissen Ent=
fernung jeder Punkt während der Dauer
einer Umdrehung achtmal das Licht von
dem Leuchtthurme empfängt und eben so
oft dazwischen wieder in Dunkelheit gesetzt
wird. Denn infolge der besonderen Ein=
richtung dieser Systeme, welche uns
Fig. 235 deutlich macht, wird die auf
jedes derselben von der Lampe fallende
Lichtmenge gezwungen, parallel zur
Hauptachse fortzugehen, und dadurch, daß
die Strahlen sich nicht zerstreuen können,
behalten sie ihre Intensität; freilich aber
vermögen sie auch in der weitesten Ent=
fernung nur einen Streifen zu erhellen,
der, wenn ihr Parallelismus vollkommen

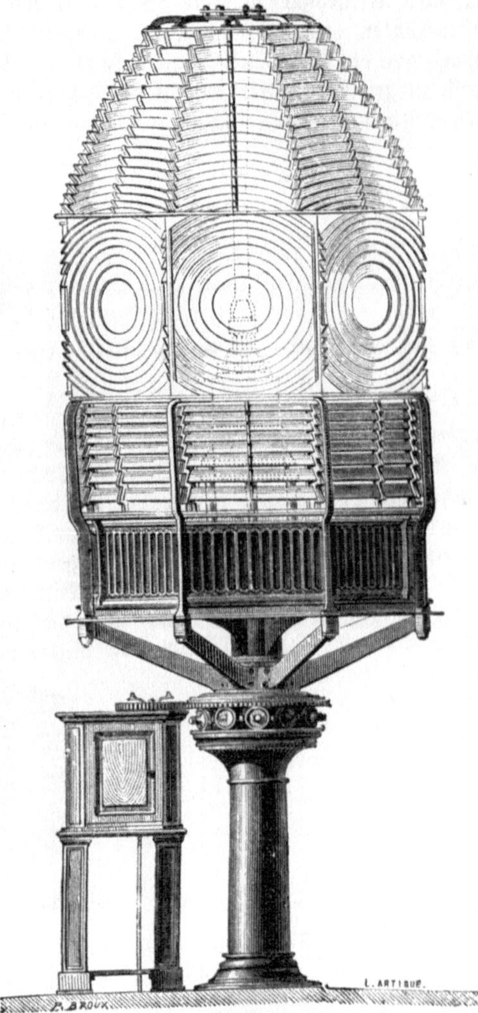

Fig. 236. Leuchtapparat mit Linsengläsern.

gewahrt blieb, nicht breiter ist als der achte Theil des Umfangs der Laterne. In dem
mittleren Theile eines solchen Sektors wird die Brechung der Strahlen, wie Fig. 236
zeigt, durch ein konzentrisches System von Linsenringen bewirkt, um die Linse in der
Mitte nicht zu stark machen zu müssen, wodurch infolge der Absorption viel Licht ver=
loren gehen würde. In dem oberen und unteren Theile für die Strahlen m, n, o und
p, q, r, s ist es weniger die Brechung als die totale Reflexion innerhalb der im Durch=
schnitt gezeichneten Prismen, welche die parallele Bahn der Strahlen bedingt; die Brechung
wird nur insofern mit zur Unterstützung genommen, als die Strahlen, die je in einer
horizontalen Ebene liegen, in dieser auch parallel mit den übrigen fortgehen sollen.

Die Prismen dürfen deshalb nicht gerade sein, sondern ihre Flächen müssen eine gewisse Krümmung erhalten, welche von der Entfernung der Lichtquelle, des Brennpunktes, bedingt ist, und die also für jede Zone eine andere sein wird.

Linsenbilder. Mit den angeführten Erscheinungen, die in gewisser Beziehung sich sehr gut mit den Erscheinungen an gekrümmten Spiegeln vergleichen lassen, können wir die Wirkungsweise nicht nur der Camera obscura, sondern der meisten optischen Apparate, vom einfachen Vergrößerungsglase an bis zu den kunstreichsten astronomischen Beobachtungsinstrumenten, uns deutlich machen. Nehmen wir an, durch die in Fig. 237 dargestellte Linse gingen von der Kerze Lichtstrahlen, so werden dieselben in der durch die Linien angedeuteten Weise in gewisser Entfernung hinter der Linse vereinigt, und zwar alle von einem Punkte ausgehenden Strahlen auch in demselben Punkte, der immer in der durch den Mittelpunkt gezogenen Nebenachse liegt. In diesen respektiven Vereinigungspunkten entsteht ein reelles Bild, welches man mit einem Schirme auffangen kann. Es ist verkehrt und je nach der Entfernung des leuchtenden Körpers von der Linse vergrößert oder verkleinert. Steht die Kerze in doppelter Brennweite, so ist das erzeugte Bild gleich groß mit ihr und liegt

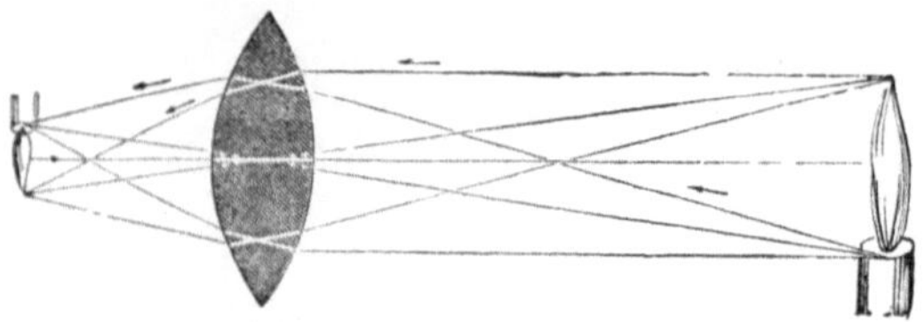

Fig. 237.　Reelles verkleinertes Bild der bikonvexen Linse.

ebenfalls in doppelter Brennweite; steht die Kerze näher der Linse, so ist das Bild vergrößert und liegt weiter; steht die Kerze aber weiter, so liegt das Bild näher und ist kleiner.

Außer diesen wirklich reellen Bildern geben aber die konvexen Linsen auch, ganz eben so wie Hohlspiegel, virtuelle Bilder. Sie entstehen dadurch, daß die Linse die durchgehenden Strahlen konvergirender macht und das Auge daher den Gegenstand, den es in richtige Sehweite verlegt, unter einem größern Sehwinkel zu sehen bekommt (s. Fig. 239). Bei Zerstreuungslinsen kann von reellen Bildern keine Rede sein, die virtuellen müssen verkleinert erscheinen. Es liegt nahe, nach der genauen Form zu fragen, welche der Krümmung gegeben werden muß, damit die Linsen diese Erscheinung zeigen.

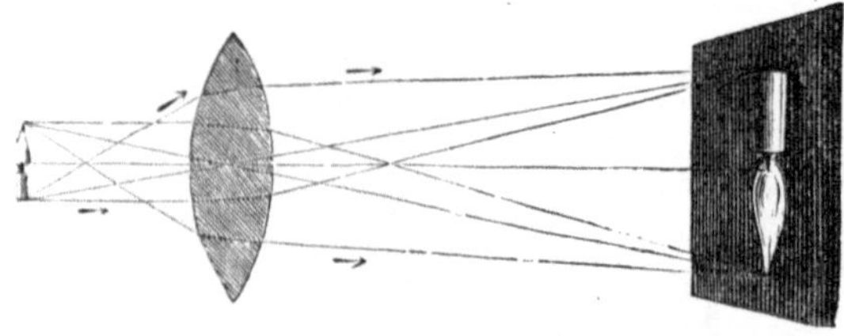

Fig. 238.　Reelles vergrößertes Bild der bikonvexen Linse.

Von Linsen mit Kugeloberflächen gilt es nämlich nicht in aller Strenge, daß sie die Lichtstrahlen nur in einem Punkte vereinigen, sondern je größer der Winkel wird, den die Strahlen mit der Achse machen, um so näher liegt ihr Brennpunkt der Linse selbst. Dem einzelnen Punkte, von dem Strahlen ausgehen, wird auf der andern Seite nicht ein einziger Vereinigungspunkt entsprechen, sondern eine ganze, kleine Zone, und da das für alle Punkte gilt, so wird, wenn man Linsen von starker Krümmung oder kurzer Brennweite anwendet, das Bild an Schärfe verlieren, je näher man dem Rande kommt. Diese sogenannte sphärische Aberration oder Abweichung durch die Kugelgestalt ließe sich durch Linsen mit anderer Krümmung umgehen, da aber deren Herstellung sehr schwierig ist, so bedient man sich lieber des Auskunftsmittels, Linsen von großer Brennweite anzuwenden und nur diejenige Mittelregion zu benutzen, auf welche die Strahlen noch unter genügend kleinem Winkel mit der Achse auffallen.

Achromatische Linsen. Das von den sichtbaren Gegenständen ausgehende Licht wird ebenso durch das Prisma in farbige Strahlen zerlegt wie das direkte Sonnenlicht. Und eine gleiche Wirkung wie das Prisma muß nothwendiger Weise auch eine gewöhnliche Linse ausüben. Und wirklich, wenn man eine solche in eine kleine Oeffnung des Fensterladens setzt und durch sie Sonnenlicht in das verdunkelte Zimmer hindurchgehen läßt, so bildet sich auf der entgegenstehenden Wand selbst in der richtigen Brennweite nicht ein völlig weißes Sonnenbild, sondern wir sehen dasselbe mit einem leichten Farbenrande umgeben; und wenn wir den Schirm weiter zurück rücken und den Kreis vergrößern, so zerfließt das Bild immer mehr in konzentrische, regenbogenartig gefärbte Ringe. Das kommt daher, weil der Brennpunkt der violetten Strahlen der Linse näher liegt, als derjenige der rothen. In den gewöhnlichen Apparaten kommt nun nicht viel darauf an, ob wir die Gegenstände mit etwas farbigen Rändern sehen oder nicht. In den feineren optischen Apparaten aber, dem Fernrohr, Mikroskop, den photographischen Instrumenten u. s. w., ist es von größtem Einfluß auf die Schönheit des Bildes, daß diese Abweichung so viel wie möglich verringert und die Konvergenz aller Strahlen auf einen einzigen Punkt geleitet werde.

Wenn man von der lichtbrechenden Eigenschaft durchsichtiger Körper Anwendung machen will, so scheint es auf den ersten Anblick unmöglich, Ablenkung ohne Zerstreuung zu erzeugen, und Newton selbst leugnete die Möglichkeit, „achromatische Linsen" herzustellen, d. h. solche, welche das vergrößerte resp. verkleinerte Bild nicht mit farbigen Rändern umgeben zeigen. Der große Mathematiker Euler rief daher durch seine Behauptung, daß dies dennoch bewirkt werden könne, einen lebhaften Streit hervor, welcher erst durch Klingenstierna beendet wurde, der in der Newton'schen Beweisführung das Falsche dieser Voraussetzung nachwies. Newton war nämlich von der Annahme ausgegangen, daß die Farbenzerstreuung, d. h. die Breite des Spektrums, in direktem Verhältniß stehe zu der Größe der Ablenkung. Dies ist aber nicht der Fall, denn es giebt gewisse durchsichtige Körper, die bei geringerer Ablenkung ein eben so breites Spektrum erzeugen, als andere bei größerer Ablenkung. Auf diese Erfahrung hin wurden nun Versuche gemacht, brechende Linsen ohne Farbenzerstreuung herzustellen, eine Aufgabe, die zunächst für die Vervollkommnung der Fernröhre von der größten Bedeutung war.

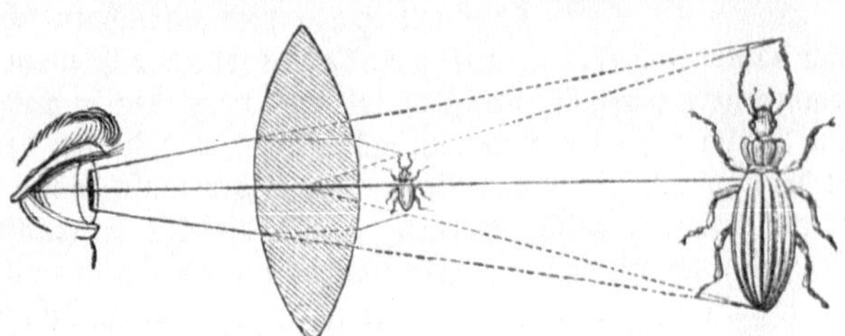

Fig. 239. Virtuelles Bild bikonvexer Linsen. Wirkungsweise der Lupe.

Es heißt, daß ein Edelmann aus der Grafschaft Essex, Chester More Hall, der sich zu seinem Vergnügen mit physikalischen Studien beschäftigte, in London zuerst das Problem gelöst und bereits 1733 achromatische Fernröhre, 1729 schon achromatische Linsen konstruirt, aber Niemandem eine Mittheilung über sein Verfahren gemacht habe. Er ließ sogar, um sich nicht zu verrathen, die einzelnen Bestandtheile seiner Linsen (dieselben werden aus zweierlei Glassorten zusammengesetzt) bei verschiedenen Glasschleifern nach Maßangaben zurichten, aber gerade dieser Umstand führte die Entdeckung herbei. Denn Dollond, der berühmte Optiker, dessen Fernröhre damals weitaus für die besten gelten durften, gab denselben Arbeitern Aufträge, und es fiel ihm beim Besuch verschiedener Werkstätten auf, daselbst geschliffene Gläser zu finden, welche gewisse Maßverhältnisse mit einander gemein hatten und die, wie die Nachforschungen ergaben, für einen und denselben Besteller angefertigt wurden. Dahinter ein Geheimniß vermuthend, verglich und untersuchte Dollond die Gläser auf das Genaueste und kam so hinter das Verfahren, welches den optischen Wissenschaften die größten Dienste leisten sollte. Denn es ermöglichte erst, bei Fernröhren und Mikroskopen bedeutende Vergrößerungen anzubringen und dabei doch den Bildern große Deutlichkeit zu bewahren. Was nun an der Erzählung Wahres sein mag und ob ein Anderer eher als Dollond diese Erfindung gemacht hat, ist für uns nicht zu untersuchen. Wenn es sich aber auch selbst so verhielte, wie gesagt wird, so würde für uns Dollond, der der Welt die Erfindung nutzbringend gemacht hat, doch einer bei weitem höheren Anerkennung werth erscheinen, als jener Sonderling, der das Geheimniß für sich behielt.

Nehmen wir zwei Prismen A und B, das erstere von Crownglas mit einem brechenden Winkel von 25°, das zweite von Flintglas mit einem brechenden Winkel von etwa 12°, und untersuchen wir deren Spektra, so werden wir finden, daß dieselben zwar nicht um gleiche Winkel abgelenkt werden, denn wenn das Crownglasprisma eine Ablenkung von ungefähr 13,65° hervorbringt, so lenkt das Flintglasprisma das Spektrum nur um 8,03° ab, daß aber trotz dieser Verschiedenheit in der brechenden Kraft die Zerstreuung der Farben in beiden Spektren gleich groß ist. Ein Spektrum ist so breit wie das andere. Und wenn wir nun die beiden Prismen in der Art, wie es Fig. 240 zeigt, mit einander so kombiniren, daß die brechenden Kanten einander entgegengesetzt sind, so werden die Strahlen des vom Prisma A gebildeten Spektrums von dem Prisma B in entgegengesetzter Richtung wieder abgelenkt, und weil das Prisma B ein eben so breites Spektrum bilden will, die violetten mit den rothen und allen dazwischen liegenden Strahlen wieder auf einen Punkt zusammengebrochen. Die

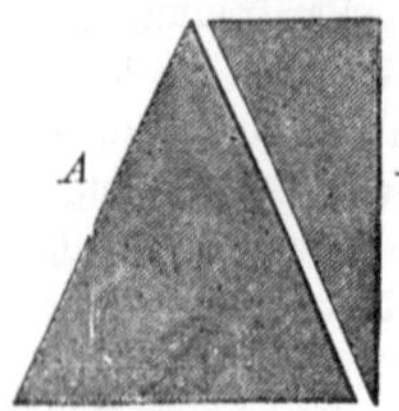

Fig. 240. Achromatische Prismen.

verschiedenen Strahlen vereinigen sich hier und es entsteht vollständiges Weiß. Die Farbenzerstreuung ist aufgehoben, aber — und das ist der große Gewinn — nicht die Ablenkung. Von dem durch das Prisma A bedingten Ablenkungswinkel von fast 14° hat das Prisma B nur 8° unschädlich machen können. Der Rest von 6° kommt dem Optiker, welcher achromatische Linsen herstellen will, zugute. Man sieht leicht ein, daß man bei Linsen denselben Effekt wie bei Prismen wird hervorrufen können, wenn man eine Konvexlinse von Crownglas und eine Konkavlinse von Flintglas mit einander vereinigt, und in der That soll Hall dies Verfahren schon eingeschlagen haben. Dollond und namentlich Fraunhofer haben es jedoch auf einen hohen Grad der technischen Vollkommenheit gebracht, und es wird jetzt noch eben so ausgeübt, wie Jene es gelehrt haben. Die Verhältnisse der Krümmungshalbmesser sind nach der brechenden Kraft der Glasforten zu berechnen. Die beiden Bestandtheile der Linse haben an der Oberfläche, mittels welcher sie an einander gefügt werden, genau dieselbe Krümmung, so daß sie selbst, wenn kein Vereinigungsmittel dazwischen gebracht wird, sich auf allen Punkten berühren. Um sie aber an einander zu befestigen, bringt man eine dünne Schicht kanadischen Balsam dazwischen, der vollständig durchsichtig ist und den Gang der Lichtstrahlen nicht irritirt. Wenn wir

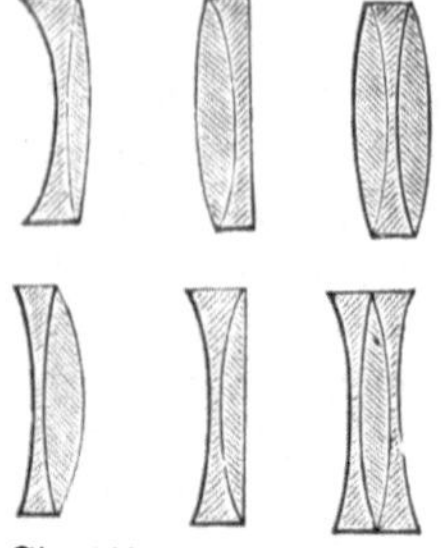

Fig. 241. Achromatische Linsen.

also in Zukunft bei der Besprechung neuerer optischer Instrumente von Linsen zu reden haben, so werden wir häufig, ohne dies besonders zu betonen, dergleichen achromatische Linsen, wie sie in Fig. 241 abgebildet sind, im Auge haben.

Schleifen der Linsen. Was die praktische Herstellung linsenförmiger Gläser anbelangt, so wollen wir noch mit wenigen Worten hier bei ihr verweilen. Ueber die chemische Zusammensetzung der hauptsächlichsten gebräuchlichen Glasforten erfahren wir das Nähere im IV. Bande dieses Werkes, wo von dem Glase im Allgemeinen die Rede sein wird; hier mag nur die Methode, den Gläsern die richtige Krümmung zu geben, Erwähnung finden, weil dies für die optischen Zwecke die Hauptsache ist. Die Kunst, Linsen aus Glas zu schleifen, wurde zuerst in Holland in ausgedehntem Maße geübt. Ueber die Zeit der viel älteren Erfindung herrscht aber durchaus keine Klarheit, und wenn auch die Nachricht, daß neuerdings in den Ruinen von Ninive ein antikes optisches Glas, eine plankonvexe Linse von 11,25 Centimeter Brennweite, gefunden worden sei, nur mit großer Vorsicht aufzunehmen ist — denn es liegt durchaus nichts Analoges vor, welches voraussetzen läßt, daß die alten Assyrer mit Bewußtsein jene Kunst geübt hätten — so ist doch so viel gewiß, daß die alten Römer Linsen aus Bergkrystall und Glas kannten.

Stärkere Linsen werden entweder im Rohen erst gegossen oder aus dicken Glasstücken herausgeschliffen; schwächere, wie sie zu Brillengläsern Verwendung finden, schneidet man aus flachen Glastafeln aus. Die weitere Vollendung erhalten sie durch Schleifen auf den sogenannten Schleifschalen, das sind für Konvexgläser wirklich vertiefte Schalen von Messing; für Konkavgläser dagegen müssen sie einen nach oben gewölbten Buckel vorstellen.

Jede Krümmung verlangt eine besondere Schale, und diese werden so dargestellt, daß man zunächst aus Messingblech zwei Schablonen genau nach der Krümmung, welche die verlangte Linse haben soll, anfertigt, von denen die eine die Krümmung nach außen, die andere nach innen erhält.

Nach ihnen werden dann auf der Drehbank zwei Schalen gedreht und, nachdem sie gut ausgearbeitet sind, mit feinem Smirgel auf einander abgeschliffen und dadurch sowol geglättet als justirt. Die Schale nun, welche man zum Schleifen benutzen will, befestigt man auf einer gewöhnlich zum Treten eingerichteten Handschleifmühle, welche bei der Arbeit in möglichst raschen horizontalen Umlauf versetzt wird. Das Glasstück wird auf einer Art Handhabe festgepicht, die Schale mit Smirgel und Wasser bestrichen, die Handhabe mit geringem Druck aufgesetzt und, während die Schale umläuft, die Stellung der Linse auf derselben fortwährend geändert, wodurch sie genau die Krümmung der Schale annimmt. Je weiter die Arbeit fortschreitet, desto feinerer Smirgel muß genommen werden. Hat die Linse auf der einen Seite die richtige Form, so wird sie gewendet und nun auf der andern Seite bearbeitet. Schließlich erhält sie auf derselben Schale die Politur; anstatt aber mit Smirgel, wird zu diesem Zwecke die Schale mit einer Lage von Pech oder Kolophonium ausgekleidet, der man durch Aufdrücken der Gegenschale die richtige Form gegeben hat. Auf das Pech kommt Polirroth und die Arbeit geht in derselben Art vor sich wie das Schleifen. Obwol das Schleifmittel zumeist das Glas angreift, so erleidet doch auch das Messing eine nicht zu vernachlässigende Abnutzung, in deren Folge die späteren Linsen von den früheren immer größere Abweichungen zeigen müßten. Um dies zu vermeiden, wird von Zeit zu Zeit die Schale mit der Gegenschale ausgesmirgelt.

Fig. 242. Sonnenbilder bei freier Sonne.

Fig. 243. Sonnenbilder bei partialer Sonnenfinsterniß.

31*

Lange Zeit haben die Linsen nur eine untergeordnete Verwendung gehabt, sie dienten zu Brenngläsern, Vergrößerungsgläsern, Brillengläsern und einfachen Lupen, und diesen Zwecken genügte eine ziemlich rohe Bearbeitungsweise.

Auch die ihrer bedeutenden Größen wegen merkwürdigen Linsen, welche bisweilen ausgeführt worden sind und durch welche namentlich der bekannte sächsische Edelmann Tschirnhausen sich einst großen Ruf erwarb, konnten wesentliche Fortschritte nicht hervorrufen. Tschirnhausen legte zwar auf einem seiner Güter in der Oberlausitz eine Wassermühle zum Schleifen seiner Gläser an und fertigte mit Hülfe derselben Brenngläser bis zu 1 Meter im Durchmesser und von einer Brennweite bis zu 4 Meter, aber die Linsen waren eben gut, Fische und Krebse mitten im Wasser durch Sonnenstrahlen zu sieden; einen größeren Nutzen hatten sie nicht. Die damalige Zeit sah natürlich in dem Kuriosum etwas ganz ungemein Werthvolles.

Fig. 244. Camera obscura.

Heutzutage muß der praktische Optiker seine Aufgabe in ganz anderen Punkten sehen, und die Maschinen und Vorrichtungen, welche er zur Erreichung seiner Zwecke konstruirt hat, verrathen den größten Scharfsinn und die ängstlichste Genauigkeit. Die vollständige Beschreibung eines Etablissements, wie das Optische Institut in München, das, von Utzschneider und Reichenbach errichtet, unter Fraunhofer und später unter Steinheil und Merz weltberühmte Instrumente geliefert hat, würde selbst ein Buch für sich bilden. Wir enthalten uns daher an dieser Stelle jedes Versuches und wenden uns vielmehr der Betrachtung jenes Apparates zu, der in optisch-theoretischer sowol als in praktischer Beziehung der wichtigste genannt zu werden verdient.

Die Camera obscura. Wer von unsern Lesern hätte, wenn er unter einem schattigen Baume saß, durch dessen Blätterlücken die Strahlen der Sonne auf die weiße Fläche eines Tischtuches oder auf den hellen Kiesboden fielen, noch nicht verwundert die Bemerkung gemacht, daß alle die einzelnen Lichtflecke eine kreisrunde Gestalt besitzen, daß sie nicht die Form der unregelmäßigen Oeffnungen abbilden, sondern sämmtlich unter sich gleich gebildet sind? Es sind kleine Sonnenbildchen, in ihrer Form lediglich durch die äußere Form des lichtstrahlenden Sonnenkörpers bedingt; dies wird zur Ueberzeugung, wenn man solche Beobachtungen zur Zeit einer Sonnenfinsterniß anstellt, wo wir das Tagesgestirn nicht mehr als eine runde Scheibe, sondern in sichelförmiger Gestalt am Himmelsgewölbe erblicken. Entsprechend dieser Form sind dann auch die kleinen Sonnenbildchen auf dem Boden keine kreisrunden Flecke mehr, sondern lauter sichelartig gestaltete Lichter.

Noch viel frappanter ist der folgende leicht anzustellende Versuch. Man verdunkele ein Zimmer vollständig und bringe gegenüber dem Fensterladen, in welchen eine runde Oeffnung von etwa 2½ Centimeter Durchmesser geschnitten worden ist, eine weiße Fläche an. Dazu kann man ein ausgespanntes weißes Tuch oder ein über einen Rahmen gespanntes weißes Papier benutzen. Sobald die Durchbohrung des Ladens geöffnet wird, so daß durch den engen Kanal Licht einströmen kann, erscheint auf der gegenüberstehenden Wand die ganze äußere Gegend, Häuser und Bäume, Wolken und Menschen, in den natürlichen Farben und in voller Bewegung, welche sie in Wirklichkeit besitzen, aber Alles verkehrt, auf dem Kopfe stehend.

Je kleiner die Oeffnung ist, um so schärfer sind die Umrisse, um so lichtärmer ist aber auch dann das ganze Bild.

Nehmen wir zur Erläuterung dieses Falles einen einfachen Gegenstand, z. B. ein Gebäude an, von welchem Strahlen durch die enge Oeffnung auf die Hinterwand des Zimmers fallen sollen, so wird aus der Betrachtung der Fig. 244 klar, warum das Dach a nach unten,

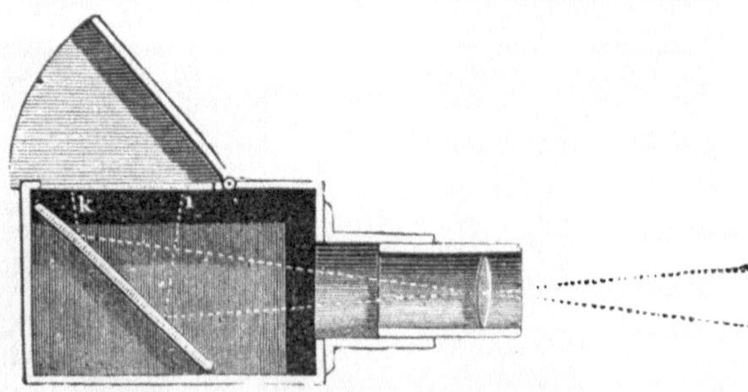

Fig. 245. Transportable Camera obscura.

die Basis b nach oben gerichtet sich abbilden muß. Je näher man den Schirm der Oeffnung bringt, um so kleiner; je weiter man ihn davon entfernt, um so größer, aber auch um so schwächer beleuchtet wird das Bild.

Es ist dies eigentlich schon eine Camera obscura, indessen der Apparat, den wir speziell mit diesem Namen bezeichnet, unterscheidet sich durch die Zugabe von Spiegel und Linsen, wodurch einestheils das Bild in die aufrechte Stellung gebracht und anderntheils in seinen Umrissen schärfer hervortretend gemacht werden kann. In einer besonders anschaulichen Form ist die Camera obscura in dem Anfangsbild dargestellt worden. Der Apparat befindet sich in einem dunkeln Zimmer, damit durch Nebenlicht die Deutlichkeit des Bildes keinen Eintrag erleidet. Die Oeffnung, durch welche die Lichtstrahlen von außen hereinfallen, ist bei weitem größer als in Fig. 244. Ein geeigneter Spiegel fängt das Licht auf und wirft es einer Sammellinse zu, die sich in einer verstellbaren Röhre befindet und den Zweck hat, die Strahlen zu einem reellem Bilde, welches sich auf einer weißen Fläche auffangen läßt, zu vereinigen. Ohne die sammelnde Wirkung der Linse würde bei der großen Oeffnung, welche man der größeren Lichtstärke wegen nimmt, gar kein Bild zu Stande kommen.

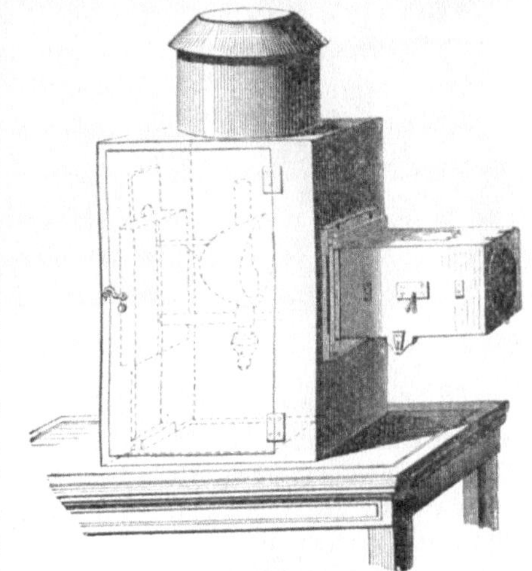

Fig. 246. Laterna magica.

Eine zweite transportable Form der Camera obscura ist in Fig. 245 abgebildet. Sie bildet einen viereckigen, rundum geschlossenen, inwendig schwarz ausgeschlagenen Kasten und war früher besonders in Gebrauch zur Aufnahme von Landschaften, wozu sie sich deswegen geeignet erwies, weil man das Bild auf die Unterfläche eines geölten oder halb durchsichtigen Papiers werfen und so die deutlich durchscheinenden Konturen auf der Oberfläche leicht nachzeichnen konnte. Die innere Einrichtung ist in umgekehrter Reihenfolge getroffen, wie nach der vorigen Anordnung. Wir sehen, daß die Lichtstrahlen zuerst die Linse zu passiren

haben, welche die zusammengehörigen einander zubricht, und dann erst durch den geneigten
Spiegel auf die Glasplatte ki geworfen werden. Ist die letztere matt geschliffen, so erscheint
auf ihr das Bild, vorausgesetzt, daß die Linse richtig eingestellt ist, was durch die Verschiebung
des vorderen Rohres sich bewerkstelligen läßt. Wenn die Glasplatte ganz durchsichtig ist,
so muß man das Bild mittels eines durchscheinenden Papieres auffangen. Der Deckel dient
als Blende, um die seitlich einfallenden Lichtstrahlen abzuschneiden.

Die Camera obscura gehört zu den verbreitetsten optischen Instrumenten, denn jeder
der Hunderttausende von Photographen bedient sich ihrer und muß sich ihrer bedienen.

Fig. 247. Robertson's Phantaskop.

Sie ist schon um die Mitte des 16. Jahrhunderts von dem Neapolitaner Porta, welcher sich
mit der Untersuchung der Augen beschäftigte, erfunden worden, hat indessen ihre hauptsäch=
lichste Vervollkommnung erst in den letzten Jahrzehnten erfahren, seit sie aus ihrer früheren
Rolle eines erheiternden Spielzeugs in die bedeutendere eines praktisch ungemein nützlichen
Apparates getreten ist. Die photographischen Apparate haben nicht blos eine einzige Linse,
sondern ganze Linsensysteme, um sowol die Wirkung der Kugelabweichung als die bunten
Ränder um die Bilder zu beseitigen.

Die Laterna magica oder Zauberlaterne. Dieser Apparat ist schon lange bekannt und
wahrscheinlich von Athanasius Kircher um 1640 erfunden worden, obwol Manche behaupten
wollen, Roger Baco habe sich schon vier Jahrhunderte früher derselben Vorrichtung bedient.
Er ist in letzterer Zeit wieder dadurch öfters zur Vorführung gelangt, daß man ihn zur
Hervorrufung der sogenannten Nebelbilder, Dissolving views, und zur vergrößerten Dar=
stellung mikroskopischer Gegenstände benutzt. Apparate für den letztgenannten Zweck heißen,
je nachdem die Lichtquelle eine gewöhnliche Lampe oder ein in verbrennendem Hydrooxygen=
gas glühender Kalkkegel oder die Sonne ist, Lampen=, Hydrooxygengas=, oder

Sonnenmikroskope. In ihrer innern Einrichtung unterscheiden sie sich nicht wesentlich von der Laterna magica. Dieselbe besteht ihrem äußern Ansehen nach aus einem rundum geschlossenen Kasten mit einem vortretenden Rohr an einer Seite (s. Fig. 248). Im Innern befindet sich eine hellbrennende Lampe und hinter ihr zur Verstärkung der Beleuchtung ein Hohlspiegel, der alle Lichtstrahlen parallel nach vorn wirft. In dem Rohre stehen zwei konvexe Linsen, am besten eine plankonvexe und eine doppelt konvexe, und zwischen der hintersten Linse und der Flamme, etwas hinter dem gemeinschaftlichen Brennpunkte beider Linsen, befindet sich ein Spalt zum Einschieben von Glasplatten, auf welche die darzustellenden Gegenstände in durchsichtigen Farben gemalt sind. Die das Bild durchdringenden Lichtstrahlen werden von den Linsen gebrochen und gekreuzt. Wenn sie auf einer Fläche aufgefangen werden, entsteht demzufolge ein verkehrtes Abbild des gemalten Bildes, und zwar, weil die gefärbten Strahlen divergirend aus dem Apparate kommen,

ein um so größeres, je größer der Abstand zwischen dem Apparat und der auffangenden Fläche ist. Es geht dabei nichts Anderes vor, als was uns Fig. 238 auf Seite 240 im Schema versinnlicht. Die Glasgemälde müssen, weil man die Bilder in aufrechter Stellung braucht, umgekehrt eingeschoben werden. Die letzteren können entweder in einem dichten Rauche oder auf einer weißen Wand aufgefangen werden. Wendet man einen mit durchsichtigem Mousselin bespannten Rahmen dazu an, so sind sie auf beiden Seiten sichtbar.

Begreiflicher Weise kommt bei den Effekten der Zauberlaterne viel darauf an, wie gut die Darstellungen auf die Gläser gemalt sind. Die Wirkung wird noch überraschend verstärkt, wenn die außerhalb des farbigen Bildes liegenden Stellen des Glases dunkel gemacht sind, so daß das Bild auf schwarzem Grunde hell hervortritt. Weiße Bilder, also z. B. Geistererscheinungen, werden

Fig. 248. Laterna magica zu Nebelbildern.

in schwarze Deckfarbe einradirt, womit die Glasplatte auf einer Seite überzogen ist.

Der berühmte Physiker und Luftschiffer Robertson gab gegen den Anfang dieses Jahrhunderts Vorstellungen von Geistererscheinungen, die alle Welt in Erstaunen setzten. Lange Zeit vermochte Niemand zu ergründen, welche Mittel hierbei in Bewegung gesetzt wurden, und es dauerte eine Reihe von Jahren, ehe das Geheimniß, nicht durch Errathen sondern durch Verrath, an den Tag kam. Es war nichts Anderes als die Zauberlaterne mit einigen mechanischen und theatralischen Zuthaten, von Robertson Phantaskop genannt. Man hat sich den Zuschauerraum durch eine Zwischenwand gänzlich von dem Raume getrennt zu denken, in welchem der Künstler operirt. Ein inmitten dieser Wand befindlicher Schirm von aufgespanntem Mousselin ist durch Drapirungen verhüllt, die erst dann weggezogen werden, nachdem vor Beginn der Vorstellungen Alles verfinstert worden.

Da aber auch hinter der Mousselinwand alles andere Licht beseitigt ist, außer dem, welches aus dem Zauberkasten mit den Bildern selbst kommt, so sieht man das leichte

Gewebe nicht, sondern eben nur eine Figur, die frei in der Luft zu schweben scheint, bald dem Zuschauer erschreckend nahe rückt, bald sich in weite Ferne verliert. Diese Wandlungen nun werden ebenfalls in höchst einfacher Weise bewirkt. Je weiter der Zauberkasten von der Fläche absteht, auf welcher die Bilder sich niederschlagen, desto größer werden letztere; je näher der Kasten rückt, desto kleiner, bei der allernächsten Stellung natürlich nicht viel größer als die Oeffnung des Linsenrohres. Die kleinen Bilder nimmt aber der Zuschauer auf der andern Seite für entferntere, die großen für nahestehende. Ferner hat das Rohr einen Auszug, vermöge dessen der Abstand der beiden Linsen vergrößert oder verkleinert werden kann. Durch die verschiedene Stellung kann man die Umrisse mehr oder weniger deutlich hervortreten lassen und der Eindruck des Sichentfernens wird dadurch, daß das Bild kleiner gemacht wird, auf diese Weise täuschender. Es bedarf nun, um die Erscheinung natürlicher zu machen, nur noch einer Vorkehrung dahin, daß die Bilder, sowie sie auf einen kleinen Raum zusammenrücken, nicht zugleich an Lichtstärke zu=, sondern vielmehr abnehmen. Dies wird ohne Schwierigkeit durch eine vor den Linsen befindliche bewegliche Blendung bewirkt, die Robertson das Katzenauge nannte und die man sich wie eine Schere mit breiten, halbmondförmigen Blättern vorstellen kann, welche zu beiden Seiten der vordern Linse liegen und sich so über dieselbe zusammenziehen lassen, daß jeder beliebige Grad von Lichtschwächung bis zur völligen Verdunkelung leicht hergestellt werden kann. Durch geschickte Kombination dieser Mittel also, Annäherung und Entfernung des Apparates, Veränderung der Lichtstärke und Verstellung der Linsen, wurden die geisterhaften Erscheinungen hervorgebracht. Eine passende Musik, etwas künstlicher Donner, Sturm oder Regen, diente zur Verstärkung des Eindrucks. Sowol der Künstler wie auch der Apparat gehen natürlich immer auf Socken, indem letzterer auf mit Tuch beschlagenen Rädern unhörbar von einer Stelle zur andern geschafft wird. — Die Anwendungen, welche von der Laterna magica und den verwandten Apparaten, das Sonnenmikroskop mit eingeschlossen, gemacht worden sind, haben zum bei weitem größten Theile den Charakter gewöhnlicher Schaustellungen nicht überschritten. Zu einem wirklich nützlichen Instrument ist sie aber für die Pariser während der langen Dauer der letzten Belagerung geworden, indem es mit ihrer Hülfe allein möglich wurde, eine wenn auch immerhin noch beschränkte Korrespondenz über den „eisernen Gürtel" der einschließenden Belagerungsheere weg zu unterhalten.

Wir wissen, daß die Beförderung von Briefen aus dem Innern der Stadt hinaus — da sie durch unsere Aufstellung hindurch nicht stattfinden konnte — über dieselbe hinweg mittels Luftballons bewerkstelligt wurde. Allein wenn es auch möglich war, einen Luftballon zu expediren mit Aussicht auf den Erfolg, daß derselbe auf befreundetem Gebiete den Boden erreiche, wo sein Inhalt weiter befördert werden würde, so war es doch unausführbar, auf demselben Wege von außen in das Innere von Paris Nachrichten gelangen zu lassen. Rückkehrende Brieftauben, welche man vorher per Ballon aus Paris hinausgeschafft hatte, boten dazu die einzige Gelegenheit. Dieselbe ist auch in ausgedehnter und vortrefflich organisirter Weise benutzt worden, so daß man Briefe, Depeschen, ja, ganze Zeitungsblätter mit Hülfe photographischer Reduktionsapparate auf das geringst mögliche Maß verkleinerte, dieselben auf ein Blatt zusammenstellte, welches eben nicht größer sein durfte, als es in einer Federpose Raum fand, die man der heimkehrenden Taube unter den Flügel befestigte. Und zwar bedienten die Franzosen sich gleich des photographischen Negativs für die Uebersendung, wodurch sie einmal den Vortheil gewannen, eine doppelte photographische Uebertragung bei der Uebersetzung zu umgehen, dann aber auch waren sie sicher, daß Jeder, welcher mit den gehörigen Apparaten zur Wiedervergrößerung nicht versehen war, die Schrift keinesfalls entziffern konnte. Denn wie vorsorglich auch von unserer Seite immer der Krieg geführt worden ist, an derartige photographische und mikroskopische Ausrüstung hatte man doch nicht gedacht. In Paris wurden die Blätter, welche ganze Sammlungen von einzelnen Korrespondenzen enthielten, zuerst wieder photographisch vergrößert, sodann aber durch ein Lampen= oder Hydrooxygengasmikroskop auf eine helle Wand geworfen, von der die Depeschen abgelesen, abgeschrieben und an ihre speziellen Adressen befördert wurden.

Nebelbilder. Durch diese von England vor einigen Jahren zu uns gekommenen Darstellungen gewann die Zauberlaterne ein erneutes Interesse, denn kein anderer Apparat ist es, wodurch die bekannten, oft so reizenden Effekte hervorgebracht werden.

Nur ist der Zauberkasten hier doppelt vorhanden und das Zwillingspaar in eine solche Stellung zu einander gebracht, daß beide mit ihren Oeffnungen nach einem Punkte des Auffangschirmes hinsehen, daß also beide Lichtkreise dort in e i n e n zusammenfallen. Schiebt man in den einen Kasten ein Glasbild, während das Licht des andern verdeckt gehalten wird, so sieht man auch nur ein einziges Bild. Dasselbe soll sich aber vor unseren Augen in ein anderes verwandeln, welches in dem noch verdunkelten Kasten schon bereit steht. Es wird dies in einfacher Weise dadurch erzielt, daß man die erste Lampe allmählich blendet und gleichzeitig in demselben Maße das Licht der andern freimacht. Hierdurch fängt das bisher sichtbar gewesene Bild an zu erblassen und undeutlicher zu werden, denn es mischen sich in seine Farben und Konturen allmählich die Umrisse des neuen Bildes, welche immer kräftiger werden und, sowie die Reste des ersten Bildes verschwinden, deutlicher hervortreten, bis das neue Bild in voller Klarheit vor uns steht. Wenn man sich keines Katzenauges bedienen kann, so ist der Lichtwechsel auch dadurch schon ganz entsprechend hervorzurufen, daß man durch Auf= oder Niederschrauben der Flamme den beiden Bildern eine verschiedene Helligkeit giebt. Die Verwandlung einer Sommerlandschaft in eine Winterlandschaft mit denselben Gebäuden, Bergen, Bäumen u. s. w. gelingt auf solche Weise fast unmerklich, und es ist im höchsten Grade überraschend, die Entwicklung eines völlig fremden Gemäldes zu sehen, dessen Uebergänge wir durchaus nicht wahrzunehmen vermögen und das schon fertig vor unsern Blicken steht, ehe wir uns seiner völlig bewußt geworden sind.

Es giebt noch allerhand kleine Behelfe, um Abwechselung in derartige Vorstellungen zu bringen. So kann man mehrere Gläser hinter einander aufstellen und durch Hin= und Herziehen des einen Bewegung in die Gegend bringen, einen Eisenbahnzug hindurchgehen lassen und dergl. Schneefall wird täuschend dadurch dargestellt, daß man vor einer dritten Laterna magica einen langen, mit einer Stecknadel vielfach durchstochenen Papierstreifen mittels einer Kurbel von unten nach oben vorbeizieht.

Wundercamera. Eine sehr interessante Erweiterung hat vor einigen Jahren der Optiker Krüß in Hamburg der Laterna magica gegeben und unter dem Namen Wundercamera in den Handel gebracht. Während man nämlich bei der üblichen Einrichtung der Laterna magica darauf bedacht sein muß, durchsichtige Gegenstände, also vorzugsweise Gemälde und Zeichnungen auf Glas, die durch Hervortreten ihrer Konturen und durchsichtigen Farben wirken, so hat der Genannte eine Form gefunden, welche erlaubt, auch undurchsichtige Gegenstände, Bilder auf Papier, Medaillen, Blumen, das Zifferblatt einer Uhr mit seinen fortrückenden Zeigern u. s. w. vergrößert auf dem Schirm zur Erscheinung zu bringen. Er setzt die betreffenden Gegenstände in einem dunkeln Kasten nur einer sehr hellen und blos auf sie konzentrirten Beleuchtung mittels einer Lampe und eines Hohlspiegels aus und läßt die davon reflektirten intensiven Strahlen durch eine Linse gehen, welche davon auf einer entfernten weißen Wand vergrößerte Bilder erzeugt. Der Effekt, den dieser einfache Apparat hervorbringt, ist ein sehr angenehmer, und Jeder hat es in der Hand, ihn leicht auf sehr sinnreiche Weise zu vervielfältigen.

Das Auge. Panorama, Chromatrop und Stereoskop.

Das Auge ein optisches Instrument. Seine Einrichtung und Fähigkeit. Sehen mit einem Auge. Das Netzhautbild. Sehwinkel. Scheinbare Größe des Mondes. Perspektive. Hülfsmittel für das perspektivische Zeichnen. Panoramen und Dioramen. Geschwindigkeit der Lichtempfindung. Das Chromatrop. Subjektive Gesichtserscheinungen. Farbenharmonie. Sehen mit zwei Augen. Das Stereoskop und seine Geschichte. Wheatstone. Brewster. Spiegel- und Prismenstereoskop. Das Telestereoskop von Helmholtz.

Wir tragen fortwährend mit uns die vollkommenste Camera obscura herum, die nur gedacht werden kann. Wenn auch die Apparate der Photographen Bilder herzustellen erlauben, welche wir in ihren Einzelheiten nur mit Hülfe des Mikroskops zu betrachten im Stande sind, so ist doch unser Auge ein noch viel feinerer Apparat. Und bei Alledem und bei all den Schwierigkeiten, welche in frühern Zeiten einer richtigen Erklärung des Sehens entgegen zu stehen schienen, fallen unter Anwendung einer richtigen Methode der Untersuchung die Schleier von selbst, und wir fragen uns betroffen, ob wir mehr die Einfachheit der Ursachen und Gesetze oder das Wundervolle der Wirkungen, welche die Natur damit hervorzubringen weiß, anstaunen sollen.

Die Anstrengungen und Spekulationen vieler Jahrhunderte haben uns keinen Einblick in die Thätigkeit des Auges zu verschaffen vermocht. So lange man nicht die innere Werkstätte öffnete, mußte man im Unklaren bleiben, was darin getrieben würde. Viel eher verräth das Zifferblatt einer Thurmuhr den Mechanismus des innern Werkes, als dies das Auge thut. Aber während jeder Lehrling in den Thurm selbst hineinsteigt, um die Ursache der Zeigerbewegung zu finden, standen Jahrtausende lang die Meister draußen vor dem Auge und meinten, glaubten, wähnten, behaupteten — so und so — aber wußten nichts.

Erst als das scharfe Messer der Anatomen mit rasch entschlossenem Schnitt die Hülle zertrennte und die einzelnen Theile aus einander nahm, einzeln auf ihre Fähigkeit und zusammen auf ihre Wirkung prüfte, da ward es Licht. Und einem solchen Anatomen wollen wir uns daher jetzt anvertrauen.

Er nimmt ein Ochsenauge (denn die Augen der höher organisirten Thiere sind der Hauptsache nach ganz gleich beschaffen) und macht uns zunächst auf dessen kugelige Form (Augapfel) aufmerksam, welche wir auch in Fig. 251 erkennen. Der Augapfel ist ringsum mit einer festen Haut O P umgeben; an der vordern Fläche H ist dieselbe durchsichtig, im Uebrigen ist sie trübe. An der hintern Fläche sehen wir den durchschnittenen Sehnerv N, welcher den Lichteindruck dem Gehirn übermittelt.

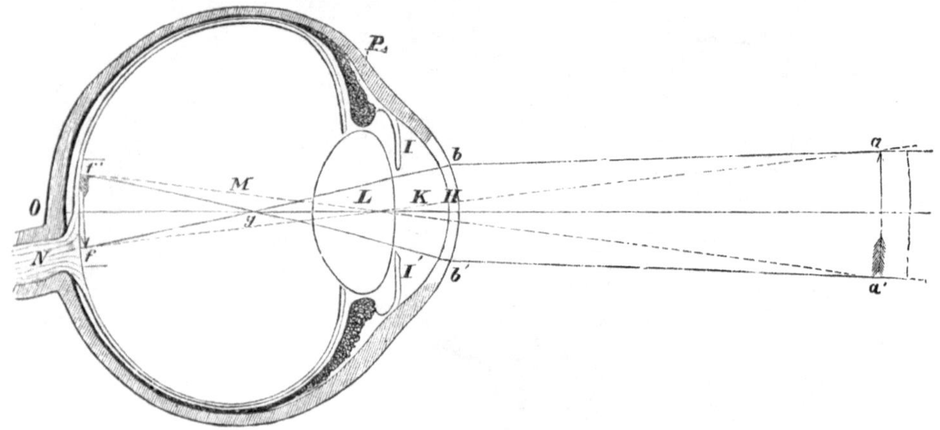

Fig. 251. Das Auge.

Bei einer allmählichen Sektion des Auges treten uns nun die folgenden innern Theile entgegen, die in Fig. 251 im Durchschnitt dargestellt sind. Nicht weit hinter der durchsichtigen Hornhaut H liegt eine gefärbte Haut II', die Iris, nach deren Farbe man das Auge ein braunes, blaues u. s. w. nennt. In der Mitte ist sie durchbrochen und durch diese Oeffnung, die Pupille, treten die Lichtstrahlen in die Linse L, von welcher sie gebrochen und zu einem verkleinerten Bilde auf der Hinterwand des Auges, auf der Netzhaut oder Retina ff', vereinigt werden. Der innere Raum M hinter der Linse ist mit einer durchsichtigen, gallertartigen Masse, der Glasflüssigkeit, ausgefüllt, auf dem Grunde aber mit einer schwarzen, feinaderigen Haut überzogen, die ihn zu einer wahren Camera obscura macht. Der vordere Raum K zwischen Hornhaut und Linse enthält eine klare, etwas salzige Flüssigkeit. Die Netzhaut ist weiter nichts als die äußerst feine Ausbreitung des Sehnerven.

Treten nun von aa' Lichtstrahlen ins Auge, so erleiden sie gleich vorn an der durchsichtigen Hornhaut bb' eine Ablenkung, und zwar die bedeutendste, denn die einzelnen Mittel, welche der Lichtstrahl bis zur Netzhaut passiren muß, sind unter sich in ihren Brechungsverhältnissen nur wenig verschieden. Die Linse ist gewissermaßen nur der Verfeinerungsapparat; sie bewirkt durch ein Vor- und Zurücktreten, sowie durch gewisse Aenderungen in ihren Krümmungsverhältnissen, daß die Strahlen, sie mögen parallel oder mehr oder weniger konvergirend ankommen, sich bei einem normalen Auge immer auf der Netzhaut in ff' vereinigen, und ermöglicht dadurch also ein deutliches Sehen in ganz verschiedenen Entfernungen. Außerdem aber macht sie wahrscheinlich die Bilder achromatisch.

Ist die Linse so beschaffen, daß für die aus mittlerer Sehweite kommenden Strahlen der Vereinigunspunkt oder das Bild vor die Netzhaut fällt, so werden diejenigen Strahlen, die aus größerer Nähe ins Auge gelangen, sich auf der Netzhaut vereinigen können und

dort scharfe Bilder geben; diejenigen dagegen von entfernteren Objekten, welche ihren Ver=
einigspunkt vor der Retina haben, werden auf letzterer selbst nur undeutliche Bilder hervor=
bringen, weil an dieser Stelle die Strahlen schon wieder unter einander divergiren. Solche
Augen nennt man kurzsichtige, die Linse hat eine zu kurze Brennweite, sie ist zu sehr ge=
krümmt. Durch entsprechende Zerstreuungslinsen läßt sich diesem Uebelstande begegnen;
daher sind auch die Brillengläser für Kurzsichtige bikonkave Linsen. Bei Fernsichtigen gilt
das Umgekehrte: das deutliche Bild würde erst hinter der Netzhaut entstehen, die Strahlen
müssen also durch Anwendung konvexer Gläser mehr konvergirend gemacht werden.

Fig. 252. Verschiedenheit der scheinbaren Größe des Mondes.

Sehen mit einem Auge. Die Anstrengung, die wir machen, um unser Auge für
verschiedene Entfernungen einzurichten, nennen wir die Akkommodation des Auges.
Wahrscheinlich hat die dazu nothwendige Muskelthätigkeit einen nicht unbedeutenden Ein=
fluß auf unsere Vorstellung, denn wir fühlen auch, wenn wir blos mit einem Auge sehen,
deutlich, welcher Punkt von zweien der nähere und welcher der entferntere ist. Es hat jedoch
die Entfernung, bis zu welcher ein Gegenstand rücken kann, um noch deutlich gesehen zu
werden, ihre Grenze; Geschriebenes zum Beispiel vermögen normale Augen gewöhnlich nur
in einem Abstande zwischen 20 und 45 Centimeter klar zu erkennen. Diese Entfernung
heißt die Sehweite.

Außerdem auch rufen nicht alle Punkte der Netzhaut gleich scharfe Eindrücke hervor.
Wenn wir Etwas genau sehen wollen, richten wir unser Auge so, daß die Strahlen in der
Mittellinie (Augenachse) einfallen. Ist sonach das Sehfeld immer nur ein sehr beschränktes und
können wir demzufolge ausgedehntere Bilder nicht auf einmal in allen Theilen gleich scharf
unterscheiden, so hebt sich diese scheinbare Unvollkommenheit durch die außerordentliche Be=
weglichkeit des Auges vollständig auf, die uns gestattet, mit der größten Schnelligkeit die=
jenigen Punkte uns zur Anschauung zu bringen, denen wir gerade unsere Gedanken zurichten.

Das von der Linse auf der Netzhaut erzeugte Bild ist verkehrt und sehr verkleinert.
Es ist oftmals Gegenstand weitläufiger Auseinandersetzungen gewesen, und selbst die
Physiologen haben sich früher mit dieser Behandlung der Frage unsägliche Mühe gegeben,
warum wir, obgleich das Bild auf der Netzhaut verkehrt erscheint, doch alle Gegenstände
in der richtigen Stellung erblicken? Jedes Wort darüber ist unnütz. Die Seele sieht
das Bild nicht von außen, wie wir es auf der Netzhaut des Ochsenauges erblicken
können; sie empfängt einen allgemeinen Eindruck, den sie auf ganz eigene Weise deutet.

Wem aber dies nicht genügt, wessen Wissensdrang dadurch nicht gestillt werden kann, dem bleibt ja immer noch übrig zu erforschen, ob seine Seele nicht vielleicht auf dem Kopfe steht und das verkehrte Netzhautbild verkehrt betrachtet und dasselbe so wieder zu einem mit der äußern Natur übereinstimmenden zu machen weiß.

Die scheinbare Größe eines sichtbaren Gegenstandes richtet sich nach der Größe des Sehwinkels, das heißt desjenigen Winkels, welchen die von den äußersten Punkten nach unserm Auge gehenden Strahlen einschließen. Mit diesem Sehwinkel kombiniren wir in Gedanken die Entfernung und können uns, bei richtiger Schätzung derselben, eine Vorstellung von der wirklichen Größe machen. Wie viel dabei auf den letztern Umstand ankommt, beweist die immer und immer wieder auftauchende Behauptung, daß der Mond, wenn er tief am Horizont steht, größer erscheine als hoch oben am Himmel. Diese allerdings merkwürdige Täuschung hat ihren Grund nicht in einer Veränderung des Sehwinkels, denn derselbe bleibt für beide Stellungen vollkommen derselbe, sondern sie beruht darauf, daß wir infolge der verschiedenen Dicke der Luftschichten am Horizont und im Zenith das Himmelsgewölbe, an welchem uns die Gestirne angeheftet erscheinen, nicht als eine Halbkugel, sondern als ein flaches Gewölbe ansehen und somit dem tiefstehenden Monde in Gedanken eine größere Entfernung zuschreiben, als dem über uns schwebenden. Fig. 252 liefert dazu den ersichtlichen Beweis.

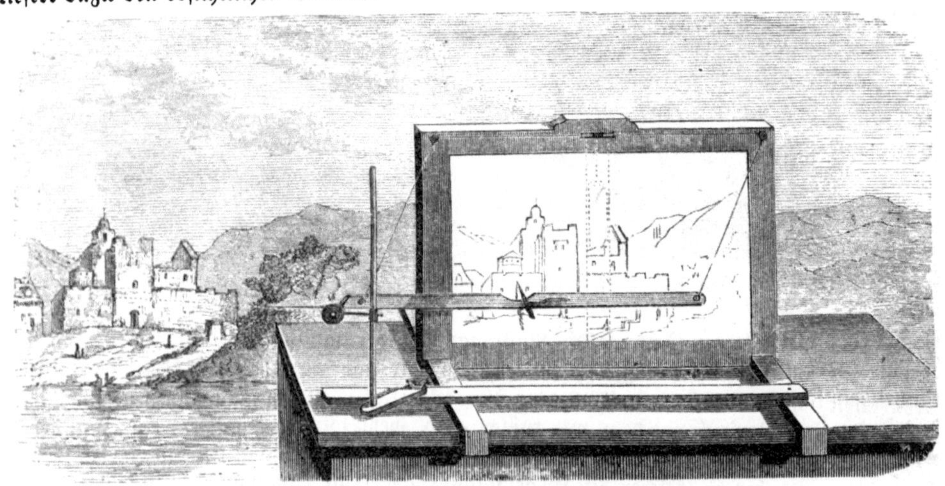

Fig. 253. Wren's Maschine zur Aufnahme von perspektivischen Landschaften.

Auf der Aenderung des Sehwinkels dagegen mit zunehmender Entfernung basirt die Perspektive, deren richtige Beobachtung den durch Zeichnung dargestellten Gegenständen eine große Anschaulichkeit geben kann. Die Erkennung und Befolgung der Regeln der Perspektive setzt eine scharfe Naturbeobachtung voraus, daher treffen wir sie auch erst auf höheren Bildungsstadien der Völker. Aus dem Mittelalter noch sehen wir Gemälde und Zeichnungen, welche in Bezug auf die Tiefe, das Vor- und Hintereinander der Gegenstände mit den wunderlichen chinesischen Darstellungen große Aehnlichkeit haben.

Um Landschaften, Statuen und dergleichen im Bilde auf einer Fläche möglichst so wiederzugeben, wie sie uns erscheinen, hat man verschiedene Hülfsmittel. Am einfachsten würden wir den Zweck erreichen, wenn wir zwischen Auge und dem abzubildenden Gegenstande eine Glastafel aufrichten und auf dieser die Konturen direkt nach der Natur verzeichnen wollten. Aber jede Verrückung des Auges würde auch eine totale Verrückung des Bildes zur Folge haben. Man hat daher in der durch Fig. 253 versinnlichten Maschine dem Auge einen sichern Stand gegeben, indem mit der Zeichenfläche ein Visir fest verbunden ist, durch dessen kleine Oeffnung der Zeichner die Landschaft betrachtet. Das Bild wird nicht auf einer Glastafel, sondern gleich auf einer weißen Papierfläche entworfen.

Es dient dazu ein storchschnabelähnlicher Rahmen, welcher den Bleistift trägt und an dem einen Ende mit einem Zeiger versehen ist, dessen markirtes Ende vor dem Auge des Beschauers über die Umrisse der Landschaft hingeführt wird. Dieser Zeiger ist durch eine feine Spitze in unserer Abbildung angegeben, dicht hinter dem kleinen Visir, mit welch letzterem er nicht etwa, wie es scheinen könnte, fest vereinigt ist.

Das Panorama. Bis zu welchem Grade der Täuschung aber eine perspektivisch richtige Zeichnung uns führen kann, davon geben die Panoramen den besten Beweis. Es sind dies Gemälde, welche eine Landschaft oder eine Scene so darstellen, daß sich der Beschauer gleichsam mitten darin befindet. Die Leinwand, auf welcher sie aufgetragen sind, ist deshalb auch gewöhnlich in einem runden Gebäude aufgespannt und umgiebt den Zuschauer von allen Seiten. Auf den Standpunkt des Beschauers ist die Perspektive des Gemäldes berechnet, und weil das Gemälde auch nur von demselben Punkte aus, für welchen die Zeichnung entworfen ist, betrachtet werden kann, so ist deshalb für den Beschauer ein besonderes Podium gebaut. Von einem andern als dem berechneten Punkte aus gesehen erscheinen die Bilder verzerrt, wie es ungefähr Fig. 254 veranschaulichen kann, und auch aus dem richtigen Augenpunkte betrachtet werden sie erst dann die Täuschung hervorbringen, als ob sie nicht auf einer Fläche nach zwei, sondern nach allen drei Dimensionen des Raumes sich erstreckten, wenn man alle die Nebeneindrücke, welche jene Illusion stören müssen, beseitigt. Man kann die kleine Zeichnung, Fig. 254 z. B., ohne Verzerrung erblicken, wenn man in ein Kartenblatt ein rundes Loch, ungefähr von der Größe einer Stecknadelkuppe, schneidet und die

Fig. 254. Perspektivische Landschaft für das Panorama.

Karte so aufstellt, daß sich die runde Oeffnung in 7½ Centimeter Höhe etwa 7½ Centimeter vor der horizontal liegenden Abbildung befindet und dann mit dem Auge sich in geringem Abstande hinter der Karte bewegt, so daß ein Theil nach dem andern durch das Visir betrachtet wird.

In ähnlicher Weise sind nun die Gemälde der Panoramen hergestellt. Da schon Albrecht Dürer die Regeln der Perspektive in ganz exakter Weise entwickelt und begründet hat, so ist es nicht unwahrscheinlich, daß bereits vor langer Zeit kleinere gemalte Panoramen hergestellt worden sind. Breisig in Danzig soll 1763 ein Panorama gezeigt haben, indessen sind sie erst seit 1793, im Großen ausgeführt, ein Gegenstand öffentlicher Schaustellung geworden. In diesem Jahre nämlich stellte Barker in London ein Panorama auf, welches die Gegend von Portsmouth und die Insel Wight darstellte. Das erste in Deutschland gezeigte war wol das von London (1800). Von dieser Zeit an wurde die Vorliebe dafür eine allgemeinere, und namentlich haben die Pariser Panoramen, die ersten von dem Landschaftsmaler Prevost, großen Ruf erlangt. Der Name der Passage des Panoramas erinnert heute noch an den Ort der ersten Aufstellung. Vor 60 Jahren standen hier zwei Rotunden von etwa 15 Meter, in der Mitte mit einer runden Zuschauerbühne von etwa 6 Meter Durchmesser. Dies war das Prevost'sche Theater. Das Publikum war entzückt von den Darstellungen und sein Beifall rief bald die Erbauung eines größeren Gebäudes hervor.

Nach Prevost's Tode führte der Oberst Langlois den Parisern die Hauptepisoden der kaum beendeten Feldzüge, denen er selbst beigewohnt hatte, vor Augen. Sein Panorama stand in der Rue des Marais du Temple und hatte einen fast dreimal so großen Durchmesser als das Prevost'sche. Das Bild der Seeschlacht bei Navarin, die erste, welche Langlois zur Anschauung brachte, wußte er dadurch sehr täuschend zu machen, daß er der für die Zuschauer bestimmten Bühne die Form des Hinterdecks eines vollständig ausgerüsteten und mit 74 Kanonen besetzten Kriegsschiffes gab. Die das Gebäude stützende Mittelsäule war zu einem Mastbaum gemacht worden, das andere Ende des Schiffes aber nur gemalt. Die Leinwand schloß sich an das Hinterdeck und führte die Blicke gleich auf die bewegte See und die kämpfenden Schiffe über. In den letzten Dreißiger Jahren baute Langlois ein neues großes Panorama, in welchem ebenfalls die Schlachten des französischen Heeres die Hauptobjekte der Darstellung waren. Dasselbe mußte aber gelegentlich der großen Ausstellung von 1855 abgebrochen werden, und erst seit 1859 besitzen die Pariser wieder ein Panorama, welches mit seinen überraschenden Effekten dem französischen Sinne eine treffliche Quelle der Unterhaltung bietet. Das berühmte Panorama von London wurde von Thomas Horner aufgenommen, als die Kuppel der Paulskirche reparirt wurde. Es fand in einer ungeheuern Rotunde im Regents-Park seine Aufstellung. Die Zuschauer sahen gleichsam aus der kleinen durchsichtigen Laterne der Kuppel von St. Paul und mußten in dem Bau herumgehen, da auf diese Weise die Ansicht nur stückweise genossen werden konnte. In Deutschland hat sich besonders der Maler Lexa durch seine Panoramen, mit denen er die Hauptstädte durchzieht, einen Namen gemacht.

Während die Wirkung der Panoramen hauptsächlich auf der Perspektive beruht, ist es bei den von Daguerre, dem Erfinder der Daguerreotypie, zuerst hergestellten Dioramen die eigenthümliche Beleuchtung, welche nicht minder überraschende Effekte hervorbringt. Eine große durchscheinende Seidenfläche wird auf beiden Seiten in verschiedener Weise bemalt. Auf der Vorderseite trägt sie z. B. das Bild einer sonnenbeleuchteten Landschaft, während die Rückseite für dasselbe Bild die Requisiten eines bewölkten Himmels, eines Schneegestöbers oder dergleichen enthält. Die Farben werden in Bezug auf Durchscheinendheit besonders ausgewählt, und man kann, je nachdem das Licht blos auf die Vorder- oder blos auf die Rückseite fällt, diese beiden Effekte gesondert und rasch nach einander zur Darstellung bringen, durch gleichzeitige Wirkung des von vorn auffallenden und des von hinten durchscheinenden Lichtes aber außerdem noch höchst frappante Abwechselungen hervorrufen.

Geschwindigkeit und Dauer des Lichteindrucks. Wir sehen nicht in demselben Augenblicke, in welchem das Licht auf die Netzhaut unserer Augen fällt. Die Nerven brauchen eine gewisse Zeit, um sich in den Zustand hineinzuversetzen, den Eindruck zu empfangen; sie brauchen ferner Zeit, ihn weiter zu leiten bis zum Gehirn, und die Seele braucht wieder Zeit, um daraus die Vorstellung zu bilden. Natürlich sind alle diese Zeiten ungemein kurz, so kurz, daß sie der gewöhnlichen Beobachtung ganz entgehen; aber trotzdem haben die Physiker und Physiologen Methoden erfunden, um diese Gedankenschnelle auf das Genaueste zu messen. Es hat sich dabei ergeben, daß, für verschiedene Menschen verschieden, von dem Einfallen des Lichtstrahles ins Auge bis zum deutlichen Bewußtsein des Gesehenen $\frac{1}{10}$ bis $\frac{1}{8}$ Sekunde vergeht und daß alle astronomischen Beobachtungen streng genommen um diesen Bruchtheil korrigirt werden müßten, wenn wir sie auf eine absolute Zeit beziehen wollten.

Wie das Auge nun Lichteindrücke nicht so ohne Zeitverlust aufnimmt, so läßt es dieselben auch nicht plötzlich wieder fahren. Wenn wir einen glimmenden Span in einem finstern Zimmer um unsern Kopf schwenken, so dehnt sich der leuchtende Punkt zu einem Schweife aus, der bei genügend rascher Bewegung in einen feurigen Kreis übergeht. Der Blitz ist ein einziger Funke, er erscheint uns aber wie ein zickzackförmiges Band, weil der Eindruck noch einige Zeit nach dem Vergehen des Netzhautbildes sich erhält, das sogenannte Nachbild; und wenn wir auch die Erzählung jenes Reisenden von der Schnelligkeit amerikanischer Eisenbahnfahrten, infolge deren die Telegraphenstangen so rasch vor den Augen vorüberflogen, daß sie wie eine zusammenhängende Breterplanke aussahen, nicht als aus „ganz guter Quelle" zum Beleg anführen wollen, so stehen eine Menge von Beispielen ähnlicher Art zu Gebote, deren Auffindung wir aber dem Leser selbst überlassen wollen. Wir wollen nur einige derjenigen erwähnen, welche in sinnreicher Ausführung manche Faktoren mit enthalten, die die Wirkung nicht immer so ohne Weiteres erklärlich erscheinen lassen.

Der Farbenkreisel ist der einfachste Apparat, um über die Nachbilder und die verlängerte Dauer des Lichteindruckes zu experimentiren. Es besteht derselbe seinem Wesen nach aus nichts weiter, als aus einem massiven, etwa 15—20 Centimeter im Durchmesser haltenden Kreisel oder Torl, den man durch rasches Abziehen eines um die Spindel gewickelten Bindfadens, wie den Brummkreisel oder Mönch, in schnelle Umdrehung versetzt (Fig. 256). Auf die obere Fläche des Kreisels kann man während der Drehung runde Papptafeln legen, die in der Mitte ein ausgeschnittenes Loch haben, mit dem sie sich über die Spindel hinwegschieben lassen. Diese Scheiben nehmen natürlich an der Umdrehung mit Theil, und wenn man sie sektorenweise mit verschiedenen Farben bemalt, so wird man den raschen Wechsel der Eindrücke, den die in schneller Folge wiederkehrenden Bilder hervorbringen, als eine Mischung empfinden. Nerven und Seele sind nicht so rasch wie der Kreisel, sie können die Bilder nicht gesondert behalten, sondern werfen sie zusammen. Ist die Scheibe z. B. in Ausschnitte abwechselnd gelb und blau getheilt, so erscheint sie, in Drehung versetzt, grün; Blau und Roth giebt Violett ꝛc. Aus einer Vertheilung der Farben, wie sie das Spektrum der Sonne zeigt, auf der Fläche der Scheibe würde man eben so wie durch Wiedervereinigung der gebrochenen Strahlen durch ein zweites Prisma den Eindruck des Weißen hervorzurufen im Stande sein müssen, wenn nicht die Intensität des Lichtes dadurch

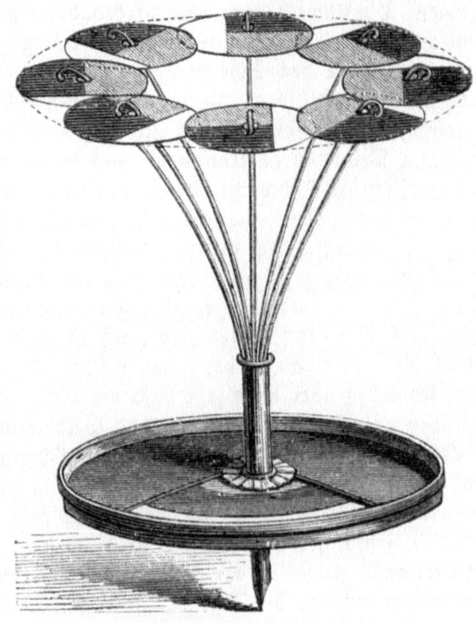

Fig. 255. Der Farbenkreisel.

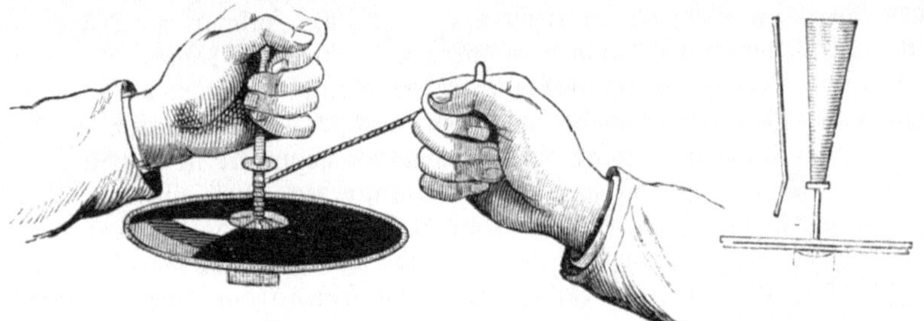

Fig. 256. Zur Erklärung des Farbenkreisels

eine große Einbuße erlitte, daß sich die Bestandtheile für das Weiß eines einzelnen Sektors über die ganze Fläche der Scheibe vertheilen und der schließliche Effekt dadurch statt in Weiß sich in das abgeschwächte, lichtarme Grau verkehrt. Außerdem aber kann man mit Hülfe eines solchen Kreisels nun noch zahlreiche Versuche anstellen und man hat ihnen in den letzten Jahren eine Form gegeben, welche die verschiedenartigsten Effekte hervorzubringen erlaubt. Dadurch, daß man den obern Theil der Spindel hohl gemacht hat, kann man während der Drehung verschiedenartig gebogene Drahtstücke einsetzen, die durch ihre Rotation

den Eindruck von runden Hohlkörpern machen, wie es Fig. 257 andeutet. Dadurch, daß
man einem schief stehenden Drahte eine in farbige Abschnitte getheilte Papierscheibe beigiebt,
wie es Fig. 255 zeigt, erhält man ganz wundervolle Farbeneffekte, lauter konzentrische
Ringe, die in Farbe und Breite bei jeder Berührung wechseln und die reizendsten Kom=
binationen darbieten. Der Grund dieser fast wunderbaren Erscheinung liegt ebenfalls in
den in rascher Folge in das Auge gelangenden Bildern, die sich zu einem Gesammtbilde ver=
einigen. Die Abwechslung aber wird dadurch hervorgerufen, daß durch einen geringen Anstoß
von außen die bunte Papierscheibe ihre Lage an dem Draht selbst ändert, so daß anders
gefärbte Theile der Scheibe nach außen zu liegen kommen und immer neue Mischungs=
verhältnisse stattfinden. Da die Scheibe nämlich lose um den Draht sitzt und nur durch die
Wirkung der Centrifugalkraft an den obersten, äußersten Punkt getrieben wird, so wird
derjenige Punkt ihres Umfanges aus derselben Ursache nach außen zu streben, in dessen
Halbmesser der Schwerpunkt der Scheibe liegt. Man kann sich davon überzeugen, wenn
man durch Ankleben eines Stückchen Wachses den Schwerpunkt nach einer bestimmten Rich=
tung hin verlegt. In unserer Abbildung haben wir die Scheibe in verschiedenen Lagen
gezeichnet, welche sie nach und nach im Laufe einer Umdrehung einnimmt. Denken wir
uns auf ihr die drei abgegrenzten Felder je nach dem Grade der verschiedenen Schraffirung
gelb, roth und blau gefärbt, so muß in unserm Falle die äußerste Region des Gesammt=
bildes blau erscheinen, denn ihr mischt sich weder vom Roth noch vom Gelb etwas bei.
Nach innen zu aber wird sehr bald ein Uebergang nach Grün stattfinden, da je weiter nach
dem Centrum der Bewegung zu das Gelb immer entschiedener mit auftritt, bis endlich das
reinste Grün plötzlich abbricht und ein Orangering daneben erscheint, der weiterhin mit
dem allmählichen Verschwinden des Gelb mehr und mehr in Roth übergeht und nach dem
Austritt des Gelben den innersten Kreis rein roth erscheinen läßt. Eine leise Berührung
aber des Umfanges der Scheibe wird, wenn diese gut centrisch abgeglichen ist, so daß ihr
Schwerpunkt genau in der Mitte liegt und kein einzelner Punkt einen besonderen Trieb
nach außen erhält, die Lage der farbigen Felder um den Draht verschieben und plötzlich
ganz neue Kombinationen der Farben bewirken.

   Die Wunderscheibe und die Wundertrommel. Wer kennt nicht die kleinen Papier=
scheibchen, welche auf beiden Seiten mit verschiedenen Bildern bemalt sind, die, wenn man
die Scheiben mittels eines daran befestigten Fadens in rasche Umdrehung versetzt hat, zu
einem einzigen Bilde in unserer Seele zusammenfallen, das die Bestandtheile jener beiden
Bilder enthält! Ein leerer Käfig auf der einen Seite, ein Vogel auf der andern, läßt beim
Drehen den Vogel im Käfig sitzend erscheinen — zahllose Zusammenstellungen ähnlicher
Art sind in den Spielwaarenhandlungen zu finden und führen den Namen Wunderscheibe
oder Thaumatrop (in Paris im Jahre 1827 erfunden). Führt man in ähnlicher Art
Zeichnungen aus, welche die verschiedenen Phasen eines sich bewegenden Körpers darstellen,
und läßt in rascher Aufeinanderfolge diese Zeichnungen gesondert in das Auge gelangen,
so wird dieses die Bewegung selbst zu sehen vermeinen, indem es die einzelnen Eindrücke zu
einer ununterbrochenen Reihe verbindet, deren Anfang und Ende eine Ortsveränderung
des Körpers zeigen, in welche wir denselben nach und nach gelangen sahen. Stampfer in
Wien hat nach diesem Prinzip im Jahre 1832 seine stroboskopischen Scheiben kon=
struirt, die in der 1866 aus Amerika zu uns gekommenen Wundertrommel eine ganz
besonders zweckmäßige Ausführung erhalten haben.

   Dieser Apparat ist ein hohler Cylinder von Pappe, der auf einem Zapfen in einem
schweren Fuße ruht und in diesem in rasche Umdrehung versetzt werden kann. Die
Wandung des Cylinders in der obern Hälfte hat eine Anzahl Durchbrechungen, durch die
man in das Innere sehen kann. Der untere Theil enthält die Bilder, welche in einer An=
zahl verschiedener Zeichnungen die auf einander folgenden Phasen einer Bewegung dar=
stellen, wie z. B. die Bewegung der Füße beim Laufen, das Werfen und Wiederauffangen
eines Balles u. s. w. Von diesen Bildern sieht das Auge allemal eins, wenn bei der Drehung
der Trommel ein Ausschnitt vorbeipassirt; der folgende Ausschnitt zeigt ein anderes u. s. w.,

und aus diesen einzelnen Bildern setzt sich der überraschende Effekt zusammen, den wir Alle mit großem Vergnügen schon oft beobachtet haben und immer wieder gern beobachten.

Das Chromatrop. Eines andern interessanten optischen Apparats, der sich auch auf die erwähnte Erscheinung gründet, wollen wir gedenken, weil seine blendenden Effekte dem unvorbereiteten Zuschauer durchaus keine Brücke zu den dahinter liegenden Ursachen zu bieten scheinen. Es ist dies das bekannte Chromatrop oder Linienspiel, welches gelegentlich der Betrachtung von Nebelbildern die meisten unserer Leser wol gesehen haben. Auf einem durch= scheinenden Schirme sehen wir plötzlich ein kreisförmiges System bunter, leuchtender Linien, guillochenförmig in einander verstrickt; in den verschiedensten hellen und bunten Farben abwechselnd verstärkt sich der Eindruck durch den eigenthümlichen Kontrast. Strahlenförmig schießen sie aus dem Mittelpunkte hervor bis an die Peripherie des erleuchteten Feldes, wo sie eben so geheimnißvoll verschwinden, wie sie sich geheimnißvoll von der Mitte aus in un= erschöpflicher Menge wieder erzeugen. Und wenn wir hinter den Schirm treten und uns den Apparat erklären lassen, so überrascht uns die ungemeine Einfachheit der Mittel, mit welchen diese reizenden Effekte hervorgebracht werden.

Wir sehen nichts als eine Camera obscura, bei welcher die schieberförmig einzusetzenden Glasgemälde durch runde, drehbare Glasscheiben ersetzt sind, die ungefähr wie in Fig. 258 und 259 mit Zeichnungen versehen und bunt bemalt sind.

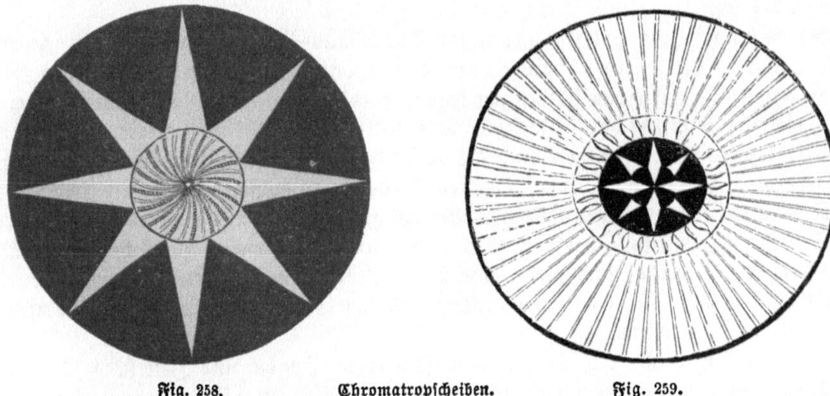

Fig. 258.   Chromatropscheiben.   Fig. 259.

Zwei solcher Scheiben sind vor einander, so daß sie sich decken, wenn man hindurchsieht, auf einem mit einem kreisförmigen Ausschnitt versehenen Bretchen angebracht und werden durch kleine Friktionsröllchen an ihrer Stelle festgehalten. Durch eine Kurbel mit zwei Laufschnuren werden sie gedreht, und da von den beiden Laufschnuren die eine gekreuzt ist, die andere nicht, so laufen auch die Scheiben in entgegengesetzter Richtung um. Dadurch, daß die durchsichtigen Scheiben auf diese Weise in ganz verschiedene Lagen zu einander kommen, entstehen die mannichfachen Kombinationen, welche mit den Bildern des Kaleidoskops Aehn= lichkeit, in ihrem allmählichen Uebergange in einander aber einen großen Reiz vor diesen voraus haben. Die Camera obscura dient nur dazu, das Bild zu vergrößern und mit mög= lichster Helligkeit auf einer ausgespannten Fläche sichtbar zu machen. Man kann auch ohne eine solche von der Entstehung der Bilder sich eine Vorstellung machen, wenn man ein paar in entsprechender Weise gemalte oder ausgeschnittene Papierscheiben auf eine Stricknadel steckt und die Drehung mit der Hand bewirkt.

Subjektive Gesichtserscheinungen. Die Reizungen der Netzhaut brauchen nicht alle= mal von Lichtstrahlen auszugehen. Wir empfinden auch andere Einflüsse auf den Sehnerven, und die eigenthümliche Fähigkeit desselben erregt in der Seele dann Lichtvorstellungen, denen in der Außenwelt kein Vorgang entspricht. Hat doch schon Münchhausen, als er den Flinten= stein verloren hatte, sich einen Schlag ins Auge versetzt und das aus demselben springende Feuer benutzt, um sein Gewehr dadurch zum Losgehen zu bringen. Lichtblitze verschiedener

Art werden im Auge nicht nur durch Druck, sondern auch durch den elektrischen Strom, durch Wärmeeinflüsse und dergleichen hervorgerufen, wie Jeder leicht erfahren kann, wenn er bei geschlossenen Augen durch dieselben den Sehnerv reizt. Man nennt diese Erscheinungen subjektive Gesichtserscheinungen. Es bedarf wol keiner besondern Hervorhebung, daß bei ihnen von wirklichem Licht nicht die Rede ist und daß Erzählungen wie die, nach welcher ein in stockfinsterer Nacht von einem Räuber Angefallener seinen Angreifer deutlich erkannt habe, weil ihm dieser einen solchen Schlag ins Gesicht gegeben habe, daß ihm das Feuer aus den Augen gesprungen sei, in das Reich der Fabeln gehören. Und doch werden dergleichen Dummheiten geglaubt, so wenig sind noch klare Vorstellungen über die gewöhn=lichsten natürlichen Vorgänge im Volke verbreitet. Tauchte doch vor einiger Zeit in den Zeitungen die wunderbare Neuigkeit auf, daß sich auf der Netzhaut Solcher, welche mit offenem Auge eines gewaltsamen Todes gestorben wären, die letztaufgenommenen Bilder fixirten, und daß auf diese Weise die Gesichtszüge eines Mörders, im Auge des Gemor=deten förmlich photographirt, deutlich erkannt worden wären. Es läßt sich kaum eine größere Ungereimtheit denken.

Zu den subjektiven Gesichtserscheinungen gehören auch, weil sie ebenfalls auf der eigen=thümlichen Erregungsweise des Sehnerven beruhen, gewisse interessante und praktisch be=deutungsvolle Augenstimmungen, welche nahen Bezug zu dem mit dem Namen Farben=harmonie bezeichneten physiologischen Zustande haben.

Wenn wir zwei ganz gleich große runde Stücke aus Papier, das eine von schwarzer, das andere von weißer Farbe schneiden, und das schwarze auf einen weißen Bogen, umge=kehrt aber das weiße auf einen schwarzen legen, so erscheinen sie von ungleicher Größe, und zwar das weiße größer als das schwarze. Das helle Licht zieht auf unserer Netzhaut nicht nur die direkt getroffenen, sondern auch die benachbarten Stellen in den Kreis der Erregung (Irradiation); das Feld des empfindenden Nerven wird größer als das des Bildes. Eine Bildsäule sieht kleiner aus, wenn sie aus Bronze gegossen ist, als wenn Gips oder weißer Marmor zu ihrer Herstellung verwendet worden wären. Schwarze Handschuhe machen die Hände zierlicher als weiße, und wenn eine Spitzenklöpplerin ihre Kunst zeigen will, wird sie besser thun, schwarze Fäden zu verwenden und das Gewebe auf einer weißen Unterlage auszubreiten, als umgekehrt.

Haben wir die weiße Scheibe auf dem schwarzen Bogen eine Zeit lang scharf fixirt und sehen wir dann von ihr hinweg auf eine weiße Fläche, so erblicken wir immer noch im Auge das frühere Bild, aber merkwürdiger Weise jetzt als einen dunkeln, kreisförmigen Fleck. Es ist ein Nachbild entstanden durch ungleiche Reizung und dadurch erfolgte zeit=weilige Abstumpfung des Sehnerven. Mit der Zeit verschwindet das Bild wieder — die Nervenausgänge sind auf allen Punkten der Netzhaut wieder gleich empfänglich. Wie nun hier durch das Weiß die Nerven abgestumpft werden, so üben auch die Farben eine merkbare Wirkung; und die Beachtung derselben ist dem Maler, Kattunfabrikanten, Lacki=rer, Tapezirer, ja allen Künsten und Gewerben, deren Erzeugnisse gesehen werden, von dem allergrößten Vortheil.

Nimmt man statt eines schwarzen ein rothes Stück Papier und betrachtet dies auf einer weißen Fläche, so sieht man nach Entfernung desselben ebenfalls ein Nachbild, welches in diesem Falle aber grün gefärbt ist; gelb erzeugt ein violettes, grün ein rothes Nachbild. Die Nerven der Netzhaut werden durch längere Einwirkung einer bestimmten Farbe abge=stumpft für dieselbe und empfinden dann im weißen Lichte diejenigen Strahlen vorzugs=weise, welche nach Abzug jener vom Weiß übrig bleiben, also die Komplementärfarbe.

Es ist bekannt, daß, wenn man mehrere Nuancen derselben Farbe nach einander be=trachtet, die folgenden anscheinend immer mehr an Schönheit verlieren, daß dagegen die betreffende Komplementärfarbe gewinnt, wenn das Auge sich vorher an einer Farbe satt gesehen hat. Deswegen suchen auch Zeughändler, um die Lebhaftigkeit ihrer Stoffe zu er=höhen, einer solchen Ermüdung der Augen dadurch vorzubeugen, daß sie die Farben immer in entsprechender Abwechselung in ihren Mustern im Schaufenster anordnen. —

Keine Farbe ist an und für sich häßlich, denn jede kann, in der entsprechenden Weise mit anderen zusammengestellt, einen angenehmen Eindruck machen, und die gute Wirkung läßt sich unter Berücksichtigung der Reize, welche die Kontraste der Helligkeit und Farbe hervorrufen, vorausberechnen. Wir können keine andere Idee der Schönheit haben als diejenige, welche wir mit unseren Sinnen selbst aus den uns umgebenden Erscheinungen allmählich abstrahiren. Die absichtliche Verleugnung dieser Grundwahrheit hat die Welt mit der unglückseligsten Geschmacklosigkeit beglückt, welche Jahrtausende hindurch die freie Bildung des Geistes nach ganzen Richtungen hin gehindert und gehemmt hat. Was in ihrer Naivetät die alten Klassiker unbewußt, nur von dem unverdorbenen Gefühl geleitet, daß es nicht anders sein könne, Herrliches geschaffen haben, zu dieser Höhe der natürlichen Einfachheit müssen wir uns durch den Wust zopfiger Ueberlieferungen mühsam hindurcharbeiten, indem wir uns alle die Gründe bewußt zu machen haben, daß es gerade so sein muß.

Sehen mit zwei Augen. Alle bisher betrachteten Erscheinungen würden wir in der angegebenen Weise wahrnehmen, wenn wir, statt mit zweien, nur mit einem einzigen Auge wie die Kyklopen begabt wären. Anders aber ist es mit gewissen Eindrücken, welche uns die Vorstellung von der Körperlichkeit der Gegenstände verschaffen, und die wir gerade dadurch empfangen, daß wir gleichzeitig mit zwei Augen, binokular, sehen. Weil es zur Kenntniß der Gesichtsempfindungen überhaupt nothwendig ist, und besonders auch, weil sich auf die Kenntniß der Vorgänge die geistreiche Erfindung eines

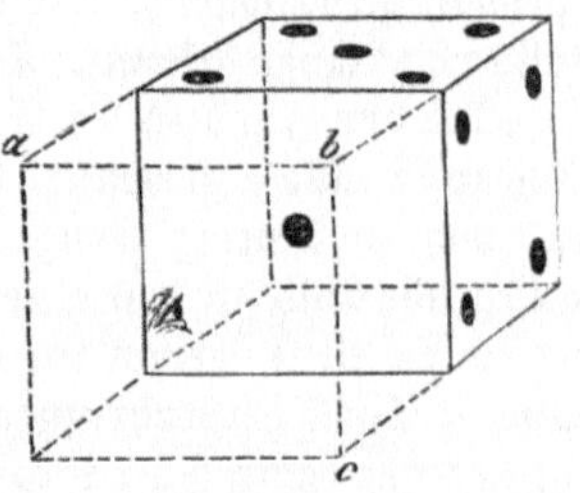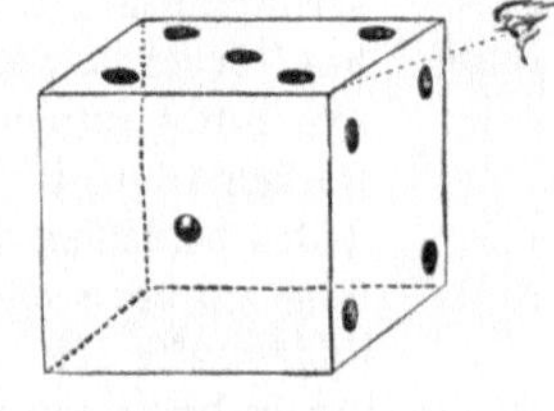

Fig. 260. Würfel von vorn betrachtet.

Fig. 261. Würfel von der Seite betrachtet.

in kurzer Zeit allgemein verbreiteten und ungemein reizenden Apparats gründet, wollen wir dem interessanten Gegenstande einige Aufmerksamkeit schenken.

Auf der Netzhaut unseres Auges entsteht ein flaches Bild. Es ist natürlich, daß dasselbe ganz genau so, wie es durch ein wirkliches Gebäude, einen Baum u. s. w., hervorgerufen wird, auch durch eine Abbildung dieser körperlichen Gegenstände erzeugt werden könnte. Nur müßte die Abbildung alle Verhältnisse der Perspektive, Färbung und Beleuchtung richtig wiedergeben.

Mit einem einzigen Auge vermögen wir aber nur zwei Dimensionen, Breite und Höhe, zu unterscheiden. Wenn wir damit also einen Körper wirklich als körperlich erkennen und nicht blos eine flache Zeichnung sehen wollen, so müssen wir das Auge in verschiedene Lagen zu demselben bringen und nach und nach von verschiedenen Seiten uns Bilder des Gegenstandes verschaffen. Sind diese von verschiedenen Seiten auch wirklich und in gewisser Weise verschieden, so kommt — das hat die Seele aus anderen Erfahrungen schließen gelernt — dem gesehenen Gegenstande die dritte Dimension zu, er ist körperlich. Betrachtet das Auge z. B. den in Fig. 260 dargestellten Würfel das eine Mal gerade von vorn, so sieht es nur die quadratische Fläche 1; dagegen werden, wenn es die Stellung von Fig. 261 einnimmt, noch zwei andere Flächen 4 und 5 mit erblickt. Aus der Kombination dieser zweiten Ansicht mit der ersten erhalten wir Belehrung darüber, daß mit der Fläche 1 noch andere zusammenhängen, die, weil sie das erste Mal nicht sichtbar waren, in einer andern Richtung als in der Höhe oder Breite liegen müssen. Wir werden auf die dritte Dimension, die Tiefe, hingewiesen und konstruiren uns in dieser zu den wenigen sichtbaren Flächen die übrigen nach Analogie hinzu.

Da uns eine große Erfahrung mit einem unendlichen Ideenschatz hülfreich zur Seite steht, so vermögen wir aus wenig Elementen uns vollständige Bilder zusammenzustellen. Wir würden also zur Noth auch mit einem Auge die Außenwelt körperlich auffassen lernen; allein dieser Zustand wäre doch ein mangelhafter gegen die bestehende Einrichtung

unserer Sehorgane, welche uns in dem gleichzeitigen Gebrauch zweier Augen die Möglich=
keit giebt, auf einmal und vollständig auszuführen, was mit einem Auge nur nach einander
und stückweise geschehen könnte.

Unsere beiden Augen geben uns zwei Bilder, wie Fig. 260 und 261, zu gleicher Zeit.
Die Seele legt beide zu einer einzigen Vorstellung zusammen, und gerade der Reiz, welcher
in der Vereinigung der zwei verschiedenen Sinneseindrücke liegt, ist die Ursache der un=
beschreiblichen Empfindung, welche das Körperlichsehen charakterisirt.

Das Stereoskop. Daß es beim Körperlichsehen oder dem Stereoskop auf die Ver=
einigung zweier Bilder ankommt, die unter sich die durch den verschiedenen Standpunkt be=
dingten Ungleichheiten haben, scheint keine neue Entdeckung zu sein. Brewster will gefunden
haben, daß schon Euklid mit diesem Prinzip bekannt gewesen sei und daß Galenus dasselbe
bereits vor 1500 Jahren erläutert habe. Baptista Porta soll im Jahre 1599 vollständige
Zeichnungen der beiden getrennten, als von beiden Augen gesehenen Gemälde, und ebenso
von dem zwischen sie gestellten vereinigten Bilde gegeben haben, worin nicht nur das Prinzip
des Stereoskops, sondern sogar die Hauptsache seiner Ausführung enthalten sein
würde. Den Malern, welche sich, früher mehr als jetzt, mit den wissenschaftlichen
Grundlagen ihrer Kunst beschäftigten, waren, wie es scheint, die Grundgesetze
des Körperlichsehens ebenfalls schon lange bekannt. Denn ebensolche Zeichnungen,
wie Porta entworfen hat, sollen von Jacopo da Empoli (geboren 1554, ge=
storben 1640) im Musée Wicar in Lille aufbewahrt werden. Je zwei von ihnen
stellen denselben Gegenstand von zwei wenig verschiedenen Gesichtspunkten dar.
Das auf der rechten Seite liegende Bild ist von einem mehr links gefaßten Ge=
sichtspunkte als das auf der linken Seite, genau so, wie es verlangt wird, wenn
die Bilder einen stereoskopischen Effekt hervorbringen sollen. Freilich aber kann
dieser Umstand rein zufällig und nur dadurch hervorgerufen sein, daß, wie Helm=
holtz meint, der Maler, mit seiner ersten Arbeit nicht zufrieden, aus einem etwas
veränderten Gesichtspunkte eine zweite Zeichnung entwarf.

Für die Neuzeit jedenfalls scheinen aber jene Kenntnisse, wenn sie überhaupt
in dem Umfange existirten, verloren gewesen zu sein, und es ist anzunehmen,
daß Wheatstone seine schöne Entdeckung ganz selbständig gemacht hat. Er ent=
warf zwei Zeichnungen desselben Körpers genau so, wie die Bilder auf den Netz=
häuten der beiden Augen sich darstellen müßten, und erfand, um diese zwei Bilder
ohne Schwierigkeiten den betreffenden Augen gleichzeitig zuzuführen, diejenige
Vorrichtung, welche jetzt unter dem Namen stereoskopischer Apparat all=
gemein bekannt ist und die wir in ihrer Einrichtung bald näher betrachten wollen.
Vor der Hand scheint es aber des bessern Verständnisses wegen zweckmäßig, einige
Vorbemerkungen zu machen.

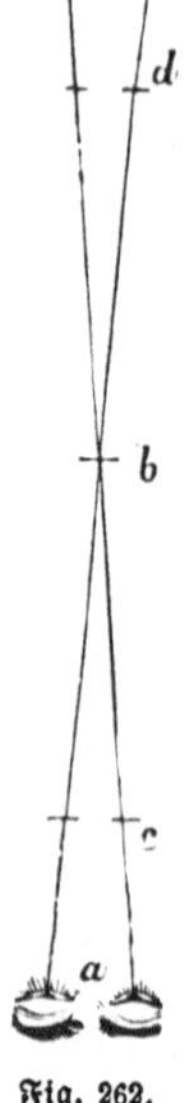

Fig. 262.

Die beiden Augen nehmen alle Lichtstrahlen auf, welche in nicht zu großem Winkel
mit der Sehachse einfallen; damit dieselben aber von der Seele zu einem Bilde vereinigt
werden, müssen sie auf die sogenannten identischen Stellen der Netzhaut fallen,
was nur bei denjenigen der Fall ist, welche von dem Kreuzungspunkte der Sehachsen aus=
gehen. Den Sehnerv nämlich haben wir uns als einen Fasernstrang zu denken, welcher
sich in zwei ganz gleiche, auf der Netzhaut endigende Aeste zertheilt. Die hier symmetrisch
angeordneten Faserenden gehören in dem rechten und linken Auge paarweise, wie die Finger
der Hände, zusammen. Es bewirkt eine einzige Vorstellung, wenn diese symmetrischen
Netzhautstellen in beiden Augen in gleicher Weise erregt werden. Dagegen bleiben die
Bilder in unserer Seele getrennt, wenn die Eindrücke nicht von identischen Punkten der Netz=
haut aufgenommen worden sind. Unser Körperlichsehen besteht also darin, daß wir unsere
Augen so einstellen und richten, daß die von einem Punkte kommenden Strahlen in beiden
Augen jene zu einander gehörigen Stellen der Netzhaut treffen. Es ist dies streng genommen
in jedem Augenblick immer auch nur für einen einzigen Punkt möglich, alle anderen Punkte
sehen wir doppelt; nur achten wir gewöhnlich nicht darauf, daß sich die Bilder im großen

Ganzen ziemlich decken und die Undeutlichkeit alsbald verschwindet, wenn wir mit Aufmerksamkeit die doppelten Konturen ins Auge fassen wollen.

Wenn wir in gerader Linie hinter einander zwei brennende Kerzen aufstellen und bald die eine, bald die andere mit unsern Augen fixiren, so bemerken wir, daß wir nur von derjenigen Flamme, auf welche wir gerade unsere Augen richten, die sich also im Kreuzungspunkte der Sehachsen befindet, ein einziges Bild erhalten, daß dagegen die andere Flamme immer zwei Bilder hervorruft. Man kann nun neben die eine der beiden Kerzen, gleichviel ob neben die nähere oder neben die entferntere, ein zweites Licht stellen, so daß alle drei mit den Augen in gleicher Horizontalebene liegen, und erhält dann, wenn man das einzeln stehende fixirt, von den beiden andern vier Bilder. Die beiden mittelsten davon können zur Deckung gebracht werden, und zwar auf zweierlei Weise, indem man entweder die fixirte, einzelne Kerze so stellt, daß die verlängerten Sehachsen die beiden andern Kerzen treffen, oder so, daß man jene beiden Flammen in die Richtung der Sehachsen vor deren Kreuzungspunkt aufstellt.

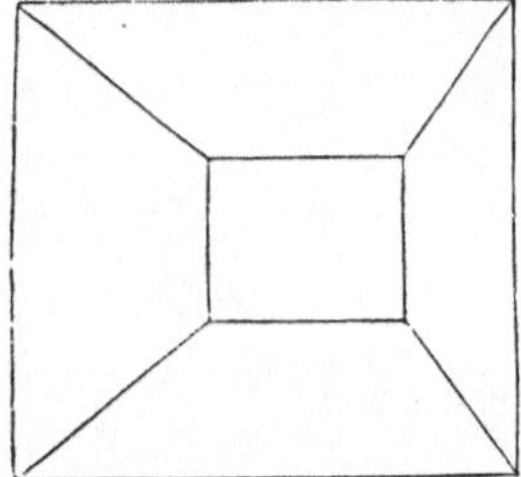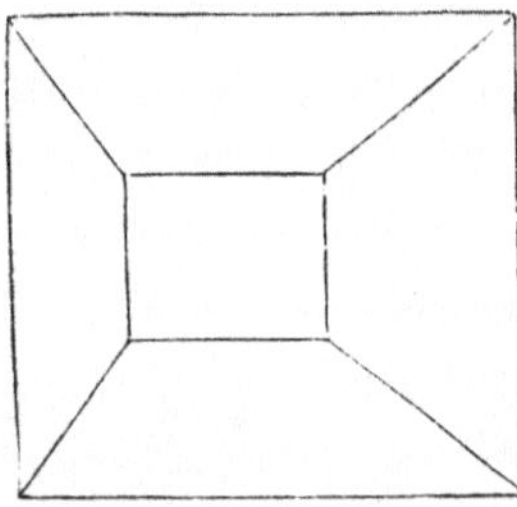

Fig. 263. Stereoskopische Bilder einer Pyramide.

Anstatt der beiden Kerzen können wir nun aber stereoskopisch gezeichnete Bilder vor die Augen bringen, und der Nutzen dieser Augenübung wird uns auf frappante Weise bemerkbar werden. Fig. 262 stellt den Fall dar, wo die Augen a so gerichtet sind, daß sich die Sehachsen in b kreuzen, oder daß der Punkt b von beiden Augen fixirt wird. Wird diese Augenrichtung festgehalten, so müssen zwei stereoskopisch gezeichnete Ansichten auf identische Netzhautstellen fallen und zur Deckung gebracht werden, sowol wenn sie bei c in die Sehrichtung gebracht, als auch wenn sie in d aufgestellt werden. In jedem der beiden Fälle vereinigen sich die beiden Bilder in unserer Vorstellung zu einem einzigen, wir sehen den dargestellten Gegenstand körperlich, und zwar als ob er sich in b befände. Der hervorgebrachte Effekt ist aber für beide Fälle ein verschiedener, denn wenn wir zum Beispiel die beiden, von ein und derselben Pyramide genommenen Ansichten (Fig. 263) in c aufstellen, so nimmt das linke Auge das links liegende, das rechte Auge das rechts liegende Bild auf, und da dieselben genau den Ansichten entsprechen, welche wir in Wirklichkeit von einer mit der Spitze unsern Augen zugerichteten Pyramide haben würden, so rufen sie auch bei der angenommenen Art der Betrachtung den Eindruck einer erhabenen Pyramide hervor. Das linke Auge erhält aber eine Ansicht, wie sie das rechts gezeichnete Bild darstellt, und das rechte Auge eine solche, wie das linke Bild zeigt, wenn wir in eine hohle, mit der Basis uns zugekehrte Pyramide, eine Matrize der vorigen, hineinblicken. Daher scheint auch, wenn wir die Sehachsen vor den Bildern sich kreuzen lassen, das vereinigte Bild einer vertieften und mit der Spitze uns abgewandten Pyramide anzugehören. Bemerkenswerth ist dabei die Täuschung, welche wir in Betreff der scheinbaren Tiefe erfahren. Dieselbe sieht in dem zuletzt betrachteten Falle viel bedeutender aus als vorher.

Auf diese Weise kann man nach demselben Prinzip entworfene Zeichnungen von Körpern durch geeignete Betrachtung nach Belieben zu einem erhabenen oder vertieften Bilde vereinigen. Unsere Figur 264 giebt ein anderes Beispiel, dessen Betrachtung für Jeden, der sich die Mühe der ungewohnten Augeneinstellung nicht verdrießen läßt, höchst lehr- und genußreich werden wird. Als ein bequemes Hülfsmittel, die Augen in der erforderlichen Weise zu richten, kann übrigens eine Stricknadel dienen, welche man in den durch Probiren leicht zu findenden Kreuzungspunkt der Sehachsen hält; man bewegt sie, indem man sie scharf fixirt, langsam auf die Zeichnung oder die Augen zu, bis die mittelsten der vier Bilder eben zur Deckung gelangen. Die Sehachsen hinter der Zeichnung erst zu kreuzen, also die Bilder bei ihrer Aufstellung in c (s. Fig. 262) zu vereinigen, ist schwieriger; indessen kann man sich dadurch helfen, daß man bei gewöhnlichen stereoskopischen Bildern sich vorstellt, als wolle man durch die in richtiger Sehweite gehaltene Zeichnung hindurch einen etwa 7—8 Meter entfernten Gegenstand ins Auge zu fassen suchen.

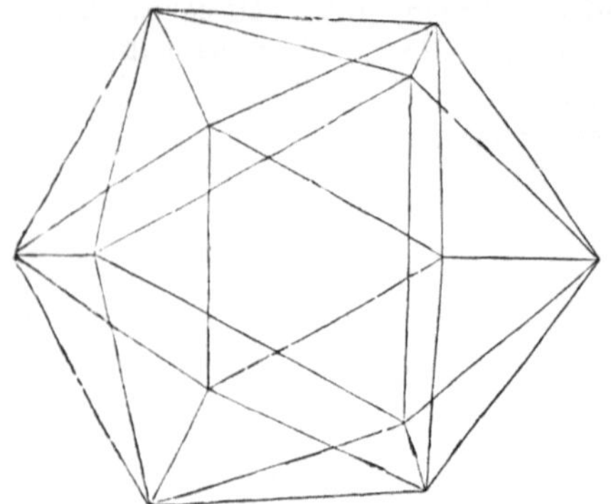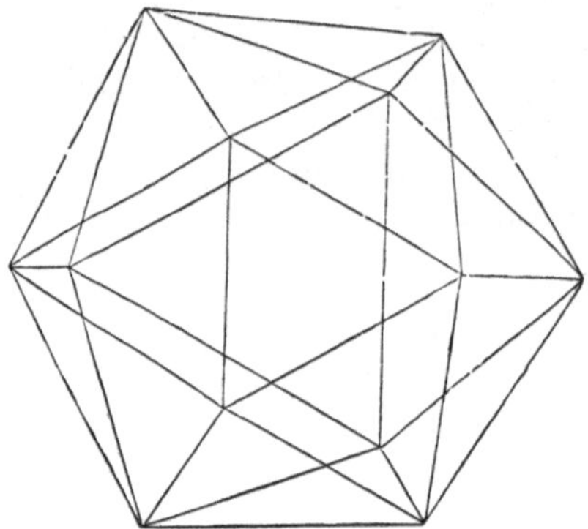

Fig. 264. Stereoskopische Bilder eines Krystallmodells.

In dem schon erwähnten, von Wheatstone erfundenen stereoskopischen Apparate sind alle die Schwierigkeiten, welche ein derartiges gezwungenes Sehen darbietet, umgangen, und der überraschende Effekt zeigt sich Jedem, der sich der Gründe auch nicht bewußt ist.

Fig. 265. Wheatstone'sches Spiegelstereoskop.

Die Erfindung Wheatstone's ist übrigens schon am 21. Juni 1838 der Königlichen Gesellschaft zu London vorgelegt worden. Der Apparat (Fig. 265) bestand aus ebenen Spiegeln A und B, von etwa 22 Quadratcentimeter Oberfläche, welche unter sich einen Winkel von 90 Grad bilden.

Hart vor denselben, in der Zeichnung aber nicht angegeben, befindet sich ein kleines Bretchen mit zwei Oeffnungen für die Augen, die so den Spiegeln sehr genähert werden. Seitwärts davon sind zwei aufrecht stehende Latten angebracht, an denen die beiden Schieber C und D sich vor- und rückwärts bewegen lassen. Auf diesen Schiebern werden die stereoskopischen Zeichnungen befestigt; ihre Bilder erscheinen in den Spiegeln und werden in diesen von den Augen betrachtet. Da jedes Auge wegen seiner nahen Stellung zu den Spiegeln immer nur ein einziges Bild sieht, so wird es nicht so leicht beirrt; außerdem aber erlaubt diese Vorrichtung viel größere Bilder zu betrachten als mit freien Augen.

Wheatstone selbst ersetzte seinen Apparat bald durch ein anderes Instrument, welches in seiner bequemeren Handhabung große Vorzüge vor jenem hat. Statt der Spiegel wandte er, um die Bilder in die Augen zu werfen, Prismen an, die er mit den brechenden Kanten einander zu gerichtet hatte.

Die schematische Abbildung Fig. 267 versinnlicht dies Arrangement und seine Wirkungs=
weise. Von den Bildern a und b gehen die Strahlen f in die Prismen c und d, werden
durch dieselben in der Richtung h gebrochen und gelangen so in die Augen, welche die
Bilder als ein einziges in der Richtung hi erblicken. Die gebräuchlichste äußere Form dieses
Prismenstereoskops zeigt Fig. 268.

So zweckentsprechend dieser Apparat auch
war, so litt seine Herstellung doch an einer
großen Schwierigkeit. Es ist nämlich schwer,
zwei völlig gleiche Prismen, wie sie dazu ver=

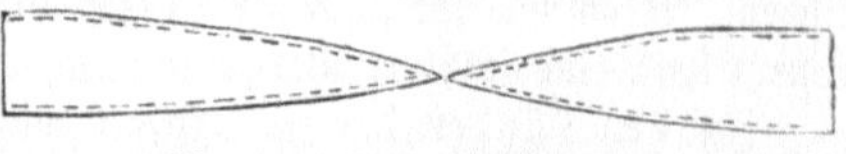

Fig. 266. Stereoskop=Prismen.

langt werden, sich zu verschaffen. Aber auch dieser Uebelstand wurde gehoben, denn der
schottische Physiker Brewster kam auf die geniale Idee, eine gewöhnliche Linse mitten aus
einander zu schneiden und die beiden völlig symmetrischen Hälften an Stelle der Prismen
einzusetzen. Er erhielt durch die sphärische Krüm=
mung seiner Gläser noch eine vortheilhafte Ver=
größerung der Bilder, welche zur Erhöhung der
Täuschung wesentlich beiträgt. Trotz dieser Ver=
vollkommnung vergingen indessen noch viele
Jahre, ehe die allgemeine Aufmerksamkeit dem
Stereoskop zugelenkt wurde, und wenn nicht der
rasche französische Sinn Gefallen an den reizen=
den Wundern gefunden hätte, so wäre vielleicht
heute noch das Stereoskop für das große Publi=
kum nicht vorhanden. Brewster kam im Herbst
1850 nach Paris und zeigte seinen Apparat den
dortigen Naturforschern.

In Deutschland hatte schon 1844 der Pro=
fessor Moser photographische Bilder für
das Stereoskop angefertigt; sein Bericht darüber

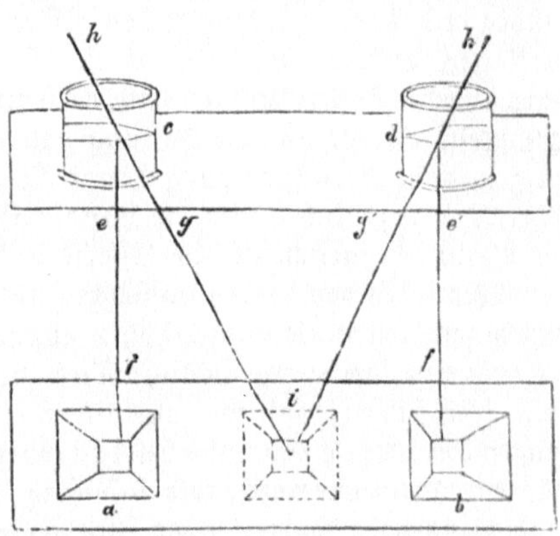

Fig. 267. Prinzip des stereoskopischen Apparats.

war in Dove's „Repertorium der Physik" abgedruckt, aber natürlich dachte Niemand bei
uns daran, so rasch aus dem erworbenen Kapitale allgemeinen Nutzen zu ziehen. Da die
Sache gedruckt und registrirt war, war es ja gut.

In Paris ging das rascher. Der als Physiker und
Mathematiker bekannte Abbé Moigno erkannte augen=
blicklich, welch günstige Aufnahme das Stereoskop im
Publikum finden müsse. Er bestimmte Brewster, dem aus=
gezeichneten Optiker Duboscq die Herstellung von Stereo=
skopenapparaten zu übertragen, und aus diesem berühmten
Etablissement verbreiteten sich nun in kurzer Zeit die
überall mit Entzücken aufgenommenen Apparate über
alle Länder. Ueberall wurden sie nachgemacht. Aus=
stellungen stereoskopischer Bilder durchwanderten Messen
und Jahrmärkte, und jetzt findet sich das Stereoskop als
eines der beliebtesten Unterhaltungsmittel fast in jeder
Familie. Die Linsenhälften hat man der bequemeren
Faßbarkeit wegen rund geschliffen und in verschiebbaren
Hülsen befestigt, welche ein Einstellen in die für jedes

Fig. 268. Wheatstone'sches Prismen=
stereoskop.

Auge passende Brennweite gestatten. Dadurch bekommt der Apparat Aehnlichkeit mit einem
gewöhnlichen Operngucker, der unten in einen viereckigen Kasten endigt, wie er schon bei
Fig. 268 sichtbar wird. An der obern Wand dieses länglichen Kästchens befindet sich eine
Klappe, um Licht einzulassen, wenn Bilder besehen werden sollen, die auf einem undurch=
sichtigen Grunde stehen; die Innenfläche des Kastens ist geschwärzt, um das Licht nur von
einer Seite auffallen zu lassen. Der Boden, das heißt da, wo die Bilder eingelegt werden,

ist durchbrochen, weil manche Bilder auf durchscheinenden Glasplatten erzeugt werden und dann bei geschlossener Klappe gegen das Licht betrachtet werden müssen. Außerdem aber hat man Apparate ohne alle Aufstellung, bloße Linsenpaare, Rollapparate, zum Zusammen=klappen u. s. w., von denen wir nur die in Fig. 269 dargestellte bequeme Einrichtung vor=führen. Brewster hat noch die Linsen verdoppelt, so daß er jedes Bild durch zwei Linsen ansieht und eine stärkere Vergrößerung bei geringerem Volumen gewinnt.

In den Händen der Franzosen wurde vor allen Dingen die Photographie zur Her=vorbringung stereoskopischer Abbildungen herangezogen, und in der That würde ohne diese Schwesterkunst die Wheatstone'sche Erfindung sich nur auf die einfachsten geometrischen Darstellungen haben beschränken müssen. Die Camera obscura dagegen zeichnet von den komplizirtesten Gegenständen mit absoluter Genauigkeit die geringsten, durch die verschie=denen Gesichtspunkte bedingten Abweichungen, und die photographische Platte fixirt die Bilder mit ihren unendlich feinen Abstufungen von Licht und Schatten, wie sie der augen=blicklichen Beleuchtung entsprechen. Denn in der Darstellung körperlicher Gegenstände ist nicht nur die äußere Kontur das Wesentliche, sondern eben so gut auch die Vertheilung der Helligkeit. Glanz und Beschattung hängen gleichfalls von dem Beobachtungsorte ab, und die genaueste Berücksichtigung dieser Momente ist nothwendige Bedingung eines günstigen Effekts. Vorzüglich lehren die Landschaftsbilder, in welcher Weise diese fast verschwinden=den Verschiedenheiten zu dem Effekte beitragen.

Wir sehen den Boden aufsteigen und sich in meilenweiter Ferne verlieren, weit in die Luft hinein locken die Gipfel hoher Berge unsern Blick, wir vergraben uns in die Schluch=ten, die eine fast unergründliche Tiefe verrathen. Vor uns thut sich ein schroffer Abgrund auf. Wir fühlen, daß wir auf einem überhängenden Felsen stehen, und darüber hinweg hängen die Zweige einer uns beschattenden Kiefer, deren Aeste wir greifbar vor unsern Augen wähnen. Noch überraschender fast sind die Ansichten, welche uns in das Innere von Ge=bäuden, in hohe Dome, lange Zimmerreihen oder weite, mit mancherlei Gegenständen an=gefüllte Räume führen. Jede Kannellirung der Säulen tritt uns hier plastisch entgegen, das Schnitzwerk wächst aus dem Getäfel heraus und die eigenthümlichen Glanzeffekte, die da=durch hervorgerufen werden, daß jedes Auge verschiedene Stellen der Körper vom hellsten Lichte wiederstrahlen sieht, lassen das Material genau unterscheiden. Ein Museum von Skulpturarbeiten giebt unsern Blicken in jeder Entfernung Anhaltepunkte. Die Figuren stehen selbständig da, sie treten auf uns zu, sie sind nicht als Bilder durch eine gemeinsame Papierfläche mit einander verbunden; wirkliche, sichtbare Luft, in der die Sonnenstäubchen flimmern, umgiebt sie von allen Seiten. Hier sehen wir eine antike Marmorbildsäule, woran wir die Spuren der Verwitterung mit den Fingern untersuchen wollen, dort steht eine Bronze=figur, deren glatte Oberfläche, Glanz und Farbe eben nur durch das Auge empfunden und gedeutet werden kann. Und mit eben der Vollkommenheit, mit welcher hier leblose Gegen=stände sich darstellen, lassen sich stereoskopische Abbildungen von Personen, Portraits u. s. w. aufnehmen. Die Empfindlichkeit der photographischen Präparate ist so weit gesteigert wor=den, daß wir den belebtesten Marktplatz in einem einzigen Moment fixirt, den fliegenden Vogel, das wellenbewegte Meer im Stereoskop sehen können.

So gering nun auch selbst einer genauen Untersuchung der perspektivischen Abweichungen der beiden Bilder erscheinen, so sind sie doch — zumal bei Landschaften — größer, als sie der Entfernung unserer Augen entsprechen würden. Die photographischen Apparate werden bei ihrer Aufnahme in größerem Abstande, als unsere Augenweite beträgt, von einander aufgestellt. Dadurch macht denn auch das stereoskopische Bild den Eindruck, als ob wir es mit einem um so viel größern Winkel der Sehachsen betrachteten, als ob ein verkleinertes Modell von uns aus größerer Nähe gesehen würde. Das Stereoskop überwirklicht die Wirk=lichkeit, und so effektvoll auch die hinter einander liegenden Partien auf diese Weise von einander losgelöst werden, so darf doch, wenn der Natürlichkeit nicht Eintrag geschehen soll, eine gewisse Grenze damit nicht überschritten werden. In den Kunsthandlungen findet man stereoskopische Abbildungen des Mondes, dessen Entfernung doch so groß ist, daß ihr gegen=

über eine Aufnahme von zwei verschiedenen Standpunkten auf der Erde diejenigen Ansichten nicht geben könnte, welche zur Hervorbringung eines stereoskopischen Effektes erforderlich sind. Außerdem auch ist der Mond von solchen Dimensionen, daß wir mit unserm Sehapparat ihn nie in seiner Totalität umfassen und uns mit unsern körperlichen Augen direkt nur verhältnißmäßig sehr kleine Theile von ihm zum Bilde bringen könnten. Nichtsdestoweniger erscheinen diese Mond=Stereoskopen vollständig körperlich; der Mond tritt uns als Kugel gegenüber, ja bisweilen ist das Relief so bedeutend, daß er wie ein Ei mit der Spitze uns zugekehrt erscheint. Wie ist dieser Effekt erreicht? Nicht anders als mit Zuhülfenahme der eigenthümlichen scheinbaren Schwankung um seine Mittelachse (Libration), die der Mond besitzt, und infolge deren er der Erde nicht immer dieselbe Scheibe blos zukehrt, sondern abwechselnd von der einen und der andern Seite ihr einige Längengrade mehr von rechts und links zuwendet. Für die Herstellung stereoskopischer Bilder aber bleibt es sich völlig gleich, ob der Aufnahmestandpunkt verändert wird oder ob der Gegenstand eine Drehung erfährt, die für den Punkt der Aufnahme jetzt eine veränderte Ansicht gewährt. Und bei dem Monde hat man davon insofern Anwendung gemacht, als man die beiden photographischen Bilder nicht gleichzeitig nahm, sondern das eine, wenn er mehr von seiner linken Seite zeigte, das andere dagegen erst nach Verlauf mehrerer Tage, wenn er inzwischen wieder durch seine Mittellage hindurchgegangen war und einen entsprechend größern Theil seiner rechten Hälfte hervorkehrte. Je weiter die Aufnahmen aus einander liegen, um so größer wird die Verschiedenheit der Bilder, um so hervortretender das Relief, das sie im stereoskopischen Apparate zeigen, ausfallen.

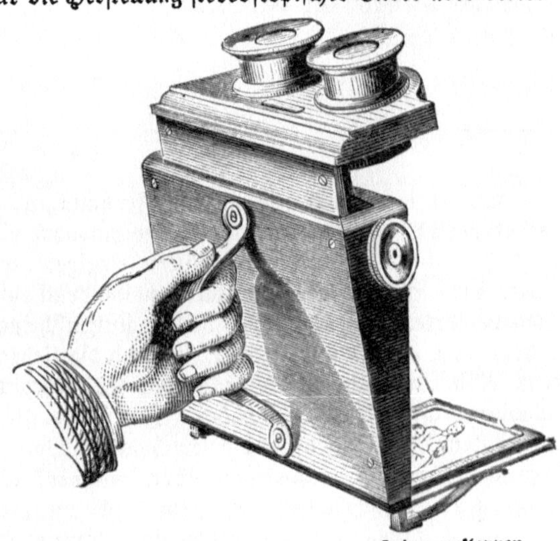

Fig. 269. Stereoskopischer Apparat zum Zusammenklappen.

Das Telestereoskop. Ein fernes Gebirge vermögen wir, wenn wir es zuerst erblicken, nur schwierig in seine Tiefenverhältnisse aufzulösen. Hier stehen ebenfalls die Augen zu nahe, als daß die beiden Bilder merklich verschiedene Seiten zeigen könnten, und die fernen Bergzüge erscheinen von geringer Plastik, fast nur von einem kulissenartigen Ansehen. Durch das von Helmholtz erfundene Telestereoskop aber werden unsere Augen gewissermaßen um mehrere Ellen von einander entfernt, so daß die Bilder, welche sie aufnehmen, die gesehenen Gegenstände in einem größern Winkel umspannen. Die Auflösung der Tiefenverhältnisse wird dadurch, wie bei den photographischen Stereoskopbildern, eine viel entschiedenere.

Die Einrichtung des Telestereoskops ist sehr einfach und läßt sich an dem Wheatstone'schen Spiegelstereoskop (Fig. 265) beschreiben. Der Apparat ist aber direkt zur Betrachtung der Landschaft eingerichtet; die Bilder werden daher auch von ihm selbst aufgenommen, und zwar geschieht dies durch zwei Spiegel, welche an Stelle der beiden Schieber c und d angebracht und so gegen außen gerichtet sind, daß sie mit einander einen Winkel von 90° machen, also den beiden kleinen Beobachtungsspiegeln a und b parallel gerichtet sind. Die beiden Spiegelbilder der Landschaft werden nun um so größere perspektivische Abweichung haben, je weiter die Spiegel von einander abstehen, und mit der Entfernung müssen daher die Tiefendimensionen um so deutlicher hervortreten. Anstatt der Beobachtungsspiegel befinden sich bei a und b zwei Prismen, deren totale Reflexion die Spiegelbilder ungeschwächter zurückgiebt, sie sind wie die Linsen in dem Brewster'schen Apparat in Hülsen gefaßt, so daß jedes Auge ohne Anstrengung das ihm zukommende Bild betrachten kann.

34*

Schließlich wollen wir noch auf eine praktische Verwendbarkeit des Stereoskops auf=
merksam machen, welche von Dove hervorgehoben worden ist, und die in ihren interessanten
Effekten zu prüfen unsern Lesern Vergnügen gewähren wird.

<table>
<tr><td>

Tröste dich, wenn edlen Gaben

Nicht des Volkes Jubel glückt.

Was der Weise sieht erhaben,

Ist der Menge oft verrückt.

</td><td>

Tröste dich, wenn edlen Gaben

Nicht des Volkes Jubel glückt.

Was der Weise sieht erhaben,

Ist der Menge oft verrückt.

</td></tr>
</table>

Fig. 270.

Bringt man zwei ganz gleiche Zeichnungen, etwa zwei echte Kassenscheine einer und
derselben Art, in einen stereoskopischen Apparat oder betrachtet dieselben mit freien Augen
so, daß die beiden Bilder sich zu einem einzigen vereinigen, so wird man, trotzdem daß die
Augen zwei Bilder sehen, doch nur den Eindruck einer planen Zeichnung haben, aber keine
Tiefe bemerken. Sind aber die beiden Kassenscheine nicht von derselben Platte, oder ist die
Schrift von einem andern Satz, so wird die Uebereinstimmung nie eine vollkommene sein,
denn selbst bei der größten Genauigkeit der Setzer werden die Zeilen und Buchstaben gegen
einander nicht dieselbe Lage haben. Im Stereoskop tritt dies deutlich hervor, denn in dem
vereinigten Bilde zeigen sich die verschobenen Worte nicht mehr in einer Ebene liegend, son=
dern sie erheben sich treppenartig über einander; sie schweben gleichsam in der Luft, und die
beigedruckte Satzprobe Fig. 270 giebt dafür ein sprechendes Beispiel.

In der ersten Zeile bilden die fünf Worte gleichsam eine von links nach rechts zu ab=
fallende Treppe; das Wort „Tröste“ steht auf der obersten Stufe, „Dich“ steht auf der
zweiten und sofort, bis das Wort „Gaben“ die tiefste Stelle einnimmt. Die zweite Zeile
verfolgt den umgekehrten Weg von unten nach oben: das Wörtchen „Nicht“ ist scheinbar
das tiefste, „glückt“ dagegen das höchste; in der dritten Zeile erscheinen die Worte in
zwei Ebenen angeordnet, so daß „Was“, „Weise“ und „erhaben“ höher als die dazwischen
liegenden Wörtchen „der“ und „sieht“ zu stehen scheinen. Wer von unseren Lesern seine
Augen so richten gelernt hat, daß er stereoskopische Bilder ohne Apparat zur Deckung zu
bringen vermag, für den wird die Prüfung solcher Erscheinungen noch genußreicher sein
als für Denjenigen, der die beiden Bilder erst hinter die Prismen eines stereoskopischen
Apparates bringen muß.

Dove schlug nun vor, zwei Drucke, über deren Identität Zweifel herrschen, also z. B.
einen verdächtigen Kassenschein und einen echten, mit einander im stereoskopischen Apparate
zu betrachten. Jedes Heraustreten der Schrift oder der Zeichnung aus der Ebene würde
auf ein Falsifikat unzweifelhaft hindeuten. Ebenso wird man durch eine stereoskopische Be=
trachtung augenblicklich Nachdruck vom Originaldruck, Titelauflagen von wirklichen Neu=
drucken u. s. w. zu unterscheiden vermögen. Und was von Drucken gesagt ist, gilt natürlich
von jeder Kopie. Die Nachahmung mag noch so geschickt gemacht sein — der stereoskopische
Apparat ist ein sicheres Mittel, sie zu entlarven, und wenn er auch den Fälscher selbst auf
die Mangelhaftigkeit seiner Produkte aufmerksam machen kann, so kann er ihm doch nicht
in gleicher Weise die Mittel einer genügenden Abhülfe gewähren.

Es zieht dich an, es reißt Dich heiter fort,
Und wo du wandelst, schmückt sich Weg und Ort;
Du zählst nicht mehr, berechnest keine Zeit,
Und jeder Schritt ist Unermeßlichkeit.

Goethe.

Die Erfindung des Teleskop.

Geschichtliches über die Erfindung. Weder Jansen, noch Metius, noch Crepi, sondern Lippershey. Galilei. Die Einrichtung des Fernrohrs. Das holländische und das astronomische Fernrohr. Keppler. Campanisches Okular. Erdfernrohre. Aeußere Einrichtung und Aufstellung. Weitere Vervollkommnung durch Euler, Dollond, Fraunhofer. Der Fraunhofer'sche Refraktor auf der Dorpater Sternwarte. Das Passageninstrument. Sonstige Verwendung zu Meßinstrumenten. Nonius und Mikrometer. — Spiegelteleskope. Geschichte. Rieseninstrumente. Verschiedene Einrichtungen nach Newton, Gregory und Herschel. Was sieht man durchs Fernrohr?

Es war in den ersten Jahren des 17. Jahrhunderts, als in der holländischen Stadt Middelburg das Fernrohr erfunden wurde. Ganz sicher ist die Jahreszahl nicht zu bestimmen.

Bald heißt es, die Kinder des Middelburger Brillenmachers Zacharias Jansen hätten mit Glaslinsen, wie sie ihr Vater in seinem Geschäft erzeugte, gespielt. Dabei hätte denn auch zufällig das Eine zwei solcher Linsen in gerader Linie etwas entfernt von einander vor's Auge gehalten und nach dem Knopfe eines entfernten Thurmes geschaut. Da es denselben plötzlich viel größer und näher erblickt, habe es seine Gespielen auf diese Erscheinung aufmerksam gemacht, der Vater sei dazu gekommen, habe das Experiment wiederholt, und durch verständige Benutzung des Beobachteten sei das Fernrohr erfunden worden.

Bald soll der Brillenmacher Hans Lipperstein, Lippersheim oder Laprey, wie er verschieden genannt wird, von einem Unbekannten aufgesucht und beauftragt worden sein, einige hohle und erhabene Gläser nach seiner Angabe zu schleifen. Als dieselben fertig waren, nahm sie der Fremde in die Hand und beobachtete, indem er ein hohles und ein erhabenes Glas bald näher, bald ferner von einander hielt, durch sie hindurch die Gegend. Der Glasschleifer merkte sich sein Verfahren, und als er allein war, versuchte er in gleicher Weise durch ähnliche Gläser zu blicken. Von dem Erfolg überrascht, sei er auf die Idee gekommen, die Linsen in der geeigneten Entfernung dauernd mit einander zu befestigen, und habe so ein Fernrohr verfertigt, welches er dem Prinzen Moritz von Nassau vorgelegt habe. Manche wollen wieder den Sohn des Mathematikers Adrian Metius die Erfindung durch einen ähnlichen Zufall, wie er die Kinder des Zacharias Jansen geleitet habe, machen lassen.

Noch Andere aber, die wahren BenAkiba's, gehen viel weiter ins graue Alterthum zurück und möchten die Nachricht von einem Bilde des Ptolemäus Claudius aus dem 13. Jahrhundert, auf welchem dieser dargestellt gewesen sei, wie er die Gestirne durch ein aus mehreren Theilen zusammenschiebbares Rohr betrachtet, dahin deuten, daß die Erfindung schon vor sechs Jahrhunderten gemacht worden sein müsse. Und wenn man einige Aeußerungen des Roger Baco ganz wörtlich verstehen dürfte, so könnte diese Annahme allerdings einen Grad von Wahrscheinlichkeit bekommen. Allein wie in so Vielem ist auch hierin der merkwürdige Weise ganz unklar, während mit Sicherheit doch anzunehmen ist, daß er einen so wichtigen Gegenstand einer ausführlichen Betrachtung werth gehalten haben sollte. Und da auch in den Schriften gleichzeitig und später Lebender sich nichts findet, was das Alter des Fernrohrs um mehr als drei Jahrhunderte vergrößern könnte, dagegen allerwärts im Beginn des 17. Jahrhunderts der neuen Erfindung sehr bewundernd gedacht wird, so dürfen wir mit ziemlicher Sicherheit das Geburtsjahr in die oben angegebene Zeit versetzen.

Das Genauere über die ersten Anfänge der Erfindung hat, so weit dergleichen den Nachkommen aus einzelnen, oft ungewissen, absichtlich oder unabsichtlich gefälschten Ueberlieferungen herauszuschälen möglich ist, neuerdings der Professor Harting durch sorgfältige Prüfungen festzustellen gesucht, und wir wollen seinen Angaben als den bei weitem beachtenswerthesten hier folgen.

Die erste authentische Nachricht von einem Fernrohr ist eine Resolution der holländischen Stände vom 2. Oktober 1608. Während des spanisch-niederländischen Krieges hatte denselben ein aus Wesel gebürtiger, in Middelburg ansässiger Brillenschleifer Hans Lippershey ein „Instrument, um weit zu sehen", vorgelegt, weil mit Hülfe desselben im Felde wesentliche Vortheile über den Feind zu erringen sein dürften, und für die Ausbeutung dieser neuen Erfindung um ein Privilegium auf dreißig Jahre oder um eine Pension nachgesucht, wogegen er Geheimhaltung versprach und solche Instrmente nur zum Nutzen des Landes und nicht für auswärtige Fürsten und Potentaten anfertigen wolle. Die erwähnte Resolution bestimmte die Niedersetzung einer Prüfungskommission, und dem Erfinder wurde darauf zur Probeablegung die Herstellung solcher Instrumente mit Linsen aus Bergkrystall und auch eins für zwei Augen aufgegeben. Lippershey scheint dem Auftrage nachgekommen zu sein, trotzdem erhielt er das gesuchte Privilegium nicht; denn mittlerweile, am 17. Oktober 1608, war Jakob Adriaanzoon Metius mit einem ähnlichen Gesuch für dieselbe, angeblich von ihm gemachte Erfindung aufgetreten. Da schon Zwei um denselben Gegenstand wußten, so konnte der ausschließliche Besitz nicht garantirt sein, und man ließ der Konkurrenz freie Bahn.

Ob Metius durch die Erfindung Lippershey's erst auf den Gedanken des Fernrohrs gebracht worden ist, ob er gar durch Verrath erst die Einrichtung kennen gelernt, oder ob er sie schon früher selbständig gemacht und als ein verschlossener, geheimthuender Mann, der er war, Niemand eher davon Mittheilung gab, bis der Brillenmacher damit vor die Oeffentlichkeit trat, das scheint unaufklärbar zu sein. Genug, er ist der Zeit nach ein Späterer, und die Geschichte nennt deswegen als ersten Erfinder den Middelburger Optiker Hans Lippershey.

Damit müssen auch alle diejenigen Ansprüche, welche von anderen Seiten auf die Ehre der Priorität gemacht worden sind, zurückgewiesen werden; andere reduziren sich unter Abwägung der Umstände auf ein bescheideneres Maß. So kommt ein gewisser Crepi aus Sedan, welcher von Vielen als der Erfinder des Fernrohres angesehen wird, um seinen Ruhm; denn es scheint sicher, daß er indirekt sich den Besitz solcher Kenntnisse verschafft habe. Am 28. Dezember 1608 nämlich schreibt der damalige französische Gesandte Joannin am holländischen Hofe an den König Heinrich IV. und an Sully über die neue

Erfindung, von der er sich für den Krieg großen Nutzen versprach. Er hatte sich auch an Lippershey gewandt, um das Fernrohr von diesem zu erhalten, damals aber vergeblich. Erst durch Vermittelung der Stände erhielt er, als diese die Erfindung nicht ankaufen wollten, zwei Fernröhre für den König, die er denn auch mit seinen Briefen durch einen französischen Soldaten nach Frankreich schickte. Es war aber dieser Soldat deswegen zur Ueberbringung gewählt worden, weil Jeannin erfahren hatte, daß derselbe, in mechanischen Künsten sehr geschickt, die Anfertigung der Fernröhre dem Erfinder abgelauscht und solche nun nachahmen könne.

Höchst wahrscheinlich ist Crepi mit diesem Soldaten nicht nur eine und dieselbe Person, sondern auch derjenige Franzose, welcher im Mai 1709 nach Mailand kam und dem Grafen de Fuentes ein Fernrohr gab, eben das, welches Sirturus durch Zufall sah, der dann sofort nach Venedig reiste, dort Glas zu kaufen und ein ähnliches Instrument zusammenzusetzen.

Im Juni 1609 war Galilei zu Venedig und hörte von dem Fernrohr reden. Zu derselben Zeit besaß auch schon der Kardinal Borghese eins, das ihm aus Flandern zugeschickt worden war. Galilei hatte somit Gelegenheit, von der Einrichtung und Wirkungsweise sich durch den Augenschein zu überzeugen. Ob er dies gethan, ob nicht, ist zweifelhaft; es kommt im Grunde auch nicht viel darauf an, denn es erhöht weder die Glorie um das Haupt des großen Pisaners in der Weise, wie seine überschwänglichen Biographen erwähnen, wenn er wirklich blos auf die Nachricht von der Wirkung kombinirter Linsen hin ein Fernrohr konstruirt hätte, noch auch bricht es aus dem Lorber seiner wahren Größe ein einziges Blatt, wenn er das erste seiner Fernröhre, welches er am 23. August 1609 dem Dogen von Venedig überreichte, nach genauer Kenntniß der Einrichtung der holländischen Instrumente zusammengesetzt und selbiges also nicht erfunden, sondern blos nachgemacht hätte.

Fig. 272. Hans Lippershey.

Uebrigens waren zu dieser Zeit die Fernröhre in Holland, England und Deutschland bereits ein Handelsgegenstand. Auf der Herbstmesse zu Frankfurt a. M. 1608 wurde zum ersten Male von einem Niederländer eins zum Verkauf ausgeboten, und in London waren sie das Jahr darauf so zahlreich, daß die Käufer die Auswahl hatten. Sie scheinen auch in Nürnberg bald in großer Menge fabrizirt worden zu sein, und in Italien lockten die hohen Preise, welche Galilei für seine Instrumente erhielt (1000 Gulden für eins), die Optiker, sich auf die Anfertigung dieser merkwürdigen Apparate zu werfen. Hochgestellte Liebhaber und Förderer der Wissenschaften, deren damals mehr als jetzt selbstthätige Mitarbeiter waren, schliffen sich ihre Gläser selbst. So verfertigte nicht lange, nachdem Galilei das erste Fernrohr zu Stande gebracht hatte, auch der Fürst Cesi, Stifter der Akademie de Lincei zu Rom, ein Fernglas und gab ihm zuerst auf Eingeben des vortrefflichen Gräcisten Joannes Demiscianus nach dem Griechischen den Namen Teleskopium.

Mit der Erfindung des Namens schließen wir diesen kurzen geschichtlichen Ueberblick. Aber — fragt Mancher — wie ist das mit Zacharias Jansen? — ebenfalls Brillenmacher und ebenfalls zu Middelburg, der bis jetzt doch allgemein für den Erfinder der Fernröhre gegolten hat und für den sein Landsmann Boreel, Leibarzt am Hofe Ludwig's XIV., so entschieden Partei nahm? — Aus den gerichtlichen Untersuchungen, welche in den ersten Funfziger Jahren des 17. Jahrhunderts auf Veranlassung Boreel's in Middelburg angestellt und deren Ergebnisse von einem, nicht mit dem genannten Leibarzt zu verwechselnden, Borel zu einer Schrift verarbeitet wurden, geht hervor, daß Jansen an der Erfindung des Fernrohrs wahrscheinlich keinen Theil hat, daß er aber darum nicht minder der Beachtung der Nachwelt würdig ist, als sein Kollege Lippershey, welcher dort Lapprey genannt wird, denn wir verdanken ihm eine ebenbürtige That, die Erfindung des Mikroskops, auf welche wir im nächsten Kapitel zu sprechen kommen. Wie weit die Ideen beider Instrumente einer Wurzel entsprossen sind, und wie weit Lippershey, der später zu seiner Entdeckung kam als Jansen (möglicher Weise schon 1590), auf diese sich stützte, ist hier nicht zu untersuchen. Wir haben das Fernrohr zuerst in den Kreis der Betrachtung gezogen, weil seine Einrichtung eine einfachere ist als die des Mikroskops, und ihre Kenntniß uns die Erkenntniß des zusammengesetzteren Apparats erleichtern wird.

Einrichtung des Fernrohrs. Das Fernrohr ist wie das Mikroskop eine Zusammensetzung zweier Linsen oder Linsensysteme, deren optische Achsen genau in einer geraden Linie liegen. Die eine davon, das sogenannte Objektivglas, wird dem beobachteten Gegenstande zunächst gehalten; sie empfängt die von demselben ausgehenden Lichtstrahlen und konzentrirt sie an einem Punkte der Achse, wo sich ein kleines reelles Bild erzeugt; die andere, das

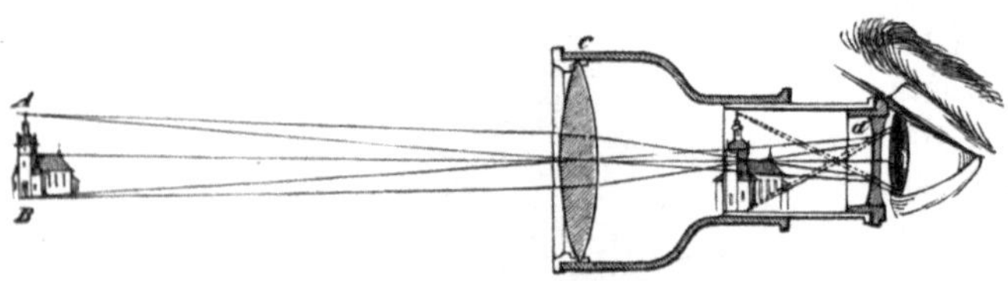

Fig. 273. Holländisches Fernrohr.

Okularglas, dient zur Betrachtung dieses Bildes und ist deswegen zwischen das kleine verkehrte Bild und das Auge eingeschaltet. In den Spiegelteleskopen, die auch hierher gehören, ist das Objektiv durch einen Hohlspiegel ersetzt, was, wie wir wissen, in der Natur des Bildes nichts ändert; doch kommen wir noch ausführlich auf diese Einrichtung zu sprechen.

Die Gläser sind in einer inwendig geschwärzten Röhre angebracht, die aus mehreren in einander verschiebbaren Theilen besteht. Dadurch kann je nach dem Bedürfniß der verschiedenen Augen das Okular dem Bilde beliebig genähert werden.

Das **holländische** oder **Galilei'sche Fernrohr**, diese ursprüngliche Konstruktion, ist in Fig. 273 dargestellt. Die Strahlen gehen von dem Gegenstande AB aus durch das Objektiv C und möchten sich zu einem kleinen reellen Bilde vereinigen. Dazu kommt es aber nicht, denn das Okular a, eine bikonkave Linse, liegt vor dem Vereinigungspunkte und zerstreut die Strahlen wieder. Durch die richtige Stellung des Okulars können die Strahlen so geleitet werden, als kämen sie aus der deutlichen Sehweite. Das Auge verlegt dann auch dahin das Bild, und dieses erscheint ihm sonach in richtiger Stellung und je nach der Brennweite der Linsen mehr oder weniger vergrößert. Diese einfache Einrichtung bietet den großen Vortheil, sehr kurze Röhren anwenden zu können, und deshalb ist sie besonders für Instrumente in Gebrauch geblieben, von denen eine bequeme Handlichkeit verlangt wird. Ohne der Deutlichkeit Eintrag zu thun, kann man freilich bei ganz kurzen Röhren die Vergrößerung nicht weit treiben, und es haben daher derartige Fernröhre, Theaterperspektive u. s. w., auch gewöhnlich nur eine vergrößernde Kraft von $2\frac{1}{2}$ bis 3. Uebrigens hat Galilei auch schon 1618 ein Instrument für zwei Augen, wie unsere Operngläser, konstruirt und kann als der Erfinder dieser Binocles angesehen werden.

Das astronomische oder Keppler'sche Fernrohr. Die erste wissenschaftliche Darlegung der Prinzipien, auf denen die Wirkung des Fernrohrs beruht, gab Keppler, und derselbe erfand infolge seiner Untersuchungen auch das nach ihm benannte Instrument, welches sich von dem holländischen insofern unterscheidet, als bei ihm (s. Fig. 274) die durch die bikonvexe Linse C gehenden Strahlen wirklich sich zu einem reellen Bilde A′B′ vereinigen, welches durch das vergrößerte Okular C′ betrachtet wird (A″B″). Das Okular ist also hier nicht wie bei dem holländischen Fernrohr eine bikonkave, sondern wie das Objektiv eine bikonvexe Linse. Es kann aber das vom Objektivglas erzeugte verkehrte reelle Bild, durch die Okularlinse betrachtet, nicht umgekehrt werden, daher erscheinen im einfachen Keppler'schen Fernrohr auch alle Gegenstände verkehrt, und dasselbe ist deswegen auch nur zur Beobachtung der Ge-

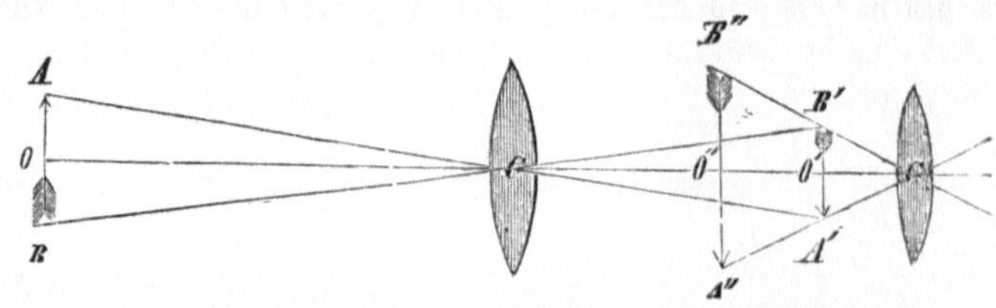

Fig. 274. Prinzip des Keppler'schen Fernrohrs.

stirne geeignet, bei denen die Stellung der Bilder von keinem Einfluß ist. Bei feineren Instrumenten ist an der Stelle, wo sich das reelle Bild erzeugt, ein Fadenkreuz von Spinnwebfäden ausgespannt, um kleinere Ortsveränderungen des beobachteten Gestirns bemerken zu können.

Uebrigens fügt man auch zwischen das Okular und Objektiv eine dritte Linse, das sogenannte Kollektivglas, ein. Dasselbe gehört eigentlich noch zum Objektiv, denn es hat den Zweck, die Strahlen, ehe sie im Bilde zusammenlaufen, stärker konvergirend zu machen, und liegt deshalb zwischen diesem letztern und dem Objektiv. Weil es aber gewöhnlich mit dem Okular in einem Tubus vereinigt ist, hat man nach dem Erfinder diese Kombination das Campanische Okular genannt (s. Fig. 275).

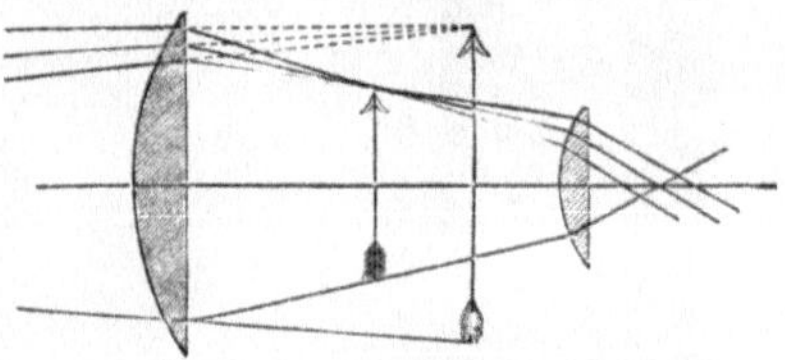

Fig. 275. Campanisches Okular.

Das terrestrische Fernrohr. Um das Keppler'sche Fernrohr zur Betrachtung irdischer Gegenstände passend zu machen, müßte man, wie schon sein Erfinder bemerkte, vor das Okular noch eine dritte Linse setzen. Indessen wurde diese Einrichtung nicht gebräuchlich; Rheita ordnete vielmehr die Gläser der Erdfernröhre in der Art an, wie es Fig. 276 zeigt. AB ist das beobachtete Objekt, ba das durch die Objektivlinse davon erzeugte reelle Bild, die Linsen s und t bewirken die Umkehrung des Bildes, und zwar ist t das Kollektivglas; u endlich ist das Okular, durch welches das Bild a′b′ betrachtet und vergrößert wird. In unseren jetzigen Instrumenten hat man die Linse s nochmals durch zwei ersetzt, von denen die eine als eine schwache Sammellinse wirkt.

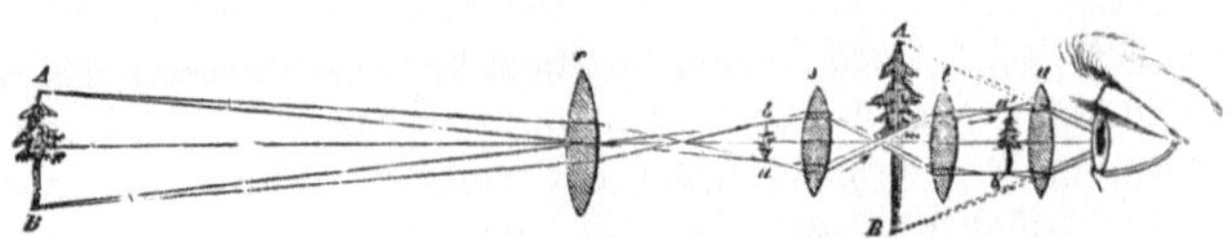

Fig. 276. Terrestrisches Fernrohr.

Die äußere Einrichtung hat sich zunächst mit der Fassung der Linsen zu beschäftigen; diese kann selbstverständlich für alle drei verschiedene Arten von Fernröhren dieselbe sein. Innerhalb der Rohre, da, wo die Strahlen die Achse kreuzen, sind Blendungen angebracht, um alle Strahlen, die durch Spiegelung umhergeworfen werden und die Deutlichkeit der Bilder beeinträchtigen könnten, abzuhalten. Bei astronomischen Fernröhren ist dies nicht so nöthig, weil hier, außer von dem beobachteten Objekt, kein Licht einfallen kann.

Die Vergrößerung der Fernröhre ist abhängig von der Brennweite des Objekts und von der Brennweite (astronomisches Fernrohr) resp. der Zerstreuungsweite (holländisches Fernrohr) des Okulars, und zwar ist sie in beiden Fällen gleich dem Quotienten aus beiden. Daher ist die Anfertigung von Gläsern mit großer Brennweite eine Kardinalfrage der Optiker überhaupt, und kurze holländische Fernröhre, wie Feldstecher, Theaterperspektive, haben außer ihrem kleinen Gesichtsfelde (wegen der Divergenz der austretenden Strahlen) auch

nur eine geringe Vergrößerung. Astronomische Instrumente aber erhalten aus demselben
Grunde ein bedeutendes Volumen, welches ganz besonders genaue Herstellung und eigenthümliche Vorrichtungen nothwendig macht, damit die Achse der Gläser immer dieselbe
bleibt, die Aufstellung sicher und doch leicht beweglich ist, um das Rohr ohne jede Erschütterung der Bewegung des Sternes folgen zu lassen. Außerdem aber sind behufs der
genauen Messung noch Einrichtungen getroffen, um die Stellungen der Rohrachse zur Horizontalen und Vertikalen immer bestimmen und korrigiren zu können, die Winkelgrößen zu
messen u. s. w., so daß ein solcher Apparat mit all seinem Zubehör ein höchst komplizirtes
Werk und bei vollkommener Leistung das größte Kunstwerk der ausübenden Mechanik ist.

Fig. 277.　Sternwarte der Braminen in Benares.

Der hohe Zweck sowol, welchem das Teleskop von Anfang an diente, die Erforschung
des Himmels und der Erde, Bestimmung der Größe, Oberfläche, Masse, Entstehungsweise,
Bewegung der Gestirne, sowol der nächtlich leuchtenden als des von uns bewohnten Planeten (Gradmessungen), als auch, weil außerdem das Fernrohr im Laufe der Zeit allen
andern physikalischen Beobachtungs- und Meßmethoden sich als ein ausgezeichnetes Hülfsmittel einreihte, haben ohne Unterlaß die praktischen Naturwissenschaften getrieben, ihre
höchste Aufgabe mit darin zu sehen, die Fernrohre mehr und mehr zu vervollkommnen.
Um die Vergrößerung der Bilder zu erhöhen, giebt es zwei Wege: entweder man steigert die Brennweite des Objektivs oder man verringert die Brennweite des Okulars. Der
letztere Weg ward vor der Entdeckung der Gesetze der Achromasie und der Kunst, durch zusammengesetzte Linsen die Farbenzerstreuung aufzuheben, sehr begrenzt, und es blieb nichts
übrig, um die stärkere Vergrößerung zu erreichen, als Gläser von einer größeren Brennweite anzuwenden. Das Arrangement derselben wurde aber dadurch in gleichem Maße
erschwert, denn die Röhren, innerhalb deren die Gläser angebracht wurden, erhielten ein zu
bedeutendes Gewicht, um sich mit der nöthigen Leichtigkeit handhaben zu lassen, unterlagen
auch mit der wachsenden Länge der Gefahr sich zu krümmen, was das Allerschlimmste ist.
Man griff zwar zu dem Aushülfsmittel, den mittleren Theil des Rohres, welcher ja
nur als Blendung dient, wegzulassen und die Objektive in einer kurzen Röhre an einem

festen Punkte derart anzubringen, daß sie nach den betreffenden Beobachtungsobjekten leicht gerichtet werden konnten und somit konnte man die Okulare in weite Entfernung davon bringen. Solche Luftfernrohre wandte, wie es scheint, Huyghens um das Jahr 1684 zuerst an. Auf der Sternwarte zu Benares, Fig. 277, deren eigenthümlicher Bau lediglich durch diese Art der Aufstellung bedingt war, hatten die beobachtenden Braminen noch in den ersten Jahrzehnten dieses Jahrhunderts derartige Fernrohre in Gebrauch. Ein gegen 30 Meter hohes Mauerwerk diente zur Befestigung des Objektivs, während das Okular je nach dem Stande des zu beobachtenden Gestirnes rechts oder links davon und mehr oder weniger hoch auf einer in einer Kurve ansteigenden Treppe aufgestellt wurde.

Diese Maßregeln waren aber schwerfällig und erfüllten ihren Zweck eben nur, so lange man nichts Besseres kannte. Als aber die Erscheinungen der Lichtbrechung genauer untersucht worden waren, Carthesius und Huyghens die Theorie des Fernrohres vollkommen ausgebildet, Euler die Möglichkeit, achromatische Linsen zusammenzusetzen, nachgewiesen und Dollond der Vater, nachdem durch Klingenstierna die Sache zweifellos gemacht war, die ersten achromatischen Fernröhre wirklich angefertigt hatte, verließ man die alten Methoden und wandte die Entdeckungen an, welche die Wissenschaft gemacht und die Technik genügend bestätigt hatte.

Fig. 278. Repsold'scher Mittagskreis und der Fraunhofer'sche Refraktor in Dorpat.

Von dieser Zeit an datirt ein Umschwung in der ausübenden Optik, welche, von der Chemie durch Erzeugung passender Glassorten unterstützt und von der Mechanik in gleicher Weise gefördert, wie die Mechanik durch ihn gefördert wurde, in Männern, wie Fraunhofer, Steinheil und Merz ihren Höhepunkt erreichte. Seit 1812 haben die achromatischen Linsenfernrohre, welche bis dahin in den Spiegelteleskopen noch mächtige Nebenbuhler gehabt hatten, diese fast vollständig verdrängt. —

Wir können uns hier nicht auf eine ausführliche Beschreibung der Instrumente, wie sie auf einer Sternwarte vertreten sein müssen, einlassen, indessen wollen wir für das Gesagte in Fig. 278, welche den großen Fraunhofer'schen Refraktor auf der Dorparter Sternwarte und das Repsold'sche Mittagsrohr in Pulkowa neben einander zeigt, einen Beleg geben. Das erstere ist wol das vollkommenste Instrument, welches je gebaut worden ist.

Sein Objektivglas hat einen Durchmesser von 9 Pariser Zoll, eine Brennweite von 160 Zoll und gestattet eine 1420fache Vergrößerung; das Rohr B ist 13 Pariser Zoll lang. EE' sind Gegengewichte und dienen dazu, das Rohr theils vor Verbiegungen zu sichern, theils das Gleichgewicht bei den verschiedenen Richtungen herzustellen und so die Bewegungen des Fernrohrs leicht genug zu machen, um mit ganz geringem Kraftaufwande

bewirkt werden zu können. Da aber das große Rohr doch ein verhältnißmäßig kleines Ge=
sichtsfeld hat, so befindet sich an demselben ein kleineres mit paralleler Achse, der sogenannte
Sucher DD'. Mit diesem kann man einen weit größern Theil des Himmels übersehen.
Man benutzt ihn daher, um die zu beobachtenden Sterne in das Gesichtsfeld des großen Instru=
ments zu bringen. Das Ganze ruht auf dem mittels Schrauben zu befestigenden Gestell A.
An diesem Gestell ist eine mit der Weltachse parallel gerichtete Achse F angebracht: dieselbe
trägt ein Uhrwerk efg, welches den Zweck hat, durch seinen Gang das Fernrohr so mit zu
drehen, daß das Objektiv dem Laufe des Gestirns folgt und dieses also stets im Sehfelde bleibt.
Bei dem Dorpater Instrument ist diese Einrichtung so vollkommen, daß der beobachtete
Stern förmlich in der Mitte des Fadenkreuzes fixirt erscheint.

Das andere, links angebrachte und mit dem Refraktor keineswegs in Verbindung
stehende Instrument ist ein sogenanntes Mittagsrohr oder Passageninstrument, und
dient dazu, alle diejenigen Sterne und ihren Abstand vom Pole in dem Augenblicke zu
beobachten, wo sie durch den Meridian der Sternwarte gehen. Das Mittagsrohr findet in
den zwei granitnen Pfeilern AA seine Träger und läßt sich mittels einer besondern Vor=
richtung umlegen, damit das Objektiv auch nach der entgegengesetzten Seite gerichtet werden
und man eben so in nördlicher als in südlicher Richtung das Himmelsgewölbe betrachten
kann. Da es sich darum handelt, den Augenblick zu bemerken, wann ein Gestirn gerade durch
unsern Mittagskreis geht, so muß die Aufstellung und die Ebene, in welcher das Rohr auf=
und abgedreht werden kann, genau mit der Ebene des Meridians zusammenfallen. Ein
Fadenkreuz giebt auch hier den Punkt der Achse oder des Meridians an. Nach dem Eintritt
der Sonne regulirt man die astronomische Uhr, welche dann ihrerseits die Zeit angiebt, zu
welcher ein Stern den Meridian passirt. Um den Aufsteigungswinkel des Gestirnes genau zu
messen, dienen die beiden großen Kreise an der Seite des Rohres. Dieselben sind sehr genau
in Grade, Minuten und Sekunden getheilt und bewegen sich an einem feststehenden Zeiger
vorüber. Hat nun das Instrument seine Stellung erhalten und das Gestirn ist im Seh=
felde, so kann man an den Kreisen mit Lupen bis auf das kleinste Bruchtheilchen genau den
Erhebungswinkel ablesen. An mehreren Orten des Instrumentes sind Wasserwagen auf=
gestellt, um sich von dem richtigen Stande desselben zu überzeugen. Die Vergrößerungen
sind, da es hier nicht auf die genaue Erforschung ankommt, nicht so stark, höchstens 245fach.
In England hat man in neuerer Zeit bei weitem größere Instrumente als diese aus den
ersten Zwanziger Jahren stammenden ausgeführt, und namentlich hat der Vikar Craig zu
Wandsworth mit seinen Instrumenten, zu denen Slatter die Bestandtheile lieferte, von sich
reden gemacht. Allein die Größe allein thut's freilich nicht, und Alles zusammengenommen
sind die Gläser, welche aus dem früher Utzschneider=Fraunhofer'schen optischen Institut in
München hervorgegangen sind, unübertroffen.

Einen sehr glücklichen Gedanken, dessen Ausführung der Vergrößerung des Objektivs
zugute gekommen ist, hat Littrow gehabt. Es ist nämlich ungleich schwieriger, große Stücke
Flintglas von durchgängig gleicher Beschaffenheit zu erhalten als von Crownglas. Anstatt
nun die beiden Linsen dicht auf einander zu legen, in welchem Falle dann beide denselben
Durchmesser haben müssen, wenn keine Strahlen verloren gehen sollen, schlug Littrow vor,
die Flintglaslinse hinter der Crownglaslinse in einigem Abstande anzubringen und sie um
so viel kleiner zu nehmen, als die von der letzteren schon zusammengebrochenen Strahlen
erlauben. Solche Fernrohre hat Plößl in Wien seit 1832 ausgeführt, sie sind unter dem
Namen dialytische Fernrohre rasch in ausgedehnten Gebrauch gekommen.

Nonius und Mikrometer. Da die Fernrohre ferner die wesentlichsten Bestandtheile
vieler anderer Instrumente, der Theodoliten, des Multiplikationskreises, des Heliotrop,
Sextanten, des Bussolenapparats, der Nivellirinstrumente u. s. w. sind, und sie überall
dazu dienen, um durch Heranziehung ferner Punkte in die Maßverfahren diesen letztern
große Genauigkeit, oder ihnen eine gewisse absolute Geltung in Bezug auf die Gestirne, den
Polarstern, zu geben, so finden wir es hier am Platze, der Hülfsmittel noch Erwähnung zu
thun, welche zu genauen Maßbestimmungen, namentlich zur Bestimmung der Winkelgröße,

angewendet werden. Es beruhen ja fast alle astronomischen und geodätischen Messungen auf Winkelmessungen, und das Vertrauen auf die Sicherheit ihrer Resultate kann nur durch die Kenntniß ihrer Methode gewonnen werden.

Fig. 279. Das Mittagsrohr auf der Pariser Sternwarte.

Zuerst erinnern wir uns, in der Beschreibung des Sextanten dem Namen Nonius begegnet zu sein. Der Nonius — besser Vernier, weil die Erfindung mit größerm Recht einem Deutschen, Werner, als dem portugiesischen Pater Nunez zugeschrieben werden muß — ist eine eigenthümliche Vorrichtung, kleinere Winkel oder Längemaßgrößen, als direkt auf dem Maßstab angegeben sind, mit Genauigkeit zu tariren. Ein getheilter Kreis,

an welchem die Winkelbewegung eines Fernrohrs gemessen werden soll, zeigt z. B. noch
Sechstel=Grade, es sollen aber die Messungen bis auf halbe Minuten genau ausgeführt
werden. Dies zu erreichen dient eben der Nonius. Derselbe ist im Grunde nichts als ein
Zeiger, welcher, mit dem Fernrohr fest verbunden, bei der Drehung desselben über den Maß=
stab, den getheilten Kreis, sich bewegt. Er hat aber nicht eine einzige Marke, wie die Zunge
der Wage, sondern ist selbst ein Maßstab, wie es Fig. 280 zeigt, in welcher die Theilung L
dem Maßkreise, die Theilung a b dagegen dem am beweglichen Arm A befindlichen Nonius
zugehört. Die Theilung des letztern steht zu der des Hauptkreises in bestimmtem Ver=
hältniß. Derselbe Raum nämlich, der auf L z. B. in 29 kleinste Theile getheilt ist, enthält
auf dem Nonius 30 Theilstriche, so daß, wenn die Anfangsstriche auf L und A zusammen=

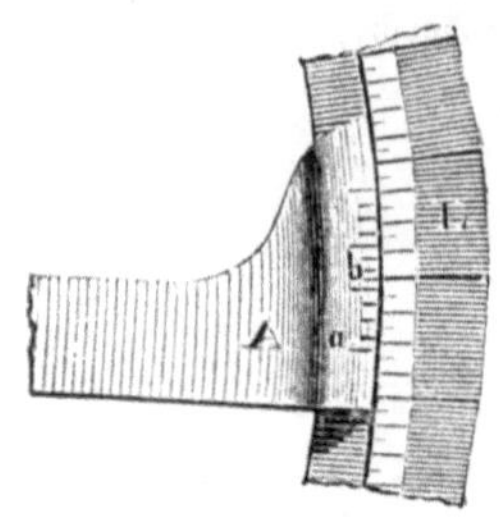

Fig. 280.   Der Nonius.

fallen, die folgenden immer um $^1/_{30}$ mehr gegen einander differiren.
Diese Verschiebungen sind sehr leicht zu bemerken, und wenn
nicht die Anfangsstriche sich decken, sondern irgend zwei spätere, so
wird man aus der Anzahl, die bis zum Nullpunkt liegen, die ge=
suchte Winkelgröße leicht beweisen können. Liegt der Nullpunkt des
Nonius zwischen zwei Theilstrichen, etwa 30° 20 bis 30 Minuten,
und fällt erst der dreizehnte Theilstrich des Nonius mit einem
Theilstrich des Maßkreises, der in Sechstelgrade getheilt sein soll,
zusammen, so werden zu den 20 Minuten noch $^{13}/_{30}$ von 10 Minu=
ten oder 4 Minuten 20 Sekunden zugezählt werden müssen, und
der gesuchte Winkel ist daher 30° 24′ 20″.

Neben dem Nonius ist besonders das Mikrometer für feinere Messungen wichtig.
An Stelle des Nonius denken wir uns mit dem drehbaren Arme A ein kleines Fernrohr
verbunden, welches auf die Skala gerichtet ist und in seinem Brennpunkte ein Fadenkreuz
trägt, so daß sich darin die Theilung ungefähr wie in Fig. 281 zu erkennen giebt. Der
Kreuzungspunkt der Fäden ist der Punkt, an welchem die Theilung abgelesen wird, selten
aber wird er genau auf einen Theilstrich fallen. Man kann dies jedoch erreichen, da das
Fadenkreuz mit Hülfe einer Mikrometerschraube verschiebbar ist, und die Anzahl der

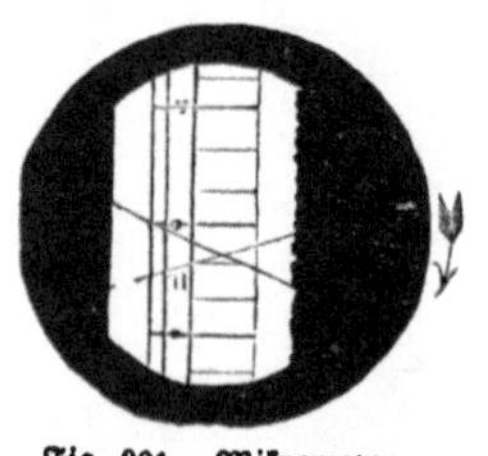

Fig. 281.   Mikrometer.

Drehungen und die Bruchtheile der Umläufe geben die kleinen
Theile an, welche dem Maße zugelegt, beziehentlich von ihm ab=
gezogen werden müssen. Gesetzt, der große Kreis sei in Sechstel=
grade getheilt und es gehörten 30 Umläufe der Schraube dazu,
um den Mittelpunkt des Fadenkreuzes von einem Theilstriche zum
andern zu bewegen, so entspricht einer Schraubendrehung eine
Winkelgröße von 20 Sekunden, und da sich eine Zwanzigstel=
Umdrehung bequem taxiren läßt, so werden wir auf diese Weise
Winkelgrößen bis zu 1 Sekunde messen können. Bei astrono=
mischen Beobachtungen ist übrigens eine solche Größe durchaus

nicht zu vernachlässigen, denn die ganze Jupiterscheibe hat nur einen scheinbaren Durch=
messer von etwa 38 Sekunden.

Zu dergleichen genauen Messungen werden nur Refraktoren, d. h. Fernrohre,
welche durch Brechung mit Glaslinsen wirken, angewendet; es giebt aber außer ihnen, wie
schon gelegentlich erwähnt wurde, noch andere, die vorzüglich zu Newton's Zeit, als es
noch nicht gelungen war, die farbigen Ränder der Linsenbilder zu beseitigen, in Aufnahme
kamen, weil bei ihnen die Farbenzerstreuung sich nicht merkbar macht. Dies sind die

Reflektoren oder Spiegelteleskope. Sie wurden sehr bald nach den Linsenfernrohren
erfunden, und es scheint Zucchi, ein Jesuitenpater, zuerst auf den Gedanken gekommen
zu sein, metallene Hohlspiegel statt der gläsernen Objektive zu nehmen und die reellen
Bilder derselben mit einer Okularlinse zu betrachten. Er soll diese Idee auch 1616 aus=
geführt haben, was um so bemerkenswerther ist, als Keppler erst mehrere Jahre später in dem
astronomischen Fernrohr die Konkavlinse als Okular anwandte. Zucchi's Erfindung wurde
außer Italien nicht bekannt. In Frankreich beschäftigte sich Mersenne im Jahre 1639

damit, die Hohlspiegel in die Teleskopie einzuführen, aber weder hier noch in England, wo Gregory sich deren Vervollkommnung angelegen sein ließ, schenkte man den Spiegelteleskopen anfänglich viel Beachtung. Und auch Newton, dessen zwar falsche, aber folgenschwere Behauptung, es lasse sich kein achromatischer Refraktor herstellen, den Hoffnungen der Optiker und Astronomen nach dieser Richtung hin doch eine so enge Grenze setzte, wandte sich von den Reflektoren wieder ab, nachdem er mit eigener Hand zwei solcher Instrumente hergestellt hatte, von denen das eine noch im Museum der Königlichen Akademie in London aufbewahrt wird: «Invented by Sir Isaac Newton and made with his own hand. In the year 1671.»

Die Spiegelteleskope kamen erst mehr in Gebrauch, als von Hadley, Hawksbee, Cassegray in Frankreich ausgezeichnete Instrumente herzustellen gelehrt worden war; die gleichzeitige Verbesserung der Glaslinsen ließ sie aber nie in ausschließliche Verwendung kommen.

Am berühmtesten wurden in England die Spiegelteleskope von James Short, vor allen aber die Rieseninstrumente, durch deren besten Bau sowol als besten Gebrauch sich W. Herschel zum berühmtesten Optiker und größten Astronomen seiner Zeit machte.

Er verfertigte eigenhändig eine große Anzahl von Spiegeln von einer solchen Vollkommenheit, daß er bei Reflektoren von 6 Meter Brennweite bis 2000fache Vergrößerung anbringen konnte, ohne die Bilder undeutlich zu machen. Das größte seiner Teleskope, von dessen Aufstellung uns Fig. 282 eine Ansicht giebt, vollendete er im Jahre 1789. Die Länge des Rohres betrug 12 Meter, der Durch-

Fig. 282. Herschel's Riesenteleskop.

messer 1,5 Meter und das ganze Gewicht über 2500 Kg. Der Spiegel allein wog mehr als 1000 Kg.: dafür gab es aber auch eine 6400fache Vergrößerung. Die Kosten des ganzen Apparats beliefen sich auf gegen 42,000 Mark; Geld und Mühe brachten aber nicht den geträumten Nutzen, denn nicht lange nach seiner Aufstellung verlor der Spiegel in einer einzigen feuchten Nacht seine schöne Politur.

Neuerdings hat Rosse dieses Herschel'sche Instrument durch ein noch größeres übertroffen, dessen Rohr 16 Meter Länge, dessen Spiegel nahe an 2 Meter Durchmesser und über 3800 Kg. Gewicht hat und welches im Ganzen 15,000 Kg. wiegt. Es ist zwischen Mauerwerk von 20 Meter Länge und 13 Meter Höhe aufgestellt und soll seinem Erbauer gegen 240,000 Mark gekostet haben.

Die innere Einrichtung eines Spiegelteleskops ist einfach und wird aus der Betrachtung der auf Seite 281 gegebenen Abbildungen, Fig. 284—286, leicht verständlich. Die erste Figur (Fig. 284) giebt uns ein Newton'sches Instrument im Durchschnitt. Es besteht dasselbe aus einem großen hölzernen Rohre, an dessen Boden der parabolisch gekrümmte Metallspiegel CD liegt. Dieser empfängt von dem beobachteten Gegenstande A B Lichtstrahlen, die er auf den kleinen, unter 45° geneigten Spiegel FF reflektirt. Derselbe steht so weit nach vorn, daß erst unter demselben das reelle Spiegelbild bei d e sich bilden kann, welches dann durch eine vergrößernde Linse GH betrachtet wird. Anstatt des kleinen Spiegels bedient man sich zum Herabwerfen des Bildchens auch der totalen Reflexion eines Prisma.

Die älteren Gregory'schen Instrumente (Fig. 285) hatten eine andere Einrichtung. Bei ihnen stand dem großen Spiegel MP in der Achse desselben ein kleinerer, N, von geringerer Brennweite entgegen, welcher die Strahlen gerade wieder zurück und einem hinter dem in der Achse durchbohrten Objektivspiegel befindlichen Linsenokular zuwarf, so daß man mit diesem das Bild a b betrachten konnte.

Fig. 283. Das Rosse'sche Instrument bei Schloß Parsonstown.

Die ganz großen Instrumente, wie das obenerwähnte Herschel'sche Riesenteleskop, sind nach Art von Abbildung Fig. 286 eingerichtet. Bei ihnen sitzt der Beobachtende mit seinem Rücken gegen das Objekt CC gekehrt und betrachtet das von dem etwas geneigten Spiegel M zurückgeworfene Bild a b mittels eines Okulars O. Die Spiegelteleskope, welche von den Refraktoren in den Hintergrund gedrängt worden waren, schienen in neuerer Zeit, namentlich nachdem Liebig (1856) gelehrt hatte, sehr dauerhafte und lichtkräftige Glasspiegel durch Versilbern darzustellen, wieder in Aufnahme kommen zu wollen. Der Umstand, daß bei ihnen das Störende der Farbenzerstreuung wegfällt, würde allerdings lebhaft zu ihren Gunsten sprechen. Steinheil schlug deshalb auch die Anwendung versilberter Hohlspiegel wieder vor und Foucault in Paris hat darauf eine Anzahl sehr guter Instrumente hergestellt, bei denen er sich der totalen Reflexion eines Prisma zur Ablenkung der von dem Sammelspiegel kommenden Strahlen nach dem Okular statt des Planspiegels EF (Fig. 284) bediente. Indessen haben dieselben den ebenfalls fortgeschrittenen Refraktoren gegenüber keinen Vorrang erringen können und, wie es scheint, werden die Linsenfernrohre für feinere Beobachtungen den Vorzug behalten.

Wollen wir Refraktoren und Reflektoren mit einander ihrem Prinzip nach vergleichen, so können wir sagen: es gehören die Spiegelteleskope mit den Keppler'schen, sowie den aus dem letzteren durch Einschaltung eines umkehrenden Okularsystems hervorgegangenen terrestrischen Fernrohren zu einer Klasse von Instrumenten, bei welchen nämlich sich ein reelles Bild wirklich erzeugt, das durch eine vergrößernde Linse betrachtet wird, während das holländische Fernrohr mit seiner Zerstreuungslinse eine andere vertritt.

Als Linsen werden bei allen Fernrohren sowol plankonvexe als bikonvexe Gläser genommen, im erstern Falle dann mit der flachen Seite nach außen gestellt. Die Annäherung oder Entfernung des Okulars an das Bild, welche für verschiedene Augen verschieden ist, wird durch Verschiebung der in einander gesteckten Röhrentheile bei gewöhnlichen

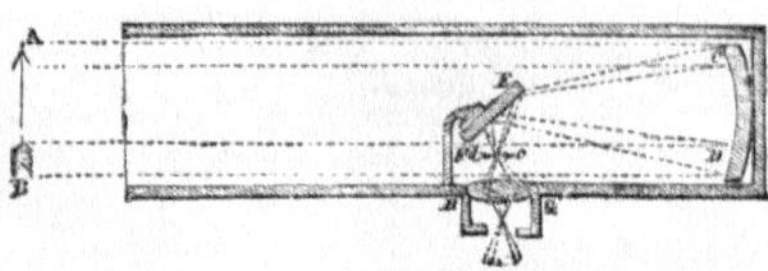

Fig. 284. Newton's Spiegelteleskop.

Instrumenten mit der Hand, bei stark vergrößernden feineren Gläsern mittels einer Mikrometerschraube bewirkt, weil bei einem Okular von kurzer Brennweite schon eine sehr geringe Verrückung eine ziemliche Aenderung in der Strahlenrichtung hervorbringen kann.

Bedeutung des Fernrohrs. Ueber den Nutzen des Fernrohrs Etwas zu sagen, erscheint bei einem Instrumente, das jetzt in Jedermanns Händen ist, fast überflüssig. Nicht nur dem Reisenden ist es ein unentbehrliches Instrument, wenn er sich mit dem Charakter der zu durchwandernden Gegenden im Voraus bekannt machen will; aus der freien Natur hat sich der Gebrauch des Fernrohrs

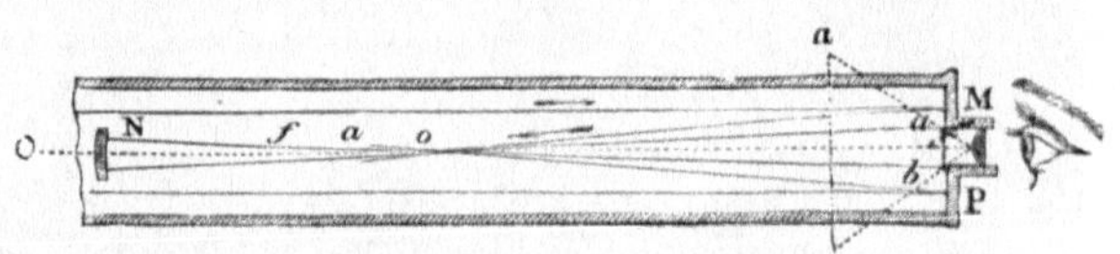

Fig. 285. Durchschnitt des Gregory'schen Instruments.

in den geschlossenen Raum der Theater, der Museen und Galerien verpflanzt. Und wie hier zum Vergnügen der Menschen, dient es weit höheren Zwecken, nicht nur auf den Sternwarten zur Erforschung des Himmels und der im ewigen Raume kreisenden Gestirne, sondern auch tief unten im engen Schacht beobachtet der Physiker mit seiner Hülfe die Schwingungen des horizontalen Pendels, um daraus Masse und Dichtigkeit der Erde zu berechnen. Die feinen Ausschläge der Magnetnadel, welche die täglichen Schwankungen des Erdmagnetismus verursachen, können in ihren ungemein geringen Unterschieden nur durch das Fernrohr genau beobachtet und gemessen werden. In ihm verräth sich das Nordlicht, welches gleichzeitig viele Hundert Meilen entfernt am

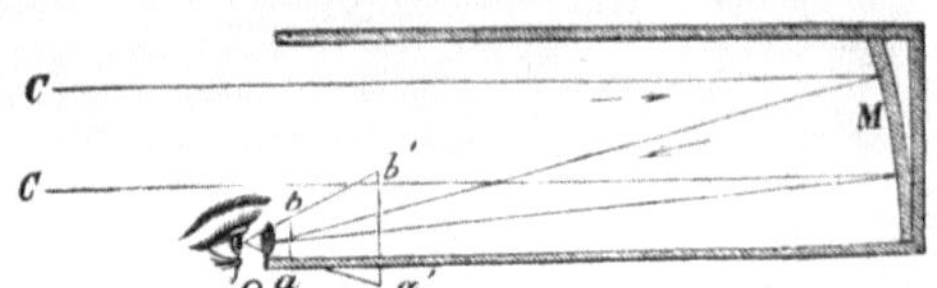

Fig. 286. Einrichtung des Herschel'schen Spiegelteleskops.

Polarhimmel aufzuckt, wie sich die Zeitdauer noch bestimmen läßt, welche das Licht braucht, um von dem Objektivglase bis zum Okular zu gelangen, und in der That ist von Bradley auf diese Weise die Geschwindigkeit des Lichtes gefunden worden. Die meisten und die sublimsten Maßmethoden der Naturforscher sind auf die Mitwirkung des Fernrohrs gegründet, und ohne seine Erfindung — das können wir geradezu behaupten — wäre unser heutiger Kulturzustand nicht möglich geworden. Allerdings war mit dem Ende des 16. Jahrhunderts schon der richtige Weg zur Naturforschung eingeschlagen, allein aus Beobachtungen und Experimenten lassen sich, wenn dieselben nicht unter einander quantitativ bestimmt, auf eine allen gemeinsame Einheit zurückgebracht, gemessen werden können, wol Hypothesen ableiten, aber keine Gesetze. Die zu Grunde liegende fruchtbare Idee ist nur durch Maß und Gewicht dem Verborgenen zu entlocken, dazu aber ist das Fernrohr eines der trefflichsten Hülfsmittel geworden.

Es lag in der Natur der Sache, daß die Erfolge der neuen Erfindung zunächst der Astronomie und Geographie zugute kommen mußten: hier diente das Fernrohr in seiner einfachsten Gestalt als Beobachtungsmittel, viel später erst wurde es als Hülfsmittel mit andern Apparaten verbunden, deren Resultate dadurch auf die höchste Stufe der Genauigkeit gehoben wurden. Und wenn der volle Einfluß, den seine Anwendung in der letztgedachten Art ausgeübt hat, nur den mit der Physik und ihren Methoden ganz Vertrauten ersichtlich werden kann, so zeigt sich das förmliche Vorwärtsgeschleudertwerden aller astronomischen Disziplinen durch das Fernrohr selbst dem Minderbewanderten auf den ersten Augenblick.

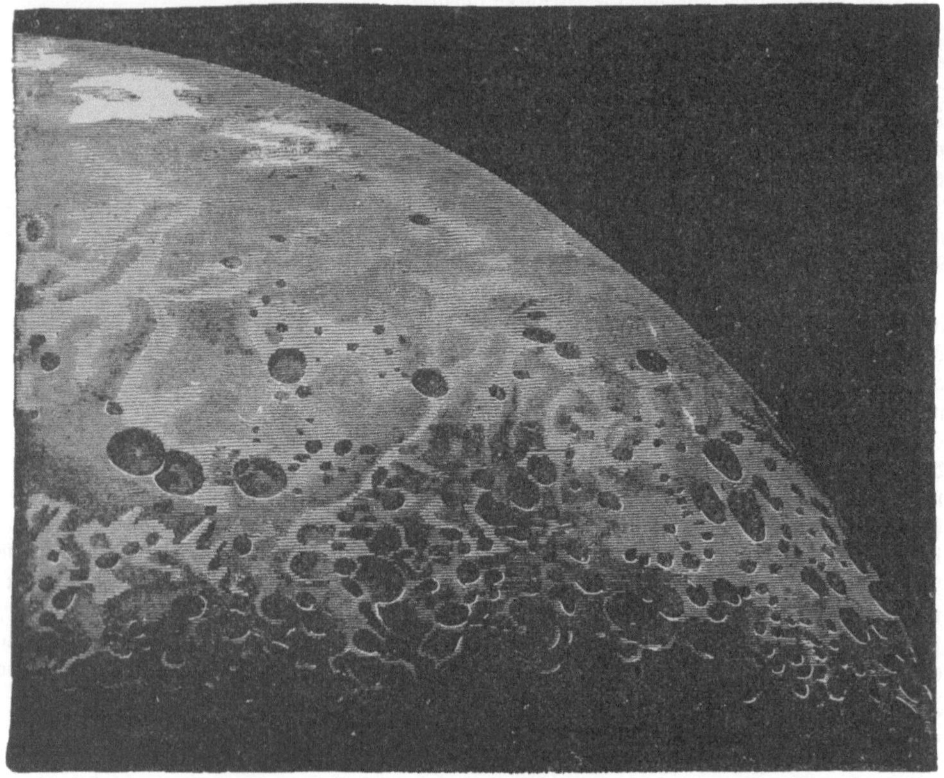
Fig. 287. Ein Stück der Mondsichel.

Wir dürfen uns nur überlegen, von welchem Umfange die Kenntniß des Himmels zur Blütezeit des Ptolemäos war, welche Fortschritte sie von da bis zum Ausgange des 16. Jahrhunderts gemacht hatte, und auf welcher Stufe sie jetzt, nach einem viel geringeren Zeitraume, steht. Abgesehen davon, daß die theoretische Astronomie nur zum Theil — freilich zu einem sehr wesentlichen Theil — in ihrer Ausbildung, die sie durch Keppler, Galilei, Newton, Huyghens, Laplace, Olbers, Gauß und zahlreiche Andere erfahren, von dem Gebrauche des Fernrohres unterstützt worden ist, haben sich seit dritthalb Jahrhunderten die Ergebnisse der beobachtenden Astronomie zu einem vorher ungeahnten Reichthume aufgespeichert. Die Fortschritte in den anderthalbtausend Jahren vor der Erfindung des Fernrohres beschränkten sich so ziemlich darauf, das Ptolemäische Fixsternverzeichniß zu vervollständigen.

Man kannte sieben Planeten; einzelne bedeutendere Kometen erschreckten die Gemüther durch ihr seltenes und unvermuthetes Erscheinen, die Milchstraße war ein unerklärlicher Nebel.

Trotzdem hatten Scharfsinn und Fleiß die geringen Mittel trefflich verwerthet und in den Keppler'schen Gesetzen und dem Kopernikanischen System die damaligen Erfahrungen in der bestmöglichsten Art ausgebeutet. Aber damit war auch das Höchste geleistet, und selbst diese bedeutenden Reformen bedurften noch sehr der Bewahrheitung durch unmittelbare Anschauung und genaue Messung.

Durch die Entdeckung der Phasen des Jupiter, Merkur und der Venus, eine der ersten Thaten des mit seinem Fernrohr den Himmel durchmusternden Galilei, erhielt die Lehre von der feststehenden Sonne eine unverrückbare Begründung. Das Fernrohr rückte die Grenzen der Himmelserkenntniß plötzlich in unendliche Fernen, denn dem rasch vervollkommneten Instrumente schien auch das Unsichtbare seine Gesetze verrathen zu müssen. Die Milchstraße löste sich in einzelne Sterne auf, die Nebelflecke erwiesen sich als große Gestirnhaufen.

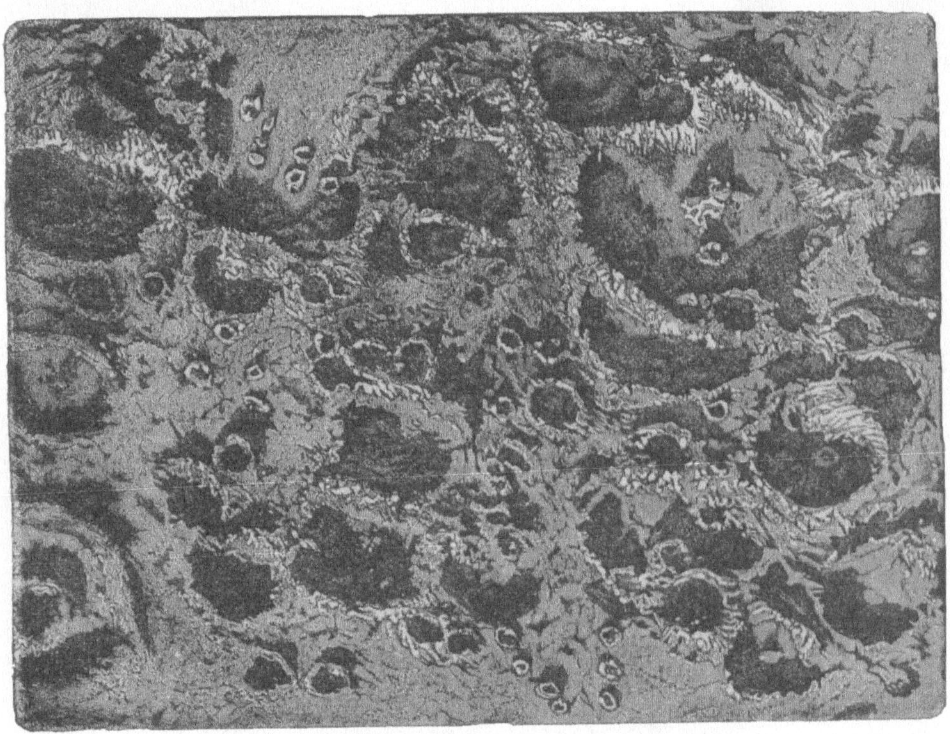

Fig. 288. Eine Kraterlandschaft des Mondes bei untergehender Sonne.

Man hatte bisher sechs Sterngrößen angenommen, jetzt sah Galilei an vorher für ganz leer gehaltenen Stellen des Himmelsgewölbes unzählige neue Welten. Er faßte sie als siebente Sterengröße zusammen, welche er „die Erste der unsichtbaren Dinge" nannte. Im Orion entdeckte er über 500 neue Sterne und mehr als 36 in den Plejaden, wo man sonst ihrer nur sieben erkannt hatte. Und zurückkehrend aus dem weiten Raume in unser Sonnensystem, beobachtete er zuerst die Sonnenflecken, aus deren Veränderung er auf eine Umdrehung der Sonne um ihre eigene Achse schloß. „Die Zahl der Kometen am Himmel ist größer als die der Fische im Meer", rief Keppler, der mit seinem neu erfundenen Fernrohr überrascht die Menge dieser Gestirne erkannte. Aus der verschiedenen Art der Beleuchtung des Mondes schloß man bald auf Berge, Thäler, Meeresbecken. Den Früheren war der Begleiter unserer Erde nichts als eine leuchtende Kugel mit einigen dunkeln Flecken gewesen, welche das deutungslustige Gemüth des Volkes zur Fabel vom Mann im Monde verarbeitete, — heute haben wir von dem uns zugewandten Theile seiner Oberfläche genauere Karten als von der Hälfte des Festlandes der Erde. Statt der elf Planeten, welche vor dreißig Jahren noch in der Schule gelehrt wurden, kennt man

36*

jetzt gegen 130, so daß die mythologischen Namen zu ihrer Bezeichnung nicht ausreichen und man zur Bezifferung seine Zuflucht nehmen muß. Ein ganzes Heer solch kleiner Wandelsterne schwebt zwischen den Bahnen des Mars und des Jupiter, und trotzdem, daß viele dreimal so weit von der Sonne abstehen als die Erde, der Durchmesser der kleinsten aber kaum 10 Meilen beträgt, sind sie von der immer stärker werdenden Kraft der Fernrohre entdeckt, die Elemente ihrer Bewegung auf das Genaueste gemessen und ihre Geschwindigkeiten, Massen und Dichtigkeiten berechnet worden.

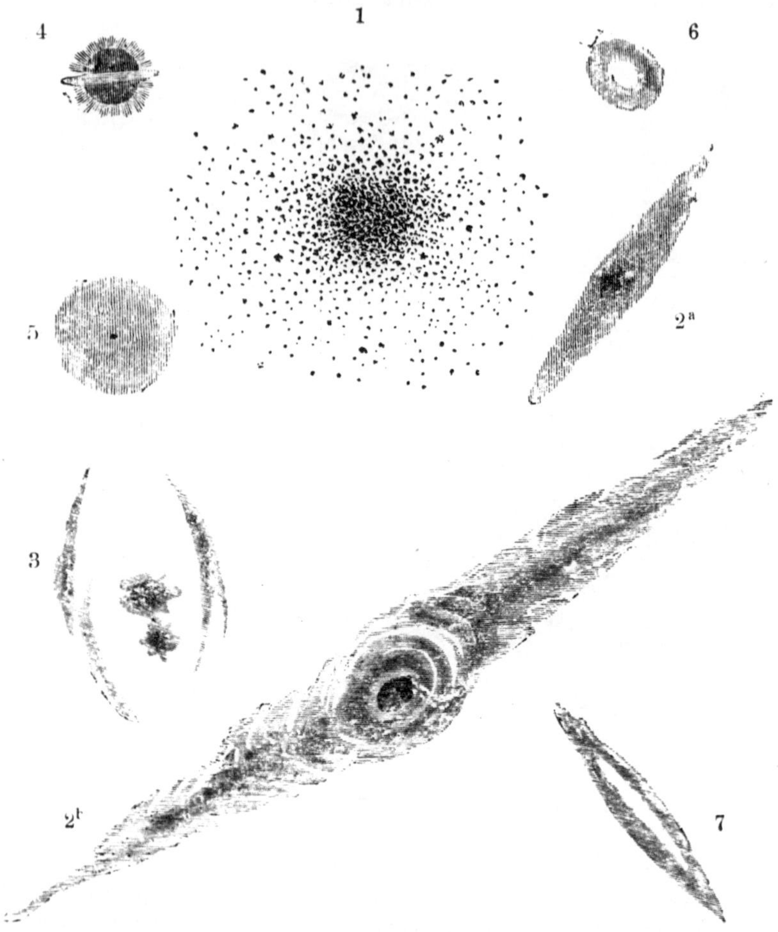

Fig. 289.　1 Sternhaufen im Wassermann nach Herschel. 2ª Nebel im Großen Löwen nach Herschel, 2ᵇ nach Rosse. 3 Doppelnebel in den Zwillingen nach Rosse.　4 Nebel im Wassermann nach Rosse.　5 Sternnebel im Stier nach Herschel.　6 Ringnebel in der Leier nach Herschel.　7 Ringnebel in der Andromeda.

Es würde den Raum weit überschreiten heißen, wenn wir uns in die Einzelnheiten astronomischer Beobachtungen verlieren wollten; allein es mag uns erlaubt sein, durch einige Abbildungen zu zeigen, wie einzelne Stücke des Makrokosmus dem bewaffneten Auge erscheinen, und welch andere Ansichten wir von der „großen Welt" gewonnen haben, als alle Zeiten vorher besaßen.

Wenn wir bei ab- oder zunehmendem Monde die beleuchtete Sichel mit einem guten Fernglase betrachten, so werden wir verwundert über die Pracht des Anblicks sein. Der stark beleuchtete äußere Rand des Mondes geht nach innen zu in immer matter beleuchtete Striche über; wir empfinden, daß wir keine flache Scheibe, sondern einen gerundeten Körper vor uns haben, der von einer Seite her sein Licht empfängt, mit dem größten Theile aber für uns im Schatten liegt. Das beleuchtete Stück aber macht nicht den Eindruck einer gleichmäßigen Fläche: wir sehen darauf helle und dunkle Partien, große ebene Flecken von minder hellem Glanze, daneben wieder durch besonders lebhaftes Licht hervortretende scharfe ringförmige Zeichnungen im Innern mit dunkel beschatteten Partien, und nach dem Centrum der Mondsichel hin zeigen sich diese Lichtringe und einzelnen Lichtpunkte von immer kräftigerem Kontrast.

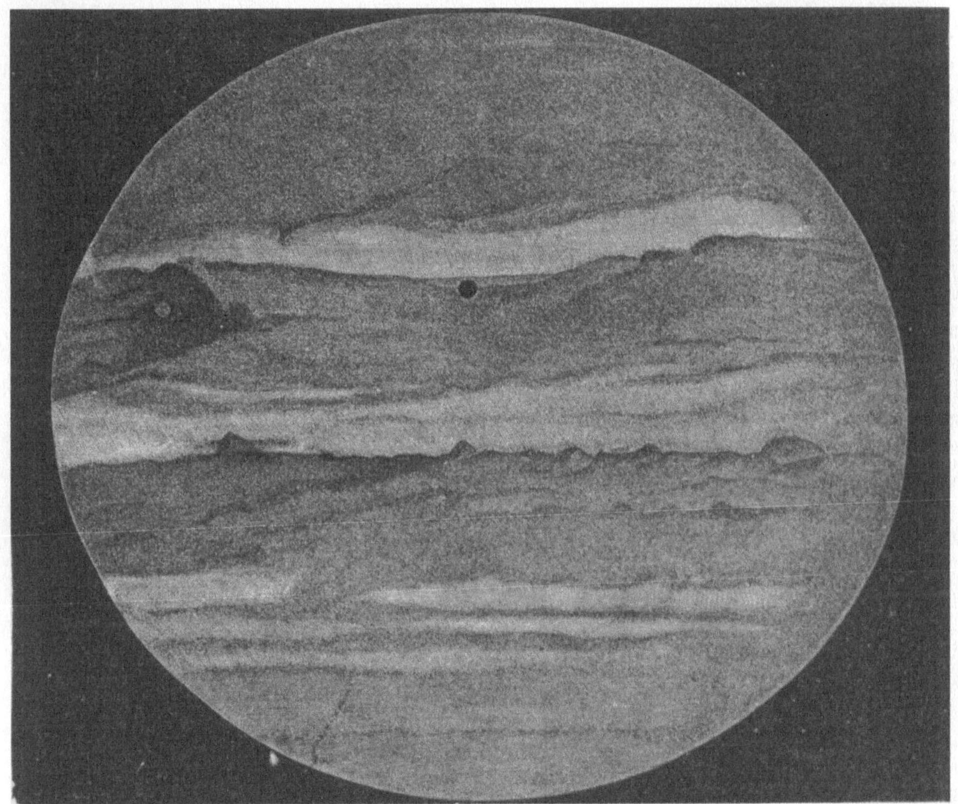

Fig. 290. Die Scheibe des Jupiter im Teleskop.

Es gehört gar keine Phantasie dazu, um den merkwürdigen Anblick dahin zu deuten, daß wir einen Weltkörper von mannichfach gestalteter Oberfläche vor uns haben. Es rufen sich uns augenblicklich die Erinnerungen jener Eindrücke zurück, welche wir bei Sonnenaufgängen Angesichts hoher Gebirge gehabt haben. Wir sehen die hellerleuchteten Gipfel sich von den noch im Düster der Nacht begrabenen und beschatteten Gründen strahlend abheben, so daß sie förmlich isolirt erscheinen, und finden in den von der Sonne abgewendeten, besonders dunkeln Stellen hinter den Lichtringen des Mondes die tiefen Schatten wieder, welche hochaufgetriebene Massen in die zurückgebliebenen Niederungen zurückwerfen. Wir sehen in große Kessel hinab, von hohen, schroffen Wällen umgeben, die uns an platzende und während des Platzens erstarrte Blasen erinnern. Wir unterscheiden die höheren Erhebungen von den niedrigern durch die Länge der Schatten, die sie werfen, und sehen aus der schon im völligen Dunkel liegenden Scheibe die höchsten Kuppen noch als einzelne hell leuchtende Punkte auftauchen. Galilei schon hat die Schattenlängen als einen Maßstab für die Höhen der verschiedenen Gebirge — denn Gebirge und zwar vulkanische Gebirge, erloschene Krater sind die ringförmigen Wälle — angegeben und selbst die Größen der Erhebung

berechnet, und durch wiederholte Messungen hat man jetzt einzelne Berge, wie den Mond=
berg Calippus (5050 Meter = 15,516 Pariser Fuß hoch) oder den Huyghens (4760 Meter
= 14,652 Fuß), wahrscheinlich der Wahrheit viel näher kommend bestimmt, als es mit dem
Chimborasso auf unserer Erde gelungen ist.

Während Fig. 287 ein Stück der Mondsichel zeigt, giebt uns Fig. 288 die Ansicht einer
mit Hülfe eines stärker vergrößernden Fernrohrs aufgenommenen Mondlandschaft.

Den eigenthümlich gebildeten Saturn haben wir unsern Lesern schon früher im Bilde
vorgeführt. In Fig. 290 geben wir dazu noch die Ansicht, welche der Jupiter in einem
stark vergrößernden Fernrohr gewährt. Wir sehen den Planeten, der unserm unbewaffneten
Auge am Himmel nur als ein leuchtender Kern erscheint, mit zonenartig gelagerten Wolken
überzogen, deren besondere Gestalt nach gewisser Zeit wiederkehrt und uns eine Umdrehung
des Sternes um seine Achse beweist. Nach genauen Beobachtungen derselben beträgt ein
Jupitertag von Mittag zu Mittag 9 Stunden 55 Minuten 26 Sekunden unserer Zeit.
Wir vermögen die Abplattung der Jupiterkugel, welche ihr eine ähnliche an den Polen
eingedrückte Gestalt zuweist, wie sie unsere Erde besitzt, zu erkennen und zu messen. Die
Monde sehen wir um ihren Planeten kreisen und unsere Abbildung zeigt uns den dunkeln,
kreisförmigen Schatten, den der auf der linken Seite vor dem Jupiter stehende Mond auf
dessen beleuchtete Scheibe wirft. Daraus, daß dieser Schatten tief schwarz ist, folgern wir,
daß der Jupiter selbst kein eigenes Licht besitzt, während der Umstand, daß die Monde
selbst bisweilen als heller glänzende, bisweilen als dunklere Punkte sich auf der Scheibe
ihres Planeten abzeichnen und daß ihr Schatten oft größer erscheint als sie selbst, die An=
nahme von einer atmosphärischen Umhüllung des Jupiter wahrscheinlich macht. Und wenn
wir weiter die Forschungen der Astronomen vergleichen wollten, nur in Bezug auf den einen
Planeten, durch dessen Beobachtung der große Galilei das neu erfundene Fernrohr weihte
und das ihm zu Danke am ersten Tage fast die schönste Entdeckung, die der Jupitermonde,
darbot, — wir würden bewundernd staunen über die Aufschlüsse, welche sie uns auf Fragen
geben, die wir in solcher Feinheit oft selbst in Betreff des Planeten, den wir bewohnen,
vergebens aufstellen würden.

Bei allen Gestirnen unsers Sonnensystems können wir die körperliche Gestalt wahr=
nehmen, aber selbst die vieltausendfach vergrößernden Fernrohre sind nicht im Stande,
die Fixsterne anders denn als leuchtende Punkte, ohne scheinbaren Durchmesser, erkennen
zu lassen. Und wenn wir einen jener blassen Lichtnebel betrachten und immer stärkere
und stärkere Ferngläser darauf richten, so können wir doch nur immer neue und immer
mehr einzelne Lichtpunkte daraus sondern, die jeder eine Sonne, eine Welt für sich sind.
Die Form ihrer Gesammtheit aber eröffnet, wenn wir sie in Vergleich mit bekannten
Kräftewirkungen bringen wollen, unsern Vorstellungen ein Gebiet von Aktionen, so ge=
waltig, daß nur das Bewußtsein strenger Gesetzmäßigkeit eine Basis ist, welche unsern
Gedanken Sammlung geben kann.

Sehen wir die verschiedenen, in Fig. 289 dargestellten Nebel an. Welche Ideen von
sich bildenden Welten, von Massenanziehung, von Rotationswirkungen und ähnlichen Fun=
damentalereignissen steigen in uns auf! Dürfen wir diese Formen mit dem Saturn ver=
gleichen oder ist nicht noch das Sonnensystem, welchem wir angehören, ein Stäubchen gegen
jene Herden von Welten; — und sollen wir es wagen, durch jene unfaßbaren Räume die
Aeußerungen von Kräften als zusammenhaltend, ordnend und gestaltend anzunehmen, welche
die kleinsten, an der Grenze des Verschwindens stehenden Atome aneinander zieht?

Das Mikroskop.

Eine neue Welt. Das einfache Mikroskop. Brillen und Vergrößerungsgläser. Leeuwenhoeck. Das Sonnen-mikroskop, erfunden von Lieberkühn. Das zusammengesetzte Mikroskop und seine Einrichtung. Chevalier's Mikroskop und das Mikroskop für mehrere Beobachter. Geschichtliches über die Erfindung und ihre Vervoll-kommnung. Zacharias Jansen und Galilei. Gebrauch des Mikroskops. Was man damit sieht.

Nach zwei ganz entgegengesetzten Richtungen der Natur hin sind uns die linsenförmig geschliffenen Gläser zu Schlüsseln geworden. Das Teleskop führt unsere Augen durch den unendlichen Raum weiter und immer weiter. Das Mikroskop enthüllt uns im Engsten, Kleinsten dieselben Gesetze, zeigt uns das Walten derselben Kräfte, die das Universum zusammenhalten, wunderbare Formen, die das Geheimniß der Harmonie bis zum Atome verfolgbar scheinen lassen, wie es dem begeisterten Keppler im Tanze der Sphären sich offenbarte.

Um uns herum zwei Welten — eine unendlich große und eine unendlich kleine, und wir an der Schwelle zwischen beiden. Aber verlangend streckt der Geist seine Fühler über die Grenzen und schlägt Brücken durch die Luft, auf denen er hinüber geht, um Geahntes und Ungeahntes in der Nähe zu schauen. Und Teleskop und Mikroskop sind zwei solche Brücken — Wege durch reizende Gefilde voll neuer und immer neuer Wahrnehmungen, den glücklich Wandernden in unabsehbare Fernen führend, aus welchen ihm kein versteinerndes Halt entgegenschreckt.

Wo heute ein Horizont sich aufbaut, darüber schreitet morgen der Mensch an der Seite Minervens, der Göttin fruchtbringender Wissenschaft. Sie lehrt das Gesetz zugleich mit seiner nützlichen Anwendung, und dieselbe Hand, welche dem Forscher die Bahn zeigt, schmiedet den kunstreichen Schild in der Esse des Vulkan. Man kann nicht sagen, ob wir mehr den mechanischen Künsten oder der wissenschaftlichen Erkenntniß in der Herstellung der unendlich bedeutungsvollen Instrumente Teleskop und Mikroskop verdanken. Hier ist die Technik Wissenschaft und die Weisheit erwächst aus der Kunst.

Im Ursprunge ist die Erfindung des Mikroskops eine viel ältere als die des Fernrohrs, aber doch haben erst die letzten drittehalb Jahrhunderte gewisse längstbekannte Erscheinungen der Vergrößerung einem höheren wissenschaftlichen Zwecke zuführen können. Und wenn wir die Entdeckungen auf dem Gebiete der organischen Natur, die Physiologie der Thiere und Pflanzen, durch welche die frühere Naturgeschichte der beiden Reiche erst zur Wissenschaft geworden ist, betrachten, wenn wir die Kluft übersehen, welche die heutige Naturanschauung von der früheren rohen Erfahrung und phantastischen Deutung trennt, erst dann vermögen wir die Bedeutung einer Erfindung zu würdigen, welche für die richtige Naturerkenntniß fast noch um Vieles wichtiger geworden ist, als die Erfindung des Fernrohrs. Denn das Fernrohr, wie sehr es auch den Blick erweiterte und den Geist erhob, brachte im Grunde durch die schönsten Entdeckungen nur großartige Bestätigung bereits erkannter oder wenigstens auch aus irdischen Verhältnissen abzuleitender Gesetze. Das Mikroskop dagegen führte den Forscher in eine völlig neue Welt, in die Welt der organischen Veränderungen, wenn nicht des Werdens, so doch des Wachsens; es öffnete den Einblick in die geheime Werkstatt der Natur, welcher von vornherein durch keine mathematischen Schlüsse vorbereitet oder ersetzt werden konnte. Alles, was uns der Mikrokosmus zeigt, war bis zum 17. Jahrhundert ein unbekanntes Gebiet und das hier Entdeckte war in Allem eine neue Eroberung.

Das einfache Mikroskop. Die gewöhnliche Konverlinse ist insofern schon ein Mikroskop, weil das Bild, wenn wir durch sie hindurch ein Objekt betrachten, größer als der Gegenstand selbst ist. Die früheren Hülfsmittel der Vergrößerung beschränkten sich auch lediglich auf dies einfache Instrument, welches, aus Glas geschliffen, in eine Fassung von Horn oder Messing gebracht und Lupe genannt wurde. Je größer die Krümmung der Linse ist, um so bedeutender ist ihre vergrößernde Kraft, und in den sogenannten Glastropfen oder Vogelaugen benutzt man als Vergrößerungsgläser geradezu kleine kugelförmige Glaskörperchen.

Obwol schon Seneca der Wahrnehmung gedenkt, daß man durch hohle, mit Wasser gefüllte Kugeln die dahinter befindlichen Gegenstände größer und deutlicher sieht, und obgleich eine Anzahl anderer Nachweise aus dem Alterthume vorhanden sind, daß man die vergrößernde Kraft sphärischer Glaskörper oft beobachtet hatte, so scheint doch eine bewußte Anwendung von dieser Erscheinung erst ziemlich spät gemacht worden zu sein. Die merkwürdig feinen und zierlichen Arbeiten alter griechischer Steinschneider könnten uns zwar veranlassen anzunehmen, daß sie mit Hülfe von Vergrößerungsgläsern ausgeführt worden seien. Allein wir finden im ganzen Alterthume keine Belege dafür; denn die ausgegrabenen Linsen können eben so gut ausschließlich als Brenngläser gedient haben, da die vestalischen Jungfrauen das heilige Feuer, wenn es verlöscht war, nur durch das Sonnenlicht wieder entzünden durften. Der Araber Alhazen um die Mitte des 11. Jahrhunderts war wol der Erste, welcher eigentliche Linsen aus Kugelsegmenten als Vergrößerungsgläser anwandte. Merkwürdig aber bleibt, daß an diesen Fortschritt sich keine weiteren Erfolge knüpften. Es kam dies hauptsächlich mit daher, daß Alhazen und auch Spätere noch ihre Gläser direkt auf die Buchstaben der Schrift legten, welche sie vergrößert sehen wollten, und daß es ihnen vollständig entgangen zu sein scheint, wie ein bei weitem günstigerer Erfolg erzielt werde, wenn man die Linsen etwas entfernt von dem zu beobachtenden Gegenstande vor das Auge hält.

Mit der Erfindung der Brillen aber im 13. Jahrhundert wurde die Linsenschleiferei zu einem Gewerbe, welches sich rasch über alle Länder ausbreitete, und es konnte dabei nicht unterbleiben, daß mit den nun häufig gewordenen Gläsern mancherlei Versuche absichtlich oder unabsichtlich gemacht wurden, welche Verbesserungen an den Lupen hervorriefen. Man gab den Gläsern größere Krümmungen und benutzte auch schon zwei oder drei Linsen

gleichzeitig mit einander, welche so nahe über einander angebracht wurden, daß beide in der=
selben Weise wirken, indem sie die Strahlen immer mehr konvergirend machten. Dergleichen
Linsenkombinationen nennt man einfache Mikroskope. Sie erhalten gewöhnlich eine
Fassung von Messing und werden zu zwei, drei oder mehr beweglich mit einander an einem
Stativ angebracht, damit man ihre Wirkung, einzeln oder mit einander kombinirt, beliebig
zu benutzen vermag. Die Vergrößerung solcher Instrumente kann ziemlich weit getrieben
werden. Man hat Linsen geschliffen, welche eine dreihundertfache Linearvergrößerung er=
gaben, und mit den zu gleichen Zwecken dargestellten Glastropfen konnte man dieselbe sogar
auf das Achthundertfache steigern. Es war aber damit der Uebelstand verknüpft, daß in
gleicher Weise, wie sich die Kraft vergrößerte, das Gesichtsfeld sich verringerte. Was man
jedoch zur Verbesserung der kleinen Instrumente immer thun konnte, geschah, und so wurden
sie bald zu einer Vollkommenheit gebracht, welche ihre Verwendung zu wissenschaftlichen
Zwecken gestattete. Die ersten Apparate waren allerdings mehr Kuriositäten, sogenannte
Floh= oder Mückengläser, und es wird erzählt, daß der seiner Zeit hochberühmte Natur=
kundige Scheiner, als er auf einer Reise in einem Tiroler Dorfe gestorben war, noch einen
großen Aufruhr unter Bauern und Geistlichkeit her=
vorrief. Man hatte nämlich in seinem Nachlasse ein
merkwürdiges Glas gefunden. Als einer der hinzu
Gekommenen aus Neugierde in dasselbe hineinsah,
erblickte er eine so schrecklich große und fürchterlich ge=
bildete Gestalt vor seinen Augen, daß er, überzeugt,
den Teufel gesehen zu haben, das Glas voller Furcht
wegwarf. Ein Anderer hob es auf und sah das Näm=
liche. Natürlich galt nun Scheiner für einen argen
Zauberer und Hexenmeister, der den Teufel, in ein
Glas gebannt, mit auf Reisen nahm — ihm sollte
ein ehrliches Begräbniß versagt werden — aber als
man eben noch über die Art verhandelte, wie man
sich der unbequemen Leiche entledigen sollte, wurde
das Glas geöffnet und der vermeintliche Teufel er=
wies sich als ein veritabler Floh, der, durch das
linsenförmige Deckelglas angesehen, für die Bauern
ungewöhnlich vergrößert worden war.

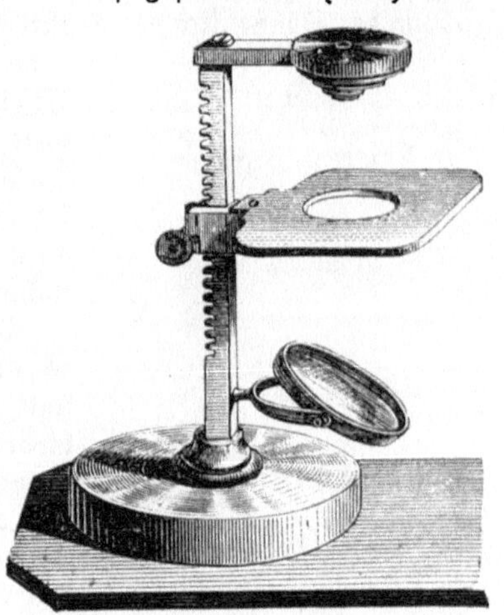

Fig. 292. Einfaches Mikroskop.

Dienten diese Instrumente, die man übrigens jetzt noch auf Jahrmärkten ausgeboten
findet, einer gewöhnlichen Belustigung, so finden wir dagegen Leeuwenhoeck schon eifrig
beschäftigt, mit selbstgebauten Apparaten den innern Bau von Pflanzen und Thieren zu
studiren, und seine vortrefflichen, nach der Natur gezeichneten Abbildungen sind der beste
Beweis für die Vervollkommnung, welche er seinen Instrumenten gegeben hatte. Er hatte
die Linsen an einem vertikalen Stativ befestigt und unter ihnen einen kleinen Objekttisch an=
gebracht, den er mittels eines Schraubendrahtes auf die gehörige Höhe in den Brennpunkt
der Linsen führen konnte. Außerdem vereinigte er damit schon einen Beleuchtungsapparat
aus Hohlspiegeln, welcher durch einfallendes Licht den kleinen Objekten eine größere
Helligkeit gab. Diese Beigaben sind von Späteren (Muschenbroeck, Hooke u. s. w.) bei=
behalten, mannichfach verändert und verbessert worden.

Das Sonnenmikroskop steht in seiner Einrichtung zwischen dem einfachen und dem
zusammengesetzten Mikroskop. Während der gewöhnliche Lupenapparat nichts weiter be=
wirkt, als die von dem beobachteten Objekt ausgehenden Strahlen unter größerer Kon=
vergenz in das Auge zu leiten, wird durch das Sonnenmikroskop ein reelles Bild hervor=
gerufen, welches, in gehöriger Entfernung aufgefangen, den Gegenstand zwar verkehrt,
aber bedeutend vergrößert wiedergiebt; bei dem zusammengesetzten Mikroskop aber wird ein
im Innern des Rohres erzeugtes reelles Bild noch durch ein besonderes Okular, wie im
Fernrohr, betrachtet.

Das Sonnenmikroskop ist ganz nach dem Prinzip der Zauberlaterne eingerichtet, nur daß an Stelle der Glasgemälde der zwischen zwei Glasplatten gebrachte und zu vergrößernde Gegenstand eingeschoben wird. Die Beleuchtung geschieht, wie schon der Name andeutet, durch direktes Sonnenlicht, das mittels eines Helioftaten einer Sammellinse zugeworfen und von dieser auf das Objekt konzentrirt wird. Wenn das Sonnenlicht fehlt, so beleuchtet man mit Argand'schen Lampen, Drummond'schem Kalklicht oder Knallgas u. s. w. (Lampen= oder Hydrooxygen=Mikroskop). Es liegt in der Natur der Sache, daß die Bilder dieser Apparate keine Schärfe besitzen, wie sie für wissenschaftliche Untersuchungen nothwendig ist; daher dient das Sonnenmikroskop auch nur zu allgemeinen Schaustellungen, bei denen es Zweck ist, gewisse, dem unbewaffneten Auge unsichtbare Gegenstände, Blumen= staub, Schmetterlingsstaub, Kieselpanzer der Kreide, Kryftallbildungen u. s. w., mehr im großen Ganzen auf überraschende Weise vergrößert vorzuführen, als einen klaren Einblick in die Beschaffenheit der kleinsten Einzelheiten dem Zuschauer zu verschaffen.

Man darf eigentlich bei dem Sonnenmikroskope von keinem besonderen Erfinder reden, denn seine Einrichtung war durch die ältere Zauberlaterne bereits gegeben, und in der Heran= ziehung der Sonnenstrahlen anstatt einer Lampenflamme zur Beleuchtung kann keine wesent=

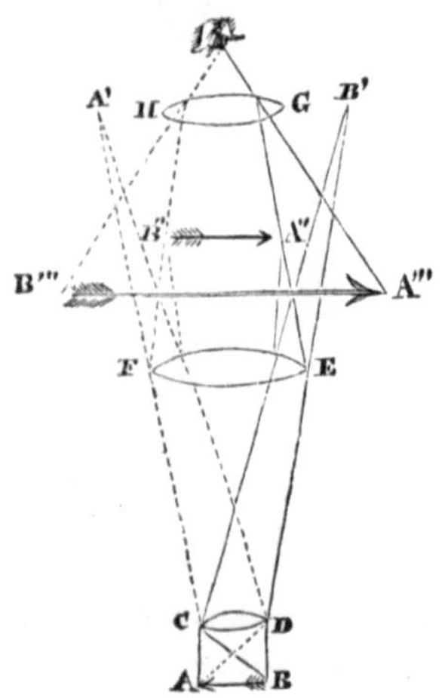

Fig. 293. Prinzip des zusammen= gesetzten Mikroskops.

liche Neuerung erblickt werden. Indessen schreibt man die Erfindung gewöhnlich dem Amsterdamer Lieberkühn zu, welcher die Bilder eines solchen Instruments, das er durch Fahrenheit, der 1736 starb, kennen gelernt haben soll, öffentlich zeigte, und durch die überraschenden, die Phantasie aufs Höchste anregenden Effekte den mikroskopischen Unter= suchungen wieder viele Freunde erweckte.

Das zusammengesetzte Mikroskop. Merkwürdig scheint es, daß das zusammengesetzte Mikroskop, trotzdem seine Er= findung eben so alt ist wie die der einfachen Apparate mit kom= binirten Linsen, so lange Zeit in seiner Verbesserung hinter diesen zurückblieb, so daß bis zu Anfang dieses Jahrhunderts fast alle wissenschaftlichen mikroskopischen Untersuchungen mit dem gewöhnlichen Linsenapparate gemacht worden sind. Der Grund, warum man dem auf so hohe Stufe der Voll= kommenheit gebrachten einfachen Mikroskope den Vorzug gab, lag in der chromatischen Abweichung, in den farbigen Rän= dern, welche die Bilder des zusammengesetzten Mikroskops undeutlich machten, so lange man noch nicht gelernt hatte, gute achromatische Linsensysteme herzustellen. Als man darin aber eine gewisse Fertigkeit erlangt hatte, war die Möglichkeit der stärkeren Vergrößerung, das größere Gesichtsfeld und die Beseitigung der sphärischen Abweichung, welche bei den einfachen Linsen sich so stark bemerk= lich macht, daß fast nur die in unmittelbarer Nähe der Achse einfallenden Strahlen zu brauchen sind, eine genügende Veranlassung, um sich mit allem Eifer der Verbesserung des zusammen= gesetzten Mikroskops zuzuwenden. Das letztere unterscheidet sich, wie schon erwähnt, von dem einfachen dadurch, daß man zwei Systeme von Gläsern, ein Objektiv und ein Okular, mit einander vereinigt, so daß man also ein wirkliches, reelles Bild von dem beobachteten Gegenstande im Innern entstehen läßt, und dieses dann mit einer vergrößern= den Okularlinse betrachtet. Wir dürfen uns nur der Einrichtung des Fernrohres erinnern, um aus der obenstehenden Abbildung (Fig. 293) augenblicklich über den dabei stattfindenden Vorgang klar zu werden. A·B ist das zu beobachtende Objekt, dessen Bild durch das Ob= jektiv CD in A'B' erzeugt werden würde, wenn nicht die dazwischen gelegte Kollektivlinse die Strahlen eher zur Konvergenz brächte und das Bild schon in B''A'' hervorriefe. Die von da weiter gehenden Strahlen werden nun durch das Okular GH dem Auge zu= gebrochen und bewirken durch ihre Konvergenz, daß das Bild, in deutliche Sehweite ver= legt, in der Größe von A'''B''' erscheint.

Dies ist das Grundprinzip aller zusammengesetzten Mikroskope. Was auch die einzel=
nen Optiker für Abweichungen in der äußern Herstellung ihrer Instrumente anbringen, so
bleibt doch bei allen die Anordnung der Linsen dieselbe. Die Zahl der Gläser ist freilich oft
eine viel größere als in unserer Zeichnung, aber das kommt daher, daß man anstatt einer
bikonvexen Linse lieber zwei plankonvexe anbringt; als Okular wendet man gewöhnlich das
Campanische an (Fig. 275), als Objektiv setzt man mehrere Linsen hinter einander und er=
hält durch verschiedene Kombinationen derselben verschiedene Grade der Vergrößerungen.
Außerdem verdoppelt sich aber die Linsenzahl dadurch, daß man für die bessern Instrumente
jetzt lauter achromatische Gläser verwendet.

Fig. 294 ist die Abbildung eines zusammengesetzten Mikroskops, wie dasselbe jetzt von
den meisten Optikern mit geringen Abweichungen gebaut wird. Die Röhre T trägt die Haupt=
bestandtheile desselben, die Gläser, das Okular O' und
das Objektivsystem O. Sie ist inwendig wie das Rohr
eines Teleskops geschwärzt und an den betreffenden
Stellen mit Blendungen versehen. Sie ist mit dem ver=
tikalen Stativ verbunden und kann mittels der Schraube
V festgestellt werden. Die genaue Einstellung über
den auf dem Objektträger P befindlichen Gegenstand,
welcher beobachtet werden soll, wird mit Hülfe einer
Schraube V'bewerkstelligt, welche den Objektentisch nach
oben und unten bewegt. Der Objektträger P selbst ist ein
kleiner Tisch, in der Mitte durchbrochen, damit das von
dem stellbaren Hohlspiegel M zugestrahlte Licht den Kör=
per beleuchten kann. Um nach Bedürfniß mehr oder
weniger Licht zuzuführen, dient eine mit verschieden
großen Oeffnungen durchbrochene Scheibe, welche man
vor die Oeffnung schiebt. Undurchsichtige Gegenstände
beleuchtet man von oben durch eine Sammellinse.

Chevalier hat eine Konstruktion angegeben, bei
welcher die Strahlen durch die totale Reflexion, die sie
an einem in dem Rohre a (Fig. 295) angebrachten
Glasprisma erleiden, in horizontaler Richtung dem
Okulare zugeworfen werden, so daß der Beobachter
nicht von oben herab, sondern nur gerade vor sich hin
zu sehen braucht. Mittels Einschaltung eines beson=
ders geschliffenen Prisma ist es auch gelungen, In=
strumente herzustellen, durch welche mehrere Personen
zu gleicher Zeit ein Objekt beobachten können. Dieses
Prisma ist über dem Objektivlinsensystem angebracht,

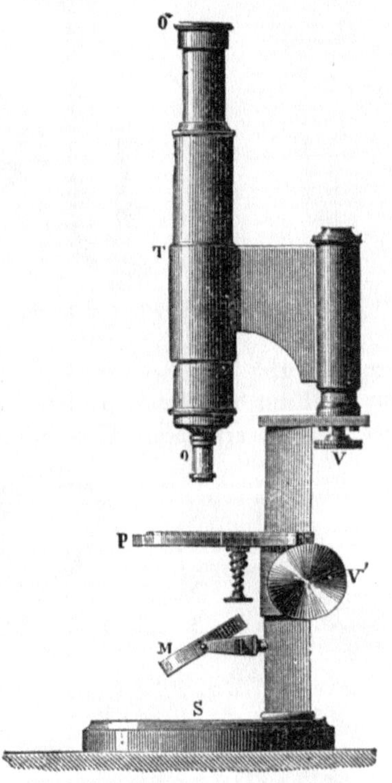

Fig. 294. Zusammengesetztes Mikroskop.

wie bei dem Chevalier'schen Mikroskop; jeder Beschauer hat sein eigenes Okular. Für die
Diskussion der Beobachtung bei gemeinschaftlichen Untersuchungen und namentlich zu Unter=
richtszwecken dürfte dies Arrangement gewisse Vorzüge vor den übrigen voraus haben,
denn es gehört zum Betrachten mikroskopischer Objekte eine große Uebung, ein unterscheiden=
der Blick, den man sich erst erwirbt, nachdem man in der unbekannten Welt des Kleinsten
durch manches Luftbläschen, Stäubchen und dergleichen, die man Anfangs leicht für be=
sondere Geschöpfe ansieht, getäuscht worden ist.

Die Geschichte des Mikroskops fällt, wie wir schon erwähnt haben, in ihren ersten
Ursprüngen mit der Geschichte der Linsen und mit der Erfindung der Brillengläser zu=
sammen. Daß sie sehr weit in das Alterthum zurückreicht, haben wir auch schon gesehen,
und wenn der bekannte Smaragd des Nero ein Sehglas war, so deutet dieser Umstand
darauf, daß man damals bereits mit der Herstellung und Wirkungsweise konkaver Linsen
vertraut war, denn Nero wird uns von gleichzeitigen Schriftstellern als kurzsichtig geschildert.

Uebrigens finden wir aber selbst noch von Baco (gestorben 1392) nur konvexe Linsen er=
wähnt, die dieser den alten Leuten, welche an Fernsichtigkeit zu leiden pflegen, anempfiehlt.
Die Erfindung der Brillen ist noch vor Baco's Zeit zu setzen; wahrscheinlich ist sie zu

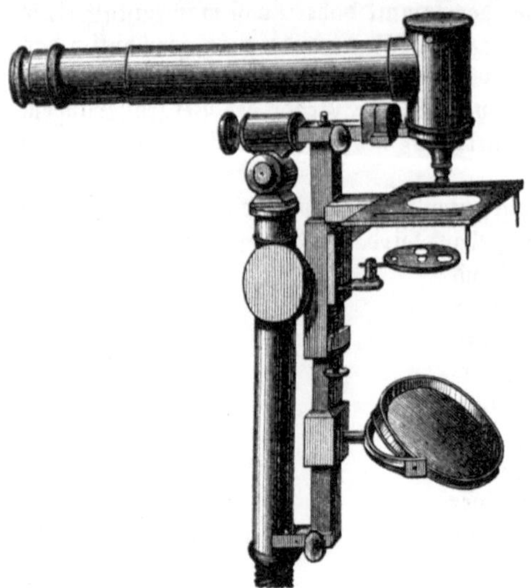

Fig. 295. Chevalier's Mikroskop.

Ende des 13. Jahrhunderts durch Armati von Florenz gemacht und die Kenntniß davon durch Alexander von Spina weiter verbreitet worden. Die erste authen= tische Nachricht über „die neulich erfunde= nen Gläser, Brillen genannt — ein wahrer Segen für arme Greise mit schwachem Gesicht" — stammt aus dem Jahre 1299. Eine so heilsame Erfindung mußte sich rasch in allen Ländern verbreiten, und schon zu Anfang des 14. Jahrhunderts waren, wie Humboldt in seinem „Kosmos" anführt, die Brillen zu Haarlem gar nichts Un= bekanntes. Der große Bedarf rief eine neue Industrie, die Brillenschleiferei, her= vor, die bald in jeder nur einigermaßen bedeutenderen Stadt betrieben wurde; in Holland namentlich, wo damals ein beson= ders reges Leben herrschte, war die Kunst eine vielgeübte, und die kleine Stadt Middel=

burg hat durch sie in der Geschichte der Erfindungen einen Namen ersten Ranges erhalten,
denn nicht nur das Fernrohr, sondern auch das Mikroskop wurde in den Werkstätten dor=
tiger Künstler erfunden. Man hat das Schicksal der beiden jungen Erfindungen oft mit

Fig. 296. Mikroskop für drei Beobachter.

einander verwechselt, und daher kommt es, daß wir denselben Prätendenten, welche die Erstlingsidee des Teleskops für sich be= anspruchen, auch beim Mi= kroskop wieder begegnen.

Namentlich sind Cornelius Drebbel aus Alkmar und Galilei, der Eine von den Hollän= dern, der Andere von den Italienern, mit allen An= sprüchen der ersten Er= findung ausgerüstet wor= den, Beide aber, wie die letzten Untersuchungen er= geben haben, mit Unrecht. Denn es hat sich heraus= gestellt, daß aus der Werk= statt des zwar immer mit= genannten, aber nur in

sagenhafter Form erwähnten Middelburger Brillenmachers Jansen das erste Mikroskop
zu Ende des 16. Jahrhunderts (wahrscheinlich schon 1590) hervorgegangen ist. Die bei
Gelegenheit des Fernrohres schon erwähnten gerichtlichen Nachforschungen, welche Willem
Boreel, der sich selbst einen Spielkamerad von Zacharias Jansen, dem Sohne von

Hans Jansen, nennt, anstellen ließ, um aus dem schon beginnenden Erfinderstreit seiner Vaterstadt Middelburg die Ehre zu retten, ergaben, daß lange vor der Erfindung Lippershey's in der Familie der Jansen ein zusammengesetztes optisches Glas erfunden worden war, welches, wie auch das Fernrohr, damals kurzweg Augenglas oder Brille genannt wird, seiner Beschreibung nach aber nichts Anderes als ein zusammengesetztes Mikroskop war. Die Unbestimmtheit der Benennung ist denn auch die Ursache geworden, daß bald die beiden Jansen als Erfinder des Fernrohrs, bald Lippershey als erster Darsteller des Mikroskops angesehen wurden.

Ein solches, vielleicht das erste, überreichte Jansen dem Prinzen Moritz von Nassau und erhielt dafür eine Belohnung. Als Boreel 1619 in England als Gesandter war, sah er beim Hofmathematiker Cornelius Drebbel ein eben solches Instrument, welches dieser, wie er selbst sagte, zum Geschenk vom Erzherzog Albert erhalten hatte. Dieses Mikroskop bestand aus einer einen Centimeter weiten Röhre von vergoldetem Kupfer, getragen von drei messingenen Delphinen, welche auf einer Scheibe von Ebenholz, auf der sich zugleich die Vorrichtung zum Festhalten der zu betrachtenden Gegenstände befand, befestigt waren. Es ist aber nachweislich auch dem österreichischen Prinzen von Jansen ein Mikroskop geschenkt worden und jedenfalls dasselbe mit dem Drebbel'schen Instrumente identisch. Auch nimmt es Denjenigen, welcher die Gesinnung der Menge kennt, an eine glänzende Stellung gern hohe Eigenschaften zu knüpfen, das Unscheinbare dagegen als werthlos zu achten, nicht Wunder, wenn von der öffentlichen Meinung der weitbekannte, hochstehende Gelehrte als Erfinder der Mikroskope gepriesen wird, die er nach dem Jansen'schen Modelle anfertigte und unter

Fig. 297. Zacharias Jansen.

seiner weitverbreiteten Bekanntschaft vertheilte. Des geringen Middelburger Brillenmachers gedachte Niemand. Ein Verwandter des Drebbel, Jakob Kuppler aus Köln, kam 1622 nach Rom und wollte, unter Bezugnahme auf das neue, wundervolle Instrument, am päpstlichen Hofe vorgestellt sein. Er starb jedoch, ehe er Gelegenheit gefunden hatte, das Mikroskop daselbst bekannt zu machen.

Von Paris aus wurden nun andere Mikroskope nach Rom gesandt, allein man war dort mit der neuen Erfindung so unbekannt, daß es erst nach Galilei's Ankunft gelang, die Objekte klar zu sehen. Diese Instrumente sind es höchst wahrscheinlich, welche Galilei nachmachte und nach denen er das Mikroskop, das er 1624 an Bartholomeo Imperiali nach Genua sandte, zusammensetzte. Galilei soll zwar bereits im Jahre 1612 ein Mikroskop an den König Sigismund von Polen geschickt haben, es ist aber nirgends erwähnt, von welcher Zusammensetzung und Wirkung der Apparat gewesen sei, und außerdem ist von diesem oder einem ähnlichen Galilei'schen Instrument bis 1624 nicht mehr die Rede. In dem letztern Jahre, heißt es, habe er das Mikroskop bedeutend verbessert und dann eine große Anzahl derselben angefertigt. Daraus scheint zur Genüge hervorzugehen, daß ihm an dieser Erfindung eben so wie an der des Fernrohrs kein anderer Ruhm als der, die weitere Bekanntschaft und den Gebrauch derselben vermittelt zu haben, zuerkannt werden kann.

Dieser Ruhm wird aber zu einem bedeutenden durch den Eifer, mit welchem die Wissenschaft in Italien das neue Instrument bei ihren Forschungen verwandte, so daß durch den häufigen Gebrauch Veranlassung zu mannichfachen Verbesserungen gegeben wurde. Francesco Stelluti hatte schon 1625 die Anatomie der Honigbiene mikroskopisch untersucht; Marcello Malpighi in Bologna wies die Cirkulation des Blutes in den Haargefäßen der Schwimmhaut des Frosches nach; der Optiker Divini setzte an Stelle einer bikonvexen Okularlinse zwei plankonvexe Gläser, die sich mit der Mitte ihrer gekrümmten Oberfläche berührten; dadurch wurde die sphärische Abweichung bedeutend verringert; Campani erfand das nach ihm benannte Okular.

In England gab Robert Hooke 1665 seine Mikrographie, Beobachtungen über die Struktur einzelner Theile des pflanzlichen und thierischen Körpers, heraus, die er mit selbstverfertigten Instrumenten gemacht hatte. Sein Mikroskop bestand aus einer viertheiligen, in einander zu schiebenden Röhre, in welcher sich Objektiv, Kollektiv und Okular befanden. Mittels einer Schraube konnte es dem zu beobachtenden Gegenstande ganz allmählich näher geführt werden. Uebrigens hatte schon Galilei seinen Instrumenten bewegliche Röhren gegeben. Nach Hooke verdienen in der Geschichte mikroskopischer Untersuchungen die Engländer Henschaw und Nehemias Grew genannt zu werden. In Deutschland hat sich um die Vervollkommnung der Mikroskope Sturm in Nürnberg besonders dadurch verdient gemacht, daß er, um sphärische und chromatische Abweichung zu vermeiden und möglichst scharfe und farbenfreie Bilder hervorzubringen, das Objektiv zuerst aus zwei kombinirten Linsen, entweder aus zwei bikonvexen oder aus einer plankonvexen und einer bikonvexen, zusammenstellte. Er erreichte indeß seinen Zweck nicht nach Wunsch, und infolge der genannten Mängel, die auch durch die von Huyghens vorgeschlagenen Linsen von großer Brennweite nur zum Theil beseitigt wurden, blieb eben der einfache Lupenapparat so viel in Aufnahme, während das zusammengesetzte Mikroskop von Wenigen und fast nur versuchsweise in Anwendung gebracht wurde.

Die Verbesserungen an der mechanischen Einrichtung des zusammengesetzten Mikroskops bezogen sich hauptsächlich auf den Objektträger und den Beleuchtungsapparat. Der erstere wurde sehr bald nach der Hooke'schen Idee mit einer feinen Schraubeneinstellung versehen, zu dem letzteren wurden Linsen und Spiegelvorrichtungen bald einzeln angewandt, bald mit einander kombinirt. Maßgebend für die späteren Ausführungen wurde die Konstruktion, welche zuerst unser Landsmann Hertel anwandte. Er gab seinen Instrumenten einen Spiegel, der, nach allen Richtungen drehbar, jede mögliche Lage gegen das Objekt einnehmen konnte; der Objektträger hatte eine runde Oeffnung für durchsichtige Gegenstände; für undurchsichtige, je nachdem, eine weiße oder eine schwarze Platte. Das Rohr war in einem Charnier beweglich und konnte sowol Schraubenmikrometer als Netzmikrometer behufs mikroskopischer Messungen aufnehmen. Die Hertel'schen Instrumente dienten ihrer ausgezeichneten Brauchbarkeit wegen späteren Optikern, wie Martin, Adams, Dollond, Reinthaler in Leipzig, Brander in Augsburg u. s. w., vielfach als Vorbilder, und ihre Einrichtung spiegelt sich im Großen und Ganzen noch in den heutigen Mikroskopen wieder.

Man brachte damals auch bereits Sammlungen von mikroskopischen Objekten für Liebhaber naturwissenschaftlicher Unterhaltungen in den Handel.

Die eigentliche Seele des Mikroskops aber, die Gläser, erfuhren ihre vollkommnere Ausbildung in der Zeit nach Euler. Robert Barker und Andere wollten schon, weil die noch nicht beseitigte Farbenzerstreuung den Bildern ungemein schädlich war, reflektirende Mikroskope, in denen, wie in den Spiegelteleskopen, das Objektiv durch einen Hohlspiegel ersetzt war, in Aufnahme bringen, aber der große Lichtmangel der Bilder vereitelte solche Bestrebungen. Im Gegentheil versuchte Dellabare durch eine eigenthümliche Kombination seiner Okulare aus Crown- und Flintglaslinsen die sphärische Abweichung zu verringern und durch Einschaltung einer Kollektivlinse das Gesichtsfeld zu vergrößern. Wie Sturm, wandte auch er verschiedene Objektive an, um verschiedene Vergrößerungen hervorzubringen, und richtete zu demselben Zwecke seine Rohre zum Verlängern ein.

Dellabare selbst hat aber noch keine achromatische Doppellinse angewandt, vielmehr hat dies zuerst Aepinus gethan, nach welchem dann die Holländer Beeldsnider, Jan und Herman van Deyl ausgezeichnete Mikroskope verfertigten. Die Aepinus'schen Instrumente litten aber immer noch an dem Mangel, Linsen von zu großer Brennweite zu besitzen, dadurch wurden sie ungemein lang und ihre Handhabung sehr unbequem. Die van Deyl'schen Objektive, deren gewöhnlich zwei zu einem Mikroskope gehörten, hatten dagegen nur eine Brennweite von 30, sogar nur 15 Millimeter, und bestanden aus einer bikonvexen Crownglaslinse und einer fast plankonkaven Linse von Flintglas, und sollen nach Harting's Urtheil so vortrefflich gewesen sein, daß sie selbst späteren weit vorzuziehen waren.

Es hat in der That lange gedauert, ehe den nun immermehr sich steigernden Anforderungen der fortschreitenden Wissenschaft schritthaltend von den ausübenden Optikern genügt werden konnte, und wenn auch Fraunhofer's Mikroskope in Wirklichkeit das Höchste noch nicht erreichten, so waren es doch auch hier die Ideen des genialen Geistes, welche Andere der Vollkommenheit rasch näherten. Auf Fraunhofer'sche Bestimmungen fußend, gab der französische Physiker Ernst Selligue dem Optiker Chevalier Vorschriften zu einem Mikroskop, welches in seiner Wirkung alle dagewesenen übertraf. Es hatte vier achromatische Doppellinsen von 37 Millimeter Brennweite, die sich mit einander vereinigen ließen, eine Einrichtung, die mit dem größten Erfolge bei allen späteren Mikroskopen angenommen worden ist. Freilich aber waren die Bilder von nur geringer Helligkeit, weil Chevalier bei seinem Objektiv die gekrümmte Fläche der Linse dem Gegenstande zugekehrt hatte. Amici, durch den Erfolg überhaupt angeregt, ließ seine damals in halber Verzweiflung begonnenen Spiegelmikroskope sogleich liegen und wandte sich auch wieder der Herstellung von Linsenobjektiven zu. Er ordnete aber seine Linsen so, daß sowol im Objektiv als auch im Okular die ebene Fläche nach außen kam, und hob die Abweichung durch die Kugelgestalt auf diese Weise fast vollständig auf (aplanatisches Mikroskop). Das Jahr 1827, in welchem Amici sein erstes derartiges Mikroskop vollendet hatte, wird daher in der Geschichte der praktischen Optik immer als eine Epoche betrachtet werden müssen.

Das zusammengesetzte Mikroskop hatte damit das einfache in jeder Beziehung geschlagen, und der Sieg wurde von Jahr zu Jahr ein vollständigerer. Die Namen Merz und Söhne in München, Nobert in Greifswald, Plößl in Wien, Schieck in Berlin, Oberhäuser in Paris, Roß, Powells, Smith und Beck in London, Kellner in Wetzlar (jetzige Inhaber Belthyle und Rexroth), Béneche, Wasserlein und Wappenhans in Berlin, Zeiß in Jena u. s. w. knüpfen sich ruhmvoll an die wichtigsten Entdeckungen, welche die letzten dreißig Jahre so überreich auf dem Gebiete des organischen Lebens gebracht haben; denn diese Entdeckungen sind zum bei weitem größten Theile erst durch Hülfe der Mikroskope, welche aus den Werkstätten jener Künstler hervorgingen, möglich geworden.

Der Gebrauch des Mikroskops. Die große Verbreitung, welche diese Instrumente infolge ihrer Billigkeit in der letzten Zeit gefunden haben, und die damit zusammenhängende Lust an mikroskopischen Arbeiten veranlassen uns, noch einige Worte in Bezug auf die Behandlung des Mikroskops hier anzufügen.

Zunächst ist es wichtig, wenn man sich nicht mit der Betrachtung von fertigen mikroskopischen Präparaten, wie solche von verschiedenen Seiten in den Handel gebracht werden, genügen lassen, sondern selbst seine Objekte sich zurecht machen will, einen Apparat zusammenzustellen, in welchem nach Professor Willkomm's Angabe sich finden müssen: eine Anzahl Objektträger und ganz feine, etwa $\frac{1}{2}$ Centimeter ins Gevierte haltende Glasplättchen, sogenannte Deckgläser; einige scharfe Präparirmesser und Präparirnadeln, eine Schere, eine Pincette, ein Schleifstein, ein Streichriemen, einige Haarpinsel, Uhrgläser, Glasstäbchen, Porzellanschälchen, eine Spirituslampe, ein kleiner Lupenapparat und eine Anzahl chemischer Reagentien, wie Essigsäure, Chlorcalciumlösung, Glycerin, Jodlösung, absoluter Alkohol, verdünnte englische Schwefelsäure, Salpetersäure, Kopallack, Canadabalsam und Zuckerlösung. Als Objektenträger dienen länglich-viereckige Spiegelglasplatten von etwa zwei Centimeter Länge, $2\frac{1}{2}$ Centimeter Breite und 2 Millimeter Dicke, die aber durchaus farblos sein müssen und keine Blasen enthalten dürfen. Als Präparirmesser kann man sich feiner englischer Rasirmesser mit möglichst dünner, ganz flach (nicht hohl) geschliffener Klinge bedienen, sie müssen sehr häufig auf dem Streichriemen abgezogen werden; bei harten Gegenständen, Horn, Holz u. s. w., muß man Messer von stärkeren Klingen, ebenfalls auf einer Seite flach geschliffen, anwenden; weiche Objekte, Durchschnitte von Pflanzentheilen oder von sehr kleinen Gegenständen, Haaren u. dergl., präparirt man zwischen Kork, indem man den Gegenstand zwischen die zwei Hälften eines der Länge nach getheilten feinen Korkstöpsels klemmt und senkrecht gegen die Längsachse feine Scheibchen des Korkes abschneidet. Es ist dabei zweckmäßig, dünne Objekte, wie Haare, mittels Gummilösung zu mehreren zusammenzukleben und den so erhaltenen stielförmigen Körper auf diese Weise zu zerschneiden. Die Präparirnadeln bestehen aus ganz feinem, hartem Stahl und müssen eine ganz rostfreie Spitze haben, weswegen man sie oft auf einem feinen Schleifstein abschleift. Außer geraden Nadeln wendet man beim Präpariren der Objekte während des Beobachtens auch Nadeln mit hakenförmig gebogener Spitze an.

Mikroskope, wie sie für die meisten Untersuchungen ausreichen (drei Objektivsysteme mit 15- bis 400facher Linearvergrößerung mit Kasten und Zubehör zum Preise von 90 Mark), liefern in ausgezeichneter Art die Ateliers von Béneche und von Wasserlein in Berlin; größere — hauptsächlich für physiologische Zwecke — Schieck von 150 Mark an; für die feinsten Instrumente dürften Kellner in Wetzlar, Plößl und Oberhäuser am meisten zu empfehlen sein. Ein solcher Apparat kostet freilich 390 Mark und mehr; die größten englischen Mikroskope, welche aber eine Menge zum Theil unnöthiger Nebenapparate enthalten, stehen sogar auf den Preiskuranten mit 1500 bis 2400 Mark angezeigt.

Angaben über die Vergrößerung der verschiedenen Objektivsysteme sind den Instrumenten immer beigefügt. Ist man jedoch in Ungewißheit darüber und in dem Fall, ein Instrument selbst auf seine vergrößernde Kraft prüfen zu müssen, so dienen dazu eben solche Mikrometer, wie wir sie beim Fernrohr kennen gelernt haben, oder der Camera lucida ähnliche Vorrichtungen, in denen mittels eines Spiegels das vergrößerte Bild eines mikroskopischen Maßstabes mit einem nebenbei gesehenen bekannten Maße zur Deckung gebracht wird. Aus der Vergleichung der beiden Größen läßt sich das Verhältniß dann leicht berechnen. Die stärkste Vergrößerung, welche man bei den besten Instrumenten gebrauchen kann, dürfte ungefähr 1500 sein. Es ist indeß diese Grenze nicht überhaupt die äußerst erreichbare, sondern nur bei dem jetzigen Stande der optischen und mechanischen Künste die in der Regel erreichbare, welche den Ansprüchen an Helligkeit und Deutlichkeit der Bilder genügt. Daß Instrumente, bei deren Herstellung Mühe und Kosten in keiner Weise gescheut worden sind, um die höchstmögliche Leistung zu erreichen, noch ganz andere Vergrößerungen geben können, versteht sich; war doch auf der Pariser Ausstellung 1867 ein Mikroskop von Hartnack in Paris zu sehen, das bei gleichzeitiger Anwendung seines stärksten Objektivs und des stärksten Okulars eine lineare Vergrößerung von 5000 ergab und dabei noch hinreichend helle und deutliche Bilder lieferte. Man kann auch bei gewöhnlichen Mikroskopen für dieselben Gläser die Vergrößerung durch Herausziehen der Rohre, Entfernen des Okulars vom Objektiv, noch steigern und hat auf diesen Umstand Rücksicht zu nehmen, wenn bei Prüfungen auf die Vergrößerung ein Instrument bei dem gewöhnlichen Stande des Okulars den angegebenen Zahlen nicht zu entsprechen scheint.

Ein Mikroskop kann aber eine sehr bedeutende Vergrößerung geben und trotzdem unbrauchbare Bilder liefern. Helligkeit und Deutlichkeit derselben sowie die Größe des Gesichtsfeldes sind daher von weit wesentlicherem Einfluß auf die Beurtheilung der Güte eines Instrumentes als die Vergrößerung. Es giebt gewisse Präparate, z. B. die staubartigen Schuppen eines in Deutschland häufigen Tagschmetterlings Hipparchia Janira, die man in passender Form bei den Optikern zu kaufen bekommt, mit deren Hülfe als Objekte sich die Instrumente sehr gut vergleichen lassen. Jene Schuppen zeigen bei genügender Vergrößerung zunächst eine große Anzahl von parallelen Längsrippen, bei stärkeren Gläsern erscheinen dann diese einzelnen Längsrippen durch ein netzförmiges Gewebe höchst feiner

Querlinien mit einander verbunden. Vermag man diese Querlinien mit der 3= bis 400fachen Vergrößerung eines mittelgroßen Instrumentes zu erkennen, so ist dasselbe gut.

Wenn der Anfänger aber mit seinem Mikroskop keine guten Bilder erhält, so darf er dasselbe deswegen nicht sogleich als unbrauchbar scheel ansehen. Die Schuld wird viel öfter an ihm selbst liegen. Zunächst kommt auf die Herstellung guter Präparate Alles an. Da durchscheinendes Licht dem auffallenden in allen Fällen vorzuziehen ist, so müssen die Objekte in ganz zarten, dünnen Plättchen angefertigt werden. Das ist nicht so leicht; eine vorläufige Untersuchung mit der Lupe wird aber schon erkennen lassen, ob die Herstellung gelungen ist oder nicht. Das Präparat wird sodann, mit einem Tropfen reinen Wassers benetzt, auf das Objektivglas gebracht und mit dem Deckgläschen bedeckt, so daß keine Luftblasen oder Theilchen fremder Körper mit dazwischen kommen. Es ist überhaupt die größte Reinlichkeit nöthig und müssen alle Gläser jedesmal ganz sauber abgeputzt werden, wozu man sich am besten eines alten, ausgewaschenen leinenen Läppchens bedient. Chemische Reagentien, die mitunter zur Behandlung der Objekte gebraucht werden, dürfen weder in Berührung mit den Metall= theilen des Mikroskopes kommen, noch darf man auch die Linsen damit verunreinigen lassen, weil dieselben aus bleihaltigen, sehr leicht angreifbaren Glassorten bestehen.

Für die Untersuchung ist es am besten, von vornherein nur schwache Vergrößerungen, aber mit größerem Gesichtsfeld, anzuwenden und erst wenn man dadurch die geeignetsten Partien des Objektes erkannt hat, die Auflösung durch schärfere Gläser vorzunehmen. Ganz besonders gut gelungene Präparate hebt man auf, indem man sie zwischen zwei kleine, läng= liche Glasplatten von geringer Dicke klemmt und deren Ränder, um die äußeren ungünstigen Einflüsse abzuhalten, mit Papier verklebt, schließlich auch mit Asphaltfirniß oder mit in Weingeist aufgelöstem Kopallack verkittet. Die Durchsichtigkeit bewahrt man ihnen, indem man je nach der Natur der präparirten Körper zwischen die beiden Gläser einen Tropfen Wasser, Weingeist, Terpentinöl, Canadabalsam, Chlorcalciumlösung oder dergleichen giebt, ehe man sie zusammenpreßt und verkittet.

Was sieht man durch das Mikroskop? Zu schildern, ja selbst nur in den all= gemeinsten Zügen anzudeuten, welchen Einfluß auf die Förderung aller naturwissenschaft= lichen Disziplinen wir dem Mikroskop verdanken, können wir nicht unternehmen. Es würde dazu der Raum eines bändereichen Werkes nothwendig sein. Denn die Geschichte der orga= nischen Wissenschaften ist nur eine Paraphrase der Entdeckungen, welche sich an die Erfindung des Middelburger Brillenmachers knüpfen. Wenn wir daher in einigen schließlichen Be= merkungen von dem Gebiete der Optik Abschied nehmen und, um uns die Früchte zu ver= gegenwärtigen, welche die Erforschung und Erkenntniß der wunderbaren Erscheinungen des Lichtes getragen haben, die neu erschlossene Welt der kleinsten Räume aus der Vogelschau herab betrachten, so wird uns nur das Oberflächliche auffallen, die äußere Gestaltung reich bebauter Landschaften; die zartesten Blumen aber, die feinen Formen, enthüllen sich nur Demjenigen, der sich in einem der zauberischen Gründe niederlassen kann.

Wie das Schwesterinstrument, das Teleskop, erweitert auch das Mikroskop, indem es unser Auge tiefer und tiefer in die Geheimnisse des unendlichen Raumes eindringen läßt, zugleich unserem Geiste die Grenzen der begreifbaren Zeit. Dadurch, daß es die Dinge in ihre einzelnen Bestandtheile auflöst, zeigt es uns ihr Werden, läßt es uns Vorstellungen gewinnen von dem Zustande, auf welchem das Bestehende sich aufbaute, und von den Kräften, die sich in dem ungeheuern Rahmen der Vergangenheit regen, bekämpfen und ge= bären mußten, ehe alle die Veränderungen durchlaufen waren, deren Spuren nur noch wie ein großes Gerippe hinter uns liegen. Nimm ein Stück Kreide in die Hand und bringe den feinen Staub, der an deinen Fingern haften bleibt, unter das Mikroskop. Welcher Reich= thum regelmäßiger Bildungen, die organischem Leben ihren Ursprung verdanken! Das ganze Stück der weißen Masse besteht aus lauter feinen, kieseligen und kalkigen Panzern untergegangener Thiere, Polythalamienschalen und Skelete von solcher Kleinheit, daß in einem Kubikcentimeter Kreide oft mehr als 298,000 Millionen neben einander gebettet sind. Und in den Alpen giebt es Gebirge von Tausenden von Metern Höhe — aus lauter solchen

Thierresten aufgebaut, und vom 57. Grade nördlicher Breite bis hinunter an das Kap Horn ist die Kreideformation verbreitet! Nicht genug, daß diese einzelnen Theilchen nach ihrem Ursprunge unterschieden werden können, ihre einstigen Besitzer sind in Arten geordnet worden, wie wir die Fische oder Vögel klassifiziren. Ehrenberg, der berühmte Erforscher der mikroskopischen Welt, der den Ruhm hat, von allen Menschen am meisten Neues zum ersten Mal gesehen und die Kenntniß der Natur mit der größten Zahl neuer Thatsachen bereichert zu haben, zählte allein in der Kreide von Gravesend (Fig. 298) 51 verschiedene Polythalamienschalen; im Kreidekalk vom Antilibanon (Fig. 299) fand er deren 43, und die Vergleichung der in den beiden Abbildungen dargestellten Formen wird jeden Beschauer belehren, wie sich verschiedener Ursprung, abgesonderte, der Zeit und dem Raume nach getrennte Bildung, selbst der Einfluß späterer Epochen dem bewaffneten Auge zweifellos

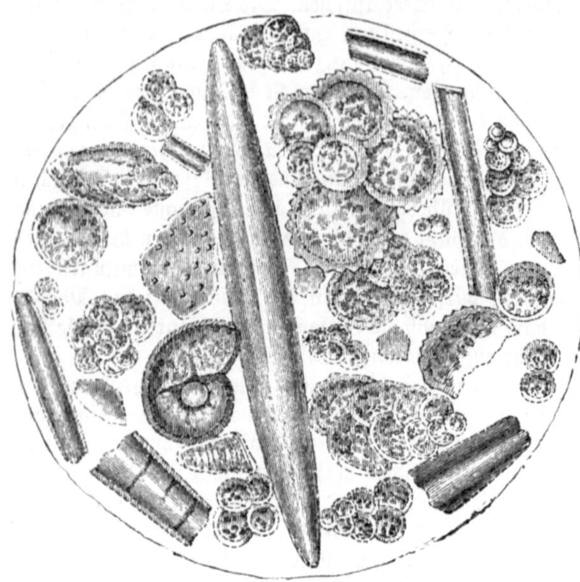

Fig. 298. Kreide von Gravesend.

verrathen. Die Ergebnisse mikroskopischer Gesteinsuntersuchungen, namentlich der Untersuchung geschichteter Sedimentgesteine, hat Ehrenberg zu einer fast selbständigen Wissenschaft, der Mikrogeologie, geordnet, welche die wichtigsten Kapitel der Geschichte der Erdentwicklung noch zu schreiben berufen ist.

Wir treten hin zur Pflanzenwelt. Da ist ein klarer, schnellfließender Bach, sein Grund ist von einem saftgrünen Rasen überzogen, der durch die sich verfilzenden und verschlingenden Zweige einer Alge gebildet wird. In den ersten Zeiten des erwachenden Frühlings lösen wir ein Stückchen Rasen ab, um es daheim zu beobachten. Wir entwirren behutsam einige Fäden, und das Mikroskop zeigt uns, daß sie aus einfachen oder bei andern Arten aus in Zellen getheilten Schläuchen bestehen, in welchen Kügelchen oder Körnchen liegen. Diese,

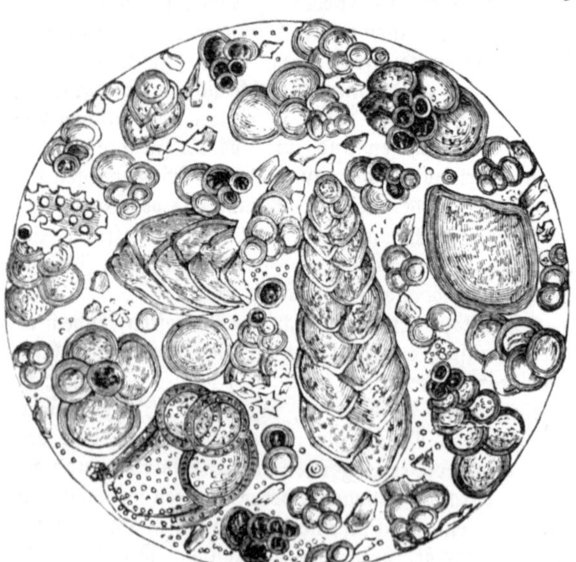

Fig. 299. Kreidekalk vom Antilibanon.

Sporen genannt, fangen, wenn ihre Zeit gekommen ist, an, in ihrem Gefängnisse so lange zu drängen, bis sie dessen Wände zersprengt haben; sie treten aus, einzeln oder in Haufen, und gerathen alsbald in lebhafte Bewegung, fahren im Wasser hin und her, tauchen auf und ab, so daß man meinen möchte, die Pflanze habe ein Thier geboren. Aber nein, es ist etwas Anderes. Das merkwürdige Ding rudert allerdings mittels zarter, lebhaft sich bewegender Härchen oder Wimpern wie mit Schwimmfüßen, aber seine Bewegung ist eine völlig willenlose, sein Herumschwärmen hängt von tausend Zufälligkeiten ab, es steuert auf entgegenstehende Hindernisse gerade los und bleibt an der Wand des Gefäßes oft wirbelnd hängen, wo die mit willkürlicher Bewegung begabten Geschöpfe schnell zurückprallen wür= den. Diese Wimperbewegung ist eine sehr allgemeine Naturerscheinung in der Thier= und Pflanzenwelt, deren wahre Ursache noch nicht ganz klar vorliegt. Nachdem unsere Spore sich 10 bis 20 Minuten herumgetummelt hat, wird ihr Lauf immer langsamer, endlich kommt sie nach etwa zwei Stunden zur Ruhe, die Bewegungen der Wimpern hören auf, diese selbst verschwinden, die Spore nimmt die Kugelform an, sie bekommt an mehreren Seiten Fortsätze und wächst zur Alge aus. Wir haben das Gebären einer Pflanze beobach= tet, die Spore ist ein Pflanzenkeim. Und wie groß ist eine solche Spore? Nun, mit bloßen Augen kann man sie schwerlich sehen, bei 400facher Vergrößerung aber erscheint sie so groß wie ein Kirschkern und fast eben so gestaltet. Wie aber diese ersten Regungen einer Pflanze,

ebenso zeigt uns das Mikroskop die Geheimnisse ihrer höchsten Entwicklung; es belehrt uns über das Wesen der Befruchtung, und mit seiner Hülfe erfahren wir, welche Funktionen den einzelnen Theilen der Blüte zukommen. Wir halten den Blütenstaub (das Pollen, wie der Botaniker sagt) der Pflanzen, wenn wir ihn mit bloßem Auge betrachten, für nichts weiter, als für ein über= aus zartes Pulver, an dem wir nichts als seine meist gelbe Farbe beobachten können. Nehmen wir

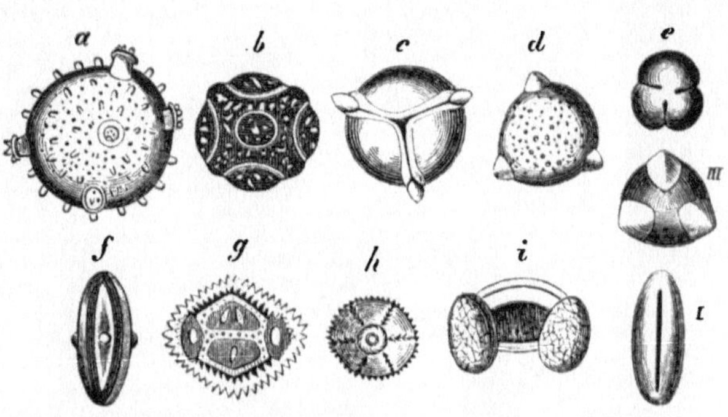

Fig. 300. Blütenstaub. Pollenkörner von a Kürbis; h Passionsblume; c Cuphea procumbens; d Weberkarde; e Gartenwinde; f Wasserweidrich; g Golddistel; h Cichorie; i Kiefer.

ihn aber unter das Mikroskop, so wird das mehlartige Pulver zu regelmäßig gestalteten Körpern, deren bestimmte Formen uns die Mutterpflanze, welcher sie entstammen, mit Sicherheit erkennen lassen. Wir sehen, daß jedes Korn aus einem innern, mit einer höchst zarten Haut versehenen Körper besteht, welcher von einer äußern Haut mit mancherlei Auswüchsen, Stacheln, Oeffnungen u. s. w. umschlossen ist, durch welche letztere es heraus= quellen kann, wie es bei c, d und e III in unserer Abbildung der Fall ist. Und wenn wir die Weiterentwicklung dieser Körnchen verfolgen, so wird es uns klar, wozu diese merkwürdige Gestaltung nützlich ist. Wir wissen, daß außer den Staubfäden, welche den Blütenstaub in den Staubbeuteln enthalten, die Blüte in dem Pistill das eigentliche Befruchtungs= organ trägt. Dieses Pistill, welches uns Fig. 301, 4 vergrößert zeigt, besteht aus dem unteren erweiterten Theile, dem Fruchtknoten a, in welchem die Eier e auf dicken Stielen sitzen, aus dem Griffel b und aus der Narbe, dem obersten Theile, welcher aus zarten blasigen Zellen besteht, die eine klebrige, zuckerhaltige Flüssigkeit, die Narbenfeuchtigkeit, ab= sondern. Mit Hülfe dieser Feuchtigkeit hält die Narbe das auf sie gelangende Pollen fest und bewirkt ein Aufquellen der innern feinen Haut, welche in Form von fadenförmigen Schläuchen aus den Oeffnungen der äußern Haut heraustritt. Die Entstehung der Pollen= schläuche heißt das Keimen des Pollen. In Fig. 4 ist unter d ein gekeimtes Staubkorn des Maiblümchens, unter 2 ein solches des Weidenröschens, unter 3 eins der Spritzgurke abgebildet; 4 aber zeigt, wie die Pollenschläuche, in die sich der zähflüssige Inhalt des Kornes ergossen hat, durch den oft sehr langen Griffel hinabwachsen in die Fruchtknoten höhle hinein, wo sie in die oben geöffneten Eier durch den Eiermund hinein gelangen (Fig. 5, 6 und 7) und hier durch Ueberführen ihres Inhaltes die Befruchtung bewirken.

38*

Bei Fig. 5 und 9 ist der Vorgang abgebildet, wie er bei der Kaiserkrone in verschiedenen Stadien der Entwicklung stattfindet, während 7 ein mehrzelliges Keimkügelchen c der Pictia obovata, einer tropischen Wasserpflanze, zeigt.

Mit diesen Wahrnehmungen ist jedoch die Grenze noch nicht erreicht, bis zu welcher die auflösende Kraft des Mikroskops zu bringen vermag. Nur können wir an dieser Stelle nicht auf die subtilsten Untersuchungen weiter eingehen, deren Verständniß andere Vorbegriffe voraussetzen würde, als wir zu erläutern den Raum haben. Das aber wird aus dem Angeführten schon hervorgehen, daß die Gesammtheit der solchergestalt gewonnenen Anschauungen unsere Vorstellungen vom Wesen der organischen Gebilde klären muß und daß uns diese Erkenntniß auch Mittel zeigen wird, auf rationelle Weise Wachsthum, Blüte und

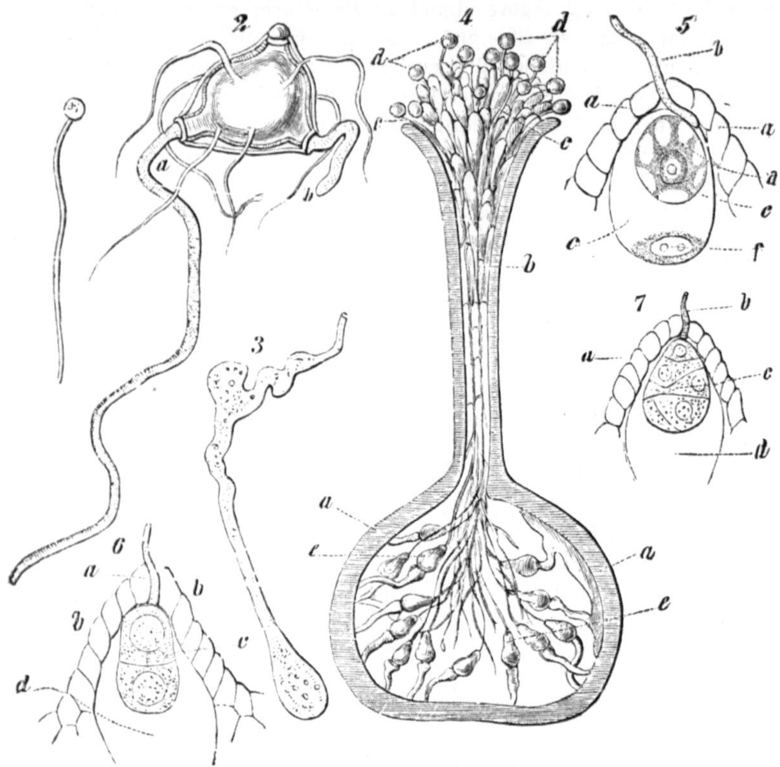

Fig. 301.   Befruchtung der Samenpflanzen.

Frucht zu begünstigen, schädliche Einflüsse abzuwehren und nach unsern Zwecken die unentbehrliche Thätigkeit des Pflanzenreichs zu erhöhen. Erst durch den Gebrauch des Mikroskops ist uns die Zelle als Elementarbestandtheil der Pflanze bekannt und die Botanik durch die Pflanzenphysiologie, welche sich mit den Veränderungen des organischen Werdens und Wachsens und ihren Ursachen beschäftigt, zu einer wirklichen Wissenschaft geworden.

Was uns als widriger Schimmel an Brot und andern Speisen begegnet, verwandelt sich unter dem Mikroskope in den zierlichsten Wald, von größerem Formenreichthume als alle unsere Laub= und Nadelwälder. Der Traubenschimmel besteht aus zelligen Fäden, die sich entweder durch Abschnürung oder durch besondere Fruchtbehälter mit zahlreichen Keimzellen fortpflanzen. So vermag sich das Gewächs mit reißender Schnelligkeit weiter zu verbreiten. Nicht nur die Kartoffelkrankheit, sondern sogar thierische und menschliche Krankheiten, wie die Kinderschwämmchen, sind durch gewisse auftretende Pflanzen, namentlich Schimmelbildungen, charakterisirt, und die neueren Forschungen haben es wahrscheinlich gemacht, daß eine große Anzahl von Krankheiten, die ihren hauptsächlichen Charakter in

chemischen Veränderungen des Blutes oder der Säfte des Körpers haben, mit dem Vorhanden=
sein mikroskopischer pflanzlicher oder thierischer Gebilde in engster Wechselbeziehung stehen.

Thier= und Pflanzenwelt berühren sich auf allen Grenzpunkten der beiden Reiche, sie
greifen in einander über, und die Unterscheidungen, welche die oberflächliche Systematik so
scharf hinzustellen sich vermaß, verschwinden, je weiter wir hineindringen, um so mehr. Wir
stehen endlich nicht mehr an der Grenze des Pflanzenreichs oder der Thierwelt, sondern an
der Grenze des organischen Seins überhaupt, und die Erfahrungen, welche wir auf der
einen Seite sammelten, sind uns ein günstiger Fingerzeig nach der andern.

Die Diatomeen, winzig kleine Geschöpfe, welche das bloße Auge erst sieht, wenn einige
Millionen derselben beisammen liegen, bestehen aus einer Hülle von Kieselerde mit etwas
Schleim im Innern und sehen bald wie Schiffchen, bald wie Stäbchen, Semmelreihen,
Treppen, Siebe, Scheibchen u. s. w. aus. Ihre fabelhaft rasche Vermehrung geschieht ohne
Umstände dadurch, daß eines aus dem andern herauswächst, oder auch durch Theilung.

Sie leben im Wasser und
in feuchtem Erdreiche,
aber wie leben sie? Sie
treiben und schaukeln
im Wasser — das ist
Alles. Keine Spur von
Organen zur Aufnahme
von Nahrung oder son=
stige thierische Merk=
male sind zu entdecken,
eben so wenig aber las=
sen sich die Geschöpfchen
dem gewöhnlichen Be=
griff der Pflanze unter=
ordnen. Sie sind so zu
sagen die Primärstufen
des organischen Lebens.
Ehrenberg fand, daß
beinahe ganz Berlin
auf solchen Wesen steht,
die in den obern Schich=
ten noch leben. Da
ihre Kieselpanzer un=

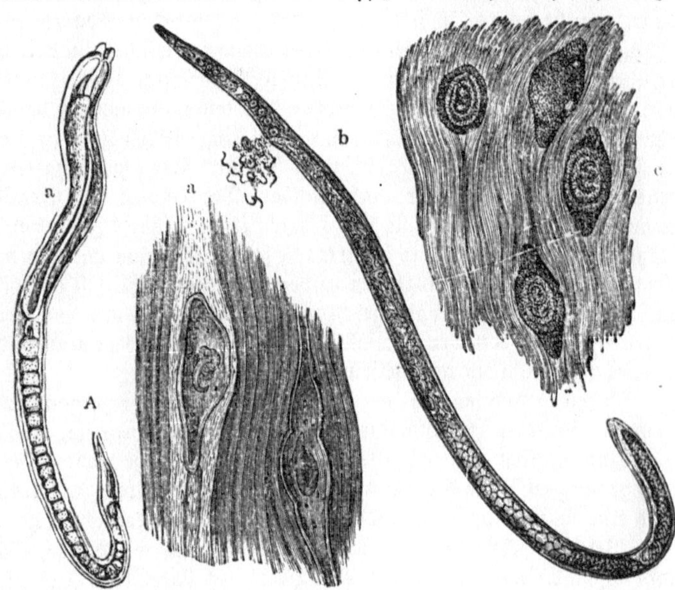

Fig. 302. Männ=
liche Trichine.

Fig. 303. a Stück Fleisch mit aufgeschnittenen Trichinenkapseln;
b Weibliche Trichine; c Fleisch mit verkalkten Trichinenkapseln.

verweslich sind, so ist die Menge abgestorbener Exemplare begreiflich noch viel größer.
Ihre Katakomben sind die Lager von Kieselguhr, Bergmehl und mergeligen Gesteinen,
welche, wie die Kreide, ganze Gebirge bilden.

Wie der Botanik, so ist naturgemäß das Mikroskop auch denjenigen Wissenschaften,
welche sich mit dem animalischen Organismus beschäftigen, das wesentlichste Förderungs=
mittel geworden. Die rohe Empirie in der Behandlung von Krankheiten hat vernünftigen,
rationellen Heilmethoden Platz machen müssen, denn man hat gelernt, die Thätigkeit der
Nerven, der Haut, der Muskeln aus der genauesten Beobachtung ihrer kleinsten Organe zu
erkennen und die Veränderungen im normalen Verlaufe der körperlichen Funktionen auf ihre
wahren Ursachen zurückzuführen. Das Mikroskop unterscheidet auf das Genaueste mensch=
liches Blut von thierischem und entlarvt mit derselben Sicherheit das gräßlichste Verbrechen,
wie es die Verfälschung leinener Gewebe oder theurer Gewürze aufdeckt.

Man zählt die Zahl der Blutkörperchen in jenem „ganz besonderen Safte‟, der unser
Leben erhält, und weiß ihrer Armuth zu steuern, ihren Reichthum zu mindern. Welcher
Arzt will eine Hautkrankheit heilen, wenn er selbst nicht weiß, in welcher Weise die Haut im
körperlichen Organismus thätig ist! Unsere Sinnesorgane selbst, die wichtigsten Werkzeuge,

denen wir alle Kenntniß verdanken, sie sind uns erst in ihren verborgensten Funktionen bekannt geworden durch die mikroskopische Untersuchung ihres inneren Baues.

Wir dürfen bei den ewig jungen Wissenschaften der Natur nicht weit zurückgreifen in die Vergangenheit, um sprechende Beispiele zu finden. Vor wenigen Jahren entdeckte Dr. Zenker in Dresden kleine parasitische Thierchen, Trichinen, welche sich bald in größerer, bald in geringerer Menge in den Muskeln Verstorbener vorfanden und die im Zusammenhang mit gewissen Krankheitserscheinungen zu stehen schienen. Von dem Augen= blicke an, wo die Aufmerksamkeit auf diese Schmarotzer gelenkt war, wuchs die Anzahl der beobachteten Fälle unglaublich, und da man in nicht seltenen Fällen den eingetretenen schmerzhaften Tod als Folge der massenhaften Einwanderung jener Thiere ansehen mußte, bekam die Sache eine höchst dringliche Bedeutung. Schon aus den Beobachtungen der Ein= geweidewürmer, namentlich aus den Untersuchungen über den Bandwurm, wußte man, daß viele Thiere gewisse Lebensphasen in verschiedenen größeren Thieren durchmachen, und es dauerte nicht lange, so fand man, den andeutenden Spuren folgend, daß die Trichinen vorzugsweise durch den Genuß rohen Schweinefleisches in den menschlichen Körper über= geführt werden. Dem Schweine sind wahrscheinlich diese inneren Bewohner nicht lästig, von den Menschen aber aufgenommen, vermehren sie sich auf das Unglaublichste und wissen dann ihren Weg nach Durchbohrung der Eingeweidewände in die Muskeln zu finden, wo sie sich mit einer kalkigen Kapsel umgeben und jene schmerzhaften Symptome hervorrufen, denen in vielen Fällen der unabwendbare Tod gefolgt ist. Gewiß sind die Trichinen keine Erfindung der Neuzeit — sie sind jedenfalls in früherer Zeit eben so aufgetreten und haben plötzliche Todesfälle eben so bewirkt wie jetzt. Aber man hatte in der Unkenntniß der wahren Ursache unter hundert möglichen anderen die Auswahl. Ist es doch vorgekommen, daß man auf absichtliche Vergiftungen geschlossen und auf oberflächlichen Verdacht hin Untersuchungen angestellt hat, deren Grundlosigkeit sich erst jetzt, nachdem man in den wieder ausgegrabenen Leichen die Trichinen nachweisen konnte, ergeben hat.

Neben derartigen ganz unschätzbaren materiellen Erfolgen verdanken wir dem Mikroskop wie keinem andern Instrumente eine Reinigung der Begriffe, eine Klärung der Ideen, durch welche die exakten Wissenschaften hohe reformatorische Bedeutung erhalten. Dem auf dem reich gedüngten Felde der Dummheit und Indolenz üppig wuchernde Kraut „Aberglauben" wird eine Wurzel nach der andern durch das Mikroskop abgeschnitten.

Welchen Schrecken haben nicht Erscheinungen, wie Blut=, Schwefelregen u. dergl., der unkundigen Menge eingeflößt? Mit Hülfe des Mikroskops sind sie auf ihre wahren Ursachen zurückgeführt worden. Das erstgenannte Phänomen beruht auf dem Auftreten einer winzig kleinen Infusorie, die man wegen ihrer erstaunlich schnellen Vermehrung die Wunder= monade genannt hat. Es gelang Ehrenberg, diese Infusionsthierchen genau zu unter= suchen. Er fand ihre Verwandtschaften, beobachtete ihre Entwicklung und maß ihre Größe, die von $^1/_{1500}$ bis $^1/_{4000}$ Linie beträgt, so daß zur Ausfüllung eines Kubikcentimeters 2'''550,000'000,000 bis 50'''000,000'000,000 gehören. Die Monade bewegt sich lebhaft und unstät mit Hülfe eines kleinen Rüssels, und da das einzelne Thier fast farblos ist und nur zwei winzige rothe Punkte besitzt, so kann man sich vorstellen, welche Zahlenmengen von Individuen dazu gehören, um einem Schneefelde von oft meilenweiter Ausdehnung die rothe Färbung mitzutheilen. Der Schwefelregen zeigt bei mikroskopischer Untersuchung, daß er aus dem Blütenstaube von Erlen, Ulmen, Fichten, Kiefern oder dergleichen besteht.

Auf dem verfaulten phosphorescirenden Weidenholze erblicken wir eine mikroskopische Flechte, welche einen eigenthümlichen Schein ausstrahlt, und das zauberische Leuchten des Meeres ist die Folge von Myriaden kleiner Thierchen, die zu Hunderttausenden in jedem Tropfen funkeln. Kann es nun einem Vernünftigen einfallen zu beklagen, daß die Unter= suchung den Grund einer Erscheinung dargelegt hat, welche das Gemüth des Beschauers in ihrer unvergleichlichen Schönheit mächtig ergreift?

Und doch hat man den Naturwissenschaften solche albernen Vorwürfe machen hören.

——————— Natur! aus einander auf immer
Fliehet, wenn du nicht vereinst, feindlich, was ewig sich
sucht.
Aber da bist du, du Mächtige, schon; aus dem wildesten
Streite
Rufst du der Harmonie göttlichen Frieden hervor.
Schiller.

Die Elektrizität

und

die Erfindung der Elektrisirmaschine.

Kenntniß von der Elektrizität im Alterthum. Bernstein. Reibungselektrizität. Otto von Guericke. Anziehende und abstoßende Kraft der Elektrizität. Positiv
und negativ. Ausgleichung. Leiter und Nichtleiter.
Fortpflanzungs-Geschwindigkeit. Die Holtz'sche Elektrisirmaschine. Die Elektrisirmaschine. Scheiben- und Cylinder-
maschine. Dampf-Elektrisirmaschine. Elektroskop und
Elektrometer. Elektrizitätserregung durch Vertheilung.
Gebundene Elektrizität. Die Franklin'sche Tafel. Leidener
Flasche und Batterie. Elektrische Versuche.

Die griechischen Frauen im Alterthume
hielten bei ihren weiblichen Beschäftigungen vorzüglich eine Art bernsteiner-
ner oder mit Bernstein ausgelegter und ver-
zierter Spindeln in hohem Werth. Durch die Reibung nämlich, welche die wollenen Fäden
an der Spindel verursachten, wurde der Bernstein in einen eigenthümlichen Zustand versetzt, so daß er die kleinen Fäserchen, die sich von der Wolle loslösten, anzog und wieder

von sich stieß, und auf diese Weise den Frauen beim Spinnen der belustigende Anblick
eines scheinbar willkürlichen Spieles sich darbot.

Diese Eigenschaft des Bernsteins, anziehende Kraft zu entwickeln, hatte ihm auch den
Namen Elektron, von dem griechischen Worte ἕλκειν, welches an sich ziehen bedeutet,
verschafft, und seine Benennungen in anderen Sprachen — so hieß er bei den Lateinern
harpax, der Räuber, bei den Persern caruba, „welcher Spreu an sich reißt", woraus dann
Carabe entstanden ist — deuten darauf hin, daß diese seine Eigenschaft schon frühzeitig
eine allgemeine Beachtung gefunden hat.

Aus dem Namen Elektron leitete man später den Namen für die Kraft selbst ab und
nannte dieselbe Elektrizität und die durch sie bewirkten Erscheinungen elektrische.

Man kannte aber schon im Alterthum außer dem Bernstein noch andere Körper, welche
in gleicher Weise wie dieser elektrisch wurden, z. B. den Hyazinth, und im Laufe der Zeit
hat sich diese Eigenschaft als eine sehr allgemeine und so verschiedentlich sich äußernde zu
erkennen gegeben, daß die Lehre von der Elektrizität zu einer der bedeutendsten der Physik
geworden ist. In ihren einzelnen Formen erwiesen sich die elektrischen Erscheinungen nicht
nur ganz ungemein überraschend, es erwuchs aus ihrer Erkenntniß auch für mannichfache praktische Zwecke eine wichtige, nutzbare Verwendung.

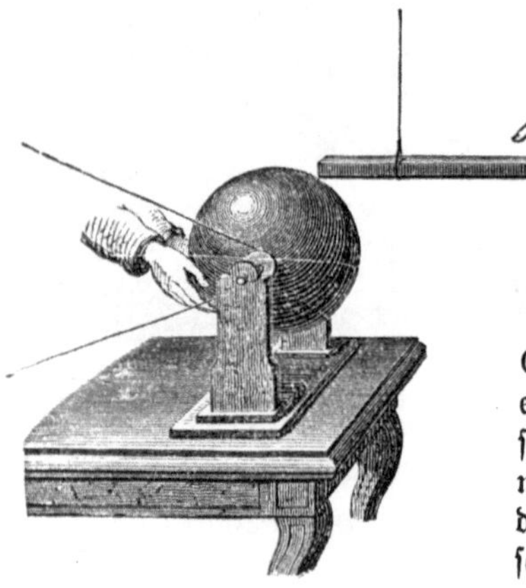

Fig. 305. Erste Elektrisirmaschine
Otto von Guericke's.

Wie weit das Alterthum noch mit dem großen
Gebiete bekannt war, das wir jetzt als das Reich dieser
eigenthümlichen Naturkraft kennen, ist schwer zu entscheiden; es könnte freilich manchmal scheinen, als ob
manchen religiösen Kulten, deren innere Bedeutung
die Priester als Geheimnisse von Geschlecht zu Geschlecht sich überlieferten, wie eine tiefere Naturerkenntniß überhaupt, so namentlich eine genauere
Bekanntschaft mit dem Wesen der elektrischen Phänomene zu Grunde gelegen habe.

Indessen alle diese Kenntnisse, wenn sie je durch eine allgemeine Anschauung, durch
ein erkanntes Gesetz mit einander verknüpft waren, sind für uns verloren gewesen und für
die Entwicklung der heutigen Elektrizitätslehre ohne Bedeutung geblieben. Wir können
dieselbe vielmehr erst mit William Gilbert beginnen, einem bedeutenden englischen
Physiker, welcher viele Körper auf ihr elektrisches Verhalten untersucht hatte und in seinem,
im Jahre 1600 zu London erschienenen Werke «De magnete» ein ansehnliches Verzeichniß
solcher Körper, welche durch Reiben elektrisch werden, zusammenstellte.

Daß die Elektrizität, welche in der That doch eine nicht minder allgemein wirkende
Naturkraft ist als das Licht oder die Wärme, sich den forschenden Blicken der Philosophen
so lange zu entziehen wußte, hat seinen Grund darin, daß wir für ihre Empfindung ein
eigentliches Sinnesorgan nicht besitzen, und daß daher nur die beträchtlichen Wirkungen,
wenn sie von mechanischen oder von Licht-, Schall- oder Wärmeeffekten begleitet sind, besonders auffallen, diese hervortretenderen Wirkungen aber allerdings nur unter gewissen
Verhältnissen und vereinzelt zur Erscheinung gelangen. Seit Gilbert aber gezeigt hatte,
daß durch Reiben eine sehr große Zahl von Körpern in elektrischen Zustand versetzt werden
kann, nahm die emporblühende Naturforschung sich mit Eifer der weitern Untersuchung an.
Man suchte nach Mitteln, um die Elektrizität (welche man zuerst nur in der einen Art, der
durch Reiben hervorgerufenen, der Reibungselektrizität, kannte) in größerem Maße zu
erzeugen, und Otto von Guericke stellte die erste Elektrisirmaschine her, indem er

eine Glaskugel mit Schwefel ausgoß, das Glas durch Abklopfen von der Schwefelkugel entfernte und diese mittels eines durchgesteckten Stabes mit einer Achse versah, um welche sie durch eine Kurbel rasch gedreht und an der dagegen gedrückten linken Hand gerieben werden konnte (Fig. 305). Hätte der Magdeburger Bürgermeister die Glashülle nicht zerschlagen, sondern sie selbst anstatt der Schwefelkugel gerieben, so würde er die Erfindung der Elektrisirmaschine wesentlich weitergefördert haben; so aber gab er einen Vortheil, den ihm der Zufall in die Hand legte, unbewußt auf. Trotzdem können wir ihm die Ehre zuschreiben, die erste, wenn auch rohe, Elektrisirmaschine verfertigt zu haben, mit welcher er eine große Anzahl interessanter Experimente anstellte.

Anziehende und abstoßende Kraft der Elektrizität. Um die elektrischen Fundamentalversuche zu machen, brauchen wir zuvörderst durchaus keinen komplizirten Apparat. Wenn wir eine Siegellackstange mit einem wollenen Tuche reiben und sie über kleine Papierschnitzelchen, Streu, Korkkügelchen oder dergl. halten, so bemerken wir, daß die leichten Körperchen mit Lebhaftigkeit in die Höhe springen und sich rings um die geriebene Stange ansetzen. Nach einiger Zeit lösen sie sich wieder los oder werden vielmehr förmlich fortgestoßen.

Fig. 306. Anziehende Kraft der Elektrizität.

Nehmen wir anstatt kleiner Papierschnitzel ein Kügelchen von Hollundermark und hängen dies an einem feinen seidenen Faden auf, so können wir dieselbe Beobachtung machen. Dieses elektrische Pendel wird angezogen; sobald aber das Kügelchen die Siegellackstange berührt hat, abgestoßen, so daß es nun dieselbe eben so flieht, wie es ihr vorher folgte. Eine Glasröhre — am besten nimmt man zu den Versuchen Röhren von hartem weißen Glase, etwa ½ Meter lang und 2 Centimeter im Durchmesser — mit einem seidenen Tuche gerieben, zieht an und stößt ab, scheinbar genau in derselben Art wie Siegellack. Allein es findet zwischen der Wirkung des Siegellacks und der des Glases doch ein namhafter Unterschied statt. Denn hängen wir zwei Hollundermark-Kügelchen in der vorhin angegebenen Weise jedes für sich auf und berühren das eine mit der geriebenen Siegellackstange, so daß die Elektrizität darauf übergeht, das andere in derselben Weise mit der Glasröhre, so flieht das erste von dem Augen-

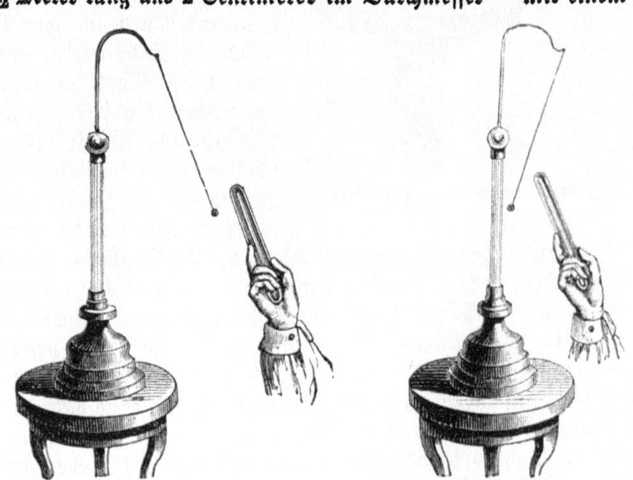

Fig. 307. Elektrisches Pendel.

blick der Berührung an wol den Siegellack, dagegen wird es mit um so größerer Heftigkeit von der Glasröhre angezogen. Umgekehrt nähert sich dasjenige Kügelchen, welches von der Glasröhre abgestoßen wird, begierig der Siegellackstange.

Positive und negative Elektrizität. Die Glaselektrizität ist von der Harzelektrizität verschieden. In der Sprache der Wissenschaft heißt die erste positive, die zweite negative Elektrizität. Man bezeichnet sie kurzweg mit + E. und — E. Der Erste, welcher diesen Unterschied erkannte, war Du Fay (1773), und seine Entdeckung ist eine der bedeutendsten in der ganzen Geschichte der Physik.

Alle Körper nun, die durch Reiben elektrisch werden, sind entweder positiv oder negativ elektrisch, d. h. sie entwickeln unter denselben Verhältnissen immer wieder dieselbe Elektrizität. Welcher Art diese aber ist, können wir mittels des elektrischen Pendels untersuchen. Ist das Korkkügelchen durch Berührung mit einer geriebenen Glasröhre positiv elektrisch geworden, so daß es von der Siegellackstange angezogen wird, so wird es in gleicher Weise jedem negativ elektrischen Körper folgen, von jedem positiv elektrischen aber abgestoßen werden. Das Verhalten der beiden Elektrizitäten gegen einander können wir durch den Satz ausdrücken: Gleichnamige Elektrizitäten stoßen sich ab, ungleichnamige ziehen sich an. Auf dieses Verhalten gründet sich das Elektroskop, das wir bei der Besprechung der Elektrisirmaschine werden kennen lernen, sowie das Elektrometer, von dessen Einrichtung, wie sie ihm sein Erfinder Bennet gegeben, Fig. 308 eine Ansicht zeigt. Es besteht das Wesentliche des kleinen Apparates in zwei kurzen Stückchen Strohhalm oder Goldblättchen oder sonst leichten Körperchen, die mittels eines leitenden Drahtes an einer metallenen, sonst aber isolirten Kugel aufgehängt sind. Wird dieser Kugel Elektrizität mitgetheilt, so daß die Strohblättchen beide gleichnamig elektrisch werden, so werden sie einander abstoßen, und die Größe des Winkels, um welchen dies geschieht, läßt einen Schluß auf die relative Stärke der elektrischen Erregung zu. In der Regel benutzt man den Apparat nur als Elektroskop, um überhaupt die Gegenwart freier Elektrizität und deren positive oder negative Natur nachzuweisen.

Fig. 308. Bennet'sches Elektrometer.

Wenn zwei mit gleicher Elektrizität geladene Körper mit einander in Berührung gebracht werden, so vertheilt sich die Elektrizität, so daß eine gleich starke Ladung auf den Körpern herrscht. Gleiche Mengen positiver und negativer Elektrizität dagegen heben sich, wenn sie zusammenkommen, in ihrer Wirkung auf. Es tritt der Zustand der Ruhe wieder ein, wie ihn Derjenige genießt, der mit 100 Mark Vermögen 100 Mark Schulden bezahlt hat. Natürlich bleibt jeder Ueberschuß in irgend einer Richtung für sich wirkend. Das Bestreben der beiden verschiedenen Elektrizitäten, sich zu vereinigen, ist ein sehr großes; es ist die Ursache der Anziehung, welche ein elektrisch geladener Körper auf andere ausübt.

Obwol über das eigentliche Wesen der Elektrizität — in welcher Weise nämlich dieselbe aus Wellen besteht, wie das Licht und die anderen Kräfte — die Ansichten noch lange nicht geklärt sind, so lassen sich doch die bekannten Phänomene mit Hülfe einfacher Annahmen leicht erklären.

Eine solche Annahme ist denn auch die, daß in allen Körpern ein neutrales, aus gleichen Mengen positiver und negativer Elektrizität bestehendes elektrisches Gemisch vorhanden sei, das man als ein höchst feines Fluidum ansieht, ohne damit aber eine besondere Eigenschaft erschöpfend bezeichnen zu wollen. Für sich macht sich dasselbe natürlich in keiner Weise bemerkbar, denn die beiden Wirkungen müssen sich, wie eben gesagt, gegen einander aufheben. Durch Reiben aber wird das elektrische Fluidum in dem reibenden sowol als in dem geriebenen Körper getrennt, an der Berührungsfläche gehen die entgegengesetzten Hälften zu einander über und vereinigen sich wieder, in den abgewandten Theilen der Körper aber bleiben die anderen Hälften gesondert. Wird z. B. Siegellack mit einem wollenen Lappen gerieben, so trennt sich in beiden Körpern das elektrische Gemisch in seine positiven und negativen Bestandtheile; es vereinigt sich aber an der Berührungsfläche wieder die positive Elektrizität des Siegellacks mit der negativen aus dem Lappen, und schließlich bleibt daher im Siegellack die negative Elektrizität zurück; im Reibzeug aber würden wir, wenn wir demselben nicht mit unserer Hand die Elektrizität entzögen, die positive Elektrizität nachweisen können. Wir wollen aber nicht verfehlen, ganz besonders hervorzuheben, daß die Ansicht von dem elektrischen Fluidum eben nur eine bildliche Annahme ist, welche die Erscheinungen sinnlich vergleichen läßt, durchaus aber nicht wörtlich dahin zu deuten ist, daß die Elektrizität eine wirkliche materielle Flüssigkeit wäre.

Leiter und Nichtleiter. Die Elektrizität verbreitet sich in gewissen Körpern mit ungemeiner Leichtigkeit und läßt sich durch diese, die deshalb auch Leiter genannt werden, auf jede Entfernung fortleiten. In anderen dagegen bewegt sie sich nur schwierig; aber wie es keine vollkommenen Leiter giebt, welche der Fortbewegung der Elektrizität gar keinen Widerstand entgegensetzten, so giebt es auch keine absoluten Nichtleiter oder Isolatoren.

Zu den guten Leitern gehören vor allen Dingen die Metalle, dann die Erde (d. h. der Erdkörper) und das Wasser, daher auch der menschliche Körper und grüne Pflanzen; zu den schlechten oder Nichtleitern dagegen sind alle Harze, die trockne atmosphärische Luft, Schwefel, Kautschuk, Glas, Seide und eine große Zahl anderer Körper zu rechnen.

Die Fortpflanzungsgeschwindigkeit beträgt bei möglichst geringem Widerstande des leitenden Körpers ungefähr 62,000 Meilen in der Sekunde; wahrscheinlich ist sie in verschiedenen Leitern auch verschieden. Selbst der beste Leiter setzt der Bewegung der Elektrizität noch Widerstand entgegen, und zwar um so mehr, je geringer sein Querschnitt ist; er verhält sich wie eine Röhre, deren größerer oder geringerer Durchmesser auch die hindurchströmende Flüssigkeit weniger oder mehr behindert; in dem großen Erdkörper erfolgt die Ausbreitung augenblicklich.

Durch Reiben werden eigentlich alle Körper elektrisch, aber da die Leiter, wenn nicht besondere Vorkehrungen getroffen sind, die Elektrizität gleich wieder abgeben, so hat es lange Zeit gedauert, ehe man überhaupt die elektrische Erregbarkeit der Leiter erkannte. Wenn man aber einen Leiter mit nichtleitenden Körpern umgiebt, ihn isolirt, so daß die Elektrizität nicht nach der Erde abfließen kann, so vermag man darin die Elektrizität festzuhalten und anzusammeln (Konduktoren). Sie scheint sich, wenn wir bei der Vorstellung eines Fluidums bleiben, auf der Oberfläche als eine Schicht auszubreiten, die bei einer Kugel überall von gleicher Dicke, bei anders geformten Körpern dagegen derart beschaffen ist, daß an den hervorragendsten Theilen sich die Elektrizität förmlich anstaut, an den flachen oder gar vertieften Stellen dagegen weit geringere Mengen sich ansammeln. Bei einer Hohlkugel, die oben eine kleine Oeffnung hat, findet man an der innern Oberfläche, selbst wenn die Kugel sehr stark geladen ist, fast gar keine Elektrizität; dieselbe sitzt nur an der äußern Hülle. Wir kommen bei Besprechung des Blitzableiters noch besonders auf dieses eigenthümliche Verhalten zurück. Jetzt wenden wir uns wieder unserm Hauptgegenstande zu.

Die Elektrisirmaschine. Das Wesentliche dieses Apparats besteht heute noch, wie schon bei der ersten Guericke'schen Einrichtung, in einem nichtleitenden Körper, welcher gerieben wird, und in einem Reibzeuge. Das letztere steht mit der Erde in leitender Verbindung, das erstere dagegen ist isolirt. Guericke bediente sich, wie wir gesehen haben, seiner Hand als Reibzeug; ebenso verfuhr dreißig Jahre später noch Hawksbee, der aber anstatt der Schwefelkugel eine Glaskugel rieb, die er mittels einer Kurbel umdrehte. Die Unvollkommenheit dieser ersten Maschinen hat ihrer allgemeinen Anwendung lange im Wege gestanden; selbst Du Fay gebrauchte bei seinen Versuchen noch gewöhnliche Glasröhren, wodurch er nur geringe Elektrizitätsmengen erzeugen konnte. Durch Hausen, Bose und Winkler in Leipzig wurde dann die Elektrisirmaschine mannichfach verbessert und fand nun raschen Eingang. Der Letztgenannte verband die Achse des Elektrizitätserzeugers, als welcher ein gewöhnliches Bierglas fungirte, mittels einer Schnur mit einem Würtel, der wie bei den Drechslerbänken durch einen Trittschemel in Bewegung gesetzt wurde; er brachte auch um 1740 an seiner Maschine zuerst das vom Drechsler Gießing in Leipzig erfundene Reibzeug an, welches mittels Federn an den rotirenden Glascylinder angedrückt wurde.

Der Konduktor, ein Leiter, gewöhnlich ein geschlossener Hohlcylinder von Metall, welcher die entwickelte Elektrizität aufzunehmen bestimmt ist, war schon früher in Gebrauch. Der Abbé Nollet isolirte ihn durch Aufhängen an seidenen Fäden; allein direkt mit der Maschine verbunden, so daß er die Elektrizität ohne Weiteres aufsaugte, wurde er erst von Wilson, welcher auch die noch heute gebräuchliche kammartige Form des Zuleiters mit gegen den Glaskörper gerichteten Spitzen erfand, welch letztere die Elektrizität aufsaugen.

Es würde mehr als überflüssig sein, die zahlreichen verschiedenen Formen anzuführen, welche die Mechaniker der Elektrisirmaschine gegeben haben, denn nur wenige dieser Neuerungen, bis auf die Holtz'sche Influenzelektrisirmaschine, welche auf einem ganz anderen Prinzipe beruht und später von uns besprochen wird, können Anspruch auf wesentliche Bedeutung machen. Ob ein Glascylinder oder eine Glasscheibe gerieben wird, ist im Grunde ganz gleich; die in beiden Fällen eintretenden Veränderungen im Arrangement der einzelnen Theile ergeben sich als nothwendig so von selbst, daß wir das allmähliche Auftauchen derselben getrost übergehen und ohne Weiteres uns zur Betrachtung von Fig. 309 wenden können.

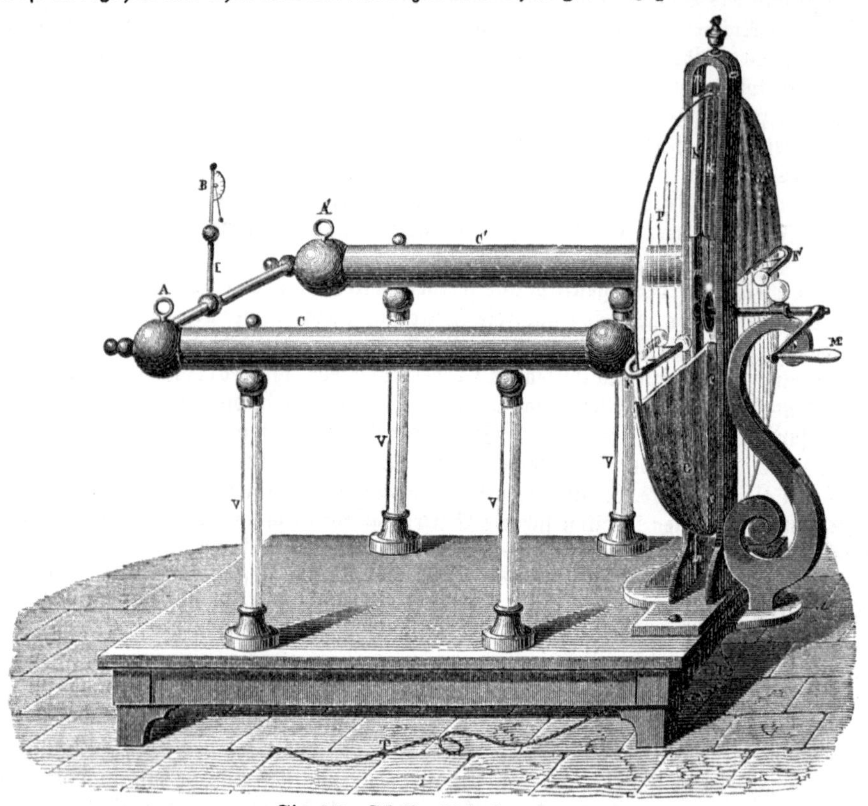

Fig. 309.   Scheiben-Elektrisirmaschine.

Je nachdem der geriebene Körper eine Glasscheibe oder ein Glascylinder ist, spricht man von Scheiben- oder Cylindermaschinen. In unserer Abbildung sehen wir eine der ersten Art dargestellt. Auf einem feststehenden Tische erheben sich zwei oben mit einander verbundene Ständer, zwischen denen die an einer durch die Kurbel M drehbaren Achse sitzende Glasscheibe P sich befindet. Sie wird oben sowol als unten von beiden Seiten gegen die Reibzeuge kk' gepreßt, das sind mit Tuch u. dgl. überzogene Holzplatten, die auf der reibenden Seite mit dem sogenannten Kienmayer'schen Amalgam (Quecksilber, Zinn und Zink, pulverisirt und mit Schweinefett zu einer steifen Salbe verrieben) bestrichen sind. Von den Reibzeugen gehen noch Lappen von Wachstaffet aus G, G, welche bei der Drehung der Scheibe sich an diese anlegen und das Ausströmen oder Ableiten der Elektrizität nicht nur verhindern, sondern selbst noch durch die eigene Reibung die Elektrizitätsmenge vermehren. Da die Scheibe von beiden Seiten gerieben wird, so sind diese Art Maschinen ausgiebiger an Elektrizität als Cylindermaschinen und werden da, wo die größeren Kosten der geschliffenen starken Glasplatten kein Hinderniß sind, auch mit Vorliebe angewandt. Um die Scheibe greifen rechts und links zwei Bügel F, F', die nach dem Glase hin mit Spitzen versehen sind, die Zuleiter; sie saugen die Elektrizität auf und führen sie dem Konduktor oder Sammler zu, jenen cylindrischen metallenen Körpern C, C', die, mit ihren abgerundeten Formen auf vier isolirenden Glasfüßen v v liegend, durch eine metallene Leitung unter sich zwischen A A' verbunden sind. Auf dieser Verbindung, die als leitender Körper mit zu dem Konduktor gehört, befindet sich ein sogenanntes Elektroskop — Elektrizitätszeiger — das ist ein an einem getheilten Kreisbogen bewegliches kleines Pendel B, welches ruhig an seinem säulenförmigen Stativ I herabhängt, wenn der Konduktor keine Elektrizität enthält. Ist derselbe aber geladen, so theilt sich die Elektrizität auch dem Pendel und dem Stativ mit, die kleine Kugel wird von der gleichnamigen Elektrizität abgestoßen und schlägt aus. Je größer der Bogen ist, den sie macht, um so größer ist die Spannung der Elektrizität. Eine metallische, leitende Kette führt von den Reibzeugen zur Erde.

Sobald nun die Scheibe in Umdrehung versetzt wird, beginnt durch die Reibung die Trennung des elektrischen Gemisches in Scheibe und Reibzeug, wie wir schon oben erwähnt haben, und infolge deren das Glas positiv, das Reibzeug aber negativ elektrisch wird. Durch das von letzterem herunterhängende Kettchen (die Ableitung) wird die erzeugte negative Elektrizität des Reibzeugs gleich bei ihrem Entstehen entfernt, dadurch wird auch die positive frei und kann auf den Konduktor übergehen. Dieser Vorgang findet ohne Unterbrechung statt, so lange die Reibung anhält.

Der Konduktor oder vielmehr die Zuleiter wirken nun zwar eigentlich nicht, wie wir der Kürze wegen gesagt haben, durch Aufsaugung, vielmehr findet auch zwischen Glas und Zuleiter immer eine ähnliche Ausgleichung zweier Elektrizitäten statt wie beim Reibzeug. Das neutrale Elektrizitätsgemisch des Zuleiters trennt sich durch die Einwirkung von der Glasscheibe her, das negative Fluidum strömt durch die Spitzen nach der Scheibe über und neutralisirt die dort eben entwickelte positive Elektrizität, die frei werdende positive des Zuleiters geht nach dem Konduktor. Verbindet man, anstatt nach dem Erdboden abzuleiten, das Reibzeug auch mit einem selbständigen Konduktor, so kann man in demselben die negative Elektrizität ansammeln, und zwar genau so viel als die Scheibe positive erzeugt.

Die in einem Leiter angesammelte Elektrizität springt auf einen genäherten andern über und giebt dabei die Erscheinung eines Funkens, sowie eines mehr oder weniger starken Knisterns. Im luftleeren Raume erfolgt der Uebergang stetig und geräuschlos.

Die Ladungsfähigkeit eines Konduktors hängt von der Größe seiner Oberfläche ab. Sie hat gewisse Grenzen, und von einem zu stark geladenen Konduktor entweicht die Elektrizität nach und nach in die Luft, welche ja niemals absolut trocken ist, oder sie springt mit Blitz und Knall selbst auf weit abstehende gute Leiter über. Wer mit großen Maschinen operiren sah, findet es recht wohl möglich, daß die daraus schlagenden langen Blitze schon bedeutende Wirkungen auf den menschlichen Organismus auszuüben vermögen. Uebrigens läßt sich die Entladung eines Konduktors auch ganz unmerklich, ohne Funken und Knall bewerkstelligen, wenn man ihm einen Ableiter entgegenhält, der in eine oder mehrere feine Spitzen ausgeht. Bei feuchter Luft hat die Elektrisirmaschine wenig oder gar keinen Effekt, und schon die Gegenwart mehrerer Menschen in einem geschlossenen Raume wirkt hinderlich durch die Feuchtigkeit, welche der Athem der Luft beimengt. Der Konduktor als guter Leiter verliert mit einer einzigen Entladung fast seine ganze freie Elektrizität, während man dem Glase z. B. nur allmählich die Elektrizität als schwache Funken, etwa durch Annäherung eines Fingerknöchels, entziehen kann. Deswegen hat man mit dem geladenen Konduktor vorsichtig umzugehen und sich vor seinen Schlägen sorgfältig zu hüten. Anders jedoch ist es, wenn man vor Beginn des Ladens sich mit dem Konduktor durch Berührung desselben oder durch Erfassung eines von ihm ausgehenden Drahtes in Verbindung setzt und sich auf eine isolirende Unterlage (Isolirschemel) stellt. Hier wird der menschliche Körper so gut wie der Konduktor geladen; er giebt Funken, wo man ihn berührt, sein Kopf zeigt im Dunkeln einen blassen Lichtschein, die Haare sträuben sich steif empor, denn sie sind alle mit Elektrizität geladen und fahren, indem sie sich gegenseitig abstoßen, aus einander wie die Goldblättchen am Bennet'schen Elektrometer.

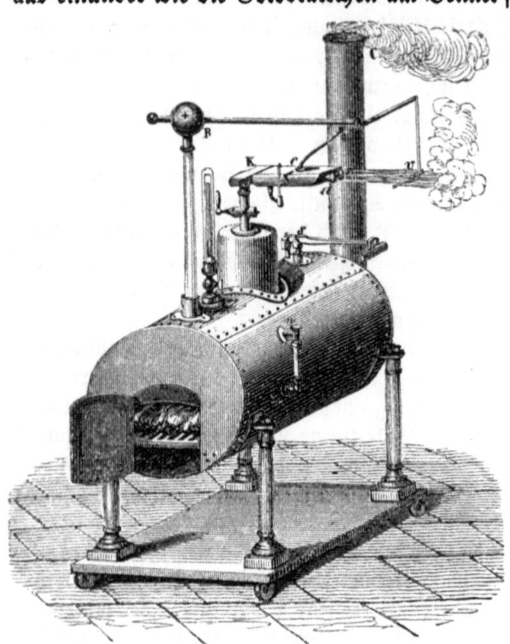

Fig. 310. Armstrong's Dampfelektrisirmaschine.

Dampfelektrisirmaschine. In neuerer Zeit hat man auch die Reibung des Wasserdampfes beim Ausströmen aus engen Oeffnungen benutzt, um bedeutende Quantitäten Elektrizität zu entwickeln, und Armstrong in England hat 1840 darauf hin eine eigene Dampfelektrisirmaschine konstruirt, von welcher Fig. 310 uns eine Abbildung giebt. Er läßt den sehr gespannten Dampf beim Ausströmen gegen eine vielfach gebrochene Oeffnung aus Buchsbaumholz stoßen, welche sich in dem bei c angebrachten Stück befindet, und nimmt ihm die durch Reibung erregte Elektrizität mittels eines zinkenförmigen Zuleiters v ab. Mit diesen Spitzen steht ein Konduktor B in Verbindung, der die Elektrizität sammelt. Der Dampf wird in einem besondern Kessel entwickelt, dessen Ventil s so lange geschlossen gehalten wird, bis die nöthige Spannung erreicht ist.

Vertheilung. Elektrizität von gewisser Beschaffenheit hat immer das Bestreben, sich mit solcher von entgegengesetzter Beschaffenheit auszugleichen. Dies Bestreben wirkt in die Ferne, so daß, wenn man einem geladenen Konduktor einen Leiter nähert, in diesem durch die Anziehung vom Konduktor aus die Elektrizitäten geschieden werden. Die mit dem Konduktor gleichnamige flieht nach den entferntesten Theilen und kann hier abgeleitet werden, die entgegengesetzte wird nach den dem Konduktor zunächst gelegenen Punkten gezogen und häuft sich dort an. Die absperrende Luft verhindert die Ausgleichung; wird aber die Entfernung noch geringer, so erfolgt die Vermischung der beiden Elektrizitäten durch einen Funken. Dieser Vorgang findet allemal statt, wenn ein elektrischer Funke von einem Körper auf einen andern überspringt; selbst wo die Elektrizität eines stark geladenen Körpers auf einen mit gleichnamiger Elektrizität, aber schwächer geladenen andern Leiter übergeht, ist eine solche Wirkung im Spiele.

Fig. 311. Leidener Flasche.

Man kann diese merkwürdige Wirkung der Elektrizität, die Vertheilung oder die Bindung, auf verschiedene Weise experimentell verwenden. Zunächst kann man blos dadurch, daß man einem geladenen Konduktor einen andern nähert, die Elektrizitäten darin trennen und durch Ableiten der gleichnamigen Elektrizität den isolirten Leiter mit der ungleichnamigen sich laden lassen; sodann aber kann man durch das gegenseitige Binden in besonders konstruirten Apparaten sehr große Elektrizitätsmengen anhäufen und durch ihre Vereinigung bedeutende Effekte hervorrufen.

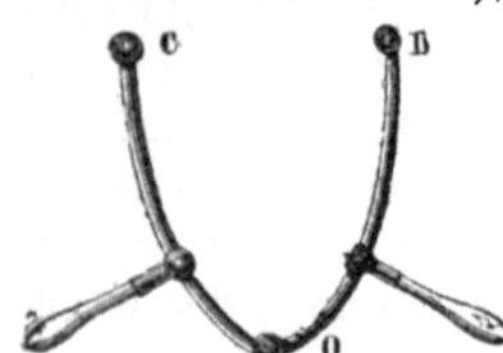

Fig. 312. Henley'scher Auslader.

Die **Franklin'sche Tafel** ist eine auf beiden Seiten (von der Mitte aus bis etwa 3 Centimeter vom Rande) mit Stanniol belegte Glastafel. Wenn man die eine Seite mittels des Konduktors einer Elektrisirmaschine mit positiver Elektrizität ladet, so wird dadurch auf der gegenüberliegenden, dem Glase aufliegenden Fläche der zweiten Stanniolplatte ein gleich großes Quantum negativer Elektrizität angezogen, die zugehörige positive aber nach der Außenfläche getrieben. Von hier leitet man sie mit dem Finger ab. Die Stanniolplatten sind nun beide geladen, eine vom Konduktor aus, die andere durch Vertheilung; trotzdem aber können ihre Elektrizitätsmengen keinerlei Wirkung ausüben, denn sie halten sich gegenseitig im Zaum, sie sind gebunden. Sind sie stark genug, so vermögen sie wol, um ihrem Bestreben nach Vereinigung und Ausgleich Genüge zu thun, die Glasscheibe zu durchschlagen und sich einen Weg hindurchzubahnen; bei schwächeren Ladungen aber muß man über den Rand der Glastafel eine Leitung legen, um sie zu einander überzuführen. Indessen geschieht selbst bei ganz geringen Quantitäten das Ueberspringen dann noch mit großer Heftigkeit, und durch das Gefühl kann man den völlig verschiedenen Effekt bemerken, den der Funken einer Franklin'schen Tafel und der eines Konduktors hervorbringen.

Fig. 313. Entladen der Leidener Flasche.

Die Leidener Flasche ist ein ganz analoger Apparat, dessen man sich zu größeren elektrischen Versuchen bedient. Sie ist eigentlich nur eine Franklin'sche Tafel in anderer Form, denn sie besteht aus einem oben offenen Glascylinder, oder auch aus einer Flasche, innen und außen bis auf etwa zwei Drittel ihrer Höhe mit Stanniol belegt. Mit der innern Belegung in Berührung befindet sich eine Metallstange, welche in einen Metallknopf endigt. Man kann statt der innern Belegung auch die Flasche mit Eisenfeile, Schrot u. dergl. füllen. Sie wird geladen, indem man den Knopf des innern Belegs mit dem Konduktor einer Elektrisirmaschine leitend verbindet, während man die Flasche in der Hand hält oder das äußere Belege sonstwie mit dem Erdboden in Verbindung setzt. Ihre Aufnahmefähigkeit und damit ihre Wirkung beim Entladen hängt von der Oberflächengröße der beiden Belege ab.

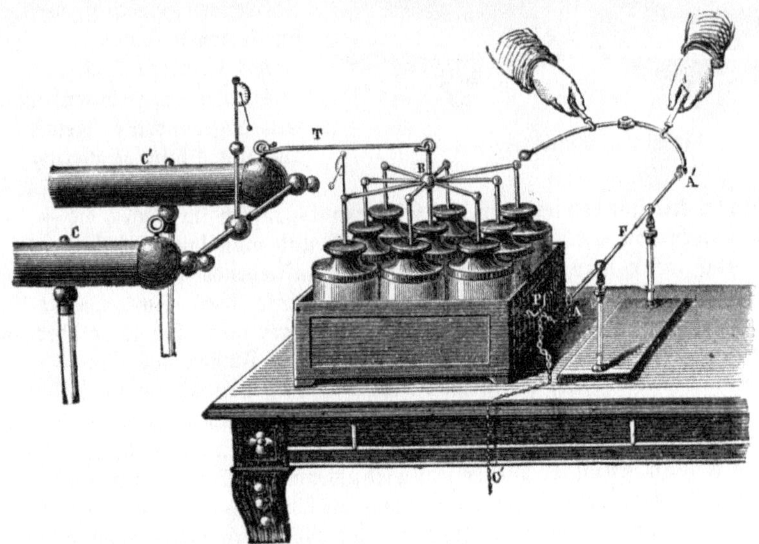
Fig. 314. Elektrische Batterie.

Mehrere solcher Flaschen so mit einander leitend verbunden, daß ihre innern Belege mit derselben Elektrizität geladen werden, heißen eine elektrische Batterie. Die einzelnen Flaschen werden dabei auf eine gemeinschaftliche, mit der Erde leitend verbundene Unterlage gestellt, die Innenseiten aber durch Metallstäbchen, welche zwischen den Knöpfen der innern Belege liegen, mit einander in Verbindung gesetzt und gleichzeitig geladen oder entladen. Fig. 311 zeigt uns eine einzelne Leidener Flasche, Fig. 314 eine Kombination mehrerer derselben, eine elektrische Batterie. C, C′ ist bei derselben der Konduktor, der durch eine Metallstange T mit den innern Belegen der einzelnen Flaschen bei B in leitender Verbindung steht. Von den äußern Belegen, die unter sich auch verbunden sind, führt bei P ein Draht C′ die durch die Ladung frei werdende Elektrizität nach der Erde. Eine Verbindung des innern und äußern Beleges herzustellen, die Flasche zu entladen, bedient man sich, wenn man nicht andere Gegenstände des Versuches wegen in die Leitung einschieben will, des Henley'schen Ausladers. Derselbe ist in Fig. 312 abgebildet und besteht aus einem metallenen Kreisbogen, dessen beide Hälften C und D in einem Scharnier O beweglich sind und mit Hülfe der gläsernen Handgriffe ihre Kugelenden auf eine beliebige Weise von einander einstellen lassen. Die darauf folgende Abbildung, Fig. 313, zeigt eine andere Form des Entladers und seine Anwendung; ebenso wird in Fig. 314, wenn A bei P mit dem äußern Belege verbunden ist, in dem Moment der Funke bei F überschlagen, wo zwischen A′ und dem innern Belege die Verbindung durch den Auslader hergestellt wird.

Der Elektrophor, dessen man sich anstatt der Elektrisirmaschine bedienen kann, wenn es sich nur um Erzeugung geringer Elektrizitätsmengen handelt, beruht ebenfalls auf der Wirkung gebundener Elektrizität. Er besteht aus einem Harzkuchen, am besten aus Schellack und venetianischem Terpentin, welcher in eine kuchenförmige Platte ausgegossen ist und eine

Fig. 315. Elektrophor.

möglichst ebene Oberfläche ohne Risse haben muß. Dieser Kuchen, der bei einem Durchmesser von 25—50 Centimeter etwa 1—2 Centimeter dick sein kann, wird durch Peitschen mit einem recht trockenen Fuchsschwanz negativ elektrisch, d. h. er erhält Harzelektrizität. Legt man nun einen, mit einem isolirenden Handgriffe versehenen oder an seidenen Schnüren aufgehängten, etwas kleineren Deckel, der entweder aus einer ganz ebenen, an den Kanten abgerundeten Metallplatte oder aus mit Stanniol überzogener Pappe besteht, auf den Harzkuchen, so zerlegt die negative Elektrizität des letzteren das Elektrizitätsgemisch im Deckel, die + E sammelt sich an der untern, die — E an der obern Fläche, und man kann dieselbe, welche frei ist, ableiten, denn wenn man der obern Fläche des aufliegenden Deckels den Knöchel des Fingers nähert, so springt ein negativ elektrischer Funke über. So lange der Deckel auf dem Kuchen liegt, ist die + E an der untern Fläche gebunden; sobald er aber abgehoben wird, wird dieselbe frei und man kann sie ebenfalls in Funken aus ihm ziehen. Dieses Spiel kann man wiederholen, so oft man will, nur muß man während des Aufliegens des Deckels seine obere Fläche ableitend berühren. Dem Harzkuchen wird die durch Schlagen mitgetheilte Elektrizität auch nicht entzogen, sondern nur in einen Zustand der Bindung versetzt, aus welchem sie sofort wieder frei wird, wenn der Deckel abgehoben wird.

Influenz-Elektrisirmaschine. Könnte man die Wirkung des Elektrophors kontinuirlich machen, so würde damit eine neue Form für die Elektrisirmaschine gegeben sein. Dieser Gedanke leitete zwei deutsche Physiker, Töpler in Dorpat und Holtz in Berlin, und ließ beide selbständig zur Erfindung der „Influenzelektrisirmaschine" gelangen, durch welche unser Apparat, der seit der Zeit Otto von Guericke's zwar Verbesserungen, aber keine wesentlichen Umgestaltungen erlitten hat, eine auf vollständig neuer Grundlage basirende Einrichtung erhielt. In Fig. 316 und 317 geben wir zwei sich ergänzende Ansichten dieser Maschine, welche als die interessanteste physikalische Erfindung der letzten Jahre genann werden muß, und zwar stellen die Zeichnungen diejenige Form dar, welche Holtz der gewöhnlich nach ihm benannten Elektrisirmaschine gegeben hat.

Ihrer Einrichtung nach besteht sie aus zwei nahe an einander liegenden Glasscheiben A und B, von denen die erstere etwas größer als die letztere ist und feststeht, während B sich mit Hülfe der Wirtel an den Scheiben S und S' in rasche Umdrehung versetzen läßt. Die Glasscheibe A wird festgehalten von Ringen aus gehärtetem Gummi, sogenannter Kammmasse, welche an horizontalen, oben und unten von den vertikalen Glassäulen 1, 2, 3, 4 ausgehenden horizontalen Glasstäben sitzen. Sie ist in der Mitte kreisförmig ausgeschnitten, um der Welle Raum zu geben, welche die Scheibe B trägt. Diese Welle x geht mit stählernen Spitzen in den beiden, zwischen den Säulen 1 und 3 einerseits und 2 und 4 andererseits angebrachten Querstücken k und h. An dem erstgenannten dieser Querstücke sitzen außerdem noch die Konduktoren g und i; sie sind mit ihren Spitzen der Scheibe B zugekehrt und enden in die beiden Kugeln n und p, welche mittels ihrer in f und e verschiebbaren Stäbe einander genähert und von einander entfernt werden können. Zwei andere Konduktoren t und v sind an einem senkrechten Stabe von Kammmasse (vulkanisirtem Kautschuck), welche bekanntlich ein ausgezeichneter Isolator ist, angebracht und wird jener ebenfalls von dem Querbalken k getragen. —

Fig. 316. Influenz-Elektrisirmaschine von Holz. (Vorderansicht.)

Nachdem wir so die einzelnen Bestandtheile der Influenz-Elektrisirmaschine bezeichnet haben, können wir auf ihre Wirksamkeit näher eingehen. Es ist dabei vorher die eigenthümliche Einrichtung der feststehenden Glasscheibe A noch ins Auge zu fassen, welche, wie aus Fig. 316 hervorgeht, nicht eine kontinuirliche Glasplatte darstellt, sondern zwei einander diametral gegenüberstehende Ausschnitte a und b zeigt. Diese Ausschnitte befinden sich an der Stelle, wo ihnen die Konduktoren g und i gegenüberstehen. Neben ihnen sind auf die Scheibe A Papierstücke c und d aufgeklebt und von jedem derselben ragt ein zugespitzter Streifen von Kartenpapier in die benachbarte Oeffnung hinein. Das Ganze, Scheibe, Papierbelege und Kartenspitzen, ist mit Schellackfirniß überzogen.

Um nun die Maschine in Thätigkeit zu setzen, wird dem Belege c zunächst Elektrizität mitgetheilt. Nehmen wir an, es sei dies dadurch geschehen, daß man an das Belege eine mit einem Katzenfell gestrichene Platte von Harz oder von Kammmasse angehalten habe, so ist c also negativ elektrisch geworden. Die hier aufgespeicherte negative Elektrizität wirkt durch die Glasscheibe B derart vertheilend auf den Konduktor g, daß in demselben die positive Elektrizität nach den Spitzen gezogen wird und durch diese auf die Glasscheibe B überstrahlt, die negative aber nach der Kugel n strömt, welche wir uns anfänglich an p anliegend zu denken haben. Von n geht die negative Elektrizität auf p über nach dem Konduktor i, und strömt durch dessen Spitzen auf die Glasscheibe B aus an der Stelle, welcher das Belege d der Scheibe A gegenüber liegt.

Dieser Vorgang würde sehr wenig augenfällig werden, wenn die Scheibe B in ihrer Lage verbliebe, und jedenfalls würde die elektrische Ladung, die sie von g aus mit positiver, von i aus mit negativer Elektrizität erhielte, keine weitere Wirkung hervorbringen können, da sie gebunden bleiben müßte. Wenn aber die Scheibe B gedreht wird, wie es die Pfeile in unserer Figur angeben, so kommen immer neue, noch nicht mit Elektrizität geladene Stellen der Glasscheibe den Konduktoren gegenüber und man kann im Dunkeln beob= achten, daß die Ausstrahlung von den Spitzen des Konduktors g eine fortgesetzte wird.

Fig. 317. Influenz=Elektrisirmaschine von Holtz. (Hinteransicht.)

Die bei gg mit positiver Elektrizität geladene Scheibe B behält diese Ladung, welche durch die Nähe der festen Scheibe A gebunden ist, bis sie dem Ausschnitt b gegenüberkommt. Hier wird die + E der Scheibe B frei und bewirkt in dem Belege d eine Vertheilung derart, daß negative Elektrizität durch die Spitze des Kartenstreifens auf B überströmt, das Belege selbst aber sich mit + E ladet.

Dieses positive Belege d wirkt nun genau in derselben Weise auf den Konduktor i, wie das negative Belege c auf den Konduktor g, und zwar in dem Sinne, daß es die Ausstrahlung von negativer Elektrizität auf die Platte B noch befördert, in gleichem Maße aber auch die positive Ausstrahlung von i vermehrt. Die Ladung der Belege wird solcher Art verstärkt, und infolge dessen wird die Platte B in der zweiten oberen Hälfte ihres Umlaufes durch das Spiel bei d mit einer stärkeren negativen Ladung versehen als es vor= hin von c aus in positivem Sinne geschah. Jede halbe Umdrehung erhöht in dieser Weise die Spannung, und dieselbe wird bald so groß, daß die Konduktorkugeln n und p von ein= ander entfernt werden können, und der Funke, in welchem die Elektrizität übergeht, kann allmählich zu bei weitem größerer Länge ausgedehnt werden als durch die Elektrisirmaschinen der älteren Art. Von den Konduktoren aus kann man die Leidener Flasche laden, indem man das innere Belege mit dem einen, das äußere mit dem andern in Verbindung bringt ꝛc.

Elektrische Versuche. Mittels der Elektrisirmaschine und der Leidener Flasche ist man im Stande, eine große Zahl sehr interessanter Versuche anzustellen. Zunächst benützte man früher namentlich die Anziehung und Abstoßung der Elektrizität zu mancherlei Spielereien. Man hatte elektrische Glockenspiele, elektrischen Kugel= und Puppentanz und andere Variationen desselben Themas, welche darin bestanden, daß zwischen zwei mit verschiedenen Elektrizitäten geladenen Platten, etwa dem Harzkuchen eines Elektrophors und dem dazu gehörigen Deckel, beide horizontal aufgehangen, leichte Körperchen angezogen und abgestoßen wurden. Aus Hollundermark gab man ihnen verschiedene Gestalt.

Nicht minder baute man auf die Licht= und Wärmeerscheinungen des elektrischen Funkens allerhand Apparate, unter denen die Blitztafel und die Blitzröhren die bekanntesten sein dürften. Die erstere ist eine mit Stanniolstückchen mosaikartig belegte Glastafel; die Zwischenräume zwischen den kleinen Metallplättchen gerathen dadurch, daß Funken über die Tafel hinweggeleitet werden, ins Leuchten, und man vermag so beliebige strahlende Muster zu erzeugen.

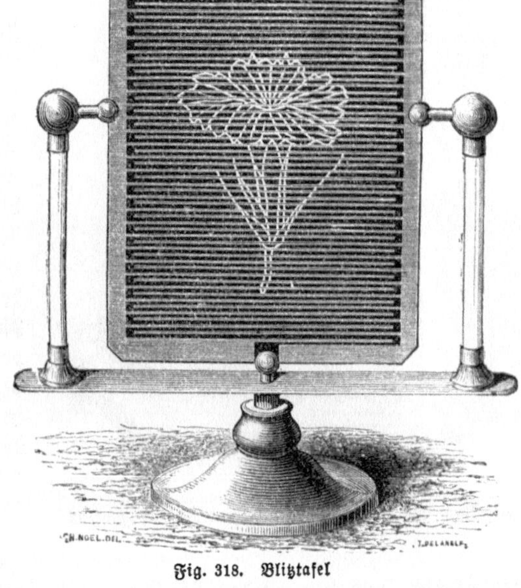

Fig. 318. Blitztafel

Die Blitzröhren aber sind luftleer gemachte Glasröhren, welche sternförmig um eine Achse angebracht sind und im Innern je ein Paar Tropfen Quecksilber enthalten. Wird die Welle in Umdrehung versetzt, so fallen die Quecksilberkügelchen an den Glaswänden herab und erregen dabei durch die Reibung Elektrizität, welche den luftleeren Raum mit einem plötzlichen magischen Lichtblitz erfüllt.

Füllt man eine Röhre mit einem Gemisch von Wasserstoff= und Sauerstoffgas, so kann man dies entzünden und mit Gewalt eine Kugel aus der Röhre herausschießen lassen, wenn man zwischen zwei Drahtenden im Innern einen elektrischen Funken überschlagen läßt. Diese sogenannte elektrische Pistole ist im großen Maßstabe in der Lenoir'schen Gasmaschine nachgeahmt worden. Schießpulver wird ebenso entzündet, und es ist in der Praxis davon zum Sprengen großer Felsmassen Gebrauch gemacht worden, ja man kann schon durch die Wärme, welche der elektrische Funke erzeugt, eine abgeschlossene Luftmenge so ausdehnen, daß sie, wie beim elektrischen Mörser (s. Fig. 319), wo der Funke zwischen T und T' zum Ueberschlagen gebracht wird, die absperrende Kugel B fortschleudert.

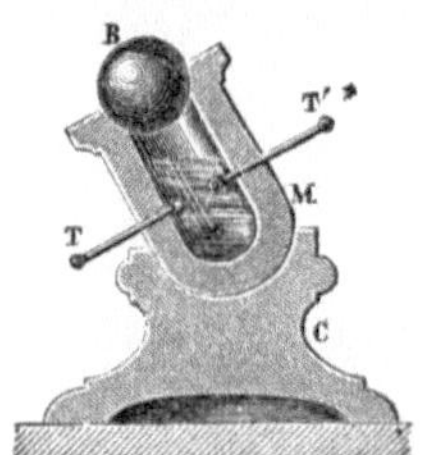

Fig. 319.
Elektrischer Mörser.

Im höchsten Grade interessant erscheinen besonders auch die Wirkungen der Leidener Flasche und der elektrischen Batterie. Zwar erreichen wir mit Hülfe solcher Apparate lange nicht eine so bedeutende Funkenlänge, wie aus den Konduktoren von Elektrisirmaschinen. Van Marum erhielt aus der großen Maschine im Teyler'schen Museum in Leiden Funken von 0,8 Meter Länge, und Winter in Wien hat die nach seinem Plane umgebaute Elektrisirmaschine des dortigen Polytechnikums sogar zur Hervorbringung von Funken von 1 Meter Länge vermocht.

40*

Die Entladungen der Leidener Flasche geschehen mehr massenhaft, aber eben darum ist ihre Gewalt auch eine ganz besonders mächtige. Starke Papptafeln werden von dem Funken durchschlagen, Glasscheiben durchbohrt, wenn man, wie in Fig. 320, das äußere Belege durch ein Kettchen CC' mit einer Metallspitze T verbindet, der eine zweite T'

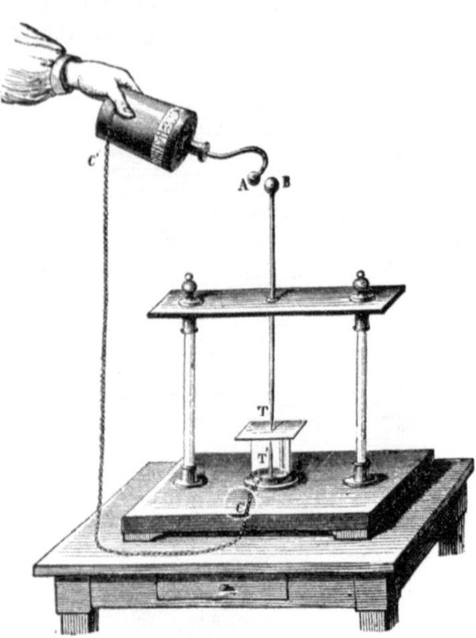

gegenübersteht, welche ihrerseits durch B und A mit dem innern Belege in leitende Verbindung gebracht werden kann. Zwischen den beiden Spitzen T und T', die sich möglichst nahe stehen müssen, wird die zu durchbohrende Glasscheibe gebracht; sobald A an B so weit genähert wird, daß die Elektrizität übergehen kann, trennt nur noch die Entfernung der beiden Spitzen T und T' die Elektrizität der beiden Belege, und bei nicht zu großer Entfernung kann die Spannung kräftig genug gemacht werden, daß der Funke direkt durch die Glastafel schlägt. Metallene Drähte gerathen bei seinem Durchgange in lebhaftes Glühen, dünnere schmelzen, ja ganz feine Platin- oder Silberdrähte verbrennen mit blendendem Lichte und verstieben wie Nebel in der Luft. Daß solche Wirkungen auch den Nerven sehr fühlbar werden müssen, versteht sich von selbst. Während der Funke aus einem Konduktor nur eine prickelnde Erregung verursacht, kann die Entladung einer elektrischen Batterie einen Menschen

Fig. 320. Durchbohren von Glas mittels des Funkens einer Leidener Flasche.

augenblicklich betäuben, ja der Effekt ein noch gefährlicherer werden.

Um sich beim Experimentiren vor den immer höchst schmerzlichen, unbeabsichtigten Schlägen zu wahren, hat man daher bei der Behandlung dieser Apparate die größte Vorsicht nöthig. Man muß immer Acht darauf haben, daß der Körper nie in die Leitung zwischen dem innern und äußern Belege geräth.

Die Erfindung des Blitzableiters.

Das Gewitter. Wie dachten die Alten darüber? Verfuche Neuerer zu feiner Erklärung. Theorie des Gewitters. Donner und Donnerkeile. Wirkungen des Blitzes. Blitzröhren. Schmelzungen, Entzündungen, Tödtungen. Der Blitzableiter. Seine Wirkung. Vermögen der Spitzen. Gefchichte. Einrichtung des Blitzableiters. Ob Spitze, ob Kugel? Auffangeftange, Leitung und Verfenkung.

Die dunkle, trübe Farbe, in die fich bei einem Gewitter der Himmel hüllt, das unheil= verkündende Schweigen, welches dem nahen Ausbruch vorauszugehen pflegt, der Sturm und Wirbel, der die verderbliche Wolke über unfer Haupt führt — fie fcheint fich zu öffnen und läßt dem erfchrockenen Auge in fich ein Meer von Feuer erblicken — fürchterliches Krachen, mit welchem der Donner fein langanhaltendes Rollen anhebt, bis es endlich, durch das Echo in den verfchiedenen Luftfchichten unterhalten, in einem fernen fin= ftern Grollen dahinftirbt; vor Allem aber der Blitz, der wie eine glühende Peitfche auf die Erde zuckt und Tod und Verderben, wo er einfchlug, zurückläßt — alle diefe Phänomene, majestätisch und erschütternd, üben auf die Einbildung den mächtigsten Einfluß und lassen in der Kindheit der Völker die Vorstellung von dämonischen Aeußerungen göttlichen Willens im Gewitter entstehen. Jupiter regiert die Welt und der Blitz ist das Werkzeug seiner Kraft. Wol alle Religionsanfänge identifiziren die oberste Gottheit mit der Ursache der Gewitter, und so lange eine naive Naturreligion sich unvermischt erhält, fragt man auch nicht nach anderen Ursachen dieser Erscheinung. Man nahm das Gewitter, wie die Sonne, das Wasser und die ganze Natur auf guten Glauben, ohne lange nach Gründen zu suchen, und ertrug die schädlichen Einwirkungen als eine Schickung mit demüthiger Ergebung. Man konnte den Griffel nicht führen, der dem Blitze seine Bahn vorschreibt.

Erst nach der Reformation betrat man die richtigen Wege, auf denen man den tiefer= liegenden Ursachen der Dinge nachgehen konnte. In Bezug auf das Gewitter waren die aus diesem Bestreben hervorgehenden Ansichten freilich oft unglücklich genug. Man hielt den Blitz (Boerhave und Muschenbroeck noch, die sich eine schon von Aristoteles aufgestellte empirische Ansicht zurecht legten) für eine Entzündung in der Luft schwebender, brennbarer, öliger und schwefliger Dünste, denen man nach Bedürfniß — um die den Wirkungen des Schießpulvers ähnlichen Erscheinungen zu erklären — Salpeter beigemengt sein ließ. Des= cartes selbst meinte, daß der Blitz eine Lichterscheinung sei, die durch gewisse Zusammen= ziehungen von Wolkenpartien entstehe und mit denen eine große Wärmeentwicklung noth= wendig verbunden sein müsse; der Donner aber habe seinen Ursprung in dem Getöse, welches Wolkenmassen, wenn sie aus großer Höhe plötzlich auf niedriger liegende Wolken herabstürzen, hervorbringen müßten. Indessen ließen die Erfindung der Elektrisirmaschine und die damit anzustellenden Versuche bald Gesichtspunkte gewinnen, von denen aus die Unzulänglichkeit der bisherigen Erklärungsversuche sich klar an den Tag legen mußte.

Wall, ein englischer Physiker, war der Erste (1708), welcher dem Licht und dem Knistern, das beim geriebenen Bernstein zu bemerken ist, eine gewisse Aehnlichkeit mit Donner und Blitz zuschrieb. Gray und Nollet sagten Aehnliches aus, und Winkler in Leipzig behauptete ganz entschieden die Identität der Erscheinung, und daß der einzige Unter= schied zwischen dem aus dem Konduktor der Elektrisirmaschine gezogenen Funken und dem Blitz in der Stärke beider bestehe. Franklin aber, Benjamin Franklin, der große ameri= kanische Bürger, lieferte durch direkte Versuche den thatsächlichen Beweis für das Behauptete. Er holte mit Hülfe eines Papierdrachen, den er gegen eine Gewitterwolke aufsteigen ließ, die Elektrizität aus dieser herab, indem er die Schnur leitend machte, und experimentirte mit der aus den Wolken gelangten Elektrizität genau so wie mit der durch Umdrehung einer Glasscheibe erhaltenen, und weil wegen der größern Menge, die er auf seinem neuen Wege erhielt, die Experimente viel glänzender ausfielen, so wurden die Franklin'schen Versuche bald von allen Seiten wiederholt, und die gelehrte und nichtgelehrte Welt schwelgte eine Zeit lang förmlich in Elektrizität. Leider hat die unberechenbare Gewalt dieser Kraft in jener Zeit einige beklagenswerthe Opfer genommen. Wurde doch der Physiker Richmann in Petersburg, ein erfahrener und vorsichtiger Experimentator, von einem aus der Leitung zuckenden Blitzstrahl erschlagen; um wie viel weniger dürfen wir uns wundern, wenn wir Leute ein unglückliches Ende nehmen sehen, die von der Sache nichts verstanden und nur den eiteln Ruhm mitgenießen wollten, den Blitz vom Himmel geholt zu haben!

Was ist das Gewitter? Wie gesagt, es ist nichts Anderes als ein großartiger elektri= scher Ausgleich, der in der Luft vor sich geht. Der Blitz ist der elektrische Funke.

Ueberall auf der Erde sind die verschiedensten Thätigkeiten rege, in deren Folge sich Elektrizität massenhaft zu erzeugen und, durch den aufsteigenden Wasserdampf mit empor= geführt, allmählich in den Wolken anzusammeln vermag. Die dicke, feuchte Wolke verhält sich nun wie ein sehr wirksamer Konduktor, der große Mengen freier Elektrizität in sich aufgenommen hat. Sie muß daher auf die unter ihr befindliche Erdelektrizität vertheilend wirken, die gleichnamigen (nehmen wir an die positiven) Theile derselben abstoßen, die un= gleichnamigen, negativen anziehen, und sie in den zunächst gelegenen höheren Punkten, den Gipfeln der Bäume, Dachfirsten, Thurmspitzen u. s. w., ganz besonders ansammeln.

Es besteht also zwischen Wolke und Erde eine Spannung zweier Elektrizitäten, die sich vereinigen wollen, während die dazwischen befindliche Luft als schlechter Leiter der Vereinigung hinderlich ist. Aber dieses Hinderniß wird endlich überwunden, entweder wenn die Wolke sich stärker ladet und dadurch die Spannung vermehrt wird, oder wenn sie selbst der Erde näher rückt; endlich, wenn hervorragende Gegenstände, wie hohe Gebäude und Bäume, sich der Wolke auch als eine Leitung entgegenstrecken; — dann erfolgt die Ausgleichung in Gestalt eines zur Erde niederfahrenden Blitzes.

Wie auf die Erde, so wird die Vertheilungswirkung einer stark geladenen Wolke auch auf andere Wolken stattfinden und beträchtliche Elektrizitätsspannungen hervorzurufen vermögen, und da sich die beiden Elektrizität führenden Körper leicht einander nähern können, so wird auch von Wolke zu Wolke ein viel leichterer und öfterer Ausgleich stattfinden als zwischen Wolken und Erdboden. Kommen zwei entgegengesetzt geladene Wolken einander nahe, so geht der Prozeß bisweilen in ganz ruhiger Weise vor sich, nur etwa daß Gestalt und Dichtigkeit der Wolken dabei sich verändern, die eine oder andere auch wol ganz aufgelöst wird.

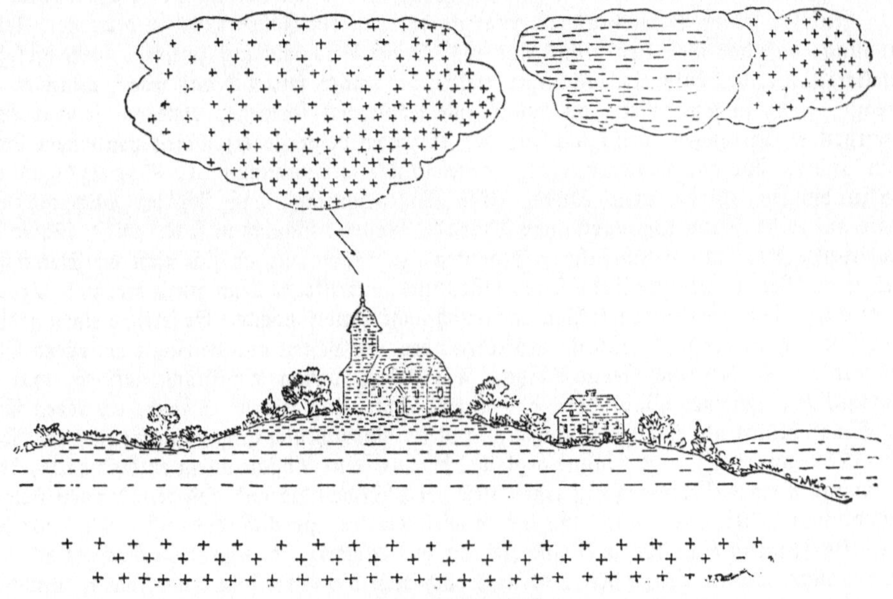

Fig. 323. Theorie des Gewitters.

Ist dagegen die Spannung zwischen den Wolken stärker und die Luft zwischen ihnen sehr trocken, so erfolgen die Entladungen in Form eines Gewitters, das die Wolken unter sich ausfechten, ohne daß ein Blitz zur Erde fährt. Die dabei auftretenden elektrischen Funken können von enormer Länge sein, und man will beobachtet haben, daß Blitze über Räume von siebzig und mehr Kilometer hinwegschlagen.

Man nahm früher an, daß die Elektrizität der Gewitterwolken positiv sei; dies ist allerdings häufig der Fall, indessen kann es nicht als Regel gelten. Eben so wenig wissen wir in den einzelnen Fällen Etwas über die direkte Ursache der atmosphärischen Elektrizität; denn wenn wir auch sehen, daß bei vielen atmosphärischen Prozessen, wie Verdunstung, Verdichtung, Erwärmung u. s. w., Elektrizität frei wird, so sind doch die bestimmenden Vorgänge so tausendfacher Art und, obgleich in der Gesammtheit so ungeheuer gewaltig, einzeln doch oft so verschwindend wenig wirksam, daß wir alle Ursachen, welche den großen Effekt einleiten, unmöglich aufdecken und verfolgen können. Wir müssen uns eben mit dem Faktum begnügen, daß, je nachdem von den über uns ziehenden Wolken die eine gerade positiv, die andere negativ geladen, die dritte vielleicht ganz unelektrisch sein kann.

Geht also eine — gleichviel wie — elektrisch geladene Wolke über die Erde dahin, so wirkt dieselbe vertheilend auf das im Erdboden verbreitete elektrische Fluidum und zieht die der Elektrizität der Wolke entgegengesetzte Elektrizität an die zunächst gelegene Oberfläche; die andere mit der Wolkenelektrizität gleichnamige treibt sie nach unten. Daß der Funke in der Regel aus der Wolke nach der Erde fährt, mag wol seinen Grund in der leichten Beweglichkeit der Wolke haben. Es ist jedoch nicht immer der Fall, denn die sogenannten Rückschläge zeigen uns Fälle, bei denen umgekehrt die Elektrizität von der Erde nach der Wolke hinaufzuckt, und sie sind ein thatsächlicher Beweis für die eben erwähnte Vertheilungswirkung der Gewitterwolken (Fig. 323).

Was wir jetzt über das Gewitter wissen, das sucht seinen Ausgang in den Versuchen, die Benjamin Franklin angestellt hat. Benjamin Franklin, das fünfzehnte Kind einer Familie von siebzehn — war am 17. Januar 1706 zu Boston geboren worden. Seine Beschäftigungen mit den Naturwissenschaften, wie Alles, was Franklin wußte und konnte, auf eigene Weise und durch eigene Methode gewonnen, fallen erst in die Vierziger Jahre, aber dessenungeachtet bezeichneten bald die hervorragendsten Erfolge das große Genie.

Infolge seiner Beobachtungen gelangte er denn im Jahre 1747 zu der festen Ueberzeugung, daß das Gewitter nichts Anderes als die Ausgleichung zweier entgegengesetzter Elektrizitäten, der Blitz ein mächtiger elektrischer Funke sei, und daß jener, wenn er einschlage, ganz so wie dieser, an gut leitenden Körpern fortgehe, ohne auf seinem Wege nachtheilige Wirkungen zurückzulassen; daß er jedoch beim Ueberschlagen von einem Leiter zum andern störende Einwirkungen, vornehmlich Zertrümmerungen, Schmelzungen und Entzündungen, hervorrufen könne. Die Wahrnehmung, daß sich der Blitz vorzugsweise auf spitze Hervorragungen, wie Thürme, Masten, Bäume u. s. w., wirft, führte den praktischen Franklin auf den kühnen Gedanken, zu versuchen, ob sich nicht die Elektrizität aus einer Wetterwolke zur Erde leiten lasse, und so stellte er denn jenes berühmte Experiment an, dessen Lebensgefährlichkeit er freilich nicht ahnen mochte. Er fertigte einen großen Drachen aus Seidenstoff, spannte denselben über ein Gestell und befestigte am obern Ende des mittlern Stabes eine eiserne Spitze. Die Leine, woran der Drache aufstieg, war ein gewöhnlicher hanfener Bindfaden, das untere Ende eine seidene Schnur, an deren Ende ein Stahlschlüssel als Handgriff hing. Mit dieser Vorrichtung ging Franklin einst im Sommer 1752, nur von seinem Sohne begleitet, dem er seine Absicht allein entdeckt hatte, beim Herannahen eines Gewitters auf eine Wiese bei Philadelphia und ließ den Drachen steigen. Obwol nun dieser hoch stand und die Gewitterwolken ziemlich dicht über ihn hinzogen, bemerkte Franklin nicht das geringste Zeichen von Elektrizität, und schon fürchtete er, daß seine Ansicht von der Natur des Gewitters doch nicht die rechte sein könne, als er, nachdem ein gelinder Regen den Faden angefeuchtet hatte, plötzlich zu seiner größten Freude wahrnahm, daß die losen Fäserchen der seidenen Schnur allesammt aufwärts strebten, gerade so, als wenn sie an dem Konduktor der Elektrisirmaschine gehangen hätten. Hocherfreut über diese Anzeichen von Elektrizität, die nothwendig atmosphärisch, aus den Gewitterwolken herabgeleitet sein mußte, erforschte er die Erscheinung gründlicher, hielt ein Fingergelenk an den Stahlschlüssel, und ein starker, sehr sichtbarer Funke sprang auf seinen Körper über. Die Luftelektrizität wirkte also in gleicher Weise wie die künstlich erzeugte. Ein Glück für Franklin war es übrigens, daß die Schnur nicht ganz feucht war oder aus keinem besser leitenden Stoffe bestand; es hätte ihm sonst leicht das Leben kosten können. Bei späteren Versuchen gelang es, eine Leidener Flasche mit Luftelektrizität zu laden, welche alle die bekannten Erscheinungen zeigte. Auch stellte Franklin an seinem Hause eine isolirte eiserne Stange auf, um bequemer Versuche machen zu können, und versah sie an dem untern Ende mit zwei Glöckchen, welche anschlugen, wenn die Luft eine bedeutende elektrische Spannung besaß.

Die Franklin'schen Versuche, in deren Folge die Oxforder Universität den amerikanischen Bürger 1762 zum Doktor promovirte, wurden in der Folge häufig wiederholt und in zweckmäßiger Weise abgeändert. Ein Franzose de Romas z. B. band seinen Drachen an eine Schnur, welche mit einem Metalldrahte durchflochten war, ließ sie aber unten, um sich vor den Wirkungen des Blitzes sicher zu stellen, in eine andere, einige Meter lange, von reiner Seide übergehen. Um den Funken nicht mit dem Finger hervorlocken zu müssen, gebrauchte er einen Metallleiter, welcher mit der Erde durch eine eiserne Kette in Verbindung stand und an einem nicht leitenden Handgriffe gehalten werden konnte. Der Drache stieg 180 Meter hoch und passirte Luftschichten, welche im höchsten Grade mit Elektrizität geschwängert sein mußten, denn de Romas erhielt binnen einer Stunde dreißig Feuerstrahlen, deren jeder eine Länge von fast 3 Meter hatte und die ein Geräusch hören ließen, welches dem Knallen einer Pistole glich. Nach so glänzenden Erfolgen mußte der Glaube an alle früheren Fabeleien von öligen, salpetrigen Dünsten als Ursache des Blitzes vollständig vernichtet werden.

Der Donner. Zusammenhängend mit der Erkenntniß der Ursache des Gewitters klärten sich auch die Meinungen über die Natur des ganz unschuldigen Donners, der doch jedem Beobachter bei einem Gewitter den größten Schrecken verursacht. Er entsteht lediglich durch die Schwingungen der gewaltsam erschütterten Luft. Wenn der Blitz die Atmosphäre durchzuckt, erhitzt er die benachbarten Theilchen so ungeheuer, daß sie sich plötzlich auf das Vieltausendfache ihres früheren Volumens ausdehnen, gleich darauf aber auch wieder, wenn die Wärme sich vertheilt, in sich zusammenstürzen. Es wirkt also dieselbe Ursache, wie bei dem Flintenschuß, und die Reflexion des Schalles an den verschiedenen Wolkenschichten, Bergen und Wäldern ruft das Echo und das allmähliche Verhallen des Geräusches hervor. Da der Schall sich langsamer fortbewegt als das Licht, so sehen wir den Blitz eher und auf einmal in seiner ganzen Länge, während der Donner unser Ohr erst später und von den entfernteren Punkten des oft viele Meilen langen Funkens nur nach und nach erreicht. Nehmen wir an, ein Blitz fahre in einem Augenblick eine Meile weit dahin, so knallt es auch gleichzeitig auf allen Punkten dieser Linie. Aber es giebt keinen Ort, wo das Ohr alle diese Schallwellen zugleich auffangen könnte; sie gelangen nur allmählich bei dem Beobachter an und derselbe vernimmt daher den Knall als ein verlängertes Geräusch. Ohne uns nach dem Gewitter umzusehen, hören wir an dem Donner, sowie er stärker und stärker wird, sein Nahen. In der Nähe des Ortes, wo es einschlägt, vernimmt man bekanntlich gleichzeitig mit dem Blitz einen einzigen prasselnden Schlag; ist das Gewitter entfernt, so liegt je nach der Entfernung eine um so längere Pause zwischen Blitz und Donner.

Der Donner giebt uns ein bequemes Mittel, zu beurtheilen, wie weit ein Gewitter von uns entfernt ist. Da Blitz und Donner gleichzeitig entstehen, die Fortpflanzung des Lichtes für irdische Entfernung als eine augenblickliche betrachtet werden kann, der Schall aber in derselben Zeit nur 340 Meter zurücklegt, so brauchen wir nur die Zahl der Sekunden, welche zwischen Blitz und Donner vergehen, mit 340 zu multipliziren, um die Entfernung in Metern kennen zu lernen.

Die Sage von den Donnerkeilen, von denen man annahm, daß sie zugleich mit dem Blitz in die Erde geschleudert würden, mag wol erst dadurch veranlaßt worden sein, daß man sich die Entstehung und regelmäßige Gestalt gewisser länglich=runder und vorn zugespitzter Steinformen, die man in manchen Gegenden nach heftigen Regengüssen an Berghalden oder in Thalgründen fand, nicht anders zu erklären vermochte. Seit man aber jene Bildungen auch in geschichteten Gesteinen eingebettet gefunden hat, weiß man, daß es Versteinerungen vorweltlicher Thierreste sind, und weit entfernt, ihren Ursprung über unsern Häuptern zu suchen, hat die Geologie die Geburtsstätte dieser Belemniten vielmehr in der Tiefe schlammabsetzender Meeresbecken erkannt. Ebenso ist der Glaube an die besondere Natur des durch den Blitz entzündeten Feuers, daß dieses durch kein Mittel löschbar sei, ein Irrthum, der freilich lange genug gespukt hat.

Wirkung des Blitzes. Der Blitz an und für sich ist nicht heiß; er erzeugt erst die Hitze, wenn er bei seiner Fortbewegung Widerstand findet. In den oberen Regionen der Atmospäre, wo die Luft so verdünnt ist, daß sie dem Ausgleich der Elektrizitäten kein Hinderniß entgegensetzt, erfolgt das Blitzen als ein geräuschloses Wetterleuchten, während in den tieferen Luftschichten das Hemmniß der schlechten Luftleitung erst mit Gewalt durchbrochen werden muß. Findet der Blitz einen gutleitenden Körper von großem Querschnitt, so wird er in demselben herabfahren, ohne merkliche Spuren zu hinterlassen. Muß er sich aber durch dünne Drähte oder durch trockne harzige Hölzer hindurchquälen, so erhitzt er dieselben bei solcher Arbeit auf eine ganz enorme Weise.

Ein Eisencylinder leitet zehntausend Mal mehr Elektrizität durch sich hindurch als ein gleichgroßer Cylinder von Meerwasser, welches gewisse Salze aufgelöst enthält; dieser aber wieder tausend Mal mehr als reines Wasser, und das reine Wasser ist ein noch viel besserer Leiter als trockenes Holz oder gar Schwefel, Harz u. dergl. Wenn aber bei Alledem noch so bedeutende Elektrizitätsmassen in den Blitzen sich ausgleichen, daß selbst dicke Eisenstangen durch den hindurchfahrenden Funken geschmolzen werden, so darf es nicht auffallen, wenn andere, weniger gut leitende Körper davon ganz zerstört werden. Mit der großen Wärme= entwicklung hängen die enormen mechanischen Kraftleistungen zusammen, welche durch Blitz= schläge ausgeübt werden. Wenn der Blitz in einen Baum schlägt, so sucht er seinen Weg vorzugsweise zwischen Rinde und Holz, in dem feuchten Splinte. Das Wasser verwandelt sich plötzlich in Dampf und dadurch erklärt sich die außerordentliche Zerreißung und Zer= splitterung, die wir an vom Blitz getroffenen Bäumen beobachten können.

Derselbe Blitz, welcher die dicke Stange eines Blitzableiters nur mäßig erwärmt, schmilzt die Vergoldung von Bilderrahmen, über welche er hinwegfährt, vollständig ab. Humboldt er= zählt in seinem „Kosmos", daß er auf seinen Reisen in Südamerika, wo allerdings die Gewitter mit einer bei uns unbekannten Heftigkeit wüthen, manche Felsen auf der Oberfläche vom Blitze ganz verglast angetroffen habe. Die Blitzröhren, die man in ebenen, sandigen Gegenden gar nicht selten findet und oft auf eine Länge bis zu 12 und mehr Meter in einer Richtung oder in Aeste verzweigt unter der Oberfläche des Bodens verfolgen kann, sind Sand und Bodentheile, von dem einschlagenden Blitze geschmolzen und zu röhrenförmigen Gebilden mit einander verkittet.

Man hat in den früheren mirakelsüchtigen Zeiten eine Menge wunderbarer Bildungen entdecken wollen, welche der Blitz ausgeführt habe, und selbst Gelehrte konnten nicht der Versuchung widerstehen, dergleichen zu berichten und ihnen merkwürdige Ursachen unter= zulegen. So sollte bald durch die Lichterscheinung beim Blitz in eine Fensterscheibe die Zeich= nung eines gegenüberstehenden Thurmes eingebrannt worden sein; bald wollte man bei vom Blitz Erschlagenen auf Brust oder Armen Schriftzüge oder Kreuze oder Figuren von Gegenständen, die in der Nähe gestanden hatten, eingeätzt gefunden haben u. s. w. — und man sah von manchen Seiten darin eine, wenn auch noch unerforschte, aber doch wol gesetz= mäßige Art von Photographie. Alle dergleichen Erscheinungen sind aber ganz zufälliger Natur, von der erhitzten Phantasie erst ausgemalt. Dagegen bringt der Blitz gewaltige mechanische Wirkungen hervor.

In der Gegend von Manchester schlug am 2. August 1809 der Blitz ein. Ein Wetter= strahl fuhr zwischen einem Keller und einer Cisterne in die Erde und verschob eine Mauer von 1 Meter Dicke und 4 Meter Höhe, so daß der weggeschobene Theil an einer Seite mehr als 1 Meter, an der andern 3 Meter abstand, wobei natürlich alle hölzernen Ver= bindungsstücke zerbrochen waren. In dem bewegten Mauerstück befanden sich 7000 Back= steine mit einem Gesammtgewicht von 26,000 Kilogramm.

Es ist vorgekommen, daß der Blitz in die Masten von Schiffen geschlagen und dabei die Kompaßnadel in der Weise umgedreht hat, daß der Steuermann den Kurs plötzlich wieder nach Hause zu nahm und, falls ihm nicht Sternbeobachtungen seinen Irrthum aufdeckten, erst durch Anrufen begegnender Schiffe wieder auf die rechte Bahn gelenkt wurde. Bei der Besprechung des Magnetismus werden wir uns über den Grund dieser merkwürdigen Erscheinung unter= richten, die uns jetzt schon einen innigen Zusammenhang der beiden Kräfte ahnen läßt.

Blitzableiter. Nichts ist natürlicher, als daß man sich gegen die verheerenden Wir= kungen des Blitzes zu sichern sucht, und die Beobachtung, daß hoch emporragende Gegen= stände vorzugsweise den Blitz anziehen, mag — wofür manche Thatsachen zu sprechen scheinen — auch schon im Alterthume gewisse Vorkehrungen haben treffen lassen, die im Wesen mit unsern heutigen Blitzableitern Aehnlichkeit hatten. Numa und Tullus Hostilius follen die Kenntniß befeffen haben, die ſchädlichen Wirkungen des Blitzes abzuwenden. Es wird nicht geſagt, worin ihr Verfahren beſtanden habe, vielleicht aber darf man es in Verbindung ſetzen mit der in alten Zeiten beliebten Aufſtellung eherner Bildſäulen, um meteoriſche Funken herabzuziehen. Von den alten Indiern erzählt Kteſias, daß ſie ſich eines gewiſſen Eiſens bedient hätten, welches von ihnen zur Ableitung zündender Blitze aufgerichtet worden wäre. Die Tempel, namentlich der des Apoll, waren mit Lorberhainen umgeben, weil ſie dadurch geſchützt ſein ſollten, und zu Karl's des Großen Zeiten war es Sitte, in den Feldern hohe Stangen zur Ableitung von Hagelwettern aufzurichten, was jedoch von dem großen Kaiſer als abergläubiſch verpönt wurde. Es ließen ſich noch viele andere Citate anführen und Ueberlieferungen in der genannten Richtung deuten, indeſſen wollen wir unſere Aufmerkſamkeit der auf erkannte Geſetzmäßigkeit natürlicher Vorgänge gegründeten Erfindung zuwenden, eine der ſegensreichſten aller Zeiten.

Benjamin Franklin iſt Derjenige, dem wir unverkürzt und unverkümmert den vollen Ruhm davon belaſſen müſſen. Er hat keinen Vorläufer gehabt, keine Erfahrungen Anderer benutzt, ſondern ſich das Fundament ſelbſt gegraben und Stein auf Stein mit eignem Fleiß gebrochen, behauen und eingefügt, bis das Ganze ſo vollendet vor ihm ſtand, daß die ſpäteren Zeiten nichts mehr daran zu verbeſſern fanden.

Die Gewitterwolken ſind mit Elektrizität geladene Konduktoren. Nun iſt aber für das Weſen der Elektrizität charakteriſtiſch, daß dieſelbe, wie wir gelegentlich ſchon angedeutet haben, auf der Oberfläche der Körper angehäuft, in einem Zuſtande des Zwanges ſich befindet. Sie ſtrebt fortwährend nach Ausgleichung und wird von der umgebenden Luft oder anderen ſchlechten Leitern nur gehindert, dieſem Beſtreben Genüge zu thun. Je nach der Geſtalt der Körper ſind auch, wie wir ebenfalls ſchon geſehen haben, die Spannungsverhältniſſe verſchieden. Eine allſeitig gleich gekrümmte Kugeloberfläche iſt überall von den gleichen Widerſtänden umgeben, und daher bildet auf ihr die Elektrizität eine auf allen Punkten ganz gleich dicke Schicht. Setzen wir dagegen auf die Kugel eine hervorragende Spitze, ſo konzentrirt ſich in dieſer die Elektrizität, und eine entſprechende Wirkung hat jede Ungleichheit der Körper, Ecken, Kanten u. ſ. w. Die Elektrizität ſammelt ſich in größeren Maſſen und mit größerer Spannung in den Spitzen an und ſtrahlt endlich, wenn die Spitze fein genug iſt, geradezu aus: eine Erſcheinung, die wir im Dunkeln als einen glänzenden Lichtbüſchel beobachten können.

Dies ſogenannte Vermögen der Spitzen haben wir ſchon in den Aufſaugern der Elektriſirmaſchine praktiſch ausgebeutet gefunden, wir ſehen es in der Natur bisweilen als den Grund einer merkwürdigen Erſcheinung, deren Erklärung lange Zeit große Schwierigkeiten darzubieten ſchien, der ſogenannten St. Elmsfeuer.

Es kommt vor, daß an gewiſſen ſchwülen Abenden ſich über den Spitzen von Blitzableitern, über Thurmknöpfen, an Ecken von metallenen Dachrinnen u. ſ. w. kleine blaue Flämmchen zeigen, die ſich nicht auslöſchen laſſen und endlich ebenſo von ſelbſt wieder verſchwinden, wie ſie entſtanden ſind. Dieſe Erſcheinung zeigt ſich beſonders häufig auch auf den Maſtſpitzen der Schiffe und ſie galt bei den alten Griechen und Römern für ein Zeichen des baldigen Aufhörens des Sturmes. Zwei Flämmchen, Caſtor und Pollux, waren glückbringend, und ein einziges, Helena, verderblich. Aus dem letzteren Namen iſt St. Elias, Elmen und Elmsfeuer entſtanden. Uebrigens brauchen die Spitzen nicht allemal ſehr hoch über den Erdboden empor zu ragen, man hat Flämmchen auf den Köpfen von Statuen, auf den Lanzen der Soldaten, auf den Hüten der Wandernden bemerkt; ja es werden Fälle berichtet, in denen die Ohren der Pferde dergleichen elektriſche Lichtausſtrahlungen zeigten.

Für uns hat das Phänomen nichts Räthſelhaftes mehr, es iſt das Ausſtrömen der Elektrizität, ſei es daß dieſe nur infolge der zu großen Spannung im Boden denſelben verläßt, oder daß ſie ſich auf dieſe ſtille Weiſe mit der entgegengeſetzten Elektrizität der Atmoſphäre ausgleicht. Auf jeden Fall wird durch den Prozeß die Spannung vermindert und auf allmähliche, friedliche Weiſe ein Zuſtand des Gleichgewichts wieder vorbereitet, der durch den Blitz nur unter gewaltſamen, zerſtörenden Aktionen herbeigeführt werden kann.

Der Blitzableiter hat denselben Zweck und sein genialer Erfinder hat ihn in richtiger Erkenntniß jener Naturerscheinung auf das Vermögen der Spitzen gegründet.

Es dürfte kaum eine Erfindung geben, welche bei ihrem Auftauchen die ganze gelehrte und nichtgelehrte, fromme und profane Welt so in Aufregung versetzt hätte wie die Franklin's. Man fühlte ihre ungeheuere Bedeutung — aber der Glaube, jenes liebe Kind der Gewohnheit, kam mit der Wissenschaft in Konflikt; der entstehende Kampf dauerte lange und hinderte die segensreiche Einführung. Es leuchtete Vielen nicht ein, dem lieben Gott ein so bequemes Züchtigungsmittel wie den Blitz aus der Hand winden zu wollen. Anderwärts war es wieder die Nationaleitelkeit, welche einem Fremden für einen so herrlichen Gedanken nicht dankbar werden wollte. Während die amerikanische Regierung sich die allgemeine Unterstützung der Franklin'schen Idee auf das Höchste angelegen sein ließ, mäkelte Frankreich verdrossen daran herum, weil sie nicht von einem Franzosen ausgegangen war.

Es war im Jahre 1760, als Franklin den ersten Blitzableiter, der sich im Wesentlichen in nichts von unseren heutigen unterschied, auf dem Hause des Kaufmanns West in Philadelphia errichten ließ; ein eiserner Stab von 3 Meter Länge und 27 Millimeter im Durchmesser war von dem Gebäude durch schlechte Leiter isolirt und mittels einer metallenen Zuleitung mit der Erde verbunden. So einfach, wie dieser Apparat in seiner Ausführung damals war, ist er geblieben; denn alle Zuthaten von Platinspitzen, besondere Herstellung der Isolirung u. dergl. haben dem Wesen nichts Neues beigefügt. In dieser Einfachheit aber liegt zugleich die Bedeutsamkeit, die in ihrer Wirkung nicht gesteigert werden kann.

War es in Frankreich die Eitelkeit, so war es in England Nationalhaß, durch den Unabhängigkeitskrieg, in welchen beide Staaten damals eben verwickelt waren, entzündet und unterhalten, was die Adoption der Erfindung hinderte. Sie erfolgte in der That erst gegen das Jahr 1788, und nur die Sorge um die Schiffe konnte die Söhne Albions bestimmen, auf den Masten derselben Blitzableiter zu errichten. Ehe die letzteren auf Gebäuden Anwendung fanden, verging noch eine geraume Zeit. Von ganz besonderem Einfluß wurde aber die Stimme des berühmten schweizerischen Physikers Saussure, welcher im Jahre 1771 auf seinem Hause in Genf einen Blitzableiter hatte errichten und, um die darüber entsetzten gottesfürchtigen Gemüther zu beruhigen, eine Broschüre über die Nützlichkeit der Elektrizitätsleiter hatte drucken lassen, die er gratis vertheilte. Philadelphia hatte im Jahre 1782 auf seinen 1300 Häusern schon über 400 Blitzableiter; alle öffentlichen Gebäude, mit Ausnahme des Hotels der französischen Gesandtschaft, waren damit versehen. Und gerade in dies Haus schlug am 27. März 1782 der Blitz. Er tödtete einen Offizier, und nun allerdings ließ der Gesandte Frankreichs sein Palais mit der Schutzvorrichtung versehen. — Zu Hause erhoben der Abbé Nollet und de Romas ihre Stimmen ebenfalls, und nun, da eigene Landeskinder unterdessen ihren Ruhm eifrig an die Franklin'schen Versuche mit geknüpft hatten, konnte die grande nation sich endlich 1784 mit der Sache ernstlich befassen. Wie England seine Schiffe, so hatte Frankreich, von jeher der größte Salpeterkonsument, dabei vorzüglich den Schutz der Pulvermagazine im Auge. Das Publikum, befangen und furchtsam, betheiligte sich aber hier wie anderwärts anfänglich sehr mäßig, und der Blitzableiter blieb lange Zeit hindurch ein Merkzeichen öffentlicher Gebäude. Die Regierungen mußten seine Einführung dekretiren und stießen dabei noch auf ärgerliche Widersprüche.

Schon im Jahre 1778 hatte die Republik Venedig ihre Marine mit dem neuen Wetterschutz versehen. Friedrich Wilhelm II. von Preußen ordnete im ganzen Umfange seiner Staaten die Aufrichtung von Blitzableitern an; merkwürdiger Weise verbot er aber ausdrücklich, auf dem Schlosse Sanssouci einen solchen anzubringen.

Einrichtung des Blitzableiters. Der Natur der Sache nach besteht derselbe durchgängig aus Metall, und zwar würde das am besten leitende auch den Vorzug verdienen. Man nimmt indessen des geringern Preises wegen gewöhnlich Eisen, obwol Kupfer bei gleicher Wirkung einen siebenmal kleinern Querschnitt haben könnte. Ein nicht zu unterschätzender Vortheil ist dabei aber, daß eiserne Blitzableiter durch die größere Stärke auch eine bedeutendere Festigkeit erhalten.

An dem Blitzableiter haben wir nun drei Haupttheile zu unterscheiden: die Auffange=
stange mit der Spitze, die in die Erde führende Leitung und die Versenkung der
letzteren. Während die erstere immer stangenförmig ist, hat man für die zweite auch die
Form von Streifen, Drahtseilen und hohlen Röhren angewandt. Anstatt der Spitzen hat
man hier und da Kugeln aufsetzen wollen, indem man den Spitzen den Vorwurf machte,
daß sie nicht im Stande sein sollten, so große Massen von Elektrizität wie die Kugeln auf=
zunehmen, daß sie zu leicht vom Blitz geschmolzen würden, endlich auch, daß sie dem Funken
ihrer Kleinheit wegen kein sicheres Ziel darböten, was alles bei den Kugeln anders sein
sollte. Es beweisen dergleichen Einwendungen aber nur, daß die Widersacher vom Wesen
und der Wirkung der Spitzen keine Vorstellung haben. Der Blitzableiter soll nicht den Blitz
anziehen, vielmehr soll er durch unausgesetzte Ausstrahlung der Erdelektrizität die in der
Luft vorhandene Elektrizitätsmenge neutralisiren, also nicht durch eine einmalige Ab=

leitung schützen, sondern durch fort=
während e Wirkung das Gleich=
gewicht der Naturkräfte wiederher=
stellen. Wenn ein Gewitter über
Wälder mit spitz emporragenden
Bäumen zieht, verliert es gewöhn=
lich seine Kraft, ohne daß es ein=
zuschlagen braucht. In verstärktem
Maße, wie hier jeder einzelne Baum
wirkt, soll auch jeder Blitzableiter
wirken. Die Kugel hindert aber
einen derartigen Ausgleich; sie
dient nur, um einen einfallenden
Wetterstrahl aufzufangen; übrigens
hat sie auch hierin nichts vor der
Spitze voraus, denn diese macht
durch Ausstrahlung die ganze um=
gebende Luftmasse elektrisch und
bietet dadurch gewiß dem Blitz einen
eben so sichern Treffpunkt dar. Ab=
gesehen auch von allen architek=
tonischen Bedenken, die sich den
Blitzableitern mit Kugeln häufig
entgegenstellen werden, sind also
Spitzen unbedingt vorzuziehen.

Fig. 324. Benjamin Franklin.

Man hat ihre Zahlen zuweilen vermehrt und 3, 4 oder 5 auf ein und derselben Stange
angebracht. Bei eisernen Auffangestangen macht man die Spitze der bessern Dauer halber
gern von Kupfer und vergoldet oder platinirt sie.

Die Auffangestange IP, Fig. 325, ist der Theil, welcher sich vom Dache des
Gebäudes in die Luft erhebt. Am besten giebt man ihm der größeren Widerstands=
fähigkeit wegen die Form einer sich schwach verjüngenden vierseitigen Pyramide. Die Höhe
ist verschieden, sie geht von 3—6 Meter, und nach der Höhe richtet sich ihr Quer=
schnitt, sowie weiterhin auch der Querschnitt der Leitung.

Wendet man Kupferdraht an, so windet man denselben zu einem spiralförmig gedrehten
Zopf zusammen. Eiserne Auffangestangen stellt man aber aus mehreren Stücken dar, die an
einander durch Schraubengewinde zu befestigen sind und eine bequemere Aufrichtung gestatten.
Am untern Theile I, da wo die Auffangestange auf dem First des Hauses aufsteht, hat sie
ein kleines Regendach, um die Befestigung im Gebälk trocken zu halten. Nach der gewöhn=
lichen Annahme schützt eine Auffangestange einen Umkreis von 12—16 Meter Durchmesser,
daher ein Gebäude von mehr als 20 Meter Länge mindestens zwei Stangen erhalten soll,

größere Baulichkeiten nach Verhältniß. Ueberhaupt ist es besser, die Zahl der Stangen reichlich zu nehmen und alle hervorragenden Punkte damit zu besetzen.

Die Leitung IC setzt die Auffangestange mit der Erde in Verbindung. Wenn mehrere Stangen auf einem Gebäude stehen, so kann man sie durch eine Hauptleitung abführen, umgekehrt aber auch einer einzigen Stange zwei Leitungen geben; nur muß dann ein gewisses Verhältniß zwischen den Stangen und der Metallstärke des Ableiters beobachtet werden, damit die Elektrizität nirgends behindert ist. Die in die Erde geführte Leitung biegt einige Fuß unter der Oberfläche vom Hause ab bei A und endet am besten in einem Brunnen BE, oder wo dies nicht angeht, wird sie wenigstens so tief nach unten geführt, daß sie die beständig feuchte Erdschicht erreicht. Ist die Leitung von Eisen, so wird sie durch Anstriche möglichst vor Rost geschützt. Mögen übrigens die einzelnen Einrichtungen so oder so gemacht werden, die Hauptbedingung ist immer die, daß eine ganz ununterbrochene, nirgends zu schwache oder schadhafte metallische Bahn vorhanden sei, durch welche die elektrische Materie bequem in die Erde gelangen kann. An jeder Stelle, wo die Leitung unterbrochen oder stark vom Rost angefressen ist, liegt Gefahr, daß der Blitz abspringt und irgend einen bequemern Weg zur Erde einschlägt, auf welchem er dann leicht durch Zündung oder Zertrümmerung Schaden stiftet. Daher ist es nothwendig, die Leitung, als den wichtigsten Theil am ganzen Blitzableiter, dann und wann einer genauen Besichtigung zu unterwerfen, um etwa entstandenen Schäden sofort abhelfen zu können.

Man war früher der Ansicht, daß sich die Elektrizität an der Oberfläche der Körper fortleite, und daß es deshalb zweckmäßig sei, diese bei Wetterableitungen möglichst groß zu machen. Es ist dies jedoch ein Irrthum, denn der Wiederstand, den die Elektrizität erfährt, hängt von dem Querschnitt ihrer Leitung ab. Wenn man daher, wie es so häufig geschieht, den Querschnitt auf das Alleräußerste reduzirt, so begeht man ein großes Unrecht, weil sich nirgends eine übel angebrachte Sparsamkeit schlimmer bestrafen kann, als gerade bei der Anlage von Blitzableitern. Unter 200 Quadratmillimeter als äußerste Grenze für eine eiserne Auffangestange und eine eiserne Leitung sollte nirgends herabgegangen werden dürfen, wo

Fig. 325. Führung der Leitung.

möglich aber der Querschnitt der Leitungen so groß genommen werden müssen, wie die Querschnitte der Auffangestange zusammen, die in dieselbe münden. Die Leitung stellt man auch gewöhnlich aus eisernen Stäben oder aus starkem Eisenblech dar. Da es Schwierigkeiten bieten würde, sie aus einem einzigen Stücke zu machen, so setzt man sie aus mehreren zusammen und verbindet sie, wie es Fig. 325 zeigt, mit einander; die Zusammenstoßungsflächen müssen sich auf allen Punkten berühren und ganz blank auf einander liegen. Die Führung über das Dach und am Gebäude hin bewerkstelligt man durch isolirende Träger, denen man die in Fig. 326 dargestellte Form geben kann. Indessen ist es, wenn die Leitung nicht gerade nahe an großen, im Innern des Gebäudes liegenden Metallmassen vorübergeführt wird, nicht so nothwendig, eine ganz vollkommene Isolirung, etwa durch Glas oder Porzellan, wie allzu ängstliche Gemüther wollen, anzuwenden. Wenn die Leitung hinlänglichen Querschnitt hat und ohne Unterbrechung bis in den feuchten Erdboden führt, wo sich die Elektrizität augenblicklich weiter verbreiten kann, so wird dieselbe immer den kürzeren und bequemeren Weg vorziehen und nicht in Versuchung gerathen, abzuspringen. Man wende daher anstatt kostspieliger Isolirvorrichtungen die Aufmerksamkeit lieber der möglichsten Vergrößerung des Querschnittes der Leitung zu. Mit der Leitung vom eigentlichen Blitzableiter setze man womöglich auch diejenigen Theile des Hauses in leitende Verbindung, welche durch ihr Material, metallene Dachrinnen u. s. w. oder durch ihre hervorragende Form, Ecken und Firsten, gelegentlich auch den Blitz anziehen können. Die in Fig. 325 mit M bezeichneten Gebäudetheile sind solche Punkte, auf welche man zweckmäßig die Leitung des Blitzableiters mit hin beziehen kann.

Die Versenkung in den Erdboden ist der dritte wichtige Theil der Blitzableitung. Nach der oben entwickelten Theorie versteht es sich von selbst, daß die Wirksamkeit der ganzen Einrichtung davon abhängt, wie rasch die Elektrizität aus dem Boden durch die Leitung in die Auffangestange und aus dieser durch die Spitze in die gewitterschwangere Luft abströmen kann; andererseits im Fall des Einschlagens aber, wie schnell dann die Elektrizität aus der Leitung in den Boden übergehen kann. Für beide Fälle muß das Ende der Leitung in feuchtem Erdreich liegen, denn die zahllosen feinen Wasseradern, die den Boden durchziehen, sind eben so viel leitende Aeste, in denen sich der Blitzstrahl verzweigt, oder welche die neutralisirende Elektrizität herbeiführen. Wollte man die Leitung in trockenem sandigen Erdreich plötzlich abbrechen, so würde der Blitzableiter gefährlicher für das Gebäude sein, als wenn dasselbe gar keinen besäße; muß man doch selbst in feuchtem Boden die Ableitung noch eine Strecke weit fortführen, damit möglichst viel Ausstrahlungspunkte thätig sein können. Am zweckmäßigsten aber ist es, die Ableitung wie in Fig. 325 bei E zu verzweigen oder sie in eine Metallplatte ausgehen zu lassen, weil der bei weitem größere Widerstand der Erde nur durch einen größeren Durchmesser der leitenden Schicht paralysirt werden kann.

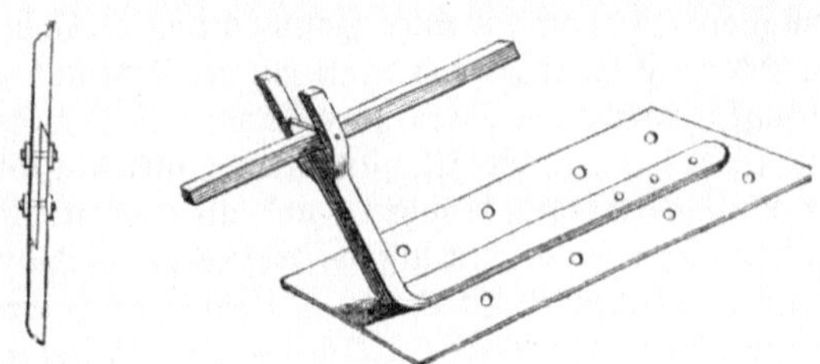

Fig. 326. Fig. 327.
Zusammensetzung und Führung der Leitung.

Bei der Restauration des Freiburger Münsters, welcher im Jahre 1844 nach Frick's Angabe mit Blitzableitern versehen wurde, fand man zahlreiche Spuren elektrischer Entladungen, aber alle waren an vorspringenden Metalltheilen herabgegangen und hatten nur wenige Beschädigungen verursacht. Der neue Blitzableiter geht von dem als Wetterfahne dienenden metallenen Stern aus und besteht in einem aus sechs ungefähr 2 Millimeter dicken Kupferdrähten zusammengesetzten Drahtseil, welches in die Erde geführt ist und womit alle Metallmassen des Domes durch 5 Millimeter dicke Kupferdrähte in Verbindung gesetzt sind.

Die doppelte Wirkung des Blitzableiters, der Erdelektrizität ein stetiges neutralisirendes Abströmen in die Luft zu verstatten und so einmal das Gewitter selbst allmählich zu neutralisiren, ein andermal die Rückschläge abzuwenden, dann aber auch den in seiner Nähe herabfahrenden Blitzen einen so bequemen Weg zu bieten, daß sie ihn vorzugsweise einschlagen: diese Wirkung wird nur erreicht, wenn alle Anordnungen mit der größten Gewissenhaftigkeit getroffen und alle Bestandtheile mit der ängstlichsten Genauigkeit gearbeitet und mit einander verbunden sind. Trotzdem ist man bei den atmosphärischen Prozessen nie Herr der Umstände. Es sind merkwürdige Fälle vorgekommen und dieselben treten noch ein, wo der Blitz die ganz vortreffliche Leitung vermieden und nahe dabei eingeschlagen hat.

Im Magazin von Purfleet schlug der Strahl in eine eiserne Klammer, welche an einer oberen Ecke des Hauses nur 15 Meter von der Auffangestange angebracht war. Das Werk= haus zu Heckingham bei Norwich wurde am 17. Juni 1783 trotz seiner acht zugespitzten Auf= fangestangen an einer von der nächsten Stange nur 13 Meter entfernten und 2,5 Meter niedrigeren Ecke des Daches getroffen u. s. w. Allein das sind Fälle, die wir als Ausnahmen betrachten müssen. Im Ganzen ist die Wirkung der Blitzableiter eine so außerordentliche, daß an ihrem Nutzen zu zweifeln Thorheit wäre.

Die französische Regierung hatte zur Untersuchung der Blitzableitungsfrage eine Kom= mission niedergesetzt, in welcher wir die Namen Arago, Biot, Poisson, Girard, Fresnel, Gay=Lussac unter anderen nicht minder berühmten begegnen. Den Resultaten, welche diese Forscher ihren Arbeiten über den Gegenstand entnehmen konnten, dürfen wir die Giltigkeit eines Gesetzes zuschreiben. Die Kommission erklärte, daß ein Blitzableiter mit zugespitzter Auffangestange um sich her einen kreisförmigen Raum, dessen Radius gleich der doppelten Höhe der Stange sei, noch kräftig zu schützen vermöge, und gründete darauf zur Sicherung der Gebäude von verschiedener Länge und Breite auch Vorschläge, wie sie sich uns aus der Anwendung des Gesagten ergeben. Sollte es aus baulichen Rücksichten nicht möglich sein, eine Auffangestange auf der durch diese Regel bestimmten Stelle anzubringen, so kann man die hervorragendsten Theile des Daches entweder durch Blei= oder Kupferstreifen mit einander und dann mit einer Hauptleitung verbinden oder wenigstens den Schornstein und die Ecken mit einander und dann mit der Erde in leitende Verbindung setzen. Wetterfahnen, Stangen, welche den Stern oder Knopf auf Thürmen tragen, lassen sich, wenn sie nicht zu weit in das innere Gebälk hineinragen und den Glocken zu nahe kommen, ohne Weiteres als Auffangestangen benutzen, und als eine treffliche Leitung dürften sich die Gas= und Wasserröhren verwenden lassen, welche bei verhältnißmäßig großem Querschnitt den nicht genug zu schätzenden Vortheil darbieten, in sehr große in der Erde liegende Metallmassen überzuführen. In jedem einzelnen Falle muß freilich das Passende auch erst gesucht werden. Steht ein Haus auf einem Berge oder auf einer Hochebene fern von allen Punkten, welche den Blitz mehr anzuziehen vermöchten, so wird es selbstverständlich mehr zu schützen sein, als in einem tiefen, waldigen Thale. Die Ausführung aber sollte nur erfahrenen, mit den physikalischen Gesetzen der dabei in Betracht kommenden Vorgänge vollständig vertrauten Technikern überlassen werden.

Welchen Segen die Erfindung Franklin's gestiftet hat, das können wir zwar nicht in Zahlen ausdrücken, allein wenn wir bedenken, daß unsere Zeit die Wälder, die natürlichen Wälle, an denen sich die Wuth der Gewitter brach, immer mehr reduzirt und dadurch die Gefahr vergrößert, so müssen wir die thatsächliche Verminderung schädlicher Gewitterschläge jedenfalls als einen Erfolg betrachten, den wir der Erfindung des großen Amerikaners danken, und den schönsten Ruhm, der einem Sterblichen zu Theil werden kann, ihm un= verkümmert lassen:

Eripuit coelo fulmen, sceptrumque tyrannis.
Dem Himmel entriß er den Blitz, den Tyrannen das Scepter.

Galvanismus, elektrisches Licht und Galvanoplastik.

Galvani und die Frösche. Elektrizitätserregung durch Berührung. Der galvanische Strom. Volta. Element und Säule. Verschiedene Formen derselben. Zambonische Säule. Der Trog- und der Becherapparat. Die konstanten Batterien. Bunsen'sche Kette. Wirkungen des galvanischen Stromes. Widerstand. Wärmeeffekte und ihre Anwendung. Das elektrische Licht. Chemische Wirkungen. Elektrolyse. Wasserzersetzung durch Humphrey Davy entdeckt. Die Galvanoplastik und die galvanische Vergoldung.

Wenn die Frösche eine Zeitrechnung haben, so müssen sie das Jahr 1790 als einen Wendepunkt ihrer Existenz ansehen, und nach dem Schicksal, welchem sie seit jenem Jahre verfallen sind, wäre es nicht wunderbar, wenn sie von da ab ein ehernes Zeitalter rechneten. Denn Jahrtausende lang hatte das kaltblütige Geschlecht seinen naturgemäßen Kreislauf vollendet, in freier Entwicklung sich entfaltet, gelebt und geliebt, durch nichts in seinen Bestrebungen unterbrochen, als etwa durch die Gelüste eines Gourmands, welchem aus dem zahllosen Geschlecht einige Schenkel geopfert wurden. Mit der Französischen Revolution aber, wenn auch nicht durch dieselbe bedingt, verfielen die Frösche einem Verhängniß, dem sie kaum jemals wieder entgehen können. Gehetzt, gefangen, gequält, geschält, geköpft, getödtet — ja, wenn es dies nur wäre, möchte es angehen, das müssen sich alle Geschöpfe gefallen lassen, deren Fleisch einen Braten, deren Haut einen Riemen, deren Feder einen Schmuck oder deren Saft sonst Etwas hergeben kann. Mit dem Tode ist denn doch die Qual vorbei. Wenn der Maulwurf aber, indem ihn die vom Bauer gelegte tückische Schlinge in die Luft schnellt und heftige Athmungsbeschwerden seinem Leben die größte Gefahr bereiten, wenn dieser den im nahen Sumpfe quakenden Frosch um den Vollgenuß des Lebens beneidet, so ist er dümmer als ein Esel. Sobald er das Sterben überkommen hat, ist seine Qual zu Ende. Beim Frosch geht sie da erst an.

Der Frosch ist seit 1790 ein physikalischer Apparat. Sein Leben gehört nicht mehr der Natur — es ist der Wissenschaft verfallen. Der Tod selbst hat diesem neuen Eigenthümer gegenüber seine Macht verloren. Der Frosch darf, obwol ihm der Kopf abgeschnitten, die Haut abgezogen, die Muskeln aus einander geschält, das Rückgrat durchstochen worden ist u. s. w. — er darf noch nicht zur Ruhe eingehen, auf das Geheiß des Physikers müssen seine Nerven sich noch regen, seine Muskeln noch zusammenzucken, bis das letzte Tröpfchen Lebensfeuchtigkeit vertrocknet ist. Wie der Hanswurst in der Komödie, muß er Munterkeit heucheln und tolle Sprünge machen, wenn ihm auch das Herz gebrochen ist.

Armes Thier! Und alles Das hat Galvani auf dem Gewissen. Galvani, mit seinem vollen Namen Luigi Aloisio Galvani, war von 1775 an Professor der Anatomie an der Universität zu Bologna, seiner Vaterstadt, in der er am 9. September 1737 geboren worden war, und die er auch selten nur verlassen hat. Im Jahre 1797 seiner politischen Gesinnung wegen eine kurze Zeit von seinen Aemtern removirt, jedoch bald wieder in dieselben eingesetzt, starb er zu Bologna am 4. Dezember 1798. Seine Untersuchungen erstreckten sich außer auf rein anatomische Gegenstände auch auf solche von physiologischer Natur, wie auf die Nervenreizbarkeit, und dabei war es, daß der Anatom eine Entdeckung machte, an der die Physiker bisher spurlos vorübergegangen waren. Die Geschichte war aber so:

Die Gattin des Bologneser Naturforschers war krank, und zu ihrer Stärkung wurden ihr die Brühen von Froschkeulen verordnet. Eines Tages, wie erzählt wird am 6. November 1780, lag nun zufällig eine Anzahl zu diesem Zwecke abgehäuteter Frösche in dem Zimmer des Professors, welcher mit mehreren Genossen beschäftigt war, elektrische Versuche zu machen, da, wie er

Fig. 329. Luigi Aloisio Galvani.

glaubte, der Elektrizität bei den Muskel= und Nervenfunktionen des Körpers eine wesentliche Mitwirkung zugeschrieben werden müsse.

Bei diesen Versuchen wurde bemerkt, daß die getödteten Frösche allemal in eigenthümliche Zuckungen geriethen, wenn aus dem Konduktor der Elektrisirmaschine ein Funke schlug. Galvani vermuthete eine Einwirkung der in der Luft enthaltenen Elektrizität auf die Nerven, und um diese zu erforschen, hing er präparirte Froschschenkel mittels eines gebogenen kupfernen Drahtes an seinem eisernen Balkongeländer auf und suchte sie durch Hin= und Herschwenken mit möglichst viel Luft in Berührung zu bringen. Indessen verhielten sich dieselben ganz ruhig; wenn sie aber bisweilen an das Eisengeländer anschlugen, dann zuckten sie bei jeder solchen Berührung heftig zusammen.

Diese Thatsache und eine Anzahl unter verschiedenen Abänderungen des Versuchs beobachtete, nicht minder merkwürdige Erscheinungen, welche Galvani mit genauer Schilderung der Umstände veröffentlichte, machte großes und gerechtes Aufsehen. Galvani dachte sich, daß durch die metallische Leitung eine besondere, der Elektrizität ähnliche Flüssigkeit, welche nach ihm die galvanische Flüssigkeit genannt wurde, von den Nerven zu den Muskeln übergeführt werde, und der Körper, der sich nach dieser Theorie wie eine geladene Leidener

Flasche verhalten würde, durch die Entladung in Zuckungen versetzt werde. Ein großer Theil der Gelehrten hielt ziemlich lange an dieser Erklärung fest, trotzdem sie sehr bald durch die ausgezeichneten Untersuchungen Alexander Volta's widerlegt und an ihre Stelle eine neue und bei weitem bessere Theorie gesetzt wurde.

Volta ist zu Como am 19. Februar 1745 geboren. Bis zu Ende der siebziger Jahre des vorigen Jahrhunderts war er Professor der Physik an dem Gymnasium seiner Vaterstadt, späterhin nahm er den physikalischen Lehrstuhl zu Pavia ein, bis zum Jahre 1804, wo er verabschiedet wurde. Napoleon I. ehrte den berühmten Forscher durch Ernennung zum Grafen und Senator von Italien; der Kaiser Franz im Jahre 1815 zum Direktor der phylosophischen Universität zu Padua. Das Ende seines Lebens verbrachte der große Gelehrte zu Como; er starb hier am 5. März 1827. Nahe seinem Geburtshause hat man seinem Andenken eine Marmorstatue errichtet.

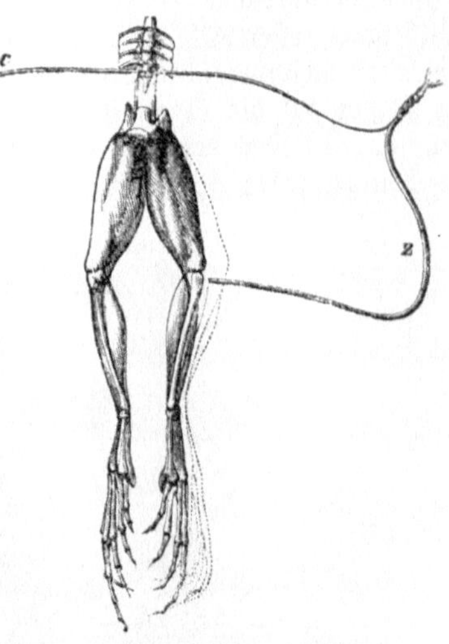

Der elektrische Strom, Galvanismus. Volta hatte als das Wesentliche in dem Galvani'schen Versuche erkannt, daß die metallische Leitung aus zwei verschiedenen Metallen, welche mit einander in Berührung gebracht werden, bestehen müsse, und unsere Leser können sich von den galvanischen Fundamentalversuchen selbst überzeugen, wenn sie nach Anleitung von Fig. 330 einen Kupferdraht c und einen Zinkdraht z mit einander verlöthen oder auch nur durch Umwickeln in innige Berührung bringen, und

Fig. 330. Der Volta'sche Versuch.

mit dem einen Draht die Schenkelnerven, welche durch Abtrennung der untersten Rückenwirbel bloß gelegt worden sind, mit dem anderen aber die Schenkelmuskel eines Frosches berühren. Bei jeder Berührung, sowie bei jeder Unterbrechung der Berührung, wird die Muskel in Zuckungen gerathen und diese Empfindlichkeit erhält sich ziemliche Zeit noch nach dem Tode des Thieres. Volta zeigte, daß bei Berührung zweier verschiedener Leiter fortwährend Elektrizität entwickelt werde, und nahm an, daß an der Berührungsstelle das neutrale elektrische Gemisch sich zerlege, die positive Elektrizität nach dem einen, die negative nach dem andern Metalle hin abströme. Da die Erzeugung und das Abfließen der Elektrizität ohne Unterbrechung fortdauert, so ist das Produkt ein galvanischer Strom genannt worden. Die Elektrizität selbst ist nur in der Art ihrer Entstehung von der durch Reibung erzeugten verschieden, in allen ihren Eigenschaften aber derselben entsprechend. Ihren Entdeckern zu Ehren nennt man sie Galvanismus oder Vol-

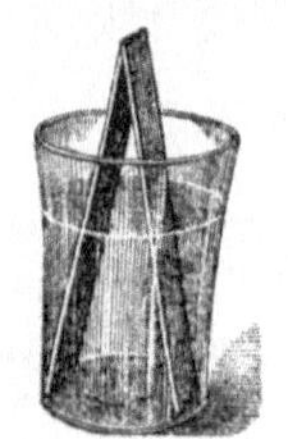

Fig. 331. Elektrizitätserzeugung durch Berührung.

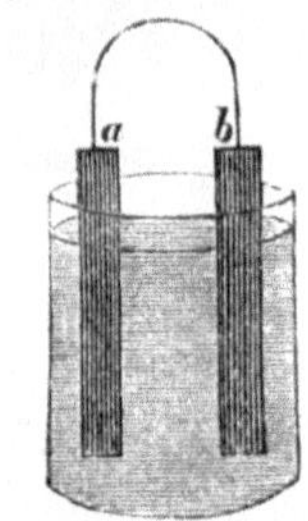

Fig. 332. Galvanisches Element

taismus. Zur Erzeugung eines elektrischen Stromes ist aber außer den beiden verschiedenen Metallen noch ein feuchter Leiter, der mit beiden in Berührung steht, nothwendig, und wahrscheinlich ist der Ort der Elektrizitätsscheidung nicht an der Berührungsstelle der Metalle, sondern an der Kontaktfläche derselben mit der Flüssigkeit zu suchen.

Elektromotorische Kraft. Die Kraft, welche an der Berührungsstelle die Elektrizitäten scheidet, hat man elektromotorische Kraft genannt, ohne über ihre Natur eine scharfe Vorstellung zu haben. Es dürfte indessen als am wahrscheinlichsten angenommen werden, daß, wie bei der Elektrisirmaschine die infolge mechanischer Kraftleistung erzeugte, hier die bei chemischen Prozessen freiwerdende Wärme in Elektrizität umgesetzt wird. Denn die chemischen Vorgänge spielen bei der Erzeugung der Berührungselektrizität eine so bedeutende Rolle, daß wir sie als eine allgemeine und nothwendige Bedingung ansehen können, und wo es uns nicht gelingt, sie direkt zu beobachten, wir lediglich den Grund in ihrer Subtilität und der Unvollkommenheit unserer sonstigen Erkennungsmittel suchen müssen.

Es liegt schon im Begriff des elektrischen Stromes, daß zur Erzeugung desselben die beiden berührenden Körper Leiter sein müssen. Namentlich erweisen sich die Metalle deshalb von großer Fähigkeit. Allein die elektrizitäterregende, elektromotorische Kraft ist nicht bei allen gleich groß, sondern es findet unter ihnen ein sehr merkwürdiges Verhalten sowol in Bezug auf die Qualität als auch auf die Quantität der Elektrizität statt. Während Kupfer, mit Zink berührt, negativ elektrisch wird und das Zink positiv, wird es, mit Gold in Kontakt gebracht, positiv und das Gold negativ, und so ist sein Verhalten, wenn es auch gegen dasselbe Metall immer dasselbe bleibt, doch gegen verschiedene auch ein verschiedenes. Die Leiter lassen sich daher in eine Reihe derart neben einander stellen, daß jeder derselben negativ elektrisch wird, wenn er mit einem der vorhergehenden in Berührung gebracht wird; dagegen positiv, wenn er von einem der nachfolgenden berührt wird. Diese Reihe heißt die elektrische Spannungsreihe und ist für die hauptsächlichsten Elemente die folgende: Zink, Blei, Zinn, Eisen, Kupfer, Silber, Gold, Platin, Kohle. Je weiter in ihr zwei Körper von einander abstehen, um so stärker ist die zwischen ihnen waltende elektromotorische Kraft.

Fig. 333. Alessandro Volta.

Galvanisches Element. In der einfachsten, abgerundetsten Form sehen wir den Vorgang des galvanischen Stromes bei einem sogenannten Elemente. Ein solches besteht aus weiter nichts als aus zwei verschiedenartigen Stücken Metall, die an der einen Seite sich berühren, während sie auf der andern durch eine leitende Flüssigkeit mit einander verbunden sind. In Fig. 331 ist z. B. ein Zinkstreifen mit einem Kupferstreifen an der obern Kante zusammengelöthet und in ein Gefäß mit Salzwasser gestellt. Die elektromotorische Kraft scheidet an den einander gegenüber liegenden Berührungsflächen der Metalle mit der Flüssigkeit die elektrischen Gemische, die positive Elektrizität sammelt sich auf dem Kupfer; die negative auf dem Zink, an der Berührungsstelle vereinigen sie sich. In dem Maße, wie die Vereinigung stattfindet, scheidet sich aber in der Flüssigkeit wieder Elektrizität aus, die immer in derselben Art und ununterbrochen zur Vereinigungsstelle abströmt. Die Richtung dieses elektrischen Stromes ist man überein gekommen nach der Richtung der positiven Elektrizität zu bezeichnen; man sagt also hier, der Strom bewegt sich innerhalb der Flüssigkeit in der Richtung vom Zink zum Kupfer, außerhalb der Flüssigkeit umgekehrt.

Es leuchtet ein, daß der elektrische Strom in derselben Weise stattfinden muß, wenn auch Zink und Kupfer nicht wie in Fig. 331 direkt mit einander in Berührung stehen, sondern wenn zwischen beiden ein anderer Leiter eingeschaltet ist, wie der die beiden Metallplatten a und b verbindende Draht in Fig. 332. Der Umstand, daß die Größe der

eintauchenden Oberflächen für den galvanischen Effekt maßgebend ist, begünstigt ganz beson=
ders die chemische Theorie der Stromentwicklung, welcher sich jetzt die Physiker immer
entschiedener gegen die ältere Kontakttheorie zuneigen, der zufolge die Elektrizität eigent=
lich aus nichts hätte entstehen müssen.

Die Volta'sche Säule. Wie man in der elektrischen Batterie die Wirkung der Leidener
Flasche durch Vereinigung mehrerer summirt, so kann man auch durch Aneinanderreihen
einer größern Zahl von Elementen die Effekte des galvanischen Stromes steigern, und es
geschieht dies in der That überall da, wo zu irgend welchen Zwecken galvanische Elektrizität
erzeugt wird. Volta, der Schöpfer der neuen Lehre, hat diesen seinen Gedanken verwirk=
licht, indem er 1800 die nach ihm benannte Säule erfand.

Dieselbe besteht, wie es Fig. 334 zeigt, aus wechselsweise über einander geschichteten
Platten von Kupfer und Zink, welche paarweise von einander durch zwischengeschaltete,
gleich große und mit Salzwasser getränkte Filzdeckel getrennt sind. Diese feuchten Filz=
deckel, die je nach Befinden eben so gut durch ein Stück Tuch oder angesäuertes Lösch=
papier ersetzt werden können, vertreten die Stelle der Flüssigkeit in Fig. 331 und 332.

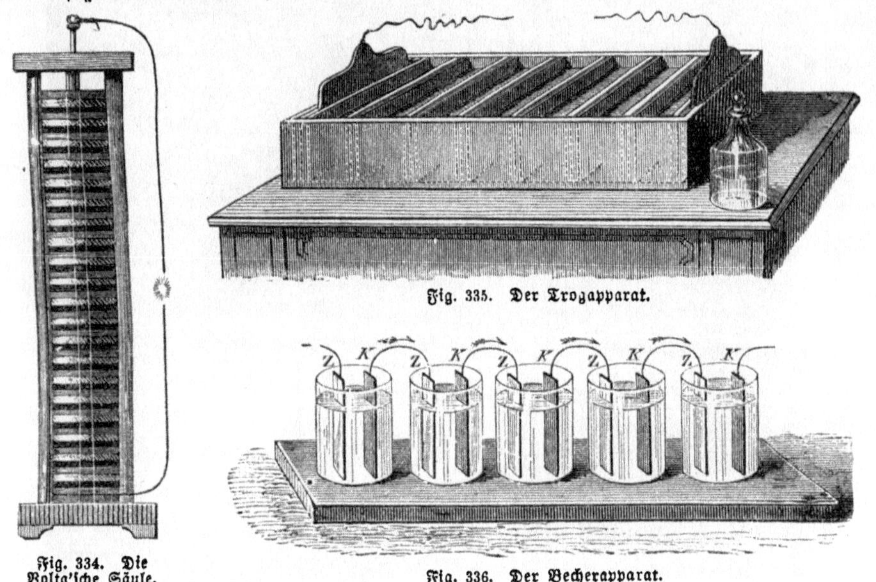

Fig. 334. Die Volta'sche Säule.

Fig. 335. Der Trogapparat.

Fig. 336. Der Becherapparat.

In unserer Abbildung sind sie durch die punktirten Schichten angedeutet, während die
schwarzen Platten das Kupfer, die heller schraffirten das Zink bedeuten. Fängt die Säule
unten mit einer Kupferplatte an, so schließt sie oben mit einer Zinkplatte. Der Name
„Säule" erklärt sich aus der Form, welche Volta dem Apparat gegeben hat; sie ist übrigens
unwesentlich, denn wir werden sehen, daß eine große Anzahl anderer Anordnungen die=
selben, ja oft bessere Effekte geben können.

Die Volta'sche Säule muß isolirt, d. h. außer leitende Verbindung mit dem Erdboden
gesetzt werden. Man erreicht dies, indem man sie auf Glasfüße stellt und die Ständer,
zwischen denen die Platten aufgeschichtet werden, ebenfalls aus Glas oder wenigstens aus
gut lackirten Holzstäben verfertigt.

Untersucht man nun den elektrischen Zustand der Säule, so findet man, daß sie in
der Mitte sich völlig neutral verhält, daß aber nach den beiden Enden zu die elektrische
Spannung wächst und endlich ihren höchsten Grad an den beiden äußersten Plattenpaaren
erreicht. An dem Ende, nach welchem hin die Zinkplatten liegen, finden wir die Summe
aller positiven Elektrizität, an dem andern die gesammte negative, und deswegen heißen
Anfang und Ende: die beiden Pole, positiv und negativ. Die Spannung der Elektrizität

wächst mit der Anzahl der Plattenpaare oder Elektroden, die Menge der erzeugten Elektrizität mit der Größe der sich berührenden Platten.

So lange die Pole der Säule nicht mit einander in Berührung gebracht werden, ist auch keinerlei Wirkung ersichtlich. Erst wenn ein Draht oder sonst eine Leitung zwischeneingeschaltet wird, bemerken wir die Effekte, welche ihrer Erscheinung nach sowol rein physikalische, als physiologische und chemische sind.

Fig. 337. Dabby's großer Voltaston'scher Trogapparat.

Bevor wir uns aber zu ihrer Betrachtung wenden, wollen wir den verschiedenen Abänderungen, welche die Volta'sche Säule nach und nach erlitten hat, unsere Aufmerksamkeit zuwenden, zumal dieser Gegenstand in der Telegraphie, der Galvanoplastik u. s. w. eine große Bedeutung erlangt hat.

Zunächst ist die Zamboni'sche Säule in ihrer Einrichtung ganz der Volta'schen entsprechend; nur besteht sie nicht aus massiven Metallplatten, sondern aus Gold- und Silberpapier, von denen je zwei Blatt mit den Metallseiten an einander gelegt und diese Plattenpaare in entsprechender Reihenfolge aufgeschichtet sind. Das Papier, welches immer etwas Wasser aus der Luft anzieht, vertritt hier die Stelle des feuchten Leiters. Natürlich kann eine solche Säule keine starken Effekte geben; da man aber bequem mehrere Tausend

Papierblätter auf einander legen kann und die Elektrizitätsentwicklung, wenn auch der mangelhaften Leitung wegen langsam, so doch lange Zeit andauernd stattfindet, so läßt sich die Zamboni'sche Säule doch für manche Zwecke recht gut verwenden (Perpetuum mobile, Elektrometer u. s. w.); eine weitergehende praktische Bedeutung hat aber diese, auch Trockensäule genannte Anordnung nicht.

Der hauptsächlichste Uebelstand, welcher der Volta'schen Säule anhaftet, ist der, daß die Wirkung derselben keine stetige, lange andauernde ist, sondern daß sie, obwol im Anfang sehr kräftig, nach kurzer Zeit nachläßt und immer schwächere Elektrizitätsentwicklung zeigt. Der Grund davon liegt in der chemischen Zersetzung. Die Entwicklung des galvanischen Stromes ist nämlich mit einer Zersetzung des Wassers im feuchten Leiter verbunden, der Sauerstoff geht zum Zink und verbindet sich mit diesem zu Zinkoxyd, welches sich in der säurehaltigen Flüssigkeit auflöst; der Wasserstoff dagegen geht zum Kupfer und setzt sich hier in Form kleiner Bläschen an, welche nun an all den einzelnen Punkten die direkte Berührung des Kupfers und der Flüssigkeit hindern und so der Elektrizitätsentwicklung schaden.

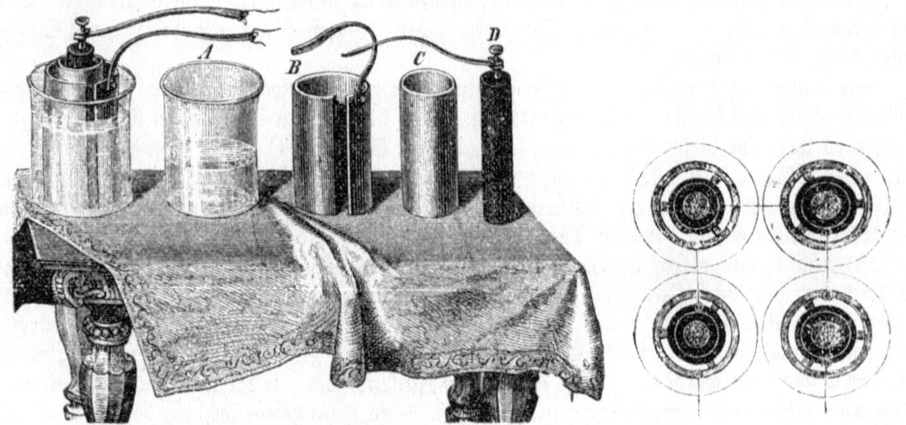

Fig. 338. Das Bunsen'sche Element. Fig. 339. Die Bunsen'sche Batterie.

Innerhalb einer Säule wie Fig. 334 kann man sie aber schwer entfernen, wenn man nicht den ganzen Bau aus einander nehmen will. Darum und auch weil durch das Gewicht der darüber lastenden Plattenpaare die Flüssigkeit aus den unteren Filzdeckeln ausgequetscht und damit eine schädliche direkte Leitung zwischen den einzelnen Plattenpaaren herbeigeführt wird, hat man die einzelnen Elemente neben einander in einen länglichen, viereckigen Kasten zusammengestellt und die dazwischen entstehenden Zellen mit der leitenden Flüssigkeit ausgefüllt. Dies ist der sogenannte Trogapparat (Fig. 335), welcher dadurch noch eine Abänderung erfahren hat, daß man für die Zellen einzelne Gefäße anbringt und die Elemente in der Weise mit einander in Verbindung setzt, wie es Fig. 336 andeutet (Becherapparat). Man hat bei diesen Arrangements den Vortheil, leicht jedes einzelne Element herausnehmen zu können. Eine solche Vereinigung mehrerer Elemente heißt eine galvanische Batterie, und es ändert im Wesen des Apparats nichts, ob bei der einen oder der andern anstatt Kupfer und Zink andere Metalle, Zink und Silber, Silber und Platin u. s. w., als Elektrizitätserreger mit einander verbunden sind. Eine der mächtigsten Batterien wurde auf Befehl Napoleon's I. für die Polytechnische Schule konstruirt; der Ehrgeiz der Engländer ließ es aber nicht zu, ohne einen ähnlichen Apparat zu sein. Man eröffnete eine Subskription, um das Laboratorium des berühmten Chemikers Davy mit einer großen Wollaston'schen Batterie auszustatten. Dieselbe ist in Fig. 337 abgebildet und, wie aus der Zeichnung hervorgeht, ein Trogapparat von 200 Elementen. Eine sich immer gleichbleibende Wirkung lassen diese Apparate aber sämmtlich nicht erreichen; der Anfangs sehr kräftige Strom nimmt eben infolge der sich ansetzenden Wasserstoffbläschen rasch ab.

Die **konstanten Batterien** suchen diesen Uebelstand zu umgehen, und zwar indem sie die chemische Zersetzung so dirigiren, daß kein schädliches Gas ausgeschieden wird, vielmehr alle Produkte in Lösung bleiben und die Flüssigkeit wo möglich immer dieselbe Zusammensetzung und Konzentration behält. Man erreicht diesen Zweck, wenn auch nie vollständig — denn das ist nicht möglich, weil für die Elektrizitätserzeugung immer Etwas darangegeben werden muß, wodurch ein chemischer Prozeß sich einleitet, infolge dessen das eine Element allmählich aufgezehrt und in die Flüssigkeit gelöst übergehen wird — so doch annähernd und, bei nicht zu starkem Elektrizitätskonsum, auch für eine ziemlich lange Zeit dadurch, daß man das negative Metall in eine andere Flüssigkeit tauchen läßt als das positive, beide von einander aber durch poröse Zwischenwände absperrt, so daß die Flüssigkeiten immer mit einander in Berührung sind und die Leitung keinerlei Unterbrechung erleidet. Als positives Metall dient fast immer das Zink, welches in verdünnte Schwefelsäure eingetaucht wird, als negatives bei der Daniell'schen Batterie Kupfer, in eine konzentrirte Lösung von Kupfervitriol eingetaucht, bei der Grove'schen Platin in konzentrirter Salpetersäure, bei der Bunsen'schen Batterie endlich feste Kohle, ebenfalls in konzentrirter Salpetersäure. Das Zink wird bei allen, um die direkte Einwirkung der Schwefelsäure abzuhalten, mit Quecksilber oberflächlich amalgamirt.

Wir wollen als Beispiel nur die Einrichtung der zuletzt erwähnten Bunsen'schen Batterie betrachten, welche für größere praktische Zwecke die meisten Vorzüge in sich vereinigt.

Jedes Element dieser Batterie besteht aus vier Stücken: 1) einem Gefäß A von Porzellan oder Glas (s. Fig. 338), welches zur Aufnahme der übrigen dient; 2) einem hohlen, geschlitzten Cylinder B, aus einer starken Zinkplatte gebogen, an welchen ein Kupferstreifen angelöthet ist; 3) einem porösen Thoncylinder C, unten und an der Seite vollständig geschlossen, und 4) aus einem massiven Kohlencylinder D, oben mit einer Schraube versehen, mittels derer der vom Zink kommende Kupferstreifen mit der Kohle leitend verbunden werden kann. Alle diese einzelnen Theile nehmen in der genannten Reihenfolge im Durchmesser mehr und mehr ab, weil sie, wie es die Abbildung zeigt, beim Zusammensetzen in einander geschachtelt werden. Zuerst kommt der Zinkcylinder, in diesen wird die Thonzelle gesetzt und dahinein der Kohlencylinder gebracht. Der Zwischenraum, wo das Zink steht, wird mit verdünnter Schwefelsäure, das Innere der Thonzelle aber mit konzentrirter Salpetersäure angefüllt.

Gewöhnliche Holzkohle kann man zu den Kohlencylindern nicht verwenden, denn sie ist nicht dicht genug und leitet zu wenig. Es werden vielmehr die härtesten Koaks, die sich oben an den Decken der Gasretorten ansetzen, ausgesucht, gepulvert, mit etwas Steinkohlenpulver und Sirup zu einem festen Teige angerührt; diese Masse formt man zu Cylindern und brennt sie hart, so daß sie klingend wird. Bisweilen macht man auch die Kohlencylinder hohl und füllt sie mit zerstoßenen Koaks oder Sand, den man mit Salpetersäure tränkt; ja billige Batterien stellt man auf die Weise dar, daß man die Thonzelle C gleich mit Koaksbrocken und Koakspulver vollstopft und mit Säure füllt.

Die Thonzelle hat, um die Berührung mit dem Zink zu vermeiden, einzelne gläserne Vorsprünge, welche in dem Grundriß Fig. 339 deutlicher hervortreten. Daselbst sieht man auch, in welcher Weise mehrere Elemente zu einer Batterie vereinigt werden. Es wird nämlich der vom Zink des ersten Elements ausgehende Kupferstreifen durch die Klemmschraube an den Kohlencylinder des zweiten Elements angedrückt, der Zinkcylinder des zweiten Elements mit der Kohle des dritten u. s. w. in leitende Verbindung gesetzt, so daß der Kohlencylinder des ersten Elements schließlich mit dem Zink des letzten verbunden werden muß, wenn die Kette geschlossen sein soll.

Die **Wirkungen des galvanischen Stromes** sind, wenn auch nicht qualitativ, so doch quantitativ, in vielen Punkten von denen des gewöhnlichen elektrischen Funkens sehr verschieden. Was die physikalischen Phänomene anlangt, so stehen Licht- und Wärmeeffekte in erster Reihe, während die Anziehung bei der verhältnißmäßig geringen Spannung der Elektrizität in der galvanischen Batterie nur wenig Bemerkenswerthes zeigt.

In den Schaufenstern der Mechaniker sieht man bisweilen ein sogenanntes elektrisches Perpetuum mobile aufgestellt. Dasselbe gründet sein lange andauerndes Spiel auf die Anziehung, die von den Polen zweier Zamboni'scher Säulen auf ein um seinen Schwerpunkt schwingendes Pendel ausgeübt wird und dasselbe in Bewegung erhält. Die Zamboni'schen Säulen sind nämlich so neben einander aufgestellt, daß bei der einen der positive, bei der andern der negative Pol sich oben befindet. Das Pendel ist mitten inne zwischen beiden aufgehängt und trifft mit seiner Endkugel beim Ausschlagen gerade die Pole der Säule. Hier ladet es sich bei jeder Berührung mit Elektrizität, wird von dem gleichnamigen Pole dann abgestoßen, von dem andern aber um so kräftiger angezogen, bis es, mit der entgegengesetzten Elektrizität gesättigt, auch hier wieder abgestoßen wird und so abwechselnd immer hin= und herschwankt. Andere Arrangements dieser Bewegungserscheinung sind leicht zu treffen, und unsere Abbildung Fig. 340 zeigt uns das Pendel mit einem Drahte verbunden, dessen Bewegung den kleinen Seiltänzer auf dem Seile hin= und herschwanken läßt.

Fortbewegung und Widerstandsverhältnisse des galvanischen Stromes sind entsprechend wie beim elektrischen Funken. Je dicker der Draht, desto besser die Leitung; schwache Drähte können durch das Passiren starker Ströme bedeutend erhitzt, glühend gemacht und eben so geschmolzen werden, wie durch den Funken der elektrischen Batterie. Bei Sprengarbeiten bedient man sich daher, weil man das Experiment hier besser kontroliren kann, zur Entzündung der Ladungen gewöhnlich einer galvanischen Batterie, deren Verbindungsdraht man durch alle Sprenglöcher hindurchleitet. Wo der Draht durch den Sprengsatz geht, besteht

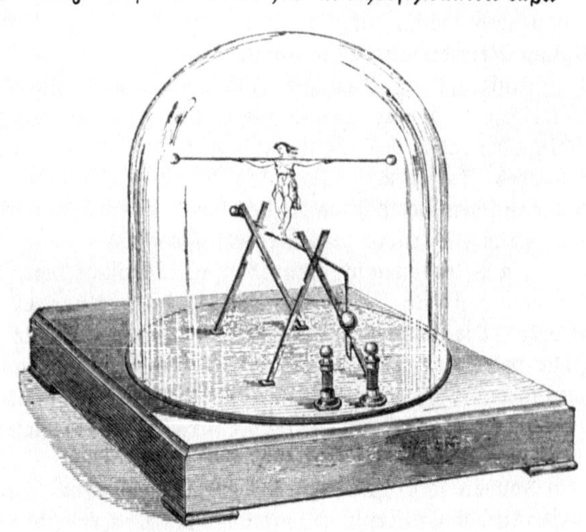

Fig. 340. Perpetuum mobile mit Zamboni'scher Säule.

er aus einem dünnern Stück, welches durch den Strom ins Glühen gebracht wird. Da die Erhitzung aber durch die ganze Länge des Drahtes auf einmal erfolgt, so findet auch die Explosion aller Löcher in demselben Moment statt.

In der Chirurgie benutzt man die Erhitzung schwacher Platindrähte durch den galvanischen Strom, um Fleischpartien abzubrennen. Der Draht wird um den zu operirenden Theil gelegt, während noch kein Strom hindurchgeht, und in die richtige Lage gebracht. Darauf schließt man die Kette und schnürt entweder die Drahtschlinge zu oder schneidet mit dem glühenden Faden, wie der Seifensieder mit dem Draht Seife schneidet.

Um die beiden Pole einer Batterie mit einander leitend zu verbinden, eben so rasch aber auch die Wirkung wieder aufhören zu lassen, hat man sogenannte Unterbrecher konstruirt, welche auf bequeme Weise diese Absicht erreichen lassen. Die einfachsten Apparate dieser Art sind diejenigen, wo die beiden Pole in Quecksilbernäpfchen geleitet sind, welche durch einen in beide Näpfchen tauchenden Metallbügel verbunden werden können, der augenblicklich herauszuheben und wieder einzusetzen ist.

Das elektrische Licht. Während der elektrische Funke eine einmalige Lichtexplosion oder, bei der Leidener Flasche, ein rasch abnehmendes oscillatorisches Ausgleichen ist, charakterisirt sich die Lichterscheinung des galvanischen Stromes durch ihre stetige Ausstrahlung und läßt sich dadurch zu einer praktischen Verwendung geneigt finden. Um ein lebhaftes Licht hervorzurufen, muß man aber schon eine ziemlich starke Säule anwenden und anfänglich die von den Polen ausgehenden Drähte einander sehr nahe bringen.

Ist aber von einem Pole zum andern durch einen überspringenden Funken einmal eine leitende Brücke gebaut, so geht dann die Ueberstrahlung von Statten, auch wenn die Entfernung der beiden Polenden von einander vergrößert wird.

Sir Humphrey Davy hat mit seiner Säule aus 200 kräftigen Zink- und Kupferplattenpaaren die ersten namhaften Lichteffekte dadurch erzielt, daß er die Pole derselben in zwei Kohlenenden auslaufen ließ. Näherte er dieselben einander, so ging der Strom über, und der Lichtschein nahm, wenn die Kohlenenden dann langsam von einander entfernt wurden, die Gestalt eines nach aufwärts gekrümmten Bogens an, der erst bei einer Entfernung von 47½ Centimeter erlosch. Die Farbe des Lichtes war blendend weiß mit einem bläulichen Saume.

Das elektrische Licht ist sehr reich an chemisch wirkenden Strahlen. Durch Vergleichung hat man gefunden, daß 48 gewöhnliche Kohlenzinkelemente eine Leuchtkraft entwickeln, wie 572 Wachskerzen. Diese große Helligkeit, sowie die Möglichkeit, das Licht plötzlich hervorrufen und ebenso plötzlich wieder verlöschen zu können, ließen bald die Idee einer praktischen Verwendung auftauchen.

Anfangs der Vierziger Jahre wurden in Paris von Deleuil Versuche gemacht, das elektrische Licht zur Straßenbeleuchtung zu gebrauchen. Er beleuchtete mittels 98 Zinkkohlenelementen den Pavillon eines Hauses am Pontneuf. Das Experiment machte ungeheures Aufsehen. Man wollte eine „Erleuchtungs-Compagnie" gründen, und die Acherau'schen Beleuchtungen des Concordienplatzes 1844 hielten die Sympathien des leichtbeweglichen Parisers dem Projekt geneigt.

In Petersburg wurden ebenfalls Versuche von Jacobi und Acherau 1849 mit einer Batterie von 185 Zinkkohlenelementen, jedes von 1200 Quadratcentimeter Oberfläche, angestellt. Die Batterie stand parterre, Leitungsdrähte führten zum Lichtapparat, der auf der Höhe des Admiralitätsthurmes stand und von hier aus am 8. Dezember in einer Nacht von wunderbarer Klarheit die in schnurgerader Richtung auf den Thurm zulaufenden drei Hauptstraßen, Newsky-Prospekt, Erbsenstraße und Wosnesensky-Prospekt, so hell beleuchtete, daß in einer Entfernung von 100 Schritt die Helligkeit 25 mal, bei 3—400 Schritt jedoch nur noch doppelt so groß war, wie bei gewöhnlichem Gaslicht. In dieser Abnahme der Leuchtkraft mit der Entfernung liegt aber die Unverwendbarkeit einer einzigen Lichtquelle für die Beleuchtung von Straßen und Plätzen. Vereinzelte elektrische Laternen dagegen, in Entfernungen von einander aufgestellt wie die Gaslaternen, würden keinen Gewinn gewähren, weil für jede womöglich eine besondere Batterie eingerichtet werden möchte.

Trotzdem nun, daß die Aussichten des elektrischen Lichts für Straßenbeleuchtung sehr geschwunden sind und daß auch durch den Versuch, welcher 1852 gemacht wurde, die Deputirtenkammer in Brüssel elektrisch zu beleuchten, ein Nutzen für Beleuchtung geschlossener Räume sich nicht herausstellte, so giebt es doch eine große Zahl anderer Zwecke, denen es mit Vortheil dienen kann.

Die glänzendsten Stadttheile in Paris wurden von Napoleon III. aus den Trümmern niedergerissener alter Baracken mit Zauberschnelle hervorgerufen. Ohne Unterbrechung währte die Thätigkeit. Der Tag hatte 24 Arbeitsstunden, in der einen Hälfte schien die Sonne, in der andern das elektrische Licht. Die Westminsterbrücke in London, die Rheinbrücke bei Kehl, der Industriepalast von 1862 und andere große Gebäude wurden zum Theil bei elektrischem Licht gebaut und die Riesenarbeiten in Paris für die Ausstellung von 1867 geschahen ebenfalls mit seiner Hülfe. Man wendet dasselbe auf Leuchtthürmen zum Signalisiren an, wie auf dem Leuchtthurm zu South-Foreland unweit Dover, und da es, um fortzuleuchten, nicht an das Vorhandensein von Sauerstoff gebunden ist, so ist es ein ausgezeichnetes Mittel, um unter Wasser dem Taucher den Meeresboden zu beleuchten, oder Fische anzulocken. Man kann es sehr gut benutzen, um den menschlichen Körper behufs Operationen, z. B. in der Rachenhöhle u. dergl., von innen zu erhellen. Und außerdem behält das elektrische Licht seinen unbestreitbaren Wirkungskreis auf dem Theater, wo ihm Meyerbeer eine ganz besondere Aufnahme bereitet hat.

So einfach die Erzeugung des elektrischen Lichtes auf den ersten Anschein aussieht, so sind doch damit Schwierigkeiten verknüpft, welche gründlich zu heben jetzt noch nicht einmal vollständig gelungen ist. Das schönste Licht erhält man, wenn man, wie schon erwähnt, die Enden der Poldrähte in Stäbe von harter Kohle, solcher wie sie zu den Bunsen'schen Kohlen= cylindern genommen wird, ausgehen läßt. Man hat auch den Strom in einen herabfallen= den Quecksilberfaden geleitet und das dabei sich entwickelnde blendende Licht ausnutzen wollen, allein mit wenig Glück, da die Methode wegen der sich bildenden Quecksilberdämpfe zu gefährlich ist. Die Kohlenenden dagegen haben den Uebelstand, daß sie infolge der großen Wärmeentbindung, welche gleichzeitig mit stattfindet, nach und nach verbrennen, wodurch sich der Zwischenraum mehr und mehr vergrößert, bis endlich die Entfernung zu groß und der Strom unterbrochen wird, wobei natürlich das Licht verlöscht.

Um diesem zu begegnen, sind eine Anzahl von Apparaten er= funden worden, welche als Regulatoren wirken und die Kohlen= spitzen in gleicher Entfernung halten; ja, wenn infolge des schwächern Stromes der Lichtbogen an Intensität abnimmt, sie einander sogar nähern und die ursprüngliche Leuchtkraft wieder hervorrufen. Namentlich wird die von Serin konstruirte Lampe als praktisch geschildert, welche, obwol in ihrer Einrichtung etwas komplizirt, doch so solid und stetig in ihrer Wirkung ist, daß trotz des hohen Preises ihre praktische Verwendbarkeit namentlich für Leuchtthürme nicht bezweifelt werden kann. Wir sehen in Fig. 341 eine elektrische Lampe, welche von Dubosq konstruirt worden ist und bei welcher ebenfalls der übergehende Strom die Regulirung zwischen den Kohlen= spitzen C und C' selbst bewirkt. Auf der letzten Pariser Industrie= ausstellung waren dergleichen Apparate oft stundenlang in Thätigkeit, ohne einer Nachhülfe zu bedürfen oder wesentliche Schwankungen in der Helligkeit zu zeigen, und während der Belagerung von Paris waren die elektrischen Beleuchtungsapparate namentlich in der ersten Zeit, als man dem Publikum noch dann und wann eine effektvolle Schaustellung geben zu müssen glaubte, fast allnächtlich in Aktion, um ihr Licht in unsere Vorpostenstellungen zu werfen.

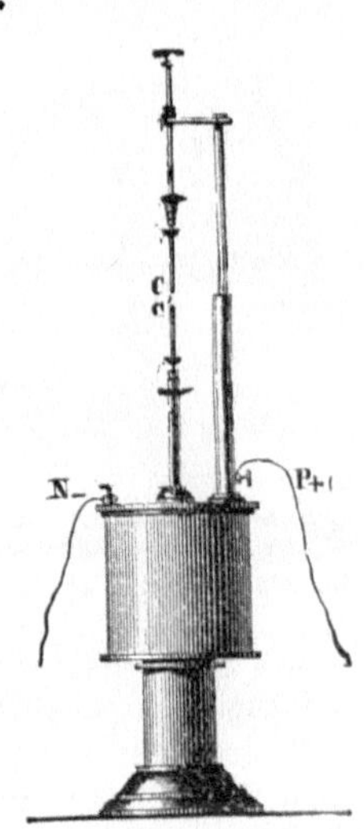

Fig. 341. Elektrische Lampe.

Chemische Wirkungen des galvanischen Stromes. Die eigenthümlichen Wirkungen, welche der elektrische Strom auf den menschlichen Körper, auf Nerven= und Muskelsystem ausübt, machen sich besonders bemerklich beim Eintreten und beim Verschwinden des gal= vanischen Stromes, also bei den Unterbrechungen desselben, weniger beim stetigen Verlauf; zu ihrer Erzeugung sind deswegen auch ganz besondere Apparate nöthig. Wir können sie jetzt nicht zum Gegenstand unsrer Betrachtung machen, dafür aber erübrigt uns, einen Blick auf die chemische Wirkung des elektrischen Stromes zu werfen.

In jeder zusammengesetzten chemischen Verbindung sind die Bestandtheile von ver= schiedener elektrischer Qualität, infolge derer sie verschiedene Stellen in der elektrischen Spannungsreihe annehmen würden. Wasser besteht z. B. aus Wasserstoff und Sauerstoff, von denen der erste gegen den zweiten positiv, der zweite gegen den ersten dagegen negativ sich verhält. Ragen nun die beiden Pole (Elektroden) einer hinlänglich starken galvani= schen Kette in Wasser so, daß der Strom durch dasselbe von einem zum andern übergehen kann, so erfolgt, wie wir schon bei der Volta'schen Säule gesehen haben, eine Zersetzung in der Art, daß der positive Pol, oder die Anode, den negativen Sauerstoff, der negative Pol, die Kathode, dagegen den positiven Wasserstoff anzieht. Beide Gasarten entwickeln sich in kleinen Bläschen an den Polenden, wo sie aufgefangen werden können (Fig. 342). Dabei erhält man immer doppelt so viel Wasserstoff als Sauerstoff, weil in diesen Verhält= nissen beide Gase im Wasser mit einander verbunden sind.

Die Zersetzung des Wassers hatte man schon im Jahre 1800 kennen gelernt; 1807 entdeckte Humphrey Davy die ganz analoge Zersetzbarkeit der Alkalien und Erden, welche man bis dahin für elementare Körper gehalten hatte, und zeigte, daß dieselben sogenannte Oxyde, d. i. einfache Verbindungen eigenthümlicher Metalle mit Sauerstoff seien. In der Potasche fand man das Kalium, in der Soda das Natrium; Calcium, Magnesium, Aluminium und Silicium wurden als die Grundbestandtheile der Kalkerde, der Talk=, Thonerde und des Kiesels erkannt, und durch diese Thatsache gewann die Chemie erst das sichere Fundament, auf welchem sie sich so ungemein rasch und erfolgreich entwickelte.

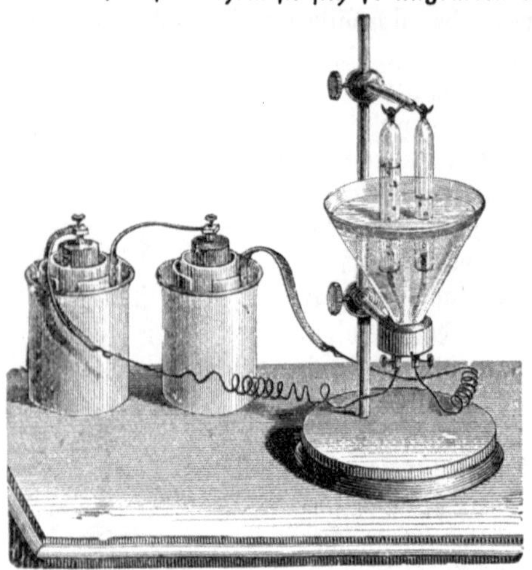

Fig. 342. Wasserzersetzung durch den elektrischen Strom.

Die genannten Körper sind Metalle oder metallähnliche Körper, sie stehen in der elektrischen Spannungsreihe am äußersten positiven Ende. Der Sauerstoff dagegen ist einer der negativsten Körper und er scheidet sich daher immer am positiven Pole aus, während jene Metalle am negativen Pole einer starken Batterie in gediegenem Zustande sich ablagern. Dieser gediegene Zustand ist jedoch unter gewöhnlichen Verhältnissen, d. h. bei Zutritt der atmosphärischen Luft, für das Kalium, Natrium u. s. w. durchaus nicht zu halten. Ihre Verwandtschaft zum Sauerstoff ist so groß, daß sie sofort wieder denselben aus der Luft an sich reißen und sich unter Lichterscheinung mit ihm verbinden, verbrennen. Deswegen findet man dergleichen Elemente eben auch nicht in der Natur in gediegenem Zustande, und es hat langer Zeit bedurft und einer hohen Ausbildung der Wissenschaft, um sie aus ihren Verbindungen darzustellen. Davy gelang es, indem er einen Block Potasche (geschmolzen und wasserfrei) mit dem positiven Pole einer starken galvanischen Batterie verband. Den negativen Pol leitete er in eine Höhlung dieses Blockes, die er mit Quecksilber angefüllt hatte (Fig. 343). Das am negativen Pole sich ausscheidende Kalium, welches bei früheren Versuchen immer verbrannt war, fand jetzt in dem Quecksilber einen Körper, mit dem es sich

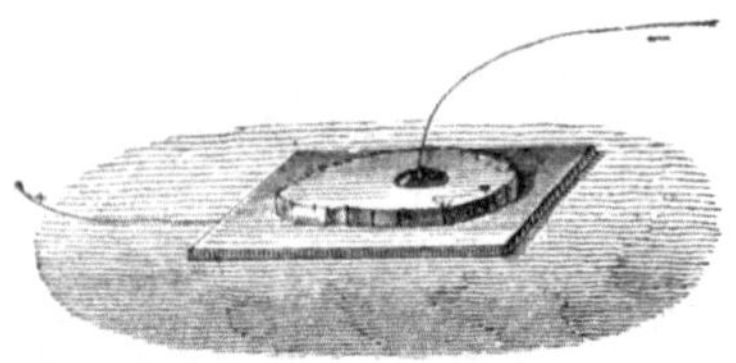

Fig. 343. Davy's Zersetzung der Alkalien.

verbinden konnte und der es vor den Einwirkungen der Luft schützte. Es bildete sich Kaliumamalgam, aus welchem Davy dann das Kalium durch Abdestilliren des Quecksilbers isolirte.

Salze, das sind komplizirtere chemische Verbindungen, in denen je zwei bereits zusammengesetzte Körper sich mit einander zu einem dritten, neuen vereinigt haben, werden nichtsdestoweniger auch zerlegt, wenn sie nur in einen flüssigen Zustand sich überführen lassen, so daß sie in demselben die Leitung zwischen den beiden Polen übernehmen können. Ihre Molecule zerfallen dabei vorerst in die beiden zunächstliegenden Bestandtheile, Säure und Basis, die sich an die entsprechenden Pole begeben; indessen gehen sie hier auch sogleich in weitere Zersetzung über, so daß sich an den beiden Elektroden die entgegengesetzten Elemente ausscheiden. Taucht man z. B. in eine Lösung von schwefelsaurem Kupferoxyd die Polenden einer Batterie, so steigen am positiven Ende kleine Bläschen von Sauerstoff als des negativsten Körpers auf, am negativen Pole dagegen scheidet sich metallisches Kupfer als der positivste Körper aus. Die Schwefelsäure begiebt sich an den positiven Pol und löst hier, wenn es ihr geboten wird, eben so viel metallisches Kupfer wieder auf, als sich am negativen Pole ausschied. Diese Verhältnisse haben bei der schon erwähnten Daniell'schen Batterie zur Anwendung einer Kupfervitriollösung, in welche die negative Kupferplatte getaucht wird, geführt, weil auf diese Weise immer eine blanke Metallplatte mit der Flüssigkeit in Berührung bleibt. Ferner aber haben sie die Natur zu einer merkwürdigen Künstlerin heranbilden gelehrt, indem dieſe Kupferniederſchläge zuſammenhängend, feſt und doch ſo fein und zart hervorgerufen werden können, daß ſie alle Erhöhungen und Vertiefungen, die ſich auf der negativen Polplatte vorfinden, auf das Genaueſte abbilden. Dieſe induſtrielle Verwendungsart nennt man

Galvanoplaſtik. Der erſte Entdecker ihrer Grunderſcheinung iſt Wach, welcher 1830 bei der Konſtruktion einer konſtanten Kette die Ablagerung von Kupfer bemerkte. Zwar will man ſchon den alten Aegyptern die Ausübung dieſer Kunſt zuſchreiben, weil man in ägyptiſchen Gräbern große Figuren, Gefäße u. ſ. w., aus ſehr dünnem Kupfer erzeugt, andere aus Holz gefertigt mit einem ſchwachen Kupferüberzug, vorgefunden hat und man ſich die Herſtellung dieſer Gegenſtände durch den galvaniſchen Strom vollzogen vorſtellt. Allein die Beweiſe ſind ſo ſchwankender Natur, daß wir die Erfindung wol erſt aus dieſem Jahrhundert datiren können, wo dieſelbe mit Bewußtſein gemacht und auf Grund der genau erkannten Vorgänge zur Vollkommenheit ausgebildet wurde.

Fig. 344.   H. Jacobi, Erfinder der Galvanoplaſtik.

Wahrſcheinlich treibt die Natur den galvanoplaſtiſchen Prozeß ſeit Millionen von Jahren ſchon in größter Ausdehnung; wenigſtens giebt es für die Erklärung des Entſtehens der Lagerſtätten von gediegenen Metallen, die ſich hier und da finden, an den Oberen Seen in Nordamerika z. B., ſowie des Vorkommens von gediegenem Kupfer innerhalb der Schichten ſedimentärer Geſteine, keine einfachere und naturgemäßere Erklärung als die Annahme, daß der elektriſche Strom, der im Laboratorium des Chemikers das Kupfer aus ſeinen Löſungen zu ſcheiden vermag, auch in der großen Werkſtätte der Schöpfung ſeine Thätigkeit immerdar geübt hat.

Für uns ſind es aber namentlich zwei Männer, H. Jacobi in Petersburg und Spencer in Liverpool, welche, wie es ſcheint, gleichzeitig und ohne von einander zu wiſſen, den Gedanken, das am negativen Pole ſich niederſchlagende Kupfer über beſtimmte Formen wachſen zu laſſen, ausführten. Es ſcheint, als ob Jacobi (1838) zuerſt zu einem günſtigen Erfolge gekommen ſei, wenigſtens wird er allgemein als der Erfinder der praktiſchen Methode angeſehen, und von der ruſſiſchen Regierung erhielt er nach Herſtellung ſeiner erſten galvanoplaſtiſchen Produkte eine Belohnung von 25,000 Rubeln.

Die galvanoplaſtiſchen Apparate ſind nichts weiter als galvaniſche Ketten, gewöhnlich von Zink und Kupfer, deren negativer Pol in eine Löſung von ſchwefelſaurem Kupferoxyd, deren poſitiver dagegen in verdünnte Schwefelſäure eintaucht. Die beiden Flüſſigkeiten ſind durch eine poröſe Wand — thieriſche Blaſe oder eine Thonzelle — von einander getrennt, wie wir bei Fig. 345 beobachten können.

Man kann ſich mit einem Koſtenaufwande von nur wenigen Groſchen ſelbſt einen einfachen Apparat dieſer Art herſtellen. In ein cylindriſches, ſogenanntes Zucker- oder Einmacheglas wird ein offener hölzerner Cylinder, etwa eine runde Schachtel ohne Boden, dergeſtalt eingepaßt, daß ringsum reichlich 1½ Centimeter Spielraum vorhanden iſt; dann nimmt man ein Stück naſſe Schweins- oder Rindsblaſe und bildet daraus einen Boden für die Schachtel, indem man die Blase um den Rand mit mehrfach umschlagenem Bindfaden recht fest bindet. Das untere Gefäß dient zur Aufnahme des negativen Poles, die poröse Zelle für den positiven Pol; ersteres wird daher mit Kupfervitriollösung, letztere mit verdünnter Schwefelsäure (30—40 Theile Wasser auf 1 Theil Schwefelsäure) gefüllt; dann hängt man die Blase so in das Glas, daß in beiden die Flüssigkeiten ungefähr gleich hoch stehen. Legt man nun in die Kupferauflösung eine Kupferplatte, an welche als Leitung ein Streifen Kupfer= oder Messingblech angelöthet, oder auch nur ein Kupferdraht fest angedreht ist; hängt man ferner in die Schwefelsäure eine Zinkplatte, an welcher sich ebenfalls eine Leitung, wie oben beschrieben, befindet, und verbindet beide Leitungen endlich durch eine Klemmschraube, so hat man damit die Kette zusammengesetzt, und es wird sich bald auf der unteren Platte aus der zersetzten Kupferauflösung ein feiner Niederschlag bilden, der nach und nach immer stärker wird und aus solidem, ganz reinem Kupfer besteht, das sich in alle Vertiefungen hineinsetzt und so ein ganz genaues, verkehrtes Abbild der

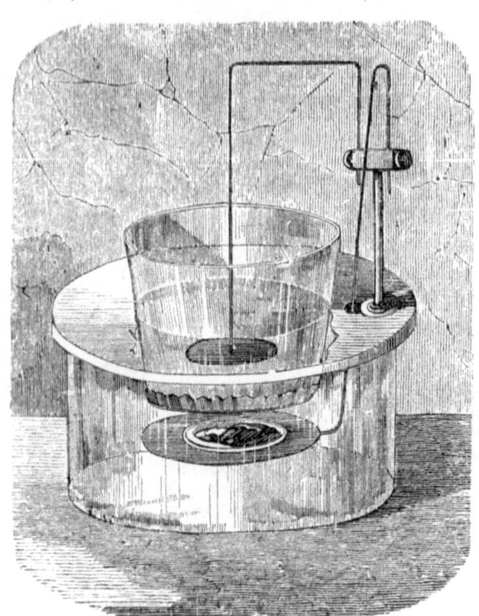

Fig. 345. Einfacher galvanoplastischer Apparat.

Platte giebt. Fig. 345 zeigt uns das Arrangement in etwas besserer Ausführung. Wir sehen das äußere Gefäß, welches die Kupfervitriolauflösung enthält; in dasselbe taucht ein zweites, unten mit einer Blase zugebundenes Glas mit der verdünnten Schwefelsäure. Der Holzdeckel ist blos dazu da, um das Hineinfallen von Staub in die Kupferflüssigkeit zu verhüten und dem inneren Gefäße Halt zu geben. Die Zinkplatte ist mit der Kupferplatte leitend verbunden durch metallische Drähte, welche sich in einer Klemme vereinigen. Der Gegenstand, von welchem ein Abdruck genommen werden soll, befindet sich auf der Kupferplatte. Ist dieser z. B. eine gestochene Kupferplatte, so enthält die Ablagerung auch die feinsten Züge derselben erhaben, und wenn man diese Ablagerung wieder in den Apparat bringt, so kann man einen neuen Niederschlag entstehen lassen, der alle Züge wieder vertieft zeigt und eine so genaue Kopie der ersten Platte

ist, daß man von derselben Abdrücke erhält, die von denen der Originalplatte nicht zu unterscheiden sind. In der That wird dieses Verfahren vielfach angewendet, um von einer Kupferplatte, die sonst nur etwa 800 gute Abdrücke liefern würde, durch mehrere, nach einander über einer von der Originalplatte genommenen Matrize erzeugte Platten beliebig viele Tausend Abdrücke zu nehmen. Ausgedehnte Anwendung von diesem Mittel, gestochene theuere Platten zu schonen, macht man z. B. in den bekannten großen Landkartenfabriken zu Weimar und Gotha und in den Anstalten für Herstellung von Werthpapieren; außerdem aber bedient sich jede größere Druckerei des Verfahrens, um Holzstöcke u. dergl., anstatt sie zu clichiren, galvanoplastisch zu vervielfältigen, weil hier natürlich alle Feinheiten viel schöner und zarter wiedergegeben werden, als durch die Schriftmasse.

Es ist aber gar nicht unbedingt nöthig, daß die Form am negativen Pol, welche mit Kupfer überzogen sein soll, von Metall sei; es genügt, daß ihre Oberfläche leitend gemacht werde. Man kann dann zu den Matrizen Holz, Gips, Schwefel, Stearin, kurz jeden Stoff anwenden, der bildsam genug ist, um irgendwie geformt werden zu können, und der den Aufenthalt in der Kupferlösung verträgt, was z. B. Gipsformen an sich nicht können, wenn sie nicht vorher mit heißem Wachs u. dergl. durchtränkt worden sind.

Murray hat im Jahre 1840 zuerst auf die Möglichkeit hingewiesen, nicht metallische Formen zu galvanoplastischen Niederschlägen zu benutzen. Als ein ausgezeichnetes Abformungsmittel hat sich die für viele Zwecke so überaus nützliche Guttapercha erwiesen. Sie nimmt, wenn sie in heißem Wasser erweicht und so auf das Original gedrückt wird, die feinsten Details desselben so vollkommen an, wie fast kein anderer Stoff. Zur Leitendmachung der Oberflächen bieten sich verschiedene Mittel dar. Man reibt die Formen mit fein geschlemmtem Graphit oder Metallbronzen ein; gießt man Formen aus Stearin, so kann ersteres Pulver gleich in die geschmolzene Masse mit eingerührt werden. Ferner kann man die leitend zu machenden Flächen mit einer Silberlösung bestreichen und sie den Dämpfen von Schwefeläther aussetzen, in welchem etwas Phosphor aufgelöst ist; es bildet sich hierbei ein feines, sehr gut leitendes Häutchen von Phosphorsilber.

Da der negative Pol an allen Stellen, mit denen er in die Kupfervitriollösung hineinragt, sich metallisch überzieht und dieser Ueberzug dann schwer abzulösen sein würde, so bestreicht man diejenigen Punkte, an denen sich kein Kupfer absetzen soll, mit einem Firniß oder mit Wachs und läßt nur die abzuformende Fläche leitend.

Wie man sieht, ist also die Möglichkeit gegeben, die Galvanoplastik auf die vielseitigste Weise nutzbar anzuwenden, und es geschieht dies auch so häufig, daß wol jeder Leser schon, vielleicht ohne es zu ahnen, irgend einen galvanischen Niederschlag in Händen gehabt hat. Man hat diese Kunst nicht unpassend „kalten Guß" genannt, und in der That kann sie überall, wo es sich um Erzeugung flach oder hohl modellirter Gegenstände handelt, den Guß vertreten, nur leistet sie hinsichtlich der Feinheit bei weitem mehr. Sollen hohle runde Stücke erzeugt werden, so muß der Niederschlag natürlich an den Innenwänden einer Hohlform vor sich gehen, und es wird die Form

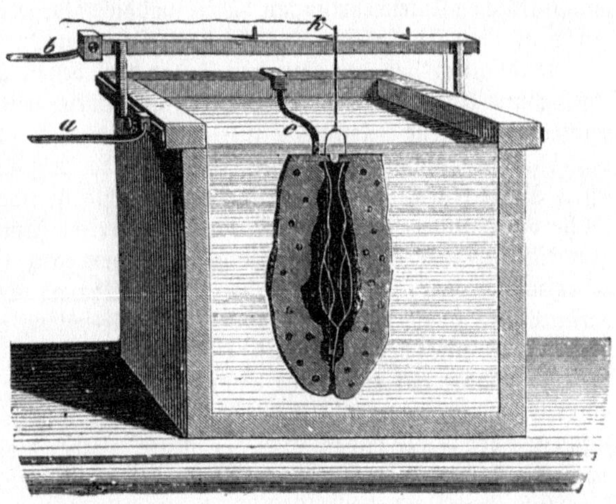
Fig. 346. Herstellung galvanoplastischer Gegenstände in Hohlform.

ungefähr herzustellen sein, wie es Fig. 346 zeigt. Der negative Pol steht hierbei durch die Leitung c mit der Hohlform in Verbindung, während der positive Pol durch die Drähte von k aus in das Innere der Form geführt wird.

Man hat auf diese Art zahlreiche Werke der Bildhauerkunst vervielfältigt, ja in vielen Fällen hat der Künstler sein Werk gleich in einer über dem ausgeführten Modell hergestellten Hohlform niedergeschlagen, anstatt es in Stein oder in Erzguß herzustellen. Interessante Nachbildungen kleiner Thiere, wie Eidechsen, Käfer u. dergl., können in Hohlformen galvanoplastisch erzeugt werden, indem man das Thier mit weicher thoniger Formmasse umgiebt, diese trocknet und brennt, die Höhlung von den Aschenresten reinigt und die Innenwände leitend macht. — Eben so werthvoll, wie dem Kupferstecher, dem Holzschneider ꝛc., ist die Galvanoplastik als Vervielfältigungsmittel für den Schriftgießer, indem sie ihn in den Stand setzt, mit Ersparung des Stempelschneidens in Stahl von jedem gegossenen Buchstaben eine kupferne Matrize unmittelbar zu gewinnen und so den Buchstaben in beliebiger Anzahl aufs Neue zu gießen. Auch die gewöhnlichen Stereotypplatten, wie die einzelnen Buchstaben, versteht man auf ihrer Druckfläche mit einer dünnen, festhaftenden Lage Kupfer zu überziehen, wodurch sie um Vieles dauerhafter werden. Selbst die Erzeugung von glatten Platten mit hochfeiner Politur, z. B. zum Behuf der Daguerreotypie, des Kupferstichs für Glättpressen, ist auf galvanischem Wege vortheilhafter als auf dem mechanischen.

Sehr gute Platten solcher Art entstehen fast wie von selbst in der Weise, daß man polirte Glastafeln chemisch versilbert (worüber Näheres bei der Spiegelfabrikation) und an diese Silberschicht eine Lage galvanisches Kupfer anwachsen läßt. Der große Werth der Galvanoplastik für die Münz= und Medaillenkunde springt von selbst in die Augen.

Eine sehr interessante Anwendung der Galvanoplastik bildet die von Kobell erfundene Galvanographie mit den verwandten Kunstzweigen der Glyphographie, Stylographie u. s. w., die im ersten Bande dieses Werkes bereits besprochen worden sind. Sie gründen sich, der Galvanoplastik entgegen, zum Theil auf die Thatsache, daß an dem positiven Pole in gleicher Weise Kupfer aufgelöst wird, wie sich solches am negativen abscheidet, und man macht davon auch Anwendung beim Aetzen der zum Kupferstich verwendeten Platten (Galvanokaustik). Kurz, die Anwendungen der chemischen Wirkungen des galvanischen Stromes sind in der kurzen Zeit seit ihrer Bekanntschaft so zahlreich geworden, daß wir Mühe haben würden, uns aller zu erinnern. Es sind große industrielle Etablissements entstanden, in denen alle galvanoplastischen Arbeiten ausgeführt werden. Namentlich hat Paris sehr bedeutende solcher Ateliers aufzuweisen, und eine der großartigsten galvanoplastischen Unternehmungen dürfte wol die naturgetreue Nachbildung der Trajanssäule in Rom sein, welche das Etablissement von Oudin unternommen hatte.

Bekanntlich ließ der römische Senat dem besten aller Kaiser zum Dank für die Besiegung und Unterwerfung der räuberischen Dacier ein prachtvolles Forum erbauen, auf welchem dann jene bekannte Säule errichtet wurde. Ursprünglich erhob sich auf ihr das Standbild Trajan's, später aber ließ einer der Päpste das Bild des Apostels Paulus an dessen Stelle setzen. Die Oberfläche der Säule ist über und über mit Skulpturen bedeckt, welche die Hauptereignisse der Trajanischen Kriege zum Gegenstande haben, und nicht nur ihrer künstlerischen Ausführung wegen, sondern ganz besonders auch kraft der historischen Ueberlieferungen, die sie uns über Körperbildung, Lebensgewohnheiten, Kleidung, Bewaffnung 2c., sowol der Römer und ihrer Hülfsvölker, als der von ihnen unterjochten Barbaren geben, eines der werthvollsten Materialien für das Studium der Kulturentwicklung sind.

Die Säule hat eine Höhe von nahe an 40 Meter und ist aus 33 Marmorblöcken zusammengesetzt, von denen 8 den Sockel, 23 den Schaft, einer das Kapitäl und einer das Fußgestell der Figur bilden. In der Mitte ist jeder dieser Blöcke wie ein Mühlstein durchbrochen. Durch die senkrechte Oeffnung führt eine Wendeltreppe auf die Plattform hinauf. Die Außenwand trägt die Bildhauerarbeit, welche sich schraubenförmig in zwanzig ansteigenden Windungen zur Höhe zieht. Unten ist die Höhe der Figuren 0,6 Meter, am obern Theile, welcher vom Beschauer entfernter liegt, das Doppelte. Die Gestalt des Kaisers wiederholt sich etwa 50mal, die Zahl der Figuren überhaupt aber beträgt zwischen 2000 und 3000. Dieses bedeutsame Werk alter Bildhauerkunst nun sollte in Paris auf Kosten Napoleon's galvanoplastisch reproduzirt werden. Von dem Original waren Gipsabgüsse genommen worden; dieselben wurden in dem Atelier des Herrn Oudin als Matrizen in den galvanoplastischen Apparat gebracht. Welche Ausdehnung überhaupt das Oudin'sche Etablissement hat, dürfte aus den Thatsachen hervorgehen, daß dasselbe bereits vor zehn Jahren jährlich über 50,000 Kg. schwefelsaures Kupferoxyd und an 12,000 Kg. Zink verbrauchte.

Bei den rein galvanoplastischen Verfahren kommt es, wie wir gesehen haben, hauptsächlich darauf an, neues Kupfer in solchen Formen zu erzeugen, daß sie selbständige nutzbare Stücke bilden. Insofern die Urform von Metall ist, muß dabei Vorsorge getroffen werden, daß das Neue mit dem Alten nicht etwa untrennbar zusammenwachse. Dieses wird leicht verhütet durch ein schwaches Einölen der Form, durch Einreiben mit Graphit u. s. w. Wird aber ein Stück Metall mit Säure ganz rein gebeizt und gleich in den Apparat gehängt, so haftet der Niederschlag viel fester, zumal wenn er nur eine ganz dünne Schicht bildet. Hieraus ergiebt sich die Möglichkeit, ein Metall mit einem andern zu überziehen, oder auch nichtmetallische Körper metallisch einzuhüllen. Man überzieht auf diese Art mancherlei Gegenstände mit Kupfer, um sie dauerhafter zu machen. Am häufigsten aber benutzt man dieses Mittel, um unedle Metalle mit edlen zu überkleiden.

Die galvanische Vergoldung und Versilberung namentlich hat eine sehr ausgedehnte Anwendung erlangt und wird auf eine Menge Verbrauchsartikel angewendet; die bekannten Chinasilberwaaren z. B. bestehen aus galvanisch versilbertem Neusilber.

Die Apparate zum Vergolden, Versilbern u. s. w. unterscheiden sich nicht wesentlich von den schon beschriebenen; nur die Flüssigkeiten sind natürlich andere, und dem zu überziehenden Gegenstand wird als zweiter Pol beim Vergolden eine Goldplatte, beim Versilbern eine Silberplatte u. s. w. gegenüber gestellt. Als Lösungsmittel benutzt man beim Vergolden und Versilbern eine Lösung von Cyankalium, und auch bei den Arbeiten mit Kupfer ist dieselbe vortheilhaft zu verwenden. Man bereitet die Flüssigkeiten entweder so, daß man zu den Lösungen von Kupfervitriol, Chlorgold, salpetersaurem Silber oder dergl. so lange Cyankalium giebt, bis die entstandenen Niederschläge wieder aufgelöst worden sind, oder man benutzt eine starke Batterie, deren Drähte man in eine Lösung von Cyankalium taucht: das negative Drahtende ist mit einem Platinblech, das positive mit einem Stück des aufzulösenden Metalls versehen. Die Auflösung geschieht durch dieselbe Kraft, die am an-

dern Pole den Niederschlag bewirkt, das Verfahren aber hat man Galvanokaustik genannt. Die Flüssigkeit ist gesättigt, sobald neues Metall am negativen Platinpol auftritt.

Die galvanische Vergoldung hat eine große Bedeutung, nicht nur insofern als durch dieselbe große Quantitäten edler Metalle erspart werden, sondern auch weil dadurch die infolge der sich entwickelnden Quecksilberdämpfe höchst gefährliche Feuervergoldung eine segensreiche Beschränkung erlitten hat.

Fig. 347. Galvanische Versilberung.

In Ruhla (Thüringen) werden mit drei Mark 4 — 600 Dutzend Pfeifenbeschläge versilbert, so daß also auf ein Dutzend nicht mehr als für 0,72 Pfennig Silber kommt; andererseits vergoldet man mit 5 Gran Gold (anderthalb Mark werth) 12 Dutzend Knöpfe von 2½ Centimeter Durchmesser; bei geringern Sorten beträgt die Dicke des Ueberzugs nicht mehr als $^{1}/_{100,000}$ Centimeter Gold. Um für solche Zwecke die richtige Menge Silber oder Gold aus der Lösung abzuscheiden und den verlangten Grad der Veredelung zwar hervorzurufen, aber auch nicht überflüssiger Weise die kostbaren Metalle zu vergeuden, hat man besondere Wagen konstruirt, welche den Fortgang des Prozesses selbstthätig unterbrechen, sobald die beabsichtigte Menge Metall abgelagert ist. Sie sind so eingerichtet, daß die zu überziehenden Gegenstände an das eine Ende eines doppelarmigen Wagebalkens angehängt werden. Der Strom geht aus dem galvanischen Elemente durch den Wagebalken und den Aufhängungsdraht, und ist so lange geschlossen, als die andere Seite des Wagebalkens durch ein Gewicht, welches der abzuscheidenden Metallmenge entspricht, niedergehalten wird. Sobald aber so viel von dem Niederschlage sich abgesetzt hat, daß dieses Gewicht überwunden wird, geht diejenige Seite, an welcher die Gegenstände hängen, herab, der Strom wird unterbrochen und die Gold- oder Silberausscheidung hört dann mit demselben Augenblicke auf. Eine solche Wage befand sich im Jahre 1867 auf der Pariser Weltausstellung.

Damit indeß der Gold- oder Silberüberzug die ganze Oberfläche auf eine gleichförmige Weise bedecke, muß der Gegenstand vollkommen gereinigt und gänzlich frei von allem Fette sein. Je nachdem eine hellgelbe oder röthliche Farbe hervorgehen soll, dienen verschiedene Flüssigkeiten. Reines Chlorgold in Cyankalium und Wasser gelöst giebt eine

Elektriſche Beleuchtung.

Die elektromagnetischen Apparate.

Oersted's Entdeckung. Ablenkung der Magnetnadel. Ampère und das Ampère'sche Gesetz. Der Multiplikator, erfunden von Schweigger. Du Bois Reymond. Parallele Ströme ziehen sich an. Elektromagnetismus und Magnetoelektrizität. Faraday. Rotations- und Induktionsapparate. Physiologische Wirkungen. Große Rotations- apparate zum Walfischfang und Behufs der Erzeugung des elektrischen Lichtes. Der Elektromagnetismus als Betriebskraft. Page's und Stöhrer's Maschinen.

Die merkwürdigen Erscheinungen, zu welchen die Volta'sche Säule Veranlassung gab, hatten in der gelehrten Welt ein großes Aufsehen hervorgerufen. Namentlich war es ihre polare Beschaffenheit, welche die damals sehr thätigen Naturphilosophen besonders beschäftigte und Phantasie und Scharfsinn in Bewegung setzte, um die Vorstellung von der „Urkraft", für welche man damals schwärmte, aus den täglich sich mehrenden neuen Er= fahrungen endlich herauszuschälen. Man hatte sich auf vielen Seiten in den Kopf gesetzt, die Volta'sche Säule mit dem Magnet zu identifiziren, und es wurden mit mächtigen Apparaten Versuche angestellt, um die Uebereinstimmung der durch Berührung entstandenen Elektrizität und des Magnetismus nachzuweisen. Indessen waren die darauf gerichteten Bestrebungen vergeblich, obwol jene Hoffnungen aufs Neue belebt wurden durch die auf anderer Seite gemachte Entdeckung, daß der Blitz sowol als der Funke der Leidener Flasche auf Magnetnadeln einen ganz entschiedenen Einfluß auszuüben vermögen, indem sie die Pole derselben umkehren oder ihren Magnetismus ganz und gar vernichten, oder auch nicht magnetische Stahlnadeln zu Magneten machen können. Es fehlte noch an dem rechten Worte, um den Berg Sesam zu öffnen.

Da machte im Winter von 1819 zu 1820 Oersted in Kopenhagen in einer seiner Vorlesungen über Physik die merkwürdige Beobachtung, daß ein feiner Platindraht, welcher, mit den Polen einer Volta'schen Säule verbunden, glühend geworden war, eine Magnetnadel, über welche er gerade wegging, in ganz eigenthümliche Schwankungen versetzte. Lange vorher waren übrigens analoge Erscheinungen bereits von dem Physiker Romagnosi bemerkt und von Aldini veröffentlicht worden. Indessen wird dies von anderer Seite bestritten. Jedenfalls haben weder Romagnosi noch Oersted selbst von vornherein die Wichtigkeit ihrer Entdeckung geahnt. Denn auch 1820 noch ließ der Letztgenannte mehr als ein halbes Jahr vergehen, ehe er seine Beobachtung den Naturforschern in einer Schrift bekannt machte. Und dann dauerte es wiederum verhältnißmäßig lange, ehe die aufgeschossenen falschen Voraussetzungen beseitigt waren und der Versuch in seiner einfachen Gestalt konstatirt werden konnte. So hielt man fälschlicher Weise zuerst dafür, daß eine große Anzahl von Platten, also eine große Spannung, den Ausschlag der Nadel vergrößere, während es

Fig. 350. Christian Oersted.

dabei nicht darauf, sondern vielmehr auf die Oberflächengröße der stromerregenden Platten ankommt. Als aber nach und nach die Oersted'sche Entdeckung sich fixirte, da rief sie einen förmlichen Rausch hervor, einen Enthusiasmus, wie ihn in der ganzen Geschichte der Wissenschaften nur etwa die ersten Luftballons entzündet haben. Für einige Zeit wurden alle übrigen Gebiete der Physik von ihren Bearbeitern verlassen; in den wissenschaftlichen Zeitschriften begegnete man fast nur Berichten und Diskussionen von Versuchen, welche sich auf die Oersted'sche Entdeckung basirten, und nicht nur die Naturforscher, Physiker und Aerzte wiederholten und probirten, sondern auch Dilettanten und Solche, welchen derartige Forschungen sonst fremd zu sein pflegen, bemächtigten sich, wie Pfaff sagt, mit einer unerhörten Leidenschaftlichkeit der neuen Thatsachen. Oersted lebte in Aller Munde, und doch konnte noch Niemand die Tragweite seiner Wahrnehmung und der daraus abgeleiteten Schlüsse ahnen. Wenn wir heute freilich die aus jenem Keim gesproßten Erfolge, deren großartigster die elektromagnetische Telegraphie ist, erwägen, so scheint es uns kaum glaublich, daß der Ursprung der ganzen Wissenschaft nicht viel weiter als ein halbes Jahrhundert hinter uns zurückliegen soll.

Den Oersted'schen Grundversuch können wir leicht anstellen; wir brauchen nur den Schließungsdraht eines galvanischen Elements so über eine freischwebende Magnetnadel zu halten, daß er der natürlichen Richtung Nord-Süd derselben folgt. Geht kein Strom durch den Draht, so behält auch die Nadel ihre Lage nach Norden; sobald aber die Kette geschlossen wird, schlägt sie aus und sucht sich je nach der Stärke des Stromes mit mehr oder weniger Entschiedenheit senkrecht auf die Richtung des Drahtes zu stellen. Es bleibt sich aber nicht gleich, ob der Draht, anstatt oberhalb, unterhalb der Nadel hingeführt wird. Der Ausschlag erfolgt zwar in beiden Fällen, allein es tritt der Unterschied ein, daß das eine Mal der Nordpol nach links, das andere Mal nach rechts ausweicht. Die Richtung des Ausschlages hängt mit der Richtung des Stromes in der Art zusammen,

daß, wenn man sich mit dem Strome schwimmend denkt, und zwar das Gesicht der Magnet=
nadel zugewandt, die Nordspitze der Nadel jedesmal nach links, die Südspitze dagegen nach
rechts ausstreicht. Leitet man daher den Draht, nachdem er oberhalb der Nadel weggeführt
worden ist, unterhalb derselben wieder zurück (s. Fig. 351), so wird er in beiden Fällen in
demselben Sinne wirken und der Ausschlag muß mit verdoppelter Kraft geschehen. In
Fig. 352 ist dies von dem französischen Physiker Ampère, dem wir die wissenschaftliche
Begründung der elektromagnetischen Erscheinungen verdanken, erkannte Gesetz bildlich aus=
gedrückt. CD und EF stellen Drähte dar, welche in der Richtung der Pfeile von dem
elektrischen Strome durchflogen werden, BA ist die Magnetnadel, in welcher also A den

Nordpol vorstellt, während in der vorher=
gehenden Figur, wo die Stromrichtung
eine entgegengesetzte ist, die dunkel ge=
zeichnete Hälfte der Nadel den Nordpol
trägt. Wenn man nun weiterhin den
Draht kreisförmig immer in derselben
Richtung wickelt und innerhalb dieser
Windungen eine Magnetnadel frei=
schwebend aufhängt, so wird dieselbe,
sobald ein Strom durch den Draht läuft,
auch mit einer um so stärkern Kraft ab=
gelenkt werden, je größer die Zahl der

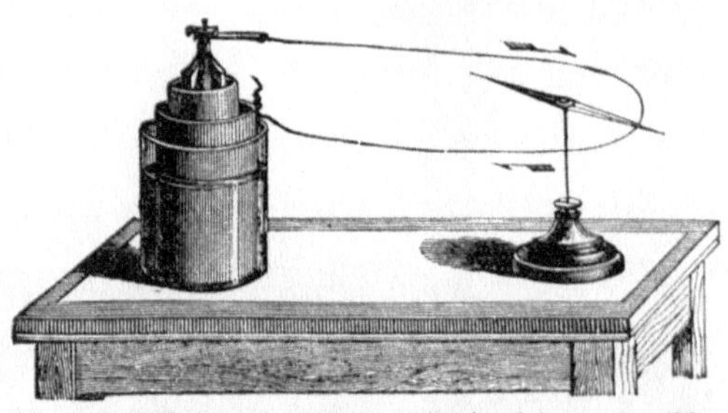

Fig. 351. Ablenkung der Magnetnadel durch den galvanischen
Strom.

Windungen ist. Nur muß, damit der Strom auch wirklich seinen ganzen Weg zurücklegt,
der Draht isolirt sein, was durch Umspinnen mit Seide geschieht.

Schweigger hat daraufhin einen Apparat erfunden, mit welchem man im Stande
ist, ungemein schwache Ströme nachzuweisen, gewissermaßen ein elektrisches Mikroskop,
welches er nach seiner Wirkungsweise sehr treffend Multiplikator getauft hat. Der
Schweigger'sche Multiplikator ist vielleicht das bedeutsamste Instrument der neuern
Physik; er ist nicht wie die Glaslinsen ein Mittel, einen unserer Sinne behufs feinerer
Beobachtung zu schärfen, sondern, indem er uns Aeußerungen erkennen läßt, deren Kraft=

ursache wir ohne Weiteres
mit unseren Sinnen nicht zu
empfinden vermögen, vertritt
er die Stelle eines völlig neuen
Organes, welches mit einer
Schärfe und Sicherheit uns
seine Reaktionen übermittelt,
daß weder Auge noch Ohr einen
Vorsprung in dieser Beziehung

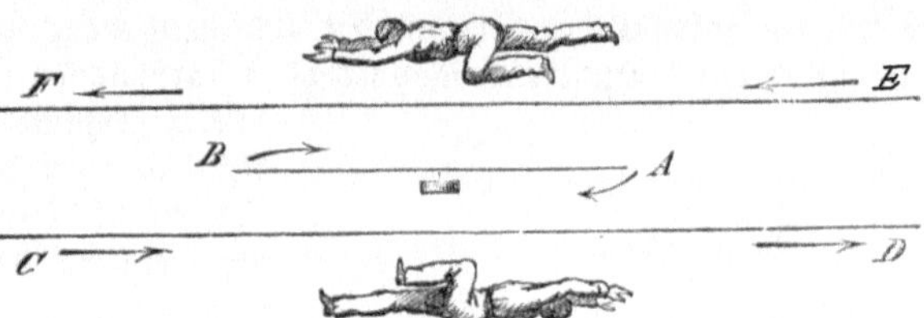

Fig. 352. Richtung der Ablenkung nach Ampère's Gesetz.

behalten. Wir geben deshalb in Fig. 353 unseren Lesern eine Abbildung dieses wichtigen
Instrumentes, dessen Einrichtung leicht verständlich werden wird.

Die Magnetnadel, die Zunge an dieser Wage, hängt an einem Coconfaden von dem
Deckel eines Glascylinders, welcher den ganzen Apparat der Einwirkung störender äußerer
Einflüsse, Luftzug, Feuchtigkeit u. s. w., entrückt. Auf dem Boden desselben liegen die
Drahtwindungen, deren Anfang und Ende durch den Boden hindurch nach außen gehen,
um mit den Strom erzeugenden Körpern in Verbindung gesetzt werden zu können. Die
Art und Weise der Windung sowie die Richtung des Stromes soll durch die kleinen Pfeile
angedeutet werden; geht also der Strom rechts in den Multiplikator hinein, so tritt er
links wieder aus. Die Magnetnadel besteht nun nicht aus einer einzigen Nadel, sondern
aus einem Nadelpaar von möglichst gleicher Stärke, welches so mit einander fest verbunden
ist, daß die entgegengesetzten Pole über einander liegen. Die eine dieser Nadeln schwingt
oberhalb der Spirale, die andere aber, von welcher wir nur die eine Spitze sehen,
innerhalb derselben. Ist also beispielsweise das obere uns zugerichtete Ende der Nordpol,

so ist das untere sichtbare die Südpolspitze. Diese Verbindung zweier entgegen gerichteter Nadeln, ein sogenanntes astatisches Nadelpaar, bietet den großen Vortheil, daß es, obwol vollständig magnetisch, doch nur so viel Bestreben hat, sich in der Richtung von Nord nach Süd einzustellen, als die Kraft der einen Nadel die der andern überwiegt. Die Nadeln werden also von dem galvanischen Strom im Multiplikator um so leichter abgelenkt, und da die zwischen ihnen liegenden Multiplikatorwindungen der verschiedenen Polrichtung wegen auf beide Nadeln in gleichem Sinne ausschlaggebend sind, so wird dadurch die Ausweichung sogar verdoppelt.

Es ist begreiflich, daß man mit Hülfe eines Multiplikators von vielen tausend Windungen sehr schwache Ströme noch nachweisen kann, und in der That hat man damit erkannt, daß selbst bei den geringsten chemischen oder physikalischen Unterschieden sich berührender Körper elektrische Ströme entwickelt werden. Zwei Platinplatten, von denen die eine kurz vorher ausgeglüht

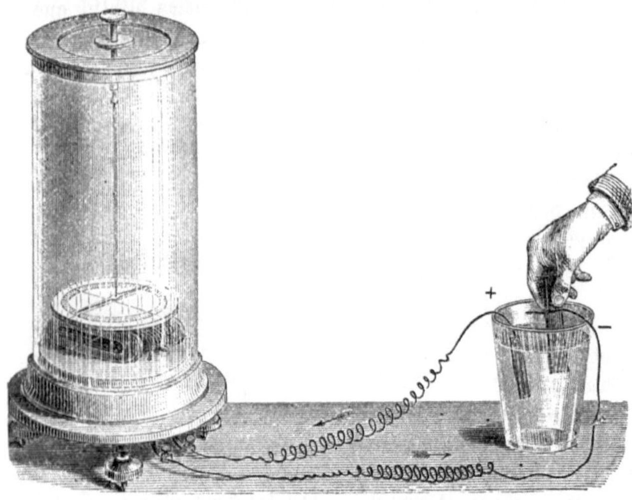

Fig. 353. Schweigger's Multiplikator.

worden ist, die andere nicht, bringen die Nadel zum Ausschlag. Ja, es bedarf nicht einmal metallischer Elektroden. Es ist die Gleichzeitigkeit von Muskel- und Nerventhätigkeit einerseits und galvanischer Ströme andererseits und in vielen Fällen das abhängige Verhältniß beider zu einander nachgewiesen worden. Die Diskussion der merkwürdigen physiologischen Wirkungen galvanischer Ströme hat eine ganz neue Wissenschaft hervorgerufen, welche namentlich durch Du Bois Reymond's Forschungen ihren Schwesterwissenschaften ebenbürtig gemacht worden ist. Man hat ganz neue Anschauungen vom organischen Leben gewonnen, und die Medizin wird, wenn auch nicht im Sinne Goldberger's, des bekannten Rheumatismuskettenmanns, und einer großen Zahl ähnlicher Geldmacher, die neuen Erfahrungen segensreich in ihren Heilverfahren verwenden.

Fragen wir uns aber: was ist die Ursache, daß die Magnetnadel durch den elektrischen Strom eine so merkwürdige Einwirkung erfährt, so können wir die Antwort aus einem andern Experimente lesen. Wenn wir nämlich einen quadratisch oder kreisförmig gebogenen Draht AA (Fig. 354) leichtbeweglich aufhängen, indem wir ihn in Spitzen endigen lassen, die auf dem Boden kleiner Queck-

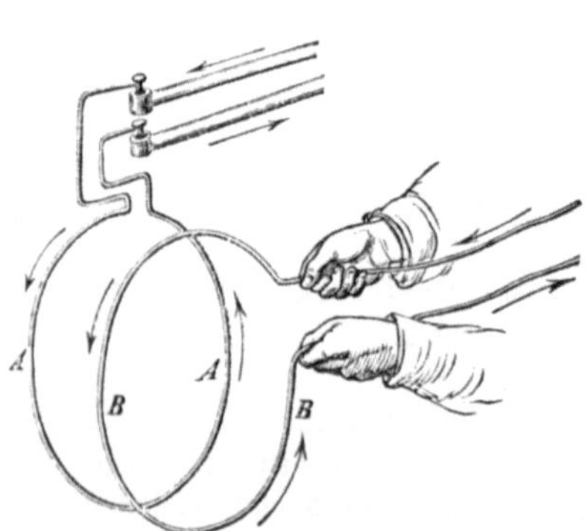

Fig. 354. Anziehung paralleler Kräfte.

silbernäpfchen aufsitzen, und einen Strom durch diesen Draht gehen lassen, so dreht sich der letztere so lange in seinen Näpfchen, bis die Stromrichtung senkrecht auf der Richtung der Magnetnadel steht. Ein neuer Beweis, daß zwischen Magnetismus und elektrischen Strömen in der That die innigsten Beziehungen stattfinden müssen; denn wo der Strom stark genug ist, richtet er den Magnetismus; wo aber dieser stärker ist als der Widerstand, übt er auf die Stromrichtung eine bestimmende Kraft.

Nun soll man dem ersten Drahte AA einen zweiten BB nähern und beide von Strömen in der durch Pfeile angedeuteten Weise durchlaufen lassen, so wird man die Bemerkung machen können, daß sich der bewegliche Draht AA parallel dem zweiten BB einstellt; die Theile, in denen der Strom eine abwärts gehende Richtung hat, nähern sich, ebenso diejenigen, wo der Strom aufsteigt. Bringt man sie umgekehrt einander gegenüber, so stoßen sie sich ab. Es ist aber diese Wirkung nicht von der chemischen Natur der beiden Drähte bedingt; man kann die allerverschiedensten Metalle dazu nehmen, das Verhalten bleibt dasselbe, es zeigt sich aber nur, wenn die Drähte von Strömen durchflossen werden. Die Ströme üben auf einander selbst jene merkwürdige Einwirkung aus, und zwar nach dem Gesetz, daß parallel laufende Ströme sich anziehen, entgegengesetzt laufende dagegen sich abstoßen. Dieses Gesetz ist das von Ampère aufgestellte elektromagnetische Fundamentalgesetz.

Ampère, dessen Name mit der Geschichte des Elektromagnetismus auf unvergängliche Weise verbunden ist, muß, obwol die Zahl der Arbeiten, welche er der Wissenschaft geschenkt hat, eine verhältnißmäßig geringe ist, trotzdem zu den gewaltigsten Physikern gerechnet werden, die je gelebt haben. Zu Lyon am 22. Januar 1775 geboren, wo sein Vater ein kaufmännisches Geschäft betrieb, das er aber aufgab, um ein kleines Landgut zu bewirthschaften, hatte der junge Ampère eine methodische Vorbereitung für die Wissenschaft eigentlich nicht erlangt, vielmehr nur seinem eigenen regen Bildungstriebe Dasjenige zu verdanken, was er wußte, und was ihm seinen Lebensunterhalt als Lehrer der Mathematik gewährte, als sein väterliches Vermögen durch die Revolution hinweggerafft worden war. Nachdem Ampère mehrere Jahre in Lyon durch Privatstunden sich erhalten hatte, siedelte er nach

Fig. 355. André Marie Ampère.

Bourg über, wo er an der Centralschule die Professur der Mathematik erhielt; darauf wurde er nach Lyon und endlich an die Polytechnische Schule nach Paris berufen. Er starb am 10. August 1836 auf einer Reise, die er als Generalinspektor der Universität zur Inspektion der Schüler unternommen hatte. Außer den schon erwähnten Arbeiten auf dem Gebiete der Elektrizitätslehre hat er einzelne Aufgaben der Mechanik sowie der Optik behandelt, auch rein mathematische Untersuchungen, wie über die Wahrscheinlichkeit, geliefert, die alle den Stempel der Klassizität tragen.

Elektromagnetismus. Magnetismus und elektrische Ströme erweisen sich, wie wir gesehen haben, allerdings als identisch, wenn auch in anderer Beziehung, als man vor Oersted's Entdeckung oder vielmehr vor Ampère's Untersuchungen sich vorstellte. Denn gehen wir einen Schritt weiter und hängen einen nicht nur einmal gebogenen Draht, wie AA in Fig. 354, leicht beweglich auf, sondern einen Draht von der in Fig. 356 dargestellten spiralförmigen Gestalt (ein sogenanntes Solenoïd), so werden sich, wenn ein Strom hindurchgeht, alle einzelnen Kreiswindungen desselben senkrecht auf die Richtung der

Magnetnadel aufstellen, die Längsrichtung der Spirale wird aber infolge dessen von Norden nach Süden zeigen und also mit der Richtung der Magnetnadel übereinstimmen.

Wir sind sonach gezwungen, elektrische Ströme als die Ursache des Magnetismus anzunehmen, und die Windungen des Solenoïds geben uns die Richtung an, in welcher diese die kleinsten Theilchen des Eisens umfließen müssen. Denken wir uns mit dem Strome schwimmend, so liegt der Nordpol allemal zur Rechten, der Südpol dagegen zur Linken. In Fig. 356 würde also a den Nordpol, b den Südpol bedeuten.

<table>
<tr><td>Fig. 356.   Solenoïd.</td><td>Fig. 357.   Entstehung des Elektromagnetismus.</td></tr>
</table>

Unterstützt wird diese Ansicht auch durch das sonstige Verhalten der Spirale, welches in allen Aeußerungen mit denen natürlicher Magnete übereinstimmt. Nicht nur daß sie Eisen anzieht, und zwar an ihren Polen mit bei weitem der größten Kraft, in der Mitte dagegen mit der geringsten, so erweckt sie auch in Eisen und Stahl den Magnetismus eben so, als ob man dieselben mit kräftigen Magneten striche. Ein Eisenstab in eine von einem Strom durchlaufene isolirte Spirale gesteckt (f. Fig. 357), verstärkt die Wirkung derselben auf die Magnetnadel oder auf einen stromführenden beweglichen Leiter, wie A in Fig. 354, bedeutend. Der Eisen- oder Stahlstab wird selbst magnetisch, und zwar in der Weise, daß er an demselben Ende wie das Solenoïd einen Nordpol, an dem andern einen Südpol erhält.

Weiches Eisen verliert diese magnetische Beschaffenheit sogleich wieder, wenn der Strom unterbrochen wird; bei Stahl dagegen hält der magnetische Zustand auch nach dem Aufhören des Stromes in der Spirale noch an, und es wird dies Verfahren daher jetzt allgemein angewandt, um kräftige Stahlmagnete zu erzeugen. Wichtiger aber als diese sind die weichen Eisenstücke, denen nur zeitweilig magnetische Kraft mitgetheilt wird, die sogenannten Elektromagnete; denn sie sind das Wesentliche der elektromagnetischen Apparate. Wir werden Gelegenheit haben,

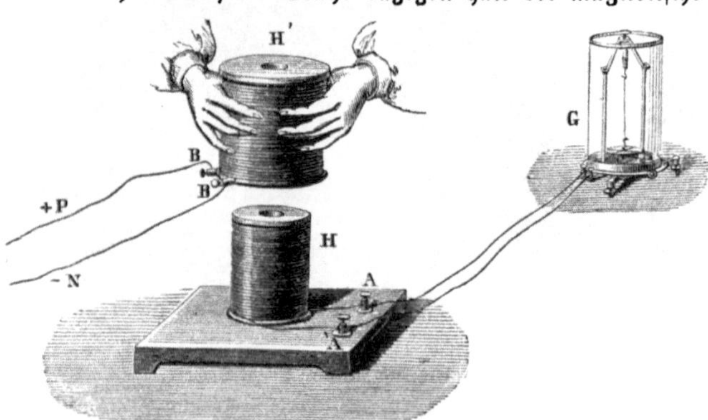

Fig. 358.   Induzirte Ströme.

auf dieselben bei Betrachtung ihrer verschiedenen Anwendungen zurückzukommen; vor der Hand müssen wir aber noch einige Eigenthümlichkeiten des elektrischen Stromes ins Auge fassen, welche zu jenen in inniger Beziehung stehen.

Faradismus. Der englische Physiker Faraday war es, welcher im Jahre 1832 die Entdeckung machte, daß ein elektrischer Strom in jedem kreisförmig geschlossenen Leiter, in dessen Nähe er vorbeigeht, ebenfalls elektrische Ströme hervorruft, eine Erscheinung, die man im engern Sinn Induktion nennt. Diese Induktionsströme, oder nach ihrem Entdecker Faradismus genannt, dauern immer nur einen Augenblick und finden blos in dem Moment statt, wo die erregende Kette geöffnet oder geschlossen wird. Beim Oeffnen hat der induzirte Strom eine dem Hauptstrome entgegengesetzte, beim Schließen aber eine demselben gleichlaufende Richtung. Eine gleiche Wirkung wie das Schließen oder Oeffnen der Kette hat das plötzliche Nähern oder die Wiederentfernung eines stromführenden Drahtes.

Je näher der zu induzirende Leiter dem Leitungsdrahte der Kette liegt, um so stärker ist die Wirkung, und um sie in höchstem Grade auszunutzen, nimmt man zu dem ersteren deshalb oft auch einen übersponnenen Draht, den man entweder dem Leitungsdrahte parallel und neben demselben oder für sich so aufwickelt, daß er der Spirale des Leitungsdrahtes genähert, beziehentlich in dieselbe eingeführt werden kann. Die Betrachtung von Fig 358 wird das Gesagte deutlich machen. Die Spirale H ist mit dem Multiplikator G durch ihre beiden Drahtenden bei A und A' verbunden, also geschlossen, wenn bei A oder A' keine Unterbrechung stattfindet. Ueber dieselbe läßt sich eine zweite in demselben Sinne gewickelte Spirale H' hinwegschieben, deren Enden bei B und B' mit den Polen einer Batterie in Verbindung gesetzt werden können. Läuft nun durch die Spirale H' ein Strom, so kann man durch Aufstülpen derselben über die Spirale H in dieser einen gegengerichteten, durch Wiederent= fernen einen gleichgerichteten Induktionsstrom hervorrufen, dessen Entstehen und Richtung durch den Ausschlag der Magnetnadel in G angezeigt wird. Ebenso kann man, wenn die Spirale H' über H gestülpt ist, durch Schließen oder Oeffnen der Kette bei B oder B' die= selben Ströme induziren.

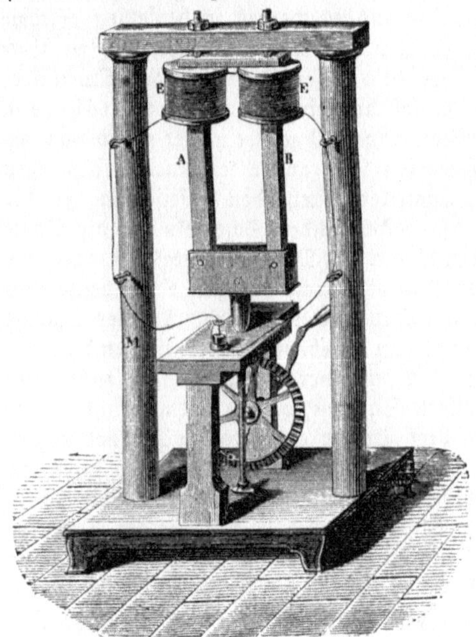

Fig. 359. Pixii's Rotationsmaschine.

Fig. 360. Stöhrer'scher Rotationsapparat.

Man kann es leicht einrichten, daß der Strom der erregenden Batterie fortwährend mit großer Raschheit sich selbst öffnet und wieder schließt, so daß der zu induzirende Draht gar nicht zur Ruhe kommen kann und eine andauernde Elektrizitätsproduktion stattfindet. Die so erregte Elektrizität zeigt alle Wirkungen der durch Galvanismus erzeugten Ströme, hat aber besonders noch eine große Spannung, wie die Reibungselektrizität, und springt, wie diese, gern in Funken über, während der galvanische Strom nur auf sehr kurze Ent= fernungen von einem Drahtende in ein anderes überfließt. Ob ein Strom in die neben der Induktionsspirale aufgewickelte Hauptspirale eintritt, oder ob die von einem stetigen Strom durchflossene Hauptspirale der Induktionsrolle genähert wird, das bleibt sich im Effekte ganz gleich. Ebenso ist es gleichbedeutend, ob der Strom unterbrochen oder plötzlich ent= fernt wird. Und ganz dieselben Induktionserscheinungen erfolgen auch, wenn man einem geschlossenen Drahte rasch einen kräftigen Magnet nähert und ihn wieder entfernt. Bei der Annäherung entsteht ein kurzer induzirter Strom in einer, bei der Entfernung ein anderer in entgegengesetzter Richtung. Wir sehen also, daß auch hier Elektrizität und Magnetismus sich gegenseitig vertreten: ein Magnet bewirkt dasselbe wie eine Batterie. Wie man den durch einen Strom hervorgerufenen Magnetismus Elektromagnetismus nannte, so nennt man die durch den Magnet erzeugten Ströme Magnetoelektrizität.

Rotationsapparate. Um in bequemer Weise, sowol behufs ihrer Verwendung zu physiologischen als zu physikalischen oder chemischen Zwecken, Induktionsströme zu erzeugen, hat man verschiedene Vorrichtungen ersonnen, von denen die sogenannten Rotationsapparate die ältesten sind. Bei ihnen wird durch bloßes Drehen eines Rades eine Drahtleitung eben so gut elektrisch erregt, als wäre sie mit einer kräftigen galvanischen Batterie verbunden. Die Maschinen gewähren noch den Vortheil, daß man durch rascheres oder langsameres Drehen jeden Augenblick die Wirkung verstärken oder mäßigen kann. Der Apparat hat seit seiner Erfindung vielfache Abänderungen erfahren. Die erste, 1832 von Pixii konstruirte Form ist in Fig. 359 abgebildet. A und B sind die zwei Magnete, die so mit einander verbunden sind, daß ihre entgegengesetzten Pole den Spiralen E und E', welche im Innern weiche Eisenkerne enthalten, gegenüberstehen und also in der Art wie die beiden Schenkel eines einzigen Hufeisenmagnets wirken. Bei der Drehung der unterhalb angebrachten Kurbel wechselt der Magnet seine Lage vor den Spiralen und es werden in denselben Ströme erzeugt, welche, durch Drähte nach dem kleinen Quecksilbergefäß geleitet, sich in überspringenden Funken zu erkennen geben, wenn der eine dieser Drähte in das Quecksilber selbst, der andere bis nahe an dessen Oberfläche geführt wird. Später hat Stöhrer in Leipzig die Rotationsapparate bedeutend verbessert; Fig. 360 zeigt eine der ersten von ihm herrührenden Konstruktionen. An derselben bemerken wir, außer der Kurbel, als ersten wesentlichen Theil einen starken, aus mehreren Lamellen bestehenden Hufeisenmagnet, der auf seiner Unterlage festgemacht ist und zwischen dessen beiden Schenkeln sich die Säule erhebt, welche die Kurbel trägt. Vor den beiden Polen des Magneten liegt der durch die Umdrehung der Kurbel rotirende Theil; seine Spindel reicht zwischen die Schenkel des Magneten hinein, wo sie von der Laufschnur des Rades umfaßt wird. Auf der Spindel sitzt vorn ein Querstück von weichem Eisen und an diesem die ebenfalls eisernen, den Magnetpolen zugekehrten Cylinder BB, auf welchen übersponnener Kupferdraht in zahlreichen Windungen aufgewickelt ist. Halten wir nun unsern Satz fest, daß in einem Drahtgewinde ein ganz kurzer Strom erregt wird, wenn man dem Drahte einen starken Magnet nähert, und ein gegenläufiger eben so kurzer Strom, wenn man ihn wieder entfernt, so wird uns die Arbeit der Maschine leicht verständlich werden. Die eiserne Vorlage und die Eisenkerne (Cylinder) sind nämlich in der gezeichneten Stellung durch die Wirkung des Magneten selbst zu Magneten geworden und bleiben dies so lange, als sie der anziehenden Wirkung des Hauptmagneten ausgesetzt, d. h. als sie sich in der Lage vor dessen Polen befinden, die sie in der Zeichnung einnehmen. Wird aber die Spindel gedreht, so ändern sich die Verhältnisse; nach einer Vierteldrehung werden die Rollen BB mit ihren Eisenkernen senkrecht über einander liegen und von den beiden Polen am weitesten entfernt stehen; auf diesem Wege ist aber schon ihr Magnetismus verschwunden, und die Wirkung dieses Verschwindens auf die Kupferdrähte wird genau die nämliche sein, als hätte man die Eisenkerne ganz aus den Spiralen herausgezogen, d. h. den Magnet von der Leitung entfernt. Durch das zweite Viertel der Umdrehung kommen die Cylinder den Magnetpolen wieder gegenüber zu liegen; sie werden wieder zu einem Magnet, wiewol jetzt mit verwechselten Polen, und in den Drähten muß sich aufs Neue ein kurzer, diesmal gegenläufiger Strom zeigen, gleich als hätte man einen Magnet rasch in die Spiralen hineingeschoben. Jeder Umgang der Welle erzeugt also eine vierfache Erregung gegenläufiger Ströme. Wo es wünschenswerth ist, den induzirten Strömen einerlei Richtung zu geben, geschieht dies durch einen kleinen, am vordersten Theile der Spindel angebrachten Apparat, den Kommutator, welcher zwar alle Ströme aufnimmt, aber aus zwei Hälften besteht, die abwechselnd funktioniren, so daß in jeden der beiden bei a und b einmündenden Leitungsdrähte nur immer die gleichgerichteten Ströme übergeführt werden. Die entgegengesetzt gerichteten Ströme kann man in gewisser Beziehung mit positiver und negativer Elektrizität vergleichen.

Man macht von den Rotationsapparaten besonders in der Heilkunde eine ausgedehnte Anwendung und hat es durch Stellung des Kommutators in seiner Gewalt, den Strom in einer Richtung oder abwechselnd bald in der einen, bald in der andern durch den Körper gehen zu lassen. Die in dem letztern Falle eintretenden Nervenreizungen sind natürlich viel gewaltsamer durch die plötzlichen, rasch sich folgenden Umkehrungen und sie können bei sehr kleinen Apparaten schon ganz unerträg=lich werden, wenn man die Geschwin=digkeit beträchtlich steigert. Größere Apparate wirken so heftig, daß die Muskeln des ganzen Körpers in eine krampfhafte Kontraktion verfallen und die freie Beweglichkeit vollständig ver=loren geht. Kein Geschöpf, sei es noch so riesig, kann sich dem widersetzen. Man hat, zuerst Stöhrer in Leipzig, daher selbst für den Walfischfang große Ro=tationsapparate konstruirt und mit aus=gezeichnetem Erfolge angewandt. Der eine der beiden Leitungsdrähte wird in das Seil der Harpune geflochten, der andere dagegen ins Wasser geworfen. Der Strom geht auf diese Weise durch den Körper des getroffenen Walfisches, und ein einziger Mann ist im Stande, durch Drehung des Apparates die ge=waltsamen Bewegungen des Thieres in einen regungslosen Starrkrampf zu verwandeln, während dessen es mit

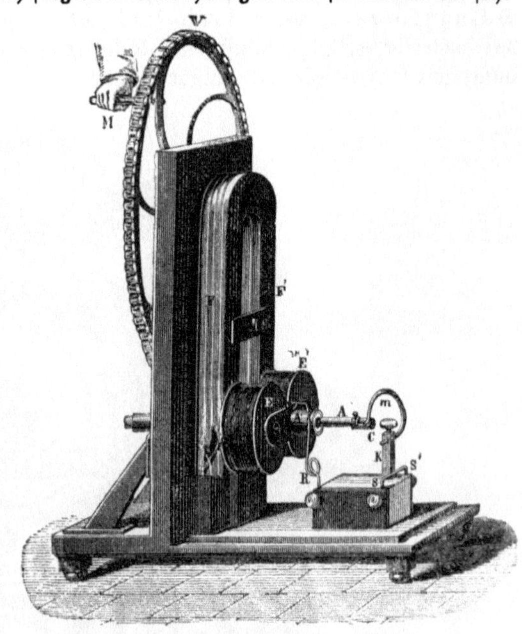

Fig. 361. Rotationsmaschine von Clark.

Ruhe vollends getödtet werden kann. Der Apparat ist in der Weise eingerichtet, daß sich vor einer Anzahl im Kreise angeordneter starker Magnete ein Kranz von Induktionsrollen vorbeibewegt. Da eben so viel Rollen neben einander stehen, als Magnetpole in der Bat=terie vorhanden sind, so wächst die Anzahl der bei jeder Umdrehung induzirten Ströme mit dem Quadrate der Polzahl.

Eine andere Art der Einrichtung eines Rotationsapparates stellt uns die Clark'sche Maschine (s. Fig. 361) dar. Bei derselben hat der Magnet FF' eine senkrechte Stellung; nahe seinen Polen liegen, wie bei dem Stöhrer'schen Appa=rat, die beiden Spiralen EE' mit ihren Eisenkernen an der Spindel AA', welche durch die Kurbel M in Umdrehung ver=setzt wird. Die beiden Stücke A und A' stehen zwar mit der Spirale E und den Leitungsdrähten R und m in leitender Verbindung, sind unter sich jedoch isolirt;

Fig. 362. Kommutator an dem Clark'schen Rotationsapparat.

durch diese besondere Einrichtung, von der Fig. 362 noch eine Abbildung für sich giebt, ist die Kommutation der Ströme in der verschiedensten Art ermöglicht. Man kann die Ströme in derselben Richtung durch den Körper gehen lassen, wenn man die Handhaben MM' ein=schaltet, oder in abwechselnder Richtung; oder man kann auch den sogenannten direkten oder primären Strom, der von der Einwirkung der Magnete herrührt, oder nur den sekundären, der bei der Unterbrechung des direkten Stromes in den Spiralen entsteht,

45*

benutzen, indem man die Leitung in verschiedener Weise kombinirt. Eine derartige Kommu=
tation erlaubt übrigens auch der Stöhrer'sche Apparat, und gab Stöhrer dieselbe zuerst an.

Es ist selbstverständlich, daß man mit derartigen Apparaten auch alle nur möglichen
physikalischen Elektrizitätserscheinungen hervorzubringen vermag. Unter diesen ist es
namentlich die Lichtentwickelung, die Telegraphie, sowie auch das Verfahren der
Galvanoplastik, welche somit durch die mechanische Kraft, die das Drehen der In=
duktionsrolle verlangt, häufig auf billigere Weise bewirkt werden können, als durch die
immerhin kostspieligen galvanischen Batterien.

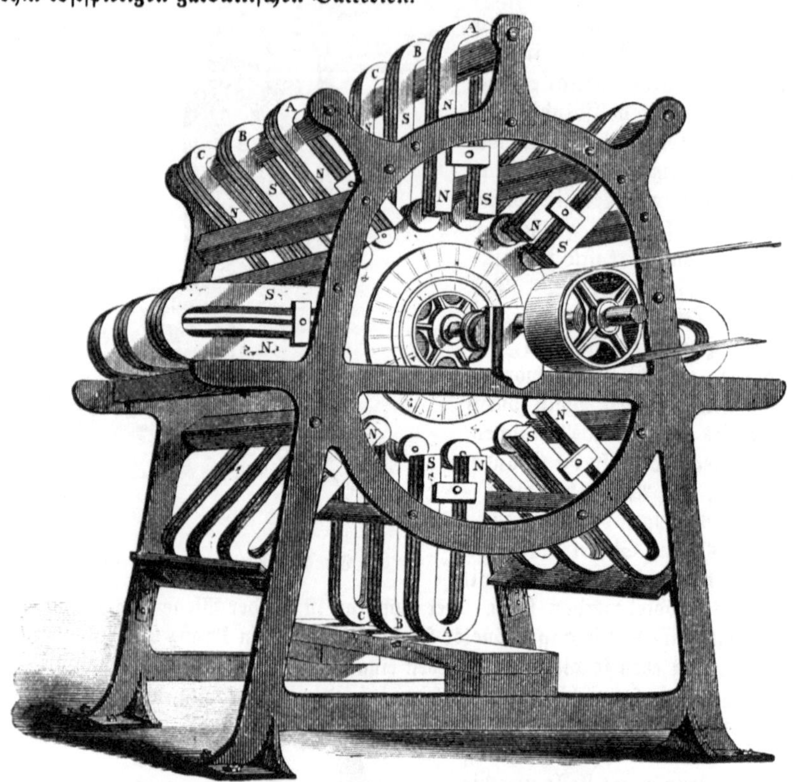

Fig. 363. Rotationsapparat zum Zweck elektrischer Beleuchtung.

Diese erweiterte Anwendung größerer Rotationsapparate hat auch auf ihre Herstellung
Einfluß gehabt. Eine Pariser Gesellschaft L'Alliance hat einen Apparat bauen lassen, der
aus 40 kombinirten Apparaten besteht und an dem die Achse mit ihren 164 Induktions=
spiralen durch eine Dampfmaschine von zwei Pferdekraft in der Minute 373 Mal umgedreht
wird. Jede Spirale geht bei jeder Umdrehung an 16 Magneten vorüber, und es entstehen
also in ihr bei jeder Umdrehung über 10,000 elektrische Ströme, von denen die eine Hälfte
der andern entgegengesetzt gerichtet ist. Unsere Abbildung Fig. 363 stellt einen kleineren
Apparat von nur 24 Magneten dar (jeder aus mehreren Lamellen bestehend), die immer
zu dreien auf einer Leiste rittlings befestigt sind. Zwischen je zweien dieser Magnete be=
wegt sich an der Drehachse eine messingene Scheibe, welche die Induktionsrollen trägt.

Um die Wirkung der Magnete in gleichem Sinne geschehen zu lassen, sind diese so
gestellt, daß sich die gegenüberstehenden Pole, welche die Rolle gleichzeitig passirt, entgegen=
gesetzt sind. Die auf den Hufeisen angebrachten Buchstaben N und S (Nord und Süd) zeigen
dies an. — Eine andere sehr kompendiöse Konstruktion führt Holmes in England aus,
der seine Apparate hauptsächlich für Beleuchtungszwecke herstellt. Bei aller Vortrefflichkeit
sind sie aber ziemlich kostspielig: für einen Apparat von 48 Magneten (aus je 6 Lamellen

beftehend) und 160 Spiralen beträgt der Preis gegen 800 Pfund Sterling, fo daß nur
für Leuchtthürme dergleichen Lichtquellen Verwendung finden können.

Die elektromagnetifche Kraftmafchine. Umgekehrt wie man in den Rotations=
apparaten mechanifche Arbeitskraft in Elektrizität und durch diefe in Licht und Wärme ver=
wandelt, fieht man in der großen Gewalt, mit welcher Eifenmaffen von Elektrogmagneten
angezogen und feftgehalten werden, die Elektrizität in mechanifche Arbeitsleiftung umgefetzt.
Es ift nicht fchwer, Elektromagnete herzuftellen, welche die gewöhnlichen Stahlmagnete
hundertfach an Zugkraft übertreffen und die mit Bequemlichkeit wol einige taufend Centner
feftzuhalten im Stande find.

Der Gedanke, diefe fcheinbar ungeheuere Kraft zum Mafchinen=
betriebe auszunutzen, tauchte denn auch fehr bald auf, und man hat ihn
in der mannichfachften Weife zu realifiren gefucht — aber freilich immer
ohne irgend einen Gewinn, als vielleicht den einer kleinen, bequem zu
handhabenden und bequem zu unterhaltenden Kraftquelle, welche jeden
Augenblick außer Thätigkeit gefetzt und jeden Augenblick wieder ein=
gefpannt werden kann und die in der Zwifchenzeit keine wefentlichen
Unterhaltungskoften verurfacht. Wo aber folche Vortheile die auf diefe
Weife ungleich koftfpieligere Erzeugung der Kraft nicht paralyfiren — und
das findet nur in wenig Fällen ftatt — da ift der elektromagnetifchen Kraft=
mafchine nicht das Wort zu reden. Trotzdem aber lebt die Idee in den
Köpfen des großen Publikums noch frifch und erhält durch oft fich
wiederholende Zeitungsenten immer neue Nahrung, fo daß wir nicht
verfäumen dürfen, einige eingehendere Blicke ihr zuzuwenden.

Schon im Jahre 1834 verfuchte dal Negro den Elektromagnetis=
mus als Triebkraft anzuwenden, und das Jahr darauf veröffentlichte
Jacobi die Befchreibung eines zu demfelben Zwecke konftruirten Appa=
rates. Denken wir uns einen hufeifenförmigen Stahlmagnet fo geftellt,
daß feine Pole nach oben in einer Horizontalebene liegen und darüber
in ganz geringer Entfernung einen um feine Achfe drehbaren Elektro=
magnet von gleichem Abftand der Pole, fo wird der Nordpol des Stahl=
magneten dem Südpol des Elektromagneten nach der bekannten Wirkung
der magnetifchen Anziehung fich zu nähern und ihn feftzuhalten fuchen.
Wechfelt nun in dem Augenblicke, wo die fo entgegengefetzten Pole über
einander ftehen, die Richtung des Stromes, fo werden die Pole des
Elektromagneten fich umkehren; was früher Südpol war, wird zum
Nordpol, und was Nordpol war, zum Südpol.

Dadurch kommen aber gleichnamige Pole über einander, die fich
abftoßen; der Elektromagnet macht einen halben Umlauf, um die anderen
anziehenden Pole zu erreichen; in dem Augenblick aber, wo er fo weit ift, wechfelt der Strom
wieder, und fo fort, daß das elektromagnetifche Eifen nie zur Ruhe kommt. In diefer Weife
entfteht eine Rotation, welche je nach der Kraft der Magnete eine ziemliche Stärke haben
kann, und die man, da die fchwere Eifenmaffe des Elektromagneten viel lebendige Kraft
aufzunehmen vermag, in andere Bewegung umfetzen und zum Betriebe kleiner Mafchinen
verwenden könnte. In der That find auch viele Verfuche unternommen worden, diefes
Prinzip der elektromagnetifchen Kraftmafchine unterzulegen; allein es fteht dem ein
großer Uebelftand entgegen.

Trägt ein Magnet eine Laft von 110 Kg., wenn er mit ihr in Berührung fteht, fo ift
feine Zugkraft auf diefelbe, wenn die Entfernung 0,1 Millimeter beträgt, nur noch 45 Kg.,
bei 0,25 Millimeter Entfernung nur noch 25 Kg., bei 0,5 Millimeter nur noch 20 Kg. und
fo weiter immer weniger. Nun ift es aber fchon wegen der Ausdehnung durch die Wärme
nicht thunlich, die beweglichen Theile näher als 0,5 Millimeter an einander zu bringen,
und man fieht fo, welch große Menge Elektrizität gar nicht zu nutzbarer Wirkung gelangt.

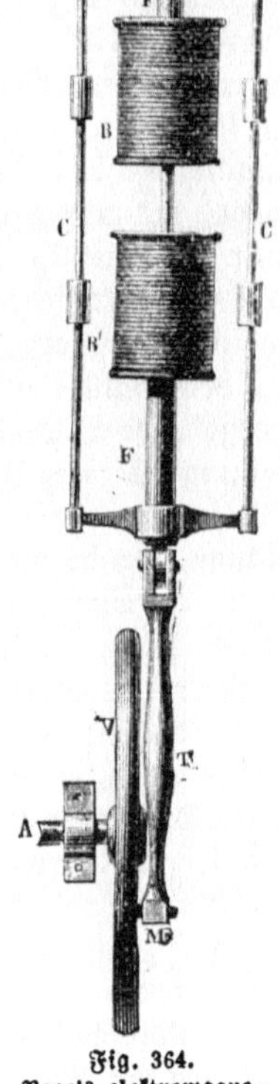

Fig. 364.
Page's elektromagne=
tifche Kraftmafchine.

Außerdem aber verläßt der elektromagnetische Zustand größere Eisenmassen, wenn sie auch weich sind, nicht so vollständig, daß nicht selbst hierdurch wesentliche Kraftverluste entständen. Der letztere Umstand hat nun zwar auf diejenigen Maschinen keine Anwendung, bei denen zwei an den Enden eines Balanciers sitzende Eisenkerne in eine Drahtspirale hineingezogen werden, wenn dieselbe ein Strom durchläuft und sie gewissermaßen zu einem Magneten macht. Eine solche Maschine, von Page konstruirt, zeigt uns Fig. 364. Sie besteht aus zwei Elektromagneten B und B', die aus weichen Eisencylindern bestehen, um welche Spiralen gewickelt sind. Zwei andere weiche Eisenkerne F und F', welche sowol unter sich als auch an dem Balancier T befestigt sind, können in das Innere der Rollen B und B' alternirend eintreten. Wenn durch die Spirale B ein Strom läuft, so ist die andere Spirale B' außer Verbindung mit der galvanischen Batterie. B wird magnetisch und zieht das Eisenstück F in sich hinein, so daß der Rahmen C C', an dem dasselbe hängt, eine abwärts gehende Bewegung macht. Ist derselbe auf dem tiefsten Stande angekommen, so hört in B der Strom auf, der plötzlich nach B' überspringt und diese Spirale zu einem Magneten macht, die ihrerseits nun den Eisenkern F' anzieht und damit den Rahmen C C' wieder hebt, bis wieder der Strom nach B tritt und das Spiel von vorn anfängt. Da jedesmal nur die eine Spirale von einem Strom durchflossen ist, die andere also keine Anziehung auf den betreffenden Eisenkern ausüben kann, so ist kein Hinderniß für diese Bewegung weiter vorhanden, als der Widerstand, den die Reibung verursacht, und die Last, welche an dem Balancier T hängt. Diese kann nun in verschiedener Weise wirken und die hin- und hergehende Bewegung des Balanciers in verschiedener Art durch einfache mechanische Umsetzung zu ihrer Ueberwindung benutzt werden. Kleine Pumpwerke z. B. könnten so ohne Weiteres getrieben werden. In unserer Zeichnung hängt an dem Balancier eine Pleuelstange, welche die Kraft auf rotirende Arbeitsmaschinen übertragen kann. Allein die verminderte Wirkung in die Ferne, welche auch hier stattfindet, steht einer vollständigen Ausnutzung der in ihrer Erzeugung durch die Batterie ohnehin sehr kostspieligen Kraft hindernd im Wege. Will man aber die Ströme durch mechanische Kraft, durch die billigeren Induktionsapparate hervorrufen, so hat Jeder das Recht zu fragen, warum man dann nicht lieber gleich die disponible Triebkraft zu dem endlich gewünschten Effekte verwendet.

Den besten Effekt wol, der überhaupt in dieser Hinsicht zu erreichen ist, hat Stöhrer mit seiner elektromagnetischen Kraftmaschine erzielt. Bei ihr wird die Bewegung ebenfalls durch einen cylindrischen Magnet (Elektromagnet) mit bleibenden Polen hervorgebracht, der sich zwischen einem aus Drahtwindungen gebildeten Rahmen um eine Achse bewegt. Je nachdem der Strom in der einen oder andern Richtung diese Windungen durchläuft, werden die Pole des Magneten angezogen oder abgestoßen und derselbe, da bei jeder Umdrehung die Maschine selbst durch eine einfache Vorrichtung diesen Stromwechsel zweimal besorgt, dadurch in einer rotirenden Bewegung erhalten, so lange die Kette geschlossen ist.

Eine große Kraftleistung vermag aber auch diese Maschine nicht auszuführen. Dagegen arbeitet sie mit großer Geschwindigkeit, und Stöhrer hat ihre Eigenthümlichkeit in der passendsten Weise benutzt zum Ueberspinnen von kupfernen Leitungsdrähten mit Seide, und sich seine Erfindung so zu einem hülfreichen Arbeitsgenossen gemacht. Nach den gemachten Erfahrungen, die nicht etwa durch weitergehende Verbesserungen der mechanischen Ausführung irgendwelche vortheilhafte Aenderung erleiden können, denn sie hängen nothwendig von der physikalischen Natur und Wirkungsweise der galvanischen Ströme ab, ist den elektromagnetischen Betriebsmaschinen eine große Zukunft nicht mehr zu prophezeien, und die jubelnden Exklamationen des leicht entzündlichen Publikums, als Jacobi 1839 mit zwölf Personen auf einem durch seine elektromagnetische Kraftmaschine getriebenen Boote die Newa befuhr, werden, wie sie immer mehr und mehr verstummt sind, sich auch kaum mehr bei ähnlichen Gelegenheiten hören lassen.

Die Erfindung des Telegraphen.

Die Telegraphie der Alten. Ruferlinien. Optische Telegraphe. Fackel- und Flaggensignale. Chappe's Telegraph. Geschichte und Einrichtung. Akustische und hydraulische Telegraphie. Die elektrische Telegraphie. Winkler. C. M. Lemond und Boeckmann. Sömmering's galvanischer Telegraph. Schilling von Cannstadt. Gauß und Weber. Das Verdienst Kooke's. Wheatstone. Der Nadel- und Doppelnadeltelegraph. Steinheil's Schreibtelegraph. Davy erfindet und Wheatstone verbessert den Zeigertelegraphen. Steinheil's Entdeckung der Erdleitung. Die chemischen Telegraphen. Morse-System. In einem Telegraphenbureau. Automatische Telegraphie. Das Gegensprechen. Die Leitung. Unterseeische und unterirdische Kabel. Legung des atlantischen Kabels. Elektrische Uhren.

Das Bedürfniß, wichtige Nachrichten möglichst schnell nach entfernten Orten zu befördern, mußte sich schon in der ersten Zeit der Völkerentwicklung einstellen. Ueberfälle und sonstige Gefahren den Freunden warnend anzudeuten, oder sie zu rascher Hülfe herbeizuholen, endlich glückliche Ereignisse zu verkündigen — dazu fand sich Gelegenheit, sobald die Menschen überhaupt zu einander in ausgedehntere Stammes- oder Staatenbeziehungen getreten waren. Es dürfte daher auch sehr schwer, wenn nicht unmöglich sein, den ersten Spuren der Telegraphie nachzugehen, eigentlich der Kunst, in die Ferne zu schreiben (von τῆλε, in die Ferne, fern hin, und γράφειν, schreiben).

Die zuerst angewandten Mittel sind übrigens bei allen Völkern so ursprünglicher Natur gewesen, daß anzunehmen ist, sie sind fast überall auch in gleicher Weise angewendet worden. Ausgestellte Posten riefen einander entweder die Nachricht zu oder meldeten einander durch weit sichtbare Signale, Feuerzeichen, Flaggen, Rauchsäulen u. dgl., das Eintreten eines vorausgesehenen Ereignisses.

Vom persischen Könige Dareios Hystaspes wird erzählt, daß er, zur Beförderung wichtiger Nachrichten aus den entferntesten Provinzen des Reichs nach seiner Hauptstadt, laut rufende Männer in gewissen Entfernungen auf Anhöhen aufgestellt habe. Diese „Ohren des Königs", wie man sie nannte, riefen einander die Nachrichten zu und verbreiteten sie an einem Tage bis auf eine Entfernung von 30 Tagereisen.

In dem Trauerspiel „Agamemnon" von Aeschylos wird erwähnt, daß die Gattin des Eroberers die Nachricht von der Einnahme Troja's noch in derselben Nacht durch Signalfeuer erfahren habe, trotzdem eine Strecke von 70 Meilen dazwischen und darin das Aegäische und Myrtoische Meer lag. Die Stationen für die Telegraphenwächter waren bei dieser Gelegenheit auf dem Ida in Troas, dann auf dem Hermäos in Lemnos, Athos, Makistos in Euböa, Mesapios in Böotien, Kithäron, Aegiblanktos in Megaris und Arachnäos in Argolis.

Der König Perseus hatte, wie Herodot erzählt, förmliche Telegraphenlinien, auf denen alle wichtigen Nachrichten mittels Fackelsignalen befördert wurden, und Hannibal soll in Spanien und Afrika sogar feste Thürme als Stationsplätze errichtet haben.

Durch bloße Fanale, wie sie von allen Völkern, von den Griechen und Römern bis zu den Chinesen und den Ureinwohnern Nordamerika's, angewendet wurden und von den Bergvölkern Schottlands, der Schweiz u. s. w. noch angewendet werden, lassen sich natürlich nur sehr mangelhafte Mittheilungen machen. Die Fackelsignale aber, deren Alterthum ebenfalls ein sehr hohes ist, erlauben schon die Mittheilung sehr verschiedenartiger und ganz unvorhergesehener Nachrichten.

Fig. 366. Fackeltelegraph.

Es heißt, daß schon Kleoxenes und Demokritos (450 v. Chr.) Buchstabensysteme aufgestellt haben sollen. Namentlich wird ein Apparat mit schachbretähnlicher Einrichtung erwähnt, bei welchem die 25 Buchstaben des Alphabets in fünf Horizontal- und fünf Vertikalreihen angeordnet waren, so daß jeder derselben durch zwei Zahlenangaben mittels Fackeln bei Nacht oder Flaggen bei Tage richtig bezeichnet werden konnte. Oder man bezeichnete in drei Quartieren, links, in der Mitte und rechts, durch 1—8 Fackeln oder Fahnen beziehentlich einen der acht ersten, der acht mittelsten oder der acht letzten Buchstaben des Alphabets (Fig. 366). Endlich dienten auch Holzstücke, die man auf Thurmstangen aufhing und bald in die Höhe zog, bald senkte, zum Telegraphiren.

Trotzdem alle diese verschiedenen Systeme mit großen Uebelständen behaftet waren, kam man später doch zum Oefteren wieder darauf zurück, und Keßler's Erfindung (1617), welche darin bestand, in einer Tonne ein Licht zu brennen und die Stelle, welche der zu bezeichnende Buchstabe im Alphabet einnimmt, durch so und so vielmaliges Oeffnen des Deckels zu markiren, steht noch ganz auf dem Niveau der alten römischen Einrichtungen. Daß dagegen auf den Schiffen heute noch Flaggen- und Lampensignale in Gebrauch sind, ist durch die Natur der Sache bedingt.

Einen Fortschritt machte man erst in den Dreißiger Jahren des 17. Jahrhunderts, wo der englische Marquis von Worcester (1633) einen optischen Zeichentelegraphen angab, welchen Amontons (1663), ein tauber Franzose, ausbildete. Im Jahre 1684 trat der Engländer Hook mit einer Erfindung auf, durch bewegliche Lineale geometrische Figuren zu telegraphiren, über deren systematische Bedeutung man sich verständigt hatte, und 1765 baute sich der Engländer Edgeworth einen Telegraphen zu seinem Privatgebrauch zwischen London und Newmarket.

In demselben Jahre zeigte Professor Bergsträßer in Hanau in seiner Synthematographik, wie man in einem Lager von 200,000 Mann Soldaten allen Generalen zugleich, und jedem gerade so viel, als er wissen solle, und zwar ohne großen Aufwand bei Tag und bei Nacht, Befehle ertheilen könne, und brachte die Einrichtung einer solchen Signalpost, wie er sie nannte, von Leipzig nach Hamburg in Vorschlag. Man machte auch im Sommer des Jahres 1786 auf der acht Stunden von Hanau entfernten sogenannten Goldgrube am Fuße des Feldbergs einige Versuche, welche ganz guten Erfolg hatten, allein die Sache ward nicht besonders beachtet und daher bald vergessen. Als sie aber als französische Erfindung, und deshalb schon viel geräuschvoller, nach Deutschland zurückkehrte, schenkte man ihr jene Aufmerksamkeit, welche sie ursprünglich verdient hätte.

Der Chappe'sche Telegraph. Es heißt, daß der Ingenieur Claude Chappe, um von Angers aus mit seinen beiden Brüdern, welche sich in einem, ½ Stunde entfernten Institut befanden, zu verkehren, seinen Telegraphen erfunden habe. Das ist nichts als eine Fabel, vielmehr erfaßte Chappe die Idee, als er 1790 nach längerer Abwesenheit mit seinen vier Brüdern im mütterlichen Hause zu Brulon zusammentraf, durch eine mechanische Vorrichtung einen raschen Gedankenaustausch zu ermöglichen. Er stellte eine Anzahl von Versuchen an, welche von der Nachbarschaft theils belächelt, theils verhöhnt wurden, aber endlich doch die Aufmerksamkeit des Nationalkonvents erregten. Nachdem durch weiter angestellte Versuche der Brüder, sowie durch Unterstützung des Konsuls Delauny und des Uhrmachers Breguet, das System vervollkommnet worden, ordnete jene damals bestehende Behörde, hauptsächlich durch Romme dazu gedrängt, die Errichtung einer Telegraphenlinie zwischen Paris und Lille, 30 Meilen mit 22 Stationen, an (Juli 1793). Die erste telegraphische Depesche war die Nachricht von der Wiedereinnahme von Condé (29. August 1794), auf welche der Konvent erwiederte, daß dieser Platz künftighin Nord-Libre heißen

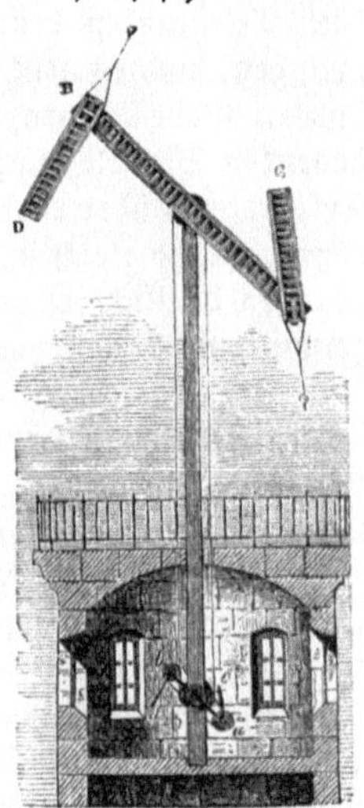

Fig. 367.   Der Chappe'sche Telegraph.

solle, welcher Name aber mit der Revolution wieder verschwand. Vom Abgang der Depesche bis zum Einlaufen der Antwort verflossen drei Viertelstunden.

Auf Bergen, Hügeln, Thürmen u. dgl. wurden kleine, mit zwei Fenstern versehene Gebäude angelegt, so eingerichtet, daß man von ihnen eine Aussicht nach den nächsten Telegraphen hatte. Auf der Plattform erhebt sich eine senkrechte Stange, an deren Spitze sich ein horizontal liegender, 3—5 Meter langer und 22—32 Centimeter breiter starker Rahmen befindet, der sich um eine durch die Achse gehende Welle so drehen läßt, daß er alle möglichen Stellungen in einem vertikalen Kreise annehmen kann (+). An jedem Ende dieses sogenannten Regulatorrahmens befindet sich ein 2 Meter langer und 30 Centimeter breiter ähnlicher Rahmen, der Indikator oder Flügel, welcher wiederum gegen den Regulator jede beliebige Stellung annehmen kann (□ ⌐ ⊾). Die einzelnen Theile sind durch Gegengewichte so vorgerichtet, daß sie sich mit einer sehr geringen Kraft um einander bewegen lassen. Um dem Winde keinen zu großen Widerstand entgegenzusetzen, sind alle Theile nach Art der Jalousien gefenstert. Alles ist schwarz angestrichen.

So lange nun die Maschine ruht, sind die Indikatoren eingeschlagen und liegen platt auf dem Regulator, so daß sie nicht zu sehen sind. Will man aber telegraphische Zeichen geben, dann werden Hauptflügel und Arme in verschiedene Lagen gebracht. Schon an ersterem allein lassen sich vier Veränderungen vornehmen, die senkrechte (|), wagerechte (—),

schiefe von der Rechten zur Linken (/) und von der Linken zur Rechten (\). Weit zahl=
reicher als diese sind aber die Bewegungen an den Seitenarmen je nach den Winkeln, in
welche der eine oder andere oder beide zugleich gegen den Regulator gebracht werden. Es
sind hier nur die sieben leichtest erkennbaren Stellungen zum Signalisiren gewählt, und
zwar zwei senkrechte (oben und unten), eine wagerechte, zwei im 45. Grad oben und zwei
im 45. Grad unten. Diese sieben Stellungen des einen Indikators geben mit den sieben
Stellungen des andern zusammen 49 Signale, und da dieselben bei jeder der vier Stellungen
des Regulators stattfinden können, so giebt der Chappe'sche Telegraph 196 sehr deutlich
von einander zu unterscheidende Figuren. Von diesen hat man 70, als die leichtest erkenn=
baren, herausgewählt, und man vermag mit ihnen nicht nur die Buchstaben und Ziffern,
sondern auch die Satzeichen darzustellen.

Die Bewegungen der drei Theile des Telegraphen und ihre gegenseitigen Stellungen
werden durch einen einzigen Mann mittels über Rollen geleiteter, in dem Regulator und
der Hauptsäule hinlaufender Schnüre mit großer Sicherheit und Leichtigkeit ausgeführt.
Der Telegraphist befindet sich nämlich in seinem Zimmer unmittelbar unter dem Tele=
graphen, und es gehen die Leitschnüre von dem letztern zu einem kleinen, von Metall ge=
bauten Modelltelegraphen, der im Zimmer steht und an welchem der Telegraphist die zu
gebenden Signale macht, die sich dann von selbst mit großer Genauigkeit auf den großen
Telegraphen übertragen. In jedem Telegraphenzimmer befinden sich nun zwei gute Fern=
röhre, welche gleich in der Mauer befestigt und so gerichtet sind, daß man die beiden Tele=
graphen deutlich im Gesichtsfelde hat, um jede Bewegung, welche mit ihren Armen vor=
genommen wird, genau erkennen zu können.

Sehr bald dehnten sich die Telegraphenlinien über das ganze Land aus. In Paris
liefen sie sämmtlich zusammen. In der Ebene standen die Stationen oft sechs bis acht
Stunden, in den Gebirgen weniger weit von einander entfernt, so daß man immer den
einen Telegraphen von dem nächstfolgenden aus genau erkennen konnte, und jede Be=
wegung, welche von Paris ausging, wurde successiv von allen den Telegraphen mechanisch
nachgeahmt, welche auf dem Wege lagen, den die Depesche nehmen sollte.

Auf diese Weise war es möglich, eine Nachricht mit ziemlicher Schnelligkeit zu ver=
breiten. So erhielt man in Paris eine Depesche aus Lille, 60 Stunden weit, in 2 Minu=
ten; aus Calais (68 Stunden) in 4 Minuten 5 Sekunden; aus Straßburg (120 Stunden)
in 5 Minuten 52 Sekunden; aus Toulon in 13 Minuten 50 Sekunden; aus Bayonne in
14 Minuten; aus Brest (150 Stunden) in 6 Minuten 50 Sekunden u. s. w. Andere
Länder folgten bald mit ähnlichen Einrichtungen, so Schweden 1795, England 1796
nach Lord Murray's System, Dänemark 1802, Frankfurt a. M. 1798, Preußen 1833,
Oesterreich (Wien=Linz) 1835, Rußland (Warschau=Petersburg) 1839, selbst Ostindien
und die Türkei hatten ihre Telegraphen. Die bedeutendste deutsche Telegraphenlinie
war die von Berlin nach Köln, welche von der Regierung, ebenfalls nur zu Staats=
zwecken, errichtet war. Ein einzelnes Signal brauchte 10 Minuten, um von einem End=
punkte zum andern zu gelangen, eine ganze Depesche erforderte dagegen eine ziemliche Zeit,
da die Zeichen einander doch nicht sehr rasch folgen konnten.

So verbreitet nun auch diese Einrichtung war, so sehr sie angestaunt wurde, so hatte
sie doch den bedeutenden Mangel, daß sie nur zur Tageszeit und bei hellem Wetter ge=
braucht werden konnte. Trat Regen oder Nebel ein, und wenn er auch nur zwischen zweien
der vielen Stationen erschien, so hörte die ganze Thätigkeit mit einem Male auf, und vor
dreißig Jahren noch brachen gewöhnlich in den Zeitungen die Depeschen da ab, wo sie am
interessantesten zu werden versprachen. Eben arbeiten die Flügel noch rasch und ge=
schäftig — plötzlich bleiben sie, wie vom Starrkrampf befallen, auf einem Signale stehen —
eine lange Zeit — endlich zucken sie wieder unverständlich auf, dann schweigen sie wieder;
während dessen besteht die Depesche aus nichts als aus lauter Punkten — darauf kommen
einige Worte — ganz unzusammenhängend mit den vorhergehenden — wieder Punkte, und
schließlich: „.... einfallender dichter Nebel macht die Fortsetzung nicht mehr erkennbar."

Neben den optischen Telegraphen wollen wir nur kurz noch einiger andern Erwähnung thun, welche in verschiedenen Zeiten vorgeschlagen und zum Theil auch ausgeführt worden sind.

Die Beobachtung, daß der Schall bei seiner Fortpflanzung durch Röhren nur sehr wenig geschwächt wird, ließ den wiederholt schon erwähnten Neapolitaner Porta um 1579 den Vorschlag machen, anstatt der im Alterthum gebräuchlichen Ruferlinien Schallröhrenleitungen anzulegen. Diese akustischen Telegraphen haben indessen, trotzdem man öfters, unter Andern der Cisterciensermönch Gauthey, wieder auf dies Projekt zurückkam, keine ausgedehntere Anwendung gefunden; zur Kommunikation in größeren Etablissements, Fabriken u. dgl. bedient man sich ihrer aber mit Vortheil. Die Vorschläge, aus verschiedenen Tönen ein Buchstabensystem zusammenzusetzen, welche von Doull, Sudre und Anderen ausgegangen sind (musikalische Telegraphen), erwähnen wir nur der Vollständigkeit wegen. Ebenso sind die pneumatischen Telegraphen nicht in Aufnahme gekommen, in denen Luft durch eine Röhre gedrückt werden und am andern Ende als Blasen aus Wasser heraustreten sollte (Rowley 1838). Was in dieser Richtung sich irgend Praktisches ergeben könnte, das hat neuerdings die Packetbeförderung durch Luftdruck ausgebeutet. Und die hydraulischen Telegraphen sind verdiente Schicksalsgenossen der pneumatischen geworden. Eine Uförmige, mit Wasser gefüllte Röhre bildet das Wesentliche derselben. Die senkrechten Schenkel sind gleichmäßig getheilt und befinden sich auf den beiden Endstationen. Wird der eine Wasserspiegel mittels eines Kolbens nun auf der einen herabgedrückt, so hebt er sich auf der andern fast in demselben Augenblicke um eben so viel in die Höhe, man kann also durch Schwimmer beliebige Buchstaben bezeichnen lassen. Die Alten ließen aus zwei auf den entfernten Stationen aufgestellten Gefäßen, in denen ein markirter Stab aufgestellt war, Wasser auslaufen, bis der Spiegel das gewünschte Zeichen erreichte, worauf durch ein Lichtsignal Halt geboten wurde.

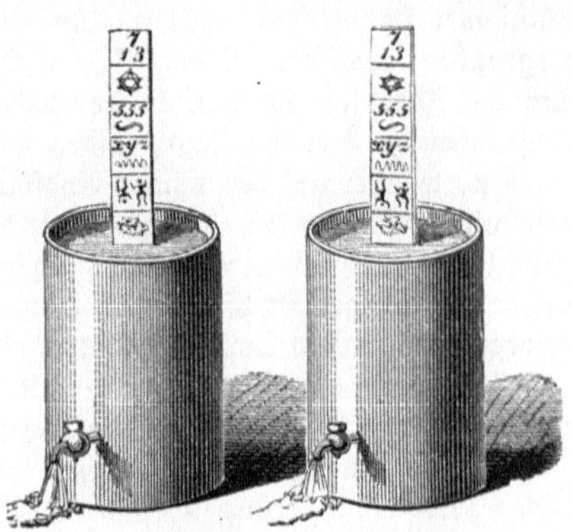

Fig. 368. Hydraulischer Telegraph.

Nachdem also solche Vorrichtungen schon im Alterthum (Aeneas Taktikos im 4. Jahrhundert v. Chr.) ausgeführt worden sind, hat man, als zu Ende des vorigen und zu Anfang dieses Jahrhunderts die Telegraphie anfing große Bedeutung zu gewinnen, ihr Prinzip wieder hervorgesucht, und Bramah (1796), Wallance (1824), Jobard (1827) und Jowett (1847) selbst noch haben sich mit seiner Verbesserung beschäftigt. Es ist aber nichts damit erreicht worden, denn einerseits erfüllten die Chappe'schen Telegraphen das damals Verlangte in der ausgezeichnetsten Weise, andererseits aber, als diese später durch das heutige Telegraphensystem überflüssig gemacht wurden, konnten so mangelhafte Apparate erst recht nicht mehr irgend eine andere Aufmerksamkeit als die des historischen Interesses für sich verlangen.

Die elektrische Telegraphie ist in der That das Einzige, Vollkommenste, was bezüglich der Fernschreibekunst erdacht werden kann, und es scheint, als ob das Höchstmögliche auch fast schon erreicht wäre. Wir haben streng genommen drei Perioden in der Entwicklung der heutigen Telegraphie zu unterscheiden, welche sich dadurch charakterisiren, daß nach einander die Reibungselektrizität, der Galvanismus und endlich der Elektromagnetismus als Agens in den telegraphischen Apparaten angewandt wurden.

Die große Fortpflanzungsgeschwindigkeit der Elektrizität mußte schon frühzeitig auf den Gedanken ihrer Anwendung zur Telegraphie führen. Schon vor mehr als 100 Jahren (1746) sehen wir den Professor Winkler in Leipzig die Elektrizität durch lange Drähte und unter der Pleiße hindurchleiten. Vom 1. Februar 1753 soll ein mit C. M., angeblich den Anfangsbuchstaben vom Namen des Schotten Charles Marshall, unterzeichneter Brief aus Renfrew existiren, dessen Verfasser räth, 24 Drähte von einer Station zu einer andern, mit welcher man in Gedankenaustausch treten will, zu führen; vor jeden Draht ein kleines, mit einem Buchstaben bezeichnetes Hollundermark=Kügelchen zu legen, die Drähte aber unterwegs durch Träger von Glas oder Harz zu isoliren. Werde auf der einen Station nun ein Draht mit Elektrizität geladen, so ziehe sein zweites Ende auf der andern Station das unter ihm liegende Hollundermark=Kügelchen an, und auf diese Weise wäre es möglich, rasch Worte und Sätze zu telegraphiren. Statt der Hollundermark=Kügelchen könne man auch kleine Glöckchen auslösen und erklingen lassen. Lesage in Genf konstruirte 1774 einen solchen Telegraphen, den er aber wol selbst erfunden hatte.

In dieser Zeit und bald nachher beschäftigten sich viele Physiker mit derselben Aufgabe und brachten mancherlei Vorschläge zu Wege. Professor Zetzsche nennt in seinem „Abriß der Geschichte der elektrischen Telegraphie" noch Cavallo 1795, Salva 1796, Bétancourt 1798. Von besonderem Interesse erscheinen nur die Vorschläge von Lomond und von Boeckmann, welche beide anstatt der umständlichen 24 Drähte nur einen oder zwei anbringen und durch Kombinationen von Zeichen (Anziehung eines Hollundermark=Kügelchens oder Ueberspringen eines Funkens durch Entladung einer Leidener Flasche, Boeckmann) die Buchstaben signalisiren wollten. Darin liegt schon das Prinzip, welches später beim Nadel= telegraphen sowol als bei dem Morse'schen Apparate wieder auftauchte. Und merkwürdig, auch die Idee, welche dem lange Zeit und in England jetzt noch gebräuchlichen Zeiger= telegraphen zu Grunde liegt, finden wir schon 1816 von dem Engländer Ronalds an= gegeben, welcher auf den beiden Endstationen ganz gleiche Uhrwerke aufstellen und durch diese mit Buchstaben in vollkommener Uebereinstimmung beschriebene Scheiben in Umdrehung setzen ließ. Die Scheiben drehten sich vor einem Schirme mit einer Oeffnung, durch die gerade ein einziger Buchstabe dem Beobachter erschien. Kam der gewünschte, so wurde die Bewegung auf einen Augenblick durch elektrische Erregung unterbrochen.

Wir sehen aber die Versuche mit der Reibungselektrizität aufgegeben, nachdem im Galvanismus eine viel geeignetere Kraftform entdeckt worden war.

Die **galvanischen Telegraphen** lassen ihre Geschichte, wie jetzt klar dargelegt ist, bis in das Jahr 1809 verfolgen, und es gebührt dem deutschen Physiologen Sömmering in München der Ruhm, zuerst mit klarer Erkenntniß der Frage und der zu ihrer Lösung vor= handenen Mittel die Bahn beschritten zu haben. Den ersten Anstoß hierzu gaben jene ver= heerenden Kriege, welche zu Anfang dieses Jahrhunderts von Frankreich aus sich über Europa verbreiteten. Der blutige Verkehr der Völker säete eine Saat, die für die wahre Humanität fruchtreicher sich entwickeln sollte, als je eine zuvor. Aber merkwürdig bleibt es, daß gerade die französische Nation, deren großartige Erhebung als erster Impuls die nach= haltigen Erschütterungswellen trieb, gerade am spätesten und am mangelhaftesten die heil= samen Erfolge der angeregten Erfindung sich zu Nutze machte. Noch im Jahre 1846 stemmte sich die Deputirtenkammer gegen die Anlegung einer elektrischen Telegraphenleitung von Paris nach Lille, und nur dem zwingenden Auftreten Arago's ist es zuzuschreiben, daß nach und nach wenigstens Versuche Eingang fanden, welche schließlich die vielbezärtelte Chappe'sche Erfindung, auf die sich die französische Nationaleitelkeit so viel zugute that, allerdings durch unvergleichlich Vollkommneres zu verdrängen mußten. Im Jahre 1851 erst wurde der elektrische Telegraph in Frankreich dem Publikum zum öffentlichen Gebrauch übergeben, und in den ersten zwei Monaten beförderte er von Paris aus nicht mehr als 500 Depeschen! Doch zurück zu unserer historischen Betrachtung.

Es war nicht zu verkennen, daß die raschen und mit infolge dessen so überaus glücklichen Unternehmungen Napoleon's ganz besonders durch den ausgezeichneten Rapport, welcher den Willen des Einzigen mit rapider Schnelligkeit allen Theilen seines Heeres übermittelte, unterstützt, ja oft sogar lediglich dadurch ausführbar wurden. Die unglückliche Einschließung des Generals Mack in Ulm war ein Beispiel, welches Bayern zu nahe vor Augen lag, um übersehen zu werden. Als nun vollends der ganz unvorhergesehene Einfall der Oesterreicher am 9. April 1809, der den König am 11. zur Flucht aus München trieb, Napoleon so rasch durch den optischen Telegraphen hinterbracht wurde, daß bereits am 22. April München, welches sechs Tage vorher von den Oesterreichern eingenommen worden war durch die Franzosen entsetzt wurde und der König Maximilian sechzehn Tage nach seiner Flucht wieder in seine Residenz einziehen konnte, lenkte sich die Aufmerksamkeit des bayerischen Ministers Montgelas ernstlich der großen Bedeutsamkeit der Telegraphie zu. Er theilte den Wunsch, von der Akademie Vorschläge zu Telegrapheneinrichtungen gemacht zu bekommen, am 5. Juli 1809 über Tafel dem anwesenden Sömmering, einem Mitgliede jener wissenschaftlichen Korporation mit, und mit welcher Lebhaftigkeit und Ursprünglichkeit der Gelehrte dieser Anregung nachhing, zeigt das Tagebuch desselben, in welchem bereits unterm 8. Juli, also nur drei Tage später, zu lesen ist:

„... nicht ruhen können, bis ich den Telegraphen durch Gasentbindung realisirt."

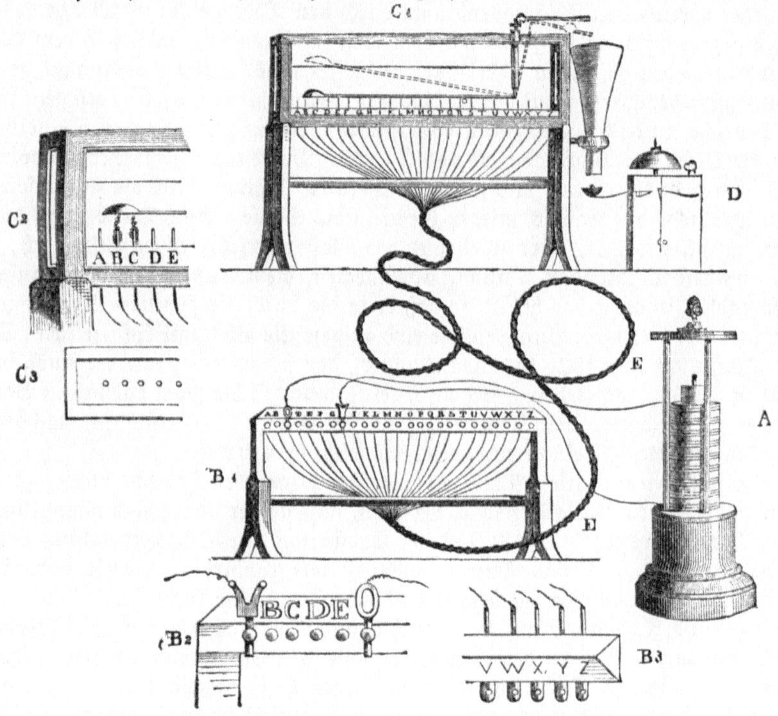

Fig. 369. Der erste galvanische Telegraph von Sömmering

Sömmering ging gleich von der Idee aus, den durch die Volta'sche Säule entwickelten elektrischen Strom für die Telegraphie zu verwenden, und zwar war es der Gedanke an die wasserzersetzende Kraft, welche sich ihm als besonders fruchtbar darstellte. Es kam darauf an zu untersuchen, bis auf welche Entfernung sich die chemische Wirkung übertragen ließ. Am 9. Juli gelang, wie sein Tagebuch mittheilte, die Gasentbindung bis auf eine Entfernung von 12 Meter, am 16. Juli zersetzte er bis auf 52 Meter Entfernung, am 8. August auf 313 Meter das Wasser, und drei Tage darauf konnte er es aussprechen, „der Telegraph gelingt". Die von Sömmering angewandte Säule war aus Silber (Brabanter Thaler) und Zink zusammengesetzt und bestand aus 15 Gliedern; als feuchte Leiter dienten Filze, mit etwas Salzwasser befeuchtet. Die vollständig ausgearbeitete Vorlage empfing die Akademie am 26. August 1809.

Die Abbildung (Fig. 369) wird zeigen, in welcher Art der Sömmering'sche Telegraph eingerichtet war. Sie ist einem Schriftchen entnommen, durch welches der Sohn des verdienten Forschers die lange vernachlässigten und verkannten Ansprüche seines Vaters an der großartigsten Erfindungen unseres Jahrhunderts diesem vor der Welt mit Recht gewahrt hat, da auf keinem Gebiete bisher der deutsche Name überhaupt weniger genannt worden ist, als auf dem der Telegraphie, und doch keine Nation als gerade die deutsche den Stolz haben darf, sich zu sagen: du hast die Idee geboren, du hast sie erzogen und gebildet fürs Leben, und wenn sie der Welt nützt, so verdankt dies die Welt dir.

Wie die Abbildung (s. Fig. 369) zeigt, bestand der erste galvanische Telegraph aus folgenden Theilen: 1) der Volta'schen Säule A; 2) dem Alphabet B_1, in welchem den 24 Buchstaben einzelne Drähte entsprechen, die mit der Säule in leitende Verbindung gesetzt werden können dadurch, daß man das Ende des Poldrahts in die durchlöcherten Stifte steckt, welche bei B_2 in etwas vergrößerter Darstellung und bei B_3 von oben gesehen gezeichnet sind; 3) dem Kabel E, bestehend aus den unter sich isolirten 24 Drähten der Station B; 4) einem dem Apparat B ganz entsprechend zusammengesetzten Alphabet C_1 auf der Empfangsstation, wo die wieder vereinzelten Buchstabendrähte durch den Boden eines Glastrogs gehen, der mit Wasser gefüllt wird; in C_3 sehen wir denselben im Grundriß; endlich 5) dem Wecker D, dessen Haupttheil, den an einem Hebel sitzenden Löffel, uns C_2 etwas vergrößert vorführt.

Wollte nun Sömmering mit diesem Apparat telegraphiren, so gab er erst dem Empfänger der Depesche mittels des Weckers das Zeichen „Achtung", indem er die beiden Poldrähte in die Oesen der Buchstaben B und C steckte. Der Strom geht, nehmen wir an im Drahte B, durch das Kabel E und auf der entfernten Station durch die Flüssigkeit von B nach C im Drahte C des Kabels wieder zurück in die Säule. Beim Durchgange durch die Flüssigkeit im Glastroge C_1 aber wird hier das Wasser zersetzt, es entwickeln sich, wie es C_2 zeigt, aus den Drahtenden B und C Gasbläschen, die sich unter dem Löffel ansammeln und diesen endlich in die Höhe heben, so daß er in die durch die punktirte Linie angedeutete Lage kommt. Bei dieser Stellung rutscht eine aufgesteckte Bleikugel infolge ihrer Schwere von dem Drahte ab und fällt in einen Trichter, der sie auf eine, mit der Auslösung des Weckers D in Verbindung stehende Schale leitet und das Schlagwerk dadurch in Bewegung setzt. Dieser Wecker wurde von Sömmering am 24. August 1810 erfunden, nachdem viele Versuche, den gesuchten Effekt zu erreichen, fehlgeschlagen waren.

Ist also auf dieser Station Alles zur Entgegennahme der Depesche bereit, so beginnt der Absender die beiden Poldrähte so zu versetzen, daß sie der Reihe nach sämmtliche Buchstaben der Depesche berührt und sie auf der Endstation durch Gasentwicklung bemerklich gemacht haben. Soll z. B. das Wort „Hochflut" telegraphirt werden, so wird der eine Draht mit dem H, der andere mit dem O verbunden und eine kurze Zeit wirken gelassen; darauf wird C und H, dann F und L, endlich U und T und schließlich noch das Zeichen für den Punkt kombinirt. Da an dem negativen Pole die Gasentwicklung viel lebhafter ist als an dem positiven, so ist hierin gleich ein Unterscheidungszeichen gegeben, um sich in der Reihenfolge der beiden telegraphirten Buchstaben nicht irren zu können; es darf nur immer derjenige, an welchem die meisten Blasen aufsteigen, zuerst gelesen werden.

Gleich nach seiner Erfindung legte Sömmering den Telegraphen, wie schon erwähnt, der Münchener Akademie und bald darauf (am 5. Dezember 1809) durch den Oberinspektor des Medizinalwesens der französischen Armee Larrey dem Nationalinstitut (Akademie der Wissenschaften) in Paris vor. In Paris wurde nun zwar eine Kommission zur Prüfung der Erfindung ernannt, in welcher die Namen Monge, Biot, Carnot u. A. glänzten, allein man ging mit dem Gefühl, in dem Chappe'schen Telegraph etwas Unübertreffliches zu besitzen, stolz über die ganze Sache hinweg, und selbst Napoleon, der doch zuerst den Nutzen eines solchen Verkehrsmittels hätte einsehen sollen, nannte das Ganze verächtlich eine deutsche Schwärmerei.

Obwol nun von der Praxis im Stich gelassen — denn auch in Bayern regte sich Niemand für eine Ausführung der galvanischen Telegraphie im Großen — setzte Sömmering seine Versuche doch fort und führte den Telegraphen auch wirklich aus, soweit es ihm eben die Umstände gestatteten. Er telegraphirte am 4. Februar 1812 durch eine Drahtlänge von 1255 Meter, am 15. März durch 3138 Meter mit gleich günstigem Erfolge, und so lange

Sömmering in München war (bis 1820), haben viele Besucher sich von der Thätigkeit der nun schon ziemlich alten Erfindung überraschen lassen. Sömmering, dem mehr die allgemeine Einführung als pekuniärer Vortheil am Herzen lag, war auf das Gefälligste bereit, Modelle seines Telegraphen an Andere abzulassen, und so kam durch den russischen Gesandten Grafen Potocky auch ein solches nach Wien, wo der Kaiser, über den Erfolg aufs Höchste erfreut, eine telegraphische Verbindung zwischen Wien und Laxenburg herstellen lassen wollte. Einen andern Telegraphen nahm der bekannte Luftschiffer Robertson mit nach Paris, ein dritter kam nach Genf, wo sich gerade Sömmering's Sohn Wilhelm aufhielt.

Nirgends aber machte sich die Unternehmungslust rege. Das direkte Bedürfniß verlangte eine so schnelle Kommunikation noch nicht, und die erste Veranlassung zu der Erfindung überhaupt, der Krieg, war vorüber. Die gelehrte Welt aber, welche durch Larrey's Berichte in den Bulletins der Medizinischen Gesellschaft mit der so glänzenden Anwendung des Galvanismus bekannt gemacht worden war, sah wie so oft mit der Lösung der Frage ihr Interesse daran als vollständig befriedigt an, soweit sie überhaupt je ein Interesse daran gehabt hat. Alexander von Humboldt, Schweigger und Gauß sind fast die Einzigen, von denen wir wissen, daß sie dem Sömmering'schen Apparat eine ernstliche Aufmerksamkeit zugewandt haben. In England schrieb Dr. Thomas Thomson sogar 1816 noch in den von ihm herausgegebenen «Annals of Philosophy», ohne Sömmering's in irgend einer Weise Erwähnung zu thun: der Professor Dr. Redmann Coxe in Philadelphia habe die Idee ausgesprochen, der Galvanismus müsse sich zum Telegraphiren anwenden lassen, die Ausführung dieser „grillenhaften" Spekulation würde jedoch noch viel Zeit erfordern. Es ist dies um so merkwürdiger, als viele Engländer den Sömmering'schen Telegraphen in München gesehen haben mußten. Ein Modell war wol damals noch nicht nach England gekommen, aber auch dasjenige, welches Sömmering später dem Legationssekretär Lyonel Hervey auf dessen Ansuchen bereitwilligst übersandte, wurde wieder zurückgeschickt, ohne daß man der Sache weitere Aufmerksamkeit gewidmet hätte.

Die Apathie, welche Sömmering überall entgegentrat, ist um so unerklärlicher, da die Kosten seines Telegraphen lange nicht so bedeutend waren, als die der optischen, mit deren Einrichtung man doch damals überall vorging. Schweigger hatte sogar durch die Reduktion der Drähtezahl auf 2 statt 24 es ermöglicht, daß die Meile Leitung durchschnittlich nicht mehr als 300 Mark zu stehen kam, während für die Meile des optischen Telegraphen zwischen Berlin und Köln das Achtfache aufgewendet werden mußte.

Die Richtigkeit einer Idee sichert ihr noch nicht die allgemeine Aufnahme, die Menge will gestoßen und geschoben sein, und deswegen treten in der Geschichte der Erfindungen oft Diejenigen, welche mit unermüdlicher Energie lediglich für die Durchführung des Gedankens kämpfen, heller hervor als Die, welche den Gedanken selbst hervorbrachten. Wir sehen Sömmering von der ganzen Bedeutsamkeit seiner Erfindung erfüllt und überzeugt, daß er, wie er an Humphry Davy schreibt, noch die Legung eines Telegraphenkabels durch den Kanal erleben werde; indessen diese Ueberzeugung, die vielleicht Manche getheilt haben, konnte durch sich selbst allein nicht realisirt werden. Es trug sich aber zu, daß ein russischer Staatsrath, Baron Paul Lawowitsch Schilling von Cannstadt, der Gesandtschaft in München zugetheilt, von dem Sömmering'schen Telegraphen so eingenommen wurde, daß er dessen großartige Anwendung gewissermaßen als seine Lebensaufgabe betrachtete. Sömmering und Schilling wurden zu vertrauten Freunden, leider aber riefen politische Verhältnisse den Letztern schon im Juli 1812 nach Petersburg zurück, und die gemeinschaftlichen Bestrebungen erlitten durch die nun folgenden Weltereignisse eine störende Unterbrechung. Indessen rastete Schilling deswegen nicht. Als durch Oersted der Elektromagnetismus entdeckt worden war, suchte er diese Wirkungsweise des elektrischen Stromes sogleich für die Telegraphie nutzbar zu machen, und hiermit beginnt die dritte Phase des elektrischen Telegraphen.

Die elektromagnetische Telegraphie. Neben Schilling waren es gleich in der ersten Zeit nach den Oersted'schen Versuchen namentlich Ampère (1820) und Ritchie, welche die Ablenkung der Magnetnadel durch den galvanischen Strom zur elektrischen Zeichengebung vorschlugen. Der berühmte französische Physiker wollte 60 Drähte mit 30 Nadeln verbinden. Fechner (1829) in Leipzig, Davy und Alexander in England führten ebenfalls nach verschiedenen Systemen Telegraphen aus, die aber sämmtlich unbeachtet geblieben sind. Ebenso rief der erste praktisch ausgeführte und wirklich benutzte elektromagnetische Telegraph, welchen Gauß und Weber 1833 in Göttingen ausführten und womit sie, indem sie aus den Ausschlägen einer Magnetnadel ein Chiffernsystem kombinirt hatten, einander vom physikalischen Kabinet nach der magnetischen Warte Depeschen zuschickten, trotz seiner zweckmäßigen Einrichtung zunächst keine weitern Nachahmungen hervor. Dieser Telegraph hatte eine 1000 Meter lange Leitung und war bis 1838 in Gebrauch. Die Nadel bestand aus einem sehr starken und langen Magnetstabe, wie solche zur Bestimmung der Erdmagnetismus-Verhältnisse benutzt werden, und die Ausschläge wurden seit 1835 mit Magneto-Induktionsströmen bewirkt.

Uebrigens ist es im höchsten Grade interessant, in der Geschichte der Entwicklung der Wissenschaften zu sehen, wie alt oft manche Idee, wie frühzeitig sie aufgetaucht und in ihren Folgen erkannt und nur zurückgelegt und vergessen worden ist, weil die Verhältnisse noch nicht Boden genug bieten, in welchem das Körnlein keimen könnte, und keine Bedürftigen vorhanden sind, die nach seiner Frucht verlangen. Wem fällt nicht z. B. die merkwürdige Uebereinstimmung auf, welche zwischen den eben besprochenen Apparaten, ihren Zwecken und Einrichtungen und der Idee, welche einer Aufgabe zu Grunde liegt, die in Daniel Schwenter's „Mathematisch-philosophischen Erquickstunden", einem in Nürnberg im Jahre 1636 erschienenen Buche, Seite 346 ff. folgendermaßen gestellt und gelöst wird:

„Wie mit dem Magnetzünglein zwo Personen einander in die Ferne etwas zu verstehen geben mögen: «Wenn Claudius zu Paris und Johannes zu Rom wären, auch einer dem andern etwas zu verstehn geben wollte, müßte jeder einen Magnetzeiger oder Zünglein haben, mit dem Magnet so kräfftig bestreichen, daß es einander von Paris zu Rom beweglich machen könnte. Nun möchte es sein, daß Claudius und Johannes jeder einen Compasten hätte, nach der Zahl der Buchstaben in das Alphabet getheilet, und wolten einander etwas zu verstehen geben allezeit um 6 Uhr des Abends. Wenn sich nun das Zünglein 3½ Mal umgewendet von dem Zeichen, welches Claudius dem Johannes gegeben, sagen wollte: Komm zu mir, so möchte er sein Zünglein still stehen oder bewegen machen bis in das k, danach auf das o, drittens auf das m u. s. f., wann nun eben in solcher Zeit sich des Johannes Magnetzünglein auf gedachte Buchstaben ziehet, könnte er leichtlich des Claudii Begehren verzeichnen und ihn verstehen. Die Invention ist schön, aber ich achte nicht davor, daß ein Magnet solcher tugend für die Welt gefunden werde.

Ich vor meine Person halte es mit dem Authore, glaube auch nicht, daß ein Magnet nur für 2 oder 3 Meil solte solche Krafft haben, es kämen denn diejenigen Steine dazu, deren ich in meiner Stenographia gedacht habe.»"

Dieselbe Idee findet sich übrigens auch in Kircher's «De arte magnetica».

Ist in diesen Auseinandersetzungen nicht das Wesen unseres Telegraphen völlig enthalten? Freilich, aber es ist doch etwas Anderes um eine schillernde Blase, die dem Gehirn zufällig entsteigt, und etwas Anderes um die bewußte Ausbildung eines Gedankens, der Können und Wollen in Rechnung zieht, und wenn er beides einander zu entlegen findet, nach Mitteln und Wegen forscht, sie einander zu nähern. Geistreich ist jene frühzeitige Idee jedenfalls, aber befruchtend hat sie sich während der zweihundert Jahre, die sie alt geworden war, nicht gezeigt. Ja, von Denjenigen, denen wir die Erfindung der elektromagnetischen Telegraphie verdanken, hat wahrscheinlich Keiner von ihr besondere Notiz genommen. Am allerwenigsten Schilling, der sich mittlerweile auf seine Güter zurückgezogen hatte und sich hier mit der Vervollkommnung des elektromagnetischen Telegraphen beschäftigte. Wann er eigentlich seinen Apparat erfunden hat, ist nicht ganz genau zu bestimmen. In der historischen Abtheilung für Erfindungen der Wiener Weltausstellung von 1873 war eine beglaubigte Abbildung des Schilling'schen Telegraphen zu sehen, wie derselbe von der Akademie der Wissenschaften noch aufbewahrt wird. Der Erfinder soll bereits 1832 den Apparat ausgeführt haben, und diese Angabe, die durchaus nicht bezweifelt zu werden braucht, da, wie oben erwähnt, Schilling, der 1837 starb, sich mit der Idee schon seit 1811 trug, wäre insofern von Wichtigkeit, als sie ein früheres Datum konstatirt, als dem Gauß'schen Telegraphen zukommt. Immerhin bleibt aber der Letztere derjenige, der über das Modell hinaus zuerst die praktische Nutzbarkeit belegte. Denn von dem Schilling'schen Telegraphen erfuhr man Ausführlicheres erst auf

Fig. 371. Karl August Steinheil.

der Versammlung der deutschen Naturforscher und Aerzte am 23. September 1835 durch den Vorsitzenden der Abtheilung für Physik und Chemie, Professor der Physik Muncke aus Heidelberg. Durch diesen Physiker wurde der Schilling'sche elektromagnetische Telegraph weiter bekannt, da Jener späterhin damit in seinen Vorlesungen vor einem großen Auditorium Versuche anstellte.

Das Prinzip des Schilling'schen Apparats war dem Schweigger'schen Multiplikator entnommen; durch die Ausschläge von fünf Magnetnadeln wurden Zahlen telegraphirt, über deren Bedeutung ein Zifferlexikon Auskunft gab. Muncke telegraphirte mit einem solchen Apparat, dessen Draht durch mehrere Gänge und Säle lief. In der Folge soll Schilling einen Apparat mit nur einer einzigen Nadel konstruirt haben.

Einer solchen Muncke'schen Vorlesung wohnte denn auch einmal am 6. März 1836 ein Engländer William Fothergill Cooke bei, der selbstgeständlich von physikalischen Experimenten gar keine Idee hatte. Er war durch einen Landsmann auf die merkwürdige Wirksamkeit der neuen Erfindung aufmerksam gemacht worden. Ueberrascht von dem frappanten Erfolge, ließ er, da augenblicklich in ihm die Idee einer praktischen Ausbeutung auftauchte, ein Modell des Schilling'schen Telegraphen bauen, mit welchem er sich nach London begab. Es geschah dies zu einer Zeit, bis zu welcher die Engländer von dem elektrischen Telegraphen nicht viel gehört oder wenigstens von dem Gehörten nicht viel gehalten hatten. Cooke aber faßte die Sache richtig an. Er wandte sich an den berühmten Physiker Wheatstone und legte diesem, nachdem er von Faraday abgewiesen worden war, den „Möncke'schen Telegraph", wie er ihn aus Unkenntniß des Namens Muncke nannte, vor, um gemeinschaftlich für die Einführung der elektrischen Telegraphie in England zu wirken (27. Februar 1837). Wheatstone und Cooke trafen denn auch eine Vereinbarung und nahmen im Mai 1837 zusammen ein Patent auf eine Verbesserung (improvement) des elektrischen Telegraphen, infolge dessen auch am 25. Juli der erste größere Versuch gemacht und durch einen mehrere Meilen langen Draht telegraphirt wurde, der, zum Theil in einem großen Gebäude hin- und hergehend, zum Theil $5/4$ Meilen längs der Birminghamer Eisenbahn von Euston Square bis Cambden Town aufgespannt war.

Der Versuch gelang in ausgezeichneter Weise und der elektrische Telegraph bildete von jetzt ab das Tagesgespräch. Cooke und Wheatstone waren in Aller Munde, während Niemand des eigentlichen Erfinders gedachte, der gerade in diesen Tagen (6. August) starb, wahrscheinlich ohne von den Erfolgen seines Apparats eine Ahnung zu haben. Wäre Schilling länger am Leben geblieben, so würde die Entwicklung des Telegraphenwesens auf dem Kontinent gewiß eine bedeutend raschere gewesen sein, als es so der Fall war, denn die Ausführung einer Leitung, mittels welcher er Kronstadt mit Peterhof durch den Finnischen Meerbusen in telegraphische Verbindung setzen wollte, wurde natürlich infolge seines Ablebens in ungewisse Zukunft versetzt und damit ein überzeugender Beweis für die Nutzbarkeit der Erfindung der Welt vorenthalten. Uebrigens war die Idee in Deutschland nicht so ganz unbeachtet geblieben. Professor Karl August Steinheil in München war durch Gauß angeregt worden, der elektromagnetischen Telegraphie seine Aufmerksamkeit zuzuwenden, und wir werden bald Gelegenheit haben, zu sehen, mit welch großartigem Erfolge für die Praxis er dies gethan. Außerdem hatten auch v. Jacquin und Andreas v. Ettingshausen bereits 1836 in Wien durch mehrere Straßen hindurch theils durch die Luft, theils unter der Erde weg eine Telegraphenleitung ausgeführt.

Wenn die Engländer Wheatstone und Cooke für die Erfinder halten, so ist dies mehr einer entschuldbaren nationalen Eitelkeit zuzuschreiben, als etwa von Wheatstone selbst erhobenen Ansprüchen. Im Gegentheil bezeichnet dieser Gelehrte in der Beschreibung des Apparats, welche der Erlangung des Patents wegen eingereicht wurde, sein Werk ausdrücklich nur als eine Verbesserung. Cooke hatte sofort nach seiner Bekanntschaft mit dem bei Muncke gesehenen Telegraphen sich an die Ausführung von Verbesserungen gemacht, und daß er ein nicht ungewöhnliches Erfindertalent auch hatte, beweisen die Konstruktionen, die er fast unmittelbar entwarf. In der ersten Hälfte des März schon soll er noch in Frankfurt einen dem Schilling'schen ähnlichen Nadeltelegraphen mit drei Nadeln und sechs Drähten entworfen haben, dann versuchte er die Herstellung von Zeigertelegraphen, wobei er zuerst die den Spieldosen zu Grunde liegende Idee mit drehenden Walzen verfolgte, die indessen wegen der Nothwendigkeit eines vollständigen Synchronismus der Umdrehungen auf beiden Stationen zu große Schwierigkeiten bot, und die er deshalb aufgab, um das Prinzip eines Pendels aufzunehmen, das zwischen zwei Elektromagneten hin und her bewegt wird und mit einem Anker wie in der Penduluhr in die Zähne eines Steigrades eingreift und dieses zahnweise umdreht. Den einzelnen Zähnen entsprachen die Buchstaben des Alphabets, welche, an dem Umfange des Rades angebracht, vor einer Oeffnung im Schirm vorbeipassirten. So weit war Cooke, als er sich mit Wheatstone verband.

Der Schilling'sche Telegraph hatte, wie bereits erwähnt, fünf horizontal schwingende Magnetnadeln, deren jede eine kleine, senkrecht stehende, auf beiden Seiten verschieden bezeichnete Papierscheibe trug. Im Ruhestande drehte diese Scheibe dem Beobachter die scharfe Seite zu, sie wurde erst sichtbar, wenn die Nadeln durch den Strom nach irgend

einer Seite abgelenkt wurden. Mittels der so darstellbaren zehn Zeichen konnte man eine
große Zahl von Kombinationen zusammensetzen, denen man die Bedeutung von Buch=
staben und Zahlen beilegte.

Wheatstone gab den Nadeln eine
vertikale Stellung und ordnete sie so
neben einander an, daß mittels einer
Tastatur der Strom allemal zwei be=
stimmten zugeführt wurde, und diese, je
nachdem, nach oben oder unten hin mit
einander konvergirten. Indessen adop=
tirten Wheatstone und Cooke, da die
Fünfnadel=Telegraphen noch sehr un=
bequem waren, das Gauß=Weber'sche
System mit einer einzigen Nadel, so
daß durch die Zahl der Zuckungen der
Nadel der betreffende Buchstabe mar=
kirt wurde.

Die beistehende Figur 372 zeigt
uns die äußere Form, welche der nach
England verpflanzte Telegraph auf diese
Weise erhielt. Der sichtbare Zeiger steht
mit der Nadel im Innern des Gehäuses
in Verbindung, welche durch einen ver=
tikal stehenden Multiplikator zum Aus=
schlagen gebracht wird. Um nun nicht
nur Depeschen empfangen, sondern auch

Fig. 372. Der Nadeltelegraph von Wheatstone und Cooke.

Zeichen geben zu können, ist der Handgriff in Verbindung mit der Batterie oder dem
Magnet eines Induktionsapparats gesetzt, und man bewirkt durch seine Drehung nach einer
oder der andern Seite einen Strom, welcher in demselben Sinne die Magnetnadel auf der
entfernten Station ablenkt. Das Chiffernsystem ist auf der Vorderseite des Gehäuses ver=
zeichnet, und man sieht daraus, daß
eine Ausweichung nach links „Ach=
tung!", eine nach rechts m, zwei
nach links a, drei nach links b, vier
nach links c, dagegen zwei nach
rechts n, drei nach rechts o, vier
nach rechts p bedeuten; eine Zuckung
links und eine gleich darauf fol=
gende rechts heißt d, zwei links und
eine rechts e, erst eine rechts und
dann eine links ist r u. s. w.

Nach diesem einfachen Appa=
rate verbanden die Patentinhaber
zwei Nadeln zu dem sogenannten
Doppelnadel=Telegraphen, welcher
im Grunde nichts Neues enthält
und nur den Vortheil bietet, daß

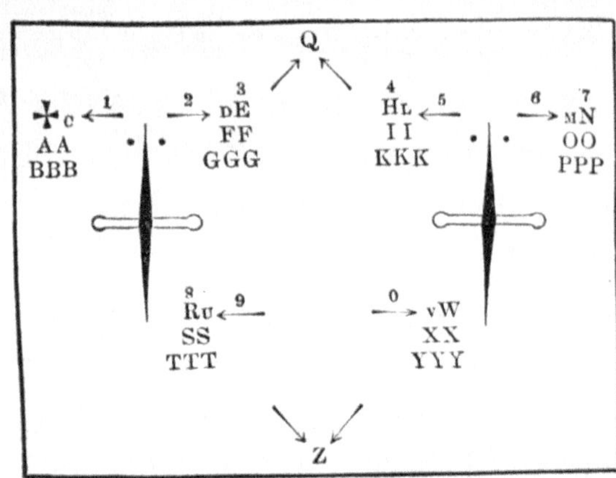

Fig. 373. Doppelnadel=Telegraph von Wheatstone und Cooke.

man mit drei Ausweichungen eben so viel Zeichen geben kann, als vorher mit vier.

Aus Fig. 373 wird die Einrichtung des dabei befolgten Chiffernsystems ersichtlich,
wenn man den Ort, wo die betreffenden Zeichen oder Buchstaben stehen, für die Richtung
des Ausschlags und die Wiederholung der Buchstaben für die Zahl der Ausschläge maß=
gebend sein läßt. Ein einmaliger Ausschlag der linken Nadel nach links bedeutet also +,

das Zeichen für Achtung oder für die Beendigung eines Wortes; ein zweimaliger nach links bedeutet a, ein dreimaliger links b, dagegen ein dreimaliger Ausschlag nach links der rechten Nadel k u. s. w. Die obenstehenden Zeichen werden mit einer Nadel, die untenstehenden mit beiden zusammen hervorgebracht.

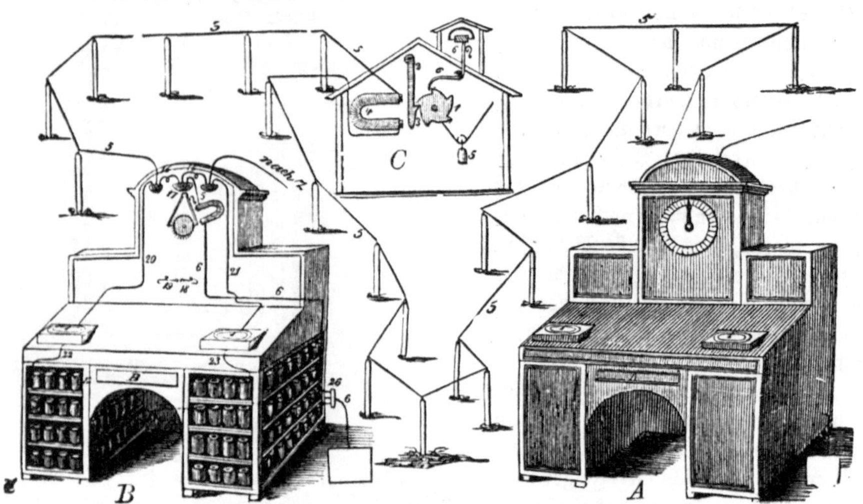

Fig. 374. Schema des Zeigertelegraphen von Wheatstone.

Das Telegraphiren mit Nadeln, wie es von Schilling, ferner von Gauß und Weber erfunden worden war, hatte zwei Uebelstände: einmal konnte es nur von Solchen ausgeführt werden, welche das eigens dafür erfundene Alphabet erlernt hatten, so daß sie geschwind in demselben lesen und schreiben konnten; sodann aber war man, weil der Telegraph nichts Dauerndes markirt, mit der Sicherheit und Genauigkeit der erhaltenen Depesche lediglich auf die Aufmerksamkeit des beobachtenden Beamten angewiesen.

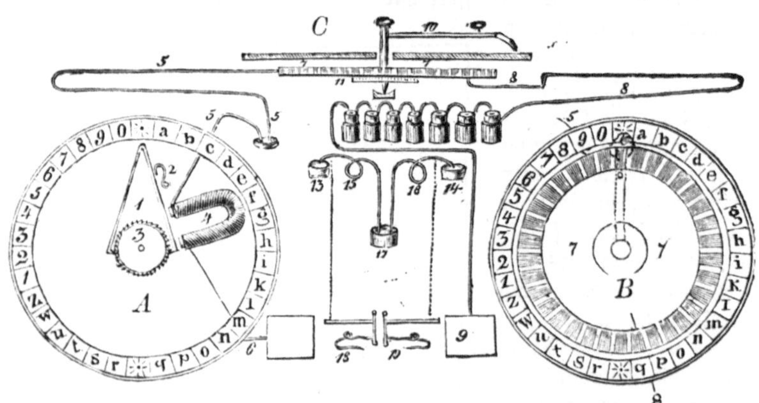

Fig. 375. Meldescheibe und Zeichengeber des Wheatstone'schen Zeigertelegraphen.

Vorzüglich der letztgenannte Umstand war es, der den Professor Steinheil in München, welcher sich von Anfang an viel mit der Telegraphie beschäftigt hatte, veranlaßte, sein Augenmerk auf die Konstruktion eines Schreibtelegraphen zu richten, und bevor Wheatstone und Cooke ihren ersten größern Versuch ausführten, war bereits Steinheil mit seinem Apparate fertig (Mitte Juli 1837). Er hatte die Leitung von seinem Hause in der Lerchenstraße nach dem Gebäude der Akademie der Wissenschaften und von dort nach dem Observatorium in Bogenhausen angelegt. Die Drähte gingen oberirdisch theils auf Pfählen,

theils über die Häuser der Stadt. Die Magnetnadeln trugen an ihren Enden kleine Farben=
pinsel oder Näpschen, aus denen die Farbe etwas heraussickerte, und drückten bei dem Aus=
schlage damit gegen einen Papierstreifen, der sich mit Hülfe eines Uhrwerks in fortwährend
gleichbleibender Geschwindigkeit vorbeibewegte. Außerdem aber hatte Steinheil akustische
Signale angebracht, indem er die Nadeln gegen Glöckchen von verschiedener Tonhöhe an=
schlagen ließ, so daß Auge und Ohr sich gegenseitig kontroliren konnten.

　　Wie bei dem Gauß=Weber'schen Telegraphen wurde auch hier der elektrische Strom
durch einen Rotationsapparat hervorgebracht, und nicht nur dies, sondern auch der zeichen=
empfangende, bewegte Papierstreifen — ein jetzt noch unentbehrliches Requisit der Tele=
grapheneinrichtung — ist also wiederum eine deutsche Zugabe.

　　Der Zeigertelegraph. Die Versuche Cooke's zur Konstruktion eines Zeigertelegraphen,
welche bis in das Jahr 1836 zurückgehen, haben wir schon erwähnt; Cooke setzte dieselben
fort und fand für seinen Apparat Ende 1839 eine verbesserte Form. Mittlerweile hatte
nun Wheatstone die glückliche Idee gehabt, die Wirkung des elektrischen Stromes mit der
Wirkung eines fallenden Gewichts oder einer Federkraft zu kombiniren, und Davy hatte

diesen Gedanken in der Art
zu glücklicher Ausführung
gebracht, daß der elektrische
Strom den Anker eines
durch das Gewicht getrie=
benen Steigrades auslöste
und wieder arretirte. Aber
der Zeigertelegraph, welchen
Davy darauf konstruirt hatte
und auf welchen er am 4. Ja=
nuar 1839 ein Patent nahm,
war in seiner sonstigen Ein=
richtung zu komplizirt, so
daß sein glücklicherer Patent=
kollege Wheatstone jenen Ap=
parat das Jahr darauf durch
eine zweckmäßigere Konstruk=
tion ersetzen konnte, welche
ihm nun patentirt wurde.
Wheatstone setzte mit dem

Fig. 376. Zeigertelegraph (Rückseite).

Steigrade einen Zeiger in Verbindung, welcher auf dem Umfange einer mit Buchstaben
und Zahlzeichen beschriebenen Scheibe hinglitt und so die wünschenswerthe Mittheilung
direkt buchstabirte, indem er auf dem betreffenden Zeichen zum Anhalten gebracht wurde.
Es heißen daher auch die in England noch gebräuchlichen Apparate allgemein die
Wheatstone'schen Zeigertelegraphen.

　　Da dieser Apparat einer ganzen Klasse von Telegraphen zum Ausgangspunkt gedient
hat, so ist es wol erlaubt, einige Worte über das Wesentliche seiner Einrichtung hier an=
zubringen und das zu Sagende durch einige Abbildungen zu illustriren. Selbstverständlich
geben wir damit nur ein schematisches Bild, in der praktischen Ausführung zeigen die
einzelnen Theile des Apparates, wie an den folgenden Abbidungen zu sehen ist, ein ganz
anderes Aussehen. War bei den Nadeltelegraphen eine Magnetnadel, welche durch den
elektrischen Strom beeinflußt wurde, so ist hier ein Stück weiches Eisen, das durch den
Strom zeitweilig zu einem Magneten gemacht wird, die Hauptsache. Durch abwechselndes
Schließen und Oeffnen der Kette, in welche die Spirale des Elektromagneten eingeschaltet
ist, wird ein vor dem letztern liegendes bewegliches Stück Eisen, der Anker, bald an=
gezogen, bald wieder ausgelassen, also eine doppelte Bewegung desselben bewirkt, die in
verschiedener Weise zur Sichtbarmachung der Zeichen verwendet werden kann.

In unserer ersten Abbildung (Fig. 374) stellt A den Aufgabeort, B den Empfangsort der Depesche dar, gleichviel ob die beiden Endstationen 5 oder 500 Meilen von einander liegen. Dazwischen sollen einzelne Stationen noch eingeschaltet sein, wie es C, ein einfaches Wärterhäuschen, andeutet. Der die Leitung vermittelnde Draht ist mit 5 bezeichnet und auf Stangen von einer Station zur andern fortgeführt. Die Apparate sind auf allen Stationen gleich. A giebt eine Ansicht von der äußern, B eine solche von der innern Einrich

Fig. 377. Zeigertelegraph (Vorderseite).

tung eines solchen älteren Telegraphenapparates. Die galvanische Batterie, welche selbstverständlich auch durch einen Rotationsapparat ersetzt werden kann, befindet sich im unteren Theile des Arbeitspultes.

Die hauptsächlichsten Bestandtheile des eigentlichen Telegraphirapparats sind in der zweiten Abbildung (s. Fig. 375) etwas größer dargestellt. Darin ist A die am Pult bemerkbare zifferblattähnliche Scheibe, welche an ihrer Peripherie 22 Buchstaben — x und y fehlen, für v und w gilt dasselbe Zeichen — und 10 Zahlzeichen trägt, zwischen denen zu oberst und zu unterst Sternchen

eingeschaltet sind. Diese Scheibe führt den Namen Meldescheibe, zum Unterschiede von dem im Aeußern ganz ähnlichen Zeichengeber C (in B von oben gezeichnet), welcher auf der Fläche des Pultes angebracht und durch die Hand des Beamten bewegbar ist, während der Zeiger der Meldescheibe nur von der andern Station aus durch Oeffnen und Schließen der Kette gerückt wird. Der Zeiger sitzt nämlich vorn an einer durch den Mittelpunkt der

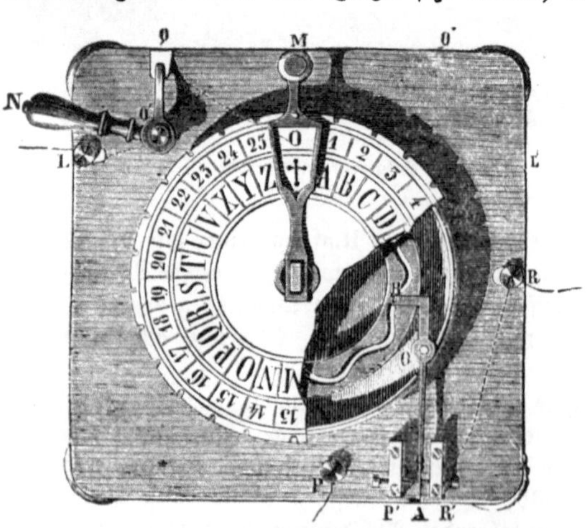

Fig. 378. Der Manipulator.

Scheibe gehenden drehbaren Achse, welche wie die Zeigerachse der Uhren im Innern ein Steigrad hat, in das ein Anker (wie 1 in Fig. 375) zu beiden Seiten eingreift. Die Zähne des Ankers sind so gestellt, daß immer einer in das Rad greift und dieses bei der hingehenden Bewegung des Ankers um einen Zahn und eben so wieder um einen bei der hergehenden Bewegung vorwärts rücken kann. Es wird nun aber jedesmal, wenn ein Strom durch den Draht geht, das Hufeisen 4 magnetisch, der Anker wird angezogen und das durch ein fallendes Gewicht gespannte Rädchen 3 rückt folglich einen Zahn weiter; wird die Kette wieder geöffnet, so

drückt die Feder 2 den rechten Schenkel des Ankers von dem nun nicht mehr magnetischen Hufeisen ab, wobei das Rädchen um den zweiten Zahn vorwärts geschoben wird. Jeder Strom bewirkt also durch Schließen und Oeffnen ein Fortrücken um zwei Zähne, und da das Rad doppelt so viel Zähne hat, als auf der Meldescheibe Zeichen angebracht sind (hier 68), so geht der mit dem Rädchen 3 fest verbundene Zeiger auf der Meldescheibe jedesmal um einen Buchstaben weiter.

Der Beamte in A (Fig. 374) hat seinen Zeichengeber rechts vor sich auf der Fläche des Pultes, und durch die vollkommene Uebereinstimmung der inneren Werke ist es sicher, daß genau dieselben Buchstaben, welche er mit seinem Zeiger berührt, auf der Meldescheibe in B angezeigt werden.

Die Einrichtung des Zeichengebers ersehen wir aus Fig. 375, wo man diesen wichtigen Theil des Apparats sowol von oben (B) als im Durchschnitt (C) gezeichnet erblickt. In dieser letztgenannten Durchschnittszeichnung bedeutet 7 eine kupferne Scheibe, deren Umfang 34 Zähne hat, so daß der durch den darauf schleifenden Leiter 5 übertragene Strom 34mal unterbrochen wird. Die Zwischenräume zwischen den Zähnen sind mit Holz, Horn, Elfenbein oder einer andern ähnlichen, nicht leitenden Substanz ausgefüllt. Der Strom selbst geht aus der Batterie durch den Draht 8 in die kupferne Scheibe und wird also, wenn dieser Schließungsdraht auf einen metallenen Zahn trifft, weiter zu dem Elektromagnet 4 geführt. Nachdem er dessen Windungen durchlaufen hat, strömt er durch den Draht 6 der Erdplatte zu, und geht, durch die Erde weitergeleitet und auf der andern Station dann wieder von der Erdplatte 9 aufgenommen, in die Batterie zurück. Jedes Fortrücken des Zeichengebers 10 und damit der Scheibe um einen Zahn entspricht also einem Weiterrücken des Zeigers auf der Meldescheibe um einen Buchstaben.

Wie man aber mit einem telegraphischen Apparat, nach Art des in Fig. 374 dargestellten, im Stande ist, jeden Augenblick von A und einem andern Orte, den wir Z nennen wollen, sowol telegraphische Nachrichten zu empfangen, als auch solche dahin abzusenden, das ist aus Fig. 375 ersichtlich. Es tauchen nämlich die von A und Z kommenden Drähte 15 und 16 in kleine Quecksilbernäpfchen (wie sie in Fig. 375 unter 13 und

Fig. 379. Samuel Morse.

14 deutlicher dargestellt sind); aus diesen führt wieder je ein Leitungsdraht in ein drittes Näpfchen 17, von wo dann der Draht um den Elektromagneten sich windet. Der Magnet kann somit seine Erregung von zwei Seiten her empfangen, und um nach einer bestimmten Richtung hin zu telegraphiren, schaltet man aus dem gemeinschaftlichen Quecksilbernäpfchen nur den betreffenden Leitungsdraht aus.

Uebrigens sind die Apparate noch mit Weckern und andern Hülfsvorrichtungen versehen, auf deren nähere Beschreibung wir uns nicht einlassen können. Eben so wenig dürfen wir es für unsere Aufgabe ansehen, die vielerlei Verbesserungen oder nur Veränderungen anführen zu wollen, welche verschiedenen Absichten zu Gefallen ausgeführt und hier und da in Anwendung gekommen sind. In Deutschland haben diese Zeigertelegraphen nicht sofort Aufnahme gefunden, hier war Fardely der erste, der sie baute; Kramer, Stöhrer und besonders Siemens gaben wichtige Verbesserungen an, und es ist in der Geschichte der elektrischen Telegraphen besonders ein von Siemens in Berlin ausgeführter und im Jahre 1846 in Preußen patentirter Zeigertelegraph dadurch merkwürdig, daß er auf Typendruck zugleich mit eingerichtet war.

Das äußere Ansehen der Zeigertelegraphen ist trotz der inneren Verschiedenheiten des Apparats ein ziemlich übereinstimmendes. Die Abbildungen Fig. 376—378 zeigen uns eine Ausführungsweise, wie sie in Frankreich durch Breguet in Aufnahme gebracht worden ist. Fig. 377 erklärt sich durch sich selbst; bezüglich der Abbildung Fig. 376 aber wollen wir bemerken, daß EE den Elektromagnet darstellt, welcher durch seine zeitweilige Erregung das um die Achse OO' bewegliche Eisenstück A anzieht und wieder losläßt, wenn der Strom durch seine Spiralen unterbrochen ist. Die Bewegungen des Ankers A übertragen sich durch den Hebel L auf das Steigrad, welches so eingerichtet ist, daß bei jeder Ausrückung ein Zahn vorbei passirt. Das Steigrad erhält seinen Antrieb durch ein Uhrwerk, das uns durch den kreisförmigen Schirm verborgen wird. Auf der andern Seite sitzt an einer Welle der Zeiger. Der Apparat, mittels dessen die Zeichen gegeben werden, der Manipulator, ist in Fig. 378 dargestellt. Der Hauptbestandtheil desselben ist der Hebel AB, der um den

Punkt O schwankt und durch das Ende B mit dem Telegraphendraht L, der durch den Schlüssel N einmündet, in leitender Verbindung steht. Dem andern Arme A steht eine metallene Leitung P' gegenüber, welche durch den Draht P mit der Batterie verbunden ist. Liegt das Ende des Hebelarmes A an P' an, so ist, da das andere Ende B nicht aufhört, in leitender Verbindung mit dem Telegraphendraht L zu sein, die Kette geschlossen und dem Strome der Durchgang durch die Linie gestattet. Sobald aber A von P wieder losgeht, wird auch der Strom wieder unter-

Fig. 380. In einem Telegraphenbureau. Aufgabe der Depesche.

brochen, und dies erfolgt allemal, wenn die Spitze B, die durch einen Stift in einer wellenförmig ausgeschnittenen Rinne geführt wird, welche ihrerseits mit dem Zeiger M verbunden ist und mittels desselben unter dem das Alphabet tragenden Zifferblatte successive hinweggeführt wird, bis der zu telegraphirende Buchstabe erreicht ist, wenn diese Spitze B in ein Wellenthal gelangt ist, wie in dem Momente, den unsere Abbildung veraugenscheinlicht. Solcher wellenförmigen Ausbiegungen hat die Rinnenscheibe eben so viel als das Zifferblatt Buchstaben oder sonstige Zeichen trägt, und es leuchtet ein, daß die abwechselnden Schließungen und Unterbrechungen des Stromes in der schon entwickelten Art auf der Meldescheibe der Empfangsstation dieselben Buchstaben markiren, die hier durch den Manipulator angegeben werden.

An dem Zeigertelegraphen zu arbeiten erfordert keine besondere Fertigkeit, und für den Eisenbahndienst sind solche Apparate deswegen von gewissen Vortheilen. Indessen ist die Zeitdauer, welche die Absendung einer Depesche verlangt, verhältnißmäßig groß, da der Zeiger nur in der einen Richtung bewegt werden kann und, um auf einen im Alphabet zurückliegenden Buchstaben zu gelangen, den ganzen Kreis erst durchlaufen muß. Soll z. B. das Wort amor telegraphirt werden, so genügt zwar ein einmaliges Durchlaufen der Meldescheibe; der Telegraphist hält erst auf dem a inne, läßt dann den Zeiger, indem er elfmal den Strom unterbricht, bis m fortrücken und wartet hier wieder einen Augenblick, geht dann zum o und schließlich zum r, immer in derselben Drehung. Wenn aber das umgekehrte Wort roma annoncirt werden soll, so muß er erst das r signalisiren, darauf den ganzen Kreis wieder bis zum o durchlaufen, dann wieder fast einen vollen Umlauf machen, um zum m zu gelangen, und kommt schließlich, nachdem er viermal den Zeiger um die ganze Scheibe geführt hat, mit dem a zum Ende. Diese Beschwerlichkeit hat viel dazu beigetragen, den Morse'schen Telegraphen die günstige Aufnahme zu verschaffen, welche sie gefunden haben, und den Namen ihres Erfinders mit einem Glanze zu umgeben, der sich auf ein bescheideneres Maß zurückführen würde, wenn andere, nicht weniger werthvolle Erfindungen auf diesem Gebiete den ihnen gebührenden Antheil auch immer erhalten hätten.

Steinheil's Rückleitung. Wir stehen hier gerade an der Stelle, wo wir einer solchen Kapitalerfindung gedenken müssen, die von einem Deutschen gemacht und deswegen vielleicht von seinen Landsleuten als „Pflicht und Schuldigkeit" angesehen, von Fremden aber gar zu gern übergangen wird, obwol es jetzt auf der ganzen Erde keinen einzigen Telegraphen giebt, der sich ihrer nicht bediente, und obwol es gerade diejenige Erfindung ist, welche dadurch, daß sie die

Fig. 381. In einem Telegraphenbureau. Ankunft der Depesche.

Einrichtungskosten auf die Hälfte herabsetzte, der Telegraphie überhaupt die größte Verbreitbarkeit gab. Es ist die von Steinheil im Jahre 1838 getroffene Einrichtung, mit einem einzigen Drahte als Leitung zu telegraphiren und die Erde als Rückleitung zu benutzen.

Da die bedeutenden Kosten der doppelten Drahtleitung für die Aufnahme der Telegraphie ein großes Hinderniß waren, so versuchte Steinheil die Rückleitung bei Eisenbahntelegraphen durch die ein= für allemal vorhandenen Eisenbahnschienen übernehmen zu lassen und damit den einen Draht zu sparen. Er stellte zu diesem Behufe auf der Eisenbahn zwischen Nürnberg und Fürth Experimente an. Dabei fand er jedoch, daß es gar nicht der Eisenbahnschienen bedürfe, sondern daß man ohne Weiteres die Erde in die Leitung einschalten könne, und jetzt führt man nach seiner Angabe allgemein auf der einen Station den positiven, auf der andern den negativen Pol hinab in die Erde, anstatt sie wie früher durch einen besonderen Draht mit einander zu verbinden. Nur ist es nothwendig, weil die Erde bei gleichem Durchmesser dem elektrischen Strome einen bei weitem größeren Widerstand entgegensetzt als Metall, zwischen die beiden Polenden ein entsprechend dickeres

Erdprisma zur Leitung einzuschalten; deswegen läßt man die Dröhte in metallene Platten ausgehen, die man dann in den Boden versenkt.

Der Morse'sche Drucktelegraph. Es ist sehr schwer, aus den von der Ruhmredigkeit der Amerikaner diktirten und von dem allzugroßen Vertrauen der Deutschen immer gläubig aufgenommenen Erzählungen der Morse'schen Erfindung das Wahre herauszuschälen; deswegen wollen wir uns vor der Hand nur an Thatsachen und an die Jahreszahlen halten, in denen von Morse wirkliche und nützliche Neuerungen gemacht worden sind. Es darf uns nicht mehr bestechen, wenn es heißt, Morse habe bereits 1832 bei seiner Ueberfahrt von Europa nach Amerika an Bord des Schiffes „Sully" den elektromagnetischen Telegraphen erfunden. Morse war in Europa gewesen, um sich als Maler auszubilden, und verstand von Physik und ihrer Anwendung damals noch gar nichts. Hätte auch ein mit auf dem Schiff anwesender Dr. Jackson aus Boston, der die Passagiere bisweilen durch Experimente mit einem Elektromagneten und einer Voltaschen Säule unterhalten haben soll, in Morse die Idee der elektromagnetischen Telegraphie klar hervorzurufen gewußt, so war doch 1837, als die Nachricht von Steinheil's telegraphischer Einrichtung in München nach Amerika gelangte, von den Morse'schen Versuchen, welche dieser seit 1836 mit einem Professor der Chemie, Dr. Leonhard Gall, angestellt, und worauf er, als die amerikanische Regierung optische Telegraphenlinien einrichten wollte, durch Begünstigung ein schützendes Patent zu erlangen wußte, dem Publikum noch nicht der geringste Erfolg bekannt geworden. Trotzdem reklamirte eine Nachricht in «The New-York Journal of Commerce» im August 1837 die Ehre der Erfindung der elektromagnetischen Telegraphie mit der größten Unverschämtheit für Morse, „welcher auf dem Schiffe kein Geheimniß von seiner Idee gemacht und dieselbe den Reisegefährten aller Nationen frei und offen mitgetheilt habe." Darauf wurde, um das Publikum von der Existenz der Morse'schen Erfindung zu überzeugen, der Telegraph ausgestellt. Wenn wir erwähnen, daß der Elektromagnet in demselben ein Gewicht von 79 Kg. hatte, so wird man sich daraus schon einen Begriff von der Unbehülflichkeit der Einrichtung machen können. Die erste Depesche, aus fünf Worten bestehend, kam am 4. September 1837 zu Stande; zu ihrer Herstellung hatten 143 Zeichen gegeben werden müssen. Es ist kein Irrthum, wenn wir schreiben 1837, statt, wie gewöhnlich geschieht, 1835; die letzte Jahreszahl ist unrichtig und nur dadurch in Umlauf gekommen, daß der Autor von «The Telegraph Manual», welchem die meisten Nachrichten über Morse entnommen sind, sich zu Gunsten der amerikanischen Ansprüche das kleine Fälschungsvergnügen gemacht hat, von der in römischen Zahlzeichen geschriebenen Jahreszahl der Depesche 1837 die beiden letzten Striche wegzulassen und dieselbe dadurch in 1835 zu verwandeln.

Alle anderen auf die Zeit der Morse'schen Erfindung bezüglichen Dokumente leiden an ähnlichen Unsicherheiten. Daß die Sache übrigens in ihrer unvollkommenen Gestalt anfänglich auch bei dem amerikanischen Publikum geringen Anklang fand, wird wol am besten durch den Umstand bewiesen, daß Morse 1839 wieder zur Malerei und später zum Daguerreotypiren griff. Als endlich in England die Nützlichkeit der elektrischen Telegraphen erprobt war, gewährte auch der Kongreß (im März 1843) die von Morse schon früher verlangte Subvention, und 1844 wurde als erster Versuch Washington mit Baltimore telegraphisch verbunden. Die erste Depesche durchlief den Draht am 27. Mai. Aber die damals angewandten Apparate waren noch höchst mangelhaft, und erst als Morse wieder in Europa gewesen und 1845 aus Frankreich ein Modell mitgebracht, nach welchem er seine Apparate änderte, konnte sein System sich allmählich zu praktischer Bedeutung herausbilden.

Das Morse'sche System — und darauf reduziren sich alle Ansprüche des viel genannten Mannes — verdankt aber seine allgemeine Verbreitung auch nicht einmal einem neuen originellen Gedanken, vielmehr ist das Charakteristische daran, die Zeichengebung, welche durch einen mittels des Elektromagneten in einen sich bewegenden Papierstreifen gedrückten Stift geschieht, mit manchen früheren Vorschlägen, welche z. B. statt vertiefter Eindrücke farbige Zeichen bezweckten, ungemein nahe verwandt. Am allerwenigsten ist unser Telegraph überhaupt eine Morse'sche Erfindung, und das schöpferische Verdienst Morse's,

gegen das eines Sömmering, Schilling, Steinheil, Weber, Gauß, Wheatstone u. A. ge=
halten, verschwindet fast gänzlich. Die Morse'schen Einrichtungen boten aber gewisse Vortheile
der Bequemlichkeit, und da durch sie die Frage nach einem Telegraphen, der bleibende Zeichen
gab, für damalige Anforderungen in annehmbarer Weise gelöst wurde, so erfolgte die
Adoptirung der Morse'schen Apparate fast allgemein; Patente sicherten den Alleinbesitz und
machten ihren Inhaber zu einem reichen und berühmten Manne.

Wenn wir heute uns in einem Telegraphenbureau die gebräuchlichen Instrumente
zeigen lassen, welche alle Morse'sche heißen, weil die Eigenthümlichkeit des Schreibstiftes
beibehalten worden ist, und fragen, wer diese oder jene Verbesserung angebracht, so werden
wir durch die Antworten an Morse selbst kaum mehr erinnert, vielmehr hören wir immer
und immer wieder Namen, wie die bereits genannten,
und andere, wie Stöhrer, Kramer, Meißner, vor
allen Siemens und Halske. Sie sind es eigentlich,
welche durch die scharfsinnigsten Erfindungen die Ap=
parate zu ihrer heutigen Vollendung gebracht haben.
Eine Besprechung auch nur der hervorragendsten dieser
Erfindungen ist leider an dieser Stelle nicht möglich,
weil sie technische Auseinandersetzungen verlangt, die

Fig. 382. Taster oder Schlüssel.

uns viel zu weit führen würden. Wir müssen uns begnügen, nur in den hauptsächlichsten
Zügen ein Bild von der Wirksamkeit eines solchen Telegraphenapparates zu entwerfen, und
wollen dies versuchen, indem wir uns auf die Figuren 380 und 381 beziehen.

In Bezug auf das Arrangement im großen Ganzen haben wir nicht nöthig, be=
sondere Erläuterungen zu machen. Wir sehen in Fig. 380 die Batterie, welche den Strom
erzeugt, und in dem Drahtlaufe die Richtung angedeutet, die er vom Zinkpol aus nimmt.

Er tritt zunächst in den
Schlüssel, mit welchem der
telegraphirende Beamte durch
Oeffnen und Schließen der
Kette seine Zeichen giebt. Aus
dem Schlüssel geht er um
eine Magnetnadel (Gal=
vanometer), aus deren
Verhalten ersichtlich wird, ob
überhaupt ein Strom in der
Kette erregt wird oder nicht;
dann durchläuft er eine eigen=
thümliche Vorrichtung, den
Blitzableiter, bestimmt, den
Telegraphirenden eventuell
vor den gefährlichen Wir=

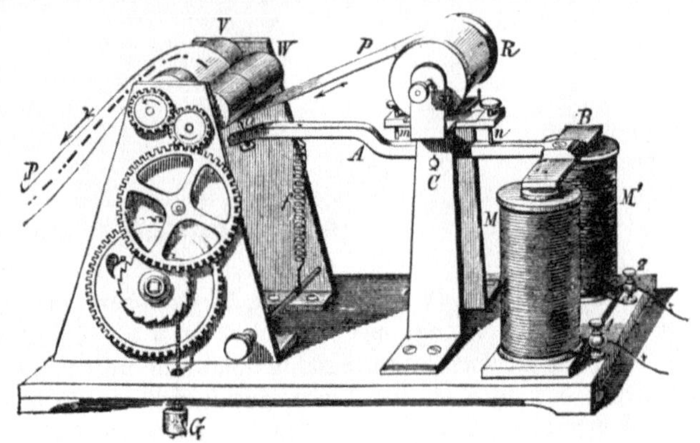

Fig. 383. Der Morse'sche Schreibapparat.

kungen der atmosphärischen Elektrizität zu schützen und die letztere direkt in den Erdboden
abzuleiten, und geht endlich durch die mehr oder weniger lange Leitung H nach der Empfangs=
station Fig. 381. Hier tritt er umgekehrt aus der Leitung H zuerst in den Blitzableiter und
geht dann durch das Galvanometer in den von der Batterie jetzt abgelösten Schlüssel, aus
diesem in den Elektromagneten und sodann in den Ableitungsdraht Z nach der Erde, durch
welche er sich nach der auf der Anfangsstation in die Erde versenkten zweiten Polplatte der
Batterie (s. Fig. 380) zu bewegt und so die Kette schließt.

Die eigentlich telegraphirenden Werkzeuge in diesem ganzen Apparat sind nun 1) der
Taster oder Schlüssel und 2) der Schreiber; beide geben wir in den folgenden
Figuren in gesonderter Darstellung.

Der Taster (s. Fig. 382) besteht aus einem metallenen Hebel, der um eine horizontale
Achse drehbar ist. An dem vordern sowol als an dem hintern Arme befinden sich kleine

metallene Kegel, von denen je einer auf eine darunter liegende metallene Platte gedrückt und mit dieser in leitende Verbindung gesetzt werden kann. Nennen wir den vordern Kegel 1, den hintern 3, und die darunter liegenden Platten beziehentlich 2 und 4, so ruht 3 auf 4, wenn der Griff nicht niedergedrückt wird, sondern der Hebel die in der Figur angegebene Stellung einnimmt. Die Platte 2 steht mit dem Leitungsdrahte der Batterie in Verbindung. In den Körper des Hebels mündet der Leitungsdraht nach der entfernten Station, während die Platte 4 mit dem zugehörigen Schreibapparat in Verbindung steht.

In Fig. 380 würde also noch ein Draht von dem Schlüssel zu dem Elektromagneten, und in Fig. 383 ein Verbindungsdraht des Schlüssels mit der Lokalbatterie hinzu zu denken sein, wenn nicht nur Depeschen befördert, sondern auch empfangen werden sollen. Diese Drähte sind in unseren Zeichnungen der Einfachheit wegen weggelassen worden. Wenn eine Depesche ankommt, so durchläuft der elektrische Strom den Hebelkörper des Tasters in der Art, daß er aus dem Drahte in die Platte 4, von da durch 2 in den Hebelkörper und aus diesem durch den mittleren Leitungsdraht nach dem Schreibapparat fließt; 1 und 2 sind während dieser Zeit unterbrochen. Soll eine Depesche abgeschickt werden, so ist 3 und 4 unterbrochen, und so lange als 1 und 2 zeitweilig geschlossen werden, geht der Strom aus dem mittleren Hebelkörper in die Drahtleitung nach der entfernten Station.

A	. —	I	. .	R	. — .
Ae	. — . —	J	. — — —	S	. . .
B	— . . .	K	— . —	T	—
C	— . — .	L	. — . .	U	. . —
D	— . .	M	— —	Ue	. . — —
E	.	N	— .	V	. . . —
E'	. . — . .	O	— — —	W	. — —
F	. . — .	Oe	— — — .	X	— . . —
G	— — .	P	. — — .	Y	— . — —
H	. . . .	Q	— — . —	Z	— — . .

Fig. 384. Das Morse'sche Alphabet.

Man hat es ganz in seiner Gewalt, kürzere oder längere Ströme hervorzurufen. Das ist wichtig. Denn so lange wie der Strom durch die Spiralen MM' des Schreibapparates (Fig. 383) auf der Endstation läuft, so lange sind die darin steckenden Eisenkerne magnetisch und ziehen das darüber schwebende Eisenstück B an, so lange wird auch der am andern Arme A befindliche Stift O gegen den Papierstreifen P gepreßt, welcher durch die Walzen V und W in der Richtung des Pfeiles von der Rolle R abgewickelt wird, und bringt demgemäß in diesem mit seiner Spitze kürzere oder längere Eindrücke, Punkte oder Striche, hervor. Wenn der Magnetismus verschwindet, so zieht die Feder f die Spitze wieder herunter und hebt dadurch die Eisenplatte B von dem Elektromagneten. Die Bewegung der Walzen V und W besorgt ein durch ein Gewicht G getriebenes Uhrwerk; die Ausweichung des Schreibhebels um die Achse C aber wird durch zwei kleine Stellschrauben (Limitirungsschrauben) m und n korrigirt. Um die Eindrücke besser sichtbar zu machen, liegt das Papier da, wo der Schreibstift auftrifft, etwas hohl.

Morse hat aus der Kombination von Strichen und Punkten sein Alphabet gebildet, welches mit seinen Apparaten jetzt fast auf allen Telegraphenämtern angenommen worden ist. Die Telegraphenbeamten haben dasselbe so im Kopfe, daß sie schon aus dem Geräusch, welches das Anschlagen des Schreibapparates verursacht, den Inhalt der Depesche sofort herauslesen. Uebrigens hat man dazu noch besondere Apparate, sogenannte Klopfer, erfunden, welche also eine förmliche Lautsprache führen.

Die Schutzvorrichtung gegen Blitz, deren wir noch zu erwähnen haben, ist in ihrer ersten Idee von Steinheil angegeben worden. Der atmosphärischen Elektrizität gegenüber verhält sich nämlich der Telegraph mit seiner Ableitung in die Erde wie ein riesenhafter Blitzableiter; die Drähte überladen sich bisweilen so mit Elektrizität, daß eine Unterbrechung der Leitung nach der Erde, wie sie ja bei den Arbeiten am Taster fortwährend stattfindet, für den Beamten im höchsten Grade gefährlich werden kann. Es wird daher für eine seitliche Ableitung der Gewitterelektrizität gesorgt, indem man an den Draht eine Vorrichtung von gegen einander stehenden Spitzen oder zwei gezahnten Blechen, die nur sehr Weniges von einander abstehen, anschraubt. Der galvanische Strom hat nicht genug Spannung, um diesen Zwischenraum zu überspringen und, anstatt im langen Leitungsdrahte fortzufließen, in die Erde abzuströmen; die Gewitterelektrizität dagegen, welche sich in den Drähten anhäuft, geht mit Leichtigkeit zwischen den Spitzen über und strömt auf diesem Wege unausgesetzt nach der Erde, mag der Schlüssel arbeiten oder nicht.

Die Typendrucktelegraphen. Der Wunsch, welcher die gewöhnlichen Schreib- oder Drucktelegraphen erfinden ließ, nämlich die Depesche in bleibend sichtbarer Gestalt von dem telegraphischen Apparate zu empfangen, hat, wie es scheint, sehr frühzeitig schon die Bestrebungen darauf gelenkt, einen Apparat zu konstruiren, welcher die Depesche in einer allgemein verständlichen Schrift wiedergiebt und nicht blos in Chiffern, zu deren Enträthselung die Kenntniß des Systems gehört. Denn wenn wir die allerdings erst aus dem Jahre 1847 stammende Mittheilung Morse's wörtlich verstehen dürfen, so hat bereits im Frühjahre 1837 der Amerikaner Vail einen Apparat hergestellt, welcher die durch den galvanischen Strom übermittelte Depesche mit Typen druckte; 1840 trat Bain mit einem andern Apparat hervor, 1841 stellte Wheatstone einen Typendrucktelegraphen in der Königlichen Polytechnischen Gesellschaft aus; Fardely erfand in Deutschland einen Typendrucktelegraphen, der 1844 bereits auf der Taunusbahn Anwendung fand; den 1846 von Siemens erfundenen Zeigertelegraphen mit Typendruckvorrichtung haben wir bereits erwähnt. Und seitdem hat sich die Zahl der Apparate noch beträchtlich vermehrt, ja es ist gewiß Jeder, der sich mit der Vervollkommnung der Telegraphenapparate beschäftigte, mehr oder weniger der Idee nachgegangen, dieses Ideal der telegraphischen Schreibweise zu erreichen. Wenn trotzdem so lange Zeit vergangen ist, ehe sich einer der vielen erfundenen Typendruckapparate in allgemeine Aufnahme zu bringen gewußt hat, so liegt dies an der Komplizirtheit der Einrichtung, welche mit so erhöhten Ansprüchen verbunden sein mußte, und welche namentlich in Bezug auf das Haupterforderniß, möglichst rasche und sichere Schreibweise, den auf hohe Stufe der Vollkommenheit gebrachten Morse'schen Apparaten gegenüber praktische Vortheile nicht zu gewähren schienen.

Erst der von dem amerikanischen Professor Hughes erfundene Apparat entspricht diesen Anforderungen vollständig, ja er gestattet ein bei weitem schnelleres Telegraphiren als selbst die besten Morse'schen Apparate, und da seine Behandlung außerdem eine sehr leicht zu erlernende ist, so würde er alle anderen Apparate schon aus dem Felde geschlagen haben — wenn eben nicht auch sein Mechanismus so überaus subtil zusammengesetzt wäre, daß Reparaturen daran nur von ganz eingeweihten und geschickten Mechanikern, die nicht überall zu Gebote stehen, ausgeführt werden können. Der Hughes'sche Typendrucktelegraph ist in der That ein mechanisches Wunder, dessen Erfindung die höchste Genialität dokumentirt, und er verdient, daß wir uns mit ihm beschäftigen.

Den meisten Typendrucktelegraphen gemein ist die Art und Weise, in welcher die Drucktypen angeordnet sind; auf dem Umfange eines stählernen Rades, ähnlich einem Zahnrade, sind sie auf der äußersten Peripherie erhaben ausgearbeitet. Denkt man sich dieses Typenrad auf der einen mit einem Manipulator auf der andern Station in Verbindung, wie es die Meldescheibe und der Zeichengeber des Wheatstone'schen Zeigertelegraphen sind, so wird man sich vorstellen können, daß, anstatt daß hier der Zeiger den Umfang der Alphabetscheibe durchläuft, die Anordnung so getroffen sein könnte, daß das Typenrad diese Drehung ausführt, bis der entsprechende Buchstabe genau über dem weißen Papierstreifen steht. In diesem Moment könnte der Druck erfolgen, natürlich müßte dazu das Typenrad vorher gehörig eingeschwärzt sein und durch eine andere Vorrichtung es entweder gegen den Papierstreifen oder dieser gegen jenes angedrückt werden. Hierauf würde es nothwendig sein, daß das Papier so weit fortgezogen würde, daß der Druck der nächsten Buchstaben neben dem zuletzt gedruckten erfolgte.

Während im Allgemeinen diese vier Vorrichtungen zum Einstellen des Typenrades, zum Anpressen des Papieres, zum Schwärzen der Typen und zur Fortführung des Papieres bei allen Typendrucktelegraphen vorhanden sein müssen, unterscheiden sich diese namentlich durch die Art und Weise, wie die erstgenannte Arbeit, das Einstellen der Typen, ausgeführt wird. Wir haben den Vergleich mit den Wheatstone'schen Zeigertelegraphen schon gemacht.

Fig. 385. Pantelegraph Caselli. Originalschrift.

Eine Anzahl Apparate (die von Wheatstone, Bain, Brett, House, Bréguet, Digney, Freitel, Mouilleron, Dujardin, Thomson, Du Moncel u. A.) haben dies Prinzip mit Echappement, welches durch elektrische Ströme ausgelöst wird und Zahn für Zahn ein Steigrad sich drehen lassen. Andere dagegen, die von Vail, Siemens, Theiler, Donnier, Arlincourt, Desgoffes und auch von Hughes, besorgen die Einstellung der Typen durch zwei auf beiden Stationen gleichlaufende Uhrwerke. Es sind dies die Apparate mit synchronistischer Bewegung. Wir wollen nur den einen davon, der durch seine ausgezeichneten Leistungen sich vielfach Eingang verschafft hat, etwas eingehender besprechen.

Der Hughes'sche Apparat. Der Haupttheil desselben ist ein, nach Art des Zeigers bei dem Wheatstone'schen Zeigertelegraphen, sich über eine runde Scheibe in rascher Rotation (zwei Umläufe pro Sekunde) bewegender Schlitten, dessen Bewegung mit der Bewegung des

Fig. 386. Uebermittelungsdepesche.

Typenrades zusammenhängt und ganz genau übereinstimmt, sodaß, wenn eine gewisse leitende Stelle des Schlittens über einem bestimmten Buchstaben (welche zifferblattähnlich angeordnet sind) steht, derselbe Buchstabe des Typenrades sich genau unterhalb zum

Abdruck bereit eingestellt hat, so daß es nur eines raschen Heraufdrückens des Papierstreifens bedarf, um sein Bild zu erhalten. Die Buchstaben sind durch kleine metallene Stifte vertreten, welche aus einer Scheibe hervorkommen. Sie bewirken gewisse elektrische Ueberleitungen und unterhalten dadurch das Spiel eines Elektromagneten, welcher die mechanischen Auslösungen, das Andrücken des Papieres u. s. w. besorgt.

Auf der andern Station, von welcher die Depesche abgesandt werden soll, ist ein ganz ebensolcher Apparat aufgestellt. Die Uhrwerke beider sind telegraphisch in Uebereinstimmung gebracht und Schlitten und Typenräder lassen in demselben Moment dieselben Buchstaben durchgehen. Die Aufgabe der Depesche erfolgt mit Hülfe einer Klaviatur, deren einzelne Tasten die Buchstaben bedeuten; durch Niederdrücken derselben werden die entsprechenden Stifte emporgeschnellt, und der rasch über sie hinweg rotirende Schlitten nimmt in demselben Moment den elektrischen Strom auf. Wird z. B. die Taste des Buchstaben M niedergedrückt, so geht der Strom durch die Leitung in dem Moment, wo sich der Schlitten über dem emporgehobenen Stifte M befindet; in demselben Momente ist aber auf der andern Station der Buchstabe M des Typenrades gerade über dem Papierstreifen. Der Strom erweckt den Elektromagneten, dieser zieht an und druckt im Fluge den Buchstaben M ab. Sobald der Schlitten über den Stift hinweg ist, wird der Strom unterbrochen, der Papierstreif rückt einen Zahn weiter, und er kann noch während desselben Umlaufes des Schlittens den Buchstaben U oder einen andern nicht zu nahe an M liegenden aufnehmen und zum Druck weiter geben, wenn der Telegraphist rasch genug die entsprechende Taste niederdrückt.

Da aber in jedem Falle, wenn auch ein vollständiger Umlauf des Schlittens bis zum nächsten Buchstaben nothwendig sein sollte, bei zweimaligem Umlauf mindestens zwei Buchstaben in der Sekunde telegraphirt werden können, so leuchtet ein, daß in den Händen geübter Telegraphisten der Hughes'sche Apparat, was Schnelligkeit der Beförderung betrifft, von keinem andern so leicht erreicht werden kann, und seine unverkennbaren Vortheile haben ihm denn auch eine Aufnahme bereitet, die von Tag zu Tag wächst und stets allgemeiner wird.

Die chemischen Telegraphen. Wir haben schon erwähnt, in welcher Weise Steinheil bereits einen Versuch gemacht hat, einen Telegraphen zu konstruiren, welcher die Depesche in dauernder Gestalt sichtbar wiedergäbe. Außer dem Steinheil'schen Schreibtelegraphen giebt es noch mehr Zeugnisse der nach dieser Richtung gewandten Bestrebungen. Der schon erwähnte Davy'sche Apparat — eine in jeder Beziehung in der Geschichte der Telegraphie hervorragende Erfindung — hatte anstatt des beweglichen Zeigers, welcher ihm von Weathstone gegeben wurde, einen Stift, der bei jedem Anziehen des Ankers gegen ein sich stetig über eine Rolle bewegendes, chemisch präparirtes Papier drückte und auf diesem, indem er die darin enthaltenen chemischen Stoffe durch den hindurchgeleiteten Strom zersetzte, farbige Punkte hervorbrachte. Das Papier war in Felder abgetheilt, und aus der Anordnung der Zeichnung konnte die Depesche abgelesen werden. So bedeutend diese Erfindung aber auch für die Umgestaltung der Telegraphenapparate hätte werden können, so nahm sie doch keine selbständige Entwicklung. Sie mußte sich daher gefallen lassen, von Wheatstone in das Schlepptau genommen und zu dem schon besprochenen, für die damalige Zeit auch zweckmäßigen Zeigertelegraphen umgestaltet zu werden.

Das Problem eines Schreibapparates war dadurch seiner Lösung wieder entrückt worden. Späterhin sind die chemischen Telegraphen zwar von Vielen des Oefteren wieder hervorgesucht und verbessert worden, allein sie wollten das Verlangte doch nicht in der wünschenswerthen einfachen Weise leisten, obwol sie in ihrer Art bisweilen auf das Scharfsinnigste eingerichtet waren. Vor einigen Jahren noch hat Giovanni Caselli in Florenz mit seinem sogenannten Pantelegraphen so viel von sich reden gemacht, daß wir an dieser Stelle die chemischen Telegraphen nicht durchaus übergehen dürfen, obgleich die Langsamkeit, mit der sie arbeiten, ihrer Einführung sehr hindernd im Wege steht.

Im Prinzip haben die chemischen Kopirtelegraphen, zu denen auch der Caselli'sche gehört, die Eigenthümlichkeit, die Depesche in denselben Zügen wiederzugeben, in denen sie mit einer nichtleitenden Tinte auf eine Metallplatte aufgeschrieben worden ist. Ueber diese Metallplatte (Stanniol, das um eine Walze gewickelt wird) bewegt sich die Spitze des einen Poldrahts, der Strom wird also allemal unterbrochen, wenn jener Stift auf einen mit Harz geschriebenen Buchstaben auftrifft, und dadurch wird eine gleich lange Unterbrechung in der Zersetzung des chemisch bereiteten Papieres auf der Endstation bewirkt, mithin auf dem Papier eine entsprechende Zeichnung hervorgebracht. Selbstverständlich wird das Bild der Depesche die Schriftzüge oder die Linien der Zeichnung nicht ununterbrochen wiedergeben, sondern zusammengesetzt aus kurzen Linienelementen, die der Dauer des Stromes entsprechen, welche während der Zeit, daß der Schreibstift auf der nichtleitenden Tinte dahinglitt, unterbrochen war. Fig. 385 mag die auf die leitende Platte aufgetragene Originaldepesche darstellen, dann ist Fig. 386 das Abbild, welches der Caselli'sche Telegraph auf der Empfangsstation davon liefert. Die Einrichtung des Mechanismus zu beschreiben, dürfen wir uns erlassen.

Automatische Telegraphie. Der Umstand, daß die bisher betrachteten zeichen=
gebenden Apparate stets direkt von der Hand eines Telegraphisten in Bewegung gesetzt
werden und somit in Dem, was sie übermitteln, von der augenblicklichen Stimmung eines
Menschen, von dessen Aufmerksamkeit, Abspannung u. s. w. abhängig sind, läßt den Wunsch
einer Verbesserung nach der Richtung zu, daß dem zeichengebenden Apparate eine in ge=
eigneter Weise zugerichtete Depesche untergelegt wird, welche die Stromgebung in auto=
matischer Weise selbst besorgt. Wir haben nun zwar in den chemischen Telegraphen schon
Einrichtungen kennen gelernt, welche den angeführten Forderungen Genüge leisten, allein
dieselben arbeiten zu langsam, und es ist gerade die Ausnutzung der Leitung, als des kost=
spieligsten Anlageobjektes, die Beförderung einer möglichst großen Anzahl Depeschen in
möglichst kurzer Zeit, dasjenige Moment, welches auf die Vervollkommnung der telegraphischen
Apparate drängt. Für unterseeische Linien namentlich ist dasselbe von der höchsten Wichtig=
keit. Man hat auf verschiedene Weise den Zweck zu erreichen versucht.

Morse bereits führte den Gedanken aus, indem er die Oeffnung und Schließung der
Kette durch einen sägeblattartig ausgeschnittenen Blechstreifen bewirken ließ. Daß mit einem
solchen Hülfsmittel die Bewegung des Tasters ins Werk gesetzt werden kann, liegt auf der
Hand, und ebenso, daß, wenn einmal das Depeschenblech vorbereitet ist, das eigentliche
Abtelegraphiren rascher und sicherer erfolgen kann, als wenn die Zeichen von der Hand eines
Telegraphisten gegeben werden müssen. Die Herstellung der Depeschenpatrone kann un=

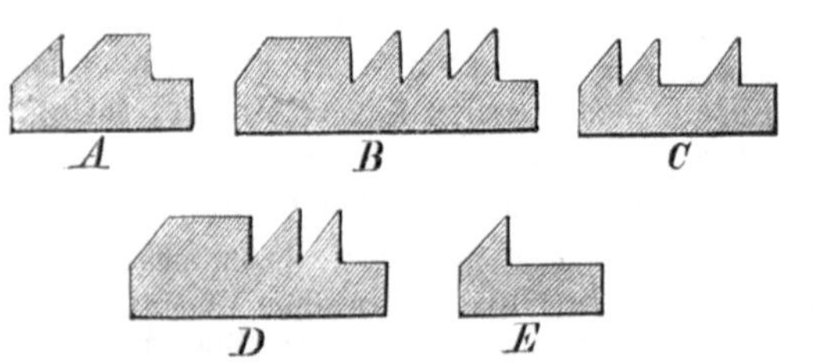

Fig. 387. Morse'sche Typen für die automatische Telegraphie.

abhängig von dem übrigen telegraphi=
schen Apparate vorgenommen werden,
und es lassen sich gleichzeitig beliebig
viele derselben zurichten, so daß es
scheint, als ob die Leistungsfähigkeit der
Apparate und der Leitung sich soweit
ausnutzen lassen müßte, als es mit dem
Morsesystem überhaupt möglich ist. Den
Umstand, daß die mechanische Vorbe=
reitung der Depeschen aufhältlich und
kostspielig ist, beseitigte Morse selbst

dadurch, daß er aus Blech einzelne Typen ausschnitt, die er zu dem Depeschenstreifen zu=
sammensetzen konnte. Fig. 387 giebt uns die Ansicht einiger solcher Typen, deren Wirkungs=
weise sich von selbst erklärt, wenn wir uns eine leitende Metallfeder darüber hinschleifend
denken. Die spitzen Zähne geben Punkte, die breiten dagegen Striche. Ein Uebelstand,
der weniger leicht zu heben war, zeigte sich aber darin, daß die Elektromagnete bei dem
damaligen Stande der Apparate der Stromgebung nicht rasch und sicher genug der Aus=
lösung des Tasters zu folgen vermochten.

Baine schlug deshalb sehr bald darauf (1846) einen andern Weg ein. Er verzeichnete
die Depesche auf einen Papierstreifen, so ungefähr wie sie aus dem Schreibapparate hervor=
kommen würde, mit den Morse=Strichen und Punkten. Diese Schriftzeichen schlug er aus
dem Papier aus, spannte das letztere über eine Metalltrommel, in welche die Leitung ging,
und ließ eine Metallfeder über die Depesche schleifen, welche an allen durchlochten Stellen
auf die Metalltrommel auftraf und dadurch eine Schließung des Stromes bewirkte. Dieses
Prinzip der durchlochten Depeschenstreifen wurde auch späterhin beibehalten und namentlich
von Siemens wurden verbesserte Apparate angewandt, welche die Durchlochung auf
mechanische Weise mittels dreier Tasten bewirken. Auch die Morse'sche Typenschiene ist
in den sechziger Jahren von Siemens und Halske wieder aufgenommen worden, nachdem
in anderer Weise der Stromgebung Mittel gefunden waren, die vordem auftretenden
Schwierigkeiten zu umgehen.

In den neuesten automatischen Schnellschreibapparaten, deren Vervollkommnung ganz
besonders Siemens und Halske sich haben angelegen sein lassen, ist die vorhergehende, von dem
stromgebenden Apparate unabhängige Vorbereitung der Depesche wieder aufgegeben worden.

Es wird allerdings der Papierstreifen auch noch gelocht, und zwar mittels eines Tasten=
werkes, welches die einzelnen Buchstaben, Zahlzeichen u. s. w. enthält und infolge des bei
dem Hefner=Altenbeck'schen Apparate aus 49 Tasten besteht. Allein der Durchlochungs=
apparat ist mit dem stromgebenden Apparate verbunden, so daß der eben erst gelochte
Buchstabe auch gleich darauf telegraphirt wird. Der Vortheil rascherer Zeichengebung,
welcher die automatischen Telegraphen überhaupt hervorgerufen hat, besteht hier so gut
wie früher, denn da mit jedem Tastendruck ein Buchstabe gelocht wird, der bei dem Morse=
system durchschnittlich aus drei Zeichen besteht, so wird dadurch schon eine bei weitem
größere Schnelligkeit des Depeschirens ermöglicht. Außerdem aber ist das Behandeln der
Klaviatur ein leichteres als das des Tasters.

Diese neueren automatischen Apparate sind auch bereits in verschiedenen Konstruktionen
erschienen: man hat Dosenschriftgeber und Kettenschriftgeber, deren spezielle Verschiedenheit
aus einander zu setzen wir an dieser Stelle nicht unternehmen können. Ja sogar auf die
Typendrucktelegraphen ist das automatische Prinzip angewandt worden (Schnelldrucker).

Was die Schnelligkeit des Telegraphirens anbelangt, so wird behauptet, daß sich
mittels automatischer Zeichengebung in der Minute die Zahl der telegraphirten Buchstaben auf
100 bringen läßt. Das gäbe, wenn für eine Depesche durchschnittlich 33 hin= und hergehende
Worte à 6 Buchstaben
gerechnet werden, für
die Stunde 90 Tele=
gramme, etwa noch
einmal so viel als man
mit dem Hughes'schen
Apparat gewöhnlich
erreicht.

**Das Gegenspre=
chen, Doppelsprechen.**
Die Idee, zu gleicher
Zeit zwei Ströme in
entgegengesetzter Rich=
tung durch die Leitung

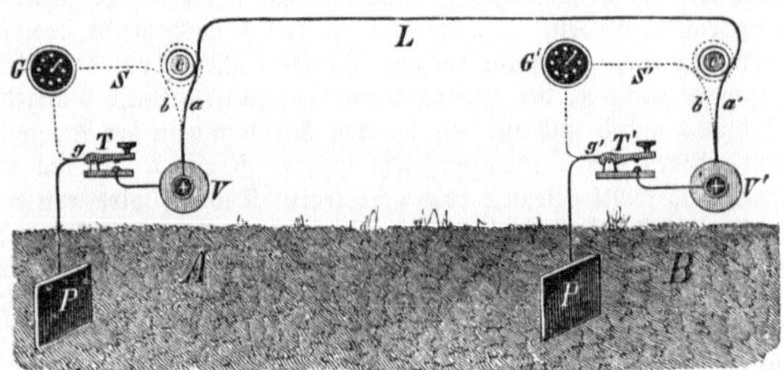

Fig. 388. Schematische Anordnung des Edlund'schen Apparates zum Gegensprechen.

zu schicken, die sich gegenseitig nicht aufheben oder stören sollen, hat auf den ersten Anblick
etwas ungemein Ueberraschendes, und die Frage, ob es wahrscheinlich sei, daß von einer
Station A nach der entfernten Station B und in derselben Zeit umgekehrt von B nach A
in verständlicher Weise telegraphirt werden könne, dürfte schwerlich von Jemand mit Ja
beantwortet werden, dem sie zum ersten Male vorgelegt wird und der von den thatsäch=
lichen Verhältnissen eine genaue Kenntniß nicht hat. Und doch ist die Sache ausführbar
und in der That auch ausgeführt worden.

Wie bei diesem Vorgange die Stromverhältnisse im Innern der Drahtleitung sind,
darum brauchen wir uns, wenn wir uns von der Sache selbst eine Vorstellung verschaffen
wollen, nicht zu kümmern. Thatsache ist, daß gleichzeitig von zwei Stationen auf einander
zu zeichengebende Ströme abgelassen werden können. Die Schwierigkeit lag für die Technik
nur darin, den Schreibapparat fortwährend mit in die Leitung einzuschalten, ihn also so ein=
zurichten, daß derselbe nur durch den von der entfernten Station kommenden Strom in Thätig=
keit gesetzt wurde, während der nach jener Station hin gehende Strom ihn zwar mit durch=
laufen mußte, ohne jedoch eine Wirkung auf ihn auszuüben. Wenn wir uns die Fig. 387 und
388 vergegenwärtigen, so werden wir uns über die eintretenden Beziehungen leicht klar werden.
Dort haben wir gesehen, daß für gewöhnlich der Schreibapparat aus der Leitung aus=
geschaltet wird, wenn nach einer andern Station telegraphirt wird. Der Strom geht von
Station A aus der Batterie durch den Taster in die Leitung nach Station B, daselbst in
den Schreibapparat und aus diesem durch die Erde in die Batterie A zurück. Wäre au
Station A der Schreibapparat in die Leitung eingeschlossen, wie er es auf Station B ist

so würde der von der Batterie A ausgehende Strom nicht erst in die Leitung nach B ein=
treten, sondern den kürzeren Weg durch den Schreibapparat A, den er in Thätigkeit setzen
würde, zur Erde wählen. Bei dem Gegensprechen muß jedoch der Schreibapparat auf
beiden Stationen mit in der Leitung sich befinden, es muß also ein Arrangement getroffen
werden, welches den Schreibapparat A gegen den von Station A nach B gehenden Strom
unempfindlich macht, dagegen ihm seine Empfindlichkeit dem von B aus ankommenden
Strome gegenüber erhält, und ebenso darf der Schreibapparat B nicht durch den von B
nach A gehenden, sondern nur durch den von A nach B kommenden Strom in Thätigkeit
gesetzt werden. Dies kann auf verschiedene Weise geschehen.

Wir wollen als Beispiel für die Ausführbarkeit der Idee nur diejenige Anordnung
im Prinzip erläutern, welche von Edlund in Stockholm herrührt. Dazu dient uns die
schematische Darstellung Fig. 388. In derselben ist V die Batterie, T der Taster, c der
Schreibapparat oder das Relais desselben, den wir uns durch einen weichen Eisenkern
repräsentirt denken, welcher durch den elektrischen Strom magnetisch wird und den Schreib=
stift anzieht. G ist das Galvanometer, L die Leitung, P die Erdplatte; auf der zweiten
Station sind dieselben Bestandtheile des Apparates durch gleiche mit ' versehene Buchstaben
bezeichnet. Sie haben übrigens bis auf den Schreibapparat in ihrer Einrichtung nichts
Besonderes. Dieser dagegen ist von Edlund auf eine sehr geistreiche Weise folgendermaßen
eingerichtet worden. Der von der Batterie V ausgehende stromführende Draht theilt sich
vor dem Schreibapparat in zwei Zweige a und b, von denen der eine durch die voll aus=
gezogene Linie a, der andere durch die punktirte Linie b angedeutet wird. Diese beiden
Drähte a und b sind um den weichen Eisenkern c in der Art geführt, daß die Windungen
von a denen von b entgegengesetzt laufen; ist also a von rechts nach links, so ist b von
links nach rechts gewickelt oder umgekehrt. Dadurch wird nun erreicht, was man erreichen
wollte, nämlich daß der bei Niederdrückung des Schlüssels T von der Batterie V ausgehende
Strom auf den Eisenkern c gar keine magnetisirende Wirkung ausüben kann, denn an der=
selben Stelle, an welcher die Stromhälfte a einen Nordpol hervorbringen will, würde die
entgegengesetzt laufende Stromhälfte b einen Südpol erzeugen, die sich in der Gesammt=
wirkung nothwendig aufheben müssen.

Der Strom selbst geht, nachdem seine beiden Zweige den Eisenkern umlaufen haben,
einestheils durch die Leitung L nach der Station B, woselbst er zunächst den Elektro=
magneten e' umkreist und den Schreibapparat in Bewegung setzt, dann aber, wenn der
Schlüssel T' niedergedrückt ist, durch die Batterie C', aus welcher er durch den Schlüssel in die
Erdplatte seinen Weg nimmt und durch die Erde zurück nach der Station A in die Batterie V
gelangt. Ist aber auf Station B der Taster T' nicht niedergedrückt, so geht der von A
kommende Strom, nachdem er den Schreibapparat passirt hat, den durch die punktirte Linie
angedeuteten Weg durch das Galvanometer G' in denjenigen Theil der Leitung, welcher
hinter dem Taster in die Erdplatte überführt.

Auf Station A ist noch der zweite Theil des Stromes zu verfolgen, welcher aus der
Batterie V die punktirte Bahn durch den Zweig C eingeschlagen hat. Derselbe gelangt
ebenfalls aus dem Schreibapparat durch das Galvanometer in die Leitung hinter dem
Schlüssel, allein er geht nicht in die Erde, sondern nimmt sofort seinen Weg durch den
niedergedrückten Schlüssel in die Batterie C zurück.

Bedingung für die völlige Unempfindlichkeit des Schreibapparates gegen den eigenen
Strom ist, daß die beiden Stromhälften einander in Bezug auf Stärke völlig gleich sind.
Da nun die Leitung L durch den Widerstand, welchen sie dem sie passirenden Strome im
Verhältniß ihrer Länge entgegensetzt, denselben schwächt, so muß man dem Zweige c einen
künstlichen Widerstand in Gestalt dünner Drahtleitung vor dem Schreibapparat einschalten,
der an der Stromstärke eine gleich große Verminderung bewirkt. An diesem Umstande, so
einfach er für den ersten Anblick zu sein scheint, scheitert für weitverzweigte Landlinien, auf
denen mit verhältnißmäßig starken Batterien gearbeitet wird, die praktische Ausnutzung des
Gegensprechens; denn abgesehen davon, daß eine kräftige Batterie unter keinerlei Umständen

konstant bleibt, so werden auch durch die fortwährende Aus= und Einschaltung neuer Linien in die Leitung deren Widerstände so mannichfach geändert, daß man den Schreibapparat nur immer für sehr kurze Zeit gegen die eigene Batterie unempfindlich erhalten kann.

Indessen wird für submarine Kabel, bei denen jene Uebelstände nicht in der geschilderten Weise auftreten, das Gegensprechen eher von nachhaltiger Bedeutung, um so mehr als hier die Kosten der Leitung viel bedeutender ins Gewicht fallen. Für uns kam es nur darauf an, die Lösung des Problems nachzuweisen, wir enthalten uns daher eines näheren Eingehens auf die Ausführungen, welche das Verfahren von Leuten wie Gintl in Wien, Frischen in Hannover, Siemens & Halske in Berlin u. A. gefunden hat.

Neben dem Gegensprechen hat das Doppeltsprechen denselben Zweck, möglichst viel Depeschen in der möglich kürzesten Zeit durch denselben Draht zu befördern. Das Doppelt= sprechen unterscheidet sich aber im Prinzip von dem Gegensprechen dadurch, daß bei jenem gleichzeitig zwei oder sogar mehrere Depeschen von einer Station nach der andern abgelassen werden. Der Schreibapparat hat die Aufgabe, die verschiedenen unter einander gemischten Zeichen so wieder aus einander zu legen, daß je die zu einer Depesche gehörigen auch wirk= lich den Wortlaut derselben zusammensetzen. Mit Hülfe synchronistischer Bewegungen ist das in der That gelungen, und bis jetzt das Vollkommenste in dieser Art dürfte wol der auf der Wiener Ausstellung 1873 fungirende vierfache Telegraph von Meyer in Paris sein, welcher vier Telegraphisten gestattete, gleichzeitig mittels eines Drahtes vier Depeschen zu befördern. Die Einrichtung dieses geistreich erfundenen Apparates zu beschreiben würde uns zu weit führen.

Die Leitung. Die übrigen Theile des Telegraphen, auf die wir unsere Aufmerksamkeit zu richten haben, sind, außer den eben geschilderten Apparaten, der stromerzeugende Apparat und die Leitung. Von den ersteren noch weiter zu reden dürfte wol unnöthig sein, da die Stromerzeugung durch galvanische Batterien sowol als durch Induktionsapparate uns bereits hinlänglich be= kannt geworden ist; die Leitung dagegen ist ein Gegenstand, dessen Wichtigkeit uns nicht erlaubt, so ohne Weiteres darüber hinwegzugehen.

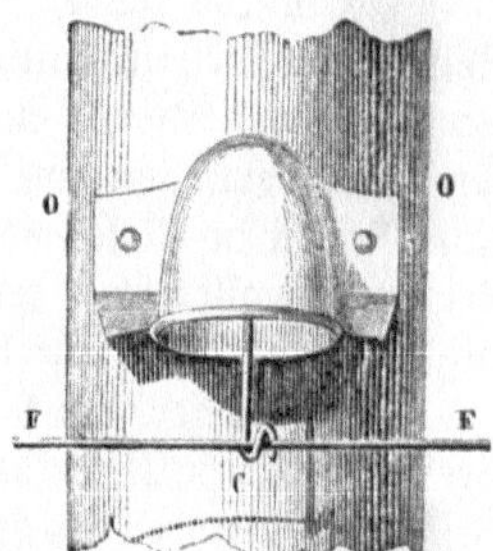

Fig. 389. Isolirte Befestigung des Telegraphendrahtes.

Die ersten Telegraphenleitungen waren die von Gauß und Weber in Göttingen und die Steinheil'sche in München, beide theils über Häuser, theils über Mastbäume weggeführt. Bei großen Telegraphenanlagen müssen für die Drähte meist besondere Stützpunkte errichtet werden, und man bedient sich dazu jetzt gewöhnlich 3—5 Meter, nach Umständen mehr oder weniger hoher Stangen, die man mit dem untern Ende in den Boden eingräbt und so weit oberflächlich verkohlt. In Amerika befestigt man die Drähte häufig auch an lebenden Bäumen; nur muß man dann des Hin= und Herbiegens wegen durch den Wind eine be= sondere Aufhängung anbringen, daß der Draht durch die Schwankungen selbst nicht leidet. Die Isolirung bewirkt man entweder durch glockenförmige Träger von Porzellan, durch die man bei uns in der bekannten Weise die Drähte laufen läßt; in Frankreich ist eine andere Art der Isolirung üblich, welche in Fig. 389 abgebildet ist. Neuerdings wendet man statt Porzellan oder Glasglocken, die dem Zerbrechen leichter ausgesetzt sind, auch gußeiserne Glocken mit Isolatoren von Horngummi an. Während man früher Kupferdraht zu der Leitung ver= wandte, hat man später allgemein zu dem billigeren Eisendraht gegriffen. Man gleicht den größeren Widerstand durch eine entsprechend größere Dicke aus; der Draht erhält dadurch nicht nur eine größere Dauerhaftigkeit atmosphärischen Einflüssen gegenüber, sondern auch gegen diebische Gelüste, denen Kupfer immer ein sehr annehmbares Objekt ist. Schadhafte Stellen in der Leitung sucht man durch Einschalten eines Galvanometers auf. Man vermag aus dem Widerstande, welchen die Leitung dem Strome entgegensetzt, mit ziemlicher Sicher= heit von der Station aus die Entfernung der Bruchstelle zu berechnen, was vorzüglich für submarine Kabel von großer Wichtigkeit ist.

Steinheil's Entdeckung der Erdrückleitung hat auch noch dadurch einen wesentlichen Vortheil gebracht, daß man, weil der Widerstand auf der Hälfte des Weges durch große Erdplatten fast verschwindend klein gemacht werden kann, auch dem Leitungsdrahte jetzt eine geringere Dicke geben kann, um dieselbe Stromwirkung zu erhalten.

Bei sehr langen Leitungen indessen schwächt sich schließlich der Strom doch in so bedeutendem Maße, daß er nicht mehr im Stande sein würde, den Schreibapparat in Bewegung zu setzen, und die Möglichkeit einer transatlantischen Telegraphie würde in sehr weite, ja unerreichbare Ferne gerückt sein, wenn nicht Wheatstone eine Vorrichtung erfunden hätte, den sogenannten Uebertrager oder das Relais, welches mit erneuter Kraft selbst die schwächsten Ströme zur Wirkung bringt. Es beruht dieser ausgezeichnet nützliche Apparat darauf, daß durch den von der Station 1 ausgehenden Strom auf der Empfangsstation 2 nicht direkt der Elektromagnet erregt wird, sondern daß der durch die große Drahtlänge vielleicht sehr geschwächte Strom nur, indem er auf eine ganz leicht bewegliche Nadel oder Feder wirkt, ein entsprechendes Oeffnen und Schließen einer galvanischen Batterie, der Lokalbatterie, hervorbringt, welche ihrerseits mit dem Schreibapparat in Verbindung steht und diesen dann mit der nöthigen Energie in Bewegung setzt.

Unterseeische und unterirdische Kabel verlangen, da sie überall von sehr guten Leitern umgeben sind, eine ganz besondere Isolirung.

Es wurde früher erwähnt, daß der Professor Winkler in Leipzig schon 1746 die Reibungselektrizität mittels langer Drähte durch die Pleiße geleitet hat, indessen sind weder die damaligen Zwecke noch die zu Gebote stehenden Hülfsmittel in Vergleich zu stellen mit den Anforderungen, welche an ein Kabel gemacht werden, dessen Legung über Tausende von Meilen in Tiefen von mehr als 5000 Meter hinab stattfinden soll unter erschwerenden Ereignissen aller Art, deren jede Minute neue bringt und von denen ein einziges hinreicht, unglücklichen Falls jahrelange Arbeit und Mühe verloren zu machen.

Für Winkler und die damalige Zeit hatte die Sache noch ein rein wissenschaftliches Interesse. Für den Leiter des britischen Telegraphenwesens in Ostindien, Sir W. O'Shanghessy, aber waren bei den Versuchen, die er im Hugly-Strome bei Kalkutta anstellte, schon praktische Zwecke maßgebend, und ebenso bei Morse, der im Jahre 1842 in Amerika sich mit der Leitung unter Wasser beschäftigte. Englische Werke geben an, daß Oberst Colt 1846 von New-York nach dem Ufer von Brooklyn einen untermeerischen Draht gelegt habe, und dies dürfte demnach als das erste wirklich ausgeführte Unternehmen dieser Art angesehen werden. In Europa war zwar der Gedanke wiederholt schon angeregt worden und namentlich hatte bereits 1840 der schon oft genannte Physiker Wheatstone dem Parlamente eine bezügliche Vorlage gemacht, allein man erkannte noch nicht das Bedürfniß danach. Und außer dem geringen Zutrauen, das man in die „Rentabilität" derartiger Unternehmungen setzen mochte, waren es noch mancherlei technische Unvollkommenheiten, die erst beseitigt werden mußten, ehe der Glaube an ein glückliches Gelingen Propaganda zu machen hoffen ließ. Man hatte im Hafen von Kiel im Schleswigschen Kriege von 1848 gegen die dänischen Schiffe untermeerische Sprengungen vorgenommen, und mit ganz gutem Erfolge, aber für die Herstellung größerer Kabellängen zu telegraphischen Leitungen waren die Isolirungsmethoden mittels Kautschuks noch nicht genügend. Denn das Kautschuk verändert sich unter Wasser nach und nach und verliert damit seine isolirende Fähigkeit.

Da wurde um dieselbe Zeit die Guttapercha in größeren Massen in den Handel gebracht, und man fand sehr bald, daß dieser Stoff sowol seiner leichten Behandlung wegen vor dem Kautschuk ganz wesentliche Vorzüge voraus habe, noch mehr aber durch seine Eigenthümlichkeit, im Wasser nicht nur nicht zu verderben, sondern sogar infolge der Zusammenpressung, welche der Druck der auf dem Kabel lastenden Wassermasse ausübt, eine größere Dichte und innigeren Zusammenhang der einzelnen Theile anzunehmen.

Die Guttapercha wurde von jetzt ab ein nie fehlender Bestandtheil in der isolirenden Hülle submariner Drähte; 1849 bereits telegraphirte Walker durch eine über zwei Meilen lange und in die See versenkte Leitung, und Brett, welcher von der französischen Regierung für die

Herstellung submariner Leitungen zwischen Frankreich und England ein Patent auf zehn Jahre erhalten hatte, legte am 28. August 1850 den sechs Meilen langen Draht zwischen Calais und Dover. Der nur 3 Millimeter dicke und mit einer isolirenden Hülle von Guttapercha umgebene Draht wurde glücklich von dem Dampfschiff „Goliath" abgewickelt, und, indem das Schiff drei bis vier englische Meilen in der Stunde zurücklegte, war die Arbeit gegen Abend beendet. Von 100 zu 100 Meter Entfernung beschwerten Bleigewichte von 7—12 Kg. das Kabel, um es auf dem Meeresgrunde festzuhalten. Alle Schwierigkeiten waren glücklich besiegt, allein die Freude dauerte nicht lange, denn das Kabel — wie man sagte, durch neugierige französische Fischer zerschnitten — versagte in wenigen Tagen den Dienst.

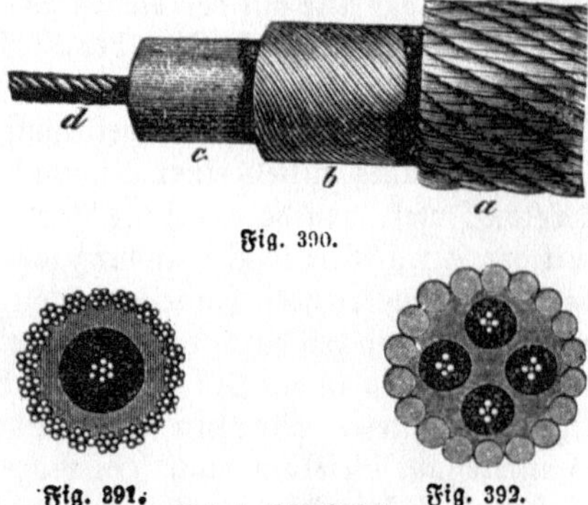

Fig. 390.

Fig. 391. Unterseeische Kabel. Fig. 392.

Aber dies schreckte den plötzlich sehr rege gewordenen Unternehmungsgeist nicht zurück. Es wurde ein viel dickeres Kabel aus vier Kupferdrähten von der Stärke eines gewöhnlichen Glockendrahtes angefertigt, welche jeder für sich in eine doppelte Hülle von Guttapercha eingeschlossen waren; alle vier wurden mittels einer Mischung von Hanf, Theer und Talg zu einem Strange von 30 Millimeter Durchmesser zusammengewunden, und das Ganze schließlich mit zehn Drähten von galvanisirtem Eisen, jeder ungefähr 10 Millimeter dick, umsponnen, so daß das Kabel einen ziemlichen Durchmesser erhielt. Die Legung geschah vom 25. bis 27. September 1851.

Bald darauf wurde nun eine große Anzahl von Telegraphenkabeln durch Flüsse, Seen und Meere gelegt; so wurde 1852 England von Holyhead aus mit Irland (Hoarth bei Dublin) durch ein Kabel verbunden, dessen Isolirtüchtigkeit, als man es nach zwei Jahren, weil es durch einen Anker beschädigt worden war, wieder vom Grunde heraufholte, sich als vollständig erhalten erwies; das Jahr darauf England und Belgien (Dover-Ostende), später England und Holland, Dänemark und der Kontinent u. s. w. Um dieselbe Zeit (1853) hatte Brett eine Konzession erhalten, ein Kabel von Spezzia über Korsika und Sardinien nach Algier zu legen, allein die ungünstigen Tiefenverhältnisse, welche Abgründe bis zu 3000 Meter mit dem Kabel zu belegen verlangten, ließen das Unternehmen trotz der größten Anstrengungen scheitern. Das rasche Ablaufen des Taues bei noch mangelhaft konstruirten Ablaufmaschinen beschädigte das Kabel, und wenngleich Korsika glücklich erreicht wurde, so mußte doch schon Angesichts der afrikanischen Küste die Leitung noch

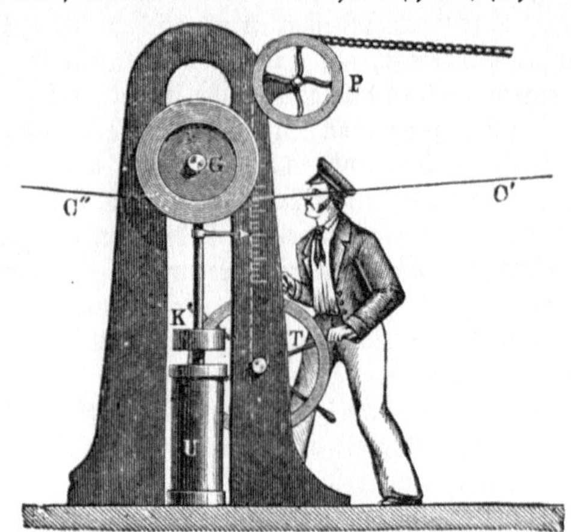

Fig. 393. Dynamometer und Bremsvorrichtung.

gekappt und damit der ganze Erfolg aufgegeben werden. Durch die großen Niveau-Unterschiede war nämlich eine viel größere Kabellänge verbraucht worden, als man berechnet hatte; dazu war noch die Nothwendigkeit getreten, ein Stück, das schadhaft geworden war, wieder aufzuwinden und durch ein besseres zu ersetzen; kurz, man war mit dem Kabel zu Ende, als man die Endstation noch nicht erreicht hatte. Zwar war die Nachbestellung schon unterwegs, allein in der Zwischenzeit, während welcher das Schiff an dem Kabel über einer Meerestiefe von 800 Meter förmlich vor Anker lag, erhob sich ein Sturm, und infolge der Zerrungen, die hierdurch das Kabel erlitt, verlor dasselbe plötzlich seine Leitungsfähigkeit:

es mußte wieder gekappt werden, da an ein Aufwinden nicht zu denken war. Ueber diesen Arbeiten waren fast zwei Jahre vergangen; 1857 wiederholte man den Versuch, aber eben so wenig mit glücklichem Erfolg. Andere Kabellegungen dagegen, auch im Mittelländischen Meere, glückten besser: so z. B. die Verbindung von Italien mit Sizilien (1855); Sardinien mit Malta und Korfu (1858); ein Kabel durch den Persischen Golf für die Indische Linie durch die Türkei; Frankreich legte von Marseille aus eine Leitung nach Algier u. s. w. u. s. w. Der durchgängig günstige Erfolg dieser Unternehmungen rief den großartigen Gedanken ins Leben, die Alte mit der Neuen Welt telegraphisch zu verbinden.

Den Ruhm, die erste Idee der Ausführung gehabt zu haben, nehmen die Amerikaner für sich in Anspruch, und zwar war der Ingenieur Gisborne, durch die zwischen Dover und Calais glücklich vollbrachte Kabellegung angeregt, Derjenige, welcher das nordamerikanische Telegraphennetz mittels einer Leitung durch Neu=Braunschweig und Neu=Schottland nach der Breton=Insel, von da durch die Aspy=Bai über Neu=Fundland und durch die Trinity=Bai mit der Alten Welt in Verbindung setzen wollte. Als Anknüpfungspunkt war hier Valentia in Irland ausersehen. Indessen gelang es ihm lange nicht, die nöthigen Mittel zusammen zu bringen, und erst durch das Hinzutreten des großen Unternehmers Cyrus Field wurden die Vorarbeiten in ein Stadium gebracht, welches die Inangriffnahme der wirklichen Kabel= legung gestattete. Wir können diese Vorgeschichte nicht in ihren Einzelheiten hier besprechen, so interessant dieselben auch sein mögen. Nach unsäglichen Mühen, Anstrengungen und Mißerfolgen kam man im Sommer 1857 zur glücklichen Ausführung.

Das atlantische Kabel, von dessen Einrichtung die Figuren 390 und 391 einen Begriff geben, hatte ein einziges, aus sieben schwachen Kupferdrähten zusammengesponnenes Leitungsdrahtseil d (s. Fig. 390). Dasselbe war zunächst mit einer aus drei konzentrischen Guttaperchalagen bestehenden Umhüllung c, sodann mit einer Hanflage b von sechs Litzen umkleidet; außen aber schützte das Ganze eine aus 18, durch zusammengezwirnte Eisen= drähte gebildeten Litzen bestehende Schale a. Das Kabel erscheint im Verhältniß zu anderen, wie z. B. gegen den zwischen Sardinien und der afrikanischen Küste gelegten Strang (s. Fig. 392), ziemlich schwach, indessen ist es auf dem tiefen Meeresgrunde weit weniger zerstörenden Ein= flüssen ausgesetzt, als eine an den Küsten hin gelegte Leitung. An solchen Orten wurden übrigens auch in das atlantische Kabel stärkere Stellen eingefügt.

Die Legung selbst geschah in der Weise, daß zwei Schiffe, „Agamemnon" (von „Valorous" begleitet für England) und „Niagara" (von „Gorgon" begleitet für Amerika), jedes mit der Hälfte der zu legenden Leitung beladen, sich nach wiederholt fehlgeschlagenen Versuchen auf die Mitte zwischen den beiden Endstationen begaben — es lag dieser Punkt 52° 5′ nördl. Br. und 32° 42′ westl. L. von Greenwich — hier am 20. Juli 1858 die Enden des Kabels an einander schweißten und sich nun Mittags 1 Uhr 25 Minuten auf vorgeschriebenem Wege von einander entfernten, „Agamemnon" der europäischen, „Niagara" der amerikanischen Küste zugewandt. Der Draht lag auf dem Verdeck zu einem riesenmäßigen Ringe auf= gewickelt, und durch seine eigene Schwere und durch die Bewegung des Schiffes lief er mit einer Geschwindigkeit von fünf bis sechs Knoten in der Stunde über eine Rolle hinab zu seiner ruhigen Lagerstätte.

Eine Hauptaufgabe war es, dem Kabel, welches an seinem eigenen Gewichte bis hinab auf den Grund schon sehr viel zu tragen hatte, nicht noch mehr durch eine ungeeignete Be= wegung des Schiffes zuzumuthen. Es durfte daher weder zu rasch noch zu langsam ge= fahren werden, denn ein Zerreißen des Taues wäre natürlich ein vollständiges Mißlingen der ganzen Unternehmung gewesen. Um die Schnelligkeit des in die Tiefe schießenden Kabels mit der Geschwindigkeit des Schiffes in Uebereinstimmung zu erhalten, ist einestheils ein Dynamometer, welches die Spannung des Kabels anzeigt, aus der man einen Schluß auf die Schnelligkeit des Ablaufens machen kann, und sodann eine Bremsvorrichtung nöthig, mittels welcher man den Lauf des Schiffes reguliren kann. In welcher Art die Einrich= tung bei der atlantischen Kabellegung getroffen war, zeigt Fig. 393. C′ C″ ist das Tele= graphenkabel, das auf seinem Wege nach der Abgleitrolle unter der Rolle G hinweggeht.

Diese Rolle lastet mittels des schweren Kolbens K, der sich in dem Cylinder U auf= und abführen läßt, auf dem Kabel, und je nach der Geschwindigkeit, mit der letzteres in die Tiefe schießt und mit der seine Spannung wächst, wird das Gewicht K mehr oder weniger einwirken können; der an der Kolbenstange angebrachte Zeiger wird mehr oder weniger tief sich stellen und damit der Winkel, den das Kabel C'C'' an der Rolle bildet, spitzer oder stumpfer werden.

Es ist damit ein Zeichen gegeben, die Geschwindigkeit des Schiffes zu reguliren, was durch An= ziehung des Rades T geschieht, dessen Bewegung durch ein über die Rolle P laufendes Seil nach der Schiffsmaschine übertragen wird. Nur die gespannteste Auf= merksamkeit, Tag und Nacht auf das ablaufende Seil gerichtet, das rascheste Ergreifen der rich= tigen Mittel kann einem Unfalle vorbeugen.

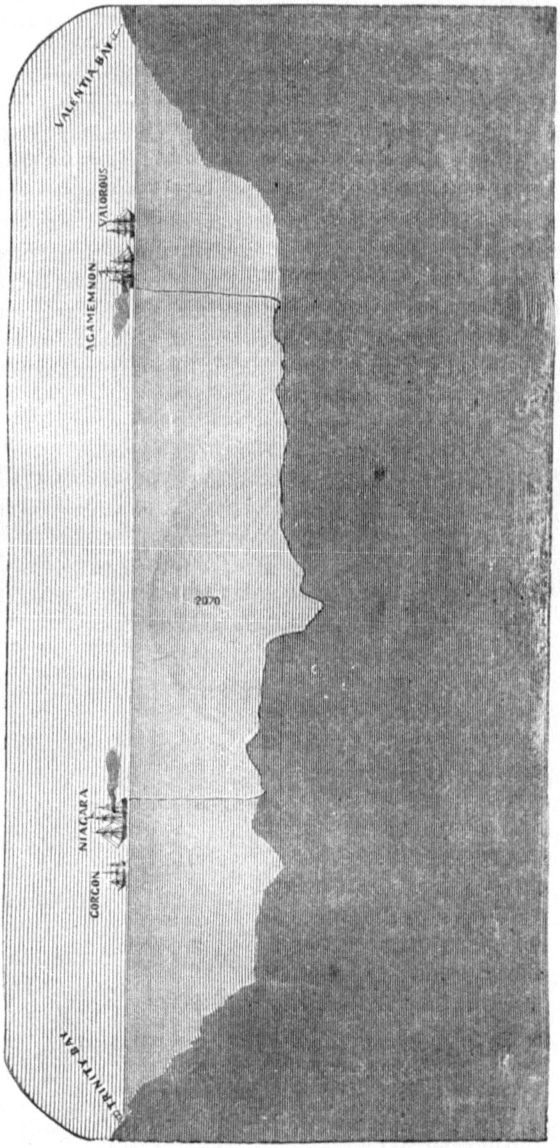

Zu wiederholten Malen trat denn auch die Gefahr nahe genug heran. Ein Walfisch ging einmal gerade unter dem Hintertheil des Schiffes hindurch, ein andermal wurde eine schadhafte Stelle zu spät entdeckt, und Niemand glaubte an die Möglichkeit, die Enden wieder zusammenschwei= ßen zu können, so lange noch die Rolle die gesunde Länge ab= zuwickeln hatte; ferner steuerte ein amerikanischer Dampfer ge= rade auf das Kabel los und würde es unfehlbar zerrissen haben, wenn nicht zeitig genug der „Agamemnon" den Kurs ge= ändert hätte, u. dergl. m. Beide Schiffe, „Niagara" und „Aga= memnon", standen immerwäh= rend im Verkehr. Welche Auf= regung, wenn einmal durch einen Umstand an der Batterie die Signale ausblieben! — man schwebte fortwährend in der Angst, den Schreckensruf „Zer= rissen!" zu hören und jahrelange Mühen und große Summen nutz=

Fig. 394. Legung des transatlantischen Kabels.

los vergraben zu sehen. Am 3. August hatte man vom „Agamemnon" 134 Meilen Tau abgewickelt, und am 5. August früh 6 Uhr warf man in der Doulus=Bai Anker; kurze Zeit darauf meldete die erste Depesche, daß auch der „Niagara" glücklich seine Landung auf Neu=Fundland bewerkstelligt habe. Das Jahr vorher schon hatte man die Legung in der= selben Weise, aber mit sehr unglücklichem Ausgange, versucht. Mitten auf dem Meere, als die beiden Schiffe (dieselben, welche 1858 dies Unternehmen glücklich zu Ende führten) etwa

1000 engl. Meilen von einander entfernt waren, hörten plötzlich die Signale, die sie durch das Kabel fortwährend mit einander wechselten, auf — der Draht war zerrissen, und es blieb den Schiffen nichts übrig als, um den Rest zu retten, zu kappen und wieder nach Hause zu fahren, um das für immer verlorene Stück durch ein neues zu ersetzen. Wie es heißt, war dies Ereigniß dadurch veranlaßt worden, daß man auf dem andern Schiffe an der Abwicklungsmaschine eine Aenderung hatte anbringen wollen, während das Tau über sie ununterbrochen hinweglaufen mußte. Das Tau zerriß infolge dessen, und wohl oder übel mußte auch das zweite Schiff sich von ihm losmachen.

Diesmal also war die Sache glücklicher abgelaufen. Die ganze, von den beiden Schiffen zurückgelegte und durch Drahtleitung nun verbundene Entfernung zwischen der Trinity-Bai auf Neu-Fundland und Valentia in Irland beträgt 1650 engl. Meilen; etwa 2050 Meilen Tau waren abgelaufen, wobei auf die Stunde 6—8 Knoten kamen. Von der Trinity-Bai wurde der Telegraph zu Lande, wie schon erwähnt, nach der andern Seite der Insel geführt und von da mit der Leitung nach der Aspy-Bai auf der Breton-Insel verbunden, weiter aber nach Neu-Schottland und Neu-Braunschweig geleitet, wo er dann in das amerikanische Telegraphennetz sich einfügte. Die Kosten der Legung betrugen gegen 24 Millionen Mark. — Die Beglückwünschungsdepesche der Königin Viktoria an den Präsidenten der Vereinigten Staaten bedurfte zur Uebermittelung 16 Stunden, denn die Masse des Taues verhielt sich im Wasser wie eine Leidener Flasche, die erst geladen werden muß, ehe sie ihren Funktionen nachkommen kann.

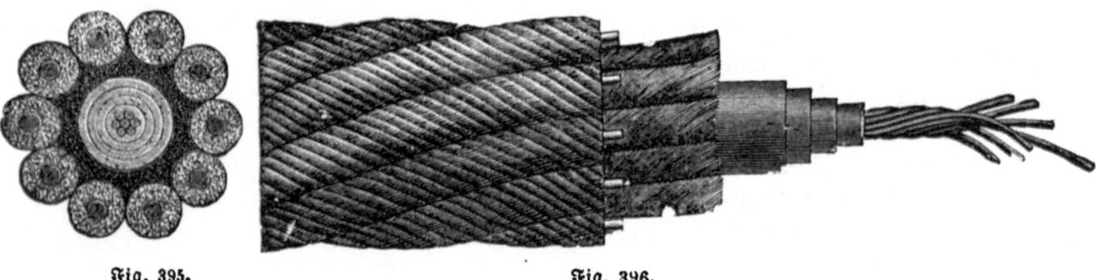

Fig. 395.   Fig. 396.
Das Tiefseekabel vom Jahre 1865.

Leider aber war der Jubel über das Gelingen der Unternehmung ein sehr kurzer, denn es zeigte sich auch jetzt sehr bald wieder, daß dieselbe abermals verunglückt war. Die Signale wurden bald nach der ersten Begrüßung undeutlich, schwächer und schwächer und hörten endlich ganz auf. Die Gründe dieser fatalen Schweigsamkeit suchte man auf sehr verschiedenen Gebieten; wo sie aber auch liegen mochten, es war gewiß, daß sie sich nicht so rasch beseitigen ließen, und daß der Gratulationsaustausch zwischen den beiden Staatsoberhäuptern am 5. August 1858 die kostspieligste Korrespondenz gewesen, welche je auf der Erde geführt worden ist. Im Ganzen waren bis zum 1. September, wo das Kabel zu reden aufhörte, nicht mehr als 129 Depeschen aus Europa nach Amerika und 271 in der umgekehrten Richtung durch dasselbe befördert worden. Nach dieser kurzen Thätigkeit lag es tief unten, vielleicht schon im Schlamm eingebettet, wo es sich zu einem Räthsel für nachmenschliche Geologen ausbildete. Das waren für die Interessenten traurige Gedanken.

Trotz des fehlgeschlagenen Versuches dauerte es aber nicht lange, daß sich nicht wieder Stimmen vernehmen ließen, welche einer Wiederholung des Versuches das Wort redeten. Aktienzeichnungen wurden aufs Neue zusammengebracht, und zu Anfang des Jahres 1864 erschien das Unternehmen so weit gesichert, daß man sich mit der Herstellung des neuen Kabels beschäftigen konnte. Nach den gewonnenen Erfahrungen wurde es diesmal etwas anders konstruirt als früher. Seine Ausführung übernahm das englische Haus Glaß und Elliot, die Eisendrähte dazu lieferte die Fabrik von Webster und Horsfall in Birmingham. Und das war eine sehr bedeutende Lieferung. Denn wie die Abbildungen Fig. 395 und 396 zeigen, bestand das Tiefseekabel aus einem siebenfachen Leitungsdraht von Kupfer, der durch eine vierfache Guttapercha=Umhüllung isolirt und vor der Einwirkung schädlicher äußerer Einflüsse zunächst durch eine besonders präparirte Hanfdecke geschützt wurde, welche außerdem noch von zehn schwachen Drahtseilen spiralförmig umsponnen war. Das Tiefseekabel hatte einen Durchmesser von 30 Millimeter; für die Küstenstrecken, an denen eine Abnutzung durch Scheuerung infolge der Strömungen zu befürchten war, erhielt es noch eine Armirung von zwölf Eisenlitzen, jede aus drei galvanisirten, 6 Millimeter starken Eisendrähten bestehend, und damit einen Durchmesser von über 60 Millimeter. Die ganze Kabelmasse wog 82,000 Centner. Sie wurde, nachdem Alles gehörig geprüft war, auf den Great=Eastern verladen, der dann am 23. Juli 1865 von der irischen Küste aus seine Fahrt nach Westen antrat. Es schien jedoch, als sollten sich dieselben Widerwärtig= keiten, die schon früher das Gelingen vereitelt hatten, wiederholen. Wurden auch die ersten kleinen Unfälle glücklich umgangen oder in ihren Folgen unschädlich gemacht, so war doch das Zerreißen des Kabels infolge mehrfacher Aufwicklungsversuche, die man anstellte, um eine vermuthete schadhafte Stelle zu ergänzen, für die Umkehr schließlich zwingend. Die Anstrengungen, das versenkte Kabel empor zu heben (beiläufig gegen 1000 englische Meilen), waren umsonst, der Great=Eastern kehrte in der zweiten Hälfte des August 1865 nach Irland zurück. — Man hatte viel ge= lernt, aber das Lehrgeld war wiederum sehr hoch gewesen. Nichtsdestoweniger kam in kurzer Zeit wieder ein Kapital von 12 Millionen Mark zusammen, ein neues Kabel wurde angefertigt, neue Aufwinde= maschinen konstruirt, und ehe ein Jahr vergangen war, am 13. Juli 1866, dampfte der Great=Eastern zum zweiten Mal aus Valencia, das weltverknüpfende Band schlingend, und 14 Tage später, am 27. Juli 1866, landete das zweite Uferende des atlantischen Kabels in Neu= Fundland. Die Spleißung ward an dem= selben Abende noch vollendet, und die Mit= theilung davon war die erste Depesche, welche diesmal von der östlichen nach der

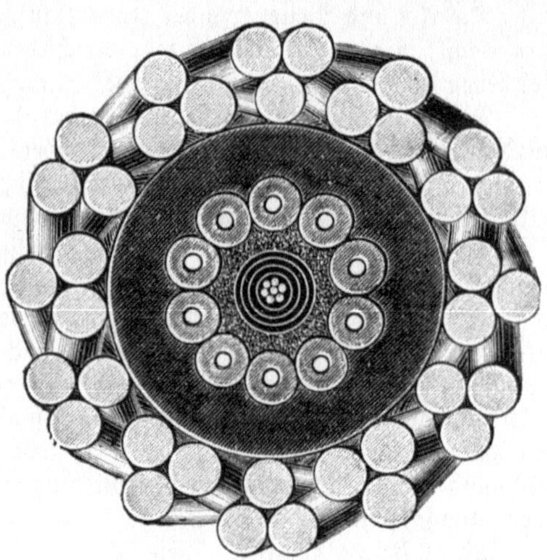

Fig. 397. Das Küstenkabel vom Jahre 1865.

westlichen Halbkugel geschickt wurde. Das Werk war also gelungen.

Als erste Handelsdepesche durch das atlantische Kabel empfing London aus Amerika (Reuter's Office) die Kurse vom 28. Juli: „Gold 50, London 164½, Bonds 7¼, Baum= wolle 36 c. ruhig." Diese Depesche schleuderte die Alte Welt plötzlich um zwölf Tage vor= wärts in ihren Beziehungen zur neuen; denn die letzteingelaufenen Nachrichten waren am 16. Juli per Dampfer von New=York abgegangen.

Wir in Deutschland, von dem Kriege zwischen Preußen und Oesterreich erschüttert, haben damals dem großen Ereignisse nicht diejenige Aufmerksamkeit zuwenden können, die es verdient, um so mehr war die neue Verbindung gerade zu jener Zeit für die Amerikaner interessant. Die preußische Thronrede zur Eröffnung des Abgeordnetenhauses nach dem Kriege wurde ganz nach Amerika telegraphirt als erste Depesche von solchem Umfange. Sie kostete 900 Pfd. Sterling. Zwei Tage, nachdem sie in Berlin gehalten worden war, konnte man sie in allen nordamerikanischen Zeitungen gedruckt lesen. Der bekannte Millionär Peabody hatte sie bezahlt.

Der glückliche Erfolg fachte den Wunsch wieder an, das im vorigen Jahre verloren gegangene Kabel zu heben und, wenn es sich noch brauchbar erwiese, wie wol nicht zu be= zweifeln stand, den Versuch zu wagen, an das Kabel von 1865 anzuknüpfen und eine zweite Leitung nach Neu=Fundland zu legen. Die Unternehmung wurde sofort ins Werk gesetzt.

Der Great=Eastern war mit seiner Aufwindemaschine mit dabei. Es galt zunächst eine Stelle zu suchen, wo das Kabel in nicht zu großer Tiefe lag, um von den Ankern gefaßt zu werden und durch sein Gewicht beim Heben nicht zu zerreißen. Sobald man diese gefunden, wurden die Hebevorrichtungen in Bewegung gesetzt. Am 1. September schon hatte man das Kabel so gefaßt, daß man es wieder über dem Meeresspiegel zu sehen hoffen durfte. Die Spannung wuchs mit jeder Minute. Mitten in der Nacht endlich tauchte es empor, und eine Stunde darauf hatte man auf die sofort nach Valencia gesandten Depeschen schon Rückantwort. Das Ende wurde mit dem mitgebrachten Vorrath zusammengeschweißt, noch in der Frühe des 2. September nahm der Great=Eastern seinen Kurs wieder auf, und am 8. September waren die beiden Erdtheile Europa und Amerika durch eine doppelte telegraphische Leitung mit einander verbunden. Die beiden Kabel laufen einander fast parallel und wenige Meilen von einander entfernt, das von 1866 liegt etwas südlicher.

Inzwischen sind eine große Anzahl submariner Leitungen ausgeführt worden. Mit Amerika allein ist Europa jetzt durch fünf Leitungen in Verbindung, der kürzeren Linien gar nicht zu gedenken.

Die Art und Weise, wie der transatlantische Telegraph seine Erregungen uns bemerkbar macht, wie er spricht, ist sehr verschieden von der der gewöhnlichen Landtelegraphen, bei denen ganz andere Verhältnisse der Leitung, Isolirung u. s. w. stattfinden.

Die Entfernungen der Stationen bei Landtelegraphen, zwischen denen gesprochen wird, ist eine verhältnißmäßig kurze, besonders aber der die äußere Umgebung des Leitungsdrahtes bildende Körper „Luft" von wesentlich anderem Einfluß auf die elektrischen Verhältnisse als das Wasser, welches die submarinen Drähte umgiebt.

Dann aber entstehen, so oft durch das submarine Kabel ein Strom geht oder unterbrochen wird, in der umgebenden Wassermasse durch Induktion Ströme, welche wiederum auf den Zustand des Kabels einwirken, in demselben Ströme hervorrufen und es nothwendig machen, daß man nach jedem zeichengebenden Strome sofort einen zweiten, schwächeren, aber entgegengesetzten Strom durch den Draht gehen läßt, welcher den Induktionsstrom aufhebt. Das Haupthinderniß aber, welches sich der submarinen Telegraphie der Landtelegraphie gegenüber in den Weg stellt, liegt darin, daß Leitungsdraht, Guttaperchahülle und Wasser sich genau zu der Wirkung einer Leidener Flasche vereinigen, bei welcher der Leitungsdraht das innere Belege, die Guttaperchahülle das Glas und das Meereswasser das äußere Belege abgiebt. Diese Flasche ist etwas in die Länge gezogen, denn sie reicht von einem Kontinent zum andern, und wenn man das Kabel von diesem Gesichtspunkte aus betrachtet, wird man nicht mehr darüber erstaunen, daß eine gewisse Ladung der Zeichengebung vorausgehen muß, ehe eine Wirkung an dem andern Ende ausgeübt werden kann. Dieser Umstand tritt bei den langen submarinen Leitungen so bedeutend auf, daß es z. B. auf einer Linie zwischen Frankreich und Australien einer Zeit von ungefähr 10 Minuten bedürfen würde, bis der Leitungsdraht geladen und der kontinuirliche Strom hergestellt, also ein telegraphisches Zeichen möglich wäre.

Wir haben aber bei der Betrachtung der Leidener Flasche gesehen, daß die Spannungen der Elektrizitäten der beiden Belege, also hier des Drahtes und des Meerwassers, wenn sie zu stark werden, das Hinderniß, welches das Belege ihrer Vereinigung entgegensetzt, durchbohren und durch die Isolirung hindurch sich einen Weg bahnen. Tritt der Fall bei einem submarinen Kabel ein, daß durch die elektrische Spannung die isolirende Guttaperchahülle des Drahtes durchbrochen wird, so ist die Leitung zerstört und, da man in den meisten Fällen den schadhaften Punkt nur sehr schwierig entdecken wird, das Unternehmen gescheitert. Ehe man durch die Praxis von diesen Vorgängen genaue Kenntniß erhielt, sind auf solche Weise manche Kabel unbrauchbar geworden. Man glaubte, um die Widerstände, welche die Länge der Leitung verursachen, überwinden zu können, starke Batterien anwenden zu müssen, während man gerade dadurch zwischen der Elektrizität im Draht und der von dieser im Wasser gebundenen eine sehr gefährliche Spannung hervorrief, welche an ohnehin schwachen Stellen der Isolirung leicht einen durchbohrenden Funken veranlassen kann.

Um die elektrische Spannung zwischen dem Leitungsdraht und der äußeren Hülle auf ein ungefährliches Maß zurückzuführen, darf man nur schwache Batterien zur Zeichengebung benutzen. Ein schwacher Strom, zumal da er bei seinem Durchgange durch den Draht noch einen Theil seiner Intensität verliert, wird aber am andern Ende auch nur eine schwache Wirkung hervorbringen können, und deswegen sind bei submarinen Telegraphen, deren Leitungen beträchtliche Entfernungen überziehen, die gewöhnlichen Apparate, wie sie an unseren Schreib= und Drucktelegraphen zur Anwendung kommen, nicht zu gebrauchen.

Treten wir in eines unserer Telegraphenbureaus, so hören wir ein lautes Picken der Schreibstifte, die Räder der Uhrwerke laufen schnarrend ab und das geübte Ohr liest aus den Unterbrechungen des Tasters heraus, was nach Marseille telegraphirt wird, während es gleichzeitig eine Botschaft aus Petersburg empfängt. Die entlegensten Orte der Erde sprechen hörbar mit einander. Nicht so auf einer Station des atlantischen Telegraphen. Während dort nach allen Himmelsgegenden Bot=schaften gingen und von allen Nachrichten kamen, dem Verkehr in einem Taubenhaus vergleichbar, ist es hier nur eine einzige Stimme, der wir lauschen. Eine Stimme, deren Ur=sprung so weit von uns entfernt liegt, daß wir den Athem anhalten, um ihr Säuseln nicht zu über=hören — ringsum verbrei=ten wir die Stille der Nacht, denn wir erwarten einen Ruf von der andern Hälfte der Erde, der sich nicht verwischen darf in dem Geräusch unserer Um=gebung.

Inmitten eines wei=ten dunklen Zimmers sitzt ein Mann, aufmerksam durch ein kleines Fernrohr eine an einem langen, von der Decke herabhängenden

Fig. 398. Kabellagerung im Tiefraume eines Schiffes.

Faden schwingende Magnetnadel beobachtend. Alles ist vorgesehen, damit nichts den leicht=beweglichen Körper störe, weder ihn in Schwingungen versetze noch ihn aufhalte; selbst der leiseste Luftstrom wird abgehalten, denn die leiseste Zuckung bedeutet Zeichen von der andern Hemisphäre, die leichtsinniger Weise durchaus nicht verwirrt werden dürfen. Um die kleinen Ausschläge der Nadel, bald rechts, bald links, aus deren Kombinationen das Alphabet zusammengesetzt ist, sicher erkennen zu können, trägt die Magnetnadel einen kleinen Spiegel, in welchem der Beobachter das reflektirte Bild einer mehrere Meter ent=fernten und hell beleuchteten Skala mit dem Fernrohr verfolgt und den Sinn der kleinsten Schwankung aus der leise zuckenden Bewegung des Spiegelbildes unterscheidet. Denn ein fast verschwimmender Hauch nur ist die Kraft, die von der andern Erdhälfte herüberkommt, und die subtilsten Apparate und Methoden allein lassen ihr Vorhandensein erkennen.

Elektrische Uhren und Weckapparate. Der Gedanke, die Zeit zu telegraphiren, mußte sehr bald auftauchen, nachdem überhaupt die elektrische Fernschreibung die ersten

Anfänge überschritten hatte. Es waren auch hier die beiden bedeutenden Forscher, Stein=
heil und Wheatstone, welche zuerst, und zwar Steinheil schon 1839, Wheatstone das
Jahr darauf, die Einrichtung galvanischer Uhren versuchten. Seit jener Zeit haben sich
fast alle Erfinder auf dem Gebiete der praktischen Telegraphie und eben so Uhrmacher,
Astronomen und Physiker mit der Vervollkommnung der galvanischen Uhren beschäftigt.
Namentlich aber haben die Konstruktionen von Bain, Stöhrer und Scholle, Siemens und
Halske u. A. durch besonders zweckmäßige Aenderungen sich hervorgethan.

Das Wesen der elektrischen Uhren beruht darauf, daß mit einer gewöhnlichen, durch
Gewichte getriebenen Normaluhr mittels Leitungsdrähten die entfernten Zeitzeiger in Ver=
bindung gesetzt sind. Da, wo sich die Normaluhr befindet, steht zugleich auch die Batterie
für die Erzeugung des galvanischen Stromes. Auf jeder entfernten Station aber ist ein
Elektromagnet angebracht, welcher durch den von jener Batterie ausgehenden Strom erregt
wird. Er zieht dann, wie bei dem Wheatstone'schen Zeigertelegraphen, ein ankerfömiges
Eisenstück an sich und läßt dadurch jedesmal einen Zahn eines Steigrades frei. Entsprechend
der Art, in welcher auf der Hauptstation die Kette geschlossen wird, ob alle Sekunden oder
alle Minuten, oder sonst in einem Zeitintervall, ist nun auf der entfernten Station das
Steigrad mit einer Zahneintheilung versehen, welche den Zeiger auf dem Zifferblatt die=
selbe Fortrückung machen läßt. Die Umsetzung von Minuten in Stunden u. s. w. erfolgt
dann in gewöhnlicher Weise durch übertragende Zahnräder.

Wheatstone hat endlich auch die augenblickliche Wirkung des elektrischen Stromes zur
Ausführung eines sehr interessanten Chronoskopes benutzt, welches den Zeitunterschied
zweier überaus rasch auf einander folgender Momente sichtbar und meßbar macht. Es
zeigt auf nicht zu mißdeutende Weise die Zeit von dem Momente, in welchem die Kanonen=
kugel im Rohre ihre Bewegung begann, bis zu dem, wo sie das Rohr verließ, die Geschwin=
digkeit, mit welcher die Nervenreize dem Gehirn übermittelt werden und die Zeitdauer,
welche der Wille braucht, um auf seinem Nervenwege die Muskeln in Thätigkeit zu setzen.

Das Charakteristische dieses Apparates besteht in einer schnell um ihre Achse rotirenden
Scheibe, deren Geschwindigkeit durch ein Uhrwerk regulirt wird. Dem mit einer Stearin=
schicht überzogenen äußersten Ringe der Scheibe steht ein scharfer Stift gegenüber, so mit
einem Elektromagnet verbunden, daß er beim Eintreten des elektrischen Stromes vorge=
schnellt wird, und die glatte Stearindecke so lange ritzt, als der Strom anhält und der
Anker an dem Magneten haftet. Die Scheibe selbst ist mit einer möglichst feinen Kreis=
theilung versehen, von welcher bei einer zehnmaligen Umdrehung in der Sekunde ein Grad
$^1/_{3600}$ Sekunde Zeit braucht, um vor der Spitze des Stiftes vorbei zu passiren. Macht dieser
also einen Strich über 9 Grade hinweg, so ist die Zeit, während welcher der Strom geschlossen
war $= {}^9/_{3600}$ oder $^1/_{400}$ Sekunde; man kann aber mit Genauigkeit Zehntelgrade ablesen,
von denen einer dem sechsunddreißigtausendsten Theil einer Sekunde entsprechen würde.

Die Art und Weise, wie die beiden in ihrem Zeitunterschiede zu messenden Momente
Schließen oder Oeffnen der galvanischen Batterie bewirken, wird für jeden besondern Fall
auch besonders erfunden werden müssen. Die Kanonenkugel z. B. würde man zwischen die
beiden von außen in das Kanonenrohr eingeführten Poldrähte so einschalten, daß in ihrer
Ruhelage der Strom durch sie hindurchgeht, während sie durch Zerreißen eines feinen,
quer vor die Mündung gespannten Drahtes einen andern Strom unterbrechen könnte.

Der Kompaß.

Die Alten kannten natürliche Magnete. Vorkommen derselben. Tragkraft und Richtkraft. Die Pole. Künstliche Magnete und ihre Herstellung. Die Erfindung des Kompasses. Einrichtung desselben. Erdmagnetismus. Deklination, Inklination und Intensität. Variationen des Erdmagnetismus und ihre Bestimmung. Magnetische Stationen. Das Nordlicht ein magnetisches Angewitter.

Es giebt in der Natur einen schwärzlichen, unscheinbaren Stein, dessen Eigenschaften werthvollere sind als die des kostbarsten Diamanten. Derselbe schmückt weder, noch kann man seine Substanz zu etwas Anderem verarbeiten als etwa zu einem Stückchen Eisen; der Nutzen, den er gewährt, muß daher in einem ganz besondern Verhalten liegen. In der That, man erkennt sogleich, wenn man ein solches Mineral durch eine Schachtel mit Eisenpfeilspänen zieht, daß in demselben eigenthümliche Kräfte wirkend sein müssen, denn von den Feilspänen sind ganze Partien an dem Steine haften geblieben und haben sich bartähnlich an seiner Außenfläche, vorzugsweise in großer Menge aber an zwei entgegengesetzt gelegenen Punkten, gruppirt. Und wenn wir den Stein in ein auf dem Wasser schwimmendes Schiffchen legen, so mögen wir den Kiel desselben nach einer Himmelsgegend stellen, nach welcher wir wollen, immer wird es sich wieder drehen und nach einer ganz bestimmten Richtung zeigen, so daß ein gewisser Punkt des Steines immer dem Nordpol, ein anderer dem Südpol zu gerichtet ist. Und diese beiden merkwürdigen Punkte, die man dieser Richtkraft wegen selbst mit dem Namen Nordpol und Südpol entsprechend bezeichnet, sind gerade jene, an denen sich die Eisenfeilspäne so besonders reichlich angesetzt hatten.

Wir brauchen es nicht erst noch auszusprechen, daß dieser Stein das unter dem Namen
Magnet oder Magnetstein bekannte Mineral ist, dessen wundervolle Eigenschaft, wie
der Faden der Ariadne, dem Schiffer den Weg zeigt in Nacht und Nebel auf der unbe=
grenzten Meeresfläche und ihn mit einer Sicherheit führt, als befände er sich auf einer
gebahnten Straße.

Der Magnet ist ein Eisenerz, er besteht aus Eisenoxyd=Oxydul, einer Verbindung,
die sich von dem gewöhnlichen Eisenroste nur durch einen etwas geringeren Gehalt an
Sauerstoff unterscheidet. Er hat seinen Namen von der lydischen Stadt Magnesia, in deren
Nähe er in Bergwerken gefunden wurde; außerdem hieß er auch lydischer Stein, Stein des
Hercules u. s. w., und diente den Priestern der Alten schon, um ihren mysteriösen Ge=
bräuchen ein höheres, geheimnißvolles Ansehen zu geben.

Lucrez erzählt von eisernen Ringen, die, an der Decke der Tempel aufgehangen, einer
den andern trugen, lediglich durch die Anziehung, welche sie an den Berührungsstellen auf
einander ausübten. Man kannte die Wirkung des Magnets durch eherne Schalen, und die
Bangigkeit unerfahrener Zeiten übertrieb diese Wirkung in die Ferne so, daß man von
großen Magnetfelsen im Ozean fabelte, welche von Weitem schon alles Eisen an sich zögen
und die Schiffe unaufhaltsam von ihrem Wege ablenken müßten, noch ehe man die Nähe
der gefährlichen Klippe durch etwas Anderes ahnen könne. Dergleichen Mythen erhielten
sich zum großen Nachtheil der Seefahrer lange Zeit, und wir dürfen es als ein eigenthüm=
liches Zeichen ansehen, daß gerade dieselbe Kraft, welche man für so gefahrbringend ansah,
durch eine später erkannte Aeußerungsweise den Muth zur Durchschiffung des unbekannten
Weltmeeres belebte.

In Europa scheint man im Alterthume nur die Tragkraft des Magneten bewundert
zu haben; hätte man seine eigenthümliche Richtkraft gekannt, so lag die Anwendbarkeit
derselben als Führer bei Land= und Seereisen so nahe, daß sie wol kaum übersehen worden
wäre. Die Chinesen dagegen hatten, wie wir erfahren, schon 1000 und mehr Jahre vor
unserer Zeitrechnung kleine magnetische Wagen, welche ihnen den Weg durch die unermeß=
lichen Steppen der Tatarei zeigten, denn ein darauf angebrachtes Männchen wies immer
mit dem ausgestreckten Arme nach Süden. Im dritten Jahrhundert nach Christo bedienten
sich die Chinesen schon einer an einem Seidenfaden aufgehängten Magnetnadel. Im Abend=
lande und wahrscheinlich zuerst bei den seefahrenden Nationen des Nordens hing man den
Stein selbst an einem Faden auf oder man legte ihn auf ein Bretchen und ließ ihn auf
ruhigem Wasser schwimmen. In dem altfranzösischen Roman von der Rose, der 1180 ge=
schrieben worden ist, wird des Magnetes unter dem Namen Marinette gedacht, was schon
auf Beziehungen zur Schiffahrt schließen läßt. Die eigentliche Erfindung dieser Anwen=
dung schreibt man — obwol Einige sagen, Marco Polo habe den Gebrauch von den
Chinesen erlernt — einem gewissen Flavio Gioja aus dem Neapolitanischen zu, der um
1300 lebte. Weil der Magnet den Reisenden leitete, hieß er bei den nordischen Völkern
Leitstein oder Leitarstein, und es ist wahrscheinlich, daß sehr frühzeitig schon Magnete
in Norwegen und Schweden gefunden wurden, denn ihr Vorkommen ist durchaus nicht an
die lydischen Bergwerke gebunden; man trifft sie in großer Menge in Lagern und Stöcken
bei Dannemora, Arendal, in Sibirien, England, im Harz, bei Pirna u. s. w., wo der
Magneteisenstein, der aber freilich nicht durchgängig alle die bemerkten Eigenschaften in
gleich hohem Grade hat, als das beste Erz zur Gewinnung von Eisen verarbeitet wird.

Die natürlichen Magnete sollen ihre Kraft erst bekommen, wenn sie aus der Erde in
die freie Luft kommen. Man kann sie in ihrer Wirkung, namentlich in ihrer Tragfähigkeit,
sehr bedeutend verstärken, wenn man ihre beiden Polseiten mit eisernen Schienen bekleidet,
welche in zwei dickere, einander nahe stehende Enden auslaufen. Diese beiden Enden ver=
bindet man dann durch einen Eisenstab, den Anker, und ein dergestalt armirter Magnet
vermag oft mehr als das Zweihundertfache der früheren Last festzuhalten. Obwol es als
Regel gilt, daß jeder Magnet nur zwei Pole, einen Nord= und einen Südpol, und da=
zwischen eine neutrale Stelle hat, so kommen doch auch Fälle vor, wo mehrere Punkte

größter Anziehung, also mehrere Pole vorhanden sind; es ist dies aber selten und immer eine Folge von Unregelmäßigkeiten in der innern Struktur des Steins.

Uebrigens erstreckt sich die Anziehung nicht blos auf Eisen, sondern in geringerem Grade folgen auch Nickel und Kobalt dem Magneten; ja Faraday und Andere haben nachgewiesen, daß der Magnetismus auf alle Körper einen nicht zu verkennenden Einfluß ausübt. Es ist derselbe als eine eigenthümlich gerichtete Abstoßung zu erkennen und Diamagnetismus genannt worden. Obwol die Untersuchungen über diesen Gegenstand noch lange nicht geschlossen sind, so lassen sich doch mit absoluter Sicherheit alle jene überschwenglichen Folgerungen, die man aus dergleichen Beobachtungen auf das diamagnetische Verhalten des menschlichen Körpers gezogen hat, und damit der ganze Spuk von Mesmerismus, thierischem Magnetismus, Somnambulismus, Od, Tischrücken, Wünschelruthe, und was sonst noch mit hineingerechnet worden ist, als das müßige Traumgebäude naturwissenschaftlich ungebildeter Phantasten bezeichnen.

Fig. 400. Armirung des Magneten.

Künstliche Magnete. Die magnetischen Eigenschaften lassen sich auch auf künstliche Weise dem Eisen und Stahl mittheilen. Ein Mittel dazu haben wir in den elektrischen Strömen (Elektromagnete, s. Seite 351), und Ampère hat daraus eine einfache Theorie über das Wesen des Magnetismus abgeleitet. Danach ist derselbe nur eine eigenthümliche Erscheinungs- und Wirkungsweise bewegter Elektrizität. Nehmen wir an, daß den magnetischen Körper parallele, geschlossene, d. h. in sich zurücklaufende, elektrische Ströme umkreisen, so können wir alle magnetischen Erscheinungen mit den bekannten Erfahrungen über die Wirkung elektrischer Ströme auf einander erklären. Wenn wir den Magnet mit dem Nordpol auf uns zugerichtet halten, so gehen die Ströme auf der linken Seite herab, auf der rechten herauf; steht der Südpol uns entgegen, so ist es umgekehrt.

Ein Stück Eisen, welches wir in die Nähe des Poles eines starken Magneten bringen, erhält magnetische Eigenschaften. Das ist eine Thatsache. Die Ursache davon ist, daß durch die elektrischen Ströme des Magneten in dem bisher unmagnetischen Eisenstück die entsprechenden Kreisströme erregt werden. Oder wenn wir von der Voraussetzung ausgehen, daß eben so wie in jedem Körper elektrisches Gemisch vorhanden ist, welches durch Annäherung eines elektrischen Körpers nur in seine positiven und negativen Bestandtheile gesondert wird, auch in dem Eisen schon elektrische Ströme kreisen, aber nach allen möglichen Richtungen und deshalb ohne Wirkung nach außen, weil sie sich in dieser gegenseitig aufheben, daß dann diese schon vorhandenen Ströme durch die Einwirkung der bestimmt gerichteten Ströme des genäherten Magneten sämmtlich in parallele Lage gezwungen werden, nach Analogie von Fig. 354. Es ist dann zugleich selbstverständlich, daß dem Nordpol des ursprünglichen Magneten gegenüber ein Südpol und dem Südpol gegenüber ein Nordpol entsteht (Fig. 398), und daß Nordpol und Südpol sich anziehen, die gleichnamigen Pole dagegen sich abstoßen, weil in diesen die Ströme eine entgegengesetzte Richtung haben.

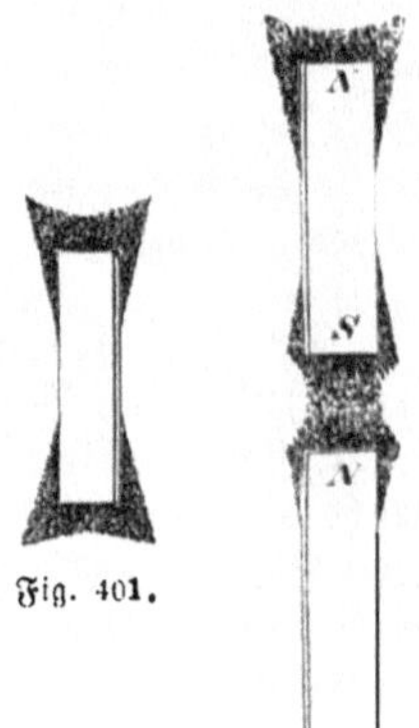

Fig. 401.

Fig. 402. Mittheilung des Magnetismus durch Vertheilung.

Diese Erregung des Magnetismus durch Näherung ist gewissermaßen mit der Vertheilungswirkung der Elektrizität zu vergleichen. In den vom Magnet angezogenen Eisenfeilspänen sind auch Ströme erregt worden, und es ist nicht die Substanz des Eisens, welche angezogen wird, sondern eben die Einwirkung der parallel gerichteten Ströme auf einander ist es, welche als gegenseitige Anziehung hervortritt.

Da harter Stahl die so erlangte magnetische Beschaffenheit dauernd behält, so erzeugte man sich künstliche Magnete, indem man Stahlstäbe immer in derselben Richtung mit einem kräftigen, schon vorhandenen, gleichviel ob natürlichen oder künstlichen Magnet bestrich.

Jetzt bedient man sich zu diesem Behufe fast ausschließlich der elektrischen Ströme. Mehrere solcher magnetisirten Stahlstäbe vereinigt man passend zu einem Bündel (einem sogenannten magnetischen Magazin), und gewöhnlich biegt man sie in Form eines Hufeisens zusammen. In demselben müssen die gleichnamigen Pole über einander liegen.

Wir haben noch auf eine Eigenthümlichkeit der Magnete hinzuweisen, welche sehr geeignet ist, die Ampère'sche Theorie zu bestätigen. Wenn man nämlich einen stabförmigen Magnet in der Mitte, da wo seine neutrale Region ist, aus einander bricht, so bekommen die abgebrochenen Stücke an der Bruchfläche jedes einen Pol, welche einander entgegengesetzt sind. Dem abgebrochenen Nordpol ordnet sich ein neuer Südpol, dem im andern Stück übriggebliebenen Südpol ein neuer Nordpol zu, so daß man auf diese Weise zwei gesonderte Magnete erhält. Umgekehrt, wenn man an den Nordpol eines Magneten den Südpol eines andern anlegt, verschwindet hier die magnetische Wirkung, und nur an den beiden Enden bleiben die beiden Pole. Zur Erklärung dieser Erscheinung darf man sich nur die Spirale (s. Fig. 358) vergegenwärtigen und dieselbe in der Mitte durchschnitten, beziehentlich durch Anfügen eines gleichen Stückes, Nordpol an Südpol, verlängert denken.

Der Kompaß oder die Boussole. Diese bei weitem bedeutungsvollste Anwendung der magnetischen Erscheinungen ist weiter nichts als eine stählerne Magnetnadel, die sich um ihren Mittelpunkt vollständig frei bewegen kann. Die bestimmte Richtung, welche die Nadel sich selbst überlassen immer einnimmt, dient als Wegweiser bei den verschiedensten Unternehmungen. Nicht nur Seefahrer bedienen sich ihrer, auch Ingenieure bei ihren oberirdischen, Bergleute bei ihren unterirdischen Vermessungen, Geologen zur Bestimmung des Streichens und Fallens der Gebirgsschichten, Landreisende, Astronomen und Physiker machen von ihr Gebrauch, und entsprechend diesen mannichfachen Anwendungen ist auch die Boussole verschieden eingerichtet. Bald ist die Nadel an einem Faden aufgehängt, bald schwingt sie auf einer senkrechten Spitze oder hat sonst welche Stützpunkte. Die einfachste Form ist diejenige, wo die Magnetnadel in der Mitte mit einem entweder aus hartem Stahl oder aus polirtem Achat gefertigten Hütchen versehen ist, welches auf der Spitze eines senkrechten Stiftes sich dreht. Unterhalb der Nadel befindet sich ein eingetheilter Kreis, nach welchem man die Größe der Abweichung irgend einer Richtung von der Nordlinie bestimmen kann.

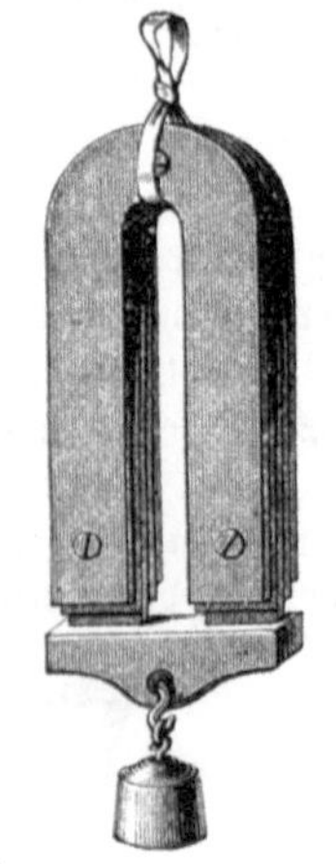

Fig. 403. Hufeisenmagnet.

Der Schiffskompaß ist insofern etwas anders eingerichtet, als hier die getheilte Kreisscheibe, von Papier auf Marienglas oder Glimmer geklebt, mit der Nadel fest vereinigt, sich mit dieser dreht und die Abweichungen durch eine außerhalb liegende Marke, welche der Längslinie des Schiffes entspricht, bezeichnet werden. Bei den Chinesen hat dieser Kreis eine Eintheilung in 24, bei den Japanesen in 12 Theile, bei unseren Bergleuten, von welchen der Gebrauch auf Ingenieure, Geologen u. s. w. übergegangen ist, eine Theilung in zweimal 12 Abschnitte, Stunden oder horae genannt (s. Fig. 404). Wissenschaftliche Bestimmungen macht man indessen nach der sonst üblichen Kreistheilung in 360 Grade. Die Nadel ist bei den gewöhnlichen Boussolen in einer runden, oben mit einem Glasdeckel versehenen Dose angebracht. Um sie für die Zeit, wo man ihrer Angaben nicht bedarf, in Ruhe zu halten, versieht man sie mit einer Arretirung, welche die Nadel von ihrer Unterlage abhebt. Der Schiffskompaß ist wegen der heftig schwankenden Bewegung in einer sogenannten Cardanischen Aufhängung befestigt, das sind zwei in einander leicht bewegliche Ringe, deren Achsen rechtwinklig auf einander stehen (s. Fig. 405).

Erdmagnetismus. Fragt man nach der Ursache, welche der Magnetnadel ihre Richtung giebt, so wird schon die oberflächlichste Ueberlegung zeigen, daß dieselbe eine von außen wirkende sein muß. Denn es kann in einem Körper eine noch so starke Kraft mächtig sein, sie wird denselben nicht bewegen und richten können, wenn ihr nicht auch außerhalb

gewissermaßen ein Stützpunkt gegeben ist. Und da wir nun leicht erproben können, daß
den Magnet von seiner Richtung nichts abzulenken vermag, als wieder Magnetismus oder,
was dasselbe ist, elektrische Ströme, so liegt es nahe, als die Ursache der magnetischen
Richtkraft, die wir auf der ganzen Erde und bis in die höchsten Regionen des Luftkreises
beobachten können, eine allgemein verbreitete magnetische Beschaffenheit der Erde anzunehmen.

Die Erde verhält sich wie ein großer Magnet; sie hat zwei Pole, deren einer in der
Nähe des Nordpoles, deren anderer in der Nähe des Südpoles liegen muß, denn annähernd
fällt auf der ganzen Erdoberfläche
die Richtung der Magnetnadel, der
magnetische Meridian, mit der
Mittagslinie oder dem Erdmeridian
zusammen. Vollständig ist freilich
die Uebereinstimmung nicht, ja es
unterliegen die erdmagnetischen Verhältnisse nicht einmal einer unwan-
delbaren Beständigkeit.

Die Bestimmung des magnetischen Zustandes der Erde bleibt
daher fortwährend eine der wichtigsten Aufgaben der Physik, denn wir
haben es hier mit einer allgemein
thätigen Kraft zu thun, deren Ein-
flußsphäre auf die irdischen Verhältnisse wir noch nicht einmal voll-

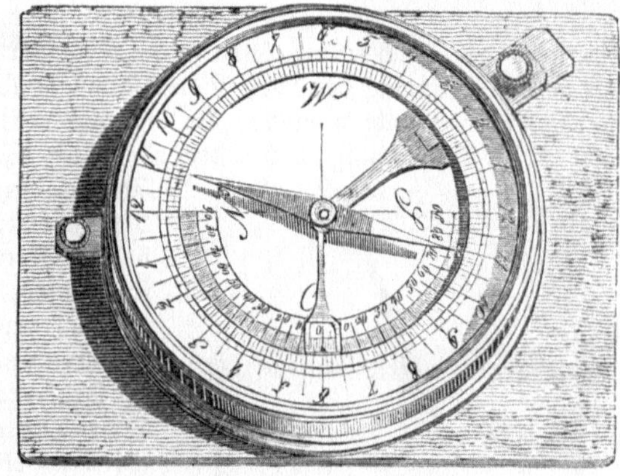

Fig. 404. Bergmannsboussole.

ständig zu übersehen vermögen. Besonders hervortretende Erscheinungen aber, wie das
Nordlicht, geben uns genügenden Hinweis auf die große Bedeutsamkeit, welche dem
Magnetismus in den irdischen Zuständen zuzuschreiben ist. Namentlich hat sich Humboldt
um diesen Theil der Erdlehre unsterbliche Verdienste erworben. Auf seine kräftige Anregung ist über den ganzen Erdraum ein Netz von meteorologischen Stationen gezogen
worden, in denen nach einem gemeinsamen Plane zu festgesetzten Stunden die Veränderungen
im Luftdruck, Feuchtigkeitsgehalt, in der Temperatur,
Windrichtung u. s. w., namentlich aber das magnetische Verhalten unsers Planeten, gemessen und verzeichnet werden, so daß man im Stande ist, durch
Vereinigung der vereinzelt gemachten Beobachtungen
ein genaues Bild über den allgemeinen Zustand der
Erde, soweit er von diesen Kraftäußerungen abhängig
ist, sich zu machen. Und wenn Humboldt die allgemeine Aufmerksamkeit und thatkräftige Unterstützung
diesem wichtigen Gegenstande zuwandte, so haben
Andere durch Erfindung ausgezeichneter Methoden

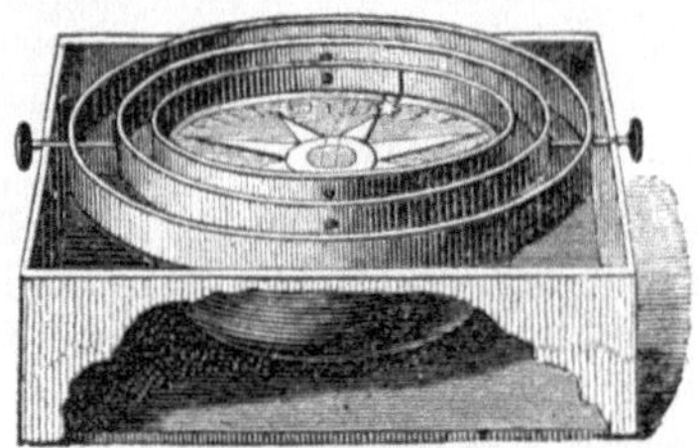

Fig. 405. Schiffskompaß in Cardanischer
Aufhängung.

der Beobachtung und durch Diskussion der so erhaltenen Resultate die noch sehr junge
Wissenschaft schon auf das Glänzendste bereichert. Namentlich sind es Gauß und Weber,
deren geniale Beobachtungsmethoden, überall angewandt, zum Ausbau eines der wichtigsten Theile der Naturlehre das Wesentlichste beigetragen haben. Durch die von ihnen erfundenen Mittel ist es möglich geworden, den geheimnißvollen Wandlungen jener Naturkraft nachzuspüren und deren Aeußerung zu erkennen, auch wenn sie Tausende von Meilen
von uns entfernt stattfindet.

Deklination, Inklination und Intensität. Wenn wir die Erde einem wirklichen
Magnete vergleichen und den Pol, der in der Nähe des Nordpoles liegt, den magnetischen
Nordpol nennen, so stellt eigentlich derjenige Punkt der Magnetnadel, welcher sich jenem

Nordpole zurichtet, den magnetischen Südpol der Nadel bar. Wir nennen ihn zwar nicht so, sondern entsprechend der Himmelsrichtung, der er zugewandt ist, auch Nordpol; diese Benennung ist zwar falsch, aber da sie keinerlei Beziehung zur innern Natur des Magnetismus selbst hat, so wollen wir sie auch, die so lange gebräuchlich gewesen ist, getrost beibehalten.

Hängen wir nun eine Magnetnadel derart auf, daß sie sich nicht nur in horizontaler, sondern auch in vertikaler Ebene frei um den Aufhängungspunkt drehen kann, so bemerken wir, wie sie neben ihrer Richtung nach dem magnetischen Nordpol auch eine bestimmte Neigung gegen den Horizont einnimmt und sich, so oft man sie auch aus dieser Lage bringt, immer wieder in dieselbe zurück begiebt. Wir werden also annehmen können, daß sich der Punkt der magnetischen Anziehung in der verlängerten Richtung der Magnetnadel befindet. Wie man die Richtung der horizontalen Kompaßnadel durch den Winkel, den sie mit dem astronomischen Meridian macht, die sogenannte Deklination, bestimmt, die man, je nachdem die Abweichung nach Osten oder nach Westen stattfindet, östliche oder westliche

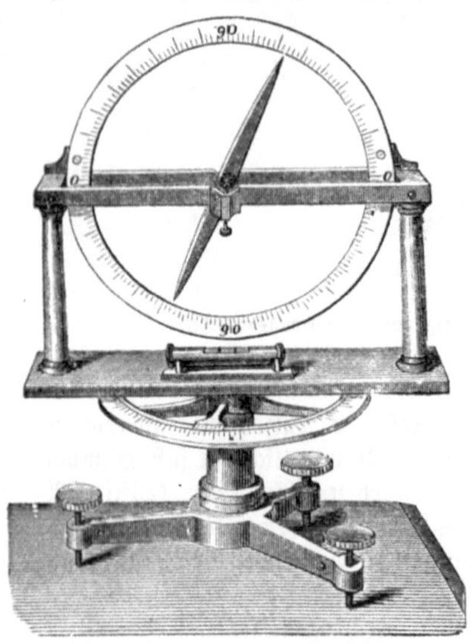

Fig. 406. Inklinatorium.

Deklination nennt, so bestimmt man jene Neigung, die Inklination, durch den Winkel mit der Vertikalen. Man bedient sich dazu eines besondern Instrumentes, des Inklinatoriums, dessen Einrichtung aus Fig. 406 leicht erkannt wird. Deklination und Inklination sind für verschiedene Orte der Erde verschieden, und man bezeichnet diejenigen Linien, welche die Oberflächenpunkte der Erde von gleicher Deklination oder gleicher Inklination mit einander verbinden, durch den Namen magnetische Kurven. Stellen die Deklinationskurven die magnetischen Meridiane vor, so bezeichnen die Inklinationskurven gewissermaßen die Parallelkreise (s. Fig. 407). Die Beobachtung der Deklination, der Thatsache also, daß die magnetischen Pole nicht mit den Polen der Erde zusammenfallen, finden wir zum ersten Male in den Schiffsbüchern des Christoph Columbus verzeichnet, welche derselbe auf seiner ersten Entdeckungsfahrt 1492 führte. Unter dem 13. September heißt es darin: „Beim Anbruch der Nacht zeigte der Kompaß eine Abweichung gegen Nordwesten, am Morgen war die Mißweisung ein wenig geringer." Den Grund der Erscheinung aber suchte der kühne Seefahrer nicht in den magnetischen Verhältnissen der Erde, über deren Natur man ja damals sehr mangelhafte Begriffe hatte, sondern in dem Umstande, daß der Polarstern nicht den astronomischen Pol genau anzeigt, sondern eine Kreisbewegung macht, welcher die Nadeln nicht folgen, und mit dieser Erklärung beruhigte er, unterstützt durch das zufällige Vorkommniß, das am folgenden Morgen sich nicht wieder bemerklich machte, das Schiffsvolk, welches die wiederholt sich zeigende Erscheinung mit Angst aufnahm. Erst auf dem Rückwege aus Westindien sah Colon seinen Irrthum ein und erkannte, daß es im Atlantischen Meere eine Linie der Rechtweisung gebe, nach deren Ueberschreitung die Magnetnadeln eine Ablenkung von ihrer Nordrichtung erlitten. Dabei müssen wir vorgreifend bemerken, daß die Richtung der Magnetnadel im Laufe der Zeit Aenderungen erleidet und 1492 die Nadeln auf demselben Punkte anders wiesen als heute. Unter den beiden Polen stehen die Magnetnadeln senkrecht, die Deklination verschwindet gänzlich. Die Inklination dagegen nimmt nach dem Aequator hin ab, und es giebt hier rings um die Erde einen Gürtel, wo sie gleich Null ist, das heißt, wo die Magnetnadel, von beiden Polen gleich stark angezogen, in vollkommen horizontaler Lage sich erhält. Dieser Gürtel heißt der magnetische Aequator.

nach

Außer der Deklination und der Inklination ist aber noch ein Faktor in Betracht zu ziehen, das ist die Intensität des Erdmagnetismus, die gesammte Stärke der Kraft, welche sich in den beiden genannten Erscheinungsweisen als in zwei Komponenten äußert. Die Intensität wird unter andern Methoden auf höchst scharfsinnige Weise auch durch die Schwingungsdauer großer Magnetstäbe gemessen; dieselben oszilliren um so schneller, je stärker die Intensität, um so langsamer, je schwächer diese ist.

Schwankungen des Erdmagnetismus. Keiner aber dieser drei Faktoren des Erdmagnetismus, weder die Deklination noch die Inklination, noch auch die Intensität, bleibt sich immer gleich. Im Gegentheil ändern sie sich fast fortwährend, denn sie sind von den Licht=, Wärme= und Elektrizitätsverhältnissen, wenn auch in noch unerkannter Weise, abhängig, und wie diese im physikalischen Zustande der Erde wechseln, so bedingen sie gleichzeitige Schwankungen der magnetischen Verhältnisse. Diese Variationen zu beobachten und durch Vergleichung in langen Zeiträumen das Gesetz der Abhängigkeit womöglich zu ergründen, ist der Zweck der großen Mühe, welche auf den zahlreichen magnetischen Stationen in Indien sowol als in den Steppen der chinesischen Grenze und weit auf den

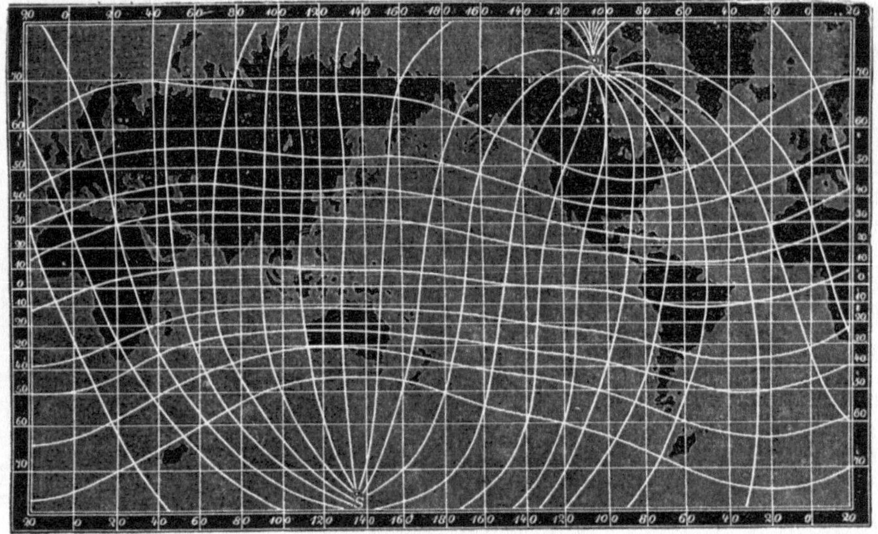

Fig. 407. Magnetische Kurven.

Inseln der Südsee, in Grönland, am Kap der guten Hoffnung wie in den Laboratorien europäischer Universitäten unausgesetzt auf die Beobachtung der zitternden Magnetnadel gewandt wird. Der Weltreisende zählt das Magnetometer zu seinen wichtigsten Apparaten, und wie Humboldt auf den Cordilleren Südamerika's und in der leicht gezimmerten Hütte in den sumpfigen Urwäldern des Amazonenstromes, so hat Kane hoch oben in den arktischen Regionen durch seine magnetischen Beobachtungen den Erdwissenschaften die wichtigsten Dienste geleistet.

Man hatte für einzelne Orte schon früher eine allmähliche Aenderung der Deklination bemerkt, so betrug z. B. in Paris dieselbe im Jahre 1580 11° 30′ östlich, 1618 war sie nur noch 8°, 1663 fiel der astronomische Meridian mit dem magnetischen zusammen, 100 Jahre später wich die Magnetnadel um 8° 10′ nach Westen ab, 1780 um 17° 55′, 1805 um 22° 5′, 1814 um 22° 34′. Seit dieser Zeit aber geht die Nadel wieder zurück und 1852 betrug die westliche Abweichung nur noch 20° 22′. Solche langsame Aenderungen heißen säkulare Variationen, sie erstrecken sich über die ganze Erde, und in diesem Sinne haben also auch die erdmagnetischen Kurven keine Beständigkeit und die Karten derselben müssen von Zeit zu Zeit geändert werden.

51*

Die Richtung der Friedrichsstraße in Berlin ist genau nach der Magnetnadel zur Zeit ihrer Erbauung angelegt; die Boussole wird dadurch zu einem chronologischen Moment.

Die Magnetnadel geht aber bei ihren großartigen säkularen Schwingungen nicht einen stetigen Gang, sondern sie macht unter der Zeit wieder hin= und hergehende Zuckungen, welche unter sich auch eine gewisse Regelmäßigkeit, je nach der Jahres= und Tageszeit, erkennen lassen, tägliche Variationen. Für unsere Gegenden hat die Deklinations= nadel Morgens um 8 Uhr ihre östlichste Ausweichung, dann geht das Nordende ziemlich rasch nach Westen, zwischen 1 und 2 Uhr kehrt sie wieder um und geht in den Tages= und Abendstunden rascher als in den Nachtstunden wieder ihrem frühern Stande zu.

Eben so wie bei der Deklination hat sich auch bei der Inklination eine säkulare, jähr= liche und eine tägliche Variation feststellen lassen, und da die Inklination und Deklination in so großer Abhängigkeit von einander stehen, so dürfen wir für beide Erscheinungen dieselben Ursachen voraussetzen. Aber während man in den klimatischen Aenderungen eine Wechselbeziehung zu den kürzeren Perioden erkennen kann, ist man über die Ursachen der säkularen Schwankungen noch gänzlich im Unklaren.

Das Nordlicht. Diese Verhältnisse führen uns ohne Weiteres einer Erscheinung zu, deren Erklärung früheren Zeiten unbesiegbare Schwierigkeiten darbot und die deshalb von Furcht und Aberglauben nur mit ängstlichen Gefühlen betrachtet wurde. Können wir uns aber auch heute noch nicht über die Art und Weise aller jener Vorgänge, als deren Ergebniß das prachtvolle Nordlicht über den Horizont sich erhebt, erschöpfend Rechenschaft geben, so wissen wir doch aus unbestreitbaren Erfahrungen mit Sicherheit, daß dasselbe mit dem erdmagnetischen Zustande im innigsten Zusammenhange steht und am passendsten als ein magnetisches Ungewitter aufgefaßt werden muß, in welchem die gestörten Verhältnisse durch einen plötzlichen Ausgleich dem Gleichgewichtszustande wieder zustreben.

Bei uns erscheinen die Nordlichter ziemlich selten, in den nördlicher gelegenen Gegenden aber erglänzen sie fast allabendlich am Himmel. Auf einer im Jahre 1838 nach Norwegen ausgesandten Expedition beobachtete der Schiffsleutnant Lottin während eines Zeitraumes von 206 Tagen nicht weniger als 143 Nordlichter.

„Zwischen 4 und 8 Uhr des Abends färbte sich der obere Theil des lichten Nebels, welcher dort fast immer gegen Norden zu herrscht. Der lichte Streifen nahm allmählich die Gestalt eines Bogens an, dessen Enden sich auf den Horizont stützten. Sein Gipfel blieb in der Richtung des magnetischen Meridians. Bald erscheinen schwärzliche Streifen, welche den lichten Bogen trennen, und so bilden sich Strahlen, welche sich bald rasch, bald langsam verlängern oder verkürzen. Die Strahlen schießen über den Himmel herauf und verlängern sich bisweilen bis zu dem Punkte, welcher durch das Südende der Inklinations= nadel bezeichnet wird, so das Fragment eines ungeheuern Lichtgewölbes bildend. In dem Glanze des nach dem Zenith hin wachsenden Bogens zeigt sich eine wellenförmige Be= wegung, der Glanz der Lichtstrahlen wächst der Reihe nach von einem Fuße zum andern, und es geht dies Wogen des Lichts bald von Westen nach Osten, bald in umgekehrter Rich= tung. Auch in seiner horizontalen Ausbreitung kommt der Bogen in Bewegung, er wallt und wogt, er entwickelt sich wie ein bewegtes Band oder eine wehende Fahne. Manchmal verläßt einer der Füße oder selbst beide den Horizont, dann werden diese Biegungen zahl= reicher und deutlicher. Der Bogen erscheint nun als ein langes Strahlenband, welches sich entwickelt, in mehrere Theile trennt und graziöse Windungen bildet, welche sich fast schließen und das hervorbringen, was man wol die Krone genannt hat. Alsbann ändert sich plötzlich die Lichtintensität der Strahlen, sie übertrifft die der Sterne erster Größe; die Strahlen schießen mit Schnelligkeit, bilden Biegungen und entrollen sich wie die Windungen einer Schlange; nun färben sich die Strahlen, die Basis ist roth, die Mitte grün, der übrige Theil behält ein blaßgelbes Licht. Diese Farben behalten immer ihre gegenseitige Lage und haben eine bewundernswürdige Durchsichtigkeit. Das Roth nähert sich einem hellen Blutroth, das Grün einem blassen Smaragdgrün. Da endlich nimmt der Glanz ab, die Farben verschwinden, die ganze Erscheinung erlischt entweder plötzlich oder sie wird nach und nach schwächer.

Einzelne Stücke des Bogens aber treten wieder auf, er bildet sich von Neuem, er setzt seine aufsteigende Bewegung fort und nähert sich dem Zenith. Die Strahlen erscheinen durch die Perspektive immer kürzer, alsdann erreicht der Gipfel des Bogens das magnetische Zenith, einen Punkt, nach welchem die Südspitze der Inklinationsnadel hinweist. Unterdessen bilden sich neue Bogen am Horizonte; sie folgen einander, indem alle fast dieselben Phasen durchlaufen und in bestimmten Zwischenräumen von einander bleiben. Manchmal werden diese Zwischenräume kleiner, mehrere dieser Bogen drängen einander, sie erinnern durch ihre Anordnung an die Kulissen unserer Theater, die, auf die Seitenkulissen gestützt, den Himmel der Theaterscene bilden. So oft die Strahlen am hohen Himmel das magnetische Zenith überschritten haben, scheinen sie von Süden her nach diesem Punkte zu konvergiren und bilden alsdann die eigentliche Krone. Die Erscheinung der Krone ist ohne Zweifel nur eine Wirkung der Perspektive, und ein Beobachter, welcher in diesem Augenblicke weiter nach Süden sich befindet, wird sicherlich nur einen Bogen sehen können."

„Denkt man sich nun ein lebhaftes Schießen von Strahlen, welche beständig sowol in Beziehung auf ihre Länge als auf ihren Glanz sich ändern, daß sie die herrlichsten rothen und grünen Farbentöne zeigen, daß eine wellenartige Bewegung stattfindet, daß Lichtströme einander folgen und endlich, daß das ganze Himmelsgewölbe eine ungeheure prächtige Lichtkuppel zu sein scheint, welche über einen mit Schnee bedeckten Boden ausgebreitet ist und einen blendenden Rahmen für das ruhige Meer bildet, welches dunkel ist wie ein Asphaltsee, so hat man eine unvollständige Vorstellung von diesem wunderbaren Schauspiele, auf dessen Beschreibung man verzichten muß." So schildert Lottin die zu Bossekop beobachteten Nordlichter. Was wir in unseren Gegenden von dieser Erscheinung gewahren, kann mit dem Glanze, welchen das Phänomen im Norden hat, nicht verglichen werden.

Fig. 408. Kane, das Magnetometer beobachtend.

Die spektroskopische Untersuchung der Nordlichter hat ergeben, daß das Spektrum des Lichtbogens vorzugsweise aus einer einzigen hellen, gelbgrünen Linie, zwischen den Fraunhofer'schen Linien D und C gelegen, besteht. Dieselbe Linie hat Angström im Spektrum des Zodiakallichtes beobachtet, sie stimmt mit keiner der uns bekannten Gaslinien überein.

Die Grenzen, innerhalb derer ein und dasselbe Nordlicht sichtbar ist, sind oft sehr weit entlegen; daraus läßt sich auf die große Höhe, in welcher sich der Prozeß abspinnt, ein Schluß machen. So wurde z. B. das Nordlicht vom 28. August 1859 auf einer Strecke von 140 Längengraden, von Kalifornien bis Osteuropa und von Jamaika bis in die nördlichsten Gegenden von Britisch-Amerika beobachtet, und aus ähnlichen Wahrnehmungen hat Mairan auf Höhen von mehr als 100 geographischen Meilen geschlossen, in denen die Lichtentwicklung stattfindet.

In dem Auftreten der Polarlichter scheint eine gewisse Periodizität Geltung zu haben. Abgesehen davon, daß Loomis für Canada die Stunden gegen 11 Uhr Nachts, für höhere Breiten die Mitternacht und 1 Uhr Morgens als tägliche Zeit ihrer häufigsten Erscheinung angiebt, haben Einzelne, namentlich Fritzsch, neuerdings nachzuweisen versucht, daß ein Maximum der Häufigkeit der Nordlichter immer nach Verlauf von 11 Jahren wiederkehre. Fünf solcher elfjähriger Perioden sollen Abschnitte bezeichnen, welche durch noch bedeutendere Maxima hervortreten. Merkwürdig würde dabei sein, daß man auch für die besonders häufige Wiederkehr der Sonnenflecken eine elfjährige Periode und für die der Sternschnuppen (Alexander von Humboldt) eine dreiunddreißigjährige beobachtet zu haben glaubt.

Die Uebereinstimmung der Strahlenrichtung mit dem magnetischen Meridian ließ schon zeitig auf die Vermuthung kommen, daß das Nordlicht mit dem Erdmagnetismus in engem Zusammenhange stehe. Bestätigung erhielt dies durch den Umstand, daß die Magnetnadel während der Dauer einer solchen Erscheinung ihr Verhalten auf merkwürdige Weise ändert und in eine eigenthümliche Unruhe geräth, die sich durch hin- und hergehende Zuckungen zu erkennen giebt. Seit man nun auch noch beobachtet hat, daß über dem Himmel des Südpoles dieselben wunderbaren Ausstrahlungen von Zeit zu Zeit stattfinden und diese Südlichter oft gleichzeitig mit den Nordlichtern hervortreten und beide in unverkennbarer Abhängigkeit von einander stehen; seit man die Einflüsse derselben auf die Magnetnadel mit den feinsten Apparaten oft und so genau beobachtet hat, daß Arago von seinem Zimmer aus zu Paris, viele hundert Meilen vom Nordpol entfernt, aus den Bewegungen seiner Nadel das gleichzeitige Aufflammen eines Nordlichts über den nordischen Himmel verkünden konnte, seitdem ist es keinem Zweifel mehr unterworfen, daß diese vielbewunderte, vielgefürchtete Naturerscheinung in der That ist, was sie Humboldt nennt, ein magnetisches Ungewitter. Die störenden Einflüsse, welche das Nordlicht auf den elektrischen Strom in den Telegraphendrähten zu Zeiten so mächtig ausübt, daß die Apparate von selbst anfangen zu arbeiten und Depeschen auf verständliche Weise nicht befördert werden können, sind ein Beleg dazu, da elektrische Ströme nur wieder durch elektrische Ströme in solcher Weise irritirt werden können. Wir können mit Hülfe luftverdünnter Räume, in denen wir unter dem Einflusse eines starken elektrischen Poles Elektrizität von einem Poldraht der Batterie zum andern überströmen lassen, das Nordlicht sogar künstlich im Kleinen darstellen, und wenn wir uns die Erde von elektrischen Strömen in ostwestlicher Richtung umflossen denken, so sind uns darin Verhältnisse angegeben, welche die Erscheinungen des Nordlichtes in faßbarem Zusammenhange darstellen. Indessen muß doch zugestanden werden, daß trotz der unbestreitbaren Thatsachen, welche das Unrichtige gewisser Erklärungen ganz evident darzulegen im Stande sind, eine in allen Punkten erschöpfende Theorie der Polarlichter noch nicht hat gegeben werden können.

Aber so weit sind wir sicher, daß wir in dieser Erscheinung keine übernatürliche Mahnung zu erblicken haben, wie der Aberglaube fürchtet.

> „Aus den Wolken blutig roth hängt der Herrgott seinen Kriegsmantel 'runter.“

Diese abergläubische Prophezeiung vergangener Jahrhunderte hat für unsere Zeiten nichts Schreckliches mehr, und die prachtvollen Nordlichter, welche gerade zur Zeit der Uebergebe von Metz (Ende Oktober 1870) mehrere Nächte nach einander am Himmel aufflammten, haben gewiß kein erneutes Auflodern der Kriegsfackel bedeuten können. Eine lichtvolle Erkenntniß ist an die Stelle ängstlicher Deutung getreten. Das Begreifliche aber verliert die furchterregende Macht, durch welche das Wunderbare über die Schwachen herrscht.

Das magnetische Ungewitter ist wie das elektrische ein Versöhnungsakt, ein Vereinigen entgegengesetzter Kräfte, ein Ausgleich von Spannungen — ein Symbol des eintretenden Friedens; Blitz und Nordlicht sind

> „Liebesboten, die verkünden, was ewig schaffend uns umwallt.“

Die Welt der Töne.

Schallwellen. Ihre Fortpflanzung und Geschwindigkeit. Reflexion. Echo. Sprach- und Hörrohr. Ton und Farbe. Tiefste und höchste Töne. Schwingende Saiten. Interferenz. Das Monochord. Intervalle und Tonleiter. Dur und Moll. Helmholtz. Schwingungsknoten an Saiten und Platten. Chladni'sche Klangfiguren. Obertöne. Klangfarbe der Instrumente. A. E. I. O. U. Kombinationstöne. Tartini und Sorge. Die Pfeifen. Offene und gedackte Pfeifen. Das Telephon.

„Die Luft ist die Trägerin des Schalles", sagt Humboldt im Kosmos, „also auch die Trägerin der Sprache, der Mittheilung der Ideen, der Geselligkeit unter den Völkern. Wäre der Erdball der Atmosphäre beraubt, wie unser Mond, so stellte er sich uns in der Einbildung als eine klanglose Einöde dar."

Wie unser Auge Lichteindrücke auf die Weise empfindet, daß die Sehnerven durch die wellenartigen Erschütterungen des allverbreiteten Lichtäthers in entsprechende Erregung versetzt werden, so sind die Eindrücke, die wir durch unser Ohr erhalten, ebenfalls nichts Anderes als die Folge von Bewegungen, die sich durch den Gehörapparat des Ohres den Gehörnerven übertragen. Wir hören den Knall eines abgeschossenen Gewehres und können an der gleichzeitig erzitternden Fensterscheibe bemerken, in welche Erschütterung die Luft gerathen war.

Alles, was wir hören, pflegen wir mit dem Namen **Schall** zu bezeichnen, und wir nennen die Schwingungen, Wellen, welche den Schall hervorbringen, deshalb auch **Schallschwingungen**. Sie werden hervorgebracht durch abwechselnde Verdichtungen und Verdünnungen der Luft. Wo die Luft mangelt, können wir auch keine Gehörempfindungen mehr haben. Auf hohen Bergen klingt unsere Stimme schwächer als in der Ebene, weil die Luft dort verdünnter ist. Saussure schoß auf dem Montblanc ein Pistol ab, und der Schall, welchen dasselbe bewirkte, erschien dem Beobachter nicht stärker, als ob zwei Holzstücke auf einander geschlagen würden. Wenn wir unter den Rezipienten einer Luftpumpe das Schlagwerk einer Uhr bringen, so hören wir die Glocke so lange ganz hell, als wir noch nicht zu pumpen angefangen haben. In demselben Maße aber, als die Luft durch das Auspumpen verdünnt wird, vermindert sich auch der Schall, und er wird endlich, obwol wir den Hammer arbeiten sehen, ganz unhörbar, wenn die Glocke leer gepumpt ist (s. Fig. 410).

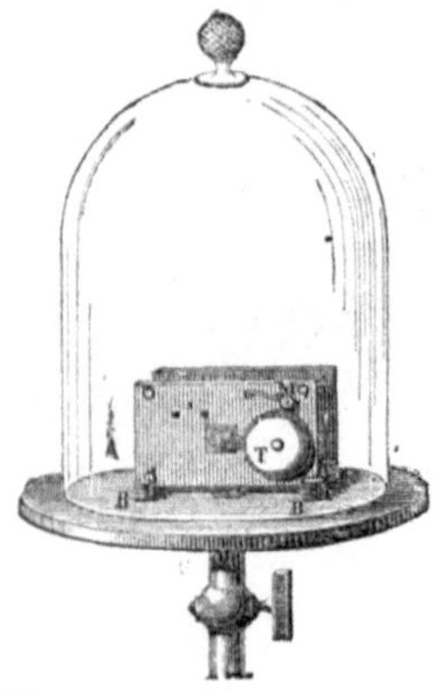

Fig. 410. Schlagwerk unter dem Rezipienten.

Die **Fortpflanzung** der Schallwellen geschieht gleichmäßig nach allen Seiten, so daß die Wellen mit ihrer Oberfläche immer eine um die Erregungsursache gedachte Kugel bilden. Nach jedem einzelnen Punkte gelangt daher der Schall in einer geraden Linie, man spricht in diesem Sinne von Schallstrahlen. Es hängt mit der Fortpflanzungsart des Schalles zusammen, daß seine Stärke mit der Entfernung immer schwächer werden muß, und zwar, wie aus einer einfachen mathematischen Betrachtung folgt, nimmt die Intensität ab mit dem Quadrate der Entfernung, so daß ein Pistolenschuß, wenn das Gewehr einen Meter von unserem Ohr entfernt losgebrannt wird, hundertmal so stark auf unser Ohr wirkt, als wenn wir 10 Meter von dem Schützen entfernt stehen.

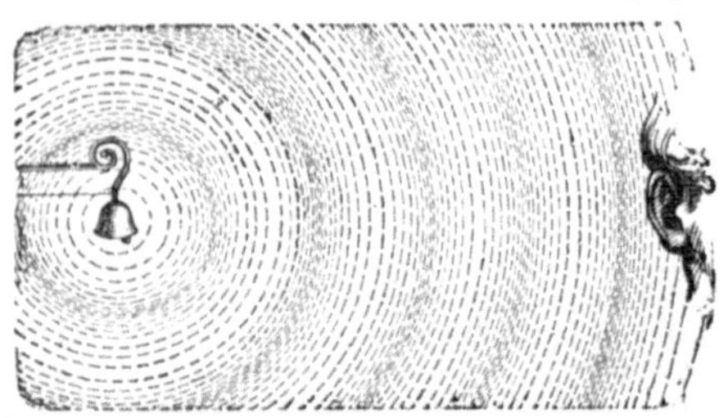

Fig. 411. Fortpflanzung der Schallwellen in der Luft.

In der Luft bewegt sich der Schall mit einer Geschwindigkeit von 342 Meter in der Sekunde weiter, wobei noch zu bemerken ist, daß diese Geschwindigkeit nach Versuchen, die Regnault in Paris angestellt hat, sich mit der Entfernung von der Schallwelle etwas verringert. Wenn also ein Lichtstrahl von der Sonne bis zur Erde 8 Minuten 13 Sekunden braucht, so würde ein entsprechend lauter Zuruf erst in $16\frac{2}{3}$ Jahren auf dem entfernten Gestirne gehört werden. Uebrigens dürfen wir aus dem Gesagten nicht ableiten, daß Schallwellen lediglich und allein von der Luft weitergeführt würden; es pflanzen sich die Erschütterungen auch durch feste Körper fort. Die Geschwindigkeit des Schalles ist in flüssigen und festen Körpern sogar eine größere als in luftförmigen. Sie beträgt z. B. für Zinn das Siebenfache; in Eisen, Stahl und Glas ist sie $10\frac{2}{3}=$, in Silber, Messing und Nußbaumholz eben so vielmal, in Kupfer 12=, in Ebenholz $14\frac{2}{5}=$, in Tannenholz selbst 18mal so groß wie in der Luft. Das Tannenholz ist also ganz vorzüglich geeignet, die Schwingungen des Schalles aufzunehmen, deswegen spielt es auch in der Herstellung musikalischer Instrumente eine so bedeutende Rolle. Vorzüglich werden daraus Saiteninstrumente und diejenigen Theile gemacht, die durch ihr eigenes Mitschwingen wirken sollen, während Flöten, Klarinetten und andere Instrumente, deren Körper nicht selbst in Schwingung gerathen sollen, aus dem trägeren

Ebenholz, Buchsbaumholz, Elfenbein und dergleichen Material gefertigt werden. Das Gebrüll des Vulkans Morne Garou auf St. Vincent hörte man bis am Maracaibo-See — 150 deutsche Meilen. Der Schall war nicht durch die Luft, sondern durch den Erdboden fortgepflanzt worden, und es ist bekannt, daß die Wilden mit großer Sicherheit das Heran- nahen des Feindes, seine Richtung und Stärke zu erkennen vermögen, indem sie das Ohr auf den Boden legen. Daß sich der Schall in Flüssigkeiten ebenfalls mit großer Leichtigkeit fortpflanzt, wird Jeder schon beim Baden zu beobachten Gelegenheit gehabt haben. Fig. 412 stellt ein Arrangement dar, wie man die Fortpflanzungsgeschwindigkeit im Wasser messen kann. Die Glocke C wird auf der einen der beiden, in ihrer Entfernung genau gemessenen Stationen durch den Hammer M zum Tönen gebracht. Dies geschieht durch einen Hebel, der mittels eines über eine Rolle laufenden Fadens P mit einer beweglichen Lichtquelle derart verbunden ist, daß die letztere eine Ausweichung macht, wenn der Hammer zum Anschlagen gebracht wird. Der Beobachter auf der zweiten Station, der durch ein Hörrohr T die Schallwellen auffängt, sieht natürlich die Bewegung des Lichtes viel eher, als er den Schall hört. Aus der Verzögerung kann er aber dessen Geschwindigkeit leicht berechnen.

Reflexion des Schalles. Treffen Schallwellen auf entgegenstehende Hindernisse, so werden sie mannichfach irritirt. Leicht bewegliche, aber wenig elastische Körper geben die Erschütterung, welche sie auf- nehmen, nicht oder nur unvoll- ständig weiter; wollene Decken, Teppiche, Vorhänge ꝛc. dämpfen daher in Räumen, wo sie aus- gebreitet sind, Gespräch und Musik. Sie lassen weder die Wellen vollständig durch sich hindurch, noch werfen sie die- selben kräftig zurück. Harte elastische Körper dagegen ver- halten sich anders. Sie reflek- tiren die Schallstrahlen, und zwar nach denselben Gesetzen, wie Lichtstrahlen von ihnen zurückgeworfen werden würden.

Fig. 412. Messung der Fortpflanzungsgeschwindigkeit im Wasser.

Nun sind aber die Schallwellen viel größer und nehmen zu ihrer Weiterbewegung ungleich mehr Zeit in Anspruch; die langsamste Lichtschwingung erfolgt in $^1/_{450}$ Billiontel einer Sekunde, während der tiefste hörbare Ton aus Schwingungen von der Dauer einer Zweiunddreißigstel- sekunde besteht. Darum gehören zu einer vollständigen Zurückwerfung sehr ausgedehnte, wenig unterbrochene Flächen, obwol dieselben durchaus nicht spiegelblank zu sein brauchen.

Steht die reflektirende Wand eine Strecke weit von uns und zugleich von der Schall- quelle entfernt, so daß der Schall eine merklich größere Zeit gebraucht, um auf dem ge- brochenen Wege in unser Ohr zu gelangen, so hören wir die zurückgeworfenen Schallwellen für sich und später als die direkten und nennen diese Erscheinung ein Echo. Wo die Um- stände günstig sind, kann ein solches Echo nicht nur Worte, sondern ganze Sätze wiederholen, und namentlich sind die Gegenden der Quadersandstein-Formation mit den regelmäßigen, steil abfallenden großen Wänden, wie in der Sächsischen Schweiz, Adersbach u. s. w., durch zahlreiche Echos ausgezeichnet — zum großen Aerger der Reisenden, denn die spekulative Ausnutzung der Natur hat darauf eine ganz eigenthümliche Industrie gegründet, deren Handwerkszeug, Böller, Posaunen und gewöhnlich schon arg mitgenommene Jodlerkehlen nur mit den Schlüsseln und Zangen der Zahnärzte etwa einen Vergleich aushalten kann. Berühmt ist das Echo am Lurleifelsen und ganz vorzüglich auch das im Schlosse Simoneta bei Mailand; durch das Abprallen des Schalles an den verschiedenen Flügeln des Schlosses wird ein aus den Fenstern des Hauptgebäudes abgefeuerter Schuß gegen 50 mal gehört.

Gekrümmte Flächen können die einzelnen Schallstrahlen eben so sammeln wie Hohl=spiegel, und bekanntlich macht man davon einen wichtigen Gebrauch bei der Anlage von Konzertsälen, Theatern und ähnlichen Gebäuden. Nicht nur daß man den innern Raum derselben mit Wänden umgiebt, die möglichst wenig durch ihre weiche Substanz (Teppiche) den Schall aufhalten und todt machen, und daß man Ecken, Winkel und Pfeiler vermeidet, welche den Schall verwirren und zerreißen, so sucht man durch eine möglichste Annäherung an die Form einer Ellipse die höchst vortheilhaften Eigenschaften dieser Kurve sich zu Nutze zu machen. In jeder Ellipse giebt es nämlich zwei Punkte von der Eigenschaft, daß alle Strahlen, die von dem einen derselben ausgehen, von den Seitenwänden so reflektirt werden, daß sie alle genau zu gleicher Zeit wieder in dem andern zusammenkommen; der Schall wird dadurch so zusammengehalten, daß in einem vollständig elliptisch gewölbten Raume an der betreffenden Stelle das leiseste Wort, das weit entfernt davon gesprochen wird, deutlich zu hören ist. Die verrätherischen Treppen, Fenster, Säle, auf deren Anlegung frühere Baumeister in Schlössern oft große Mühe verwandten, sind deutliche Beweise davon, und das berühmte Ohr des Dionys, ein zu einem Gefängniß eingerichteter Steinbruch, worin, wie erzählt wird, die Staatsgefangenen nicht ungehört haben sprechen können, würde seine gefährliche Bedeutung derselben Eigenthümlichkeit zu verdanken haben.

Fig. 413. Das Hörrohr.

Sprachrohr und Hörrohr. Wo die Schallwellen immer so von den einschließenden Wandungen reflektirt werden, daß sie nur nach einer Richtung hin sich ausbreiten können, da wird ihre Kraft zusammengehalten und kommt dieser Richtung zugute. Biot, der berühmte französische Physiker, hat mit Röhren, die in Paris be=hufs einer Wasserleitung gelegt wurden, Versuche gemacht. Er stellte sich in einer stillen Nacht an dem einen Ende einer 900 Meter langen Röhre auf und ließ an dem andern Ende verschiedene In=strumente spielen, sprechen und Geräusche in allerhand Graden der Stärke hervorbringen; es war nicht zu bemerken, daß auf diese lange Strecke hin die Schallwellen irgend Etwas von ihrer Intensität verloren hätten; der leiseste Ton wurde vernommen und das einzige Mittel, gar nichts zu vernehmen, war, wie er sich ausdrückt, nur vollkommene Stille auch auf der andern Seite.

Seit langer Zeit sind von diesen Thatsachen Anwendungen im Sprach= und Hörrohr gemacht worden. In einem alten, 1516 aus dem Arabischen übersetzten, zu Rom gedruckten und fälschlicher Weise dem Aristoteles zugeschriebenen Buche wird erwähnt, daß Alexander der Große ein Horn gehabt habe, womit er sein Heer auf 100 Stadien zusammenrufen konnte; es darf aber dies wol nur als ein Kriegshorn angesehen werden, wie das des fabelhaften Roland, womit er im Thal von Ronceval zum letzten Male schmetterte, nicht als ein eigent=liches Sprachrohr, welches die Worte verständlich weiter trägt. Ein solches hat zuerst der Ritter Samuel Morland 1670 erfunden und damit in Gegenwart König Karl's II. von England und des Prinzen Robert zu Deal Versuche angestellt, bei denen er sich eines aus Kupferblech in Gestalt eines abgestumpften Kegels gefertigten Rohres von 1,68 Meter Länge bediente. An dem einen Ende hatte dasselbe 5 Centimeter, an dem andern 52 Centimeter im Durchmesser, der Schall der Stimme war auf 3 engl. Meilen vernehmbar. Zwanzig Jahre früher schon hatte der bekannte Athanasius Kircher eine Vorrichtung angegeben, um Schwerhörigen das Verständniß gesprochener Worte zu ermöglichen; dieselbe bestand eben=falls aus einem kegelförmigen Rohre, dessen spitzes Ende in das Ohr gesteckt wurde; in den erweiterten Schalltrichter sollte hineingesprochen werden. Kircher hat aber erst später darauf aufmerksam gemacht, daß dieses Hörrohr, wenn man es umdreht und in das spitze Ende hineinspricht, auch als Sprachrohr zu gebrauchen ist. In unserer Zeit hat das Instrument durch die verschiedenen Arten der Telegraphie selbst die geringe Bedeutung, welche es früher gehabt haben mag, vollends eingebüßt, und man trifft es selten, nur noch auf Schiffen, hohen Bergen oder bei Thürmern, um Bestellungen und Ankündigungen nach unten hin zu machen, wenn man nicht die Schallröhren, durch welche man aus verschiedenen Räumen von Gebäuden mit einander verkehren kann, zu den Sprachröhren mit rechnen will.

Das Hörrohr dagegen hat einen dauernden Werth: es ist gewissermaßen für die Ohren das, was das Brennglas für schwache Augen ist. Seiner Einrichtung nach bildet es eine etwas konische Röhre mit erweiterter Schallöffnung, ähnlich einem Horn, und erfüllt zwar seinen Zweck, eine größere Menge von Schallwellen aufzunehmen und dieselben förmlich konzentrirt in das Ohr zu führen, genügt aber nur Solchen, die erst in geringerem Grade dem Uebel verfallen sind und stärkere Eindrücke noch aufzunehmen vermögen. Vortreffliche Hülfsmittel dazu sind die Guttapercha-Röhren, deren Biegsamkeit eine leichte Handhabung gestattet, und durch Vereinigung mehrerer Schallbecher mit einem Hauptrohr ist es möglich geworden, den Schwerhörigen selbst an der Unterhaltung eines ganzen Tisches mit Theil nehmen zu lassen.

Ton. Wir haben die Schallstrahlen schon mit den Lichtstrahlen verglichen; der Vergleich bezieht sich nicht blos auf die Art und Weise der Fortpflanzung und Zurückwerfung; wir können die Analogie noch weiter verfolgen und werden dann, wie wir die verschiedenen Bestandtheile des Sonnenlichtes als Lichtwellen von verschiedener Dauer und Brechbarkeit erkannt haben, auch in dem, was wir in dem Gesammtbegriff des Schalles zusammenfassen, ähnliche Unterscheidungen zu treffen haben.

Ein Kanonenschuß, ein rasselnder Wagen, eine schreiende Herde, das Rollen des Donners verursachen uns Empfindungen, die wir mit allgemeinen Lichteindrücken, mit dem Aufblitzen einer Rakete, dem durch Spiegelung in unser Auge geworfenen Sonnenlicht und Aehnlichem vergleichen können.

Wie das weiße Licht aber elementare Wellenbestandtheile enthält, die je für sich bestimmte Farbenempfindungen erregen, so sind jene Geräusche auch nicht einfache Wellenbewegungen, sie zeigen sich vielmehr als ein Gemenge zahlreicher, neben einander bestehender und für sich regelmäßiger Schwingungen, deren jede wie ein schwingendes Pendel ihren Verlauf hat und sich von den anderen durch die Größe der Ausweichung und Geschwindigkeit unterscheidet. Solche regelmäßige Schwingungen bringen den Ton hervor, der sich von dem bloßen Schall und Geräusch wie die Farbe vom weißen Licht unterscheidet. Wir unterscheiden an ihm Höhe und Tiefe und sehen als die Ursache dieser Qualität auch die Geschwindigkeit, mit welcher die einzelnen Wellen einander folgen. Der Ton sättigt uns mit einer bestimmten Empfindung, während das bloße Geräusch nichts Derartiges bewirkt, und wir bemerken auch hier wie überall in der Natur, daß Alles nur durch Ordnung, durch die schöne Regel zur Vollendung kommt, wie das Willkürliche der Schönheit entbehrt, wie Harmonie und Gesetzmäßigkeit gleichbedeutend ist.

Zur Untersuchung über die Natur des Tones eignet sich nichts so vortrefflich als die sogenannte Syrene, das ist ein gezahntes Rad, gegen dessen Zahnkranz man mit einer engen Röhre bläst. Wenn sich das Rad dreht, so schneidet jeder Zahn den durchgehenden Luftstrom und hält ihn einen Moment auf, wie das Rad bei dem Fizeau'schen Apparat (s. Fig. 192). So lange der Zahn vor der Röhrenöffnung sich befindet, wird die Luft in der letzteren verdichtet, und durch dies wechselnde Spiel werden also Wellen erzeugt, die um so rascher sich folgen, je größer die Umdrehungsgeschwindigkeit des Rades ist. Man kann die Zahl der Wellen in der Sekunde bestimmen und hat gefunden, daß der tiefste Ton 32 Schwingungen in dieser Zeit macht; in der Musik bezeichnet man ihn als das tiefe C. Langsamere Schwingungen werden nur als vereinzelte Luftstöße empfunden. Der höchste Ton, den wir zu hören vermögen, entsteht durch 24,000 Schwingungen in der Sekunde. Darüber hinaus hat unser Ohr nicht mehr die Fähigkeit, Töne aufzufassen. Es scheint aber, daß die Gehörorgane mancher Thiere eine bei weitem höhere Empfindlichkeit besitzen. Uebrigens wissen wir, daß zur Erzeugung eines musikalischen Tones jeder elastische Körper geeignet ist, der durch rasche, regelmäßige Schwingungen die Luft durch Verdünnung und Verdichtung in entsprechende Wellenbewegung zu setzen vermag. Schlägt man eine Stimmgabel oder Glasglocke an oder streicht man dieselben mit dem Violinbogen (s. Fig. 414), so tönen sie.

Durch den Schlag sind sie in Schwingungen versetzt worden, welche infolge der Elastizität des Stahles oder des Glases gleichmäßig und anhaltend fortdauern und die man leicht fühlen kann, wenn man den Stiel der Stimmgabel an die Zähne hält oder den Rand der Glocke mit der Fingerspitze berührt; ja die pendelartigen Schwingungen der Stimmgabel kann man von ihr selbst verzeichnen lassen, wenn man an den einen Schenkel einen Stift befestigt und denselben auf einem vorbei bewegten Blatt Papier seine Züge machen läßt. Seitdem man sich in der Neuzeit mit der Untersuchung der Tonschwingungen eingehender beschäftigt hat, sind auch eine Anzahl Apparate erfunden worden, welche die akustischen Phänomene in gewisser Weise auch sichtbar machen. Indem man z. B. an das Ende des Schenkels einer Stimmgabel einen blankpolirten runden Knopf anbringt, welcher das Licht einer Kerzenflamme als einen hellen Punkt zurückstrahlt, wird man eine glänzende Lichtlinie erblicken, wenn die Stimmgabel in Schwingungen versetzt worden ist. Und zwar wird diese Lichtlinie eine gerade sein unter gewöhnlichen Umständen; nicht aber wenn man eine zweite Stimmgabel nicht in derselben Richtung wie die vorige schwingen läßt, sondern etwa senkrecht gegen jene, indem sie horizontal gehalten wird, während die Schenkel der andern vertikal stehen, und an der neuen Stimmgabel ein kleines Planspiegelchen anbringt, in welchem man die Lichtlinie des schwingenden Knopfes betrachtet. Diese vorher gerade Linie wird durch die Schwingungen des zweiten Spiegels, die in einer andern Rich-

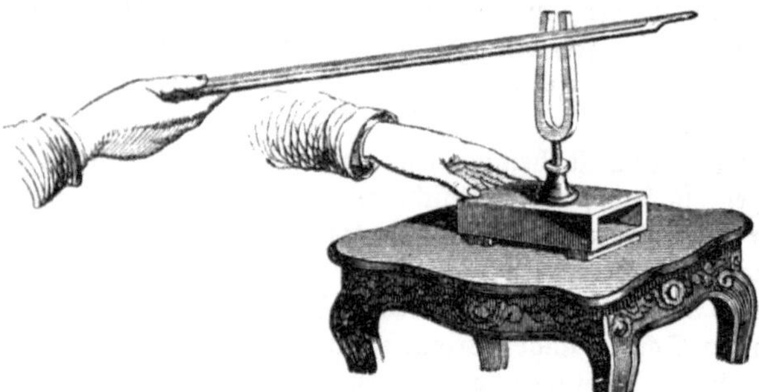

tung erfolgen, alterirt, und je nach dem Schwingungsverhältniß der Stimmgabeln nimmt sie eine eigenthümliche Kurvengestalt an, welche für die mathematische Untersuchung wichtige Hülfsmittel bietet.

Der Anlaß zu Schwingungen kann ein einmaliger (Stoß oder Schlag) sein, wie hier, oder ein fortdauernder, wie bei der Geige und den Blasinstrumenten. Eine gespannte Saite wird durch den harzigen Bogen aus ihrer Ruhelage gezogen; sie will wieder dahin zurückgehen, da erfaßt sie aufs Neue der Bogen, nimmt sie mit fort, bis sie wieder zurückschnellt, und so macht sie ihre Bewegungen Hunderte und Tausende von Malen in der Sekunde, und jeder Hin- und Rückgang erregt eine neu sich fortpflanzende Luftwelle, die alle zusammen den Ton hervorbringen. Bei den Blasinstrumenten sind es die elastischen Lippen oder schwingenden Zungen, Federn und Blättchen, die durch die komprimirte Luft beim Blasen in Bewegung gesetzt werden, in gewissen Fällen auch eigenthümliche Zerreißungen des Luftstromes, die wir später zu betrachten Gelegenheit haben werden.

So abweichend die auf diese verschiedenen Entstehungsursachen des Tones gegründeten musikalischen Instrumente auch unter sich sind, so liegen doch allen gewisse gemeinsame physikalische Prinzipien zu Grunde. Vor allen Dingen sind dies die Schwingungsverhältnisse, über die uns in der Kürze das einfachste aller Saiteninstrumente, das Monochord, unterrichten kann.

Das **Monochord** hat, wie sein Name besagt, eine einzige Saite; dieselbe ist zur Verstärkung des Tones auf einem hohlen hölzernen Kasten, einem sogenannten Resonanzboden, befestigt. Sie liegt in der Mitte frei über zwei Stegen und kann durch Unterschieben eines kleinen beweglichen Holzsteges beliebig verkürzt werden; die Unterlage hat eine Eintheilung. In Fig. 415 ist ein solcher Apparat mit zwei Saiten bespannt, wie er behufs der Untersuchung der Schwingungsgesetze passend verwendet werden kann, dargestellt. Wenn die Saite mit dem Bogen gestrichen oder mit dem Finger gerissen wird, so geräth sie in Ausweichungen nach der Seite, sie macht sogenannte Transversalschwingungen.

Der Punkt der größten Ausweichung liegt in der Mitte zwischen den beiden ruhenden Endpunkten (s. Fig. 416); sind die beiden Saiten gleich lang, gleich stark, von gleicher Elastizität und gleich stark gespannt, so werden sie auch in derselben Zeit gleich viel Schwingungen machen. Aber sowol die Weite der Schwingungen als auch die Geschwindigkeit derselben sind verschieden, je nachdem Masse, spezifisches Gewicht, Querschnitt oder Spannung bei einer oder der andern Saite verschieden ist. Ueber diese gegenseitige Abhängigkeit bestehen einfache Gesetze. Die Spannung mißt man am bequemsten, indem man das eine Ende der Saite über eine bewegliche Rolle laufen läßt und mit Gewichten beschwert; dabei findet man, daß die Schwingungszahl einer Saite der Quadratwurzel aus den spannenden Gewichten proportional ist. Wenn eine Saite bei einer Belastung von einem Kilogramm in der Sekunde 64 Schwingungen macht, so macht sie bei 2 Kg. Spannung 128 Schwingungen. Es folgt daraus, daß eine hochtönende Saite auf ihre Unterlage einen sehr beträchtlichen Druck ausüben müßte, wenn man sie sonst von derselben Beschaffenheit nehmen wollte, wie die für die tiefen Töne.

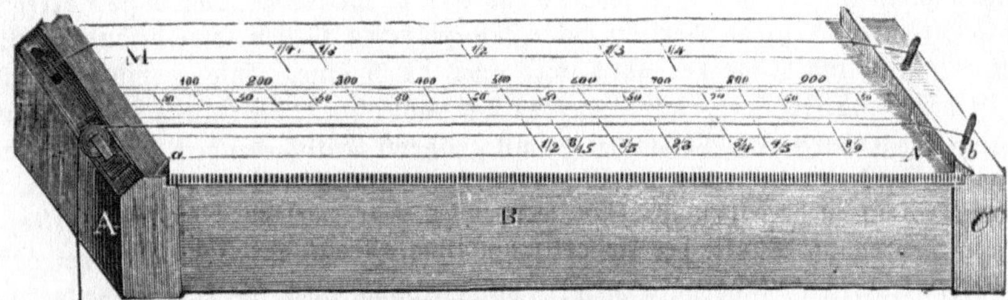

Fig. 415. Das Monochord.

Um eine gewisse Gleichheit der Zugkräfte aber innezuhalten, ist man daher gezwungen, die anderen Faktoren, welche auf die Höhe des Tones Einfluß haben, zu ändern: Länge, Dicke, Substanz. Das Gewicht der Saite ist insofern von Einfluß, als die elastische Kraft ja allein die ganze Masse zu bewegen hat; sie wird mit letzterer um so eher fertig werden und um so raschere Schwingungen bewirken, je leichter diese ist und einen je geringeren Durchmesser sie hat, und umgekehrt. Die Schwingungszahlen von Saiten aus gleichem Stoff verhalten sich bei gleicher Länge und gleicher Spannung umgekehrt wie ihre Durchmesser; sind die Saiten aber von verschiedenem Stoff, so verhalten sich die Schwingungszahlen bei sonst gleichen Verhältnissen umgekehrt wie die Quadratwurzeln aus ihren spezifischen Gewichten. Deswegen haben die tiefsten Saiten der Guitarren, Violon

Fig. 416. Schwingende Saite.

cellis u. s. w. eine Umspinnung von Metalldraht, welche ihr Gewicht vergrößert und die Schwingungen verlangsamt.

Diese Verhältnisse kommen zwar bei der Behandlung von musikalischen Instrumenten weniger in Betracht als bei deren Bau. Man nimmt aber, um, wie es bei den Geigen, Guitarren, Cithern und ähnlichen Instrumenten der Fall ist, aus einer in gewissen Spannungsverhältnissen befindlichen Saite verschiedene Töne hervorzurufen, zu einem auch hierher gehörigen Mittel seine Zuflucht, zu der Verkürzung des schwingenden Theiles.

Eine Saite vibrirt um so rascher, je kürzer sie gemacht wird. Wenn z. B. die Saite ab (s. Fig. 415), mit ihrer ganzen Länge schwingend, 40 Schwingungen macht, so wird sie deren 80 in derselben Zeit machen, wenn man durch Unterschieben des beweglichen Steges in der Mitte den schwingenden Theil um die Hälfte verkürzt; viermal so viel, wenn man diese Hälfte noch e nmal halbirt u. s. f. Aus dem Umstande, daß die Schwingungszahl einer Saite in umgekehrtem Verhältniß zu ihrer Länge steht, ergiebt sich, daß beim Violinspiel durch das Aufsetzen der Finger auf die Saite eine ganze Reihe von Tönen mit allen nur denkbaren Mittelstufen hervorgebracht werden kann, denn thatsächlich tritt durch Aufsetzen des Fingers näher dem Stege hin Verkürzung, durch Zurückgehen nach der Schnecke wieder Verlängerung der schwingenden Saite ein. Die leere Saite giebt den tiefsten, den Grundton.

Wie jede Farbe für sich zwar gut ist, einen mehr oder weniger angenehmen Eindruck auf unser Auge aber erst durch Zusammenstellung mit anderen macht, so ist auch der Ton für sich allein nicht Gegenstand einer künstlerischen Verwendung, es erwächst vielmehr erst aus der Vereinigung mehrerer Töne eine Sprache derselben. Dieses Aufeinanderbeziehen der Töne, sei es ein Zusammenauffassen gleichzeitig erklingender, sei es die wechselnde Empfindung, in welche wir durch nach einander eintretende Verschiedenheiten versetzt werden, sucht seine endliche Begründung in einfachen mathematischen Verhältnissen, in welchen die Schwingungszahlen zu einander stehen.

Musikalische Intervalle und die Tonleitern. Wenn wir einen Stein in einen ruhig stehenden Teich werfen, so sehen wir, wie die Wellen dem Ufer in kreisförmigen Ringen zueilen. Denken wir uns nach dem ersten Steine gleich noch einen zweiten genau auf dieselbe Stelle geschleudert, der aber Wellenringe von doppelter Geschwindigkeit erregen soll, so wird in dem regelmäßigen Verlauf der ersten größeren Wellen keine besondere Störung eintreten. Anfang und Ende derselben wird auch durch einen Anfang und ein Ende der doppelt kleineren markirt sein, und es werden sich dadurch nur die Punkte der größten Ausweichung — Wellenberg und Wellenthal — mit größerer Entschiedenheit bemerklich machen, weil an dieser Stelle die in demselben Sinne stattfindenden Wirkungen sich summiren. Wenn aber der zweite Stein in derselben Zeit, in welcher der erste zwei Wellen bewirkte, deren drei erregt, so werden die Punkte der Uebereinstimmung allemal erst nach zwei größeren Wellen wieder eintreten, innerhalb dieser Zwischenräume aber die beiden Wellenzüge sich auch beträchtlicher stören als vorher. Und so weiter. Je komplizirter das Verhältniß der beiden Wellenzüge zu einander wird, um so verwirrter erscheint die Oberfläche des Wassers und um so unentschiedener auch der Anschlag an das Ufer. — Unser Ohr ist nun gewissermaßen das Ufer, an welches die Ringe der Tonwellen schlagen, und dieselben gegenseitigen Beeinflussungen, die zwei Wasserwellen auf einander ausüben, finden auch in dem Verlaufe der Luftwellen statt und werden von den Gehörnerven empfunden.

Der Gesammtcharakter einer Tonverbindung ist um so befriedigender, je ruhiger der Verlauf der entsprechenden Wellenzüge ist; und aus dem Gesagten ergiebt sich, daß das Verhältniß zweier Töne von dem Schwingungsverhältniß 1:2 das verständlichste, weil einfachste, sein wird. Dies Verhältniß bezeichnet man in der Tonsprache mit dem Namen der Oktave. Der Abstand zweier Töne von einander bezüglich ihrer Schwingungszahlen heißt überhaupt ihr Intervall. Die Oktave ist ein so einfaches Verhältniß, daß man sogar die beiden Töne der Qualität nach als gleich ansieht und alle möglichen Intervalle auf das Intervall 1:2 bezieht. Man findet es auf dem Monochord, wenn man den beweglichen Steg so setzt, daß rechts ⅔, links ⅓ der Saite stehen bleibt; der längere Theil giebt den tieferen Ton, der kürzere die höhere Oktave. Setzt man den Steg so, daß rechts ⅗, links ⅖ der Saite liegen, so verhalten sich die Schwingungszahlen wie 2:3, und wir erhalten das nächsteinfache Intervall, die Quinte. Bekanntlich giebt 3:4 die Quarte, 4:5 die große Terz, 5:6 die kleine Terz u. s. w.

Die musikalischen Bedürfnisse der Völker haben im Laufe der Zeiten immer komplizirtere Verhältnisse für ihre sich mehr und mehr verfeinernden Zwecke verwenden gelernt, so daß bis zu uns allmählich eine siebenstufige Tonleiter zwischen zwei Oktaven herausgebildet worden ist, deren Intervalle sich für einen Grundton von 24 Schwingungen in folgenden Verhältnissen bewegen:

1	2	3	4	5	6	7	8
24	27	30	32	36	40	45	48
1	$\frac{9}{8}$	$\frac{5}{4}$	$\frac{4}{3}$	$\frac{3}{2}$	$\frac{5}{3}$	$\frac{15}{8}$	2

Die darunter stehenden Bruchzahlen geben die Verhältnisse der Schwingungszahlen zum Grundtone an. Dieser Tonleiter liegen die einfachen Intervalle, Grundton, Quinte, Quarte, große Terz, Sexte und Oktave zu Grunde. Die Quinte und die große Terz klingen bei den meisten Tönen als die ersten verschiedenen Intervalle in den harmonischen Obertönen C c g c' e sehr vernehmlich mit, sie bilden in selbständiger Vereinigung mit dem Grundton den einfachsten harmonischen Effekt, den Durdreiklang. Die noch übrigbleibenden, für ein angenehmes Tonfortschreiten immer noch zu großen Intervalle zwischen Grundton und großer Terz, Sexte und Oktave wurden ausgefüllt, indem man über der Quinte, als dem dem Grundtone verwandtesten Tone, einen neuen Dreiklang (Grundton, Terz und Quinte) aufbaute und die Quinte desselben eine Oktave herunter legte.

Neben der großen Terz 4:5 zeichnet sich aber durch besondere Einfachheit des Schwingungsverhältnisses 5:6 die kleine Terz aus, und sie ist deshalb ihrerseits auch zum Ausgang einer Tonleiter, der Molltonleiter, geworden.

In der Durtonleiter ist der Schritt von der Terz zur Quarte und von der Septime zur Oktave kleiner als die übrigen, diese Intervalle heißen halbe Töne, weil man zwischen den übrigen ganzen Tönen je ein ähnliches Intervall noch einschalten kann. Das Fortschreiten innerhalb einer Oktave von halben zu halben Tönen ist die chromatische Tonleiter. Wir können leider auf die genauere Besprechung dieses Gebietes, welches sich von unserm eigentlichen Wege doch abseits erstreckt, nicht eingehen. Nur das wollen wir noch bemerken, daß unser Tonsystem in seiner jetzigen Verfassung, mit seiner Dur- und Molltonleiter, so mathematisch strikt auch die Sache sich darstellen läßt, doch nicht das natürlich einzig mögliche ist. Eigenthümliche Bildungsweise und Geschmacksrichtung haben dasselbe geschaffen, und wenn uns die Musik anderer, in abweichenden Anschauungen aufgewachsener Völker nicht gefällt, so haben wir damit noch kein Recht, dieselbe absolut als unschön zu bezeichnen. Wie wir unsern Geschmack an gewisse Aufeinanderfolgen allmählich gewöhnt haben, so müssen wir Andern das Recht lassen, davon verschiedene, aber eben so natürliche Verhältnisse zu bevorzugen.

Fig. 417. Hermann Ludwig Friedrich Helmholtz.

Die früher häufig falsch und unklar aufgefaßten Verhältnisse der musikalischen Entwicklung haben erst in neuer Zeit eine klassische Darstellung durch Helmholtz in dessen Lehre von den Tonempfindungen erfahren, und nicht nur die theoretisirende Musik kann Begründung und Methode dieser Epoche machenden Arbeit entnehmen, auch den praktischen Disziplinen des Instrumentenbaues und der Behandlung der musikalischen Instrumente können die Ergebnisse in ausgezeichnetster Weise zugute kommen.

Schwingungsknoten. Die sogenannten Flageolettöne der Saiteninstrumente geben uns Gelegenheit zu weiteren interessanten Beobachtungen. Sie sind bekanntlich viel höher als diejenigen, welche der in ihrer ganzen freien Länge schwingenden Saite zukommen würden, und entstehen, wenn man die Saite an einem Punkte, der einen ohne Rest in der ganzen Saitenlänge aufgehenden Abschnitt bezeichnet, also z. B. 1/4, 1/3 oder dergleichen, leise mit dem Finger berührt und sie durch Anstreichen mit dem Bogen zum Tönen bringt. Wenn die Berührung leise genug ist, so daß dadurch zwar der betreffende Punkt in Ruhe gehalten wird, die Schwingungen sich aber der übrigen Saite noch mittheilen können, so vibrirt diese allerdings durch ihre ganze Länge, aber nicht als Ganzes, sondern in lauter einzelnen Abschnitten, gewissermaßen in selbständigen Saitenstücken, welche unter sich gleich und durch die Entfernung des festgehaltenen Punktes von dem nächsten Ende bestimmt sind. Die Theilpunkte bleiben in Ruhe und werden Schwingungsknoten genannt. Während in Fig. 418 nur noch ein solcher Schwingungsknoten K^3 sich bildet, entstehen bei der Berührung des ersten Viertels deren zwei, K^2 und K^3 (s. Fig. 419); hängt man an diesen Punkten kleine Papierreiterchen auf, so bleiben diese ruhig hängen, während sie in den dazwischen liegenden vibrirenden Saitentheilen $S^1 S^2 S^3$ abgeworfen werden.

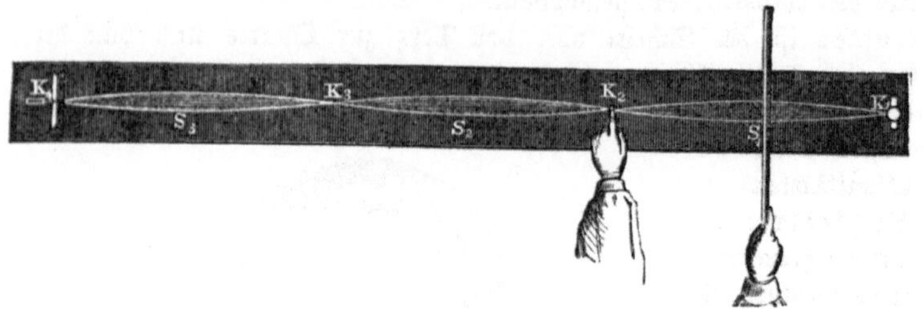

Fig. 418. Entstehung der Schwingungsknoten bei gespannten Saiten.

In der Musik macht man, wie schon erwähnt, von dieser Selbsttheilung der Saiten vielfache Anwendung. Es bringt die leichte Berührung einer Saite an der Stelle, wo man den Finger niederdrücken müßte, um die Quinte zu erhalten, die hohe Oktave, die leichte Berührung der Quarte die hohe Duodezime, die der großen Terz die höhere Doppeloktave hervor u. f. w.

Schwingungsknoten entstehen nicht nur bei schwingenden Saiten, sondern auch bei schwingenden Luftsäulen und schwingenden Platten; wir werden bei der Besprechung der verschiedenen musikalischen Instrumente auf die zu Zweit genannten zurückkommen. Die letztangeführten sind die Veranlassung der Chladni'schen Klangfiguren, von deren Hervorbringungsart und verschiedenem Charakter uns die Figuren 420 bis 423 eine Anschauung geben.

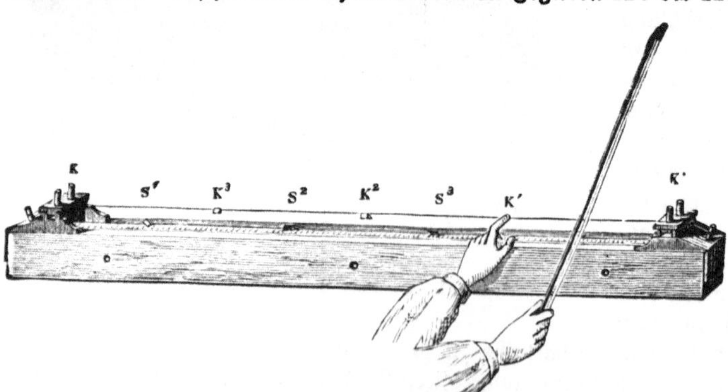

Fig. 419. Entstehung der Schwingungsknoten bei gespannten Saiten.

Die Platte, gleich viel von welcher, wenn nur regelmäßigen Form, wird in einem Punkte festgespannt, mit feinem Sande bestreut und durch Anstreichen mittels eines Geigenbogens in Vibration versetzt. Auf allen schwingenden Punkten gerathen die Sandkörnchen in eine lebhaft hüpfende Bewegung, infolge deren sie sich bald in regelmäßige Figuren auf denjenigen Theilen anordnen, die von der schwingenden Bewegung nicht ergriffen sind. Man kann die Figuren veranlassen sich anders zu gestalten, wenn man durch Berühren anderer Stellen mit dem Finger diese zwingt, in Ruhe zu bleiben.

Obertöne. Diese Bemerkungen sind ganz besonders wichtig, denn was wir hier absichtlich und in besonders auffälliger Weise hervorrufen, das tritt fortwährend in der Natur von selbst auf, so daß wir behaupten können: ein einfacher, unvermischter Ton ist die seltenste aller natürlichen Erscheinungen. Auf dem Grade und der Art der Vermischung mit anderen Tönen aber beruhen die wundervollsten Effekte. Wollte z. B. ein Geigenspieler auf seiner Saite das eingestrichene c oder irgend eine andere Note zu Gehör bringen, so wird er dies

mit aller Kunst nicht vermögen. So scharf und sicher er auch greifen, so regelrecht er auch
den Bogen handhaben mag, immer klingen andere Töne mehr oder weniger stark mit, indem
sich die Saite von selbst in ähnlicher Weise theilt wie bei den Flageolettönen, oder indem
die übrigen Bestandtheile des Instrumentes mit in Schwingungen gerathen, hauptsächlich
auch dadurch, daß infolge der ungleichen Erregung der Saite über die ganze Länge derselben
kleine Laufwellen gehen, wie wenn wir auf das Ende eines gespannten Seiles einen kurzen,
lebhaften Schlag führen, neben den Querschwin-
gungen also Längenschwingungen entstehen. Alle
diese verschiedenen Ursachen bewirken einzelne
Töne, welche sich zu jenem Gesammtklange zusammensetzen, den wir in der Musik schlechthin
als Vertreter der fraglichen Note ansehen und deswegen als einen einfachen Ton behandeln.

Stehen die mitklingenden Töne zu einander
in regellosen Verhältnissen, so bekommt der Klang
den Charakter eines Geräusches. Klirren, Sausen,
Brausen u. s. w. bestehen zwar aus einzelnen
regelmäßig verlaufenden Tönen, die aber ihrer
irrationalen Schwingungszahlen wegen sich nicht
zu einem einheitlichen Gesammteffekt vereinigen
können.

Die Nebentöne oder Obertöne — wie sie
ihrer höheren Schwingungszahlen wegen genannt
werden — eines regelmäßig in Schwingungen ver-
setzten elastischen Körpers stehen zu dem Grundtone in einem gesetzmäßigen Zusammenhange, und
ihre Intervalle sind immer ganz bestimmte, aber

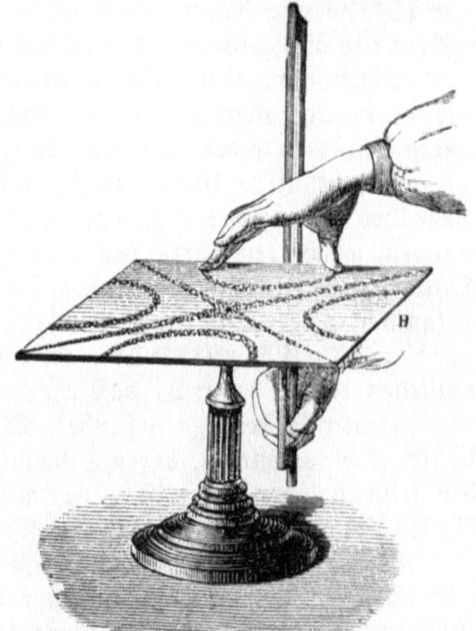

Fig. 420. Hervorbringen der Chladni'schen
Klangfiguren.

von der Natur des schwingenden Körpers, den Spannungsverhältnissen oder der bewegenden
Kraft zum Theil mit bedingt. — Für gespannte Saiten, offene Pfeifen u. s. w. sind die
Schwingungsverhältnisse der Obertöne durch folgende Zahlen ausgedrückt:

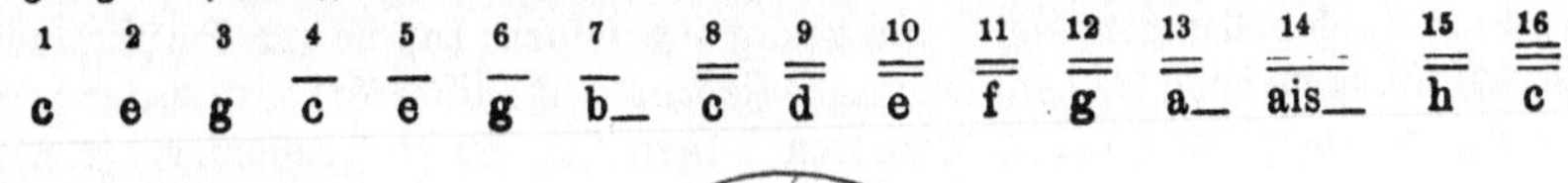

Je nachdem einzelne solcher Obertöne besonders stark hervortreten, andere dagegen
sich schwächen oder gar verschwinden, ändert sich die Natur des Klanges und es beruht die
Klangfarbe der verschiedenen Instrumente zu allermeist in dem verschiedenen Auftreten
dieser höhern Partialtöne in den auf den Instrumenten erzeugten Klängen. Ja, wunderbar ist es, daß die Bildung der Vokale, der eigenthümliche Charakterunterschied, welchen
z. B. a vor o, u, e, i und diese wieder unter einander haben, an das Zusammenklingen
gewisser Obertöne geknüpft ist. Wenn ein Sänger auf eine bestimmte Note den Vokal a
singt, so läßt er durch die besondere Anordnung der Mundhöhle ganz andere Töne neben
jenem Haupttone mit ansprechen, als wenn er auf dieselbe Note den Vokal o oder einen der

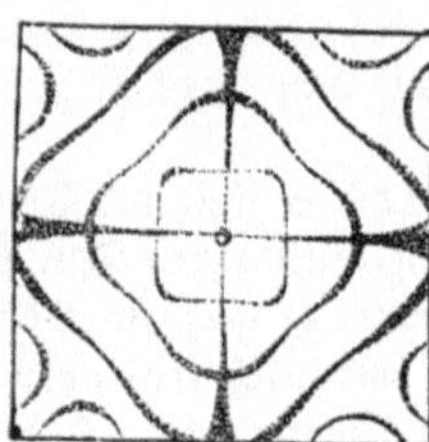
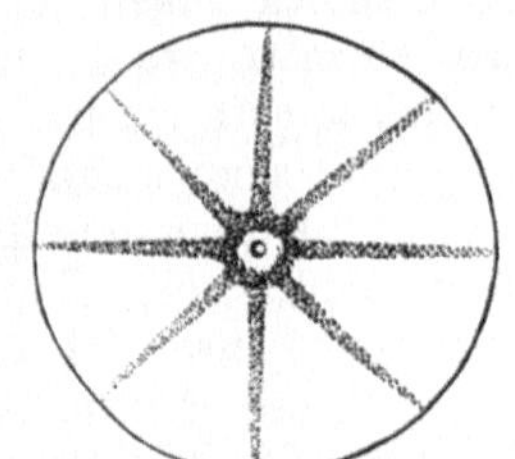
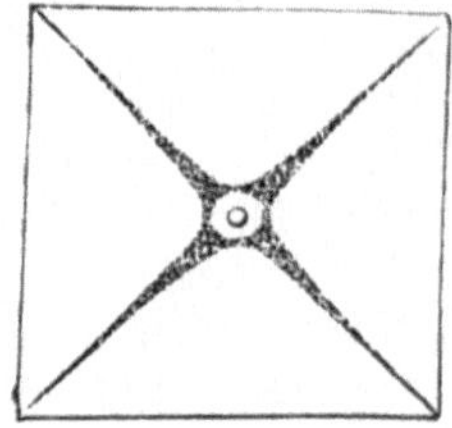

Fig. 421—423. Chladni'sche Klangfiguren.

übrigen Vokale intonirt, und dieselben Obertöne machen auch beim gewöhnlichen Sprechen
den Klang eben zu einem a oder je nachdem zu einem o, u, e oder i. Helmholtz hat durch
seine Untersuchungen nicht nur diese Thatsachen nachgewiesen, sondern er hat auch zur
Probe darauf durch Zusammenmischen der entsprechenden Tonbestandtheile die Vokale künstlich hervorgebracht. Ja, die Natur macht dies oft von selbst, wie der Klang der großen
Glocken beweist, der in jeder Sprache durch Silben und Worte ausgedrückt wird, in denen
der Vokal u eine Hauptrolle spielt — bum, baum — während kleinere Glöckchen durch das
hellere i in bim, bim und dergleichen gewissermaßen redend dargestellt werden.

Die Konsonanten haben nicht einen, wenn wir den Ausdruck brauchen dürfen, so harmonischen Charakter wie er den Vokalen zukommt, sie werden durch Geräusche gebildet,
deren Entstehen in der Regel mit einer Stellungsänderung der Mundhöhle zusammenhängt.

Kombinationstöne. Entstehen die Obertöne alle gleichzeitig mit dem Grundtone und
liegt ihre Ursache in den tonerzeugenden Körpern selbst, so giebt es andererseits Tonempfindungen, welche erst durch das Zusammentreffen verschiedener Schallwellenzüge in unserm
Ohre hervorgerufen werden. Es sind dies die sogenannten Kombinationstöne, nach dem
bekannten Geiger Tartini, welcher zwar nicht dieselben zuerst entdeckt, aber doch die Aufmerksamkeit auf sie gelenkt hat, auch Tartini'sche Töne genannt. Die Kombinationstöne
entstehen einmal dadurch, daß unser Ohr die zu ungleichen Zeiten ankommenden Wellen
verschiedener Wellenzüge nebenbei als eine einzige Tonursache auffaßt und infolge dessen
höhere Töne empfindet, deren Schwingungszahl gleich der Summe der Schwingungszahlen
der ursprünglichen Töne ist — Summationstöne — sodann aber auch dadurch, daß die
Wellen der einzelnen Züge sich gegenseitig verstärken, schwächen oder gar aufheben.

Gesetzt, ein Grundton und seine große Terz seien gleichzeitig angegeben worden, so
fällt allemal die vierte Verdichtungswelle des ersteren mit der fünften des zweiten Tones
zusammen, und in demselben Augenblick findet ein Anschwellen statt. Wiederholt sich das
in der Sekunde genügend oft, so faßt das Ohr die Gesammtheit dieser Verstärkungen,
zwischen denen dann eben so viele Abschwächungen liegen, als einen neuen tiefern Ton auf.
Dies sind die ursprünglich von Sorge, einem deutschen Komponisten, um 1740 entdeckten
Kombinationstöne, mit welchen sich Tartini weiter beschäftigte und die Helmholtz, entsprechend den von ihm entdeckten Summationstönen, Differenztöne genannt hat.

Wenn die Anschwellungen nicht rasch genug sich folgen, daß sie zur Empfindung eines
Tones Veranlassung werden können, so bringen sie nur mechanische Erschütterungen, Stöße,
Schwebungen, im Ohr hervor. Dieselben folgen sich um so langsamer, je näher die
Schwingungszahlen der beiden Töne einander liegen; um so rascher aber, je größer die
Verschiedenheit derselben ist, und sie sind deshalb ein sehr sicheres und bequemes Mittel für
Orgelbauer, um ihre Pfeifen genau gegen einander abzustimmen.

Mit diesen Erscheinungen hängt auch das sogenannte Mittönen der Saiten und Pfeifen
zusammen. Wenn man in den offenen Kasten eines Klaviers einen bestimmten Ton laut
hineinsingt, so erfolgt ein ziemliches Geräusch durch das Erklingen einer großen Zahl durch
die Luftschwingungen in Erschütterung versetzter Saiten. In diesem Geräusch tritt aber der
mit dem gesungenen gleichartige Ton vorzüglich stark hervor, und er klingt noch nach, während die andern schon ganz verstummt sind, weil auf jede Saitenschwingung eine in gleichem
Sinne wirkende Luftschwingung des gesungenen Tones trifft und durch diese wiederholten
kleinen Impulse die ersteren immer stärker erregt werden. Alle anderen Saiten haben
Schwingungen von verschiedenen Geschwindigkeiten; die kleinen Anstöße durch die Luftschwingungen können jene deswegen nicht in jedem Falle verstärken, sondern sie werden
geradezu bisweilen entgegengesetzt wirken und den Ton aufheben.

Schwingende Luftsäulen, Pfeifen. Obgleich ihrem äußeren Aussehen und der Art
ihrer Behandlung nach höchst verschieden von den Saiteninstrumenten, beruhen die Blasinstrumente in ihrer Wirkung doch auf ganz analogen Gesetzen der Schwingung wie jene.
Die wellenartigen Luftverdichtungen und Verdünnungen verlaufen in ganz entsprechender Weise, und nur in der Art des Hervorrufens derselben bestehen Verschiedenheiten.

In ihrer Geschwindigkeit, wodurch die Höhe des Tones bedingt wird, sind sie von der Länge der schwingenden Luftsäule im Instrument bedingt, und diese steht in ganz direkten Beziehungen zu der Länge des Instrumentes selbst, so daß wir das Prinzip sämmtlicher Blasinstrumente auf eine einfache, gerade cylindrische Röhre zurückführen können, in welcher die Luft abwechselnd verdichtet und verdünnt wird, wie das Prinzip aller Saiteninstrumente sich in den Bewegungserscheinungen einer gespannten Saite ausgesprochen findet.

Wenn wir in eine lange, unten offene Röhre blasen, so bewirken wir damit zwar eine Bewegung der eingeschlossenen Luft, aber nur eine gleichmäßig fortschreitende und keine oscillirende, wie sie zur Erzeugung eines Tones nothwendig ist. Eine solche vermag z. B. eine vor der Mündung der Röhre vibrirende Zunge hervorzubringen, welche jedesmal, wenn sie sich nach der Röhre zu bewegt, eine Verdichtung der vor ihr befindlichen Lufttheilchen bewirkt, beim Zurückgehen dagegen eine Verdünnung. Man kann indessen auch durch die Stöße, welche ein Luftstrom erfährt, wenn er an eine entgegenstehende Kante anprallt, eine Luftsäule in Schwingungen versetzen, und beide Arten kommen in der Kon-
struktion der musikalischen Instrumente zur Anwendung. Trompete, Waldhorn, Posaune,
Klarinette und Fagott sind Beispiele des ersten
Falles, sogenannte Zungenpfeifen; dagegen
repräsentiren Orgelpfeifen und Flöten die zweite
Art, die sogenannten Flötenpfeifen, an denen
wir die hier einschlagenden Gesetze erläutern
wollen. Fig. 424 und 426 zeigen die äußere
Ansicht, Fig. 425 und 427 aber den Durchschnitt
der Pfeife. Der untere Theil, der Fuß, dient
zum Anblasen. Die Luft strömt, durch einen
eingeschobenen Kern c geleitet, gegen den
Mund a b und erleidet hier durch den Anprall
an der oberen Kante b zunächst eine Verdichtung.
Dieselbe dauert zwar nicht lange, weil sie gleich
nach außen hin sich verbreiten kann; durch die
nachströmende Luftmasse wird aber dasselbe Spiel
immer wieder aufs Neue wiederholt, und es entstehen so aus den dichteren und dünneren Luftschichten Wellen in rascher Aufeinanderfolge. Die
so hervorgebrachten Erschütterungen theilen sich

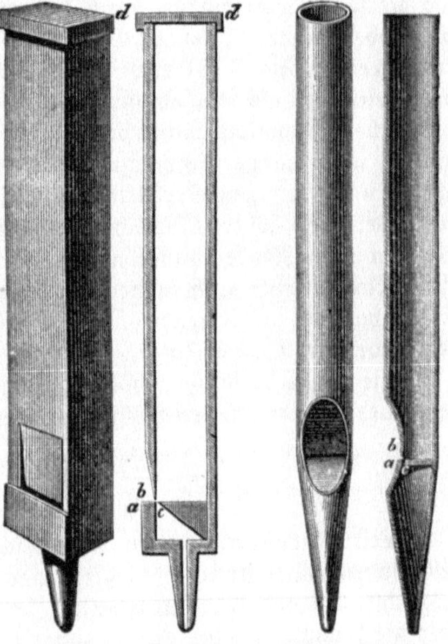

Fig. 424.　　Fig. 425.　　Fig. 426.　Fig. 427
Gedackte und offene Pfeifen.

der Luft im Innern der Röhre mit und suchen diese in gleich rasche Schwingungen zu versetzen. Da die eingeschlossene Luftsäule am leichtesten aber als ganze Masse schwingt, so wirkt sie durch ihre gewichtigeren Bewegungen auf die Schnelligkeit der an der Mündung entstehenden Wellen ein und regulirt dieselben in ihrer Geschwindigkeit. Jede Pfeife hat demnach ihren besonderen Ton, der von der Länge der in ihr schwingenden Luftsäule abhängig ist.

Es leuchtet ein, daß jeder Stoß, jede Verdichtung, die von a aus auf die innere Luftsäule wirkt, sich in der ganzen Länge der Röhre als eine Verdichtungswelle fortbewegen wird, bis sie das geschlossene Ende d (s. Fig. 424 und 425) erreicht; von diesem wird sie zurückgeworfen und gelangt wieder an die obere Oeffnung. Die unterste Schicht der Luft an d bleibt dabei in Ruhe, es entsteht hier ein Schwingungsknoten. Der Ton, den eine geschlossene Pfeife von $\frac{1}{2}$ Pariser Fuß Länge giebt, stimmt nun völlig mit denjenigen überein, den die Syrene bei 512 Stößen hören läßt. In der Luft legt aber der Schall in der Sekunde 1024 Pariser Fuß zurück, und da die Länge der Wellen gleich dem Raume sein muß, um welchen sich der Schall während der Schwingung eines Lufttheilchens fortpflanzt, so muß jede der den obigen Ton erzeugenden Wellen $^{1024}/_{512} = 2$ Fuß lang sein, und die Länge einer oben geschlossenen, gedeckten oder gedackten Pfeife (s. Fig. 424 und 425) beträgt demnach nur den vierten Theil der ihrem Grundtone zugehörigen Wellenlänge. Die Tonhöhe ist also der Länge umgekehrt proportional.

Bei offenen Pfeifen (s. Fig. 426 und 427) bildet sich der Schwingungsknoten in der Mitte; für denselben Grundton muß also die offene Pfeife doppelt so lang sein, wie die geschlossene.

Die Druckverhältnisse, welche an den verschiedenen Stellen einer schwingenden Luftsäule herrschen, hat König durch ein sehr sinnreiches Mittel sichtbar gemacht, indem er in der Wand einer offenen Holzpfeife der Länge nach eine Reihe von Löchern angebracht und jedes derselben mit einer dünnen Kautschukplatte verschlossen hat. Ueber diesen Löchern befindet sich eine sehr flache Kapsel, in die ein Gasleitungsrohr mündet, während nach außen zu die Kapsel einen Brenner trägt, an dem die Gasflamme entzündet werden kann. Es leuchtet ein, daß an Stellen, wo im Innern der Röhre absolute Ruhe herrscht, an Knotenpunkten, die Flamme außen ganz gleichmäßig fortbrennen wird, während an Stellen, wo die Kautschukmembran durch den wechselnden Druck vibrirt, die Flamme auch in eine mehr oder minder flackernde Bewegung gerathen wird. Diese sogenannten Manometer= flammen (s. Fig. 428) erweisen sich für die Untersuchung der Schwingungsverhältnisse von Luftsäulen als sehr empfindliche Instrumente.

Eben so wie die Saite der Violine sich unter gewissen Verhältnissen freiwillig theilt und in ihrer Länge Schwingungsknoten entstehen ließ, so sind auch die tönenden Luft= säulen unter gewissen Verhältnissen geeignet, sich in aliquote, für sich schwingende Theile zu sondern und höhere Obertöne entstehen zu lassen. Man würde natürlich, wenn die Luft= säule in einer Röhre immer nur in derselben Weise zu schwingen im Stande wäre, mit einem Instrumente auch immer nur einen einzigen Ton hervorbringen können. Durch jene Eigenschaft der schwingenden Luftsäule ist indessen der Künstler in den Stand gesetzt, die verschiedensten Töne erklingen zu lassen.

Die Reihe derjenigen höheren Töne, welche durch Selbsttheilung der schwingenden Luftsäule in einer offenen Röhre entstehen können, wird ausgedrückt durch die Reihe:

1	2	3	4	5	6	7	8	9	10	11	12	13	14	15	16
C	c	g	$\bar{c}$	$\bar{e}$	$\bar{g}$	$\bar{b}$	$\bar{\bar{c}}$	$\bar{\bar{d}}$	$\bar{\bar{e}}$	$\bar{\bar{f}}$	$\bar{\bar{g}}$	$\bar{\bar{a}}$	$\bar{\bar{b}}$	$\bar{\bar{h}}$	$\bar{\bar{\bar{c}}}$

Weiter hinauf rücken die Töne noch enger zusammen. Allen aus einfachen Röhren bestehenden Blasinstrumenten giebt man eine große Länge der Röhre, um die Obertöne möglichst rein und klar zu erhalten; sie werden deshalb auch auf ihren Grundton selten oder nie benutzt. Da die Schwingungszahl der Töne eine ganz genau bestimmte ist, so ist auch ein Instrument, welches seine Tonfolge über einem gewissen Grundton aufbaut, für andere Tonarten wenig oder gar nicht geeignet. In der Musik sind daher bei dieser Art von Instrumenten für verschiedene Tonarten auch verschiedene Exemplare in Gebrauch, die sich von einander, je tiefer ihr Grundton ist, durch eine um so mehr wachsende Länge ihrer Röhre unterscheiden. Es giebt z. B. bei den Hörnern C=Hörner, F=Hörner, E=Hörner; bei den Klarinetten C=Klarinetten, D=Klarinetten, B=Klarinetten; ferner E=Trompeten, Es=Trom= peten u. s. w. Die Posaune läßt die Länge der schwingenden Luftsäule und damit ihren Grundton in der bekannten Weise durch Verlängern oder Verkürzen der Röhre verändern.

Das Ohr. In unserem Ohre schlagen die Luftwellen — und andere können ja keine Tonempfindung hervorrufen — an das Trommelfell, eine zarte, die innere Höhlung abschließende, gespannte Membran. Dasselbe nimmt die Erschütterungen auf und pflanzt sie durch die auf der andern Seite in der Paukenhöhle daran liegenden und wie ein feines Hebelwerk wirkenden Gehörknöchelchen weiter bis an die entgegengesetzte Wand der Paukenhöhle, welche hier wiederum durch eine gespannte Membran von dem Laby= rinth abgeschlossen wird. In dem Labyrinth befindet sich eine wässerige Flüssigkeit, das Labyrinthwasser. Demselben theilen sich also die Erschütterungen der Gehörknöchelchen mit, und es wird dadurch in hin= und hergehende Bewegungen versetzt, die in ihrer Geschwindigkeit genau der auf das äußere Trommelfell wirkenden Tonhöhe entsprechen.

Diese übrigens rein mechanischen Bewegungen nimmt endlich der Gehörnerv mittels ganz eigenthümlicher, förmlich abgestimmter Fasern auf, so daß von einem bestimmten Tone auch immer nur ganz bestimmte dieser Fasern erregt werden, auf welcher Erscheinung die Besonderheit der Tonempfindung beruht.

So verworren und mannichfaltig auch die Wellenzüge sein mögen, die an unser Ohr schlagen, kraft dieser Einrichtung hat dasselbe in höchstem Grade die Fähigkeit, die zusammen= gehörigen Erschütterungen von einander zu sondern und sie auf ihre einzelnen Ursachen zurückzubeziehen. Wir unterscheiden in dem Geräusch, das ununterbrochen die Außenwelt erfüllt, das Rollen des Wagens, Lachen, Sprechen, Vogelgezwitscher, das Picken der Uhr und die hunderterlei Schalle und Töne des bewegten Lebens, obgleich sie alle zusammen und auf einmal durch die hin= und hergehende Bewegung der Gehörknöchelchen auf das Labyrinthwasser wirken. Der Gehörapparat ist in dieser Beziehung unendlich bewunderungs= würdig und viel feiner als selbst das Auge, welches zwar, wenn es auf den Spiegel eines Teiches blickt, in den wir an zwei oder drei verschiedenen Stellen Steine geworfen haben, aus dem gekräuselten, guillochenartig verstrickten Wellennetz die einzelnen Ringsysteme heraus erkennen und auf ihre besonderen Ursachen zurückbeziehen kann, aber von dieser Fähigkeit im Stich gelassen wird, sobald die Anzahl der Erschütterungspunkte sich mehrt.

Fig. 428. Manometerflammen für den Grundton und seine Oktave.

Aus der Tonflut einer vollen, bewegten Orchestermusik lösen wir aber die Figuren jedes einzelnen Instrumentes, und ein geübtes Ohr vermag unter Hunderten von Sängern den Falschsingenden herauszuhören.

Die Telephonie. Es klingt mehr als phantastisch, wenn es ausgesprochen wird, daß es möglich sei, durch den elektrischen Telegraphendraht auf Hunderte von Meilen sich mit einem Entfernten zu unterhalten, so daß dieser mit dem leiblichen Ohre unsere Stimme mit allen ihren Eigenthümlichkeiten vernehmen, daß er die Melodie hören soll, die wir singen, daß er empfindet, wenn wir lachen, genau so, als ob er neben uns stünde. Und doch ist diese Möglichkeit bis zu einem gewissen Grade schon zur Wirklichkeit geworden.

Der Oberlehrer Reis in Frankfurt a. M. hatte den guten Gedanken, den elektro= magnetischen Telegraphen, wie er bisher ein über Länder reichendes Auge war, zu einem eben so weit empfindenden Ohre machen zu wollen. Der elektromagnetische Apparat in diesem ungeheuern Gehörwerkzeug spielt die Rolle der Gehörknöchelchen, welche die Erschütterungen von einer Membran zur andern fortpflanzen, und der einzige Unterschied zwischen dem Innern der Paukenhöhle und der Verbindungsweise zweier solcher Stationen besteht darin, daß dort die an das Trommelfell schlagenden Wellen durch ein Hebelwerk, hier durch die Erzitterungen eines Eisenstabes bemerkbar gemacht werden.

Das Reis'sche Telephon ist in Fig. 429 abgebildet und hat folgende Einrichtung. Auf der ersten Station I befindet sich ein hohler Kasten, vorn mit einer Schallöffnung A versehen. In diese hinein wird die Melodie gesungen, welche dem Hörer auf der entfernten Station II hörbar gemacht werden soll. Der Kasten hat an seiner obern Fläche eine Oeffnung, mit einer aus Schweinsdünndarm hergestellten straffgespannten Membran verschlossen.

Auf dieser Membran liegt ein ganz feines Platinblech p, und darauf trifft die Spitze eines federnden Platinstiftes n, der so gestellt ist, daß er das Blech p, wenn die Membran ruhig ist, gerade berührt, wenn dieselbe aber hin= und herschwingt, bei jeder Schwingung das Blättchen verläßt. Durch diese abwechselnde Berührung und Trennung wird der elektrische Strom geschlossen und unterbrochen, welcher von der Bunsen'schen Batterie B (3—4 Elemente) aus durch die Klemmschraube a in das Platinblech p und aus diesem durch den Stift n in die zweite Klemmschraube b geleitet wird. Von b aus geht der Draht nach der zweiten Station, umläuft hier die Spirale CC und geht aus dieser durch die Klemmschraube d und den damit verbundenen Draht e in die Batterie zurück. In der Mitte der Spirale liegt ein dünner Eisendraht, mit seinen beiden Enden in zwei Stegen ff befestigt, welche ihrerseits auf dem Resonanzboden gg ruhen. Die Theile hikl in beiden Stationen gehören einer Telegraphenvorrichtung an, durch welche die Aufmerksamkeit des entfernten Hörers auf das Anfangen der Mittheilung gerichtet werden kann.

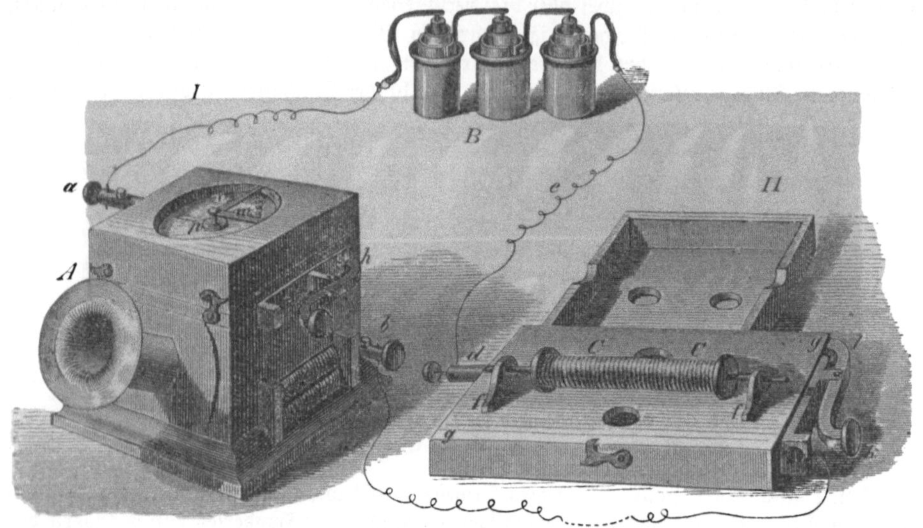

Fig. 429. Das Telephon.

Das Wiedergeben des Tones beruht nun darauf, daß das Eisenstäbchen jedesmal, wenn es durch den in der Spirale kreisenden elektrischen Strom magnetisch gemacht wird, in Erschütterung geräth. So unbedeutend die einmalige Bewegung der kleinsten Theilchen auch ist, so ist sie doch genügend groß, um durch eine regelmäßige rasche Wiederholung die Empfindung eines Tones hervorzurufen, der durch den Resonanzboden verstärkt und hörbar gemacht wird. Die Aufeinanderfolge der Stromdurchgänge hängt aber von den Vibrationen der Membran m auf der ersten Station ab, und es muß somit der durch den Reproduktions= apparat auf der zweiten Station erregte Ton in Bezug auf Höhe und Tiefe genau mit dem in die Schallöffnung A gesungenen Tone übereinstimmen.

Reis hat mit seinem Apparat bereits im Oktober 1861 gelungene Versuche angestellt. Eine mäßig laut gesungene Melodie wurde in einer Entfernung von 100 Meter durch den Reproduktionsapparat deutlich wiedergegeben. Und wenngleich das Problem des „Fern= sprechens" nur erst in der Theorie als gelöst betrachtet werden darf und der Apparat noch nicht diejenige Vollkommenheit besitzt, die es einem Redner möglich machen würde, gleich= zeitig an beliebig vielen und beliebig weit von einander entlegenen Punkten der Erde große Versammlungen durch seine Worte zu begeistern, so ist er doch interessant genug, um an dieser Stelle Erwähnung zu finden.

Die musikalischen Instrumente.

Rhythmische Instrumente. Kastagnetten. Tambourin. Trommel u. s. w. Pauken. Glocken und Glockenspieler. Melodische Instrumente. Die Harfe und ihre Erfindung. Aegyptische Harfen. Die Davidsharfe. Die Pedalharfe. Die Aeolsharfe. Die Lauten, Guitarre und Zither. Das Klavier und klavierähnliche Instrumente. Geschichtliches. Hackebret. Spinett. Clavicymbel. Christofali's Erfindung des Pianoforte. Schröter und Silbermann. Weitere Ausbildung durch Stein, Streicher u. s. w. Bau des Pianoforte, der Körper, die Mechanik. Saitenbezug. Hämmer und Dämpfung. Klangfarbe. — Die Geige und geigenähnliche Instrumente. Ihre Geschichte. Theorie der Geige, Bratsche, Violoncell und Baß. Blüte des Geigenbaues in Italien. Kommt durch Stainer nach Deutschland. Mittenwald. — Die Blasinstrumente. Trompeten und trompetenartige Instrumente. Ihre Einrichtung und Theorie. Horn und Posaune. Anwendung der Klappen und Ventile. Sax und Cerveny. Flöte. Klarinette. Fagott. Böhm's System. — Die Orgel. Geschichte. Einrichtung derselben. Register. Stimmenzusammensetzung. Walker. Ladegast. Interessante Orgelwerke.

Die Indier, welche in ihrem Kultus der Musik von jeher einen überaus hohen Rang einräumten, lassen es sich nicht nehmen, die Erfindung der musikalischen Instrumente als eine indische hinzustellen. In der Sammlung der „Märchen des Papagei's", welche im Orient sich einer nicht geringeren Beliebtheit erfreut als die „Tausend und eine Nacht", wird die Geschichte von dem weisen Vogel folgendermaßen erzählt. „Die Indier behaupten: ein Brahmane habe in einem Walde zwischen den Aesten eines Baumes von der Luft getrocknete Eingeweide eines Affen gefunden, der wahrscheinlich von Ast zu Ast gesprungen war und sich den Bauch aufgeschlitzt hatte. Diese Eingeweide seien die ersten gespannten Saiten gewesen, die vorkamen, und erklangen, wenn der Wind darüber strich, in lieblichen Tönen. Der Brahmane, hierdurch aufmerksam gemacht, habe dann eine Art Lyra verfertigt, deren Form und Bespannung später in allen Weisen geändert und fortgebildet wurde. Die beglaubigte Ansicht ist aber die, daß die Flöte das erste bekannte musikalische Instrument

war, zu deren Erfindung der längliche, von einer Reihe kleiner, runder Löcher durchbrochene Schnabel des Vogels Phönix noch im grauen Alterthum Anlaß gegeben haben
soll, da, so oft der Vogel ausathmete, aus seinem Schnabel verschiedene wunderbare Töne
hervorklangen!"

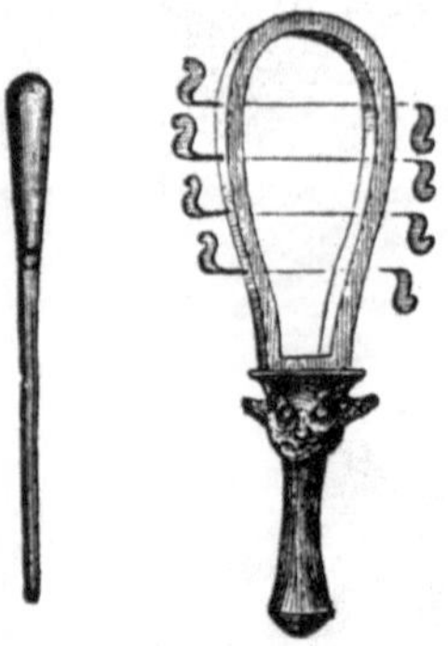

Fig. 431. Das alte ägyptische Kemkem.

Wie dem nun auch sei, für die physiologische Erörterung der Frage ist es von Wichtigkeit zu bemerken, daß bei
allen Völkern die ersten musikalischen Produktionen aus
dem Wohlgefallen an rein rhythmischen Reizen hervorgegangen zu sein scheinen, denn wir finden auf den niedrigsten Stufen der Kultur fast ausschließlich solche Instrumente, welche durch ein charakteristisches Geräusch den Takt
zu den Tänzen zu schlagen erlauben.

Die rhythmischen Instrumente. Von einem rohen
Holzklotz, auf welchen die Fanneger mit hölzernen Klöppeln
schlagen, bis zu den Trommeln und Kastagnetten, deren
Gebrauch, wenn auch in beschränktem Maße, selbst die
moderne europäische Musik nicht verschmäht, giebt es eine
ganze Reihe solcher Instrumente, deren ausführlichere Betrachtung selbst als Vorläufer hier wenig gerechtfertigt
werden dürfte. Als eigentliche Musikinstrumente stehen dieselben auf der niedrigsten Stufe;
sie können an sich nicht als Ausdrucksmittel seiner Empfindungen dienen. Da aber in jeder
Musik das Rhythmische neben dem Melodischen und Harmonischen seine volle Berechtigung
hat, ja ein untrennbarer Faktor derselben ist, so werden andererseits seine Organe auch in
gewisser Verwendung bleiben.

In der sehr primitiven Form dieser Instrumente hat die Zeit keine wesentlichen Verbesserungen anzubringen vermocht, ja
wenn wir die heutzutage in Gebrauch
befindlichen mit den vor Alters geübten
vergleichen, so dürfte es uns fast erscheinen, als ob ein Rückschritt auf
diesem Gebiete zu bemerken wäre.
Eine große Zahl derartiger Instrumente sind, wie das Kemkem oder
die Isisklapper der alten Aegypter,
für uns nur noch als historische Gegenstände vorhanden. Indessen haben wir
keinen Grund, über einen Ausfall uns
zu beklagen, den der sich bildende feine
Geschmack selbst veranlaßt hat. Jetzt
bedienen sich nur noch diejenigen Völker, deren nationale Eigenthümlichkeiten sich am unvermischtesten zu erhalten vermocht haben, der „krustischen
Instrumente" bei ihrer Musik besonders reichlich. Die spanische Volks-
musik verwendet in ihren Tänzen und
Chören als ein charakteristisches In-

Fig. 432. Tamtam am Palaste des chinesischen Kaisers.

strument die Kastagnetten, gehöhlte Hölzer in der Form von Nußschalen, die mittels
einer Schnur um die Finger gebunden und im Takte gegen einander geschlagen werden.
Daneben dient das Tambourin, ein hölzerner Reif, mit einem gespannten Fell überzogen,
häufig mit Klingeln besetzt, zur Markirung des Rhythmus. Es wird beim Tanze gebraucht
und, in der linken Hand über dem Kopfe gehalten, mit den Fingerrücken der rechten geschlagen.

Die Trommel in ihren verschiedenen Formen: Wirbeltrommel (klein und hoch), Lärmtrommel (flach) und große Trommel, ist mit dem Tambourin nahe verwandt, nur hat dieselbe einen vollständig geschlossenen Körper von Holz oder Messing, oben und unten mit gespannten Häuten, dem Trommelfell, versehen.

Von Metallschlaginstrumenten sind die Becken, flache, etwas gehöhlte Metallteller, gut gehämmert, der Triangel, der in der Janitscharenmusik verwandte halbe Mond und das Tamtam zu erwähnen, letzteres ein metallenes Instrument, welches die Form einer großen, schwachgewölbten Schale mit niedrigem Rande hat. Es spielt wie der Gong, d. i. eine große elliptische Trommel, eine bedeutende Rolle in der chinesischen Staatsmusik.

Sämmtliche der bisher genannten Instrumente zeichnen sich durch keinen bestimmt hervortretenden Ton aus. Ihre Klangwirkung ist durch das gleichzeitige Hervortreten einer sehr großen Anzahl von unharmonischen Partialtönen charakterisirt und deswegen ihr musikalischer Werth ein sehr geringer. Uebrigens ist die allerneueste Musik in der Verwendung derartiger Mittel wieder viel weiter gegangen, und die Sucht, überraschende Klangeffekte zu bewirken, hat nicht nur den Schellen, Sporen, Gewittertafeln u. s. w. einen Platz im Orchester angewiesen, sondern manchen Komponisten ist es als eine würdige Aufgabe erschienen, selbst das Pfeifen und das Geräusch der Lokomotive, das Klatschen der Peitsche und Aehnliches als Reizmittel zu benutzen. Ob das ein Fortschritt genannt werden kann?

Eine Stufe höher als die vorigen stehen gewisse, mit jenen noch verwandte Instrumente, denen aber ein bestimmter Ton angehört und die deswegen in melodischen und harmonischen Tonverbindungen gebraucht werden können.

Die Pauken sind trommelartige Instrumente mit einem halbkugelförmigen, hohlen kupfernen Körper, über den ein Fell gespannt ist.

Die Glocken bilden gekrümmte Platten und bestehen bekanntlich aus besonderen Metallmischungen. Ihre Herstellung bildet eine eigenthümliche Kunst, die „Glockengießerei", welcher wir im IV. Bande Aufmerksamkeit schenken werden.

Die Glocken sind, wie es scheint, christlichen Ursprungs. Der deutsche Name ist nach Grimm von dem althochdeutschen

Fig. 433. Der Saufang.
Glocke aus dem 6. Jahrhundert.

Wort diu clocha und dieses von clochen, d. h. schlagen, klopfen, abzuleiten. Im Lateinischen heißen sie außer campanae auch nolae, und zwar, wie Viele behaupten, weil sie zuerst zu Nola in Campanien gegossen worden seien, oder weil das von dort bezogene Erz für das beste gegolten habe. Im 9. Jahrhundert schon bedienten sich die öffentlichen Ausschreier einer kleinen Glocke, des Tintinnabulum, und es leuchtet ein, daß ein so einfaches Instrument sehr bald in verschiedenartiger Form und Größe hergestellt worden ist. Abbildungen von Glocken und Glockenspielen geben die Manuskripte schon sehr früher Jahrhunderte. Der Haupt= oder Grundton einer Glocke hängt ab von dem Durchmesser der Oeffnung, von ihrer Dicke, von ihren Elastizitätsverhältnissen (Steifheit) und endlich von dem Gewicht. Neben dem Grundtone tritt aber bei jeder Glocke eine große Menge von Obertönen auf, von denen auch viele unharmonisch wirken. Dadurch und durch die entstehenden Kombinationstöne, von denen man namentlich bei dem Nachsummen die tiefen hört, erhält das Geläute seine große Tonfülle. Da das Metall sehr spröde ist und eine nachträgliche Bearbeitung auf der Drehbank viel Mühe und Kosten verursacht, so ist es Aufgabe, den verlangten Ton gleich durch den Guß zu erzeugen, und ein gut stimmendes Geläut ist daher ein ziemliches Kunstwerk. Früher mehr als jetzt liebte man es, eine große Anzahl von verschieden gestimmten Glocken zu einem Instrument zusammenzusetzen, dem Glockenspiel, und durch Anschlagen in entsprechender Reihenfolge Musikstücke darauf zu exekutiren. In der St. Georgskirche zu Boscherville in der Normandie findet sich ein aus dem 11. Jahrhundert stammendes Basrelief, welches eine musizirende Gesellschaft zeigt mit mannichfachen Instrumenten, wie sie damals in Gebrauch waren. Wir geben in Fig. 436 eine Abbildung dieser interessanten Steinhauerarbeit, auf die wir im Verlaufe noch öfter zu sprechen kommen werden. Unter den Figuren, welche auf ihr dargestellt sind, befinden sich auch zwei, die beiden letzten an der unteren Abtheilung, welche ein Glockenspiel traktiren; der Stein ist zwar gerade an dieser Stelle von dem Zahne der Zeit am empfindlichsten benagt worden, indessen dürfen wir aus dem, was übrig geblieben ist, und bei der Einfachheit der Spielweise dieser Instrumente uns das Fehlende sehr leicht in Gedanken ergänzen.

Ueber die Art des Arrangements der größeren Glockenspiele und ihre Behandlung geben uns die Figuren 434 und 435 Auskunft.

In kleinerem Maßstabe ausgeführt, giebt es auch in der Orchestermusik Glockenspiele, die durch kleine Hämmerchen angeschlagen werden.

Die größten Glocken befinden sich, einige russische ausgenommen, wol in Deutschland; unter ihnen ist für uns die wichtigste die 1000 Centner schwere Kaiserglocke, welche zur Erinnerung an die Siege der Deutschen von 1870/71 aus erbeuteten französischen Kanonen gegossen und auf dem Kölner Dome aufgehängt worden ist, und Fig. 433 stellt eine der

Fig. 434. Glockenspiel.

ältesten, den sogenannten „Saufang", in der Cäcilienkirche zu Köln dar, welcher aus einer an den Rändern über einander genieteten Eisenplatte hergestellt ist. In England liebt man statt des mächtigen, großen Klanges mehr die Kombinationen mehrerer kleinerer Glocken, und die Thürme besitzen daher oft Glockenwerke mit einer ganzen Reihe von in der diatonischen, bisweilen auch chromatischen Tonleiter gestimmten Glocken. Das Anschlagen derselben erfolgt dann auch nicht in den rhythmischen Zwischenpausen, wie bei uns, sondern die einzelnen Töne werden in allen möglichen Kombinationen mit einander verbunden, so daß bald die Skala durchlaufen wird, bald Terzen, Sextengänge ꝛc. ausgeführt werden, und es bilden sich oft ganze Gesellschaften von Läutern, welche, das Land durchziehend, sich mit ihren Leistungen hören lassen. Bei der Regellosigkeit derselben kann diese aber eben so wenig, wie das Hervorbringen mathematischer Kombinationen, auf den Namen „Kunst" oder „Musik" Anspruch machen.

Fig. 435. Glockenspieler.

Anstatt der Glocken verwendet man seit einiger Zeit zu gleichen Zwecken große metallene Stäbe, namentlich von Gußstahl. Ihre Herstellung und Stimmung ist bei weitem leichter zu erreichen, und außerdem bedingt ihre Aufhängung, weil sie nicht durch Schwingen, sondern durch bloßes Anschlagen geläutet werden, einen viel weniger schwierigen und kostspieligen Bau.

Die Glockenspiele leiten uns von selbst auf ein Instrument über, welches jetzt fast nur noch in der Hand von Marktkünstlern zu finden ist. Es ist dies die sogenannte Strohfidel. Im Böhmischen heißt sie „hölzernes Gelächter", und dieser Name drückt ihren Werth so ziemlich bezeichnend aus. Sie besteht aus Stäbchen von trockenem Tannenholz, welche, ungleich lang, durch Anschlagen ihrer Länge entsprechend verschiedene Töne geben und so in sehr engen Grenzen musikalische Leistungen ausführen lassen. Die einzelnen Holzstäbchen sind mit einander durch Fäden verbunden und liegen hohl auf zwei länglichen Strohbündeln, welche Anordnung dem Instrument den eigenthümlichen Namen verschafft hat.

Fig. 436. Darstellung einer Musikaufführung nach einem Basrelief aus dem 11. Jahrhundert.

Die melodischen Instrumente. Die vollkommneren Instrumente, zu deren Betrachtung wir nun übergehen, unterscheiden sich von den vorher genannten dadurch, daß ihre Einrichtung dem Künstler eine mehr oder weniger freie Behandlung der Tonverbindungen erlaubt. Verfolgen wir bei unserer kurzen Revue den Plan, von dem musikalisch Einfachsten zu dem Zusammengesetzteren und Leistungsfähigeren überzugehen, so hätten wir die Glockenspiele und die Strohfidel eigentlich schon mit unter dieser Ueberschrift anführen müssen, indessen bei ihrer beschränkten Verwendung haben wir wol ein Recht, sie von den eigentlichen musikalischen Instrumenten auszuschließen.

Die melodischen Instrumente theilen sich nun in solche, welche für jeden ausführbaren Ton einen eigenen Klangkörper besitzen, gleich viel, sei dies eine Saite oder eine Luftsäule von bestimmter Länge, und in solche, bei denen ein tönender Körper durch Veränderung seiner Verhältnisse, Länge oder Spannung eine ganze Reihe von Tönen nach dem Belieben des Künstlers erzeugen läßt.

Die ersteren, zu denen z. B. die Harfe, das Klavier, die Orgel u. s. w. gehören, sind in Bezug auf die musikalische Ausdrucksfähigkeit von etwas beschränkterem Gebiete als die letzteren, Geige, Posaune u. s. w.; indessen wäre es falsch geurtheilt, wenn wir aus diesem rein physikalischen Wesen ihnen eine geringere Wirkung zuschreiben wollten. Kunstfertigkeit in der Behandlung, Geschmack und vor Allem die Empfindung des Musikers geben jedem Instrumente erst Seele und Leben; hat es der „Liebe“ nicht, so bleibt selbst das vollkommenste eine „tönende Schelle“.

Hier aber, wo wir es weniger mit der Aesthetik als mit der Physik der Musikinstrumente zu thun haben, mag uns jener Gesichtspunkt einigermaßen ein Leitfaden sein, und wir beginnen deshalb mit den einfachsten Formen, in welchen gespannte Saiten zu einem musikalischen Instrumente vereinigt werden können.

Die **Harfe** ist unter den Saiteninstrumenten insofern das einfachste, als die Stimmung jeder der gespannten Saiten eine feststehende ist. Jedem Tone entspricht eine besondere Saite, und der Effekt wird dadurch hervorgebracht, daß man die Saite durch Reißen mit dem Finger in schwingende Bewegung versetzt. Die Anordnung der verschieden langen Saiten bedingt eine eigenthümliche dreieckige Form des Instruments, so daß die kürzeren Diskantsaiten gegen den Scheitel des Winkels zu, die längeren Baßsaiten der vorderen Oeffnung zu aufgespannt werden. An dem obern Schenkel befinden sich wirbelartige Stifte, durch deren Drehung die Saiten mehr oder weniger angespannt und harmonisch zu einander eingestimmt werden können. Der untere Körper des Instruments besteht gewöhnlich aus einem hohlen Resonanzkasten, um den Ton zu verstärken; die vordere Seite des Dreiecks wird durch eine Säule gebildet, welche der Spannung der Saiten entgegenwirkt.

Das durch wunderbar schöne musikalische Effekte ausgezeichnete alte Instrument ist leider heutzutage durch eine Anzahl neuerer ziemlich verdrängt worden. Bei uns trifft man es in seiner vollendeten Form nur ausnahmsweise in Theatern und in Konzerten; in seiner alten, einfachen Gestalt fast nur in den Händen armer vagirender Musikanten; einen stehenden Platz nimmt es weder als Familieninstrument, noch in der Orchestermusik mehr ein. Anders ist es in Schottland, wo die alte Davidsharfe als Nationalinstrument sich in ihrer ursprünglichen Bedeutung bei den Familien= und Volksfesten erhalten hat.

Die Einfachheit der Konstruktion und das Brillante des Tones, welches eine einigermaßen gut gebaute Harfe hat, sind wol als die Ursachen anzusehen, daß wir dieses Instrument beinahe als ein Eigenthum aller Kulturvölker finden. Die alten Hebräer scheinen die Harfe nicht gekannt oder wenigstens nicht adoptirt zu haben. Wir müssen hier ein= für allemal erwähnen, daß die Geschichte der musikalischen Instrumente an großen Unsicherheiten leidet, die vorzugsweise durch die unzuverlässige Nomenklatur hervorgerufen worden ist. Ein und dasselbe Instrument wird in verschiedenen Quellen bald unter diesem bald unter jenem Namen aufgeführt, und für ein Ding kann man bisweilen zehn Benennungen finden; bald aber wieder wird dieselbe Bezeichnung auf offenbar ganz verschiedenartige Instrumente angewandt, so daß wir, wenn anders nicht detaillirte Beschreibungen oder sonstige Anhaltspunkte gegeben sind, woraus wir uns von der Natur der angeführten Instrumente einen Begriff machen können, die frühere Geschichte derselben nur mit großer Vorsicht betrachten dürfen. Alte Skulpturen, Malereien und dergleichen bildliche Ueberlieferungen geben den sichersten Anhalt. Die Einrichtung der Harfe beruht auf so naheliegenden Prinzipien, daß man bei ihr kaum von einem Erfinder und einer bestimmten Zeit der Erfindung reden kann, und wir finden daher die ältesten Sagen genöthigt, Denjenigen, welchem sie die Erfindung der Harfe zuschreiben, aus der Zahl der Götter zu nehmen, weil seine Zeit so weit zurücklag, daß man von seiner Persönlichkeit eine nähere Kenntniß nicht haben konnte. Censorinus, welcher die Fabel von der Erfindung der Harfe ohne Zweifel griechischen Autoren entnommen hat, erzählt, daß Apollo zuerst die Fülle und Schönheit

des Tones bemerkte, welcher die Saite an dem Bogen seiner Schwester Diana beim Schwir=
ren hören ließ, und daß er absichtlich mehrere solcher Saiten neben einander spannte, um
eine harmonische Wirkung durch ihre Vereinigung zu erzielen. Diese Fabel zeigt sehr schön,
wie ein geistvoller Mensch durch verständige Anwendung einer einzigen Naturbeobachtung
der Menschheit einen köstlichen Dienst erweisen kann. Es bleibt uns freigestellt, ob wir der
Erzählung eines solchen Ursprungs Glauben schenken wollen oder nicht, indessen wenn wir

die ältesten ägyptischen Harfen mit einander
vergleichen und sie so zusammenordnen, daß
sie von den einfachsten zu den komplizirteren
eine fortgehende Reihe bilden, so scheint
die Mythe einige Wahrscheinlichkeit bean=
spruchen zu können. Wir versuchen durch
Abbildung einiger derartiger Instrumente
(s. Fig. 437), wie sie im Original das
Museum im Louvre zu Paris aufbewahrt,
dem Leser einen sichtbaren Beweis davon zu
geben. Zwischen der ältesten authentischen
Form Nr. 3 und dem gespannten Jagd=
bogen die Stufe auszufüllen, hat Fran=
cesco Bianchini versucht, indem er behauptet,

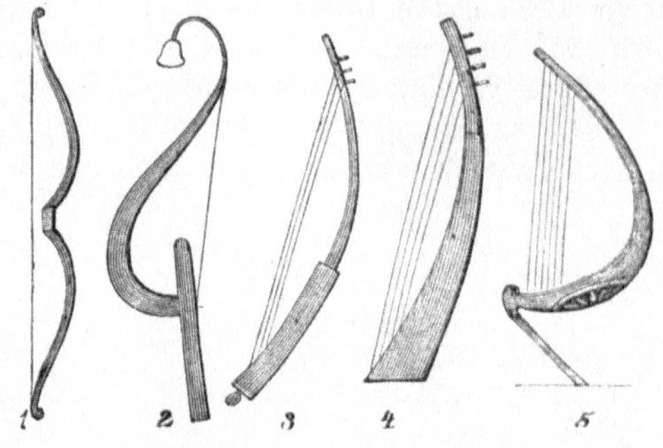

Fig. 437. Aelteste Formen der Harfe.

daß ähnliche Instrumente in einem alten Sarkophag gefunden worden seien. Ob oder
ob nicht, hat für uns keinen andern Werth, als den einer Spielerei mit Kuriositäten.

Bei den alten Aegyptern, auf deren monumentalen Darstellungen wir zuerst der Harfe
begegnen, erhielt dieselbe eine verschiedene Form, je nach dem Zwecke ihrer Verwendung.
Die kleineren Harfen (3 und 4) wurden z. B. auch als Marschinstrument gebraucht und bei
dieser Gelegenheit auf der linken Schulter getragen, vermuthlich mittels eines Riemens in
ziemlich horizontaler Stellung befestigt, und mit beiden
Händen gespielt. Die Zahl der Saiten war bei größeren
Instrumenten eine bedeutendere, und sie vermehrte sich
im Laufe der Zeit und mit der fortschreitenden musika=
lischen Bildung mehr und mehr. Ebenso wurde auf die
äußere Ausstattung und die vollkommenere Ausführung
des Instruments immer mehr Rücksicht genommen, und
Abbildungen sowol als im Original auf uns gekommene
Instrumente zeigen uns den hohen Grad der Kunstfertig=
keit und des Geschmackes, womit die damaligen Instru=
mentenbauer zu arbeiten wußten. Namentlich scheinen
diejenigen Instrumente, die von den Priestern bei ihrem
Kultus gespielt wurden, mit aller möglichen Kunst aus=
geführt worden zu sein. Der Körper war auf das Zier=
lichste geschnitzt, bemalt, mit symbolischen Figuren verziert,
vergoldet und bisweilen mit Maroquin überzogen. Auf

Fig. 438. Altägyptischer Priester, die
Harfe spielend.

dem Grabmal des Sesostris befindet sich das Bild eines harfespielenden Priesters; seine
Harfe hat 13 Saiten. Der vordere Theil trägt den Kopf einer göttlichen Figur, mit dem
heiligen Pschent geschmückt (s. Fig. 438).

Von den Aegyptern, so müßten wir eigentlich annehmen, sei die Harfe zu den Hebräern
übergegangen. Es liegt indessen für uns kein anderer Beweis als die Vermuthung vor,
denn weder sind uns aus dem alten Judenreiche bildliche Darstellungen übrig geblieben,
aus denen wir eine Bestätigung dieser Ansicht entnehmen könnten, noch auch geben uns die
schriftlichen Ueberlieferungen einen genügenden Anhalt dazu. Alle die Nachrichten von dem
harfespielenden David, aus dem Buch Hiob u. s. w., lassen sich eben so gut, ja fast besser,
auf andere Instrumente deuten, und der in der Uebersetzung gewählte Name allein kann

felbftverftändlich keine Garantie für die Uebereinftimmung der Begriffe fein. Es wird zwar faft zur Gewißheit, daß bei dem innigen Verkehr, der zwifchen Aegypten und Kleinafien beftand, eine gegenfeitige genaue Bekanntfchaft mit allen Erzeugniffen der Kunft und der Induftrie vorhanden gewefen fein muß. Wir finden aber nirgends angegeben, daß die beiden Inftrumente kinnor und nebel, deren Namen Luther mit „Harfe" überfetzt hat, in der That auch wirklich der ägyptifchen Harfe entfprochen hätten, und fo müffen wir die Frage unentfchieden laffen, wenn wir nicht glauben wollen, was von Einigen behauptet wird, daß die Juden an dem Klange der Harfe keinen Gefallen gefunden und deswegen ihre allgemeine Anwendung verfchmäht hätten.

Bei den Griechen dagegen dürfen wir den Gebrauch der Harfe und harfenartiger Inftrumente als gewiß vorausfetzen, wenn auch die Lyra, die Kithara und ähnliche Saiten-

instrumente nicht direkt mit unferer heutigen Harfe zu identifiziren find. Eine Menge Abbildungen, namentlich auch aus den Ruinen von Pompeji und andern füd-italienifchen Gegenden, wohin fich griechifche Sitte und Bildung zunächft verbreitet hatten, find uns fprechende Beweife dafür. Die Lyra fcheint das ältefte diefer Inftrumente gewefen zu fein, fie hat fich wol bis in das zehnte Jahrhundert, wenn auch mit einigen Abänderungen erhalten. Die Zahl ihrer Saiten fchwankte von drei bis acht. Gewöhnlich hatte fie deren fünf. Mehr Saiten, die demnach auch eine etwas andere Form des Inftruments bedingten, hatte das Pfalterion, das übrigens eben fo wie die Lyra auf oder zwifchen die Kniee aufgeftemmt wurde und deffen Saiten mit den Fingern geriffen wurden. Die Saitenzahl fcheint von zehn bis zwanzig gewechfelt zu haben. Von der Lyra war das Pfalterion infofern verfchieden, als der refonirende Tonkörper das Inftrument bei ihm nach oben hin begrenzte, wie Fig. 439 zeigt, welche nach einer Abbildung in einem Manufkript aus dem 9. Jahrhundert gezeichnet ift. Eine andere Form zeigt

Fig. 439. Pfalterion aus dem 9. Jahrhundert.

die folgende Abbildung eines Inftrumentes aus dem 12. Jahrhundert, und in diefer können wir fchon den Vorläufer unferer Guitarren erblicken, wenn wir den runden Theil, über welchen die Saiten hinweggefpannt find, als den refonirenden Kaften nehmen. Das Pfalterion wechfelte im Laufe der Zeit feine Form noch mehr, es erhielt bis zu 32 Saiten, und Maler und Dichter der damaligen Zeit verfäumen nie, es feinen wunderbaren Wohllautes wegen als das vorzüglichfte Inftrument bei den himmlifchen Konzerten zu rühmen. Der Spielende trug es im 14. Jahrhunderte auf der Bruft mit zwei vorfpringenden Hörnern auf feinen Armen ruhend und hatte die beiden Hände frei, um mittels kleiner Stäbchen die Saiten reißen zu können. Vielleicht ift das dolcenulos genannte Inftrument, welches im 14. Jahrhundert aufkam und mitunter als Vorläufer des Clavicords genannt wird, nichts Anderes gewefen, als ein Pfalterion mit befonders großem, kaftenartigem Refonanzkörper.

Es ift merkwürdig, daß wir an rein römifchen Monumenten kein Beifpiel davon finden, und möglicherweife ift die Harfe auch mehr in den füdlicheren, von griechifchen

Kolonien bevölkerten Landstrichen in Gebrauch gewesen, während der strenge Sinn der Römer, überhaupt wenig den zarten Einwirkungen der Künste zugänglich, seinen musikalischen Bedarf durch die kleine, aber kriegerische Trompete vollständig deckte.

Weiter hinauf nach Norden jedoch, in den germanischen Wäldern, finden wir damals schon, wie jetzt noch in den umwölkten, hohen Gebirgen Schottlands, die Harfe als das eigentlich nationale und heilige Instrument, von den Barden beim Vortrag ihrer Gesänge gespielt. Der überirdische, ätherische Klang macht die Harfe auch wie kein anderes Instrument geeignet, mit ihren Tönen die vom Dichter heraufbeschworenen nebelhaften Gestalten der Vergangenheit zu umschweben oder den Blick in die vom begeisterten Seher aufgerollte Zukunft zu begleiten. Ossian und Fingal können ohne Harfe nicht gedacht werden. Diesseit der Alpen war sie überall verbreitet.

Wie man aus alten Abbildungen ersehen kann, unterschied sich die Harfe aus dem 9. Jahrhundert von der modernen Harfe sehr wenig in der Form ihrer Bauart. Allein diese einfachste und so zu sagen natürlichste Form hat das Instrument nicht minder beibehalten. Mit der Vermehrung der Saiten, die dem sich ausbildenden musikalischen Geschmack in der früheren geringen Zahl nicht mehr genügten, waren mancherlei Formversuche verbunden, die zum Zwecke hatten, das umfangreicher werdende Instrument tragbar zu erhalten. Man findet bis in das 12. Jahrhundert in den alten Manuskripten Abbildungen, welche die verschiedensten und oft sehr abenteuerlichen Gestaltungen der Harfe darstellen. Bald haben sie einen viereckigen, bald einen dreieckigen, bald einen runden Kasten; bald ruhen sie mit einem Querstück, dessen Ende in phantastische Thierfratzen ausläuft, auf der Schulter; bald werden sie, die leichtesten, an einem Bande um den Nacken getragen, wie z. B. die Harfen der Minstrels.

Im 16. Jahrhundert trat die Harfe hinter andere Instrumente im Gebrauch zurück. Die in Italien und Spanien beliebten Saiteninstrumente Guitarre, Theorbe, Mandoline u. s. w. verdrängten sich als Soloinstrument, und nur da, wo sich tiefer begründete nationale Sitten mit ihrem Spiel verschwistert hatten, wie auf den Britischen Inseln,

Fig. 440. Psalterion aus dem 12. Jahrhundert.

erhielt sie sich in altem Ansehen. Die heute noch gebräuchliche schottische Harfe ist ein ziemlich ursprüngliches Instrument, welches unseren Musikbegriffen nur in geringer Weise genügen würde. In England und Frankreich sind dagegen Harfen in öfterem Gebrauch, die sich durch eine vollkommenere Einrichtung auszeichnen und in dieser Form allerdings zu den schönsten aller harmonischen Tonwerkzeuge zu rechnen sind.

Die Kunst hat in der letzten Zeit die Vervollkommnung der einfachen Harfe auf eine höhere Stufe getrieben. Da das alte Instrument nur einen diatonischen Bezug hatte und dem Spieler nur ein höchst beschränktes Moduliren erlaubte, wodurch seinem Gebrauch in unserer heutigen Musik ein großes Hinderniß entgegenstand, so wurden mancherlei Versuche gemacht, demselben abzuhelfen. Die chromatische Tonleiter durch Einschaltung neuer Saiten herzustellen, dazu war an dem durch die Art und Weise seines Gebrauchs in seiner Größe bestimmten Instrumente kein Platz vorhanden. Man half sich deswegen zuerst, wie es noch die Harfenistinnen auf den Messen thun, damit, diejenigen Saiten durch Anspannung des Wirbels während des Spieles um einen halben Ton zu erhöhen, welche in der Grundstimmung des Instruments für eine andere Tonart, also zu tief standen. Es waren zu diesem Zwecke an dem oberen Wirbelstock bewegliche Haken angebracht. Die Größe der erforderlichen Drehung giebt die Uebung ziemlich rasch an die Hand. In der allerersten Zeit verkürzte man gar die Saite blos durch Spannung mittels eines Fingers. Aber schon um 1720 erfand der berühmte Harfenspieler Hochbrucker aus Donauwörth eine

Vorrichtung, welche durch einen Fußtritt in Bewegung geſetzt wurde und dadurch die Saiten am Wirbelſtock um den entſprechenden Theil verkürzte. Damit entſtand die Pedalharfe, eine Einrichtung, welche für das ſchöne Inſtrument eine ungemeine Vollkommenheit ermög= lichte. Sie wurde denn auch ſehr bald über ganz Europa verbreitet und von Inſtrument= bauern und Künſtlern raſch mit Verbeſſerungen und Erweiterungen verſehen. Namentlich Sebaſtian Ehrhardt, ein Elſäſſer, der ſich ſpäter nach Paris wendete und dort die unter dem Namen „Erard" noch beſtehende und berühmte Inſtrumentfabrik begründete, vervollkommnete den Mechanismus der Pedalharfe, indem er eine äußerſt ſinnreiche Vor= richtung erfand, welche die Stimmung durch ein und daſſelbe Pedal nach einander um zwei halbe Töne erhöhen ließ, ſo daß wir jetzt eine ſolche Erard'ſche Pedalharfe zu den voll= kommenſten Inſtrumenten, die es überhaupt giebt, zu zählen berechtigt ſind. Es war freilich ſeit der Hochbrucker'ſchen Erfindung ein Zeitraum von hundert Jahren vergangen, während welcher Zeit jenes Inſtrument in alleiniger Geltung geſtanden hatte. Jetzt iſt daſſelbe faſt

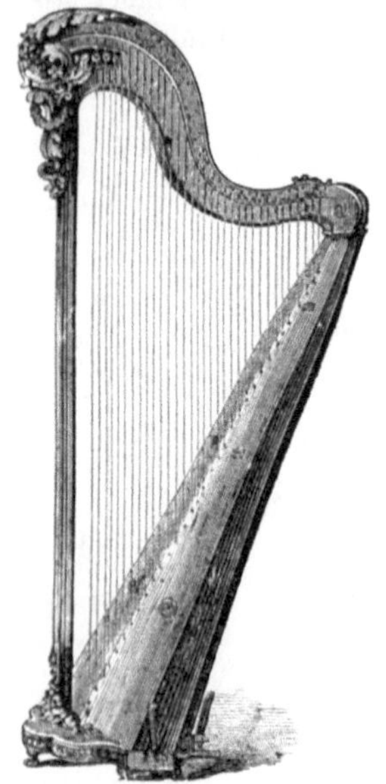

Fig. 441. Pedalharfe.

ganz verdrängt. Es iſt dies vielleicht zu bedauern, denn der hohe Preis Erard'ſcher Pedalharfen, welcher häufig die Summe von 3000 und 3600 Mark erreicht, ſteht einer allgemeineren Verbreitung derſelben hindernd im Wege.

Die Klangwirkung, die Tonfarbe dieſer Art Saiteninſtru= mente iſt, abgeſehen von den Unterſchieden, welche die Sub= ſtanz der Saite, Metall oder Darm, bewirkt, auch beſonders abhängig von der Art und Weiſe, auf welche die Saiten in Schwingungen verſetzt werden. Es kann dies durch Reißen mit dem Finger oder einem Stift geſchehen (wie bei der Harfe, Guitarre und Zither), oder durch Anſchlagen mit einem hammerartigen Körper (beim Klavier, Spinett u. ſ. w.). Je größere Ungleichheiten die Bewegung der Saite zeigt, um ſo bedeutender iſt die Stärke und Zahl der hohen Obertöne, der Klang wird ſcharf und klimpernd, und man ſieht darin die Urſache, warum eine mit dem Ring des Zitherſpielers geriſſene Saite anders klingt, als die mit dem Finger geriſſene Harfen= ſaite. In dem erſteren Falle nämlich iſt die Ecke, welche die Saite um den ſpitzen Stift des Ringes macht, ſchärfer, es laufen Bewegungswellen über die ganze Seite hin und her, welche die Urſache zahlreicher hoher Obertöne werden. Ent= ſprechend iſt bei den klavierähnlichen Inſtrumenten der Fall, wo die Saiten mit einem harten, ſcharfkantigen metallenen Hammer geſchlagen werden, der gleich wieder abſpringt, ſobald er die Saite berührt hat, während der Anſchlag mit einem breiteren, filzigen Hammerkopf ſo ſcharfe Diskontinuitäten der Saite nicht hervorbringt, ſondern derſelben Zeit läßt, die Bewegung auf ſich auszu= breiten und ſofort mit ihrer ganzen Länge in Transverſalſchwingungen zu gerathen.

An die Harfe ſchließt ſich ein eigenthümliches Saiteninſtrument, welches durch den Windſtoß zum Tönen gebracht wird, die ſogenannte Aeolsharfe. „Die Aeolsharfe iſt ein Inſtrument, das, gleich dem ſingenden Baume im arabiſchen Märchen, dem Winde ausgeſetzt, für ſich zu tönen anfängt. Die Töne gleichen dem ſanft anſchwellenden und nach und nach wieder dahinſterbenden Geſange entfernter Chöre und überhaupt mehr einem harmoniſchen Gaukelſpiel ätheriſcher Weſen, als einem Werke menſchlicher Kunſt." So beſchreibt Matthiſſon die Wirkung dieſes einfachen Inſtruments, welches aus einem flachen, ſenkrecht ſtehenden hohlen Reſonanzkaſten gebildet wird, über welchem 6—12 Darmſaiten neben einander aufgezogen und mit einander in Einklang geſtimmt liegen. Wird dieſes Inſtrument dem Winde ausgeſetzt, ſo daß derſelbe die Saiten der Länge nach berühren muß, ſo kommen dieſe in Schwingung, und dadurch, daß ſie entweder den ihnen eigen= thümlichen Grundton angeben oder, je nach der Stärke der Erſchütterung, ſich in mehr oder

weniger für sich schwingende Aliquottheile theilen und so eine Reihe harmonischer Partial=
töne hervorbringen, entstehen in regelloser und höchst überraschender Weise jene harmoni=
schen Wirkungen, durch die wol Jeder schon unvermuthet erfreut worden ist.

Die Guitarren und Zithern repräsentiren eine ganze Klasse von Saiteninstrumenten,
aus einem runden, mit Schalllöchern versehenen, resonirenden Körper bestehend, über wel=
chen Darm= oder Metallsaiten gespannt werden, die man durch Reißen mit den Fingern
oder einem Metallstifte zum Tönen bringt. An den hohlen Körper schließt sich ein längerer
Hals mit den Spannwirbeln der Saiten, der zugleich als Griffbret dient, um die Saite
behufs der Hervorbringung höherer Töne, als ihr Grundton ist, durch Niederdrücken mit
dem Finger verkürzen zu können. Dieses Griffbret ist mit kleinen, niedrigen Querleisten,
Bünden, versehen, welche genau die den einzelnen Tönen entsprechenden Längen angeben.
Man nannte früher die ganze Klasse dieser Instrumente Lauten, und der Sage zufolge
ist die nach einer Ueberschwemmung des Nils zurückgebliebene Schale einer Schildkröte zur
Erfindung derselben Veranlassung geworden. Ueber das Gehäuse der Schildkröte spannten
die Anwohner Saiten, und von der Wirkung erfreut, versuchten sie später den hohlen Körper
aus Holz und anderem Material nachzuahmen. Diese Erzählung
deutet nicht nur darauf hin, daß die ganze Klasse dieser Instru=
mente aus dem Orient zu uns gekommen ist, sondern auch, daß
diejenigen, bei welchen der hohle Körper von birnförmiger Ge=
stalt ist, die ältesten sein dürften. In der That waren die birn=
förmig gewölbten Instrumente früher bei weitem verbreiteter und
noch bis zu Ende des vergangenen Jahrhunderts in Gebrauch.
Ihre Saiten wurden später auch über einen Steg gespannt, wie
bei den Violinen. Heute noch haben Inder, Perser und Araber
zahllose Formen von Lauten und Guitarren, welche der ursprüng=
lichen Form ziemlich nahe stehen. Die Abbildung Fig. 442 giebt
uns ein Beispiel davon. Bei uns aber hat die leichtere Her=
stellung mehr die Instrumente mit flachen Kasten in Aufnahme
gebracht. Die früher sehr große Zahl dieser Instrumente hat sich
bedeutend verringert, und die meisten derselben kennen wir nur
noch dem Namen nach. Die Laute, die Chorlaute, Mandora und
Mandoline, die Theorbe u. s. w. gehörten alle hierher. Sie waren
oft von elliptischer Gestalt und besaßen einen weichen, sanften Ton.

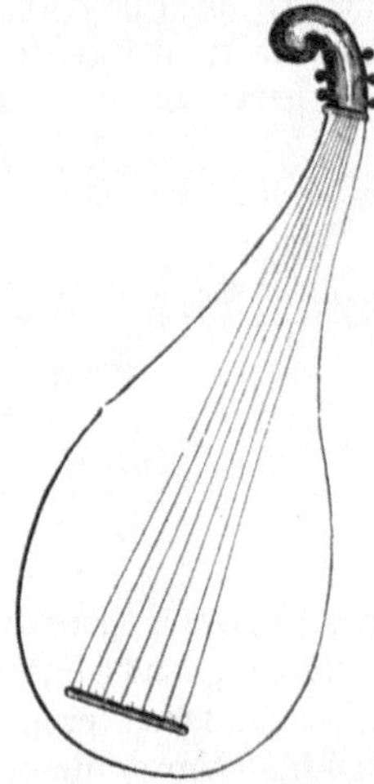

Fig. 442. Chelys der Indier.

Die älteren Lauten hatten nur wenige Saiten; die fünfsaitige
stand lange Zeit in Gebrauch; sie war gestimmt c f a d f. Später wurde diese Zahl nach
oben und unten um zwei Saiten vermehrt. Nach und nach bekam die Laute mehr und bis
14 Saiten. Die höchsten, Chanterellen, führten die Melodie, die tieferen, in Doppelchören
gebraucht, dienten zur harmonischen Verstärkung.

Die verwandte Mandoline, Mandora, Mandurine, Pandürchen und ähnlich ge=
nannt, war besonders im südlichen Italien, Neapel und in Spanien gebräuchlich; doch
wurde sie auch in Deutschland geübt, wie das Ständchen im „Don Juan" beweist, welches
von Mozart für die neapolitanische Mandoline geschrieben worden ist.

Die Guitarre war, wie gesagt, anfänglich nur ein Surrogat dieser Instrumente mit
gewölbtem Bauch. Ihre Herstellung stellte sich aber billiger, und so gewann sie rasch eine
ziemliche Verbreitung. Aber sie stand darum auch in geringerem Ansehen, und Prätorius,
von dem sie 1627 unter dem Namen Quinterna oder Chiterna als ein italienisches
Instrument aufgeführt wird, spricht ziemlich despektirlich von ihr, daß sie „nur die ziarla=
tini und Salt in Banco zum «Schrumpen» brauchten, dazu sie Villanellen und andere
närrische Lumpenlieder sängen." Nach der Beschreibung hatten die damaligen Guitarren
fast schon dieselbe Form und Einrichtung, wie unsere heutigen, und fünf, meist Darmsaiten.

Es scheint, als ob die Guitarre von Spanien aus, wohin sie durch die Mauren
gekommen war, nach dem übrigen Europa sich verbreitet hätte. In Afrika bedienen sich

manche Negerftämme ähnlicher Inftrumente, wie ein folches uns Fig. 443 zeigt. In
Deutfchland kamen fie feit 1788, namentlich durch die Herzogin Amalie von Weimar, fehr
in Gebrauch, und die meiften Inftrumente diefer Art wurden von dem weimarifchen In=
ftrumentenmacher Otto angefertigt, welcher auf Anrathen des Dresdner Kapellmeifters
Naumann um 1797 eine fechfte Saite, das tiefe E, hinzufügte, fo daß die Guitarre nun
E A d g h̄ ē ftimmte. Die lebhafte Aufnahme, die das Inftrument anfänglich im Publikum
fand, ließ aber bald wieder nach, und die Vorliebe dafür hat im Laufe der Zeit öfters
gewechfelt, fo daß die Guitarre zu wiederholten Malen Mode=Inftrument geworden ift.

Die Zither ift hauptfächlich in Gebirgsgegenden gebräuchlich. Sie ift wahrfcheinlich
das ältefte Inftrument mit flachem Boden, welches wir in Deutfchland haben, und fcheint
in Steiermark feit langer Zeit zu Haufe gewefen zu fein. Von da kam fie mit den Berg=
leuten in den Harz und verbreitete fich allmählich faft über das ganze gebirgige Deutfchland.
Ihr Name ift Veranlaffung gewefen, den Urfprung des Inftruments mit dem der Guitarre
von der alten griechifchen Kithara abzuleiten, indeß ift dies ein fruchtlofes Unternehmen.
Denn es ift notorifch, daß die Alten an ihren Saiteninftrumenten keinerlei Griffbret
kannten, vielmehr war die Kithara ein harfenähnliches Inftrument, welches lediglich zur
Stimmenführung gebraucht wurde. Die Zithern dagegen, obwol Anfangs auch nur ein=
tönig gebraucht, nähern fich eher dem Monochord und find vermuthlich auch aus diefem

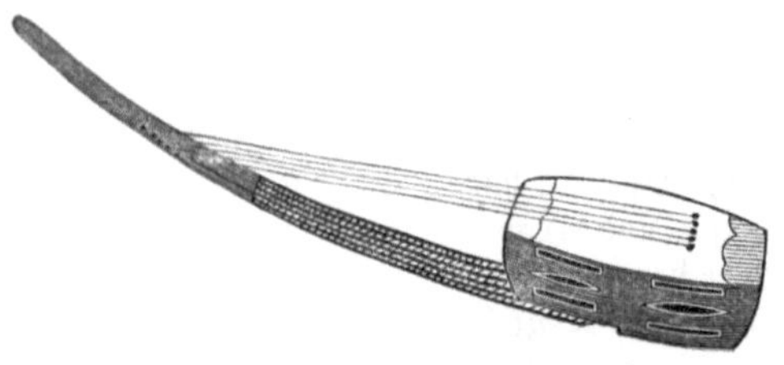

Fig. 443. Schekiani=Zither.

entftanden. Sie find harmonifche Inftru=
mente, und deswegen fchon kann ihre jetzige
Form nicht älter fein als die Zeit, feit
welcher die Harmonie erfunden worden ift.

Das Prinzip, nach welchem die Zithern
gebaut find, ift daffelbe wie bei der Guitarre.
Der Körper befteht eigentlich aus einem recht=
winkeligen Dreieck, welches mit feiner läng=
ften fchiefen Seite vom Spieler abgekehrt
liegt. Die Zahl der Saiten hat fich allmählich
von zwei bis auf 31 vermehrt, je nachdem die harmonifche Mufik immer reichere Kombinatio=
nen nöthig gemacht hatte. Sie liegen über ein langes Griffbret, welches durch Bünde, wie
bei der Guitarre, eingetheilt ift, und werden mit den Fingern der linken Hand nieder=
gedrückt, während die rechte fie reißt. Die oberften Saiten, in der Regel 14, dienen zur
Führung der Melodie und find gewöhnlich aus Metalldrähten, Meffing oder Stahl, her=
geftellt. Sie liegen dem Spieler zunächft und werden mittels eines am Daumen angefteckten
Häkchenringes geriffen. Die tieferen Akkordfaiten find einfache Darmfaiten. Beim Gebrauch
legt der Spieler das Inftrument entweder auf die Kniee oder vor fich auf den Tifch.

Außer diefen Schlagzithern giebt es eine eigenthümliche Form, deren Saiten durch
Streichen mit einem Bogen zum Tönen gebracht werden und die deshalb eine Anordnung
über eine gekrümmte Fläche erhalten, fogenannte Streichzithern.

Das **Klavier und die klavierähnlichen Inftrumente**, folche, deren Saiten durch
einen Stoß mittels eines Hammers angefchlagen werden — datiren ihren Urfprung um
mehrere Jahrhunderte zurück. Es wird immer erzählt, daß das Monochord, deffen man fich
im 11. Jahrhundert fchon in den Klöftern bediente, zur Erfindung die erfte Veranlaffung
geworden fei. Guido von Arezzo foll, um einen beftimmten Ton fchneller zu finden,
unter die betreffende Stelle des Monochords kleine, mittels Taften bewegliche Hölzchen
angebracht haben. Indeffen ift jene Annahme von durchaus keiner Bedeutung, denn die
Saite des Monochords erlitt eine ganz andere Behandlung dadurch, daß fie verfchiedenartig
verkürzt wurde, während die Klaviere Inftrumente find, in denen jedem Tone eine eigen=
thümliche Saite zukommt, die ein= für allemal auf diefen Ton geftimmt wird.

Die Erfindung der Tafte, clavis, von der die ganze lange Reihe der Inftrumente
den Namen erhalten hat, geht weit in das Alterthum zurück. Die alten Hebräer follen
Inftrumente gehabt haben, Mafchrokita und Magrepha, welche mit Klaven gefpielt

wurden, eben so wie die Wasserorgeln der Griechen; einzelne Nachrichten lassen auch ver=
muthen, daß die Hebräer bereits die Saiten durch auf Tasten gesteckte Federkielstücke zum
Tönen gebracht hatten. Dergleichen Nachrichten sind aber sehr unsicher, und wir können
mit Sicherheit eine ähnliche Anwendung hebelförmiger Tasten, wie sie in unseren Klavier=
instrumenten benutzt werden, nicht höher als bis in das 11. Jahrhundert hinauf nachweisen.

Die ältesten Instrumente dieser Art dienten nur zum Tonangeben bei dem Singen
und hatten kaum den Umfang einer Oktave. Die Tasten selbst hatten damals schon die bis
jetzt gebräuchlich gebliebene Form eines doppelten Hebels, dessen eines Ende mit dem Finger
niedergedrückt wurde und dessen anderes einen Stift oder vielmehr ein keilförmiges Blech=
stückchen trug, das mit seinem nach oben gerichteten breiten Ende an die Saite schlug. Diese
kleinen Musikkästchen wuchsen allmählich bis zu 20 Tasten, die Stimmung war die der dia=
tonischen Tonleiter, die halben Töne kamen erst später hinzu; im 14. Jahrhundert cis und
fis, hundert Jahre darauf dis und gis; b war schon anfänglich mit vereinigt worden.

Die Ausbildung der Klavichords, wie diese Instrumente hießen und woraus später
der Name Klavier entstanden ist, hielt Schritt mit der Vervollkommnung der übrigen Saiten=
instrumente, und namentlich wurde das beliebte Hackebret von großem Einfluß. Von
diesem Instrumente existirt aus dem Jahre 1536 eine Abbildung, welche der Benediktiner=

mönch Lucinius
(Nachtigall) in sei=
nem Werke über
Musik giebt. Es be=
steht danach aus ei=
nem viereckigen, bei=
nahe quadratischen
Kasten und war mit
fünf Darmsaiten
von gleicher Länge
bezogen, die mittels
Wirbeln gestimmt
und durch kleine,

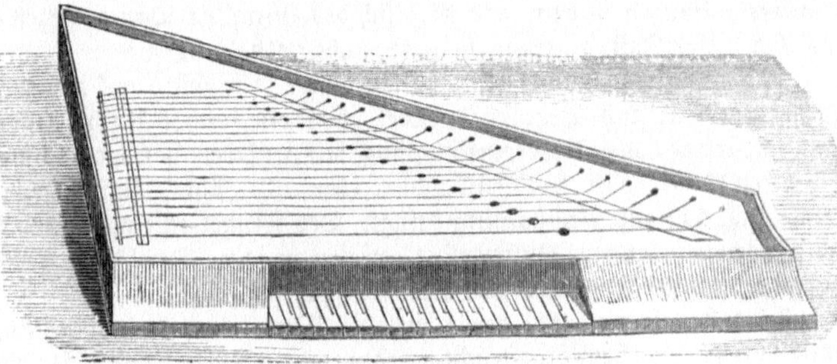

Fig. 444. Clavi=Cimbalum aus dem Jahre 1520.

mit Blech oder Leder überzogene Hämmerchen geschlagen wurden. Wie Michael Prätorius
welcher im Jahre 1619 eine Abbildung dieses Instruments gegeben, mittheilt, hatte dasselbe
16 Saiten und wurde auch mit den Fingern gerissen. Späterhin fügte man mehr Saiten
hinzu und stellte diese aus Stahl her, so daß es im 18. Jahrhundert bis zu drei Oktaven
Umfang erhielt und unter dem Namen Cimbal oder persisches Hackebret in ziemlichem
Ansehen stand. Man trifft selbst jetzt noch zuweilen das gänzlich veraltete Hackebret, obwol
seine Erscheinung in unseren Gegenden eine ziemlich seltene geworden ist, so daß sich
desselben nur noch Bettler und Marktmusikanten bedienen. Das Hackebret selbst scheint der
direkte Nachkomme eines altgriechischen Instrumentes, des Simikion oder, wie es später
genannt wurde, des Simikon zu sein, welches schon im 2. Jahrhundert n. Chr. erwähnt
wird. Nach der Beschreibung des Grammatikers Pollux von Naukrates bestand dasselbe
aus einem Kasten, dessen Deckel mit 35 Saiten bespannt war, welche mit Klöppeln ge=
schlagen wurden. Im Mittelalter vermehrte sich die Zahl der Saiten.

Neben dem Hackebret mag das Spinett als ein Vorläufer unseres Pianoforte an=
gesehen werden. Dasselbe kommt schon im 14. Jahrhundert vor und hatte die Form eines
unregelmäßigen Vierecks. Es bildete ebenfalls einen viereckigen Kasten, der der Länge nach
mit Saiten bespannt war. Die Töne wurden mittels Anschlags durch gabelartige Tasten,
Palmulä genannt, an deren hinterem Ende sich Docken befanden, hervorgebracht. Diese
Docken versah man später mit spitzen Raben= oder Straußenfederzungen, welche die Saiten
nicht schlugen, sondern pizzicato rissen; davon erhielt das Instrument, welches auch Clavi=
Cimbalum genannt wurde, den Namen Spinett (spinula, die Spitze). Im 17. und
18. Jahrhundert war das Spinett sehr gebräuchlich und hatte einen Umfang bis zu vier Oktaven.

In den verschiedenen Ländern verschieden genannt, hieß es in Deutschland auch Symphonia oder Magadis, Pektis und Virginal. Sein Ton muß indeß nicht sehr entzückend gewesen sein, denn es heißt in dem 1791 erschienenen Buche „Der musikalische Dichter" von ihm: „Es gehet kindisch."

Fig. 444 giebt uns einen Begriff, wie die alten Klaviere beschaffen waren. Es gab bei denselben nicht allemal für jeden Ton eine eigene Saite, sondern der Billigkeit wegen ließ man oft eine und dieselbe Saite für zwei Töne dienen, was bei dem ursprünglichen Mechanismus, wo der Anschlagstift, die Tangente, mit dem Tastenhebel ein festverbundenes Ganze ausmacht, zur Noth angeht. Die Tangente bildet dann, wenn die Taste fest niedergedrückt wird, den eigentlichen Steg der Saite, und es schwingt nur der Theil, welcher darüber hinaus liegt: der Ton muß höher sein, als wenn die Saite in ihrer ganzen Länge schwingt. Ein rasches, kurzes Anschlagen des Stiftes giebt also den Ton der ganzen Saite, ein langes Niederdrücken den der verkürzten, und durch eine passende Stellung des Stiftes konnte man den tiefsten Ton um das Intervall eines halben Tones in die Höhe treiben. Klaviere mit dieser Einrichtung hießen gebundene; bundfreie waren solche, bei denen jeder Ton seine besondere Saite hatte. Die letzteren sind wol die älteren und die gebundenen aus diesen nur als ein Surrogat entstanden. Wer sich eine Vorstellung machen kann, wie gebundene Klaviere geklungen haben, der wird sich des innigsten Dankes gegen das Schicksal, welches uns von diesen Instrumenten befreite, nicht enthalten.

Die verschiedene Länge der Saiten führte sehr zeitig auf die Form, welche den Namen Flügel erhielt, und Prätorius bildet schon ein solches Instrument ab, welches in seiner Gestalt bereits volle Uebereinstimmung mit unseren heutigen Flügeln zeigt. Der Name Schweinskopf, den das Instrument ebenfalls führt, stammt von seiner spitzen Form, welche Fig. 444 zur Anschauung bringt. Der Flügel scheint im 16. Jahrhundert ein ziemlich allgemein bekanntes Instrument gewesen zu sein. Der Instrumentenmacher Domenico Pesaro fertigte ein solches mit drei Klanggeschlechtern.

Es gab Instrumente, deren einzelne Töne durch den gleichzeitigen Anschlag von vier Saiten (Chören) hervorgebracht wurden (vierchörig). Eine dieser vier Saiten wurde dann bisweilen eine Oktave tiefer als der Grundton gestimmt und eine zweite um die Quinte höher. Der Anschlag geschah wie bei dem Spinett durch an Springer oder Docken gesteckte Rabenkiele, späterhin mit „freilich sehr kostbaren goldenen Blechlein". Die Anwendung der Rabenfeder war übrigens bis zu Ende des vorigen Jahrhunderts bei den klavierähnlichen Instrumenten in Gebrauch, und Zelter erzählt selbst noch, wie er einen Flügel auf dem Lande neu „bekielt" habe (1790). Um das Nachklingen der Saiten zu vermeiden, wurden dieselben durch eingeflochtene Tuchstreifen abgedämpft, eine Methode, welche allerdings nur bei Instrumenten von sehr kurzem Tone genügt.

Eine merkwürdige Abweichung von diesem Flügel war das Nürnberger Hackebret, in seiner äußern Gestalt dem vorigen ähnlich, ebenfalls mit Saiten, und zwar mit Darmsaiten, bezogen, in der Art der Tonerregung aber von jenem ganz verschieden; denn die Saiten wurden nicht durch Anschlag mittels Docken in Schwingung versetzt, sondern an jede Saite ließ sich ein kleines, sich drehendes Rädchen andrücken, und die andauernde Friktion gab einen Klang von geigenartiger Färbung. Die Bewegung der kleinen Rädchen wurde durch ein größeres Schwungrad unterhalten, welches außerhalb des Kastens lag und mit dem Fuße getreten wurde; das Andrücken der kleinen Rädchen aber geschah durch Niederdrücken der Tasten. Das Instrument, 1610 von Hans Haydn in Nürnberg erfunden, war noch zu Anfang dieses Jahrhunderts in Gebrauch und mancherlei Verbesserungen wurden daran vorgenommen. Die Namen Gambenflügel, Geigenklavier, Cimbel u. s. w. bedeuten alle ein und dasselbe. Ueberhaupt ist zu bemerken, daß die Terminologie der älteren Instrumentenbauer gerade auf dem Gebiete der klavierähnlichen Instrumente eine sehr reiche, freilich auch eine sehr unsichere war. Die verschiedenen Tonwerkzeuge wurden mannichfach verändert, durch neue Erfindungen und Zuthaten in ihrer Einrichtung verbessert, natürlich auch mit neuen Namen versehen, und es ließe sich eine ganze Menge Namen von

Instrumentenmachern aufsuchen, deren Jeder Anspruch auf irgend eine neue Erfindung machen könnte. Freilich bestehen dieselben im Grunde meist nur aus großen Kleinigkeiten, und es wäre Raumverschwendung, eine Aufzählung derselben versuchen zu wollen.

Dasjenige ältere Instrument, welches in specie den Namen Klavier erhielt, nebenbei aber auch Clavecin oder Clavichord hieß und mit Rabenkielen gerissen wurde, hatte zu Anfang des 17. Jahrhunderts einen Umfang bis zu 4¹⁄₃ Oktaven. Die Halbtöne wurden durch Obertasten, die diatonische Tonleiter durch Untertasten angegeben, und um das Instrument für verschiedene Tonarten zu stimmen, verfolgte man seit dem tüchtigen Organisten Andreas Werkmeister (1698) den noch heute üblichen Weg der Quintenfortschreitung, indem man die einzelnen Intervalle etwas tiefer schweben ließ. Mit unseren heutigen Instrumenten dürfen wir aber das alte Klavier weder in Bezug auf Fülle und Schönheit des Tones noch in Bezug auf Größe und Ausstattung vergleichen. Hatte man auch (1768 Pascal Taskin in Paris) die wenig dauerhaften Rabenkiele an den Tangenten durch kleine Stückchen Ochsenhaut ersetzt, so war doch überhaupt auf diesem Wege eine weitergehende Tonvervollkommnung kaum zu erreichen. Die Klaviere waren kleine, dünne Toninstrumente, die unserem Geschmacke in keiner Weise mehr entsprechen würden. Mozart erzählt noch, daß bei einem Besuche in einem italienischen Kloster ihm das Klavier von den Mönchen fortwährend nachgetragen worden sei, damit man überall und in jedem Augenblick sich an seinem Spiele habe erfreuen können. Der Preis war durchschnittlich nicht höher als 90 Mark. Dies war aber die Ursache, daß das Instrument eine große Verbreitung gewann, und der heutigen Klage: „in jedem Haus ein Klimperkasten", begegnen wir schon vor fast hundert Jahren bei Schubart, der in seiner „Aesthetik der Tonkunst" sagt: „Klavier spielt, schlägt, trommelt und dudelt Alles, der Edle und Unedle, der Stümper und Kraftmann, Frau, Mann, Bube, Mädchen; es gehört mit zur guten Erziehung."

Die Hauptübelstände, welche man bei allen diesen Instrumenten nicht umgehen konnte, waren, daß sowol eine Abstufung des Tones vom stärkeren zum schwächeren als auch eine genügende Dämpfung, welche das Nachklingen der Saiten verhindert, nicht hervorgebracht werden konnten. In ersterer Hinsicht erlaubte zwar das Hackebret, welches mittels Hämmerchen, die man in der Hand hielt, geschlagen wurde, einige Veränderungen, und diese führten den Paduaner Bartolomeo Christofali auf den Gedanken, die Eigenthümlichkeit des Hackebrets mit der des Klaviers zu vereinigen und die Hämmer mit Tasten zu verbinden, durch welche sie an die Saiten geschnellt werden. Diese Trennung des Anschlägers von dem Hebelkörper der Taste ist das wesentlich Unterscheidende der Pianoforte von den Klavieren, und Christofali, der diesen Gedanken zuerst durchführte, erreichte mit seinem Instrumente in der That die gewünschten Abstufungen in der Stärke des Tones, welche dem neuen Instrumente zu seinem eigenthümlichen Namen verhalf. Da seine neue Mechanik bereits 1711 durch Abbildung und Beschreibung im Druck bekannt gemacht wurde, alle ähnlichen aber um Vieles später erst erschienen, so müssen wir sie als das erste Zeugniß der Erfindung unserer heutigen eigenthümlichen Pianoforte ansehen.

Ob der oft citirte Organist Joh. Gottl. Schröter, gebürtig aus Hohenstein in Sachsen, welcher 1721 am Dresdner Hofe zwei Modelle vorzeigte, in denen ebenfalls die bei dem einen von unten, bei dem andern von oben an die Saiten schlagenden Hämmer durch Tasten in Bewegung gesetzt wurden, vielleicht die Idee seiner nach eigenem Geständniß erst im Jahre 1717 gemachten Erfindung einer Kenntniß der Christofali'schen Versuche verdankte, über welche die Berichte zu damaliger Zeit bereits aus dem Italienischen übersetzt worden waren, oder ob er, was eben so gut möglich ist, selbständig auf den Gedanken kam, ist natürlich jetzt schwer nachzuweisen. Für die letztere Annahme spricht gleichwol der viel unvollkommnere Mechanismus, dessen er sich bei seinen Modellen bediente.

Ein Instrument nach den Schröter'schen Modellen soll nicht gebaut worden sein, da Schröter selbst die Mittel dazu fehlten und der sächsische Hof sich der Sache nicht besonders annahm. Dagegen war das Christofali'sche Pianoforte bereits im Jahre 1711 wirklich zur Ausführung gebracht worden und besaß als wichtigste Hauptbestandtheile bereits doppelte

Hebel, Auslösung und für jeden Hammer einen freien Dämpfer. Diese ausgezeichnet erscheinende Mechanik steht denn auch über denjenigen Versuchen, die von Franzosen in den darauf folgenden Jahren gemacht wurden und welche selbst jetzt noch häufig erwähnt werden, um die Priorität der Erfindung für Frankreich in Beschlag zu nehmen. In Deutschland wurde das Hammerklavier wirklich ausgeführt erst im Jahre 1728 durch den berühmten Orgelbauer Silbermann, welcher die Schröter'sche Erfindung sich angeeignet und in mancher Art verändert hatte. Indeß wurden die Pianoforte der damaligen Zeit bei uns selbst von feingebildeten Musikern, wie Sebastian Bach, nicht mit dem Entzücken aufgenommen, welches die italienischen Instrumente erregten. Das Instrument war schwer zu spielen und in der Höhe schwach an Ton. Erst durch den scharfsinnigen Orgelbauer Joh. Andr. Stein zu Augsburg, einen Schüler Silbermann's, wurden die Vorzüge so ans Licht gebracht, daß die Hämmermechanik allmählich den Flügel mit bekielten Docken verdrängte. Von der Christofali'schen Mechanik war die Schröter'sche Einrichtung, welche Stein zu Grunde legte, insofern verschieden, als die Achse des Hammers in einer kleinen, federnden Gabel von Messing stand, welche in das Ende der Taste leichtbeweglich geschraubt wurde, so daß der Hammer von der Taste selbst getragen wurde, während bei Christofali der Hammer von der Taste getrennt war. Doch davon später.

Die Stein'schen Instrumente waren dreichörig und wurden für damalige Verhältnisse sehr hoch bezahlt. Für eines, welches nach Mainz geliefert wurde, erhielt der Erbauer z. B. 100 Louisdor und ein Fäßchen Rheinwein. Dieser verdiente Mann starb 1792 und hinterließ zwei Kinder, Andreas und Nanette, welche er beide in seiner Kunst unterrichtet hatte, so daß die Tochter wie ein Mann mit Hobel und Säge hantirte. In der Folge heirathete Nanette den Klavierlehrer Streicher in Wien und errichtete hier eine Werkstätte für Klavierbau, in welcher späterhin auch ihr Mann thätig mit Antheil nahm. Die daraus hervorgegangenen Flügel, die „Streicher", galten mit Recht damals für die besten und begründeten hauptsächlich den guten Ruf, dessen sich die Wiener Instrumente lange Zeit fast ausschließlich in Deutschland erfreuten.

Die Zeit vom ersten Auftreten der Pianoforte bis in die Zwanziger Jahre unseres Jahrhunderts war ziemlich fruchtbar an allerhand Erfindungen und Ideen in Bezug auf Vervollkommnung dieses Musikinstrumentes, die jetzt größtentheils dem Bereich der Kuriositäten angehören, wo nicht der Vergessenheit anheimgefallen sind. Andreas Stein verband Flügel und Pianoforte zu einem Instrumente, baute auch Flügel mit Flötenzug; ein Mechanikus Hohlfeld in Berlin baute 1757 ein Geigenklavier; es wurden Instrumente konstruirt mit zwei und drei Klaviaturen und mit erstaunlich viel Zügen und Veränderungen, die für einzelne Fälle auf 100, ja auf 250 angegeben werden. Math. Müller's in Wien Dittanaklasis war ein aufrechtstehendes Instrument, das auf beiden Seiten eine Klaviatur und einen Saitenbezug hatte. Joh. Jak. Schnell versuchte gegen 1790 nicht ohne Glück, die Saiten des Pianoforte durch Windströme, die durch Messingröhrchen herzugeleitet wurden, zum Erklingen zu bringen. Sein Instrument, Anemochord genannt, soll eine äußerst angenehme Musik gegeben haben, und er erregte damit in Paris außerordentliche Bewunderung. Es eignete sich natürlich nur für Vorträge mit langsamer, gebundener Bewegung und zur Gesangbegleitung. Auch die Versöhnung zwischen dem Alten und Neuen wurde von einem Künstler angestrebt, indem er Instrumente baute, an denen sich nach Belieben eine Pianoforte- und eine Klavichord-Mechanik durch einen Fußzug in Wirksamkeit setzen ließ. Solche Nebensachen haben sich am Pianoforte ziemlich lange erhalten, und man trifft bisweilen noch jetzt auf alte Instrumente, an denen die ganze Janitscharenmusik mit Pauke, Becken und Glöckchen, der Fagottzug, der Harfenzug u. s. w. in Bewegung gesetzt werden kann. In neuerer Zeit befleißigt man sich einer größern Einfachheit und sucht unter Weglassung von dergleichen Spielereien den Werth der Instrumente mehr in der Dauerhaftigkeit, Schönheit und Stärke des Tones und hauptsächlich in der Vervollkommnung der Mechanik in Hinsicht auf möglichst bequeme und angenehme Spielart. Das Pianoforte hat in der Regel nur zwei Züge, den einen zum Heben der Dämpfer, den andern zur Verschiebung der

Mechanik, wodurch die Hämmer nur eine oder zwei Saiten der dreisaitigen Chöre treffen und damit einen schwächeren Ton erzeugen.

Nach England kam die Schröter-Silbermann'sche Mechanik durch einen Arbeiter aus dem Etablissement, welches der ältere der beiden Brüder, Andreas Silbermann, in Straßburg zu Anfang des vorigen Jahrhunderts begründet hatte und das seine vier Söhne bis 1753 fortsetzten. Indessen konnte sie keine große Ausbreitung finden. Erst als der Schweizer Tschudy sich in London niederließ und mit dem jungen Schotten Broadwood vereinigte, wurden bessere Erfolge erzielt.

Das Bedürfniß, den Hammer, nachdem er die Saite berührt hatte, gleich wieder zurückfallen zu lassen, führte auf die Erfindung der Auslösung, welche von Stodard, einem Schüler Broadwood's, und dem deutschen Klaviermacher Becker gemacht wurde. Sie bestand in einer Vorrichtung, welche die Stoßzunge unter der Hammernase herausschiebt, wenn der Hammerkopf nahe an die Saite gehoben wird, und so dem von der Stoßzunge befreiten Hammer das Zurückfallen erleichtert. Diese Zuthat zu der Hammermechanik ist eigentlich der bedeutendste Fortschritt, welcher seit Christofali gemacht worden ist. Die Ausbildung der neueren Klaviertechnik verlangte aber außerdem Instrumente, bei denen derselbe Ton in raschester Aufeinanderfolge wiederholt zum Anschlag gebracht werden konnte. Dies war nur zu erreichen, wenn der Hammer in jedem beliebigen Momente seines Zurückfalles von der Stoßzunge gefaßt und wieder gegen die Saite geschnellt werden konnte, so daß, wenn der Finger von der niedergedrückten Taste nur wenig sich erhob und die Taste aufs Neue niederdrückte, der Ton augenblicklich und sicher wieder zum Vorschein kam. Diese neue Erfindung, Repetition, wurde von dem Straßburger Instrumentenmacher Sebastian Ehrhardt ausgeführt, der, wie wir schon früher erwähnten, nach Paris übergesiedelt, als „Erard" seinen Namen durch die vortrefflichsten Instrumente ruhmvoll bekannt machte.

Wenn wir hören, daß in London allein jährlich gegen 23,000 Stück Pianoforte gebaut werden, die einen ungefähren Werth von 2 Millionen Pfund Sterling repräsentiren, und daß Frankreich circa für 16 Millionen Francs jährlich Pianoforte produzirt, daß Belgien gegen 1300, Wien 2500 bis 2600 fertig machen, Leipzig, Berlin, Breslau, Stuttgart diese Zahlen aber durchschnittlich nicht nur erreichen, sondern sogar überschreiten, und wenn man dazu erwägt, daß in jeder Stadt, selbst in den kleineren, es Instrumentenbauer giebt, oft von erschrecklicher Produktivität, so wird die eine herzbewegende Frage: „Wo kommen nur alle die Instrumente her, die uns oft zu Leid und Jammer aus jedem Hause entgegentönen?" durch die andere überschrieen: „Wo kommen die Legionen hin, die jedes Jahr aufs Neue schafft?" Denn nicht auf Deutschland, England und Frankreich allein beschränkt sich der Pianofortebau, Amerika hat seine Steinways und Chickerings, die mit Broadwood in Bezug auf Produktivität keck in die Schranken treten können. Und wenn sie auch nicht wie dieser 1852 bereits mehr als 108,000 Pianoforte in die Welt geschickt hatten, so hat sich dafür ihre Fabrikation in der letzten Zeit in um so überraschenderer Weise ausgedehnt. Die 27 ersten Pianofortefabriken der Vereinigten Staaten verkauften im Jahre 1869 für 5,317,402 Dollars Pianoforte's; Steinway and Sons davon allein 2200 Stück im Werthe von 1,205,463 Dollars, Chickering fast für eine Million.

Nach diesem kurzen geschichtlichen Abriß dürfte es unserm Leserkreise von besonderem Interesse sein, Einiges über die innere Einrichtung desjenigen Instrumentes zu erfahren, welches mehr als jedes andere zur Pflege und zur Ausbreitung guter und auch schlechter Musik beiträgt, das eine Literatur hervorgerufen hat, auf die sich andere großartige Geschäftszweige: Musikalienhandel, Notenstecherei, Druckerei u. s. w., im Wesentlichen mit stützen, und dadurch zu einem kulturhistorischen Gegenstande geworden ist.

Der Pianofortebau. Ueber die Herstellung des äußeren Gehäuses, des Kastens oder Körpers, können wir sehr kurz hinweggehen, weil dieselbe ausschließlich Schreinerarbeit ist und auf die physikalische Natur des Tones nur einen geringen Einfluß hat. Der Form des Gehäuses nach unterscheiden wir hauptsächlich drei Arten von Pianoforte-

Instrumenten: Flügel, mit dem bekannten in die Länge geschweiften Körper, tafel=
förmige Pianoforte und aufrechtstehende oder Pianinos; bei allen treten immer
wieder dieselben Hauptbestandtheile auf.

Der Rahmen oder die Zarge, in welche alle Saiten eingespannt werden, hat infolge
der großen Spannung jeder einzelnen einen bedeutenden Zug auszuhalten, der bei drei=
chörigen Konzertflügeln ungefähr auf gegen 300 Centner berechnet ist. Eine solche Kraft
strebt die Anhängeplatte und den Stimmstock, in denen die Befestigungspunkte der Saiten
liegen, einander zu nähern, die beiden Enden des Gerähmes zusammenzuziehen, und muß
durch den Widerstand desselben unabläßig im Zaume gehalten werden, denn eine Nach=
giebigkeit, nur um ein Haar breit, würde schon eine deutlich hörbare Verstimmung ergeben.
Das Halten der Stimmung ist aber bekanntlich einer der ersten Ansprüche, die an ein gutes
Instrument gemacht werden müssen. Ausgesuchte und völlig trockene Hölzer verschiedener
Art sind deshalb auch das Hauptmaterial zu diesem Grundbau. Man läßt sie mehrere
Jahre an der Luft lagern, ehe man sie verwendet. Gewisse harte Hölzer, welche nie ge=
hörig austrocknen, so lange sie in Form von Stämmen oder dicken Bohlen belassen werden,
zersägt man in dünnere Breter oder in solche Stücke, daß sie für ihren künftigen Zweck schon
einigermaßen vorgeformt sind. Auch die völlig lufttrockenen Hölzer kommen vor der Ver=
wendung häufig noch in die Schwitzkammer, wo ihnen durch künstliche Wärme der letzte Rest
von Feuchtigkeit entzogen wird. Zur Verarbeitung kommen von harten Hölzern gewöhnlich
Eichen, Buchen, Ahorn, von weichen Fichten und Tannen. Oft werden zwei oder drei
Holzarten mit einander verbunden. Das Gerähme wird nämlich nicht aus möglichst großen
Stücken, sondern aus mehreren dünneren Platten zusammengefügt, wobei man öfters harte
und weiche Holzschichten abwechseln läßt. Das Bindemittel zwischen all diesen Bestand=
theilen ist, außer sorgfältiger Verzapfung in den Ecken, guter Leim, der hierdurch selbst zu
einem wichtigen Massebestandtheil wird, indem es seine Aufgabe ist, die sämmtlichen einzel=
nen Stücke zu einem einzigen Ganzen untrennbar zu vereinigen. Beim Zusammenleimen
werden auch die Holzstücke warm gemacht und das Ganze wird dann mit Schraubenzwingen
oder auf andere Art bis nach erfolgter Trocknung fest zusammengehalten.

Indem man im Laufe der Zeit den Saitenbezug immer stärker machte und also eine
immer höhere Widerstandskraft des Rahmens in Anspruch nahm, mußte man auch für eine
entsprechende Verstärkung desselben sorgen. Außer den herkömmlichen Längs= und Quer=
streben von Holz, womit die Lichtung des Rahmens ausgestakt wird, nahm man daher noch
eiserne Spreizen hinzu, Anfangs nur eine oder zwei, dann allmählich mehrere, bis in
weiterer Entwicklung dem Grundbau der Instrumente immer mehr Eisen einverleibt
wurde. Es werden nicht nur eiserne Hauptspreizen angebracht, sondern die Anhängestifte
für die Saiten stehen auch auf einer, der geschweiften Zarge aufgeschraubten eisernen Platte.
Man hat auch Rahmen, Anhängeleiste und Zwischenbarren ganz als ein einziges Stück ge=
gossen und damit allerdings die größte Widerstandskraft erreicht. Indessen ist die massen=
hafte Eisenverarbeitung in den Instrumenten von keinem günstigen Einfluß auf den Ton,
der dadurch leicht hart und spitz wird.

Die beiden Bauarten, die Wiener und die sogenannte englische, d. h. die im Auslande
größtentheils von Deutschen fortgebildete, unterscheiden sich schon in dem Kastenbau, in
der Auswahl der Holzarten, Ausarbeitung und Zusammenfügung der einzelnen Bestand=
theile sehr von einander; die letztere ist bei sauberer Arbeit in ihren Gliedern dünner oder
schlanker, ohne deshalb weniger widerstandskräftig zu sein.

Was die tafelförmigen Instrumente betrifft, so sind bei ihnen die Verhältnisse
weniger günstig für die Sicherung der Saitenspannung, da hier die Klaviatur von der
Seite her tief in den Körper eintritt und den Raum wegnimmt, welcher für Gegenstützen
benutzt werden könnte. Es muß also der Boden des Kastens den größten Theil des Wider=
standes gegen den Saitenzug leisten, der daher auch mit besonderer Sorgfalt sowol in der
Arbeit als in der Auswahl des Materials herzustellen ist. Nach der besten Regel leimt man
ihn aus drei übereinander gelegten Holztafeln zusammen, deren innerste und stärkste von

Eichenholz ist und mit ihren Fasern in derselben Richtung läuft wie die schräg gespannten Saiten; die beiden äußeren sind von Tannenholz mit geradeaus gerichteten Fasern.

Man hat bekanntlich von tafelförmigen Instrumenten vorder= und hinterstimmige. Sie unterscheiden sich durch die verschiedene Lage des Saitenbezuges und also auch des Stimmstockes, und hierdurch sind die übrigen Modifikationen im Zargenbau und in der Tastenlänge bedingt. Bei dem vorderstimmigen (d. h. vorn zu stimmenden) Instrument liegt der Stimmstock mit seiner angeleimten Widerlage, dem Keil, gleich vorn hinter den Tasten etwas schräg, damit die Saiten, welche von demselben nach der rechts befindlichen Anhängeplatte gehen, neben einander Platz finden; der Bezug liegt mithin so, daß die Saiten ungefähr in die linke untere und rechte obere Ecke hineinsehen. Der Stimmstock, unter allen Umständen ein solider Körper aus hartem Holz, kann hier nur auf den beiden Seitenwangen des Kastens Auflage finden und liegt, da er die Klaviatur unter sich durch= lassen muß, seiner ganzen Länge nach hohl; er bekommt daher eine geeignete Eisenstrebe zur Unterstützung. Beim hinterstimmigen Instrument liegt der Stimmstock hinten, seiner ganzen Länge nach auf das Zargenholz fest aufgeleimt, und läßt diese Anordnung einen größeren Raum für den Saitenbezug, welcher vom Stimmstock nach links herunter läuft.

Man hat auch (Blüthner in Leipzig) dem Flügelkasten dadurch eine symmetrische Gestalt gegeben, daß man ihn an der einen Längsseite nicht gerade verlaufen läßt, sondern ebenfalls schweift und die Mittellinie zwei gleichgeformte Hälften abschneidet. Die sym= metrische Form aber ist nicht von so großem Werth, als daß man ihr zu Gefallen sich irgend wie Zwang anthun sollte.

Die Seele des Pianoforte ist der Resonanzboden. Er ist es, der dem Instrument erst die Stimme verleiht, denn eine gespannte Saite, die in ihrer Nähe keine Körper hat, welche mitklingen können, schwingt, wenn sie angeschlagen wird, wol fürs Auge, aber das Ohr vernimmt wenig oder nichts. Erst wenn die Saitenschwingungen mittels des Stegs auf den Resonanzboden fortgepflanzt und die Theilchen desselben dadurch zum Mitschwingen angeregt werden, entsteht ein brauchbarer Ton. Es eignet sich aber nicht jedes Bret= stückchen zu einem Resonanzboden. Bearbeitung und Auswahl des Holzes verlangen viel= mehr die größte Sorgfalt.

Der Resonanz= oder Klangboden bestand aus einer sich nach der Form des Instru= mentes und des Saitenbezuges richtenden Platte von dünnen Holztafeln, die oberhalb ganz eben, auf der Unterseite aber von einer Anzahl angeleimter, verschiedentlich gerichteter Holzleisten unterstützt und zusammengehalten werden. Oberhalb ist nur eine Leiste aus recht festem Holz so aufgesetzt, daß sie in die Nähe der Anhängeleiste zu liegen kommt und einen ähnlichen geschwungenen Verlauf hat wie diese. Das ist der Steg, über welchen die gespannten Saiten so hinlaufen, daß sie fest auf ihm anliegen, also einen Theil ihres Druckes auf ihn abgeben. Als Material zum Klangboden dient am häufigsten ausgesuchtes, harzfreies Fichtenholz; indessen lassen sich auch andere Hölzer, wie Cedern, Lärchen, Tannen, Kiefern, dazu verwenden: Metalle, namentlich Stahl= und Kupferbleche, ferner gespanntes Pergament, sind auch versucht worden, leisten aber nicht so viel wie Holzböden und sind dabei weit theurer. Die Metallplatten erzeugen grelle, scharfe Klänge. Man nimmt zu den Resonanzplatten schlichte Hölzer mit geradlinig verlaufenden Adern oder Jahren. Ob diese Jahre in dem fertigen Stück mit den Saiten gleichgerichtet, oder querüber, oder end= lich schräg verlaufen, was Alles in der Praxis vorkommt, scheint für die Qualität des Tones von keinem Einfluß zu sein; die Hauptsache ist, ob das Holz gedrungene Jahre hat, wodurch zugleich seine größere Schwere und Härte angedeutet ist, oder ob es offener, brei= ter gestreift und deshalb weicher ist. Die erstere Gattung ist geeignet, unter die höheren Saiten gelegt zu werden, die andere kommt in die Region des Basses. Außerdem macht man die Bodenfläche für den Baß dünner, für die höheren Lagen dicker. Ein dünnes Bret= chen von weicher Struktur läßt selbst beim Anklopfen schon einen tiefern Ton vernehmen als ein dickeres und härteres. Für die Stärke des Resonanzbodens ist, außerdem daß sie in demselben Instrument vom Diskant nach dem Basse hin abnimmt, noch maßgebend der ftärkere oder fchwächere Bezug und die Größe des Inftruments, fo daß Flügel jederzeit ftärkere Böden haben als die kleineren Sorten. Alle gebräuchlichen Stärken liegen etwa innerhalb ³/₈ und 1 Centimeter. Die unterhalb angebrachten Rippen, etwa 2—3 Centimeter dicke Leiftchen von Refonanzbodenholz, follen dem Boden die erforderliche Starrheit und an allen Stellen gleichmäßige Elaftizität geben. Ueber ihre Zahl und Richtung giebt es keine fefte Regel; bei der letzteren fieht man nur darauf, daß die Jahre der Refonanztafeln möglichft gekreuzt werden. Sind diefe über die Quere des Bodens gelegt, fo laufen demnach die Leiften über die Länge; man braucht in diefem Falle nur wenige, da die einzelnen Tafelenden dann ohnehin an der Zarge mehr Auflagepunkte haben.

Die Wirkfamkeit des Refonanzbodens theoretifch klar zu legen, ift noch nicht gelungen. Es kommen zu viele einzelne Faktoren zufammen, deren phyfikalifches Verhalten zu beftimmen die größten Schwierigkeiten bietet. Schon der Umftand, daß wir es in dem gewachfenen Holze nicht mit einem feiner Struktur nach gleichmäßigen Materiale zu thun haben, erfchwert die Aufgabe wefentlich, und es ift für die Praxis des Pianofortebaues daher die Erfahrung bisher immer noch die einzige Lehrmeifterin geblieben.

Man hat fich bis in die letzte Zeit damit begnügt, die Form des Refonanzbodens und überhaupt alles Deffen, was zum eigentlichen Corpus der Pianoforteinftrumente gehört, als etwas durch die Empirie Gegebenes anzufehen, an dem man nicht zu rütteln wagte, und alle Vervollkommnungsbeftrebungen nur auf Auswahl des Materiales und auf Sorg-

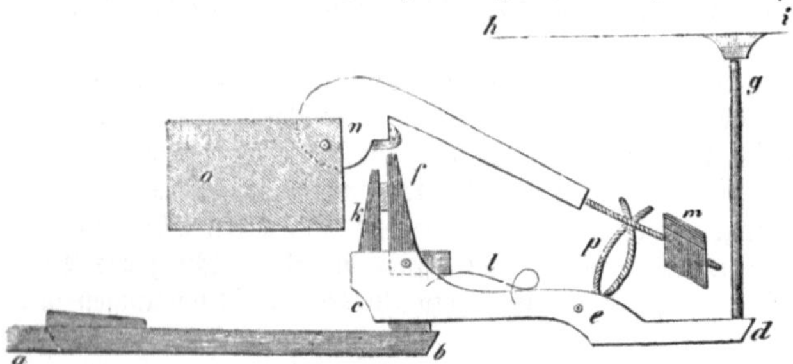

Fig. 445.   Chriftofali's Hammermechanik.

falt der Herftellung etwa gerichtet, während die Mechanik unzählige Veränderungen erfahren hat. Jetzt dagegen fcheint man die Raffinirung der Mechanik vor der Hand als genügend anzufehen und mehr den eigentlich tongebenden Beftandtheilen des Inftrumentes die Aufmerkfamkeit zuzuwenden. Auf der Wiener Ausftellung von 1873 erregte ein Flügel mit gewölbtem Refonanzboden, fogenanntem Celloboden, der nach diefer Richtung hin zum erften Male ein neues Prinzip in Ausführung gebracht zeigte, großes Intereffe. Die Erfindung rührt von dem Wiener Klavierfabrikanten Friedrich Ehrbar her und ift fchon von ihm gelegentlich der Londoner Ausftellung von 1862 befprochen worden. Nach diefer Idee ift denn auch von Beregfzafzy in Peft 1871 ein gewölbter Refonanzboden in London, jedoch ohne Klavier, ausgeftellt worden; der Beweis der praktifchen Bedeutung diefes Gedankens ift jedoch neuerdings erft vom urfprünglichen Erfinder geliefert worden. Die Klangfchönheit des Ehrbar'fchen Flügels wird von dem bekannten Mufikfchriftfteller Hanslick auf das Höchfte gerühmt; wenn, wie nicht unmöglich ift, die Zeit auf derartige Inftrumente wie auf die Geigen einen verbeffernden Einfluß ausübt, fo wird damit eine neue Epoche der Klaviere beginnen.

Das Holz für Refonanzböden, Rippen und Klaviaturen wird von befonderen Gefchäftsleuten in holzreichen Gegenden, vorzüglich im Böhmer Walde, Bayerifchen Walde, Oberbayern u. f. w. ausgefucht, mit Säge und Hobel ziemlich vorgearbeitet und fo in Bretern und Bunden in den Handel gebracht.

Der Mechanismus. Die beweglichen Theile, das zum Anfchlagen der Saiten dienende Hämmerwerk, bilden die bei weitem intereffantefte und wichtigfte Partie am Pianoforte und diejenige, an welcher die meiften Erfinder und Verbefferer fich verfucht haben; daher ift denn auch die Zahl der gebräuchlichen und gebräuchlich gewefenen Mechanismen eine fehr anfehnliche und wir können davon nur fo viel zur Anfchauung bringen, als zur allgemeinern Orientirung nothwendig erfcheint. Die vielfachen Wandlungen beziehen fich ausfchließlich auf die hintere Partie des Mechanismus, auf das Hämmer= und Dämpferwerk, während die Tasten ihrer Bestimmung nach einfachere Stücke sind und ihre Anordnung von Haus aus eine fest gegebene ist.

Die Tasten macht man aus weichen, schlichten Hölzern, die dem Verziehen nicht unterworfen sind, Linden, Fichten u. dgl. Ihrem Prinzip nach sind sie Doppelhebel, bei welchen besonders der Dreh= oder Wagepunkt von Wichtigkeit ist; die Hebellänge kann verschieden sein und richtet sich nach dem Bau des Instrumentes und der Saitenlage. Den Wagepunkt für die Tasten giebt eine Leiste, auf welcher flache Stifte eingeschlagen sind, die durch einen Schlitz in der Taste gehen. Für die kürzeren Obertasten liegt die Reihe der Stifte entsprechend weiter vorwärts. Von der Lage des Wagepunktes hängt hauptsächlich die härtere oder weitere Spielart ab; ferner bestimmt sich aus dem Wage= punkt und dem Spielraum, welcher der Taste für den Niedergang unter dem Finger gegeben wird (etwa $\frac{3}{4}$ Centimeter), die Hubhöhe des hinteren Tastentheils und somit auch des darauf stehenden Stößers, der dem Hammer den Anstoß ertheilt. Wir haben also hier schon eine ganze Reihe von Größen oder Maßen, die sich auf einander beziehen und unter einander in Harmonie stehen müssen, wenn ein möglichst guter Anschlag erreicht werden soll.

Der älteste Mechanismus ist das Christofali'sche Hammerwerk, dessen Einrichtung uns Fig. 445 zeigt. In dieser Abbildung ist a b der hintere Theil der Taste, welche durch ihr Heraufgehen den um e drehbaren Contrehebel c d mit der Stoßzunge f in die Höhe hebt und den Dämpfer g gleich= zeitig von der Saite h i entfernt. Die Stoßzunge stützt sich gegen einen plattgeschlagenen Draht k und wird von der Feder l gehal= ten. Der eigentliche Hammer m bewegt sich in der Hammernuß n, welche in der Hammerbahre o liegt; p sind kleine, kreuzweise geschränkte Schnürchen, zwischen denen die Hämmer eingeordnet sind. Eine oberflächliche Be=

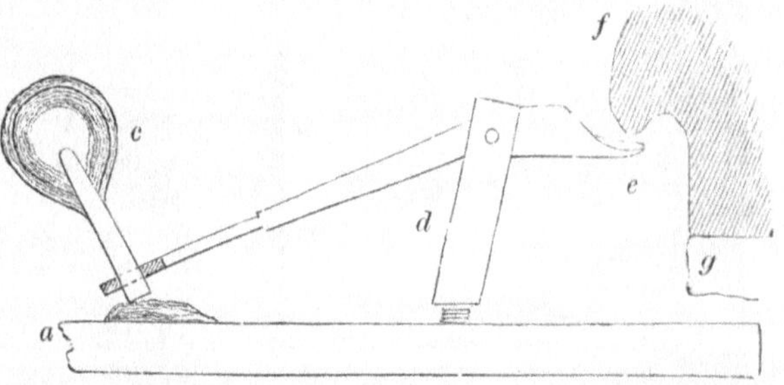

Fig. 446. Schröter'scher, von Silbermann verbesserter Mechanismus.

trachtung schon läßt das Zweckmäßige dieser Mechanik erkennen, welches um so mehr hervor= tritt, wenn man Vergleiche mit der später aufgetauchten Erfindung Schröter's anstellt.

Der alte Schröter'sche Mechanismus, wie er nach einer geringen Abänderung durch den Straßburger Silbermann an den damaligen Instrumenten angebracht wurde, ist in Fig. 446 dargestellt. Das Stück a b ist das hintere Tastenende, auf welchem der Hammer c mit seinem Träger d steht. Geht die Taste durch den Druck des Spielers hinten in die Höhe, so wird der um einen Stift drehbare Schwanz oder Schnabel e des Hammers von der Kante der entgegenstehenden Leiste f aufgehalten und der Hammer muß demzufolge herum und nach oben schlagen. Der Spielraum der Taste selbst wird durch die untere, gepolsterte Seite g derselben Leiste beschränkt. Da der Hammerstiel einen viel längern Hebelarm darstellt als das Schwanzende, so muß auch der Weg und die Geschwindigkeit des Hammerkopfes dem Verhältniß entsprechend größer sein. An den heutigen Instrumen= ten verhält sich der Niedergang der Taste unter dem Finger des Spielers hierzu etwa wie 1:8; also der Weg, den der Hammerkopf in derselben Zeit durcheilt, während die Taste niedergeht, ist achtmal weiter, daher auch seine Geschwindigkeit achtmal größer.

Wir sehen, daß der Dämpfer, eines der wesentlichsten Erfordernisse, welches Christo= fali so sinnreich angebracht hatte, hier noch fehlt. Die Abdämpfung der nachklingenden Saiten geschah auf unvollkommene Weise durch eingeflochtene Tuchstreifen. In Deutsch= land verbesserte Stein den Schröter'schen Mechanismus, und die Verlegung seines Ge= schäftes durch seine Kinder nach Wien wurde die Veranlassung zu der Bezeichnung Wiener Mechanik, welche sich lange und zum Theil bis heute erhalten hat. Stein erfand und setzte an Stelle der starren Abstoßleiste f (s. Fig. 445) den federnden Auslöser g (s. Fig. 447), welcher dem Hammer mehr Freiheit gab, und andererseits, um diese Freiheit nicht ausarten zu lassen, den Hammerfänger i. Der Auslöser ist auf seiner Leiste mit einem Streifchen Pergament angeleimt und eine Drahtfeder drückt ihn immer einwärts an die gepolsterte Anschlagleiste. Der Hammer schlägt aus demselben Grunde nach oben wie beim vorigen Mechanismus, weil sein Schwanzende e sich an ein Hinderniß stößt; hier aber ist das Hinderniß ein ausweichendes, und auf gewisser Höhe des Hubes nach vollzogenem Hammer= schlag muß der Aufhalter von der dann mehr geneigten Ebene des Hammerschnabels ab= glitschen, worauf sogleich der Hammer zurückfällt, wenn auch die Taste noch gehoben bleibt. Das weitere Aushalten auf der Taste hat dann nur noch die Wirkung, daß der Abheber h für den Dämpfer nicht niedergeht, also die angeschlagene Saite fortklingt. Der Auslöser hat sich nach erfolgtem Abfall des Hammers wieder an sein Polster angelehnt, und wenn darauf die Taste wieder sinkt, weicht er vor dem Drucke der gerundeten Unterseite des Schnabels abermals zurück und schnappt wieder vor, sobald der Schnabel so tief gekommen ist, daß sich der Kopf des Auslösers über ihn stellen kann. Die Funktion des Auslösers erscheint somit als ein fortwährend wechselndes Einspielen seines Kopfes unter und über den vorbeigehenden Hammerschnabel. Eine solche Auslösung, d. h. eine Einrichtung, ver= möge welcher der Hammer nach erfolgtem Anschlage sofort von selbst zurückfällt, findet sich in irgend einer Form an jedem späteren Mechanismus; ihr Nutzen springt in die Augen.

Fig. 447. Wiener Mechanismus.

Aber der Hammer empfängt auch von der getroffenen Saite einen Gegenschneller, der ihn zum abermaligen Aufspringen von seinem Polsterlager ver= anlassen könnte, weshalb denn stets auch ein Hammer= fänger vorhanden ist, ein kleiner gepolsterter, etwas schräg gestellter Gegenhalter, der den Hammerkopf durch das Anreiben der beiden weichen, rauhen Flächen oder auch durch mehr oder weniger Klemmung sogleich zur Ruhe bringt. Je stärker eine Taste angeschlagen wird, desto stärker schlägt sich der Hammer durch den Rückprall in den Fänger hinein.

Die Christofali'sche Idee, den Hammer von der Taste zu trennen, so daß er sich in einem besondern, unbeweglichen Lager dreht, und ihm mittels einer mit der Taste ver= bundenen Stoßzunge den Antrieb zu ertheilen, fand in Deutschland zwar Berücksichtigung, und es giebt ja Einzelne, welche behaupten, Silbermann habe die Erfindung selbständig gemacht, indessen geschah ihre Pflege hauptsächlich in Frankreich und England durch deutsche Meister, und der Mechanismus kam später als englischer zu uns zurück, obschon kein Engländer etwas Wesentliches zu seiner Ausbildung beigetragen hat.

Die sogenannte englische Mechanik unterscheidet sich also von der Wiener wesentlich dadurch, daß die Hämmer mit ihren Zäpfchenlagern in eine festliegende Leiste eingebettet liegen, wodurch die mechanischen Verhältnisse weit einfacher und günstiger werden als bei der vorigen Anordnung. Die Stoßzunge f (s. Fig. 448) steht auf der Taste a b senkrecht und giebt beim Emporsteigen dem Hammer m kurz vor seinem Drehpunkt n den Stoß, der ihn nach oben wirft; sowie der Stoß erfolgt ist, wird auf einer bemessenen Höhe der Hammer infolge der Auslösung von dem Stößer frei und fällt in den Fänger zurück. Die Auslösung bildet immer ein feststehendes Hinderniß, welches den Stößer, nachdem er ein gewisses Stückchen gestiegen ist, zu einer seitlichen Neigung nöthigt, so daß seine Spitze ihren Angriffspunkt unter der Hammernuß verlassen muß. Der Stößer ist daher auf der Taste angelenkt, in geringeren Werken oft nur mit einem Pergamentstreifchen, in der Regel aber mittels Loch und Stift.

Eine kleine Feder strebt, ihn beständig in der senkrechten Richtung zu erhalten, und bringt ihn dahin zurück, wenn die Auslösung ausgewirkt hat. Bei guten Instrumenten findet sich wol die Einrichtung, daß der Anhängepunkt des Stößers an der Taste durch Stellschräubchen etwas höher oder tiefer gestellt werden kann, denn es ist augenscheinlich wichtig, die Hubhöhe desselben genau reguliren zu können. Unsere Figur zeigt eine gewöhnliche Anordnung des englischen Mechanismus. Die Auslösung bildet hier ein schräg durch die Hammerleiste gehender geköpfter Schraubenstift e, und es ist ersichtlich, daß beim Steigen des Stößers die schiefe Fläche des letzteren mit dem Köpfchen in Kollision kommen und der Stößer so weit nach links ausweichen muß, daß der Schnabel oben die Hammernuß verläßt. Durch Vor= und Zurückschrauben des Auslösers wird beim Fertigmachen der Punkt ermittelt, wo Anschlag und Auslösung am besten und promptesten erfolgen. Auf dem hintern Ende der Taste ruht ein Gegenhebel, welcher den Dämpfer g trägt. Die Auslösung der Stoßzunge kann natürlich verschiedene andere Formen haben und hat sie auch, ihre Betrachtung würde uns aber zu weit führen.

Ein neuerer, vielfach gepriesener, von anderen Seiten aber wieder nicht hoch angeschlagener Fortschritt im Pianofortebau ist die sogenannte Repetitionsmechanik oder doppelte Auslösung; die Idee stammt aus dem Erard'schen Atelier in Paris, und durch Franz Liszt wurde die Novität berühmt gemacht. Bei jedem gewöhnlichen Mechanismus nämlich muß die Taste nach erfolgtem Anschlage wieder vollständig aufspringen können, bevor ein weiterer Anschlag erfolgen kann, denn die ausgelöste Stoßzunge muß sich erst wieder unter ihren Angriffspunkt am Hammer einstellen können. Der Repetitionsmechanismus dagegen gestattet eine und dieselbe Saite rasch nach einander anzuschlagen, wenn ihrer Taste auch nur eine Hebung von 2—3 Millimeter

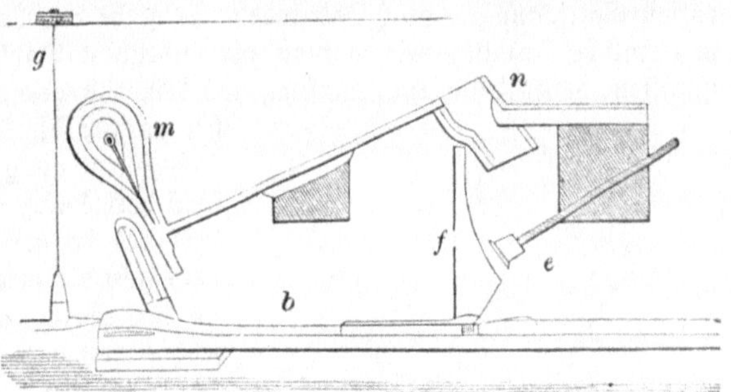

Fig. 448. Englische Mechanik.

freigelassen wird. Hierdurch wird dem Virtuosen in Ausführung rascher Triller eine wesentliche Erleichterung gewährt.

Der von Erard gegebene Repetitionsmechanismus ist ein Haufwerk von Gliedern, die nicht am besten geordnet sind; seitdem sind einfachere Mechanismen ersonnen worden, welche das Nämliche leisten, und von deren einem wir hier in Fig. 449 ein Bild geben. Wir sehen in dem in Ruhelage dargestellten Mechanismus die Stoßzunge in Form eines Winkelhebels cde und außerdem weiter oben mit einem zweiten Schenkel f versehen, auf welchem eine gebogene Stahlfeder steckt, die am andern Ende mit einem gepolsterten Köpfchen g sich unten an die Hammernuß h anlegt. Bei gewöhnlichem Spiel wirkt die Mechanik wie jede andere; das federnde Köpfchen hat nichts zu thun, obwol es stets an der Hammernuß liegt und ihrem Auf= und Niedergange folgt. Wird aber die Taste vom Spieler niedergehalten, so daß die Stoßzunge ausgelöst bleibt, so fällt der Hammer nur ein kurzes Stückchen zurück und bleibt auf dem Köpfchen ruhen. Die Feder übernimmt nun interimistisch die Rolle einer Stütze und eines Hebels, denn sie ist stark genug, den Hammer in der Schwebe zu halten und die kurzen Antriebe, welche sich mit der niedergedrückten Taste geben lassen, durch das Köpfchen auf die Hammernuß zu übertragen, so daß der Saite selbst schwache, kurz ausgeholte Schläge in rascher Aufeinanderfolge ertheilt werden können.

Damit jedoch sind die Vervollkommnungen des Pianoforte nur obenhin skizzirt. Moscheles, Liszt, Thalberg, Rubinstein, Bülow, Tausig, und wie die großen Virtuosen heißen, wären nicht möglich gewesen, wenn nicht das Instrument bereits eine gewisse Stufe der Ausbildung erreicht gehabt hätte; sie zeigten, was auf dem Pianoforte Alles geleistet werden kann, gaben aber auch ihrerfeits wieder den Anlaß zu weiteren Verbefferungen. Das Pianoforte ift demnach im Laufe der Zeit auch ein ganz anderes Inftrument geworden; fein jetiger Toncharafter ift wefentlich verfchieden von feinem urfprünglichen, und älteren Mufik= ftücken, felbft Beethoven'fchen noch, hört man an, daß fie entfchieden für andere Klangeffekte gedacht find, als unfere heutigen Inftrumente bieten.

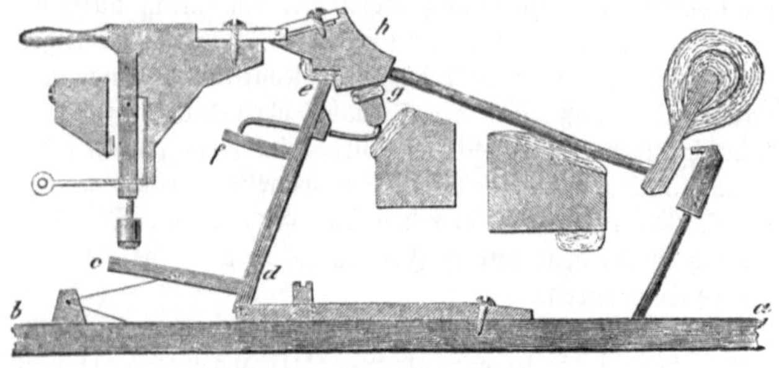

Fig. 449. Repetitionsmechanik.

Für aufrechtftehende Inftrumente, wo alfo die Hammerfchläge in anderer und gewöhnlich in horizon= taler Richtung fallen müffen, ift natürlich eine andere An= ordnung des Mechanismus nöthig. Hierbei werden die Bewegungen leicht etwas träger, weil die natürliche Schwere dabei weniger in Mitwirkung gezogen werden kann, man müßte denn kleine bleierne Gegengewichte mit in Anwendung bringen, was bei gewiffen Einrichtungen auch ftattfindet. Es giebt von horizontal fchlagenden Mechanismen eine ziemliche Anzahl; wir wählen zur bildlichen Darftellung in der Fig. 450 einen der einfachften, deffen Bau und Wirkung aus dem Vorhergegangenen verftändlich ift und wel=

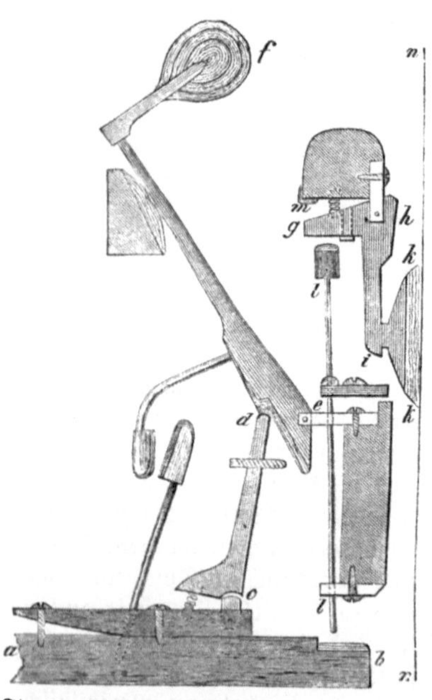

Fig. 450. Mechanismus für ftehende Inftrumente.

cher vorzüglich durch eine hübfche Anordnung der Dämpfung ausgezeichnet ift. a b ift der hintere Theil der Tafte, c d die Stoßzunge. Der Hammer f dreht fich in der Nuß e. Der Dämpfer k fitt an dem einen Schenkel eines Winkelhebels g h i und wird von der Saite durch ein Stängelchen l l abgedrückt, welches von dem Hinterende der Tafte beim Nieder= drücken derfelben emporgefchoben wird. Sobald der Finger die Tafte verläßt, drückt eine Feder m den Dämpfer an die Saite n n wieder an.

Endlich giebt es auch eine große Anzahl ab= wärts fchlagender Mechanismen. Diefelben liegen mit ihrer Klaviatur über den Saiten, das Auffteigen des hinteren Taftentheils wird daher nicht zu einem nach oben geführten Stoße benutt, fondern zu einem Heraufholen des hintern Armes des doppelarmigen Hammerhebels von unten. Statt der Stoßzunge geht ein verbindendes Glied von der Tafte abwärts, das entweder beftändig oder in Angriff und Aus= löfung abwechfelnd mit dem Hammer, und zwar mit einem den Drehpunkt überragenden Schwanz= ftück deffelben, in Verbindung fteht. Namentlich verfolgte der Inftrumentenbauer Greiner das Problem der niederfchlagenden Mechanik, und wir geben in Fig. 451 die Abbildung einer von ihm getroffenen Einrichtung. Die Saite a b wird von dem Dämpfer c verlaffen, wenn das hintere Taftenende d e aufwärts geht. Dabei wird der die Stoßzunge vertretende und unten in einen Drahthaken h auslaufende Theil f g mit gehoben, und das Schwanzftück i des Hammers k l, in welches der Haken eingreift, erhält einen Ruck, der den letteren auf die Saite fchnellt. Die Auslöfung erfolgt dadurch, daß das mit der Tafte verbundene Stück f g bei einer gewiffen Hubhöhe an ein Schräubchen m trifft und dadurch daffelbe zurückdrängt, beim Herabgehen aber durch eine Feder wieder vorgedrückt wird. Eine Feder oder eine andere Anordnung nimmt den Hammer nach erfolgtem Anschlage sofort wieder zurück. Der am Ende der Hammernuß ersichtliche Körper n ist eine Art Fänger von Filz.

Mag nun einer oder der andere dieser verschiedenen Mechanismen zur Anwendung kommen, so liegt in den Vorzügen, die derselbe vielleicht vor andern hat, noch nicht die Garantie eines wirklich guten Instruments. Denn da der Mechanismus für jeden einzelnen Ton ein selbständiger ist, so gehört außerdem noch die größte Genauigkeit, das feinste Gefühl der Hand und das geübteste Gehör dazu, um alle diese Tausende von einzelnen Theilen zu einem übereinstimmenden Ganzen zu verbinden.

Wenn wir eine Klaviermechanik obenhin ansehen, wie eine solche in Fig. 451 dargestellt ist, so liegen die meisten Bestandtheile derselben versteckt, und die Sache sieht nicht so komplizirt aus, wie sie in der That ist. Die Zahl der einzelnen Stückchen verschiedener Hölzer, Stahl= und Messingdrähte, Tuch, Filz, Leder und Pergament an der Mechanik eines großen, mit den subtilsten Einrichtungen ausgestatteten Flügels kann über 3000 betragen; jedes einzelne muß darin auf das Akkurateste mit der Hand hergestellt und eben so akkurat in das Ganze eingeordnet sein. Verschiedene Hölzer kommen für verschiedene Theilchen zur Verwendung, wie sie nach ihren Eigenschaften sich am besten eignen. Man wählt das eine, weil Stäbchen daraus sich nicht werfen; das andere, weil es recht gerade verlaufende Jahre hat; wieder andere, weil sie hart oder weich oder zähe u. s. w. sind.

Am meisten kommen zur An=
wendung Apfel=, Birnbaum=,
Linden=, auch Mahagoni=,
Cedern=, Fernambuk= und
Brasilienholz, und es er=
scheint fast wunderbar, daß
die oft so schwachen Hölzer
und Drähtchen das aushalten,
was dem Pianoforte zuge=
muthet wird. Darin aber
zeigt sich der Meister, daß er
sein Material kennt und rich=
tig zu wählen versteht, daß er

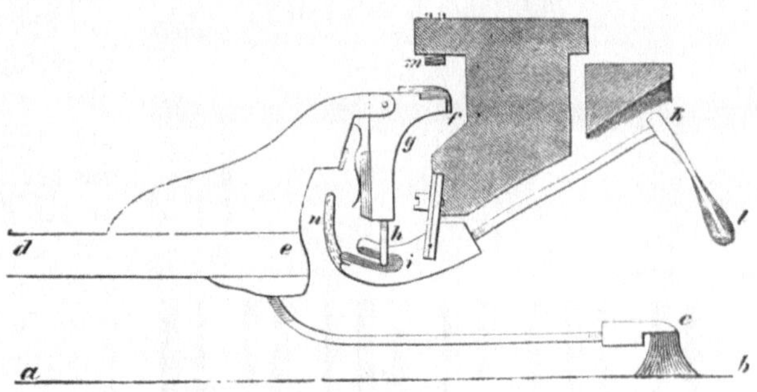

Fig. 451. Niederschlagender Mechanismus.

allen Theilen die richtigen Proportionen und Formen gegeben und Alles so zusammen=
gestellt hat, daß die freie Bewegung der Glieder nirgends gestört wird.

Die **Hämmer** der neuen Instrumente bestehen nicht, wie die Tangenten der Klaviere, aus harten metallischen Körpern, sondern man hat, der großen Saitenlänge entsprechend und um dem bedeutend verstärkten Tone das Harte, Scharfe zu nehmen, sie mit weichen Stoffen überkleidet, durch welche die Bewegung mehr auf die ganze Masse der Saite über= tragen wird und jene hin und her laufenden Wellen, die zur Entstehung der klirrenden hohen Obertöne Veranlassung werden, sich nicht in dem Grade bilden können, wie bei dem Klavier. Der Ton wird dadurch zwar etwas dumpfer, erhält aber größere Fülle. Daß die Dämpfung ebenfalls nur durch weiche Stoffe am besten gelingt, ist selbstverständlich. Die Belegung der Hämmer sowol als der Dämpfer ist daher eine der wichtigsten Arbeiten des Pianoforte= bauers und verlangt die größte Sorgfalt und das vollkommenste Material, wenn der Ton nicht an seinem ursprünglichen Charakter verlieren soll. Früher, wo man nur Schafleder und Baumwollenzeug für diese Zwecke kannte, waren dergleichen Uebelstände unvermeid= lich. Zwar wandte man auch Hirschleder zur Hammerbelederung an, und dieser Stoff würde allen Anforderungen genügen, allein er ist jetzt nicht mehr in ausreichender Menge zu haben. Ein großer Fortschritt war es daher, als man, zuerst in Frankreich, für Hämmer und Dämpfer besondere Filze herstellen lernte, die zur Zeit fast durchgängig Anwendung finden. In England wurde die Fabrikation solcher Filze bald nachgeahmt, und Deutschland mußte lange von beiden Ländern kaufen, hat sich aber endlich auch selbständig zu machen gewußt.

Der Hammerfilz erfcheint in Tafeln von 1 bis 1½ Meter Länge und ⅔—¾ Meter Breite, in der Dicke fich verjüngend (14 bis 6 zu 4 bis 2 Millimeter). Er ift von großer Feinheit und Weichheit und befteht aus reiner oder mit etwas Baumwolle gemifchter Schafwolle, der wol auch Kaninchenhaare zugefetzt werden.

Die Dicke und Rundung der Hammerköpfe und eben fo ihre Weiche ift am größten bei den tiefften Noten und nimmt nach rechts hin in demfelben Maße ab, wie die Länge oder Dicke der Saiten felbft. Nur die oberfte Schicht des Ueberzugs befteht aus dem beften Filz; zum Unterpolftern dient als fogenannter Unterfilz eine geringere Sorte. Die Filzftückchen werden mit Leim an ihre Stelle befeftigt und bei den ftärkeren Köpfen fchwächer, bei den dünneren ftraffer angezogen. Für die Diskant'age kommt auch jetzt noch Belederung vor.

Während fo das weiche Hammer= und Dämpfermaterial mit den Saiten in Berührung tritt und einerfeits den Ton bilden hilft, andererfeits ihn verftummen macht, find an zahlreichen anderen Stellen Tuch oder Leder dazu angebracht, um kein anderes Geräufch daneben auffommen zu laffen, fo daß der Gang des Mechanismus felbft ein völlig unhörbarer wird. Ueberall alfo, wo zwei harte Theile des Mechanismus in Berührung treten,

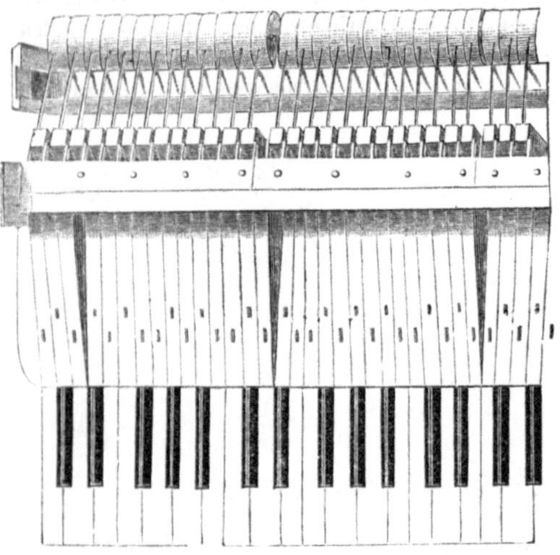

Fig. 452. Klaviatur und Hämmeranordnung.

befindet fich eine Belegung mit Tuch oder dergleichen zur Dämpfung des möglichen Geräufches; fo unter den Taften zunächft vorn am Niederdruck, dann in der Mitte, wo die Schlitze mit Tuch gefüttert find, in welche die Wageftifte eintreten, am hintern Ende der Tafte fowol unterhalb als nach Erfordern oberhalb deffelben. An der Auslöfung für die Stoßzunge wie an der Kröpfung der Hammernuß, gegen welche die Zunge fpielt, ift natürlich eine befonders gute Belegung erforderlich. Eben fo find die Backen oder fogenannten Kapfeln ausgetucht, in denen fich die Hammernuß an ihrem Stifte dreht. Die Hämmer fallen auf eine gepolfterte Leifte zurück, und je nach der komplizirten Gliederung des Mechanismus ergeben fich noch fo manche andere Stellen, wo eine harte

Begegnung durch ein weiches Zwifchenmittel gefänftigt werden muß; ja die Vorforge geht an Werken von erfter Güte fo weit, daß felbft enge Löcher ausgetucht werden, in welchen ein Draht, etwa zur Hebung des Dämpfers, fpielen foll. Die Hammerfänger find ftets mit weichem Leder überzogen, fo daß hier zwei weiche, rauhe Körper mit einander in Berührung kommen, wie es dem Zwecke fofortiger Beruhigung des Hammers entfpricht.

Der Saitenbezug. Wir kommen nunmehr auf den Saitenbezug, auf die eigentliche Seele den Inftrumentes, zu fprechen, welchem alle übrigen Theile nur als untergeordnete Glieder dienen. Die Veränderungen, welche mit den Saiten feit etwa fünfzig Jahren vorgenommen worden, erftrecken fich fowol auf die Art und Güte des Materials, als auf die Stärke der Drähte. Die alten Klavierbauer nahmen zu ihren viel dünneren Bezügen in der Tiefe Eifen=, in der Höhe Meffingdraht; den letzteren lieferte ftets Nürnberg am beften, während es in Bezug auf den Eifendraht fpäter von Berlin übertroffen wurde. Jetzt ift das Material faft durchweg Gußftahl, eine Verbefferung, die aus England kam. Lange Zeit waren Webfter und Horsfall hier die einzige Bezugsquelle für gute Klavierfaiten, fpäterhin find fie aber von Miller in Wien und feit Ende der fünfziger Jahre von Pöhlmann in Frankenhammer nicht nur eingeholt, fondern bei weitem übertroffen worden. Ein Broadwood'fcher Flügel, mit Miller'fchen Saiten befpannt und von innerhalb zehn Jahren in 460 Konzerten gefpielt, verlor während diefer Zeit nur eine einzige Saite.

Der Ton einer Saite hängt zwar, wie wir wissen, von der Länge ihres schwingenden Theiles, von ihrer Stärke und von dem Grade ihrer Spannung ab. Indessen können diese drei Faktoren, wie die Erfahrung schon lange gelehrt hat, nicht beliebig für einander eintreten, sie müssen vielmehr unter einander in einem gewissen Verhältniß stehen, wenn der stärkste und beste Ton erreicht werden soll. Die Saite klingt nur dann am stärksten und reinsten, wenn sie so stark angespannt wird, daß sie dem Springen nahe ist; die festesten Saiten werden daher auch die besten sein. Kann aber der beste Ton nicht auf jedem Spannungsgrade erlangt werden, so ist es natürlich, daß die hauptsächlichste Vermittelung zwischen den beiden andern Faktoren, Länge und Stärke, gesucht werden muß. Die richtige Bemessung der Saitenlängen, welche letztere sich wieder nach der Bauart des Instruments zu richten haben, ist daher eine wichtige Aufgabe. Jeder Grad von Stärke, Länge, Gewicht und Spannung der Saite bringt eine besondere Beschaffenheit des Tones mit sich.

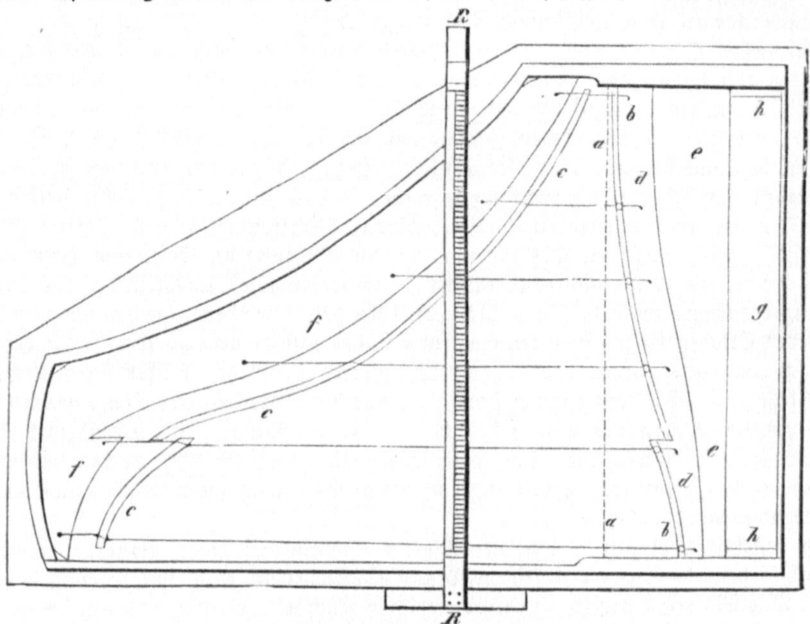

Fig. 453. Ansicht der Kasteneinrichtung.

Würde man zwei Saiten von gleicher Länge und Stärke so verschieden spannen, daß ihre Töne eine Oktave aus einander lägen, so würde der hohe Ton vielleicht gut, der tiefere dagegen schwach und stumpf klingen; wollte man andererseits zwei Saiten, um jene beiden Töne zu erzielen, nur in der Länge oder nur in der Stärke differiren lassen, so wäre der Unterschied in der Tonqualität wol nicht so groß wie im erstgesetzten Falle, aber die gewünschte gleichmäßige Tonstärke würde doch nicht vorhanden sein. Das geübte Ohr des Instrumentenmachers hört schon deutlich den Unterschied zwischen zwei verschiedenen Saitennummern, obgleich ihrer in einem Instrument zwölf= bis zwanzigerlei zur Anwendung kommen, und er sucht eine Ausgleichung durch den letzten Ueberzug der Hämmer herzustellen. Die Praxis ist demnach die, daß man sowol die Länge als die Stärke und in geringerem Maße auch die Spannung von unten nach oben abnehmen läßt. Es giebt hierfür wol Regeln, aber immerhin ist das Verfahren nur ein vermittelndes, durchschnittliches, wobei dem Gehör die entscheidende Stimme verbleibt. Die Pianofortebauer sollten deshalb, um die an sie herantretenden Fragen selbst beantworten zu können, mit den Lehren der Physik, wenigstens mit den Gesetzen der Akustik, Wellenbewegung, Elastizität u. dergl. vollkommen vertraut sein; leider aber verlegt sich die Mehrzahl derselben fast nur darauf, irgend welche Musterinstrumente empirisch immer und immer wieder nachzubauen.

Nach der ermittelten Saitenlänge, die ſchon deshalb keine gleichmäßig abnehmende ſein kann, weil nicht für jede Taſte eine beſondere Saitennummer exiſtirt, ergiebt ſich die geſchweifte Form des Reſonanzbodenſtegs und die Stellung der Stifte auf demſelben. Als eigentliche Saitenlänge gilt nur die Entfernung zwiſchen den Stiften dieſes Stegs und denen des am Stimmſtock liegenden, weil nur dieſer Theil der Saite ſchwingen kann.

Unſere dem Lehrbuch des Pianofortebaues von Blüthner und Gretſchel entnommene Abbildung (ſ. Fig. 453) giebt uns die Eintheilung eines Flügelkaſtens, eines ſogenannten Stutzes. In derſelben bezeichnet a a die Linie, in welcher die Hämmer anſchlagen; b b iſt der Stimmſtockſteg, c c der aus zwei Theilen beſtehende Reſonanzbodenſteg, d der Stimm= ſtock, e der Keil, eine ſtarke Holzplatte, die unmittelbar hinter der Spiellade g auf dem vordern Theile des Stimmſtockes liegt, f iſt die Anhängeplatte, und durch h h ſind die beiden Seitentheile des Klaviaturrahmens bezeichnet. Die Taſteneintheilung iſt auf der über den Kaſten gelegten Reißſchiene R R angegeben.

In dieſem Schema ſind der Deutlichkeit halber die Eiſenverſpreizungen, welche Stimmſtock und Anhängeplatte in der richtigen Entfernung feſthalten, nicht angegeben, ſie befinden ſich an den Stellen der mittleren Saiten. Die Saiten ſelbſt laufen hier alle einander parallel. In den letzten Jahren hat ſich jedoch, namentlich durch Steinway's Vorgang, der „überſaitige“ oder „kreuzſaitige“ Bezug, der jedoch ſchon von Früheren ver= ſucht worden war, überall zur Geltung gebracht, ſo daß auf der Wiener Ausſtellung mehr als ein Drittheil der ausgeſtellten Klaviere gekreuzte Saitenlage zeigten. Dieſes Arrange= ment beſteht darin, daß vom Diskant aus, wo die Richtung der Saite dem Hammerſchlag parallel bleibt, die Saitenchöre allmählich in fächerförmiger Ausbreitung der Linie des Reſonanzbodenſteges entlang von rechts nach links gelegt werden. Die beſponnenen Saiten der tieferen Oktaven liegen dagegen ein wenig höher und kreuzweiſe über den anderen von links nach rechts ausgebreitet auf einem verlängerten Baßſtege, welcher parallel mit dem erſten Stege läuft. Es liegt auf der Hand, daß durch die verlängerten Stege des Reſonanz= bodens größere Flächen des letztern bedeckt werden, der Raum zwiſchen einzelnen Saiten= chören größer und dadurch der Klang mächtiger wird. Dieſe Vorzüge machen ſich nament= lich auch bei den Pianinos bemerklich, auf welche Steinway die neue Beſaitungsmethode ebenfalls angewandt hat.

Es beſtehen nicht alle Saiten aus blankem Stahldraht; in der Baßlage iſt vielmehr der Stahlkörper der Saite mit feinem Draht überſponnen, d. h. ſpiralförmig dicht um= wickelt. Das Material hierzu iſt feiner, weicher Kupferdraht oder auch nur in der erſten Oktave Kupfer, im Uebrigen feiner Eiſendraht. Durch die Beſchwerung mit dem Draht wird die Saite genöthigt, langſamer zu ſchwingen, alſo einen tieferen Ton zu geben. Der Spinndraht verhält ſich dabei, als wenn er zur Maſſe des Drahtes ſelbſt gehörte; wird z. B. einer Saite ſo viel Draht aufgeſponnen, als ſie ſelbſt wiegt, ſo klingt ſie unter übrigens gleichen Verhältniſſen um eine Oktave tiefer, als dieſelbe Nummer unbeſponnen. Ein anderer weſentlicher Vortheil des Ueberſpinnens iſt der, daß dadurch eine Menge Nebentöne unter= drückt werden, die bei einfachen Saiten, beſonders in der Baßlage, ſtörend mitklingen würden.

Durch doppelten oder dreifachen Saitenbezug (Chöre) wird ſelbſtverſtändlich eine größere Tonfülle gewonnen; die Vermehrung der Saiten bewirkt daſſelbe wie ihre Ver= ſtärkung. Daher ſind alle kleineren Inſtrumente doppelt beſaitet (zweichörig), die Flügel aber dreichörig bis zur tieferen Baßlage herab, wo dann ebenfalls die Zweizahl auftritt.

Klangfarbe. Der Punkt, wo der Hammer an die Saite ſchlägt, iſt keineswegs gleich= giltig. Wird eine Saite in der Mitte angeſchlagen, ſo kommen natürlich alle diejenigen Obertöne nicht zur Geltung, welche hier einen Schwingungsknoten haben, denn der Theil, wo der Hammer die Saite berührt, wird gerade in die ſtärkſte Bewegung verſetzt. Da aber die Tonfarbe aus einem Zuſammenklingen des Grundtones der Saite mit einzelnen oder mehreren ihrer Obertöne entſteht, von denen unter Umſtänden einer oder der andere den Grundton ſogar an Intenſität übertreffen kann, ſo muß das Ausfallen einer ganzen Reihe von Obertönen, wie des zweiten, vierten, ſechsten, achten u. ſ. w., infolge deſſen z. B. der

Klang C dann nicht mehr aus den Tonbestandtheilen c c' g' c" e" g" b" c''' ...., sondern vielleicht nur aus c g' e" b" u. s. w. bestehen würde, auf die Klangfarbe von wesentlichstem Einfluß sein. In der That hat eine in der Mitte angeschlagene Saite deswegen einen hohlen, näselnden Klang; derselbe ändert sich aber sofort, wenn man die Saite an einem andern Punkte, z. B. bei ⅓ ihrer Länge, anschlägt, wobei dann der dritte, sechste und neunte Oberton ausfällt, dagegen c e' c" e" b" c''' u. s. w. zusammenklingen. Es sind nun aber die höheren Obertöne über den achten hinaus solche, welche nicht mehr in den Durdreiklang des Grundtones passen, deren Wegfallen also für die Klangfarbe des Pianoforte nicht nur nicht von Nachtheil ist, sondern sogar reinigend wirkt. Durch die richtige Locirung der Anschlagstelle des Hammers kann man aber dieses Ausfallen sehr wohl erreichen, und die Pianofortebauer haben bisher, ohne sich des Grundes bewußt gewesen zu sein, den Hammer für die mittleren Saitenlagen in ⅟₇ bis ⅟₉ der Länge anschlagen lassen, fühlend, daß auf diese Weise der schönste Toncharakter gewonnen werde. Helmholtz in seinem bereits citirten Werke führt dieses empirische Handeln auf seine wissenschaftlichen Gründe zurück, und es ist zu wünschen, daß die Instrumentenbauer den Resultaten derartiger Forschungen genügende Beachtung schenken und sich die dazu nöthige naturwissenschaftliche Bildung als das nothwendigste Handwerkszeug anzueignen suchen.

Ist endlich der künstliche und mühsame Bau des Instrumentes anscheinend fertig und steht dasselbe oberflächlich eingestimmt da, so giebt es gleichwol noch eine Menge Arbeit daran zu thun. Es kommt nun das Ausarbeiten und Egalisiren des Mechanismus wie der Töne. Zuvörderst werden alle Theile des Hammerwerks und der Dämpfung genau durchgegangen und jedes Glied untersucht, ob es das Gehörige leistet oder Nachhülfe bedarf. Der gleichschwere Niedergang der Tasten ist auf das Sorgfältigste zu prüfen und herzustellen, wobei ein auf die Tasten gesetztes Gewicht Beihülfe leistet; das gehörige Kraftmaß aller Federn, die richtige Steighöhe der Stößer und der von ihnen beeinflußten Hämmer, die ruhige und pünktliche Auslösung, kurz Alles, was sich auf das stumme Spiel des Mechanismus bezieht, muß in beste Ordnung gebracht werden, worauf dann an die Berichtigung der Tonverhältnisse selbst gegangen wird. Denn auch hier wird es manche Ungleichheiten zu ebnen geben; es können dumpfe, harte, grelle und sonst fehlerhafte Töne vorkommen, und der Grund, der oft nicht so leicht erkannt wird, kann, wie wir jetzt einsehen, die allerverschiedenartigsten Ursachen haben. Nachhülfen an der Belederung und Auswechselung einzelner Saiten werden vielleicht das Uebel heben; ist dies nicht der Fall, so ist auf anderweitige Fehler zu schließen. Konstruktions oder Materialfehler an den verschiedenen Theilen des Baues können einen bösen Einfluß äußern; Steg, Resonanzboden, Zargen, Stimmstock, Stegstifte u. s. w. können geheime Mängel haben; verborgene unganze Stellen, wo der Leim nicht gefaßt hat, geheime Splitter u. dergl. müssen als tückische Feinde aufgesucht und unschädlich gemacht werden. Endlich können die Töne einzeln genommen gut sein, aber sie ordnen sich nicht zu einem gleichmäßigen Totaleffekt. Darauf hin muß aufs Neue vornehmlich die Belederung und Dämpfung durchgeprüft werden.

Und so entsteht denn durch Zusammenwirken von Handwerk, Kunst und Wissenschaft jenes interessante Gebilde, das seine Bestandtheile aus allen drei Naturreichen, möglicherweise aus allen Welttheilen bezogen hat, das unter der Bedingung guter und sorglicher Behandlung eine Zierde des Hauses, ein treuer Gesellschafter und theilnehmender Freund sein kann in Freud und Leid, und mit dem wir uns deswegen so ausnahmsweise eingehend beschäftigt haben.

Die Geige und die geigenartigen Instrumente. Von den Saiteninstrumenten ist das vollkommenste in seinen akustischen und musikalischen Verhältnissen, freilich aber auch dasjenige, dessen physikalische Theorie die meisten Schwierigkeiten bietet, die Geige oder Violine.

Merkwürdig ist, daß die Höhe ihrer Darstellung nicht in unsere Zeit, sondern um ein paar Jahrhunderte zurückfällt, und daß seit 1600—1680 neben den Fortschritten der physikalischen und musikalischen Wissenschaften ein gleicher Fortschritt auf dem Gebiete des Geigenbaues nicht zu bemerken ist.

Die Geige befteht aus einem hohlen refonirenden Kaften, über welchen mehrere ge=
fpannte Saiten gezogen find. Form des Kaftens und Art der Saiten ift in den verfchiedenen Ländern der Erde, in denen bei nur einigermaßen entwickelter Kultur faft ausnahmslos geigenartige Inftrumente angetroffen werden, verfchieden. Uebereinftimmend ift aber überall die Art und Weife, den Ton hervorzubringen, durch Streichen der Saiten mittels eines durch Colophonium haftend gemachten, roßhaarbezogenen Bogens, und die Erhöhung des Tones durch Verkürzung der Saite infolge von Niederdrücken auf einem langen, halsähnlichen Griffbret.

Die Figuren 454 und 455 zeigen uns zwei arabifche Geigen. Man findet die Geige bei den Hindus als begleiten= des Inftrument, wie fie im Mittelalter in Europa von herum= ziehenden Sängern gebraucht wurde. Das franzöfifche Wort für die um damalige Zeit von Jongleurs gebrauchte dreifaitige Geige, Rabel oder Rebek, ftammt aus dem Arabifchen von Rabib, was eine Art Lyra bedeutet. Das Wort Violine, Violon, ift fpanifch und kommt von Riolon her.

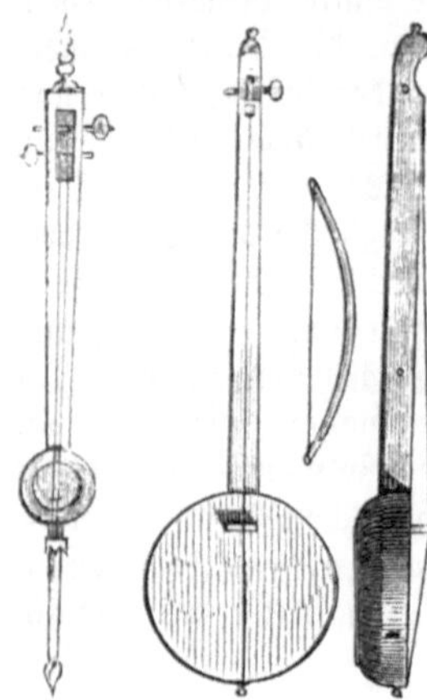

Fig. 454.
Arabifche Geige
mit 2 Saiten.

Fig. 455.
Arabifche Geige
mit 1 Saite.

Vor dem 5. Jahrhundert waren die Streichinftrumente in Europa wenig bekannt. Sie verbreiteten fich nach den Normannenzügen und fcheinen bei den nordifchen Völkern fchon früher in Uebung gewefen zu fein. Immerhin aber fpielten fie in der Mufik nur eine untergeordnete Rolle und ihrer Herftellung fchenkte man noch lange nachher nur geringe Kunft und Aufmerkfamkeit. Erft mit dem 12. Jahrhundert ändern fie häufig Geftalt und Namen, und der Vervollkommnung in der Spiel= weife, die man darauf erlangte, folgten auch Ver= befferungen in der Ausführung der Mufikkörper.

Das ältefte verbefferte Inftrument diefer Art fcheint dasjenige zu fein, was in alten Manu= fkripten Crout genannt wird, ein Wort, welches mit dem Namen eines andern verwandten In= ftrumentes rote oder rota zufammenhängt und jedenfalls aus der lateinifchen Form crotta ab= geleitet ift. Der Crout, deffen fich die nordifchen Barden bedient haben follen, hatte einen läng= lichen, an beiden Seiten mehr oder weniger aus= gefchweiften Tonkörper, einen Hals, der mit jenem zufammenhing und in welchem fich zwei Oeff= nungen befanden, die der linken Hand erlaubten, die Saiten niederzudrücken, alfo den Ton zu ver= ändern. Die Zahl der Saiten war anfänglich drei, über einen Steg gefpannt. Später ver= mehrte fie fich auf vier, ja bis auf fechs, von denen aber zwei leer gingen. Der Mufiker ftrich fie mit einem geraden oder gekrümmten Bogen, der mit einer Metallfaite oder mit Roßhaaren befpannt war. Ueber das 12. Jahrhundert hinaus hat fich der Crout nicht im Gebrauch erhalten. Er wurde durch die Rote oder Rota erfetzt, welche im

Fig. 456. Crout aus dem 9. Jahrhundert, nach
einer alten Miniaturmalerei.

13. Jahrhundert hauptfächlich gefpielt wurde und in der Abficht erfunden worden zu fein fcheint, eine Vereinigung von Saiten, die geftrichen, und folchen, die gefchlagen wurden,

hervorzubringen. Der Körper war unten, wo die Saiten festgemacht sind, breiter als oben,
dem Griffblatte zu, er hatte vier Schalllöcher. Der Hals ist selbständig und nähert sich
schon mehr der heutigen Geigenform. Da aber der Kasten flach war und die Saiten auch
nicht auf einem Stege aufgelegt zu haben scheinen, so muß es große Schwierigkeiten gemacht
haben, eine einzelne von ihnen zum Tönen zu bringen, und das Instrument hatte wahrscheinlich die Aufgabe, durch Angabe von Terzen, Quinten und Oktaven der gesungenen oder
von einem andern Instrumente gespielten Melodie eine harmonische Begleitung zu geben.

Daß diese Instrumente in ihren verschiedenen Formen lange neben einander bestanden
und Abänderungen daran auch schon sehr zeitig auftraten, ehe sie so allgemeinen Eingang
fanden, daß dadurch die älteren Konstruktionen ganz verdrängt wurden, versteht sich für
Zeiten, in denen eines noch wenig entwickelten Verkehres wegen Alles einen konservativen
Charakter hatte, von selbst. Wir sehen des-
halb schon im 11. Jahrhundert in der Reihe
der elf musizirenden Figuren aus dem Kapitäl
der St. Georgskirche zu Boscherville, welche
wir in Fig. 436 abgebildet haben, die erste
ein dreisaitiges Instrument, wie eine Viola,
zwischen den Knieen halten, mit Ausschnitten
zu beiden Seiten und vier mondförmigen
Schalllöchern, eine andere ein viersaitiges
Instrument wie eine Geige spielen. Die
Uebereinstimmung mit Fig. 459 springt in
die Augen. Der Uebergang zu denjenigen
Formen, die jetzt in den Streichinstrumenten,
wie es scheint, als vollkommenste sich herausgebildet haben, machte sich ganz allmählich.
Die zweite Figur in der abgebildeten Reihe
bearbeitet ein Saiteninstrument in der Art,
wie wir es noch bei den Kinderspielzeugen
haben, bei denen ein Reiter oder ein Bär
oder tanzende Paare durch eine Kurbel in
Bewegung gesetzt und zugleich, indem eine
Darmsaite durch die Umdrehung der Kurbel
gerissen oder gerieben wird, einige quietschende
Töne hervorgebracht werden. Jedenfalls
waren die alten Instrumente von einer vollkommneren Herstellung und auch von besserer
Leistung, was man daraus vermuthen darf,
daß sie mittels eines Griffbretes die Länge

Fig. 457. König David, die Rota spielend (nach einer
Glasmalerei in der Kathedrale von Troyes).

der Saiten zu verändern gestatteten. Auf der letzten Pariser Ausstellung suchte sich diese
Form unter dem Namen Piano quatuor wieder Eingang zu verschaffen, was ihr jedoch
wol nur in sehr geringem Grade gelungen sein wird. Das Piano quatuor hatte eine
Klaviatur und einen Saitenbezug. Die Saiten kamen beim Andrücken der betreffenden
Taste mit einer dicht vor derselben liegenden rotirenden Walze in Berührung, welche durch
die Reibung einen dem Tone der Streichinstrumente ähnlichen Ton hervorrief. Daher
der Name. Die Rotation wurde durch Fußhebel bewirkt.

An der Kirche Notredame zu Paris war vor der Revolution noch am Portale der
untern Seite eine stehende Figur, welche für den König Chilperich gehalten wurde. Dieselbe
stammte ebenfalls aus dem 11. Jahrhundert und hielt eine Geige in der Hand, deren zier-
liche Form schon auf eine bedeutende Vollkommenheit in der technischen Ausführung schließen
läßt. Ebenso ist aus dem 12. Jahrhundert in der Abtei St. Germain des Prés in Paris
eine musizirende Figur bekannt, welche eine fünfsaitige Viola traktirt. Aus einer Miniatur

des 14. Jahrhunderts in der National-Bibliothek zu Paris, und aus einer gleichzeitig errichteten Figur am Portal der Kapelle St. Julien des Ménétriers (ſ. Fig. 458) erſieht man,
daß das damals übliche Rebek ziemlich genau mit einer dreiſaitigen Geige übereinſtimmt
und daſſelbe ſogar ſchon die Schnecke unſerer heutigen Geigen beſaß. Wir dürfen daher die
Geſchichte der Violine in ihrer heutigen Geſtalt bis in die damalige Zeit zurückführen.

Wie wir aus den Figuren der St. Georgskirche ſehen, gab es weit früher außer den
gewöhnlichen geigenartigen Inſtrumenten auch noch denſelben entſprechend geformte größere
Saiteninſtrumente, die man, wie die Violoncelli's, zwiſchen den Knieen hielt, und die mit
drei, vier oder fünf Saiten, je nach den Gewohnheiten des Landes, bezogen waren (ſ. Fig. 436).

In ihrem Weſen ſind alle derartige Inſtrumente mit der Geige ſo übereinſtimmend
und in der Entwicklung ihres gemeinſamen Gebrauches zur Verſtärkung oder Harmoni-
ſirung der von der Geige geſpielten Melodie ſo Hand in Hand mit dieſer gegangen, daß
wir die Geſchichte des Prinzipalinſtruments zugleich für die Entwickelungsgeſchichte der
übrigen anſehen können.

Fig. 458.
Rebekſpieler vom Portal der Kirche
St. Julien des Ménétriers in Paris.

Die Kunſt der Geigenmacherei erhob ſich vorzüglich in
dem muſikaliſchen Italien, wo der kirchliche Gebrauch die
Ausbildung der Inſtrumentalmuſik auf das Weſentlichſte
fördern mußte. Dort hat auch dies Inſtrument die Glanz-
periode ſeiner Entwicklung erreicht. Die erſten Violinen
mit vier Saiten wurden von einem gewiſſen Teſtori gebaut. Die Arbeit daran iſt indeſſen noch ziemlich roh und
der Ton ſchwach. Der Nachfolger Teſtori's aber, Andreas
Amati in Cremona, hob den Geigenbau raſch auf eine
hohe Stufe der Vollkommenheit, ſo daß ſein Ruf ſich weit
ins Ausland verbreitete und durch Inſtrumente, die Karl IX.
bei ihm beſtellen ließ, den italieniſchen Geigen ein bedeutender Vorzug vor allen ähnlichen Inſtrumenten errungen
wurde. Sein Sohn oder ſeine Söhne Antonio und Hen-
ricus Amati — beide Namen kommen möglicher Weiſe
derſelben Perſönlichkeit zu — widmeten ſich der Aufgabe
ihres Vaters durch ihr ganzes Leben, und ſie erreichten
es, daß die vollendetſten Inſtrumente, die es wol giebt,
ihrem Fleiße und ihrer Ausdauer zugeſchrieben werden
können. Die Jahre 1594 bis ungefähr 1625 bezeichnen
den Zeitraum, aus welchem, wie man annimmt, die voll-
kommenſten Amati-Inſtrumente herrühren. Die bedeutenden Erfolge ließen in der Familie
der Amati eine förmliche Geigenfabrikation entſtehen, welche auch anderwärts für ihre
Rechnung Geigen herſtellen ließen, denen ſie dann wol die ſchließliche Vollendung und den
Namen gaben. In dem gegenwärtig bayriſchen Städtchen Füßen arbeiteten allein ſechs
Geigenmacher für Cremoneſer Fabriken.

Die überreiche Produktion konnte freilich auf die Güte der Erzeugniſſe nicht vortheilhaft einwirken, und ſo ſehen wir denn um die Mitte des 17. Jahrhunderts den Ruhm auf
einen anderen Geigenbauer übergehen, Andreas Guarnerio, welcher, und nach ihm ſein
Sohn Joſef, bis in den Anfang des 18. Jahrhunderts hinein den Bau von Streichinſtru-
menten in Cremona betrieb. Von ihnen erlernte die Kunſt Anton Stradivario, und
dieſe Drei dürften wir als die würdigen Nachfolger und gleichberechtigten Kunſtgenoſſen
der Amati's in deren Blütezeit anſehen. Ein Schüler Nikolaus Amati's zu Cremona und
des ebenfalls berühmten Vimercati zu Venedig — Jakob Stainer aus Abſam in
Tirol — verpflanzte den Geigenbau nach Deutſchland.

Mit Stainer aber ſchließt die klaſſiſche Zeit dieſer Kunſt ab. Nach den genannten Meiſtern iſt der Bau der Violinen zwar immer ein lebhaft betriebener Induſtrie-
zweig ſowol in Italien als anderwärts geblieben, und ſehr gute, ja einzelne vortreffliche

Instrumente sind auch in späterer Zeit gebaut worden, allein die Epigonen haben sich nirgends auf die hohe Stufe der allgemeinen Vollendung ihrer Vorgänger zu schwingen vermocht. Man darf nicht glauben, daß gute Geigen früher besser bezahlt wurden als jetzt, im Gegentheil sind für vollkommene Instrumente Preise zu erlangen, welche die Amati und Guarneri lange nicht bekamen. Es sieht aus, als ob das Geheimniß der Verhältnisse, die Auswahl der Hölzer, der Schnitt der einzelnen Theile, das Zusammenfügen, der Bezug, ja selbst das Lackiren, welches Alles jene alten Geigenbauer durch einen besondern Instinkt er= funden zu haben scheinen, verloren gegangen sei, und die Leistungen der früheren sind nur durch Nachahmung ihrer Bauweisen einigermaßen zu erreichen. Freilich ist die unaussprech= liche Schönheit der Amati, Guarneri, Straduari zum Theil auch mit ein Produkt der Zeit.

Die Geigen gewinnen mit dem Alter an Vortrefflichkeit, so daß dieselben Instrumente, welche heute als vollkommen schön gelten, denselben Anspruch vor hundert Jahren oder noch länger vielleicht nicht zu machen vermochten, und umgekehrt, daß Instrumente, die heute trotz ihrer tadellosen Darstellung in Bezug auf Tonschönheit und Fülle die alten Geigen lange nicht zu erreichen vermögen, in fünfzig Jahren vielleicht zu ganz vorzüg= lichen Instrumenten geworden sind. Aber wie beim Weine, so scheint auch bei der Geige die Zeit höchster Vollkommenheit eine be= stimmte zu sein, nach welcher sie in ihrer Tonschönheit wieder zurückgeht, und daher mag es kommen, daß jetzt die Guarnerio= und Straduariogeigen den um 50 Jahre älteren Amati=Instrumenten oft vorgezogen werden. Trotzdem man jetzt nicht minder als früher die höchste Sorgfalt und Kunst= fertigkeit an das beste Material wenden kann, scheint nicht nur nicht ein Ueberbieten, son= dern kaum ein Erreichen der Leistungen jener berühmten Geigenbauer möglich zu sein. Daß aber dieses Gebiet an sich nicht ein durch ein einziges Schema erschöpftes ist, beweisen die Instrumente der alten Meister hinläng= lich. Die Abweichungen von einander sind nicht zu verkennen und so bedeutend, daß

Fig. 459. Altdeutsche Musikanten mit Violine und Baß. Nach J. Amman.

geübte Beurtheiler im Stande sind, den Verfertiger jedes alten Instrumentes mit Sicher= heit schon aus seinem äußern Ansehen zu errathen. Wenn die beste Form als eine Er= findung der Amati zu betrachten ist, so waren trotzdem die Uebrigen keine bloßen Nachahmer. Die Veränderungen in den Einzelnheiten beweisen, daß sie nach anderen Prinzipien und gestützt auf andere Erfahrungen selbständig ihre Instrumente bauten und auf die eigen= thümliche Bauart durch besondere Rücksichten gelenkt wurden.

In Fig. 460 sind einige alte Geigen abgebildet, wie sie Mersenne in seiner „Universal= harmonie" uns überliefert hat. Das größere Instrument stammt aus der letzten Hälfte des 16. Jahrhunderts, und man sieht, daß sich seit jener Zeit diese Form bis zu der heutigen Gestalt (s. Fig. 462) fast unverändert forterhalten hat. Das kleinere ist eine sogenannte Taschengeige (Pochette), die bei ihrer kleinen Form allerdings von Tanzmeistern leicht in den Taschen der damaligen weiten Röcke transportirt werden konnte. Ihr Geschlecht ist ausgestorben. Wenn sich aber die Form der Violine nicht wesentlich geändert hat, so ist dafür der Bogen einer successiven Umgestaltung unterlegen, welche ihn durch die in Fig. 461 abgebildeten Formen seit Anfang vorigen Jahrhunderts allmählich zu seiner heutigen Gestalt gebracht hat.

Bestandtheile und Theorie der Geige. Der hohle Kasten ist aus mehreren Stücken zusammengesetzt, von denen jedes seine bestimmten Verhältnisse besitzt. Die gewölbte Decke wird aus Weißtannenholz oder auch aus Haselfichte hergestellt; der Boden der Geige, ebenso die Seitenwände oder Zargen, sind gewöhnlich von Ahornholz. Der Boden ist ebenfalls gewölbt, aber weniger als die Decke. Die Vollkommenheit des Holzes und namentlich desjenigen, was zur Decke verwendet wird, hat den allergrößten Einfluß auf die Schönheit des Tones, denn seine Elastizitätsverhältnisse sind es ja fast allein, welche demselben Fülle und Rundung geben. Die passende Auswahl ist deshalb auch eine der Hauptaufgaben der Geigenbauer, und es wird erzählt, daß die alten Meister sich ihre Hölzer selbst im Walde ausgesucht und zu diesem Zwecke die entlegensten Gebirge auf ihren Wanderungen durchstreift haben. Die Jahresringe müssen mit einer großen Regelmäßigkeit sich um einander legen und dürfen weder zu nahe, noch zu weit von einander abstehen.

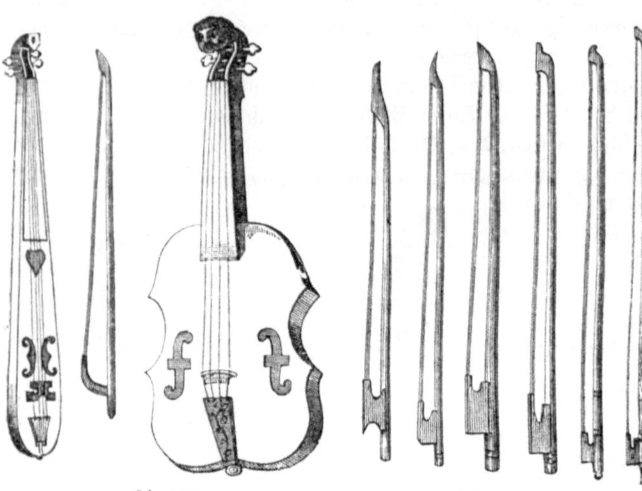

Fig. 460.
Alte Geigen nebst Bogen.

Fig. 461.
Verschiedene Formen des Bogens.

Im Innern des hohlen Körpers ist ein Stab aus Fichtenholz der Länge nach eingeleimt, so daß er gerade unter dem linken Fuß des Steges sich hinzieht. Auf diese Weise wird die tiefste oder G=Saite in eigenthümlicher Art mit der Decke fest verbunden. Die Diskantsaiten sind so unterstützt, daß unter dem rechten Fuß des Steges zwischen Decke und Boden ein vertikales cylindrisches Stäbchen, die Stimme, Seele oder Stimmstock genannt, eingeklemmt wird. Die Decke enthält die schon erwähnten Schalllöcher oder ihrer Form nach *f*=Löcher genannt. Sie sind für die Bildung des Tones vom allergrößten Einfluß, wirken aber jedenfalls in ganz anderer Weise, als man früher annahm, daß sie nämlich den Erschütterungen der eingeschlossenen Luft einen Ausweg gestatten sollten. Die Saiten laufen über die Länge der Decke hinweg; sie sind unten in ein kleines Bretchen eingeklemmt und werden in ungefähr gleichen Abständen über den gewölbten Steg hinweggeführt. Die betreffende Länge erhalten sie dadurch, daß an dem Körper der Geige der sogenannte Hals, ein verlängertes Holzstück, in dessen oberem Ende die Spannwirbel sich drehen, eingefügt ist. Der Hals dient als Griffbret, auf welchem die linke Hand durch Niederdrücken die Saite verkürzt und dadurch den Ton derselben beliebig erhöht. Am oberen Ende läuft der Hals in die Schnecke aus. Die Saiten sind so geordnet,

Fig. 462. Die klassische Form der Geige.

daß links die dickeren, schweren, mit Metall überzogenen Baßsaiten, rechts die Diskantsaiten sich befinden. Die Stimmung ist von links nach rechts g d a e. Uebrigens ist die Stimmung nicht immer dieselbe gewesen; Barbella stimmte z. B. a d fis cis, Lolli D d a e, Paganini as es b f u. s. w.

Die Bratsche, Viola, ist von der Violine durch einen etwas größern Corpus unterschieden; die höchste Saite der letzteren fehlt ihr, dagegen hat sie noch eine tiefere als die Geige. Noch größer in seinem Körper ist das Violoncello, welches deswegen auch nicht mehr beim Spielen zwischen Schulter und Hals eingestemmt werden kann, sondern auf den Boden aufgestemmt und zwischen den Knieen gehalten wird. Man hat seit den frühesten Zeiten schon geigenähnliche Instrumente von verschiedener Größe und verschiedener Tonhöhe gebaut, und namentlich war im 17. Jahrhundert eines derselben, die Viola da Gamba, sehr beliebt. Es entsprach einer Mittelstufe zwischen Bratsche und Violoncello und diente in Konzerten hauptsächlich zur Begleitung der Geige. Das Violoncello in seiner heutigen Gestalt ist nach Antony von Tardieu, einem Geistlichen von Tarascon und Bruder eines damals berühmten Kapellmeisters, zu Anfang des vorigen Jahrhunderts erfunden worden. Es war anfänglich mit fünf Saiten bespannt, die C G d a d gestimmt waren; die fünfte, d, ließ man aber bald weg. In Frankreich wurde das Violoncello unter Ludwig XIV. eingeführt; im Orchester erschien es 1720.

Der Baß (s. Fig. 463) ist das Streichinstrument vom größten Kaliber; er hat die stärksten Saiten, welche niederzudrücken schon eine bedeutende Kraft beansprucht, ja bei den Monstrebässen, welche hin und wieder gebaut worden sind, aber mehr der Kuriosität als einem wirklichen Kunstbedürfniß dienen, hat man die Verkürzung, das Greifen der Saiten, besonderen Maschinenvorrichtungen übertragen.

In der Musik spielt die Geige die Melodie, Bratsche, Violoncello und Baß dienen der harmonischen Begleitung, in welcher der letztere den Grundton angiebt.

Die italienischen Geigen unterscheiden sich von den deutschen dadurch, daß sie im Durchschnitt etwa 4 Centimeter länger und etwas schmäler sind als diese. Die besten Amatigeigen sind in der Decke stark gewölbt bis zur Höhe von 3 Centimeter, schlank, zierlich und mit nicht sehr hervorragenden Ecken. Der Rand ist ziemlich stark und schön abgerundet. Die Schalllöcher stehen der geringeren Breite wegen näher an einander. Der Boden ist meist von geflammtem Ahornholz und mit einem lichten kirschbraunen Bernsteinlack lackirt. Doch findet man auch, namentlich von Nikolaus Amati, Instrumente, welche in Bezug auf Dimension etwas von diesen abweichen und die auch einen hellern Lack haben. Die Stradivariogeigen sind in ihrer Decke bei weitem weniger gewölbt, kaum halb so viel, während die Guarneris mehr mit den Vor-

Fig. 463. Der Baß.

bildern des Nikolaus Amati übereinstimmen. Stainer ging noch weiter in der Wölbung der Decke und machte dieselbe so hoch, daß man, wenn man die Geige horizontal hält, unter der Decke durch die beiden f-Löcher hindurchsehen kann.

Es ist schwierig zu sagen, welche der einzelnen Theile der Geige und der mit ihr verwandten Saiteninstrumente zu dem Gelingen des Tones beitragen. Die Abstufungen sind so mannichfacher und unter einander so zart nuancirter Art, daß bei den verschiedenartigen Bestandtheilen der Einfluß des einen oder des andern aus dem zusammengewirkten Produkt kaum herauszulesen ist. Savart hat zwar versucht, die Theorie der Geige nach physikalischen Grundsätzen zu entwickeln, allein mit so gut wie keinem Erfolge, denn das sargähnliche Instrument, das er aus sechs rektangulären Bretchen zusammensetzte, ist mit einer Geige in keiner Art zu vergleichen, obwol Savart dasselbe als die Prinzipalgeige ansah. Die Gesetze schwingender Platten, wie sie in der Physik aus einfachen Experimenten abgeleitet werden, erleiden bei der Geige eine solche Komplizirung, einmal durch die eigenthümlich konstruirte Form, sodann durch die Wölbung der Decke, durch den Einschnitt der f-Löcher, durch die verschiedene Dicke des Holzes, durch die Befestigung des Randes, durch

die durchgezogenen Stäbchen und Stützen, durch die verschiedene Vertheilung der Spann=
kräfte, welche der Bezug ausübt u. s. w., daß, obwol alle diese Faktoren natürlicher Weise
von der einfachsten Gesetzmäßigkeit beherrscht werden, doch das endliche Ergebniß nicht in
eine einfache Formel zu fassen ist. In gleicher Weise wirken nun auch die Zargen, der
Boden und der Hals ein. Keiner dieser Theile ist aber erschöpfend für sich auf seine Wir=
kungsweise zu untersuchen, und deswegen sind auch an Versuchsapparaten, an denen der
eine oder der andere Bestandttheil fehlt oder verkümmert dargestellt ist, keine Beobachtungen
zu machen, welche auf die Geige einen unfehlbaren Schluß zuließen. Damit kann selbst=
verständlich nicht gesagt sein, daß die physikalischen Wissenschaften sich von der Erklärung
und Begründung dieses Instruments ganz zurückziehen sollten, im Gegentheil werden ihre
Schlüsse den Instrumentenbauern wesentliche Vortheile an die Hand zu geben vermögen,
nur müssen sie umgekehrt das Instrument als ein fertiges Produkt annehmen und den
Gründen seiner Eigenthümlichkeit a posteriori nachspüren.

Die Geige ist, wie sie ist, ein durchgeistigtes Instrument, ein Organismus, wie ihn
belebte Wesen haben; sie hat Körper, Nerven und Seele; jedes derselben hängt von dem
andern ab in natürlicher Weise, aber keines läßt sich von dem andern lostrennen und für
sich auf seinen belebenden Einfluß bemessen und erwägen.

Die eigenthümliche Klangwirkung der Streichinstrumente beruht nach Helmholtz darauf,
daß der Grundton besonders stark hervortritt und stärker als in den nahe ihren Enden ge=
schlagenen oder gerissenen Saiten des Klaviers und der Guitarre, die ersten Obertöne
dagegen verhältnißmäßig schwächer und erst die höheren Obertöne vom sechsten bis etwa
zum zehnten hin mit besonderer Deutlichkeit sich bemerklich machen und die Schärfe, welche
den Klang aller Streichinstrumente charakterisirt, hervorrufen. Die neueren Instrumenten=
bauer, unter denen namentlich Vuillaume in Paris, Padewet aus Karlsruhe, Grimm
in Berlin, Otto in Köln, Lemböck in Wien ausgezeichnet sind, haben sich in richtigem
Verständniß ihrer Aufgabe auch weniger mit der Herstellung von Geigen nach neuen
Prinzipien als in Befolgung alter Muster versucht, und ihre Erfolge sprechen deutlicher
als alles Andere dafür, daß dies vor der Hand der einzige richtige Weg ist.

Man hat zwar mancherlei neue Geigen von Messing, Silber, mit elliptischen oder
sphärischen Körpern, mit Metallsaiten bezogen u. s. w. dargestellt, allein wenn auch auf
solche Weise sich brauchbare Instrumente hervorbringen ließen, so waren dieses doch eben
keine Geigen mehr, sondern Tonwerkzeuge von ganz neuen, aber unbeabsichtigten Eigen=
schaften. Will man den Geigenton erzeugen in der Weise, wie wir ihn an den alten In=
strumenten lieben, so bleibt eben nichts übrig, als ihn mit denselben Mitteln und genau
auf dieselbe Weise hervorbringen zu wollen, wie es Amati, Guarnerio und Stradivario
zuerst und am schönsten gethan haben.

Der **Geigenbau in Deutschland** spielt vorzüglich zu Mittenwald eine sehr große Rolle.
Er wird dort fabrikmäßig betrieben, und die bei großer Billigkeit doch vorhandene Güte
der Instrumente einerseits und der dadurch bedingte große Absatz andererseits haben ihm
eine solche Bedeutung verschafft, daß wir auch hier diesem Industriezweige eine Beachtung
zu schenken schuldig sind. Sein Ursprung geht zurück bis in das 17. Jahrhundert und
knüpft sich an die Thätigkeit des alten Meisters Stainer. Jakob Stainer, 1627 den
14. Juli zu Absam bei Hall im Innthal geboren, kam als Knabe zu einem Orgelbauer in
die Lehre, vertauschte aber bald diese Beschäftigung körperlicher Schwächlichkeit wegen mit
dem leichtern Gewerbe der Geigenmacherei, welches damals in Cremona blühte, und wohin,
wie schon erwähnt, mannichfache Beziehungen bestanden. Stainer kam denn auch durch
Empfehlung zu Nikolaus Amati, dessen Methode er sich zu eigen machte, und Amati
wünschte, daß er dauernd bei ihm bleiben und seine Tochter heirathen möchte. Dies scheint
die Veranlassung gewesen zu sein, daß Stainer heimlich entfloh und nach Venedig zu
Vimercati ging. Später ließ er sich in seinem Geburtsort Absam nieder und errichtete hier
schon in der ersten Hälfte der Vierziger Jahre eine eigene Geigenmacherei, begünstigt durch
die in der Nähe zahlreich wachsenden ausgezeichneten Hölzer, unter denen er vorzüglich die

Haselfichte von dem Gebirgsrücken der Lafarsch und des Gleirsch mit großer Umsicht aus=
wählte. Unter den Schülern und Gehülfen, die durch seinen Ruf angezogen wurden, be=
fand sich auch ein gewisser Aegidius Klotz aus Mittenwald, einem Städtchen, welches
wenige Stunden in nördlicher Richtung von Absam entfernt ist. Dieser Klotz, dessen In=
strumente jetzt den Stainer'schen fast gleich geachtet werden, begab sich nach Mittenwald
zurück und erzog seinen Sohn ebenfalls zu einem Geigenbauer, den er mit den ausgezeich=
netsten Erfahrungen bereichert ziehen lassen konnte, als derselbe zur Vervollkommnung
seiner Kunst nach Italien ging. Hier besuchte der jüngere Klotz die berühmtesten Werk=
stätten und hielt sich namentlich in Cremona und Florenz längere Zeit auf. Zu Anfang
der Achtziger Jahre aber kehrte er nach Mittenwald zurück mit dem Plane, aus seinem
Geburtsorte ein deutsches Cremona zu machen. Seine weit vorgeschrittene Bildung be=
fähigte ihn, in seinen Schülern die rationellen Grundsätze, nach welchen die Fabrikation
von Saiteninstrumenten in Italien betrieben wurde, Wurzel schlagen zu lassen. Es erhob
sich in der That durch seine energischen Bestrebungen der damals fast verarmte Flecken rasch
zu neuer Blüte, und jetzt, nach fast 200 Jahren, muß die ganze Gegend jenen Mann als
ihren Retter segnen, für welchen übrigens selbst die musikalische Nachwelt im Großen und
Ganzen nur ein dürftiges Gedenken zu haben scheint. Schaffhäutl hat in seinem trefflichen
Bericht über die musikalischen Instrumente auf der Münchener Industrie=Ausstellung 1855
den verdienstlichen Ursprung der Mittenwalder Instrumentenfabrikation zuerst in ein klares
Licht gestellt, und wir folgen ihm als fast der einzigen Quelle in dieser Darstellung.

Mit Recht nennt er den Matthäus Klotz einen Engel in der Noth. Der Umstand
nämlich, daß die von Herzog Sigismund beleidigten Venediger Kaufleute den berühmten
Botzener Jahrmarkt seit beinahe zwei Jahrhunderten nicht mehr besucht hatten, war für
Mittenwald, wohin Jene während dieser Zeit ihre Waarenniederlagen verlegt hatten, die
Quelle eines erheblichen Wohlstandes geworden. Im Jahre 1679 indessen hatte Botzen seine
alte Messe wieder erhalten, und zugleich entstand eine neue Handelsstraße über Finstermünz,
Fernstein und Reutte; dadurch aber vertrocknete der Lebensnerv Mittenwalds, und nur
eine neue, naturwüchsige Industrie, wie sie Klotz und sein Sohn Josef hervorriefen, konnte
der gänzlichen Verarmung der Gegend steuern.

Der früher beliebte und zur Zeit der Klöster auch zweckmäßigste Absatzbetrieb auf
dem Wege des Hausirens war der erste von den Geigenbauern versuchte, die, ihre Erzeug=
nisse auf dem Rücken, damit von Haus zu Haus wanderten und — einfache Gebirgs=
bewohner — sich mit einem sehr unbedeutenden Verdienst begnügten. Indessen machten die
veränderten Handelsverhältnisse doch bald eine rationellere Geschäftseinrichtung nöthig.
Kaufleute, sogenannte Verleger, sammelten allmählich die Fabrikate zu einem freilich sehr
niedrigen Durchschnittspreis, und auf diese Weise haben sich jene bedeutenden Firmen ent=
wickelt, welche heute die Mittenwalder Geigen nach allen Theilen der Welt versenden. Man
erstaunt über die fabelhafte Billigkeit, welche die geringsten, aber immerhin noch gut ge=
arbeiteten Sorten zeigen; eine Geige von 2 Fl. ist schon sehr hübsch, die billigsten kosten
drei Thaler das Dutzend. Außer in Mittenwald bestehen noch in Marknenkirchen und
Klingenthal in Sachsen, Graslitz und Schönbach in Böhmen, und zu Mirecourt in Frank=
reich bedeutende Etablissements für Geigenbau.

Die Blasinstrumente. Die Geschichte der Blasinstrumente ist mit der Geschichte der
Musik eng verbunden. In den ersten Anfängen bediente sich die Musik nur weniger Töne,
und die ältesten Erfinder hatten bei Herstellung ihrer Instrumente eine verhältnißmäßig
leichte Aufgabe. Dasjenige Instrument, welches uns diesen kindlichen Zustand am augen=
scheinlichsten verkörpert, ist die sogenannte Panflöte, eine Zusammenstellung mehrerer ge=
schlossener Pfeifen, aus Rohrstücken gebildet, welche in ihrer Länge von einander abweichen,
so daß die tiefste Pfeife, die längste, in der Mitte sich befindet und nach beiden Seiten in
absteigender Reihe die höheren und kürzeren sich anordnen. Sie findet sich jetzt bisweilen
noch als ein Spielzeug der Kinder und wird angeblasen wie ein hohler Schlüssel, indem man
den Luftstrom über die senkrechte Mündung streichen und gegen den Rand derselben stoßen läßt.

Sehr bald aber wurde auch von der Erfahrung Gebrauch gemacht, daß sich eine Luft=
säule, die in einer geschlossenen Pfeife schwingt, verkürzt, wenn man ihr Gelegenheit giebt,
nach außen hin auszuweichen, ehe sie den Boden der Pfeife erreicht. Schneidet man also
in eine Pfeife nach ihrer Länge verschiedene Löcher, so geben diese, einzeln geöffnet, beim
Anblasen verschiedene Töne, welche offenen Pfeifen von der Länge der Entfernung, um
welche das offene Ende von dem entsprechenden Loche absteht, entspricht. Diese Löcher
wurden gleich anfänglich so gebohrt, daß sie für gewöhnlich mit den Fingern verschlossen
gehalten werden konnten; durch Oeffnen eines oder des andern Griffloches konnte man den
betreffenden Ton zum Ansprechen bringen. Unsere Flöte, Klarinette, Fagot u. s. w. sind
Beispiele derartiger Instrumente, deren erste Anfänge wir schon in dem Haferrohr der
Hirten wie im uralten Tscheng der Chinesen beobachten können.

Die ganze Reihe der Blasinstrumente theilt sich sonach in drei Hauptklassen von In=
strumenten: in solche, welche nur einen einzigen Ton geben, gleichviel ob sie offene oder
gedackte Pfeifen darstellen, und die wir bei der Orgel vertreten finden; in solche, welche
bei gleichbleibender Länge der Röhre durch verschiedenes Anblasen mehrere Töne geben,
wie die Trompete, das Waldhorn u. s. w., die kesselförmige Mundstücke haben, und in
solche endlich, bei denen die verschiedene Tonhöhe durch jemalige Verlängerung oder
Verkürzung der schwingenden Luftsäule erreicht wird. Die letzteren sind ihrer Natur
nach unter einander wieder sehr verschieden, je nachdem durch eine wirkliche Veränderung
der Röhrenlänge oder durch Seitenlöcher die Veränderung der Schwingung bewirkt wird.

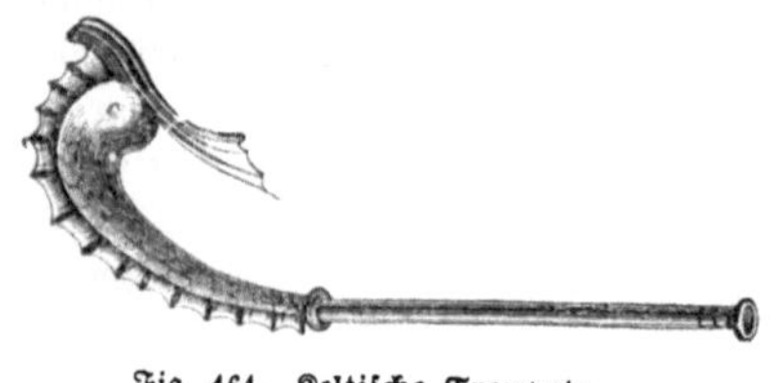

Fig. 464. Keltische Trompete.

Eine weitere Betrachtung führt uns demnach auf
verschiedenen Wegen fort, und es wird unsere
Aufgabe sein, die einzelnen Instrumente oder
wenigstens die hauptsächlichsten gesondert zu
untersuchen.

Trompete und Horn. Die ältesten Blas=
instrumente waren jedenfalls derart, daß auf ihnen
nur wenige fest bestimmte Töne zur Verwen=
dung kamen, also entweder offene Röhren, die
einen einzelnen Ton zu geben erlaubten, oder solche, an denen durch Grifflöcher eine ge=
wisse Abwechselung hervorgebracht werden konnte. Zu den letztgenannten gehören ohne
Zweifel diejenigen Instrumente, welche man im Alterthum mit dem Namen der Flöten
belegte; nur dürfen wir uns darunter nicht unsere heutigen Querflöten denken, sondern
vielmehr Instrumente, die ihrer Einrichtung und ihrer Behandlungsweise nach eher mit
den Klarinetten und Oboen übereinstimmen.

Die Trompete und das Horn — in ihren primitiven Formen identisch — scheinen
in den natürlichen Modellen, welche Muscheln, Ochsenhörner u. s. w. abgaben, Ansprüche
auf das größte Alter machen zu können. Wir finden in der Iliade das Geräusch des
Kampfes mit dem Klange der Trompete (Salpinx) verglichen, und wenn uns auch keine
bildlichen Ueberlieferungen aus jener Zeit überblieben sind, so läßt doch die Anschaulich=
keit derartiger Vergleiche Vorstellungen von der Natur des Instrumentes machen. Die
Griechen schon bedienten sich außer geraden Röhren zu ihren Trompeten auch noch ge=
krümmter, denn es hat auf die Eigenthümlichkeit des Tones keinen Einfluß, ob die
Schwingungen der Luftsäule in gerader Linie geschehen oder ob sie einen bogenförmigen
Weg zu durchlaufen haben. Von dem Mundstücke an erweitert sich die Röhre konisch und
verläuft endlich in einen kreisförmigen Ausgang von mehr oder weniger bedeutendem Um=
fange. In späteren Zeiten unterschied man je nach der äußern Form verschiedene Instru=
mente, und es kam ihnen dem entsprechend eine verschiedene Verwendung zu. Mit den
langen, geraden Trompeten z. B. wurde das Volk zum Opfer gerufen. Der vordern weiten
Oeffnung, dem Schallbecher, gab man verschiedene Gestalt und, wie bei den keltischen
Trompeten Carnon oder Carnix (s. Fig. 464), sogar die Form von abenteuerlichen Thieren.
Auf der Trajanssäule in Rom finden wir mancherlei dergleichen Instrumente abgebildet.

Die paphlagonische Trompete lief in einen Ochsenkopf aus, die medische in eine Art Glocke, eben so die tyrrhenische oder etruskische. Die Römer bedienten sich der Trompete, die bei ihnen häufig eine gekrümmte Form erhielt, welche sie unserem Waldhorn ähnlich machte, im Kriege, und nannten sie Tuba. Unsere heutigen Jagdhörner, welche beinahe kreis= förmig gebogen sind, so daß sie unter dem linken Arme des Bläsers hindurchgehen und mit ihrem Schallbecher über den Kopf fast bis zum Mundstück wieder hinabreichen, erinnern noch an eine damals übliche Gestalt, welche namentlich von der Reiterei benutzt wurde (Lituus). Ein pompejanisches Basrelief zeigt einen solchen Lituusbläser oder Buccinator (s. Fig. 466), der auf seinem Instrumente den Moment ver= kündet, wo die Gladiatoren vom Waffenkampf zum Faust= kampf übergingen. Eine ähnliche Darstellung findet sich auf einer Gemme im Berliner Museum.

Die glänzende Klangfarbe aller hierher zählenden In= strumente macht dieselben vorzüglich für öffentliche Zwecke brauchbar. Es war bei den Römern ein Vorrecht Hoch= stehender, bei Trompetenschall begraben zu werden; der gemeine Mann mußte sich mit dem Spiel der Flöten be= gnügen. Ennius malt in seinem berühmten Hexameter

> At tuba terribili sonitu taratantara dixit,

und Virgil in

> At tuba terribilem sonitum procul aere canoro

Fig. 465. Römischer Tubabläser.

das Hervorstechende des brillanten Tones in Worten.

In Aegypten schreibt man die Erfindung der Trompete dem Osiris zu, und wir finden auf alten Monumenten zahlreiche Darstellungen, welche den Gebrauch des Instru= ments sowol im Kriege zum Marschiren der Truppen, als zum Signalgeben und zum Zusammenrufen des Volkes zeigen. Von Aegypten aus wurden die Hebräer mit den Trompeten bekannt, denen sie in ihren religiösen Ceremonien eine große Rolle zutheilten. „Mache dir zwei Trompeten von dichtem Silber, daß du ihrer brauchest, die Gemeinde zu be= rufen und wenn das Heer aufbrechen soll; die Söhne Aaron's, die Priester, sollen solches Blasen thun", heißt es im vierten Buch Moses; und nach der Schilderung scheinen bei der Er= stürmung Jericho's auch trompetenähnliche Instrumente — Koherims, weil sie aus Ochsenhörnern gefertigt waren — im Gebrauch gewesen zu sein. Die gerade Form dieser Instru= mente gehört wahrscheinlich einer sehr alten Zeit an; wir finden sie fast ausschließlich auf den uns überlieferten Monu= menten dargestellt. Die in einem Halbzirkel gekrümmten Formen treffen wir zuerst bei den Aegyptern und Lydern.

Die Chinesen bedienten sich kupferner Instrumente, deren Erfindung sie in die Zeit Fu=Hi's, 2950 v. Chr., versetzen.

Fig. 466. Römischer Buccinator.

Die Figur 467 veranschaulicht uns das berühmte Goldene Horn, ein metallenes Instrument mit kunstreich verzierter Oberfläche. Bei den Hindu's finden wir ähnliche Instrumente ebenfalls aus den frühesten Zeiten schon erwähnt; und wenn unter den verschiedenen Völkern infolge abweichender ästhetischer Begriffe sich die Form auch allmählich verändert hat, und dadurch sowol als durch Verwendung andern Materials zur Herstellung schließlich nicht nur das äußere Ansehen, sondern auch die Klangwirkung sich so änderte, daß die verschiedenen Formen oft wenig mit dem gemein haben, was wir ausschließlich Trompete nennen, so ist doch das Prinzip aller dieser Instrumente dasselbe.

In den trompetenähnlichen Inſtrumenten ſchwingt eine Luftſäule von bei weitem größerer Länge als Dicke; durch die verſchiedene Stärke des Anblaſens kann dieſelbe gezwungen werden, ſich in aliquote ſchwingende Theile zu theilen und dadurch die Töne der diatoniſchen Tonleiter hervorzubringen. Aus dieſem Grunde zählen wir hierher nicht nur die eigentlichen alten Trompeten, ſondern auch das Horn, d. h. diejenige Form, welche durch ihren deutſchen Namen Waldhorn auf ihre Urſprünglichkeit hinweiſt.

Da die erſten Töne, welche man auf derartigen Inſtrumenten erzeugen kann, ſehr weit aus einander liegen, und zwar der zweite um eine Oktave, der dritte um eine Duodezime, der vierte um zwei Oktaven höher iſt als der Grundton, ſo ſind diejenigen Obertöne, welche nahe genug zuſammen liegen, um allen muſikaliſchen Anforderungen zu genügen, ſchon Töne ſehr hoher Ordnung, und um ſie in wünſchenswerther Reinheit und Stärke hervorzubringen, muß wie geſagt der Röhre eine ſehr große Länge gegeben werden. Das Waldhorn hat eine Röhrenlänge von 6 Meter und ſtimmt in $\overline{\mathrm{Es}}$. Dieſer Ton aber ſowie ſein nächſter Oberton Es werden nicht benutzt, wohl aber die höheren Töne B, es, g, b, des′, es′, f′, g′, as′, a′, b′ ꝛc. Dieſe große Länge des Rohres bedingt die gewundene Form, welche allerdings bei der Herſtellung bedeutende Schwierigkeiten verurſacht.

Fig. 467. Das Goldene Horn.

Es würde kaum möglich ſein, ohne Weiteres einen langen Blechſtreifen ſo zuſammenzulöthen, wie es die Röhre eines Waldhornes oder einer Trompete zeigt, ohne daß Falten und Buckeln darin vorkommen, welche den Ton ſehr nachtheilig beeinfluſſen. Man erreicht dies aber, indem man erſt eine gerade Röhre herſtellt, dieſelbe überall auf das Sorgfältigſte verlöthet und aushämmert, ſie darauf mit geſchmolzenem Blei ausfüllt und den erkalteten ſtarren Körper, der mit der Röhre eine einzige zuſammenhängende Maſſe bildet, in die verlangten Windungen biegt. Die dabei entſtehenden Unebenheiten laſſen ſich durch Hämmern leicht beſeitigen. Schließlich ſchmilzt man das Blei wieder durch Erhitzung aus.

Wenn man von älteren gekrümmten Hörnern ſpricht, ſo meint man damit vorzugsweiſe ſolche, die im Halbkreis gebogen ſind. In dem Büffelhorn, dem Hüft= oder eigentlich Hiefhorn der Jäger und dem gegenwärtigen engliſchen Buglehorn (von bugle, wilder Ochs) haben ſich dergleichen alte Formen noch erhalten. Die Biegungen in Vollkreiſen und Ellipſen dagegen ſind ſeit dem Anfang des 16. Jahrhunderts in allgemeinem Gebrauch. Das Waldhorn wurde bei uns zu Anfang des vorigen Jahrhunderts aus Paris durch den in Böhmen angeſeſſenen und durch ſeine wunderliche Lebensweiſe bekannten Grafen Franz Spork eingeführt.

In der Muſik ſpielen die Metallblasinſtrumente ohne Seitenlöcher eine große Rolle. Bis zu Händel's Zeit, wo die Harmonie eine bei weitem einfachere war und die Komponiſten eine verhältnißmäßig kleine Zahl von orcheſtralen Effektmitteln kannten, war der Trompete mit der Violine die Melodieführung zugetheilt. Die helle Klangfarbe qualifizirte ſie dazu beſonders. „Trummett iſt ein herrlich Inſtrument, wenn ein guter Meiſter, der es wohl und künſtlich zwingen kann, darüber kömpt", ſagt Michael Prätorius zu Anfang des 17. Jahrhunderts. Später aber verwandte man ſie mehr ihrer Tonfarbe wegen, und ihre Stimmen wurden demgemäß mehr in die Mitteltöne gelegt. Dadurch hat aber die Kunſt des Trompetenbläſers entſchiedene Rückſchritte gemacht, ſo daß nur wenige der heutigen Trompeter den Zumuthungen, welche Händel noch an ihre Leiſtungen ſtellt, gerecht werden können. Namentlich ſcheint ſich die Kunſt, die höheren Trompetentöne leicht hervorbringen zu können, verloren zu haben, ſo weit, daß Mozart ſchon bei Inſtrumentirung des Händel'ſchen „Meſſias" die Trompetenpaſſagen an verſchiedene Inſtrumente vertheilen mußte.

Die fortschreitende Entwicklung der harmonischen Musik, welche mit der diatonischen Tonleiter sich nicht begnügen kann, mußte auf Versuche führen, um die Luftsäule im Innern des Instruments beliebig verlängern oder verkürzen zu können und dadurch die zwischenliegenden chromatischen Töne hervorzubringen. Bei dem Waldhorn, welches einen sehr weiten Schallbecher hat (s. Fig. 468), konnte man zwar durch Verengerung desselben mit der Faust (Stopfen) die Töne in Bezug auf Höhe und Tiefe bis zu einem gewissen Grade verändern, allein bei der Trompete war dies Mittel nicht anwendbar, und man mußte jenen Zweck auf andere Weise zu erreichen suchen. Um den Grundton des Instru= ments zu verändern, z. B. um das C=Horn in ein Es=Horn, F=Horn u. s. w. zu verwandeln, brachte man Einsatzstücke an, sogenannte Krummbogen, welche unter das Mundstück aufgesetzt wurden und die Röhre um die entsprechende Länge vergrößerten. Nach Prätorius hat es gegen 1600 nur eine einzige „Trommet, vulgo Tarantara der Feldtrummter in d" gegeben. „Nur vor gar wenig Jahren", schreibt er 1619, „hat man sie bei etzlichen Fürsten und Herren Höffen an der Mensur verlängert, oder aber Krummbügel ferner darauf gesteckt, daß sie ihren Baß um einen Ton tiefer in Modum hypojonicum gestimmt." Indessen half dies immer nur, wo eine Aenderung der ganzen Tonart eintrat, die innerhalb derselben fehlenden Halbtöne konnten natürlich damit nicht erzielt werden. Man erreichte diese Absicht zuerst durch die beweglichen Schieberöhren, welche luftdicht in einander gingen und beim Herausziehen die schwingende Luftsäule verlängerten, beim Hineinstoßen sie ver= kürzten und den Grundton erhöhten. Auf diese Weise entstand aus der Trompete die Posaune. Im Prinzip sind beide Instrumente vollkommen gleich, und wenn in der Posaune die Stellung der Röhren zu einander fixirt wird, so stellt sie in der That nur eine Trompete von großer Röhrenlänge, demnach von einem tieferen Grundtone dar.

Fig. 468. Das Horn.

Bei dem Waldhorn versuchte man dieser Idee eben= falls Eingang zu verschaffen, und die sogenannten In= ventionshörner, welche Anton Josef Hempel in Dresden 1754 erfunden hat, sind dafür die ersten Belege. Indessen war die Bewegung der Röhren zu schwerfällig, so daß man davon wieder Abstand nahm, und um so lieber, als Clagget in England zu Ende des vorigen Jahrhunderts und Heinrich Stölzl aus Pleß in Ober= schlesien 1815 mit der Hauptröhre des Instruments mehrere in dieselbe mündende Nebenröhren verband und dadurch, daß die Zugänge zu denselben beliebig mittels Ventile, Wechsel, geöffnet werden konnten, die schwingende Luftsäule im Innern um die entsprechenden Längen vergrößerte.

Die Wechsel wurden durch die Finger gestellt. Zuerst brachte Stölzl an seinem Horn blos zwei solcher Wechsel an, von denen das eine die Luftsäule gerade um einen halben Ton tiefer stimmte und somit die chromatische Tonleiter bis auf das gis schon hervorbringen ließ. Um auch das gis zu

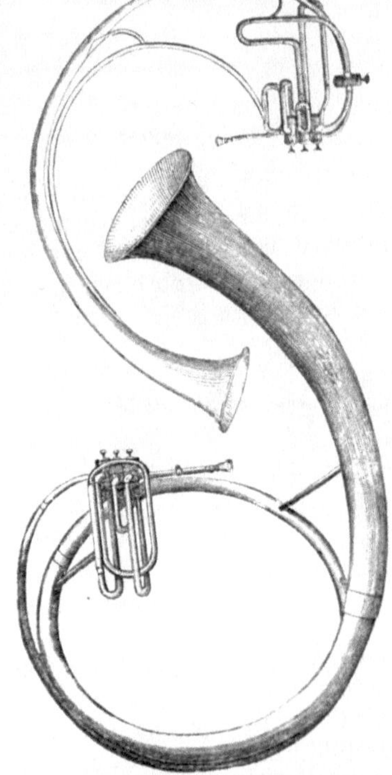

Fig. 469. Ventilhörner von A. Sax in Paris.

erreichen, mußte noch ein dritter Wechsel eingeführt werden. Dies geschah 1830 durch
Müller in Mainz, und damit war das Ventilhorn in seiner heutigen Form erfunden.

Der Mechanismus, durch welchen man die verschiedenen Röhrenstücke mit einander
in Verbindung setzt, ist verschieden. Bei den deutschen Inftrumenten bestand derselbe im
Wesentlichen aus einem doppelt durchbohrten Hahn, wie wir einen solchen bei der Luft=
pumpe kennen gelernt haben, und Fig. 470 zeigt uns die Art der inneren Röhrenverbindung.
Die Drehung desselben wird durch ein Clavis bewirkt, welches auf der Achse des Hahnes
rechtwinklig befestigt ist und mit dem Finger regiert wird. Leichte Beweglichkeit und völlig
luftdichter Verschluß sind aber auf diese
Weise nur mit Schwierigkeiten zu er=
reichen, und Meifried in Paris wollte
deswegen statt der drehenden Hähne senk=
recht sich bewegende, durchbohrte Cylin=
der angewandt wissen, eine Idee, welche
Adolph Sax, Horniß und Metall=
Blasinstrumentenmacher zu Brüssel,

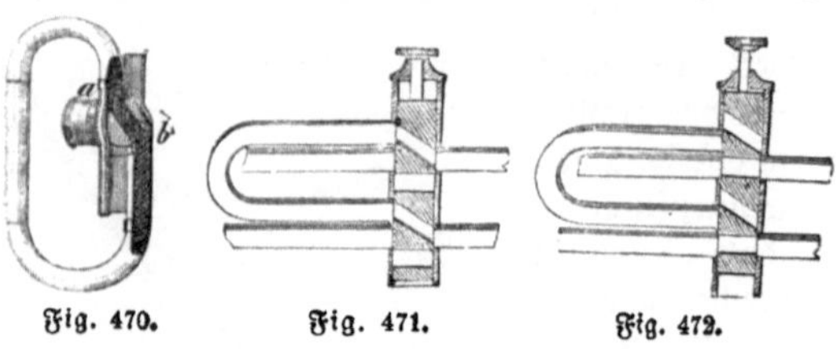

Fig. 470.   Fig. 471.   Fig. 472.

1833 zur Ausführung brachte. Es wird die Art, wie dieser Mechanismus wirkt, ebenfalls
am besten sich durch Abbildung verdeutlichen lassen, und wir geben in Fig. 471 einen
Durchschnitt, in welchem die Stellung der Pistons die Nebenröhren absperrt; in Fig. 472
einen solchen, wo durch Niederdrücken der Cylinder die Nebenröhren eingeschaltet werden,
und in Fig. 473 die Ansicht des innern Mechanismus eines Inftruments mit sechs Pistons.

Wie man aus diesen Abbil=
dungen sieht, muß aber der Luft=
strom, wenn er die Durchbohrung
des Pistons passirt, einen ziemlich
scharf gebrochenen Weg durchlaufen,
wodurch die Ansprache des Inftru=
ments nicht nur erschwert, sondern
auch die Reinheit des Tones beein=

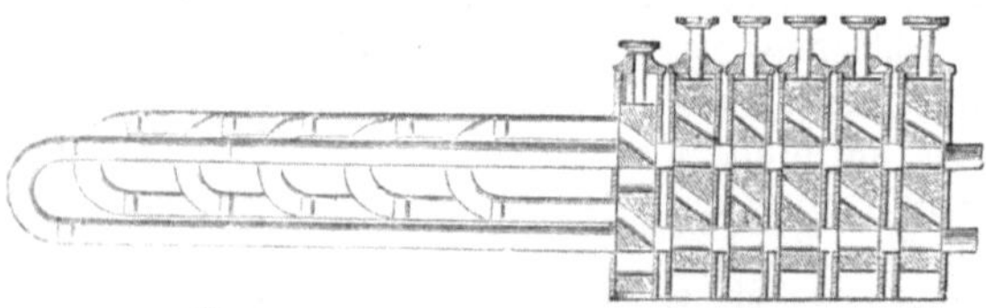

Fig. 473. Inftrument mit sechs Pistons.

trächtigt wird. Sax, der sich mittlerweile nach Paris gewendet hatte, verwandelte den
festen und nur mit zwei engen Schubröhrchen versehenen Stempel in einen inwendig hohlen
Cylinder, welcher an den mit den betreffenden Röhren kommunizirenden Stellen Durch=
bohrungen hatte, und dadurch, daß die Luft hier einen unverhältnißmäßig größeren Raum
zum Ausweichen erhielt, wurde der Ton allerdings weicher und reiner. Die Figuren 474
bis 476 geben uns diese Einrichtung von
verschiedenen Seiten gesehen: von außen,
durchschnitten und mit verschiedener
Stellung des Cylinders, so ausführlich,
daß eine weitere Erklärung überflüssig
erscheint.

Sax hat nach seinem Systeme fast
alle Blasinftrumente eingerichtet, und
von welchem Reichthum der Formen sein
Lager ist, möge die Abbildung Fig. 477

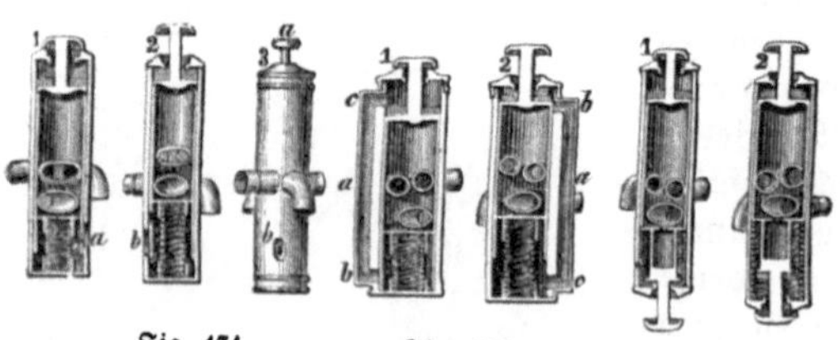

Fig. 474.   Fig. 475.   Fig. 476.
A. Sax's Cylindereinrichtung.

zeigen, welche einen Theil der Sax'schen Metall=Blasinftrumente zur Anschauung bringt,
wie solche auf den Pariser Welt=Ausstellungen zu ackergroßen Tableaux zusammengestellt
waren. Uebergänge aus der einen Form in die andere und die Kombination der Eigen=
thümlichkeiten verschiedener derselben geben den Inftrumenten ein Aussehen, welches mit dem
der ursprünglichen Trompete oder dem alten Horn nur wenig Aehnlichkeit hat. Für diese
verschiedenen Produkte sind ebenso verschiedene Namen erfunden worden: Saxhorn, Ophi=
kleïde, Baroxyton, Euphonion u. s. w., an deren Aufzählung wir, wenn wir sie versuchen
wollten, der Reichhaltigkeit wegen scheitern würden.

Bei einem Vergleiche würden die Leser die Ueberzeugung gewinnen, daß die deutschen Instrumente in keiner Weise hinter den Sax'schen zurückstehen. Namentlich hat sich W. F. Cerveny in Königgrätz durch die fortgesetzte Vervollkommnung seiner Instrumente einen berühmten Namen gemacht. Er war es, der die ältere enge Bauart aller Blechblasinstrumente, bei welcher der Grundton gar nicht zur Ansprache gebracht werden konnte, verließ, und seinen Instrumenten einen weiteren Durchmesser gab, wodurch er eine reine und volle Ansprache des Grundtones ermöglichte. Das ist insofern ein großer Fortschritt, als sich die Röhre der Instrumente für tiefe Töne um die Hälfte verkürzen ließ.

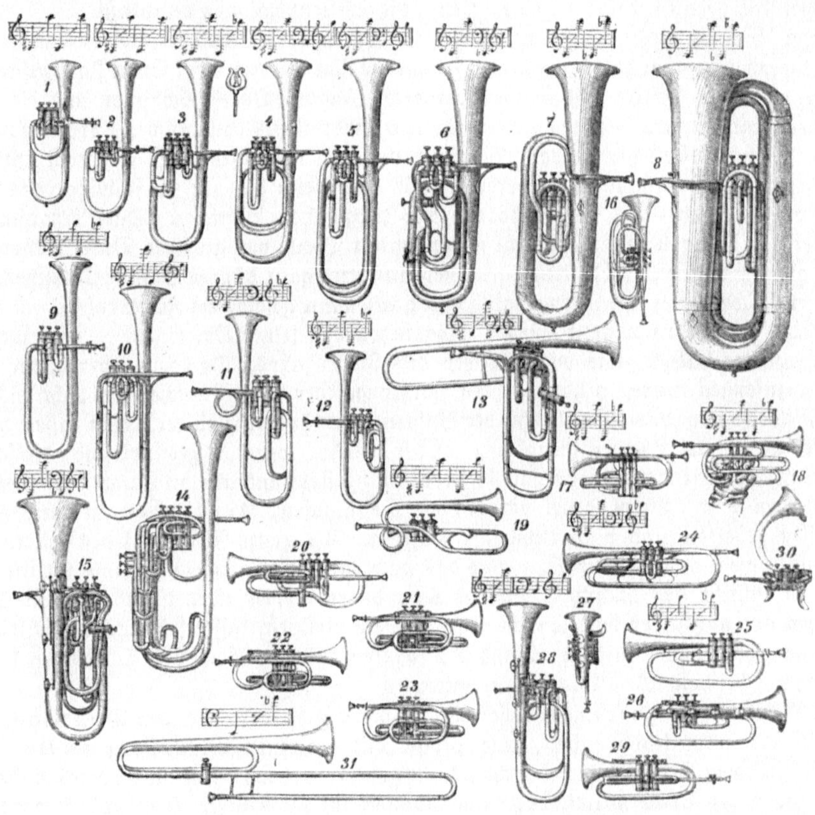

Fig. 477. Metallblasinstrumente von A. Sax in Paris. — 1 Saxhorn (scharf). 2 Sopranhorn. 3 Althorn. 4 Alttromba. 5 Baritontromba. 6 Baßhorn. 7 Kontrabaß. 8 Schwerer Kontrabaß. 9 Kontra-Alt. 10 Trombone à pistons. 11 Trompette à cylindres. 12 Cornet à pistons. 13 Trombone à pistons. 14 Saxtrombone mit 7 Pistons. 15 Baß-Saxhorn. 16, 17 u. 18 Cornet à pistons. 19 Cornet à cylindres. 20 Saxhorn. 21 Cornet à pistons à 2 clés. 22 Saxotromba alto à clés et à pistons. 23 Cornet à pistons. 24. Trompette à cylindres. 25—30 Saxhorn et Instruments à pistons avec addition de clés. 31 Trombone (Posaune).

Die deutschen Instrumentenmacher haben hier und da anstatt der Sax'schen Cylinder die Hähne beibehalten, welche, weil der doppelt durchbohrte Kern nicht sehr hoch ist, sondern mehr die Form einer starken Scheibe oder eines Rades hat, Radlmaschine genannt werden. Die Durchbohrung verläuft in Bogen, so daß die Luftsäule auf diese Weise auch vor gewaltsamen Stauchungen bewahrt ist. Das „Radl" erhielt von Cerveny nicht blos zwei, sondern bis sechs Durchbohrungen, und er benutzte derartige Vorrichtungen, um das Instrument damit umzustimmen. Die früher gebräuchlichen und jedesmal auf- und wieder abzusetzenden Krummbogen wurden dauernd mit dem Instrument verbunden und durch entsprechende Stellung der Tonwechselmaschine, des Radls, in die schwingende Röhre eingeschaltet.

Klarinette, Oboe, Fagot u. f. w. Der fchwingende Körper, welcher die Luftfäule in der Trompete, Pofaune, dem Waldhorn u. f. w. zum Tönen bringt, find die elaftifchen Lippen unferes Mundes. Sie vibriren in dem keffelförmigen Mundftücke, und die Dimenfionen des letzteren find deswegen von großer Wichtigkeit für die Behandlungsweife des Inftruments. Eine andere Klaffe von Inftrumenten giebt es aber noch, bei denen der fchwingende elaftifche Körper mit der Röhre feft verbunden ift und aus einer vibrirenden Zunge, dem fogenannten Blatte, befteht, welches durch feine rafch auf einander folgenden Schläge den vorbeipaffirenden Luftftrom abwechfelnd zufammendrängt und wieder aus einander zieht, verdichtet und verdünnt und auf diefe Weife die Wellenbewegung veranlaßt.

Der Urtypus diefer Inftrumente liegt in dem hohlen Schaft des Löwenzahns, Leontodon taraxacum, welchen die Kinder, indem fie ihn an dem einen Ende flach zufammendrücken, zu einer Pfeife geftalten. Klarinette, Fagot, Oboe, Schalmei und die diefen ähnlichen Inftrumente beftehen fämmtlich aus einer theils cylindrifchen, theils konifchen Röhre, die nach oben hin in das Mundftück mit dem fchwingenden Blatt, nach unten hin in den erweiterten Schallbecher übergeht. Die Klarinette hat nur ein fchwingendes Rohrblatt, die Oboe und das Fagot haben zwei dergleichen Blättchen. Das Mundftück der Klarinette ift deshalb in feinem nicht fchwingenden Theile von größerer Dicke, während die beiden andern genannten Inftrumente einen langen, ganz dünnen Schnabel befitzen. Die Blättchen beftehen bei ihnen gewöhnlich aus ganz dünn gefchabtem Zuckerrohr.

Jedes folche Inftrument würde — abgefehen von feinen Obertönen — nur einen einzigen Grundton haben, wie das Röhrchen des Löwenzahns. Da damit aber in der Mufik wenig anzufangen wäre, fo hat man den Holzkörper der Röhre, welcher fich nicht leicht auf ähnliche Weife wie das Metallrohr der Pofaune verlängern und verkürzen laffen würde, in feiner Länge mit Löchern durchbohrt, durch welche, wenn fie geöffnet find, die fchwingende Luftfäule mit der äußern Luft in Verbindung fteht und alfo die Länge derfelben verkürzt werden kann. Beim Spiel werden diefe Oeffnungen, **Grifflöcher**, mit dem Finger gefchloffen gehalten und nach Bedürfniß geöffnet. Die ganze Röhre mit den gefchloffenen Oeffnungen giebt den tiefften Ton; wird das dem Mundftück zunächft liegende Griffloch geöffnet, fo entfteht der höchfte Grundton. Mit diefen Tönen allein ift aber die Reihe der möglichen und nutzbaren Effekte nicht abgefchloffen, vielmehr laffen fich auch die fchwingenden Aliquottheile der Luftfäule ausnutzen und eine ähnliche Reihe von Obertönen hervorbringen, wie bei den Metallblasinftrumenten.

Wol das ältefte Inftrument diefer Art ift die **Sackpfeife** oder der **Dudelfack**, freilich auch das unvollkommenfte. Eine Pfeife mit einzelnen Grifflöchern ift mit ihrem Schnabel in einen luftdichten Lederfchlauch eingefügt, der fich durch ein anderes Rohr aufblafen und durch Druck mittels des Armes wieder entleeren läßt. Die ausftrömende Luft bewirkt das Tönen, und je nachdem der Arm ftärker oder fchwächer auf den Schlauch drückt, klingt die Pfeife auch mit verfchiedener Intenfität. Eine kleine Kapfel, die über den Schnabel gefchoben ift, fchützt diefen vor Verletzungen und dient dem Luftftrom zur Leitung. Der Dudelfack ift ein fehr verbreitetes Inftrument. Von den Juden und Griechen kam es zu den Römern; jetzt fpielt es noch in der Nationalmufik namentlich der Schotten und Polen eine Rolle. Die Schotten haben es mit in die Kolonien verpflanzt, und in Amerika und Auftralien erfreut es fich noch einer ziemlichen Pflege. Seine Herftellung ift fehr einfach und diefelbe geblieben, welche fchon im fchönen Griechenland üblich war, wo auf der Fleifchfeite gegerbte Widderfelle, welchen man aber die Haare nebft dem gehörnten Kopf gelaffen hatte, zur Anfertigung dienten, nur mußten alle Oeffnungen dicht vernäht fein.

Die Sackpfeife ift ein Inftrument für Hirten, und für höhere Mufikzwecke feiner Armfeligkeit wegen nicht geeignet. Nicht nur der geringe Tonumfang, fondern namentlich auch die Unmöglichkeit, eine künftlerifche Abftufung von Forte und Piano hervorzubringen, mußten es den höheren Kulturftufen entfremden. Jedes Blasinftrument erhält erft Seele durch den menfchlichen Mund, und es konnten daher nur diejenigen, welche direkt von den Lippen angeblafen werden, eine höhere Vervollkommnung im Laufe der Zeit empfangen.

Die Oboe ist jedenfalls im Prinzip zurückzuführen auf die Naturpfeifen, wie sie aus zarten, an dem einen Ende plattgedrückten Rinden junger Zweige sich darstellen lassen, und damit wol eins der ältesten Instrumente überhaupt. Wir finden bei den alten Griechen die Syrinx, welche der Beschreibung nach eine unvollkommene Oboe gewesen sein muß. Die Schalmei (Chalumeau, die Hirtenpfeife, von calamus, das Rohr) ist aber für die jetzige Form des Instrumentes als der letzte Vorläufer anzusehen.

Der Name Oboe, Hoboe stammt aus dem Französischen von Hautbois, weil der Körper des Instrumentes von Holz angefertigt wird und es vor Erfindung der Klarinette die Melodie allein zu führen hatte. Seiner Einrichtung nach besteht es aus einer konischen Röhre, welche sich unten etwas erweitert. Hatte man an den frühesten Instrumenten, zu denen wahrscheinlich auch die fistulae und die tibiae der Alten zu zählen sind, die Grifflöcher direkt mit den Fingern zu bedecken, und konnte man der Natur der Sache nach nicht mehr als höchstens acht Tonlöcher anbringen, so mußte ein wesentlicher Umschwung geschehen, als man dahinter kam, auch noch Tonlöcher durch Klappen verschlossen zu halten und die=selben durch den Druck mit dem Finger zu öffnen. Man vermochte dadurch die Zahl der Tonlöcher zu vermehren, und die jetzigen In=strumente haben in der Regel 16 Klappen. Die Behandlung nicht nur, sondern auch die Herstellung des Instrumentes überhäufte sich aber dadurch mit Schwierigkeiten, und in der That gehört eine Oboe, welche alle verlangten Töne rein hervorzubringen erlaubt, zur Zeit noch unter die Gegenstände frommer Wünsche. So viel auch daran verbessert und erfunden worden ist, so giebt es immer eine Menge Töne, welche bald zu hoch, bald zu tief sind, und die nur einigermaßen zu purifiziren der Bläser zu allerhand Vortheilen seine Zu=flucht nehmen muß. Die Tonlöcher stehen durchaus nicht an der Stelle, wo sie den physikalischen Gesetzen gemäß hingehören, und nur eine vollständige Umgestaltung des Systems, wie sie von Böhme auf ganz rationelle Weise geschehen ist, kann den Mängeln abhelfen, welche zu umgehen den Bläsern so große Schwierigkeiten macht.

Fig. 478. Altdeutsche Musikanten mit Blasinstrumenten. Nach J. Amman.

Das englische Horn hat in Bezug auf Einrichtung und Klangfarbe mit der Oboe die größte Aehnlichkeit. Der eigenthümliche näselnde Ton wird in beiden Instrumenten durch die Anwendung zweier Blättchen bedingt. Der Tonumfang des englischen Hornes ist derselbe wie bei der Oboe, von c chromatisch durch 2½ Oktave, allein die höheren Töne werden nicht benutzt. Der Körper bildet nicht eine gerade Röhre, sondern hat etwas über der Mitte ein Knie. In der älteren Musik führt das Instrument den Namen Oboi di Caccia.

Das Fagot oder der Schalmeienbaß ist das dritte Instrument dieser Reihe. Es reicht von B bis zum g'' und besitzt acht Tonlöcher, von deren Stellung aber dasselbe, ja noch in verstärktem Maße gilt, was von der Oboe gesagt worden ist. Man kann mit Schafhäutl das Fagot in seiner heutigen Gestalt das am allerunvollkommensten eingerichtete Instru=ment nennen, und dennoch ist es seiner herrlichen Wirkung wegen nicht zu entbehren. Seine Behandlung erfordert aber deshalb die größte Meisterschaft. Die Röhre des Fagots ist 2,62 Meter lang; dadurch wurde die gebogene Form des Instrumentes bedingt.

Die drei genannten Blasinstrumente sind noch mannichfach abgeändert in verschiedenen Dimensionen ausgeführt und mit verschiedenen Namen bezeichnet worden.

Die Klarinette ist ein verhältnißmäßig junges Instrument; denn sie wurde erst im Jahre 1696 von Christoph Denner in Nürnberg erfunden. Sie hat nur ein einziges vibrirendes Rohrblatt, welches länger und stärker als das der Oboe ist. Der Durchmesser der Röhre ist auch weiter als bei dem letztgenannten Instrument, und dadurch verliert ihr Ton einerseits den näselnden Charakter, andererseits aber erhält er eine größere Fülle.

Eine eigenthümliche Folge ihrer Einrichtung ist, daß durch verschiedenen Ansatz die geradzahligen Obertöne, welche bei den übrigen Instrumenten leicht zur Ansprache gebracht werden können, nicht erscheinen, daß vielmehr als erster Begleitton der dritte, dann der fünfte u. s. w. Oberton auftritt. Die Oktaven können daher nicht mit denselben Griffen hervorgebracht werden, und es machte dieser Umstand die Anbringung eines zweiten Systems von Tonlöchern nothwendig. Iwan Müller, der die Klarinette verbesserte, gab ihr 13 Klappen; dies genügt zwar, um aus allen Tonarten spielen zu können, allein es bleiben doch viele Töne unrein, und eine gründliche Umgestaltung würde für die ausüben- den Künstler von den wesentlichsten Vortheilen sein. Früher benutzte man in der Musik eine größere Anzahl von Klarinetten, mit denen man beim Wechsel der Tonarten ebenfalls ab- wechseln mußte. Jetzt bedient man sich gewöhnlich nur der C=, D= und A=Klarinetten.

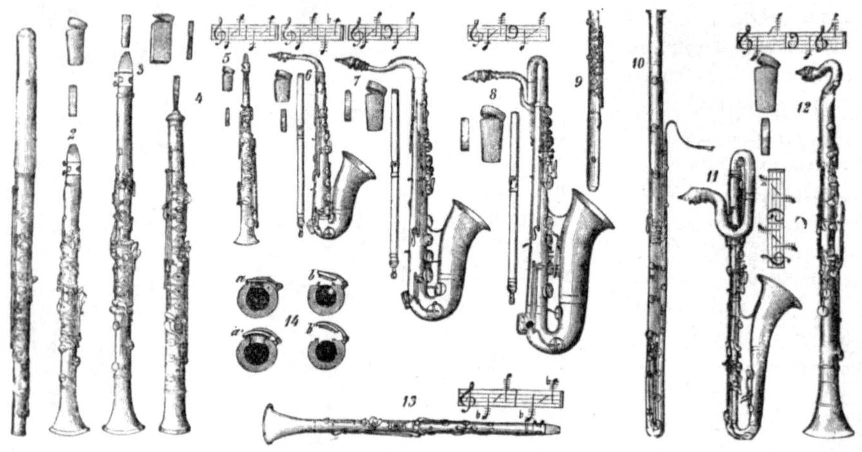

Fig. 479. Sax'sche Klappenblasinstrumente.

1 Flöte. 2 und 3 Klarinette. 4 Oboe. 5 Saxophone, Sopran. 6 Saxophone, Alt. 7 Saxophone, Tenor. 8 Saxo- phone, Bariton. 9 Flöte. 10 Fagot. 11 Kontrabaßklarinette. 12 Baßklarinette. 13 Klarinette, System Sax. 14 Klappenverschlüsse.

Die Klangfarbe der Klarinette hängt mit dem Ausfallen der geradzahligen Obertöne zusammen. Analysirt man nämlich einen Klarinettenton, z. B. C, so findet man ihn nicht aus seinen natürlichen Obertönen C c' g' c'' e'' g'' b'' c''' d''' e''' u. s. w. zusammengesetzt, wie es bei der Oboe noch der Fall ist, wo nur die Töne c' c'' g'' c''' u. s. w. schwächer als die dazwischen liegenden klingen, sondern der Klang besteht lediglich aus der Tonreihe C g' e'' b'' d''' u. s. w. Der Klarinettenschnabel ist übrigens in neuerer Zeit einer Anzahl von Instrumenten beigegeben worden, welche in ihrer sonstigen Einrichtung mehr gewissen Metallblasinstrumenten entsprechen, und dadurch ist eine Reichhaltigkeit auch in dies Gebiet der Musikmittel gekommen, die durch die beigegebene Abbildung (Fig. 479) Sax'scher In- strumente am besten veranschaulicht wird.

Die Flöte. Eine neue Instrumentgattung, ihrer Tonerregungsweise nach, sehen wir da verkörpert, wo die Luft im Innern der Röhre nicht durch vibrirende elastische Körper, sondern durch den Anprall, den sie an entgegenstehenden Kanten erleidet, abwechselnd ver- dichtet und verdünnt wird, wodurch die damit zusammenhängende Luftsäule in Schwingungen geräth. Ein hohler Schlüssel, den wir mit unserm Munde anblasen, versinnlicht uns die- jenige einfache Form, welche in der alten Panflöte in der primitivsten Art der Muse der Musik dienstbar gemacht wurde. Wir bezeichnen die Instrumente, die sich auf dies Prinzip gründen, als flötenartige. Uebrigens sind diejenigen, welche man aus dem Alterthum unter dem Namen „Flöte" anführt, damit nicht zu verwechseln. Schon die alte Mythe, nach welcher Pallas Athene die von ihr erfundene Flöte wegwarf und Den verfluchte, der sie wieder aufheben würde, weil die Göttin, von Juno und Venus verlacht, erst in einer Quelle des Ida gewahr geworden war, wie lächerlich und häßlich sie durch die beim Spiel ihres Instrumentes aufgeblasenen Backen geworden, hätte den Alterthumsforschern beweisen müssen, daß Dasjenige, was die Alten mit dem Wort aulos bezeichneten, durchaus nicht mit unserer Flöte zu verwechseln ist. Noch mehr aber hätte die oft erwähnte Thatsache, daß die alten Virtuosen, um beim Spiel der Flöte sich die Backen nicht zu zerplatzen, um dieselben und um den Mund eine lederne Binde, einen Backenriemen legten, auf die Vermuthung führen müssen, daß der Aulos der Alten mehr Aehnlichkeit mit unserer Oboe oder mit der Klarinette gehabt haben müsse. In der That sehen wir auch in den alten Darstellungen die sogenannte Flöte als konisches Instrument mit drei bis fünf Grifflöchern und an dem unteren Ende häufig mit einem Schallbecher versehen.

Es scheint, als ob die Flöte in ihrer heutigen Gestalt eine deutsche Erfindung sei, welche aus der sogenannten Schwegel- oder Schweizerflöte entstanden ist. Die Regimentsmusik bestand in früheren Zeiten aus Trommlern und Pfeifern. Die Letzteren bliesen cylindrische Instrumente, welche anfänglich nur sechs Tonlöcher hatten. Das siebente Loch für den Daumen kam erst später hinzu, und das achte wurde von dem berühmten Flötenvirtuosen Quanz zugegeben. Dies Prinzip der Flöte ist demnach ein ungemein einfaches, und es liegt darin der Grund des reinen, zarten Tones, welcher freilich etwas Kränkliches an sich hat, infolge dessen das Instrument vorzugsweise in der Sentimentalperiode Geßner'scher Idyllen bevorzugt wurde. Für den musikalischen Gebrauch hat aber diese Einfachheit der Einrichtung ziemliche Hindernisse im Gefolge, denn da man mit blos acht Tonlöchern eine Reihe von mindestens einigen dreißig Tönen hervorbringen muß, so verwickeln sich auch hier durch die nothwendig werdende Behandlungsweise die akustischen Verhältnisse in einer Art, daß die Töne nicht nur leicht unrein werden, sondern daß sogar ihre Hervorbringung dem Spieler große Schwierigkeiten darbietet. Der Bau der Flöte ist deswegen auch als eine der schwierigsten Aufgaben des Instrumentenbaues überhaupt zu betrachten, und in der That sind die dabei einschlagenden Fragen erst in neuerer Zeit durch Böhme in München gelöst worden. Böhme erhöhte die Zahl der Tonlöcher, indem er deren 14, von c' bis c'', anbrachte, dieselben genau an die Stelle setzte, wo sie der Berechnung nach stehen mußten, und ihnen einen möglichst großen Durchmesser gab. Das letztere war vorzüglich nothwendig, um die Mitwirkung des über das Griffloch hinaus liegenden unteren Flötentheiles mit der darin eingeschlossenen Luftsäule unschädlich zu machen, denn je kleiner die Oeffnung ist, durch welche die innere Luftsäule mit der äußern in Verbindung steht, um so unvollständiger wird die Absicht erreicht werden, nach welcher die Flöte eine offene Pfeife darstellen soll, welche bis an diesen Punkt des Griffloches reicht. Da diese 13 Grifflöcher natürlich weder mit den Fingern erreicht, noch auch sämmtlich hätten geschlossen werden können, so bedeckte Böhme dieselben mit Klappen, zu deren Oeffnung er einen besonderen Mechanismus anbrachte.

Bei den Flöten nach den älteren Systemen war die Zahl, Anordnung und Größe der Grifflöcher durch die Einrichtung der Hand bedingt; da sich nun aber die Gesetze einer schwingenden Luftsäule nicht nach solchen Verhältnissen umändern können, so mußte von der einfachen Form zum großen Nachtheil der Klangwirkung abgewichen werden, und die Flöte war schließlich eine sehr verwickelte Kombination von konischen und cylindrischen Röhrenstücken geworden, voller Fehler und Mängel, die einigermaßen auszugleichen eine große Meisterschaft der Behandlung verlangte. Die fehlenden Halbtöne wurden durch ganz eigenthümliche Hülfsmittel hervorgebracht, so daß man zum Beispiel die Wirkung zweier neben einander liegender Tonlöcher kombinirte und so einen Ton um das fehlende Interval nothdürftig in die Höhe schob oder herabzog. Das sind jedenfalls Unvollkommenheiten, allein es kann nicht geleugnet werden, daß sie dem Instrumente etwas Individuelles gaben, das die mathematisch korrekten Flöten nach Böhme verloren haben, und dem eben so wie den gestopften Tönen des Waldhornes gegenüber den gleichmäßig rein ansprechenden des Klappenhornes eine gewisse Poesie der Ursprünglichkeit innewohnte. „Wie es menschliche Schwächen giebt", sagt Hanslick, „die wir liebenswürdig finden, so giebt es auch in Musik= instrumenten Unvollkommenheiten, die in der Hand des Meisters zu neuen Reizen werden." Freilich aber, müssen wir hervorheben, nur in der Hand des Meisters. —

Böhme machte sich von jenen Uebelständen frei, indem er die Flöte zu einem einfachen akustischen Apparat gestaltete, dessen Wirkung auf das Genaueste sich berechnen ließ. Er trennte die Klappen von den Griffblättern und ordnete die letzteren für die Hand bequem an einer Längenachse, von welcher aus sie mittels beliebig langer, gebogener Hebel die Tonlöcher öffnen und schließen. Außerdem aber gab er allen Theilen die vollkommenste mechanische Ausführung.

Das Böhme'sche System hat in der letzten Zeit immer größere Berücksichtigung ge= funden; es ist von dem Erfinder selbst auf die übrigen, namentlich die Holzblasinstrumente, mit gleich ausgezeichnetem Erfolge angewandt worden, und es steht zu hoffen, daß es end= lich die älteren Einrichtungen ganz und gar verdrängen wird. In Frankreich hat man das= selbe bereits fast ausschließlich adoptirt, und die erweiterte Anwendung hat zu zahlreichen Konstruktionen von Klappeninstrumenten geführt, von denen wir in Fig. 479 eine Anzahl der interessantesten abbilden, wie sie von A. Sax 1862 in London ausgestellt waren.

Die **Zungenwerke** gehören eigentlich zu den im Prinzip einfachsten musikalischen In= strumenten, denn der Ton wird bei ihnen direkt hervorgebracht durch die Schwingungen elastischer Metallstäbe und ist demnach für jede Zunge ein fest bestimmter, der nicht durch verschiedene Behandlungsweise variirt und wie die schwingende Luftsäule zur Entwicklung jener bekannten Reihe von Obertönen gebracht werden kann. In der Regel bestehen die Zungen aus Stahl und werden durch einen Windstrom zum Schwingen gebracht.

Die Geschwindigkeit dieser Schwingungen, die Höhe des Tones, hängt von der Span= nung (Steifheit) der Zunge und von ihrem Gewichte ab; mit der ersteren erhöht, mit dem letzteren vertieft sich derselbe. Durch Verkürzen oder Verlängern des schwingenden Theiles vermag man also den Ton zu verändern, und um dies zu thun, bedient man sich in der Regel eines verschiebbaren Stimmstiftes, der an die Zunge fest anlehnt und ihre schwingende Länge bestimmt; allein diese Veränderung ist der Natur der Sache nach nicht eine solche, welche während des Spieles vorgenommen werden könnte. Sie ist außerdem nur innerhalb ge= wisser Grenzen möglich und deswegen nur für die Abstimmung der Zungen unter einander verwendbar. Von der Weite der Schwingungen hängt die Stärke des Tones ab, und diese ist sonach eine Folge der mehr oder minder großen Ausweichung der federnden Zunge, be= ziehentlich der Stärke des einwirkenden Luftstromes.

Die **Maultrommel**, mit welcher sich, obwol sie nur aus einer einzigen elastischen Metallzunge besteht, doch sehr verschiedene Töne hervorrufen lassen, scheint dem Gesagten aber schon einen Widerspruch zu bereiten. Indessen ist dies nur scheinbar der Fall. Denn die Feder hat in der That nur einen einzigen bestimmten Ton, es kommt aber nicht dieser zur Verwendung, sondern die Töne der schwingenden Luftsäule im Munde, und die Wirkung der Maultrommel beruht demnach auf einem andern Prinzip.

Ein angeschlagener Stahlstab — und als solchen können wir die Zungen ansehen — klingt für sich sehr schwach. Sein Ton läßt sich dadurch verstärken, daß man den Stab in Verbindung mit einem Resonanzboden bringt, sodann aber auch, daß man ihn über eine seitlich abgeschlossene Luftsäule hält, deren Länge derselben Schwingungsgeschwindigkeit entspricht. Schlägt man z. B. eine Stimmgabel an, so hört man zunächst nur die klirren= den Obertöne; wenn man ihre schwingenden Schenkel aber über die Oeffnung einer Flasche hält, und in dieser durch Zugießen von Wasser die Luftsäule auf die betreffende Länge bringt, so wird dieselbe durch die Oscillationen der Metallmasse mit in Schwingung versetzt, und es wird ein Ton laut vernehmbar. Nun kann man nicht nur einen einzigen, den gleich schnell mit der Stimmgabel schwingenden Ton wahrnehmbar machen, sondern es treten alle diejenigen Töne vernehmlich hervor, deren Schwingungen allemal je mit der ersten, zweiten, dritten, vierten u. s. w. Ausweichung der Metallmasse zusammenfallen, also zunächst die Oktave, sodann die Quinte, Duodezime, Sexte u. s. w. Immer aber müssen diese Töne tiefer liegen als die erregenden Schwingungen des Stahlkörpers, und umgekehrt, wie bei den Metallblasinstrumenten der Grundton der schwingenden Luftsäule sehr tief sein muß, wenn die Obertöne nahe genug an einander liegen sollen, um musikalisch brauchbar zu sein, so muß hier, wenn durch einen schwingenden Stahlstab eine Reihe brauchbarer Untertöne hervorgebracht werden soll, die Schwingungszahl desselben eine sehr hohe sein.

Bei der Maultrommel ist dies der Fall. Ihre Feder schwingt sehr rasch. Die Luftsäule, welche durch sie in Erregung versetzt wird und den hörbaren Ton hervorbringt, ist die von den Wänden der Rachenhöhle und der Luftröhre eingeschlossene Luft, und durch Verengerung oder Erweiterung derselben wird sie, wie die Luft in der Flasche durch Zuschütten oder Ausgießen von Wasser, für die Ansprache der verschiedensten Töne geeignet gemacht. Die meisten Maultrommeln, viele Millionen, werden in der Stadt Steyer gefertigt.

Die **Mundharmonika** dagegen zeigt verschieden gestimmte Metallzungen in einer Platte so angebracht, daß sie durch die Oeffnungen derselben frei hindurchschlagen können und also in Schwingungen gerathen, wenn sie durch einen Luftstrom aus ihrer Gleichgewichtslage gedrückt werden. Um sie aber vereinzelt zur Ansprache bringen zu können, befindet sich jede Zunge in einer besonderen Zelle, in welche man hineinblasen kann. Statt einer Zunge sind gewöhnlich deren zwei neben einander angebracht, eine nach außen, die andere nach innen schlagend, so daß also das Instrument sowol beim Hineinblasen tönt, als auch, wenn die Luft durch dasselbe zurückgesogen wird. Der Ton wird hier lediglich durch die federnde Zunge selbst hervorgebracht, und höchstens wirkt die Platte, in welcher die Zungen liegen, durch Resonanz etwas verstärkend. Ein bei weitem vollkommeneres Instrument ist aber die

Physharmonika, auch Harmonium, Aeolodikon, Seraphine u. s. w. genannt. Dasselbe ist um 1820 von einem Rentamtmann Eschenbach zu Königshofen an der Saale erfunden worden, und war in seiner ursprünglichen Gestalt ein Tasteninstrument mit einem Blasbalg, der mit den Füßen getreten ward und aus welchem kleine, durch das Niederdrücken der Tasten sich öffnende Windkanäle führten, vor denen die abgestimmten stählernen Zungen angebracht waren. So reizvoll auch die Wirkung derartiger Instrumente war, welche bald eine große Verbreitung und mancherlei Verbesserungen erhielten, so trat doch namentlich ein Uebelstand störend hervor, der ihre Anwendung sehr beschränkte. Die Zungen nämlich gerathen nicht in dem Moment, wo der Luftstrom sie trifft, gleich in volle Schwingung, denn es vergeht immer einige Zeit, ehe der Ton seine volle Stärke erreicht, und wenn dieses Schwellen für manche Musikstücke sogar von einem sehr schönen Effekt sein kann, so ist doch für alle schnelleren Passagen die Ansprache nicht präzis genug. Ein gewisser Martin in Paris verband daher mit dem genannten Mechanismus noch ein Hämmerwerk, wie das Pianoforte hat, so daß der Windstrom nur die von dem Hammerschlage schon hervorgebrachten Schwingungen zu unterhalten hat. Diese Instrumente hießen Orgues à percussion. Außerdem aber kombinirte man noch mancherlei Arrangements, man ließ den Wind durch jalousieartige Klappen allmählich sich verstärken und abschwächen; richtete die Kanäle so, daß verschiedene Zungen durch eine Taste mit einander zur Ansprache gebracht wurden, wodurch die Klangfarbe wesentlich geändert wurde, vermehrte die Zahl der Blasbälge auf zwei, für jeden Fuß einen, und gab ihnen noch eine besondere Windkammer u. s. w., so daß das heutige Harmonium, namentlich von Schiedmayer und Söhne in Stuttgart, zu den ausgezeichnetsten musikalischen Ausdrucksmitteln gehört.

Die **Ziehharmonika** oder das Akkordion ist eine Physharmonika in kleinem Maßstabe, bei der der Blasbalg durch die Hand bewegt wird. Ihre äußere Einrichtung ist so bekannt, daß wir darüber nichts zu sagen brauchen. Die Zungen liegen in den beiden starken Tafeln, welche oben und unten den in parallele Falten sich zusammenklappenden Balg (sogenannten Laternenbalg) abschließen. Die Oeffnungen in den Balgtafeln sind genau so groß, wie die darin durchschlagenden Zungen, so daß neben diesen keine Luft vorbeigehen kann.

Die Zungen sind so befestigt, daß sie nach beiden Seiten ausschlagen und sowol beim Drücken als beim Saugen des Blasbalges ansprechen. Die Windleitungen werden durch Tasten geöffnet, welche in Form kleiner Knöpfchen auf einer Grifffläche hervorstehen.

In England hat die Ziehharmonika eine Vervollkommnung durch Wheatstone erfahren, indem derselbe die viereckige Form in eine achteckige verwandelte, den Tonumfang bis auf drei Oktaven durch die chromatische Skala erweiterte, die inneren Bestandtheile mit möglichster Genauigkeit anfertigen ließ und dem so entstandenen Werke den Namen Concertina beilegte. Indessen haben dieselben für uns kein größeres Interesse, als die Ziehharmoniken, welche namentlich in Wien und Chemnitz in großer Zahl und zu Preisen von 1 Gulden bis zu 30 Thalern das Stück fabrikmäßig dargestellt werden.

Bei allen diesen Instrumenten, bei der Physharmonika wie bei der Ziehharmonika, vertritt der plattenförmige Rahmen, in welchen die Zungen eingelassen sind, die Stelle des Resonanzbodens. Die Zungen haben eine verhältnißmäßig geringe Masse.

Die **Musikspielwerke**, Spieldosen u. dgl., bei denen nicht ein Windstoß die federnden Zungen vibriren macht, sondern wo dieselben durch Stifte, die auf einer sich drehenden Walze eingeschlagen sind, mitgenommen und durch das plötzliche Zurückschnellen tönen, haben keinen besonderen Rahmen. Die Zungen hängen unter sich zusammen und sind durch Sägeeinschnitte aus einer schräg geformten Stahlplatte ausgeschnitten. Um sie für die tieferen Töne herabzustimmen, werden kleine Bleiklötzchen unterhalb der Spitze angelöthet; dadurch wird das Gewicht der schwingenden Masse vermehrt. Damit aber nach einem vollen Walzenumgange die Zungen von den Stiften nicht wieder in derselben Reihenfolge getroffen werden, verschiebt sich die Walze während ihrer Drehung zugleich seitwärts, und es schlagen daher allmählich Stifte an die Zungenspitzen, welche vorher durch die Zwischenräume zwischen den einzelnen Zinken leer hindurchgingen. Größere Musikstücke lassen sich aus diesem Grunde nur zur Ausführung bringen, indem man die Stifte auf der Walze spiralförmig anordnet und zwischen den einzelnen Zungen einen genügenden Zwischenraum läßt, so daß selbst nach acht- bis zehnmaligem Umgange ein Stift, der einmal angeschlagen hat, noch nicht die nächste Zunge berührt. Die Herstellung solcher Instrumente gehört aber mehr in das Gebiet der Uhrmacherkunst als in das des Instrumentenbaues, und wir dürfen uns daher an dieser Stelle enthalten, spezieller auf den Gegenstand einzugehen. In der Schweiz, namentlich in Bern, werden große Massen davon angefertigt.

Indessen müssen wir hier doch noch derjenigen automatischen Spielwerke Erwähnung thun, welche ebenfalls durch solche Spielwalzen in Bewegung gesetzt werden, in denen aber zur Erzeugung des Tones nicht nur federnde Metallzungen verwendet werden, sondern die eine oft sehr komplizirte Verbindung aller nur denkbaren Klangkörper darstellen. Es sind dies die sogenannten Orchestrions, in deren Erfindung und Vervollkommnung namentlich Alexander Kauffmann in Dresden, Rebicek in Prag, M. Blessing und M. Welte in Vöhrenbach im Schwarzwalde eine große Berühmtheit erlangt haben. Der Letztere hatte auf die Ausstellung von 1862 ein Orchestrion geschickt, welches der Berichterstatter für den Zollverein das Vollkommenste nennt, was bis jetzt in dieser Art geleistet worden ist. Die Abbildung (Fig. 484) auf Seite 476 giebt uns eine Ansicht dieses höchst interessanten Werkes. Die Maschine desselben hatte zwei Hauptlaufwerke, welche mittels aufgezogener Gewichte in Bewegung gesetzt wurden. Die Stifte waren auf den Walzen in acht Umgängen spiralförmig vertheilt. Mit den hierdurch berührten 186 Tasten standen nun die verschiedenen Tonquellen in Verbindung, welche in mannichfacher Koppelung die Klangfarben der verschiedenen Instrumente nachahmen. 524 Pfeifen in 15 Registern gaben im Charakter folgende Instrumente wieder: Flöte, Fugarra (Oktave), Piccolo, Oboe, Trompete, Horn, Fagot und Posaune. Außerdem war vorhanden eine große Trommel mit starkem Schlägel und Paukenwirbel, eine kleine Militärtrommel, Triangel und türkische Becken. Der Wind wurde in drei verschiedenen Blasbälgen erzeugt. Die Noten für ein Musikstück waren auf drei Walzen eingeschlagen, so daß durch die 39 Walzen, welche dem Werke beigegeben waren, 13 große Musikstücke ausgeführt werden konnten.

Die Drehorgel ist eine einfache Abart dieser Apparate, welche in eigentlichem Sinne nicht zu den musikalischen Instrumenten zu rechnen sind, da ihre Behandlung eine künstlerische Bildung durchaus nicht beansprucht. Ihr Vertrieb geschieht deshalb auch hauptsächlich nach Ländern, wie Rußland, wo bei den in entlegenen Gegenden lebenden, aber doch durch Reisen mit der Kultur bekannt gewordenen Bewohnern das Verlangen nach musikalischen Genüssen ein größeres ist, als die Möglichkeit, die nöthige Ausbildung sich zu verschaffen, um jenem Bedürfniß genügen zu können.

Die **Orgel**, dies großartigste aller musikalischen Instrumente, stützt sich in ihrem heutigen Wesen auf die Gesammtheit aller Erfahrungen, welche bei den verschiedenen musikalischen Instrumenten vereinzelt gemacht werden können. Da sie bestimmt ist, musikalische Ideen zum vollständigsten, höchsten Ausdruck zu bringen und allein das zu bewirken, wozu in allen Fällen sonst die verschiedenartigen Instrumente zusammen mit ihren Eigenthümlichkeiten sich vereinigen, so sind bei ihrer Erbauung auch alle die einzelnen Effekte ins Auge zu fassen, durch welche sich jene verschiedenen musikalischen Ausdrucksmittel vor einander auszeichnen. Diese Klangwirkungen zu erreichen ist die schwierige Aufgabe des Orgelbauers, und da die Hülfsmittel doch nur beschränkte sind — indem durch den bewegten Luftstrom, welcher aus den Blasbälgen durch die Windleitungen den Pfeifen zugeführt wird, nicht nur die Effekte aller Blasinstrumente, sondern auch die Klänge der Saiteninstrumente nachgeahmt werden sollen — so muß uns ein Orgelwerk, wie das im Ulmer Dom von Walker in Ludwigslust erbaute, die höchste Bewunderung abnöthigen.

Der Name „Orgel" stammt von organum, organon, womit die lateinische und griechische Sprache ursprünglich jedes Geräth und Instrument, sodann in specie die musikalischen Instrumente und endlich eine gewisse Klasse Blasinstrumente bezeichnete. Man hat deswegen der Orgel ein sehr hohes Alter zuschreiben wollen, und die in manchen alten Schriften vielerwähnte Wasserorgel, welche schon den alten Griechen bekannt gewesen ist, als dasjenige Instrument bezeichnet, aus welchem unsere heutige Orgel hervorgegangen sei. Eine zufällige Gleichheit in der Benennung aber, noch dazu wenn dieselbe nur von der Sache meist unkundigen Uebersetzern herrührt, kann als kein Beweis für die Uebereinstimmung der Begriffe gelten, und weiter hat man hier in der That keinen Anhalt. Denn obwol es Verschiedene versucht haben, nach den Beschreibungen, welche Vitruv, Hero und Andere von der Wasserorgel gegeben, ein solches Werk nachzubilden, so ist es doch nie gelungen, die wirkliche Einrichtung jenes Instrumentes, welches Organum hydraulicum genannt wird, herauszufinden. Indessen scheinen sehr frühzeitig musikalische Apparate in Gebrauch gewesen zu sein, an denen Blasbälge und eherne Pfeifen vereinigt waren. Eginhard giebt an, daß 826 ein venetianischer Priester eine Wasserorgel konstruirt habe, und die letzte, deren Erwähnung geschieht, soll im 12. Jahrhundert noch zu Malmesbury existirt haben. Indessen gab es zu damaliger Zeit bereits pneumatische Orgeln, und durch diese dürften die hülflosen Wasserorgeln wol schon viel früher verdrängt worden sein. Von einer solchen pneumatischen Orgel giebt der heilige Hieronymus (von 331 bis 420) eine Beschreibung, welche glückliche Bestätigung findet durch die Steinmetzarbeiten an den Seiten eines zu Konstantinopel unter Theodosius dem Großen errichteten Obelisken. Nach diesen gleichzeitigen Zeugnissen hat die Orgel (von der wir in Fig. 480 nach den alten Skulpturen eine Abbildung geben) 15 Pfeifen gehabt, zwei Windsäcke von Elefantenhaut und zwölf

Schmiedeblaſebälge, „um den Donner nachzuahmen", wie ſich der heilige Hieronymus ausdrückt. Im Occident ſcheint die Orgel nicht vor dem 8. Jahrhundert in Gebrauch gekommen zu ſein. Im Jahre 757, heißt es, habe der byzantiniſche Kaiſer Konſtantin an den König Pipin unter anderen Geſchenken auch eine Orgel geſandt, welche die Bewunderung des abendländiſchen Hofes erregt habe. Karl der Große, der ein eben ſolches Werk von demſelben Monarchen erhielt, ſoll nach dieſem Modell mehrere Orgeln haben bauen laſſen, welche nach dem Zeugniß eines Mönches von S. Gallen „mit ihren Pfeifen, beſeelt durch den Hauch der Ochſenhäute, das Rollen des Donners, den Ton der Lyra und das Klingeln der Cymbeln nachahmten." Dieſe Orgeln waren tragbar und noch nicht von den großen Dimenſionen, welche ſie ſpäter infolge ihres faſt ausſchließlichen Gebrauches in den großen Domen des Katholizismus erhielten.

Laſſen wir alle Vermuthungen und mangelhaft geſtützten Ideenkombinationen bei Seite, ſo haben wir als das älteſte Dokument über die Orgeln ein Schreiben des Papſtes Johann VIII. an Anno, Biſchof von Freiſingen anzuſehen, in welchem der Letztere erſucht wird, eine Orgel und einen Künſtler, der ſolche bauen und ſpielen könne, nach Italien zu ſenden.

Fig. 481. Große Orgel mit Windkeſſel.

Die Kunſt des Orgelbaues, mag ſie nun in Griechenland erfunden worden ſein oder nicht und mag das Organum, welches Pipin oder Kaiſer Karl der Große vom Kaiſer zu Konſtantinopel zum Geſchenk erhalten hatte, die erſte Orgel nach unſerer Art, die ins Abendland kam, geweſen ſein oder nicht, jene Kunſt iſt alſo faktiſch wenigſtens in der zweiten Hälfte des 9. Jahrhunderts in Deutſchland ſchon geübt worden. Im Jahre 951 ließ der Biſchof Elfey für ſeine Wincheſter-Kathedrale eine große Orgel bauen, an der oben 12, unten 14 Blaſebälge angelegt waren, welche von 70 rüſtigen Männern mit Anſtrengung gezogen oder getreten werden mußten. Die Zahl der Pfeifen betrug 400, und zum Spiel waren zwei Organiſten nothwendig. Wahrſcheinlich bedurfte es einer ſo bedeutenden Kraft, um die Claves niederzudrücken, daß ein einzelner Mann nicht damit fertig werden konnte, denn der damalige Kirchengeſang, zu deſſen Begleitung ja die Orgel gebraucht wurde, war erſtens nicht ſo künſtlicher Art, daß die zehn Finger eines einzigen Organiſten nicht ausgereicht hätten, wenn die damaligen Orgeln die Einrichtung unſerer heutigen gehabt hätten; dann aber auch hören wir, daß die Zahl der Claves an dieſer Orgel im Ganzen nur 10 betragen habe, auf jeden demnach 40 Pfeifen kamen. Es heißt, daß dieſe Orgel verſchiedene Regiſter gehabt habe, und es wäre möglich, daß dieſe Regiſter zu kombiniren, die Unterſtützung durch einen zweiten Organiſten nothwendig gemacht hätte, aber da das, was wir jetzt Regiſter nennen, damals kaum ſchon in Gebrauch war, ſo iſt auch eine ſolche Vorausſetzung unwahrſcheinlich. Eine Anſicht einer Orgel nach ähnlicher

Konstruktion, vielleicht gar eine schematische Darstellung der Winchesterorgel, giebt ein Manuskript, das sich im Archive zu Cambridge fand und aus dem 12. Jahrhundert stammt (s. Fig. 481). —

Eine figurirte Stimmführung ließ das geringe Tongebiet natürlich nicht zu, und es bestand die Behandlung der alten Orgel nur darin, daß bei Absingung eines Liedes mit der Faust ein Clavis niedergedrückt wurde, der den Ton hielt, nach welchem der Choral ging. In Frankreich wird die erste Kirchenorgel im 12. Jahrhundert erwähnt. Sie befand sich in der Abtei Fecamp. Wahrscheinlich aber ist es, daß auch früher schon Orgeln hier in größerer Zahl bekannt waren, denn im 10. Jahrhundert waren dieselben in Deutschland schon sehr verbreitet, und Freisingen, München, Aachen, Magdeburg, Halberstadt, Erfurt besaßen zu jener Zeit bereits Orgeln. Aus einem lateinischen Psalter, der sich auf der Pariser Bibliothek befindet, ist die Abbildung Fig. 482 entnommen, welche eine Orgel darstellt, wie solche im 14. Jahrhundert gebaut wurden, und eine kleine tragbare Orgel aus dem 15. Jahrhundert (s. Fig. 483) zeigt uns eine gleichzeitige Miniatur aus dem Geschichtsspiegel des Vincent von Beauvais — ebenfalls auf der Pariser Bibliothek. Diese ältesten Orgeln hatten in der Regel 12 Töne mit 12 Tasten, welche handbreit und ausgehöhlt waren, so daß sie mit Arm

Fig. 482. Große Orgel aus dem 14. Jahrhundert.

und Elnbogen „geschlagen" werden mußten. Es ist selbstverständlich, daß diese rohe Einrichtung noch ganz besondere Schwierigkeiten der Behandlung darbot, weil die Ventile, Schieber, Hebel u. s. w., welche die Zugänge zu den Windleitungen zu öffnen hatten, lange nicht mit der Genauigkeit gemacht sein konnten, wie an den heutigen Orgeln. Ja, die Verbindung mit den Claves war in der Regel nur durch starke Schnüre oder Stricke hergestellt.

Ueber die Vereinigung der Pfeifen zu einzelnen Gruppen von bestimmtem Klangcharakter, Registern, hört man zwar schon bei der Orgel zu Winchester, allein es mag dieser Ausdruck, da die Sache bei späteren Orgeln sobald nicht wieder erwähnt wird, wie gesagt, wol etwas Anderes bedeuten. Es scheint vielmehr, als ob damals jeder Clavis eine sogenannte Mixtur erregt habe; alles darauf stehende Pfeifenwerk, es mochte Dimensionen haben, welche es wollte, sprach zu gleicher Zeit an, sobald die Taste niedergedrückt wurde. Die unbequeme Handhabung führte dahin, zum Niederdrücken der Tasten die Füße mit anzuwenden, weil sie eine derartige Anstrengung länger aushalten als die Hände. Die Blasbälge, deren oft 20, 30 und noch mehr angebracht waren, litten noch an großen Unvollkommenheiten, und es war an einen regel-

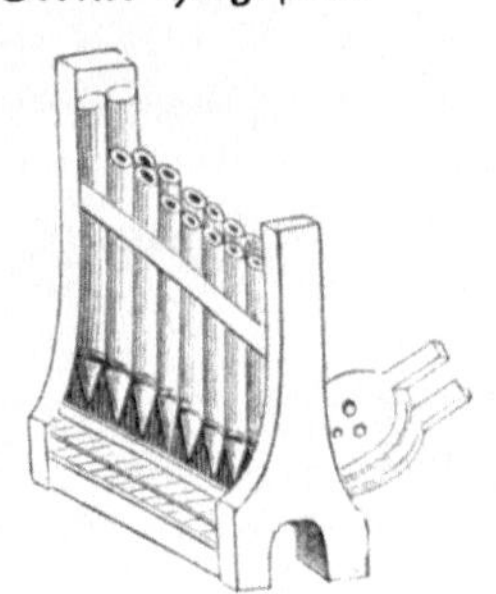

Fig. 483. Tragbare Orgel aus dem 14. Jahrhundert.

mäßigen, fortwährend gleich starken Windzufluß nicht zu denken. Davon aber hängt die Gleichheit des Tones ab, mit der es also nicht sehr gut bestellt gewesen sein kann, und es ist nicht zu verwundern, daß sich hier und da große Widersprüche gegen die Einführung der Orgel in den Kirchendienst erhoben.

Mit der Erkenntniß der Unvollkommenheiten hat aber in der That auch schon deren Beseitigung begonnen, und wir finden bei der Orgel schon zu Anfange des 13. Jahrhunderts bedeutende Verbesserungen. Statt der früher allgemein üblichen diatonischen Tonreihe führte man die chromatische ein; im 14. Jahrhundert wurde in der Domkirche zu Halberstadt eine

Fig. 484. Automatisches Musikspielwerk von M. Welte in Vöhrenbach. Internationale Ausstellung zu London 1862.

Orgel errichtet, welche bereits zwei Klaviere hatte, ein oberes für die rechte Hand, der Diskant, und ein unteres für die linke Hand, um den Baß zu führen. Das erstere hatte 14 diatonische und 8 chromatische Töne, also im Ganzen 22 Claves. Was man vor der letzten Hälfte des 15. Jahrhunderts Pedal nannte, war wie gesagt nichts Anderes als die gewöhnliche Klaviatur, welche bisweilen mit Füßen getreten, anstatt mit Händen gedrückt wurde. Im Jahre 1470 aber erfand Bernhard, ein deutscher Musikus zu Venedig, die Einrichtung, mit den vorhandenen Tasten, dem Manuale, welches mit den Händen gespielt wurde, noch eine zweite besondere, mit den Füßen zu behandelnde Tastatur zu verbinden, das eigentliche Pedal. Die Windklappen wurden auch hier mittels Stricken von den Pedaltasten geöffnet.

Das Spiel konnte nun zwar nach Belieben vollstimmiger gemacht werden, wenn man das Pedal mit zu Hülfe nahm, allein das war auch bis in das 16. Jahrhundert Alles, was in Bezug auf die Veränderung des Toncharakters erfunden worden war. Es ist nun aber gerade die hervorragendste Eigenthümlichkeit der heutigen Orgelwerke, daß sie eine ganz ungemein mannichfaltige Verbindung verschiedener Pfeifen erlauben, die dann zugleich durch einen Clavis zum Tönen gebracht werden und in ihrem Zusammenklingen einen Effekt von einer bestimmten und beabsichtigten Farbe hervorbringen. Und diese zweckmäßige Zusammensetzung der einzelnen Klänge in Nachahmung beliebter Instrumentaleffekte, die Scheidung des Pfeifenwerks in besondere Register, stammt aus dem 16. Jahrhundert. Dieser Zeitpunkt muß demnach als die wichtigste Epoche der Orgelbaukunst angesehen werden; gekennzeichnet wird er durch die Erfindung der Spring- und der Schleiflade, deren Einrichtung wir kurz beschreiben wollen.

In einer einigermaßen vollständigen Orgel ist die Zahl der Pfeifen, welche je zu einem Clavis gehören, eine sehr bedeutende. Sie ruhen mit ihren Füßen unmittelbar neben einander auf den sogenannten Kanzellen (das sind die einzelnen Windfächer, deren jeder Taste je eines zugehört und welche zusammen die sogenannte Windlade bilden). Durch das Niederdrücken der Taste geht das Ventil, welches jede einzelne Kanzelle abschließt, in die Höhe und der Wind würde in alle auf derselben stehenden Pfeifen strömen und sie zugleich zum Tönen bringen, wenn nicht durch die Registerzüge eine gewisse Ausschaltung bewirkt würde. Unter den Oeffnungen der Pfeifenstöcke nämlich befünden sich lange, linealartige Hölzer, die sogenannten Schleifen oder Parallelen, welche mit den Registerzügen in Verbindung stehen und durch dieselben unterhalb der Pfeifenöffnungen verschoben werden können. Diese Schleifen sind derart mit runden Löchern versehen, daß, wenn eine derselben gezogen wird, diejenigen Pfeifen, welche dem Klangcharakter des zugehörigen Registers entsprechen, auf die in der Schleife befindlichen Löcher zu stehen kommen und den Wind eintreten lassen, die anderen dagegen abgeschlossen werden. Die Springlade wurde im Laufe der Zeit mannichfach vervollkommnet, auch wurden die Blasbälge wesentlich verbessert und zweckmäßiger angeordnet, um dem ungeheuern Windverbrauch, an welchem die alten Orgeln litten, vorzubeugen. Indessen waren dies Verbesserungen mehr mechanischer Art, und sie berühren unser Interesse weniger als die Erfindung der verschiedenen Register, in deren Zusammensetzung die Orgelbauer einen feinen Sinn und aufmerksame Naturbeobachtung bethätigen konnten. Die Rohr- und Schnarrwerke wurden eingeführt und überhaupt die mannichfachsten Klangeffekte mit der Orgel verbunden, seitdem man gelernt hatte, einzelne Stimmen nach Belieben ausfallen zu lassen oder in die Klangmasse wieder einzuschalten, freilich führte das vergrößerte Vermögen auch bald zu verwerflichen Spielereien.

Einige fehr bedeutende Orgelwerke find in diefer Periode entftanden, und namentlich er=
langte die Orgel der Schloßkirche zu Gröningen bei Halberftadt, 1596 durch David Becke
erbaut, einen folchen Ruf, daß fie bei ihrer Einweihung von nicht weniger als 53 Exami=
natoren revidirt und gefpielt wurde.

Eine der bedeutendften Erfindungen der damaligen Zeit ift die von Andreas Werk=
meifter, Organift zu Halle, gemachte der gleichfchwebenden Temperatur, wodurch erft
ein Wechfel der Tonarten möglich gemacht wurde. Das Klavier wurde dadurch einer Er=
weiterung fähig, denn abgefehen davon, daß die älteften Orgeln weder cis, dis, noch fis
und gis hatten und das cis fogar noch im 16. Jahrhundert ein fehlender Ton war, wurde
nach der Vervollftändigung diefer Halbtöne der Umfang des Manuals bis auf vier Oktaven,
von C bis c''' gebracht. Das Pedal erhielt die große Oktave und noch einige Töne der kleinen.

Die Blüte des Orgelbaues war zu Anfang des 18. Jahrhunderts in Deutfchland, und
fie fällt mit der Zeit zufammen, wo die proteftantifche Kirchenmufik durch Bach und Händel
ihre großartigften Schöpfungen hervorbrachte. England, früher durch viele bedeutende
Orgelbauer ausgezeichnet, war durch eine Verordnung von 1644, welche befahl, daß alle
Orgeln abgebrochen werden follten, und der in jenen puritanifchen Bewegungen mit um fo
größerer Eilfertigkeit nachgekommen wurde, als aus dem Material der Pfeifen fich Flinten=
kugeln in Maffe gießen ließen, feiner fchönften Werke beraubt worden, und feine Orgel=
bauer waren gezwungen, auszuwandern oder das Tifchlerhandwerk zu ergreifen. In den
katholifchen Ländern aber konnte fich, weil hier der Gefang der Gemeinde nicht jene hervor=
ragende Bedeutung erhielt wie in den proteftantifchen, die Orgel, der Natur der Sache
nach, nicht fo gewaltig entfalten. Wir treffen daher auch jetzt noch die bedeutendften Orgel=
werke in proteftantifchen Kirchen, in denen die Mufe des unvergleichlichen Bach ihren
Kultus feiert. Namentlich tritt ein Name aus jener Zeit in der Gefchichte der Orgelbau=
kunft glänzend hervor: Silbermann, derfelbe, dem wir fchon in der Gefchichte des Piano=
forte begegneten. Es bezeichnet derfelbe aber nicht eine einzelne Perfönlichkeit, fondern es
giebt mehrere feiner Träger, die im Inftrumentenbau Vortreffliches leifteten.

Andreas und Gottfried Silbermann waren die Söhne eines Zimmermanns zu
Grafenftein in Böhmen, Namens Michael Silbermann. Beide erlernten das Tifchler=
handwerk. Andreas, 1678 zu Grafenftein geboren, ging 1700 auf die Wanderfchaft und
erlernte in Hagenau die Orgelbaukunft, in welcher er fich 1703 in Straßburg als Meifter
niederließ. Er hatte neun Söhne, von denen ihm vier blieben und als Orgelbauer, wie er,
das Gefchäft des Vaters nach dem 1734 erfolgten Tode deffelben fortfetzten. Bis 1751
betrieben fie es gemeinfchaftlich. Von ihnen ift es der jüngfte, Johann Heinrich Silbermann,
der fich nebenbei auch dem Bau der Pianoforte zuwendete.

Gottfried Silbermann, der Bruder des Andreas, hielt fich um 1712 in Freiberg
auf, von wo er aber mehrfacher lofer Streiche wegen fich flüchten mußte. In Straßburg,
wohin er fich begab und wo er fich als Orgelbauer ausbildete, war feines Bleibens auch nicht
lange, und man erzählt, daß ihm der mißglückte Verfuch, eine Nonne zu entführen, den
weiteren Aufenthalt unmöglich gemacht habe. Nach vielen Kreuz= und Querzügen ließ er
fich endlich in Frauenftein in Sachfen als Orgelbaumeifter nieder, welchen Wohnort er aber
fpäter mit Freiberg vertaufchte. Er ift es, der die berühmteften „Silbermann“=Orgeln ge=
baut hat, obwol er in feiner Werkftätte nicht mehr als 8—10 Arbeiter befchäftigte. Er
ftarb als kurfächfifcher Hof= und Landorgelbauer 1753 zu Dresden.

Die Zahl der fämmtlichen Orgeln, welche Andreas Silbermann und feine Söhne bau=
ten, beträgt nach Welcker von Gontershaufen 74, der von Gottfried gebauten 30.

Es ift geradezu unmöglich, bei dem uns zu Gebote ftehenden befchränkten Raume eine
eingehendere Befprechung der einzelnen Erfindungen, welche im Laufe der letzten hundert
Jahre an der Orgel gemacht worden find, zu geben. Ein derartiges Unternehmen würde
die genaue Befchreibung aller Einzelnheiten der innern Orgeleinrichtung mit allen Verän=
derungen und Verbefferungen bis heute entweder vorausfetzen oder in fich faffen müffen,
wozu der Raum eines ftarken Bandes kaum ausreichen würde.

Um indessen unsern Lesern einen Begriff zu geben von dem Prinzip, nach welchem im großen Ganzen die Orgel eingerichtet ist, verweisen wir sie auf die Betrachtung der Fig. 485. Die Luft wird durch Treten des Blasbalges in die Windladen gepreßt, auf denen die Pfeifen stehen. Die kleinen durchlöcherten Bretchen, welche sich unter dem Fuße der Pfeifen verschieben lassen, sind die Schleifen, sie stehen mit dem Registerzuge in Verbindung. Durch Herausziehen desselben werden die entsprechenden Oeffnungen unter den Fuß der Pfeife geschoben, so daß, wenn das Ventil durch die Taste geöffnet wird, der Wind in diejenigen Pfeifen tritt, deren gleichzeitiges Ertönen die eigenthümliche Klangfarbe des Registers ausmacht. Den ganzen Mechanismus hat der Orgelspieler mit dem Drucke seiner Hand in Bewegung zu setzen. Um die schwere Spielart, welche hieraus resultirt, zu vermeiden, hatte Weigle eine schon früher aufgetauchte Idee erfaßt und die Oeffnung und Schließung der Ventile auf elektromagnetischem Wege bewirkt, so daß das Niederdrücken der Taste zu nichts weiter dient, als um den elektrischen Strom zu schließen, der das betreffende Ventil darauf regulirt. Eine solche „elektrische Orgel" war 1873 in Wien ausgestellt.

In neuerer Zeit werden bei größeren Orgelwerken kleine Dampfmaschinen angewandt, welche nach dem Prinzip der Kompressionspumpe die Luft in einem Windkessel verdichten und dadurch einen viel regelmäßigern Zufluß beschaffen als die Kalkanten oder Bälgetreter, deren Leistung schon des wechselnden Gewichtes wegen nicht so genau sich bemessen läßt. Da die Register ihre einzelnen Tonbestandtheile oft einer sehr großen Anzahl von Pfeifen entnehmen, so wächst die Pfeifenmenge oft ins Unglaubliche. Die berühmte Orgel in der Benediktinerabtei zu Weingarten in Schwaben (1750 vollendet) hatte 6666 Pfeifen, 66 Register, ein freies Pedal und vier Manuale. Das Material, aus welchem die Orgelpfeifen hergestellt werden, ist Zinn, und zwar das

Fig. 485. Schema der Orgeleinrichtung.

reinste und beste. Wo aber die großen Kosten ein Hinderniß sind, wählt man Holz, das bisweilen mit Zinn plattirt wird. In England bedient man sich statt des Zinnes einer besondern billigeren Komposition.

Was die Form und Dimensionen der Pfeifen anbelangt, so sind sie schon nach den Bedürfnissen der erweiterten Klaviatur sehr verschiedene, außerdem aber hat die Zusammensetzung der Register mannichfache Konstruktionen von verschiedener Klangfarbe erzeugt. Die größte Zinnpfeife der von Ladegast erbauten Orgel in der Nikolaikirche zu Leipzig, das tiefe (große) Contra-E (32 Fuß), wiegt allein drei Centner, während die kleinste Mixturpfeife sich mit Leichtigkeit unter einem Maikäfer verstecken kann. Da enge cylindrische Pfeifen, wenn sie scharf angeblasen werden, eine Reihe der harmonischen Obertöne mit erklingen lassen, welche dem Grundtone eine eigenthümliche geigenartige Färbung verleihen, so findet man diejenigen Register, von denen man einen solchen Effekt erwartet (Geigenprinzipal, Violoncell, Violonbaß, Viola di Gamba u. s. w.), aus solchen engen Pfeifen zusammengesetzt. Weite Pfeifen dagegen erzeugen die harmonischen Nebentöne nur sehr schwach, ihr Grundton tritt aber stark und voll hervor, und deshalb benutzt man sie für die Hauptklangmasse der Orgel, für die sogenannten Prinzipalstimmen. Kegelförmige Pfeifen lassen die ersten harmonischen Nebentöne nur schwach, dagegen den fünften bis siebenten ziemlich deutlich hervortreten, und die charakteristische Wirkung tritt in den Registern Spitzflöte, Salcional, Gemshorn, welche solche Pfeifen enthalten, deutlich zu Tage. In ähnlicher Weise sind die eigenthümlichen Klänge gedackter Pfeifen von verschiedenen Mensuren ausgebeutet und zu hunderterlei Kombinationen benutzt worden.

Eine besonders merkwürdige Vereinigung sind uns die Mixturen dadurch, daß in ihnen Pfeifen zusammen verbunden sind, welche nicht alle denselben Ton angeben, sondern in dem Grundtone der Taste entsprechenden, harmonischen Obertönen gestimmt sind. Neben den Flötenpfeifen treten in der Orgel noch die verschiedensten Sorten von Zungenpfeifen auf und bilden diejenigen Register, welche in ihrer Klangwirkung dem Horn, Fagot, der Trompete, der menschlichen Stimme u. s. w. entsprechen sollen; außerdem aber auch hat man für gewisse Effekte Stahlstäbe, Glocken und andere klingende Körper verwandt.

Vor Allem bewundernswürdig sind die großen Orgelwerke, welche aus dem Atelier von Walcker und Comp. in Ludwigsburg hervorgegangen sind. Diese Firma, von dem aus Cannstatt gebürtigen und zu Ludwigsburg 1843 verstorbenen Orgelbauer Eberhard Friedrich Walcker gegründet, hatte bis zu Ende des Jahres 1871 an 270 Orgelwerke von 2 bis 100 Registern ausgeführt, darunter viele von 50, 60 und bei weitem mehr Registern. Die weltberühmte Orgel im Ulmer Münster hat 100 Register, 4 Manuale, 2 Pedale und 6286 Pfeifen, deren größte in der Front stehende 12 Meter lang ist und 60 Centimeter im Durchmesser hat; eine Konzertorgel für Boston, das zweihundertste Werk und im August 1862 von Walcker vollendet, hat 86 Register, eine ganz eigenthümliche Crescendo- und Decrescendovorrichtung, und die größte Pfeife vermochte mehr als 5 Eimer Flüssigkeit zu fassen.

Unter den Verbesserungen, durch welche Walcker's den Orgelbau gefördert haben, ist besonders hervorzuheben die Einführung der Stimmschlitze, der einschlagenden (freischwingenden) Zungenregister, vor Allem aber das Kegelladensystem, welches 1842 zuerst bei einem für Esthland bestimmten Werk angewandt wurde. Jede Pfeife hat nach demselben ihr eigenes Ventil, das durch seine verhältnißmäßige Größe im Moment des Niederdrückens der Taste genau die Windmasse einströmen läßt, welche zum Zweck einer richtigen Intonation durch die Mensur der betreffenden Pfeife bedingt ist. Die alten Schleifladen dagegen erhalten ihren Gesammtwind durch ein gemeinschaftliches Ventil, wodurch Ungleichheiten in der Ansprache der Pfeifen eintreten, sobald alle Register gespielt werden.

Wenn man die heutigen Orgelwerke, etwa die Orgel im Ulmer Münster von Walcker, in Ludwigsburg oder die im Merseburger Dom und in der Nikolaikirche zu Leipzig von Ladegast in Merseburg gebauten, mit denen früherer Zeiten vergleicht, so müssen wir, selbst seit der Silbermann'schen Zeit, eine bei weitem höhere Vervollkommnung anerkennen, als alle vorhergegangenen Jahrhunderte zusammen bewirkt haben. Die Oeffnung der Ventile und Schleifen ist durch Einführung scharfsinnig erdachter Vorrichtungen, wie der pneumatischen Heber, mit einer Leichtigkeit zu bewirken, welche das Spiel des gewaltigen Werkes nicht unbequemer macht als das eines Konzertflügels. Dadurch aber konnten wiederum die durch die einzelnen Tasten erregbaren Klangkörper vermehrt und jene wunderbaren Toneffekte erreicht werden, die unser Gemüth entzücken und erheben.

So reich auch jetzt die vorhandenen Mittel sind, um so schwieriger ist es immerhin, die entsprechenden daraus zu künstlerisch-schönen Effekten zu verwenden. Mußten die alten Orgelbauer lediglich ihrem feinen Geschmack und ihrem gebildeten Gehör folgen, um das Ueberlieferte in einer zwar gesetzlich begründeten, aber in dieser Gesetzmäßigkeit nicht erkannten Empirie zu vervollkommnen, so hat die Neuzeit in der wissenschaftlichen Untersuchung der Klänge ein natürliches Fundament geschaffen, auf welchem der Aufbau viel einfacher und sicherer sich gestalten muß, und die Helmholtz'schen Forschungen werden gerade hier ihre fördernde Kraft am bedeutsamsten beweisen.

Wo die Flamme brennt, erkennet freudig,
Hell ist Nacht und Glieder sind geschmeidig.
An des Herdes raschen Feuerkräften
Reift das Rohe Thier= und Pflanzensäften.

Goethe.

Das Thermometer.

Wärme und Kälte. Wärmemessung. Drebbel's Thermo-
meter. Theorie des Thermometers. Was die Wärme sei?
Ihre Wirkungen. Wärmekapazität. Ausdehnung. Aenderung
des Aggregatzustandes. Latente Wärme. Meteorologie und
Meteorograph. Anfertigung des Thermometers. Reaumur,
Fahrenheit und Celsius. Maximum- und Minimumthermometer.
Metallthermometer. Die Wärme im Haushalte der Natur.

„Das Thermometer beschäftigt Jedermann, und wenn er schmachtet oder friert, so scheint er in gewissem Sinne beruhigt, wenn er nur sein Leiden nach Réaumur oder Fahrenheit dem Grade nach aussprechen kann."

Diesem Goethe'schen Ausspruche liegt viel Wahres zu Grunde. Es gewährt Jedem das Zurückbeziehen gewisser natürlicher Erschei- nungen auf einen Vergleichungspunkt eine Ge- nugthuung, die ihn leicht darüber hinwegsetzt, nach den tieferen Ursachen zu forschen. Mit den Angaben des Thermometers ist durchaus keine Erklärung über das Wie und Warum der Erscheinungen, durch die unsere Sinne so bedeutend affizirt werden, verbunden.

Wir reden zwar von Wärme, von Hitze und von Kälte, aber können diesen Ausdrücken keine tiefere Bedeutung unterlegen, als eben die oberflächlicher Vergleichung. Was dem Einen heiß erscheint, ist dem Andern nur warm, und der Uebergang von Wärme zu Kälte existirt eben nur in der Einrichtung jener Instrumente, mit denen wir uns der Ueberschrift zufolge hier beschäftigen wollen.

Das Thermometer ist, wie sein dem Griechischen entnommener Name andeutet (ϑερμός, warm, μέτρον, das Maß), ein Instrument, bestimmt die Wärme zu messen. Die Erfindung desselben schreibt man Verschiedenen zu, indessen dürfte es wol am meisten Grund haben, anzunehmen, daß der bekannte holländische Landmann Cornelius Drebbel, der sich durch viele mechanische Erfindungen bekannt gemacht hat, dasselbe in der letzten Hälfte des vorletzten Jahrhunderts erfunden hat. Alle von Anderen angegebene und ähnlichen Zwecken dienende Vorrichtungen sind entweder nicht weiter bekannt geworden, oder die Nachrichten darüber wol gar nur von Späteren aus falschem Verständniß schriftlicher Notizen herausgerissen worden, um ihren Autoren die Ehre der Priorität zu vindiziren.

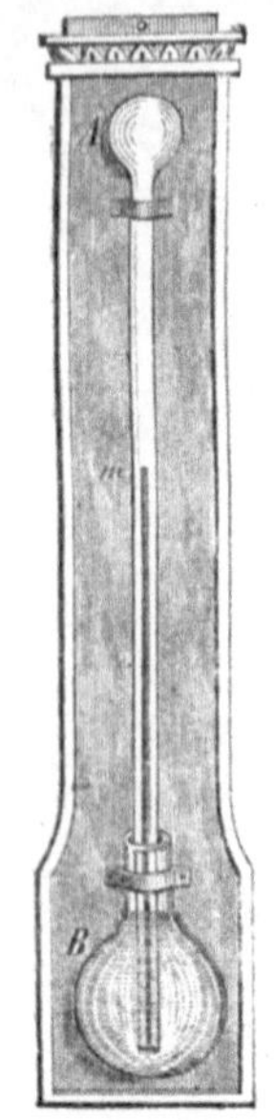

Fig. 487.
Das Drebbel'sche Thermo-
meter.

So soll der Engländer Robert Fludd zu Oxford ein solches In= strument erfunden haben und der Arzt Sanctorius um 1600 mittels eines eigenthümlichen Apparats im Stande gewesen sein, die Wärme des menschlichen Körpers zu messen. Einige behaupten auch, daß Galilei um 1592 ein Thermometer erfunden habe, dessen Röhre an einem Ende offen und mit Wasser und Luft angefüllt gewesen sei.

Das Drebbel'sche Thermometer (s. Fig. 487) bestand aus einer an dem einem Ende offenen und an dem andern Ende zu einer Kugel ausgeblasenen Glasröhre A, deren offenes Ende in ein Gefäß B mit einer gefärbten Flüssigkeit (blauer Kupferlösung) untergetaucht war. Die Luft im Innern der Kugel A wurde erhitzt, so daß sie zum Theil entwich und bei gewöhnlichen Wärmezuständen die Flüssigkeit bis zu einem gewissen Punkte m der Röhre durch den äußeren Luftdruck emporgetrieben wurde. Eine größere Wärme hatte zur Folge, daß sie, indem sie die Luft in der obern Kugel ausdehnte, die Flüssigkeit in der Röhre herabtrieb. Bei niedrigeren als den mittleren Wärme= graden dagegen stieg die Flüssigkeitssäule höher. Diese Vorrichtung erhielt mannichfache Abänderungen. Das Flüssigkeitsgefäß wurde gleich mit der Röhre vereinigt, indem man diese ebenfalls unten in eine Kugel auslaufen ließ, welche nach oben zu eine kleine Oeffnung erhielt. Becher bog den Schenkel der untern Röhre wieder aufwärts und füllte ihn zum Theil mit Quecksilber, auf welchem er eine Figur schwimmen ließ, die ihren Stand an einer Skala mittels eines Zeigers bemerkte. Diese Figur wurde auch mit einem Uhrwerk in Verbindung gebracht, so daß ihr Herabgehen dasselbe aufzog und bei den immer wechselnden Wärmegraden eine unausgesetzte Bewegung hervorrief (perpetuum mobile physico-mechanicum).

Die noch heute gebräuchliche und zweckmäßigste Form der Thermometer wurde zuerst von der Florentiner Academia del cimento angegeben. Danach bestand das Instrument aus einer senkrechten, unten zu einer Kugel erweiterten, oben aber geschlossenen Röhre, welche im Innern zum Theil mit Weingeist gefüllt, im Uebrigen aber leer war. Diese Einrichtung hat bis heute keine wesentlichen Veränderungen erfahren, nur daß man statt Weingeist andere Flüssigkeiten, namentlich Quecksilber, verwendet. Die Röhre wird senkrecht aufge= hängt und gewöhnlich auf ein Bretchen mit einer Skala befestigt, an welcher der Stand der Quecksilbersäule, bei größerer oder geringerer Wärme wechselnd, die Wärmegrade anzeigt. Diese Eintheilung ist nun bei verschiedenen Thermometern eine verschiedene, durchgängig aber eine ganz willkürliche, und die davon abhängende Unterscheidung von Wärme und Kälte entbehrt somit jedes wirklichen Grundes. Es scheint aber hier von Vortheil, in kurzen Zügen das Wesentlichste über die Wirkungen der Wärme zu betrachten.

Was die Wärme sei, darüber haben sich die Philosophen seit den ältesten Zeiten die allerabweichendsten Meinungen gebildet. Da alle physikalischen Erscheinungen mit Wärmeerscheinungen verbunden sind, so wurde man sehr frühzeitig dahin geführt, sie für das hauptsächlichste Agens in der Natur zu halten, und bis auf die jüngste Zeit sind die Ansichten, die man von dem Wesen der Dinge, von der Art und der Ursache ihrer Veränderungen, mit einem Worte von der sinnlich wahrnehmbaren Welt sich bildete, abhängig gewesen von der Vorstellung, die man von dem Wesen der Wärme hatte. Und jede veränderte Auffassung hat, wenn sie zu allgemeiner Giltigkeit durchdringen konnte, auf die Theorien und Methoden der gesammten Naturforschung ihren umgestaltenden Einfluß geübt.

Im Alterthum hielt man die Wärme und mit ihr das Feuer für ein Element, ein feines ätherisches Wesen, verschieden von der materiellen Masse der Körper, ohne sich weiter über die nähere Eigenschaft Rechenschaft zu geben. Erst Baco von Verulam nahm als Grund der Wärmeerscheinungen gewisse wellenförmige Bewegungen der kleinsten Theilchen der Körper in Anspruch, und Newton pflichtete derselben Ansicht wenigstens für denjenigen Zustand der Körper bei, in welchem sie ins Glühen gerathen und also infolge der Wärme Licht ausströmen. Außerdem aber war es ihm bequem, für manche Erscheinungen eine ganz besondere Wärmematerie anzunehmen, welche Anschauung sich unter seinen Nachfolgern mehr und mehr fixirte und in den Theorien Boerhave's und Euler's über das Feuer sich ganz entschieden aussprach. Es gab danach einen besondern Wärmestoff, eine Feuermaterie, deren Zutritt oder Entweichen die Körper in die verschiedenen Wärmezustände versetzte und sie gleichzeitig mit neuen chemischen Eigenschaften begabte. Eine Ansicht, die durch die Oxydation in der Hitze, die Verkalkung der Metalle eine scheinbare Stütze erhielt und dadurch zur Grundlage einer lange herrschenden, aber irrigen chemischen Theorie wurde.

Wir dürfen heute wol nicht mehr zweifeln, daß eben so wie das Licht auch die Wärme aus Schwingungen bestehe, in welche die kleinsten Theilchen der Körper durch verschiedene Ursachen versetzt werden. Die Verwandelbarkeit der Wärme in Licht und weitergehend der enge Zusammenhang, welcher alle physikalischen Veränderungen als Phänomene einer und derselben Kraft erscheinen läßt, zwingt uns, für alle diese einzelnen Kraftäußerungen eine gemeinsame Grundform, die Wellenbewegung, anzunehmen. Wir begegnen daher auch, wenn wir die Körper auf ihr Verhalten gegen die Wärme betrachten, ganz analogen Eigenschaften, wie wir sie beim Licht, bei der Elektrizität u. s. w. zu beobachten Gelegenheit haben. Wir finden Körper, welche die Wärme rasch aufnehmen und rasch in ihre ganze Masse weiter leiten; andere wieder, die der Fortbewegung der Wärme einen größeren oder geringeren Widerstand entgegensetzen, gute und schlechte Wärmeleiter. Zu den ersteren gehören die Metalle, Glas, Porzellan, Stein u. s. w., zu den letzteren trockene Luft, Holz, Leder, Filz, Gewebe u. s. w. Die Wärme geht von einem Körper zum andern über, nicht nur bei direkter Berührung derselben, sondern sie strahlt auch durch den luftleeren Raum; der Lichtäther pflanzt also auch die Wärmewellen weiter; die Wärmestrahlen werden ganz analog den Lichtstrahlen reflektirt, wie die Brennspiegel, und eben so gebrochen, wie die Brenngläser beweisen.

Wirkungen der Wärme. Ein Wärmeeffekt ist nur möglich, wenn zwei verschieden warme Körper mit einander in Austausch treten. Wir können annehmen, daß die Wärmestrahlen immer von dem wärmeren auf den kälteren Körper übergehen. Bei dem endlichen Ausgleich besitzen die Körper dann eine Temperatur, die in der Mitte zwischen ihren früheren Temperaturen liegt. Dabei tritt jedoch der Fall ein, daß je nach der Masse und Qualität der eine Körper eine größere Wärmemenge als der andere zum Ausgleich verlangt. Eine bestimmte Wärmemenge vermag in einem Kilogramm Wasser z. B. eine Temperaturerhöhung von 10 Grad zu bewirken; will man aber ein Kilogramm Quecksilber um 10 Grad wärmer machen, so braucht man nur den dreißigsten Theil jener Wärme. Beim Abkühlen geben natürlich beide Flüssigkeiten auch nur eben so viel wieder her, als ihnen zugeführt worden ist, und der schließliche Effekt ist also für das Quecksilber auch ein dreißigmal geringerer.

Dies Vermögen, Wärme zu verschlucken, nennt man Wärmekapazität. Die Wärme=
kapazität des Wassers wäre demnach dreißigmal so groß wie die des Quecksilbers.

Die Wärme wirkt gewissermaßen der Kohäsion entgegen, indem sie die Atome von
einander entfernt. Dadurch vergrößert sie das Volumen der Körper, und es läßt sich diese
Wirkung in dem allgemeinen, oft citirten Satze aussprechen: Wärme dehnt die Körper aus,
Kälte zieht sie zusammen, womit einerseits nur eine Wärmezufuhr, andererseits nur eine
Wärmeentziehung gemeint ist. Es giebt hundert Erscheinungen der äußeren Natur, welche
dieses Verhalten zeigen. Wenn wir eine Metallkugel, die genau durch die innere Größe
eines Ringes bei gewöhnlicher Temperatur geht, erhitzen, so vergrößert sich deren Durch=
messer so, daß der Ring sie nicht mehr durch sich hindurch fallen läßt; beim Abkühlen aber
verkleinern sich ihre Dimensionen wieder, und wenn der Wärmeüberschuß durch Aus=
strahlung vollends verloren gegangen ist, so wird die Kugel ungehindert durch den Meß=
ring wie vorher hindurchfallen.

Eben so wie feste Körper unterliegen auch flüssige und gasartige diesem ausdehnenden
Einflusse, und zwar äußert sich derselbe um so mehr, je größer die Beweglichkeit der Atome
in einem Körper ist. Die Gasarten werden daher in ihrem Volumen ganz besonders ver=
größert, und das Eingangs erwähnte Drebbel'sche Thermometer gründet sich in seiner
Einrichtung auf dieses Verhalten. Das Weingeistthermometer der Florentiner Akademie
und unser gewöhnliches Quecksilberthermometer zeigen uns die Ausdehnung flüssiger Körper,
und auf die Volumenveränderung fester Substanzen bei erhöhter Temperatur gründen sich
die verschiedenen Pyrometer oder Hitzemesser, welche man zur Messung sehr bedeutender
Hitzegrade, z. B. bei Hüttenprozessen, in Porzellanöfen u. s. w., konstruirt hat.

Außer dieser volumenverändernden Wirkung sind die den Aggregatzustand der Körper
verändernden Einwirkungen der Wärme am auffälligsten und in ihrer Bedeutung für das
Leben ganz besonders wichtig. Ein Stück Eis, welches erwärmt wird, schmilzt und wird
zu Wasser. Dabei erhält sich seine Temperatur, trotzdem daß immer neue Wärmemengen
ihm zugeführt werden, konstant auf demselben Punkt, bis alles feste Eis geschmolzen ist.
Von da an erst zeigt es ein wirkliches Wärmerwerden an, und seine Temperatur steigt,
bis die Verwandlung des flüssigen Wassers in luftförmige Wasserdämpfe beginnt. Das
Wasser geräth dabei durch die sich entwickelnden Dampfblasen in kochendes Aufwallen, und
in diesem Zustande bleibt seine Temperatur wiederum eine konstante, so lange überhaupt
noch flüssiges Wasser vorhanden ist.

Die gleiche Wahrnehmung aber, welche wir beim Schmelzen des Eises und beim Ver=
dampfen des Wassers machen können, daß nämlich die zugeleitete Wärme, so lange noch
festes Eis oder flüssiges Wasser vorhanden ist, lediglich aufgezehrt wird, um den Körper
aus dem einen Aggregatzustande in den andern überzuführen: diese Wahrnehmung können
wir bei einer großen Anzahl Körper bestätigt finden. Es wird von allen den Körpern, wie
Quecksilber, Zink, Schwefel, Phosphor u. s. w., welche eine ähnliche Umwandlung gestatten,
in der That Wärme verschluckt, und diese bleibt den Körpern in dem neuen Zustande für
jede andere Wahrnehmung unmerklich beigegeben. Wenn wir ein rohes Bild gebrauchen
wollen, so können wir flüssiges Wasser als eine Verbindung von Wärme und Eis ansehen,
und eben so Wasserdampf als eine Verbindung von flüssigem Wasser und Wärme. Diese
in den Körpern unmerkbar enthaltene, sogenannte latente Wärme wird wieder frei und
wahrnehmbar, wenn die Körper, rückwärts gehend, aus dem gasförmigen in den flüssigen,
oder aus dem flüssigen in den festen Zustand übergeführt werden. Körper, welche rasch
verdunsten, aus dem flüssigen Zustande rasch in den gasförmigen übergehen, absorbiren bei
dieser Gelegenheit große Wärmemengen und sind im Stande, die benachbarten Körper,
denen sie ihre Wärme entziehen, dadurch bedeutend abzukühlen. Durch die sogenannte Ver=
dunstungskälte können wir Wasser zum Gefrieren bringen, wenn wir ein damit an=
gefülltes Gefäß unter den Rezipienten einer Luftpumpe stellen und durch fortgesetztes Aus=
pumpen die sich entwickelnden Wasserdämpfe rasch wieder entfernen, so daß von der Ober=
fläche fortwährend Dämpfe sich entwickeln. Wir fühlen auf unserer Hand die kühlende

Wirkung rasch verdunstenden Alkohols, und sprengen bei großer Hitze auf die Fußböden unserer Zimmer Wasser, um der überlästigen Wärme Gelegenheit zu geben, sich in dem Dampfe desselben auf eine uns unmerkbare Weise zu binden. Umgekehrt tritt die freiwerdende Wärme bei der entgegengesetzten Aenderung der Aggregatzustände dann auf, wenn die in der Luft schwebenden Wasserdämpfe sich zu Tröpfchen verdichten, oder die als Nebel und Wolken in der Luft schwimmenden Flüssigkeitströpfchen sich in feste Eis- und Schneenadeln verwandeln. Jedem solchen meteorologischen Vorgang folgt eine mittels des Thermometers wahrnehmbare Erhöhung der Temperatur.

Die Aenderung der Aggregatzustände, die Ueberführung fester Körper in flüssige, flüssiger in gasförmige ist bei weitem die folgenreichste Wirkung der Wärme. Sie allein ermöglicht das organische Leben, wie es jetzt auf der Erde herrscht: der Wechsel der Jahreszeiten, das ganze Reich meteorologischer Phänomene, Morgen- und Abenddämmerung, Wolkenschatten, Gewitter, Regen — sind davon abhängig, daß in der Luft Wasserdampf enthalten ist, und zwar je nach dem Wärmegrade derselben in überschüssiger Menge oder in zur Sättigung unzureichender. Aber

was ist Dampf? dürfte wol die nächste Frage sein, die uns beschäftigt. Zum Theil haben wir sie uns früher bereits beantwortet, denn wir kennen das Bestreben der vielen Flüssigkeiten, sich fortwährend auszudehnen und aus dem flüssigen Zustande in den gasförmigen überzugehen. Diese Gase nennt man Dämpfe, sie sind nicht zu verwechseln mit den Dünsten; denn während diese aus einzelnen kleinen in der Luft schwimmenden Tröpfchen bestehen und sichtbare Wolken oder Nebel bilden, sind jene vollständig gleichartig in ihrer ganzen Masse, in der Regel farblos und durchsichtig. Nur einige wenige Körper bilden gefärbte Dämpfe, der Wasserdampf dagegen ist in der gewöhnlichen Luft durch das Auge nicht zu erkennen.

Er ist stets in ihr enthalten, da er aber in der Kälte wieder zu flüssigem Wasser sich verdichtet, so kann kalte Luft davon auch nur weniger aufnehmen als heiße. Jedem Temperaturgrade entspricht eine gewisse Dampfmenge, bei welcher die Luft gesättigt ist.

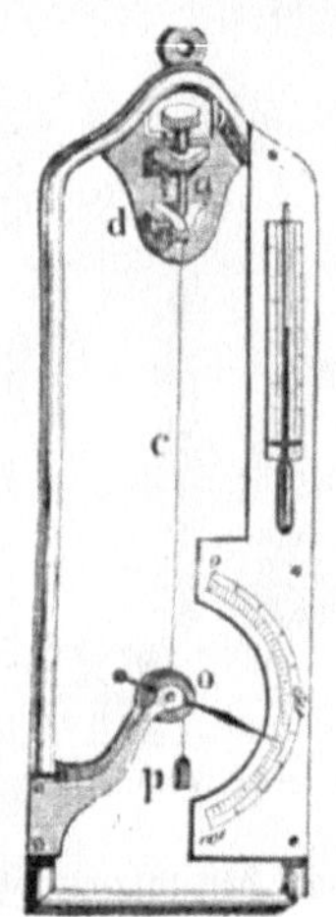

Fig. 488. Saussure'sches Haarhygrometer.

Tritt mehr Dampf hinzu oder kühlt sich die gesättigte Luft ab, so verdichtet sich der Ueberschuß (Nebel, Wolken). Bis zu dem Sättigungspunkte aber steht dem Verdampfungsbestreben kein Widerstand entgegen und daher kommt es, daß ein trockener Wind, wie er über die öden Landsteppen des innern Asiens zu uns kommt, begierig dem Boden und den Pflanzen die Feuchtigkeit entzieht, während der heiße Süd- und Westwind, der sich über dem Mittel- und Atlantischen Meere mit Wasserdampf gesättigt hat, in unsern kühleren Regionen leicht seinen Ueberschuß abgiebt und uns Regen bringt, während mit jenem klare, trockene Witterung verbunden zu sein pflegt.

Die Bestimmung des Wassergehaltes in der Luft ist daher eine der wichtigsten Aufgaben der Meteorologie. Hat die Luft weniger Wasserdampf, als sie ihrer Temperatur nach aufnehmen kann, so ist sie trocken; hat sie mehr, so ist sie feucht. Die verschiedenen Abstufungen aber zu erkennen und zu bemessen, sind eigenthümliche Instrumente erfunden worden, nämlich:

Hygrometer oder Feuchtigkeitsmesser. Es giebt eine Menge Körper in der organischen Natur, welche die Fähigkeit besitzen, den in der Luft vorhandenen Wasserdampf in ihren Poren zu verdichten und dadurch an Volumen zuzunehmen. Haare, Fischbein, Kiele, Holz, Stroh und dergleichen Körper sind solche, die man dieser Eigenschaft wegen hygroskopische nennt. Auf ihre wasserziehende Eigenschaft gründen sich nun jene Vorrichtungen, an denen man den Feuchtigkeitsgehalt der Luft und möglichenfalls die Witterungsveränderungen absehen will. Die Wettermännchen, welche in Nürnberg zu Tausenden verfertigt werden, sind bekannt. Bei ihnen hängt im Innern eines kleinen Häuschens eine gedrehte Darmsaite lothrecht herab und trägt eine horizontale Pappscheibe, auf welcher zwei

Püppchen, ein Mann und eine Frau, angebracht sind. Dreht sich infolge größerer Feuchtig=
keit die Darmsaite auf, so tritt der Mann mit dem Regenschirme aus seiner Thür, bei
trocken werdender Luft dagegen dreht sich die Saite wieder zusammen und die Scheibe läßt
aus der andern Thür die Dame mit dem Fächer hervortreten.

Aehnliche Apparate sind in großer Menge unter verschiedenen Formen und aus dem
verschiedenartigsten Material hergestellt worden. Einen wirklichen Werth können sie aber
alle nicht beanspruchen, deswegen genüge ihre beiläufige Erwähnung. Das erste Hygro=
meter, das die Form eines wirklichen Meßapparates hat, konstruirte Saussure. Es be=
steht dem Wesen nach aus einem langen, in Lauge ausgekochten Menschenhaar c (s. Fig. 488),
das mit dem obern Ende an einem festen Punkte und mit dem untern an dem Umfange
einer Rolle o angehangen ist. Verkürzt sich bei trockener Luft das Haar, so erhält die Rolle
und der auf ihr sitzende Zeiger eine der Verkürzung entsprechende Drehung. Läßt das
Haar wieder nach, so bringt ein kleines Gewichtchen p, dessen Faden ebenfalls um die Rolle
geht und welches das Haar immer in einiger Spannung erhält, die Rolle und den Zeiger
nach der andern Seite herum. Die beiden Endpunkte der Skala, welche der Zeiger durch=
läuft, werden in der Art ermittelt, daß man das Instrument zuerst unter eine Glocke

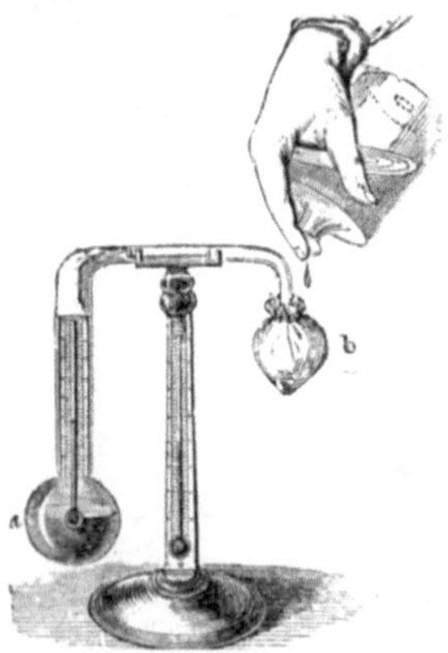

Fig. 489. Daniell's Hygrometer.

bringt, unter der die Luft durch chemische Mittel völlig trocken
gemacht wird. Auf die Stelle, wo sich hierbei der Zeiger fest=
stellt, wird o, der höchste Grad der Trockenheit, verzeichnet.
Unter einer anderen Glocke, deren Inneres mit destillirtem
Wasser benetzt ist, wird hierauf der höchste Feuchtigkeitsgrad
bestimmt, und der Raum zwischen diesen beiden Endpunkten in
100 gleiche Theile oder Grade getheilt. Aehnlich ist Deluc's
Hygrometer, in welchem statt des Haares ein Stückchen Fisch=
bein benutzt wird.

Instrumente dieser Art sind jedoch auch noch keine eigent=
lichen Hygrometer, das heißt Feuchtigkeitsmesser, denn sie
zeigen nur Veränderungen, und zwar ziemlich ungleich, ohne
anzugeben, wie viel Feuchtigkeit in der Luft ist. Die Wissen=
schaft der Meteorologie bedurfte aber eines Instrumentes,
welches den Wassergehalt der Luft direkt angiebt; welches lehrt,
wie viel Gewichtstheile Wasser in einem Kubikmeter Luft zu
einer bestimmten Zeit enthalten sind. Erst durch ein solches Instrument, im Verein mit
dem Barometer und Thermometer, wurde es dem Meteorologen möglich, die Vorgänge
im Luftkreise zu kontroliren.

Um dazu zu gelangen, mußte man vorher die Natur der Dünste genauer kennen lernen;
man mußte namentlich wissen, daß die Luft bei jedem Temperaturgrade nur ein gewisses
Maß von Feuchtigkeit, das sich mit der Temperatur erhöht, aufnehmen kann. Bringt
man einen kalten, festen Körper in warme Luft, so wird er, wie man sagt, beschlagen,
d. h. sich mit einem feinen Thau überziehen. Dieser Thau ist derjenige Antheil Wasser,
den die den Körper umgebende und von ihm abgekühlte Luft, der Abkühlung halber,
fahren lassen muß. Je feuchter die Luft ist, desto eher wird der Thaubeschlag eintreten;
selbst bei scheinbar trockener Luft stellt er sich ein, wenn man nur den Körper genügend
kalt macht. Sucht man nun, bis zu welcher Temperatur man einen Körper erkälten
muß, bis er beschlägt, und bei welcher Temperatur der Beschlag wieder verschwindet, so
hat man in dem Mittel zwischen beiden Temperaturen den Thaupunkt, d. h. denjenigen
Temperaturgrad, bei welchem die Luft gerade mit Feuchtigkeit gesättigt sein würde.
Auf der Ermittelung desselben beruht Daniell's Hygrometer (Fig. 489). Es besteht
aus einer gekrümmten Röhre, welche in zwei Kugeln endigt. Die Kugel a ist theilweise
vergoldet oder platinirt, um den Thau besser erkennen zu lassen; sie enthält ein kleines
Thermometer und ist halb mit Aether gefüllt. Die Kugel b ist mit einen feinen Leinwand=
läppchen umhüllt. Das Ganze ist luftleer, den innern Raum füllen Aetherdämpfe aus.

Wird nun etwas Aether auf die Kugel b geträpfelt, so wird dieselbe durch die rasche Verdunstung des Aethers kälter. Die Dämpfe im Innern von b verdichten sich, die Spannung vermindert sich und neue Dämpfe treten aus Kugel a herüber. Letztere muß infolge dieser Dämpfebildung immer kälter werden, so daß endlich auf ihrer Außenseite der Feuchtigkeitsniederschlag erscheint. Bei welcher Temperatur die Thaubildung stattfand, zeigt uns das innere Thermometer; ein anderes, außen an dem Träger hängendes Thermometer zeigt die wirkliche Luftwärme. Aus der Differenz dieser beiden Thermometerstände, unter Berücksichtigung des Barometerstandes, läßt sich nun bestimmen, welcher Feuchtigkeitsgrad zur Zeit der Beobachtung in der Luft herrscht. Um des jedesmaligen Rechnens überhoben zu sein, benutzt man in der Regel Tabellen, aus denen das Facit ohne Mühe ersehen werden kann.

Ein ähnliches und vielgebrauchtes Instrument ist August's Psychrometer (Naßkältemesser). Es besteht aus zwei gleichen, neben einander hängenden Thermometern; die Kugel des einen ist in ein Läppchen gehüllt, welches in ein Glas mit Wasser hinabhängt, so daß es beständig feucht erhalten wird. Wäre die Luft völlig mit Feuchtigkeit gesättigt, so würde kein Wasser weiter verdampfen und daher auch keine Wärme gebunden werden können; beide Thermometer ständen in diesem Falle gleich hoch. Nimmt aber die Luft noch Wasserdampf auf, so wird das nasse Thermometer sinken, und zwar um so rascher und tiefer, je weiter die Luft noch von ihrem Sättigungspunkte entfernt ist. Aus der Differenz zwischen den beiden Thermometerständen kann dann die Bestimmung der Luftfeuchtigkeit vorgenommen werden. Zur Erleichterung dieser Arbeit sind ebenfalls Tabellen angelegt worden. Allerdings ist auch dieses sinnreiche Instrument kein ganz und gar unfehlbares; namentlich wird an einem zugigen Orte die Differenz der beiden Thermometer immer etwas größer sein als an einem ruhigen, und für absolut genaue Beobachtungen würde kein anderer Weg übrig bleiben, als das Wasser aus einem bestimmten, möglichst großen Quantum Luft geradezu auszuscheiden und durch das Gewicht zu bestimmen.

Meteorologie und Meteorograph. Die Aenderungen im Zustande unserer Atmosphäre beruhen fast sämmtlich, wenigstens in denjenigen Punkten, welche auf die Witterung einen direkt ersichtlichen Einfluß haben, auf Aenderungen in den Wärmeverhältnissen. Durch solche werden diejenigen Eigenschaften der großen zusammenhängenden Luftmasse alterirt, welche auf deren Ruhe oder Bewegung und auf die Möglich-

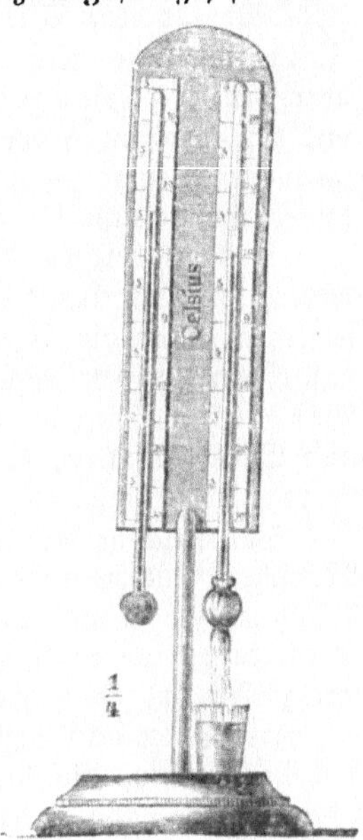

Fig. 490. August's Psychrometer.

keit, Wasserdampf aufzunehmen oder feuchte Niederschläge auszuscheiden, hinwirken. Diese Kardinaleigenschaften der Atmosphäre sind die Schwere und der Feuchtigkeitsgehalt. Ihre lokalen Aenderungen bewirken in dem leichtbeweglichen Elemente, welches jeden Druck nach allen Seiten gleich fortpflanzt und jede Differenz sofort auszugleichen strebt, Gleichgewichtsstörungen, welche in Wind, Regen, Schnee, Wolken u. s. w. zu uns sprechen. Dadurch daß sie die Luft ausdehnt, wirkt die Wärme der Schwere entgegen, dadurch aber, daß sie das Verdampfen des Wassers begünstigt, wirkt sie druckvermehrend. Liegt in diesem doppelsinnigen Verhalten schon eine hinreichende Ursache für eine unendliche Mannichfaltigkeit von Veränderungen, so wird weiterhin in der Umdrehung der Erde um ihre Achse ein gewichtiger Faktor eingeführt, welcher ebenfalls einen fortdauernden Gleichgewichtszustand der Atmosphäre nicht zuläßt. Denn nicht nur, daß die von der Sonne der Erde zuströmenden Wärmestrahlen auf immer andere Punkte gelenkt werden, an denen sich infolge dessen die Luft in Bewegung setzen muß, so übt auch die vom Aequator nach den Polen zu abnehmende Drehungsgeschwindigkeit eine namhafte Wirkung aus auf die ununterbrochenen Luftströmungen, welche infolge der ungleichen Erwärmung zwischen den Polen und dem Aequator stattfinden.

Die periodisch wiederkehrenden Stellungsänderungen der Erde zur Sonne werden daher naturgemäß von gewissen Erscheinungen in der Atmosphäre begleitet sein, deren Eintreffen im großen Ganzen mit einer großen Regelmäßigkeit stattfinden muß.

Die verschiedenen Tages= und Jahreszeiten sind mit ihrem Gesammtcharakter der allgemeinen Wärmeverhältnisse immer wiederkehrend. Und für einen Planeten, der eine mathematisch vollkommene Kugelgestalt ohne jede Erhöhung und Vertiefung und außerdem in Bezug auf seine stoffliche Beschaffenheit eine ebenso strenge symmetrische Anordnung in der Vertheilung von Wasser und erdigem oder felsigem Lande besäße, für eine solche Erde würden die verschiedenen Zustände des Luftmeeres ebenfalls in einer vollkommen regel= mäßigen Reihenfolge sich wiederholen. Allein bei der bestehenden Beschaffenheit unseres Planeten liegen die Sachen anders. Hier sind die lokalen und temporären Umstände, welche auf die Wirkungsweise der Sonnenwärme Einfluß gewinnen, so verschiedener und wechselnder Art, daß die dadurch bedingten Möglichkeiten des Wetters eine unendliche Mannichfaltigkeit gewinnen.

Wetter oder Witterung nennen wir nämlich die Gesammtheit der atmosphärischen Zustände, wie sie während eines kürzeren oder längeren Zeitraumes für eine gewisse Gegend herrschen. Der besondere Zweig der physikalischen Wissenschaften, welcher sich ausschließlich mit der Erforschung der Wetterverhältnisse beschäftigt — das heißt der Wetterverhältnisse im weitesten Umfange des Wortes, also mit der Gesammtheit der Erscheinungen und Ver= änderungen, welche in der Atmosphäre vorgehen — das ist die Meteorologie.

Aus dem bereits Gesagten werden wir entnehmen können, daß Thermometer, Baro= meter, Psychrometer die Hauptinstrumente für meteorologische Beobachtungen sind; ihnen schließen sich an die Pluviometer oder Regenmesser, um die in einer gewissen Zeit und auf einem gewissen Raum gefallene Menge der wässerigen Niederschläge zu bestimmen, Windfahnen, um die Windrichtung, Anemometer, um die Windstärke, Elektroskope und Elektrometer, um die elektrischen Zustände des Luftkreises zu ermitteln, Ozono= meter und mehrere andere Instrumente.

Von welchem Einflusse das Wetter auf das Wohlbefinden nicht nur des einzelnen Menschen, sondern auf die Zustände ganzer Länder und Völker ist, braucht wol nicht erst hervorgehoben zu werden. Die letzten Jahre erst haben gezeigt, welch schrecklicher Art die Verheerungen durch Ueberschwemmungen sein können. Aber abgesehen von derartigen Ereignissen sind es große Gebiete der menschlichen Beschäftigung und gerade diejenigen, auf deren Pflege das Bestehen der menschlichen Gesellschaft uranfänglich beruht, welche in den Erträgnissen, die sie gewähren, von der Gunst oder Ungunst der Witterung direkt ab= hängen. Die Land= und Forstwirthschaft, Weinbau und Jagd, die Schiffahrt mit der Fischerei in erster Reihe und darauf sich stützend eine ganze Folge von Gewerben, die sich mit der Verarbeitung und Zubereitung von Rohprodukten befassen, auf deren Gewinnung jene ausgehen. An der Spitze von ihnen die Windmüllerei.

Landleute, Windmüller und Schiffer haben daher auch von jeher der Witterungskunde, wenn man von einer solchen in früheren Zeiten reden darf, die größte Aufmerksamkeit ge= schenkt. Von ihnen stammen jene zahllosen Wetterregeln her, aus denen schließlich die ganze Meteorologie vor dem 19. Jahrhunderte bestand, und die sich bei allen Völkern in Form kurzer Sinnsprüche wiederfinden. So werthvoll sie aber oft in kulturgeschichtlicher Beziehung sein mögen, für die wissenschaftliche Naturerkenntniß haben sie sämmtlich nur eine sehr ge= ringe Bedeutung. Denn es fehlt diesen, im günstigsten Falle für lokale Verhältnisse mitunter giltigen, empirisch gewonnenen Erfahrungssätzen die Rückbeziehung der Wirkung auf die letzte Ursache, welche gerade bei den atmosphärischen Vorgängen nur aus der Untersuchung der universellen Zustände erkannt werden kann.

In vielen Fällen sind die gäng und geben Wetterregeln geradezu Unsinn, wie z. B. die Prophezeiungen des sogenannten hundertjährigen Kalenders. Einen solchen Kalender giebt es nicht, und daß nichtsdestoweniger in den alljährlich erscheinenden Kalendern unter diesem Titel das Wetter für das kommende Jahr vorhergesagt wird, ist eine Verhöhnung

der Dummheit und des Aberglaubens, wie sie drastischer nicht gedacht werden kann. Denn
obwol jenen Wetterprophezeiungen nicht der geringste vernünftige Grund unterliegt, obwol
sie der Kalendermacher ganz willkürlich macht und sich dabei nur soweit vor gänzlichem
Blödsinn zu hüten braucht, daß er nicht auf den Januar alle Tage heftige Gewitter und
Hagelschläge in Aussicht stellt — werden sie immer und immer wieder verlangt, und die
Kalenderdrucker bestehen auf der Aufnahme, „weil sonst ihr Kalender nicht gekauft würde".

Dies aber nebenbei. Die Meteorologie, die Physik der Atmosphäre, hat damit nichts
zu thun; für sie existiren die Erscheinungen nur als Wirkungen von Kräften, deren Natur,
Stärke und Wechselwirkung sie mittels geeigneter Methoden zu bestimmen sucht, um so ein
absolut vergleichbares Material herzustellen, nach welchem sich später eintretende Erscheinungen beurtheilen lassen, so daß auf ihre wahrscheinliche Nachwirkung Schlüsse gemacht
werden können. Freilich können wir, da diese Nachwirkungen, also die Witterung, vom
Zusammenwirken so unendlich vieler und verschiedener Faktoren bedingt wird, deren quanti-
tative Feststellung im vollen Umfange geradezu unmöglich ist, immer nur von wahrscheinlichen Schlüssen reden, welche die Meteorologie in Bezug auf das Wetter machen kann.
Immerhin ist der praktische Nutzen, welchen die Ausbildung der Meteorologie als Wissenschaft gewährt, ein ganz enormer. Wir brauchen nur darauf hinzuweisen, daß durch die
Erforschung des Gesetzes der Winde, durch die Erkenntniß der Stürme als Wirbelbewegung
um einen fortschreitenden Mittelpunkt,
dem Seefahrer die Möglichkeit gegeben
ist, der Region der fürchterlichsten Wirkung zu entfliehen, indem er in möglichst
radialer Richtung von jenem Mittelpunkt
absteuert. Um nun einen Ueberblick über
die atmosphärischen Zustände in ihrer
Gleichzeitigkeit zu erlangen, hat man auf
Alexander von Humboldt's Anregung ein
Netz von meteorologischen Stationen über
die Erde ausgespannt, welches seine
Maschen immer enger zieht, indem immer
mehr solcher systematischer Beobachtungs-

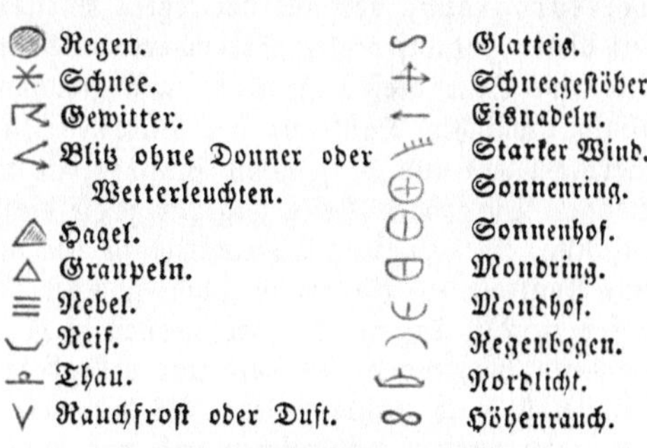

Fig. 491. Meteorologische Zeichen.

stellen errichtet werden. An diesem Unternehmen haben sich alle Kulturstaaten betheiligt,
und auf meteorologischen Kongressen, die von Zeit zu Zeit abgehalten werden, erledigt man
diejenigen Fragen, welche sich auf die Beobachtungsmethoden und auf die Verwerthung der
mit deren Hülfe erhaltenen Resultate beziehen. Für die Bezeichnung der meteorologischen
Erscheinungen hat man eine besondere Chiffernschrift eingeführt, die uns Fig. 491 zeigt.

Es leuchtet ein, daß die Verfahren, nach welchen die atmosphärischen Erscheinungen
bemessen werden, auf allen diesen Stationen übereinstimmend sein müssen. Diese Uebereinstimmung bezieht sich außer auf die Einrichtung der Instrumente besonders auch auf die
gesetzmäßigen Tagesstunden, an welchen der Stand derselben registrirt wird. Denn es wird
nicht unausgesetzt beobachtet, sondern für die hauptsächlichen Zustände der Atmosphäre, die
sich in der Temperatur, dem Drucke und dem Feuchtigkeitsgehalte äußern, genügt es, die
Beobachtungen zu einzelnen Tageszeiten zu machen, welche zusammen den wahren Mittel-
werth am sichersten ergeben. Durch Zusammenstellung der Ergebnisse der einzelnen Stationen
erhält man ein annäherndes Gesammtbild des Wetters innerhalb des ganzen beobachteten
Gebietes. Für unmittelbar praktische Zwecke ist es nun aber doch wünschenswerth, diese
Zusammenstellung augenblicklich vornehmen zu können, um die Wirkungen der mitunter
in großer Ferne liegenden Ursachen auf unsere Witterungsverhältnisse zeitig genug im
Voraus zu erschließen. Zu diesem Behufe sind die wichtigsten der meteorologischen Stationen
mit einem Centralpunkte, für Deutschland ist dies die Deutsche Seewarte in Hamburg,
telegraphisch verbunden, dem sie ihre Beobachtungen sofort mittheilen und an welchem
dieselben unverzüglich verarbeitet und publizirt werden.

Durch die Beobachtung zu gewiſſen Stunden nur erhält man freilich kein zuſammen=
hängendes Bild von den atmoſphäriſchen Zuſtänden. Man hat daher ſchon lange ver=
ſucht, den ſich faſt ſtetig ändernden Gang der Inſtrumente durch dieſe ſelbſt aufzeichnen
zu laſſen, und es ſind Mittel dazu gegeben in der Art, daß auf einem langſam vorbei=
paſſirenden Papierſtreifen ein durch das Inſtrument bewegter Stift ſeinen Stand markirt,
oder daß von dem Stande des Inſtrumentes auf dem zu dieſem Zwecke beſonders präparirten
Papiere ein photographiſches Bild genommen wird.

Denken wir uns z. B. auf dem Spiegel des kurzen, offenen Schenkels des Barometers,
der ſich eben ſo heben und ſenken kann wie der des längern Schenkels, einen Kork ſchwim=
mend, der einen Bleiſtift trägt, welcher auf einem vorbeiziehenden Papierſtreifen abfärbt,
ſo wird die Veränderung der Höhe der Queckſilberſäule ſich in einer fortlaufenden Kurve
ausdrücken, deren höchſte Punkte den tiefſten Barometerſtänden entſprechen, und umgekehrt.
Anders auch könnte man direkt hinter dem Spiegel der Queckſilberſäule ein photographiſch
vorbereitetes Papier vorbeipaſſiren laſſen, welches ſo weit vom Licht geſchwärzt wird, als
dieſes von dem Queckſilber in der Röhre nicht aufgehalten wird u. ſ. w. u. ſ. w.

Auf ſehr geiſtreiche Weiſe hat der berühmte Aſtronom Pater Secchi in Rom einen
Apparat zuſammengeſtellt, welcher, durch ein Uhrwerk in Bewegung geſetzt, alle meteoro=
logiſchen Phänomene in genannter Art als Kurven verzeichnet. Es iſt dies der ſelbſtthätige
Meteorograph, der auf der letzten Pariſer Ausſtellung die Bewunderung erregte und
ſeit dieſer Zeit auf vielen Sternwarten als ein nie raſtender Arbeiter angeſtellt worden iſt.
Die eine Seite dieſes ziemlich umfangreichen Werkes zeigte, außer dem Uhrwerke, die
photographiſchen Tableaux der Barometerſtände, des Trockenthermometers, des Feucht=
thermometers und derjenigen Stunden, in welchen Regen gefallen war, ſowie die Regen=
menge. Die andere Seite dagegen zeigte die Angaben der Stärke des Windes, der Wind=
richtung, eines zweiten Thermometers, um die Wärme der Sonnenſtrahlen zu meſſen, und
eine Kontrole der Barometerſtände und der Regenmengen. Die Tableaux der erſten Seite
liefen in $2\frac{1}{2}$ Tagen, die der zweiten in 10 Tagen ab. So oft alſo mußten ſie erneuert
werden. Während dieſer Zeit aber vollendete ſich das Bild der atmoſphäriſchen Vorgänge
von ſelbſt durch nichts weiter, als durch ein ſcharfſinnig erfundenes Uhrwerk, durch das
Ineinandergreifen zahlreicher und mit aller mechaniſchen Vollkommenheit ausgeführter
Hebelkombinationen und durch elektromagnetiſche Kraftäußerung einer galvaniſchen Bat=
terie, mittels welcher auf telegraphiſchem Wege diejenigen Theile in Wirkſamkeit geſetzt
wurden, welche außerhalb des Beobachtungsraumes lagen. —

Wenden wir uns aber wieder zurück zu unſerem eigentlichen Gegenſtande, zum Thermo=
meter. Da ſich Gefrier= und Siedepunkt des Waſſers in ſo ausgezeichneter Weiſe bemerklich
machen, ſo ſind ſie als Ausgangspunkte für die Skala des Thermometers angenommen worden.

Anfertigung der Thermometer. Die erſte und wichtigſte Vornahme, welche bei der
Anfertigung eines Thermometers zu treffen iſt, iſt die Auswahl einer geeigneten Röhre, im
Innern durchgängig von gleicher Weite, was der eigenthümlichen Herſtellungsweiſe zufolge
nur ſelten der Fall iſt. Dieſe Röhre wird ſodann an dem einem Ende zugeſchmolzen und
hier mit Hülſe der Glasbläſerlampe zu einer Kugel aufgeblaſen, an dem andern bleibt ſie
vor der Hand offen. Zunächſt wird nun durch Erhitzen alle darin etwa noch vorhandene
Feuchtigkeit ausgetrieben und darauf das offene Ende in ein Gefäß mit Queckſilber getaucht.
Beim Erkalten zieht ſich die im Innern der Kugel befindliche Luft auf ein geringeres Vo=
lumen zuſammen, und der Druck der äußeren Luft treibt beim Erkalten das Queckſilber in
den dadurch entſtandenen luftverdünnten Raum. Zwar füllt ſich auf dieſe Weiſe die Kugel
nicht vollſtändig, aber es iſt dies auch nicht nothwendig, denn um den letzten Reſt Luft
herauszutreiben, darf man nur die Röhre umkehren und das Queckſilber in ihr ſo erhitzen,
daß ſeine Dämpfe den ganzen Raum nach oben hin erfüllen, und nochmals das offene Ende
in das Queckſilber halten. Man kann leicht taxiren, wie viel man Queckſilber eintreten
laſſen muß, um die Skala bequem anbringen zu können. Etwas Weniges mehr ſchadet
nicht, denn man verjagt dieſen Ueberſchuß durch Erhitzen und ſchmilzt, wenn zum offenen

Ende der Röhre die Quecksilberdämpfe heraustreten, dieses zu, sicher nun, keine atmosphärische Luft mehr im Innern zu haben. Beim Erkalten verdichtet sich das Quecksilber, es zieht sich in die Kugel zurück und läßt über sich in der Röhre einen luftleeren Raum, in welchen es bei Erhöhung der Temperatur hinaufsteigt, bei Erniedrigung derselben wieder herabsinkt. Die solchergestalt vorbereitete Thermometerröhre setzt man nun, um die beiden Hauptpunkte der Skala zu finden, zunächst in ein Gemisch von Wasser und Eis (s. Fig. 492) und läßt sie hier so lange, bis der Quecksilberfaden in der Röhre sich unverrückbar eingestellt hat. Man bezeichnet diesen Punkt als den Gefrierpunkt (0°). Darauf setzt man die Röhre einige Zeit der Einwirkung kochend heißer Dämpfe aus und merkt den Stand des Quecksilbers als den Siedepunkt an (s. Fig. 493). Den Raum zwischen Gefrierpunkt oder Schmelzpunkt des Eises und dem Siedepunkt des Wassers theilt man in gleiche Theile, und zwar nach Celsius in 100, nach Réaumur dagegen in 80 Theile oder Grade, so daß also, wenn man den Gefrierpunkt mit 0 bezeichnet, der Siedepunkt bei Réaumur durch den 80sten, bei Celsius durch den 100sten Grad bestimmt wird. Nach diesen Eintheilungen sind also 4 Grad Réaumur = 5 Grad Celsius, und man kann mit Zugrundelegung dieses Verhältnisses jede Angabe auf das Entsprechende

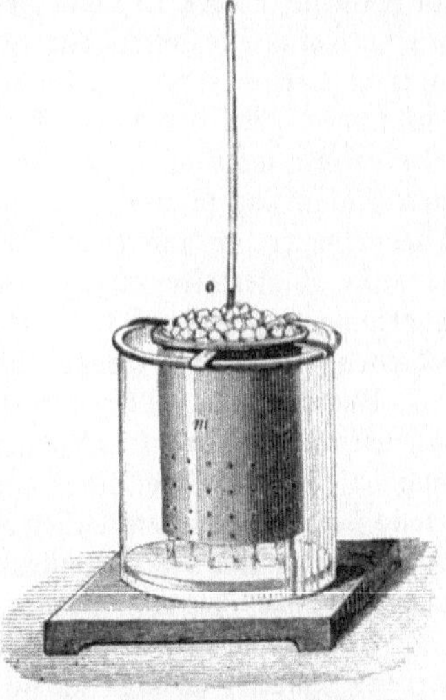

Fig. 492. Bestimmung des Nullpunktes der Thermometerskala.

nach der andern Eintheilung durch ein einfaches Regeldetri-Exempel reduziren.

Etwas umständlicher ist die Fahrenheit'sche Eintheilung, welche vorzugsweise in England in Gebrauch ist. Fahrenheit nämlich nahm den tiefsten oder Nullpunkt des Thermometers nicht bei dem Gefrierpunkt des Wassers, sondern bei der seiner Meinung nach niedrigsten Temperatur an, welche er durch eine besondere Kältemischung erhielt. Er theilte von diesem Punkte bis zum Siedepunkte des Wassers den Abstand der Röhre in 212 Theile; der Gefrierpunkt fiel auf den 32. Grad, und es entsprachen somit die 80 Grade Réaumur oder die 100 Grade Celsius den 180 Graden Fahrenheit, welche übrig bleiben, wenn man von 212° 32° abzieht. Das Verhältniß der Gradunterschiede zwischen Réaumur, Celsius und Fahrenheit ist sonach durch die Zahlen 4 : 5 : 9 ausgedrückt.

Die Fassung des Thermometers kann nach verschiedenen Zwecken sehr mannichfach abgeändert werden. Solche Instrumente, die zur Untersuchung von Flüssigkeiten dienen sollen, werden in gläserne oben zugeschmolzene Röhren eingeschlossen, in denen die Skala, wenn sie nicht direkt auf das Glas geätzt ist, auf Papier verzeichnet mit eingeschlossen ist.

Die besten Thermometer sind, wie alle genauen physikalischen Apparate, ziemlich kostspielige Instrumente, nicht sowol weil ihre Anfertigung, abgesehen von der äußersten Sorgfalt und Genauigkeit, so große Schwierigkeiten böte,

Fig. 493. Bestimmung des Siedepunktes der Thermometerskala.

sondern weil die Prüfung und Auswahl der Röhren eine sehr mühsame und zeitraubende Arbeit ist und Röhren von durchgängig gleicher Beschaffenheit, die in ihrer ganzen Länge Cylinder von derselben gleichbleibenden Weite vorstellen, zu den größten Seltenheiten gehören, deren Anfertigung man nicht beliebig in der Hand hat. Mit den Jahren ändern sich auch die Instrumente, indem das Glas zwar langsam, aber lange

Zeit hindurch sich noch zusammenzieht und dadurch der Nullpunkt und mit ihm alle übrigen Grade der Quecksilbersäule höher rücken. Bei genauen Beobachtungen müssen diese Umstände berücksichtigt, die Fehler in der Rechnung korrigirt, vor Allem aber von Zeit zu Zeit die Instrumente wieder in schmelzendem Eis und kochendem Wasser auf ihre Beständigkeit geprüft werden. Die besten Thermometer fertigt Greiner in Berlin; der Preis eines Normalthermometers erreicht aber leicht die Höhe von 90 und mehr Mark, während ein gewöhnliches Instrument schon für 1 Mark zu kaufen ist. Ein gutes Thermometer mit sorgfältig ermittelter Skala kann dann zur Regulirung für andere dienen. Die Grenzen für die Thermometerskalen sind je nach der Bestimmung des Instruments engere oder weitere. Während Thermometer für den Hausbedarf z. B. den Siedepunkt des Wassers eben so gut wie die strengste Winterkälte anzugeben im Stande sein müssen, brauchen die Skalen derjenigen Thermometer, deren sich die Aerzte zur Bestimmung der Wärme des menschlichen Körpers bedienen, nur wenige Grade über und unter dem Punkte der Mitteltemperatur zu umfassen.

Um mittels des Thermometers den Wärmegrad eines Körpers zu prüfen, ist es nöthig, daß derselbe die Kugel und einen Theil des Rohres möglichst genau und hinreichend lange umgebe, bis das Quecksilber nicht mehr steigt oder fällt. Auch darf keine andere Wärmequelle störend einwirken, daher bei ferneren Prüfungen schon die Hand nicht zu nahe gebracht werden darf. Um die Luftwärme zu erfahren, setzt man das Instrument in den Schatten, jedoch an keinen zugigen Ort.

Für gewisse Zwecke der Beobachtung hat man Thermometer verschiedentlich selbstregistrirend gemacht, namentlich sie so eingerichtet, daß sich später noch ersehen läßt, welchen tiefsten oder höchsten Stand sie seit der letzten Beobachtung gehabt haben. Man nennt dieselben Maximum- und Minimumthermometer, auch wol Tag- und Nachtthermometer. Das bekannteste derartige Instrument ist das Rutherford'sche (Fig. 494). Zwei liegende Thermometer sind auf einem Bretchen befestigt, das eine davon

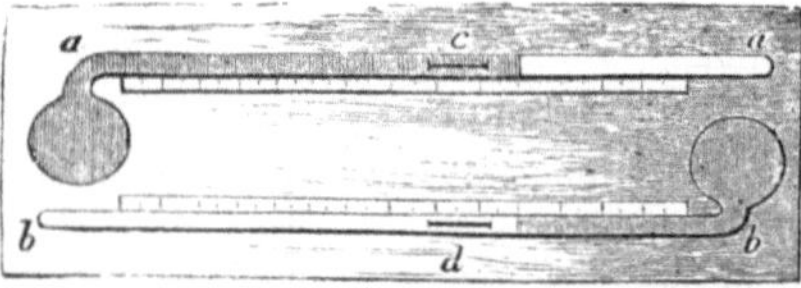

Fig. 494. Maximum- oder Minimumthermometer.

mit Quecksilberfüllung für hohe, das andere mit Weingeistfüllung für niedrige Temperaturen. In dem ersteren liegt ein kleiner eiserner Cylinder, welchen das Quecksilber bei seiner Ausdehnung vor sich herschiebt, beim Zurückgehen aber liegen läßt; es bleibt somit der höchste Stand des Quecksilbers markirt, bis man mittels eines Magnets das kleine eiserne Merkzeichen wieder an das Quecksilber herangeführt hat. In dem Weingeistthermometer liegt ebenfalls ein leichtes Körperchen; dasselbe ist aber von Glas und hat ein Knöpfchen oder eine Verdickung an beiden Enden. So lange dieser Zeiger rundum von Weingeist umgeben ist, bleibt er liegen, wenn dieser vorwärts bringt. Zieht sich aber die Flüssigkeit weiter zurück, als der Zeiger ursprünglich lag, so wird dieser mitgenommen, da er nicht die feine Haut an der Oberfläche des Weingeistes durchbrechen kann. Der Punkt, wo das oberste Knöpfchen des Glaskörperchens liegen geblieben ist, zeigt die inzwischen eingetretene niedrigste Temperatur.

Der Umstand, daß nicht alle Metalle gleichmäßig, sondern das eine mehr, das andere weniger durch Hitze und Kälte ausgedehnt und zusammengezogen werden, hat auf die Konstruktion der Metallthermometer geführt. Der leitende Grundsatz hierbei ist der, daß, wenn verschiedene Metalle der Länge nach mit einander vereinigt, z. B. zusammengeschraubt oder verlöthet werden, das so gebildete Ganze nicht immer dieselbe Form behalten kann, sondern sich bei Temperaturveränderungen werfen oder verziehen muß. Hat man z. B. einen Zink- und einen Kupferstab bei mittlerer Temperatur zu einer geraden Stange vereinigt, so wird dieselbe bei steigender Temperatur krumm, und zwar derart, daß das Zink, welches sich mehr ausdehnen will, auf die äußere Seite des Bogens zu liegen kommt. Das Umgekehrte findet in der Kälte statt, wo das Zink kürzer wird als das Kupfer, letzteres daher sich in den größeren Kreis legen muß. Die Wanderungen des freien Endes der Stange können zur Drehung eines Zeigers und zur Bezeichnung der entsprechenden Skalentheile benutzt werden.

Breguet's Metallthermometer besteht aus einem spiralförmig gewundenen Metall=
band, das mit seinem obern Ende an einem Träger festgemacht ist und übrigens frei herab=
hängt. Der Metallstreifen ist aus drei vereinigten Schichten von Silber, Gold und Platina
zusammengesetzt; die mittlere, Gold, ist nur zur Zusammenlöthung der beiden äußern da.
Silber und Platin werden von Wärme und Kälte sehr ungleich affizirt, und es läßt sich
daher denken, daß das freie untere Ende der Spirale nicht immer an seiner Stelle bleibt,
sondern bald mehr, bald weniger sich auf= oder zudreht. Diese Drehungen nun werden auf
eine lange Nadel übertragen, welche als Weiser an einem Gradbogen dient. Wenn man
dem Zeiger eine große Länge giebt, so kann man schon eine aus zwei verschiedenen Metallen
der Länge nach zusammengelöthete Stange benutzen, um geringe Temperaturdifferenzen
weithin, etwa von einem Thurme aus, durch ein Zifferblatt sichtbar zu machen.

Die Wärme im Haushalte der Natur. Wenn wir in das Innere unserer Erde
hinabsteigen, so finden wir mit jedem Hundert Fuß, die wir tiefer hinabkommen, eine Zu=
nahme der Erdwärme um einen Grad. Die aus beträchtlicher Tiefe hervorquellenden Ge=
wässer der artesischen Brunnen zeigen in ihrer Temperatur eine gleiche Erhöhung und lassen
vermuthen, daß die Ursache der heißen Quellen und des flüssigen Zustandes vulkanischer
Laven nur in der mehr oder weniger großen Tiefe liegt, aus welcher diese Ergüsse uns
zugesandt werden. Nun geschieht zwar die Wärmezunahme in größeren Tiefen langsamer
als in den der Erdoberfläche nahe liegenden Schichten, allein mit einer Stetigkeit, welche
uns fast widerstandslos zu dem Schlusse zwingt, daß es eine Region giebt, in der die Erd=
masse den starren Charakter, welchen ihre Oberfläche besitzt, verliert, von dort bis zum
Mittelpunkt in feurig=flüssigem Zustande sich befindet und einen riesigen geschmolzenen
Tropfen bildet, der nur von einer verhältnißmäßig dünnen Schale umhüllt wird.

Jeder andere Weltkörper giebt in seiner kugelförmigen Gestalt ein Zeugniß von dem
gleichen Gliederungsgange. Die allen eigenthümliche rasche Achsendrehung ist die Ursache
ihrer sphärischen regelmäßigen Gestalt. Dies aber läßt allgemein einen flüssigen Zustand
voraussetzen, als dessen Ursache wir uns weitergehend nur ein Geschmolzensein der ge=
sammten Masse, nur ein feuriges Flüssigsein werdender Weltkörper denken können.

Woher die ungeheuere Wärme gekommen ist, welche dieses Schmelzen bewirkte, diese
Frage scheint sich zu lösen, wenn wir die Wirkungen chemischer Anziehung und mechanischer
Verdichtung ins Auge fassen. Die Materie der Welt erfüllte den unendlichen Raum vor
der Entstehung der Weltkörper als eine feine, nebelartige Masse, in welcher die elementaren
Bestandtheile, jeder mit seinen anziehenden und abstoßenden Kräften, gesondert schwebten.
Stellenweise wurde das Gleichgewicht, in dem diese Spannungen sich gegenseitig erhielten,
gestört, und es geschah in dem Weltnebel eine theilweise Vereinigung der Materie, die sich
auf mehr oder weniger große Räume erstreckte. Innerhalb derselben folgten die einzelnen
Theilchen ihrem gegenseitigen Zuge, sie vereinigten sich zu zusammengesetzteren Stoffen
und entwickelten dabei durch die Verdichtung und das Näheraneinanderrücken der einzelnen
Atome jene ungeheuere Wärmemenge, infolge deren die neugebildeten dichteren Körper in
glühenden Zustand geriethen und zuerst als glühende Dunstmassen, später bei noch weiter
vorgeschrittener Abkühlung und Verdichtung als geschmolzene Tropfen in dem nun von dem
kosmischen Staube leeren Raume schwebten. Wir dürfen annehmen, daß diese Aktionen,
durch gestörtes Gleichgewicht überhaupt hervorgerufen, mit wirbelartigen Bewegungen vor
sich gingen, und darin die Ursache der jenen Körpern verbliebenen Bewegungen suchen.

Der Weltraum, das heißt: der Raum zunächst um unser Sonnensystem, ist kalt, viel
kälter als die niedrigste Temperatur, die unsere Winter hervorbringen. Man vermuthet
aus verschiedenen Beobachtungen, daß die Temperatur des Weltraumes sich nicht über
— 54° C. erhebt, wahrscheinlich aber noch weit darunter hinabgeht. Es ist indeß ein fort=
währendes Bestreben der natürlichen Kräfte, auf eine Ausgleichung ihrer Gegensätze hin=
zuwirken. Die Wärme strahlt von den wärmeren Körpern auf kältere nach allen Richtungen
über. Infolge dessen verloren auch die feurig=flüssigen Gestirne fortwährend einen Theil
der ihnen innewohnenden Wärme, und die Temperatur ihrer Masse erniedrigte sich um so

mehr, je geringer ihr Volumen war. Bei der rascheren Ausstrahlung von der Oberfläche geschah ein Erkalten nach dem Innern hin, und das starrwerdende Häutchen der einst flüssigen Kugel nahm an Dicke immer mehr und mehr zu, bis es endlich eine feste Kruste nach außen hin bildete. Geschah dieser Abkühlungsprozeß nun bei Weltkörpern von kleinerem Volumen sehr rasch, so daß der Mond zur Zeit schon eine völlig erkaltete Kugel, ein erstarrtes Knochengerüst darstellt, so dauerte er bei größeren Massen entsprechend länger, und bei dem Hauptkörper unseres Sonnensystems, bei der Sonne selbst, hat er augenscheinlich jenen Punkt noch nicht erreicht, auf welchem auch nur die Oberfläche fest geworden wäre und die lichtstrahlende Kraft eines im Feuer geschmolzenen Körpers verloren hätte. Zwischen Mond und Sonne stehen die Planeten, im Innern noch feurig lebendig, aber außen bereits ver=
kühlt. Und wenn wir unter diesen speziell unsere Erde betrachten, weil wir bei ihr die Wärmephänomene am ausgezeichnetsten beobachten können, so müssen wir bemerken, daß bis zu unserer Periode an ihr die Erstarrung bis zu dem Punkte gediehen ist, auf welchem die fortwährende Wärmeausstrahlung in den kälteren Weltraum genau durch die Zustrah=
lung, die die Erde infolge der Sonnenwärme erleidet, wieder ausgeglichen wird. Seit mehr als zweitausend Jahren haben sich die Wärmeverhältnisse der Erde nicht geändert. Seit dieser Zeit hat, wie die genauesten astronomischen Beobachtungen zeigen, der Durchmesser der Erde keine merkliche Veränderung seiner Länge erfahren. Dieselbe wäre aber die natürliche Folge, wenn die gesammte innere Erdwärme auch nur um den hundertsten Theil eines Grades sich verringert hätte.

Wie lange dieser Zustand des Gleichgewichts auch aushalten mag und wie ausgedehnt auch der Zeitraum sich gestalten soll, den wir unter dem Begriff „unsere Periode" zu=
sammenfassen, so leuchtet doch ein, daß derselbe kein ewiger sein wird. Die Gesammtheit unseres Sonnensystems zahlt an den kalten, ewig mahnenden Gläubiger „Weltraum" nicht die Zinsen eines Kapitals, sondern sie zehrt vom Kapitale selbst. So groß dieses ist, ein unerschöpfliches ist es nicht. Die Sonne muß endlich auch an ihrer Außenseite erstarren, so daß sie die Wärmeunterstützung, welche sie den Planeten jetzt noch gewährt, nicht mehr in dem Maße bestreiten kann, und eine allgemeine Erstarrung bereitet sich, wenn auch nur äonenlang, vor. Durch das Aufhören der Bewegung des Mondes und durch das Zusammen=
fallen desselben mit unserer Erde würde diese zwar einen ungeheuern Wärmezuwachs wieder erlangen; und so können die Planeten, indem sie in den Mittelkörper allmählich wieder zurückfallen, die Temperatur desselben erhöhen und seine Lebensfähigkeit auf große Zeit=
räume hinaus wieder verlängern. Allein dies sind Aufschübe, die in ihrer Endlichkeit dem all=
gemeinen Gange keinen Einhalt thun können. Es muß doch eine Zeit kommen, wo die gesammte Materie auf einem Punkt sich vereinigt hat, wo Sonnen selbst mit Sonnen sich verschmolzen haben, und die zusammengehäufte Materie nur wie ein todter Knochen erscheint, welcher allenfalls noch durch die anziehende Wirkung der Molecularkräfte Zusammenhang besitzt.

Welche endliche Wirkung haben dann alle die Kräfte, die das wachsende Leben von heute erhalten, hervorgebracht? Zu was sind die Lichtwellen geworden, zu was die elektrische Kraft? Hat die Ursache der magnetischen Erscheinungen spurlos aufgehört, und wohin hat sich die ungeheuere Wärmemenge verloren? Die Antwort auf diese Frage lautet: Alle jene einzelnen Kraftäußerungen, Licht, Elektrizität, Anziehung, Magnetismus, haben ihre Gegen=
sätze ausgeglichen, sie sind vollständig in die eine Form Wärme verwandelt und in dieser durch allmähliche Ausstrahlung von allen Punkten der Materie in den unendlichen Weltraum vertheilt worden. Durch die Unendlichkeit des Raumes herrscht überall eine gleiche Temperatur, kein Kälter, kein Wärmer, kein Hell, kein Dunkel, nirgends mehr Bewegung, Wechsel und Kampf, überall Friede und ungestörte Ruhe, aber auch kein Leben, denn nur im Widerstreit schafft sich das Neue.

Stephenson und seine erste Lokomotive.

Der Dampf und die Erfindung der Dampfmaschine.

Die Wärme als Kraftquelle. Feuchtigkeitsgehalt der Luft. Prinzip der Dampfmaschine. Geschichte der Erfindung. Ihr wahres Alter. Das Schiff des Blasco de Garay. Salomon de Caus. Der Marquis von Worcester. Papin und der Papinianische Topf. Savery's Dampfmaschine. Newcomen. James Watt und seine doppelt wirkende Maschine. Das Parallelogramm. Die Hochdruckmaschine. Maschine mit Expansion. Einzelne Theile der Dampfmaschine. Steuerung. Schieber. Excentrik. Maschine mit oscillirendem Cylinder. Der Dampfkessel. Schwimmer und Sicherheitsventil. Konkurrenten der Dampfmaschine. Geschichte und Einrichtung von Lenoir's Gas- und Ericson's Heißluftmaschine.

Wir wenden uns von den flachen Ufern eines langsam sich dahin wälzenden Stromes, dessen Niederungen durch reiche Meiereien, blühende Dörfer und gewerbreiche Städte geschmückt sind, seitwärts zu den sanft ansteigenden, Windmühlen tragenden Höhen und wandern weiter und weiter in die Seitenthäler hinein, die von einzelnen Zuflüssen durchrauscht werden. Immer enger und enger rücken die Felswände an einander, immer steiler und steiler stürzen die rauschenden Fälle herab. Begleitete uns in der ersten Zeit das lustige Klappern der Wassermühlen, denen aus dem flachen Lande das Getreide zugeführt wird, so hören wir an seiner Stelle bald nur noch den eigenthümlich schlurfenden Ton großer Sägewerke. Endlich aber, hoch oben, begrüßt uns der weithin schallende Schlag gewaltiger Hämmer. Wir stehen vor einem jener Eisenwerke, wie sie häufig in den rauhesten Theilen der Gebirge angelegt worden sind, um die dort brechenden Erze, deren Transport bedeutende Schwierigkeiten machen würde, an Ort und Stelle aufzuarbeiten. An den Höhen hin ziehen sich weite Halden und auf allen Seiten klingen die einförmigen Glockenschläge von den verstreuten Grubenhäusern her, zum Zeichen, daß die Pumpwerke noch ihren ungestörten Gang gehen: eine eintönige Musik, die von den hier oben Schaffenden ganz überhört wird. In unserer unmittelbaren Nähe aber braust es **und** arbeitet es wie mit tausend Kräften. Große Räder fangen das stürzende Gebirgswasser auf und drehen sich unter ihrer Last, eilfertige Riemen übertragen die Kraft an zahlreiche Wellen und Einzel= maschinen. Darüber ragen hohe rauchende Essen und stoßweise treten aus einzelnen Röhren= öffnungen weiß sich ballende Wasserdämpfe hervor, die in phantastischen Gestalten in den Gipfeln schwarzer Tannen sich verjagen. So mächtig auch der Wassersturz eingreifen mag, er wäre allein nicht stark genug, um allen den Kraftbedürfnissen zu genügen, die in dem ausgedehnten Werke herrschend werden. Hämmer, Hunderte von Centnern schwer, schmieden die glühenden Eisenmassen, und durch einen einzigen Umlauf pressen große Walzen den Block zu Eisenbahnschienen, formen ihn nach und nach zu schwachem Stabeisen, zu Blech oder ziehen ihn zu Draht aus.

Eine elementare Arbeitsstätte, himmelweit verschieden wie die umgebende Natur von dem sonnigen Flachlande mit all seinem Fleiß — und doch im Grunde wie übereinstimmend! Denn gehen wir dem Ursprunge aller Kräftethätigkeit nach — überall finden wir eine und dieselbe Ursache, Alles bedingend: die Wärme. Sonnenlicht und Sonnenwärme machen Gras und Getreide wachsen und unterhalten dadurch Mensch und Thier in seiner Kraft. Andererseits aber erwärmen die Strahlen der Sonne bei ihrem Laufe über die Erde die auf derselben lagernden Luftschichten ungleich und dehnen sie dadurch ungleich aus; die leichter werdenden erheben sich, die kälteren, schwereren strömen nach der Tiefe, und diese ununterbrochene Bewegung, den Wind, nützen wir in den Windmühlen zur Drehung der Flügel. Die Wärme ist es, welche das Wasser von der Oberfläche der Erde verdunsten macht und als Dampf in die höheren Luftregionen hebt, wo sich dasselbe wieder, wenn kalte Luftschichten sich mit den feuchten, warmen vermengen, zu Nebeln und Wolken verdichtet, auf den Rücken hoher Gebirge niederschlägt, von da aber in zahllosen Aederchen, von der Schwerkraft der Erde angezogen, wieder nach der Tiefe drängt. Die ganze Arbeit, welche das auf der schiefen Ebene vom Bergesrücken bis zum Meere hinunterschießende Wasser durch seinen Fall verrichten kann, seine lebendige Kraft, ist nichts Anderes, als eine Folge, eine andere Form der Sonnenwärme, durch die es zuerst von der Oberfläche der Flüsse als Dampf emporgehoben worden ist.

Alle Kraft ist Wärme, wie alle Wärme Kraft ist. Wir können auf recht sichtbare Weise uns von der direkten Umsetzung der Wärme in mechanische Kraftleistung überzeugen, wenn wir uns an die ausdehnende Wirkung der Wärme erinnern wollen. Im Conservatoire des arts et des métiers waren die Mauern geborsten und der Riß vergrößerte sich von Tag zu Tage, so daß daraus für das Gebäude die größte Gefahr entstand. Die Trennungs= flächen einander wieder zu nähern, war eine schwierige Aufgabe, weil die zu überwältigende Last eine sehr bedeutende war. Indessen gelang die Reparatur vollständig. Man verband die beiden Mauern mit einander durch glühende Eisenschienen und befestigte diese so stark, daß sie, wenn sie infolge des Erkaltens zurückgehen wollten, entweder die Mauern mit= bewegen oder zerreißen mußten. Der Erfolg war der erwünschte. Die Rißflächen wurden wieder an einander gezwungen, so daß die Mauern in ihrem Zusammenhange nie gestört gewesen zu sein schienen; zu der Arbeitsleistung war nur Wärme verbraucht worden.

Und der Dampf, der die gewaltigen Eisenhämmer spielend in Bewegung setzt, er hat eben so wenig eine eigenthümliche, besondere Kraft, wie eine solche in dem Wasser an sich liegt. Er überträgt nur die Kraftwirkung der Wärme. Er ist nur ein Mittelglied, aber freilich ein so zweckmäßiges, wie vorher nicht entfernt eins gedacht worden ist.

Der Dampf, dieser neugeborene Riese, reicht mit seinen Eisenarmen in die Eingeweide der Erde; er fördert Millionen von Centnern ihrer Schätze an das Tageslicht herauf und verwandelt das geschmolzene Metall in unendlich verschiedene Formen. Wie auf das Gebot eines Zauberers entspringt aus der unförmlichen Masse das schlanke eiserne Schiff; der Dampf baut es, der Dampf bringt es in sein Element, und durch den Dampf überflügelt es in seinem Laufe seine hölzernen Mitkämpfer, deren eichene Rippen Jahrhunderte bedurften, um die gehörige Stärke zu erhalten. Der Dampf mahlt das Mehl zu dem Brote, das wir essen, er spinnt die Wolle und die Baumwolle zu unserer Bekleidung, er webt dieselbe und druckt die reiche Pracht der Blumen auf das leichte Gebilde. Tausende von Rädern werden durch den Dampf bewegt, jedes derselben könnte mit einem einzigen Drucke einen Menschen zermalmen, und dennoch ist die schwächste Kindeshand im Stande, diese gewaltige Triebkraft zu hemmen. Die Erfindung der Buchdruckerkunst gab dem menschlichen Geiste die Mittel an die Hand, über die Unwissenheit und den Aberglauben zu siegen; die Erfindung der Dampfmaschine setzt uns in den Stand, die Hindernisse zu überwinden, welche in früherer Zeit der physischen Kraft des Menschen unübersteigliche Schranken entgegenzustellen schienen. Jene gab dem Geiste des Menschen Flügel, diese seinem Körper.

Sehen wir eine Dampfmaschine an, so finden wir oft ein kleines, zierlich gearbeitetes und sauber geputztes Ding, von dem es kaum glaublich erscheint, daß alle die gewaltigen Leistungen, denen wir begegneten, von ihm ausgehen sollen. Wie spielend bewegt sich die Kolbenstange in gleichmäßigem Takte auf und ab; ein Schwungrad läuft scheinbar müßig mit herum. Alles Triebwerk erhält seine Bewegung von einer einzigen Hauptwelle. Durch Räder und Getriebe, Laufriemen, Wellen oder andere Apparate wird die Kraft fortgeleitet und überallhin vertheilt, wo man ihrer benöthigt ist, oft auf weite Entfernungen, hinauf und hinunter, in die Winkel und um die Ecken.

„Mit wie viel Pferdekräften arbeitet die Maschine?" fragen wir. Fünfzehn, zwanzig, dreißig oder noch mehr werden uns genannt; auf Eisenbahnen und Dampfschiffen hören wir gar von hundert, ja von tausend und mehr Pferdekräften reden. Und alle diese enormen Kräfte — sie scheinen auf die simpelste Weise aus etwas Wasser und etwas Kohlen zu entspringen; das Wasser wird zu Dampf, und der Dampf schiebt einen Kolben vor sich her, dies ist das einfache Mittel zur Erreichung so großartiger Erfolge!

Prinzip der Dampfmaschine. Daran, daß sich unter gegebenen Verhältnissen nicht alles Wasser in der Natur sofort in Dampf verwandelt, ist der Druck der Atmosphäre schuld, welcher mit großer Macht auf der Oberfläche jeder Flüssigkeit lastet. Diesem Drucke kann man durch Erhitzen des Wassers entgegenarbeiten, und in dem Augenblicke, wo er vollständig überwunden ist, geschieht die Dampfentwicklung mit überaus großer Lebhaftigkeit. Die Flüssigkeit geräth durch die in ihr entstehenden Dampfblasen in heftiges Aufwallen, sie siedet. Die Expansivkraft des aus einem offenen Gefäße aufsteigenden Dampfes muß dem Druck der Atmosphäre das Gleichgewicht halten. Somit erhält man auf diese Weise stets nur Dampf von der Spannung einer Atmosphäre. Der aus kochendem Wasser aufsteigende Dampf ist nicht heißer als dieses selbst; wir wissen, daß eine große Menge der zugeführten Wärme latent in ihm steckt und ihn befähigt, einen ungleich größeren Raum auszufüllen, als das Wasser früher in flüssigem Zustande einnahm. Wird der Dampf wieder zu Wasser, so wird auch seine latente Wärme wieder frei. Füllt man demnach ein luftleeres Gefäß, das einen Raumgehalt von 1700 Kubikdezimeter haben mag, mit Dampf von 100° Temperatur, so wird derselbe, wie wir schon sahen, mit der Kraft einer Atmosphäre auf die Gefäßwandungen drücken; denselben Druck giebt die Luft auf die Außenwandung, es muß also Gleichgewicht bestehen. Nehmen wir nun $5\frac{1}{2}$ Kubikdezimeter eiskaltes Wasser und bringen es durch eine geeignete Vorrichtung zu dem Dampfe ins Gefäß, so wird derselbe augenblicklich seine Spannung verlieren; seine latente Wärme, die ihn in gasförmigem Zustande erhielt, geht an das kalte Wasser über, welches dadurch eine höhere Temperatur annimmt. Der Dampf selbst aber ist durch den Verlust seiner latenten Wärme wieder zu flüssigem Wasser geworden, und wenn wir das Experiment richtig ausgeführt haben, so enthält schließlich das Gefäß statt $5\frac{1}{2}$ jetzt $6\frac{1}{2}$ Kubikdezimeter Wasser, aber nicht von 0°, sondern von Siedehitze.

Aus diesem Experiment lernen wir Mehreres zu gleicher Zeit. Wir sehen erstens, daß von der im Dampf gebundenen Wärme nichts verloren gegangen ist, sondern daß sie sich im freien Zustande wieder vollständig in dem heißen Wasser findet. Denn es ist nachgewiesen, daß, um 1 Kubikdezimeter Wasser von 100° ganz in Dampf zu verwandeln, genau dieselbe Wärmemenge erforderlich ist, welche nöthig ist, um $5\frac{1}{2}$ Kubikdezimeter von 0 auf 100° zu erhitzen.

Ferner sehen wir, daß der Dampf, nachdem er durch Abkühlung wieder zu Wasser zu=
sammengeschrumpft ist, einen 1700mal kleinern Raum einnimmt. Es bleibt mithin in dem
Gefäß, das als überall geschlossen gedacht werden muß, nach der Verdichtung außer dem
Wasser ein Raum von etwa 1693 Kubikdezimeter übrig, in welchem gar nichts enthalten ist,
auch keine Luft, denn diese war ja schon vorher durch den Dampf ausgetrieben. Es fehlt also
jetzt der innere Widerstand gegen den äußern Luftdruck und das Gefäß erleidet demnach auf
seiner ganzen Außenfläche die von außen nach innen gerichtete einseitige Wirkung des letztern.

Wäre das Gefäß nun so geformt, daß irgend ein Stück seiner Wandungen nach innen
sich verschieben könnte, so würde dies mit um so größerer Kraft hineingedrückt werden, je
mehr Quadratdezimeter Fläche es dem äußern Luftdrucke darböte, d. h. je größer es wäre.
Und wenn wir uns das Gefäß als eine weite, unten dicht und oben mit einem beweglichen
Kolben verschlossene Röhre denken, so haben wir in der Hauptsache bereits die weiterhin
zu besprechende atmosphärische Dampfmaschine.

Der in einem Gefäß isolirte, d. h. nicht mehr mit Wasser in Berührung stehende Dampf
von 100° verhält sich gegen die Einwirkungen der Wärme ganz wie die Luft und jeder an=
dere gasförmige Körper; er strebt bei jeder Steigerung der Hitze sich mehr auszudehnen
und daher mit immer stärkerer Gewalt gegen die Wände des Gefäßes zu pressen. Ist aber
in dem allseitig geschlossenen Gefäße Wasser und Dampf zugleich enthalten, wie in einem
Dampfkessel, so verhalten sich die Dinge etwas anders, wie wir gleich sehen werden.

Der Siedepunkt einer Flüssigkeit richtet sich, wie schon angedeutet, nicht allein nach
der Natur derselben, sondern auch nach dem Widerstande, den die gebildeten Dämpfe zu
überwinden haben, um frei zu werden. Daher siedet Wasser auf hohen Bergen bei einem
geringern Hitzegrade, weil dort der Luftdruck geringer ist, und unter der Luftpumpe kann
man schon mäßig warmes Wasser zum Sieden bringen. Es folgt daraus, daß, wenn die
Widerstände vermehrt werden, auch eine stärkere als die gewöhnliche Erhitzung nöthig sein
wird, um das Sieden hervorzubringen, also Dampf zu erzeugen. In einem allseitig ge=
schlossenen Dampfkessel, aus welchem der Dampf nicht entweichen kann, haben Wasser und
Dampf bei 100° C. oder bei Siedehitze atmosphärischen Druck. Bleibt die Temperatur dieselbe,
so bleibt auch die Spannung dieselbe und die Dampfbildung hört auf, so lange der Kessel
allseitig geschlossen bleibt. Der Dampfraum hat so viel Dampf gefaßt, als er überhaupt
bei 100° aufnehmen kann. Dieser Zustand kann aber nicht andauern, wenn die Heizung
fortgesetzt wird. Es muß zunächst das Wasser heißer als 100° werden, um noch mehr
Dampf entwickeln zu können; das heißere Wasser giebt aber auch heißere und stärker ge=
spannte Dämpfe aus, denn je mehr Dampf in dem geschlossenen Raume sich ansammeln soll,
um so mehr muß er zusammengepreßt werden, und mit um so stärkerer Kraft wird er auf
das Wasser drücken. Die Dampfspannung wird eine größere, und es tritt die Steigerung sehr
rasch ein: ist sie, wie gesagt, bei einer Wasserhitze von 100° 1 Atmosphäre, so ist sie bei 120°
schon 2, bei 144° 4, bei 200° 16 Atmosphären. Erinnern wir uns, daß der Dampf von
1 Atmosphäre Druck auf jeden Quadratcentimeter seiner Umgebung mit einer Kraft von
1 Kilogramm 33 Gramm drückt, und nehmen wir diesen Druck 4=, 8=, 16fach, so wird es
begreiflich, welcher ungeheuern Kraftäußerung der eingepreßte Dampf fähig ist und welche
mechanischen Effekte eine Maschine verrichten kann, deren Dampfkessel z. B. bei einer Ober=
fläche von 20 Quadratmeter eine Spannung auch nur von 3 Atmosphären (10,330 Kg.
auf den Quadratmeter) verträgt.

Der Kohlenverbrauch, wenn wir die aufgewandte Wärme durch die zu ihrer Erzeugung
nöthige Kohlenmenge bemessen, ist für diese Verhältnisse ein ganz bestimmter, und es ist für
die Theorie der Dampfmaschine und für die Beurtheilung ähnlicher Apparate ganz uner=
läßlich, einen Blick in diesen gesetzmäßigen Zusammenhang zu werfen.

Um die Temperatur eines gewissen Volumen Wassers von 0° bis auf 100° zu er=
höhen, ist immer genau dieselbe Wärmemenge erforderlich. Zu ihrer Erzeugung bedürfen
wir, wenn wir Kohle von derselben Beschaffenheit verwenden, auch genau derselben Kohlen=
menge. Andererseits wissen wir, daß eine bestimmte Wärmemenge immer denselben

Arbeitseffekt bewirkt, sei es durch Ausdehnung oder in irgend einer anderen Weise. So entspricht die Wärmemenge, welche erforderlich ist, um 1 Kg. Wasser in seiner Temperatur um 1° Celsius zu erhöhen, einer mechanischen Kraft, welche ein Gewicht von 424 Kg. auf die Höhe von 1 Meter oder, was dasselbe ist, ein Gewicht von 1 Kg. auf 424 Meter Höhe zu heben vermöchte. Ein Kilogramm reinste Kohle würde bei seiner Verbrennung, wenn es möglich wäre, alle Wärme in mechanische Kraft ohne Verlust zu verwandeln, eine Last von 1 Centner auf 9 Meilen Höhe heben, und doch ist die bei seiner Verbrennung entstehende Wärme nur im Stande, 8086 Kg. Wasser um einen Grad des hunderttheiligen Thermometers zu erwärmen.

Wir haben für die Beurtheilung mechanischer Arbeit das Heben von Lasten als Maßstab angenommen. Bekanntlich geschieht dies in der Technik allgemein und die Maßeinheiten: Fußpfund, Meterkilogramm u. s. w. bedeuten weiter nichts als Kraftgrößen, welche im Stande sind, die Last von einem Pfund auf einen Fuß Höhe, beziehentlich von 1 Kg. auf 1 Meter Höhe u. s. w. zu heben.

Unsere Dampfmaschinen, so großartig auch ihre Leistungen erscheinen, erlauben freilich lange noch nicht den ganzen Arbeitseffekt der durch das Brennmaterial erzeugten Wärme auszunutzen. Dies kommt hauptsächlich daher, weil ein großer Theil der Wärme von dem Wasser beim Verdampfen verschluckt wird und als latente Wärme der Ausnutzung verloren geht. Die Vervollkommnung des Dampfmaschinenwesens ist daher ein Gegenstand von der höchsten nationalökonomischen Wichtigkeit. Wenn auch bei einer fortgesetzten Ausbeutung, wie die jetzige, die Besorgnisse, daß unser disponibler Kraftreichthum, die Steinkohlen-, Braunkohlen- und Torflager, einer endlichen Erschöpfung immer näher rückt, lange nicht so beängstigend sind, als es manchen Leuten erscheint, so gebietet doch der nächstliegende Vortheil, mit einem Nutzeffekt von 18—20 Prozent, wie ihn unsere bestkonstruirten Dampfmaschinen nur geben, sich nicht zu begnügen.

Wenn die Leistungen der Dampfmaschine trotzdem noch die billigsten sind, so liegt dies zum Theil mit in einer falschen Schätzung. Wir taxiren die Kraft nach zufälligen Begriffen, wie den wechselnden Werth des Goldes und Silbers, anstatt daß wir die wirklich nutzbare Arbeit als Ausgangspunkt annehmen und darauf alles Uebrige beziehen müßten. Kohle, gleichbedeutend hier mit mechanischer Kraft, ist die einzige rationelle Währung. Sobald man dies erkannt hat, wird man anders wirthschaften; so lange dies nicht der Fall ist, läßt man sich gern von den erreichten Erfolgen berauschen und versäumt darüber ihre mögliche Erhöhung.

Geschichte der Erfindung. Man hat bei der Dampfmaschine, gerade wie bei allen anderen bedeutenden Erfindungen, immer nicht weit genug zurück in das Alterthum gehen zu können geglaubt, um die letzten Spuren, oder vielmehr die ersten Keime davon zu entdecken. Es giebt und noch mehr gab es vordem eine Klasse von Historikern, welche alles Große und Bedeutende sich nicht anders, als in den frühesten Zeiten bereits vorhanden oder doch wenigstens als damals schon von Einigen gekannt und erfunden denken konnten.

Denen zufolge sollte auch die Dampfmaschine bereits ein Alter von zwei Jahrtausenden hinter sich haben. Mühselig wurden alle Nachrichten, die nur einigermaßen in ähnlicher Weise sich deuten ließen, gesammelt und gewaltsam zugerichtet, um einen Beweis zu führen, der ganz gegen jedes Verständniß der Sache und der Zeit gerichtet war. Daß die alten Griechen und Römer den Dampf eben so gut kannten wie wir — um uns das zu sagen, braucht kein Geist aus dem Grabe heraufzusteigen; daß aber die Dampfmaschine, das heißt die systematische Ausnutzung der Expansion des Dampfes zum Zwecke der verschiedenartigsten Arbeitsleistung, nicht von ihnen erfunden worden ist, das ist eben so sicher und dem unbefangen Blickenden ohne Weiteres einleuchtend. Eine zufällige Beobachtung, eine unvorhergesehene Entdeckung — ist keine Erfindung. Die wirkliche Erfindung wird gemacht, ist eine natürliche Frucht vorhergegangener Anstrengung; sie wird von der Zeit geboren und vom Bedürfniß gesäugt. Alle diejenigen Versuche, welche man aus dem Alterthume und bis in das 18. Jahrhundert citirt, um darin den Ursprung der

Dampfmaschine bloßzulegen, sind für die bedeutsamste aller Erfindungen der Neuzeit von keinem Werth. Sehen wir uns einige derselben an.

So giebt uns denn Hero von Alexandrien, ein griechischer Philosoph, der 150 Jahre v. Chr. lebte, in einem seiner auf uns gekommenen Werke unter anderen Apparaten auch eine Dampfkugel zum Besten, die gewöhnlich in erster Stelle aufgeführt wird, wenn von der Geschichte der Dampfmaschinen die Rede ist. Wir geben unseren Lesern in Fig. 496 eine Abbildung davon, um ihnen den Beweis zu liefern, daß derartige Vorrichtungen ihrem Wesen nach mit dem, was wir unter Dampfmaschine verstehen, nichts gemein haben. Eine hohle Metallkugel ist oben und unten durch Zapfen gestützt und hat auf ihrem Um= fange eine beliebige Anzahl Röhren, die alle nach derselben Seite zu eine Oeffnung haben. Befindet sich nun in der Kugel etwas Wasser, das durch Feuer in Dampf verwandelt wird, oder leitet man aus einem andern Gefäße hochgespannten Dampf durch die Achse in die

Fig. 496. Die Dampfkugel des Hero von Alexandrien.

Kugel, so wird derselbe zu den Seitenlöchern der Röhren heraus= gepreßt werden, und die Kugel muß, wie die Turbine durch Rückstoß getrieben, nach der entgegengesetzten Seite hin in rasche Umdrehung kommen. Diese Dampfkugel des Hero könnte da= her mit demselben — nein mit noch größerem Rechte als die erste Erfindung der Turbinen oder Kreiselräder angesehen werden.

Eine andere Dampfgeschichte wird uns aus den Zeiten der griechischen Kaiser berichtet. Ein gewisser Zeno gab einst seinen Freunden ein Gastmahl in einem Zimmer, das gerade über den von Anthemios, mit welchem Zeno zur Zeit gerade nicht in besonderer Harmonie lebte, bewohnten Ge= mächern lag. Anthemios aber soll, um Jenem einen Possen zu spielen, einen Kessel mit Wasser in Bereitschaft gehalten, ein tüchtiges Feuer darunter an= gezündet und durch Röhren die Dämpfe dergestalt gegen die Zimmerdecke geleitet haben, daß das Gebäude erbebte und die Gäste, ein Erdbeben vermuthend, in höchstem Schrecken auf die Straße rannten. Diese Geschichte beweist noch weniger als die vorige.

In Sondershausen giebt es noch ein Götzenbild, den sogenannten Püsterich. Die Figur ist etwa eine Elle hoch, aus Erz gegossen und hohl, die einzigen Oeffnungen bilden die beiden Augen. Beim Götzendienst — so stellt man sich wenigstens vor — füllten die Priester der alten Deutschen den Körper mit Wasser, verstopften die Augen mit Pflöcken und zündeten dann im Innern des Thrones, auf welchem dies Götzenbild saß, Feuer an. Sobald das Wasser ins Kochen kam, trieben die Dämpfe die Pflöcke aus den Augen, strömten dann aus den beiden Oeffnungen hervor und hüllten das Götzenbild in einen dichten Nebel; so wurde der Zorn der Gottheit der staunenden Menge augenscheinlich dargestellt.

Von solchen Spielwerken aber bis zur wirklichen mechanischen Benutzung des Dampfes liegt, wie Jeder sieht, eine große Kluft, und manches Jahrhundert mußte noch vergehen, ehe der Sprung darüber gelang. Die erste Spur von einem hierauf bezüglichen Versuche findet sich in Spanien vor. Der Seekapitän Blasco de Garay trat mit einer Maschine auf, durch welche er Schiffe ohne Ruder und Segel treiben wollte. Auf Befehl Karl's V.

wurde im Jahre 1545 im Hafen von Barcelona eine Probe damit gemacht. Garay ver=
barg die Beschaffenheit seiner Maschine, und man sah nur, daß sie aus einem großen
Wasserkessel bestand, und daß sich Räder auf beiden Seiten des Schiffes befanden. Das
Schiff, von 4000 Centnern Last, legte angeblich in zwei Stunden drei Seemeilen zurück.
Der Erfinder wurde belohnt, aber seine Erfindung blieb liegen, entweder weil die Sache
nach Angabe eines Zeugen zu verwickelt, kostspielig und gefährlich war, oder wegen anderer
Hindernisse, deren es ja bei neuen Erfindungen so viele giebt. Ueber das Wesen von Garay's
Maschine wissen wir nichts; eben so wenig können wir uns Rechenschaft darüber geben,
was gemeint ist, wenn der Prediger Johann Mathesius zu Schneeberg, ein vertrauter
Freund Luther's, in seiner 1562 in Nürnberg erschienenen «Sarepta» oder „Bergpostille"
von einem Manne erzählt, der jetzt „anfinge, Berg (Stein und Erz) und Wasser mit Feuer
zu heben." Erst im Jahre 1614 ist in dem Werke des Salomon de Caus: «Raisons des
forces mouvantes», die Angabe eines Apparates enthalten, welcher, der Erfindung der
Dampfmaschine unmittelbar vorhergehend, dieselbe gewissermaßen einleitet. Dieser Ap=
parat aber war eigentlich nichts weiter als eine Dampffontaine. Er bestand aus einer
hohlen Kugel (s. Fig. 497) mit einer durch einen Hahn ver=
schließbaren Einflußröhre, und einer zweiten, der Ausfluß=
röhre, welche fast bis auf den Boden der Kugel herabging.
Wurde der Apparat nun durch den Einguß mit Wasser ge=
füllt und dieser dann verschlossen, die Kugel aber über das
Feuer gebracht, so entwickelten sich Dämpfe, welche auf die
Oberfläche des Wassers in der Kugel einen so starken Druck
ausübten, daß letzteres in einem kräftigen Strahl aus der
Ausflußöffnung hervorgetrieben wurde.

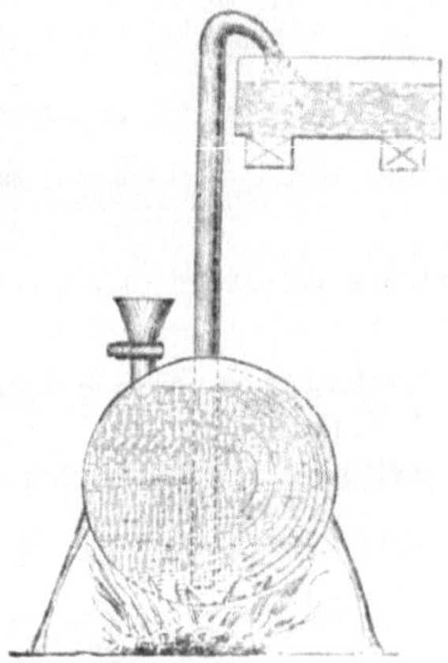

Fig. 497.
Dampfapparat von de Caus.

Die Franzosen lassen es sich sehr angelegen sein zu be=
haupten, daß de Caus, oder de Caux, wie er auch geschrieben
wird, welcher zu jener Zeit im Dienste Ludwig's XIII. von
Frankreich war, die feste Ueberzeugung von der Möglichkeit
der praktischen Ausbildung seiner Erfindung und von deren
großer Wichtigkeit gehabt habe, aber nicht damit durch=
gedrungen sei. Denn obschon wenige Jahre nach dem Er=
scheinen seiner oben angeführten Schrift auch ein italienischer
Ingenieur, Giovanni Brancas, die ausströmenden Wasserdämpfe gegen die Flügel eines
Schaufelrades wirken ließ und dasselbe dadurch mit ziemlichem Erfolge in Umlauf setzte,
glaubte doch der Kardinal Richelieu, der allmächtige Minister des Königs von Frank=
reich, nicht an die Ausführbarkeit der Vorschläge des de Caus. In der That wäre auch mit
denselben nicht viel gewonnen worden, wenn man nicht die Bekanntschaft mit einem völlig
neuen Gebiete als einen hauptsächlichen Fortschritt ansehen müßte. Der Uebelstand lag
nämlich darin, daß das ganze Wasser, ehe es gehoben werden konnte, bis zum Kochen er=
hitzt und also eine sehr bedeutende Wärmemenge auf einen nutzlosen Effekt verwandt werden
mußte. Der Erfinder de Caus wurde nun auch, wie es allen von einer einzigen Idee er=
füllten Menschen leicht geschieht, Denjenigen, von denen er Beförderung seiner Bestrebungen
hätte erwarten sollen, unbequem, und es scheint Thatsache, daß Richelieu, um sich des Ge=
lehrten, der ihn immer wieder von Neuem bestürmte, zu entledigen, ihn für wahnsinnig
erklären und in das Bicêtre, das Irrenhaus von Paris, stecken ließ. Hier war es, wo
der Marquis von Worcester dem Philosophen einen Besuch abstattete und bei demselben,
wie besonders Arago der nationalen Eigenliebe seiner Landsleute schmeichelnd behauptet,
die erste Idee zu der praktischen Anwendung faßte, welche er später von der Erfindung des
de Caus gemacht haben soll.

Der Marquis von Worcester, ein begabter, aber unmethodischer Kopf, gab im
Jahre 1663 eine Beschreibung von „Hundert Erfindungen" heraus, die er sich wollte paten=
tiren lassen. Unter diesen war auch die Dampfmaschine, die er folgendermaßen beschreibt:

„Ich habe eine wunderbare und kräftige Art erfunden, das Wasser durch Feuer zu heben, nicht durch eine Saugpumpe, bei welcher, wie bekannt, die Höhe der Aufsaugung begrenzt ist, sondern auf eine andere Art, wo, sobald ich die Gefäße nur fest genug machen konnte, die Höhe, zu welcher ich das Wasser heben kann, unbeschränkt ist. Nachdem ich

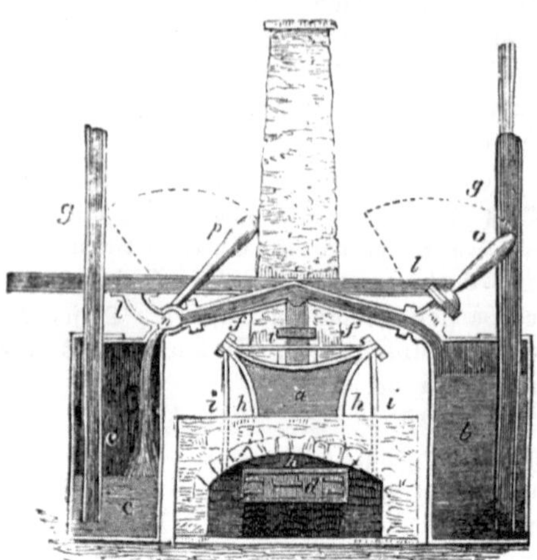

Fig. 498. Maschine des Marquis von Worcester.

nun die Art und Weise gefunden hatte, meine Gefäße stark genug zu machen, daß sie dem innern Drucke widerstehen konnten, füllte ich ein Gefäß nach dem andern abwechselnd mit kaltem Wasser und erlangte durch die Anwendung der Dämpfe eine Fontaine, welche ohne Unterlaß einen Strahl von 40 Fuß Höhe gab. Ein Raumtheil in Dämpfe verwandeltes Wasser trieb mir auf solche Weise 40 Raumtheile kaltes Wasser empor, und es bedurfte nur eines Mannes, welcher nichts weiter zu thun hatte, als zwei Hähne zu drehen, um entweder Dämpfe in das gefüllte Gefäß oder kaltes Wasser in das entleerte zu leiten. Dabei aber mußte das Feuer stets lebhaft unterhalten werden."

Wir bezweifeln stark, daß der Marquis seinen Apparat jemals anders als im Kopfe konstruirt hat. Indeß kann man sich doch eine Vorstellung und ein Bild davon machen, was er meint. Man denke sich einen Dampfkessel a (s. Fig. 498) mit zwei Röhren ff, deren jede in ein nebenstehendes Wassergefäß mündet. Diese Gefäße b und c sind oben verschlossen und können sich nur durch das bis in die Nähe des Bodens reichende Steigrohr gg entleeren. Ist ein Gefäß — nehmen wir an das rechts stehende — mit Wasser gefüllt, so wird der Dampfhahn aufgedreht und der Dampf drückt auf die Oberfläche des Wassers dergestalt, daß dieses durch das Steigrohr hinausgepreßt wird. Während sich so das eine Gefäß entleert, kann das andere mit Wasser gefüllt werden und so fort. Die Hähne p und o können dabei so eingerichtet sein, daß sie in der einen Stellung Dampf, in der andern Wasser zulassen.

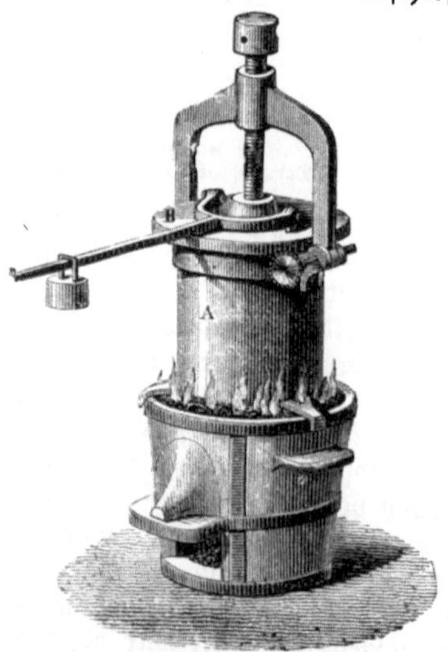

Fig. 499. Der Papinianische Topf.

Der Vortheil des Worcester'schen Apparates vor dem de Caus'schen liegt darin, daß hier das zu hebende Wasser kalt bleibt, weil der Dampf wie in unseren Dampfmaschinen in einem andern Gefäße erzeugt wird als in dem, wo er arbeiten soll. Dieser Unterschied ist wichtig. Man kann daher dem Marquis zugeben, daß in seiner „Erfindung Nr. 68" unter der konfusen Einkleidung ein gesunder Gedanke verborgen liege, möge dieser nun sein Eigenthum oder eine in Frankreich gemachte Beute sein.

Eine bei weitem wichtigere Erscheinung in der Geschichte der Dampfmaschine als alle die genannten tritt uns aber in Dionysius Papin entgegen, dessen Name allgemein bekannt ist, denn wer von uns hätte nicht von dem Papinianischen Topfe gehört, der sich vielfach in größeren Wirthschaften befindet, wo er dazu dient, aus Knochen und Fleischabfall kräftige Suppen zu bereiten! Fig. 499 stellt uns einen solchen Apparat dar. Er besteht aus einem eisernen Topfe von starken Wänden, dessen Deckel, mit einem Sicherheitsventil versehen, sich luftdicht aufschrauben läßt.

Wird der mit Wasser, Fleisch, Knochen u. s. w. gefüllte und fest verschlossene Topf erhitzt, so treiben die hochgespannten Dämpfe das Wasser mit Gewalt in die Poren der im Topfe befindlichen festen Substanzen und ziehen die darin befindlichen Nahrungsstoffe viel vollständiger aus, als es beim gewöhnlichen Kochen geschieht.

Papin also, der Erfinder jener Kochvorrichtung, ein Franzose, der in Marburg Professor der Physik war, machte (1690) auf Befehl des Landgrafen Karl auch Versuche zur praktischen Anwendung der Wasserdämpfe, und wir verdanken ihm eine der wirksamsten Förderungen dieser Idee. Er wollte einen massiven Kolben, ähnlich dem in einer gewöhnlichen Saugpumpe, aber ohne Klappe, durch die elastische Kraft des Dampfes in die Höhe treiben, dann den Dampf plötzlich abkühlen und wieder in Wasser verwandeln. Da nun der Dampf einen 1700mal größeren Raum einnimmt als das Wasser, so mußte — bei dieser plötzlichen Verdichtung — unter dem Kolben ein luftleerer Raum entstehen und die auf die Oberfläche drückende atmosphärische Luft denselben wieder in die Röhre hinabbrücken. Papin beschrieb seine Idee in einer eigenen Schrift und machte auch ein Modell der Maschine; die Sache hatte indessen keinen weitern Erfolg, da sie in Deutschland unternommen wurde, wo schon damals dasjenige am ehesten Anerkennung fand, was aus dem Auslande kam. Dabei muß erwähnt werden, daß auch das Sicherheitsventil bereits von Papin an dem Dampfkessel mit angebracht wurde. Dasselbe ist von ihm erfunden und zuerst an den schon erwähnten Papinianischen Töpfen angewendet worden. Ebenso sprach schon Papin aus, daß es vortheilhaft sein möchte, anstatt die Dämpfe zu kondensiren, lieber Dämpfe von hoher Spannung anzuwenden, eine Idee, welche Leupold um 1724 praktisch verwerthete und die jetzt namentlich bei den Lokomotiven in Ausübung ist.

Es heißt nun, daß der englische Kapitän Thomas Savery, welcher von der Papin'schen Schrift Kenntniß erhalten hatte, alle Exemplare derselben, deren er habhaft werden konnte, aufgekauft und

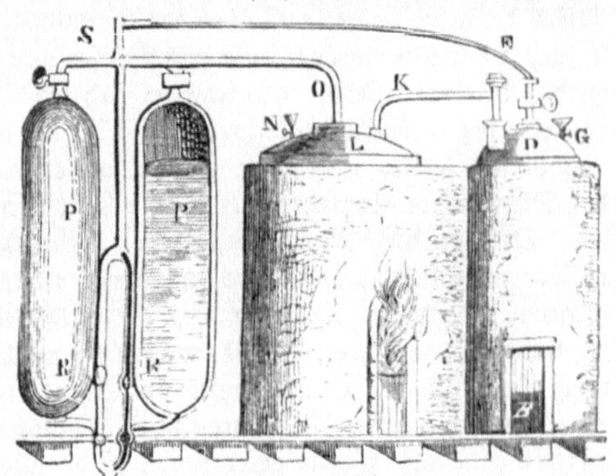

Fig. 500. Savery's Dampfmaschine.

vernichtet habe; im folgenden Jahre sei er dann mit einer eigenen Erfindung hervorgetreten, die weiter nichts war als eine geschickte Verbindung der Maschine des Marquis von Worcester mit Papin's Maschine. Das Patent der ersten Savery'schen Maschine stammt aus dem Jahre 1698.

Wir stoßen in der Geschichte der Erfindungen so oft auf angebliche Entfremdungen, die häufig alles Grundes entbehren, daß uns die Geschichte von der Büchervernichtung durch Savery nicht ganz geheuer vorkommen will; wir haben sie eben erwähnt, um unser Bedenken gegen ihre Richtigkeit auszusprechen. Jedenfalls sehen wir, daß jetzt die Dampfmaschine im Werden begriffen war; die Idee hatte Wurzel geschlagen, und ein Fortschritt konnte bald hier, bald da gethan werden, ohne daß allemal ein Diebstahl begangen werden mußte.

Savery's Dampfmaschine, welche in ihren Haupttheilen in dem beistehenden Bilde (s. Fig. 500) dargestellt ist, bestand aus zwei Kesseln, L und D, deren jeder seine eigene Feuerung hatte, und zwei Dampf- und Wassercylindern PP. Ehe die Oefen geheizt wurden, füllte man durch die mit Hähnen versehenen Einlässe N und G den Kessel L bis auf zwei Drittel seiner Höhe, den Kessel D aber ganz voll Wasser und verschloß dann beide Einlässe luft- und dampfdicht. Nun heizte man bei B den Kessel, und sobald sich die Wasserdämpfe bildeten, öffnete man den Hahn des Cylinders P, welcher im Durchschnitt gezeichnet ist; der Dampf strömte aus L durch die Röhre O nach P über und verdrängte die dort befindliche Luft, welche durch das Ventil R in das Rohr S entwich. Sobald der Cylinder P mit

Dämpfen gefüllt ist, was man an dem Heißwerden seines Bodens erkennt, wird der Einlaß=
hahn geschlossen und dafür der des zweiten Cylinders P geöffnet, worauf die Dämpfe auch
aus diesem Cylinder die Luft austreiben. Während dessen wird ein Strom kalten Wassers
auf den ersten Cylinder geleitet, wodurch die in demselben befindlichen Dämpfe sich zu Wasser
verdichten und infolge dessen einen viel kleineren Raum als zuvor einnehmen, während
der übrige Theil des Cylinders luftleer ist. Diese Leere — das Vacuum — wird aber
sogleich ausgefüllt, indem der Druck der äußeren atmosphärischen Luft das Wasser aus
dem Behälter unterhalb M durch das unter R befindliche Ventil in den Cylinder P auf=
wärts treibt. Sobald dieser Cylinder mit Wasser gefüllt ist, öffnet man den Dampfhahn
desselben, und es treten nun Dämpfe aus L über das Wasser und drücken dasselbe, wie
vorhin die Luft, durch das Ventil R in das Steigrohr S, von wo aus dasselbe abfließt.
Der zweite Cylinder ist nur dazu vorhanden, um abwechselnd mit dem ersten zu arbeiten
und dadurch eine ununterbrochene Wasserhebung zu bewirken, indem, während in dem
einen Wasser aufsteigt, in dem andern Wasser ausgetrieben wird, und so umgekehrt. Die
Röhre E, welche wir in unserer Zeichnung sehen, stellt eine Verbindung zwischen dem
Steigrohr S und dem Kessel D her und leitet aus jenem so viel Wasser herbei, als
nöthig ist, diesen Kessel stets gefüllt zu erhalten. Derselbe dient als Nachfüller für den
Kessel L, indem ganz nach Art der Erfindung von de Caus durch das Feuer in B so viel
Dämpfe erzeugt werden, daß das Wasser aus D durch die Röhre K nach L hinübergedrückt
wird. Wie man sieht, unterscheidet sich die Savery'sche Maschine von der Papin'schen in
einem ganz wesentlichen Punkte; es fehlt ihr nämlich der Kolben, welchen Dionysius Papin
angebracht hatte, und schon um deswillen darf man nicht annehmen, daß die Erfindung
des Marburger Physikers durch jene bestohlen worden sei.

Obschon diese Maschine zu ihrer Bedienung viele Hände brauchte und noch sehr un=
vollkommen war, so bildete sie doch die Grundlage, auf welche unser jetziges Dampfmaschinen=
System gebaut ist. Denn sie war die erste Maschine, welche man in praktische Anwendung
zu nehmen versuchte, und Newcomen machte sich daran, sie zu verbessern. Es gelang
ihm dies auch, allerdings mehr im Sinne einer förmlichen Umwandlung, und im Jahre
1705 wurde mit der Newcomen'schen Dampfmaschine in den Bergwerken von Cornwallis
Wasser gehoben. Genau genommen ist die Maschine Newcomen's mehr eine atmosphärische
als eine eigentliche Dampfmaschine, aber sie bildet dennoch das Band zwischen der ersten
Erfindung und der vollkommenen Dampfmaschine, wie sie aus den Händen des unsterblichen
James Watt hervorging.

In Newcomen's Maschine (s. Fig. 501) ist der Dampfcylinder C der Haupttheil. Dieser
Cylinder ist unten geschlossen, oben aber offen, und es kann sich in ihm ein massiver Kolben P
luftdicht auf und ab bewegen, der eine Kolbenstange über sich hat, welche mittels einer Kette
an das Ende eines doppelarmigen Wagebalkens i befestigt ist. Derselbe findet seinen Unter=
stützungspunkt in der Mitte o auf einer Wand oder einem Pfeiler. An dem anderen Arme
dieses Wagebalkens (Balanciers) hängt, ebenfalls an einer Kette, die Kolbenstange m einer
Pumpe, welche das Wasser aus der Tiefe herauffördert. Die beiden Enden des Wagebal=
kens sind übrigens in Form von Kreisstücken ausgearbeitet, um dadurch eine stets senkrechte
Richtung der beiden Kolbenstangen zu erhalten. Der Boden des Cylinders c hat drei Oeff=
nungen: u, v und w, welche durch Ventilhähne geschlossen werden können. Unter der mitt=
leren Oeffnung v ist das Dampfrohr, welches den Dampf aus dem unterhalb des Cylinders
stehenden Dampfkessel a unter den Kolben P führt, so daß, wenn das Ventil bei s geöffnet
ist, der eintretende Dampf den Kolben und dessen Kolbenstange in dem Cylinder c in die
Höhe treibt. Dadurch und durch die Schwere der Pumpenstange m wird die letztere in den
Brunnen gesenkt, und das Wasser desselben tritt durch das Ventil über den Pumpenkolben.
Hat nun der Dampfkolben seinen höchsten Stand erreicht, ist also der Dampfcylinder voll=
ständig mit Wasserdampf gefüllt, so wird der Hahn t geöffnet, welcher ein Rohr b geschlossen
hielt, das mit dem Wasserbehälter d einerseits und mit dem inneren Raume des Cylinders c
andererseits in Verbindung steht. Durch Oeffnung des Hahnes tritt nun ein Strom kalten

Waffers unter den Kolben P und verdichtet den dort befindlichen Dampf. Das dadurch gebildete Waffer fließt, zugleich mit dem durch t eingetretenen, durch das Ventil u ab; unterhalb
des Kolbens ist jetzt ein luftleerer Raum, auf die äußere Oberfläche des Kolbens aber drückt
die atmosphärische Luft mit ihrem Gewicht von 1 Kg. auf den Quadratcentimeter. Der
Kolben muß sich also in dem Cylinder abwärts bewegen und dadurch die Pumpenstange n
und das über den Klappen derselben stehende Waffer nach oben ziehen. Die Kraft, welche
die Maschine entwickeln kann, hängt sonach ganz von der Größe des Kolbens, also vom
Durchmesser des Cylinders ab. Newcomen übergoß anfänglich seinen Cylinder äußerlich
mit Waffer, um den Dampf im Innern zu verdichten. Als es sich aber einmal zutrug, daß
die Maschine von selbst ungewöhnlich rasch zu arbeiten anfing; forschte man nach und fand
daß der Kolben undicht geworden war und von dem auf ihm stehenden Waffer Etwas ins
Innere abfließen ließ. Dieser
glückliche Zufall führte dann auf
das Einspritzen von Waffer in
den Cylinder selbst, eine Methode
der Kondensation, welche seit=
dem beibehalten worden ist. An
dem Keffel a befindet sich übrigens
die schon erwähnte Vorrichtung,
das Sicherheitsventil, welches
sich öffnet, sobald der Druck
des Dampfes im Innern zu
stark wird.

Unsere Leser werden aus
der obenstehenden Beschreibung
erfehen haben, daß die Hähne
bei s und t und der in der
Röhre u, um das regelmäßige
Spiel der Maschine zu bewirken,
wechselsweise durch einen Wär=
ter mit der Hand geöffnet und
geschloffen werden mußten, was
eine große Genauigkeit und
Pünktlichkeit erforderte, wenn
anders die Maschine einen gleich=
förmigen Gang haben sollte. So
wichtig diese Beschäftigung war,
so langweilig war sie aber auch,
und es ist nicht zu verwundern,

Fig. 501. Newcomen's Dampfmaschine.

wenn die Arbeiter, welche von der Mauernische aus mit Hülfe des Hebelwerks T diese
Arbeit zu verrichten hatten, dieselbe nicht eben angenehm fanden. So ging es auch
Humphrey Potter, einem Knaben, der bei einer Maschine in Cornwallis die Hähne
drehen mußte. Lebhaft und aufgeweckt, wie er war, hatte er das Bedürfniß, sich von der
ihm auferlegten geisttödtenden, mechanischen Beschäftigung zu befreien; er sann auf Abhülfe, und bald gelang es ihm, durch einige Stricke, welche er an dem Wagebalken der
Maschine und an den verschiedenen Hähnen anbrachte, und die man nachgehends durch
Zugstangen ersetzte, eine Einrichtung herzustellen, mittels derer die Maschine selbst mit
der größten Genauigkeit die verschiedenen Hähne zu rechter Zeit öffnete und schloß. Diese
Erfindung eines Knaben, die sogenannte Steuerung der Maschine, war von einer un-
berechenbaren Wichtigkeit, indem sie die Maschine von der oft sehr unzuverlässigen Aufmerksamkeit der Aufseher unabhängig machte, mit einem Worte, sie erst als Maschine darstellte, während sie bis dahin nur ein Geräth gewesen war.

Nach der Verbesserung, welche von Humphrey Potter 1718 durch Hinzufügung der Steuerung an der Dampfmaschine bewirkt worden war, wurde dieselbe noch durch Brindley, Smeaton u. A. in England und in Deutschland durch Fischer von Erlach weiter ausgebildet. Eine vollständige Umwandlung aber fand durch James Watt statt, welcher die bisher noch immer ziemlich unzulängliche und unbehülfliche Maschine im höchsten Grade vervollkommnete.

James Watt, 1736 zu Greenock in Schottland geboren, war in seiner frühesten Jugend sehr schwächlich und verdankte es diesem Umstande wol zumeist, daß er seine Zeit denjenigen Vergnügungen und Beschäftigungen zuwenden durfte, wozu ihn gerade Lust und Neigung trieb. Da er die geräuschvollen Spiele der Kindheit mit Andern nicht theilen konnte, kam er so von selbst auf das Gebiet des Denkens und Grübelns. Es wird erzählt, daß er sich schon in seinem sechsten Jahre mit den Aufgaben Euklid's beschäftigt habe, und daß er sein Spielzeug nicht, wie andere Kinder, dazu benutzte, um mit der Aufstellung desselben seine Augen zu ergötzen, sondern um es mit Hülfe einer kleinen Werkzeugsammlung, die ihm sein Vater geschenkt hatte, zu zerlegen und aufs Neue zusammenzusetzen, auch nach den gemachten Beobachtungen Neues anzufertigen. Ja, es gelang ihm sogar, eine kleine Elektrisirmaschine zu bauen, mit welcher er die damals bekannten Versuche über Elektrizität wiederholte und seine Altersgenossen wunderbar überraschte. Watt erscheint nicht als eines jener Wunderkinder, welche alles Begegnende mit großer Begier sich anzueignen wissen, ohne daß es ihnen in Fleisch und Blut übergeht; welche die äußere Form beherrschen, ohne daß der zu Grunde liegende Gedanke sie weiter erregte. Er suchte überall nach dem Grunde der Erscheinung, und dieses stille Nachdenken, das unablässige Forschen brachte ihn häufig in den Verdacht, ein geistig träger Mensch zu sein. Es durchblitzten ihn auch nicht großartige Ideen, aber was er ansah, das zerlegte sich ihm in seine Bestandtheile und zeigte ihm gleichergestalt Ursprung und Folge.

Mit seinem 19. Jahre trat Watt bei dem Mechaniker Morgan in London in die Lehre. Er brauchte zur Reise dahin zwölf Tage und ahnte damals schwerlich, daß man sie dereinst kraft seiner Erfindung in zwölf Stunden werde zurücklegen können. In London blieb er nur ein Jahr, worauf er nach Glasgow zurückging und später als Mechaniker bei der Universität beschäftigt wurde. Um jene Zeit glänzte dort der berühmte Staatsökonom Adam Smith; derselbe fand Wohlgefallen an Watt und besuchte ihn fast täglich. Mehrere Freunde Smith's wurden auf den jungen, fleißigen Mechaniker aufmerksam, und bald wurde Watt's Wohnung der Versammlungsort der Gelehrten und Studenten. Ein Zeitgenosse, der mit Watt in sehr innige Verbindung trat, erzählt: „Ich wurde — ein Freund mathematischer und mechanischer Studien — durch einige Bekannte bei Watt eingeführt. Ich erwartete einen einfachen Arbeiter und fand anscheinend auch einen solchen; wie sehr aber sah ich mich überrascht, als ich bei näherer Prüfung in ihm einen Gelehrten erkannte, der, nicht älter als ich, dennoch im Stande war, mich über alle Gegenstände der Mechanik und Naturkunde aufzuklären, nach denen ich ihn fragte. Ich glaubte in meinem Studium weit vorgeschritten zu sein und fand nun, daß Watt hoch über mir stand. So auch meine Genossen. Jede Schwierigkeit, welche uns vorkam, trugen wir Watt vor, und er war immer im Stande uns zu belehren, aber für ihn wurde jede solche Frage der Gegenstand eines neuen und ernsten Studiums, und er ruhte nicht eher, als bis er sich entweder von der Unbedeutsamkeit des Gegenstandes überzeugt, oder das daraus gemacht hatte, was sich daraus machen ließ. Diese Eigenschaften, verbunden mit der größten Bescheidenheit und Herzensgüte, machten, daß alle seine Bekannten ihm mit der herzlichsten Liebe und Anhänglichkeit zugethan waren."

Wie es scheint, begann Watt in den Jahren 1762 und 1763, wo er mehrere Versuche mit dem Papinianischen Topfe machte, mit dem Wesen und der Verwendbarkeit des Dampfes sich anhaltender zu beschäftigen; aber erst das folgende Jahr war dazu bestimmt, ihn auf die Bahn seines Ruhmes zu führen. In der Sammlung der Universität befand sich das Modell einer Dampfmaschine von Newcomen, dessen man sich zur Erläuterung bei den

Vorlesungen bediente. Dies Modell war außer Gang gekommen, oder richtiger, es war nie im Gange gewesen, und man trug Watt auf, dasselbe in Ordnung zu bringen. Er löste seine Aufgabe zu vollkommener Zufriedenheit; sein Fleiß blieb aber nicht dabei stehen. Sein Scharfblick hatte bald erkannt, worin die Mangelhaftigkeit der Wirkung von New-comen's Maschine ihren Grund hatte. Die Maschine verlangte, wie wir wissen, Wasser von sehr niedriger Temperatur, um unter dem Kolben den Dampf zu verdichten und einen möglichst leeren Raum herzustellen. Dadurch aber, daß das kalte Wasser in den Cylinder eingespritzt wurde, ergab sich für den nächsten Kolbenhub der Uebelstand, daß der Dampf, wenn er mit den so eben durch das Wasser abgekühlten Seitenwänden und der Kolben-fläche in Berührung trat, abgekühlt und theilweise bereits kondensirt wurde, ehe er noch seine Wirkung geäußert hatte, was einen beträchtlichen Kraftverlust nach sich zog.

Diese Erkenntniß führte unsern Watt zu der Anlage eines besondern Niederschlagungs-apparates außerhalb des Cylinders, des **Kondensators**, in welchen die Dämpfe, nachdem sie in dem Cylinder ihren Effekt geäußert, abgeführt und verdichtet wurden. Mit dieser Erfindung kam er um die Mitte des Jahres 1769 zu Stande. Das Patent, welches er in diesem Jahre erhielt, bezog sich auf eine einfachwirkende Dampf-maschine, bei welcher ein abgeson-derter Kondensator mit Einspritzung, eine Luftpumpe und ein verbesserter Dampfkolben angebracht waren. In demselben Jahre nahm er noch ein Patent auf einen geschlossenen Cylinder mit Selbststeuerung. Da-durch, daß Watt den Dampf besser benutzte, erzielte er eine so große Ersparniß an Brennmaterial, daß man jetzt mit einem Centner Kohlen so weit reichte als früher mit vier Centnern. Eine zweite bedeutende Verbesserung führte Watt bei den Dampfmaschinen ein, indem er den Kolben des Dampfcylinders nicht mehr durch die atmosphärische Luft, sondern ebenfalls durch Dampf

Fig. 502. James Watt.

niedertreiben ließ. Dies bewirkte er, indem er den Dampf abwechselnd unter und über dem Kolben eintreten ließ und den luftleeren Raum, dessen er bedurfte, durch die von ihm er-fundene Kondensationsweise erzeugte. Seit drei Jahren hatte Watt diese Erfindung bereits vollendet, ehe es ihm gelang, dieselbe in einem so großen Maßstabe auszuführen, daß die Praktiker sich von deren Nutzen überzeugen konnten. Erst nachdem Watt mit dem Dr. Roebuck eine Verbindung eingegangen war, infolge deren der Letztere stets zwei Drittheile des reinen Gewinnes erhalten sollte, wurden dem Erfinder die Mittel gegeben, eine große Versuchsmaschine zu bauen, deren Resultat vollkommen genügend war.

Die Verbindung mit Roebuck dauerte indessen nicht lange, denn schon nach wenigen Jahren zeigten sich dessen Verhältnisse auf das Höchste zerrüttet. Eine schwere Prüfungszeit begann wieder für den mittellosen Watt, bis er endlich 1773 sich mit Matthias Boulton in Soho nahe bei Birmingham vereinigte, in dessen höchst ausgedehntem industriellen Etablissement er sowol die technischen Kräfte als die Geldmittel fand, deren er zur Aus-führung seiner Pläne bedurfte.

64*

In der That gehörte auch die Anlage zu Soho bereits in jener Zeit zu den bedeutendsten dieses Landes, ohne daß man jedoch die jetzigen Etablissements mit den damaligen in Vergleich setzen dürfte. Die großartige Maschinenfabrik, welche erst aus der Verbindung mit Watt resultirte, wurde für lange Zeit die Mutter fast aller Dampfmaschinen, die in England, Amerika und dem größten Theile von Europa verwendet wurden, und bis heute hat jene Anstalt ihren hohen Ruf sich erhalten.

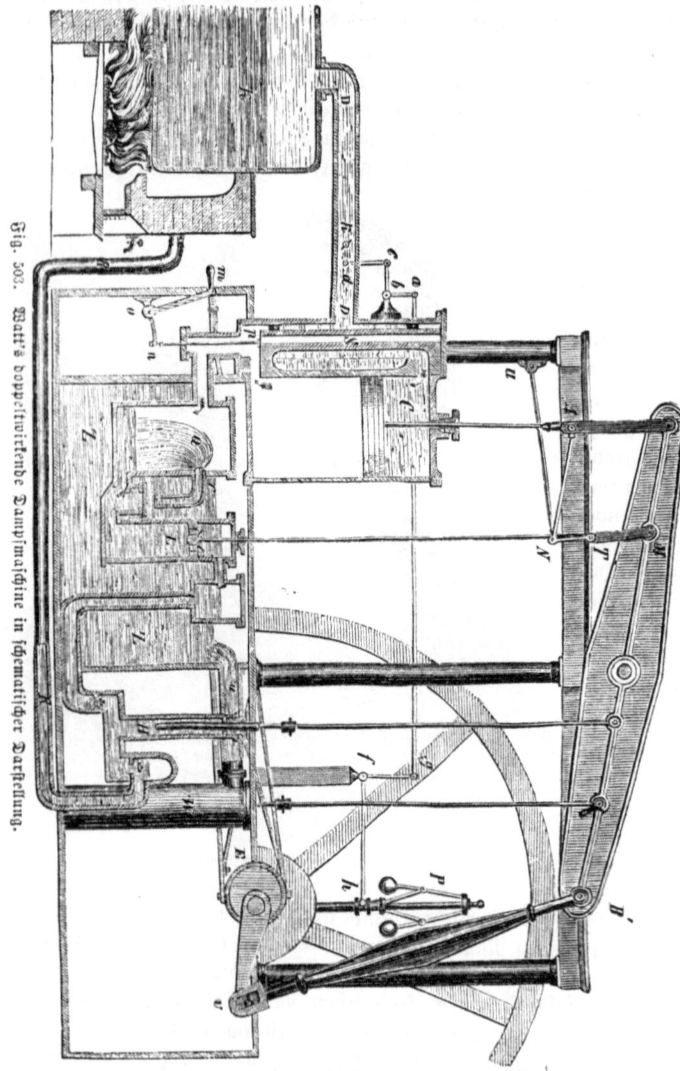

Mit dem Besitzer dieser Werkstätten also vereinigte sich Watt zu gemeinschaftlicher Verfolgung seines Patents, welches ihm noch auf die Dauer von 17 Jahren verlängert wurde. Der Erfinder aber widmete sich jetzt ganz und ausschließlich der Vervollkommnung seiner Maschinen in allen ihren einzelnen Theilen.

Da die bisher gebauten Dampfmaschinen hauptsächlich zum Heben des Wassers in den Bergwerken benutzt wurden, so hatte man, wie schon oben erwähnt, den Pumpenkolben unmittelbar an den Wagebalken, dem Dampfkolben gegenüber, gehängt. Dabei aber fehlte es nicht an Unregelmäßigkeiten und Unsicherheiten in deren Gange, und Watt war gleich anfänglich bemüht, diesem Uebel abzuhelfen und die Ungleichheiten, welche namentlich bei dem Wechsel des Auf- und Niederganges der Kolbenstangen stattfanden,

zu beseitigen. Es gelang ihm dies auch vollkommen, indem er die geradlinige Bewegung des Kolbens in eine kreisförmige umsetzte und von der Maschine ein sehr schweres eisernes Rad, das Schwungrad, umtreiben ließ, welches, wenn es einmal in Bewegung gesetzt war, nach dem mechanischen Gesetze des Beharrungsvermögens diese Bewegung eine längere Zeit beibehielt, wenn auch die bewegende Kraft aufhörte. Dadurch wurden die Zwischenpausen, wo die Maschine von einer Bewegung in die andere übergeht, also eigentlich nicht arbeitet (die todten Punkte), ausgefüllt und der Gang der Maschine, vorher oft durch höchst verderbliche Stöße unterbrochen, durchaus gleichmäßig und ruhig.

An die Welle des Schwungrades wurden nun zugleich diejenigen Theile gelegt, welche die Kraft der Maschine den einzelnen Verwendungsarten zuführen sollten.

Die Quelle anderer Unzuträglichkeiten lag in den bisherigen Maschinen darin, daß man nicht im Stande war, das Feuer stets gleichmäßig stark zu unterhalten. Die Dampf=erzeugung und mithin der Dampfzufluß konnten dabei ebenfalls nicht immer gleichmäßig bleiben, und die Maschine arbeitete bei verschieden starker Dampferzeugung auch mit ver=schiedener Schnelligkeit. Watt suchte dem Uebel dadurch abzuhelfen, daß er eine stell=bare Klappe (Drossel=klappe) in der Röhre anbrachte, welche den Dampf vom Kessel zur Maschine führte, und die=selbe durch einen beson=dern Arbeiter stets nach der Zuflußmenge stellen ließ. Sehr bald zeigte es sich aber, daß die ge=ringste Unaufmerksam=keit dieses Arbeiters die ganze Maschine gefähr=den könne, und es kam darauf an, auch diese Arbeit durch die Ma=schine selbst reguliren zu lassen. Der Erfinder be=festigte also an der Hand=habe der Drosselklappe einen Zughebel, den er mit dem ebenfalls von ihm erfundenen Regu=lator oder Modera=tor verband, und zwar dergestalt, daß, wenn die Maschine zu schnell ging, also zu viel Dampf zufloß, der Regulator die Drosselklappe, so viel als nöthig war, schloß, sie aber wieder öffnete, sobald der Dampfzufluß zu gering wurde. Wir haben S. 95 bei Be=sprechung der Centri=

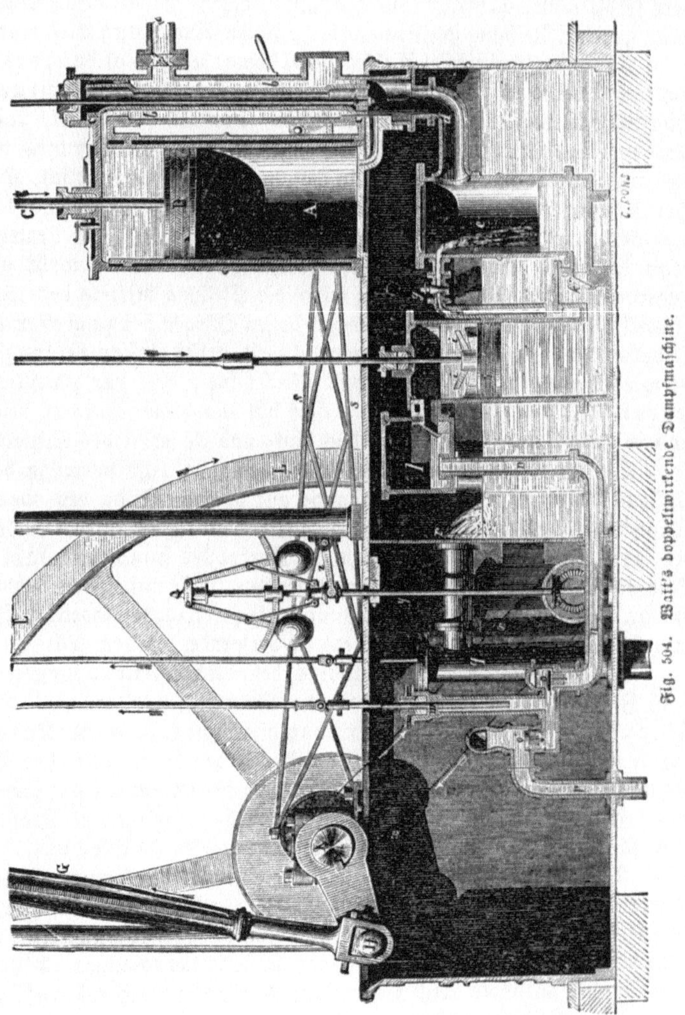

Fig. 504. Watt's doppeltwirkende Dampfmaschine.

fugalkraft gesehen, auf welchem Prinzip die Wirkungsweise dieses Regulators beruht.

Bei seinen ersten Verbesserungen hatte Watt immer noch die Newcomen'sche atmo=sphärische Dampfmaschine vor sich. Derartige Maschinen konnten nun zwar wol zum Be=triebe eines Pumpwerks geeignet sein, nicht aber zu der regelmäßigen Leistung, welche die Technik wesentlich umgestalten sollte. Diesen Triumph feierte Watt mit der Erfindung der doppeltwirkenden Dampfmaschine, deren erste Idee, wie wir schon erwähnt haben, aus dem Jahre 1774 stammt, in der Form, wie sie die Abbildung Fig. 504 darstellt, aber erst dem Jahre 1782 angehört. Sie muß als eine in ihrer Art zweckmäßige und schöne, als eine Mustermaschine angesehen werden. Bevor wir sie beschreiben, mag darauf hingewiesen werden, daß bei Ausführung der beiderseitigen Dampfwirkung der Cylinder nun auch auf beiden Seiten geschlossen sein mußte, während man bisher dem Spiele des Kolbens von oben zusehen konnte. Da aber der Kolben doch mit den Außentheilen in Verbindung steht, so hat der obere Deckel des Cylinders ein rundes Loch, durch welches die Kolbenstange so genau passend hindurch gehen muß, daß daneben kein Dampf entweichen kann. Um diese Dichtung herzustellen, dient eine im Cylinderdeckel eingelegte und fest zusammengeschraubte dicke Lage von geöltem Werg oder Hanf, durch welche die Kolbenstange, ohne mit dem Metall des Cylinders selbst in Berührung zu kommen, hindurchgeht, wobei, da die Stange sehr glatt ist, nur eine ganz geringe Reibung stattfindet. Eine solche Einrichtung wird eine Stopfbüchse genannt.

Aus dem Dampfkessel K (Fig. 503) bringt der Dampf durch das Rohr DD in den Raum S, um von hier durch die auf= und abgehende Schiebervorrichtung, welche wir, wie alle Haupttheile der Dampfmaschine, später gesondert betrachten, bald über, bald unter den Kolben C geleitet zu werden. Die erste Richtung des Dampfes treibt den Kolben herab, die zweite hebt ihn wieder; darin besteht das leichtverständliche Kolbenspiel, der belebende Herzschlag der Maschine, die ihren Gang selbst regulirt, sich selbst mit Wasser versorgt und den verbrauchten Dampf durch Verdichtung beseitigt. Wir bemerken zunächst im Dampf= rohr D bei K die Drosselklappe, welche je nach Bedarf mehr oder weniger Dampf zur Maschine treten läßt, und zwar wird die Stellung mittels des rechts über der Hauptwelle ersichtlichen Kugelregulators besorgt, dessen Steigen bei zu großer Geschwindigkeit durch ein Hebelwerk h f g a b c die Klappe mehr schließt, dessen Fallen bei langsamer werdendem Gange sie wieder um einen entsprechenden Theil öffnet. Auf der Hauptwelle sitzt das sogenannte Excentrik E, dessen Gestänge jenseit der Maschine bis unter den Schieberkasten hinläuft und mittels eines Winkelhebels das Auf= und Abgehen des Schiebers betreibt.

Die im Cylinder erzeugte Kolbenbewegung geht vermöge der dampfdicht durch den Cylinderdeckel geführten Kolbenstange auf das eine Ende des oberhalb liegenden, wie ein Wagebalken beweglichen Balanciers BB' über; am andern Ende hängt die Lenkstange v, die Pleuelstange, welche unten die Kurbel der Hauptwelle faßt und so bei jedem vollen Kolbenschub (Auf= und Niedergang) die Hauptwelle mit ihrem Schwungrade einmal herum= bringt. Von der Hauptwelle aus wird die so erzeugte Arbeitskraft durch Laufriemen oder in anderer Weise dahin geleitet, wo sie verwendet werden soll.

Die im Untertheil der Maschine befindlichen Einrichtungen sind zur Kondensation, d. h. Zuwassermachung des gebrauchten Dampfes, vorhanden. Die Räume ZZ heißen die Cisterne und stehen voll Wasser, das durch die sogenannte Kaltwasserpumpe W von außen beständig neu herbeigeschafft wird. In dem Kondensator Q wird der vom Cylinder kommende Dampf niedergeschlagen, sowie er Strahl um Strahl hier eindringt. Der Konden= sator ist nicht nur von kaltem Wasser umgeben, sondern es strömt solches auch durch eine Brause in ihn ein, und zwar unter einem gewissen Drucke, weil das äußere Wasser höher steht. Das heiße Kondensatorwasser wird von der benachbarten Pumpe L beständig heraus= gezogen. Diese Pumpe heißt die Luftpumpe, denn sie hat auch die Luft mit fortzuschaffen, die in jedem Wasser enthalten ist und beim Erhitzen heraustritt. Das von der Luftpumpe geförderte warme Wasser tritt in einen Kasten, aus welchem es fortfließen kann, so weit es nicht von der mittleren kleinen Druckpumpe H, die nun Heißwasser= oder Speisepumpe heißt, herausgezogen und in den Kessel als warmes Speisewasser gedrückt wird. Den Weg, den dieses Wasser zu nehmen hat, können wir im Bilde bis zum Kessel verfolgen; wir bemerken dabei auch, daß die Leitung mit einem kleinen Windkessel versehen ist, der das stoßweise Fließen des Wassers in ein mehr stetiges zu verwandeln bestimmt ist.

Links an der Maschine in der Nähe des Kessels sehen wir das in einen Handgriff ausgehende Ende der vom Excentrik kommenden Schub= und Zugstange, und erkennen leicht, wie durch den Winkelhebel m o n die aufrechte Schieberstange p eine auf= und niedergehende Bewegung erhält. Soll die Maschine aus der Ruhe in Gang gesetzt werden, so wird der Winkelhebel und der Dampfschieber zuerst durch einen Zug an dem Handgriffe m in Gang gesetzt, worauf die Maschine zu laufen anfängt und die weitere Steuerung selbst besorgt.

Noch eine Einzelheit verdient Erwähnung: das sogenannte Parallelogramm, eine gleichfalls von Watt erfundene interessante Vorrichtung zur Geradführung der Kolbenstange. Da die letztere durch eine engschließende Stopfbüchse geht, also nicht hin= und herschleudern darf und doch mit dem Balancier, dessen Enden natürlich Kreisbogen beschreiben, in Zusammenhang stehen muß, so galt es, eine Vermittelung zwischen der geraden und krummlinigen Bewegung zu finden, eine Aufgabe, welche Watt (1784) in schöner Weise durch eine Verbindung von Hebeln löste, welche wir der größern Deutlichkeit wegen, mit Hülfe einer besoderen Abbildung (s. Fig. 505), erklären wollen.

Es seien CB und OD zwei Arme oder Hebel, die sich um Zapfen bei C und O drehen. Sie werden, wenn sie durch die Kolbenstange QM auf und nieder bewegt werden, die punktirten Bogen in der Luft beschreiben. Das Mittelstück BD, welches sie gelenkartig verbindet, wird die Auf= und Niederbewegung nicht hindern, indem es vermöge seiner Beweglichkeit sich immer den gegenseitigen Stellungen der beiden Hebel anbequemen kann. Hebt sich nämlich der rechte Hebel bis nach B′, so ist der linke bis D′ gekommen und das Verbindungsstück ist dabei in die Lage übergegangen, wie es der schwarze Strich B′ D′ zeigt.

Dasselbe findet beim Niedergange statt, wo das Mittelstück in die Lage B″ D″ kommt. Die Mitte M des Verbindungsstückes bewegt sich dabei immer in einer und derselben senkrechten Linie oder doch sehr wenig davon abweichend. Für die Kolbenstange ist somit die gesuchte Geradführung gefunden. Man hat sich nur unter CB die Hälfte des Balanciers, unter OD einen Hebel vorzustellen, dessen Zapfen O an irgend einem Punkte des Ma=

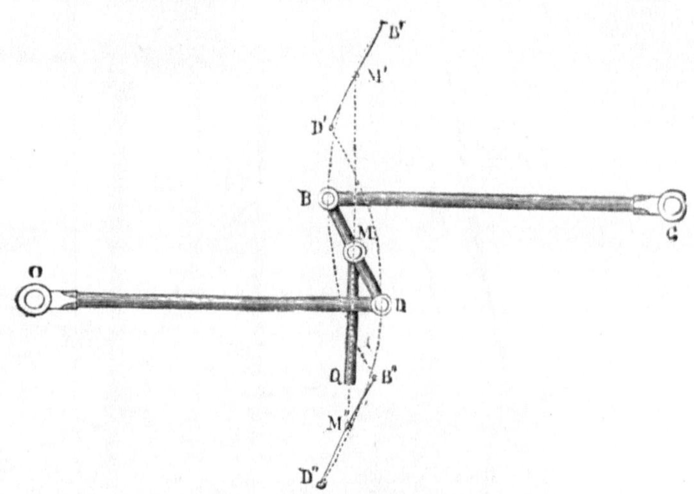

Fig. 505. Das Parallelogramm.

schinengestelles festsitzt; und nach diesem Schema wird die Wirkung des Watt'schen Parallelogrammes verständlich sein, obwol dasselbe ein paar Stücke mehr hat. Es hängen nämlich an dem Balancier der Dampfmaschine zwei solcher Stücke wie M und sind unten durch ein drittes querlaufendes gelenkig verbunden. Hierdurch entsteht eine Viereckform, welche der Vorrichtung den Namen gegeben hat, die sich nach den wechselnden Stellungen des Balanciers und des Gegenarmes immerfort verschiebt und an welcher nächst der Hauptkolbenstange gewöhnlich auch die Luftpumpe angehangen ist. Es gewährt einen eigenthümlich fesselnden Anblick, dem Spiele des Parallelogramms zuzusehen, und selbst der Laie wird den Eindruck der Verkörperung einer geistreichen Idee empfinden.

Eine unerläßliche Bedingung bei der Dampfmaschine ist selbstverständlich der genaue Anschluß des Kolbens an die Cylinderwandungen. Bei der Niederdruckmaschine geschieht diese Dichtung oder Packung dadurch, daß man dem Kolben eine feste Umwicklung von Hanfzöpfen giebt; bei den viel heißer arbeitenden Hochdruckmaschinen dagegen wendet man die Metallliederung an, bei welcher Metall auf Metall geht, und der Kolben besteht, so weit er die Cylinderwandung berührt, aus einer Anzahl einzelner Stücke, welche zusammengelegt wie ein einziger Ring aussehen und durch dahinter gelegte Federn beständig nach auswärts an die Cylinderwand angedrängt werden. Daß Cylinderwand und Kolbenring möglichst genau auf einander abgeschliffen sein müssen, ist selbstredend.

Durch alle diese Verbesserungen wurde die Dampfmaschine endlich ein Werkzeug, das selbst bei der stärksten Kraftwirkung den geregelten Grad einer Uhr einhalten konnte. Nicht nur mächtig, d. h. mechanisch wirkungsvoll, hatte Watt die Dampfmaschine gemacht, er hatte den jungen Riesen auch bereits gebändigt und auf den leisesten Wink erzogen. Sofort griffen die Maschinen denn auch kräftig in die Arbeitsverhältnisse ein, und unter ihrer Mitwirkung entwickelte sich das Fabrikwesen auf das Rascheste und in vordem ungeahnter Weise.

Mit dem Ablaufe des Watt-Bolton'schen Patentes, im Jahre 1800, trat Watt aus dieser Verbindung aus und lebte auf seinem Landhause Heathfield bei Birmingham seinen Studien und seiner Erholung, bis er im Jahre 1819 in einem Alter von 83 Jahren zur ewigen Ruhe einging. Er hat während seines Lebens zwar auch seine Leidensperiode gehabt, die selten einem Erfinder erspart bleibt, dagegen aber das seltene Glück, die großartigen Erfolge seiner Erfindung noch mit eigenen Augen zu schauen.

Fig. 506. Dampfmaschine nach Watt, neuerer Konstruktion. A Dampfcylinder. F Kolben. X Stopfbüchse. R Kolbenstange. STUW Parallelogramm. SO Balancier. P Pleuelstange. Q Kurbelzapfen. V Schwungrad. H Excentrik. H' Excentrikstange. G Schiebersteuerung. B Dampfrohr aus dem Kessel. C Drosselklappe. E Ventilkasten, Dampfbüchse. D Kugelregulator. aa Regulatorhebel. b Verschiebbare Hülse. I Kondensator. J Luftpumpe. K Kaltwasserbrause. N Saugrohr. M Speisepumpe.

Watt verdiente bei dem reichen Schatze seiner vielseitigen Kenntnisse nicht nur das Prädikat eines tiefen Gelehrten, sondern er war auch einer der liebenswürdigsten, gemüthreichsten Menschen. Die besten Männer suchten seinen bildenden und erhebenden Umgang, und das englische Volk ehrte ihn dadurch, daß es seine von Chatrey gearbeitete marmorne Bildsäule in der Westminsterabtei zu London, der Ruhmeshalle Englands, aufstellen ließ.

Nach der Zeit haben die Dampfmaschinen noch so vielfache einzelne Verbesserungen erfahren, daß wir nur das Wichtigere davon in weiteren Betracht ziehen können.

Vergleichen wir aber mit der alten Watt'schen Dampfmaschine (Fig. 503) eine neuere Konstruktion, wie sie uns etwa Fig. 506 zeigt, so werden wir zwar Manches eleganter angeordnet,

Manches auch einfacher ausgeführt, aber kaum eine wesentliche neue Erfindung an dieser Art Maschinen angebracht sehen. Doch haben die Grundprinzipien Erweiterung erfahren.

Man fand, daß der Dampf, unter größerem Drucke erzeugt, auch eine größere Expansionskraft annehme, die mit dem auf ihm lastenden Drucke zunehmend, auch bedeutendere Wirkungen hervorbringen könne. Bei den bis dahin gebräuchlichen Maschinen wirkte der bei einer Temperatur von 100°C. erzeugte Dampf auch nur mit dem Gewichte von ·1033 Gramm auf den Quadratcentimeter der Kolbenfläche, und wenn auch wol hier und da etwas mehr erreicht wurde, so war man doch immer genöthigt, da, wo man großer Effekte bedurfte, entweder sehr große Kolbenflächen, also auch sehr weite Cylinder oder mehrere Dampfmaschinen neben einander anzuwenden. Durch größere Belastung der Sicherheitsventile an dem Kessel konnte aber, je nachdem die Ventile auf den Quadratcentimeter mit 2, 3, 6, 8 u. s. w. Kg. belastet waren, Dampf von 2, 3, 6, 8 u. s. w. Atmosphären erzeugt werden. Dieser Dampf wirkte also auch mit demselben hohen Drucke auf den Kolben der Maschine, und so entstanden die Hochdruckdampfmaschinen, welche mit Kolben von verhältnißmäßig geringem Durchmesser sehr große Kraftwirkungen gestatten.

Fig. 507. Hochdruckmaschine mit liegendem Cylinder ohne Parallelogramm.

Nach der Größe des Dampfdruckes nennt man sie Maschinen von 2, 3, 6, 8 u. s w. Atmosphären. Die Hochdruckmaschine erfand Trevithick 1802, eingeführt wurde sie sehr bald darauf, besonders durch Humphry Edwards in Amerika. Arthur Woolf benutzte die Thatsache, daß der Hochdruckdampf mit einmaliger Wirkung noch nicht ausgenützt sei, sondern sich auch dann noch ausdehnen und, statt vorher mit z. B. 3—4 Atmosphären, immer noch mit 1—2 Atmosphären Kraft wirken könne. Er stellte daher neben den kleinen Cylinder der Hochdruckmaschine einen großen Niederdruckcylinder und leitete den abgenutzten Dampf von unterhalb des Kolbens des Hochdruckcylinders über den Kolben des Niederdruckcylinders und umgekehrt, wo jener seine volle Expansion ausübte und einen zweiten Effekt lieferte, ehe er in den Kondensator geführt wurde. Den Niederdrucks= (Expansions=) Cylinder umgab Woolf mit einem Mantel, in den auch Dampf geleitet ward, damit nicht etwa durch die Einwirkung der äußern Luft schon hier die Kondensation eintreten möge. Die Idee übrigens, den Dampf successive auf zwei Kolben wirken zu lassen, ist nicht von Woolf, sondern stammt von Hornblower, der dieselbe bereits 1792 in die Technik einführen wollte.

Einfacher war es jedoch, wie man sich in neuerer Zeit überzeugte, die Expansion bereits im Hauptcylinder eintreten zu lassen und den Expansionscylinder mit allen seinen Zuthaten zu beseitigen. Dies bewirkt man bei der jetzt sehr gewöhnlichen Expansionsmaschine dadurch, daß man den Zufluß des Dampfes nicht während des ganzen Kolbenhubes stattfinden läßt, sondern schon bei der Hälfte oder beim Drittel u. s. w. absperrt und es dann dem Dampfe anheimgiebt, durch seine Expansionskraft den Kolben seinen Lauf vollenden zu lassen, worauf der schon expandirte Dampf in den Kondensator geleitet wird. Dies sind die beständigen Expansionsmaschinen. Da aber in Fabriken auch Fälle eintreten, wo nicht alle Arbeitsbedürfnisse zugleich befriedigt werden, man also bisweilen weniger Kraft braucht, so erfand man die Maschine mit veränderlicher Expansion, in welcher die Absperrung des Dampfes nach Befinden augenblicklich bei jedem Bruchtheile des Kolbenlaufs stattfinden kann und man demnach die Größe des Dampfverbrauches stets in seiner Gewalt hat. Die Ersparniß an Brennmaterial, die dadurch erzielt wird, ist eine ganz enorme. In der neuesten Zeit läßt man die Maschine selbst die Stellung der Expansion, je nach der von ihr erlangten Kraft, verändern, so daß in dem Augenblicke, wo z. B. in einer Spinnerei eine Spinnmaschine ausgerückt wird, auch weniger Dampf verwendet wird, sobald aber die Maschine wieder einrückt, auch der Dampfzufluß zunimmt.

Der Bau der Hochdruckmaschine ist demnach, da Alles in Wegfall gekommen ist, was zur Verdichtung des Dampfes in einem besondern Gefäße und zur Zuführung des hierzu nöthigen kalten Wassers dient, noch einfacher, als wir ihn vorher kennen gelernt haben. Eine solche Vereinfachung wurde besonders bei der Lokomotive nöthig, die unmöglich noch Kondensationswasser mit sich führen konnte. Bei stehenden Maschinen dagegen kommt es auf die Umstände an, ob der Kondensator angewandt werden soll oder nicht, und bauliche Rücksichten können häufig zwingen, auf den Vortheil der Wiedergewinnung der im Dampfe steckenden latenten Wärme zu verzichten und besondere Maschinenkonstruktionen vorzuziehen, wie z. B. deren eine uns die Abbildung 507 vorführt.

Da bei den Hochdruckmaschinen der Dampf bei seinem Austritt die Luft verdrängen muß und dazu 1 Atmosphäre Kraft braucht, so folgt daraus, daß eine Maschine, die mit 4 Atmosphären Spannung arbeitet, nur eine Kraft von 3 Atmosphären entwickeln kann, während, wo ein Kondensator zulässig ist, auch diese letzte Atmosphäre großentheils noch nutzbar wird, indem hier der Widerstand der äußern Luft für den austretenden Dampf als kein besonders zu überwindendes Hinderniß auftritt.

Systeme. Wenn wir die unter dem Namen Dampfmaschinen aufgeführten Apparate klassifiziren wollen, so haben wir zunächst Maschinen mit und ohne Kolben zu unterscheiden. Die letzteren, zu denen die ältesten Erfindungen auf diesem Gebiete zählen, haben für die Praxis wenig Bedeutung erlangt. Erst die Einführung des Kolbens kennzeichnet den Punkt, von welchem an wir die Epoche der Dampfmaschine zu datiren haben.

Die Kolbenmaschinen sind wiederum zweierlei Art, die ältesten, atmosphärischen Maschinen (Papin, Newcomen und Watt) und die wirklichen Dampfmaschinen, bei welchen der Dampf den Kolben nach beiden Richtungen treibt.

Alle Maschinen, welche mit Dämpfen von mehr als atmosphärischer Spannung arbeiten, heißen Hochdruckmaschinen; sie brauchen keinen Kondensator, da das Entweichen des Dampfes durch den geringeren Druck der atmosphärischen Luft nicht wesentlich gehindert wird. Niederdruckmaschinen sind alle die, bei welchen Dämpfe von geringerer als atmosphärischer Spannung arbeiten können, weil auf die andere Seite des Kolbens nicht die atmosphärische Luft mit ihrem Drucke lastet, sondern vielmehr ein möglichst luftleerer Raum daselbst hergestellt wird, indem man die Dämpfe zu Wasser kondensirt.

Die wirklichen oder doppelt wirkenden Dampfmaschinen können mit Kondensation arbeiten oder ohne Kondensation, ebenso mit Expansion oder ohne Expansion, und es ergeben sich daraus vier verschiedene Gruppen:

a) mit Kondensation ohne Expansion,

b) mit Kondensation mit Expansion,

c) ohne Kondensation und ohne Expansion,

d) ohne Kondensation mit Expansion; ohne diejenigen Spielarten, welche sonst noch durch Weglassung oder Anbringung des Balanciers, durch feststehenden oder oscillirenden Cylinder u. s. w. hervorgebracht werden.

Zu den Maschinen mit Kondensation aber ohne Expansion gehört die Niederdruckmaschine von Watt, überhaupt die erste doppeltwirkende Maschine, und Fig. 503.

Zu Gruppe b, Maschinen mit Kondensation und mit Expansion, gehört die Woolf'sche
Maschine, nach der man jetzt gewöhnlich das ganze System das Woolf'sche nennt.

Die Maschinen ohne Kondensation und ohne Expansion (Gruppe c) haben in der
Papin'schen Idee ihren Ursprung — es sind die Hochdruckmaschinen, welche, wie schon
erwähnt, Leupold 1724 zuerst ausführte, Trevithick 1802 wesentlich verbesserte.

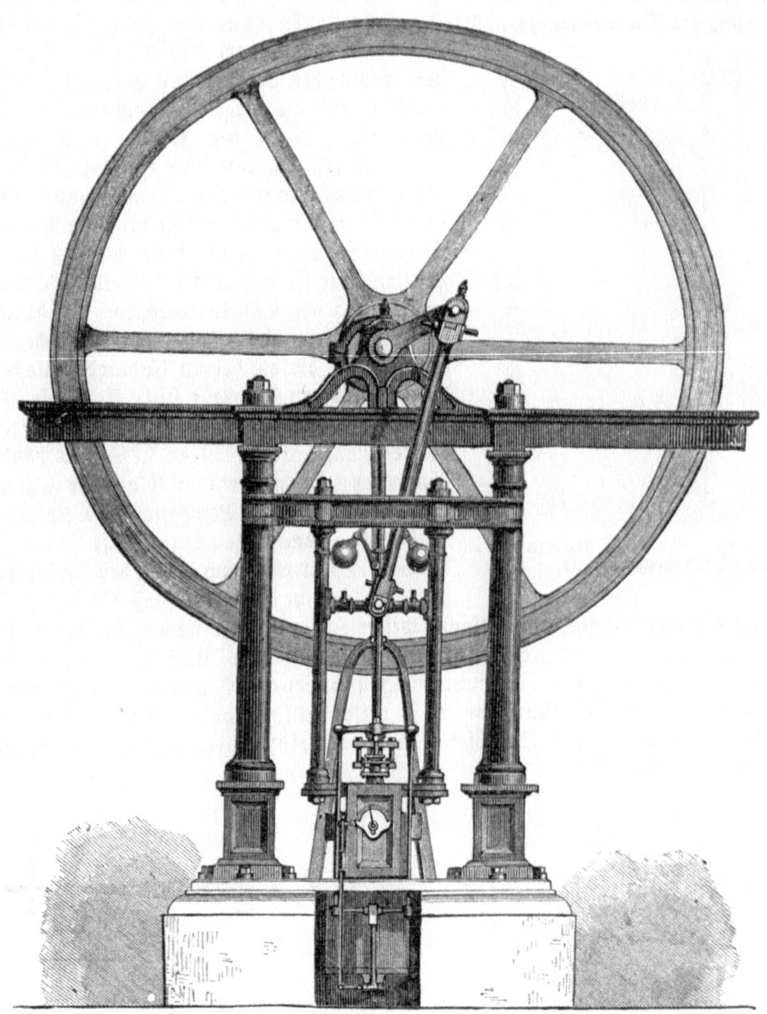

Fig. 508. Hochdruckmaschine.

Die Dampffteuerung. Der Schieber. Zweier wichtiger Bestandtheile der Dampfmaschine, des Parallelogramms und des Regulators, haben wir schon gedacht; es erübrigt aber
noch die Betrachtung der anderen Hülfsmechanismen, die zum Theil im Laufe der Zeit sehr
wesentliche Umänderungen erlitten haben. Vor allen Dingen mußte die Zu= und Ableitung
des Dampfes in den Cylinder der Niederdruckmaschine das Nachdenken der Maschinenbauer
beschäftigen. In den ersten Zeiten ließ man Ventile, klappen= und hahnförmige, besonders
den Vierweghahn, arbeiten, bis man endlich allgemein zu den jetzt gebräuchlichen Schieb=
ventilen überging. Ein solches Ventil ist ein gerader oder gekrümmter Riegel G (s. Fig. 509,)
der sich vor den beiden in den Cylinder führenden Dampfwegen H und I hin= und herschiebt.

Die Abbildung zeigt den Schieber erst in der einen, dann in der andern Stellung (s. Fig. 509). Durch jeden Vorbeigang wird, wie man sieht, ein Weg geöffnet, der andere geschlossen und hierdurch der Wechsel auf die einfachste Weise hergestellt. Der Schieber wird durch eine Stange EF dirigirt, die dampfdicht in den Dampfraum geführt ist und außen von der Maschine selbst ihre Hin= und Herbewegung erhält. Diese Vorrichtung heißt die Steuerung und der hart neben dem Cylinder liegende Hohlraum AB, in welchem der Schieber sein Spiel treibt, die Dampfbüchse oder der Schieberkasten. Der frische Dampf tritt durch

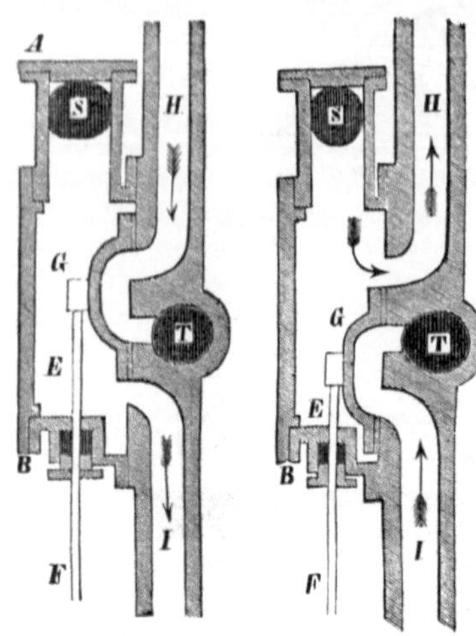

das Rohr S aus dem Kessel in den Schieberkasten, der verbrauchte verläßt den Cylinder durch T. Die zuerst gezeichnete Lage des Schiebers (s. Fig. 509) findet statt, wenn der Kolben im Cylinder seinen Tiefstand hat. Dann sind die Dampfwege I und H offen; durch I tritt neuer Dampf unter den Kolben und hebt ihn, durch H steigt der über ihm befindliche verbrauchte herab nach dem Ausfluß T. In der zweiten Lage (s. Fig. 510) sind alle Richtungen um= gekehrt und der Kolben wird von dem durch H über den Kolben tretenden Dampf wieder niederwärts ge= trieben. In diesen beiden Endlagen hält der Schie= ber einen kurzen Moment still. Ueber die Mittellage aber muß er möglichst rasch hinwegschreiten, denn bliebe er auf halbem Wege stehen, so wären beide Dampfwege sammt dem Ausblaserohr zu gleicher Zeit geschlossen und die Bewegung des Kolbens müßte aufhören. Ueber diesen Punkt hilft aber die Trägheit hinweg. Denkt man sich jedoch den Rücken des Schie= bers so weit verlängert, daß die beiden Schieber=

Fig. 509.   Fig. 510.
Theorie des Schieberventils.

platten um die Breite eines Dampflochs weiter aus einander stehen, so würden nicht blos zwei, sondern vier verschiedene Stellungen auf jedem Hin= und Hergange möglich. Die bei den Expansionsmaschinen in Anwendung gelangenden Schieber unterscheiden sich von den gewöhnlichen, von uns abgebildeten, in vielen Fällen nur durch eine mit der Kürze der Zeit — während welcher der Dampf frei unter den Kolben treten soll — wachsende Weite der beiden Schieberplatten

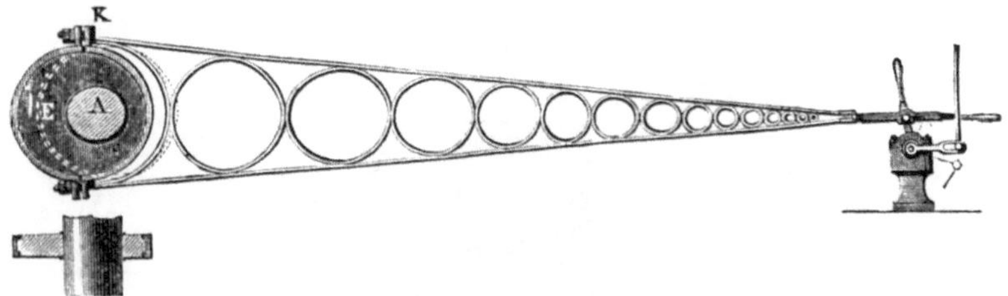

Fig. 511. Excentrik.

Excentrik. Die Steuerung wird also, wie man sieht, durch den Hin= und Hergang der Stange F (s. Fig. 509) bewirkt, und die Bewegung dieser letztern geschieht meistens von der Welle des Schwungrades aus vermittels des sogenannten Excentriks, von welchem wir in Fig. 511 eine Ansicht geben. Das Excentrik, ebenfalls eine Watt'sche Erfindung, besteht aus einer runden Scheibe E, die auf der Welle A so aufgesteckt ist, daß die Mittel= linie der letztern nicht gerade durch die Mitte der Scheibe, sondern in einiger Entfernung daneben vorbeigeht. Demnach steht auf der einen Seite der Welle ein breiteres Stück der Scheibe heraus als auf der entgegengesetzten. Die Scheibe wird von einem Ringe K umfaßt, der an dem Zuggestänge festsitzt und durch dieses mittels eines Winkelhebels den Schieber

in der Dampfbüchse in Bewegung setzt. Indem nämlich die excentrische Scheibe in dem
Innern des Ringes gleitet, drückt sie mit ihrer breiten Seite beständig auf einen andern
Punkt seines Umfanges und führt ihn somit in einem Kreise herum. Das Zuggestänge
muß sich daher ganz in derselben Art bewegen, als würde es von einer Kurbel getrieben,
deren Arm so lang wäre, wie der größte Abstand des Scheibenrandes von der Welle.
Wie man leicht sieht, bewirkt ein Auf= und Niedergang des Kolbens eine einmalige Um=
drehung des Schwungrades und diese wieder mittels des Excentriks einen Hin= und Her=
gang des Schiebers. Diese drei Bewegungen bedingen einander gegenseitig und erfolgen
demnach immer zu gleicher Zeit.

Haben wir uns die Wirkungsweise des Excentrik in seiner einfachsten Form klar
gemacht, so werden wir es leicht begreiflich finden, daß man der Scheibe auch andere
Formen geben kann, und daß sich dadurch im Verlaufe eines Umganges verschiedene Be=
schleunigungen, Verzögerungen und Stillstände des Schiebers erzeugen ließen, wenn die=
selben erwünscht wären. Die Zirkelform führt in der That den Uebelstand herbei, daß die
Schieber sich zu langsam schließen und in der Zwischenzeit demnach Kraft verloren geht.
Macht man aber, wie es oft geschieht, das Excentrik dreieckig mit gekrümmten Seiten und
läßt es sich in einer viereckigen Umfassung drehen, so wird der Schieber rascher zugestoßen
und es tritt zwischen jedem Hin= und Hergang ein kurzer Stillstand ein.
Soll die Maschine mit Expansion arbeiten, so hat man die Form des
Excentriks danach einzurichten, denn von dieser hängt, wie man sieht,
die Art und Weise ab, wie der Schieber seinen Weg macht, und von
dieser wieder die frühere oder spätere Dampfabsperrung. Das Ex=
pansions=Excentrik (s. Fig. 512) dreht sich zwischen zwei an dem Ge=
stänge sitzenden Friktionsrollen und hat eine unregelmäßig wellenförmige
Form, die sich nach den verschiedenen Absperrungsarten verschiedentlich
abwandelt und vermöge deren es dem Schieber bei jedem Umgange vier
von kurzen Stillständen unterbrochene Rückungen ertheilt, zwei in der
einen und zwei in der andern Richtung. Die erste Rückung von einem
Endpunkte aus schneidet den Dampf ab, während sie den jenseitigen
Abzugskanal noch offen läßt; die zweite vollendet den Wechsel und läßt
den Dampf von der andern Seite zutreten u. s. w.

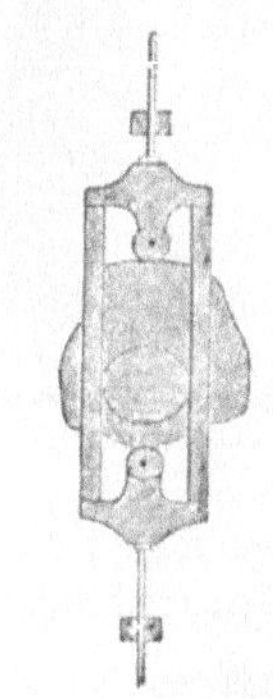

Fig. 512. Expansions=
Excentrik.

Die krückenförmigen Schieber erleiden eine der Dampfspannung
im Schieberkasten entsprechende Anpressung an ihre Gleitbahn, was einen Kraftverlust ver=
ursacht. Dieser Uebelstand ist beseitigt bei den sogenannten entlasteten Schiebern, welche
hohl und eine Art zweifächerige Kasten sind, durch welche der Dampf dergestalt ein= und
austritt, daß der Schieber einen zweiseitigen Druck vom ein= und austretenden Dampfe
erhält, daher ein Druck auf die Gleitbahn nicht stattfindet.

Komplizirter, aber ebenfalls viel in Anwendung, sind solche Steuerungen, wo zwei
Schieber mit einander arbeiten, deren jeder seine eigene, von der des anderen verschiedene
Bewegung hat. Der eine, der Vertheilungsschieber, besorgt dann nur das Einlassen
von Dampf oben und unten, während der andere, der Expansionsschieber, den Zufluß
zu dem ersten regulirt und periodisch ganz absperrt. Andere Einrichtungen bezwecken ferner,
die Dampfabsperrung selbst während des Ganges der Maschine zu verändern, indem durch
Drehen eines Hebels mit der Hand, oder auch selbstthätig durch Wirkung des Kugelregula=
tors, z. B. eine im Innern liegende, mit zwei Löchern versehene Schieberplatte so gerückt wird,
daß sie die beiden Dampfwege entweder ganz frei läßt oder mehr oder weniger schließt.

Auf die Vervollkommnung der Steuerung beziehen sich fast alle Erfindungen, welche
in der letzten Zeit zu Gunsten der Dampfmaschine gemacht worden sind. Sie sind oft sehr
scharfsinnig ausgedacht, wie dies die Corliß=Steuerung beweist, welche, in Amerika er=
funden, in den letzten zehn Jahren überall in Aufnahme gekommen ist; sie beruht aber
auch auf solchen Feinheiten, daß ihre detaillirte Beschreibung für unsern Rahmen zu viel
Raum beanspruchen würde.

Statt der Schieber findet sich zuweilen an der Watt'schen Maschine die sogenannte Kolbensteuerung angewendet, welche ganz so vertheilend wirkt, wie ein einfacher Schieber. Statt des Schieberkastens ist ein rundes Rohr vorhanden, in welchem die Steuerung

eine Stange auf- und niedertreibt, an der in gewisser Entfernung zwei dampfdichte Kolben sitzen, die sich vor den beiden zum und vom Cylinder führenden Dampfwegen vorbeischieben. Der Abstand der beiden Kolben beträgt aber gerade so viel als der der beiden Dampflöcher. Ist die Stange nach oben geschoben, so stehen beide Kolben über den Löchern und der Dampf hat Gelegenheit, oben ein-, unten auszutreten; durch das Niedergehen der Kolben werden die Verhältnisse umgekehrt. Das Ganze ist mit der Einrichtung des Pistons bei den Messinginstrumenten (s. Fig. 477) zu vergleichen.

Der **Balancier** ist, wie man am Dampfwagen und an der Maschine mit horizontalem Cylinder sieht, kein unbedingt nöthiges Stück an der Dampfmaschine; man kann die Kolbenstange auch direkt auf den Krummzapfen oder das Schwungrad wirken lassen. Da aber der Theil der Stange, welcher im Cylinder geht, nur einen geradlinigen Weg machen kann, während das andere Ende zugleich den Kurbelkreis mit durchlaufen muß, so folgt daraus, daß die Stange hier aus zwei Stücken zu bestehen hat, die durch ein Gelenk mit einander verbunden sind (s. Fig. 507). Ohne diese Einrichtung wäre offenbar keine Bewegungs-Uebertragung möglich, es müßte denn sein, daß der Dampfcylinder selbst so weit nachgäbe, als die Seitenabweichung der Stange, wenn sie nur aus einem Stück bestände, austrägt. Dieses Prinzip ist nun auch in Anwendung gekommen, und zwar in den sogenannten schwingenden (oscillirenden) Maschinen, welche sich wegen

Fig. 513. Oscillirender Cylinder.

ihres wenig Raum einnehmenden Baues besonders für Dampfschiffe eignen. Hierbei hängt der aufrechtstehende Cylinder A (s. Fig. 513) in seiner Mitte in zwei starken Zapfen, durch

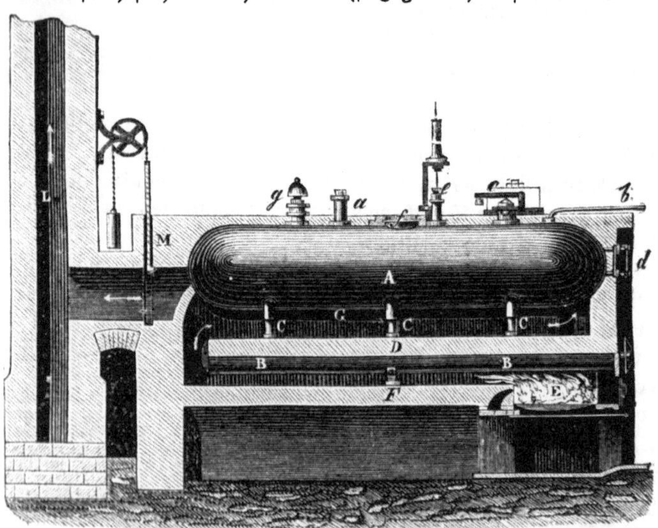

Fig. 514. Dampfkesselanlage für Hochdruckmaschine. Seitenansicht.

welche zugleich die Dampfwege hindurchgehen, und indem er der einfachen Kolbenstange die auf- und niedergehende Bewegung ertheilt, empfängt er von dieser selbst eine hin- und herwiegende, wie sie aus den Stellungen des Krummzapfens sich ergiebt. Es ist sonach die Aufgabe, welche Watt zu seinem Parallelogramm führte, hier noch in einer andern Weise gelöst, als in der in Fig. 507 abgebildeten Form.

Der **Dampfkessel** ist aber der wesentlichste Theil der ganzen Dampfmaschine. Er besitzt gewöhnlich eine verlängerte cylindrische Form, die an beiden Enden halbkugelig abgerundet ist. Um die Heizfläche zu vergrößern, sind häufig noch zwei bis drei sogenannte Siederöhren mit dem Hauptkörper verbunden, das sind Cylinder von kleinerem Durchmesser, welche im Feuerraum neben einander unterhalb des Kessels liegen und in diesen durch aufrechte kurze Röhrenstücke münden, oder aber der Feuerkanal ist in den inneren Raum des Cylinders gelegt; er bildet dann bisweilen auch nicht blos eine einzige Röhre, sondern ein ganzes Röhrensystem, und bei Lokomotiven steigt die Zahl dieser inneren Siederöhren bis auf 150. Eine der gewöhnlichsten Anordnungen der Dampfkesselanlage, wie sie für Hochdruckmaschinen ausgeführt wird, führen wir unseren Lesern in den Figuren 514 und 515 vor, von denen die erste eine Längenansicht, die zweite einen Querdurchschnitt giebt. In beiden ist A der Hauptkessel, BB sind die mit demselben durch die cylindrischen Röhrenstücke CC verbundenen Siederöhren; ein Gewölbe D scheidet den Feuerraum und zwingt die von E aus stechende Flamme, in der Richtung der Pfeile den Kessel zu umspülen. F sind gußeiserne Auflagerungen für die Siederöhren. M ist ein durch Gegengewichte stellbarer Schieber für die Regulirung des Zuges. Von den Bestandtheilen des Kessels selbst ist a das nach dem Schieberkasten führende Dampfrohr, b das Speiserohr, c das Sicherheitsventil, d das Manometer, e die Schwimmervorrichtung, g die Dampfpfeife, ein zweites Sicherheitsventil, und f das sogenannte Mannloch, eine 25—30 Centimeter im Geviert haltende, dicht verschließbare Oeffnung, durch welche ein Arbeiter in das Innere eines Kessels steigen kann, um diesen zu reinigen oder zu repariren. Der Schwimmer besteht am einfachsten aus einem auf dem Kesselwasser schwimmenden Holzklotz, von dem aus durch die obere Kesselwand ein metallener Stab geht; ein über eine Rolle geschlungenes Kettchen trägt ein Gegengewicht oder einen Zeiger, der an einer Skala den Wasserstand angiebt; wo es auf genaue Ermittelung desselben nicht ankommt, kann man sich auch mit zwei über einander angebrachten Probirhähnen begnügen. Die Manometer haben wir bereits früher (Seite 108 ff.) besprochen.

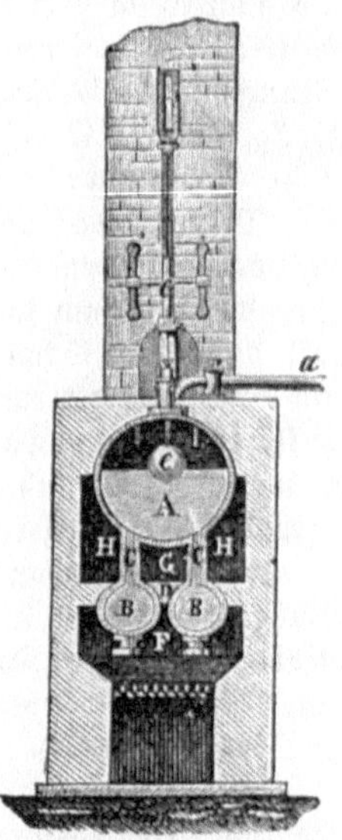

Fig. 515. Dampfkesselanlage für Hochdruckmaschinen. Querdurchschnitt.

Dagegen dürfte das Sicherheitsventil, jener für die Umgebung von Dampfkesseln so bedeutsame Apparat, eine kurze Erwähnung mit Recht beanspruchen. Man hat sehr verschiedene Mittel angewandt, um, wenn ja einmal die Spannung des Dampfes im Innern des Kessels jene Höhe erreichen sollte, für welche die Wände nur ungenügenden Widerstand zu leisten vermögen, alle Gefahren einer Explosion zu beseitigen und dem Dampfe sich selbst einen Ausgang verschaffen zu lassen. Namentlich ist man zu wiederholten Malen darauf zurückgekommen, in die obere Kesselwand Platten von eigenthümlichen Metalllegirungen einsetzen zu lassen, deren Schmelzpunkt man genau in der Weise reguliren konnte, daß sie eher zusammen schmelzen, als der Dampf die eisernen Kesselplatten zerdrücken kann. Indessen haben sich doch diese Vorrichtungen in praxi nicht so zweckmäßig erwiesen, als es scheinen möchte, und es bleibt das einfache Kegelventil, welches mit einem entsprechenden Gewicht von außen belastet und dadurch in eine genau anschließende Oeffnung gepreßt wird, das Sicherste, denn man hat es hier ganz in seiner Gewalt, jeden Augenblick durch Veränderung des Hebelarmes, an welchem das Gewicht wirkt, den Druck desselben den Umständen gemäß modifiziren zu können, und man wendet es daher auch jetzt fast ausschließlich an. Gerade die leichte Veränderbarkeit seines Widerstandes hat zwar mancherlei Bedenken erregt, die darin ihre Stütze suchen, daß der für das Leben Anderer so wichtige Apparat, einer leichtsinnigen Behandlung preisgegeben, seinem Zwecke ganz und gar verloren gehen kann. Allein verwirft man das Messer, weil damit schon Menschen getödtet worden sind? Uebrigens beseitigt kein Sicherheitsventil alle Gefahren, welche möglicher Weise bei einem Dampfkessel eintreten können. Kesselexplosionen entstehen namentlich durch das Bersten der sich aus den mineralischen Rückständen des verdampfenden Wassers absetzenden Schicht, des Kesselsteines, wodurch dann der unterhalb glühende Kesselboden mit dem zutretenden Wasser in

Berührung kommt und die Dampfentwicklung eine so plötzliche und ungeheuere wird, daß die Kesselwände den Druck nicht auszuhalten vermögen — sie treten ein trotz des Sicherheitsventils, und nur die ängstlichste Vorsicht, die gewissenhafteste Beobachtung aller Umstände und rechtzeitige Ergreifung von Gegenmaßregeln kann sie vermeiden. Nirgends ist mehr Gewissenhaftigkeit erforderlich, als wo sich der Mensch mit seinen schwachen Kräften zum Beherrscher eines Riesen aufwirft, wie der Dampf ist.

Wir versagen es uns ungern, an dieser Stelle die wichtigsten Formen zu besprechen, in denen die Dampfmaschine praktische Verwendung findet. Die Lokomotive und die Lokomobile werden wir im nächsten Kapitel zu betrachten Gelegenheit finden.

Die Konkurrenten der Dampfmaschine. Der gewaltige Umschwung, den die Benutzung des Dampfes und seiner Expansivkraft als Motor in allen Branchen des Lebens hervorgrrufen hat, beruht theilweise, wenn wir so sagen dürfen, auf der Konzentration der Kraft, daß auf einmal eine Arbeitsleistung ermöglicht wurde, die man vordem nur nach und nach in langem Zeitraume vorbereiten konnte und durch welche sich der mechanischen Kraft alle jene Riesenaufgaben, über die wir nicht mehr erstaunen, als lösbar und in ihrer Lösung sogar als Bedingung der Fortentwicklung aufstellten, theilweise aber auch auf der zweckmäßigeren Gewinnung der Kraft, auf der direkten Umsetzung der Wärme in mechanische Bewegung und damit auf der billigeren Krafterzeugung.

Trotzdem daß die besten Dampfmaschinen nur wenig mehr als 20 Prozent der von der verbrennenden Kohle gelieferten Wärme in Arbeitsleistung verwandeln, indem das fehlende Quantum theils mit dem entweichenden Wasserdampfe, theils mit der erhitzten Luft durch den Schornstein, theils geradezu als Wärme durch Ausstrahlung entweicht, also einen sehr geringen Nutzeffekt nur geben, ist derselbe im Verhältniß noch der billigste. Je kleiner aber die Dampfmaschinen ausgeführt werden sollen, um so mehr treten dann die an ihrer Leistung zehrenden Faktoren störend auf; das Anlagekapital verringert sich nicht entsprechend dem geringern Effekt, gewisse Einrichtungen, Bedienungen u. s. w. bleiben für jede Dampfmaschine, sie mag groß oder klein sein, in gleicher Weise nothwendig und vertheuern also den Effekt schwächerer Maschinen in unverhältnißmäßiger Weise. Außerdem ist die Anlage jeder Dampfmaschine wegen der Feuerungen, vorzüglich aber wegen der möglichen Kesselexplosionen, polizeilich derart beschränkt, daß die in Städten in dichtbevölkerten Häusern arbeitenden Handwerker an eine Benutzung derselben nur selten denken können.

Nun verlangen aber viele Gewerbe eine Kraftmaschine, deren Leistung zunächst nicht über die Arbeitsleistung weniger Menschen hinauszugehen braucht, die aber diesen Effekt billiger als jene hervorbringt, die ferner in ihrer äußeren Form mit einem möglichst geringen Raume sich begnügt, auf keinen Fall aber ausgedehnte Feuerungsanlagen, durch welche ihre Wirksamkeit auf einen nur schwierig zu verändernden Ort gebannt wird, nöthig macht, und die endlich ohne lange Vorbereitung rasch in Thätigkeit gesetzt werden kann, eben so rasch aber auch und ohne Arbeitsverlust ihre Bewegung unterbrechen läßt, wenn dieselbe nicht gebraucht wird. Daß ein möglichst geringes Anlagekapital eigentlich die allererste Bedingung einer allgemeinen Verbreitung derartiger Maschinen ist, versteht sich von selbst.

Man hoffte lange Zeit in der elektromagnetischen Kraftmaschine einen entsprechenden Motor sich erziehen zu können, allein wie wir früher gesehen haben, konnten sich diese Hoffnungen nicht realisiren. Immer und immer bleibt es die direkte Benutzung der ausdehnenden Wirkung der Wärme, welche die geringsten Verluste im Gefolge hat, und die Dampfmaschine würde unbestritten in erster Reihe geblieben sein, wenn nicht darin der auszudehnende Körper erst erzeugt werden müßte. Die große Wärmemenge aber, welche in dem Dampfe als latente Wärme mit verloren geht, ließ den Gedanken aufkommen, anstatt des Wasserdampfes einen andern gasförmigen Körper durch die Wärme auszudehnen und seine Expansion als Quelle mechanischer Kraft zu benutzen, der sich überall in luftförmigem Zustande vorfindet.

Dieser Gedanke war ein fruchtbarer, und er liegt sowol der Ericsson'schen sogenannten kalorischen wie auch der Lenoir'schen Knallgasmaschine zu Grunde. In beiden ist es die atmosphärische Luft, welche durch die Wärme ausgedehnt und infolge der dadurch erzeugten Spannung die Ursache der Bewegung eines in einem geschlossenen Cylinder verschiebbaren Kolbens wird; beide Maschinen führen also eigentlich falsche Namen. Denn eben so gut wie die Ericsson'sche ist die Lenoir'sche, ja jede Dampfmaschine, überhaupt jede Maschine, in welcher Wärme direkt in mechanische Kraft umgesetzt wird, eine kalorische Maschine; ferner ist die Lenoir'sche Maschine im Grunde auch keine Knallgasmaschine, denn das Gasgemenge, welches darin verbrannt wird, ist kein reines Knallgas. Beide Maschinen sammt ihren zahlreichen Abkömmlingen könnten unter dem Gesammtnamen Heißluftmaschine oder blos Luftmaschine, welche Bezeichnung man der Ericsson'schen zum Unterschiede von der Lenoir'schen fälschlicher Weise beilegen wollte, verstanden werden.

In der That beruht ihr prinzipieller Unterschied nur in der Anlage der Feuerung; bei der einen wird die Wärme durch Verbrennung von Kohle außerhalb des Cylinders, bei der andern dagegen durch Verbrennung eines brennbaren Gases innerhalb des Cylinders erzeugt. Die Verschiedenheiten in der praktischen Ausführung dagegen sind infolge dessen so bedeutend, daß jede Maschine für sich eine eigene Erfindung nöthig machte.

Die Gasmaschinen. Wenn man 8 Gewichtstheile Wasserstoff und 1 Gewichtstheil Sauerstoff oder 2 Volumentheile Wasserstoff und 1 Volumentheil Sauerstoff mit einander mischt, so erhält man Knallgas, so genannt von seiner Eigenschaft, bei Annäherung einer Flamme mit einem ungemeinen Knalle zu explodiren.

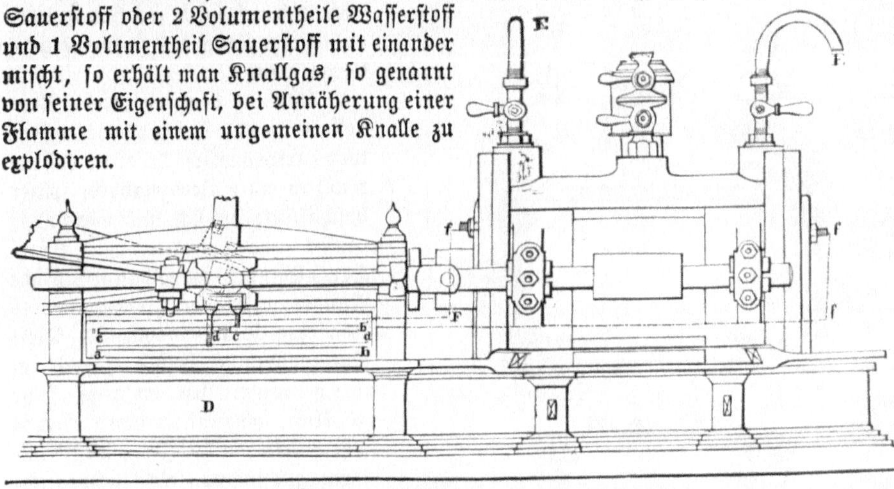

Fig. 516. Lenoir's Gasmaschine. Seitenansicht.

Die beiden Körper verbinden sich dabei plötzlich und auf einmal unter großer Hitzeentwicklung mit einander, und als Folge dieser Vereinigung entsteht Wasser, welches in dampfartiger Gestalt durch die dabei stattfindende bedeutende Temperaturerhöhung einen bei weitem größeren Raum einnimmt, als die Gase früher inne hatten. Durch die plötzliche Ausdehnung wird ein großer Druck geübt, der, wenn die Entzündung in einem geschlossenen Gefäße stattfindet, dasselbe mit Gewalt zerschmettern kann.

Wie man die Wirkung des Schießpulvers, mit welcher die Explosion des Knallgases am ehesten zu vergleichen ist, für die mechanische Arbeitsgewinnung nutzbar zu machen versucht hat, so kam man auch bald darauf, Maschinen konstruiren zu wollen, durch welche die bei der Explosion des Knallgases entstehende Kraft nach den Bedürfnissen der Mechanik passend umgesetzt werden sollte. Indessen hatten alle auf diesem Gebiete gemachten Versuche lange Zeit keinen Erfolg, hauptsächlich deshalb, weil man das Knallgas in reinem oder ziemlich reinem Zustande anwendete, in welchem es gar zu rasch verpuffte und durch die Gewaltsamkeit des Eintretens der Kraft die schädlichsten Einflüsse auf die Dauerhaftigkeit der Maschinentheile ausübte. Es galt daher zuerst die Wirkung zu verlangsamen, um einen ruhigen Gang des Kolbens zu ermöglichen, also eine Maschine zu erfinden, welche wie die Dampfmaschine mit Expansion ihren Effekt stufenweise ausübte.

Lenoir in Paris gelang es, diesen Anforderungen nahe zu genügen, indem er unter den Kolben nicht allein reines Knallgas leitete, sondern vielmehr ein Gemenge atmosphärischer Luft mit einer gewissen Quantität Leuchtgas. Das Leuchtgas ist Kohlenwasserstoff; im Verhältniß ungefähr von 3 : 1 mit Sauerstoff vermischt verpufft es, wie häufige Gasexplosionen gezeigt haben, mit großer Gewalt. Lenoir fand aber, daß für die Maschinenzwecke ein Gemenge von 91 bis 95 Theilen atmosphärischer Luft und nur 5—9 Theilen Leuchtgas die zweckmäßigste Zusammensetzung habe. Unter dem Kolben der Lenoir'schen Maschine erfolgt dann nämlich nicht eine Explosion in der Art, wie bei einem Gemenge von Sauerstoff und Wasserstoff, wodurch die Gase erst ungeheuer ausgedehnt, gleich darauf aber durch die eintretende Verdichtung auf einen fast verschwindenden Raum gebracht werden, sondern vielmehr nur eine plötzliche Verbrennung des Leuchtgases in Luft. Die Wärme, die dabei erzeugt wird, dehnt die gebildeten Verbrennungsprodukte: Wasserdampf und Kohlensäure, allerdings auch sehr rasch aus, da sie aber zugleich auf die überschüssig mit zugeführte Luft übergehen muß, so ist ihre Wirkung doch keine so momentane,

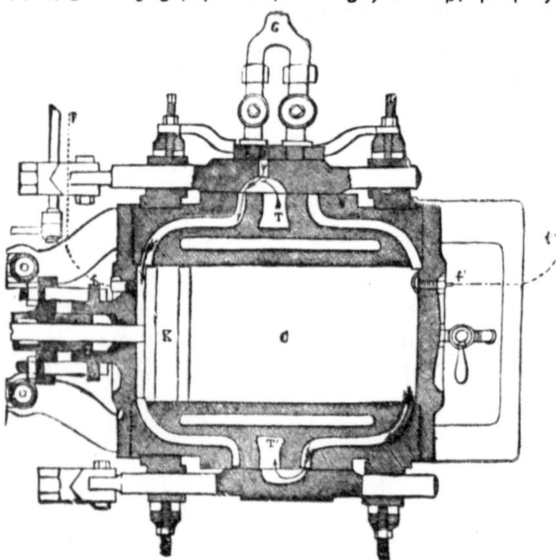

sie steigert sich vielmehr erst allmählich bis auf den höchsten Effekt, und dadurch wird ein bei weitem ruhigerer Gang des Kolbens hervorgerufen.

Lenoir, dem wir diese Verbesserungen des Prinzips verdanken, war ursprünglich Arbeiter (Monteur) in einer Bronzefabrik; später beschäftigte er sich mit Galvanoplastik und gründete mit einem Herrn Gautier eine galvanoplastische Anstalt unter der Firma Société Générale de Galvanoplastie. Diese Unternehmung konnte jedoch in ihrem materiellen Erfolge keine glückliche genannt werden, eben so wenig ließ ihn die Idee, den Elektromagnetismus als bewegende Kraft nutzbar zu machen, das vorgesteckte Ziel erreichen. Es mußte

Fig. 517. Lenoir's Gasmaschine. Horizontalburchschnitt.

ihm bald die Kostspieligkeit dieser Kraft als ein unüberwindliches Hinderniß sich in den Weg stellen; deshalb versuchte er statt des Elektromagnetismus die Explosivkraft des Knallgases als Motor zu benutzen, und diese Untersuchungen führten ihn endlich nach manchen mißlungenen Versuchen zu der glücklichen Idee der Anwendung eines Gemisches aus Leuchtgas und atmosphärischer Luft. Lenoir vereinigte sich mit dem Pariser Maschinenfabrikanten Hypolite Marinoni, welcher an der praktischen Lösung des Problems ein wesentliches Verdienst mit hat. Im Mai 1860 wurde die erste Lenoir'sche Maschine in der Rue Rousselet in der Werkstatt von Levèque aufgestellt.

Die Erfindung nahm rasch ihren Weg über die ganze civilisirte Welt. Für Spanien, Brasilien und die Havanna kaufte ein Herr Jean Poey in Madrid die Erfindung für 100,000 Francs; fast in allen Ländern sind Verbesserungen an der Lenoir'schen Maschine patentirt. Ein Beweis, daß dieselbe kein bloßes Spielzeug zur Aufstellung in einem physikalischen Kabinet mehr war, sondern daß in ihr die Befriedigung eines dringenden Bedürfnisses gegeben schien. Wir wollen ihre damalige Einrichtung etwas näher betrachten.

Unsere Zeichnungen stellen in Fig. 516 eine Lenoir'sche Maschine in Seitenansicht, in Fig. 517 einen Horizontallängen-Durchschnitt, in Fig. 518 einen Vertikaldurchschnitt dar, in der Mittellinie zwischen den beiden Zuleitungsröhren G genommen. Schon eine oberflächliche Betrachtung dieser Zeichnungen läßt uns als Hauptbestandtheile der Maschine jene Theile wiederfinden, die wir bereits von der Dampfmaschine her kennen. Ein Cylinder, in dessen Innern sich durch die Wirkung eines expandirenden Körpers ein Kolben bewegt; eine Steuerungsvorrichtung, durch welche die Bewegung des Kolbens umgesetzt wird; der bekannte Kurbelmechanismus endlich verwandelt die geradlinige Bewegung in die rotirende einer Hauptwelle, und diese setzt ein Schwungrad zur Hervorbringung einer möglichst gleichförmigen Bewegung in Umdrehung. Der horizontal liegende gußeiserne Cylinder ist in der Abbildung Fig. 517 mit C bezeichnet, darin bewegt sich der Kolben K. Derselbe steht durch die Kolbenstange mit der Pleuelstange und durch diese mit der Hauptkurbel in Verbindung, welche die vor- und rückwärts gehende Bewegung auf das in der Zeichnung weggelassene Schwungrad überträgt. Von der Kurbelwelle aus werden durch ein Excentril die beiden Schieber bewegt, welche an T und T' vorbeischleifen. Der eine, über T, ist dazu da, die durch den Aufgang des Kolbens eingesaugte atmosphärische Luft und das Leuchtgas zu vermischen und in den Cylinder zu führen, und hat zu diesem Zweck eine ganz besondere Einrichtung, auf die wir später zurückkommen; der andere Schieber, über T', regulirt den

Austritt der durch die Verbrennung des Leuchtgases gebildeten Verbrennungsprodukte (Wasserdampf und Kohlensäure) sowie des Restes der an der Verbrennung selbst nicht betheiligt gewesenen Luft, die durch ihre Expansion den Auftrieb des Kolbens hervorrief. Die Erwärmung im Innern des Cylinders ist ziemlich bedeutend; um daher die Wände des Kolbens abzukühlen, umgiebt denselben ein Mantel, welcher einen leeren Raum E E (s. Fig. 518) rings um den Cylinder bildet. In diesen fließt Wasser aus einem höher gelegenen Reservoir, in das die Maschine selbst die Hebung bewerkstelligt, durch das links am Cylinder befindliche Rohr E (s. Fig. 516) ein und durch das rechts sichtbare, ge

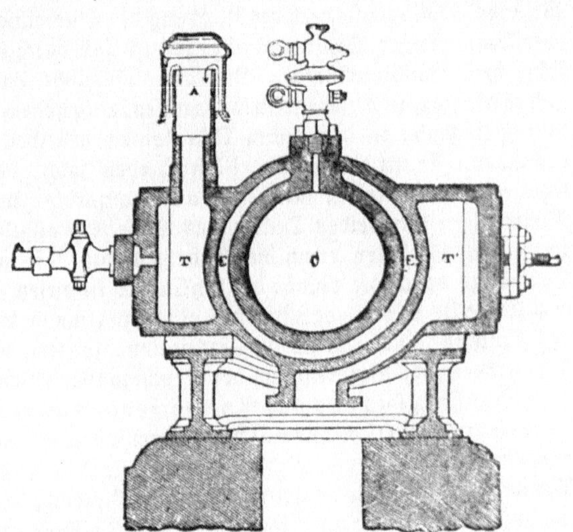

Fig. 518. Lenoir's Gasmaschine. Vertikaldurchschnitt.

bogene wieder ab, nachdem es dem Cylinder seine Wärme entzogen, und kann nun entweder zur Heizung von Räumlichkeiten oder sonstwie Verwendung finden.

Das Rohr, welches das Leuchtgas einführt, endigt in ein gabelförmiges Stück G. An jedem Zweige desselben hat es einen Hahn, und durch einen Gummischlauch ist es leicht mit jeder gewöhnlichen Gasleitungsröhre in Verbindung gesetzt. Durch den einen der beiden Hähne wird das Gas über, durch den andern unter den Cylinder geführt. Bei der in der Zeichnung (s. Fig. 517) abgebildeten Stellung des Schiebers kommt das Gas aus dem linken Schenkel von G, vereinigt sich in dem hohlen Raume T mit atmosphärischer Luft, welche durch A in Fig. 518 aufgesaugt wird, und tritt durch den Kanal hinter den Kolben. Hat der letztere eine genügende Menge Gas gesogen, so wird das Gasrohr sowol als das Luftzuleitungsrohr abgesperrt. In demselben Augenblicke muß der elektrische Funke über springen, damit nicht erst der Kolben unnöthige Arbeit durch die Verdünnung des Ge menges verrichte; andererseits aber auch, damit nicht ein Theil des expandirenden Gases noch Zeit und Raum finde, außerhalb des Cylinders zu treten, bevor es seine Kraft an den Kolben abgegeben hat. Der andere, auf uns zu liegende Schieber bleibt inzwischen unbewegt und läßt die von der letzten Explosion her vor dem Kolben noch befindlichen Verbrennungsprodukte ungehindert während des Rückganges des Kolbens durch den vor demselben befindlichen Kanal entweichen. Kurz vor Beendigung des Kolbenlaufes wird aber dieser Schieber umgesteuert, so daß er nun die anderen beiden Kanäle mit einander in Kommunikation setzt. Die jetzt noch vor dem Kolben befindlichen und durch das Umsteuern des Schiebers am Austreten verhinderten Verbrennungsprodukte werden vom Kolben komprimirt und wirken so als elastisches Kissen im Augenblick des Bewegungswechsels. Der andere, über T gleitende Schieber intermittirt in seiner Bewegung, sobald der linke Gaskanal abgeschlossen ist, und nimmt dieselbe erst wieder auf, wenn der vor T' liegende Schieber vollständig umgesteuert ist und der Kolben, einen neuen Lauf beginnend, den todten Punkt verläßt, indem er jetzt den rechtsliegenden Gaskanal mit dem entsprechenden Schenkel des Gaszuleitungsrohres in Verbindung setzt.

Der vor der Gaszuleitung G liegende Schieberkasten ist, wie wir schon erwähnten, auf eine eigenthümliche Weise eingerichtet, wodurch eine innige Vermengung des Leuchtgases mit der atmosphärischen Luft bezweckt wird. Er hat nämlich nicht blos eine einzige Durchbohrung, durch welche die Kommunikation mit den Gaszuleitern vermittelt wird, sondern statt deren bewegt sich vor den Gasröhren eine Art rechtwinkliger, hohlwandiger Messingplatte, welche nach der Richtung der Querachse mit mehreren Reihen kleiner Röhren oder kammartiger Spalten durchzogen ist und durch die das Gas in die nach dem Cylinder führenden Kanäle eintritt. Die atmosphärische Luft wird ebenfalls durch den hohlen Schieberkasten, und zwar mittels Kanälen, eingesogen, die, in der Längenachse des Schieberkastens liegend, in den beiden Querkanten desselben rechts und links einmünden und in den innern Raum des Cylinders durch eben solche kammartige Spalten ausmünden. Die letzteren kommuniziren mit den Gasleitungsröhrchen des Schieberkastens. Der erwähnte Kamm ist in den beiden Deckeln des Schiebers angebracht. Das Gas wird somit in fein zertheilten Strömen durch die Röhrchen, die Luft mittels der die Röhrchen umgebenden Hohlgänge durch die Wände des Cylinders in diesen eingeführt, so daß die unmittelbar bei dem Kontakte erfolgende Mischung eine ganz innige wird und durch die Entzündung mittels des Funkens keine stellenweise Detonation, sondern eine einfache, durch den ganzen Raum sich ausbreitende Verbrennung der Leuchtgaspartikelchen in atmosphärischer Luft stattfindet.

Die Entzündung des Gasgemenges geschieht durch den elektrischen Funken, der durch einen Induktionsapparat hervorgerufen wird. Der eine Pol der Batterie, welche durch zwei Bunsen'sche Elemente gebildet wird, steht in konstanter Verbindung mit dem Cylinder. Der andere Poldraht ist isolirt durch die Wandung des Cylinders hindurchgeführt und steht im Innern oberhalb und unterhalb des Kolbens dem Metall des Cylinders mit seiner Spitze gegenüber, so daß bei jedesmaliger Unterbrechung oder Schließung, durch welche ein Induktionsstrom erzeugt wird, dieser in einem Funken überspringt und das Gas entzündet. In den Figuren 516 und 517 sind durch die punktirten Linien ff' die Drahtleitungen, in Fig. 516 ist durch abcd der funkenerzeugende Apparat selbst angedeutet. Durch das Spiel des Kolbens wird die Unterbrechung des Stromes derart geregelt, daß der Funke allemal überspringt, wenn durch den Kolbenhub das nöthige Gasquantum aufgenommen ist, und zwar entsteht bei jeder Unterbrechung ein Funke auf beiden Seiten des Kolbens; derselbe springt auch von beiden Drahtenden auf den Cylinder über, gelangt aber nur abwechselnd einmal vor, das andere Mal hinter dem Kolben zur Wirkung, wo sich gerade explosives Gas je nach der Stellung des Eintrittschiebers befindet.

Der Gang der ganzen Maschine ist nun folgender. Zuerst ist es erforderlich, daß man die Schwungradwelle um ein Stück drehe, damit zunächst auf der einen Seite des Kolbens (in Fig. 517 auf der linken) Gas und Luft sich mischen und hinter den Kolben treten können. Das eingesaugte Gasgemenge wird, nachdem der Schieber die Zuführungsöffnung geschlossen hat, entzündet, und von jetzt an erfolgt erst die selbständige Bewegung der Maschine. Der Austrittschieber bleibt bis nahe an das Ende des Kolbenlaufs geöffnet, damit auf der rechten Seite des Kolbens die Luft, beziehentlich später die Verbrennungsgase zu entweichen vermögen. Bei allen darauf folgenden Kolbengängen wird das Einsaugen neuer Gasgemenge von selbst durch die forteilende Bewegung des Schwungrades besorgt.

In der Ingangsetzung der Maschine liegt freilich eine kleine Unbequemlichkeit. Es kann ferner allerdings auch nicht geleugnet werden, daß der Gang des Kolbens im ersten Augenblicke eine ganz besonders heftige Beschleunigung erfahren wird, die sich um so mehr bemerklich machen muß, je größer das zugeführte Quantum Leuchtgas ist, je mehr sich also das Gasgemenge in seiner Zusammensetzung dem Knallgase nähert. Indessen wird diesem nachtheiligen Stoßen abgeholfen durch das Schwungrad einestheils, dem man deswegen doch nicht, wie von mehreren Seiten gefürchtet wurde, übertrieben große Dimensionen zu geben braucht; anderntheils hat man es ganz in seiner Gewalt, den Gehalt an Leuchtgas zu vermindern, sobald die explosive Wirkung zu ruckweise wird.

Marinoni hat am Cylinder zwei Ventile angebracht, durch welche bei jedem Kolbenhube ein feiner Strahl erwärmtes Wasser in das Innere fällt; dasselbe wird sofort in Dampf verwandelt, welcher den Druck der ausgedehnten Gase erhöhen, ihre Expansion verlängern, einen Theil der Wärme binden und endlich mit dem Fette gleichsam als Schmiermittel zur Verminderung der Reibung innerhalb des Kolbens mit dienen soll. Die größten solcher Art konstruirten Maschinen repräsentirten 8 Pferdekräfte.

In der Lenoir'schen Maschine war vor allen Dingen der Entzündungsapparat einer Verbesserung fähig, da der elektrische Funke in der Praxis doch ein zu unsicherer Faktor war. Hugon beseitigte ihn denn auch, indem er die Entzündung des abwechselnd über und unter den Kolben geleiteten Gasgemenges durch kleine Gasflämmchen bewirkte, welche durch den Schieber übertragen werden. Der Schieber nämlich, welcher das Gasgemisch vertheilt, kommt mit seiner Durchbohrung einmal oberhalb, dann unterhalb des Kolbens vor feststehenden Gasflammen vorbei; sein Gasgehalt entzündet sich und hält hinreichend lange Flamme, um die Entzündung durch den Gaskanal in das Innere des Cylinders zu übertragen, nachdem nach außen zu der Abschluß vollzogen ist. Mit der Detonation verlischt natürlich auch das kleine bewegliche Flämmchen, das zunächst auf der entgegengesetzten Seite des Kolbens in ganz derselben Weise auftritt und seine Wirkung ausübt. Langen und Otto in Köln hatten diese Entzündungsart bei der Maschine, welche von ihnen auf der Pariser Ausstellung von 1867 die allgemeine Aufmerksamkeit erregte und seitens der Jury auch durch die große goldene Medaille ausgezeichnet wurde, mit einiger Vereinfachung beibehalten; im Uebrigen aber unterscheidet sich die Langen-Otto'sche atmosphärische Gaskraftmaschine von ihren Konkurrenten wesentlich. Das Gasgemenge, aus Leuchtgas und atmosphärischer Luft, wird von der Maschine bei jedem Kolbenhube selbst angesaugt und durch die uns bekannte Brennereinrichtung entzündet. Die Detonation treibt den Arbeitskolben gewaltsam in die Höhe, und zwar wird derselbe, welcher von ziemlicher Schwere ist, so weit durch seine lebendige Kraft emporgeschleudert, daß unter ihm Gasverdünnung und infolge dessen Abkühlung entsteht. Die atmosphärische Luft bekommt damit Ueberdruck, und dieser ist es, welcher im Verein mit dem Gewichte des Kolbens beim Herabgehen desselben zur Wirkung kommt. Beim Aufgange geht der Kolben leer, die Maschine ist somit in der That eine atmosphärische.

Die Beurtheilung des wirklichen Nutzeffektes der Gasmaschinen — das heißt das Verhältniß derjenigen Kraftmenge, welche man wirklich in mechanische Arbeit umsetzen kann, zu derjenigen Kraftmenge, welche theoretisch dem aufgewandten Brennmateriale entspricht — unterliegt sehr großen Schwierigkeiten. Jedenfalls sind die Gasmaschinen Motoren, welche dem Ziele einer möglichst vollständigen Verwandlung aller erzeugten Wärme in mechanische Kraft in ihrer jetzigen Einrichtung noch ferner stehen als unsere Dampfmaschinen, obwol bei diesen die latente Wärme des Wasserdampfes einen stehenden und nicht unbedeutenden Abbruch verursacht. Denn bei den Gasmaschinen geht ein Theil der Wärme verloren, indem sie sich nutzlos auf das Metall des Cylinders verbreitet und von hier aus nicht mehr zu Kraft gemacht werden kann; ein Theil der schon wirksamen Kraft geht verloren durch die Reibung und Stauchung der übertragenden Maschinentheile bei den gewaltsamen Explosionen, andere Abgänge werden bedingt durch die gegen Dampfmaschinen immerhin unvollkommene Dichtung; kurz es würde da, wo es darauf ankommt, aus einem bedeutenden

Kohlenquantum eine möglichst große Quantität mechanischer Kraft herauszuschlagen, das
Prinzip der Gasmaschinen nicht in Anwendung gebracht werden können. Nichtsdestoweniger
können dieselben bei zweckmäßiger Ausführung sehr wesentliche Vortheile insofern bieten,
als sie an Orten zur Aufstellung gelangen können, wo Dampfmaschinenanlagen polizeilich
nicht gestattet werden, oder wo der Kraftbedarf ein so geringer nur ist, daß die Dampf=
maschine mit ihrer komplizirten Anlage und kostspieligen Bedienung ein zu theurer Motor
sein würde. Die ganze Feuerung mit den dazu gehörigen Lagerräumen für das Brenn=
material, das Kesselhaus, die Esse, welche alle bei der Dampfmaschine nothwendig sind,
fallen bei der Gasmaschine weg, die Ausgaben für den Heizer werden erspart, denn die
ganze Bedienung beschränkt sich darauf, von Zeit zu Zeit die Schmiervorrichtungen zu
kontroliren, damit diese nicht versagen — das ist aber die Arbeit eines Kindes; das ganze
Raumbedürfniß für eine solche Maschine ist sehr gering; sie läßt sich fast in jedem Zimmer

aufstellen, sofort in Be=
trieb setzen und eben so
rasch wieder ausschalten,
ohne daß langes Vor=
heizen erforderlich wäre
und ein nicht unbeträcht=
licher Wärmeeffekt beim
Stehenbleiben verloren
ginge. — Innerhalb ge=
wisser Grenzen würden
diese nicht wegzuleug=
nenden Vortheile selbst
den Nachtheil eines noch
ziemlich geringen Nutz=
effektes zu überragen
im Stande sein, für
größere Kraftleistungen
dagegen werden sie der
Dampfmaschine kaum je
nennenswerthe Konkur=
renz machen können.
**Die kalorischen
oder Luftexpansions=
maschinen.** Der Erste,
welcher dem Projekte
nachging, anstatt der
Expansion des Dampfes

Fig. 519. Ericsson's Heißluftmaschine. Vorderansicht.

die Ausdehnung atmosphärischer Luft durch die Wärme als Triebkraft anzuwenden, dürfte
wol John Stirling in Glasgow gewesen sein. Derselbe setzte schon im Jahre 1827 eine
Luftexpansionsmaschine in Thätigkeit; einige Jahre später trat Ericsson mit seinen Vor=
schlägen heraus (1833). Beide Maschinen machten aber anfänglich kein großes Aufsehen,
weil sie den Ansprüchen nicht genügten, welche durch die Dampfmaschine schon längst be=
rechtigt waren. Später als jene Ingenieure soll noch der lauenburgische Amtmann Prehn
das Problem zu lösen versucht haben, er scheint aber auch keinen Erfolg gehabt zu haben.
Ericsson gab seine Bemühungen nicht auf. Er wandte sich nach Nordamerika, wo er
Kapitalisten für das Unternehmen zu interessiren wußte, seine neue Maschine als Schiffs=
beweger einzuführen. Mit einer rastlosen Thätigkeit, einem hellen, durchdringenden Ver=
stande, der die Achillesferse jeder Schwierigkeit bald entdeckt, und mit nie ersterbender
Energie arbeitete er an seinem Werke und es gelang ihm, 1848 die erste nach verbessertem
Systeme gebaute kalorische Maschine von 5 Pferdekräften aufzustellen; das Jahr darauf

erfolgte die Aufstellung einer zweiten von angeblich 60 Pferdekräften, und die große Londoner Ausstellung zeigte zum ersten Male in Europa 1851 eine solche Maschine in Betrieb.

Der Name kalorische Maschine ist nicht sehr glücklich gewählt, denn er bezeichnet nur einen Wärmeapparat, ein solcher würde aber, selbst wenn man mit der Benennung den Begriff einer Umwandlung von Wärme in mechanische Kraft verbinden wollte, auch jede Dampfmaschine und ebenso in gewissem Grade jede Knallgasmaschine sein. Besser schon ist der Ausdruck „Heißluftmaschine". Am geeignetsten aber dürfte es sein, für die Maschinen dieser Art den Namen „Luftexpansionsmaschinen" zu gebrauchen.

Am 15. Februar 1853 machte das erste Schiff, welches durch eine Heißluftmaschine bewegt wurde, der „Ericsson", seine Probefahrt nach Alexandria, dem Hafen von Washington. Das Schiff hatte eine Länge von 80 Meter, war 13 Meter breit und hatte 2200 Tonnen Gehalt.

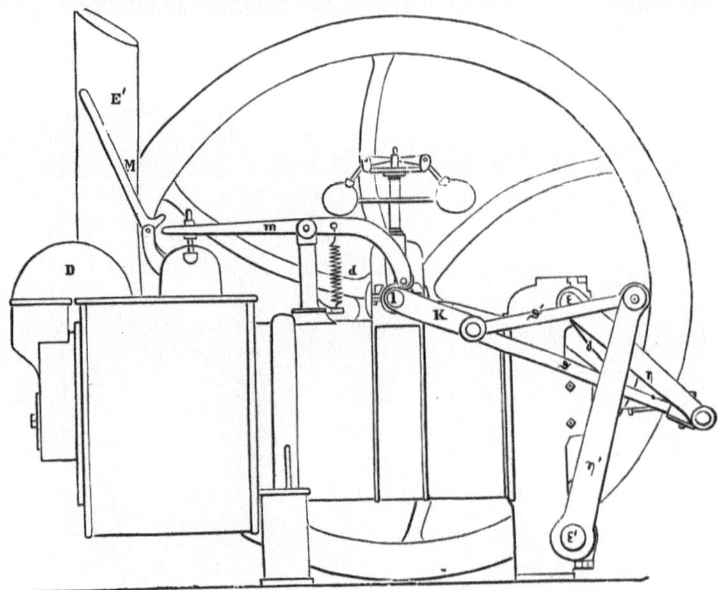

Fig. 520. Ericsson's Heißluftmaschine. Seitenansicht.

Die Schaufelräder waren 3 Meter breit, 10 Meter hoch und wurden von einer Maschine, angeblich von 600 Pferdekraft, in Bewegung gesetzt. Trotz der bedeutenden Kohlenersparniß (man wollte mit dem zehnten Theile desjenigen Kohlenquantums, welches eine gleich kräftige Dampfmaschine konsumirte, ausgekommen sein) und trotz der sehr günstigen Berichte, die allenthalben über den neuen Motor laut wurden, müssen aber doch die Vorrichtungen, wie sie damals angewandt wurden, nicht die geeigneten gewesen sein, denn der „Ericsson" wurde im folgenden Jahre wieder in ein gewöhnliches Dampfschiff umgewandelt. Mit diesem seinen Schicksal schien „Vergessen" das Los der Erfindung zu werden. Man hörte lange Zeit nichts mehr davon; im Stillen aber arbeitete Ericsson unausgesetzt an der Vervollkommnung seiner Erfindung, jetzt von dem richtigen Gedanken ausgehend, daß das Prinzip seine vortheilhafteste Anwendung auf Maschinen von geringerer Kraft finden dürfte. Die Maschine, welche unter seinem Namen zu Ende der funfziger Jahre die Aufmerksamkeit der ganzen Welt auf sich zog, war in der That eine neue Erfindung. Ihre Einrichtung beruht auf Folgendem.

Wird ein gewisses Quantum gewöhnlicher atmosphärischer Luft um 100° C. erwärmt, so dehnt es sich um mehr als den dritten Theil seines ursprünglichen Volumens (genauer $^{12}/_{30}$) aus, oder übt, wenn es diesem Expansionsbestreben nicht folgen kann, auf die umschließenden Wände einen entsprechenden Druck. Das gilt nicht etwa blos zwischen 0—100°, sondern darüber und darunter hinaus, überhaupt für jede Temperaturveränderung; und es ergiebt sich hieraus, daß die Luft bei einer Erwärmung um 272° C. sich auf das Doppelte, bei einer solchen um 544° auf das Dreifache ihres Volumens ausdehnen muß, daß also ihre Spannung, die bei gewöhnlicher Temperatur ungefähr 1 Kg. (1 Atmosphäre) auf den Quadratcentimeter beträgt, bei jenen höheren Hitzegraden 2 Kg. (2 Atmosphären), respektive 3 Kg. (3 Atmosphären) auf den Quadratcentimeter sein wird. Daß sich dies für die Bewegung eines Kolbens nutzbar machen lassen muß, folgt ohne Weiteres. Für die praktische Ausführung einer Luftexpansionsmaschine würde also zunächst nur die Bedingung Berücksichtigung verlangen, die Luft unter den Kolben immer in derselben Menge und von derselben Spannung treten zu lassen, sodann aber diesem Luftquantum auch jedesmal dieselbe Wärmemenge zuzuführen, es auf dieselbe Temperatur zu erhöhen, um einen gleichmäßigen Kolbenhub und damit einen regelmäßigen Gang der Maschine zu erreichen.

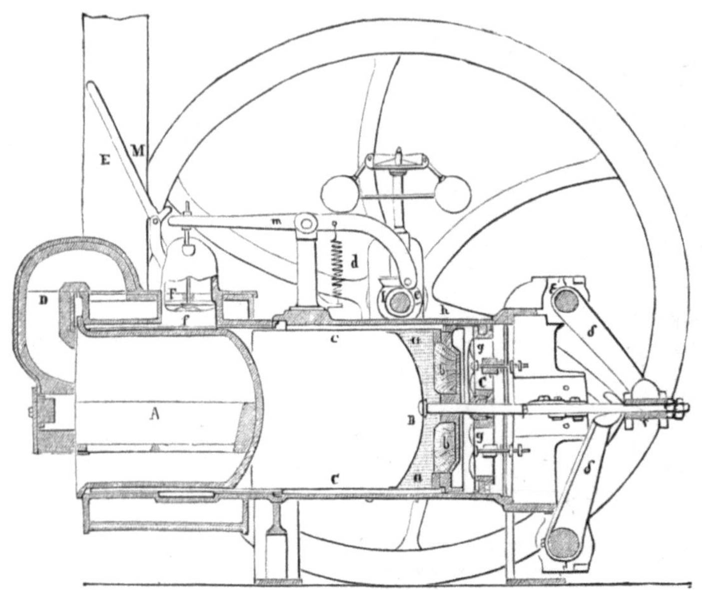

Fig. 521. Ericsson's Heißluftmaschine. Vertikaldurchschnitt.

Ihrer Ausführung nach ist die Ericsson'sche Maschine eine einfach wirkende, d. h. der Kolben wird nur in einer Richtung, vom Feuer abwärts, fortgetrieben, und der Rücklauf wird durch das ziemlich große Schwungrad bewirkt; es lassen sich indessen auch zwei Maschinen derart verbinden, daß sie abwechselnd ihren Antrieb auf eine Schwungradwelle abgeben. Der Cylinder ist, wie an den alten atmosphärischen Dampfmaschinen, am äußeren Ende offen und nur durch den arbeitenden Kolben geschlossen; am anderen Ende ist der Feuerraum A so an den Cylinder an= oder vielmehr eingebaut, wie es Fig. 521 im Längsdurchschnitt zeigt.

Es bildet sonach der Feuerraum einen walzenförmigen Körper mit zugerundetem Ende, und der gegenüberliegende Kolben B ist nicht nur in gleichem Sinne gewölbt, sondern tritt zu dem Hitzespender in noch nähere Berührung dadurch, daß ihm eine blecherne Hülse oder Stulpe c c' angesetzt ist, welche, wenn der Kolben am weitesten nach links gegangen, den Heizraum wie ein Mantel umfaßt und in dieser Lage eine Quantität Hitze aufnimmt. Die Feuergase steigen vom Roste durch den gekrümmten Zug D empor, umziehen den hinteren Theil des Cylinders und entweichen dann durch das Rohr E in den Schornstein.

Suchen wir uns deutlich zu machen, wie die Maschine arbeitet, d. h. wie sie vorn bei jedem Umschwunge des Schwungrades einen Schluck Luft faßt, dieselbe hierauf in den hinteren

Theil des Cylinders schiebt, wo sie sich an den heißen Flächen schnell erhitzt, ausdehnt und dadurch den Kolben einen neuen Impuls giebt. Den Kolben sagen wir, denn wir haben es hier in der That mit zwei solchen Körpern (B und C) und ihrem eigenthümlichen Spiel zu thun. In unserer Durchschnittszeichnung (s. Fig. 519) sehen wir beide Kolben in ihrer äußersten Stellung dicht bei einander; in ihrem Hin= und Herlauf aber, den jeder selbstständig für sich ausführt, ergeben sich mehrfach wechselnde Abstände, denn der äußere Kolben C, der sogenannte Arbeitskolben, bewegt sich weit langsamer und hat einen nur etwa halb so langen Weg zurückzulegen als der innere oder Speisekolben B; er setzt sich von der gezeichneten Endstellung aus einen Moment später als jener in Bewegung und kommt ebenso etwas früher wieder an. Der Zweck dieser Einrichtung ist, wie wir sehen werden, das Hineinschaffen der nöthigen Luft in den Cylinder. Der Speisekolben B dient aber, außer daß er die Wärme von dem Heizraume auf die eingesogene Luft überträgt, auch einem andern Zwecke: er soll nämlich den äußeren Kolben vor zu großer Erhitzung schützen, die seiner Dichtung schaden würde, und ist zu dem Ende mit einer die Wärme schlecht leitenden Füllung, Asche u. dergl., versehen (a a).

Mit der Außenseite steht der Speisekolben durch eine Kolben= stange β in Verbindung, welche in einer Stopfbüchse geht und unten durch den Arbeitskolben ins Freie tritt. Für den letztern Kolben sind demzu= folge zwei nebenstehende Stangen er= forderlich, welche rechts und links von der Stange des Speisekolbens liegen.

Damit nun die äußere Luft von rechts her bis zum Heizraume ge= langen könne, müssen in beiden Kol= ben Ventile vorhanden sein, die sich abwechselnd öffnen und schließen. Bei dem Arbeitskolben bestehen dieselben aus zwei nach innen schlagenden federnden Klappen g g; bei dem Speisekolben dagegen dient hierzu ein den Kolben nahe am hintern Ende reifenartig umgebender Stahlring.

Fig. 522. Johann Ericsson.

Dieser schleift mit seinem äußern Umfange an den Cylinderwänden immer luftdicht; aber er liegt lose in einer Nuth des Kolbens, die doppelt so breit ist, als seine Dicke beträgt, kann also zweierlei Lagen annehmen, je nachdem der Luftdruck auf der einen oder andern Seite überwiegt. Die Lage, wo er rechts anstößt, nimmt er an, sobald das Einrücken des Speisekolbens beginnt, und in dieser Lage dichtet er, d. h. er läßt keine Luft von links nach rechts treten, treibt vielmehr die vor ihm befindliche, schon in Arbeit gewesene durch das jetzt offene Auslaßventil F zum Cylinder hinaus; bei der Umkehr des Speisekolbens aber bleibt der Ring, da er nun einen Ueberdruck von rechts her erfährt, zurück und legt sich links an die Nuthwand. In dieser Stellung aber läßt er die Enden einer Anzahl kleiner Luftkanäle frei, die auf dem Umfange des Kolbens eingeschnitten sind, und es besteht nun zwischen beiden Partien des Cylinders so lange eine offene Verbindung, durch welche Luft von außen in den Innenraum des Speisekolbens tritt, bis der Speisekolben wieder ein= wärts rückt. In unserer Abbildung Fig. 519 ist die Nuth im Kolben unter h angedeutet. Gesetzt nun, es solle von der in der Zeichnung ersichtlichen Kolbenstellung aus ein neuer Umgang beginnen, so wird sich zunächst der Speisekolben nach links hin in Bewegung setzen, während der Arbeitskolben noch in seiner Lage verharrt; das Ringventil schließt sich; dadurch muß zwischen beiden Kolben ein luftverdünnter Raum entstehen, es öffnen sich alsbald die Klappen des äußeren Kolbens, und es strömt so lange Luft von außen ein, als der Abstand zwischen beiden Kolben sich vergrößert. Nunmehr rückt auch der Arbeitskolben fort und strebt seinen Vorgänger einzuholen. Durch sein Fortgehen schließen sich natürlich seine Luftklappen sofort, und die Luft vor ihm erfährt eine Kompression, die sich vermehrt, wenn kurz darauf der Speisekolben seinen Rückweg antritt. Die Folge davon ist das Offen= werden des Ringventils und das Ueberströmen der kalten Luft in den Heizraum. Trotz ihres kurzen Aufenthalts hier erhitzt sie sich an den glühenden Wandungen auf etwa 300° C., und die damit verknüpfte Ausdehnung ist die Kraft, welche die Kolben rasch nach dem äußeren Cylinderende hintreibt. Der jetzt offene Speisekolben hat bei diesem Heraustreiben weder etwas zu thun noch zu leiden; die Spannung setzt sich durch ihn hindurch bis zum Arbeitskolben fort, und dieser ist es, welcher den Antrieb empfängt. Schließlich gelangen die Kolben in ihre Anfangsstellung zurück, und ein Umgang des Schwungrades erfolgt, natürlich in kürzerer Zeit, als wir zur Beschreibung bedurften.

Der verschiedene Gang und Angriff der beiden Kolben hat seinen Grund in den Hebel= einrichtungen, durch welche jeder Kolben unabhängig vom andern mit der Kurbel der Trieb= welle zusammenhängt. Hierfür müssen wir auf das Detail der Zeichnungen verweisen, und damit der Leser sich die ruhenden Stücke um so leichter im Gange denken könne, was nach aufmerksamer Betrachtung nicht schwer ist, deuten wir die Wege an, auf welchen die Maschine abwechselnd neuen Antrieb erhält und Kraft zur Direktion der Kolben zurückgiebt. Für die Doppelstange nämlich, also für den Arbeitskolben, geht dieser Weg zunächst nach unten, indem von den Stangen die beiden Speichen δ'δ' in Hin= und Herbewegung gesetzt werden, welche Bewegung der auf derselben schwingenden Welle stehende längere Hebel η' mitzumachen hat. Vom Kopfe dieses Hebels endlich geht die Zugstange ϑ' nach dem Zapfen der Kurbel K. Dies ist die eigentliche Kraftleitung.

Eine ähnliche Einrichtung, natürlich mit nur einfachem Hebelstück δ, besteht für die mittlere Kolbenstange; hier liegt die schwingende Welle E oberhalb, ein Hebel η läuft von ihrem Außenende abwärts, und von dessen Ende geht die Zugstange ϑ an den Kurbelzapfen. Die verschiedene Länge der Hebel und Zugstangen ηϑ und η'ϑ' veranlaßt die ungleich= förmige Bewegung der Kolben. Zur Regelung des Ganges ist ein Kugelregulator vor= handen, der auf ein kleines Ventil wirkt, welches seinen Sitz oben im Cylinder zwischen den Kolben hat. Dasselbe soll etwas heiße Luft aus dem Cylinder lassen, wenn die Span= nung in demselben infolge zu starker Hitze zu groß wird. Der Hebel M dient zum Anhalten der Maschine, indem ein Druck auf denselben das Ventil F direkt öffnet.

Der interessanteste Theil der Ericsson'schen Erfindung ist ohne Zweifel die Kombination der beiden Kolben. Bei den früheren Maschinen war die unvollkommene Dichtung ein wesentlicher Mangel, bei der in unseren Zeichnungen dargestellten ist derselbe so ziem= lich beseitigt. Für die Dichtung des Arbeitskolbens reicht eine einfache Ledermanschette hin und als Schmiermittel genügt Talg, da die Erhitzung dieses Maschinentheiles eine ganz unwesentliche ist.

Was aber für die neue Maschine als eine Unvollkommenheit angesehen werden mußte, das war die Feuerungsanlage, welche eine genügende Ausnutzung des Brennmaterials nicht gestattete. Die Luft entweicht noch zu warm aus dem Innern, und wenn man sie auch nachträglich zum Heizen von Räumlichkeiten benutzen wollte, so ist doch damit nicht die zweckmäßigste Verwendung ihrer Wärme angedeutet, welche sie nur in der Maschine selbst finden kann. Dazu kommt, daß das Eisen, obwol man es zu seinem Schutze mit Lehm überstreicht, durch die Hitze eine ziemlich rasche Zerstörung erleidet; daß die trockene Luft auf das Material und damit auf die Dauerhaftigkeit des Speisekolbens einen nachtheiligen Einfluß ausübt; daß die Cylinder von einer ziemlichen Größe gebaut werden müssen, wo= durch die Dichtung viel schwieriger zu erhalten ist. so daß man lieber zwei Cylinder zu= sammen arbeiten läßt; daß der Schmierverbrauch ein sehr großer ist; endlich auch, daß die Maschine nicht ruhig genug arbeitet. Das Schlagen der Hebelwerke, vorzüglich das Oeffnen und Schließen des Ventils, verursachen großen Lärm und Erschütterungen, die für die

Umgebung sehr unbequem sind; man hat zwar das störende Geklapper durch geschickte Benutzung verschiedenartigen Metalles zur Herstellung der betreffenden Theile vermindert, allein im großen Ganzen blieben die Unvollkommenheiten der Ericsson'schen Maschine noch so laut sprechend, daß die Theilnahme des Publikums, welche sich den neuen Maschinen anfänglich so freudig zugewandt hatte, in Gefahr kam zu erkalten. In der ungeheuern Maschinengalerie auf der Weltausstellung von 1867 waren denn auch nicht mehr als fünf Heißluftmaschinen vertreten.

Indessen die Maschinentechniker waren nicht der Meinung, den interessanten Motor, welcher bei gelungener Ausführung in ganz allgemeine Aufnahme kommen mußte, ohne Weiteres aufzugeben, und im Laufe der letzten Jahre sind mancherlei Verbesserungen, theilweise ganz neue Konstruktionen aufgetaucht, welche das Problem zu lösen versuchen. So hat der Franzose Laubereau das Prinzip verfolgt, mit jedem Kolbenhube stets dieselbe Luftmenge in einem geschlossenen Cylinder zuerst zu erhitzen und darauf abzukühlen, ein Prinzip, welches wir in der später zu betrachtenden Lehmann'schen Luftexpansionsmaschine wieder finden werden. Roper, ein Amerikaner, erfand eine offene Maschine mit ge-schlossener innerer Feuerung. Eine Luftpumpe saugt möglichst kalte Luft auf und treibt sie unter den Kolben des Arbeitscylinders, wo sie mit der sonst abgeschlossenen Feuerung in direkte Berührung kommt und das Feuer unterhält. Aus dem Feuerungs-raume tritt sie mit den Verbrennungsgasen gemischt in den Betriebscylinder und wirkt hier zuerst durch Volldruck, dann aber auch durch Expansion auf den Kolben. Shaw hat einen Regenerator, den Ericsson schon eingeführt hatte, wieder aufgenommen. Derselbe besteht aus einer größeren Zahl vertikaler Röhren und hat den Zweck, die Wärme der mit jedem Hube austretenden heißen Luft möglichst zurückzuhalten und an die frisch zuströmende kalte Luft wieder abzugeben u. s. w.

Indessen haben alle die verschiedenen Konstruktionen, mit Ausnahme der Ericsson'schen und der Laubereau'schen, wenig oder keine Aufnahme gefunden. Dagegen schien der schon erwähnten Luftexpansionsmaschine von Lehmann ein günstiges Prognostikon gestellt zu sein. Dieselbe ist eine Maschine mit offener Feuerung und stützt sich insoweit auf Laubereau, als in ihr auch immer dieselbe Luftmenge abwechselnd durch Erhitzung und Abkühlung zur Wirkung kommt.

Dieser Wechsel der Temperatur oder der Dichtigkeit des inneren Luftquantums wird erzielt durch eine geistreiche Einrichtung im Innern des Cylinders, infolge deren die Luft alternirend in zwei, mit einander nur durch einen engen Verbindungskanal zusammen-hängende Räume, einen Erhitzungsraum und einen Kühlraum, gepreßt wird.

Der Cylinder ist von ziemlicher Länge und hinten durch den Feuerraum geschlossen, ähnlich wie bei der Ericsson'schen Maschine Fig. 519, vorn durch den Arbeitskolben, welcher ebenso entsprechend durch Hebel und Zugstangen mit der Welle des Schwungrades in Verbindung steht. Zwischen dem Arbeitskolben und dem Feuertopfe bewegt sich ein in allen seinen Theilen luftdicht genieteter Blechcylinder, der Verdränger oder Verthei-lungskolben, so genannt, weil er durch sein Vor= und Rückgehen die Luft beziehentlich in den hinteren, den Kühlraum, oder den vorderen, den Heizraum, preßt. Dieser Verdränger rollt auf einer losen Walze, welche in unserer Durchschnittszeichnung in ein besonderes, etwas tiefer gelegenes Bett angewiesen ist; er bewegt sich mit seiner Kolbenstange unab-hängig von dem Arbeitskolben, und zwar so, daß seine Kurbelbewegung derjenigen des Arbeitskolbens immer um 65° voraus eilt, so daß er während eines großen Theiles seiner Bewegung einen der Bewegung des Arbeitskolbens entgegengesetzten Lauf hat, infolge dessen er die größte Luftmenge in den Heizraum gerade zu der Zeit preßt, wo der Arbeits-kolben seinen tiefsten Stand hat. Die Ausdehnung, welche sie hier erfährt, treibt den Arbeitskolben nach vorn, zugleich aber vollbringt der Verdränger seinen Rückweg, und indem die erhitzte Luft in den Kühlraum gepreßt wird, verdichtet sie sich wieder und nimmt ein kleineres Volumen ein, wodurch der Druck der äußeren atmosphärischen Luft das Ueber-gewicht bekommt und den Arbeitskolben zum Rückgange zwingt. Es ist der Gang der beiden

Theile, des Verdrängers und des Arbeitskolbens, so abgemessen, daß die mittlere Dichtigkeit des gesammten unter dem Arbeitskolben befindlichen Luftquantums am geringsten ist, wenn derselbe seinen höchsten Stand eingenommen hat; am größten dagegen, wenn jener am tiefsten steht, und das ist in der Lehmann'schen Maschine bei einer Differenz der Kurbelstellung von 65° der Fall.

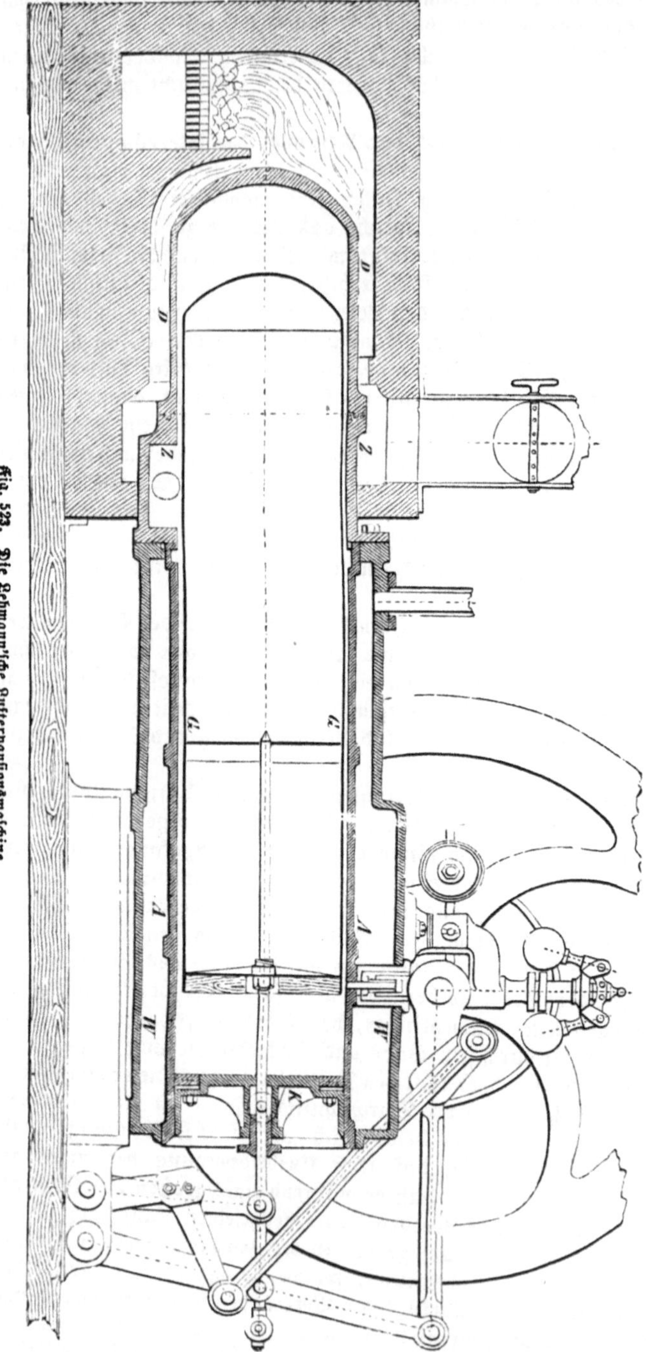

Fig. 523. Die Lehmann'sche Luftexpansionsmaschine.

In unserer Abbildung Fig. 523 ist A A der lange gußeiserne Cylinder; vorn wird derselbe von dem Mantel W W umschlossen, innerhalb dessen das Abkühlungswasser cirkulirt. Der hintere Theil Z Z geht in den gußeisernen Feuertopf D D über; K ist der Arbeitskolben, welcher den Cylinder nach vorn schließt und mittels Zugstangen und Göpel mit der Kurbel der Schwungradwelle in Verbindung steht. G G ist der Verdränger, ein langer, luftdicht genieteter Blechcylinder, welcher vorn mittels einer in einer Stopfbüchse durch den Arbeitskolben mitten hindurchgehenden Stange von der Kurbel des Schwungrades aus durch Hebel und Zugstangen seine Bewegung erhält.

Der Verdränger darf bei seinem großen Volumen doch kein großes Gewicht haben, weil er, nur an der Kolbenstange hängend, keine andere Führung hat als die schon erwähnte lose Rolle, und seine Bewegung doch möglichst wenig Wider-

stand und Reibung verursachen soll. Deswegen ist er als ein hohler Blechcylinder hergestellt. Es wird jedoch bei ihm der Umstand von der größten Wichtigkeit, daß die Vernietung überall

vollständig luftdicht abschließt; denn wäre dies nicht der Fall, so würden alle Spannungs-
differenzen, die durch die beiden verschieden kalten Räume hervorgerufen werden und zur
Wirkung auf den Arbeitskolben gelangen sollen, sich zunächst auch auf die Luftmasse im Innern
des Verdrängers erstrecken und nur in geringem Grade noch eine Reaktion auf diejenigen
Theile ausüben, welche die Kraft als Arbeit nutzbar machen sollen. Der Gang der Maschine würde ein matter, schleppender werden, und es ist daher nicht nur von vornherein
auf die gute Herstellung des Verdrängers Werth zu legen, sondern auch seiner Instand-
haltung immer gehörige Berücksichtigung zu schenken.

Wenn sich der Verdränger nach links bewegt, so treibt er die in dem Feuertopfe erhitzte und ausgedehnte Luft durch den engen Raum bei ZZ nach dem abgekühlten Raume
unter dem Arbeitskolben, hier verdichtet sie sich, der Arbeitskolben wird durch den atmosphärischen Ueberdruck hinabgepreßt. Mittlerweile aber hat der Verdränger schon seine
Bewegung nach rechts zu begonnen, er drängt die vorher abgekühlte Luft wieder zurück
in den Feuertopf, wo sie sich aufs Neue erhitzt und durch ihre Expansion den Arbeitskolben nach rechts hin aufwärts treibt. Der enge Kanal zwischen dem Heizraum und
dem Abkühlungsraum ist gewissermaßen die neutrale Zone; nach dem Arbeitskolben
hin wird der Raum durch das von der Maschine selbst stets frisch zugepumpte Kühl-
wasser kalt erhalten, in dem Feuertopfe herrscht eine hohe Temperatur. Die Uebelstände, welche diese mit sich führt, und die namentlich in der raschen Oxydation der
Kesselwände bestehen, sind schwierig zu umgehen; da man den Sauerstoff der Luft von
dem erhitzten Metall in keiner Weise ganz und gar abhalten kann. Der Arbeitskolben
jedoch kommt nur mit abgekühlter Luft in Berührung, und es unterliegt deshalb seine
Dichtung bei der Lehmann'schen Maschine weit weniger der Zerstörung als bei den übrigen
Heißluftmaschinen. Die Liderung des Arbeitskolbens ist übrigens insofern noch zu erwähnen, als sie nicht vollständig abschließend wirkt, sondern durch einen Lederflansch, der
nach innen zu schlägt, der atmosphärischen Luft den Eintritt gestattet, wenn beim Rückgange des Kolbens, der nur durch das Schwungrad bewirkt wird, der äußere Druck größer
sein sollte als der innere.

Unsere Leser werden sich selbst das Bild machen, daß mit den bis jetzt ausgeführten
Verbesserungen die Heißluftmaschine eben so wenig wie die Gasmaschine die höchste Stufe
der Vollkommenheit erreicht hat; immerhin sind aber gewisse Erfolge zu verzeichnen, die
hoffen lassen, daß vielleicht doch noch aus einer oder der andern dieser Maschinen ein geeigneter Motor für geringere Kraftbedürfnisse hervorgeht.

Dieser Gegenstand ist besonders für kleinere Ortschaften von Bedeutung, da sich in
großen Städten eher noch die Möglichkeit bietet, durch Assoziation einzelner kleiner Kraft-
konsumenten eine größere Kraftquelle, wie eine Dampfmaschine, rationell auszunutzen, die
städtische Wasserleitung als Betriebskraft zu benutzen oder durch Arbeitstheilung die Kraftbedürfnisse zu lokalisiren. In kleineren Orten, wohin sich naturgemäß wieder manche Industriezweige werden zurückziehen müssen, stehen derartige Aushülfsmittel aber nicht so
leicht zu Gebote; nichtsdestoweniger sind zu viele Vornahmen an die maschinistische Ausführung gebunden, für die als Betriebskraft dann nur die kostspielige menschliche Muskelkraft verwendet werden könnte, als daß der Wunsch nach einer Kraftmaschine von $1/4$ bis
3 Pferdekräfte verstummen sollte, wenn er auch nicht gleich seine gänzliche Erfüllung findet.

Nach dem Echter'schen Wandgemälde im Staatsbahnhof
zu München.

In solcher Fahrt ist eine Art
Von göttlicher Allgegenwart.
Auf welchem Punkt im Erdenrunde,
Wo willst du sein, zu welcher Stunde?

Setz ein, fahr zu, halt an, steig aus,
Steig wieder ein und sei zu Haus!
Du hast, was Monde sonst getrennt,
Wie Sonn' in einem Tag durchrennt.
Rückert.

Lokomotive und Lokomobile.

Geschichte des Dampfwagens. Die Lokomotive Cugnot's. Olivier Evans' Dampfwagen. Trevithik und Vivian's Versuche. Blenkinsop, Brunton u. s. w. Georg Stephenson und seine Lokomotiven auf der Stockton-Darlington- und der Liverpool-Manchester-Bahn. Der Sieg der Rakete. Spätere Vervollkommnungen. Engerth. Crampton. Fell u. s. w. Die maschinistische Einrichtung der Lokomotive. Die Lokomobile.

Wenn wir die Geschichte der Lokomotive, dieser jedenfalls interessantesten und auf die Umgestaltung aller modernen Verhältnisse einflußreichsten Form der Dampfmaschine, verfolgen, so müssen wir uns wundern, daß dieselbe in ihrer wirklich brauchbaren Gestalt nicht so gar weit zurückreicht. Selbstverständlich werden wir schon nicht über das Zeitalter der Dampfmaschine hinausgehen, wenn wir nach der Kindheit der Tochter fragen, aber wir müssen es doch merkwürdig finden, daß beispielsweise der Dampfwagen dem Dampfschiff gegenüber eine viel langsamere Entwicklung fand, die noch lange nicht abgeschlossen war, als bereits die von Dampf getriebenen Schaufelräder der Schiffe alle Wasserstraßen der Erde durchfurchten. Und doch sind die Lokomotiven viel weniger komplizirt in ihrer Einrichtung als die Dampfschiffe, welche für bei weitem längere Fahrten den Brennmaterialbedarf mit sich führen müssen, und denen also eine möglichst weitgetriebene Schonung des Heizmaterials zum ersten Gesetz wird, während die Lokomotiven nur auf sehr geringe Strecken ihre Brennstoffe mitzunehmen brauchen. Aber die Dampfschifffahrt wird durch den Umstand begünstigt, daß bei ihr feste Maschinen in Anwendung kommen können, während die Lokomotive nach verschiedenen Richtungen hin ganz neue Erfindungen verlangte. Auch konnte dann erst die Lokomotive vortheilhaft werden, nachdem der Verkehr sich so weit entwickelt hatte, daß sich die Anlage besonderer Eisenbahnen verlohnte, während das Dampfſchiff die Erfindung einer beſonderen und ſehr koſtbaren Fahrſtraße nicht verlangt, ſondern vielmehr auf jedem Fluſſe ſeine Wirkſamkeit beginnen kann. Indeſſen wollen wir chronologiſch den Gang verfolgen, den die Erfindung nahm.

Sehr bald, nachdem die praktiſche Anwendbarkeit der Dampfmaſchine bewieſen war, ging man auch darauf über, die neue Kraftäußerung auf die Fortbewegung von Wagen anzuwenden. Allein dieſem Gedanken ſtellten ſich in erſtem Anlaufe ganz unbeſiegbar erſcheinende Hinderniſſe entgegen. Die einzigen Dampfmaſchinen, welche man bis zu Anfange dieſes Jahrhunderts kannte, waren, wie wir wiſſen, ſolche mit Kondenſation. Nun konnte man aber nicht daran denken, dieſelben für die Fortbewegung von Menſchen und Gütern anzuwenden, weil zur Kondenſirung der Dämpfe ein großes Waſſerquantum verlangt wurde, welches mit fortzuſchaffen viel zu viel Kraft beanſpruchte. Dieſem Uebelſtande vermochte man erſt zu begegnen, nachdem die Hochdruckmaſchine erfunden worden war. Die Beſchaffenheit der gewöhnlichen Straßen, für welche alle Lokomotiven Anfangs projektirt wurden, war ein zweites Hinderniß. Dieſe Wahrheiten waren jedoch nicht von vornherein ſo klar erkannt, daß nicht einige Mechaniker ſich trotzdem mit der Idee beſchäftigt hätten, die Zugkraft der Pferde durch die Expanſionskraft des Dampfes zu erſetzen. So erwähnt man unter Anderem, daß bereits 1759 ein Zögling der Univerſität Glasgow, der ſpätere Dr. Robinſon, die Abſicht ausſprach, den Dampf zum Drehen von Wagenrädern zu benutzen. Der erſte Mechaniker aber, der dieſelbe Abſicht ausführte, ſcheint der Franzoſe Cugnot geweſen zu ſein.

Joſeph Cugnot, zu Void in Lothringen am 27. September 1725 geboren, hatte in ſeiner Jugend in Deutſchland als Ingenieur gearbeitet, ging dann in die Niederlande und beſchäftigte ſich namentlich in Brüſſel mit der Löſung der Aufgabe, die Beförderung von Kriegsmaterial durch Dampf zu bewerkſtelligen. Im Jahre 1763 ging er nach Paris zurück, wo er ſeine Verſuche fortſetzte und 1769 das Modell eines Dampfwagens konſtruirte, welches dem bekannten Artillerie=Ingenieur Gribeauval zur Prüfung vorgelegt wurde. Dieſer Dampfwagen von Cugnot wurde durch eine Maſchine in Bewegung geſetzt, welche der Hauptſache nach aus zwei bronzenen Cylindern beſtand. In dieſe vertikalſtehenden Cylinder trat der Dampf aus dem Keſſel mittels einer Röhre; außer der Kommunikation mit dem Keſſel beſtand für die Cylinder noch eine zweite mit der freien Luft, um den Dampf zu entlaſſen, wenn er ſeinen Effekt ausgeübt hatte. Der Dampfkeſſel, am Vordertheile des Wagens angebracht, hatte die Form eines abgeplatteten Sphäroids, der Feuerraum befand ſich in ſeinem untern Theile. Der Wagen hatte drei Räder, deren hinterſte beiden bloße Laufräder waren, indem nur auf das vorderſte die Dampfkraft wirkte. Um aber mehr Angriff auf dem Boden zu haben, war dieſes Triebrad mit einem ſtarkgerieften eiſernen Reif umgeben. An der Kolbenſtange, welche nach unten zu aus jedem der Cylinder herausragte, ſaß die Kurbel. Der Kolben wirkte nur durch einfachen Effekt; war er durch die Spannung des Dampfes auf ſeinen tiefſten Stand herabgetrieben, ſo wurde die Kommunikation mit dem Keſſel unterbrochen, dagegen das Ventil nach außen zu geöffnet, ſo daß der Dampf ausſtrömen konnte, worauf die nun durch den Niedergang des zweiten Kolbens eintretende Kurbelbewegung den erſten Kolben wieder auf ſeinen höchſten Stand zurückführte. Das Vordertheil des Vehikels war drehbar und das Ganze ſo lenkbar, wie ein gewöhnlicher von Pferden gezogener Wagen. Die Geſchwindigkeit betrug 4 Kilometer die Stunde.

Die Cugnot'ſche Lokomotive war nun zwar eine Hochdruckmaſchine — aber ſie war an ſich immer noch viel zu unvollkommen, als daß ihre Anwendung Ausſicht auf Erfolg hätte haben können. Mußte doch Cugnot, um nur eins zu erwähnen, zur Speiſung des Keſſels alle Viertelſtunden neues Waſſer einnehmen. Eine Regulirung der Kraft war faſt gar nicht möglich, und die undirigirbare Gewalt der Maſchine wurde denn auch ihr Verderben. Bei einer Probefahrt rannte der Apparat gegen eine Mauer des Arſenals, die er zertrümmerte; darauf wurde er zurückgeſtellt und befindet ſich jetzt noch im Conservatoire des arts et métiers. Cugnot erhielt eine kleine Penſion, welche ihm, als ſie ihm die Revolution genommen hatte, Napoleon wieder zahlen ließ. Im Jahre 1804 und im Alter von 79 Jahren ſtarb dieſer erſte wirkliche Lokomotivenbauer.

Der üble Erfolg, den der Cugnot'sche Dampfwagen davon getragen hatte, hielt die Mechaniker ab, sich vor der Hand weiter mit dem Gegenstande zu beschäftigen, und für Europa vergingen volle 30 Jahre, während deren für die Lösung des Problems gar nichts gethan wurde. James Watt spricht zwar in einem seiner Patente (1784) ebenfalls den Gedanken aus, einen Wagen durch eine Dampfmaschine ohne Kondensation zu bewegen, und Symington und Murdoch, welche mit Watt zusammen arbeiteten, versuchten sich an der Ausführung, die Sache hatte aber keine weitere Folge; das Bedürfniß sprach noch nicht lebhaft genug.

Fig. 595. Der Dampfwagen Cugnot's (Paris 1769).

In Amerika dagegen kam 1786 Olivier Evans beim Kongreß des Staates Pennsylvanien um zwei Patente ein, von denen sich das eine auf eine Mühle, das andere auf einen Dampfwagen bezog — das erstere wurde anstandslos ertheilt, bezüglich des zweiten schüttelte man jedoch die Köpfe und zweifelte an der gesunden Vernunft des Patentsuchers. Zehn Jahre später ging Evans mit demselben Gesuch an den Kongreß von Maryland; hier erlangte er zwar das nachgesuchte Privilegium, aber mit einer so mißtrauischen Kritik, daß darauf hin keine Kapitalisten gefunden werden konnten, welche die Ausführung ermöglicht hätten. Evans wandte sich infolge dessen mit seiner Maschine nach London, in der Hoffnung, hier Glauben und Geld zu finden — ebenfalls umsonst. Indessen hatte er um 1800 so viel Mittel sich selbst verschafft, um an den Bau eines Dampfwagens gehen zu können. In Philadelphia, wo er wieder auftrat, beschäftigte man sich jetzt zwar viel mit seinem Unternehmen, aber immer nur, um dasselbe lächerlich zu machen. Nichtsdestoweniger setzte es Evans mit aller Anstrengung durch, daß er Ende des Jahres 1800 mit seiner Lokomotive «Oructer Amphibolus» durch die Straßen der genannten Stadt fuhr.

Obwol nun der Augenschein lehrte, daß von Seite der Technik die Ausführbarkeit gesichert sei, war der wirkliche Erfolg dennoch für Evans gleich Null. Niemand wollte das Risiko an einem so unerhörten Dinge theilen, und anstatt eine Lokomotivbauanstalt in großem Maßstabe errichten zu können, wie er geträumt hatte, mußte Evans wieder anfangen, seine gewöhnlichen Dampfmaschinen zu bauen. Indessen blieb die Beschäftigung mit dem Dampfwagen insofern von Einfluß für ihn, daß er von jetzt ab sich ausschließlich der Vervollkommnung der Hochdruck-Dampfmaschinen widmete.

Evans starb 1819, nachdem er noch den Kummer erlebt hatte, seine Werkstätten in Pittsburg verbrennen zu sehen. Seine Ideen aber waren nicht ganz fruchtlos geblieben. Zwei Mechaniker, Richard Trevithick, Ingenieur in den Bergwerken von Cornwall, und Andrew Vivian, welche nach Evans' Prinzipien Hochdruckdampfmaschinen bauten, sahen die Vortheile ein, welche die Anwendung dieser Art von Dampfmaschinen als Motor von Wagen zur Beförderung von Lasten bieten mußte. Sie erfanden eine Lokomotive und nahmen (1802) ein Patent auf eine „Dampfmaschine zum Fortbewegen von Wagen". Der Trevithick-Vi-

Fig. 526.	Dampfwagen konstruirt von Trevithick und Vivian (1801).

vian'sche Dampfwagen (s. Fig. 526) ähnelte in seiner äußern Form sehr den Diligencen, wie sie zu damaliger Zeit auf den Straßen gefahren wurden. Zwischen den hohen Rädern befand sich ein breiter, fester, eiserner Rahmen auf den Radachsen befestigt. Dieser Rahmen trug den Dampfkessel A, welcher von einer Feuerröhre B durchzogen war. Aus dem obern Theile des Kessels wurde der Dampf durch ein Rohr in den Cylinder geleitet, wo er dem Kolben seine Bewegung mittheilte, die sich mittels Pleuelstange, Kurbel und Zahnräder auf die Achse mit den beiden Triebrädern K übertrug. Vorn befand sich ein einzelnes Rad, welches zum Lenken diente.

So inventiös die Anordnung der einzelnen Theile dieses Mechanismus war, so konnte derselbe eine allgemeinere Aufnahme doch nicht finden, zunächst schon aus dem Grunde, weil die große Reibung der gewöhnlichen Straßen ein zu beträchtliches Hinderniß für die Entwicklung einer irgendwie namhaften Zugkraft blieb. Aber auch aus anderen Gründen erwiesen sich die chaussirten Wege für den Dampfwagen als untauglich; vor Allem waren sie nicht widerstandskräftig genug und gestatteten auch keinen ganz ruhigen Gang. Die beiden Erfinder indessen ließen die Hoffnung nicht sinken.

Was auf den gewöhnlichen Straßen nur schwierig ging, konnte auf den Eisenbahnen, wie sie in den englischen Kohlenwerken in Gebrauch waren, ein sehr viel leichteres Fortkommen finden. Sie suchten nach und erlangten im März 1802 ein Privileg auf ihren

Damfwagen für Schienengleise. Der weiteren Verfolgung dieser sehr richtigen Idee stellte sich aber bald wieder das gerade entgegengesetzte Vorurtheil entgegen. Obwol die Reibung auf den gewöhnlichen Straßen sich bei dem großen Gewicht des Dampfwagens thatsächlich als zu groß und kaum zu besiegen erwiesen hatte, sollten nach der Meinung der Fach= männer, welche die Theilnahme des Publikums bestimmten, jetzt auf einmal die Schienen= gleise zu glatt sein, zu wenig Reibung, zu wenig Halt für die drehenden Räder bieten,

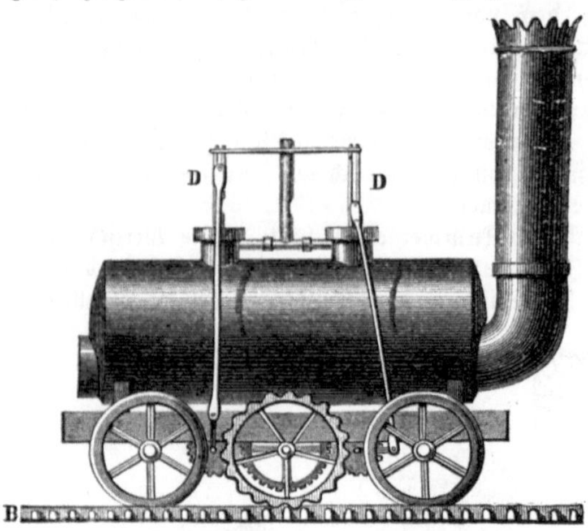

Fig. 527. Lokomotive von Blenkinsop (1811).

wenn den letzteren zugemuthet würde, eine einigermaßen erhebliche Last zu ziehen. Unter diesem Vorurtheile siechte die Erfindung lange, denn man be= mühte sich jetzt, nachdem man sich doch anderwärts von den Vorzügen der Schienenbahn überzeugt hatte, durch allerhand Vorrichtungen einem Uebel= stande zu begegnen, den man sich gleich= wol nur einbildete. Alle Welt war fest überzeugt, daß die Reibung auf den Schienen vermehrt werden müsse, ohne nur erst die Thatsachen zu prüfen und zu untersuchen, ob überhaupt ein zu geringer Widerstand vorhanden sei. Trevithick selbst baute unter dem Ein= drucke dieser Ansicht eine Bahn, auf welcher er, um den Angriff zu ver=

stärken, die Köpfe starker eiserner Nägel herausstehen ließ, welche in Vertiefungen am Um= fange der Radkränze eingreifen und letztere vor dem Herabgleiten schützen sollten.

Die Lokomotive von Blenkinsop, welche derselbe 1811 für die Eisenbahn Middleton= Leeds konstruirte, hatte zum eigentlichen Triebrade ein gezähntes Rad, welches in ein gleichfalls gezähntes Gleis eingriff. Die übrigen vier Räder dienten blos als Laufräder.

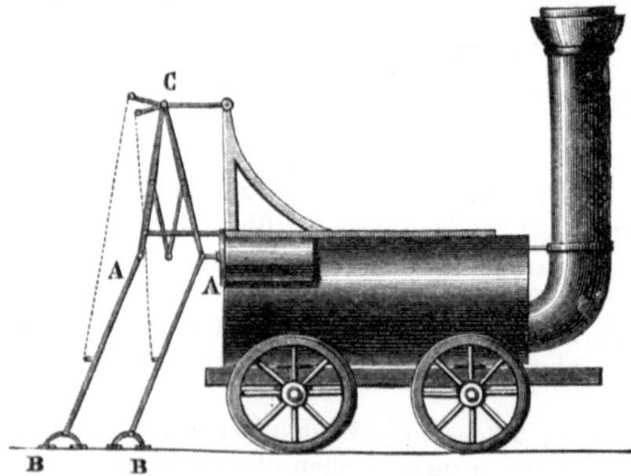

Fig. 528. Lokomotive von Brunton (1813).

Chapmann ging von einem andern Prinzip aus; er brachte (1812) längs der ganzen Bahn eine Kette an, die an beiden Endpunkten festgemacht und um eine unter der Maschine befindliche Rolle geschlungen war, wie es bei der Kettenschleppschiffahrt noch in An= wendung ist. Brunton gab (1813) seiner Maschine gar Schubstangen, A A (s. Fig. 528), welche durch die Dampf= kolben bewegt, wie die Beine des Pferdes, oder wie die Staken der Schiffer, den Körper vorwärts stoßen sollten. Alle diese nutzlosen Vorrich= tungen komplizirten die Maschine zu sehr und setzten sie häufigen Ver=

letzungen aus. Erst Blacket war es, welcher in demselben Jahre auf den Gedanken kam, durch das Experiment zu untersuchen, ob sich die Sache wirklich verhielte, wie man an= nahm, ob die Reibung zwischen eisernen Schienen und eisernen Rädern wirklich zu gering sei, um bei der doch nicht unbedeutenden Belastung der Lokomotive eine entsprechende Zugkraft zur Wirkung kommen zu lassen. Dabei fand er denn, daß die Annahme von zu geringer Reibung alles faktischen Grundes entbehre und daß die Adhäsion der Räder an ihrer Unterlage unter allen Umständen groß genug sei, um aller ähnlichen Mittel, wie sie

Blenkinsop und Brunton angewandt hatten, entrathen zu können. Damit war das Haupthinderniß, welches lange Zeit die Vervollkommnung der Lokomotive gehemmt hatte, beseitigt: die falsche Voraussetzung. Georg Stephenson, der jetzt in die Geschichte der Lokomotive eintritt, war mit dem Stande, auf welchem sich die Maschine befand, und mit den
zu ihrer Verbesserung vorgenommenen Versuchen sehr wohl bekannt. Unter seinen und
seines Sohnes Händen wurde der Dampfwagen fertig, d. h. er erhielt alle die Hauptbestandtheile, welche seinen Mechanismus zu einem sozusagen organischen machten.

Georg Stephenson, welcher 1781 am 9. Juni zu Wyglam, einem kleinen Orte in
der Nähe von Newcastle upon Tyne geboren war, gehörte einer armen Arbeiterfamilie
an und arbeitete zuerst als Bergmann in den Kohlenwerken der dortigen Gegend. Mit
14 Jahren etwa überkam er das Amt eines Heizers in einem Maschinenhause; dabei lernte
er die Einrichtung der Dampfmaschine kennen und sein offenes Auge, sowie sein mechanisches Geschick ließen ihn bald die Ausführung von Reparaturen für die benachbarten

Werkstätten übernehmen. Ohne
jede andere Schule als die
seiner Erfahrung, ohne andere
Mittel als seine hohe Intelli-
genz, gelang es ihm, von hier
ab sich zu einem der Mächtigsten
auf dem Gebiete der Maschinentechnik emporzuschwingen, und
zwar rasch, wie die Jahreszahlen seiner Erfolge beweisen.
Sehr jung verheirathet, ward
ihm zeitig der Stolz, seinen
Sohn Robert (geboren 1803),
dessen eminente Begabung in
derselben Richtung, wie seine
eigene, sich sehr früh kund gab,
zu seinem Mitarbeiter machen
zu können.

Georg Stephenson war
1812 als technischer Leiter des
Maschinenwesens der Killingworther Kohlengruben angestellt worden. Hier waren schon
längere Zeit, wie auch anderwärts, Schienenwege im Ge-

Fig. 529. Georg Stephenson.

brauch, und Stephenson übernahm eine Lokomotive zu bauen, welche die Kohlenwagen
von den Gruben bis zum Verschiffungsplatze an dem Ufer des Tyne befördern sollte.

Diese Lokomotive, welche im Juli 1814 aus der Stephenson'schen Werkstatt zu Newcastle hervorging, hatte noch eine große Verwandtschaft mit einer Maschine, welche Blacket
in Gemeinschaft mit Hadbley konstruirt hatte. Bei einer Steigung von 1 : 450 zog sie eine
Last von 30 Tonnen mit einer Geschwindigkeit von 6 Kilometer die Stunde.

Zur Vergrößerung der Reibung hatte man ihr ein ziemlich beträchtliches Gewicht
gegeben, außerdem waren die vier Räder durch eine Kette ohne Ende zu einem Ganzen
verbunden. Der Feuerraum durchzog als ein Rohr den Kessel und setzte sich in die Esse
fort. In derselben Abbildung sehen wir auch die eigenthümliche Art der Auflagerung des
Dampfkessels auf den Achsen mittels sogenannter Dampffedern; der Kessel ruhte nämlich
auf sechs kleinen Kolben, welche durch den Druck des Wassers und des Dampfes in die mit
Luft zum Theil angefüllten kleinen Cylinder hinabgepreßt wurden, eine Auflagerung, die
sich aber nicht bewährte und welche Stephenson später von selbst wieder fallen ließ.

68*

Die Kolbenstangen, welche sich in den Cylindern HH auf= und abbewegen, trugen horizontale Querbalken, deren Enden über den Kurbeln stehend, mit diesen letzteren durch Kolbenstangen verbunden waren. In unserer Abbildung sind diese Theile nicht angegeben; sie werden in der folgenden Fig. 531 besser zu erkennen sein, welche uns die von Stephenson für die Stockton=Darlington=Eisenbahn gebaute Lokomotive zeigt, wie sie jetzt noch auf der Station Darlington im Originale aufbewahrt wird.

Für die Beseitigung der Uebelstände, welche bei der Lokomotive von 1814 hervortraten, und für welche ihr Erbauer ein sehr unbefangenes Auge besaß, lagen die Hindernisse in manchen Umständen, deren man nicht so ohne Weiteres Herr werden konnte.

Die Lokomotive sollte und mußte eine gewisse Schwere haben, um die ihr zugemuthete Zugkraft ausüben zu können; die Schienen aber, auf denen sie laufen sollte, ertrugen dieses Gewicht nicht, ohne in Gefahr des Brechens zu kommen, war doch damals das Gewicht des laufenden Meters nicht mehr als 12 bis 15 Kg., während dieselbe Länge heute 35 Kg. wiegt. Bei den Bahnen, um welche es sich zunächst handelte, Kohlenbahnen, konnte von einer Vertheuerung, wie sie die Auswechselung der alten Schienen gegen neue im Gefolge haben mußte, nicht die Rede sein, wenn nicht dem Urtheil über die Lokomotive selbst der empfindlichste Schaden beigebracht werden sollte. Stephenson suchte also zunächst die Vermehrung der Adhäsion ohne Vergrößerung des Eigengewichtes der Maschine dadurch her=

beizuführen, daß er die Verkuppelung der Räder durch eine Kette ohne Ende aufgab und dafür mittels einer festen Stange die Räder kuppelte. Als aber zwischen Stockton und Darlington eine Eisenbahn gebaut werden sollte, welche nicht nur für den Kohlentransport, sondern für die allgemeine Beförderung von Frachtgütern auf dieser Strecke dienen sollte, die erste Eisenbahn in dem Sinne, welchen das Wort in der

Fig. 530.   Georg Stephenson's Lokomotive von 1814.

heutigen Verkehrssprache hat, da berücksichtigte er diese Umstände wohl.

Diese Eisenbahn kam vornehmlich auf Betrieb von Edward Pease, einem Aktionär der Killingworther Kohlenwerke, zur Ausführung, der als solcher die Tüchtigkeit Stephenson's kennen gelernt hatte und in ihm den richtigen Mann zur Realisirung seiner Pläne sah. Er gewann Stephenson, der mittlerweile in Gemeinschaft mit dem Ingenieur Dodd an der Vervollkommnung der Lokomotive weitergearbeitet hatte, zur Uebernahme des Baues dieser 61 Kilometer langen Linie. Von den Zeitgenossen wurde der Plan geradezu für einen Unsinn ausgegeben, weil die Bahn zum Theil durch Moräste führte, deren Bewältigung man für unmöglich hielt. Stephenson aber ließ sich nicht beirren, er baute nicht nur die Bahn, sondern stattete sie allmählich auch mit Maschinen aus, die fast allein sein eigenstes Werk waren.

Anfänglich zwar war für die Beförderung der Lasten die Zugkraft der Pferde in Aussicht genommen worden, kleinere Lastzüge wurden in der Folge auch wirklich von Pferden gezogen. Die geringe Geschwindigkeit jedoch, die sich damit nur erreichen ließ und die für den zu erwartenden lebhaften Betrieb nicht genügte, besonders aber auch Stephenson's Drängen bewirkten, daß sehr bald davon wieder abgegangen und die Einführung der Lokomotive als Zugmittel beschlossen wurde. In Verbindung mit Pease, Richardson und Longridge gründete Stephenson zu Newcastle eine Maschinenanstalt, die sich ausschließlich mit dem Bau von Lokomotiven beschäftigen sollte und die 1824 eröffnet wurde; unter der Firma Robert Stephenson & Comp. wurde sie bald weltberühmt. Drei Jahre vorher (1821) war der Bau der Bahn begonnen worden, im September 1825 wurde Stockton=Darlington eröffnet, zuerst nur mit drei Lokomotiven für die großen Lastzüge, da wie gesagt im Anfange noch Pferde verwendet wurden. Als aber die Stephenson=Dodd'sche Maschine sich so glücklich bewährte, entschloß man sich alle Züge durch Dampfwagen befördern zu lassen; damit war also die erste eigentliche Lokomotiv=Eisenbahn eine geschichtliche Thatsache geworden.

Es darf nicht Wunder nehmen, daß die Einrichtungen bei diesem ersten Unternehmen in mancher Hinsicht noch recht unvollkommen waren, und daß die eminenten Vortheile, welche der große Verkehr allmählich aus dem Eisenbahnwesen ziehen lernte, zur Zeit kaum erst in schwachen Andeutungen sich bemerklich machten, keineswegs aber schon erreicht wurden. Trotzdem waren die Erfahrungen, welche man machte, hinlänglich ermunternd, um bald darauf für eine ungleich wichtigere Strecke, für die zwischen Liverpool und Manchester eine Eisenbahn zu projektiren, bei der man denn auch sehr bald für die Lokomotive als Beförderungsmittel sich entschied.

Fig. 531. Stephenson's Lokomotive für die Stockton=Darlington=Bahn.

Der enorme Verkehr zwischen den genannten beiden Städten war in den Händen von drei Kanalgesellschaften, deren erste der Herzog von Bridgewater gegründet hatte. Das Monopol, welches den Besitzern der Wasserstraßen zustand, weil für die Herstellung neuer Kanäle das vorhandene Wasser nicht zureichte, hatte nicht nur bereits zu ganz extravaganten Tarifen geführt, sondern auch zu einer Nichtachtung der Interessen des Publikums, welche immer die Folge des Privilegs zu sein pflegt. Ende der zwanziger Jahre waren die Uebel=stände durch die wachsende Produktion endlich ganz unleidlich geworden. Es wurden Meetings gehalten, um zu berathen auf welche Weise man aus dieser beklemmenden Situation herauskommen könne, und am 20. Mai 1826 beschloß eine Versammlung nam=hafter Persönlichkeiten zu Liverpool, eine Compagnie zum Bau einer Eisenbahn zwischen Liverpool und Manchester zu gründen. Trotz der feindseligen Operationen der Kanal=gesellschaften gegen die Ausführung dieses Unternehmens erhielt dasselbe gegen Ende des Jahres 1828 doch die Autorisation des Parlamentes. Es war zwar die erste Idee der Gründer der neuen Eisenbahn, dieselbe nur für den Transport von Gütern einzurichten, die Beförderung der Reisenden war noch den Pferdefuhrwerken vorbehalten. Als aber im

Jahre 1829 die Frage nach der zweckmäßigsten Zugkraft dahin entschieden war, daß bei der Massenhaftigkeit der zu befördernden Güter an die Benutzung von Pferden gar nicht gedacht werden könne, nahm man den Vorschlag Georg Stephenson's, welcher gleich Anfangs als Ingenieur der Compagnie angestellt worden war, an und beschloß durch ein Preisausschreiben aus einer Konkurrenz von Lokomotiven diejenige, welche die gestellten Anforderungen am vollkommensten erfüllen würde, heraus zu wählen und den Betrieb mit ihr zu versehen.

Diese Anforderungen waren aber folgende:

Die Maschine (zu sechs Rädern) solle nicht mehr als 6 Tonnen Gewicht haben; sie müsse auf horizontaler Bahn mit einer Geschwindigkeit von 16 Kilometer per Stunde eine Last von 20 Tonnen einschließlich ihres Wasser- und Kohlenbedarfes ziehen. Wenn die Maschine nur 5 Tonnen wöge, brauche sie nur 15 Tonnen zu ziehen. Für eine Maschine mit vier Rädern könne das Eigengewicht auf 4½ Tonnen heruntergehen. Endlich dürfe der Preis der Lokomotive 550 Pfd. Sterl. (11,000 Mark) nicht übersteigen.

Daß für eine Linie wie die Liverpool-Manchester war, welche den Kampf mit den alle ihre gewaltigen Hülfsmittel anstrengenden Kanalgesellschaften bestehen sollte, die auf der Stockton-Darlington-Bahn brauchbaren Maschinen nicht genügend waren, lag auf der Hand. Vor allen Dingen war es deren geringe Zugkraft und die sehr mäßige Fahrgeschwindigkeit, welche einer Steigerung bedurften. Die geringe Kraftleistung hing aber mit der beschränkten Dampferzeugung ganz direkt zusammen. Wollte man daher größere Kraft, größere Geschwindigkeit, so mußte nothwendigerweise darauf hingearbeitet werden, eine reichlichere Dampfentwicklung zu ermöglichen. Es war schon sehr richtig erkannt worden, daß zu diesem Behufe die Heizfläche des Kessels vergrößert werden müsse, und Georg Stephenson hatte ja deswegen schon sein Feuerrohr durch den Kessel hindurchgeführt; der französische Ingenieur Marc Seguin hatte dann den Gedanken in genialer Weise ausgebildet, indem er (1827) statt eines einzigen starken Rohres eine große Anzahl von Feuerröhren (nicht Siederöhren) den Kesselraum durchziehen ließ, welche dem entsprechend von geringen Durchmessern waren, allein der Erfolg hing noch von der Erfüllung einer weiteren Vorbedingung ab, welche erst Stephenson bei seiner Preislokomotive löste. Entsprechend mit der Vergrößerung der Heizfläche mußte nämlich, wenn die Dampferzeugung im gleichen Verhältniß wachsen sollte, eine um so größere Menge Kohlen verbrannt werden, was sich nur ermöglichen ließ, wenn man ein Mittel fand, um das Zuströmen der Luft zum Verbrennungsraume in gleicher Weise zu verstärken.

Von dem Aushülfsmittel, welches bei unseren Fabrikanlagen seine gute Wirkung thut, die Esse zu verlängern, konnte bei den beweglichen Dampfwagen keine Rede sein. Die Länge der Esse war durch mehr als einen zwingenden Umstand auf ein Minimum beschränkt. Seguin versuchte daher einen Ventilator, den er unterhalb der Feuerstätte placirte; aber derselbe war unbequem und hatte für sich wieder eine ganze Reihe von Uebelständen im Gefolge. Da fand Georg Stephenson eine Lösung auf andere Weise, indem er den hochgespannten Dampf aus dem Cylinder in die Esse entweichen ließ und dadurch eine so eminente Bewegung der Luft nach außen bewirkte, daß das Nachströmen frischer Luft durch den Rost der Feuerung mehr als genügenden Sauerstoff für die Verbrennung lieferte.

War auch das Prinzip, auf welchem das sogenannte Dampfblaserohr beruht, also kein vorher unbekanntes, und hatten gleichzeitig Andere (wie z. B. Hackworth) derselben Idee ihre Aufmerksamkeit geschenkt, so bleibt es nichtsdestoweniger das große Verdienst Stephenson's, diese ausschlaggebende Verbesserung mit einem Schlage zu einem organischen Bestandtheile der Lokomotive gemacht zu haben.

Jetzt erst war der Kessel in den Stand gesetzt, seine volle Wirkung auszuüben, und die Eisenbahn, welche von Liverpool nach Manchester gebaut wurde, bezeichnet den Anfang der neuen Epoche und damit den großartigsten Abschnitt in der Geschichte des Weltverkehrs. Denn hier wurde die erste nach den neuen Prinzipien gebaute Lokomotive in Betrieb gesetzt, und durch den Erfolg, den sie errang, machte sie sich sofort zum Modell, nach dem zunächst alle weiteren Maschinen konstruirt wurden. Die Lokomotive, an welcher Stephenson diese epochemachende Einrichtungen zuerst anbrachte, war die „Rakete", mit der er bei der von der Liverpool=Manchester=Eisenbahngesellschaft ausgeschriebenen Konkurrenz erschien.

Zu dem Wettkampf waren am 6. Oktober 1829 folgende fünf Lokomotiven angemeldet: „Rakete" (the Rocket) von den beiden Stephenson (Vater und Sohn), „Sanspareil" von Hackworth, „Novelty" von Braithwaite und Erickson, „Perseverance" von Burstall, und „Cyklop". Als Preisrichter fungirten Rastrick von Stourbridge, Kennedy von Manchester und Nicolaus Wood von Killingworth. Die Probefahrten selbst fanden auf der Ebene von Rainhill statt, welche auf 3,218 Kilometer eine vollkommen horizontale Bahn bietet. Die Probefahrten dauerten mehrere Tage.

Die «Rocket» hatte nach dem Programm vier Räder und wog 4,3 Tonnen. Ihr Kessel, von 1,73 Meter Länge, hatte 25 durch denselben gehende kupferne Feuerrohre von 7 Centimeter Durchmesser. Der Dampf trat aus dem Cylinder in die Esse. Fig. 532 stellt die Stephenson'sche Maschine dar. MN ist der Feuerraum, der eine Höhe von 1 Meter und eine Breite von 70 Centimeter hatte. Der Kessel bildete den Haupttheil des Körpers der Maschine, HH sind seine Sicher=heitsventile. Der Dampfcylinder A ist gegen die Treib=achse so geneigt, daß die Kurbel B durch die Kolbenstange in Umdrehung versetzt werden kann. Die Kohlen befanden sich auf dem Tender E, welcher auch ein Wasserreservoir C mit führte.

Die zweite Ma=schine „Sanspareil" war eigentlich durch ihr zu großes Ge=wicht von dem Konkurs ausgeschlossen; man ließ sie indessen doch an den Fahrten mit Theil nehmen, um eventuell, wenn sie besondere Vorzüge zeigen sollte, auf sie zurückzukommen; allein sie erwies sich sehr bald als weit hinter der „Rakete" zurückstehend. Die „Novelty" hatte nicht zur richtigen Zeit fertig gestellt werden können, und es mußten die Versuche mit ihr einige Tage später vorgenommen werden. Sie hatte übrigens die Eigenthümlichkeit, daß sie ohne Tender war, indem sie Wasser und Kohlen auf dem Dampfwagen selbst mit führte. Im Laufe der Probefahrten, bei denen die „Novelty" eine Geschwindigkeit von 7 bis im Maximum 13 Kilometer in der Stunde entwickelte, wurde aber der Kessel schadhaft, und die Maschine mußte zurückgezogen werden. Ebenso wurde die „Perseverance" zurückgezogen, weil sie auf dem Transport Unfall erlitten hatte, und die letzte, der „Cyklop", entsprach den Anforderungen auch nicht. Keine von diesen konnte der „Rakete" den Sieg streitig machen, denn die letztere übertraf die gestellten Anforderungen durch ihre Leistungen be=deutend, indem sie bei einer Geschwindigkeit von 22,5 Kilometer pro Stunde eine Last von 13,000 Kg. auf ebenem Terrain bewegte.

Mit der durch diesen Sieg konstatirten Leistungsfähigkeit gab sie sofort dem ganzen Unternehmen der Liverpool=Manchester=Eisenbahn einen andern Charakter. Hatte man früher auf dieser Bahn nur den Waarentransport im Auge gehabt, so faßte man jetzt ohne Weiteres den Entschluß, auch Reisende zu befördern. Probefahrten mit einigen dreißig ode

Fig. 532. Stephenson's Preislokomotive „die Rakete".

vierzig Personen waren auf dem Felde von Rainhill bereits gemacht worden, und obwol die neue Beförderungsweise in der ersten Zeit infolge der Konkurrenz, welche die Kanal= gesellschaften jetzt, mit Aufgabe aller ihrer bisher genossenen Vortheile, eröffneten, nicht einen für die Aktionäre unmittelbar sehr glänzenden Ertrag gewährte, so war die Zukunft dem Eisenbahnwesen doch auf alle Fälle gewonnen, und ebenso war die Lokomotive als der einzig mögliche Motor bewiesen.

Man erkannte jetzt, und die englische «Quaterly Review» erklärte es entschieden, daß von allen Verwendungen, welche die Dampfkraft bisher gefunden, die Lokomotive die wichtigste sei, indem sie jene Leichtigkeit des Verkehrs zwischen den entferntesten Theilen eines Landes ermöglicht, welche von allen Fortschritten am meisten zu seinem Gedeihen bei= trägt, ihm erhöhte Festigkeit und Einheit des Handelns verleiht.

Auf Grund seines Sieges wurde der Maschinenbau=Anstalt der beiden Stephenson, Vater und Sohn, der Bau sämmtlicher Lokomotiven der Liverpool=Manchester=Bahn über= tragen. Eine Verlängerung des Kessels und eine Vermehrung des Gesammtgewichtes war nun der nächste Fortschritt, der gemacht wurde. Damit wurde es aber nothwendig, von den bisherigen schwachen Schienen jetzt ganz entschieden abzugehen und stärkere anzuwenden.

Die Cylinder der Rakete lagen, wie aus der Abbildung erhellt, oberhalb der Rad= achsen und waren gegen diese geneigt. Man kam aber bald darauf, sie horizontal und tiefer, zwischen die Räder zu legen, schon aus dem Grunde, weil durch ein solches Arrange= ment der Schwerpunkt des Ganzen mehr nach unten gerückt wurde und die Lokomotive somit eine größere Stabilität erhielt. Mit dieser Einrichtung war jedoch ein Uebelstand verbunden, der bei dem damaligen Stande der Eisentechnik schwer ins Gewicht fiel. Die Treibachse mußte nämlich doppelt gekröpft werden, und da damals die Herstellung solcher Achsen Schwierigkeiten bot, so zogen es manche Konstrukteure vor, die Cylinder, wie schon Hacworth 1825 gethan hatte, wieder auswärts anzubringen. Heutzutage sind selbstver= ständlich derartige Umstände keine Schwierigkeiten mehr.

Wie wir bald sehen werden, wenn wir uns mit der Einrichtung der Lokomotive näher bekannt machen, war das Wesen dieser Maschine durch die beiden Stephenson, welche gemein= schaftlich die Rakete ersonnen hatten, in seinen Grundprinzipien vollständig erschöpft. Das Prinzip, nach dem Lokomotiven gebaut werden, ist denn auch bis heute dasselbe geblieben, welches die beiden genialen Ingenieure aufgestellt haben; die Abänderungen, welche natur= gemäß nicht vorweg ausgeschlossen sein konnten, beziehen sich auf Einzelheiten des Arrange= ments, der Steuerung und der Ausnutzung der Expansion des Dampfes u. s. w. und sind in diesen Punkten von den Vervollkommnungen abhängig gewesen, die der Dampfmaschine noch zutheil geworden sind. Solcher Art sind die Verbesserungen, welche Clapeiron in Frankreich auf der Bahn von Paris nach St. Germain mit seiner Expansionsmaschine und Robert Stephenson mit der sogenannten Coulissensteuerung eingeführt hat. Oder aber es sind Einrichtungen für spezielle Fälle, Eilzugslokomotiven und Lastzugslokomotiven, oder für besondere Bodenverhältnisse, wie solche namentlich bei den von englischen Terrain= verhältnissen ganz verschiedenen kontinentalen Eisenbahnlinien vorkamen. Als man sich ge= traute, Wasserscheiden mit den Eisenbahnen zu übersteigen und die Linien durch enge Thäler in scharfen Kurven führen mußte, traten die Lokomotivenbauer vor eine neue Aufgabe.

In England machten sich derartige Bedürfnisse nicht sobald bemerklich als anderwärts. Um sich in Bezug auf Steigung und Krümmung der Bahnlinie mehr Freiheit zu verschaffen, bauten Balduin und Norris in Philadelphia bereits 1833 Lokomotiven, deren Vordertheil beweglich war und das Befahren scharfer Kurven gestattete. Bei uns war es vorzüglich die Bahn über den Semmering (1850), welche die erste großartige Gebirgsübersteigung zur Thatsache machte, und für die allerdings ganz besonders kräftige Zugmaschinen zu beschaffen waren. Den Preis, der hier für die beste Gebirgslokomotive ausgesetzt wurde, welche auf Steigungen von 1 zu 40 und in scharfen Kurven eine angehängte Last von 2500 Centner mit einer Geschwindigkeit von 12 Kilometer in der Stunde ziehen sollte, erhielt die von der Maffei'schen Maschinenbauanstalt in München gelieferte Lokomotive „Bavaria".

Seitdem haben auch auf diesem Gebiete neue Erfindungen sich Eingang verschafft.
Es leuchtet ein, daß für stark geneigte Gebirgsbahnen die Adhäsion der gewöhnlichen
Lokomotiven, welche für horizontale Bahnen genügt, nicht mehr hinreichend sein wird,
um der Maschine die verlangte Zugkraft zu geben. Die Gebirgs-Lokomotiven sind aus
diesem Grunde schon sehr viel schwerer, als die für flaches Terrain. Man hat nun, weil
die Belastung des Dampfwagens als todte Masse kostspielig zu befördern ist, versucht,
durch andere Mittel die Reibung zwischen Lokomotive und Bahn zu vermehren. Die
schon für die Semmeringbahn von Krauß in Hannover vorgeschlagene Einrichtung, nach
welcher zwischen die beiden Schienen des Gleises, eine dritte Schiene etwas erhöht gelegt werden sollte, gegen welche von beiden Seiten Friktionsräder angepreßt wurden, ist
später von Fell für die Interimsbahn für den Mont Cenis mit Erfolg benutzt worden.

Fig. 533. Längsdurchschnitt einer Lokomotive.

Für die noch steiler ansteigenden Bahnen, wie sie in den letzten Jahren Mode geworden sind, um
bequeme Touristen auf hochgelegene Aussichtspunkte der Schweiz und anderswo zu transportiren, hat man in der Mitte eine Zahnstange angebracht, an welcher sich die Lokomotive mittels
eines eingreifenden Zahnrades emporhaspelt. Wir werden später eine dieser eigenthümlichen
Formen kennen lernen; vor der Hand wenden wir uns zu einer kurzen Betrachtung der
Einrichtung der Lokomotive. Als Hauptbestandtheile der Lokomotive haben wir
naturgemäß die folgenden zu unterscheiden: 1) den Dampfkessel, welcher seiner Einrichtung
nach zusammen mit dem Feuerraume betrachtet werden muß; 2) die Dampfleitung aus
dem Kessel in die Cylinder; 3) die Cylinder selbst mit Kolben und Treibstangen; 4) die
Steuerung; 5) den Abzugskanal für die Verbrennungsgase; 6) die Treibräder und 7) den
Tender, das Kohlen- und Wassermagazin mit der Speisepumpe. Sie kehren bei allen Lokomotiven wieder, von welcher Konstruktion dieselben auch immer sein mögen, und wir dürfen
uns der Abbildung Fig. 533 als Schema bedienen, um die Art und Weise der Anordnung
kennen zu lernen. In unserer Figur ist nun A der Feuerkasten, durch dessen Thür a der

Heizer das Brennmaterial einschüttet. Die Wände dieses Feuerraumes sind doppelt von starkem Eisenblech und mit einem schlechten Wärmeleiter, Asche oder dergleichen, ausgefüllt; unten befindet sich der Rost; B ist der Kessel, von cylindrischer Form und der Länge nach von Heizröhren durchzogen, deren der Deutlichkeit wegen in der Abbildung nur vier verzeichnet sind, obwol ihre Zahl in den neueren Lokomotiven bis auf 150 steigt; sie führen die Feuerluft in den Rauchkasten D, aus dem sie dann in den Schornstein entweicht. Im oberen Theile des Kessels sammelt sich der Dampf, in gleicher Weise erfüllt derselbe den Dampfdom C, sowie er auch in die beiden Ventilräume H und L bringt. Das letztgenannte Ventil ist das Sicherheitsventil, das Ventil H dagegen ist dem Maschinisten mittels des Hebels NP zugänglich und seine Belastung kann je nach Umständen vermehrt oder vermindert werden, während das Sicherheitsventil ein= für allemal unzugänglich ist. Die vierte Oeffnung, welche wir am Kessel sehen, ist das Mannloch C, durch welches eingestiegen wird, wenn das Innere gereinigt oder reparirt werden soll; l ist die Dampfpfeife.

In den Dampfdom C ragt nun von außen her das Dampfrohr c, welches sich vor dem Kessel in zwei Zweige d gabelt, deren je einer zu einem der beiden Cylinder F führt. Das Dampfrohr mündet um deswillen an einer so hohen Stelle des Domes ein, damit möglichst wenig mechanisch mit fortgerissene Wassertheile durch dasselbe in die Cylinder gelangen; es ist mit einem Regulator versehen, welcher vom Maschinisten mittels eines Hebels von außen geöffnet und geschlossen werden kann. Der Dampf wird aus den Zweigrohren d d nicht direkt in die Cylinder, sondern zunächst in die Dampfkammern oder Schieberkasten i i geleitet, deren Einrichtung uns von früher her aus der Beschreibung der Dampfmaschine bekannt ist. Der Schieber selbst ist durch die Theile n und o angegeben und wird mittels der Schieberstange f f durch das an der Pleuelstange hängende Excentrik in Bewegung gesetzt. An der Welle m sitzen die Treibräder, die anderen beiden Achsen tragen nur Laufräder. Ist nun die Wirksamkeit des Dampfes in den Kolben vorüber, so tritt jener durch das Rohr q immerhin noch mit sehr großer Gewalt in die Dampfesse und bewirkt darin eine sehr lebhafte Luftbewegung nach außen, welche ein ebenso lebhaftes Zuströmen frischer Luft durch den Rost zu dem Verbrennungsherde nach sich zieht, dies ist das sogenannte Dampfblaserohr.

Denken wir uns eine Lokomotive durch einen senkrechten Querschnitt vorn an geeigneter Stelle durchschnitten, so erhalten wir ein Bild, wie es ungefähr durch die Abbildung Fig. 534 dargestellt wird, während Fig. 535 nur eine Ansicht der Lokomotive von hinten giebt. In jener Durchschnittszeichnung sehen wir die beiden Zweige des Dampfrohres u und u', welche den Dampf in die Cylinder leiten; v und v' dagegen sind die aus dem Schieberkasten führenden Abzugsrohre, welche sich zu dem senkrechten Dampfblaserohr V, das in die Esse mündet, vereinigen. In der Rückenansicht Fig. 535 endlich bedeutet C den Aschenraum, B die drei Probehähne, welche dem Maschinisten dazu dienen, um sich von der Höhe des Wasserstandes im Kessel zu überzeugen. A ist das Manometer, S das Sicherheitsventil und D ist der Griff einer Zugstange, durch welche man mittels des Hebelwerkes E augenblicklich den Rost vom Brennmaterial leeren kann, indem derselbe nach unten geklappt wird.

Das sind die wichtigsten Mechanismen, deren Regulirung dem Maschinisten bequem zur Hand liegen muß. Dazu kommt noch ein Hebel G, um den Dampf rückwärts wirken zu lassen, oder vielmehr, um die Bewegungsrichtung der Lokomotive zu ändern. Es wird dies möglich mit Hülfe der von Stephenson erfundenen Coulissensteuerung.

Aus der Wirksamkeit leuchtet die ungemeine Wichtigkeit dieses Mechanismus ein, dessen scharfsinnige Einrichtung durch Folgendes verständlich werden wird: Wie sich uns sofort ergiebt, stimmt der Bewegungsmechanismus der Lokomotive vollständig überein mit dem Bewegungsmechanismus einer Dampfmaschine mit liegendem Cylinder, nur daß die Stelle des Schwungrades durch die Treibräder eingenommen wird. Dort wie hier wird die Zuleitung des Dampfes bald vor, bald hinter den Kolben durch ein Excentrik bewirkt, an welchem die Schieberstange hängt; bei der Lokomotive findet jedoch der Unterschied statt, daß nicht blos eine Excentrikscheibe sich auf jeder Seite der Treibräderachse befindet, sondern zwei, dicht neben einander, deren Excentrizitäten einander entgegengesetzt sind, so daß, wenn die eine Scheibe den Dampf vor den Kolben leitet, die andere ihn hinter denselben leiten würde. Wie wir aus der Beschreibung der Dampfmaschine wissen, wird das Excentrik von einem Ringe umgeben, in welchem sich die Scheibe dreht und an dem die Schieberstange hängt. Von den beiden Excenterscheiben der Lokomotive ist aber immer nur die eine in dieser Weise in Verbindung mit dem Schieber; mittels des Hebels G kann jedoch sofort die Schieberstange auf das andere Excenter geschoben und damit bewirkt werden, daß augenblicklich die entgegengesetzte Dampfzuleitung eintritt, die Richtung der Lokomotive sich also in die entgegengesetzte ändert. Eine dritte Scheibe ist noch vorhanden, welche, mit dem Schieber in Verbindung gesetzt, bewirkt, daß die Maschine ganz still steht. Der Hebel G wirkt natürlich so, daß auch für den auf der andern Seite liegenden Cylinder dieselbe Schieberänderung eintritt.

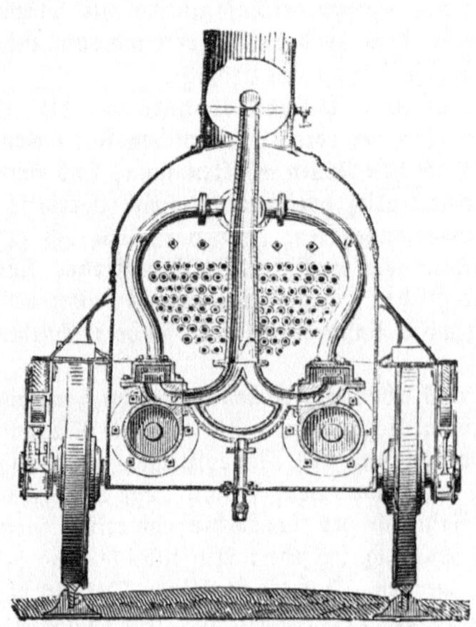

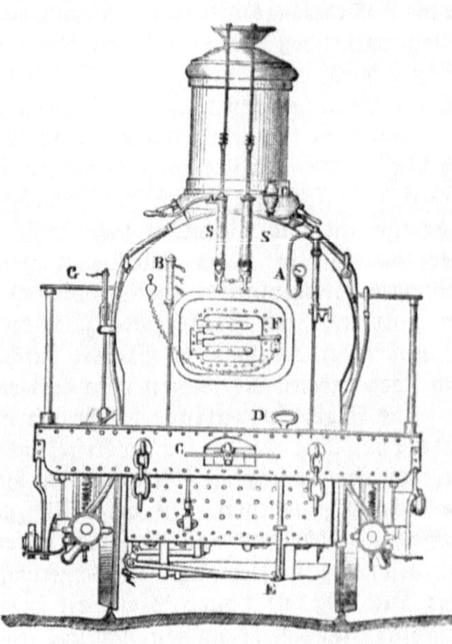

Fig. 534. Vorderer Querdurchschnitt einer Lokomotive.

Fig. 535. Lokomotive von der Rückseite.

Von außen gesehen, erscheint die Lokomotive mit einem hölzernen, die Wärme schlecht leitenden Mantel umkleidet, der wol noch, um die Ausstrahlung der Wärme zu vermindern, mit einer Korkschicht gefüttert ist. Ihr sonstiges Aussehen ist, je nach dem speziellen Zwecke, dem sie dient, bisweilen etwas verschieden, in der Hauptsache aber wird davon die innere Einrichtung nicht wesentlich beeinflußt. Die Zahl der Räder ist 4, 6 oder 8, gewöhnlich 6. Ist die Lokomotive für große Geschwindigkeiten berechnet, sogenante Schnellzugsmaschine, so sind die Treibräder von besonders großem Durchmesser; denn da sich die Anzahl der Kolbenstöße in einer gewissen Zeit nicht vermehren läßt, ohne daß man an der Expansionskraft des Dampfes Einbuße erleidet, so ist die Zahl der Radumdrehungen über ein gewisses Maximum nicht zu steigern, und es blieb nur übrig, den Umfang der Treibräder zu vergrößern, als man eine größere Fahrgeschwindigkeit erreichen wollte. Aber auch dies hatte seine Grenze darin, daß der Kessel auf den Achsen der Räder aufliegt und für die Stabilität der Maschine zu weit in die Höhe geschoben wird, wenn die Treibräderachse durch die Vergrößerung dieser Räder über Gebühr vom Boden entfernt wird.

An dieser Grenze war man bereits 1848 angekommen, und die höchste Fahrgeschwindigkeit der Lokomotive schien erreicht, als der englische Ingenieur Crampton den glücklichen Gedanken hatte, die Achse der Treibräder nicht mehr unter, sondern hinter den Kessel zu legen. Von da ab war man in der Vergrößerung dieser Räder nicht mehr beschränkt, und es werden jetzt in England CramptonLokomotiven mit einem Raddurchmesser von 2,60 Meter gebaut. Die erste Bahn, welche sich diese bedeutende Neuerung zu Nutzen machte, war die französische Nordbahn; sie steigerte damit ihre Fahrgeschwindigkeit bis auf 80 Kilometer die Stunde, und selbst 100 Kilometer waren damit zu erreichen. Die Einrichtung der „Expreßzüge", welche für die großen Weltverkehrslinien von enormer Bedeutung geworden sind, datirt seit der Erfindung Crampton's, die nach ihrer glänzenden Erprobung überall eingeführt wurde.

Neben der Crampton'schen Lokomotive müssen wir mit einigen Worten noch die von dem österreichischen Ingenieur Engerth erwähnen, welcher zwar nicht auf Vermehrung der Geschwindigkeit, wohl aber auf Vermehrung der Zugkraft bei seiner Erfindung ausging, zu der er namentlich durch die Anforderungen, welche die Steigungen der Sömmeringbahn an die Beförderungsmittel für Lastzüge machte, gedrängt wurde. Das Engerth'sche System besteht darin, daß der Tender mit seiner Last in den Körper der Lokomotive mit hinein-gezogen wird, indem man einen Theil des Kessels auf dem Tender auflagern und von dessen erster Achse mit tragen läßt; die Kuppelung der Räder besorgt das Uebrige.

Durch die eigenthümlichen Verhältnisse, welche so steile Gebirgsbahnen wie die auf den Rigi bieten, müssen ganz besondere Einrichtungen bei deren Lokomotiven stattfinden. Indessen die Formen, welche der Dampfwagen in solchen Fällen erhalten kann, sind Aus-nahmsformen, die eigentlich nicht mehr der ursprünglich gezüchteten, zwar veredelten aber immerhin in ihren Qualitäten fixirten Rasse angehören. Sie verhalten sich zur Erfindung Stephenson's ungefähr wie das Maulthier zum englischen Vollblutpferde. Für den ganz besondern Kletterzweck zwar mit vortrefflichen Eigenschaften begabt, aber doch auf Kosten der Reinheit des Blutes, durch eine gewisse Bastardirung, die sie dem Ansehen nach schon anderen Maschinen nahe bringen.

Die Rigilokomotive, welche wir in Fig. 536 abbilden, ist dadurch schon ganz be-sonders auffällig, daß bei ihr der Kessel nicht horizontal liegt, sondern eine vertikale Stellung hat, um bei der starken Steigung der Bahn die Neigung des Wasserspiegels so gering wie möglich zu machen. In der Mitte zwischen den beiden Laufschienen liegt die Zahn-stange, in welche das aus Gußstahl verfertigte Zahnrad der Treibachse eingreift; durch eine besondere Einrichtung der Steuerung kann der Zug in jedem Augenblicke und bei jeder Steigung mit voller Sicherheit angehalten werden. Auf die sonstigen Details der Maschine einzugehen, müssen wir uns jedoch an dieser Stelle enthalten. Ihr Gesammt-gewicht ist übrigens verhältnißmäßig nicht sehr bedeutend, da sie im Betriebszustande nur gegen 240 Centner wiegt, obwol sie mit 120 Pferdekraft arbeitet. Bei der Fahrt ist sie immer unten am Zuge angebracht, sodaß sie denselben bergaufwärts schiebt und bergab hemmt. Die Züge selbst bestehen nur aus zwei Wagen zu je 30, oder gar nur aus einem einzigen Wagen, welcher dann 54 Personen faßt.

Rückblick. Ueberblicken wir in einer kurzen Zusammenstellung die Veränderungen, welche die Lokomotive in ihrer Ausstattung und in ihren Leistungen durchlaufen hat, so werden wir, obgleich wir in ihr immer noch die Erfindung Stephenson's voll und ganz dem Wesen nach vor uns haben, doch auf einige merkwürdige Steigerungen kommen, welche die ungemeine Expansibilität dieser Maschine kennzeichnen. Crampton und Engerth bezeichnen die Endpunkte der beiden Richtungen, nach denen die Vervollkommnung gestrebt hat: Ver-mehrung der Geschwindigkeit und der Zugkraft; von der vollkommneren Ausführung im Detail wollen wir nicht reden.

Die „Rakete" von Stephenson hatte eine Heizfläche von 11 Quadratmetern; gegen 1835 hatte man diese Heizfläche auf 40—45 Quadratmeter vergrößert, 1845 auf 70, 1850 auf 100 oder 130, bis man 1855 dahin kam, der Wirkung des Feuers eine Fläche sogar von 200 Quadratmetern entgegenzusetzen. In derselben Zwischenzeit von noch nicht 30 Jahren war man mit der Dampfspannung von drei auf zehn Atmosphären hinaufgegangen. Das Gewicht des verdampften Wassers steigerte sich von 450 bis auf 5000, ja auf 8000 Kg. pro Stunde; dagegen verminderte sich das Gewicht der verbrannten Kohle, welches nöthig war, um 1 Tonne Last auf gewöhnlicher Bahn zu ziehen von 450 Gramm auf

30—80 Gramm, je nach der Art der Maschinen und deren Geschwindigkeit. Das Gewicht der Lokomotiven erfuhr, wie uns schon bekannt ist, eine enorme Vermehrung: die Rakete von Stephenson wog nicht mehr als 4 Tonnen; von 1830—1835 war das durchschnittliche Gewicht 6—7 Tonnen. Von 1835 ab baute man schon einzelne Lokomotiven zu 12 und 13 Tonnen mit sechs Rädern; 1845 wogen sie 30, 1850 36 Tonnen; die Engert'schen Maschinen, welche 1855 aufkamen, erreichen das kolossale Gewicht von 55—65 Tonnen.

Die mittels einer Lokomotive gezogene Last auf gewöhnlichen Bahnen hob sich nach und nach von 40 auf 700 Tonnen! Die Geschwindigkeit anlangend, so machte die Rakete 25 Kilometer in der Stunde; die „Fire-Fly" 1834 bereits 43; seitdem hat man mit den Crampton-Maschinen 100 Kilometer schon per Stunde durchfahren, doch begnügt man sich in der Regel mit geringerer Fahrgeschwindigkeit, die sogar bei Lastzügen heute noch bis auf 25 Kilometer heruntergeht.

Fig. 536. Die Rigilokomotive.

Straßenlokomotiven. Die ursprüngliche Idee, den Dampfwagen auf unseren gewöhnlichen Straßen zur Beförderung von Lasten verwendbar zu machen, ist durch die Entwicklung der Eisenbahnen nur zeitweilig in den Hintergrund gedrängt worden. Nachdem hier die Erfahrungen reichere geworden waren, trat jenes verlockende Problem sehr bald wieder in den Vordergrund, und es hat in den letzten Jahrzehnten zu keiner Zeit an Versuchen gefehlt, welche sich mit der Ausführung beschäftigten. Indessen sind die bisher erlangten Resultate nur immer negativer Natur gewesen. „Eisenbahn und Lokomotive sind wie Mann und Weib" — dies Wort des älteren Stephenson scheint wahr bleiben zu sollen.

Unsere Chausseen, abgesehen von den Störungen, welche der übrige Verkehr auf denselben theils von den Lokomotiven erleiden, theils auf den Gang derselben ausüben muß, unsere Straßen würden eine ganz andere Fundamentirung erfahren müssen, wenn derartige schwere Maschinen und die ebenso schweren Lasten auf verhältnißmäßig wenig Achsen darüber regelmäßig bewegt werden sollten. Leichte Lokomotiven dagegen, wenn ihre Konstruktion auch gelänge, scheinen gegen die Pferdekraft keinen wesentlichen Gewinn zu ergeben.

Man hat zwar für besondere Zwecke, z. B. für den Transport von schweren Maschinen, Geschützen, Lokomotiven u. s. w. aus der Maschinenbauanstalt nach den Bahnhöfen oder zum Hafen, Straßenlokomotiven in Anwendung, und im Französischen Kriege dienten solche dazu, das schwere Geschützmaterial von den Endpunkten der Eisenbahnen nach dem Belagerungsgürtel um Paris zu befördern, aber diese vorübergehenden Verwendungen, bei denen man zum Theil auf die Schonung der Straßen keine Rücksicht zu nehmen brauchte, machen immerhin nur aus der Noth eine Tugend, und wir können uns deshalb hier ein Eingehen auf die zahlreichen Konstruktionsverschiedenheiten ersparen. —

Die Lokomobile, eigentlich die lokomobile Dampfmaschine, hat mit der Lokomotive nur das gemein, daß bei ihr der Dampferzeugungsapparat, Kessel und Feuerung, mit dem Bewegungsapparate, Cylinder, Kolben, Gestänge und Treibrad, in kompendiöser Form vereinigt sind und mittels darunter befindlicher Räder von einem Ort zum andern bewegt werden können. Die Lokomobilen sind ebenfalls Hochdruckdampfmaschinen; ihre Eigenthümlichkeiten, die sie von den festen Dampfmaschinen unterscheiden, beruhen nur in dem Arrangement der einzelnen Theile, welches allerdings durch die Vervollkommnung der Lokomotive und zumeist auch von denselben Ingenieuren, denen wir jene verdanken, seine jetzige Gestalt erhielt. Der Kessel bildet mit dem Essenrohr den eigentlichen Körper der Maschine, auf ihm ist der ganze Bewegungsmechanismus angebracht, der Cylinder auf dem hinteren Theile über der Feuerbüchse, das Spiel der Kolbenstange und der Steuerung geht längs des Kessels oberhalb desselben; das Schwungrad, welches zugleich als Riemenscheibe dient, liegt an der Seite und wird durch eine horizontale Kurbelwelle von der Kolbenstange in Umdrehung versetzt. Ein Centrifugalregulator sorgt für den regelmäßigen Gang; der Kessel ist ein Röhrenkessel wie bei der Lokomotive. Diese transportablen Dampfmaschinen sind seit den dreißiger Jahren in Anwendung und dienen der Natur der Sache nach in Fällen, wo die Anlage fester Maschinen nicht thunlich ist; so namentlich bei Bauzwecken, zum Wasserpumpen, in der Dampfbodenkultur u. s. w.

Ende des zweiten Bandes.